David L. Rowell · Bodenkunde

Springer
*Berlin
Heidelberg
New York
Barcelona
Budapest
Hongkong
London
Mailand
Paris
Santa Clara
Singapur
Tokio*

David L. Rowell

Bodenkunde

Untersuchungsmethoden
und ihre Anwendungen

Mit 221 Abbildungen und 103 Tabellen

 Springer

Dr. David L. Rowell
University of Reading
Department of Soil Science
Whiteknights, PO Box 233
RG6 6DW Reading
United Kingdom

Aus dem Englischen übersetzt von
　Dr. Martina Börsch-Supan

© Longman Group UK Limited, 1994
This translation of *Soil Science: Methods and Applications* is published by arrangements with Addison Wesley Longman Limited, London

Die Deutsche Bibliothek – CIP-Einheitsaufnahme
Rowell, David L.:
Bodenkunde: Untersuchungsmethoden und ihre Anwendung / David L. Rowell. Vorw. von Jean C. Munch
Aus dem Engl. übers. von M. Börsch-Supan. – Berlin; Heidelberg; New York; Barcelona; Budapest; Hongkong; London; Mailand; Paris; Santa Clara; Singapur; Tokio: Springer, 1997
Einheitssacht.: Soil science <dt.>
ISBN 3-540-61825-2

ISBN 3-540-61825-2 Springer-Verlag Berlin Heidelberg New York

Dieses Werk ist urheberrechtlich geschützt. Die dadurch begründeten Rechte, insbesondere die der Übersetzung, des Nachdrucks, des Vortrags, der Entnahme von Abbildungen und Tabellen, der Funksendung, der Mikroverfilmung oder der Vervielfältigung auf anderen Wegen und der Speicherung in Datenverarbeitungsanlagen, bleiben, auch bei nur auszugsweiser Verwertung, vorbehalten. Eine Vervielfältigung dieses Werkes oder von Teilen dieses Werkes ist auch im Einzelfall nur in den Grenzen der gesetzlichen Bestimmungen des Urheberrechtsgesetzes der Bundesrepublik Deutschland vom 9. September 1965 in der jeweils geltenden Fassung zulässig. Sie ist grundsätzlich vergütungspflichtig. Zuwiderhandlungen unterliegen den Strafbestimmungen des Urheberrechtsgesetzes.

© Springer-Verlag Berlin Heidelberg 1997
Printed in Germany

Die Wiedergabe von Gebrauchsnamen, Handelsnamen, Warenbezeichnungen usw. in diesem Werk berechtigt auch ohne besondere Kennzeichnung nicht zu der Annahme, daß solche Namen im Sinne der Warenzeichen- und Markenschutz-Gesetzgebung als frei zu betrachten wären und daher von jedermann benutzt werden dürften.

Einbandgestaltung: *design & production* GmbH, Heidelberg
Datenkonvertierung: Büro Stasch, Bayreuth: Klaus Häringer und Robert Greim

SPIN: 10497364　　30/3136 - 5 4 3 2 1 0 – Gedruckt auf säurefreiem Papier

Prolog

Das Gleichnis vom Sämann

Ein Mann ging hinaus, um zu säen. Als er die Samen auf das Feld streute, fielen einige auf den Weg und die Vögel kamen und fraßen sie auf. Einige fielen auf felsigen Grund, wo es nur wenig Erde gab. Die Samen keimten schnell, da das Erdreich flach war; doch als die Sonne hochstieg, versengte sie die jungen Pflanzen und die Saat verdorrte, weil die Wurzeln nicht tief genug wachsen konnten. Einige der Samen fielen zwischen die Dornenbüsche, die heranwuchsen und die Sämlinge erstickten. Aber einige Samen fielen auf guten Boden und trugen Frucht; manche von ihnen hundert Körner, manche sechzig und andere dreißig.
Und Jesus sprach: „Wer Ohren hat zum Hören, der höre!"

(Matthäus 13, 3–9)

Vorwort zur deutschsprachigen Ausgabe

Mit der Übersetzung von „Soil Science, Methods & Applications" von D.L. Rowell wird allen bodenkundlich Interessierten eine neues Lehrbuch angeboten, das aufgrund seiner praxisnahen und problemorientierten Ausrichtung eine Lücke in der deutschsprachigen Fachliteratur füllt. Was ist das Besondere an diesem Werk? Im Gegensatz zu herkömmlichen Lehrbüchern beschäftigt es sich nicht nur mit den physikochemischen Grundlagen der Bodenkunde, sondern es geht auch ausführlich auf die Bewirtschaftung und Belastung von Böden ein und beschreibt die dafür erforderlichen Untersuchungsmethoden im Detail. Grundlegende Bodenmerkmale werden ebenso wie die in Böden ablaufenden Prozesse durch zahlreiche Tabellen, Abbildungen und Bildtafeln erläutert und veranschaulicht. Das Hauptaugenmerk liegt jedoch, wie schon aus dem Titel hervorgeht, auf praktischen Untersuchungen, die für die Bodennutzung von unmittelbarer Bedeutung sind. Dabei finden nicht nur die in umweltwissenschaftlichen Studiengängen üblichen bodenkundlichen Praktikumsversuche Berücksichtigung, sondern es wird auch zu weitergehenden Übungsprojekten angeleitet, die Verständnis für das häufig überstrapazierte und leicht zerstörbare Landschaftselement Boden wecken sollen. So wurden Experimente und Rechenaufgaben aufgenommen, mit denen sich die konkreten Belastungen infolge der oftmals überhöhten Nutzungsintensität ermitteln sowie die Grenzen der Bodenbelastbarkeit berechnen lassen. Beispielsweise werden Modelle zur Bodenwasserbewegung vorgestellt, mit denen die Grundwasserkontamination abgeschätzt werden kann, die sich aus der Nitratauswaschung ergibt. Im Gegensatz zu den meisten deutschsprachigen Bodenkundebüchern wird auch auf die Wirkung anthropogener Schadstoffe wie Pestizide und Schwermetalle eingegangen und beschrieben, wie sich unerwünschte Nebenwirkungen des Pestizideinsatzes durch einfach nachvollziehbare Experimente feststellen lassen.

D.L. Rowell hat somit ein Buch verfaßt, das alle bodenkundlich Interessierten direkt in die Praxis der Bodennutzung und die Problematik der Bodenbeanspruchung einführt. Besonders erwähnenswert erscheinen mir:

- die Darstellungsbreite, die von Basisuntersuchungen bis zur Ermittlung der Wirkung von Pestiziden reicht und sowohl Laborexperimente als auch Freilandversuche umfaßt,
- die kritische Beurteilung und statistische Auswertung der Meßergebnisse, die aus Feld- und Gefäßversuchen sowie durch Laborexperimente unter genau definierten Rahmenbedingungen gewonnen wurden. Schwerpunkte bilden dabei u.a. repräsentative Probenahmeverfahren, ökophysiologische Untersuchungen an Kultur-

pflanzen (z.B. Düngungsversuche) sowie speziell konzipierte chemisch-analytische Verfahren zum Nachweis ökologisch relevanter Stoffe.
- die Berücksichtigung der räumlichen und insbesondere der zeitlichen Dimension der im Boden ablaufenden Prozesse, wodurch das Verständnis für langfristige Veränderungen der Bodeneigenschaften geweckt wird,
- die Einbeziehung von Veränderungen der Bodeneigenschaften, die auf bestimmte Nutzungstechniken wie auch auf menschliche Aktivitäten außerhalb des Systems Boden-Pflanze zurückzuführen sind, die z.B. Stoffeinträge aus anderen Kompartimenten der Biosphäre zur Folge haben.

Im vorliegenden Buch wurden somit Themen zusammengetragen, die sonst meist nur unabhängig voneinander in den einzelnen Disziplinen (z.B. Pflanzenbau, Pflanzenschutz, Phytopathologie, Ökotoxikologie) behandelt werden. Ich bin davon überzeugt, daß dies ein richtiger Ansatz ist und daß das Buch deshalb weite Verbreitung finden wird. Es freut mich, daß der Springer-Verlag sich zu dieser Übersetzung entschlossen hat und ich an dieser Aufgabe mitwirken durfte. Die Korrekturarbeit war angenehm und bereichernd, und ich hoffe, daß mir die Anpassung an die deutschen Labor-, Untersuchungs- und Empfehlungspraxis weitgehend gelungen ist, auch wenn dies nicht immer möglich war. Die englischen Anwendungsbeispiele sollten durchaus als Bereicherung verstanden werden. Dank der hervorragenden Übersetzung von Frau Börsch-Supan ist die deutsche Ausgabe eine ebenso angenehme Lektüre wie der flüssige Originaltext. Herrn D.L. Rowell sei an dieser Stelle zu seinem Werk „Soil Science, Methods & Applications" und der gelungenen Ausarbeitung der Experimente und Übungen gratuliert.

Neuherberg und Freising-Weihenstephan im Juli 1997
Jean Charles Munch

Danksagung

Mit großer Freude danke ich allen – besonders den vielen Bodenkundler-Kollegen –, die zur Entstehung dieses Buches beigetragen haben. Donald Payne (*Reading University*) war mein wichtigster Ratgeber für Inhalt und Aufmachung des Buches; er hat auch Korrektur gelesen und sich in den vergangenen vier Jahren während der Arbeit an diesem Manuskript viel Zeit genommen, um mich durch seine konstruktive und freundschaftliche Kritik zu unterstützen. Bei den einzelnen Kapiteln haben mir jeweils Spezialisten geholfen; ich möchte den im folgenden genannten Kollegen danken, daß sie durch ihre Zeit, Ideen und Beiträge sowie zahlreiche Diskussionen die Arbeit an diesem Manuskript gefördert haben. Diese rege Zusammenarbeit war ein sehr erfreulicher Aspekt der Entstehung dieses Buches, denn wir haben gemeinsam versucht, das auf unserem Fachgebiet wichtige Material herauszufiltern und es klar und verständlich darzustellen.

Kapitel 1   Dr. S. Nortcliff, *Reading University*;
Kapitel 2   Dr. D.A. Jenkins, *University College of North Wales*, Bangor und Dr. A.A. Jones, *Reading University*;
Kapitel 3   Professor D.S. Jenkinson, *Rothamsted Experimental Station*;
Kapitel 4   Mr. D. Payne, *Reading University* und Dr. D.L.O. Smith, *Silsoe Research Institute*;
Kapitel 5   Dr. L.P. Simmonds, *Reading University*;
Kapitel 6   Mr. D. Payne, *Reading University*;
Kapitel 7   Dr. S.D. Young, *Nottingham University* und Dr. E. Tipping, *Institute of Freshwater Ecology*, Ambleside;
Kapitel 8   Dr. R.A. Skeffington, *National Power plc*, Leatherhead und Mr. A.G. Chalmers, *ADAS Reading*;
Kapitel 9   Dr. K.W.T. Goulding, *Rothamsted Experimental Station*
Kapitel 10 Dr. P. Le Mare, *Reading University*;
Kapitel 11 Dr. D. Barraclough, *Reading University* und Mr. A.E. Johnston, *Rothamsted Experimental Station*;
Kapitel 12 Dr. L.P. Simmonds, *Reading University*;
Kapitel 13 Mr. A.E. Johnston, *Rothamsted Experimental Station*;
Kapitel 14 Dr. R. Keren, *The Volcani Center*, Israel;
Kapitel 15 Mr. M.C.G. Lane, *ICI Agrochemicals* (jetzt *Zeneca plc*), Jealott's Hill Research Station, Dr. B.J. Wilson, *Long Ashton Research Station* und Mr. C. Chumbley, *ADAS Reading*;

Die Beiträge von Lester Simmonds (Kap. 5 und 12) und von Mike Lane (Kap. 15) sind besonders hervorzuheben. Die meisten Ideen stammen von ihnen; sie haben Teile des Textes verfaßt und mir in zahlreichen Diskussionen geholfen, den Stoff zusammenzutragen. Lester Simmonds ist auch für die in den Kapiteln 11, 12, und 15 vorgestellten Modelle und ihre computergestützte Berechnung verantwortlich. Andere sind meiner Bitte nach Informationen, Photographien, Bereitstellung von Daten und mancherlei anderen Anfragen bereitwillig nachgekommen: W. Adams. S. Allen, J. Archer, A. Armstrong, C. Bishop, P. Brookes, K. Cameron, D. Campbell, B. Chambers, L. Chubb, M. Court, J. Decroux, T. Edwards, M. Froment, M. Goss, D. Greenland, P. Gregory, P. Harris, S. Heming, C. Henkens, M. Hornung, J. Irwin, D. Kinneburgh, H. Koyumddjisky, R. MacEwen, S. McGrath, W. McHardy, S. McKean, A. McNeill, P. Nye, W. Patefield, A. Parsons, L. Petersen, D. Powlson, S. Prasher, K. Ritchey, R. Smith, B. Soane, M. Stansfield, P. Stevens, R. Sylvester-Bradley, R. Tayler, R. Unwin, C. Vincent, G. Wadsworth, A. Walker, G. Warren, M. Wong, G. Wyn Jones.

Anne Dudley hat nichtstandardisierte experimentelle Methoden überprüft; einige der Experimente aus Kap. 15 wurden von den technischen Hilfskräften aus Mike Lanes Labor überwacht. Anne Gillibrand organisiert seit vielen Jahren die Laborkurse und bereitet sie vor; etliche der von den Studenten verwendeten Methoden konnte sie vereinfachen und verständlicher gestalten.

Die Textverarbeitung haben Alice Doyle, Valerie Keane, Dorothea Fitzgerald und Sue Hawthorne im Fachbereichsbüro, aber auch meine Frau und meine Töchter übernommen; sie bekamen technische Ratschläge von meinem Sohn. Es war eine arbeitsintensive und oft eintönige Angelegenheit, für die ich allen sehr dankbar bin. Heather Browning vom Fachbereich Geographie hat die Abbildungen hergestellt. Obwohl wir uns sehr bemüht haben, alle Fehler zu finden, ist es wohl unvermeidlich, daß einige sich selbst der strengsten Durchsicht entziehen. Lassen Sie mich von den Fehlern wissen, die Sie finden, damit sie korrigiert werden können.

Ich bin der Universität und den Mitgliedern des Fachbereichs dankbar, daß mir zum Schreiben dieses Buches soviel Zeit und Freiheit eingeräumt wurde; selbst in der akademischen Welt sind das heute seltene Geschenke. Andere Mitglieder des Fachbereichs haben einen Großteil meiner normalen Arbeit übernommen, als ich mich 1990 neun Monate lang zurückgezogen habe, um den ersten Entwurf des Buches zu erarbeiten. In den darauffolgenden drei Jahren wurde meine Arbeitsbelastung im Sommersemester immer sehr gering gehalten, so daß ich jeweils beinahe sechs Monate Zeit hatte, mich auf das Schreiben zu konzentrieren. Ich vertraue darauf, daß die investierte Zeit und Arbeit sich soweit gelohnt haben, daß andere das „Rüstzeug unseres Handwerks" erlernen können.

Wir haben ausgiebigen Gebrauch von methodischen Standardvorschriften zur Bodenanalyse gemacht. In den meisten Fällen haben sich diese Methoden im Lauf der Jahre und durch die Mithilfe vieler Wissenschaftler entwickelt, so daß es unmöglich erscheint, die genaue Quelle zu zitieren. Ebenso ist es mir unmöglich, die persönlichen Beiträge vieler Studenten, darunter auch viele aus Übersee, zu würdigen. In Oxford wie auch in Reading haben ihre Fragen, Ideen und Erfahrungen viel zu meinem eigenen Verständnis beigetragen. Während des Schreibens haben Studenten Abschnitte des Manuskripts gelesen, angewendet und kritisiert. Es war für mich eine Ehre, mit ihnen allen zusammenzuarbeiten.

Danksagung für Grafiken und Bildmaterial

Wir danken folgenden Personen und Institutionen für die Genehmigung, Copyright-Material zu reproduzieren:

Für zeichnerische Darstellungen: *American Society of Agronomy, Inc.* für die Abbildungen 12.4 (Denmead und Shaw 1962) und 13.2 (Ramig und Rhoades 1963); *Blackwell Scientific Publications* für die Abbildungen 4.10 (Smith 1989), 8.2 (Goulding, McGrath und Johnston 1989), 13.7 und 13.8 (Johnston 1986); *Cambridge University Press* für die Abbildungen 11.3 und 11.4 (Gregory, Crawford und McGowan 1979); *Cranfield Institute of Technology* für die Abbildungen 1.3 (Hodgson 1974); *Elsevier Science Publishers BV* für die Abbildung 5.10 (Hamblin 1981); der *britischen Staatsdruckerei (HMSO)* für die Abbildungen 4.11, 6.3, 10.5 und 11.10 © Crown Copyright; *Longman Group UK Limited* und dem Autor R.S. Russell für die Abbildungen 3.6 (Wild 1988) und 3.1 (Russell 1977); *Scottish Centre of Agricultural Engineering* für die Abbildung 4.4.

Für **Schwarzweißfotografien:** *ADAS Aerial Photography* für Bildtafel 1.2 © Crown Copyright; *American Phytopathological Society* und dem Autor R.C. Foster für Bildtafel 2.2 (Foster, Rovira und Cock 1983); *DLG-Verlags GmbH* für Bildtafel 3.1 (Kutschera 1960); Prof. Dr. Graf von Reichenbach für Bildtafel 9.1 (Smart und Tovey 1981); für Bildtafel 1.1© Crown Copyright 1993/MOD reproduziert mit Genehmigung der *britischen Staatsdruckerei*; W.J. McHardy und *The Macaulay Land Use Research Institute* für Bildtafel 2.3 (Smart und Tovey 1981); *New Zealand Society of Soil Science* und *Mallinson Rendel Publishers*, Wellington für Bildtafel 2.4 (Molloy 1988); *Scottish Centre of Agricultural Engineering* für Bildtafel 4.1; *John Wiley & Sons Ltd* für Bildtafel 6.4 (Emerson, Bond und Dexter 1978).

Für **Farbfotografien:** *Holt Studios International* und Nigel Cattlin für Farbtafel 6; *Rothampsted Experimental Station* für Farbtafel 19; *Scottish Centre of Agricultural Engineering* für Farbtafeln 3 und 7; *Warren Spring Laboratory* für Farbtafeln 13, 16 und 17.

Copyright-Material wurde erwähnt, wo es angebracht erschien. Die Zitate des Prologs und Epilogs sind der Good News Bible entnommen und wurden mit Genehmigung von *The Bible Society/Harper Collins Publishers Ltd., UK ©, American Bible Society* 1966, 1971, 1976, 1992 veröffentlicht. Die Zitate in Abschnitt 13.5 aus Nye, P.H. und Greenland, D.J. 1960 *The Soil Under Shifting Cultivation* sind in der Genehmigung von *CAB International* enthalten.

David L. Rowell

Inhaltsverzeichnis

1 Böden im Gelände 1
    Bodenbildung 1
    Bodennutzung 4
    Messung von Bodeneigenschaften 7
1.1 Der Einsatz von Schürfgruben 8
    1.1.1 Auswahl eines geeigneten Standorts 9
    1.1.2 Ausheben der Schürfgrube 10
    1.1.3 Entnahme von Bodenproben 11
    1.1.4 Räumliche Variabilität von Böden 12
1.2 Quantitative Abschätzung von Bodeneigenschaften im Gelände .. 13
    1.2.1 Körnung des Bodens (Textur) 14
    1.2.2 Skelettgehalt 16
    1.2.3 Porosität und Wasserleitfähigkeit 21
    1.2.4 Calciumcarbonatgehalt: Bestimmung im Gelände 21
1.3 Probenahme im Gelände bzw. auf einer Versuchsparzelle 22
1.4 Übungsaufgaben 25

2 Mineralische Bestandteile des Bodens 27
    Betrachtung der Bodenbestandteile 27
    Boden-Dünnschliffe 28
    Korngrößenverteilung und Bodentextur 31
2.1 Verwitterung von Gesteinen und Neubildung pedogener Minerale 36
2.2 Tonminerale und Sesquioxide 37
    2.2.1 Tonminerale 37
    2.2.2 Sesquioxide 42
2.3 Bodenart und Körnungsanalyse 43
    2.3.1 Kornfraktionen (Bodenartengruppen) 44
    2.3.2 Standardmethode der Korngrößenanalyse 45
    2.3.3 Summenkurven und die Darstellung der Daten 52
2.4 Bestimmung des Carbonatgehalts 53
2.5 Chemische Gleichungen, Stoffmengen und Titrationen 56
2.6 Praktische Übungen 59
2.7 Übungsaufgaben 59

3 Organische Bodensubstanz 61
    Lebendes Bodenmaterial: Tiere, Pflanzen und Mikroorganismen . 62

	Abgestorbenes organisches Material	65
	Organischer Stickstoff	68
	Verwendung von Laborwerten für Freilanduntersuchungen	69
3.1	Gewinnung und Untersuchung von Wurzelmaterial	70
3.2	Bestimmung der mikrobiellen Biomasse	73
3.3	Bestimmung des Wassergehalts und Glühverlusts	77
3.4	Oxidierbarer Kohlenstoff und organische Substanz – die Dichromatmethode	78
3.5	Abbaukinetik der organischen Substanz	82
3.6	Bestimmung des organischen Stickstoffs	87
3.7	Umrechnung von Laborwerten in Freilandwerte	91
3.8	Zuverlässigkeit von Daten	92
3.9	Praktische Übungen	96
3.10	Übungsaufgaben	97
4	**Bodengefüge**	**99**
	Porensysteme	99
	Gefügestabilität	105
4.1	Dichte der festen Bodenbestandteile	109
4.2	Bestimmung der Lagerungsdichte und des Porenvolumens	111
4.3	Bodenquellung und -schrumpfung	116
4.4	Wirkung von Fahrzeugen und Bodenbearbeitungsgeräten auf das Porenvolumen	122
4.5	Praktische Übungen	127
4.6	Übungsaufgaben	129
5	**Bodenwasser**	**131**
	Bodenwassergehalt	132
	Wasserspeichervermögen	132
	Wasserspannungskurve	138
	Wasserbewegung	140
	Kombinierte Wirkung der Saugspannung und Wasserbewegung auf die Wasserversorgung von Pflanzen	142
5.1	Methoden der Messung und Darstellung des Bodenwassergehalts	143
5.2	Messung der Bodensaugspannung	146
	5.2.1 Grundlagen	146
	5.2.2 Messung der Bodenwasserspannung	147
5.3	Bestimmung der Wasserspannungskurve	152
5.4	Bodenwasserpotential und die Richtung der Wasserbewegung	158
	5.4.1 Fallstudie: Bodenwasserdynamik in der Savanne der Sahelzone	161
5.5	Wasserleitfähigkeit und Geschwindigkeit der Wasserbewegung	165
	5.5.1 Messung der hydraulischen Leitfähigkeit	166
	5.5.2 Fortsetzung der Fallstudie: Bodenwasserdynamik in der Savanne der Sahelzone	176
5.6	Praktische Übungen	178
5.7	Übungsaufgaben	179

6 Bodenluft – Angebot und Bedarf ... 181
Messung der Bodenatmung ... 182
Bodenatmung: Sauerstoffzufuhr und Kohlendioxidabtransport ... 184
Pflanzenwachstum in überfluteten Böden ... 191
6.1 Respirationsraten, Kohlenstoffverlust und Temperaturwirkungen ... 191
6.2 Laborbestimmung der Respirationsrate der mikrobiellen Biomasse ... 193
6.3 Mikrobielle Aktivität in Böden ... 197
6.4 Messung des luftgefüllten Porenvolumens ... 200
6.5 Prognosen der Bodendurchlüftung ... 201
6.6 Chemie der aeroben und anaeroben Bodenatmung ... 208
   6.6.1 Aerobe Bodenatmung ... 208
   6.6.2 Anaerobe Bodenatmung ... 208
   6.6.3 Redoxpotentiale ... 209
Numerische Beziehungen ... 209
6.7 Messung des Redoxpotentials ... 212
6.8 Fragen zum Naßreisanbau ... 215
6.9 Praktische Übungen ... 216
6.10 Übungsaufgaben ... 217

7 Partikeloberflächen und Bodenlösung ... 221
Lösung und Fällung ... 221
Adsorption und Desorption ... 222
7.1 Negative Ladungsplätze auf der Humusoberfläche ... 231
7.2 Messung austauschbarer Kationen und der KAK neutraler Böden ... 235
   7.2.1 Bestimmung des austauschbaren Calciums ... 242
7.3 Messung austauschbarer Kationen und der
effektiven Kationenaustauschkapazität (KAK_{eff}) saurer Böden ... 246
7.4 Bestimmung der Zusammensetzung der Bodenlösung ... 250
7.5 Oberflächenladung und Anionensorption an Sesquioxiden
und Tonmineralen ... 251
7.6 Messung der Anionen- und Kationenaustauschkapazität
in Böden variabler Ladung ... 255
7.7 Praktische Übungen ... 259
7.8 Übungsaufgaben ... 260

8 Bodenacidität und Bodenalkalität ... 263
Beschaffenheit der Bodenacidität ... 263
Entstehung der Bodenacidität ... 264
Bodenversauerung unter natürlicher Vegetation ... 267
Auswirkungen der Bodenversauerung ... 269
Versauerung in landwirtschaftlichen Systemen ... 269
Bodenkalkung ... 271
Alkalische Böden ... 272
8.1 Bedeutung und Bestimmung des pH-Werts ... 273
8.2 Messung der Basen- und Aluminiumsättigung ... 277
8.3 Chemische Reaktionen in sauren und alkalischen Böden ... 281
   8.3.1 Bodenacidität ... 281

	8.3.2 Bodenalkalität	285
8.4	Pufferkapazität von Böden und ihre Bestimmung	287
8.5	Ermittlung des Kalkbedarfs	293
8.6	Praktische Übungen	298
8.7	Übungsaufgaben	300

9 Verfügbarkeit von Pflanzennährstoffen – Kalium, Calcium und Magnesium ... 303

	Kaliumverfügbarkeit	305
	Calciumverfügbarkeit	314
	Magnesiumverfügbarkeit	315
9.1	Chemische Extraktion des verfügbaren Kalium, Magnesium und Calcium	316
	9.1.1 Kalium	316
	9.1.2 Magnesium	318
	9.1.3 Calcium	319
9.2	Topfversuche – Techniken und Durchführung	319
9.3	Analyse von Pflanzenmaterial	324
	9.3.1 Bestimmung von Kalium im Pflanzenextrakt	326
9.4	Messung und Verwendung von Kaliumaustauschisothermen	327
9.5	Kaliumbilanz im Feld	335
9.6	Regression und Korrelation	337
9.7	Praktische Übungen	342
9.8	Übungsaufgaben	343

10 Phosphor und Schwefel ... 347

	Phosphor	347
	Schwefel	357
10.1	Bestimmung des Phosphats in der Bodenlösung	359
10.2	Adsorptions- und Desorptionsisothermen für Phosphat	363
10.3	Boden-P-Extraktion mit Natriumhydrogencarbonat (Olsen-Methode) und Bestimmung des Verfügbarkeitsindex	366
10.4	Phosphorbestimmung in Pflanzenmaterial	368
	10.4.1 Pflanzenphosphor	368
10.5	Schwefelbestimmung in Boden- und Pflanzenmaterial	369
10.6	Praktische Übungen	374
10.7	Übungsaufgaben	377

11 Stickstoff ... 379

	Stickstoffdynamik	379
	Angebot und Bedarf: Stickstoffbilanz	385
	Auswirkungen auf die Umwelt	392
11.1	Bestimmung des mineralischen Stickstoffs in Böden	394
11.2	Stickstoffbestimmung in Pflanzenmaterial	398
11.3	Labormethoden zur Untersuchung der Mineralisierung	400
	11.3.1 Vorhersage der Stickstoffverfügbarkeit durch Inkubation im Labor	400
	11.3.2 Umwandlungsprozesse des Stickstoffs	401
	11.3.3 Alternative Bestimmungsmethoden für Nitrat und Ammonium	405

11.4 ADAS-Stickstoff-Verfügbarkeitsindex	406
11.5 Methoden zur Untersuchung der Nitratauswaschung	411
11.6 Praktische Übungen	423
11.7 Übungsaufgaben	426

12 Verfügbarkeit von Wasser in Böden ... 427

Infiltration und Oberflächenabfluß	428
Evaporation aus dem Boden	430
Verdunstung aus den Pflanzen	431
Blattwasserpotential	432
Pflanzenverfügbares Wasser	436
Bodenwasserdefizite und Bewässerungsbedarf	436
12.1 Bestimmung der Wasserverluste aus Böden	437
12.2 Schätzung des Wasserverbrauchs von Kulturpflanzen	440
12.3 Das Bucket-Modell des Bodenwasserhaushalts	443
12.4 Praktische Übungen	447

13 Bodenfruchtbarkeit ... 449

Produktivitätspotential	450
Erträge und Wechselwirkungen	452
Bodenfruchtbarkeit und ihre Erhaltung	455
13.1 Topf- und Freilandmethoden zur Untersuchung von Erträgen und Wechselwirkungen	458
13.2 Das Broadbalk-Experiment	464
13.3 Management und organische Substanz sowie Fragen zum organisch betriebenen Landbau	469
13.4 Messung von Leguminosenwachstum und Stickstoff-Fixierung	474
13.5 Waldrodung und Wanderfeldbau	478
13.5.1 Veränderungen der Bodeneigenschaften infolge Rodung	478
13.6 Übungsaufgaben	484

14 Salz- und natriumhaltige Böden ... 487

Bodenversalzung	487
Probleme aufgrund hoher Natriumgehalte	492
Management salz- und natriumhaltiger Böden	495
Salzgehalt in Gewächshäusern	499
14.1 Analyse der Zusammensetzung des Bewässerungswassers	500
14.2 Herstellung eines Sättigungsextrakts und Analyse des Salz- und Natriumgehalts	505
14.2.1 Salzgehalt des Bodens	505
14.2.2 Natriumgehalt des Bodens	509
14.3 Bestimmung der Salztoleranz von Pflanzen durch Topfversuche	513
14.3.1 Bodenexperimente	513
14.3.2 Sandkulturversuche	515
14.3.3 Freilandversuche	515
14.4 Quellung und Dispersion von Tonen	516

14.5 Labormessung des Natriumeinflusses auf Tonquellung
und hydraulische Leitfähigkeit 520
14.6 Zur Auswaschung erforderliche Wassermenge, Wassermischung
und Zugabe von Gips 526
    14.6.1 Zur Auswaschung erforderliche Wassermenge 526
    14.6.2 Verbesserung der Qualität des Bewässerungswassers 528
14.7 Leitfähigkeitsindex für Böden und Komposte in Gewächshäusern
(ADAS-Verfahren) 529
14.8 Praktische Übungen 531
14.9 Übungsaufgaben 532

15 Pestizide und Metalle 535
    Umweltverhalten von Pestiziden 537
    Potentiell toxische Elemente in Böden 544
15.1 Einfluß von Unkräutern auf den Ernteertrag 546
15.2 Phytotoxizität und Herbizidpersistenz in Böden 552
15.3 Adsorption von Pestiziden in Böden 559
15.4 Mobilität von Pestiziden und ihre Auswaschung ins Grundwasser 565
    15.4.1 Adsorption und Pestizidmobilität 565
    15.4.2 Adsorption, Abbau und Pestizidmobilität 568
    15.4.3 Modell zur Simulation der Pestizidauswaschung 570
15.5 Bestimmung von Metallen in Böden: Toxizität und Mangel 572
    15.5.1 Toxizitäten 572
15.6 Praktische Übungen 576
15.7 Übungsaufgaben 577

Epilog 579

Anhang 581
    Anhang 1 Symbole, Einheiten und Sonstiges 581
    Anhang 2 Molmassen ausgesuchter Elemente 583
    Anhang 3 Das Bucket Modell 584
    Anhang 4 Farbtafeln 591

Literaturverzeichnis 599

Sachverzeichnis 607

KAPITEL 1

Böden im Gelände

Die Erdoberfläche besteht aus drei Komponenten in stark wechselnder Zusammensetzung: Wasser (z.T. als Schnee), Gestein und Boden. Boden ist das Produkt der *Verwitterung* von Gesteinen, was sowohl den physikalischen Zerfall des Gesteins in kleinere Bruchstücke als auch die chemische Veränderung der Zusammensetzung umfaßt (s. Kap. 2). Es gibt jedoch noch viele weitere *Prozesse*, die alle zusammen für die Entstehung von Boden mit seinen charakteristischen Merkmalen, dessen stoffliche Zusammensetzung und räumliche Verbreitung auf der Erdoberfläche verantwortlich sind. Von grundlegender Bedeutung sind dabei Prozesse, an denen die im Boden lebenden Pflanzen, Tiere und Mikroorganismen beteiligt sind (s. Kap. 3). Das Klima ist der dominierende Faktor, der die Geschwindigkeit dieser Prozesse bestimmt und die breite Vielfalt der auf der Erde vorkommenden Böden und Bodeneigenschaften bedingt. Innerhalb des Systems aus Lithosphäre, Atmosphäre und Biosphäre ist der Boden immer eine bedeutende Komponente. Die Bodeneigenschaften spiegeln das sich verändernde Wechselspiel der Beziehungen in diesem System wider. Der Boden ist für verschiedene menschliche Aktivitäten von entscheidender Bedeutung; wir können diese Tätigkeiten nur dann erfolgreich und nachhaltig durchführen, wenn wir verstehen, wie der Boden entstanden ist und wie menschliche Eingriffe dieses System beeinträchtigen. Dies gilt vor allem für Veränderungen der Biosphäre, die durch menschliche Manipulationen von Vegetation und Boden hervorgerufen werden.

Bodenbildung

In der zweiten Hälfte des 19. Jahrhunderts beobachtete eine Gruppe russischer Bodenkundler unter Leitung von Dokutschajew, daß die Bodeneigenschaften von einer Reihe *bodenbildender Faktoren* gesteuert werden. Sie faßten die Zusammenhänge in einer quasi-mathematischen Formel zusammen:

$$B = f(kl, a, r, v, o)_t \qquad (1.1)$$

B steht hier für den Boden bzw. einige Bodeneigenschaften; die bodenbildenden Faktoren sind das Klima (kl), das Ausgangsgestein (a), das Relief (r), die Vegetation (v), die Bodenorganismen (o) und die Zeit (t), während der sich der Boden gebildet hat.

Die Einbeziehung der Zeit in Gleichung 1.1 unterstreicht, daß es sich bei Böden um dynamische Systeme handelt, in denen die bodenbildenden Faktoren die Geschwindigkeit der ablaufenden Prozesse beeinflussen, wobei das Produkt aus Geschwindigkeit und Zeit ein Maß für die Veränderung ist, die ein Prozeß hervorruft. Die für bestimmte Veränderungen erforderliche Zeit variiert dabei gewaltig: Die Bildung eines Erdhäufchens durch einen Regenwurm benötigt wenige Stunden, die Entstehung und Einbindung von Humus dauert Jahre, die Verwitterung von Gestein und die Bildung von Tonmineralen Jahrtausende. Folglich sind die Eigenschaften eines Bodenprofils, das aus mehreren Horizonten besteht und sich von der Oberfläche mehr als einen Meter in die Tiefe erstrecken kann, das Ergebnis von Prozessen, die über lange Zeiträume hinweg stattgefunden haben. Während dieser Zeit können Klimaveränderungen das Relief, die Vegetation und Organismenzusammensetzung verändert haben (wobei die einzelnen Faktoren nicht unabhängig voneinander sind). Außerdem blieb die Geschwindigkeit der Prozesse, die während der Bildung des Bodens abliefen, bestimmt nicht konstant und wäre es selbst ohne Klimaänderung nicht gewesen. So hätten beispielsweise Veränderungen in der Gesteinszusammensetzung zu Beginn des Verwitterungsprozesses mit hoher Geschwindigkeit stattfinden können, die sich verlangsamte, als sich das Verwitterungsmaterial und seine Umgebung einem Gleichgewichtszustand näherten. In ähnlicher Weise produziert die physikalische Verwitterung eine wachsende Schicht von Bodenmaterial, so daß die Sukzession von Pflanzen und anderen Organismen auf einer bestimmten Fläche so weit gehen kann, bis ein Klimaxstadium erreicht ist, in dem nur noch geringfügige Veränderungen der Bodeneigenschaften stattfinden. Hieraus läßt sich schließen, daß die Geschwindigkeit, mit der Prozesse gegenwärtig ablaufen, nicht so hoch wie in der Vergangenheit ist.

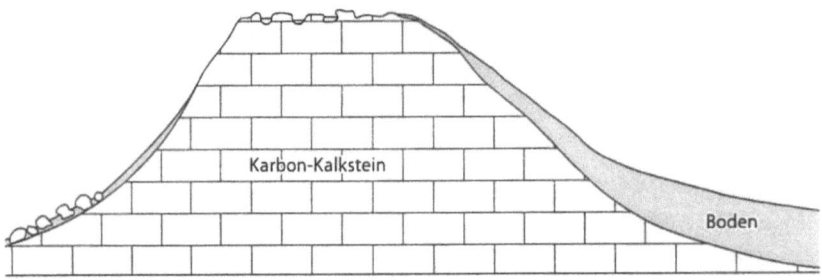

Vegetation	Flechten Moose	Sesleria caerulea	Sesleria caerulea, Festuca ovina (Agrostis capillaris)	Festuca ovina/ Agrostis capillaris		Nardus stricta	Nardus stricta
				Sesleria caerulea	Trifolium repens		
Böden	Kalksteinbrocken, dazwischen Bereiche mit Rendzina	Geröll-Rendzina	Rendzina	basenreiche Braunerde	Braunerde	saure Braunerde	torfiger, vergleyter Podsol

Abb. 1.1. Idealisiertes Profil der Malham-Region in North Yorkshire, das die räumliche Abfolge der Böden zeigt, die sich auf Karbon-Kalkstein entwickelt haben. Bildtafel 1.1 zeigt eine Luftaufnahme der Region. Es gibt zwei charakteristische Bodengruppen: Böden, die sich direkt aus den Verwitterungsrückständen des Kalksteins gebildet haben, und solche aus kalkfreien Sedimenten, die den Kalk überdecken. In der ersteren finden sich verschiedene Rendzina-Subtypen, die sich vor allem hinsichtlich des Kalksteinschuttanteils und der Gründigkeit voneinander unterscheiden. Die zweite Gruppe besteht aus basenreichen Braunerden, wo die Decksedimente geringmächtig sind, und eher sauren Braunerden, wo die Deckschichten an Mächtigkeit gewinnen. Am Hangfuß, wo die Deckschichten mehrere Meter mächtig sind, finden sich schlecht entwässerte, torfig-saure vergleyte Podsole (nach Bullock 1971; © Crown Copyright 1993/MOD, mit Genehmigung des *Controller of HMSO*)

Einführung

Bildtafel 1.1. Kalkfelsen-Landschaft nördlich von Malham, NorthYorkshire. Im Vordergrund ist der Cove zu sehen, der Tarn in einiger Entfernung. Kalksteinplatten und ein Trockental dominieren die Bildmitte. Abb. 1.1 zeigt die räumliche Anordnung der Böden und Vegetationseinheiten in dieser Region (Fotografie: *Comittee for Aerial Photography, University of Cambridge.* © Crown Copyright 1993/*MOD*, reproduziert mit Genehmigung des *Controller of HMSO*.)

Eine weitere Einschränkung von Gleichung 1.1 besteht darin, daß die jeweilige Bedeutung der Einzelfaktoren zu variieren scheint, je nachdem welches Gewicht man der Beurteilung ihrer Auswirkungen zumißt. Dokutschajews ursprüngliche Beobachtungen zum Beispiel unterstrichen die Bedeutung des Klimafaktors, der in erster Linie für die großräumige Bodenzonierung in Rußland verantwortlich ist. Innerhalb einer Klimazone jedoch dürften Unterschiede im Ausgangsgestein der wichtigste Faktor sein, der zur Bildung verschiedener Böden führt. Bei noch kleinräumigerer Betrachtung dürften Vegetation und Relief diejenigen Faktoren sein, die die Bodenbildung steuern, sofern Klima und Ursprungsgestein sich innerhalb des betrachteten Gebiets wenig verändern (Abb. 1.1 und Bildtafel 1.1). Der Aspekt, der in diesem Buch hauptsächlich berücksichtigt wird, ist die räumliche Variabilität innerhalb einer Fläche, die die Unterschiede des Ausgangsmaterials, des Reliefs und der Vegetation widerspiegelt, die bereits vor einer landwirtschaftlichen Landnutzung bestanden (Bildtafel 1.2).

Trotz aller Einschränkungen stellt Gleichung 1.1 für das grundlegende Verständnis der Bodenbildung ein logisches Gerüst dar, das die Untersuchung von Bodeneigenschaften und -prozessen ermöglicht. Auch ein Jahrhundert nach ihrer Einführung ist sie noch immer die Grundlage für das Verständnis der räumlichen Verbreitung von Böden.

Von den vielen einführenden Büchern, die sich mit Freilanduntersuchungen von Böden befassen und deren Entstehung und Verbreitung beschreiben, seien Bridges (1978) und Molloy (1988) empfohlen. Das zweite Werk schildert seine wissenschaftliche Information in einmaliger Weise vor dem Hintergrund der Schönheit von Böden und Landschaft in Neuseeland. Standardwerke für den deutschsprachigen Raum sind Kuntze, Roeschmann und Schwertfeger (1994) sowie Scheffer und Schachtschabel (1992).

Bodennutzung

Beschreibt man die Bodenentwicklung mit Gleichung 1.1, dann werden Veränderungen, die von der Bodennutzung zur Produktion von Nahrung, Fasern und Holz herrühren, nicht direkt berücksichtigt. Da dies jedoch ein wesentlicher Faktor ist, der die Bodeneigenschaften in den besiedelten Teilen der Welt beeinflußt – und das schon seit der Umwandlung von Jäger-Sammler-Gesellschaften in eher seßhafte Agrarkulturen im ausgehenden Neolithikum (Hillel 1992) –, könnte der Dokutschajew-Gleichung ein weiterer Faktor, die Bewirtschaftung (m), hinzugefügt werden. Dieser neue Faktor aber besäße eine andere Qualität als die für Gleichung 1.1 diskutierten: Er wäre nur für die jüngere Vergangenheit anwendbar, in vielen Fällen natürlichen Prozessen entgegengerichtet und würde für die jüngste Entwicklung Agrarchemikalien sowie häusliche und industrielle Abfälle mit ins Spiel bringen. Berücksichtigt man diese Bewirtschaftung als bodenbildenden Faktor, dann kann Gleichung 1.1 folgendermaßen erweitert werden:

$$B = f(kl, a, r, v, o)_{t_1} + (m)_{t_2} \qquad (1.2)$$

Dabei ist m der Management- bzw. Bewirtschaftungsfaktor, t_1 die Gesamtzeit der Bodenbildung und t_2 die Zeit seit Beginn der Bodennutzung. Allerdings suggeriert diese Gleichung, daß die Bewirtschaftung von den anderen Faktoren unabhängig ist; dies trifft aber nicht zu, da sich die Folgen der Bewirtschaftung vor allem anhand von Veränderungen der Vegetation, der Organismenzusammensetzung und der lokalen Klimaverhältnisse bemerkbar machen. Die Möglichkeit eines globalen Klimawandels, der z.T. auf Kohlendioxid (CO_2) aus der Verbrennung der Pflanzendecke (u.a. Brandrodung) und einen Schwund der organischen Bodensubstanz zurückzuführen ist, unterstreicht nachdrücklich die Bedeutung des Zusammenhangs zwischen der Bodennutzung und den anderen bodenbildenden Faktoren.

Einführung

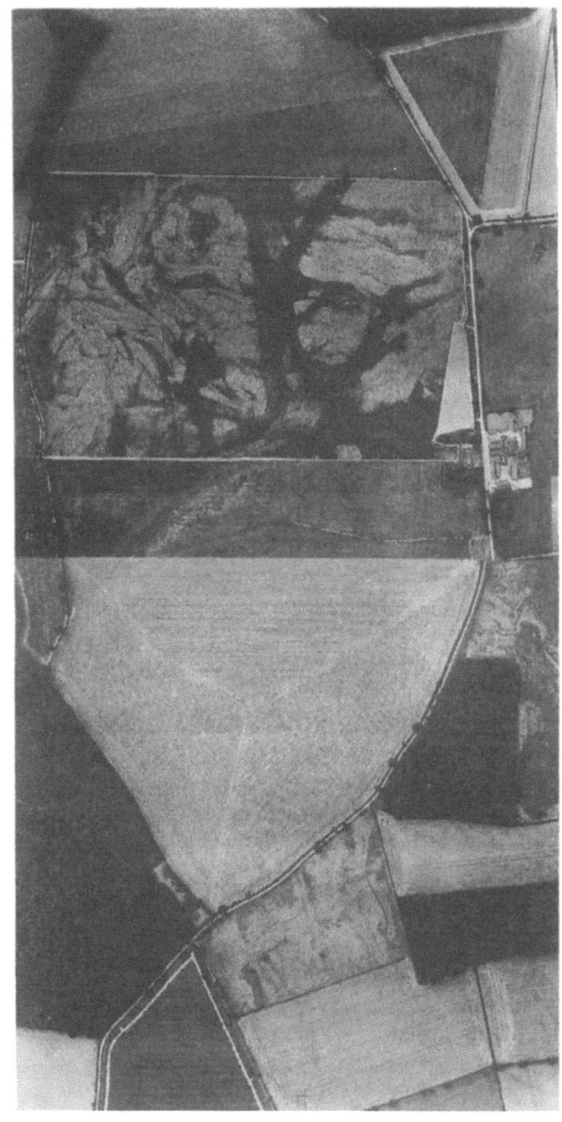

Bildtafel 1.2. Räumliche Variabilität der Bodengüte in einem Teil von Cromer Ridge, Norfolk. Das Muster der Grauschattierungen auf dem mit dem Pfeil gekennzeichneten Feld entspricht dem unterschiedlichen Wachstum der Zuckerrüben Ende August 1970. Die helleren Töne zeigen schlechtes Fruchtwachstum, gelbe Blätter und an einigen Stellen Ernteausfall an, die dunkleren Stellen entsprechen gesunden, grünen Pflanzen. Letztere wachsen auf Lehm von über 90 cm Mächtigkeit; bei den schlecht wachsenden Pflanzen befinden sich weniger als 15 cm Lehm über einer Sandschicht. Die mächtigen Lehmschichten weisen eine höhere Wasserspeicherkapazität auf (s. 12.3) und gewährleisten deshalb auch ein Fruchtwachstum während längerer Trockenzeiten. Das Getreide im benachbarten Feld zeigte vor der Ernte ein ähnliches Muster, das sich bei sorgfältiger Betrachtung noch an den Stoppeln erkennen läßt. Vergleichbare Strukturen lassen sich in verlassenen Siedlungen beobachten, wo sich Gebäudefundamente nur knapp unter der Bodenfläche befinden (Banks und Stanley 1990). Fotografie von *ADAS Aerial Photography*, Cambridge. Crown Copyright

Erst seit den letzten Jahrzehnten werden die Auswirkungen menschlicher Aktivitäten auf die Umwelt mit zunehmender Sorge verfolgt. Was den Boden betrifft, seien hier einige durch Menschen verursachte katastrophale Veränderungen genannt: Versalzung (s. Kap. 14) durch schlecht geführte Bewässerungsanlagen und Erosion empfindlicher Böden durch Wind und Regen. In den meisten Fällen jedoch sind Böden in der Lage, sich Veränderungen während der Bearbeitung anzupassen, da sie von Natur aus gut gepuffert (stabil) sind und sich nur langsam in Richtung eines neuen Gleichgewichtes verändern, welches wiederum von den veränderten bodenbildenden Faktoren abhängt.

Neben Versalzung und Bodenerosion sind die Folgen des Abbrennens der Pflanzendecke und die Verarmung des Bodens an organischen Inhaltsstoffen die einschneidendsten Veränderungen, die durch die Bodenbearbeitung verursacht werden (s. Kap. 13).

- Durch die Verbrennung werden Nährelemente teilweise in die Atmosphäre und teilweise in den Boden freigesetzt, wodurch vorübergehend das Nährstoffangebot im Boden zunimmt und einer Bodenversauerung entgegenwirkt wird; dieser Effekt ist die Grundlage für den Brandrodungs-Wanderfeldbau (s. Kap. 13). Dies ist zwar ein natürlicher Teil des Nährstoffkreislaufs, beschleunigt aber die Vorgänge, die während der Verwesung von Pflanzenresten normalerweise langsam ablaufen, und kann letztlich den Nähstoffverlust erhöhen.
- Der Einfluß der Bodenbearbeitung auf die organische Bodensubstanz kann den natürlichen Bedingungen gegenübergestellt werden, bei denen, je nach Umweltverhältnissen, der Gehalt an organischer Substanz bis zu einem stabilen Maximum zunimmt. Die Bodenbearbeitung kehrt diesen Trend um: Sie verringert den Eintrag organischer Stoffe aus der Pflanzendecke und erhöht die Abbaurate; die natürliche Fruchtbarkeit des Bodens wird durch ein verringertes Nährstoffangebot (s. Kap. 9–11) und die Zerstörung der Gefügestabilität (s. Kap. 4) reduziert. Letzteres erhöht die Anfälligkeit des Bodens für Erosion, Verdichtung durch landwirtschaftliches Gerät und Viehtritt. Infolgedessen wird die Bewirtschaftung schwieriger und das Wurzelwachstum kann durch erhöhten mechanischen Widerstand und mangelnde Belüftung eingeschränkt sein (s. Kap. 6). Diesen Veränderungen kann man in gewissen Grenzen durch die Einbeziehung von Grünlandstadien in die Fruchtfolge (Gräser und Leguminosen für ein oder mehrere Jahre) und die Verwendung organischer Dünger entgegenwirken; es sind jedoch sehr hohe Düngergaben erforderlich, um den Rückgang des Gehalts an organischer Substanz zu verhindern.

Die Verwendung organischer Dünger (incl. häuslicher Abfälle und Abwässer) ist Teil des natürlichen Stoffkreislaufs in Boden, Pflanzen und Tieren. Dieser natürliche Zyklus wird aber durch die Einarbeitung anderer Stoffe in den Boden durchbrochen, wodurch die Bodenbildung um eine neue Dimension erweitert wird. Bereits vor sehr langer Zeit führte man die Kalkdüngung von Böden ein. Obwohl Kalk eine natürlich vorkommende Substanz ist, die man auf der Bodenoberfläche verteilen kann, wirkt seine Verwendung einem natürlichen Trend der Bodenbildung, in diesem Fall der zunehmenden Versauerung, entgegen (s. Kap. 7 und 8). Anders als die Bodenbearbeitung steigert das Kalken die Bodenfruchtbarkeit, da es die Toxizität von Aluminium- und Manganverbindungen vermindert und die Nährstoffverfügbarkeit erhöht.

In neuerer Zeit gelangen künstlich hergestellte Chemikalien in den Boden. Diese können in drei Gruppen eingeteilt werden:
1. *Kunstdünger.* Hierbei handelt es sich um chemische Verbindungen, die Ionen freisetzen, die auch von Natur aus im Boden vorhanden sind und ihren Platz im natürlichen Stoffkreislauf zwischen Boden und Pflanze einnehmen.
2. *Organische Chemikalien* (Pestizide und wachstumssteuernde Verbindungen). Diese Verbindungen existieren nicht in der Natur. Teilweise werden sie von Bodenorganismen in natürlich vorkommende Verbindungen gespalten, ihre Wirkung muß jedoch noch untersucht werden (s. Kap. 15).
3. *Industrielle Abfälle.* Hierzu gehören viele organische und anorganische Verbindungen. Über Emissionen gelangen unweigerlich Schadstoffe wie Metalle und sauer reagierende Schwefel- und Stickoxide in den Boden. Einige stammen aus Mülldeponien, andere werden ausgebracht (mit industriell belasteten Klärschlämmen), um die in ihnen enthaltenen Nährstoffe zu nutzen. Meist ergeben sich keine nachteiligen Langzeitwirkungen, denn Böden stellen ein bemerkenswert effizientes System dar, was den biologischen Abbau zugeführter organischer Stoffe in natürlich vorkommende Verbindungen und Ionen betrifft. Besorgniserregend sind die Folgen der Bodenversauerung, die aber durch Kalken ausgeglichen werden können (s. Kap. 15). Hingegen können Metalle, die in der Natur in geringen Konzentrationen auftreten, in größeren Mengen toxisch wirken. Sie werden nicht abgebaut und verursachen daher irreversible Veränderungen der Bodeneigenschaften.

Messung von Bodeneigenschaften

Da der Mensch mit der Nutzung des Bodens dessen Eigenschaften verändert, dessen Wechselwirkungen mit der Umgebung und dessen Ertragsfähigkeit, ist es von großer Bedeutung, die Bodeneigenschaften zu ermitteln und zu deuten. Ohne exakte Daten fehlt jegliche Grundlage für die Diskussion von Umweltfragen oder für eine effiziente Bewirtschaftung zu landwirtschaftlichen und anderen Zwecken. Die Fehler der Vergangenheit zeigen, wie gefährlich es ist, ohne diese Grundlagen zu arbeiten.
Viele nützliche Informationen lassen sich bereits aus Beobachtung im Gelände ziehen, doch sind sie in hohem Maße subjektiv. Dieses Buch befaßt sich mit der Messung von Bodeneigenschaften mit dem Ziel, ein objektives Bild darüber zu gewinnen, wie wir den Boden nutzen und welche Implikationen sich daraus für die Umwelt ergeben. Zur Messung von Bodeneigenschaften können drei Wege beschritten werden:
1. Direkte Freilandmessungen, die durch Ausheben einer Schürfgrube angestellt werden können. Hierbei handelt es sich normalerweise um semiquantitative Schätzungen von Eigenschaften und eigentlich nicht um direkte Messungen.
2. *In situ*-Messungen mit Hilfe von Geräten, die in den Boden eingebracht werden und keine signifikante Störung des Bodens hervorrufen. Dieser Weg wird insbesondere bei Messungen des Bodenwassers eingeschlagen (s. Kap. 5 und 12).
3. Messungen an Geländeproben, die im Labor durchgeführt werden.

Diese drei Vorgehensweisen werden wir anwenden, wenn wir uns in diesem Kapitel mit Freilandböden befassen. In Abschn. 1.1 werden Ratschläge zur Auswahl eines geeigneten Standorts für Schürfgruben gegeben und es wird beschrieben, wie man diese anlegt und aus ihnen Bodenproben entnimmt. In Abschn. 1.2 werden Methoden zur Abschätzung der Bodenart, des Skelettgehalts und Porenanteils von Böden beschrieben. In Abschn. 1.3 wird die räumliche Variabilität von Böden diskutiert und werden Verfahren zur Gewinnung repräsentativer Proben aus Feldern oder Gärten beschrieben. Die sich anschließenden Kapitel befassen sich mit der Messung grundlegender Bodeneigenschaften (s. Kap. 2–8) sowie der Verfügbarkeit von Nährstoffen und Wasser (s. Kap. 9–12). Aufbauend auf den Informationen aus diesen Kapiteln werden wir diese Grundlagen in einer Diskussion über Bodenfruchtbarkeit in Kap. 13 zusammenfassen. Anschließend werden Probleme erörtert, die sich aus der Bodennutzung ergeben: Bodenversalzung ist seit altersher ein Umweltproblem (s. Kap. 14), die Kontaminierung von Böden durch Pestizide und Metalle aber stellt die Bodenbewirtschaftung vor die neueste Herausforderung (s. Kap. 15). Der Vollständigkeit halber sollte auch die Erosion in diesem Buch besprochen werden, doch wir verfügen über keine hinreichend einfachen Methoden, die uns mit aussagekräftigen Daten versorgen; deshalb bleibt dieses Thema ausgespart.

Bei der Auswahl für dieses Buch handelt es sich um grundlegende Methoden:

- die nach allgemeiner Auffassung zum Rüstzeug der Bodenkunde gehören,
- die ohne fortgeschrittene Kenntnisse der Naturwissenschaften verständlich sind,
- die man ohne den Einsatz komplizierter Meßgeräte durchführen kann und
- die wesentliche Bodeneigenschaften messen und Daten liefern, aus denen sich durch geeignete Berechnungen Informationen ergeben, die über die unmittelbaren Meßergebnisse hinausgehen.

Bei Befolgung dieser Kriterien lassen sich einige Bodeneigenschaften noch nicht hinreichend genau messen, was zu einer etwas ungleichmäßigen Gewichtung der Themen in diesem Buch führt.

Abgesehen vom Erosionsproblem gilt dies vor allem für die Messung bestimmter Aspekte des Bodengefüges, der mechanischen Eigenschaften und der Durchlüftung sowie für biochemische Bodeneigenschaften, deren Meßmethoden sich noch in der Entwicklungsphase befinden.

Weitere Studien

Rechenbeispiele sind in Abschn. 1.4 zu finden.

1.1
Der Einsatz von Schürfgruben

Wenn es nötig ist, Bodenproben aus einer Tiefe von mehr als 20 cm zu entnehmen, kann man dazu entweder einen Bohrstock verwenden (s. Abschn. 1.3), oder man muß eine Grube ausheben. Das mit dem Bohrstock gewonnene Material liefert nur begrenzte Informationen, da die Proben von einem sehr kleinen Ausschnitt der Bodenoberfläche (wenige cm²) stammen und gestört sind. Das Freilegen eines *Bodenprofils* in einer Grube liefert Informationen über die vertikale Anordnung des Bodenmaterials in *Horizonten* wie auch über deren horizontale Variabilität. Bodenstruktur, Porengrößenverteilung und andere Merkmale, die durch den Bohrstock zerstört worden wären, sind nun für Beobachtungen und Messungen zugänglich. Die Methode der Wahl hängt deshalb von der Zielsetzung der Probenahme ab.

1.1.1
Auswahl eines geeigneten Standorts

Hintergrundinformation

Vor der Probenahme oder Freilanduntersuchung sollte man über das entsprechende Gebiet und seine Böden so viele Informationen wie möglich sammeln. Möglicherweise sind Bücher und Karten aus lokalen oder nationalen Erhebungen erhältlich, die sich mit Relief, Gesteinen und Böden des betreffenden Gebietes befassen. Beispielsweise sind in Großbritannien die Veröffentlichungen verschiedener Institutionen (z.B. *Ordnance Survey, Soil Survey, Land Research Centre, Macaulay Land Use Research Institute* und *Geological Survey*) wertvolle Informationsquellen. In Deutschland erteilen die Geologischen Landesämter Auskunft.

Zugang zu einer Probenahmestelle

Wenn sich das Land in Privatbesitz befindet, benötigt man eine Genehmigung, um das Gebiet betreten und dort Untersuchungen durchführen zu können. Im allgemeinen sind von den Eigentümern keine Schwierigkeiten zu erwarten, solange die Genehmigung nicht mißbraucht wird. Sollte dies allerdings der Fall sein, könnte es eine Einstellung der laufenden Arbeiten zur Folge haben, und Genehmigungen für zukünftige Untersuchungen könnten verweigert werden.

Voruntersuchungen und Auswahl der Probenahmestelle

Man sollte das Untersuchungsgebiet so weit begehen, daß man die Probenahmestelle aus allen Richtungen betrachten kann. Ein Überblick über die Landschaft trägt zum Verständnis der räumlichen Verbreitung der Böden bei. Man ziehe nochmals geomorphologische, geologische und bodenkundliche Karten des Gebiets zu Rate. Zur Ermittlung grundlegender Bodeneigenschaften verwendet man einen Bohrstock, führt aber mehrere Bohrungen durch, um den für die jeweilige Zielsetzung repräsentativsten Standort zu finden (s. Abschn. 1.3). Die Zielsetzungen können so unterschiedlich sein, daß man hier unmöglich eine Regel für die Wahl der Probenahmestelle nennen kann. Es ist jedoch geboten, einige Standorte aufgrund massiver Störungen auszuschließen: z.B. den Verlauf alter Straßen, ehemalige Siedlungen oder Stellen, an denen Aushubmaterial aus Flüssen oder Dränagegräben abgelagert wurde. In den meisten Fällen sollten folgende Stellen gemieden werden:

- Flächen in der Nähe von Zufahrten, Wegen oder Wagenspuren;
- Randbereiche von Ackerflächen, auf denen gewendet wird (die äußeren 10 m);
- Stellen, an denen Stroh oder Düngemittel gelagert wurden;
- Stellen, die der Verbrennung von Ernteresten oder Heckenschnitt dienen;
- alte Parzellengrenzen, an denen Hecken oder Wälle entfernt wurden und das Land anschließend nivelliert wurde.

Auch wenn die hinsichtlich der *räumlichen Variabilität* eines Gebietes „repräsentativste" Stelle ausgewählt wurde, hat die *zeitliche Variabilität* zur Folge, daß einige der beobachteten und gemessenen Eigenschaften nur zur Zeit der Probenahme für den Boden charakteristisch sind. Ganz offenkundig ändert sich der Wassergehalt von Tag zu Tag, variiert aber ebenso wie die Durchwurzelung auch im jahreszeitlichen Verlauf. Weniger offensichtlich sind die saisonalen Schwankungen der biologischen Aktivität, die Veränderungen der Durchlüftung und der Nährstoffverfügbarkeit hervorrufen. Auch die landwirtschaftliche Nutzung verursacht durch die Bodenbearbeitung und Düngung besonders im Oberboden jahreszeitliche Veränderungen; langfristig ändert sich der pH-Wert von Böden durch Kalkung und anschließende Wiederversauerung. Andere Eigenschaften, wie z.B. die Mächtigkeit eines Horizontes, die Korngrößenverteilung, der Skelettgehalt und die Ionenaustauschkapazität, bleiben länger konstant.

1.1.2
Ausheben der Schürfgrube

Ausrüstung

- *Spaten*;
- *Bohrstock*;
- *Spitzhacke*;
- *Spachtel*;
- *kleines Messer*;
- *Holzbalken* und *-stützen*;
- *Plastikfolien*;
- kleiner *Pinsel* oder *Bürste*.

Methode

Die Charakteristika des Standortes und der Bodenoberfläche werden erfaßt und nach den Standardvorschriften festgehalten, wie sie z.B. für Großbritannien im *Soil Survey Handbook* (Hodgson 1974), für Deutschland in der *Bodenkundlichen Kartieranleitung* (AG Boden 1994) beschrieben sind.

Grubengröße. Die Flächengröße der Grube hängt von der erforderlichen Tiefe ab. Eine Grube von 1 m Tiefe sollte eine Ausdehnung von etwa 1 × 1,5 m haben.

Ausrichtung der Schürfgrube. Die Grubenwand, die untersucht und fotografiert wird und aus der Proben entnommen werden, sollte der Sonne zugewandt sein.

Aushub. Die Grubenfläche wird abgesteckt. Damit die Merkmale der obersten Bodenzentimeter erhalten bleiben, vermeidet man ein Betreten des Bodens nahe der Aufschlußwand. Entlang der Schürfgrube werden breite Plastikfolien ausgelegt. Ist der Boden von Gras oder anderen Pflanzen bewachsen, schneidet man quadratische Soden aus, die unter Beibehaltung ihrer relativen Lage auf die Folie gelegt werden.

Nun wird der Boden aufgegraben, wobei Ober- und Unterboden auf verschiedenen Haufen gelagert werden. Beim Aushub auffallende Merkmale, wie etwa dichte oder steinige Schichten, werden notiert.

Bei einer Grubentiefe von mehr als 1 m muß man diese evtl. durch Balken abstützen, um ein Einstürzen zu verhindern. Besteht diese Gefahr, müssen sich während der Grabung immer zwei Personen an der Aushubstelle befinden. Möglicherweise muß man Stufen anlegen, um Zugang und Verlassen der Schürfgrube zu ermöglichen.

Säuberung des Profils. Die Grubenwände werden mit dem Spaten abgestochen und sind deshalb verschmiert. Mit einem Spachtel oder einem Messer wird der Boden der Stirnfläche von oben nach unten abgetragen, um Verunreinigungen zu entfernen und die Merkmale der Bodenhorizonte freizulegen. Bei trockenen Böden wird die Wandfläche zum Schluß mit einer kleinen Bürste gereinigt.

Beschreibung des Profils. Man folgt den Standardverfahren (AG Boden 1994). In Abschn. 1.2 werden nur Methoden zur Feststellung der Eigenschaften beschrieben, die im Rahmen dieses Buches von Bedeutung sind. Probenahmeverfahren werden weiter unten beschrieben.

Sicherung der Aushubstelle. Tagsüber kann die Schürfgrube nur dann unbeaufsichtigt gelassen werden, wenn keine Gefahr besteht, daß Personen oder Tiere hineinfallen können.

Um die Grube sollte ein Sicherheitsseil gespannt werden. Falls die Grube über Nacht offen bleibt, sollte sie eingezäunt oder mit Brettern abgedeckt werden. Sind die Arbeiten abgeschlossen, sollte der Boden in der richtigen Reihenfolge wieder eingefüllt und zur Verdichtung ab und zu festgetreten werden. Zum Schluß werden die Soden wieder aufgelegt und festgetreten; der Standort ist so zu verlassen, wie man ihn vorgefunden hat.

1.1.3
Entnahme von Bodenproben

Ausrüstung

- *Plastikbeutel*;
- *Etiketten*.

Methode

Die Beschreibung des Bodenprofils wird Informationen über Horizonte enthalten, die man aufgrund ihrer Farbe, Textur, Struktur und anderer diagnostischer Merkmale unterscheiden kann. Die Horizontgrenzen können scharf oder undeutlich sein und auf der freigelegten Wandfläche in ihrer Tiefenlage variieren. Die Proben werden normalerweise so entnommen, daß sie für den jeweiligen Horizont repräsentativ sind.

Die Tiefenlage des Horizonts und die Eigenschaften der Horizontgrenzen werden *notiert*.

Eine *Probe* wird entweder als *Mischprobe* oder – falls erforderlich – aus verschiedenen Tiefen innerhalb des Horizonts entnommen. Mit dem Spachtel wird der Boden aus mehreren Stellen innerhalb des Horizontes herausgelöst, die Proben werden in einer Plastiktüte gesammelt und vermischt, so daß man eine repräsentative Sammelprobe erhält. Diese kann von allen vier Wandflächen der Grube genommen werden, wenn die Probe eine größere Fläche repräsentieren soll.

Spezielle Entnahmetechniken benötigt man für Wurzelmessungen (s. Abschn. 3.1) sowie für Bestimmungen der Bodendichte (s. Abschn. 4.2) und des mineralischen Stickstoffs (s. Abschn. 11.1).

Die Proben werden folgendermaßen *markiert*:

- Nachdem man den Boden in eine Plastiktüte überführt hat, läßt man möglichst viel Luft entweichen und bindet die Tüte zu.
- Die Probe wird mit einem Etikett versehen, auf dem mit wasserunlöslichem Stift Probenummer, Horizontbezeichnung, Grubennummer, Standort, Name des Probenehmers und Datum der Probenahme verzeichnet werden.
- Die verpackte Probe steckt man in einen zweiten Plastikbeutel, wobei man das Etikett zwischen die beiden Beutel legt. Wiederum läßt man die Luft entweichen und verknotet wie zuvor.
- Ein zweites Etikett wird beschriftet und auf dem zweiten, äußeren Plastikbeutel befestigt. Ein direktes Beschriften der Beutel, selbst mit wasserunlöslichem Stift, ist nicht zuverlässig.

Das oben beschriebene Verfahren mag zwar etwas umständlich erscheinen, aber Etiketten, die in den Boden gesteckt werden, verrotten schnell, und Beschriftungen auf der Plastikfolie lösen sich beim Transport rasch ab.

Aufbereitung der Proben für die Analyse. Nach der Rückkehr ins Labor werden die Proben zum Trocknen an der Luft oder bei 30 °C in einem belüfteten Trockenschrank ausgebreitet. Die Bodenprobe wird im Mörser mit dem Pistill oder in einer Bodenmühle zerkleinert und durch ein 2-mm-Sieb gesiebt, das Wurzeln und Steinchen auffängt, so daß die *Feinboden*fraktion zurückbleibt. Diese Probe bezeichnet man als *lufttrockene Feinbodenprobe*. Trockene Tonböden können sehr hart sein, weshalb es manchmal hilfreich ist, das Mahlen und Sieben vor der endgültigen Trocknung durchzuführen. Tonige Unterböden sind äußerst schwer zu mahlen, selbst wenn sie noch nicht ganz trocken sind. Es hilft, den nassen Boden vor der Trocknung einige Tage im Gefrierschrank zu lagern; er wird von selbst in kleine Bruchstücke zerfallen.

Um aus der Mischprobe eine Teilprobe zu gewinnen, wird der Boden auf einer Plastikfolie ausgebreitet und in vier Quadranten aufgeteilt. Zwei sich gegenüberliegende Quadranten werden gemischt, ausgebreitet und wieder geteilt. Dieser Vorgang wird solange wiederholt, bis man die für die Teilprobe erforderliche Menge erhält.

1.1.4
Räumliche Variabilität von Böden

Man geht davon aus, daß man durch Mischen des Bodens von verschiedenen Stellen innerhalb eines Horizontes eine repräsentative Probe erhält. Durch Mahlen und Sieben erhält man eine homogene Probe, von der kleine Teilproben (etwa 1 g) für Analysen entnommen werden können. Auch diese Teilprobe sollte für den Horizont „repräsentativ" sein. Tabelle 1.1 enthält Daten, die von Proben aus drei verschiedenen Horizonten stammen: ein Oberbodenhorizont (0–10 cm) unter einer Dauerweide und zwei Horizonte (0–5 cm und 5–10 cm) unter Wald. Sowohl der Weide- als auch der Waldboden haben sich auf Schwemmland des River Loddon entwickelt und liegen etwa 150 m voneinander entfernt. Die Horizonte wurden auf einer Strecke von 1 m freigelegt, über die in 20-cm-Abständen fünf Proben genommen wurden. Etwa die Hälfte jeder Probe wurde markiert und einzeln in Beuteln verpackt. Die zweite Hälfte aller fünf Proben wurde in der Sammelprobe zusammengefaßt. Die Proben

Tabelle 1.1. Schwankungen des organischen Kohlenstoffgehalts [Masse-%] in Proben aus drei verschiedenen Horizonten von Böden der Shinfield Farm der Universität Reading

Proben-Nr.	Weideland (0–10 cm)		Waldboden (0–5 cm)		(5–10 cm)	
	Einzelprobe	Mischprobe	Einzelprobe	Mischprobe	Einzelprobe	Mischprobe
1	5,18	4,84	6,80	8,81	4,18	4,00
2	5,02	4,76	7,51	8,18	3,01	3,55
3	5,02	4,96	9,98	7,43	3,19	3,61
4	5,70	5,18	9,18	9,07	3,61	3,79
5	4,99	4,83	8,76	8,43	3,18	3,38
Mittelwert $\bar{x}$	5,18	4,91	8,45	8,38	3,43	3,67
Standardabweichung s	0,299	0,165	1,28	0,634	0,472	0,237
95%-Konfidenzintervall	±0,37	±0,21	±1,59	±0,79	±0,59	±0,29

Die Daten wurden von S. Nortcliff und A. Dudley, Reading University, zur Verfügung gestellt.

wurden luftgetrocknet und der Feinboden ausgesiebt. Die Mischprobe wurde in fünf Teilproben aufgeteilt, womit für jeden Horizont fünf Einzelproben und fünf Teilproben der Mischprobe zur Verfügung standen.

Der Gehalt an organischem Kohlenstoff (C_{org}; Abschn. 3.4) jeder Probe wurde dreifach bestimmt; in Tabelle 1.1 sind die Mittelwerte dargestellt. Die Variabilität innerhalb jeder Meßserie wird durch den Mittelwert $\bar{x}$, die Standardabweichung s und das 95%-Konfidenzintervall ausgedrückt (s. Abschn. 3.8).
Die Ergebnisse führten zu folgenden Schlußfolgerungen:

- Die Gewinnung einer Mischprobe mit anschließender Aufteilung verringert die Variabilität zwischen den Messungen.
- Die Variabilität des C_{org}-Gehalts eines jeden Horizonts ist auf einer Strecke von 1 m beträchtlich.
- Die Variabilität der Bodeneigenschaften des Oberbodenhorizonts unter Weideland ist geringer als diejenige unter Wald.

Diese Ergebnisse sprechen für die weitverbreitete Praxis der Probenmischung entlang eines Horizontes, wenn man diesen mit nur einer Probe beschreiben will. Die räumliche Variabilität innerhalb einer Versuchsfläche oder eines Feldes wird in Abschn. 1.3 diskutiert.

1.2
Quantitative Abschätzung von Bodeneigenschaften im Gelände

Viele Bodeneigenschaften können beschrieben werden, sobald das Bodenprofil freigelegt ist. Man hat Routineverfahren entwickelt, von denen einige international standardisiert sind, andere sich jedoch von Land zu Land etwas unterscheiden. Einige Eigenschaften werden qualitativ erfaßt, wie z.B. die Bodenfarbe mit Hilfe von *Munsell-Farbtafeln*. Andere werden semiquantitativ abgeschätzt: z.B. kann die Durchwurzelung als „viele Grobwurzeln" oder „wenige Feinwurzeln" aufgezeichnet werden; „viel" und „wenig" bezieht sich auf die ungefähre Zahl der Wurzeln pro Flächeneinheit und „grob" und „fein" auf den Durchmesser der Wurzeln. Quantitative Abschätzungen erfolgen häufig unter Zuhilfenahme von Standardtabellen oder -diagrammen. Beispielsweise kann der Skelettgehalt eines Profils mit den Diagrammen von Abb. 1.3 ermittelt werden. Aber auch mit einfacher Ausrüstung lassen sich Bodeneigenschaften im Gelände messen: z.B. kann der Skelettgehalt durch Siebung und anschließender Wägung mit einer Federwaage bestimmt werden.

Die im folgenden beschriebenen Methoden sind entweder semiquantitativ oder quantitativ. Sie erfüllen die auf Seite 8 genannten Kriterien und sind in Zusammenhang mit den in den folgenden Kapiteln dargestellten Methoden und Anwendungen von Bedeutung. Hodgson (1974) befaßt sich mit anderen Bodeneigenschaften, die normalerweise in Profilbeschreibungen erwähnt werden.

1.2.1
Körnung des Bodens (Textur)

Am häufigsten werden Böden durch ihre Körnung bzw. Textur beschrieben, eine Eigenschaft der Feinbodenfraktion, die wiederum von der *Korngrößenverteilung* abhängt. Der Korngrößenbereich dieser Fraktion reicht von 2 mm bis zu weniger als 0,1 µm. Die Verteilung der Mineralteilchen über diesen Größenbereich beeinflußt wichtige Bodeneigenschaften wie etwa die Bearbeitbarkeit oder die Wasserspeicherfähigkeit. In Kap. 2 werden wir uns damit ausführlicher befassen; in Abschn. 2.3 werden Labormethoden zur Bestimmung der Korngrößenverteilung vorgestellt. Bestimmten Konventionen folgend, wird ein Boden in Abhängigkeit von den Anteilen der *Korngrößenfraktionen Sand, Schluff* und *Ton* einer Bodenart (Körnungsklasse) zugeordnet. Im Gelände kann mittels der Fingerprobe – man knetet etwas feuchten Boden zwischen Daumen und Zeigefinger – eine subjektive Bestimmung der Bodenart vorgenommen werden, da die Korngrößenverteilung die mechanischen Eigenschaften des Materials beeinflußt. Ein erfahrener Bodenkundler kann durch die Ansprache der fühlbaren Körnungsverhältnisse die Bodenart sehr genau bestimmen. Im Lauf der Jahre wurden Schlüssel entwickelt, die es Wissenschaftlern ermöglichen, das nötige „Handwerkszeug" zu erlernen. In Abb. 1.2 ist ein solcher Schlüssel wiedergegeben.

Es existieren unterschiedliche Klassifikationssysteme der Bodenart. Abb. 1.2 basiert auf dem weitverbreiteten *USDA*-System, das in Abb. 2.6 a dargestellt ist. Man beachte auch, daß sich Abb. 1.2 auf Mineralböden bezieht, deren Humusgehalt weniger als 6 % beträgt. Böden, die mehr organisches Material enthalten, fühlen sich je nach Menge und Zersetzungsgrad der organischen Substanz faserig oder samtig an und müssen ohne Angabe der Bodenart als organische Böden klassifiziert werden. Auch Schluff fühlt sich samtig an, weshalb es eine gewisse Erfahrung erfordert, die beiden Materialien zu unterscheiden (Hodgson 1974).

Hat man die Bodenart eines Bodens bestimmt, dann ist damit in gewissen Grenzen auch seine Korngrößenverteilung festgelegt. Wie man diese Grenzen aus Abb. 2.6 ermittelt, wird in Abschn. 2.3 besprochen.

1.2 · Quantitative Abschätzung von Bodeneigenschaften im Gelände

FINGERPROBE

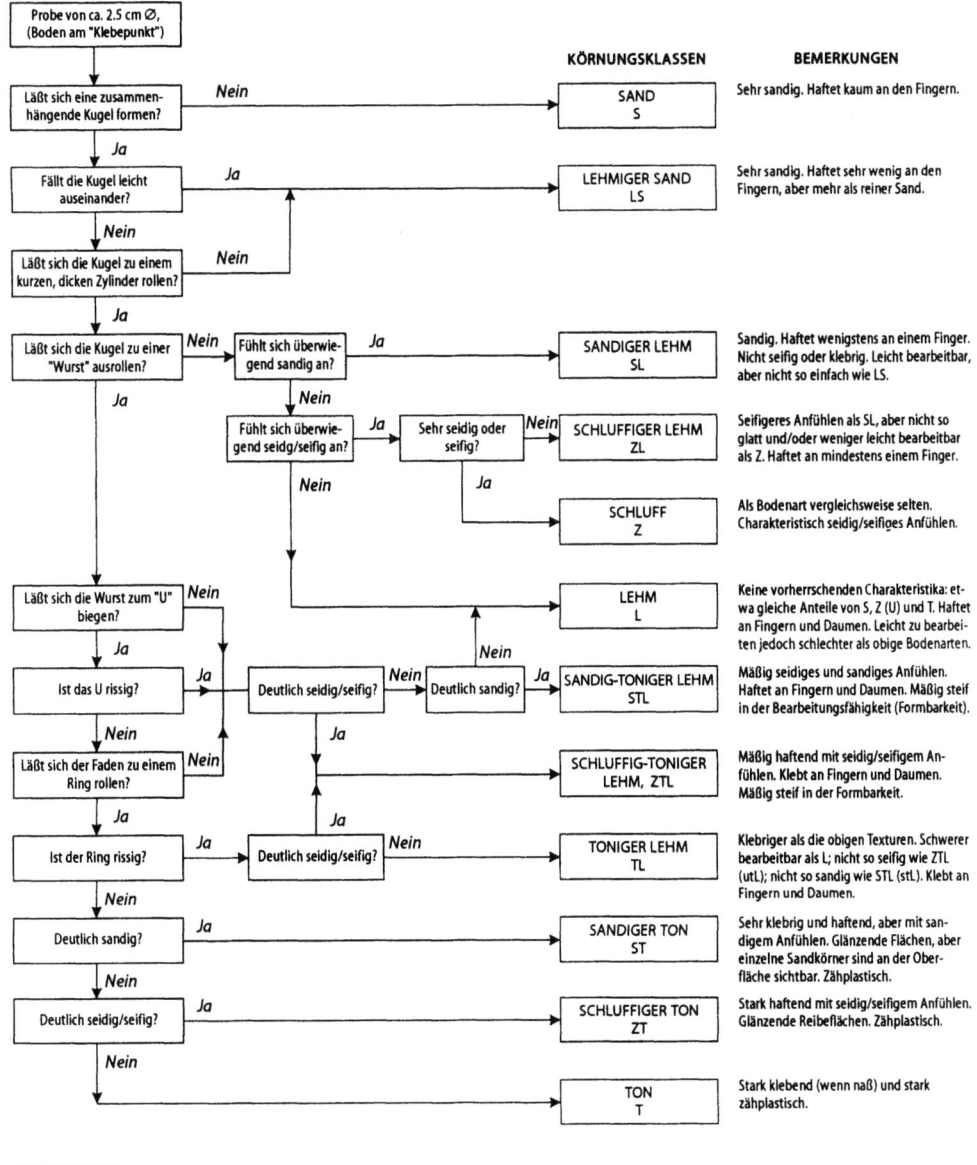

Abb. 1.2. Anleitung zur Bestimmung der Korngrößenzusammensetzung von Mineralböden im Gelände (erstellt von S. Nortcliff, *Reading University* und J. R. Landon, *Booker Agricultural International*)

Fingerprobe zur Ermittlung der Körnung von Mineralböden

Ausrüstung
- *Waschflasche*;
- *alte Lappen*;
- *Spachtel*.

Methode

Wenn möglich, sollte man die Fingerprobe mit nur einer Hand vornehmen, damit die zweite Hand sauber oder trocken bleibt, um die Ergebnisse aufschreiben zu können:
- Entnahme etwa einer halben Handvoll Boden aus der Profilwand.
- Entfernung von „Fremdkörpern" wie Wurzeln, Samen und Insekten.
- Entfernung der Steine, so daß der Feinboden zurückbleibt. Obwohl theoretisch alle Teilchen, die größer als 2 mm sind, entfernt werden sollten, werden sich in der Praxis noch kleine Steinchen in der Probe befinden.
- Man gibt aus der Waschflasche sehr wenig Wasser hinzu und läßt den Boden das Wasser absorbieren; daraufhin knetet man den feuchten Boden in der Hand und dann zwischen dem Daumen, Zeige- und Mittelfinger, bis der Boden gleichmäßig feucht ist und in seine Bestandteile zerfällt. Trockene Tonböden müssen intensiv durchgeknetet werden, bis diese Kriterien erfüllt sind.
- Nun fügt man mehr Wasser oder mehr Boden hinzu, bis die Probe ihren *Haftpunkt* erreicht hat; damit ist der Zustand gemeint, in dem der angefeuchtete Boden gerade eben an den Fingern haften bleibt. Tonböden scheinen vom Durchkneten trockener zu werden, was an deren kontinuierlichen Absorption von Wasser liegt. Man muß ggf. mehr Wasser hinzufügen, damit der Boden formbar wird.
- Man folgt dem Schlüssel in Abb. 1.2 und notiert die Körnungsklasse.
- Vor der Bestimmung der Bodenart der nächsten Probe entfernt man den restlichen Boden der vorausgegangenen Probe gründlich von den Händen.

Man beachte, daß die Bezeichnungen Sand, Schluff und Ton sowohl für die Bodenart als auch die für Korngrößenfraktion verwendet werden (s. Kap. 2). Auch sollte man sich darüber im klaren sein, daß der fühlbare Übergang von einer Bodenart zur nächsten nicht abrupt erfolgt, weshalb die Ansprache der Bodenart nicht so genau ist, wie man aus Abb. 1.2 schließen könnte.

1.2.2
Skelettgehalt

Für die meisten Zwecke stellt das Skelett einen inerten Bestandteil des Bodens dar. Für Geologen und Bodenkundler ist es als Hinweis auf die Entwicklung der Landschaft und des Bodens von Interesse; da es Platz einnimmt, der ansonsten mit Feinboden gefüllt sein könnte, sehen wir das Skelett in diesem Buch vor allem als Einschränkung der Bodenfruchtbarkeit an. Es verringert die Fähigkeit eines gegebenen Bodenvolumens, Wasser (s. 5.1) und Nährstoffe (s. 9.1) aufzunehmen. Außerdem ist das Skelett bei der Bodenbearbeitung hinderlich. Deshalb wird es in den Abschnitten über Bodenfruchtbarkeit und Klassifikationssysteme des Landnutzungspotentials behandelt (s. Kap. 13 sowie Dent und Young 1981).

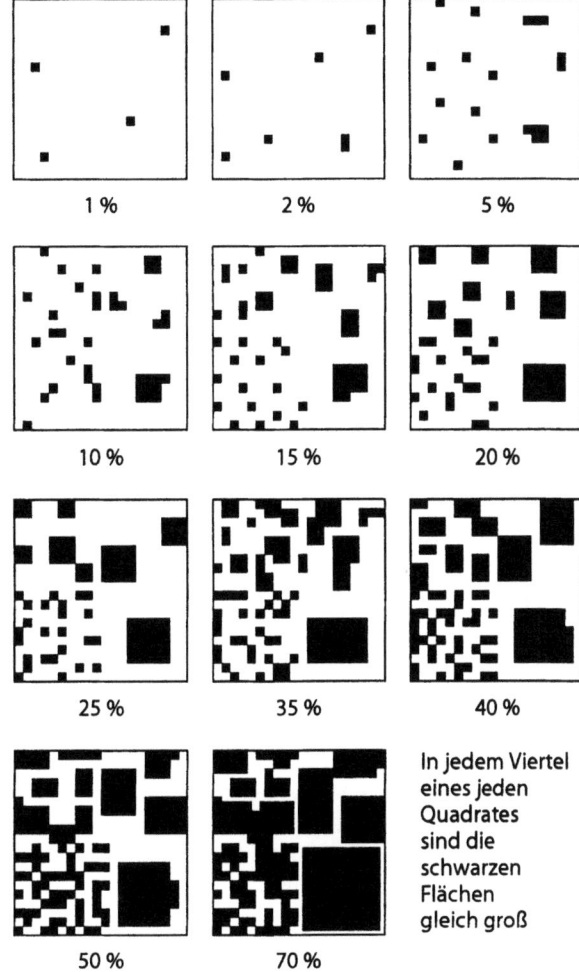

Abb. 1.3. Diagramm zur Abschätzung des Skelettgehalts an einer Profilwand (aus Hodgson 1974)

In jedem Viertel eines jeden Quadrates sind die schwarzen Flächen gleich groß

Abschätzung des Skelettgehaltes

Nach Säuberung des Profils sollte man mit Hilfe der Diagramme in Abb. 1.3 den prozentualen Anteil des Skeletts optisch abschätzen. Im wesentlichen wird dabei der Flächenanteil bestimmt, von dem man annimmt, daß er dem Volumenanteil des Bodenskeletts entspricht; dadurch kann man den Einfluß des Skeletts auf die Bodenfruchtbarkeit abschätzen.

Messung des Skelettgehaltes

Normalerweise wird der Skelettgehalt in Volumenprozenten angegeben. Im Gelände entfernt man das Skelett aus einer Bodenprobe bekannten Volumens, wiegt es und bestimmt nach Messung der Dichte im Labor das Volumen des Skeletts. Unterschiedliche Porengehalte des Skeletts müssen berücksichtigt werden. Ebenso kann auch der prozentuale Massenanteil bestimmt werden.

Ausrüstung

- *Spaten*;
- *Federwaage* (50 ± 0,2 kg);
- *Plastikeimer*;
- *Plastikfolie*;
- *Sperrholzbrett* mit einer quadratischen Öffnung (30 × 30 cm);
- *Sieb* (Maschenweite 10 mm);
- *Kunststoff-Meßzylinder* (2 l);
- *Paraffinwachs* (Erstarrungspunkt 49 °C).

Methode

Probenahme und Durchführung von Messungen im Gelände. Das Sperrholzbrett wird auf die Bodenoberfläche oder den zu untersuchenden Horizont gelegt (nach Abgraben der darüberliegenden Horizonte). Nun gräbt man ein Loch mit der erforderlichen Tiefe, bei kultiviertem Oberboden meist 20 cm; man verwendet das Brett als Schablone und sammelt den ausgegrabenen Boden auf der Plastikfolie. Mit etwas Sorgfalt kann man ein Loch von 30 × 30 × 20 cm und einem Volumen von 18 000 cm^3 graben. Eine alternative Methode zur Bestimmung des Volumens des ausgegrabenen Lochs wird in Abschn. 4.2 unter „Problemböden" beschrieben.

Außer bei nassen oder stark tonhaltigen Böden siebt man den ausgegrabenen Boden durch ein 10-mm-Sieb (s. Anm. 1). Man entfernt Wurzeln und andere Fremdkörper und wiegt das Skelett. Man füllt einen Teil des Skeletts in einen Plastikbeutel, verschließt diesen und bringt ihn ins Labor zur Dichtebestimmung. Soll der Skelettgehalt als prozentualer Massenanteil angegeben werden (s. Anm. 2), wiegt man auch den gesiebten Boden, füllt einen Teil in einen Plastikbeutel, verschließt diesen und bestimmt im Labor den Wassergehalt.

Wenn sich ein zu nasser oder tonhaltiger Boden im Freiland nicht sieben läßt, bringt man die gesamte Probe ins Labor, läßt sie an der Luft trocknen und wiegt sie. Das Skelett wird ausgesiebt und gewogen. Ein Teil des Skeletts wird zur Dichtebestimmung verwendet; falls erwünscht, wird eine Teilprobe des gesiebten Bodens für die Bestimmung des Wassergehaltes abgezweigt.

Bestimmung des Wassergehaltes. Man wiegt die Teilprobe des Bodens, trocknet bei 105 °C und wiegt nochmals. Auf Grundlage der Masse des feuchten, im Gelände gesiebten Bodens (bzw. des im Labor an der Luft getrockneten, gesiebten Bodens) und der nunmehr gewogenen Masse berechnet man die Masse des ofentrockenen Feinbodens in der Geländeprobe (s. Abschn. 3.3).

Dichte des Skeletts (kompakte Gesteine). Vorausgesetzt das Skelett hat einen geringen Eisengehalt und Porenanteil (z.B. Feuerstein, Quarzit, Granit, Basalt), so kann man von einer Dichte von 2,65 g cm^{-3} ausgehen (s. Tabelle 4.4). Die Masse des feuchten Skeletts wird sich im Gelände kaum von dessen Trockenmasse unterscheiden. Deshalb kann der Volumenanteil des Skeletts aus dessen an Ort und Stelle bestimmten Masse und Dichte berechnet werden.

Falls nötig, kann man die Dichte nicht-poröser Steine folgendermaßen bestimmen: Man wiegt einige Steine, legt sie in einen mit Wasser gefüllten, 2 l fassenden Kunststoff-Meßzylinder und notiert die Volumenzunahme. Steindichte = Masse [g]/Volumen [cm^3].

Dichte des Skeletts (poröse Gesteine). Poröse Gesteine (z.B. Kreide Kalk-, Sandstein) haben eine Dichte von weniger als $2{,}65\,\text{g cm}^{-3}$ und enthalten bei der Probenahme Wasser. Man geht genauso vor wie bei der Bestimmung der Lagerungsdichte von Bodenaggregaten (s. Abschn. 4.2).

Man wiegt die feuchte Teilprobe des Skeletts, trocknet sie im Ofen und wiegt abermals. Man nimmt einen repräsentativen Stein, bürstet den lockeren Boden ab und bindet ein Stück Nylonfaden um ihn. Man wiegt Stein und Faden. Nun wird etwas Paraffinwachs in einem Becherglas erhitzt, so daß es gerade schmilzt (etwa bei 55 °C, s. Anm. 3). Man taucht den Stein in das Wachs, nimmt ihn sofort wieder heraus und läßt die Wachsschicht hart werden. Dann wird der Wachsüberzug auf Risse untersucht und – falls nötig – nochmals in das flüssige Wachs getaucht. Nun wiegt man den wachsüberzogenen Stein und anschließend ein Becherglas mit Wasser. Man läßt das Becherglas auf der Waagschale, hängt den wachsüberzogenen Stein an einer Halterung freischwebend ins Wasser und notiert die Gewichtszunahme.

Berechnung

Beispiel: kompaktes Skelett
- Volumen der entnommenen Probe   = 18 000 cm^3
- Masse des Skeletts   = 4 500 g
- Masse des feuchten, gesiebten Bodens   = 20 250 g
- Masse der feuchten Teilprobe   = 52,40 g
- Masse der ofentrockenen Teilprobe   = 44,50 g

Skelettgehalt [Masse-%]
- Masse des trockenen gesiebten Bodens   = 20 250 · 44,50 / 52,40   = 17 197 g
- Gesamtmasse des trockenen Bodens   = 17 197 + 4 500   = 21 697 g
- Somit beträgt der Skelettgehalt [Masse-%]   = 100 · 4 500 / 21 697   = 21 %

Skelettgehalt [Vol.-%]. Hat das Skelett eine Dichte von $2{,}65\,\text{g cm}^{-3}$, so gilt:
- Volumen   = 4 500 g / 2,65 g cm^{-3} = 1 698 cm^3
- Somit beträgt der Skelettgehalt [Vol.-%]   = 100 · 1 698 / 18 000   = 9 %

Die Verwendung ähnlicher Daten zur Berechnung der Bodendichte ist in Abschn. 4.2 dargestellt.

Beispiel: poröses Skelett
- Masse des feuchten Skeletts im Gelände   = 6 255 g
- Masse der feuchten Teilprobe   = 72,35 g
- Masse der ofentrockenen Teilprobe   = 51,50 g
- Somit beträgt die Masse des trockenen Skeletts aus dem Gelände   =(6 255 · 51,50 / 72,35) g
      = 4 452 g
- Masse eines ofentrockenen Steins   = 32,43 g
- Masse von Stein + Wachs   = 33,75 g
- Masse des Wachses   = 1,32 g

Die Massenzunahme des wassergefüllten Becherglases durch den im Wasser hängenden wachsüberzogenen Stein beträgt 15,28 g, d.h. das Volumen des wachsüberzogenen Steins beträgt 15,28 cm³ (s. Anm. 4). Das Volumen des Wachsüberzugs beträgt bei einer Wachsdichte von 0,90 g cm⁻³ (s. Anm. 5) 1,32 g / 0,90 g cm⁻³ = 1,47 cm³.

- Volumen des Steins = (15,28 − 1,47) cm³
  = 13,81 cm³
- Dichte des trockenen Steins = 32,43 g / 13,81 cm³
  = 2,35 g cm⁻³ (s. Anm. 6)
- Daraus berechnet sich das Volumen des trockenen Skeletts
  = 4 452 g / 2,35 g cm⁻³
  = 1 894 cm³

Die Berechnung kann nun analog dem Beispiel für kompaktes Skelett fortgesetzt werden.

Anmerkung 1. Genaugenommen müßte der Feinboden mit einem 2-mm-Sieb vom Skelett getrennt werden, was im Gelände aber nur schwer durchführbar ist. Ein Verbleiben sehr kleiner Steine (2–10 mm) in der Feinbodenfraktion verändert die Meßwerte normalerweise nur geringfügig. Wenn der Gebrauch eines 2-mm-Siebs unumgänglich ist, sollte man die Freilandprobe im Labor trocknen und vor dem Sieben zerstoßen.

Anmerkung 2. Zwar muß man das Volumen der Bodenprobe nicht bestimmen, die Probe muß aber für den Horizont, dem sie entnommen wurde, repräsentativ sein. Diese Art der Probenahme ist zu empfehlen, um sicherzustellen, daß der Boden dem gesamten Horizont entnommen wurde.

Anmerkung 3. Paraffinwachs kann auch durch Saranharz ersetzt werden (s. Abschn. 4.3).

Anmerkung 4. In dieser Berechnung macht man sich das Prinzip des Archimedes zunutze, welches besagt, daß ein in einer Flüssigkeit schwebender Körper einen Auftrieb erfährt, der dem Gewicht der vom Körper verdrängten Flüssigkeit entspricht. Das Gewicht des Körpers verringert sich deshalb um den Betrag, der gleich dem Auftrieb ist. Es muß jedoch auch eine abwärts gerichtete Kraft auf die Flüssigkeit einwirken, die genau so groß wie der Auftrieb ist. In diesem Experiment erhöht sich das Gesamtgewicht von Becher und Wasser durch den eingetauchten Stein. Die Gewichtszunahme (die abwärts gerichtete Kraft) entspricht der Masse des verdrängten Wassers, die bei einer Dichte von 1 g cm⁻³ numerisch gleich dem Volumen ist.

Damit entspricht das Volumen des wachsüberzogenen Steins (in cm³) zahlenmäßig der Gewichtszunahme (in g). Das Wachs soll verhindern, daß Wasser in die Poren des Steins eindringt.

Anmerkung 5. Die Dichte von Paraffinwachs variiert zwischen 0,90 g cm⁻³ und 0,93 g cm⁻³. Vorausgesetzt, daß die Masse des Wachses verglichen mit der Masse des Steins klein ist, ergibt sich bei Annahme einer Wachsdichte von 0,90 g cm⁻³ ein vernachlässigbarer Fehler.

Anmerkung 6. Die Dichte des Skeletts ist umso geringer, je größer die Porosität ist. Abschn. 4.2 befaßt sich mit dieser Tatsache. Der kompakte Skelettanteil hat eine Dichte von etwa 2,65 g cm⁻³. Kalkstein kann eine Dichte von lediglich 1,3 g cm⁻³ haben (Porosität 0,5 cm³ Poren pro cm⁻³ Kalkstein), und Sandstein hat eine Dichte von 1,9 g cm⁻³ und mehr (Porosität 0,3 cm³ cm⁻³).

1.2.3
Porosität und Wasserleitfähigkeit

Eine semiquantitative Bewertung des Porenanteils kann durch Beobachtung charakteristischer Profilmerkmale erfolgen. Die in England und Wales von *Soil Survey* und *Land Research Centre* eingesetzten Methoden sind bei Hodgson (1974) beschrieben. Der Grobporenanteil (das Volumen der Poren mit einem Durchmesser > 50 μm) kann mit ähnlichen Diagrammen bestimmt werden, wie sie zur Abschätzung des Skelettanteils verwendet werden (Abb. 1.3). Diese Schätzungen stellen jedoch nur einen groben Anhaltspunkt für das Porenvolumen dar und erfordern viel Erfahrung bei der Beobachtung und Beschreibung des Bodengefüges. Aus diesem Grund werden die dazu notwendigen Methoden hier nicht behandelt. Quantitative Methoden sind in Abschn. 4.2 beschrieben.

Die gesättigte Wasserleitfähigkeit kann aus der beobachteten Porengrößenverteilung abgeschätzt werden (McKeague *et al.* 1982). Eine quantitative Methode ist in Abschn. 5.5 beschrieben.

Tabelle 1.2. Unterschiedliche $CaCO_3$-Gehalte und die Reaktion von Bodenproben mit 10%iger HCl (nach Hodgson 1974)

Gelände-Klassifizierung	$CaCO_3$ [%]	hörbare Effekte	sichtbare Effekte
carbonatfrei, < 0,5 %	0,1	keine	keine
sehr carbonatarm, 0,5–1 %	0,5	schwacher Anstieg, gerade eben hörbar	keine
carbonatarm, 1–5 %	1,0	geringer Anstieg, mäßig hörbar	leichtes Brausen an Einzelkörnern, gerade sichtbar
	2,0	mäßig bis deutlich hörbar, auch bei Abstand vom Ohr	etwas verteiltes Brausen, bei genauem Hinsehen sichtbar
carbonathaltig, 5–10 %	5,0	deutlich hörbar	mäßiges Schäumen; deutliche Blasen bis zu 3 mm Durchmesser
carbonatreich	10,0	deutlich hörbar	deutlich sichtbar; starkes Aufschäumen; zahlreiche Blasen bis 7 mm Durchmesser

1.2.4
Calciumcarbonatgehalt: Bestimmung im Gelände

Die Freilandbestimmung des Calciumcarbonatgehalts ($CaCO_3$) basiert auf der Reaktion des Bodens mit verdünnter Säure, die sicht- und hörbar ist. Die Methode ist nicht empfindlich genug, um bei einem Carbonatgehalt von mehr als 10 % Unterschiede feststellen zu können. Die quantitative Methode wird in Abschn. 2.4 beschrieben.

Reagenzien

10%ige Salzsäure. Zu 770 ml Wasser gibt man 295 ml konzentrierte HCl (36 Masse-%, Dichte 1,18 g ml^{-1}) und mischt gut durch. Man füllt die verdünnte Säure in eine Waschflasche.

Methode

Auf ein Stück Boden spritzt man wenige Tropfen 10%ige HCl und beobachtet die Reaktion. In Tabelle 1.2 wird erklärt, was die verschiedenen hör- und sichtbaren Reaktionserscheinungen hinsichtlich des $CaCO_3$-Gehalts bedeuten. Diese Methode ist für Dolomit weniger zuverlässig.

1.3
Probenahme im Gelände bzw. auf einer Versuchsparzelle

Meist besteht das Ziel der Probenahme im Gelände darin, einen „repräsentativen" Meßwert für bestimmte Bodeneigenschaften zu gewinnen. Bisweilen kann es von Bedeutung sein, Aufschluß über die Art der räumlichen Variabilität der Bodeneigenschaften zu erhalten. Beide Ziele lassen sich erreichen, wenn man auf der gesamten Fläche eine Reihe von Proben nimmt. Zur Lösung der ersten Frage werden die Proben zusammengefaßt und anschließend in Teilproben aufgeteilt, so daß sich eine repräsentative Probe ergibt; zur Beantwortung der zweiten Frage werden die Proben getrennt analysiert, ähnlich wie bei der Charakterisierung eines Horizontes in einer Schürfgrube (s. Abschn. 1.1).

Da viele Proben zu entnehmen sind, ist es normalerweise nicht möglich, an jedem Standort eine Schürfgrube anzulegen. Deshalb benötigt man einen Erdbohrer.

Probenahme mit Erdbohrern

Erdbohrer gibt es in unterschiedlicher Größe und Ausführung. Am häufigsten werden Drehbohrer, Jarret-Bohrer mit Sammelgefäß und Bohrer zur Entnahme von Wurzeln eingesetzt (s. Abschn. 3.1); sie sind in Bildtafel 1.3 zu sehen. Diese Bohrer werden in den Boden gedrückt und gedreht, so daß man Proben aus einer Tiefe von 15 bis 20 cm erhält. Zwangsläufig sind die Proben unterschiedlich stark „gestört", wodurch die Messungen eingeschränkt sind, die an ihnen durchgeführt werden können: Farbe, Textur (Korngrößenverteilung), Marmorierung, Steine, Wurzeln und die Horizonttiefe können festgestellt werden, nicht jedoch das Bodengefüge. Zur Gewinnung „ungestörter" Proben eignen sich spezielle Kernbohrer (s. Abschn. 4.2, 5.5, 11.1 und 12.1).

Um eine Vermischung der vertikal aufeinander folgenden Proben zu vermeiden, muß man den Bohrer mit großer Sorgfalt wieder in das Loch einführen und ebenso vorsichtig herausziehen. Zwischen den Probenahmen sollte er gereinigt werden.

Entnahme einer repräsentativen Probe

Um eine repräsentative Probe einer Fläche zu gewinnen, ist es in Großbritannien allgemein üblich, die Fläche in Form eines „W" abzuschreiten und mindestens 25 Proben zu nehmen, die dann zusammengefaßt werden (s. Abb. 1.4). Möglicherweise genügt auch eine kleinere Probenzahl. Proben von Ackerflächen können normalerweise mit einem Erdbohrer (Dreh- oder Eimerbohrer, je nach benötigter Probemenge) bis 15 cm Tiefe entnommen werden. Proben von Grünlandflächen sollten mit einem Röhren-Bohrstock (Bildtafel 1.3) genommen werden, damit die oberen Zentimeter des Bodens nicht verlorengehen; üblicherweise nimmt man eine Probe der obersten 7,5 cm. In Großbritannien empfiehlt der ADAS, daß für repräsentative Proben eine Flächengröße von 4 ha nicht überschritten werden sollte.

Variabilität innerhalb einer Fläche oder einer Versuchsparzelle

Es gibt kein Standardverfahren der Probenahme, wenn man Aufschluß über die räumliche Variabilität auf einer bestimmten Fläche erhalten will (Webster und Oliver 1990). Sehr häufig jedoch wird ein Quadratraster verwendet, wie es in Abb. 1.5 dargestellt ist. Hierbei wurden 100 Proben aus 5 bis 10 cm Tiefe in einem regelmäßigen 30×30-m-Raster entnommen, um den Gehalt an organischem Kohlenstoff zu bestimmen: a) auf einer seit langer Zeit bestehenden Waldfläche mit altem Eichen- und Platanenbestand und b) auf einer benachbarten ackerbaulich genutzten Fläche. Die Böden beider Untersuchungsgebiete haben sich im Themsetal aus Terrassenschottern entwickelt. Die angegebenen Werte sind Durchschnittswerte der dreifachen Messung jeder Probe.

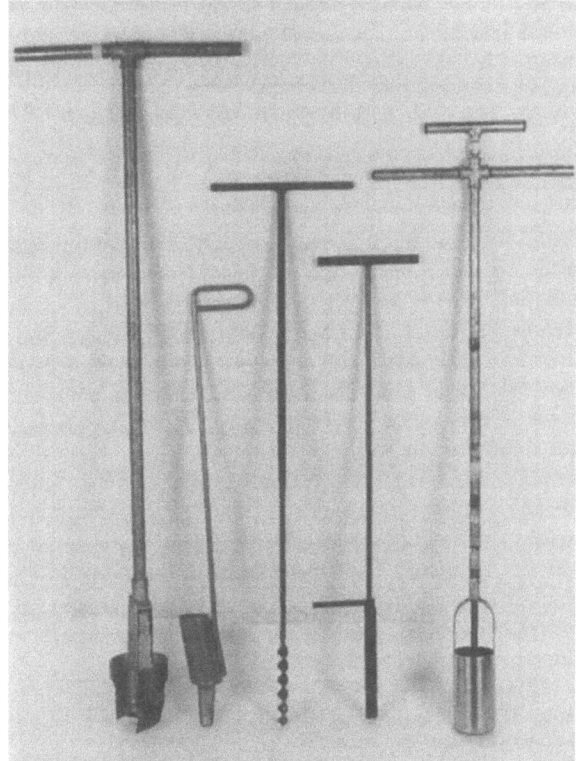

Bildtafel 1.3. Erd- und Kernbohrer. Von links nach rechts: ein Jarret-Bohrer, ein Grasland-Entkerner, ein Drehbohrer, ein Röhren-Bohrstock für ca. 30 cm Tiefe und ein Wurzelbohrer mit Sammelgefäß

Abb. 1.4. Strategie der Probenahme auf einer Ackerfläche

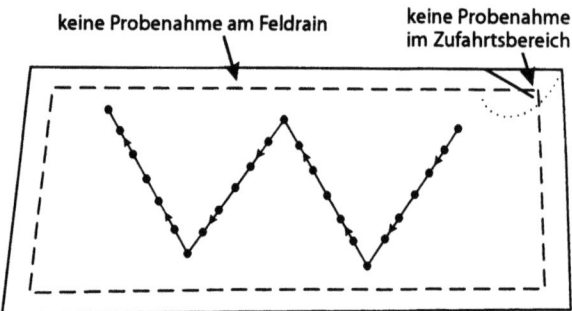

Die Meßwerte zeigen den der natürlichen Entwicklung entgegengerichteten Einfluß der Bodenbearbeitung:

- Der durchschnittliche C_{org}-Gehalt ist im Boden der bewirtschafteten Fläche geringer als im Waldboden, was die Wirkung der Bodenbearbeitung auf den Abbau der organischen Bodensubstanz widerspiegelt (s. Abschn. 3.5 und 13.3).
- Auf der bewirtschafteten Fläche ist die Variabilität der Meßwerte geringer als auf der Waldfläche; dies ist eine Folge der Durchmischung des Bodens bei der Bodenbearbeitung und der gleichmäßigeren Zufuhr von Pflanzenrückständen. Auf der Waldfläche stehen vier ausgewachsene Bäume, deren Kronendach bis zu den gestrichelten Linien (Abb. 1.5 a) reicht, die Flächen mit höherem C_{org}-Gehalt umschließen.

Die Schwankungsbreite eines jeden Datensatzes wurde durch die Standardabweichung und das 95%-Konfidenzintervall ausgedrückt (s. Abschn. 3.8). Außerdem

4,73	4,82	3,81	3,95	3,26	3,14	3,92	4,74	4,63	4,69
4,72	4,69	4,94	3,71	3,43	3,30	4,06	4,92	4,82	4,91
4,32	4,64	4,89	3,26	3,25	3,25	4,27	4,54	4,76	4,97
4,91	4,52	4,79	3,24	3,43	4,14	4,01	4,66	4,94	4,83
4,71	4,89	4,40	3,01	3,71	2,95	3,95	4,21	4,54	4,74
3,21	3,43	3,11	3,15	3,87	3,14	3,71	3,14	3,83	4,03
3,14	3,11	3,17	3,96	4,26	4,14	3,23	3,11	3,25	3,13
3,08	3,42	3,93	4,76	4,43	4,52	3,14	3,06	3,81	3,91
3,34	3,86	4,41	4,53	4,76	4,63	3,70	3,68	4,96	4,94
3,49	3,94	4,89	4,93	4,94	4,86	3,92	3,93	4,74	4,65

1,84	1,65	1,59	1,77	1,75	1,63	1,96	1,93	1,52	2,06
1,63	1,91	1,48	2,06	2,03	1,94	1,84	1,65	1,63	1,67
1,62	1,60	1,53	1,77	1,69	1,66	1,89	1,79	1,59	1,96
1,66	1,55	1,63	2,06	1,66	1,85	1,57	2,09	1,73	2,11
2,19	1,74	1,92	1,90	1,66	1,75	2,13	1,83	2,09	1,66
1,58	1,69	1,78	2,06	1,74	1,87	1,76	1,64	2,00	1,97
1,56	1,49	1,98	1,68	1,86	1,77	1,78	1,76	1,81	1,88
1,72	2,03	1,62	1,96	2,11	2,08	2,10	1,45	1,99	2,08
2,02	1,95	1,48	1,67	1,65	2,00	1,75	1,79	1,92	1,68
1,64	2,02	1,53	1,82	1,86	1,63	1,98	2,04	1,80	1,75

a   b

Abb. 1.5. Verteilung des organischen Kohlenstoffs in Böden. **a** Unter Wald: Mittelwert $\bar{x}$ = 4,06; Standardabweichung s = 0,668; 95%-Konfidenzintervall = ±0,133; Variationskoeffizient = 16,5 %. **b** Unter Ackerland: Mittelwert $\bar{x}$ = 1,80; Standardabweichung s = 0,185; 95%-Konfidenzintervall = ±0,037; Variationskoeffizient = 10,3 %

wurde der *Variationskoeffizient* berechnet. Dies erlaubt den Vergleich zwischen zwei Datensätzen mit sehr unterschiedlichen Mittelwerten, da hier die Standardabweichung als Prozentsatz des Mittelwertes ($100\,s/\bar{x}$) ausgedrückt wird.

Beide Datensätze in Abb. 1.5 zeigen ein kompliziertes Schwankungsmuster, wie man es häufig im Gelände antrifft. Dies muß bei Probenahmen für Laboranalysen berücksichtigt werden. Auf der bewaldeten Fläche könnte es erforderlich sein, die Probenahme so zu strukturieren, daß die Bodeneigenschaften innerhalb und außerhalb des Kronendachs der Bäume getrennt untersucht werden.

1.4 Übungsaufgaben

1. Bestimmen Sie mit den Daten aus Abb. 1.5 b den Gehalt an organischem Kohlenstoff auf einer Parzelle! Nehmen Sie 25 verschiedene Proben, wobei die Probenahmepunkte in W-Form angeordnet sind, und messen Sie den C_{org}-Gehalt einer jeden Probe! Zeichnen Sie das Probenahmemuster in Abb. 1.5 b ein und notieren Sie die 25 Meßwerte! Berechnen Sie Durchschnitt, Standardabweichung, Konfidenzintervall und Variationskoeffizient (s. Abschn. 3.8)! Nun wiederholen Sie die Berechnungen, nehmen aber nur 15 Proben! Vergleichen Sie die Schätzwerte für den Mittelwert und deren Zuverlässigkeit!
2. Berechnen Sie mit den Daten aus Abb. 1.5 a den durchschnittlichen C_{org}-Gehalt, die Standardabweichung, das 95%-Konfidenzintervall und den Variationskoeffizienten, jeweils für die von Bäumen überschirmte Fläche und die verbleibende Fläche getrennt! Bestätigt die statistische Analyse, daß eine besonders strukturierte Probenahme dieser Fläche eher gerecht würde?
3. Vergleichen Sie mit Hilfe von Tabelle 1.1 die Variabilität der Daten der Mischprobe mit den in Abschn. 3.8 diskutierten Daten!

KAPITEL 2

Mineralische Bestandteile des Bodens

Das Kennenlernen und Verstehen der Bodenbestandteile beginnt bei dem, was beobachtet und gefühlt werden kann. Für weitere Beobachtungen können auch Mikroskope herangezogen werden, da die Bodenzusammensetzung von großen Steinen bis zu winzigen Tonpartikeln reicht. Alle Bodenbestandteile fühlen sich unterschiedlich an, vor allem wenn sie feucht sind: Einige sind körnig und sandig, andere fühlen sich weicher an, sind klebrig und formbar. Diese Eigenschaften wurden in Abschn. 1.2 als Grundlage zur Beschreibung der Textur von Böden verwendet.

Boden ist eine Mischung aus anorganischem und organischem Material mit unterschiedlichen Anteilen von Wasser und Luft (man spricht von Böden als Dreiphasensystem). Die anorganischen Bodenbestandteile liegen in Form mineralischer Partikel vor und stammen aus dem *Ausgangsgestein*, d.h. aus dem Festgestein oder dem Sediment, aus dem sich der Boden gebildet hat. Dabei kann es sich um das Substrat handeln, das sich unter dem Boden befindet, oder es kann durch Wind, Wasser, Eis oder menschliche Aktivitäten von anderer Stelle in seine jetzige Position gelangt sein. Die Verwitterung des Gesteins und die Prozesse der Bodenbildung verändern die Gesteinsminerale, d.h. die Bodenminerale sind entweder aus dem Ausgangsgestein ererbt oder haben sich im Boden neu gebildet (Dixon und Weed 1989). Von besonderer Bedeutung ist die Entwicklung veränderter oder neuer Minerale von weniger als 2 µm Größe, die man auch als *Tonfraktion* bezeichnet. Diese bestimmt zusammen mit der *organischen Bodensubstanz* in großem Umfang die chemischen und physikalischen Eigenschaften der Böden.

Betrachtung der Bodenbestandteile

Die kleinsten Partikel, die man ohne Vergrößerung mit dem bloßen Auge erkennen kann, sind etwa 0,5 mm groß. Durch eine Lupe mit 10facher Vergrößerung können Teilchen von etwa 0,05 mm oder 50 µm erkannt werden. Diese und noch kleinere Teilchen kann man unter dem Mikroskop betrachten, wenn man eine Bodenprobe auf einen Objektträger bringt, Wasser hinzufügt und den Boden mit einer Nadel zerkleinert. Durch ein Mikroskop mit 100facher Vergrößerung kann man bereits ca. 5 µm große Partikel erkennen. Noch kleinere Teilchen lassen das Wasser trübe erscheinen. Die größeren Teilchen haben eine kristalline Erscheinung und bestehen in den Böden der gemäßigten Breiten aus dem Mineral Quarz (Siliciumdioxid). Normalerweise sind die Teilchen eckig oder etwas abgerundet, aber gelegentlich lassen sich nahezu perfekte Kristalle beobachten. Viele der Teilchen sind anscheinend „schmutzig" und zeigen braune Spuren auf ihren Oberflächen. Dies ist eine wichtige Eigenschaft von Böden, bei denen kleine Mineralpartikel, die organische Bodensubstanz und die Oberflächen größerer Mineralpartikel intensiv miteinander vermischt sind.

Man beachte, daß der Begriff „Mineral" in diesem Buch in zweifacher Bedeutung verwendet wird: zum einen im geologischen Sinn als ein konkretes kristallines anorganisches Teilchen und zum andern in der Bedeutung als anorganischer Nährstoff (wie z.B. Nitrat, Calcium etc.), der von den Pflanzen aufgenommen werden kann.

Boden-Dünnschliffe

Die effektivste Methode, die Eigenschaften mineralischer Teilchen zu beobachten, ist die Herstellung von Bodendünnschliffen, die unter dem Mikroskop betrachtet werden, ähnlich wie man Dünnschnitte von Pflanzen, Tieren oder Gesteinen untersuchen würde. Bodendünnschliffe müssen ebenso wie weiches Pflanzen- oder Tiergewebe behandelt (d.h. gehärtet) werden, bevor man sie anfertigen und auf einem Objektträger fixieren kann. Zu diesem Zweck wird der Boden mit einem Spezialharz durchtränkt. Die Untersuchung von Bodenmineralen mit Hilfe von Dünnschliffen und einem petrologischen Mikroskop wird bei Fitzpatrick (1980) und bei Bullock *et al.* (1985) beschrieben. Üblicherweise sind die Dünnschliffe etwa 30 µm dick. Es können auch Ultradünnschliffe hergestellt werden (allerdings nur unter größerem Aufwand), die nur 0,1 µm dick sind und die die Untersuchung der Bodenzusammensetzung mit dem Transmissionselektronenmikroskop zulassen. Bruchflächen können mit dem Rasterelektronenmikroskop untersucht werden. Exzellente elektronenmikroskopische Aufnahmen finden sich bei Smart und Tovey (1981) und bei Foster *et al.* (1983).

Ausgangsmaterialien

Farbtafel 1 a zeigt einen Dünnschliff aus einem Basalt, der aus farblosen Feldspatprismen, grau-grünen Pyroxenen (Augit) und braunen Olivin-Umwandlungsprodukten zusammengesetzt ist. Die physikalische Verwitterung führt zum Zerfall in kleinere Teilchen, die dann von Schwerkraft, Eis, Wasser und Wind bewegt werden können. Böden können sich demzufolge in einem Ausgangsmaterial bilden, das nicht unmittelbar aus dem darunterliegenden Gestein stammt. Ein Beispiel hierfür zeigt Farbtafel 1 b; es handelt sich um *Geschiebelehm*, der aus einer Mischung verschiedener Gesteine besteht, die durch eine frühere Vergletscherung bewegt wurden. Der

Bildtafel 2.1. Rasterelektronenmikroskopische Aufnahme der Bruchfläche eines Kalksteins der Oberen Kreide, Berkshire Downs, Südengland. Dabei handelt es sich um einen weichen, weißen, porösen Kalkstein, der fast ausschließlich aus reinem Calcit besteht. Radförmige Mikrofossilien (Coccolithen, ca. 5 µm Durchmesser) sind erkennbar. Die 1 bis 2 µm großen Teilchen sind vermutlich Coccolithen-Bruchstücke. Die Balkenlänge entspricht 10 µm (Aufnahme: K. Smith, Reading University)

Einführung

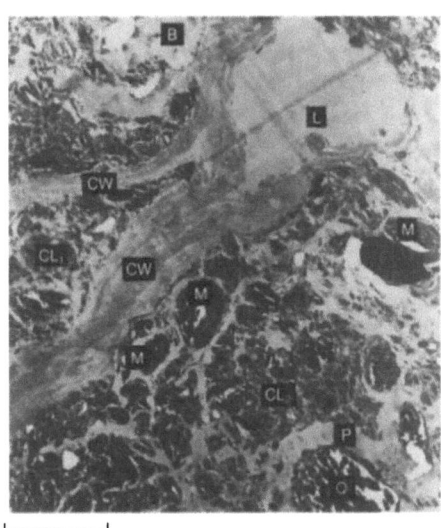

Bildtafel 2.2. Transmissionselektronenmikroskopische (TEM) Aufnahme des Ultradünnschliffs (50 nm) eines Tonbodens in Nähe einer Weizenwurzel. Der Fläche wurde tangential zur Wurzeloberfläche angelegt. *L* bezeichnet eine vorstehende, durchtrennte Epidermiszelle; *CW* bezeichnet Zellwandmaterial kollabierter Zellen; eine Zelle ist mit Ton (CL_1) gefüllt. Der Ton tritt in kleinen zusammenhängenden Bereichen auf (CL_2) sowie in Form von Mikroaggregaten (*M*) in Schluffgröße. Wie man erkennen kann, ist beim Schleifen etwas Ton verlorengegangen. Ein Quarzkristall (*Q*) wurde zerstört und ist nun von einem Tonhäutchen und einer Pore (*P*) umgeben. Poren sind überall im Boden zu finden, wobei einige während der Präparation neu entstanden sind. Auch Bakterien (*B*) sind zu erkennen. Die Wurzel hat einen Durchmesser von etwa 200 µm. Die Balkenlänge entspricht 10 µm. (aus Foster et al. 1983)

Basalt ist dicht und sehr verwitterungsresistent. Im Gegensatz dazu gibt es einige Gesteine, die porös und leicht verwitterbar sind. Bildtafel 2.1 zeigt die rasterelektronenmikroskopische Aufnahme einer Kreide. Die in dieser Aufnahme gezeigte Bruchfläche vermittelt einen dreidimensionalen Eindruck des Materials. Man kann sich leicht die physikalische Freisetzung von Partikeln in der Größenordnung von 1 µm vorstellen. Jedes größere, im Boden verbleibende Kreidebruchstück wird Poren (Zwischenräume) mit einem Durchmesser von 0,1 bis 1 µm besitzen. Die Teilchen bestehen aus dem Mineral Calcit. Gesteinsverwitterung und Neubildung pedogener Minerale werden in Abschn. 2.1 ausführlicher behandelt.

Mineralische Bodenbestandteile

Dünnschliffe von Böden sind in den Farbtafeln 1 c und 1 d dargestellt. Bei einem Vergleich mit Gesteinsdünnschliffen treten dabei einige typische Merkmale hervor:

- Die Größe der Mineralkörner in Böden ist im allgemeinen geringer als diejenige der Kristalle in Gesteinen. Die kleinsten Teilchen, die man bei der hier verwendeten Vergrößerung erkennen kann, sind etwa 2 µm groß.
- Ein braunes Bindemittel füllt die Hohlräume zwischen den mineralischen Partikeln aus. Dabei handelt es sich um eine komplexe Mischung aus *Tonmineralen*, *Sesquioxiden* (die wir im folgenden und in Abschn. 2.2 diskutieren werden) und *Humus* (s. Abschn. 7.1). In Farbtafel 1 d hat sich dieses Material selektiv in gewissen Bereichen akkumuliert, die man wegen ihrer anscheinenden Schichtung auf der Oberfläche benachbarter Partikel auch *Tonhäutchen* nennt. In Abb. 2.2 ist diese Einregelung graphisch dargestellt. Bildtafel 2.2 ist die elektronenmikroskopische Aufnahme eines Ultradünnschnitts, der die Einregelung dieser Tonminerale zeigt.
- Es sind Poren vorhanden, von denen die hier sichtbaren ca. 25 % des betrachteten Bildausschnitts einnehmen (Farbtafel 1 d). Außerdem gibt es noch viele sehr kleine Poren, die bei dieser Vergrößerung nicht erkennbar sind.

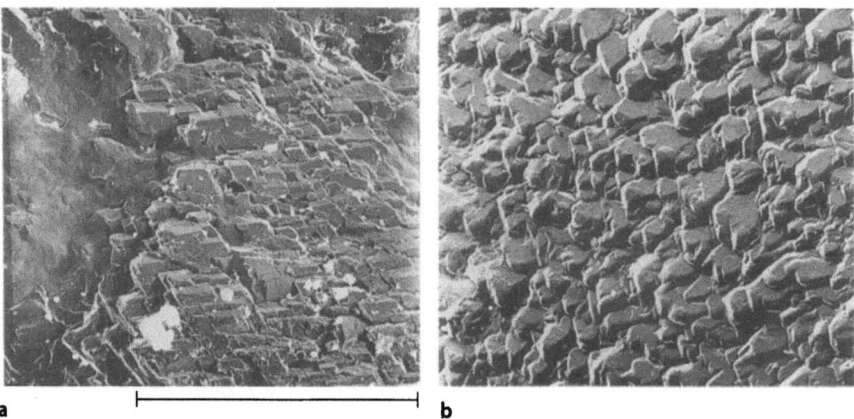

Bildtafel 2.3. Feldspatminerale in Granit – eine TEM-Aufnahme, für die mit Platin bedampfte Kohleabdrucke verwendet wurden; a aus dem Inneren eines Findlings und b von dessen verwitterter Oberfläche. Die scharfen Kanten und Ecken von a wurden in b durch die Verwitterung gerundet. Die Balkenlänge entspricht 10 µm (Aufnahme von W. J. McHardy; reproduziert mit freundlicher Genehmigung von MLURI; aus Smart und Tovey 1981)

Diese Merkmale sind das Ergebnis der Gesteinsverwitterung und Bodenbildung, die im Lauf der Zeit die jeweiligen Bodenbestandteile hervorgebracht haben. Man kann die Verwitterungsprozesse in drei Hauptgruppen einteilen:

1. *Physikalische Prozesse.* Zerfall und Abbau resultieren aus unterschiedlicher thermischer Expansion und Kontraktion, aus der Wirkung des Frostes und aus mechanischen Effekten wie der Reibung von Partikeln aneinander. Auf diese Weise entstehen kleinere Teilchen, zwischen denen sich Hohlräume bilden.
2. *Chemische Prozesse.* Resistente Minerale bleiben fast unbeeinflußt, andere aber reagieren mit Wasser (verdünnter Kohlensäure) unter Bildung veränderter oder völlig neuer Minerale (Bildtafel 2.3 und Abschn. 2.1). Die unveränderten Minerale des Ausgangsgesteins werden als *ererbte* oder *primäre Minerale* bezeichnet, die veränderten oder neuen Minerale als *pedogene* oder *sekundäre* (Pedogenese = Bodenbildung).
3. *Biologische Prozesse.* Pflanzenwurzeln wachsen in den Boden, bewegen Bodenteilchen und lassen organische Rückstände zurück, wenn sie absterben. Im Boden lebende Tiere schaffen Hohl- und Zwischenräume, ernähren sich teilweise von pflanzlichem Material und hinterlassen ihre Ausscheidungsprodukte. Mikroorganismen wiederum leben meist von pflanzlichen oder tierischen Rückständen, und ihre toten Zellen verbleiben im Boden (s. Kap. 3). Die Überreste dieser Organismen und ihre Stoffwechselprodukte gelangen ins Bodenwasser und erhöhen die Geschwindigkeit der chemischen Reaktionen zwischen Mineralen und Wasser.

Aus dem Blickwinkel des Geologen werden Gesteine in Böden abgebaut; aus bodenkundlicher Sicht jedoch entsteht ein Substrat, das neue mineralogische, chemische, physikalische und biologische Eigenschaften besitzt, welche für das Leben der Bodenorganismen, das Pflanzenwachstum und den Anbau von Nutzpflanzen von entscheidender Bedeutung sind.

Korngrößenverteilung und Bodentextur

Die Größe der mineralischen Bestandteile beeinflußt nachhaltig die physikalischen Bodeneigenschaften. Als Beispiele wären zu nennen: die Leichtigkeit, mit der Boden bearbeitet werden kann, seine Wasserdurchlässigkeit, aber auch seine Speicherleistung für pflanzenverfügbares Wasser. Chemische Eigenschaften werden gleichfalls beeinflußt, da die Oberflächen kleiner Teilchen besondere Eigenschaften aufweisen. Deshalb benötigen wir ein Klassifikationssystem zur Einteilung der Korngrößen und zur quantitativen Beschreibung ihrer Größenverteilung.

Es gibt keine natürliche Klassifikation der Korngröße: Die Wahl der Grenzen basiert auf dem Anteil, den Teilchen verschiedener Größe an bestimmten physikalischen und chemischen Bodeneigenschaften haben. Tabelle 2.1 enthält das am häufigsten verwendete System. Man beachte, daß sich die Bezeichnungen auf die Korngrößenfraktionen und nicht auf die Minerale beziehen, die in jeder Klasse vorhanden sind. Um das zu verdeutlichen, sprechen wir manchmal von *Teilchen der Sandfraktion, der Tonfraktion* etc. Jedoch können bestimmte Minerale in einer Fraktion dominieren; z.B. bestehen die Teilchen der Sandfraktion meist aus Quarz, und in der Tonfraktion befinden sich häufig Tonminerale. (Man bedenke auch, daß der Begriff „Ton" in der Umgangssprache eine dritte Bedeutung hat und für jedes feinkörnige, plastische Material verwendet wird.) Bei einer Analyse der *Korngrößenverteilung* trennt man zunächst die Steine vom ofentrockenen Boden. Der verbleibende *Feinboden*, der aus Teilchen mit einem Durchmesser von weniger als 2 mm besteht, wird nach dem prozentualen Massenanteil einer jeden Kornfraktion eingeteilt.

Der Einfachheit halber werden Böden nach ihrer Bodenart klassifiziert, wobei jede Bodenart bestimmten Anteilen der einzelnen Kornfraktionen entspricht (s. Abschn. 2.3). Folglich gibt es kleine, meist jedoch unbedeutende Variationen der Bodeneigenschaften innerhalb jeder Bodenartengruppe. Die gewählten Grenzen weisen jedoch nicht auf plötzliche Veränderungen der Bodeneigenschaften hin, wenn sich die Zusammensetzung ändert.

Bestimmung der Korngrößenverteilung und Bodenart

Die Methode zur Ansprache der Bodenart im Gelände durch Kneten des angefeuchteten Bodens zwischen Daumen, Zeige- und Mittelfinger (Fingerprobe) wurde in Abschn. 1.2 beschrieben. Auf diese Weise ermittelt man die Bodenart qualitativ; Näherungswerte für die Korngrößenverteilung können den Dreiecksdiagrammen in Abschn. 2.3 (s. Abb. 2.6) entnommen werden.

Tabelle 2.1. Korngrößenklassen. Das europäische System setzt 60 μm als Grenze zwischen Feinsand und Schluff; das Landwirtschaftsministerium der Vereinigten Staaten zieht die Grenze bei 50 μm. Gelegentlich sind 20 μm die Grenze. Für viele Zwecke werden Fein- und Grobsand einfach als „Sand" zusammengefaßt.

Fraktion		Größe [mm]	[μm]
Skelett		> 2	
Feinboden	Grobsand	2 – 0,2	(2 000–200 μm)
	Feinsand	0,2 – 0,06	(200–60 μm)
	Schluff	0,06 – 0,002	(60–2 μm)
	Ton	< 0,002	(< 2 μm)

Die Standardanalyse der Korngrößenverteilung erfolgt durch Aufschlämmung der mineralischen Bestandteile, nachdem organische Bestandteile entfernt wurden. Teilchen verschiedener Kornfraktionen werden durch Sieben und Sedimentation voneinander getrennt (s. Abschn. 2.3); anschließend wird die Masse jeder Kornfraktion bestimmt. Ebenso geht man vor, wenn man die verschiedenen Kornfraktionen für Untersuchungen und Analysen separieren will. Die Wirkung der Sedimentation auf die Trennung von Bodenteilchen kann man auch im Freiland beobachten, wenn man während einer Regenperiode Böden betrachtet, die von Tieren oder landwirtschaftlichem Gerät etwa um eine Tränke oder in einem Zufahrtsweg aufgewühlt wurden. Nach der Störung setzt sich der Sand rasch ab, gefolgt von Schluff und schließlich Ton; beim anschließenden Trocknen des Bodens bildet sich eine geschichtete Haut.

Bedeutung der Bodenart und Korngrößenverteilung

Lehmböden mit einer relativ gleichmäßigen Mischung von Teilchen unterschiedlicher Größe sind bezüglich ihrer physikalischen und chemischen Eigenschaften für Bodenbearbeitung und Nutzpflanzenanbau am besten zusammengesetzt. Dominieren in Böden nur Teilchen einer bestimmten Kornfraktion, sind sie zum Nutzpflanzenanbau weniger geeignet (s. Tabelle 2.2), lassen sich aber leichter bearbeiten und werden fruchtbarer, wenn der Anteil an organischem Material erhöht wird.

Minerale der Sand-, Schluff- und Tonfraktionen

Sand und Schluff

Diese Fraktionen werden von resistenten, ererbten Mineralen dominiert. Für die gemäßigte Zone bedeutet das die Dominanz von Quarz, sofern sich die Böden nicht aus Kalkstein gebildet haben; dann herrschen Calcit und Dolomit vor. In den Tropen überwiegen Oxide und Hydroxide des Eisens und Aluminiums, da durch die intensivere Verwitterung der Quarz aufgelöst wurde. In Trockengebieten werden die Böden von ererbten Mineralen dominiert, da das für chemische und biologische Prozesse notwendige Wasser fehlt: Die mineralischen Teilchen sind Bruchstücke des Ausgangsgesteins. Dennoch bilden sich einige Minerale wie Gips und Calcit, die zwar relativ leicht löslich sind, aber aufgrund der Verdunstung von Lösungen, die schon bei sehr geringer Intensität der chemischen Verwitterung entstehen, auskristallisieren.

Die Tonfraktion

Bei den mineralischen Komponenten dieser Fraktion handelt es sich vorwiegend um Tonminerale, Sesquioxide und amorphe Minerale, die mit Humus Verbindungen eingegangen sind. Wegen ihrer geringen Größe und ihrer Ladung verhalten sich diese Teilchen hinsichtlich ihrer physikalischen und chemischen Eigenschaften wie *Kolloide*, weshalb die Tonfraktion manchmal auch als *Kolloidfraktion* bezeichnet wird. Diese Eigenschaften beinhalten die Fähigkeit, Wasser zu absorbieren, was Quellung und Plastizität zur Folge hat. Infolge der abstoßenden Kräfte zwischen den Teilchen lassen sie sich in Wasser dispergieren (s. Abschn. 14.4).

Da diese Fraktion elektrische Ladung trägt, werden an der Teilchenoberfläche Ionen gebunden, u.a. auch solche, die als Pflanzennährstoffe von Bedeutung sind. In Böden, die sich aus Kalkstein gebildet haben, kann in der Tonfraktion Calcit als ein Hauptbestandteil auftreten.

Tabelle 2.2. Typische Eigenschaften von Böden bestimmter Korngrößenzusammensetzung

Lehmböden

Vorteile:	– leichtes Versickern (Dränen) überschüssigen Wassers; – gute Wasserretention zur Nutzung durch Pflanzen; – leichte Bearbeitung bei breitem Wassergehaltsspektrum; – gute Nährstoffversorgung.

Grobsandböden

Vorteile:	– gute Dränung; – leichte Bearbeitbarkeit; – schnelle Erwärmung im Frühjahr.
Nachteile:	– schlechte Wasserspeicherung – „durstige Böden"; – schlechte Nährstoffversorgung für Pflanzen – „hungrige Böden"; – geringe Speicherkapazität für zugeführte Nährstoffe – Auswaschung.

Feinsand- und Schluffböden

Vorteile:	– leichte Kultivierbarkeit.
Nachteile:	– neigen zu Erosion, Verdichtung und Verkrustung.[a]

Tonböden

Vorteile:	– gute Nährstoffversorgung für Pflanzen; – gute Retention der Nährstoffe gegen Auswaschung; – gute Wasserretention zur Nutzung durch Pflanzen.
Nachteile:	– schlechte Dränung – kann vernässen; – hoher Bearbeitungsaufwand; – bei Nässe durch Tiere und Ackergerät leicht verschlämmbar; – bei Trockenheit sehr hart; – Bearbeitung nur bei bestimmten Wassergehalten möglich; – langsame Erwärmung im Frühjahr.

Steinige Böden

Nachteile:	– trocken, da das Feinbodenvolumen reduziert ist; – Kultivierung problematisch, starker Verschleiß der Geräte; – verstärkte Nährstoffauswaschung.

[a] Verkrustung ist bei kultivierten Böden die Bildung einer dichten Oberflächenschicht nach Regen. Keimen und Wachstum der Sämlinge kann verhindert werden, und die kompakte Kruste fördert den Oberflächenabfluß.

Tonminerale. Hierbei handelt es sich um kristalline Hydroxysilikate, die Aluminium, Eisen und Magnesium sowie Spuren anderer Metalle enthalten. Das können sowohl primäre Minerale sein, wenn sich der Boden aus tonreichen Sedimenten gebildet hat, oder pedogene (sekundäre) Minerale, wenn sie bei der Bodenbildung durch Verwitterung neu entstanden sind. Üblicherweise besitzen sie eine Plättchen-Form und einen Durchmesser von 2 µm oder weniger (Bildtafel 2.4). Tonminerale unterscheiden sich voneinander in ihrer Kristallstruktur, ihrer elektrischen Ladung, ihrer spezifischen Oberfläche und ihren Quellungseigenschaften (s. Abschn. 2.2). Etliche Tonminerale sind permanent negativ geladen; sie sorbieren *austauschbare Kationen* wie Kalium, Calcium und Magnesium.

Die Identifizierung und Untersuchung der Tonminerale erfordert Röntgenbeugungsverfahren und Gesamtelementaranalysen, deren Beschreibung über den Rahmen dieses Buches hinausgehen würde (Wilson 1987). Die Tonminerale in Böden ha-

Bildtafel 2.4. Rasterelektronenmikroskopische Aufnahmen von Tonmineralen und Sesquioxiden. a Glimmerplättchen; b Kaolinitplättchen, gepackt wie die Seiten eines Buches; c Kugeln aus Halloysit, einem 1:1-Tonmineral ähnlich Kaolinit; d Allophan, auseinandergezupft wie Rohbaumwollfasern; e Quarzkörner, gebunden durch ein Gitter aus Eisenoxiden (vermutlich Ferrihydrit) im Ortstein eines Podsols; f Goethitnadeln, aufgewickelt wie Wollknäuel. Die Balkenlänge entspricht immer 5 μm (aus Molloy 1988)

ben nicht so perfekt ausgebildete Kristalle wie diejenigen in den Ausgangsgesteinen; sie stellen oft ein inniges Gemisch von zwei oder drei verschiedenen Tonmineralen dar, auf deren Oberflächen sich Sesquioxide befinden. Dies läßt nur eine näherungsweise Bestimmung ihrer Anteile zu (± 5 % der Tonfraktion), obwohl diese Minerale ansonsten genau bestimmt werden können.

Allophan ist ein amorphes, wasserhaltiges Aluminiumsilikat, das sich aus Vulkanasche und anderen rasch verwitternden Gesteinen bildet und das dominierende Mineral sein kann. Es besitzt eine sehr große Oberfläche, die sowohl positive als auch negative Ladung trägt, und ähnelt damit in gewisser Weise den Sesquioxiden.

Sesquioxide. Verschiedene Formen der *Sesquioxide* oder *wasserhaltigen Oxide* gehen aus der Verwitterung von Silikaten und anderen Mineralen hervor, aber es handelt sich immer um pedogene Minerale. Es sind hauptsächlich Oxide und Hydroxide von Eisen und Aluminium, wie z.B. Gibbsit ($Al(OH)_3$), Goethit (FeOOH) und Hämatit (Fe_2O_3) oder das schlecht kristallisierte Ferrihydrit ($Fe_2O_3 \cdot nH_2O$), das sich mit einer Reihe von amorphen Stoffen vermischt. Sesquioxide treten entweder als Einzelpartikel in der Tonfraktion oder als sehr kleine Teilchen (Durchmesser ca. 5 nm) und amorphe Überzüge auf Tonmineraloberflächen auf (Bildtafel 2.4). Eisenoxide und -hydroxide haben eine rotbraune Färbung, die zusammen mit dem schwarzgefärbten Humus für die dunkelbraune Farbe von Böden verantwortlich ist.

Sesquioxide wirken als Bindemittel zwischen den Tonmineralpartikeln und als Träger einer elektrischen Ladung, die je nach dem pH-Wert des Bodens positiv oder negativ sein kann und deshalb als *pH-abhängige Ladung* bezeichnet wird. An ihren Oberflächen werden häufig Anionen der Pflanzennährstoffe sorbiert (z.B. Phosphate, Nitrate und Sulfate). Auch das Tonmineral Kaolinit besitzt diese Eigenschaft, allerdings in geringerem Umfang. Sesquioxide und Kaolinit dominieren die Tonfraktion in vielen Böden der feuchten Tropen, so daß diese Böden sich in ihren Ladungs- und Anionenadsorptionsverhältnissen stark von Böden der gemäßigten Zone unterscheiden, die unabhängig vom pH-Wert permanent negativ geladen sind.

Charakteristische Eigenschaften der Sesquioxide werden in Abschn. 2.2 diskutiert. Ihre Identifizierung und Analyse erfordert spezielle Verfahren (Wilson 1987). Es sind verschiedene Methoden bekannt, Eisen und Aluminium durch selektive Löseverfahren aus den Sesquioxiden zu extrahieren und zu messen (Page 1982).

Carbonate

Die häufigsten Minerale sind Calcit ($CaCO_3$), magnesiumhaltige Calcite mit bis zu 20 % $MgCO_3$ und Dolomit ($CaMg(CO_3)_2$). Calcit kann sowohl als weiche, weiße Kreide als auch als harter Kalkstein auftreten.

Carbonate finden sich entweder als primäre Minerale in der Stein-, Sand- und Schlufffraktion oder als eine Mischung primärer und pedogener Minerale in der Tonfraktion in allen Kornfraktionen von Böden. Sie treten auch in ariden Gebieten auf, in denen sich die Böden großflächig zu Kalkkrusten verhärtet haben, die man als *Calcrete* bezeichnet. Carbonate erhalten in Böden ein alkalisches Milieu aufrecht (s. Abschn. 8.3) und beeinflussen das Pflanzenwachstum direkt durch gelöste Hydrogencarbonate und indirekt durch die Wirkung des hohen pH-Wertes auf die Löslichkeit und Verfügbarkeit von Nährstoffen wie z.B. Phosphor, Kupfer, Zink und Mangan.

Die Messung des Carbonatgehalts wird in Abschn. 2.4 beschrieben; Abschnitt 2.5 befaßt sich mit den chemischen Grundlagen dieser und anderer Bodenanalysen.

Weitere Studien

Anregungen für Übungen im Gelände werden in Abschn. 2.6 gegeben; Übungsaufgaben finden sich in Abschn. 2.7.

2.1
Verwitterung von Gesteinen und Neubildung pedogener Minerale

Minerale lösen sich im Wasser, das die Böden durchdringt. Außer in Trockengebieten werden dadurch leichtlösliche Minerale wie Halit (Steinsalz, NaCl) und Gips ($CaSO_4 \cdot 2H_2O$) gelöst und ausgewaschen. Calcit verhält sich ebenso (Abb. 2.1 a). Mit zunehmender Auswaschung werden auch die weniger leicht löslichen Minerale mobilisiert und in gelöster Form innerhalb des Bodens nach unten verlagert, wo sie wieder ausgefällt oder ganz aus dem Boden ausgewaschen werden. Auf diese Weise verhält sich z.B. Calcit: Der Wasserentzug durch Pflanzenwurzeln kann Ca^{2+}- und CO_3^{2-}-Ionen so sehr anreichern, daß diese ausgefällt werden. In ähnlicher Weise verursacht ein pH-Anstieg einen Anstieg der CO_3^{2-}-Konzentration, so daß eine übersättigte Calcitlösung entsteht. Das ausgefällte Material liegt meist in Form von Kristallen in der Größe der Tonfraktion vor.

Quarz ist relativ verwitterungsbeständig und bleibt in Böden der gemäßigten Breiten als das häufigste Mineral der Sand- und Schlufffraktion zurück. Er ist in Wasser nur wenig, in Gegenwart bestimmter Sesquioxide und organischer Säuren jedoch besser löslich. In den feuchten Tropen durchdringen große Wassermengen den Boden, erhöhen die Lösungsgeschwindigkeit und können zum totalen Verlust des Quarzes führen.

Glimmer, ein geschichtetes Alumosilikat-Mineral, wird bei der Verwitterung zwar verändert, behält aber seine typischen Eigenschaften, so daß sich die Glimmer und die neu entstandenen Minerale in ihrer Kristallstruktur ähneln (Abb. 2.1 b und Bildtafel 9.1). Illit und Vermiculit beispielsweise sind geringfügig veränderte Verwitterungsprodukte, während Smectit stärker verändert ist. Sie alle weisen eine Schichtstruktur auf; wegen der kombinierten Wirkung der physikalischen Verwitterung und chemischen Veränderung der Kristalle liegen sie gewöhnlich in der Tonfraktion vor. Da sich die Verwitterung zunächst an der Oberfläche der Kristalle abspielt, können primäre Bodenminerale einen relativ unveränderten Kern, aber eine deutlich veränderte Oberfläche aufweisen. Die Oberfläche von Quarzkristallen kann beispielsweise in amorphen Opal umgewandelt worden sein, und die Oberfläche von Calcit kann durch Calciumphosphat verunreinigt sein.

Die Ionen und Moleküle, die aus den primären Mineralen herausgelöst wurden, können miteinander unter Bildung pedogener Minerale reagieren. Ein Verwitterungsprozeß, wie er in den Tropen häufig stattfindet, ist in Abb. 2.1 c dargestellt.

Einige Sedimentgesteine (die ursprünglich im Wasser abgelagert wurden) enthalten große Mengen an Tonmineralen, weshalb Böden, die sich aus diesen Substraten bilden, ererbte Tonminerale enthalten, die meist nur wenig durch Verwitterung und Pedogenese verändert sind.

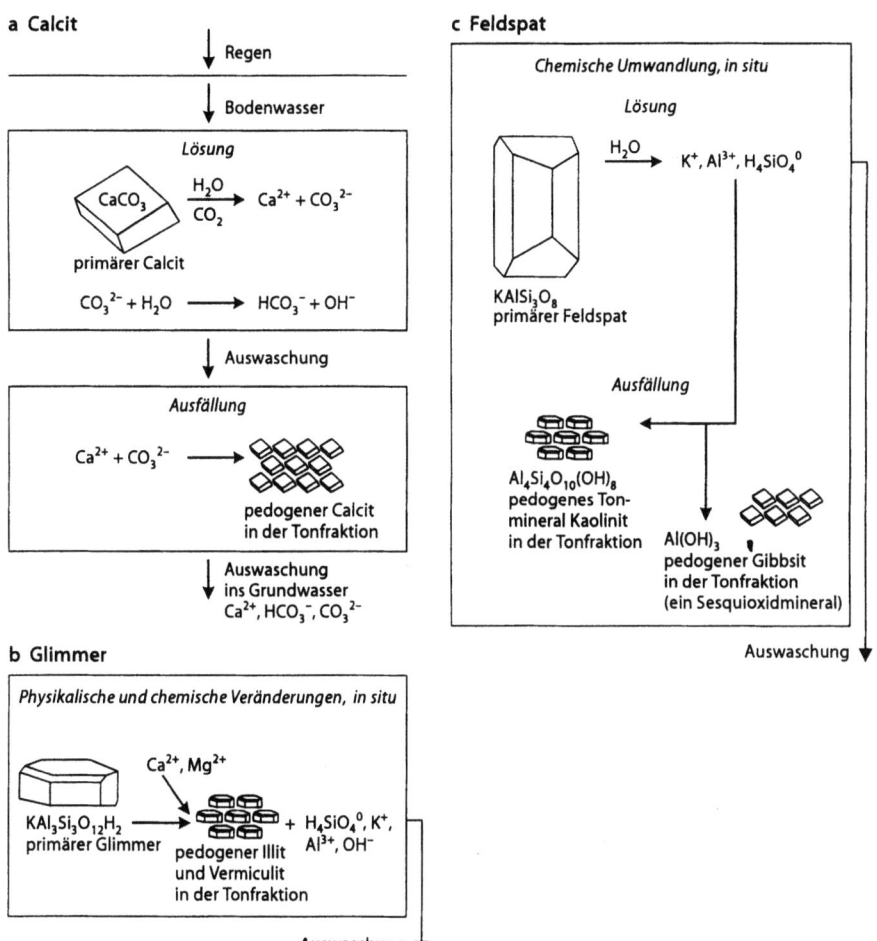

Abb. 2.1. Verwitterung von Mineralen. a Calcit (s. Abschn. 8.3); b Glimmer (Anmerkung: *in situ* bedeutet, daß die Veränderung an Ort und Stelle vor sich geht – ohne Transport); c Feldspat

2.2
Tonminerale und Sesquioxide

2.2.1
Tonminerale

Tonminerale finden sich hauptsächlich in der Tonfraktion von Böden. Diese Teilchen trennen sich voneinander, wenn der Boden dispergiert wird, und sind für die Trübung von Bodensuspensionen verantwortlich. In Bodendünnschliffen (Bildtafeln 2.3 und 2.4) tritt der Ton verstärkt in bestimmten Akkumulationsbereichen auf. Größe und Anordnung dieser Anreicherungszonen im Verhältnis zu anderen Bodenbe-

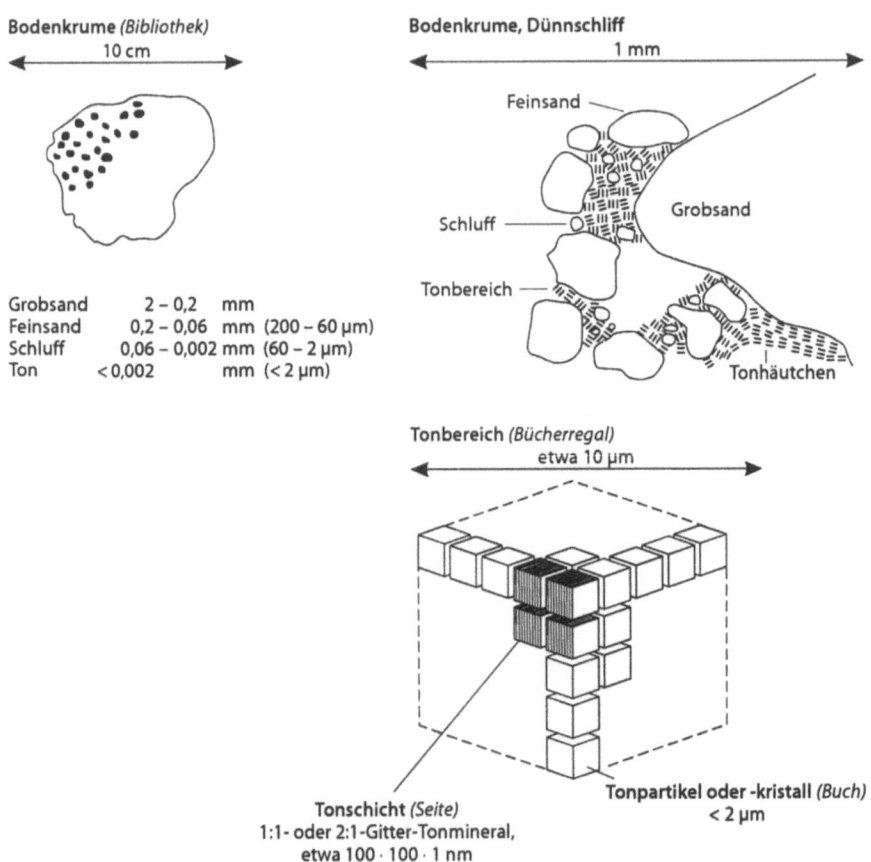

Abb. 2.2. Tonminerale in Böden – Größe und Anordnung

standteilen sind in Abb. 2.2 dargestellt. *Tonanreicherungszonen* können eine Ausdehnung von bis zu 10 µm haben, *Tonhäutchen* können sich über 100 µm erstrecken. Um sich dieses ganze System zu verdeutlichen, stelle man sich vor, die Bodenkrume sei wie eine Bibliothek organisiert. Die Tonanreicherungszonen gleichen den Bücherregalen, die Tonminerale den darin stehenden Büchern, und die Seiten entsprechen der Schichtstruktur innerhalb der Tonminerale, wie sie weiter unten beschrieben wird. Ebenso wie Bücher aus dem Regal genommen werden können, werden die Tonpartikel in einer Bodensuspension dispergiert.

Struktur der Tonminerale

Tonminerale sind aus übereinanderliegenden Schichten von Sauerstoff- und Hydroxo-Ionen aufgebaut, die mit Silicium-, Aluminium-, Magnesium- und anderen Kationen Bindungen eingegangen sind, so daß zweidimensionale Tetraeder- und Oktaederschichten entstehen:

- Die *Tetraederschicht* besteht aus Silicium, an das vier Sauerstoffatome gebunden sind (Abb. 2.3 a).
- Die *Oktaederschicht* besteht aus Aluminium bzw. Magnesium, an das sechs Sauerstoff- oder Hydroxo-Ionen gebunden sind (Abb. 2.3 b).
- Die einzelnen Schichten sind miteinander zu Mineralen (Silikatschichten) verbunden, von denen es drei Haupttypen gibt (Abb. 2.3 c).
- Tonkristallplättchen bestehen aus mehreren übereinanderliegenden Silikatschichten (Abb. 2.4). Der *Basisabstand*, d.h. die Entfernung zwischen den Basisflächen zweier Silicatschichten, wird häufig zur Charakterisierung eines Minerals herangezogen und weist auf seine Eigenschaften hin.

Die Eigenschaften der wichtigsten Tonminerale sind in Tabelle 2.3 zusammengefaßt.

Liegen zwei Schichten so zusammen, daß eine Tetraeder- und eine Oktaederschicht benachbart sind, wie dies in 1:1- und 2:2-Mineralen der Fall ist, dann stabilisiert die Wasserstoffbrückenbindung zwischen dem Sauerstoff, der an das Silicium der Tetraederschicht gebunden ist, und dem Wasserstoff des OH-Ions (aus OH-Al oder OH-Mg) der benachbarten Oktaederschicht den Kristall. Kommt eine 2:1-Schichtung zustande, finden die Tetraederschichten in benachbarten Mineralen keine Wasserstoffatome zur Bildung dieser Bindungen, und die Kristalle werden durch elektrostatische Kräfte zwischen den einzelnen Mineralen zusammengehalten, die aus der elektrischen Ladung resultieren. Bei Illit und Glimmer handelt es sich um ei-

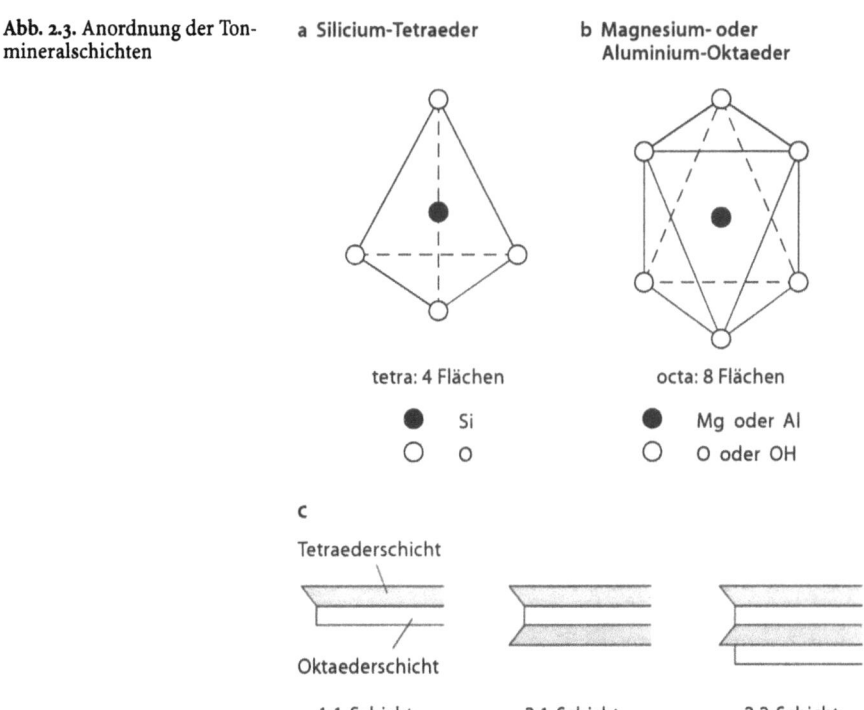

Abb. 2.3. Anordnung der Tonmineralschichten

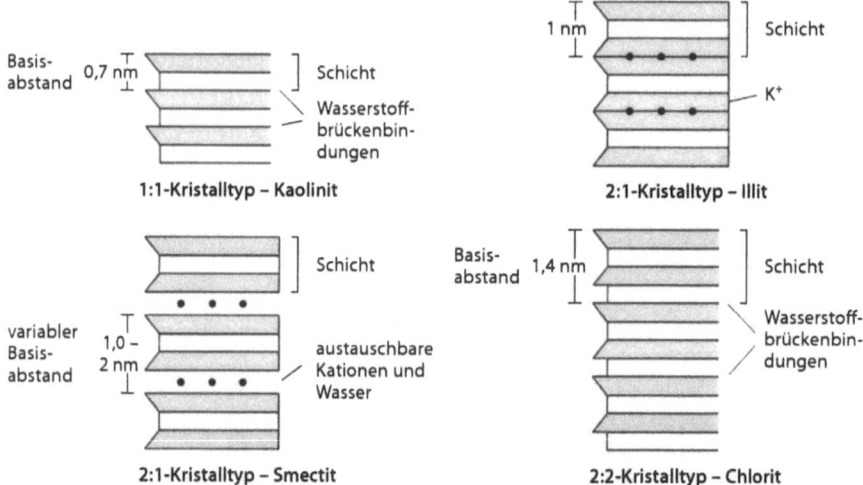

Abb. 2.4. Tonmineral-Strukturmodelle

Tabelle 2.3. Eigenschaften der Tonmineral-Hauptgruppen

Ton	Schichtstruktur	Schichtstärke [nm]	Negative Ladung [cmol$_c$ kg^{-1}]	spezifische Oberfläche [m^2 g^{-1}]	Quellfähigkeit
Kaolinit	1:1	0,7	bis zu 10[a]	10	keine
Allophan	1:1[b]	0,7	20 – 50	700 – 900	keine
Smectit	2:1	1,0	100	800	intensiv
Illit	2:1	1,0	25 (250)[c]	20	keine oder sehr gering
Vermiculit	2:1	1,4	150	400	begrenzt
Chlorit	2:2	1,4	10	10	keine

[a] Die negative Ladung von reinem Kaolinit ist gering (Abb. 7.7); diese höheren Werte werden vermutlich von Verunreinigungen durch 2:1-Tonminerale hervorgerufen. Kaolinit kann auch positive Ladung tragen (Abschn. 7.6).
[b] Die Schichten bilden die Wand eines hohlen, kugeligen Partikels mit einem Durchmesser von ca. 4 nm. Dieser trägt zwischen 5 und 30 cmol positiver Ladung kg^{-1}.
[c] Die Schichten werden von Kaliumionen zusammengehalten, die teilweise in die Tetraederebene eintauchen. Es bildet sich eine starke Bindung zwischen den Schichten; es kann kein Wasser eindringen und die effektive Ladung wird von 250 auf etwa 25 herabgesetzt, d.h. 225 cmol$_c$ kg^{-1} werden von den K$^+$-Ionen ausgeglichen. Diese sind nicht austauschbar, können aber langsam abgegeben werden.

ne starke Kraft, weil zahlreiche Kaliumionen vorhanden sind; bei Smectit und Vermiculit aber können sich die Minerale durch eintretendes Wasser voneinander lösen, was ihren Basisabstand vergrößert. Normalerweise bleiben die Kristalle als Einheit im Boden erhalten; es findet nur ein begrenztes Quellen statt. Wegen des variablen Basisabstandes handelt es sich genaugenommen nicht mehr um Kristalle; der Bequemlichkeit halber beläßt man es aber bei diesem Ausdruck. Die Struktur erscheint sehr ungeordnet; besonders Smectit-„Kristalle" sind aus vielen plättchenartigen Partikeln aufgebaut, zwischen denen nur schwache Bindungen bestehen, die daher leicht dispergieren und eine sehr feine (< 0,1 µm) Tonfraktion bilden.

Oberfläche

Die geringe Größe der Tonteilchen hat eine große *spezifische Oberfläche* (Oberfläche pro Masseneinheit) zur Folge. Sie kann berechnet werden: Kugelförmige Teilchen mit einem Durchmesser von 2 mm und einer Dichte von 2,65 g m^{-3} haben eine Oberfläche von 11,3 cm^2 g^{-1}, wohingegen 2 µm große Teilchen eine Oberfläche von 1,13 m^2 g^{-1} aufweisen. Die geschichtete Struktur der Tone führt jedoch zu noch größeren Oberflächen als bei Kugeln, weshalb quellfähige Tone eine Oberfläche von bis zu 800 m^2 g^{-1} besitzen.

Elektrische Ladung

Eine weitere Eigenschaft unterscheidet die Haupttypen der Tonminerale voneinander. In „perfekten" Tonkristallen wird die elektrische Ladung zwischen den positiv und negativ geladenen Ionen wie in einem elektrisch neutralen Steinsalzkristall (Na$^+$Cl$^-$) ausgeglichen. Das Ionenverhältnis von Talk, einem 2:1-Tonmineral, kann durch folgende Formel ausgedrückt werden: $Mg_6^{2+} Si_8^{4+} O_{20}^{2-} (OH^-)_4$;
hieraus können wir das Ladungsgleichgewicht berechnen: +12 + 32 − 40 − 4 = 0 . Dies ist eine starke Vereinfachung der wirklichen Situation, da die Bindung zwischen den Ionen teilweise ionisch und teilweise kovalent ist und wir davon ausgehen können, daß ein „perfekter" Kristall elektrisch neutral ist. Tonminerale im Boden sind aber keine „perfekten" Kristalle: Verunreinigungen werden während der Bildung des Minerals als Ersatz für Magnesium- oder Aluminiumionen in die Oktaederschicht bzw. als Ersatz für Siliciumionen in die Tetraederschicht eingebaut. Wenn also in einer Talk-Kristalleinheit ein Silicium- durch ein Aluminiumion ersetzt wird, ergibt sich folgende Formel: $Mg_6^{2+} Si_7^{4+} Al^{3+} O_{20}^{2-} (OH^-)_4$, mit einer Nettoladung von: +12 + 28 + 3 − 40 − 4 = −1. Damit trägt der Ton eine negative Ladung pro Formeleinheit, die der Ladung eines Elektrons entspricht. Diese Ladung wird als *permanente negative Ladung* bezeichnet, da sie eine unveränderliche Eigenschaft der Kristallstruktur ist. In den Tonmineralen des Bodens findet normalerweise ein derartiger Ersatz der Zentralionen sowohl in den Tetraeder- als auch den Oktaederschichten statt.

Tonminerale tragen auch pH-abhängige Ladungen, wenngleich diese – mit Ausnahme von Kaolinit und Allophan – verglichen mit der permanenten Ladung gering ist. Diese Ladung entsteht in ähnlicher Weise wie bei Sesquioxiden, wie weiter unten beschrieben wird.

Austauschbare Kationen

Die Ladung von Tonmineralen wird immer von Ionen auf der Kristalloberfläche ausgeglichen. Die häufigsten dieser Ionen sind Aluminium, Calcium, Magnesium, Kalium und Wasserstoff; sie sind gegeneinander austauschbar und werden durch die elektrostatischen Kräfte zwischen den negativ geladenen Tonmineralen und den positiv geladenen Ionen festgehalten. Diese Ionen sind als *austauschbare Kationen* bekannt, den Ablauf bezeichnet man als *Kationenaustausch* und die Gesamtladung als die *Kationenaustauschkapazität* (KAK) des Tons. Sie wird gemessen als die Ladungsmenge der Kationen, die am Ton sorbiert sind; die Einheit ist 1 mol (normalerweise 1 cmol) an Ladung pro kg Ton, wobei 1 mol Ladung der Ladungsmenge entspricht, die von 1 mol Wasserstoffionen getragen wird (= $6{,}02 \cdot 10^{23}$ Ionen bzw. Elektronenladungen). Dieses Konzept und die Bedeutung dieser Einheit werden in Abschn. 7.2 vertieft behandelt.

Die elektrostatischen Kräfte, die die 2:1-Minerale zusammenhalten, entstehen durch die Anwesenheit der austauschbaren Kationen: Benachbarte Mineralschichten werden von Kationen zusammengehalten. Dann wieder dringt Wasser zwischen die Mineralschichten ein, weil es ebenfalls von den Kationen angezogen wird, und drückt die Minerale auseinander. Die elektrostatische Anziehung und das Eindringen von Wasser wirken in entgegengesetzte Richtung; das Gleichgewicht zwischen diesen beiden Kräften bestimmt den Basisabstand des Kristalls und das Ausmaß der Quellung (s. Abschn. 14.4). Dieser Abstand kann durch Röntgenbeugungsanalyse bestimmt werden und wird zur Bestimmung der Tonminerale verwendet.

Einige häufige Verwendungen von Tonmineralen

Talk wird zur Produktion von Talkumpuder gewonnen. Es handelt sich um ein ungeladenes Tonmineral, dessen kleine, plättchenförmige Partikel ein weiches Gefühl hervorrufen, wenn sie übereinander gleiten, und bei Kontakt mit Wasser wegen der fehlenden Ladung und Anziehungskraft für Wasser nicht klebrig werden.

Auch andere Tonminerale werden als geologische Ablagerungen gefunden. Montmorillonit, ein Mineral aus der Smectit-Gruppe, wird wie Seife („Fullererde") verwendet, da seine große spezifische Oberfläche organische Moleküle anzieht und sich damit Flecken aus Kleidern entfernen lassen. Es wird auch als Bohrspülschlamm bei der Exploration von Mineralen eingesetzt und dient zur Herstellung von Gußformen in der Eisen- und Stahlindustrie. Kaolinit wird ebenfalls in Bergwerken abgebaut und zur Satinierung von Papier verwendet. Die weiteste Verwendung erfährt er bei der Herstellung qualitativ hochwertigen Porzellangeschirrs, da er sich beim Brennen unter Ausbildung eines Kristallgitters leicht in andere Silikate verwandelt. „Aufgeblähter Vermiculit" wird durch rasches Erhitzen des Minerals hergestellt, wobei das Wasser der Zwischenschicht in eine große Dampfmenge verwandelt wird. Er wird als Isolierungsmaterial und Bewurzelungsmedium zur Anzucht von Sämlingen verwendet. Er besitzt Hohlräume in den aufgeblähten Kristallen, die sowohl Wasser als auch Luft enthalten können, er gewährleistet eine gute Dränage durch die Räume zwischen den Kristallen und kann Nährstoffionen in austauschbarer Form sorbieren.

2.2.2
Sesquioxide

Diese Gruppe von Mineralen besteht aus den gut kristallisierten Mineralen Gibbsit, Goethit und Hämatit, dem schlecht kristallisierten Ferrihydrit sowie aus amorphen Eisen- und Aluminiumhydroxiden. Die kristallinen Minerale bestehen aus Oktaederschichten von Sauerstoff- oder Hydroxo-Ionen, die mit Aluminium oder Eisen Bindungen eingegangen sind. Ebenso wie bei den 1:1-Tonmineralen werden die Schichten durch Wasserstoffbrücken zusammengehalten; eine Aufweitung des Kristalls kann nicht stattfinden (Abb. 2.5 a).

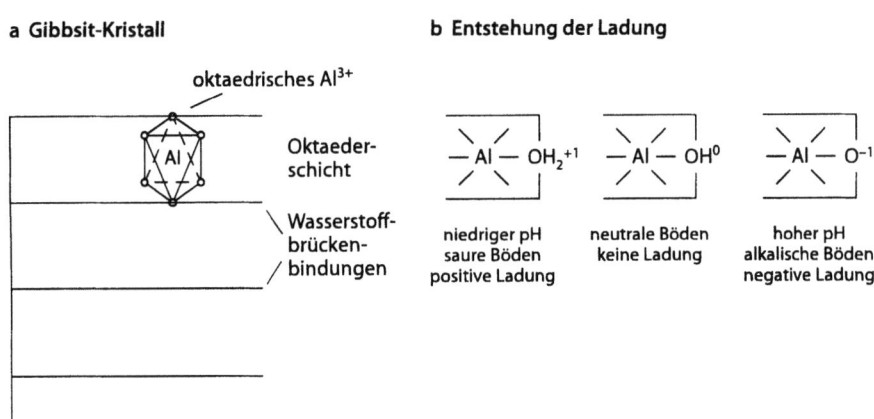

Abb. 2.5. Schichtanordnung und Ladung von Gibbsit. a Gibbsit-Kristall; b Entstehung der Ladung

Im Kristall gibt es keinen Ersatz durch Ionen anderer Ladung und daher keine permanente negative Ladung. An den Bruchkanten des Kristalls oder auf der Oberfläche amorpher Partikel zeigen AlOH- oder FeOH-Gruppen jedoch amphotere Eigenschaften, d.h. sie sind in Abhängigkeit vom pH-Wert der sie umgebenden Lösung in der Lage, Wasserstoffionen zu sorbieren bzw. zu desorbieren (Abb. 2.5 b); so entwickelt sich eine pH-abhängige variable Ladung. Böden, in denen solche Minerale überwiegen, werden als *Böden mit variabler Ladung* bezeichnet.

Die Ladungen werden immer von Ionen, die von der Mineraloberfläche angezogen werden, ausgeglichen. Bei hohen pH-Werten werden Kationen gebunden und die Ladung ist zusammen mit der permanenten negativen Ladung der 2:1-Tonminerale und der negativen Ladung, die die organische Bodensubstanz beiträgt (Abschn. 7.1), Teil der gesamten KAK des Bodens. Bei niedrigen pH-Werten werden Anionen gebunden, der Boden erhält eine *Anionenaustauschkapazität* (AAK), die in der Regel kleiner ist als 1 cmol Ladung kg^{-1} (es wird dieselbe Einheit wie für die KAK verwendet). Positive Ladung entwickelt sich nach einem ähnlichen Mechanismus an den Kanten von Kaoliniten und Allophanen. Weitere Einzelheiten zu den Eigenschaften der Oberflächenladungen von Sesquioxiden werden in Abschn. 7.5 behandelt.

2.3
Bodenart und Körnungsanalyse

Die Korngrößenverteilung gibt einen groben Hinweis auf die physikalischen und chemischen Eigenschaften von Böden. Teilchenform und Merkmale der Oberfläche modifizieren jedoch besonders in der Tonfraktion diese Eigenschaften; deshalb sind absolute Zahlenwerte der Korngrößenverteilung in diesem Zusammenhang nicht von Bedeutung. Vergleichswerte innerhalb eines Bodenprofils oder zwischen einem Bodenprofil und seinem Ausgangsgestein können aber wichtige Hinweise auf die Herkunft des Bodens und die sich im Boden abspielenden Prozesse liefern. Eine sorgfältige, standardisierte Analyse der Korngrößenverteilung ist nötig, damit solche Vergleiche aussagekräftig sein können.

2.3.1
Kornfraktionen (Bodenartengruppen)

Die Klassifikation der Textur nach der Körnung der Partikel wird normalerweise in Form eines Dreiecksdiagramms dargestellt. Es wurden verschiedene Klassifikationen entwickelt, von denen das USDA-System (Abb. 2.6 a) weltweit das am häufigsten verwendete ist. In Deutschland (Abb. 2.6 c) existiert ebenfalls ein Standardverfahren zur Bestimmung der Korngrößenverteilung (DIN 19 682, Teil 2). Abb. 2.6 b zeigt die britische Klassifikation. Darin sind die drei voneinander abhängigen Variablen (Sand + Schluff + Ton = 100) graphisch dargestellt. Die Bezeichnungen der Kornfraktionen

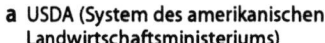

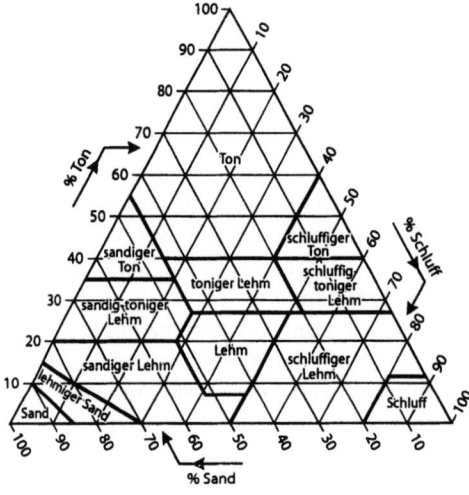

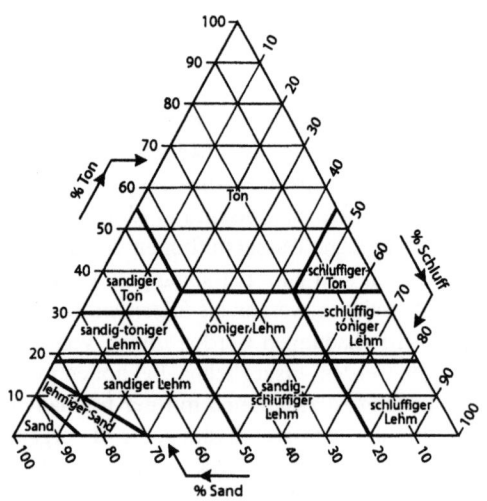

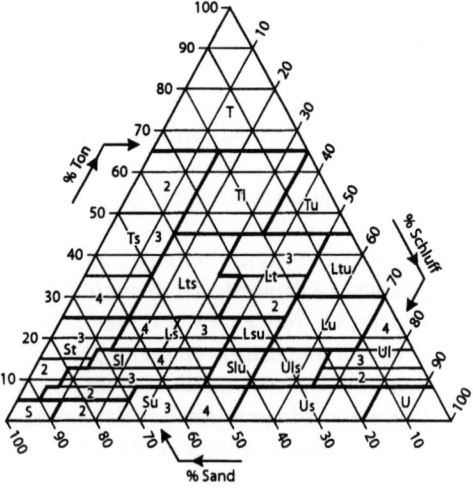

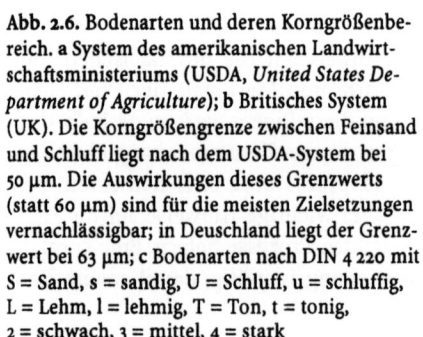

Abb. 2.6. Bodenarten und deren Korngrößenbereich. a System des amerikanischen Landwirtschaftsministeriums (USDA, *United States Department of Agriculture*); b Britisches System (UK). Die Korngrößengrenze zwischen Feinsand und Schluff liegt nach dem USDA-System bei 50 μm. Die Auswirkungen dieses Grenzwerts (statt 60 μm) sind für die meisten Zielsetzungen vernachlässigbar; in Deutschland liegt der Grenzwert bei 63 μm; c Bodenarten nach DIN 4 220 mit S = Sand, s = sandig, U = Schluff, u = schluffig, L = Lehm, l = lehmig, T = Ton, t = tonig, 2 = schwach, 3 = mittel, 4 = stark

bestehen aus einem Substantiv, welches das Hauptcharakteristikum des Bodens angibt, und einem vorangestellten Adjektiv und/oder Substantiv, das aussagt, in welcher Art diese Haupteigenschaft verändert ist.

Die Dreiecksdiagramme können zur Bestimmung der Bodenart verwendet werden, wenn die Korngrößenverteilung bekannt ist, aber auch zur Bestimmung des Korngrößenbereichs, wenn die Bodenart mit der Fingerprobe (s. Abschn. 1.2) ermittelt wurde. Wegen des Einflusses der Teilchenform, -größe und -beschaffenheit sowie der organischen Bodensubstanz auf die Ansprache der Bodenart mit der Fingerprobe können sich jedoch Diskrepanzen bezüglich der mit zwei verschiedenen Methoden ermittelten Bodenart ergeben. Werden die Körnungseigenschaften eines Bodens von den organischen Bestandteilen bestimmt, bezeichnet man die Böden als humos.

Näherungsweise Bestimmung der Korngrößenverteilung bei bekannter Bodenart

Die Korngrößenzusammensetzung, die in der Literatur aufgezeichnet ist oder im Gelände bestimmt wurde, plaziert den Boden in einem bestimmten Ausschnitt des Dreiecksdiagramms. Will man beispielsweise die Schwankungsbreite des Sandgehalts von Lehmböden bestimmen, so sieht man in Abb. 2.6 a nach, in der man die mit fetten Linien begrenzte Fläche „Lehm" findet. Nun verlängert man die begrenzenden fetten Linien oder Ecken parallel zu den feinen geneigten Linien, bis diese die Achse, die die Bezeichnung der gesuchten Kornfraktion trägt, schneiden. Zur Bestimmung des Sandgehaltes verlängert man nach rechts unten (bis zur horizontalen Achse); der Tongehalt ist auf der linken Dreiecksseite abzulesen (Verlängerung erfolgt nach links oben), und der Schluffgehalt findet sich auf der rechten Seite des Dreiecks (Verlängerung erfolgt nach rechts oben). Die entsprechende Korngrößenverteilung ist in diesem Beispiel: 23–52 % Sand, 6–27 % Ton und 29–50 % Schluff.

Man beachte, daß Ton einen dominierenden Einfluß auf die Bodenart besitzt: Ein Boden mit nur 40 % Ton hat bereits die ausgeprägten Eigenschaften eines Tons, wogegen 87 % Sand- oder 80 % Schluffgehalt nötig sind, um die typischen Eigenschaften dieser Bodenarten zu besitzen.

Es sind auch andere Bezeichnungen der Korngrößenzusammensetzung gebräuchlich, was zu wenigeren, aber breiter definierten Bodenartengruppen führt:

- grob = Sande, mittel = Lehme, fein = Schluffe und Tone bzw.
- leicht = Sande, schwer = Schluffe und Tone.

Die Bezeichnungen „leicht" und „schwer" entstanden aufgrund des unterschiedlichen Arbeitsaufwandes, der für die Bodenbearbeitung nötig ist. Beispielsweise waren die Tonböden der englischen Grafschaft Norfolk als Vier-Pferde-Land bekannt, da vier Pferde nötig waren, um einen Pflug mit nur einer Pflugschar zu ziehen. Böden scheinen unterschiedlich viel zu wiegen, da Tone unter gleichen klimatischen Bedingungen mehr Wasser halten können.

2.3.2 Standardmethode der Korngrößenanalyse

Die organische Substanz wird mit Wasserstoffperoxid zerstört, und der zurückbleibende mineralische Boden wird durch Schütteln in Gegenwart von Natriumhexametaphosphat fein dispergiert; der Boden wird zunächst durch Sieben und dann durch Sedimentation unter Anwendung der Pipettmethode (Avery und Bascomb 1974) analysiert. Es gibt noch andere Methoden, die sich hauptsächlich in der Art der Dispergierung der Teilchen und der Verwendung eines Hydrometers anstelle einer Probenpipette unterscheiden (Page 1982). Besonders bei sesquioxidreichen Böden gibt es praktische Probleme bei der Dispergierung; es ist sehr schwer festzustellen, in welchem Ausmaß die Teilchen im Labor noch weiter aufgebrochen werden sollen, selbst wenn sie im Feld nie in kleineren Stücken vorliegen. Daher sollte man bedenken, daß die erzielten Ergebnisse von der Methode zur Dispergierung des Bodens abhängen.

Reagenzien und Geräte

- *Wasserstoffperoxid*, etwa 6 g H_2O_2 pro 100 ml Lösung. Man überführt etwa 200 ml einer „100%igen H_2O_2-Lösung" (30 g H_2O_2 pro 100 ml) in einen 1-l-Meßzylinder und füllt bis zur Markierung auf. *Vorsicht*: H_2O_2 wirkt korrodierend und oxidiert die Haut ebenso wie die organische Bodensubstanz. Tragen Sie Handschuhe und eine Schutzbrille!
- *Oktanol-2*;
- *Natriumhexametaphosphat*;
- *wasserfreies Natriumcarbonat*;
- *Siebe* mit 63 und 212 µm Maschenweite, in Rahmen mit einem Durchmesser von 100 mm montiert, mit Abdeckung und Auffangbehälter.

Vorbehandlung des Bodens

Entfernung der organischen Substanz

Die organische Bodensubstanz wird zerstört, weil sie zum einen mineralische Teilchen – insbesondere aus der Tonfraktion – miteinander verknüpft und so eine Dispergierung verhindert und zum anderen die Größenverteilung der mineralischen Partikel ermittelt werden soll.

Man verwendet gesiebten, lufttrockenen Boden (Feinboden < 2 mm). Die Probenahme im Gelände und die Probenvorbereitung wurden in Abschn. 1.3 beschrieben. Man gibt 10 g (± 0,01 g) Boden in ein 500-ml-Becherglas und fügt 10 ml H_2O_2 sowie wenige Tropfen Oktanol-2 zur Eindämmung der Schaumbildung hinzu. Man wartet bis zum völligen Abklingen der Schaumbildung und fügt dann nochmals 10 ml H_2O_2 dazu. Tritt nach Zugabe von weiterem frischem H_2O_2 keine Reaktion mehr ein, erwärmt man bei geringer Wärmezufuhr über dem Bunsenbrenner und rührt um, um den Schaum aufzulösen. Man fügt unter vorsichtigem Erwärmen weiteres H_2O_2 hinzu (insgesamt ungefähr 100 ml Peroxidlösung). Nun wird bis zum Sieden erhitzt, um die organische Bodensubstanz vollständig zu zerstören; danach läßt man abkühlen.

Dispergierung des Bodens

Durch Lösung von 50 g Natriumhexametaphosphat und 7 g wasserfreiem Natriumcarbonat in Wasser (auf 1 l auffüllen) bereitet man ein Dispersionsmittel. 10 ml dieser Lösung enthalten 0,57 g Reagenz; diese Masse sollte überprüft werden, da nach Trocknung (s.u.) das Reagenz bei den zu untersuchenden Teilchen verbleibt. Dazu pipettiert man 10 ml Dispersionslösung in ein trocken gewogenes Becherglas, läßt die Flüssigkeit in einem Ofen bei 105 °C verdampfen, läßt abkühlen und wiegt nochmals.

2.3 · Bodenart und Körnungsanalyse

Man überführt nun den mit Peroxid behandelten Boden mit einem Trichter quantitativ in eine Flasche von 500 ml Volumen (oder größer). Das Becherglas wird mit Wasser nachgespült, um wirklich alle Teilchen zu entfernen; dieses Spülwasser wird ebenfalls in die Flasche überführt. Um gut durchschütteln zu können, sollte die Flasche halb gefüllt sein. Wenn nötig, füllt man auf 200 ml auf und schüttelt über Nacht auf einem mechanischen Rüttler. Ist ein solches Gerät nicht vorhanden, schüttelt man kräftig mit der Hand und wiederholt dies mit Unterbrechungen über einige Stunden: Möglicherweise ist dann die Dispersion jedoch nicht vollständig.

Die Reagenzien unterstützen die Verteilung des Bodens:

1. durch Zufuhr von Natriumionen – eine Zunahme des austauschbaren Natriums führt zur Abstoßung der Partikel untereinander;
2. durch Zufügen von Hexametaphosphat, das von positiven Ladungen auf Sesquioxiden und Kaoliniten sorbiert wird und damit die Anziehung durch negativ geladene Tone verhindert und
3. durch Zugabe von Carbonat zur Erhöhung des pH-Werts der Lösung und zur Entfernung von positiver Ladung (in Kap. 7 werden diese Eigenschaften erklärt).

Analyse durch Sedimentation und Siebung

Siebe mit Maschenweiten von bis zu 60 µm sind erhältlich. Der Grobsand kann mit einem 200-µm-, der Feinsand mit einem 60-µm-Sieb abgetrennt werden. Die Sedimentation trennt die Schluff- und Tonfraktion. Werden 20 µm als Grenzwert für Feinsand genommen, ist ein Aussieben dieser Fraktion nicht praktikabel, weshalb man die Sedimentationsmethode anwenden sollte. Stehen gar keine Siebe zur Verfügung, kann man die Sedimentation auch als alleinige Methode anwenden.

Grundlagen der Sedimentation

Ein kugelförmiges Teilchen sinkt in einer Flüssigkeit mit einer Sedimentationsgeschwindigkeit, die von seiner Größe, seiner Dichte (s. Abschn. 4.1) und den Eigenschaften der Flüssigkeit abhängt. Die Sedimentationsgeschwindigkeit kann aus dem Stokesschen Gesetz für das stromlinienförmige Fließen abgeleitet werden:

$$v = 2gr^2 (\rho_s - \rho_l) / 9\eta.$$

Dabei ist v die Sedimentationsgeschwindigkeit [m s^{-1}], r der Partikelradius [m], g ist die Erdbeschleunigung = Gravitationskraft/Massseneinheit (9,81 N kg^{-1}), ρ_s die Teilchendichte (die durchschnittliche Dichte mineralischer Bodenteilchen beträgt 2 600 kg m^{-3}), ρ_l die Dichte der Flüssigkeit (998 kg m^{-3} für Wasser bei 20 °C) und η die Viskosität der Flüssigkeit (1,002 · 10^{-3} N s m^{-2} für Wasser bei 20 °C).

Sand- und Schluffpartikel sind normalerweise annähernd kugelförmig, Tonteilchen jedoch häufig plättchenförmig. Letztere sinken in Wasser auf einer unregelmäßig verlaufenden Bahn ab und sind daher mit einem in Luft fallenden Blatt vergleichbar. Deshalb verwendet man in diesem Zusammenhang den Begriff des *Äquivalentdurchmessers* oder des *effektiven Durchmessers*. Ein Teilchen der Tonfraktion wird dann als 2-µm-Teilchen bezeichnet, wenn es mit derselben Geschwindigkeit wie eine Kugel mit gleicher Dichte und einem Durchmesser von 2 µm absinkt. Wenn es plättchenförmig ist, wird es vermutlich um zwei Dimensionen größer als 2 µm sein.

Tabelle 2.4. Sedimentation kugelförmiger Bodenpartikel ($\rho_s = 2{,}6 \cdot 10^3$ kg m^{-3}) in Wasser bei 20 °C

Partikeldurchmesser [µm]	Sedimentationsgeschwindigkeit [m s^{-1}]	Absetzzeit für 10 cm Sinkstrecke [s]	
200	$3{,}47 \cdot 10^{-2}$	2,88	
60	$3{,}12 \cdot 10^{-3}$	32,02	
20	$3{,}47 \cdot 10^{-4}$	288	(4 min 48 s)
2	$3{,}47 \cdot 10^{-6}$	28 800	(8 h)

Grobsandteilchen sinken so schnell ab, daß für sie die in der Stokesschen Gleichung angenommene stromlinienförmige Bewegung nicht mehr gilt. Dennoch ist für manche Zielsetzungen selbst bei diesen Teilchen die Sedimentationsmethode brauchbar.

Das Stokessche Gesetz gilt für das Absinken kugelförmiger Körper in einer stehenden Flüssigkeit. Temperaturunterschiede in der Flüssigkeit rufen Konvektionsströmungen hervor, die ernsthafte Konsequenzen für die Sinkgeschwindigkeit kleiner Partikel haben. Deshalb sollten diese Experimente in einem Raum mit konstanter Temperatur durchgeführt werden. Ist kein solcher Raum vorhanden, sollte man direktes Sonnenlicht oder die Nähe von Heizkörpern meiden und einen Raum mit möglichst geringen Temperaturschwankungen wählen.

In den Tabellen 2.4 und 2.5 sind Sedimentationsdaten aufgeführt. Sowohl die Dichte der Flüssigkeit als auch ihre Viskosität ändern sich mit der Temperatur. Bei der anschließend dargestellten Methode wird das Absinken der Teilchen über eine Strecke von 10 cm Länge verfolgt. Die Sedimentationszeiten aus Tabelle 2.5 werden folgendermaßen benutzt: Wenn zu Beginn Sand, Schluff und Ton in einer Flüssigkeitssäule gleichmäßig verteilt waren und nun ihr Absinken bei 20°C verfolgt wird, sind die Sandkörner über 60 µm Äquivalentdurchmesser, die sich anfänglich an der Flüssigkeitsoberfläche befanden, nach 32 s mehr als 10 cm weit abgesunken, und die 60-µm-Partikel, die ursprünglich an der Oberfläche waren, haben eine Tiefe von 10 cm erreicht. Die Ton- und Schluffkonzentration in 10 cm Tiefe hat sich nicht verändert, weshalb man diese mit einer Probe (mit Pipette entnehmen) bestimmen kann. Die Probe stammt dann allerdings aus dem Raum um die Pipettenspitze herum und nicht nur aus 10 cm Tiefe, was einen geringfügigen Fehler zur Folge hat.

Tabelle 2.5. Einfluß der Temperatur auf die Absetzzeiten

Temperatur	Absetzzeiten für 10 cm Sinkstrecke					
	60 µm Durchmesser	20 µm Durchmesser		2 µm Durchmesser		
[°C]	[s]	[min]	[s]	[h]	[min]	
16	35,4	5	19	8	51	
18	33,7	5	3	8	24	
20	32	4	48	8	0	
22	30,4	4	34	7	37	
24	29,1	4	22	7	16	

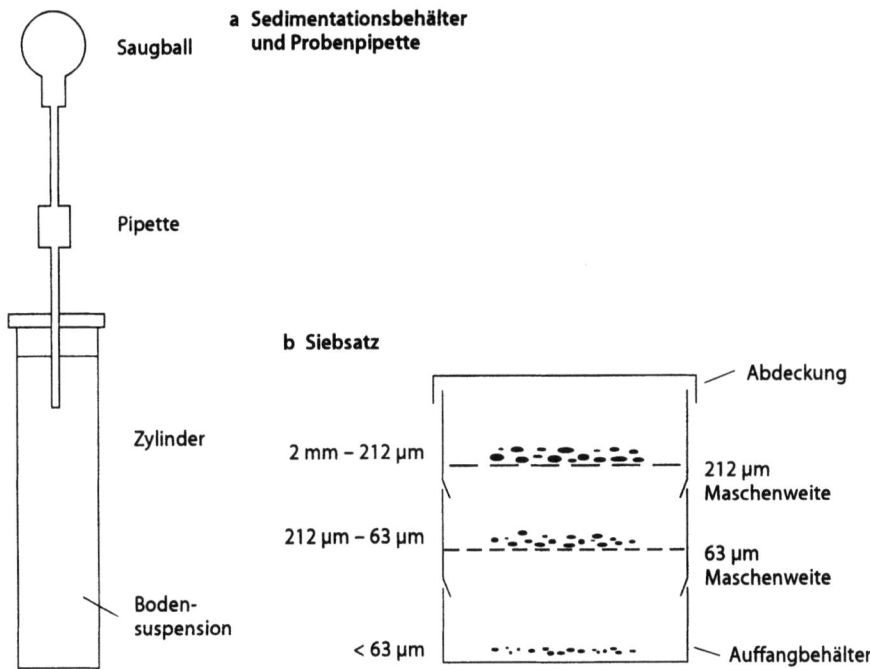

Abb. 2.7. Ausrüstung für die Korngrößenanalyse mittels Sedimentation und Siebmethode. a Sedimentationszylinder und Probenpipette; b Siebsatz

Methodik ohne Sieben

Nach der Dispergierung des Bodens überführt man den Inhalt der Schüttelflasche quantitativ in einen 500-ml-Meßzylinder und füllt mit Wasser auf 500 ml auf. Man besorgt sich eine Kork- oder Styroporscheibe, bohrt in deren Mitte ein Loch, das etwas kleiner ist als die Röhre einer 20-ml-Pipette, und steckt diese hindurch. Man legt die Scheibe auf den Zylinder auf und schiebt die Pipette soweit hindurch, daß ihre Spitze gerade die Flüssigkeitsoberfläche berührt. Man mißt den Abstand zwischen Scheibe und Spitze (d in cm). Nun schiebt man die Pipette durch die Scheibe, bis der Abstand zwischen Spitze und Scheibe $d + 10$ cm beträgt. Die so in den Zylinder eingeführte Pipette ragt 10 cm in die Flüssigkeit (Abb. 2.7 a).

Probenahme von Schluff und Ton. Man entfernt die Pipette aus dem Zylinder und rührt die Suspension mit einem Stab um, an dessen Ende sich eine durchbohrte Scheibe befindet, oder schüttelt den Zylinder hin und her, indem man ein Ende mit der Hand verschließt; eine gründliche Durchmischung (30 s) ist wichtig. Man läßt nun 32 s lang absetzen (wenn die Temperatur 20 °C beträgt), entzieht der Suspension 20 ml, indem man die Pipette 15 s vor Ablauf der Zeit vorsichtig einführt und sie so füllt, daß der Vorgang eine Zeitspanne von jeweils 5 s vor und nach dem erforderlichen Zeitpunkt in Anspruch nimmt (s. Anm. 1). Der Saugball muß überprüft werden und bereit sein, bevor die Pipette in den Zylinder eingeführt wird. Seine Kapazität soll groß genug sein, um die Pipette zu füllen (am besten überprüft man dies vor dem eigentlichen Experiment mit einigen Probeläufen). Im Handel sind Spezialpipetten mit Hahn erhältlich (z.B. *ELE International*), die zur besseren Kontrolle an eine Wasserstrahl-Vakuumpumpe angeschlossen werden können. Man überführt die 20 ml Flüssigkeit in eine gewogene Schale oder ein Becherglas (Gewicht ±1 mg), trocknet bei 105 °C, läßt in einem Exsikkator abkühlen und wiegt nochmals. Man erhält die Summe der Masse von Schluff, Ton und einem kleinen Rest des Dispersionsmittels.

Probenahme von Ton. Man startet die Sedimentation nach kräftigem Schütteln wieder und entnimmt den Ton in 10 cm Tiefe nach 8 h. Wie oben beschrieben, trocknet man 20 ml der Suspension und erhält die Masse des Tons sowie einen kleinen Rückstand des Dispersionsmittels. Man beachte, daß der Fehler, der nach dem Entfernen der Probe aus dem Exsikkator durch Wasserabsorption entstehen kann, wegen der kleinen Masse des Tons ziemlich groß sein kann.

Trennung des Sands. Nach 8 h hat sich der gesamte Sand (und ein Teil des Schluffs und Tons) am Zylinderboden gesammelt. Vorsichtig gießt man den Hauptteil der überstehenden Flüssigkeit ab und überführt das Sediment quantitativ in ein mehr als 10 cm hohes Becherglas. Man markiert das Becherglas mit einem Filzschreiber 10 cm über dem Boden. Man füllt bis zur 10-cm-Marke mit Wasser auf, rührt gut um, läßt 32 s lang sedimentieren, dekantiert vorsichtig, verwirft den Überstand und behält das Sediment. Man wiederholt Auffüllen, Rühren, Sedimentieren und Dekantieren so lange, bis der Überstand klar ist. Der gesamte Schluff und Ton wurde nun vom Sand durch Auswaschen entfernt. Nun überführt man den Sand in einen gewogenen Becher, trocknet bei 105 °C, läßt im Exsikkator abkühlen und wiegt erneut (s. Anm. 2).

Bestimmung des Wassergehaltes von lufttrockenem Boden. Da nun die Massen von Sand, Schluff und Ton nach Trocknen bei 105 °C bestimmt wurden, ist es ebenfalls nötig, die Ausgangsmasse des Bodens in diesem Zustand zu bestimmen. Man wiegt 10 bis 20 g (±0,01 g) lufttrockenen Boden in eine gewogene Schale oder ein Becherglas ein und trocknet bei 105 °C, läßt im Exsikkator abkühlen und wiegt erneut. Man berechnet die Masse des ofentrockenen Bodens in der 10-g-Probe, die für die Analyse verwendet wurde.

Rechenbeispiele

Der Sandanteil in der Bodenprobe wurde direkt bestimmt:

Masse-% Sand = Sandmasse · 100 / Masse des ofentrockenen Bodens.

Die Masse der Schluff- und Tonfraktion sowie der Tonfraktion wurden aus 20 ml Suspension bestimmt. Beide Proben enthalten etwas Dispersionsmittel (etwa 0,03 g; weil aber die eingewogenen Mengen bekannt sind, können die korrekten Werte ausgerechnet werden). Diese Masse sollte abgezogen werden, um die Masse der Schluff- und Tonfraktion sowie der Tonfraktion in den 20-ml-Proben zu erhalten. Die Schluffmasse bestimmt man durch Differenzbildung.

Die Gesamt-Schluffmasse der Bodenprobe beläuft sich auf: Masse des Schluffs in 20 ml · 500 / 20;

Masse-% Schluff = Gesamt-Schluffmasse · 100 / Masse des ofentrockenen Bodens.

Zur Berechnung des Tonanteils wird entsprechend verfahren.

2.3 · Bodenart und Körnungsanalyse

Der prozentuale Anteil von Sand + Schluff + Ton sollte wegen der Masse der organischen Substanz kleiner als 100 sein; diese wurde zwar durch das Peroxid zerstört, ist aber im ofentrockenen Boden vorhanden. Bei Böden mit einem Humusgehalt von weniger als 3 % kann der Meßfehler größer sein als der Anteil der organischen Substanz. Bei stark humosen Böden wird der Fehlbetrag größer sein. Die Werte jeder Kornfraktion sollten immer als Prozentsatz des Mineralbodens ausgedrückt werden, z.B. Ton als prozentualer Anteil von Sand + Schluff + Ton. Hierzu verwendet man die tatsächlichen Massen der 10 g schweren Bodenprobe oder erhält die Werte direkt aus den bereits errechneten Prozentanteilen. So gilt z.B.:

% Ton im Mineralboden = % Ton der gesamten Bodenprobe · 100 / Prozentsatz (Sand + Schluff + Ton) der gesamten Bodenprobe.

Anmerkung 1. Fehler entstehen aufgrund der kurzen Sedimentationszeit im Verhältnis zur Zeit, die man benötigt, um die Suspension in die Pipette zu saugen. Aus diesem Grund werden bei der Standardmethode Siebe verwendet. Legt man die 20-μm-Grenze zwischen Feinsand und Schluff zugrunde, dann erlaubt die längere Absinkzeit von 4 min 48 s eine größere Genauigkeit bei der Sedimentationsmethode.

Anmerkung 2. Die kurze Absinkzeit und die Aufwirbelung des Sediments beim Dekantieren verursacht Fehler. Der Grobsand sinkt in ca. 3 s 10 cm tief ab; befolgt man also die hier beschriebene Methode für Sand, erreicht man nur eine unvollständige Trennung von Grob- und Feinsand.

Standardmethode – Siebung und Sedimentation

Mit einem Sieb wird der Sand vom Schluff und Ton getrennt und kann anschließend durch weiteres Sieben weiter fraktioniert werden. Die Anteile von Schluff + Ton sowie von Ton werden durch Sedimentation bestimmt.

Siebung. Nach der Dispergierung des Bodens setzt man einen Trichter auf den 500-ml-Meßzylinder und legt in den Trichter ein 63-μm-Sieb. Nun gießt man den Inhalt der Schüttelflasche vollständig über das Sieb und spült die Reste auf dem Sieb mit etwa 200 ml Wasser nach, aber ohne bis zur Markierung aufzufüllen.

Man überführt den Rückstand (Sand) in ein 250-ml-Becherglas, trocknet bei 105 °C und wiegt. Man trennt Fein- und Grobsand (oder andere Kornfraktionen), indem man den Rückstand trocken durch ein 212-μm-Sieb siebt, das einem 63-μm-Sieb mit Auffangbehälter aufliegt. Man deckt die Siebe ab und schüttelt auf einem Rüttler 15 min lang (Abb. 2.7 b). Die auf jedem Sieb befindliche Substanz wird nun jeweils in ein getrocknetes und gewogenes Becherglas überführt, bei 105 °C getrocknet und wiederum gewogen.

Alle Teilchen im Auffangbehälter sind kleiner als 63 μm und sollten deshalb in den 500-ml-Meßzylinder überführt werden, bevor dieser bis zur Markierung aufgefüllt wird (s. Anm. 3).

Sedimentation. Die Suspension enthält nun die Schluff- und Tonfraktion. Nach dem Aufrühren entnimmt man sofort 20 ml Probe aus 15–20 cm Tiefe. Man überführt sie in einen gewogenen Behälter, trocknet bei 105 °C, läßt im Exsikkator abkühlen und wiegt wieder. Dieser Wert entspricht der Masse von Schluff + Ton in der 20-ml-Probe.

Nach 8stündiger Absetzzeit nimmt man die Tonprobe nach dem bereits beschriebenen Verfahren.

Anmerkung 3. Sieben erweist sich zur Abtrennung des Feinsands als unpraktisch, falls man die Grenze bei 20 µm zieht. Man schüttet die Suspension durch ein 212-µm-Sieb, um den Grobsand zu entfernen. Man entnimmt die Schluff-Tonfraktion sowie die Tonfraktion allein durch Pipettieren nach Sedimentation. Man trennt den Feinsand durch wiederholte Sedimentation bis in 10 cm Tiefe nach 4 min 48 s ab und dekantiert wie beschrieben (s. „Trennung des Sands" in „Methodik ohne Sieben").

2.3.3
Summenkurven und die Darstellung der Daten

Obwohl durch die Körnungsanalyse der Prozentsatz von Sand (verschiedene Fraktionen), Schluff und Ton ermittelt und dazu verwendet werden kann, den Boden einer Bodenartengruppe zuzuordnen, werden die Meßwerte oft in Form von Summenkurven dargestellt. Dies erweist sich als besonders hilfreich, wenn – mit Hilfe der Hydrometer-Methode oder durch Zentrifugieren mit hohen Geschwindigkeiten – eine genauere Analyse, die Informationen über die Korngrößenverteilung innerhalb der Tonfraktion liefert, durchgeführt worden ist.

Summenkurven sind in Abb. 2.8 a dargestellt. Wegen des weiten Korngrößenspektrums wird auf der Abszisse eine logarithmische Skala verwendet; es gibt also keinen Nullpunkt auf dieser Achse. Der Prozentanteil des Tons wird bei 2 µm, derjenige von Ton + Schluff bei 60 µm und derjenige von Ton + Schluff + feinem Sand bei 200 µm aufgetragen; bei 2 000 µm (= 2 mm) werden bis zu 100 % erreicht, womit man die Verteilungskurve der Feinbodenfraktion erhält. Die Anteil der Schluff- und Tonfraktion kann, wie in der Abbildung gezeigt, durch Differenzbildung ermittelt werden.

Summenkurven verdeutlichen einen wichtigen Unterschied zwischen Bodenmaterial und Ausgangsgestein. Physikalisch verwittertes Gesteinsmaterial hat ein enges Korngrößenspektrum, weshalb die Summenkurve steil ansteigt. Dieser Effekt wird noch weiter verstärkt, wenn das Material durch Wind- oder Wassertransport sortiert worden ist. Die Verwitterung und Neubildung pedogener Minerale lassen in Böden eine breiteres Korngrößenspektrum entstehen.

Verwendung logarithmischer Achsen

Man benötigt sogenanntes halblogarithmisches Zeichenpapier mit einer linearen und einer logarithmischen Achse. Hat man Versuchsergebnisse, die als Summenkurve aufgetragen werden sollen, richtet man das Papier ein, wie in Abb. 2.8 b dargestellt. Man beachte, daß der Abstand zwischen 1 und 2 größer ist als zwischen 2 und 3 usw.

Steht kein halblogarithmisches Papier zur Verfügung, verwendet man normales Millimeterpapier mit linearer Achse. Man trägt, wie in Abb. 2.8 gezeigt, auf die Achse die Zahlen 1, 10, 100 etc. ein und an gleicher Stelle den dekadischen Logarithmus dieser Zahlen (0, 1, 2 etc.). Um nun auf dieser Achse eine Zahl eintragen zu können (z.B. 2), berechnet man ihren Logarithmus (= 0,30) und markiert ihn auf der Achse. Um bei dieser Darstellung eine Zahl abzulesen, sucht man den Logarithmus dieser Zahl auf der Achse (z.B. lg = 1,78) und ermittelt mit dem Taschenrechner die Zahl ($x = 60$).

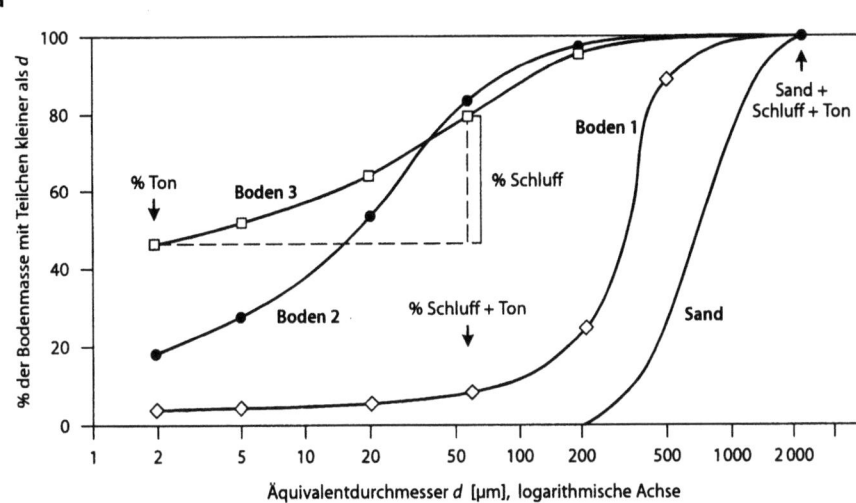

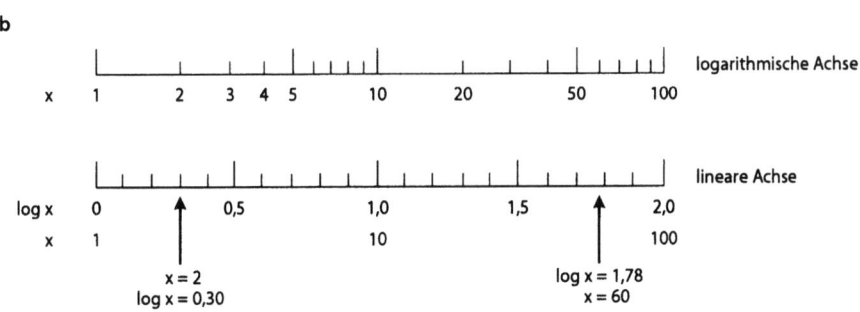

Abb. 2.8. a Die Summenkurven zeigen die Verteilung der Korngrößen. *Boden 1* ist ein Sand-, *Boden 2* ein schluffiger Lehm- und *Boden 3* ein Tonboden. Die Sandteilchen (Korngröße zwischen 0,2 und 2 mm) wurden durch Transport im Wasser sortiert; b lineare und logarithmische Achsen

2.4
Bestimmung des Carbonatgehalts

Die Analyse erfolgt durch Auflösung der Carbonate in einem Überschuß von Standardsäure mit anschließender Rücktitration der unverbrauchten Säure. Magnesium- und Calciumcarbonat werden dabei gemeinsam bestimmt, aber häufig als Äquivalent von Calciumcarbonat ($CaCO_3$) angegeben, d.h. als Menge an reinem $CaCO_3$, die mit der für die Analyse verwendeten Säure reagiert hätte.

Diese Methode kann mit einem $CaCO_3$-Reagenz (s. Anm. 1) überprüft werden; die Bestimmung kann entweder mit der gesamten Bodenprobe oder an den einzelnen Kornfraktionen durchgeführt werden, die mit den in Abschn. 2.3 beschriebenen Verfahren getrennt wurden.

Eine Zusammenfassung der Grundlagen der Titrationsanalyse wird in Abschn. 2.5 gegeben.

Grundlagen

Die Bodencarbonate werden mit Standard-Salzsäure (HCl) versetzt, und die überschüssige Säure mit Standard-Natriumlauge (NaOH) zurücktitriert:

$$CaCO_3 + 2\ HCl = CaCl_2 + H_2O + CO_2 \tag{2.1}$$

Die molare Masse von $CaCO_3$ beträgt 100,1 g mol^{-1}, d.h. 100,1 g $CaCO_3$ reagieren mit 2 l 1 M HCl (bzw. 1 l 2 M HCl). Man sollte Bodenmenge, Volumen und Konzentration der Säure so wählen, daß das gesamte Carbonat umgesetzt wird und ein ausreichender Säurerest für die Rücktitration zurückbleibt:

$$HCl + NaOH = NaCl + H_2O \tag{2.2}$$

Bei dieser Reaktion reagiert 1 l 1 M HCl mit 1 l 1 M NaOH; mit Phenolphtalein als Indikator ist der Titrationsendpunkt leicht erkennbar.

Man beachte, daß die Säure mit $CaCO_3$ reagiert, sich aber auch der pH des Bodens von etwa 8 (typischer pH-Wert kalkhaltiger Böden) zu einem niedrigeren Wert verschiebt. Bei diesem zweiten Schritt wird ebenfalls Säure verbraucht, nämlich ungefähr 0,5 mmol H$^+$ g^{-1} Boden und veränderter pH-Einheit (s. Abschn. 8.4). Diese Säuremenge ist, verglichen mit der Menge, die mit $CaCO_3$ reagiert, gering. Nur bei Böden mit geringem $CaCO_3$-Anteil kann eine Vernachlässigung der pH-Wert-Verschiebung zu einem signifikanten Fehler führen. Für solche Böden gibt es alternative Methoden, mit denen sich das Volumen des freigesetzten Kohlendioxids (CO_2) bestimmen läßt.

Vorabtest

Soll nur die für das Labor benötigte Bodenmenge gesammelt werden, sollte man im Freiland einen Vorabtest durchführen (s. Abschn. 1.2), um den vorhandenen $CaCO_3$-Anteil abzuschätzen. Für diese Analyse benötigt man etwa 1 g $CaCO_3$. Eine angemessene Bodenmenge wären deshalb 100 g / ungefährer $CaCO_3$-Anteil. Man gibt 20 ml 2 M HCl zu, wobei etwa die Hälfte der Salzsäure verbraucht wird.

Reagenzien

- *2 M Salzsäure;*
- *0,1 M Natronlauge;*
- *Phenolphthalein* als Indikator (s. Abschn. 6.2, Reagenzien und Ausrüstung).

Reaktionsdurchführung

Etwa 25 g lufttrockener Feinboden werden mit dem Pistill im Mörser zerrieben. Man wiegt 10 g (±0,01 g) bzw. die erforderliche Menge Boden ab und überführt sie in einen 250-ml-Erlenmeyerkolben. Nun pipettiert man 20 ml 2 M HCl in den Kolben und läßt sie mit der Bodenprobe reagieren, bis die Schaumbildung nachläßt; dann läßt man 10 min lang vorsichtig kochen, bis die Reaktion beendet ist. Die Suspension wird anschließend quantitativ durch einen Trichter mit Filterpapier (*Whatman No. 1*) in einen 100-ml-Meßkolben überführt; es wird mit destilliertem Wasser nachgespült und bis zur Markierung aufgefüllt.

10 ml dieser Lösung werden in einen 250-ml-Erlenmeyerkolben überführt und mit (etwa) 50 ml destilliertem Wasser aufgefüllt. Man gibt einige Tropfen Phenolphthalein zu und titriert dann mit 0,1 M NaOH bis zum Farbumschlag nach Rosa. Man wiederholt die Titration mit einer zweiten 10-ml-Probe dieser Lösung.

2.4 · Bestimmung des Carbonatgehalts

Berechnung

Zusammenfassung der Methode

Lufttrockener Boden (? % $CaCO_3$)
↓
10 g + 20 ml 2 M HCl → 100 ml
↓
10 ml mit 0,1 M NaOH titrieren.

Beispiel. Das Titrationsvolumen betrug 15,0 ml 0,1 M NaOH. Damit beträgt die bei der Titration verbrauchte NaOH-Menge

0,1 mol l^{-1} · 15,0 / 1 000 l = 1,5 · 10^{-3} mol.

Bei der Titration reagieren gleiche Stoffmengen (in mol) HCl und NaOH miteinander (Gleichung 2.2). Deshalb enthalten von 10 ml HCl 1,5 · 10^{-3} mol; in einem 100-ml-Kolben sind dies

1,5 · 10^{-3} · 100 / 10 = 0,015.

Das ist der HCl-Rest nach der Reaktion mit dem Bodencarbonat. Die ursprüngliche Menge an HCl, die den 10 g Boden zugefügt worden war, betrug

2 mol l^{-1} · 20 / 1 000 l = 0,040 mol.

Daraus errechnet sich die Säuremenge, die mit dem Carbonat reagierte:

(0,040 − 0,015) mol HCl = 0,025 mol HCl.

Da 2 mol HCl mit 100,1 g $CaCO_3$ reagieren (Gleichung 2.1), läßt sich nun die Carbonatmenge in der Probe berechnen:

(0,025 · 100,1 / 2) g = 1,25 g.

Dies bedeutet, daß der Carbonatgehalt dieses Bodens in lufttrockenem Zustand 1,25 · 100 / 10 = 12,5 Masse-% beträgt. Das Resultat wird normalerweise in bezug auf die Masse des ofentrockenen Bodens angegeben (s. Abschn. 3.3). Enthält z.B. der lufttrockene Boden 4 g H_2O pro 100 g ofentrockenem Boden, dann enthalten 10 g lufttrockener Boden 0,385 g H_2O und 9,615 g ofentrockenen Boden. Der Prozentanteil des $CaCO_3$ am ofentrockenen Boden beträgt daher

1,25 · 100 / 9,615 = 13,0 %.

Anmerkung 1. Man verwendet $CaCO_3$-Reagenz, wiegt 1 g (±1 mg) in den Erlenmeyerkolben ein und folgt der oben beschriebenen Methode. Das Titrationsvolumen sollte dann 20 ml betragen.

Anmerkung 2. War der im Freiland per Test abgeschätzte $CaCO_3$-Gehalt sehr ungenau, so wird man entweder sehr wenig oder sehr viel Säure benötigen. Falls nötig, sollte man das Experiment wiederholen, nachdem die Bodenmenge so angepaßt wurde, daß 20–80 % der Säure bei der Reaktion verbraucht werden.

Empfohlene Bedingungen

Im Abschn. 2.3 werden bei der Korngrößenanalyse 10 g Boden verwendet. Bestimmungen des Carbonatgehalts können an der Sandfraktion, an der Schluff- und Tonfraktion sowie an der reinen Tonfraktion durchgeführt werden, die aus den 20-ml-Proben gewonnen wurden, welche wiederum aus der 500-ml-Suspension stammen. Alle Proben wurden im Ofen getrocknet. Will man sie für die Bestimmung des Carbonatgehaltes verwenden, dann sollten sie in einem Becherglas oder einem Erlenmeyerkolben getrocknet worden sein. Auch hier sollte man die $CaCO_3$- und Säuremenge vorher abschätzen und dabei auf die Erfahrungen mit der Gesamtprobe zurückgreifen; nun kann das Verfahren völlig analog durchgeführt werden. Bei der Schluff- und Tonfraktion sollte man für jede Probe 0,1 M HCl verwenden und das Säurevolumen so anpassen, daß 20–80 % der Säure verbraucht werden; die Rücktitration erfolgt mit 0,1 M NaOH. Man kann die benötigte Säuremenge vorher abschätzen, vorausgesetzt der $CaCO_3$-Anteil der gesamten Bodenprobe entspricht auch dem Anteil in den einzelnen Kornfraktionen. Falls aber die Schätzung zu ungenau war, sollte man die Bestimmung wiederholen.

Beispiel. Der Boden hat einen Tongehalt von 25 %. Der $CaCO_3$-Anteil des Bodens (und damit vermutlich auch der Tonfraktion) beträgt 13 %. Die Tonmenge, die sich in den abgetrennten 20 ml Suspension befindet, beträgt 10 g · 0,25 · 20 / 500 = 0,1 g. Es ergibt sich für diesen Ton eine geschätzte $CaCO_3$-Menge von 0,1 · 0,13 g = 0,013 g. Aus Gleichung 2.1 wissen wir, daß 10,01 g $CaCO_3$ mit 2 l 0,1 M HCl reagieren; also reagieren 0,013 g mit 2,6 ml. Dies wiederum bedeutet, daß bei Verwendung von 10 ml 0,1 M HCl 7,4 ml übrigbleiben und gegen 7,4 ml NaOH titriert werden müssen.

2.5
Chemische Gleichungen, Stoffmengen und Titrationen

An der Reaktion beteiligte Massen

Chemische Reaktionen werden durch ausgeglichene chemische Gleichungen beschrieben, d.h. für jedes Element ist die Anzahl der Atome in den reagierenden Molekülen (den Ausgangsstoffen) gleich der Anzahl der Atome in den Endprodukten. So läßt sich die Reaktion von Calciumcarbonat mit Salzsäure, die zu den Endprodukten Calciumchlorid, Wasser und Kohlendioxid führt, folgendermaßen ausdrücken:

$$CaCO_3 + 2\,HCl = CaCl_2 + H_2O + CO_2 \qquad (2.3)$$

Die Gleichung ist ausgeglichen und verdeutlicht, daß ein Molekül $CaCO_3$ mit zwei Molekülen HCl reagiert. Die Kenntnis der Masse eines jeden Moleküls ergibt das jeweilige Reaktionsverhältnis, das die Grundlage für Analysen darstellt. Die Masse von Atomen und Molekülen ist jedoch sehr klein, und deshalb verwendet man für analytische Zwecke in *mol* gemessene Stoffmengen. Ein Mol ist definiert als die Menge eines Stoffes, die dieselbe Anzahl von Atomen oder Molekülen enthält wie 12 g reiner Kohlenstoff ^{12}C. Diese Zahl beläuft sich auf 6,0220 · 10^{23} und ist als *Avogadro-Konstante* bekannt. Die Masse von 1 mol eines Elements oder einer Verbindung bezeichnet man als *molare Masse* mit der Einheit g mol^{-1}. In Anhang 2 sind Werte für die molaren Massen ausgewählter Elemente aufgeführt.

2.5 · Chemische Gleichungen, Stoffmengen und Titrationen

Eine chemische Gleichung sagt uns, wie groß die Molekülzahl der an der Reaktion beteiligten Ausgangsstoffe und Endprodukte ist. Da 1 mol jeder Verbindung bzw. jeden Elements die gleiche Anzahl an Molekülen oder Atomen enthält, ergibt sich aus der Reaktionsgleichung auch die relative Anzahl der Mole, die an der Reaktion beteiligt sind. Wenn wir also eine Reaktionsgleichung aufstellen können und die molaren Massen kennen, haben wir die Grundlage zur Berechnung der relativen Masse der Ausgangsstoffe und Produkte: Diese relativen Massen sind in jeder Reaktion gleich.

Da in Gleichung 2.3 ein Molekül $CaCO_3$ mit 2 Molekülen HCl reagiert, wissen wir auch, daß 1 mol $CaCO_3$ mit 2 mol HCl reagiert. Die molare Masse einer jeden Verbindung kann man aus der Summe der Atomgewichte der in der Verbindung enthaltenen Elemente errechnen:

Ca	C	O_3	+2 H	Cl	=	Ca	Cl_2	+H_2	O	+C	O_2
40,1	+12	+(16)$_3$	+2(1	+35,5)	=	40,1	+(35,5)$_2$	+(1)$_2$	+16	+12	+(16)$_2$
100,1			+73		=	111,1		+18		+44	

Hieraus folgt, daß 100,1 g $CaCO_3$ mit 73 g HCl reagieren, und daß sie immer im Verhältnis 100,1 : 73 reagieren.

Es gilt: Für jedes Element oder jede Verbindung ist die

Masse = Stoffmenge in mol · molare Masse   (2.4)

oder g = mol · g mol^{-1}, wenn es in Einheiten ausgedrückt wird.

Stoffe in Lösungen

Bei der analytischen Arbeit werden häufig Lösungen verwendet, um Reagenzien bequem handhaben zu können. Die Konzentration des gelösten Stoffes wird in g l^{-1} oder mol l^{-1} ausgedrückt. Die letztgenannte Einheit besagt, daß die Masse des Stoffes, der in einem Liter gelöst ist, als Vielfaches der molaren Masse angegeben wird. Werden also 36,5 g HCl in einem Liter Lösungsmittel gelöst, bedeutet das, daß die Lösung 1 mol HCl pro Liter enthält und als 1-molare Lösung bezeichnet wird (1 mol l^{-1} oder 1 M). Der Wert 1 bezeichnet die *Molarität* dieser Lösung.
Es gilt für jede Lösung:

Molarität = Stoffmenge in mol / Volumen in Liter.   (2.5)

Bei chemischen Berechnungen erlaubt uns die Kenntnis zweier dieser Werte die Berechnung des dritten.

Kehren wir zu unserer Reaktion zurück: 100,1 g $CaCO_3$ werden mit 2 l 1 M HCl reagieren, da dieses Volumen und diese Konzentration 2 mol HCl enthalten. Möchten wir die $CaCO_3$-Masse berechnen, die mit einem bekannten Volumen Säure mit bekannter Konzentration reagiert, z.B. mit 5 ml 0,1 M HCl, erhalten wir durch Einsetzen in Gleichung 2.5:

Stoffmenge in mol = 0,1 mol l^{-1} · 5 / 1 000 l = 5 · 10^{-4} mol.

Es ist nicht nötig, die HCl-Masse zu berechnen, um die Masse des $CaCO_3$ zu erhalten (das kann man durch Anwendung von Gleichung 2.4). Da 2 mol HCl mit 100,1 g $CaCO_3$ reagieren, ist die Masse des $CaCO_3$, das mit der obigen Säuremenge reagiert:

100,1 · 5 · 10^{-4} / 2 = 0,025 g.

Titrationen

Bei einer Titration reagieren zwei Lösungen miteinander, wobei man einen Indikator verwendet, der das Reaktionsende anzeigt. Eine Lösung bekannter Konzentration wird in eine Bürette gefüllt, und ein abgemessenes Volumen der Lösung unbekannter Konzentration wird mit einer Pipette in einen Erlenmeyerkolben überführt. Dem Kolben werden wenige Tropfen Indikator zugefügt, und dann wird solange Lösung aus der Bürette zugegeben, bis der Farbwechsel den *Endpunkt* der Reaktion anzeigt (Nuffield Advanced Chemistry II, Topic 12.4). Der Endpunkt ist das Stadium der Reaktion, wenn die Reaktionspartner sich im Gleichgewicht befinden, d.h. die Reaktion abgeschlossen ist. Betrachten wir die Reaktion

$HCl + NaOH = NaCl + H_2O$.

1 mol HCl reagiert mit 1 mol NaOH. Wenn 2,0 ml 0,1 M NaOH nötig sind, um den Endpunkt zu erreichen, dann wurden (unter Anwendung von Gleichung 2.5)

$0,1 \text{ mol l}^{-1} \cdot 2 / 1\,000 \text{ l} = 2 \cdot 10^{-4} \text{ mol}$.

NaOH benötigt, die mit $2 \cdot 10^{-4}$ mol HCl reagiert haben. Diese Menge befand sich in dem Volumen, das mit der Pipette in den Kolben überführt wurde. Nehmen wir an, es waren 10 ml (man wende wieder Gleichung 2.5 an):

Molarität = $2 \cdot 10^{-4}$ mol / (10 / 1 000) l = $2 \cdot 10^{-2}$ mol l^{-1}.

Mit Hilfe von Gleichung 2.4 läßt sich die Masse des vorhandenen HCl berechnen:

$2 \cdot 10^{-4}$ mol $\cdot$ 36,5 g mol^{-1} = $7,3 \cdot 10^{-3}$ g.

Die Konzentration dieser Lösung beträgt

$7,3 \cdot 10^{-3}$ g in 10 ml   oder

$7,3 \cdot 10^{-3} \cdot 1\,000 / 10 = 0,73$ g l^{-1}.

Die obige Rechnung kann wie folgt abgekürzt werden. Wir wissen, daß die HCl-Menge in mol gleich der NaOH-Menge sein muß. Aus Gleichung 2.5 wissen wir auch, daß die gelöste Stoffmenge in mol gleich Molarität · Volumen ist. Deshalb gilt:

Stoffmenge von HCl in mol = Stoffmenge von NaOH in mol,

x mol l^{-1} · 10,0 / 1 000 l = 0,1 mol l^{-1} · 2,0 / 1 000 l;

damit ist

$x = 2 \cdot 10^{-2}$ M.

Vorausgesetzt, daß sich dieselben experimentellen Ergebnisse auf die Gleichung

$2 \text{ HCl} + Ca(OH)_2 = CaCl_2 + H_2O$

anwenden lassen, dann ist die Menge von HCl in mol = 2 · Stoffmenge von Ca(OH)$_2$ in mol:

x mol l^{-1} · 10,0 / 1 000 l = 2 · 0,1 mol l^{-1} · 2,0 / 1 000 l,

und damit $x = 4 \cdot 10^{-2}$ M.

2.6
Praktische Übungen

1. In Flußauen kann man häufig beobachten, daß vom Hochwasser transportierte Schwebstoffe in rechtem Winkel zum Fluß und gemäß ihrer Größe sedimentieren. Das bedeutet, daß sich Sand auf dem Uferwall, Schluff und Ton aber weiter vom Fluß entfernt ablagern. Entnehmen Sie mit einem Bohrstock Proben aus dem Ober- und Unterboden entlang von Transekten senkrecht zum Fluß und analysieren Sie die Korngrößenverteilung zur Überprüfung des erwarteten Sedimentationsverhaltens. Sprechen Sie die Bodenart im Gelände zunächst mit der Fingerprobe an!
2. Bodenbewegungen an Hängen führen zur Ablagerung feinkörnigen Materials am Hangfuß, weshalb dort häufig tiefgründigere und schwerere Böden entstehen. Entnehmen Sie entlang eines Transektes vom Hang bis ins Tal Proben, um diese Tendenz zu bestätigen, und sprechen Sie wiederum die Bodenart im Gelände zunächst mit der Fingerprobe an!
3. Bestimmen Sie in einem Kalkgebiet die Mächtigkeit des Bodens, der sich über dem Kalkstein gebildet hat, mit einem Bohrstock entlang eines Transekts vom Oberhang bis zum Hangfuß! Entnehmen Sie Oberbodenproben und bestimmen Sie den $CaCO_3$-Gehalt! Ergibt sich hieraus ein Hinweis auf hangabwärts gerichtete Bodenbewegungen?
4. Man beobachtet häufig, daß die Körnung von Böden viel inhomogener ist als die des Ausgangsmaterials (Abb. 2.8). Vergleichen Sie die Korngrößenverteilung des Bodens mit der des darunterliegenden Materials! Dabei sollte man nicht vergessen, daß sich der Boden aus Material gebildet haben könnte, das durch Wind, Wasser, Eis oder Menschenhand bewegt wurde.

2.7
Übungsaufgaben

1. Ein Tonboden und ein Sandboden haben eine spezifische Oberfläche von 80 bzw. 8 $m^2 g^{-1}$; in beiden Fällen handelt es sich um ofentrockenen Boden. Man berechne den Wassergehalt für jeden Boden unter der Annahme, daß der lufttrockene Boden Wasser nur an den Oberflächen in einer einheitlichen, 1 nm dicken Schicht adsorbiert hat! (*Antwort*: 80 und 8 mg g^{-1} des ofentrockenen Bodens bzw. 8 und 0,8 %)
2. Berechnen Sie (bei einem angenommenen Wert 2,65 g cm^{-3} für die Dichte einer Smectit-Schicht) die spezifischen Oberflächen der Schichten von 1 g Ton! Diese Schichten sollen eine Stärke von 1 nm besitzen. Bei der Berechnung kann man die Kanten der Schichten vernachlässigen. (*Schritte*: Man berechnet das Tonvolumen pro Gramm = 1 / Dichte, stellt sich dieses Volumen als Kartenstapel vor und berechnet die Anzahl der Karten im Stapel und ihre Oberfläche). (*Antwort*: 754 $m^2 g^{-1}$)
3. Eine 10 g schwere Bodenprobe wurde mit 25 ml 2 M HCl versetzt. Nach Reaktionsende wurde die überschüssige Säure mit Standard-NaOH-Lösung zurücktitriert. Die Berechnung zeigte, daß 23,5 ml Säure bei der Reaktion mit dem Boden verbraucht wurden. Nehmen wir an, daß die Säure mit dem $CaCO_3$ des Bodens reagiert hat und berechnen nun den prozentualen $CaCO_3$-Anteil an der Bodenmasse!

(*Antwort*: 23,5 %). Wenn die Säure mit Dolomit (CaMg(CO$_3$)$_2$) reagiert hätte, wie hoch wäre dessen Anteil im Boden? (*Antwort*: 21,7 %)

4. Berechnen Sie die Absinkgeschwindigkeit und die Zeit, die Eisenoxidpartikel mit Durchmessern von 0,2, 0,02 bzw. 0,002 mm benötigen, um eine Strecke von 10 cm abzusinken! Die Partikeldichte beträgt 3 g cm^{-3}. Verwenden Sie die aus dem Stokesschen Gesetz hergeleitete Gleichung in Abschn. 2.3! (*Antwort*: 4,36 · 10^{-2}, 4,36 · 10^{-4} und 4,36 · 10^{-6} m s^{-1}; 2,3 s, 3 min 49 s, 6 h 22 min)

5. Ein kalkhaltiger Boden besteht aus 40 % Sand, 40 % Schluff und 20 % Ton. Berechnen Sie die Korngrößenverteilung des Bodens nach Entfernung des Carbonats durch Reaktion mit Säure, wenn sich der CaCO$_3$-Anteil des Bodens auf 5 % in der Sand-, 10 % in der Schluff- und 20 % in der Tonfraktion beläuft! Geben Sie die berechneten Werte (a) als Prozentanteil der ursprünglichen Bodenmasse und (b) als Prozentanteil der Bodenmasse nach Entfernung des Carbonats an! (*Antwort*: (a) 38, 36 und 16; (b) 42, 40 und 18)

6. Bestimmen Sie für die drei Böden in Abb. 2.8 die Prozentanteile von Sand, Schluff und Ton und überprüfen Sie mit Hilfe von Abb. 2.6, ob die Korngrößenzusammensetzung korrekt zugeordnet wurde!

Welcher Meßfehler würde sich ergeben, wenn der Boden Nr. 3 einen nennenswerten Anteil an Eisenoxid (Dichte = 3 000 kg m^{-3}) in der Sandfraktion besäße? Welche Folgen hätte es, wenn Boden Nr. 1 in der Schlufffraktion merkliche Mengen an Quarzglas (Dichte = 2 200 kg m^{-3}) aufwiese?

Eine weitere Untersuchung der Tonfraktion von Boden Nr. 1 erbrachte folgende Werte: Masse < 0,5 μm = 35 %, Masse < 0,1 μm = 10 %. Zeichnen Sie die Werte aus der Kurve neu ein und erweitern Sie die Abszisse für die zusätzlichen Ergebnisse!

Kapitel 3

Organische Bodensubstanz

Sobald Gestein offen zutage tritt und der Witterung ausgesetzt ist, kann an dessen Oberfläche die Besiedlung durch Organismen beginnen. Mit Wind und Regen gelangen sie auf die frische Gesteinsoberfläche, wo sie sich in den Gesteinsbruchstücken verankern können und ihnen genügend Nährstoffe zur Verfügung gestellt werden, wenn sich die Gesteinsminerale im Wasser zu lösen beginnen. Um überleben und sich vermehren zu können, müssen diese Organismen in der Lage sein, über die Photosynthese Kohlenstoffverbindungen zu produzieren. Haben sich diese Zellen einmal gebildet, werden sie selbst zur Nahrungsquelle für andere, nicht zur Photosynthese fähige Organismen, die organische Verbindungen zum Überleben benötigen. Damit beginnt eine Lebensgemeinschaft zwischen mineralischen Bodenbestandteilen, Pflanzen und Tieren, und im mikroskopischen Maßstab wird Boden gebildet.

Die Organismen müssen extremen Temperaturschwankungen und lang anhaltenden Trockenperioden gewachsen sein. Ein bemerkenswertes Beispiel für eine solche Gemeinschaft zwischen Organismen und mineralischen Teilchen sind Flechten auf Felsoberflächen (Farbtafel 2). Eine Flechte ist eine symbiotische Gemeinschaft zwischen einem Pilz und einer Alge; die Flechte produziert Oxalsäure und verursacht so eine chemische Verwitterung der Gesteinsoberfläche (Hawkesworth und Hill 1984).

Wenn das Gestein infolge von Temperaturschwankungen, Frost und chemischen Verwitterungsprozessen nach und nach zerfällt, können Wurzeln in das Gestein eindringen, und das Wachstum höherer Pflanzen beginnt. Die Umweltbedingungen sind unter der Oberfläche weniger hart und für Insekten und andere Bodentiere geeignet, denen pflanzliche Stoffe als Nahrung dienen. Mikroorganismen verwerten pflanzliche und tierische Rückstände und bilden als Endprodukt ein dunkelbraunes, organisches Material, den *Humus*. Zusammen mit lebenden Organismen, toten Zellen und mineralischen Teilchen bildet dieser den Boden.

In der gemäßigten Zone sind Regenwürmer (Lumbricidae) die wichtigsten bodenbildenden Lebewesen. Sie nehmen Blatt- und Wurzelmaterial zusammen mit Mineralpartikeln auf, entziehen diesen verschiedene Stoffe für den Eigenbedarf und hinterlassen mit der Wurmlosung Rückstände, in denen das organische Material in einer für das Pilz- und Bakterienwachstum geeigneten Form vorliegt. In den gemäßigten Breiten hat der größte Teil der Oberbodensubstrate unter Grünland zu irgendeiner Zeit die Därme von Regenwürmern passiert. Frische Streu wird rasch in den Boden eingearbeitet. Ist die Regenwurmaktivität gering (unter sauren, trockenen oder sehr nassen Bedingungen), akkumuliert sich die Streu und wird nur sehr langsam abgebaut.

Die Bezeichnung *organische Bodensubstanz* wird für das gesamte organische Material des Bodens, einschließlich des Humus, verwendet. In der Praxis werden die organischen Bodenbestandteile in der Feinbodenfraktion bestimmt (Abschn. 1.2); darin sind lebende Insekten, Wurzelfragmente wie auch Mikroorganismen enthalten, wenn sie durch das 2-mm-Sieb passen. Die Masse des lebenden Materials ist jedoch verglichen mit derjenigen des abgestorbenen Materials gering.

Lebendes Bodenmaterial: Tiere, Pflanzen und Mikroorganismen

Bodenfauna

Eine Reihe grundlegender Methoden zur Extraktion und Identifizierung größerer Tiere (Makrofauna) werden bei Jackson und Raw (1966) sowie bei Page (1982) beschrieben.

Pflanzenwurzeln

Die Masse der lebenden Wurzeln im Boden wird als die Wurzelbiomasse bezeichnet; sie kann auf Bodenmasse oder Bodenvolumen bezogen werden (s. Abschn. 3.1). Beispiele des Wurzelsystems von Weizen sind in Bildtafel 3.1 dargestellt. Abbildung 3.1 zeigt das Wurzelsystem einer Winterweizen-Pflanze bis in 1 m Tiefe. Die Masse des Wurzelsystems kann mit der Gesamtmasse einer Pflanze verglichen werden, wie in Abb. 11.4 geschehen.

Tabelle 3.1. Biomasse und organische Bodensubstanz (nach Jenkinson und Ladd 1981)

Staat	Landnutzung	Probentiefe [cm]	C_{org} [t ha^{-1}]	Biomasse–C [kg ha^{-1}]	Biomasse–C [%C_{org}]
England	Ackerland	0 – 23	29	660	2,2
England	Laubwald	0 – 23	65	2 180	3,4
England	permanentes Grünland	0 – 23	70	2 240	3,2
Nigeria	sekundärer Regenwald	0 – 15	19	760	4,0
Nigeria	nachgewachsenes Buschland	0 – 17	27	700	2,6
Nigeria	nachgewachsenes Buschland mit 2jähriger Kultivierung	0 – 16	22	370	1,7
Australien	unmelioriertes Buschland	0 – 15	21	170	0,8
Australien	meliorierte Weide	0 – 15	35	430	1,2
Australien	Weide	0 – 15	39	1 170	3,0
Deutschland	Ackerland	0 – 10	14	300	2,2
Deutschland	Ackerland	0 – 10	28	910	3,2
Deutschland	Ackerland	0 – 10	32	620	1,9

Einführung

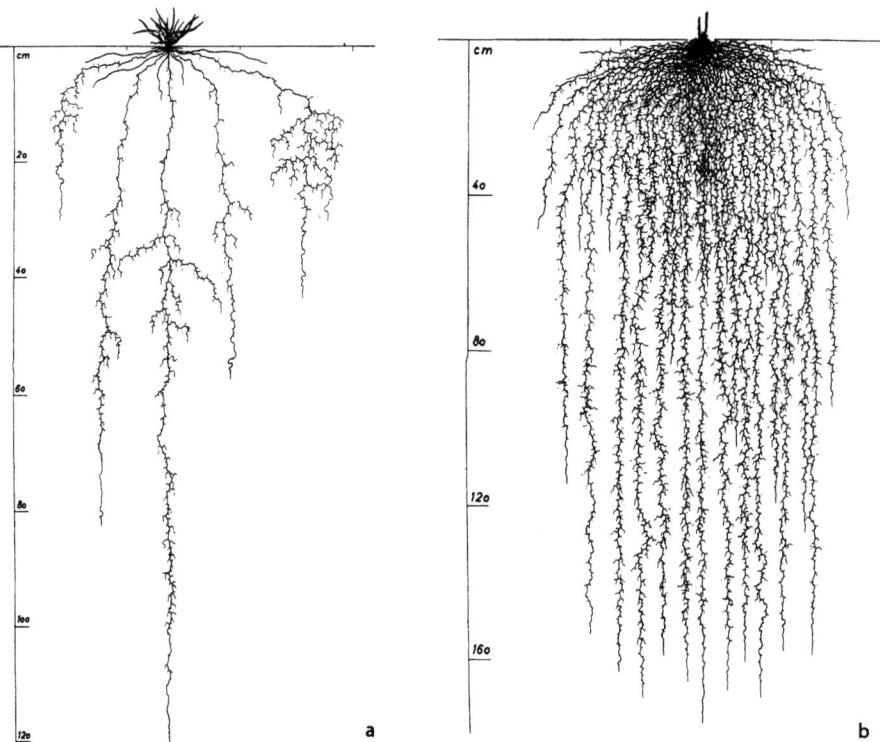

Bildtafel 3.1. Wurzelsystem von Winterweizen, der in tiefgründigem Lehmboden gewachsen ist; a Ende März b Ende Juni (aus Kutschera 1960)

Die Nährstoffaufnahme von Pflanzen ist stärker von der Länge der Wurzeln abhängig als von deren Masse, da die Länge dafür maßgeblich ist, in welchem Ausmaß die Wurzeln den Bodenkörper durchdringen. Die Messung der Wurzellänge wird in Abschn. 3.1 beschrieben. Die Gewinnung und Messung der Wurzeln erfordert ein sehr sorgfältiges Arbeiten. Einjähriges Getreide ist relativ einfach zu untersuchen, da die Wurzelverteilung innerhalb einer Ackerfläche – anders als bei natürlichem Grasland oder Wald – einigermaßen einheitlich ist. Brachen (Gras- oder Feldfutteranbau für 2–3 Jahre) sind zwar einigermaßen einheitlich, aber schwierig zu messen, da die abgestorbenen Wurzeln von den lebenden getrennt werden müssen.

Mikroorganismen

Die grundlegenden Methoden zur Kultivierung und Identifizierung der Bodenmikroorganismen sind bei Jackson und Raw (1966) sowie bei Page (1982) nachzulesen.

Die Masse der lebenden Mikroorganismen im Boden wird als die *mikrobielle Biomasse* bezeichnet. Methoden zu ihrer Abschätzung werden in Abschn. 3.2 beschrieben, typische Werte sind in Tabelle 3.1 aufgeführt. Aus zwei Gründen hat man in den letzten Jahren der mikrobiellen Biomasse viel Aufmerksamkeit gewidmet:

1. Während des Abbaus der organischen Substanz werden die Nährstoffe durch die Mikroorganismenpopulationen umgewandelt und in pflanzenverfügbarer Form freigesetzt. Man hat dies mit einem Nadelöhr verglichen, da die mikrobielle Biomasse im Verhältnis zum jährlichen Gesamteintrag an organischer Substanz klein ist und dennoch beinahe alle Pflanzenreste von dieser abgebaut werden. Deshalb ist die mikrobielle Aktivität ein Indikator für die Bodenfruchtbarkeit.
2. Die Mikroorganismenpopulation kann als Indikator für Bodenverschmutzung durch Metalle oder Pestizide dienen (s. Abschn. 6.9, Geländeübung 2 und Abschn. 15.5). Man hat z.B. festgestellt, daß Metalle, die mit Abwässern in den Boden gelangen, bei Bakterien der Gattung *Rhizobium* die Fähigkeit zur N-Fixierung einschränken, lange bevor irgendwelche direkten Folgen für das Pflanzenwachstum erkennbar sind (Giller und McGrath 1989). Bevor ein Pestizid zum allgemeinen Gebrauch freigegeben wird, muß unbedingt dessen Wirkung auf die mikrobielle Atmung getestet werden. Die Wirkung der mikrobiellen Aktivität auf die Durchlüftung des Bodens wird in den Abschnitten 6.2 und 6.3 betrachtet.

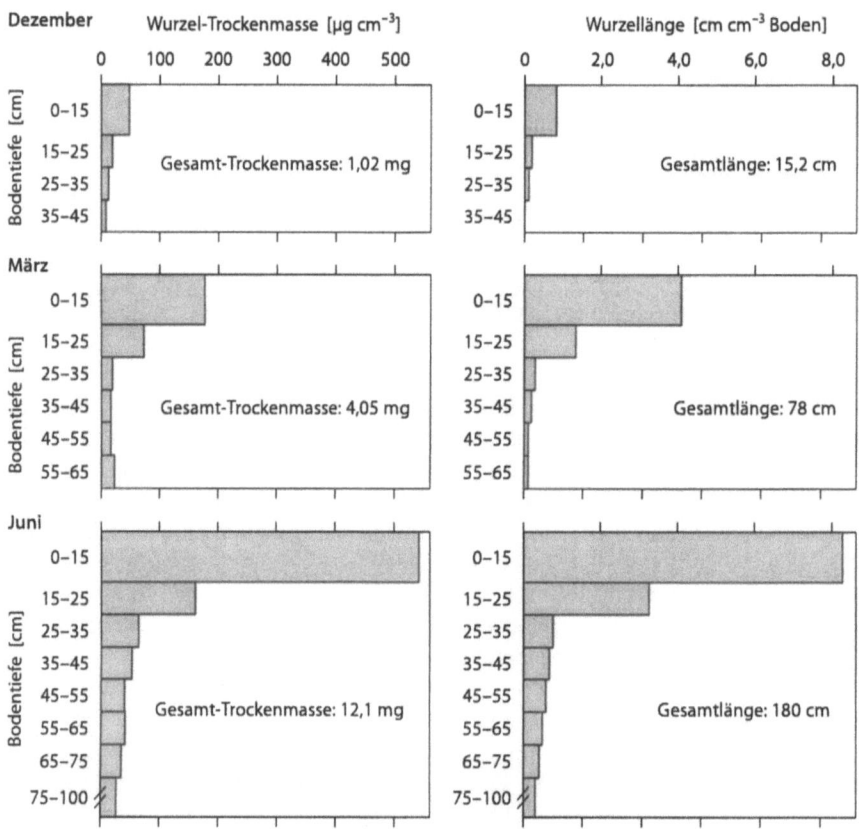

Abb. 3.1. Wurzelverteilung des Winterweizens in einem tonigen Lehmboden in Südengland während drei verschiedenen Wachstumsstadien. Die Gesamt-Trockensubstanz und die Länge beziehen sich auf das gesamte Bodenprofil unter einer Fläche von 1 cm² (aus Russell 1977)

Abgestorbenes organisches Material

Pflanzenstreu

Unter natürlicher Vegetation lassen sich die Einträge durch abgestorbenes Pflanzenmaterial nur sehr schwer bestimmen; dies gilt auch für die Masse der abgestorbenen Wurzeln, die alljährlich Teil der organischen Bodensubstanz werden (Whittaker und Likens 1975). Bei einjährigen Nutzpflanzen kann die Wurzelmasse der Pflanzen bei Fruchtreife ebenso wie die Masse der Ernterückstände bestimmt werden. Die Einträge variieren zwischen 0,1 kg Trockenmasse pro m² in Wüsten und Tundren und ca. 3,5 kg m^{-2} im tropischen Regenwald.

Zusammensetzung der organischen Bodensubstanz

Pflanzenmaterial ist die Hauptquelle der organischen Bodensubstanz, deren Zusammensetzung folglich diejenige der Pflanzen wiedergibt. Der Abbau durch Tiere und Mikroorganismen verändert die Zusammensetzung, es entsteht Humus in Form sehr großer hochkomplexer Moleküle. Die organische Bodensubstanz stellt eine Mischung aus Pflanzen- und Tiermaterial verschiedener Zersetzungsgrade und Humus dar.

Herkunft der wichtigsten Elemente der organischen Bodensubstanz

Bei der Photosynthese der Pflanzen verbindet sich CO_2 aus der Atmosphäre mit Wasser (H_2O) aus dem Boden zu Kohlenhydraten; das sind organische Moleküle, die Kohlenstoff (C), Wasserstoff (H) und Sauerstoff (O) in einem Elementarverhältnis von CH_2O enthalten. Bei diesem Prozeß wird O_2 in die Atmosphäre freigesetzt (Abb. 3.2). Die Nettoreaktion kann folgendermaßen dargestellt werden:

$$CO_2 + H_2O \xrightarrow{Licht} O_2 + (CH_2O).$$

Die Pflanzenwurzeln entnehmen dem Boden Stickstoff (N, als NH_4^+ und NO_3^-), Phosphor (P, als $H_2PO_4^-$) und Schwefel (S, als SO_4^{2-}) ebenso wie Calcium- (Ca^{2+}), Magnesium- (Mg^{2+}) und Kaliumionen (K^+). Diese Elemente werden als Hauptnährelemente bezeichnet. Außerdem nehmen Pflanzen Spurennährelemente wie Eisen, Mangan, Zink, Kupfer, Bor, Molybdän, Kobalt und Chlor in kleinen Mengen auf. Diese Elemente werden in das Pflanzengewebe eingebaut. Stirbt die Pflanze ab, werden Ca^{2+}, Mg^{2+} und K^+ sowie die Spurenelemente rasch in den Boden abgegeben; C, O, H, N, P, und S sind in organischen Molekülen gebunden und werden bei der Zersetzung der Pflanzenreste durch Tiere und Mikroorganismen langsam freigesetzt. Organismen und Tiere verwerten die Elemente, die sie benötigen, und geben den Rest ab. Hierbei sind zwei Prozesse beteiligt.

1. Bei der *Atmung* wird von den Organismen O_2 aufgenommen und CO_2 abgegeben:

   $$(CH_2O) + O_2 \to CO_2 + H_2O.$$

2. Die *Mineralisierung* ist die Freisetzung von N, P und S in den Boden in Form von Ammonium, Phosphat und Sulfat. Dabei spricht man von „Mineralisierung", weil die anorganischen (mineralischen) Formen dieser Elemente aus den organischen Molekülen entstehen.

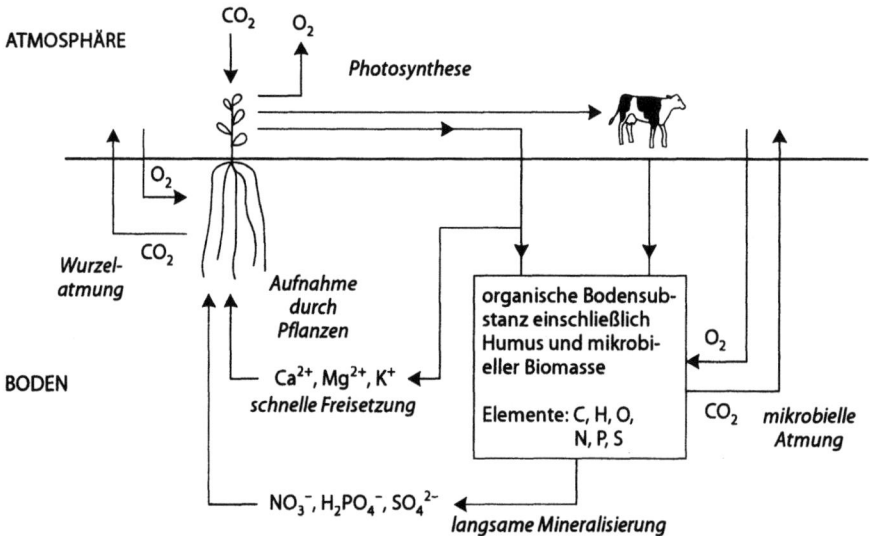

Abb. 3.2. Kohlenstoff im Boden, in Pflanzen und in der Atmosphäre

Die Respiration oder Atmung ist für das Verständnis der Bodendurchlüftung (s. Kap. 6) von zentraler Bedeutung. Die Mineralisierung von N, P und S ist ein Schlüsselprozeß für die Versorgung von Pflanzen mit diesen Elementen (s. Kap. 10 und 11). Die Kohlenstoffverteilung zwischen organischer Bodensubstanz, Vegetation, Atmosphäre und den Ozeanen ist von großer Bedeutung, da CO_2 ein „Treibhausgas" ist. Sowohl die Verbrennung der Pflanzendecke als auch der Verlust an organischer Substanz durch die Bodenbearbeitung tragen zum Treibhauseffekt bei (Wild 1993).

Messung des Gehalts an organischer Substanz in Böden

Es ist nicht möglich, aus einem Boden die gesamte organische Substanz zu extrahieren und diese zu wiegen; große Mengen sind an Bodenpartikel gebunden, und die Extraktionsverfahren verändern ihre Zusammensetzung. Die einfachste, aber sehr ungenaue Meßmethode ist die Verbrennung und anschließende Bestimmung des Gewichtsverlusts. Den erhaltenen Wert bezeichnet man als *Glühverlust*. Das Verfahren kann nützliche Hinweise für die Unterscheidung von Böden liefern, der tatsächliche Gehalt wird aber insbesondere in Tonböden überschätzt. In Wahrheit ist die Verbrennung ein Hinweis auf den Gehalt an organischer Substanz, Ton und Sesquioxiden in Böden. Die Methode wird in Abschn. 3.3 beschrieben.

Organischer Kohlenstoff

Nach der Standardmethode wird die organische Substanz indirekt durch Oxidation des in den organischen Bodenbestandteilen enthaltenen Kohlenstoffs zu CO_2 und organischen Säuren bestimmt. Die Menge des verwendeten Oxidationsmittels wird gemessen und die Kohlenstoffmasse bestimmt. Unter der Annahme, daß die organische Substanz des Bodens durchschnittlich 58 % C enthält, wird daraus die Masse der organischen Bodeninhaltsstoffe berechnet. Dieses Bestimmungsverfahren bezeichnet man als Dichromatmethode (s. Abschn. 3.4). Der anorganische Kohlenstoff des Bodens (etwa aus $CaCO_3$) wird bei dieser Methode nicht gemessen; außerdem enthält Holzkohle, jedenfalls weitestgehend, keinen Kohlenstoff.

Gehalt organischer Substanz in Böden

In Tabelle 3.1 sind die für verschiedene Böden charakteristischen Humusgehalte aufgeführt. Der Gehalt an organischer Substanz ist sowohl vom jährlichen Eintrag an organischer Substanz als auch von deren Zersetzungsrate abhängig, wobei letztere unter feuchtwarmen Klimabedingungen am höchsten ist. Die höchsten Humusgehalte findet man unter Grasland der gemäßigten Zone, wo hohe Einträge mit einer langsamen Zersetzung einhergehen, und nicht in Böden unter tropischem Regenwald. In einem System, das sich im Gleichgewicht befindet, ist die *Umsatzdauer* die Gesamtmenge an organischem Kohlenstoff geteilt durch den jährlichen Eintrag; dieser Wert zeigt an, wie lange die Kohlenstoffatome (die dem Boden als Pflanzenstreu zugeführt werden) durchschnittlich im Boden verbleiben, bis sie als CO_2 ausgeatmet werden. Den größten Einfluß auf die Zersetzungsgeschwindigkeit übt das Klima aus, und die Bodenbearbeitung verringert die Umsatzdauer. Zum Beispiel beträgt an der *Rothamsted Experimental Station* bei vergleichbaren Lehmböden die Umsatzdauer unter Weideland 25 Jahre, bei permanentem Weizenanbau jedoch nur 16 Jahre.

Untersuchungen der Kinetik des Zersetzungsprozesses sowie die Datierung der organischen Bodensubstanz mit Radiocarbon (^{14}C) zeigen, daß ein Teil des Kohlenstoffs sehr schnell ausgeatmet wird, ein anderer Teil aber über sehr lange Zeiträume im Boden verbleibt. Die mathematische Analyse der Kinetik des Verwesungsprozes-

Tabelle 3.2. Konzentration der organischen Bodensubstanz im Oberboden (0–15 cm) nach 17jährigem Anbau und unterschiedlichem Fruchtfolgesystem an sechs verschiedenen landwirtschaftlichen Versuchsfarmen des britischen Landwirtschaftsministeriums (*Agricultural Development and Advisory Service of the Ministry of Agriculture, Fisheries and Food*) (aus Batey 1988)

	organische Substanz [%]			
	kontinuierlicher Ackerbau	Fruchtfolge[a]	mittlerer Jahresniederschlag [mm]	Tongehalt [%]
Boxworth, Cambridgeshire	3,31	3,70	550	45
Bridgets, Hampshire	3,83	4,26	780	25
Gleadthorpe, Nottinghamshire	1,54	1,81	600	5
High Mowthorpe, Yorkshire	3,40	3,85	750	29
Rosemaund, Herefordshire	2,63	2,93	650	6
Trawscoed, Dyfed	5,64	5,98	1 180	27

[a] 3 Jahre Weidelandbrache, 3 Jahre Ackerland.

ses (s. Abschn. 3.5) ließ erkennen, daß verschiedene Fraktionen der organischen Bodensubstanz unterschiedlich stabil sind. Vermutlich stabilisieren Tone die organische Substanz und schützen sie physikalisch wie auch chemisch. Der physikalische Schutz ergibt sich aus dem Einschluß der organischen Substanz in sehr kleine Zwischenräume zwischen den Tonpartikeln, wodurch sie für Bakterien nicht mehr erreichbar ist. Der chemische Schutz resultiert aus der Adsorption an die Tonmineraloberfläche, so daß sie für Bakterien nicht mehr nutzbar ist. Deshalb ist unter vergleichbaren Klimabedingungen und bei ähnlicher Bodenbearbeitung der Gehalt an organischer Substanz in Böden mit hohem Tongehalt größer, wie sich aus Tabelle 3.2 ablesen läßt. Der sandige Boden aus Gleadthorpe weist einen viel niedrigeren Gehalt an organischer Bodensubstanz auf als die Böden anderer Entnahmestellen. Dagegen hat der Boden aus Trawscoed, wo die Zersetzungsrate aufgrund des kühlen und nassen Klimas niedrig ist, einen höheren Gehalt an organischer Substanz als der Boden aus High Mowthorpe, dessen Tongehalt ähnlich hoch ist. Aus Tabelle 3.2 geht auch hervor, daß der Humusgehalt von Flächen, die ständig ackerbaulich genutzt werden, geringer ist als derjenige von Flächen, deren Nutzung wechselt. Die Diskussion über die Auswirkungen der Nutzung und Bodenbearbeitung wird in Abschn. 13.3 fortgesetzt.

Organischer Stickstoff

Die organische Bodensubstanz enthält praktisch den gesamten Stickstoff des Bodens, hauptsächlich in Form von Aminogruppen ($-NH_2$), die in den Zellproteinen der Pflanzen, Tiere und Mikroorganismen vorliegen.

Der organische N-Gehalt wird bestimmt, indem man die organische Substanz durch Kochen in einer Säurelösung aufschließt, so daß sich Ammonium-N bildet. Die Bestimmung erfolgt durch Dampfdestillation und Titration (s. Abschn. 3.6).

Gehalt organischen Stickstoffs in Böden

Der N-Gehalt in Böden ist eng mit dem Gehalt an organischer Bodensubstanz verknüpft. Auch wenn die chemische Zusammensetzung der organischen Bodensubstanz äußerst komplex ist, ist sie doch in allen Böden in großen Zügen ähnlich. Außer in Böden, in denen sich unzersetzte Pflanzenreste akkumulieren (im sauren Milieu und in Überschwemmungsgebieten) oder denen frisches Pflanzenmaterial erst vor kurzem zugeführt worden ist, sind die Mengenverhältnisse der in der organischen Bodensubstanz enthaltenen Elemente annähernd konstant: In landwirtschaftlich genutzten Böden der gemäßigten Zone beträgt das *C/N-Verhältnis* ungefähr 10:1, das C/P-Verhältnis ungefähr 50:1 und das C/S-Verhältnis ungefähr 100:1. Da Kohlenstoff ca. 58 % der organischen Bodensubstanz ausmacht, beträgt der N-Gehalt in Böden ungefähr das 0,058fache des Humusgehaltes. In kultivierten Böden können bis zu 0,3 % N vorhanden sein. Diese Stickstoffmenge ist im Vergleich zur jährlichen Pflanzenaufnahme sehr groß. Ein Boden, der in den obersten 20 cm 0,2 % N enthält, enthält 5 t N ha^{-1} (s. Abschn. 3.7), während ertragreicher Weizen bis zu 150 kg N ha^{-1} pro Jahr aufnimmt. Damit enthalten alle Böden große Vorräte an organischem Stickstoff, die nur langsam mineralisiert und damit für Pflanzen verfügbar werden.

Das C/N-Verhältnis frischen Pflanzenmaterials variiert zwischen 90:1 bei Getreidestroh und 15:1 bei den Rückständen von Leguminosen. Mit fortschreitender Zer-

Tabelle 3.3. Die organische Bodensubstanz und die mikrobielle Biomasse in einem ungedüngten Boden unter kontinuierlichem Weizenanbau, Broadbalk, Rothamsted (aus Jenkinson und Ladd 1981)

Bodenmasse bis 23 cm	2 610	t ha^{-1}
organische Substanz (C)	26	t C ha^{-1}
Bodenstickstoff (N)	2,7	t N ha^{-1}
jährlicher C-Eintrag	1,2	t ha^{-1} a^{-1}
mittlere Umsatzzeit des organischen Boden-C	22	Jahre
Radiocarbonalter des organischen Boden-C	1 310	Jahre
Anzahl der Pilzhyphen	7	Millionen g^{-1}
Länge der Pilzhyphen	140	m g^{-1}
Volumen der Pilzhyphen	0,97	mm^3 g^{-1}
Anzahl der Bakterien und Actinomyzeten	1 600	Millionen g^{-1}
Anteil der durch Organismen besiedelten Poren	0,35	%
mikrobielle Biomasse	220	µg C g^{-1}
Stickstoff in der Biomasse	95	kg N ha^{-1}
N-Umsatz durch die Biomasse	38	kg N ha^{-1} a^{-1}
Phosphor in der Biomasse	11	kg P ha^{-1}
P-Umsatz durch die Biomasse	5	kg P ha^{-1} a^{-1}

setzung wird Kohlenstoff veratmet und Stickstoff durch die mikrobielle Biomasse assimiliert. Die Organismen in Böden, denen zu viel Stroh zugeführt wird, können unter Stickstoffmangel leiden und deshalb vorübergehend nicht in der Lage sein, den angebotenen Kohlenstoff zu nutzen. Unter solchen Bedingungen wird ein Großteil des von den Bodenmikroorganismen mineralisierten Stickstoffs sofort *immobilisiert* (von den Mikroorganismen aufgenommen) und ist somit für Pflanzen nicht mehr verfügbar. Ähnliche Effekte treten auch auf Weiden auf, die nicht ausreichend mit Stickstoff versorgt sind: Pflanzenreste mit weitem C/N-Verhältnis sammeln sich an, die Menge des für das Wachstum verfügbaren mineralischen Stickstoffs verringert sich, und selbst nach Umpflügen wird die Mineralisierung einige Zeit sehr langsam erfolgen (s. Abschn. 11.4). Das C/N-Verhältnis vieler Oberböden beträgt zwischen 9:1 und 12:1; damit ist das Wachstum der Mikroorganismen durch die C-Vorräte begrenzt.

Wahrscheinlich gibt es auf der ganzen Welt keinen Boden, der so detailliert untersucht worden ist wie der von Broadbalk in der *Rothamsted Experimental Station*. In Tabelle 3.3 sind alle Informationen aufgeführt, die die Beziehung zwischen der organischen Bodensubstanz und der Biomasse beschreiben (Jenkinson und Ladd 1981).

Verwendung von Laborwerten für Freilanduntersuchungen

Laboruntersuchungen werden normalerweise an einer bekannten Masse trockenen Bodens durchgeführt. Im Feld sind flächenbezogene Werte (meist auf 1 ha) erforderlich. In Abschn. 3.7 wird das dafür benötigte Umrechnungsverfahren beschrieben. Näherungswerte für die Masse trockenen Bodens pro Hektar Nutzfläche sind 2 000 t bis in eine Bodentiefe von 15 cm und 2 500 t bis in 20 cm Tiefe.

Häufig muß man die Zuverlässigkeit von Messungen im Hinblick auf ihren Zweck hinterfragen. Man kann sich beispielsweise folgende Fragen stellen: „Wie zuverlässig ist meine Messung des organischen Stickstoffs als Hinweis auf den organischen Stickstoffgehalt auf der Fläche, aus der die Probe gewonnen wurde?" oder „Kann ich sicher sein, daß meine Messung des organischen Kohlenstoffgehaltes aus Proben von zwei verschiedenen Flächen, die auf unterschiedliche Weise bearbeitet wurden, auch wirkliche Unterschiede wiedergeben?" Diese Fragen werden in Abschn. 3.8 diskutiert.

Weitere Studien

Anregungen für Geländeübungen sind in Abschn. 3.9 zu finden, Übungsaufgaben in Abschn. 3.10.

3.1
Gewinnung und Untersuchung von Wurzelmaterial

Man hat zahlreiche Methoden entwickelt, um Wurzelsysteme untersuchen, messen und beproben zu können (Böhm 1979). Wir beschreiben hier einen einfachen Weg, wie man von Hand mit einem Erdbohrer ein bekanntes Bodenvolumen entnimmt, um daraus die Wurzeln zu extrahieren. Steinige Böden oder Waldböden mit großen Wurzeln können mit diesem Verfahren nicht untersucht werden.

Probenahme

Ein geeigneter Erdbohrer (Bildtafel 1.3) kann z.B. bei *Eijkelkamp Equipment* (Modell 0501) bezogen werden. Er besteht aus einem 15 cm langen zylindrischen Rohr mit einem Innendurchmesser von 7 cm und einer gezackten Unterkante, mit der sich der Boden leicht durchschneiden läßt. Über dem Probenrohr befindet sich ein hohler, ca. 1 m langer Schaft. Die Außenseite der Röhre und des Schafts ist in 10-cm-Abständen markiert. Am oberen Schaftende ist ein T-förmiger Griff angebracht. Im Inneren des hohlen Schafts befindet sich ein Stab, an dessen Ende sich eine Scheibe befindet, mit der die Bodenkerne wieder herausgedrückt werden können.

Zur Gewinnung der Probekerne dreht und drückt man den Bohrer in den Boden, bis die erste 10-cm-Marke erreicht ist, dreht mehrmals und zieht den Erdbohrer heraus. Um die Probe entnehmen zu können, stellt man den Bohrer auf den Kopf und drückt mit dem Fuß gegen den T-Griff. Man wiederholt dieses Verfahren nun für den Boden in 10–20 cm Tiefe und so weiter bis zur gewünschten Tiefe. Sandböden sollten feucht sein, damit der Kern in der Röhre bleibt. Schwierig ist die Probenahme in Tonböden: Die Bohrung wird erleichtert, wenn man den Erdbohrer zwischen jeder Probe in Wasser taucht, doch ist es günstiger, einen Schlagbohrer zu verwenden (*Eijkelkamp*, Modell 0502).

Auf jeder untersuchten Fläche sollte das Bohrverfahren mindestens fünfmal wiederholt werden, um zuverlässige Meßwerte zu erhalten.

Lagerung der Probekerne

Im Idealfall sollten die Proben innerhalb von 1-2 Tagen untersucht werden. Eine Lagerung unter 0 °C ist wahrscheinlich der beste Weg, sie für spätere Untersuchungen aufzubewahren; durch das Einfrieren und spätere Auftauen lassen sich insbesondere schwere Böden beim Auswaschen der Wurzeln leichter von diesen trennen. Einen Tag vor dem Waschen legt man die Probekerne zum Auftauen in Wasser. Eine andere Möglichkeit ist die Trocknung an der Luft oder bei 70 °C im Ofen. Die Wurzeln schrumpfen dabei zwar, quellen jedoch wieder, wenn man sie in Wasser legt. Ein Trocknen bei 105 °C macht die Wurzeln zu spröde.

Auswaschen der Wurzeln

Im folgenden wird die allgemein übliche Methode beschrieben. Man stellt den Probekern in einen Eimer mit 1-2 l Wasser. Nach mehreren Stunden oder am nächsten Tag rührt man das Boden-Wasser-Gemisch mit der Hand um, so daß man eine einheitliche, klumpenfreie Suspension erhält. Man läßt die größeren Bodenteilchen einige Minuten absetzen; die meisten Wurzeln werden dann auf dem Wasser schwimmen. Man gießt den Überstand und die Wurzeln auf ein 0,5-mm-Sieb und braust die Wurzeln mit Wasser ab. Man gießt nochmals Wasser in den Eimer und wiederholt den Vorgang so lange, bis sich im Überstand keine Wurzeln mehr befinden.

Die Wurzeln kommen nun in einen sauberen Eimer und werden in Wasser gerührt. Man gießt wieder über dem Sieb ab, wäscht nochmals und legt die Wurzeln schließlich zur Trennung von organischen Resten ins Wasser.

Bei Wurzeln aus tonreichen Böden ist es hilfreich, das erste Einweichen in Natriumpyrophosphatlösung (3 g l^{-1}) durchzuführen. Ist der Boden zudem kalkhaltig, können der Einweichlösung Oxalsäure (10 g l^{-1}) oder HCl (100 ml 36%ige Salzsäure) beigefügt werden.

Säuberung der Wurzeln

Auch wenn es sehr mühselig ist, müssen die Wurzeln vor der Messung unbedingt gesäubert werden. Man gibt die Wurzeln in eine flache Schale mit Wasser und stellt diese auf eine schwarze Fläche. Mit einer Pinzette entfernt man organischen Abfall und tote Wurzeln, wobei die Farbe als Hauptunterscheidungsmerkmal zwischen abgestorbenen und lebenden Wurzeln dient. Gewöhnlich sind junge lebende Wurzeln weiß und ändern ihre Farbe mit zunehmendem Alter über gelb zu braun. Abgestorbene Wurzeln werden meist grau und spröde. Deshalb ist es leichter, mit jungen Pflanzen zu arbeiten und an Proben Standorten zu nehmen, an denen wenig Abfall oder tote Wurzeln zu finden sind. Besonders problematisch ist es, im umgebrochenen Grünland Wurzelmessungen an den anschließend angebauten Nutzpflanzen durchzuführen.

Lagerung der Wurzeln

Werden die Messungen nicht unmittelbar nach dem Waschen durchgeführt, bewahrt man die Wurzeln in einer 5 Vol.-%igen Formaldehydlösung, in 20 Vol.-%igem Ethanol oder bei -20 °C auf.

Durchführung der Messung

Bestimmung der Wurzel-Frischmasse

Die Wurzeln werden auf Löschpapier gelegt, um überschüssiges Wasser zu entfernen, und anschließend gewogen. Man erhält eine Masse in Gramm, die im allgemeinen als *Frischgewicht* bezeichnet wird.

Bestimmung der Wurzel-Trockenmasse

Man trocknet über Nacht bei 100 °C und wiegt anschließend. Wurzelverunreinigungen durch Bodenpartikel führen zu Fehlern. Man kann eventuelle Verunreinigungen überprüfen, in dem man die gewogenen Wurzeln bei 650 °C über Nacht in einen Muffelofen steckt und anschließend nochmals wiegt. In der Asche ist auch die Pflanzenasche enthalten, die aber im Vergleich zu den Bodenresten einen geringen Anteil ausmacht. Man subtrahiert die Masse der Asche von der Masse der getrockneten Wurzeln; der korrigierte Wert wird als *Trockensubstanz* bezeichnet.

Bestimmung der Wurzellänge

Direkte Messungen können an sehr kleinen Wurzelproben oder einzelnen Wurzeln vorgenommen werden, wenn man sie auf Millimeterpapier legt, mit einer Pinzette gerade zieht, so daß sie nicht überlappen, und dann ihre Länge abschätzt.

Üblicherweise verwendet man die *Schnittpunktmethode* (Tennant 1975). Breitet man Wurzeln auf einem quadratischen Gitter aus (s. Abb. 3.3), besteht zwischen ihrer Länge und der Anzahl der Überkreuzungen zwischen Wurzeln und Gitterlinien die Beziehung $R = \pi\, AN/2H$; dabei ist R die Gesamtlänge [cm] der Wurzeln auf einer Fläche A [cm^2], und N die Anzahl der Überkreuzungen zwischen den Wurzeln und den Gitterlinien der Gesamtlänge H [cm]. Diese Beziehung vereinfacht sich zu

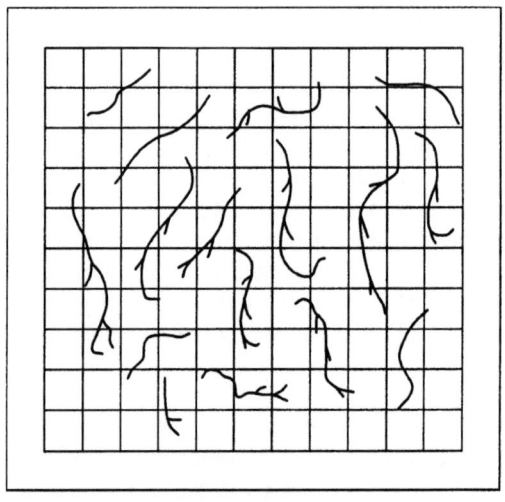

Abb. 3.3. Messung der Wurzellänge mit der Schnittpunktmethode

Beispiel: Gitterweite = 1 cm
Anzahl der Schnittpunkte = 64
Wurzellänge = 0,786 · 64
= 50,3 cm

$R = N \cdot$ Längenfaktor; dieser Längenfaktor beträgt 0,393, 0,786, 1,57 oder 3,93 cm pro Überkreuzung bei Gittern mit einem Linienabstand von 0,5, 1, 2 bzw. 5 cm. Man kann diesen Zusammenhang überprüfen, indem man Baumwollfäden bekannter Länge auf einem Papier mit entsprechendem Gitter ausbreitet.

Eine niedrige, transparente Plastik- oder Glasschale von 30 × 40 cm ist gut geeignet. Man kann auch eine Glasplatte verwenden. Das Gitter wird auf Papier gezeichnet und dieses unter die Schale gelegt. Der Abstand der Gitterlinien hängt von der Länge der zu messenden Wurzeln ab. Für Proben unter 1 m Wurzellänge verwendet man ein 1-cm-Gitter, bis zu 5 m Wurzellänge ein 2-cm-Gitter, und für eine Gesamtwurzellänge von bis zu 15 m wird ein 5-cm-Gitter empfohlen. Bei großen Wurzelproben kann alternativ auch die Länge einer Teilprobe gemessen werden, nachdem das Frischgewicht der Wurzeln bestimmt wurde.

Die nassen Wurzeln werden in der Schale, die etwas Wasser enthalten sollte, mit einer Pinzette willkürlich verteilt, so daß sie sich nicht überlappen. Es werden die Überkreuzungen sowohl mit den vertikalen als auch mit den horizontalen Linien gezählt. Ein Handzähler erleichtert diese Arbeit.

Darstellung der Ergebnisse

Die Probekerne (Durchmesser 7 cm × Länge 10 cm) haben ein Volumen von 385 cm^3. Die Ergebnisse werden üblicherweise in mg Frischwurzeln, µg Trockenwurzeln oder cm Wurzellänge pro cm^3 Boden ausgedrückt. Frische Weizenwurzeln enthalten etwa 0,1 g Trockensubstanz pro g Frischgewicht, die Wurzellänge bewegt sich in Abhängigkeit vom Alter zwischen 50 und 250 m pro g Trockensubstanz, der Wurzeldurchmesser beträgt etwa 0,3 mm. Ähnliche Werte gelten für die meisten Getreidearten.

3.2
Bestimmung der mikrobiellen Biomasse

Eine direkte Massenbestimmung der Bodenmikroorganismen ist eine zeitraubende und sehr spezielle Forschungsaufgabe. Prinzipiell wird hierzu der Boden in Wasser dispergiert; dann wird ein dünner Film dieser Dispersion mikroskopisch untersucht, was eine Volumenschätzung der Organismen ermöglicht. Man benötigt die Dichte der Organismen-Hauptgruppen (zwischen 1,1 und 1,5 g cm^{-3}), um das Volumen in eine Masse umrechnen zu können.

Man hat komfortablere indirekte Methoden entwickelt, aber erst seit jüngster Zeit haben sich Standardverfahren etabliert, an deren Verbesserung noch immer gearbeitet werden muß. Die hier beschriebene Begasungs-Extraktionsmethode ist das einfachste zuverlässige Verfahren (s. Anm. 1) (Amato und Ladd 1988; verändert durch Joergensen und Brookes 1990 sowie Ocio und Brookes 1990).

Das Prinzip

Stellt man feuchten Boden in eine Atmosphäre, die Chloroformdämpfe enthält, dann werden die Bodenmikroorganismen getötet. Ein Teil der Zellbestandteile wird löslich und kann mit einer Kaliumchloridlösung aus dem Boden extrahiert werden. Der Gehalt des auf diese Weise in Form von Aminosäuren und Ammonium gelösten Stickstoffs wird nun durch die Reaktion mit Ninhydrin (Nuffield Advanced Chemistry II,

Topic 13.4) abgeschätzt; der entstandene violette Komplex wird spektralphotometrisch bestimmt. Die gemessene Stickstoffmenge ist zu der im Boden ursprünglich vorhandenen Biomasse direkt proportional: Nur etwa ein Viertel des Stickstoffs der Biomasse wird freigesetzt, aber dieser Anteil ist auch in unterschiedlichen Böden annähernd konstant, wenn die Standardbedingungen eingehalten werden. Die Proportionalitätskonstante wurde bestimmt, indem die Menge des mit Ninhydrin reagierenden Stickstoffs mit anderen Biomassebestimmungen verglichen wurde, vor allem mit der Begasungs-Inkubationsmethode (s. Abschn. 6.3).

Reagenzien und Geräte

- *Ninhydrin-Reagenz.* Man löst 0,8 g Ninhydrin und 0,12 g Hydrindantin in 30 ml Dimethylsulfoxid auf und fügt 10 ml Lithiumacetat-Puffer hinzu. Diese Lösung wird unmittelbar vor dem Verbrauch hergestellt. Man kann die Lösung auch einige Tage aufbewahren, muß dann aber 30 min mit sauerstofffreiem Stickstoff spülen und sie luftdicht aufbewahren.
- *Lithiumacetat-Puffer.* Man wiegt 168 g Lithiumhydroxid in etwa 500 ml Wasser ein und rührt um, bis sich etwa die Hälfte gelöst hat. Nun fügt man 293 ml Eisessig (CH_3COOH) hinzu; man erhält nahezu 1 l Lösung. Man entnimmt 5 ml, verdünnt sie mit 10 ml Wasser und bestimmt den pH-Wert (s. Abschn. 8.1). Beträgt der pH-Wert der Vorratslösung nicht 5,2 ±0,05, so stellt man ihn mit Essigsäure oder Lithiumhydroxid ein: 1 ml oder 1 g wird den pH-Wert um etwa 0,01 Einheiten verändern. Man deckt die Lösung ab und läßt sie über Nacht abkühlen. Dann füllt man auf 1 l auf und filtriert, falls die Lösung nicht klar ist.
- *Ethanol-Wasser.* Man verdünnt Ethanol (95 Vol.-%) mit der gleichen Menge Wasser.
- *Stickstoffstandard.* Man löst 0,469 g Leucin in Wasser und füllt auf 1 l auf. Diese Lösung enthält 50 µg N ml^{-1}. Man pipettiert 0, 5, 10, 15, 20 und 30 ml dieser Lösung in 100-ml-Meßkolben, fügt jedem Kolben 50 ml 4 M KCl zu und füllt bis zur Markierung auf. Diese Eichreihe enthält 0, 2,5, 5, 7,5, 10 und 15 µg N ml^{-1}.
- *Kaliumchloridlösung.* 298 g KCl werden in Wasser gelöst und auf 1 l aufgefüllt (entspricht 4 M KCl). Zur Herstellung der Extraktionslösung (2 M KCl) wird mit der gleichen Menge Wasser verdünnt.
- *Chloroform*;
- *Glasflaschen*, 150 ml Inhalt;
- *Spektralphotometer* und *1-cm-Meßküvetten*;
- *Wasserbad*, 100 °C.

Methodik

Aufbereitung des Bodens

Die Probe sollte im Gelände in feuchtem Zustand entnommen und durch ein 2-mm-Sieb gesiebt werden. Teilweises Trocknen erleichtert die Zerkleinerung und Siebung. Lufttrockene Böden können ebenfalls verwendet werden, obwohl ein beträchtlicher Teil der mikrobiellen Biomasse abstirbt, wenn der Boden getrocknet, gelagert und wieder angefeuchtet wird. Lufttrockener Boden sollte gesiebt und auf 40 % seiner Wasserspeicherkapazität angefeuchtet werden (s. Anm. 2). Man füllt Teilproben von 25 g in unverschlossene Glasflaschen und inkubiert bei 25 °C zwei Wochen in einem großen geschlossenen Behälter (ein Exsikkator ist gut geeignet). Damit der Boden

3.2 · Bestimmung der mikrobiellen Biomasse

nicht austrocknet, legt man angefeuchtetes Filterpapier in den Behälter, den man außerdem täglich öffnen sollte, um eine ausreichende Belüftung zu gewährleisten. Bei dieser Behandlung kann die Biomasse auf einem stabilen Niveau gehalten werden.

Begasung

Zwei Teilproben werden zusammen mit einem Becherglas, das 25 ml Chloroform enthält, in einen Vakuum-Exsikkator gestellt. Der Exsikkator wird solange evakuiert, bis das Chloroform zwei Minuten lang heftig gekocht hat. So können die Chloroformdämpfe den Boden durchdringen und die Mikroorganismen töten. Man beläßt die Bodenproben 24 h in der Chloroform-Atmosphäre und entfernt dann das Becherglas mit dem Chloroform (Vorsicht: Chloroformdämpfe sind gesundheitsschädlich; der Umgang mit dieser Flüssigkeit sollte nur unter dem Abzug erfolgen). Man läßt den Exsikkator einige Minuten geöffnet, verschließt ihn und evakuiert nochmals, um die Dämpfe aus dem Boden zu entfernen. Dieser Vorgang wird wiederholt.

Extraktion

Zu vier Flaschen mit Bodenproben (zwei begaste und zwei unbegaste) gießt man 100 ml 2 M KCl-Lösung, verschließt und schüttelt 30 min lang. Dann filtert man durch ein Whatman-Filterpapier Nr. 42 in ein Reagenzglas. Zur Bestimmung des mit Ninhydrin reagierenden Stickstoffs werden 2 ml dieses Filtrats benötigt.

Bestimmung des mit Ninhydrin reagierenden Stickstoffs

Eichung. Man pipettiert 2 ml Leucin-Standardlösung in eine Reihe von 50 ml Reagenzgläsern, fügt langsam 1 ml Ninhydrin-Reagenz hinzu und mischt gründlich. Die Proben werden nun 25 min in ein kochendes Wasserbad gestellt, und dann läßt man auf Raumtemperatur abkühlen. 20 ml Ethanol-Wasser-Mischung werden zugefügt, es wird sorgfältig gemischt und die Absorption eines Spektrometers bei 570 nm gemessen (die 1-cm-Küvette für die Nullprobe enthält Wasser). Der Gebrauch eines Spektrometers wird in Abschn. 10.1 erklärt. Man zeichnet eine Eichkurve, in der die Absorption gegen die Stickstoffkonzentration aufgetragen ist (Abb. 3.4).

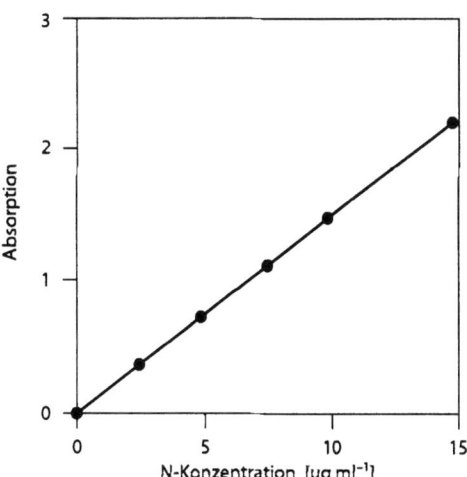

Abb. 3.4. Eichgerade zur Messung des mit Ninhydrin reagierenden Stickstoffs

Extrakte. Man verwendet 2 ml eines jeden Extrakts, stellt nach obiger Vorschrift die Farblösung her und bestimmt die N-Konzentration aus der Eichkurve.

Zusammenfassung der Methode.
Feuchter Boden (? mg mit Ninhydrin reagierender N pro g ofentrockenen Bodens)
↓
25 g + 100 ml (KCl-Lösung)
↓
gemessene Konzentration [µg N ml^{-1}].

Beispiel. Die Extrakte aus den beiden nichtbegasten und begasten Bodenproben enthielten 0,6 bzw. 10,1 µg N ml^{-1}. Die Differenz zwischen den beiden Messungen (9,5 µg N ml^{-1}) entspricht der Menge des mit Ninhydrin reagierenden Stickstoffs, die durch die Begasung freigesetzt worden ist. Das Volumen des Extrakts belief sich auf 100 ml plus dem Wassergehalt des feuchten Bodens. Hätte der feuchte Boden 0,24 g H_2O g^{-1} ofentrockenen Boden enthalten, dann würden 1,24 g des feuchten Bodens 0,24 g H_2O enthalten, und 25 g Boden enthalten

25 · 0,24 / 1,24 = 4,84 g H_2O.

Damit beträgt das Extraktionsvolumen 104,84 ml, und die Menge des mit Ninhydrin reagierenden Stickstoffs in diesem Extrakt beläuft sich auf 9,5 · 104,84 = 996 µg. Da es sich um 25 g feuchten Boden handelt, beträgt die Masse des ofentrockenen Bodens 25 − 4,84 = 20,16 g, und die hierin enthaltene Stickstoffkonzentration ist

996 / 20,16 = 49,4 µg N pro g ofentrockenen Bodens.

Ergebnisse

Der Faktor, der zur Berechnung der Menge des mit Ninhydrin reagierenden Stickstoffs in der Biomasse herangezogen wird, ist mit einem Fehler behaftet; es ist schwierig, wenn nicht unmöglich, einen tatsächlichen Wert für die Biomasse zu bestimmen, der eine Eichung der Methode zuläßt. Folgen wir den in Rothamsted verwendeten Methoden (Ocio und Brookes 1990), dann gelten die unten genannten Faktoren. Alle Werte beziehen sich auf µg g^{-1} ofentrockenen Bodens:

Biomasse-C = 31 · Ninhydrin-N,

Biomasse-N = 4,6 · Ninhydrin-N.

Im Mittel besteht die trockene Biomasse zu 50 % aus Kohlenstoff und somit ist die

Biomasse (Trockensubstanz) = 62 · Ninhydrin-N.

Im Rahmen eines Experiments können die Werte miteinander verglichen werden, doch liefert die Methode keine Absolutwerte und sollte deshalb nur mit Vorsicht interpretiert werden. Die Daten der verschiedenen Forschungsgruppen sind möglicherweise unter unterschiedlichen Versuchsbedingungen und mit unterschiedlichen Umrechnungsfaktoren ermittelt worden (z.B. Amato und Ladd 1988; Carter 1991).

Anmerkung 1. Abschn. 6.3 erläutert die Begasungs-Inkubationsmethode zur Ermittlung der Biomasse. Sie erfordert die Verwendung von ethanolfreiem Chloroform, da ansonsten bei der Begasung Ethanol im Boden zurückbleibt, das von Mikroorganismen als C-Quelle verwendet werden könnte und die Respiration erhöht. Bei anderen Methoden wird nach der Begasung der gesamte Kohlenstoff (s. Abschn. 3.4) oder der gesamte Stickstoff (s. Abschn. 3.6) des KCl-Extrakts bestimmt. Allerdings sind die Mengen sehr gering, was eine Analyse erschwert.

Anmerkung 2. Zur Bestimmung der Wasserspeicherkapazität verschließt man einen Trichter mit Watte und füllt ihn nahezu vollständig mit feuchtem Boden. Man füllt mit Wasser auf und läßt 1 h lang abtropfen. Man mißt den Wassergehalt als g H_2O g^{-1} ofentrockenen Bodens (s. Abschn. 3.3). Bodenwassergehalte, wie sie im Freiland angetroffen werden, sind in Tabelle 5.2 aufgeführt.

3.3
Bestimmung des Wassergehalts und Glühverlusts

Bodenproben aus dem Gelände enthalten Wasser; die Menge hängt von den Bodeneigenschaften und den vorausgegangenen Witterungsverhältnissen ab. Selbst wenn der Boden *luftgetrocknet* ist (Abb. 5.6), bleibt etwas Wasser zurück, dessen Menge von der Korngrößenzusammensetzung und der Luftfeuchtigkeit im Trocknungsraum abhängt. Der Bodenwassergehalt wird durch Trocknung bei 105 °C bestimmt, wodurch man den *ofentrockenen Boden* erhält. Die Ergebnisse von Bodenanalysen werden normalerweise in bezug auf die Masse ofentrockenen Bodens ausgedrückt.

Erhitzt man den ofentrockenen Boden auf 500 °C, verbrennt dessen organische Substanz, was mit einem weiteren Wasserverlust verbunden ist. Den Masseverlust zwischen 105 und 500 °C bezeichnet man als *Glühverlust*.

Wassergehalt

Man wiegt etwa 10 g (±0,001 g) Boden in eine gewogene Porzellanschale oder einen Tiegel und stellt die Probe bei 105 °C über Nacht in einen Ofen. Man läßt im Exsikkator abkühlen und wiegt erneut.

Beispiel

Masse des lufttrockenen Bodens: 10,203 g,

Masse des ofentrockenen Bodens: 9,137 g,

Masse des verlorenen Wassers: 1,066 g.

Der Wassergehalt beträgt 1,066 / 9,137 = 0,117 g H_2O g^{-1} ofentrockenen Bodens. Häufig gibt man diesen Wert auch in Prozenten an: 11,7 %, d.h. 11,7 g H_2O pro 100 g ofentrockenen Bodens. Der Wassergehalt kann auch in bezug auf die Masse des lufttrockenen Bodens angegeben werden: 1,066 / 10,203 = 0,1045 g H_2O g^{-1} lufttrockenen Bodens oder 10,5 %. Da man diese beiden verschiedenen Prozentwerte ermitteln kann, sollte immer die vollständige Einheit angegeben werden. Sind sie in der Literatur nicht angegeben, muß man davon ausgehen, daß der Wert sich auf die Masse des ofentrockenen Bodens bezieht. Man beachte, daß für Pflanzenmaterial die Werte üblicherweise als *Prozentanteil der Trockensubstanz* angegeben werden, also in g ofengetrocknetes Pflanzenmaterial pro 100 g frischer Pflanzen; der Wassergehalt wird dann (falls erforderlich) in g H$_2$O pro 100 g frischer Pflanzen angegeben (s. Abschn. 9.3). In Tabelle 5.2 sind die Wassergehalte lufttrockener Böden unterschiedlicher Korngrößenzusammensetzung aufgelistet.

Glühverlust

Man stellt die Probe bei 500 °C über Nacht in einen Ofen. Man läßt sie im Exsikkator abkühlen und wiegt sie. Der Masseverlust durch das Glühen wird in bezug auf die Masse des ofentrockenen Bodens angegeben, d.h.

Glühverlust = 100 · (Masse des ofentrockenen Bodens
 − Masse des geglühten Bodens) / Masse des ofentrockenen Bodens
 = g pro 100 g ofentrockenen Bodens.

Steht kein Laborofen zur Verfügung, kann man einen Tonbrennofen verwenden, der auf etwa 500 °C eingestellt wird, oder der Schmelztiegel wird in ein Sandbad gestellt und so lange mit dem Bunsenbrenner erhitzt, bis der Boden seine dunkle Farbe verloren hat. Es gibt digitale Thermometer mit Metallsonden, die eine Temperaturkontrolle des Sandbads ermöglichen.

Glühverlust als Maß für den Gehalt an organischer Bodensubstanz

Böden, die nennenswerte Mengen an Ton und Sesquioxiden enthalten, verlieren bei Temperaturen zwischen 105 und 500 °C Kristallwasser. Beispielsweise wird Goethit (FeOOH) zwischen 280 und 400 °C zu Hämatit (Fe$_2$O$_3$) dehydriert. Der größte Teil der organischen Substanz verbrennt bei etwa 325 °C, aber weitere Glühverluste können auch bei höheren Temperaturen stattfinden. Ab ca. 770 °C bildet sich aus Calciumcarbonat unter CO$_2$-Freisetzung Calciumoxid. Deshalb ermittelt man mit dem Glühverlust sandiger Böden einen guten Schätzwert der organischen Bodensubstanz; in schweren Böden ist der ermittelte Gehalt eventuell jedoch bis zu zweimal so hoch.

Beobachtete Veränderungen

Während des Glühens ändert sich die Farbe der Bodenprobe: Durch das Verglühen der organischen Substanz verschwindet deren dunkelbraune bis schwarze Farbe, während die rotbraune Färbung der dehydrierten Eisenoxide stärker in Erscheinung tritt. Dieser Farbwechsel tritt auch in vielen Oberflächenböden auf, wenn die „Maskierung" durch die organische Substanz verlorengeht. Auf der Munsell-Farbtafel (s. Abschn. 1.2) ändern sich sowohl *Value* (Helligkeit) als auch *Chroma* (Farbintensität) um ein bis zwei Stufen.

3.4
Oxidierbarer Kohlenstoff und organische Substanz – die Dichromatmethode

Durch vorsichtiges zweistündiges Kochen in saurer Dichromatlösung wird der organische Kohlenstoff fast vollständig oxidiert. Das überschüssige Dichromat wird durch Titration mit Eisensulfatlösung bestimmt. In einer einfacheren, aber weniger genauen Variante wird die Bodenprobe nur 2 min lang gekocht; in dieser Zeit werden ca. 75 % des organischen Kohlenstoffs im Boden oxidiert.

3.4 · Oxidierbarer Kohlenstoff und organische Substanz – die Dichromatmethode

Reagenzien und Ausrüstung

- *Eisensulfat, ca. 0,4 M.* Man gibt 5 ml Schwefelsäure (etwa 98 Masse-%) in 1,5 l Wasser (Vorsicht). Darin löst man etwa 320 g Ferroammoniumsulfat (Mohrsches Salz, $(NH_4)_2SO_4FeSO_4\ 6H_2O$) und füllt auf 2 l auf.
- *Kaliumdichromat, 66,7 mM.* Man zerreibt ca. 45 g Kaliumdichromat ($K_2Cr_2O_7$) zu einem Pulver, trocknet eine Stunde oder über Nacht bei 105 °C und läßt im Exsikkator abkühlen. Nun löst man 39,23 g des getrockneten Salzes in etwa 700 ml Wasser, fügt langsam und unter Rühren 800 ml H_2SO_4 (etwa 98% Masse-%) zu und läßt die Lösung abkühlen. Nun gibt man 400 ml ortho-Phosphorsäure (H_3PO_4, etwa 85 Masse-%) hinzu, rührt um, bis alle festen Bestandteile aufgelöst sind, läßt abkühlen und verdünnt auf 2 l.
- *Bariumdiphenylaminsulphonat-Indikator* (Vorsicht: Gift). Man löst 0,2 g Bariumdiphenylaminsulphonat in ca. 150 ml warmem Wasser auf, fügt 20 g Bariumchlorid ($BaCl_2 \cdot 2H_2O$) zu, erwärmt, um das Salz zu lösen, läßt abkühlen und füllt dann auf 200 ml auf. Man läßt über Nacht stehen und filtriert, falls nötig.
- *Aufschlußkolben:* 500 ml Erlenmeyerkolben mit Kühlfinger oder Liebigkühler;
- *Elektrische Heizplatte* zur Aufrechterhaltung einer Temperatur von 130–135 °C.

Oxidation des organischen Kohlenstoffs

Im Mörser werden ca. 40 g der lufttrockenen Feinbodenprobe zerrieben und gut durchgemischt. Man überführt 1 g (±0,005 g) in einen Erlenmeyerkolben und fügt 40 ml Dichromatlösung hinzu. *Man verschließt den Kühler, stellt den Kolben auf die Heizplatte und kocht die Lösung 2 h lang bei 130–135 °C. Danach entfernt man den Kolben, läßt ihn abkühlen und gibt ca. 100 ml Wasser zu. Nach Zugabe von 2 ml Indikator titriert man mit der Eisensulfatlösung. Bei Titrationsbeginn hat die Lösung eine schmutzigbraune Farbe, die kurz vor dem Endpunkt nach violett umschlägt. In dieser Phase titriert man Tropfen für Tropfen, bis der Endpunkt durch den Farbwechsel nach hellgrün angezeigt wird. Man notiert das Volumen der verbrauchten Eisensulfatlösung x [ml]: Im unten aufgeführten Beispiel sind dies 18,5 ml. Sollte dieses Volumen 15 ml nicht überschreiten, wiederholt man die Bestimmung mit einer kleineren Bodenmenge (s. Anm. 1).

Standardisierung der Eisensulfatlösung

Diese Lösung kann oxidieren, wenn man sie stehenläßt, und sollte deshalb mit jeder Bodenproben-Charge gegen die Kaliumdichromatlösung geeicht werden. Man pipettiert 40 ml Dichromatlösung in einen Erlenmeyerkolben und verfährt so, wie im vorhergehenden Absatz ab dem Sternchen (*) beschrieben. Man notiert die bei der Titration verbrauchte Eisensulfatmenge y [ml]: im unten angeführten Beispiel sind dies 36,7 ml.

Grundlagen der Reaktion

Die Reaktion des organischen Kohlenstoffs mit Dichromat kann folgendermaßen dargestellt werden (s. Anm. 2):

$$2K_2Cr_2O_7 + 3C_{org} + 8H_2SO_4 = 3CO_2 + 2Cr_2(SO_4)_3 + 2K_2SO_4 + 8H_2O \quad (3.1)$$

Der organische Kohlenstoff wird durch Chromat ($Cr_2O_7^{2-}$) oxidiert, das seinerseits zum Cr-III-Ion (Cr^{3+}) reduziert wird. Oxidation und Reduktion werden in Abschn. 6.6 erklärt. Gleichung 3.1 besagt, daß 2 mol $K_2Cr_2O_7$ mit 3 mol C reagieren. Der Begriff Mol wurde in Abschn. 2.5 erläutert.

Die in diesem Experiment verbrauchte Dichromatmenge wird durch Titration gegen Eisensulfat bestimmt. Hierzu läßt sich folgende Reaktionsgleichung aufstellen:

$$K_2Cr_2O_7 + 6FeSO_4 + 7H_2SO_4 = Cr_2(SO_4)_3 + K_2SO_4 + 3Fe_2(SO_4)_3 + 7H_2O.$$

In dieser Reaktion wird Eisen-II (Fe^{2+}) durch Chromat zu Eisen-III (Fe^{3+}) oxidiert und Chromat (Cr-VI-Ion) zum Chrom-III-Ion reduziert. Die Gleichung besagt, daß 1 mol $K_2Cr_2O_7$ mit 6 mol $FeSO_4$ reagiert. Dieses Verhältnis ist für die Wahl von 66,7 mmol als Konzentration der Dichromatlösung maßgeblich, die einem Sechstel der Eisensulfatkonzentration entspricht, woraus sich bei der Titration annähernd gleiche Reaktionsvolumina ergeben. Man beachte, daß der Ammoniumsulfat-Anteil des Reagenz bei der Reaktion keine Rolle spielt; es ist lediglich ein für die Herstellung der Lösung gut geeignetes Eisensalz.

Berechnung

1. Das Dichromat ist die Standardlösung. Man berechnet die Stoffmenge, die in 40 ml enthalten ist, wie folgt:

   Stoffmenge [mol] = Konzentration [mol l^{-1}] · Volumen [l]

   = 0,0667 · 40 / 1 000

   = 2,668 · 10^{-3} mol = 2,668 mmol.

2. Die Titration zur Standardbestimmung zeigte, daß 36,7 ml Eisensulfatlösung mit 40 ml Dichromatlösung reagierten, die 2,668 mmol enthielt. Nach Reaktion mit dem organischen Kohlenstoff reagierten 18,5 ml mit dem nicht umgesetzten Dichromat. Hieraus berechnet sich der Dichromatrest zu: 2,668 · 18,5 / 36,7 = 1,345 mmol (s. Anm. 3). Die Dichromatmenge, die bei der Reaktion mit dem organischen Kohlenstoff verbraucht wurde, beträgt (2,668 – 1,345) = 1,323 mmol.

3. 3 mol Kohlenstoff reagieren mit 2 mol $K_2Cr_2O_7$ (Gleichung 3.1). Nun kann man die Kohlenstoffmenge bestimmen, die oxidiert wurde: 1,323 · 3 / 2 = 1,985 mmol. Die molare Masse von C beträgt 12 g mol^{-1}. Deshalb beträgt die Masse des oxidierten Kohlenstoffs

   1,985 · 10^{-3} mol · 12 g mol^{-1} = 23,82 · 10^{-3} g = 23,8 mg.

   Wenn dies die in 1 g Boden enthaltene Menge ist (s. Anm. 1), beträgt der C-Gehalt 23,8 g C g^{-1} lufttrockenen Bodens.

4. Die obigen Rechenschritte können in einer einfachen Formel zusammengefaßt werden, die den C-Gehalt des Bodens wiedergibt:

   C-Gehalt (mg C g^{-1} lufttrockenen Bodens) = 48 (1 – x/y) / Bodenmasse.

5. Der C-Gehalt sollte in bezug auf die Masse ofentrockenen Bodens ausgedrückt werden. Wenn der lufttrockene Boden 5 g H_2O auf 100 g ofentrockenen Boden enthält (s. Abschn. 3.3), dann enthalten 105 g des lufttrockenen Bodens 100 g ofen-

3.4 · Oxidierbarer Kohlenstoff und organische Substanz – die Dichromatmethode

trockenen Boden. Damit sind 23,8 mg C in 100 / 105 = 0,952 g ofentrockenem Boden enthalten. Der C-Gehalt beträgt

23,8 · 1 / 0,952 = 25,0 mg C g^{-1} ofentrockenen Bodens.

6. Will man jetzt eine Aussage über die organische Bodensubstanz machen, dann geht man davon aus, daß pro Gramm organischer Bodensubstanz 0,58 g bzw. 58 % C enthalten sind (s. Anm. 4). Daher beträgt der Gehalt an organischer Substanz

25,0 · 1 / 0,58 = 43,1 mg organische Substanz g^{-1} ofentrockenen Bodens bzw. 4,31 %.

Anmerkung 1. Enthält der Boden große Mengen an organischer Substanz, sollte die zur Analyse herangezogene Bodenmenge verringert werden. Um sicherzustellen, daß der gesamte Kohlenstoff oxidiert wurde, sollte das Titationsvolumen x mindestens 15 ml betragen, d.h. maximal 25 ml Dichromat sollten mit dem Boden reagiert haben. Die Menge an organischem Kohlenstoff, die von 25 ml Dichromat umgesetzt werden kann, läßt sich berechnen. In 25 ml sind 1,668 · 10^{-3} mol Dichromat enthalten, die mit 1,668 · 10^{-3} · 12 · 3 / 2 = 0,03 g C reagieren werden. Somit reagiert 1 g Boden, der 0,03 g C (3 % C bzw. 5 % organische Substanz) enthält, mit dieser Dichromatmenge. Eine Probe von 0,25 g, die 12 % C bzw. 20 % organische Substanz enthält, würde die gleiche Dichromatmenge verbrauchen.

Anmerkung 2. In Gleichung 3.1 steht C_{org} für den Kohlenstoff der organischen Bodensubstanz, der in komplexen Molekülen gebunden ist. Die Oxidationsprodukte werden stellvertretend als CO_2 bezeichnet, stellen tatsächlich aber eine Mischung aus CO_2 und kleinen Mengen organischer Säuren dar. Für die Rechnung nimmt man jedoch an, daß die Reaktion so abläuft, daß 3 mol C mit 2 mol Dichromat reagieren. Die hieraus entstehenden Fehler sind sehr klein, wie man aus einem Vergleich mit den Verbrennungsmethoden ersehen kann (Page 1982).

Anmerkung 3. An dieser Stelle könnte man die Molarität des Eisensulfats berechnen und daraus die Menge an Dichromat bestimmen, die nach Oxidation der organischen Substanz noch zurückbleibt. Dies wäre aber ein unnötig kompliziertes Verfahren.

Anmerkung 4. Die organische Bodensubstanz hat einen C-Gehalt von etwa 58 %, sofern sie keine größeren Mengen an nicht verrotteten Pflanzenresten enthält. Die Pflanzentrockenmasse enthält 40–45 % C. Außer der Messung des C_{org}-Gehalt gibt es bislang keine zufriedenstellende Methode zur Bestimmung der organischen Bodensubstanz. Immer häufiger werden Meßwerte als C_{org}-Gehalt und nicht als Gehalt an organischer Bodensubstanz angegeben.

Abgewandelte Methode

Stehen eine regulierbare Heizplatte und geeignete Kühler nicht zur Verfügung, so kann die Oxidation auch folgendermaßen durchgeführt werden. Nach Zugabe der Dichromatlösung zur Bodenprobe stellt man den 500-ml-Kolben auf einen Dreifuß mit Drahtnetz und bringt die Lösung rasch zum Kochen. Durch Erhitzen mit der Flamme (und ggf. kurzes Entfernen des Bunsenbrenners) hält man die Lösung im Kolben 2 min lang ständig am Kochen. Dann kühlt man unter fließendem kaltem Wasser ab (Vorsicht!). Unter diesen Bedingungen werden etwa 75 % des organischen Kohlenstoffs oxidiert. Die Berechnung muß entsprechend angepaßt werden (Multiplikation mit 4/3), um den Wert für den gesamten Kohlenstoff im Boden zu erhalten. Obwohl diese Methode weniger genau ist als die vollständige Oxidation, erhält man brauchbare relative Werte, vorausgesetzt, daß die Bedingungen beim Kochen standardisiert werden können.

3.5 Abbaukinetik der organischen Substanz

Die Geschwindigkeit, mit der bestimmte Prozesse Veränderungen der Bodeneigenschaften hervorrufen, hängt von vielen Faktoren ab, und daher ist eine mathematische Untersuchung der Kinetik dieser Prozesse kompliziert. Um die Bedeutung eines bestimmten Prozesses besser verstehen zu können, wird häufig so verfahren, daß man diesen Prozeß isoliert, d.h. nicht im Boden, betrachtet. So hängt z.B. die Kalksteinverwitterung durch saure Bodenlösungen von der Säurekonzentration, der Reaktionsoberfläche der Kalksteinbruchstücke, der Temperatur und der Geschwindigkeit ab, mit der die Säure zu den verwitternden Kalksteinbruchstücken gelangt und die Reaktionsprodukte abgeführt bzw. ausgewaschen werden. Dieser Verwitterungsprozeß läßt sich vom Boden losgelöst betrachten, und die Geschwindigkeit der Reaktion von Kalkstein mit Säure kann man bei kontrollierten Temperaturbedingungen mit speziell angesetzten Lösungen untersuchen. Hierbei ermittelt man ausschließlich die Wirkung der Säurekonzentration (Nuffield Advanced Chemistry II, Topic 14.2).

Trotz ihrer Komplexität sind chemische Veränderungen in Böden noch relativ einfach zu untersuchen; im Gegensatz dazu wird bei biologischen Veränderungen die Reaktionsgeschwindigkeit durch die mikrobielle Aktivität, genauer gesagt durch die Enzymproduktion, reguliert. Diese Geschwindigkeit hängt von den Faktoren ab, die die mikrobielle Aktivität steuern, also von der Temperatur, Wasser- und Nährstoffversorgung und Belüftung ebenso wie von der Verfügbarkeit des abzubauenden Materials. Wiederum können Teilreaktionen isoliert betrachtet werden, so daß die Kinetik des Prozesses, z.B. die Hydrolyse von Harnstoff durch das bakterielle Enzym Urease, untersucht werden kann (Nuffield Advanced Chemistry II, Topic 13.5).

Die Zersetzungsrate der organischen Bodensubstanz hängt von vielen biologischen Prozessen ab. Obwohl man den Kohlenstoffverlust messen kann, indem man die Atmungsrate des Bodens oder direkt die C_{org}-Abnahme bestimmt, ist der Gesamtprozeß komplex. Dennoch hat sich eine mathematische Analyse als nützlich erwiesen und unser Verständnis der Faktoren, die die Zersetzungsgeschwindigkeit beeinflussen, erweitert. Die Analyse basiert auf dem Konzept, daß sich die organische Bodensubstanz aus verschiedenen Fraktionen zusammensetzt, die aber mit unterschiedlichen Geschwindigkeiten abgebaut werden; die Standardanalyse wird auf jede Fraktion angewendet.

Geschwindigkeitsgesetze

Es ist bekannt, daß einige Reaktionen mit konstanter Geschwindigkeit ablaufen, die Geschwindigkeit anderer Reaktionen jedoch von der Konzentration eines oder mehrerer Reaktionspartner abhängt. Die Zahl der Reaktionspartner, die die Geschwindigkeit der Gesamtreaktion bestimmen, ist für die *Ordnung der Reaktion* maßgeblich.

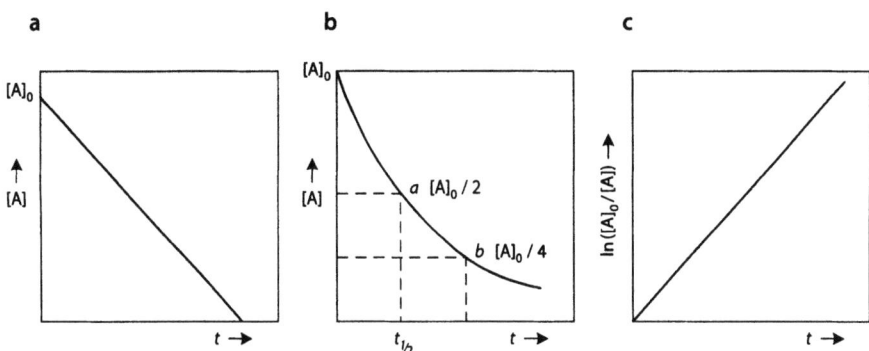

Abb. 3.5. Kinetik a nullter Ordnung sowie b und c erster Ordnung

Reaktionen mit konstanter Geschwindigkeit (Kinetik nullter Ordnung)

Im diesem Fall entstehen bei der Zersetzung von A (Ausgangsstoff) die Produkte mit konstanter Geschwindigkeit, bis A vollständig umgesetzt ist:

Geschwindigkeit $= -d[A]/dt = k$,

wobei k die Geschwindigkeitskonstante und $[A]$ die Konzentration von A zur Zeit t ist. Das negative Vorzeichen bedeutet, daß $[A]$ abnimmt, wenn t zunimmt. Daraus folgt:

$d[A] = -k dt$,und durch Integration erhält man:

$[A] = -kt + c$,

wobei c eine Konstante ist. Zur Zeit $t = 0$ ist $[A] = [A]_0$. Durch Einsetzen erhält man:

$[A] = [A]_0 - kt$.

Dieser Zusammenhang wird durch eine Gerade mit negativer Steigung wiedergegeben, wenn man $[A]$ gegen t aufträgt (Abb. 3.5 a).

Kinetik erster Ordnung

In diesem Fall ist die Reaktionsgeschwindigkeit proportional zur Konzentration des verbleibenden Stoffes A. Mit fortschreitender Reaktion wird die Konzentration $[A]$ ständig kleiner und die Reaktionsgeschwindigkeit nimmt ab (Abb. 3.5 b):

Geschwindigkeit $= -d[A]/dt = k_1[A] - (1/[A])d[A] = k_1 dt$.

Durch Integrieren erhält man

$\ln[A] = k_1 t + c$ (3.2)

Wenn $t = 0$ und $c = -\ln[A]_0$ ist, wird

$\ln[A] = k_1 t - \ln[A]_0$,

$\ln[A]_0 - \ln[A] = k_1 t$,

$\ln([A]_0/[A]) = k_1 t$ (3.3)

Liegt also eine Reaktion erster Ordnung vor und trägt man $\ln([A]_0/[A])$ gegen t auf, erhält man eine Gerade mit der Steigung k_1 (Abb. 3.5 c).

Die Geschwindigkeitskonstante ist direkt aus dem Diagramm ersichtlich, ein einfacheres und brauchbareres Konzept ist aber die *Halbwertszeit* der Reaktion. Hierbei handelt es sich um die Zeit $t_{1/2}$, in der die Konzentration auf die Hälfte des Ausgangswerts gefallen ist. Setzt man nun in Gleichung 3.3 ein, erhält man:

$$\ln \frac{[A]_0}{[A]_0/2} = k_1 t_{1/2},$$

$$\ln 2 = k_1 t_{1/2} \quad \text{und}$$

$$t_{1/2} = 0{,}693/k_1 \tag{3.4}$$

Dies zeigt, daß die Halbwertszeit konstant und unabhängig von der Konzentration zu Beginn der Reaktion ist. Damit ist in Abb. 3.5 b die Zeit, bis a erreicht wird, genau so groß wie die benötigte Zeit, um von a nach b zu gelangen.

Abbau von Pflanzenrückständen in Böden

Der Abbau von Pflanzenrückständen in Böden läßt sich gut verfolgen, wenn diese gleichmäßig mit dem Isotop ^{14}C markiert wurden. Den markierten Kohlenstoff kann man leicht von den sehr viel größeren Mengen des in Böden gewöhnlich vorkom-

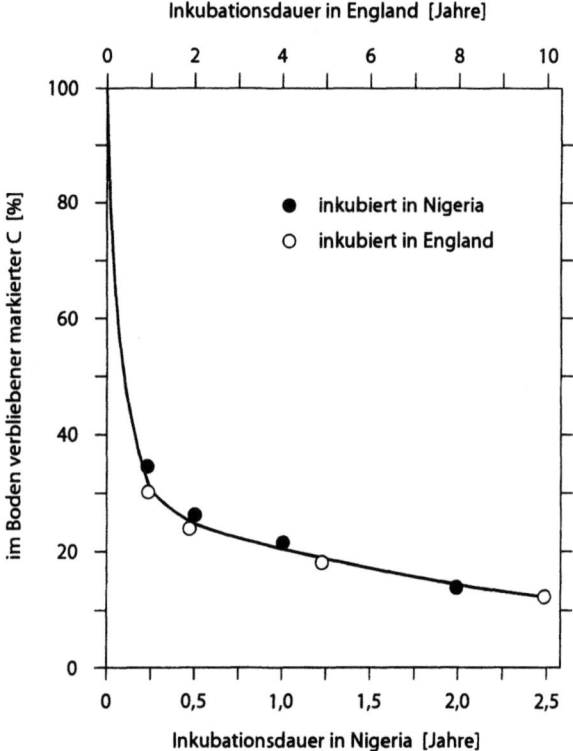

Abb. 3.6. Zersetzung von markiertem Weidelgras in Böden mit vergleichbarem Tongehalt in England (Rothamsted) und im südlichen Nigeria (aus Wild 1988)

3.5 · Abbaukinetik der organischen Substanz

Abb. 3.7. Anpassung der Kurven

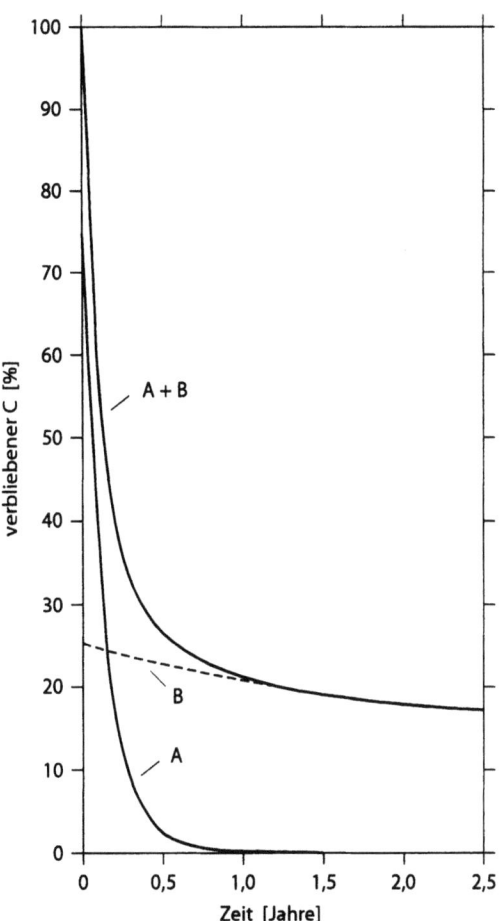

menden unmarkierten ^{12}C unterscheiden. Das markierte Pflanzenmaterial entsteht, wenn man Pflanzen in einer Atmosphäre mit CO_2 aufwachsen läßt, das mit ^{14}C markiert wurde und das über die Photosynthese Teil des pflanzlichen organischen Kohlenstoffs wird. Wird dieses Material dem Boden zugeführt, dann wird im Verlauf des normalen Abbauprozesses durch die Atmung etwas ^{14}C als $^{14}CO_2$ freigesetzt, und der im Boden verbleibende Kohlenstoff kann gemessen werden. Meßergebnisse aus Rothamsted und Nigeria sind in Abb. 3.6 dargestellt. In Nigeria verläuft die Zersetzung fast genau viermal so schnell wie in England, was an den höheren Temperaturen und dem feuchttropischen Klima liegt.

Die Zerfallskurve ist offensichtlich nicht nullter Ordnung, sondern läßt bei erster Betrachtung eine Kinetik erster Ordnung vermuten. Dies läßt sich anhand der Halbwertszeit überprüfen. In England entweicht die Hälfte des markierten Kohlenstoffs innerhalb eines halben Jahres durch Respiration. Die nächste Hälfte ist nach einem Jahr verschwunden und eine weitere Hälfte nach 6,5 Jahren. Diese Werte passen nicht zu einer Reaktion erster Ordnung. Es sieht so aus, als ob Pflanzenrückstände teilweise sehr schnell zersetzt werden, teilweise aber schwerer abbaubar sind. Offenbar liegt Humus in verschiedenen Fraktionen unterschiedlicher Stabilität vor.

Auf Grundlage dieser Schlußfolgerung lassen sich einfache Modelle aufstellen und überprüfen. Man stellt sich z.B. vor, daß der Zerfall der beiden Fraktionen A und B jeweils einer Kinetik erster Ordnung folgt, die jeweiligen Geschwindigkeiten jedoch verschieden sind. A enthält anfänglich 75 Einheiten und zerfällt mit einer Halbwertszeit von 0,1 Jahren, B enthält anfangs 25 Einheiten und zerfällt mit einer Halbwertszeit von 5 Jahren. Die nach Fraktionen getrennten Zerfallskurven sind in Abb. 3.7 dargestellt. Die Kurve von $A + B$, d.h. die Modellsimulation des Zerfalls des dem Boden zugeführten organischen Kohlenstoffs, ähnelt der Kurve in Abb. 3.6. Sie stimmen allerdings nicht vollkommen überein, besonders wenn man längere Zeiträume betrachtet.

Mit Computermodellen ist eine weitere Analyse der Meßwerte möglich. Man erhält eine gute Simulation der Dynamik des organischen Kohlenstoffs im Boden, wenn man fünf Fraktionen einsetzt, die alle nach Gleichungen erster Ordnung, aber mit unterschiedlicher Geschwindigkeit abgebaut werden, wobei der Kohlenstoff einer Fraktion teilweise ausgeatmet wird und teilweise in eine schwerer abbaubare Fraktion übergeht. Dieser Ablauf ähnelt dem Zerfall radioaktiver Isotope, bei dem die Zerfallsprodukte selbst wieder radioaktiv sind und eine andere Halbwertszeit besitzen als das Mutterisotop. Ein Beispiel für Fraktionen, die auf diese Weise prognostiziert wurden, ist in Tabelle 3.4 aufgeführt. Die Zerfallsgeschwindigkeit wird nicht als Geschwindigkeitskonstante angegeben, da der Kohlenstoff von einer Fraktion zur nächsten wandert, genauso aber auch ausgeatmet werden kann; deshalb erscheint hier das Konzept der Umsatzdauer angebrachter. Die Umsatzdauer (in Jahren) ist die durchschnittliche Zeit, die ein C-Atom in einer bestimmten Fraktion verbringt; sie ist gleich dem C-Gehalt der Fraktion (der als konstant betrachtet wird) geteilt durch die jährlich zugeführte (bzw. weggeführte) C-Menge der Fraktion. Dieser Ansatz deutet darauf hin, daß etwa die Hälfte der organischen Bodensubstanz sehr langlebig ist. Auch die Radiocarbonmethode (^{14}C-Datierung) bestätigt dies. Sie beweist, daß das durchschnittliche Alter der gesamten organischen Substanz in diesem Boden ungefähr 1 500 Jahre beträgt.

Ein computergestütztes Lehrprogramm, das den Kohlenstoffumsatz im Boden behandelt, ist unter der in Anhang 3 angegebenen Anschrift erhältlich.

Tabelle 3.4. Vorhergesagte Fraktionen der organischen Bodensubstanz und Umsatzzeiten auf ungedüngten Flächen des *Broadbalk Experiments*, Rothamsted. Jährlicher C-Eintrag = 1,2 t ha^{-1} (aus Jenkinson 1981)

Fraktion	C-Menge [t ha^{-1}]	Umsatzzeit [a]
leicht zersetzliches Pflanzenmaterial	0,1	0,2
resistentes Pflanzenmaterial	0,6	3,3
mikrobielle Biomasse	0,3	2,4
physikalisch geschützte organische Bodensubstanz	13,6	71
chemisch stabilisierte organische Bodensubstanz	14,6	2 900

3.6
Bestimmung des organischen Stickstoffs

Organischer Stickstoff wird in Ammonium-N überführt, wenn man die organische Substanz in Schwefelsäure unter Zugabe von Natriumsulfat (zur Erhöhung des Siedepunktes auf ca. 380 °C) kocht. Kupfersulfat oder pulverisiertes metallisches Selen werden als Katalysatoren zugeführt. Den Umwandlungsprozeß nennt man einen *Aufschluß* und die dabei entstandene Lösung einen *Auszug*. Dieses Verfahren wird nach seinem Urheber oft *Kjeldahl-Aufschluß* genannt.

Wenn der Säureauszug mit NaOH alkalisch gemacht wird, entsteht aus NH_4^+-Ionen Ammoniak (NH_3), der durch Dampfdestillation aus der Lösung ausgetrieben wird und als Ammoniumhydroxid (NH_4OH) kondensiert. Diese Lösung wird mit Standard-HCl titriert. Das Verfahren läßt sich folgendermaßen zusammenfassen:

organischer N + H_2SO_4 → $(NH_4)_2SO_4$ + CO_2 + SO_2 + H_2O Aufschluß,

$(NH_4)_2SO_4$ + 2NaOH → $2NH_3$ + Na_2SO_4

$2NH_3$ + $2H_2O$ → $2NH_4OH$ } Dampfdestillation,

NH_4OH + HCl → NH_4Cl + H_2O Titration   (3.5)

Reagenzien und Geräte

- *Kupfersulfat*, $CuSO_4 \cdot 5H_2O$;
- *Natriumsulfat* (wasserfrei), Na_2SO_4;   } oder Kjeldahl-Tabletten (s. Anm. 1)
- *Schwefelsäure*, etwa 98%ige H_2SO_4;
- *Borsäurelösung*. Man löst ca. 20 g Borsäure (H_3BO_3) in 1 l Wasser. Diese Lösung wird wöchentlich frisch hergestellt;
- *Indikator*. Man löst 0,1 g Methylrot und 0,2 g Bromcresolgrün in 250 ml Ethanol;
- *Natronlauge*. 100 g NaOH werden in 200 ml Wasser gelöst;
- *Salzsäure*. 0,01 M;
- *100-ml-Aufschlußkolben* oder -rohr (hitzebeständig, runder Boden);
- *Heizgestell*, um Kolben oder Rohr über einen Bunsenbrenner oder elektrischen Heizblock zu halten;
- *Dunstabzug*;
- *Dampfdestillationsvorrichtung*.

KJELDAHL-Aufschluß

Man wiegt etwa 2 g (±0,01 g) lufttrockenen Feinboden in einen Aufschlußkolben ein und fügt 2,5 g Natriumsulfat und 0,5 g Kupfersulfat oder 2 Kjeldahl-Tabletten hinzu (s. Anm. 1). Man gibt 4 ml Wasser zu und schwenkt den Kolben, damit der Boden gut durchfeuchtet ist. Nun fügt man 6 ml konzentrierte Schwefelsäure zu (Vorsicht!) und erhitzt unter dem Abzug, zunächst vorsichtig, bis das heftige Aufschäumen nachläßt. Anschließend dreht man den Bunsenbrenner langsam auf oder erhöht die Temperatur des Heizblocks auf 380 °C. Wenn der Auszug weiß geworden und keine verkohlte Bodensubstanz mehr zu sehen ist, läßt man noch eine Stunde lang weiterkochen.

Man läßt abkühlen, fügt 20 ml Wasser zu und läßt 30 s stehen, damit sich die Sandteilchen absetzen. Dann dekantiert man den Überstand in einen 100-ml-Meßkolben. Man wiederholt den Waschvorgang zur Entfernung des Sands und überführt das Ammonium quantitativ in den Kolben. Man füllt bis zur Markierung auf. Wurde ein Aufschlußkolben verwendet, der eine Eichmarke bei 100 ml hat, füllt man die Probe einfach bis zur Markierung auf (s. Anm. 2).

Destillation

Für Destillationen werden verschiedene Geräteanordnungen benutzt. Eine leicht zu bedienende Apparatur ist in Abb. 3.8 dargestellt, aber man kann natürlich auch mit anderen Apparaturen arbeiten. Prinzipiell wird Dampf erzeugt und in den Destillationskolben geleitet; dieser ist über einen Spritzschutz mit einem Kühler verbunden, hinter dem in einem weiteren Kolben das Destillat aufgefangen wird. Man baut die Geräte zusammen und leitet 30 min lang Dampf durch die Apparatur; anschließend spült man den Destillationskolben mit destilliertem Wasser aus.

Man füllt 10 ml Borsäurelösung (s. Anm. 3) und einige Tropfen Indikator in einen 250-ml-Erlenmeyerkolben und stellt ihn unter das Kühlrohr. Anschließend pipettiert man 50 ml des Kjeldahl-Auszugs in den Trichter und läßt ihn in den Destillationskolben fließen. Man wäscht den Trichter mit destilliertem Wasser nach und gibt die Waschflüssigkeit ebenfalls in den Kolben. In gleicher Weise fügt man 10 ml Natronlauge hinzu. Nun leitet man Dampf ein und fängt ca. 10 ml Destillat auf, nachdem die Borsäurelösung von rosa nach grün umgeschlagen ist. Man entfernt den Erlenmeyerkolben, wäscht die Spitze des Kühlers mit destilliertem Wasser in das Destillat und bewahrt die Lösung für die Titration auf. Jetzt entfernt man den Destillationskolben und stellt die Dampfzufuhr ab. (Vorsicht! Wenn dies in der falschen Reihenfolge geschieht, wird die Lösung aus dem Destillationskolben in die Dampfquelle gesaugt.) Der Destillationskolben wird mit destilliertem Wasser ausgespült.

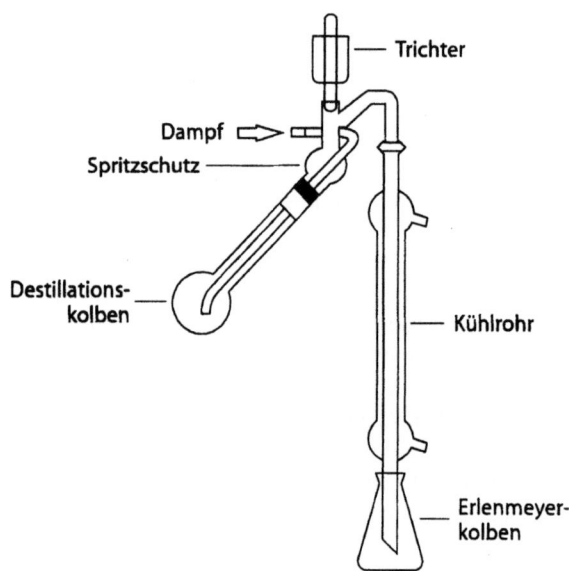

Abb. 3.8. Dampfdestillationsapparatur zur Bestimmung von Ammonium-Stickstoff

Titration

Man titriert die Borsäurelösung mit 0,01 M HCl von grün über farblos bis zum Farbumschlag nach hellrosa und notiert das Volumen y [ml] (s. Anm. 4).

Berechnung

Zusammenfassung der Methode.
lufttrockene Feinbodenprobe (? mg N g^{-1} ofentrockener Bodenprobe)
↓
2 g → 100 ml Auszug
↓
50 ml werden mit 0,01 M HCl titriert.

Beispiel. Für die Titration werden 8,5 ml Säure benötigt. Gleichung 3.5 gibt die Titrationsreaktion wieder: 1 mol HCl reagiert mit 1 mol NH$_4$OH. Nun kann man die Stoffmenge der bei der Titration verbrauchten Säure berechnen:

$$0{,}01 \text{ mol l}^{-1} \cdot 8{,}5 / 1\,000 \text{ l} = 8{,}5 \cdot 10^{-5} \text{ mol.}$$

Da 1 mol HCl mit 1 mol NH$_4$OH reagiert, beträgt die Stoffmenge des NH$_4$OH im Erlenmeyerkolben ebenfalls $8{,}5 \cdot 10^{-5}$ mol.

Nun ist der Stickstoffanteil von NH$_4$OH zu berechnen. 1 mol NH$_4$OH enthält 14 g N, die Stickstoffmasse beträgt also

$$8{,}5 \cdot 10^{-5} \text{ mol} \cdot 14 \text{ g mol}^{-1} = 1{,}19 \cdot 10^{-3} \text{ g} = 1{,}19 \text{ mg.}$$

Dies ist der N-Anteil in 50 ml Destillat (in 100 ml beträgt er 2,38 mg N, die in 2 g Bodenprobe enthalten waren). Deshalb beträgt der N-Gehalt der Bodenprobe 1,19 mg pro g lufttrockenen Bodens (s. Anm. 5). Diese Rechnung läßt sich wie folgt vereinfachen:

mg N g^{-1} lufttrockenen Bodens = 0,28 y / Bodenmasse.

Ofentrockener Boden. In Abschn. 3.3 wird beschrieben, wie das Ergebnis in bezug auf ofentrockenen Boden ausgedrückt wird. Wenn der lufttrockene Boden 5 g Wasser pro 100 g ofentrockenen Bodens (105 g lufttrockener Boden) enthält, dann enthält 1 g lufttrockener Boden 100 / 105 = 0,952 g ofentrockenen Boden. Der Stickstoffgehalt beträgt

$1{,}19 \cdot 1 / 0{,}952 = 1{,}25$ mg N g^{-1} ofentrockenen Bodens.

Prozentualer N-Anteil (% N). Der Stickstoffgehalt wird häufig als prozentualer Massenanteil des ofentrockenen Bodens angegeben. Dabei sind $1{,}25 \cdot 10^{-3}$ g g^{-1} 0,125 g pro 100 g bzw. 0,125 %.

Anmerkung 1. Geeignete Kjeldahl-Tabletten, die 1 g Natriumsulfat und 0,1 g Kupfersulfat enthalten, können z.B. bei Merck bezogen werden.

Anmerkung 2. Aus diesem Verfahren ergibt sich ein Fehler, da ein Teil des Volumens von 100 ml von feinen Teilchen eingenommen wird, die beim Dekantieren in den Meßkolben gelangen bzw. im Aufschlußkolben zurückbleiben. Der Auszug könnte in den Meßkolben gefiltert werden, doch das dauert lange. Bei Routineuntersuchungen kann man diesen Fehler (bei einem Partikelvolumen von etwa 0,2 ml) tolerieren.

Füllt man den Auszug auf 100 ml auf und destilliert im ersten Durchgang nur 50 ml, dann verbleibt etwas Lösung im Gefäß, wenn eine zweite Destillation erforderlich ist: Man könnte 25 ml verwenden, da es nicht möglich sein wird, weitere 50 ml mit der Pipette aufzusaugen. Auch unter Routinebedingungen ist es günstiger, das ganze Experiment zweimal durchzuführen, anstatt bei zweimaliger Titration des Destillats doppelte Werte zu erhalten. Dann kann der gesamte Auszug quantitativ in den Destillationskolben überführt werden, ohne auf ein bestimmtes Volumen aufzufüllen. Die Berechnung muß dann entsprechend angepaßt werden.

Anmerkung 3. Borsäure wird dazu verwendet, das in den Erlenmeyerkolben gelangende NH_4OH zu binden. Da der im NH_4OH enthaltene Ammoniak instabil ist (er ist bereits im Destillationskolben vorhanden), würde ein Teil davon verlorengehen, finge man nur das Destillat auf. Borsäure ist eine schwache Säure, die hauptsächlich in Form von H_3BO_3-Molekülen vorliegt, aus denen H^+ nur in geringen Mengen dissoziiert. Mit NH_4OH bildet Borsäure jedoch Ammoniumborat $(NH_4)_3BO_3$. Die Mischung aus H_3BO_3 und $(NH_4)_3BO_3$ ist eine Pufferlösung (s. Abschn. 8.4) mit leicht saurem pH-Wert. Titriert man jedoch mit der starken Säure HCl (eine Säure, die vollständig dissoziiert ist), dann reagiert $(NH_4)_3BO_3$ mit HCl, als ob es NH_4OH wäre:

$$(NH_4)_3BO_3 + 3HCl = 3NH_4Cl + H_3BO_3.$$

Im Hinblick auf die Berechnung spielt die Borsäure keine Rolle; sie stellt lediglich sicher, daß kein Ammoniak verlorengeht.

Anmerkung 4.
1. Ein Blindwert kann folgendermaßen ermittelt werden: Man führt das ganze Verfahren aus, läßt aber den Boden weg. Man subtrahiert das Titrationsergebnis der Blindprobe von allen Titrationsergebnissen der Bodenproben.
2. Die Destillation kann überprüft werden, indem man sie mit einer Standardlösung bekannter Ammoniumkonzentration durchführt. Man trocknet Ammoniumsulfat $((NH_4)_2SO_4)$ eine Stunde lang bei 105 °C und läßt im Exsikkator abkühlen. 1,321 g werden in Wasser gelöst und auf 1 l aufgefüllt. Davon pipettiert man 5 ml in den Destillationskolben und verfährt so wie mit dem Bodenaufschluß. Diese Lösung enthält 0,28 mg N ml^{-1}; 5 ml davon sollten bei der Titration 10 ml Standardsäure verbrauchen. Ein niedrigerer Wert deutet an, daß Ammoniak bei der Destillation verlorengeht, und ein höherer Wert bedeutet, daß etwas NaOH den Spritzschutz passiert hat und durch den Kühler in den Erlenmeyerkolben gelangt ist.
3. Das ganze Verfahren kann mit einem Standard für organischen Stickstoff getestet werden. Man trocknet das Natriumsalz der Ethylendiamintetraessigsäure (EDTA): $[CH_2N(CH_2COOH)CH_2COO)Na]_2 \cdot 2H_2O$. 1,860 g werden in Wasser gelöst und auf 250 ml aufgefüllt. Darin sind 0,56 mg N ml^{-1} enthalten. Man pipettiert 5 ml in den Aufschlußkolben, fügt Natrium- und Kupfersulfat sowie Schwefelsäure (jedoch kein Wasser) zu und verfährt weiter wie oben beschrieben. Im Destillat sollten 1,40 mg N enthalten sein, die zur Titration 10 ml Standardsäure erfordern.

Anmerkung 5. Der Boden enthält organischen N und mineralischen N in Form von Ammonium und Nitrat. Die Messung ergibt die Summe aus organischem N und Ammonium-N, während ein Großteil des Nitrat-N beim Kjeldahl-Aufschluß verlorengeht. Strenggenommen kann man das Meßergebnis also nicht als N_{org}-Gehalt bezeichnen, aber auch nicht als Gesamt-N, was gelegentlich getan wird, da der Nitrat-N zum größten Teil nicht eingeschlossen ist. Für die meisten Zwecke sind beide Fehler vernachlässigbar, da die Menge des mineralischen N klein ist. Der N_{min}-Gehalt landwirtschaftlich genutzter Böden gemäßigter Breiten kann z.B. 5–50 µg g^{-1} Boden betragen, verglichen mit 0,2 % bzw. 2 000 µg N_{org} g^{-1}.

3.7
Umrechnung von Laborwerten in Freilandwerte

Beispiel 1

Eine repräsentative Bodenprobe aus 0–20 cm Tiefe enthält 1 % C_{org}. Wieviel Kohlenstoff findet man in dieser Bodentiefe pro Hektar?

- Ein Prozent organischer Kohlenstoff entspricht 1 g C pro 100 g bzw. 0,01 g C g^{-1} bzw. 0,01 t C t^{-1} ofentrockenen Bodens.
- 1 ha Land sind 10 000 m^2; damit beträgt das Bodenvolumen bis in 20 cm Tiefe 10^4 m$^2 \cdot 0{,}2$ m = 2 000 m^3.

Um diese beiden Werte kombinieren zu können, muß man die Bodenmasse des berechneten Volumens kennen. Das Verhältnis von Masse zu Volumen ist die Bodendichte (s. Abschn. 4.2). Für landwirtschaftlich genutzte Oberböden wird oft ein Wert von 1,3 g ofentrockenen Bodens cm^{-3} bzw. 1,3 t m^{-3} angenommen. Deshalb enthält ein Hektar bis in 20 cm Bodentiefe 1,3 t m$^{-3} \cdot$ 2 000 m^3 = 2 600 t ofentrockenen Boden. Rechnet man nur mit einer Bodentiefe von 15 cm, erhält man eine Bodenmasse von 1 959 t. Der darin enthaltene Kohlenstoff (1 ha, 20 cm Tiefe, 1,3 t m^3) beträgt

0,01 t C t^{-1} Boden $\cdot$ 2 600 t Boden ha^{-1} = 26 t C ha^{-1}.

Eine nützliche Schreibweise dieses Ergebnisses ist 26 t C ha$_{2600t}^{-1}$. Der häufig verwendete Wert von 2 500 t Boden ha^{-1} bei 20 cm Tiefe bezieht sich auf eine Lagerungsdichte von 1,25 t m^{-3}.

Lufttrockener Boden

Manchmal dürfte es erforderlich sein, die Masse des lufttrockenen Bodens pro ha zu kennen. Wenn ein lufttrockener Boden 5 % Wasser enthält (5 g H$_2$O pro 100 g ofentrockenen Bodens) dann entsprechen 2 600 t ofentrockener Boden

2 600 $\cdot$ 105 / 100 = 2 730 t lufttrockenem Boden.

Analog entsprechen 1 950 t ofentrockener Boden 2 048 t lufttrockenem Boden. Tabelle 5.2 enthält Werte des Wassergehalts für Böden verschiedener Korngrößenzusammensetzung.

Beispiel 2

Häufig müssen Vergleiche zwischen zwei Parzellen angestellt werden, die unterschiedlich bearbeitet wurden. Neuerdings besteht z.B. erhöhtes Interesse daran, wie sich der C_{org}- und N_{org}-Gehalt infolge des Anbaus von Nutzpflanzen verändert. Zu diesem Zweck müssen Bodenanalyseergebnisse sorgfältig interpretiert werden. Die

Bearbeitung eines landwirtschaftlich noch nie genutzten Bodens wird die organische Substanz, die ursprünglich nahe der Bodenoberfläche konzentriert war, über die gesamte Bearbeitungstiefe verteilen. Dabei wird der C_{org}-Gehalt nahe der Bodenoberfläche abnehmen, in größeren Tiefen jedoch zunehmen. Da aber durch die Bearbeitung der Boden gelockert wird, nimmt seine Dichte ab, und eine bestimmte Bodentiefe enthält nach der Bodenbearbeitung eine geringere Bodenmasse. Im Lauf der Zeit geht dem Boden organischer Kohlenstoff verloren und seine Dichte nimmt wieder zu. Messungen des C-Gehalts von Proben, die einer Standardtiefe entnommen werden, sind also nur von beschränktem Wert. Ein aussagekräftiger Vergleich zwischen zwei unterschiedlichen Entnahmestellen ist nur möglich, wenn Proben entlang eines Transekts aus unterschiedlichen Tiefen entnommen werden. Mächtigkeit, Dichte und C-Gehalt sollten für jeden Tiefenbereich gemessen werden. Die Summe der C-Gehalte dieser Tiefenbereiche ergibt dann den Gesamt-C-Gehalt des Bodenprofils. Findet nach der Bodenbearbeitung Erosion statt, erschwert dies den Vergleich zwischen verschiedenen Probenahmestellen zusätzlich.

3.8
Zuverlässigkeit von Daten

Böden sind nicht homogen. Die Bodeneigenschaften verändern sich innerhalb eines Profils mit der Tiefe, so daß Horizonte entstehen. Sogar innerhalb eines Horizonts unterscheiden sich die Eigenschaften von einem Punkt zum nächsten. Betrachtet man eine ganze Fläche, können zwischen dem Oberboden und den darunterliegenden Horizonten markante Unterschiede bestehen. In Abschn. 1.3 wurde beschrieben, wie man eine repräsentative Probe aus einer bestimmten Fläche entnimmt. Diese Proben nennt man Mischproben.

Die Mischprobe einer Fläche aus dem Gelände wird üblicherweise an der Luft getrocknet, durch ein 2-mm-Sieb gesiebt und dann gründlich durchmischt. Für chemische Analysen wird eine Teilprobe entnommen, die hoffentlich die Mischprobe repräsentiert, welche wiederum für die gesamte Fläche repräsentativ sein soll. Untersucht man mehrere Teilproben der Mischprobe, so erhält man einen Satz von Meßergebnissen, die sich alle leicht voneinander unterscheiden. Offensichtlich kann man sich nicht auf einen einzelnen Wert verlassen; deshalb berechnet man normalerweise den Durchschnittswert mehrerer Messungen. Analysiert man jedoch einen anderen Satz von Teilproben, wird man hieraus einen leicht differierenden Durchschnittswert erhalten, weshalb wir nicht einmal dem Durchschnittswert völlig vertrauen können. Eine weitere Mischprobe aus dem Gelände würde diese Probleme noch vergrößern, da diese abermals einen differierenden Satz von Durchschnittswerten ergeben würde; wir können also unserem Probenahmeverfahren niemals ganz vertrauen.

Nehmen wir an, wir haben eine Mischprobe, die tatsächlich für einen Horizont oder eine Fläche repräsentativ ist, und wir befassen uns nur mit Problemen der Variabilität zwischen Analysewerten aus verschiedenen Teilproben. Ein Maß für die Variabilität gibt uns Informationen über die Einheitlichkeit unserer gemischten Probe und die Zuverlässigkeit des Analyseverfahrens. Außerdem ermöglicht es Vergleiche zwischen Messungen an Mischproben, die anderswo entnommen wurden.

3.8 · Zuverlässigkeit von Daten

Wie zuverlässig ist ein einzelnes Analyseergebnis?

Der C-Gehalt (x) von neun Teilproben des Bodens A wurde gemessen. Die x-Werte betrugen 2,31, 2,17, 2,20, 2,12, 2,01, 2,05, 2,03, 2,21 und 2,13 Prozent. Die Teilproben liegen innerhalb eines Wertebereiches von 0,30 (2,31 – 2,01) mit einem Mittelwert $\bar{x} = 2{,}137$ ($\bar{x} = \sum (x)/n$, wobei $\sum (x)$ = Summe der Werte von x und n die Anzahl der Werte ist). Die gemessenen Werte sind nur ein Ausschnitt aus der Grundgesamtheit der Werte, die man erhalten könnte, wenn die gesamte Mischprobe in eine große Zahl von Teilproben unterteilt und analysiert würde. Würde man so vorgehen, dann erhielte man den Mittelwert (μ) der gesamten Mischprobe. Dieser wird als *wahrer Wert* oder *Mittelwert der Grundgesamtheit* bezeichnet, den man gerne messen würde, aber aus praktischen Beschränkungen nicht messen kann. Diese Ergebnisse könnten auch ein Maß für die Zuverlässigkeit der Analysen und die Einheitlichkeit der Stichproben durch die Streuung der Werte um den Mittelwert liefern.

Die statistische Analyse erlaubt es, die Streuung bzw. Variabilität der neun Teilproben zu quantifizieren und die Eigenschaften aller Teilproben aus den Daten der ermittelten Stichprobenwerte abzuschätzen. Es wird sich nicht umgehen lassen, daß wir uns dafür statistische Kenntnisse aneignen oder diese auffrischen: Garvin (1986), Rowntree (1981) und Sachs (1984) sind hilfreiche englischsprachige Einführungen, deutsche Standardwerke sind Kreyszig (1988) und Sachs (1997). Man beachte, daß Statistiker üblicherweise von der *Grundgesamtheit* und einer *Stichprobe* daraus sprechen. Sprechen wir bei Bodenanalysen von Proben, sind natürlich Bodenproben gemeint; wir werden hier die Begriffe „*Grundgesamtheit der Werte*" und „*Menge der Meßwerte bzw. Meßergebnisse*" verwenden.

Die *Standardabweichung* ist das gebräuchliche Maß für die Variabilität der Meßwerte. Für eine Menge von Meßwerten wird sie mit s bezeichnet; sie kann mit einem Taschenrechner bestimmt werden. Für die obengenannten neun Werte ist $s = 0{,}0973$. Nimmt die Zahl der Messungen zu, nähert sich die Standardabweichung mit der Anzahl der Meßwerte der Standardabweichung der Grundgesamtheit. Diese wird mit σ bezeichnet. Sie kann aus einem Satz von Meßergebnissen abgeschätzt werden, und mit dem Taschenrechner läßt sich aus den obigen Werten $\sigma = 0{,}0918$ berechnen. Auf vielen Taschenrechnern findet man Tasten mit den Aufschriften σ_{n-1} (= s) und σn (= σ) für die Standardabweichung des Datensatzes bzw. der Grundgesamtheit.

Die Standardabweichung dient dazu, ein Maß für die Variabilität zu erhalten, welches sich leicht veranschaulichen läßt. Sind die Meßwerte normalverteilt, dann weiß man, daß 95 % der Werte innerhalb der Grenzen $\mu \pm 1{,}96\,\sigma$ liegen. Bei der obigen Menge der Meßwerte ist μ, das Mittel der Grundgesamtheit, nicht bekannt, und deshalb können die Grenzen nicht exakt berechnet werden. Wir haben jedoch eine Schätzung von σ, so daß das Intervall zwischen den Grenzen abgeschätzt werden kann. Es beträgt $2 \cdot 1{,}960\,\sigma$ und hat damit einen Wert von 0,36. Hätten wir also den C_{org}-Gehalt nur einer Teilprobe gemessen, könnten wir zu 95 % sicher sein (d.h. die Wahrscheinlichkeit beträgt 0,95), daß das Ergebnis innerhalb dieses Intervalls um den unbekannten Mittelwert der Grundgesamtheit liegt. Je größer die Zahl der Messungen wird, umso näher rückt $\bar{x}$ an μ heran und umso genauer können die Grenzen des Intervalls ermittelt werden.

Man beachte, daß das Intervall (0,36) größer als die Spannweite der Meßwerte (0,30) ist. Wären noch weitere Messungen durchgeführt worden, lägen einige davon wahrscheinlich auch weiter vom Mittelwert entfernt als Werte aus der vorhandenen Menge der Meßergebnisse. In anderen Fällen kann das Intervall auch kleiner sein als die Spannweite.

Wie zuverlässig ist ein Mittelwert?

Um die Zuverlässigkeit von Messungen zu erhöhen, werden Bodenanalysen üblicherweise mehrfach durchgeführt, und es wird ein Mittelwert gebildet. Die Zuverlässigkeit dieses Mittels kann man beurteilen, wenn man die Streuung einer Anzahl von Mittelwerten betrachtet. Es wäre allerdings ein mühsames Verfahren, wenn man viele Stichproben untersuchen müßte, um daraus mehrere Mittelwerte zu ermitteln und dann ihre Variabilität zu bestimmen. Statistische Methoden erlauben die Schätzung der Standardabweichung der Mittelwerte, die auch *mittlerer Fehler* $s_{\bar{x}}$ genannt wird, aus nur einer Meßreihe: $s_{\bar{x}} = s/\sqrt{n}$, wobei s die Standardabweichung der gemessenen Werte und n die Anzahl der Werte ist. Mit Hilfe des mittleren Fehlers lassen sich die Grenzen des Konfidenzintervalls für einen Mittelwert bestimmen, ähnlich wie es oben für eine einzelne Messung beschrieben wurde. In diesem Fall jedoch dient die Variabilität der Meßergebnisse dazu, die Grenzen zu bestimmen, in denen die „wahren" Werte mit einer Wahrscheinlichkeit von 95 % liegen; diese bezeichnet man auch als die *Grenze des 95%-Konfidenzintervalls*.

Man nehme an, die Messungen wurden nur an den ersten drei Teilproben (2,31, 2,17, 2,20) von Boden A durchgeführt. Für diese Werte ist $\bar{x}$ = 2,227, s = 0,0737 und $s_{\bar{x}}$ = 0,0426. Die Grenzen des 95%-Konfidenzintervalls sind $\bar{x} \pm t\,s_{\bar{x}}$. Dieser Ausdruck ähnelt dem für die Wahrscheinlichkeitsgrenzen aller Einzelwerte ($\mu \pm 1,96\,\sigma$); der Wert von t (Tabelle 3.5) nimmt bis zu einem Grenzwert von 1,96 ab, wenn die Zahl der Meßwerte, die das Mittel bilden, zunimmt. Der Grund hierfür ist, daß sich bei wachsendem n $\bar{x}$ an μ und $s_{\bar{x}}$ an σ annähern. Die Werte von t werden kleiner, wenn n wächst; denn je größer der Wert von n ist, umso kleiner werden die Abweichungen zwischen den Mittelwerten und umso mehr können wir darauf vertrauen, daß unser Mittelwert ein gute Näherung des wahren Wertes ist.

Für die drei obengenannten Messungen ist $n = 3$ und $t = 4{,}30$. Die Grenzen des 95%-Konfidenzintervalls sind 2,227 ±(4,30 · 0,0426) bzw. 2,044–2,410. Durch drei

Tabelle 3.5. Tabelle der t-Verteilung zur Bestimmung des 95%-Konfidenzintervalls und für den Students t-Test

Freiheitsgrad[a]	t	Freiheitsgrad	t
1	12,71	10	2,23
2	4,30	12	2,18
3	3,18	15	2,13
4	2,78	20	2,09
5	2,57	30	2,04
6	2,45	40	2,02
7	2,37	60	2,00
8	2,31	120	1,98
9	2,26	∞	1,96

[a] Freiheitsgrad: = $n - 1$ für das 95%-Konfidenzintervall;
= $n_A + n_B - 2$ für den Students t-Test.

Wiederholungswerte finden wir also einen Mittelwert von 2,227 und wir können uns mit 95%iger Wahrscheinlichkeit darauf verlassen, daß der wahre Wert zwischen 2,044 und 2,410 liegt.

Darstellung der Ergebnisse

Wenn in einer Tabelle der Meßergebnisse die Mittelwerte aufgeführt sind, werden häufig auch der Standardfehler und die Grenzen des Konfidenzintervalls angegeben. Werden die Mittelwerte in einem Diagramm aufgetragen, dann können auch die Grenzen des *Konfidenzintervalls* in Form von Balken eingezeichnet werden (vgl. Abb. 3.9).

Ist der C-Gehalt von Boden A größer als jener von Boden B?

Wenn wir im Gelände Mischproben an zwei Standorten entnehmen und ihren C-Gehalt bestimmen, dann liefern wiederholte Bestimmungen die Grenzen des Konfidenzintervalls für beide Meßreihen. Diese können in Form eines Diagramms dargestellt werden. Wenn sich die Konfidenzintervalle nicht überlagern, dann ist es sehr wahrscheinlich, daß sich die Mittelwerte signifikant unterscheiden; bei zunehmender Überlappung ist es weniger wahrscheinlich, daß die Unterschiede signifikant sind. Die Überlappung der Konfidenzintervalle erlaubt es jedoch nicht, sichere Voraussagen für das Ergebnis zu treffen.

Beispiel

Man vergleicht die Bodendaten von oben (Boden A) mit einem zweiten Boden (B), in dem folgende Werte gemessen wurden: 1,98, 2,05, 1,92, für die $n_B = 3$, $\bar{x}_B = 1,983$, $s_B = 0,0651$ und $s_{\bar{x}B} = 0,0376$ ist. Die 95%-Konfidenzgrenzen des Mittelwerts sind $1,983 \pm (4,30 \cdot 0,0376)$ bzw. 1,821–2,145.

Die Grenzen für Boden A liegen bei 2,044–2,410. Es scheint, daß sich die Mittelwerte nicht signifikant unterscheiden, da ihre Konfidenzintervalle überlappen (Abb. 3.9).

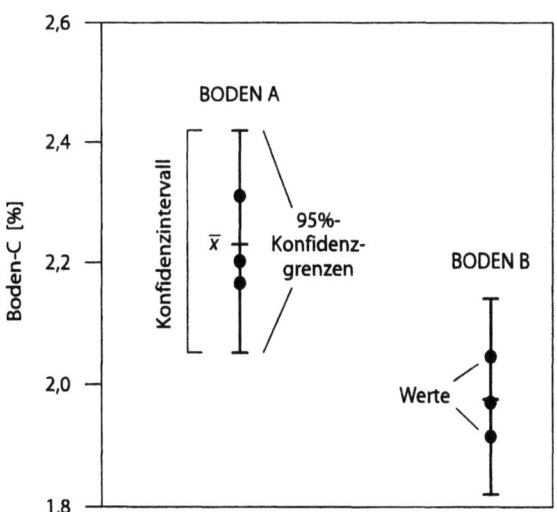

Abb. 3.9. Graphische Darstellung der Grenzen von Konfidenzintervallen

Students *t*-Test: ein einfacher Signifikanztest

Dieser Test berechnet die Standardabweichung der Differenz der Mittelwerte. Sie ist gegeben durch $s_{(\bar{x}A-\bar{x}B)} = (s^2_{\bar{x}A} + s^2_{\bar{x}B})^{1/2}$ und beträgt $(0{,}04262 + 0{,}03762)^{1/2} = 0{,}0568$. Man berechnet die tatsächliche Differenz zwischen den Mittelwerten: $\bar{x}_A - \bar{x}_B = 2{,}227 - 1{,}983 = 0{,}0224$. Das Verhältnis $(\bar{x}_A - \bar{x}_B) / s_{(\bar{x}A-\bar{x}B)}$ beträgt 3,94 und besagt, daß die Differenz zwischen den Mittelwerten fast viermal so groß ist wie die Standardabweichung der Differenz zwischen den Mittelwerten. Dieses Verhältnis *t* bezeichnet die Wahrscheinlichkeit, daß die wahren Werte von A und B signifikant unterschiedlich sind. Je kleiner die Zahl der Messungen war, die zur Ermittlung des Mittelwerts geführt haben, um so größer muß *t* sein, um auf einen signifikanten Unterschied hinzuweisen. Tabelle 3.5 gibt Werte von *t* wieder, die in Abhängigkeit vom Freiheitsgrad ($n_A + n_B - 2$; im obigen Beispiel = 4) auf einen signifikanten Unterschied hinweisen. Der *t*-Wert, der bei vier Freiheitsgraden mit einer 95%igen Wahrscheinlichkeit auf einen signifikanten Unterschied hinweist, beträgt 2,78. Der berechnete *t*-Wert beträgt 3,94 und deutet auf eine mehr als 95%ige Wahrscheinlichkeit eines signifikanten Unterschiedes zwischen den Bodenproben hin. *t*-Werte für höhere Freiheitsgrade und für andere Wahrscheinlichkeiten findet man in Kreyszig (1988), in dem der Students *t*-Test ausführlicher erklärt wird.

3.9
Praktische Übungen

1. Sammeln Sie Regenwurmlosung und vergleichen Sie deren Glühverlust, C- und N-Gehalte mit Bodenproben aus den Horizonten des Profils unter den Sammelstandorten (Edwards und Lofty 1977)!
2. Vergleichen sie den Glühverlust bzw. C-Gehalt zwischen a) einer Fläche mit permanentem Graswuchs und einer angrenzenden Ackerfläche, b) einer Rasenfläche und einem angrenzenden Gebüsch, aus dem das Fallaub jeden Herbst entfernt wird, c) den Bodenhorizonten unter Nadelwald und denjenigen unter Laubwald oder d) einem Sumpfgebiet und einer angrenzenden entwässerten Fläche!
3. Stellen Sie Pflanzgefäße aus 50 cm langen Kunststoff-Drainagerohren mit einem Durchmesser von 15 cm her, indem Sie an ein Rohrende einen Plastikuntersetzer kleben und Abzugslöcher hineinbohren! Füllen Sie diese Gefäße mit (durch ein Gartensieb mit ca. 10 mm Maschenweite gesiebtem) Boden und pflanzen Sie Weizen oder andere Pflanzen, deren Wurzeln sich leicht gewinnen lassen (Mais, Kohl, Getreidearten)! Weitere Informationen über Pflanztechniken sind in Abschn. 9.2 zu finden. Wässern Sie alle paar Tage, so daß etwas Wasser aus dem Boden des Gefäßes tritt! Nehmen Sie nach der Keimung alle 14 Tage Proben, trennen Sie die Wurzeln ab und bestimmen Sie die Trockensubstanz und Wurzellänge! Vergleichen Sie die erhaltenen Werte mit denjenigen aus Abb. 3.1! Berechnen Sie die Wurzelmasse pro Hektar, wenn das Getreide auf einem Acker wachsen würde!
4. Bestimmen Sie die Biomasse der Böden an den unter 2.) genannten Standorten! Interpretieren Sie die Beziehung zwischen Biomasse und gemessenen Bodeneigenschaften!
5. Nehmen sie eine Bodenprobe, die voraussichtlich wenig organische Substanz enthält (Ackerfläche, Gebüsch, Unterboden)! Lassen Sie den Boden an der Luft trocknen und sieben Sie ihn durch ein 2-mm-Sieb! Mischen Sie verschiedene Stoffe in

den Boden: Rohrzucker als C-Quelle (10 g Rohrzucker kg^{-1} Boden), N (100 mg N kg^{-1} = 286 mg NH$_4$NO$_3$ kg^{-1}), Rohrzucker und N-Dünger, Kompost, pulverisierte Blätter oder Stroh (10 g ofentrockenes Material kg^{-1})! Feuchten Sie die Böden (einschließlich eines unbehandelten Bodens) auf 40 % ihrer Wasserspeicherkapazität (s. Abschn. 3.2, Anm. 2) an! Entnehmen Sie in geeigneten Intervallen Proben und bestimmen Sie den Einfluß der zugefügten Stoffe auf die Biomasse!
6. Simulieren Sie mit den Informationen aus Abschn. 3.5 ein Zwei-Fraktionen-Modell des C-Abbaus in Pflanzenrückständen (Abb. 3.6 und 3.7)! Verändern sie die Menge von A und B und deren Halbwertszeit, um die beste Anpassung an die experimentellen Ergebnisse zu erzielen! Verwenden Sie denselben Ansatz für die Daten aus Abb. 13.8, die für eine Fläche in Rothamsted gelten, auf der Grasland in Getreidefelder umgebrochen wurde!

3.10
Übungsaufgaben

1. Ein Boden enthält 3 % organische Substanz. Annahme: die organische Substanz enthält 58 % C und das C/N-Verhältnis beträgt 10:1. Berechnen Sie den C- und N-Gehalt des Boden! (*Antwort*: 1,74 C, 0,17 N)
2. Ein Boden hat einen Gehalt an organischer Substanz von 5,2 g pro 100 g ofentrokkenen Bodens. Wird der Boden nur luftgetrocknet, hat er einen Wassergehalt von 2,3 g H$_2$O pro 100 g lufttrockenen Bodens. Berechnen Sie den Gehalt an organischer Substanz pro 100 g lufttrockenen Bodens! (*Antwort*: 5,08)
3. Eine Schätzung ergab, daß das Weideland des Wye College in Kent ca. 6 Mio. Regenwürmer ha^{-1} enthält. Berechnen Sie die durchschnittliche Masse eines Regenwurms, wenn ihre Gesamtmasse 1,7 t beträgt! (*Antwort*: 0,28 g)

    Schätzungsweise 2 % des Bodens in den oberen 10 cm passieren jedes Jahr die Würmer. Welche Bodenmenge passiert pro Hektar und Jahr alle Würmer bzw. einen einzelnen Wurm? (Annahme 1 300 t Boden ha^{-1} in den oberen 10 cm) (*Antwort*: 26 t, 4,3 g)

    Drücken Sie als Verhältnis aus: Masse des Bodens, die pro Jahr einen Regenwurm passiert : Masse des Regenwurms! (*Antwort*: 15:1)

    Man schätzt, daß sich die Anzahl der Regenwurmgänge, die die Bodenoberfläche erreichen, auf 0,5 bis 10 Mio. pro Hektar beläuft. Wieviele sind es pro m^2? (*Antwort*: 50–1 000)

    Der mittlere Durchmesser eines Wurmganges beträgt 6 mm. Berechnen Sie die Fläche der Gänge als Anteil der Bodenfläche! (*Antwort*: 0,001–0,02)

    Die Wurmgänge fungieren auch als Dränagelöcher. Berechnen sie den Durchmesser einer zylindrischen Röhre, die die gleiche Fläche pro m^2 einnimmt wie die Gänge! (*Antwort*: 4,2–19,0 cm)
4. Typische Gehalte verschiedener Elemente in Maisstroh, Bakterien und organischer Bodensubstanz sind in Tabelle 3.6 zusammengefaßt. Berechnen Sie das C/N-Verhältnis für jedes Material! (*Antwort*: 86:1, 5,6:1, 12,9:1)

    Welchen Anteil ihres Stickstoffbedarfs können Bodenbakterien decken, wenn sie sich von Stroh „ernähren" und dabei 60 % des C assimilieren und 40 % respirieren? (*Vorschlag*: Man beginnt mit 1 g Stroh, dessen C-Gehalt zu 60 % von den Bakterien aufgenommen wird. Weiterhin kann man davon ausgehen, daß der ge-

Tabelle 3.6. Typische Elementgehalte in Trockenmaterial [mg g^{-1}]

Element	Maisstroh	Bakterien	organische Bodensubstanz
C	430	430	580
N	5	77	45
P	1	24	12
S	3	8	5

samte Stickstoff im Stroh für die Bakterien verfügbar ist. Man vergleicht diese Menge mit der Stickstoffmenge, die die Bakterien benötigen, um ihr C/N-Verhältnis aufrechtzuerhalten.) (*Antwort:* 11)

Berechnen Sie nach derselben Methode den P- und S-Anteil, den die Bakterien aus dem Stroh beziehen können! (*Antwort:* 7, 63) Aus welchen zusätzlichen Quellen können N, P und S bezogen werden?

5. Abb. 11.4 zeigt die Verteilung der Trockensubstanz in den verschiedenen Teilen von Weizenpflanzen. Berechnen Sie den C-Eintrag in den Boden zum Zeitpunkt der Ernte in t ha^{-1}, wenn das Stroh a) untergepflügt bzw. b) vor dem Pflügen verbrannt wird! Nehmen Sie an, daß der C-Gehalt der Trockensubstanz 43 % beträgt! (*Antwort:* a) 3, b) 0,4)

Man kann davon ausgehen, daß dieser Eintrag in den Boden, der 26 t C ha^{-1} enthält, jedes Jahr stattfindet (Tabelle 3.3). Berechnen Sie für jeden Fall die durchschnittliche Umsatzdauer, wenn sich der C-Gehalt des Bodens von Jahr zu Jahr nicht verändert! (*Antwort:* 9 und 65 Jahre). *Anmerkung:* In ähnlichen Böden und unter ähnlichen Klimabedingungen würde der größere Eintrag zu einer größeren C-Menge im Boden führen, sobald zwischen dem Kohlenstoff des Bodens, dem angebauten Getreide und dem Klima ein Gleichgewichtszustand erreicht ist.

6. Aus Abb. 3.1 ist zu entnehmen, daß die Gesamtmasse der Weizenwurzeln, die im Juni auf einer Bodenfläche von 1 cm^2 bis zu einer Tiefe von 1 m enthalten sind, sich in einem Bodenvolumen von 100 cm^3 befinden. Die Masse des Bodens in diesem Volumen beträgt 130 g (und damit die Dichte 1,3 g cm^{-3}, s. Abschn. 4.2). Berechnen Sie den Wurzelanteil (in Masse-%) des ganzen Profils und in den obersten 15 cm des Bodens! (*Antwort:* 0,009, 0,04).

Nehmen wir an, daß der Gehalt an organischer Bodensubstanz in den obersten 15 cm 3 Masse-% beträgt. Geben Sie die Wurzelmasse als Prozentanteil der organischen Bodensubstanz in den obersten 15 cm an! (*Antwort:* 1,3)

Berechnen Sie die durchschnittliche Entfernung zwischen den Wurzeln im Juni! *Vorschlag:* man berechnet die durchschnittliche Wurzeldichte L [cm Wurzel cm^{-3} Boden]. Man stellt sich vor, daß die Wurzel durch das Zentrum eines Bodenblocks wächst, der L cm lang ist und ein Volumen von 1 cm^3 hat. Man berechnet die Ausmaße des Blocks. Die nächste Wurzel befindet sich im Zentrum eines benachbarten, ähnlichen Bodenblocks. (*Antwort:* 0,75 cm)

Berechnen Sie das Gesamtvolumen der Wurzeln im Juni als Prozentanteil des Bodenvolumens unter der Annahme, daß der Trockensubstanzanteil der Wurzeln 6 % ihres Frischgewichts beträgt! Frische Wurzeln haben eine Dichte von 1 g cm^{-3}. (*Antwort:* 0,2)

Kapitel 4

Bodengefüge

Die festen Bodenbestandteile berühren einander. Zwischen den Bodenteilchen befinden sich Hohlräume bzw. *Poren*, die Luft und Wasser enthalten. Während der Bodenbildung entstehen durch physikalische und biologische Prozesse Zwischenräume, weshalb Böden sehr viel mehr Poren enthalten, als man dies von zufällig gepackten Teilchen erwarten würde. Dies ist ein wichtiges Charakteristikum von noch nicht verdichteten Böden. Das bedeutet, daß man sie verdichten kann, wenn man die Kraft aufbringt, das Porenvolumen zu verringern. Böden sind charakteristischerweise auch weniger dicht als das Ausgangsmaterial, aus dem sie sich bilden.

Die *Porosität* bzw. das *Porenvolumen* ist Teil der Eigenschaft von Böden, die als das *Bodengefüge* bzw. die *Bodenstruktur* bezeichnet wird; darunter versteht man die räumliche Anordnung der festen Bodenbestandteile, die zu *Aggregaten* zusammengeschlossen sind, sowie die Größe, Form und Verteilung der Poren sowohl innerhalb als auch außerhalb der Aggregate. Das Porensystem ist für das pflanzliche, tierische und mikrobielle Leben im Boden von entscheidender Bedeutung. Die Hohlräume speichern Wasser, sie ermöglichen den Abzug von Wasser, die Zufuhr von O_2, den Abtransport von CO_2 und das Eindringen von Wurzeln; sie sind indirekt für Veränderungen der mechanischen Eigenschaften von Böden verantwortlich, so daß diese sich leicht bearbeiten lassen.

Porensysteme

Porensystem unstrukturierten Materials

Jedes Material, das sich aus Einzelpartikeln zusammensetzt, enthält Poren. Abb. 4.1 zeigt kugelförmige Sandkörner in lockerer und dichter Packung. Das errechnete Porenvolumen beträgt 0,48 cm³ Poren cm⁻³ des Materials für die lockere Packung und je nach Anordnung 0,26–0,3 für die dichte Packung. Die Porosität eines Materials, das aus unterschiedlich großen Teilchen besteht, ist geringer als diejenige eines Materials aus gleich großen Partikeln. Demnach müßten Böden sehr kleine Porenvolumina aufweisen (etwa 0,2 cm³ cm⁻³), wenn sie völlig verfestigt sind. Außerdem besitzen die meisten Partikel der Tonfraktion Plättchenform und können sich deshalb parallel zueinander anordnen (Abb. 2.2), was das Porenvolumen verringert. Toniges Ausgangsmaterial hat bei Trockenheit ein Porenvolumen von ca. 0,25 cm cm⁻³. Die Tatsache, daß Oberbodenhorizonte Porenvolumina zwischen 0,4 und 0,6 cm cm⁻³ aufweisen, verdeutlicht, daß die Ausbildung des Bodengefüges eine Erhöhung des Porenvolumens zur Folge hat.

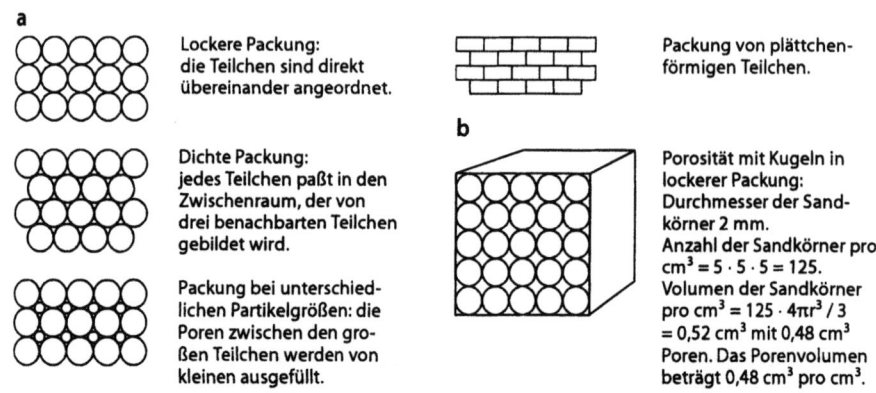

Abb. 4.1. a Verschiedene Packungsmodelle; b Porosität von Kugeln in lockerer Packung

Folgende Prozesse sind an der Entstehung des Bodengefüges beteiligt:

1. Physikalische Prozesse:
   - Austrocknung und Anfeuchtung führen zum Schrumpfen und Quellen des Bodens, wodurch Risse und Spalten entstehen;
   - Gefrieren und Auftauen schafft Hohlräume durch die Bildung von Eis.
2. Biologische Prozesse:
   - Wirkung der Wurzeln, die organische Stoffe freisetzen, die organische Rückstände und Wurzelkanäle zurücklassen, wenn sie absterben, und die dem Boden Wasser entziehen, wodurch Schrumpfungshohlräume entstehen;
   - Aktivität der Bodentiere, die Material entfernen, Höhlen und Gänge bauen und mineralische und organische Bestandteile miteinander vermischen;
   - Aktivität der Mikroorganismen, die Pflanzen- und Tierreste abbauen und Humus als wichtigstes Bindemittel zwischen den Bodenpartikeln zurücklassen.

Die Ausbildung des Bodengefüges erfordert sowohl die physikalische Neuanordnung von Teilchen als auch die Stabilisierung dieser neuen Anordnung. Für Stabilität sorgen vor allem organische Bodenbestandteile, die mineralische Teilchen miteinander verknüpfen, sowie Tonminerale und Sesquioxide. Dabei sind die chemischen Eigenschaften des Bodens von großer Bedeutung, da die Bindung zwischen den Tonpartikeln von den Ionen abhängt, die an deren Oberflächen sorbiert sind oder die sich in der Bodenlösung befinden (Abschn. 14.4).

Messung des Porenvolumens

Je poröser ein Boden ist, umso geringer ist seine Dichte; die Porosität kann durch Messung der Dichte einer trockenen Bodenprobe bestimmt werden, wenn diese unter Erhalt der natürlichen Lagerung entnommen wurde. Diese Dichte ist sowohl vom Luftanteil am Gesamtbodenvolumen, da die Luft in den Poren nichts zum Gewicht beiträgt, wenn der Boden sich in Luft befindet, als auch von der Dichte der Partikel selbst abhängig. Deshalb muß sowohl die *Dichte der festen Bodenbestandteile* (s. Abschn. 4.1) als auch die Dichte des gesamten Bodens, die als *Boden- oder Lagerungsdichte* bezeichnet wird (s. Abschn. 4.2), bestimmt werden, um das Porenvolumen berechnen zu können. Die *Porenziffer* ist ein weiteres Maß für den Porenraum, das vor allem in der Bodenmechanik (s. Abschn. 4.2) verwendet wird.

Dichtewerte für häufig in Böden vorkommende feste Bestandteile sind in Tabelle 4.4 aufgeführt. Für Böden mit einem geringen Gehalt an organischer Substanz (< 3 %), wozu viele kultivierte Böden gehören, kann ein Durchschnittswert von 2,6 g cm^{-3} angenommen werden; sie werden häufig als *Mineralböden* bezeichnet. Bei Böden mit einem höheren Gehalt an organischer Bodensubstanz ist die durchschnittliche Dichte der festen Bodenbestandteile geringer; sie kann gemessen oder berechnet werden (s. Abschn. 4.1). Böden mit einem Humusgehalt von mehr als 30 % werden als *organische Böden* bezeichnet.

Das Porenvolumen hängt von der Struktur des Bodens ab, die wiederum von folgenden Faktoren abhängig ist:

- Textur und Gehalt an organischer Bodensubstanz, da beide in gewissem Ausmaß den sich entwickelnden Strukturtyp kontrollieren;
- Tiefenlage innerhalb des Profils, da einige gefügebildende Prozesse nahe der Bodenoberfläche am intensivsten ablaufen und sich mit zunehmender Tiefe Verfestigung einstellt;
- Bodenbearbeitung, da diese langfristig Veränderungen des Humusgehalts und unmittelbar Kräfte auf den Boden einwirken läßt, die diesen entweder lockern oder verfestigen (s. Farbtafeln 5 und 7). Die Begriffe Verfestigung (Konsolidierung) und Verdichtung (Kompaktion) werden weiter unten definiert.

Die organische Bodensubstanz und die damit verbundene biologische Aktivität in Böden sind für die Aufrechterhaltung des Porensystems von größter Bedeutung. Typische Werte sind in Tabelle 4.1 zu finden. Ein hohes Porenvolumen weisen Böden der feuchten Tropen auf, da die Eisenoxide und Allophane, die einen beträchtlichen Anteil an den festen Bodenbestandteilen ausmachen, selbst von Poren durchzogen sind. Sandböden, insbesondere feine Sande, haben tendenziell geringere Humusgehalte, ihr Gefüge ist weniger stabil, und sie verdichten von Natur aus sehr schnell, wenn sie angefeuchtet werden, auch wenn sie sich durch Bodenbearbeitung leichter lockern lassen.

Tabelle 4.1. Typische Werte für Bodendichte und Porenvolumen

	Partikeldichte [g cm^{-3}]	Bodentrockendichte [g cm^{-3}]	Porenvolumen [cm^3 cm^{-3}]
Kultivierte Mineralböden, gepflügter Horizont			
mittlere bis schwere Textur	2,60	0,8 – 1,4	0,69 – 0,46
leichte Textur	2,60	1,4 – 1,7	0,46 – 0,35
Unterböden und Ausgangsgesteine	2,65	1,5 – 1,8	0,43 – 0,32
Grünland- und Waldböden, A-Horizonte	2,4	0,8 – 1,2	0,67 – 0,50
Torfböden	1,4	0,1 – 0,3	0,93 – 0,79

Die Porenvolumen wurden aus den Bodendichten und Partikeldichten berechnet. Die Werte für die Dichte sind für Böden angegeben, die bei Feldkapazität entnommen wurden.

Porenformen und Porengrößenbereiche

Die Geländeansprache des Bodengefüges ist auf das Aussehen der Bodenaggregate und solcher Poren beschränkt, die ohne Vergrößerung oder mit einer Handlupe (10fach) sichtbar sind. Dies bezeichnet man als *Makrogefüge* und die Poren als *Grobporen*, wenn sie größer als 50 µm (0,05 mm) sind. Ein Beispiel aus dem Gelände wird in Farbtafel 4 a gezeigt und in Abb. 4.2 graphisch dargestellt. Es wurden Geländemethoden zur Beschreibung des Makrogefüges und zur Abschätzung des Grobporenanteils entwickelt (s. Abschn. 1.2). Eine Methode zur Messung des Grobporenanteils ist in Abschn. 4.2 beschrieben. Subtrahiert man den Grobporenanteil vom gemessenen Gesamtporenvolumen, so erhält man das Volumen der kleineren, nicht sichtbaren Bodenporen, nämlich der *Mittel- und Feinporen*, die kleiner als ca. 50 µm sind. Große Bodendünnschliffe (Farbtafeln 5 a u. b) sind zwar schwer herzustellen, erlauben aber eine kritischere Betrachtung der Grobporen und können in Kombination mit Zählmethoden zur quantitativen Abschätzung des Grobporenanteils verwendet werden.

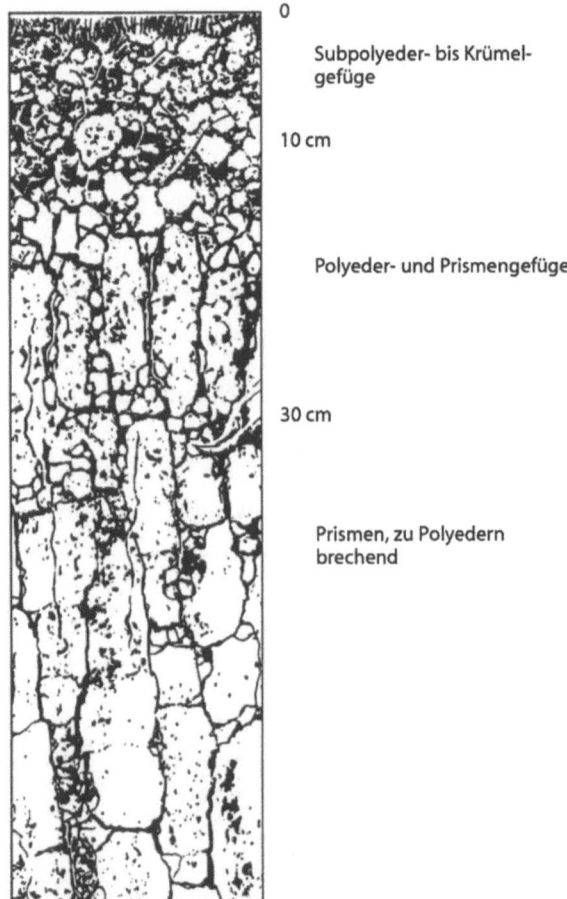

Abb. 4.2. Graphische Darstellung des Makrogefüges

0

Subpolyeder- bis Krümelgefüge

10 cm

Polyeder- und Prismengefüge

30 cm

Prismen, zu Polyedern brechend

Tabelle 4.2. Porenklassifizierung nach Größe und Funktion

Porenklasse	Porengröße [µm]	Porenfunktion
Grobpore = Makropore	>50	Abfluß nach Sättigung; Belüftung (Ein- und Ausdiffundieren von O_2 und CO_2), wenn der Boden Feldkapazität erreicht hat. Sowohl Belüftung als auch der Sickerwasserabfluß erfordern durchgehende vertikale Poren; Wurzelwachstum: viele Feldfrüchte benötigen Poren > 0,2 mm.
Mittelpore = Mikropore[a]	50 – 0,2	Speicherung pflanzenverfügbaren Wassers.
Feinpore = Mikropore[a]	< 0,2	Sie halten Wasser so fest gebunden, daß es durch Pflanzen nicht aufgenommen werden kann. Dieses Wasser ist meist mit Partikeln der Tonfraktion assoziiert (Totwasser) und bedingt weitgehend die mechanische Stabilität des Bodens.

[a] Mittel- und Feinporen werden gemeinsam als Mikroporen klassifiziert.

Klassifizierung der Poren nach ihrer Funktion

Es mag willkürlich erscheinen, Poren als sichtbar oder unsichtbar zu klassifizieren, und noch willkürlicher, die Grenze zwischen Grob- und Mittelporen bei 50 µm zu ziehen, wie dies im britischen Klassifikationssystem geschieht, oder bei 10 µm, wie es in Deutschland Konvention ist. Neben einer bequemen Klassifizierung hängt dies mit der Funktion der Poren zusammen: Die Grobporen sind es, die nach heftigen Regenfällen oder Bewässerung ein rasches Abfließen des Wassers ermöglichen; wenn sich diese Poren entleert haben, zieht das Wasser nur noch sehr langsam ab (Kap. 5). Man sagt, daß der Boden seine *Feldkapazität* erreicht hat. Darüber hinaus wird den Fein- und Mittelporen durch die Verdunstung von der Bodenoberfläche und die Transpiration von Pflanzen Wasser entzogen; eine kritische Phase in bezug auf den Bodenwasserhaushalt ist am sogenannten *permanenten Welkepunkt* erreicht, ab dem Pflanzen unter Wassermangel leiden (Kap. 12). Dann befindet sich Wasser nur noch in Poren, die kleiner als 0,2 µm sind. Die Wassermenge, die der Boden zwischen diesen beiden Punkten enthält, wird als *nutzbare Wasserkapazität* bezeichnet. Infolgedessen lassen sich Bodenporen in drei Klassen einteilen, die in Tabelle 4.2 aufgeführt sind.

Die Beziehung zwischen Größe und Funktion der Poren bedeutet, daß das Volumen der Grobporen (und damit das der Fein- und Mittelporen) aus dem Gesamtporenvolumen und dem Bodenwassergehalt bei Feldkapazität bestimmt werden kann (s. Abschn. 4.2). In ähnlicher Weise läßt sich aus dem Wassergehalt am Welkepunkt (Kap. 12 und Tabelle 12.1) das Volumen der Feinporen ermitteln, woraus sich durch Subtraktion das Volumen der Mittelporen berechnen läßt. Typische Werte für diese drei Porenklassen sind in Tabelle 4.3 zu finden. Es gibt drei kritische Zustände:

1. Sinkt das Volumen der gut wasserdurchlässigen Grobporen unter 0,1 $cm^3\ cm^{-3}$, so kann die Versickerung des Wassers eingeschränkt sein.
2. Sinkt das Volumen der Mittelporen unter 0,15 $cm^3\ cm^{-3}$, so ist die Verfügbarkeit von Wasser wahrscheinlich eingeschränkt.

Tabelle 4.3. Typische Porenvolumina [$cm^3\ cm^{-3}$], die sich aus dem Wassergehalt bei Feldkapazität und dem permanenten Welkepunkt für Böden unterschiedlicher Korngrößenzusammensetzung (Textur) ableiten lassen. Noch ausführlichere Daten sind in Tabelle 12.1 zu finden

	Textur leicht	mittel	schwer[a]	Torfe[b]
Grobporen	0,2 – 0,3	0,10 – 0,15	0,05 – 0,15	k.A.
Mittelporen	0,05 – 0,15	0,20 – 0,25	0,15 – 0,2	k.A.
Feinporen	0,05 – 0,1	0,15 – 0,2	0,25 – 0,35	k.A.
Gesamtporosität	0,35 – 0,45	0,45 – 0,55	0,50 – 0,70	ca. 0,8

[a] Schwere Böden schrumpfen und reißen beim Trocknen, was das Volumen der Grobporen erhöht. Ein Großteil des nutzbaren Wassers wird bei der Schrumpfung aus den sehr kleinen Poren freigesetzt (s. Abschn. 4.3). In solchen Böden wird die Interpretation durch die Veränderung der Porengröße beim Trocknen erschwert;
[b] k.A.: keine Angaben. Die Werte sind uneinheitlich und schwierig zu messen, da eine beträchtliche Schrumpfung und nur langsames Wiederaufquellen vorliegt. Ein gesättigter Torf verliert durch Dränung wenig Wasser, so daß das Mittel- und Feinporenvolumen ca. 0,8 beträgt. Am Welkepunkt sind noch ca. 0,7 g Wasser g^{-1} ofengetrockneten Bodens vorhanden. Verglichen mit dem Volumen eines nassen Torfs heißt das, daß der Feinporenanteil ca. 0,1 und der Mittelporenanteil ca. 0,7 beträgt.

3. Übersteigt das Volumen der Feinporen 0,2 $cm^3\ cm^{-3}$, kann sich die Bodenbearbeitung als problematisch erweisen, wenn der Boden angefeuchtet und damit zäh und klebrig wird oder wenn er austrocknet und damit hart wird.

Die Bezeichnung *Mikrogefüge* wird verwendet, um die Anordnung der Mineralkörner und Poren zu beschreiben, wie man sie unter dem Mikroskop betrachten kann (s. Bildtafeln 2.2, 2.4 und Abb. 4.3). Die Feinporen und die Anordnung der Teilchen der Tonfraktion sind wichtige Aspekte des Mikrogefüges. Feinporen dominieren das Porensystem im Bereich der Tonfraktion. Mittel- und Feinporen entstehen

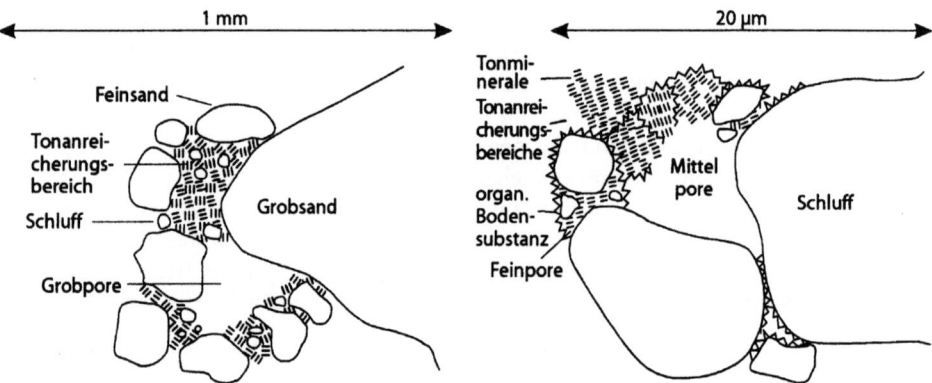

Abb. 4.3. Graphische Darstellung des Mikrogefüges

durch gefügebildende Prozesse. Entnimmt man einem Bodenprofil toniges Material aus einer Tiefe, in der dieses nicht mehr austrocknet, so werden sich wahrscheinlich nur Mittel- und Feinporen darin finden. Bei Austrocknung verringert sich die Größe dieser Poren durch Schrumpfung noch weiter, und es entstehen Risse, die als Grobporen fungieren. Im Gegensatz dazu kann·der Oberboden eine Porengrößenverteilung aufweisen, die diesem hinsichtlich der Gefügestabilität und biologischen Aktivität exzellente Eigenschaften verleiht; daran zeigt sich die Wirksamkeit der gefügebildenden Prozesse. In Abschn. 4.3 wird eine Methode zur Untersuchung der Quellungs- und Schrumpfungseigenschaften von Tonen und Böden beschrieben; in Abschn. 14.4 wird das Verhalten von Tonen in Salz- und Natriumböden behandelt.

Gefügestabilität

Innerhalb einer bestimmten Zeit verdichten sich lockere, frisch bearbeitete Böden. Unter *Verfestigung* (Konsolidierung) versteht man eine natürliche Sackung des Bodens als Folge der Schwerkraft. Böden unter natürlicher Vegetation verfestigen sich nicht: Sie stehen im Gleichgewicht mit ihrer Umgebung und aufgrund ihrer Gefügestabilität halten sie natürlichen Kräften stand. Die *Verdichtung* (Kompaktion) verursacht ebenso wie die Verfestigung eine Verringerung des Porenvolumens, doch wird diese Bezeichnung nur für die Wirkung von Kräften verwendet, die von außen auf den Boden einwirken. Am häufigsten entstehen Verdichtungen unter den Rädern landwirtschaftlicher Maschinen (Bildtafel 4.1 und Abschn. 4.4) oder unter den Füßen und Hufen von Mensch und Tier (Bullock und Gregory 1991, Kap. 6). Eine Pflugschar,

Bildtafel 4.1. Folgen der Verdichtung durch Traktorräder auf die Infiltration von Wasser in den Boden (Aufnahme von D. Campbell, *Scottish Centre of Agricultural Engineering*)

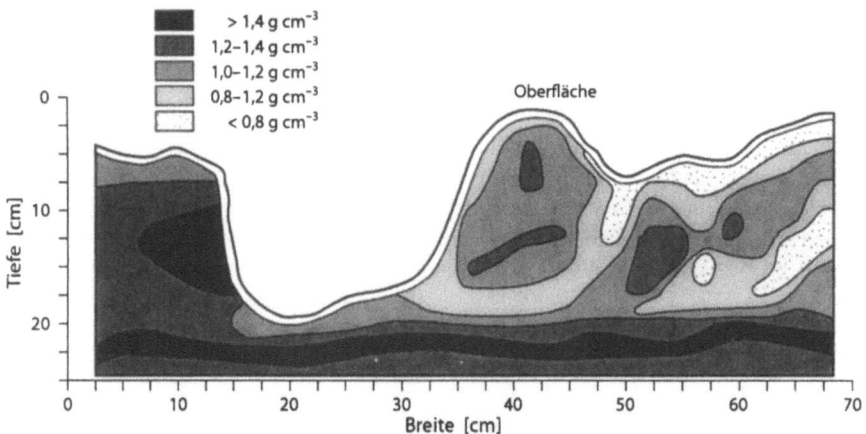

Abb. 4.4. Verteilung der Lagerungsdichte vor (links) und nach (rechts) dem Pflügen. Die Verdichtung der Furchenwand durch die Traktorräder und den Pflug und eine deutlich ausgeprägte Pflugsohle lassen sich gut erkennen (von D. Campbell, *Scottish Centre of Agricultural Engineering*)

die den Boden hebt und wendet, übt über die Räder des Pflugs oder Traktors auf den Boden eine Kraft aus, und zwar auf den Grund der Furche. Außerdem kann die Pflugschar den Boden in Pflugtiefe so verschmieren, daß sich die Bodenpartikel in plattigen Aggregaten anordnen. Beides zusammen führt zur Bildung einer *Pflugsohle* (Abb. 4.4 und Bildtafel 4.2), die den Wasserabfluß, die Durchlüftung und Durchwurzelbarkeit einschränken kann. Jedes Bodenbearbeitungsgerät kann den Boden verdichten und verschmieren, und der entstandene Schaden kann schwerwiegende Folgen für das Pflanzenwachstum haben. Der Aufprall von Regentropfen wirkt sich auf ungeschützte Böden besonders schädlich aus; durch die Kraft des Aufpralls werden die Bodenaggregate zerstört, was zu einer Verschlämmung führt. Auf der Bodenoberfläche kann sich eine Kruste bilden, die das Aufgehen von Pflanzensamen behindert. Die Kruste wird auch die Geschwindigkeit herabsetzen, mit der Wasser in den Boden eindringt, was oberflächliches Ablaufen und Erosion zur Folge hat (Kap. 12).

Festigkeit des Bodengefüges gegenüber schädigenden Einflüssen

Die Fähigkeit des Bodens, solchen schädigenden Einflüssen standzuhalten, hängt sowohl von der Gefügestabilität als auch vom Wassergehalt des Bodens ab. Die Gefügestabilität von Böden variiert auch unter natürlichen Bedingungen; Böden aus feinen Sanden und Schluffen sind wegen ihres geringen Gehalts an Tonmineralen, Sesquioxiden und Humus strukturell instabil. Böden der feuchten Tropen, die reich an Kaolinit und Eisenoxid sind, können ebenfalls instabil sein, da sich diese Stoffe zu sehr kleinen Aggregaten zusammenlagern und sich dann wie Schluff und Feinsand verhalten. Böden, die Natriumsalze enthalten, sind von Natur aus ebenfalls instabil.

Die Bearbeitung von Böden zur Nahrungsmittelproduktion verringert die Gefügestabilität, da durch sie der Gehalt an organischer Bodensubstanz abnimmt. Das trifft für den gesamten landwirtschaftlichen Anbau zu, wenn nicht jedes Jahr große

Einführung

Bildtafel 4.2. Pflügen eines mittelschweren Bodens in Südengland. Der Bodenzustand ist gut, die Verschmierung auf der Oberfläche des umgebrochenen Bodens und auf dem Grund der Furche ist gering. Die Verdichtung durch die Traktorräder ist wahrscheinlich die einzige nachteilige Folge für das Bodengefüge

Mengen organischen Düngers zugeführt werden. Inwieweit die Bodenstabilität reduziert werden kann, bevor die Ertragsfähigkeit betroffen ist oder sogar Erosionsprobleme auftreten, hängt vom Bodentyp ab. Für einen erfolgreichen Nutzpflanzenanbau muß der Gehalt an organischer Substanz oberhalb eines kritischen Wertes gehalten werden, der vom Bodentyp, Standort, Klima und von der Nutzungsweise abhängt. Durch Feldgraswirtschaft (Wechsel zwischen Grünland- und Ackernutzung) kann ein höherer Humusgehalt aufrechterhalten werden als bei ständigem Getreideanbau (s. Abschn. 13.3).

Die mechanische Stabilität von Böden nimmt mit zunehmendem Wassergehalt ab: Verdichtung und Verschlämmung sind vor allem Probleme nasser Böden. Für einen erfolgreichen Nutzpflanzenanbau sollte man zu nasse Böden nicht mit landwirtschaftlichem Gerät befahren oder bearbeiten. Wenn Böden hingegen zu trocken sind, bilden sich große Bodenklumpen und nicht ein Ackerboden, der für die Ansaat von Getreide geeignet ist. Es gibt also für jeden Boden eine gewisse Spanne des Wassergehalts, innerhalb der er sich mit Erfolg bearbeiten läßt. Der sogenannte *Bearbeitungszeitraum* umfaßt eine Anzahl von Tagen, in dem sich der Boden in einem bearbeitbaren Zustand befindet, wenn er am Ende der trockenen Jahreszeit wieder durchfeuchtet wird oder am Ende der feuchten Jahreszeit wieder abtrocknet. Eine stabiles Gefüge und ein hoher Gehalt an organischer Bodensubstanz können diesen Zeitraum verlängern und geben dem Landwirt mehr Flexibilität in der Bodenbearbeitung. Dieselben Prinzipien gelten natürlich auch für den Anbau von Gemüse, bei dem maximale Flexibilität eine große Rolle spielt, da Gärtner an möglichst ganzjähriger Nutzung interessiert sind und viele Hobbygärtner nicht immer freie Zeit für ihren Gemüsegarten haben. Auf einer kleinen Fläche läßt sich ein hoher Gehalt an organischer Bodensubstanz, z.B. durch Aufbringen von Kompost, leichter aufrechterhalten, da die Wirtschaftlichkeit des Verfahrens nicht so wichtig ist.

Zusammenfassung

Eine Zerstörung des Bodengefüges kann auf zweierlei Weise geschehen: erstens durch Verdichtung und zweitens durch einen Stabilitätsverlust, der normalerweise mit einem Rückgang des Humusgehalts einhergeht. Letzteres wiederum läßt den Boden auch für Verdichtung anfälliger werden.

Messung der Gefügestabilität

Die Gefügestabilität wird häufig durch Naßsiebung bestimmt; der Boden wird unter Wasser in einem Satz von Sieben geschüttelt. Die Bodenaggregate werden aufgebrochen und wandern durch die Siebe, so daß die Masse der stabilen Aggregate einer bestimmten Größe gemessen werden kann (Page 1982). Auf ähnliche Weise ergibt der Emerson-Test (1967) einen Kennwert für die Stabilität der Aggregate mit einem Durchmesser von 3–5 mm, wenn sie in Wasser getaucht werden. Beide Methoden ergeben ein quantitatives Maß für die Aggregatstabilität unter (allerdings willkürlich gewählten) Standardbedingungen und somit nur eine empirische Abschätzung der Gefügestabilität in Freiland.

Schutz des Bodengefüges vor Schäden

Die Kenntnis der Faktoren, die die Gefügestabilität steuern, und der Prozesse, die zu ihrer Zerstörung führen, hat zu beträchtlichen Veränderungen der Bodenbearbeitungstechniken in den gemäßigten Breiten geführt. Auch wenn sie die Böden stärker beanspruchen, ermöglichen es stärkere Landmaschinen, größere Flächen in einer bestimmten Zeit und während des dafür geeigneten Zeitraums zu bearbeiten. Größere Reifen mit geringerem Luftdruck reduzieren die Belastung des Bodens bei einem bestimmten Gewicht (s. Abschn. 4.4 und Farbtafel 3). In Großbritannien besteht ein Trend zum Anbau von Wintergetreide, das im Herbst angesät wird, anstelle von Sommergetreide, das im Frühjahr angesät wird. Im Herbst sind die Böden normalerweise trockener, und eine Bearbeitung der im Frühjahr fast immer nassen Böden kann vermieden werden. Getreide wird nun mit einem *Fahrgassensystem* angebaut, bei dem alle Landmaschinen dieselbe Fahrspur im Feld benutzen, sobald das Getreide ausgesät ist (Farbtafel 6). Die Verdichtung wird damit auf einen sehr kleinen Teil des Feldes begrenzt; falls erforderlich, kann im Herbst entlang der Fahrspuren tiefer gepflügt werden, um den Boden zu lockern.

Gemüseanbau findet ebenfalls in einem Beetsystem statt; durch die ganze Wachstumsperiode hindurch werden immer dieselben Traktorspuren befahren. In Gärten dienen erhöhte Beete demselben Zweck. Das größere Problem bei vielen Acker- und Gemüsebausystemen liegt in der Aufrechterhaltung der Gefügestabilität, denn hierzu sind hohe Einträge an organischer Substanz nötig. Gemischte landwirtschaftliche

Nutzungssysteme mit Feldgraswirtschaft und Viehzucht sind traditionelle und wirkungsvolle Ansätze, um den Gehalt an organischer Bodensubstanz konstant zu halten. Auf begrenzten Flächen können große Mengen organischen Düngers von reinen Milchwirtschafts- oder Viehzuchtbetrieben, aber auch von Reitställen ausgebracht werden. Die Erhaltung der Gefügestabilität mit Hilfe dieser Maßnahmen ist ein Teilaspekt eines größeren Konzeptes, nämlich der Aufrechterhaltung der Bodenfruchtbarkeit, die zusammen mit Aspekten der organischen Landwirtschaft in Kap. 13 diskutiert wird.

Behebung von Gefügeschäden

Da das Bodengefüge durch natürliche Prozesse entstanden ist, können geeignete Maßnahmen dem Boden die Möglichkeit geben, sich über eine gewisse Zeit wieder zu erholen. Der Wechsel zwischen Grünland- und Ackerbaustadien ist die gängigste Maßnahme zur Regenerierung des Bodengefüges. Dadurch erhöht sich nicht nur langsam der Humusgehalt, sondern die Nutzpflanzen bilden ein dichtes Wurzelsystem aus und die Aktivität von Regenwürmern und anderen Organismen wird gefördert. Die Aufnahme von organischen Düngern hat einen ähnlichen Effekt.

Der Bodenverdichtung kann man in gewissem Umfang durch die Bodenbearbeitung entgegenwirken. Aber auch wenn der Boden gelockert und ein System von weiten Grobporen geschaffen wird, können die Bodenaggregate selbst noch immer kompakt sein. Der gelockerte Boden wird sich wieder verfestigen, wobei die Gefügestabilität die Langzeitwirkung der Behandlung maßgeblich bestimmt. Diese mit Pflugsohlen und Verdichtung in Fahrspuren zusammenhängenden Probleme lassen sich jedoch mit Erfolg lösen. Die Auswirkungen der verschiedenen Bearbeitungstechniken werden in Abschn. 4.4 untersucht.

Weitere Studien

Anregungen zu Übungsprojekten werden in Abschn. 4.5 gegeben; Übungsaufgaben sind in Abschn. 4.6 zu finden.

4.1
Dichte der festen Bodenbestandteile

In Tabelle 4.4 sind die Definition der Dichte, allgemein gebräuchliche Einheiten und Werte für mineralische und organische Bodenbestandteile angegeben. Zur Bestimmung mißt man das Volumen einer bekannten Masse von Teilchen. Der Boden wird in Wasser dispergiert (so daß die Teilchen voneinander getrennt werden), und die Luft wird vollständig aus der Suspension ausgetrieben. In einem bekannten Suspensionsvolumen bestimmt man sodann das Volumen, das von den festen Bestandteilen eingenommen wird.

Methode

In ein vorher gewogenes 250-ml-Becherglas (±0,01 g) werden ca. 25 cm^3 ofentrockener Feinboden gegeben und anschließend nochmals gewogen. Man gießt 50 cm^3 Was-

Tabelle 4.4. Dichtebestimmung der Bodenpartikel (Mineralkörner)

Definition	Dichte = Masse/Volumen
Einheiten	kg m^{-3}
	g cm^{-3}
	t m^3 (numerisch gleich mit g cm^{-3})

Der Einfachheit halber wird im Labor g cm^{-3} verwendet

Werte für Bodenmaterialien	[g cm^{-3}]
Wasser	1,0
Quarz und Tonminerale	2,65
Eisenoxid	> 3,0
Calciumcarbonat	2,71
Opal-Quarz	2,2
organische Bodensubstanz	1,2 – 1,5

Werte für andere Materialien: Nuffield Advanced Science *Book of Data* 1984 oder Kaye und Laby 1973.

ser dazu und kocht 30 min lang vorsichtig. Damit erreicht man eine feine Verteilung der Bodenteilchen und treibt die Luft aus (s. Anm. 1). Der Becher wird zum Kühlen unter laufendes Wasser gestellt. Nun wiegt man einen 250-ml-Meßkolben (±0,01 g), gießt die Suspension durch einen Trichter in den Kolben und spült nach, so daß die Bodenpartikel quantitativ überführt werden. Man füllt bis zur Markierung auf und wiegt den Kolben mit der Suspension.

Rechenbeispiel (mit typischen Werten)

Masse des Becherglases	92,44 g,
Masse von Becherglas + trockenem Boden	117,76 g,
Masse des trockenen Bodens (a)	25,32 g,
Masse des Kolbens	92,36 g,
Masse von Kolben + Suspension	358,01 g,
Masse der Suspension (b)	265,65 g.

Das Gewicht des Wassers im Kolben kann nun berechnet werden aus $b - a =$ 240,33 g. Da Wasser eine Dichte von 1 g cm^{-3} hat, beträgt das Wasservolumen im Kolben 240,33 cm^3.

Volumen der Teilchen im Kolben = Volumen des Kolbeninhalts
                                          – Volumen des Wassers
                                          = 250 – 240,33 = 9,67 cm^3.

Das ergibt:

Dichte der festen Bodenbestandteile = 25,32 / 9,67 = 2,62 g cm^{-3}.

Je nach Verwendungszweck dieses Meßwerts empfiehlt es sich, die Bestimmung mehrfach zu wiederholen. Bei einem sandigen Lehmboden erhielt man bei Wiederholungsmessungen folgende Werte: 2,45, 2,42, 2,46; Mittelwert: 2,443; Standardabweichung: 0,0120; Grenzen des 95%-Konfidenzintervalls: 2,391–2,495 (s. Abschn. 3.8).

Anmerkung 1. Es ist nicht einfach, den Boden vollständig zu dispergieren und die gesamte Luft zu entfernen. Selbst nach 30minütigem Kochen können sich Fehler aus Lufteinschlüssen ergeben (niedrigere Dichte); dies ist vor allem bei schweren Böden ein Problem.

Anmerkung 2. Die Dichte von Wasser ist temperaturabhängig; bei 24 °C hat es eine Dichte von 1 g cm^{-3}. Für praktische Zwecke kann man von einer Dichte von 1 g cm^{-3} ausgehen.

Dichte der festen Bestandteile organischer Böden

Die durchschnittliche Dichte einer Mischung aus organischen und mineralischen Bodenbestandteilen kann man berechnen, wenn der Gehalt an organischer Bodensubstanz bekannt ist und man davon ausgeht, daß die Mineralkörner eine Dichte von 2,65 g cm^{-3} haben und die organische Bodensubstanz eine Dichte von 1,4 g cm^{-3} hat.

Rechenbeispiel

Ein Boden mit 15 % organischer Bodensubstanz enthält 15 g organische Substanz in 100 g Mineralkörnern. Da Volumen = Masse/Dichte ist, kann man für beide Bodenkomponenten das Volumen bestimmen:

Volumen der organischen Bodensubstanz	= 15/1,4	= 10,71 cm^3,
Volumen der Mineralkörner	= 85/2,65	= 32,08 cm^3,
Gesamtvolumen	= 42,79 cm^3,	
durchschnittliche Festsubstanzdichte	= 100/42,79	= 2,34 g cm^{-3}.

Andere Wertepaare sind 3 % und 2,58 g cm^{-3}; 5 und 2,54; 10 und 2,43; 20 und 2,25; 30 und 2,09 sowie 50 und 1,83. Somit kann bei kultivierten Böden mit einem Gehalt von bis zu 4 % organischer Substanz eine durchschnittliche Dichte von 2,6 g cm^{-3} angenommen werden.

4.2 Bestimmung der Lagerungsdichte und des Porenvolumens

Dichte des trockenen Bodens

Die Masse ofentrockenen Bodens, die in einem bestimmten Volumen natürlich gelagerten Bodens vorhanden ist, muß bestimmt werden. Dabei muß man den Wassergehalt zum Zeitpunkt der Probenahme berücksichtigen, da Böden quellen und schrumpfen.

Ausrüstung (Bildtafel 4.3)

- *Stechzylinder mit offenem Ende*: Innendurchmesser 5 cm, Länge 5,1 cm, Wanddicke 3 mm, mit Deckel;
- *Führungsschaft, Hammer* und *Messer*.

Bildtafel 4.3. Ausrüstung zur Messung der Lagerungsdichte. Die Führungsplatte mit Zylinder (rechts) wird auf die Bodenoberfläche gelegt. Der Stechzylinder (Mitte) paßt genau in den Führungsschaft (links) und wird durch einen Gummiring gehalten. Führungsschaft und Stechzylinder werden in den Führungszylinder eingeführt und mit dem Hammer in den Boden geschlagen. Der Führungsschaft erlaubt dem Boden, sich über das Ende des Probenzylinders hinaus zu erstrecken, wodurch eine Verdichtung vermieden wird

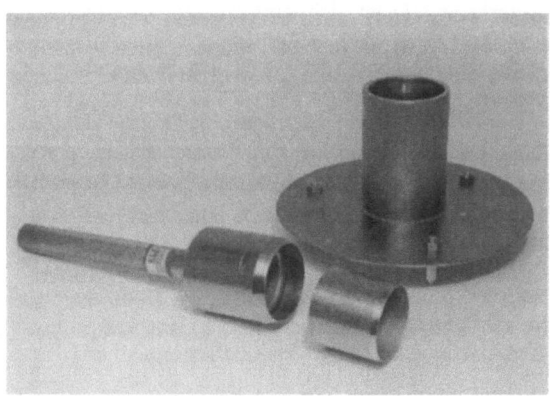

Methode

Die Proben können vertikal aus dem Boden oder horizontal aus der Wand einer Schürfgrube genommen werden. Man bereitet die Bodenoberfläche mit einem Spachtel oder einem Messer vor. Man legt den Zylinder mit montiertem Führungsschaft an und schlägt ihn vorsichtig mit dem Hammer in den Boden, bis dieser ca. 3 mm über den Zylinder vorsteht. Man gräbt den Zylinder zusammen mit dem Boden aus und läßt an jeder Zylinderseite etwas Boden überstehen. Dann wird der Boden an den Zylinderenden bündig abgeschnitten, und die Deckel werden aufgesetzt. Grabschaufeln helfen bei der Freilegung des Zylinders und dem Zurechtschneiden des Bodens. Wenn der Wassergehalt der Proben bestimmt werden soll (s. Abschn. 5.1), bewahrt man diese in einem markierten, verschlossenen Plastikbeutel auf.

Im Labor wiegt man die feuchte Probe, trocknet, wenn nötig, bei 105 °C und wiegt dann den ofentrockenen Boden. Die Masse des leeren Zylinders mit Deckel wird ebenfalls benötigt. Wenn viele Proben gemessen werden müssen und die Zylinder und Deckel alle ungefähr gleich viel wiegen, kann das Durchschnittsgewicht eines Zylinders mit Deckel für alle Proben eingesetzt werden, da die Fehler, die von diesen Gewichtsunterschieden herrühren, im Vergleich zur Probenvariabilität gering sind.

Berechnung der Lagerungsdichte (mit typischen Werten)

Masse von Zylinder + Verschluß + trockenem Boden	224,28 g,
Masse von Zylinder + Verschluß	77,02 g,
Masse des ofentrockenen Bodens	147,26 g.

Volumen eines Zylinders = $\pi r^2 L = \pi \cdot 2{,}5^2 \cdot 5{,}1 = 100$ cm^3. Damit beträgt die Lagerungs- bzw. Bodendichte 147,26/100 = 1,47 g cm^{-3}.

Variabilität der Proben

Weil Freilandböden heterogen sind, d.h. in ihren Eigenschaften einer räumlichen Variabilität unterliegen, variiert die Lagerungsdichte selbst innerhalb eines Horizontes deutlich. Vor allem dort, wo große Poren auftreten, wird es eine große Variabilität zwischen den Proben geben, weshalb wiederholte Probenahmen nötig sind. Für den 0–25-cm-Horizont eines kultivierten sandigen Lehmbodens erhielt man folgende

4.2 · Bestimmung der Lagerungsdichte und des Porenvolumens

Werte: 1,44, 1,50, 1,58; Mittelwert: 1,507; Standardabweichung: 0,0406; Grenzen des 95%-Konfidenzintervalls: 1,333–1,681.

Die Verwendung kleiner Zylinder führt zu einer Überschätzung der Lagerungsdichte, da der Probenehmer geneigt ist, Risse und Spalten zu meiden. Im übernächsten Absatz wird unter „Problemböden" eine Methode beschrieben, wie zur genaueren Schätzung der Lagerungsdichte größere Bodenvolumina beprobt werden.

Quellung und Schrumpfung

Böden, die beträchtliche Mengen an organischer Substanz oder Ton enthalten, schrumpfen bei Austrocknung. Der Boden verfestigt sich (die Bodendichte nimmt zu) infolge des Absinkens der Bodenoberfläche, es entstehen Risse und es wird schwierig, eine repräsentative Probe zu entnehmen. Der Boden zwischen den Rissen wird eine größere Dichte aufweisen als der Boden insgesamt hat. Aus diesem Grund und weil es die Probenahme vereinfacht, sollte der Boden feucht – am besten bei Feldkapazität – beprobt werden und die Bodenfeuchte gemessen und notiert werden.

Problemböden

Aus Böden, die große Wurzeln, große Poren oder viele Steine enthalten, lassen sich nur schwer Proben entnehmen, wenn man Zylinder zur Bestimmung der Lagerungsdichte verwendet. Man sollte eine Variante der Methode anwenden, die in Abschn. 1.2 zur Messung des Skelettanteils von Böden beschrieben wird.

Probenahme. Man gräbt ein Bodenvolumen von 30 × 30 × 20 cm aus und wiegt den feuchten Boden. Man mischt gründlich durch und füllt eine Teilprobe in einen Plastikbeutel, der verschlossen und markiert wird. Im Labor wiegt man die feuchte Teilprobe, trocknet bei 105 °C und wiegt abermals. Man berechnet das Trockengewicht der gesamten Probe.

Messung des Bodenvolumens. Mit etwas Sorgfalt kann man einen Boden mit dem oben angegebenen Volumen (18 000 cm^3) ausgraben. Das Volumen sollte am besten jedoch nach dem Ausgraben bestimmt werden: Man füllt das Bodenloch bündig bis zum Rand mit „Allplas"-Plastikkugeln (Durchmesser 2 cm; Capricorn Chemicals Ltd, Lisle Lane Ely Cambridgeshire CB7 4AS). Die zur Füllung des Loches erforderlichen Kugeln werden gewogen. Das Verhältnis zwischen der Masse der Plastikkugeln und dem Volumen wird bestimmt, indem man einen ähnlich geformten Behälter bekannten Volumens (z.B. eine Keksdose) mit den Kugeln füllt und diese dann wiegt.

Beispiel

Masse des feuchten Bodens im Gelände	30 370 g,
Masse der feuchten Teilprobe	105,20 g,
Masse der ofentrockenen Teilprobe	84,16 g,
Daraus berechnete Masse der ofentrockenen Geländeprobe	24 296 g,
Masse der Plastikkugeln zum Füllen einer Dose von (20 × 20 × 10) cm^3	528 g,
Masse der zur Füllung des Probenloches nötigen Plastikkugeln	2 425 g.

Hieraus läßt sich das Volumen des Probenloches = 4 000 · 2 425/528 = 18 371 cm^3 berechnen; daraus ergibt sich eine Lagerungsdichte von 24 296/18 371 = 1,32 g cm^{-3}.

Lagerungsdichte von Feinboden und gesiebtem Boden < 10 mm

Wenn man, wie in Abschn. 1.2 beschrieben, vorgeht, kann man die ofentrockene Masse der Bodenprobe (< 2 mm bzw. < 10 mm) bestimmen. Dividiert man diese durch das Lochvolumen, erhält man die Lagerungsdichte des gesiebten Bodens.

Dichte von Aggregaten

Man sollte die Methode einsetzen, die in Abschn. 1.2 zur Bestimmung der Dichte poröser Steine beschrieben ist.

Umrechnung von Laborergebnissen in Geländewerte

Die Umrechnung der im Labor bestimmten Werte der Lagerungsdichte [g cm^{-3}] in Geländewerte [t ha^{-1}] ist in Abschn. 3.7 beschrieben.

Berechnung des Porenvolumens

Man muß das Volumen der in einem bekannten Bodenvolumen enthaltenen festen Bestandteile berechnen; das verbleibende Volumen ist dann der Raum, der von den Poren eingenommen wird.

Rechenbeispiel (mit typischen Werten)

Dichte der festen Bodenbestandteile = 2,65 g cm^{-3},

Dichte des trockenen Bodens = 1,50 g cm^{-3} ofentrockenen Bodens.

Wenn 1 cm^3 Boden 1,50 g Mineralkörner enthält, kann das Volumen dieser Teilchen aus der Dichte der festen Bodenbestandteile berechnet werden:

2,65 g Teilchen nehmen 1 cm^3 ein,

1,50 g Teilchen nehmen 1 · 1,50/2,65 = 0,57 cm^3 ein.

Das bedeutet, daß in 1 cm^3 Boden 0,57 cm^3 von festen Bestandteilen eingenommen werden und der von Poren eingenommene Raum 1 − 0,57 = 0,43 cm^3 ausmacht. Porenvolumen (oft mit θ bezeichnet) = 0,43 cm^3 Poren cm^{-3} Boden = 43 Vol.-%. Da das Porenvolumen als dimensionsloses Verhältnis ausgedrückt wird, kann es ohne Einheiten angegeben werden, d.h. θ = 0,43. Dieses Rechenbeispiel läßt sich in Gleichung 4.1 zusammenfassen:

Porenvolumen = 1 − (Lagerungsdichte/Dichte der festen Bestandteile) (4.1)

Lagerungsdichte und Porenvolumen von Torfen und organischen Böden

Im Vergleich zu Mineralböden ist die Lagerungsdichte von Torfen und organischen Böden gering, typischerweise zwischen 0,2 und 0,3 g cm^{-3} bei organischen Böden und noch geringer bei Torfen. Dies resultiert aus ihrer geringen Festsubstanzdichte und ihrem großen Porenvolumen. Bei einem Torfboden mit einer Lagerungsdichte von 0,25 g cm^{-3} und einer Festsubstanzdichte von 1,4 g cm^{-3} beträgt das Porenvolumen 0,8 cm^3 cm^{-3} (Tabelle 4.3). Bei dieser Lagerungsdichte wiegen die Böden bis in eine Tiefe von 15 bzw. 20 cm 375 bzw. 500 t ha^{-1} (s. Abschn. 3.7). Beim Trocknen tritt

4.2 · Bestimmung der Lagerungsdichte und des Porenvolumens

jedoch starker Gewichtsverlust ein, weshalb die ermittelten Werte vom Wassergehalt der Probe abhängig sind.

Porenziffer

In einem Boden, der eine Volumenänderung durch Verdichtung, Quellung oder Schrumpfung erfährt, ändert sich das Porenvolumen, da sich sowohl der Porenraum als auch das Bodenvolumen verändern. Vorteilhaft ist es, den Porenraum auf Festsubstanzvolumen oder -masse zu beziehen, da diese sich nicht verändern. Die *Porenziffer* wird ausgedrückt als cm^3 Poren cm^{-3} Festsubstanz.

Diese kann aus der Lagerungs- und Festsubstanzdichte wie folgt bestimmt werden: Betrachten wir 1 g ofentrockenen Boden, dann ist das Bodenvolumen = 1/Lagerungsdichte, die Festsubstanz = 1/Festsubstanzdichte und die Differenz ist das Volumen der Poren. Somit ist die

Porenziffer = (1/Lagerungsdichte − 1/Festsubstanzdichte)/(1/Festsubstanzdichte),

welche sich vereinfachen läßt zu (Festsubstanzdichte/Lagerungsdichte) − 1. Setzen wir die Werte aus dem obigen Beispiel ein: (2,65/1,50) − 1 = 0,77 cm^3 Poren cm^{-3} Festsubstanz.

Bestimmung der Porengrößenverteilung

Beobachtung und Schätzung

Da weite Grobporen (> 0,05 mm) auch ohne Vergrößerung sichtbar sind, kann eine Abschätzung des Grobporenanteils im Gelände vorgenommen werden (s. Abschn. 1.2). Dünnschliffe zeigen die Verteilung der Poren deutlicher, besonders bei Vergrößerung. Die Differenz zwischen dem gemessenen Gesamtporenvolumen und dem geschätzten Grobporenanteil läßt eine Abschätzung des Fein- und Mittelporenanteils zu.

Die Farbtafeln 5 a und 5 b zeigen das Bodengefüge eines Oberbodens unter Dauergrünland in Südschottland. Sehr deutlich läßt sich ein beträchtliches Volumen an sichtbaren Poren erkennen, die vielleicht 30 % des Bildausschnittes ausmachen. Vorausgesetzt, daß dies für die Porengrößenverteilung repräsentativ ist, beträgt der Grobporenanteil 0,3 cm^3 cm^{-3}. Mit Punktzähl-Methoden kann man diese Schätzung quantifizieren (Fitzpatrick 1980).

Freilandmessung

Grobporen entleeren sich per Definition bei Feldkapazität, während Mittel- und Feinporen wassergefüllt bleiben. Der Wassergehalt bei Feldkapazität ist daher ein Maß für die Differenz zwischen dem Gesamtporenvolumen und dem Fein- und Mittelporenanteil.

Man bringt den Boden auf Feldkapazität, indem solange bewässert wird, bis Versickerung eintritt. Man kann sich daran orientieren, daß Böden am Ende der sommerlichen Trockenperiode ca. 200 l Wasser pro m^{-2} benötigen, um den Boden bis 1 m Tiefe auf Feldkapazität zu bringen (Tabelle 12.1). Befindet sich der Boden bereits nahe der Feldkapazität, werden kleinere Wassermengen benötigt. Nach der Bewässerung sollte der Boden zwei Tage lang mit einer Plastikfolie abgedeckt werden, damit das Wasser abfließen kann, aber Verdunstung vermieden wird.

Man entnimmt mit Stechzylindern Proben und bestimmt den Wassergehalt des Bodens, indem man ihn erst feucht und dann nach Trocknung (bei 105 °C) wiegt.

Beispiel

Masse von feuchtem Boden + Behälter (a)	256,68 g,
Masse von trockenem Boden + Behälter (b)	224,28 g,
Wassermasse ($a - b$)	32,40 g,
Masse des Behälters (c)	74,02 g,
Masse des ofentrockenen Bodens ($b - c$)	150,26 g.

Rechenbeispiel

Man berechnet die Dichte des trockenen Bodens analog zu Abschn. 4.2. Für die eben aufgeführten Werte beträgt sie 1,50 g cm^{-3}.

Der Wassergehalt wird als g H$_2$O g^{-1} ofentrockenen Bodens berechnet: 0,22 g g^{-1} bzw. 0,22 cm^3 H$_2$O g^{-1} ofentrockenen Bodens.

Das Volumen von 1 g ofentrockenem Boden (spezifisches Volumen, s. Abschn. 4.3) wird aus der Dichte des trockenen Bodens berechnet: 1 g/1,50 g cm^{-3} = 0,667 cm^3.

Bei Feldkapazität befinden sich in diesem Fall 0,22 cm^3 H$_2$O in 0,667 cm^3 Boden bzw. 0,22/0,667 = 0,33 cm^3 H$_2$O cm^{-3} Boden; dieser Wert repräsentiert den Fein- und Mittelporenanteil.

Das Gesamtporenvolumen dieses Bodens mit der Lagerungsdichte von 1,50 g cm^{-3} beträgt 0,43 cm^3 cm^{-3}. Daraus ergibt sich ein Grobporenanteil von 0,43 – 0,33 = 0,10 cm^3 cm^{-3}.

Der Fein- und Mittelporenanteil kann durch Messung des Wassergehalts am Welkepunkt (s. Abschn. 5.2) in die jeweiligen Anteile der Fein- und Mittelporen unterteilt werden.

In Tabelle 4.3 sind typische Porengrößenverteilungen für Böden mit unterschiedlicher Korngrößenzusammensetzung angegeben.

4.3
Bodenquellung und -schrumpfung

Bei längeren Trockenperioden kann man an der Oberfläche von schweren Böden deutliche Auswirkungen der Schrumpfung erkennen. Es bilden sich Risse in annähernd hexagonalen Mustern, die mehrere cm breit und bis zu 50 cm tief sein können (siehe Farbtafel 21 a). Ähnliches kann man beobachten, wenn Unterböden in Gräben oder an neu angelegten Straßenböschungen an die Oberfläche gelangen und austrocknen.

Schrumpfung ist die Folge der Wasserverdunstung aus Böden mit überwiegend kleinen Poren: Wenn das Wasser entzogen wird, kann keine Luft in das starre Gerüst aus festen Bodenpartikeln und Poren eindringen; statt dessen rücken die Tonteilchen näher zusammen und reduzieren so das Porenvolumen, womit die gesamte tonige Bodensubstanz schrumpft. Infolge der vertikalen Schrumpfung stellt sich eine Absen-

4.3 · Bodenquellung und -schrumpfung

Abb. 4.5. Rißbildung in austrocknendem Ton

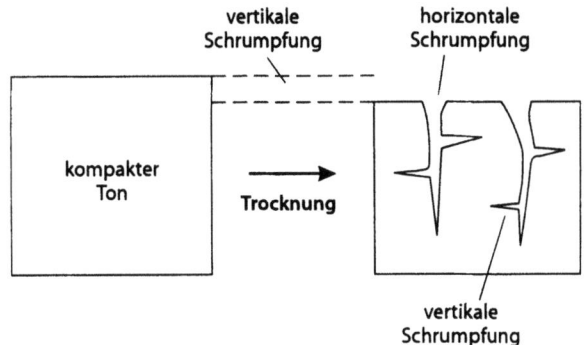

kung der Bodenoberfläche ein, während horizontale Schrumpfung nur unter Ausbildung vertikaler Risse erfolgen kann. Dann beginnt, von den Oberflächen der Risse ausgehend, der Boden auch in größerer Tiefe auszutrocknen. Die Spannungen, die sich aus dieser räumlich beschränkten Austrocknung ergeben, rufen horizontale Risse hervor, die von der Oberfläche der Vertikalrisse ausgehen (Abb. 4.5). Auf diese Weise setzt in einem frisch freigelegten tonigen Substrat die Gefügebildung ein. Eine Wiederanfeuchtung verursacht Quellung, aber die Rißflächen passen nicht mehr genau aufeinander, und es bildet sich auf ihnen eine Haut von komprimiertem Material (Farbtafel 4 b). Beim nächsten Zyklus aus Austrocknung und Wiederanfeuchtung werden sich tendenziell dieselben Risse öffnen, die nun zu Schwachstellen geworden sind. Es entstehen Tonhäutchen, die auch „*slickensides*" genannt werden.

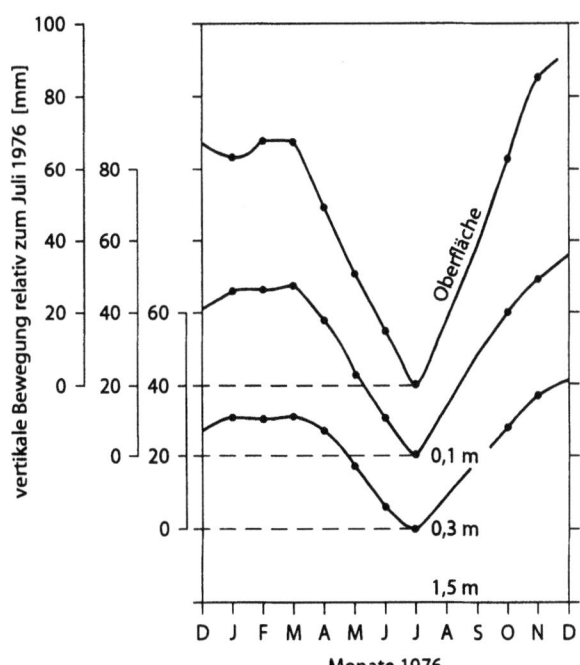

Abb. 4.6. Vertikale Bewegung in verschiedenen Tiefen eines Bodens aus Gault-Ton bei Compton Beauchamp in der Nähe von Oxford, England. Der Boden enthält 42–55 % Ton, vorwiegend Smectit (Daten von D. Payne)

Ein Beispiel für vertikale Schrumpfung wird in Abb. 4.6 gezeigt. Das Jahr 1976 war sehr trocken. Die Bodenoberfläche in Compton Beauchamp sank in den ersten 6 Monaten des Jahres um 67 mm und hob sich gegen Ende des Jahres um 90 mm. Die Schrumpfung der Tonbodenaggregate ist in Abb. 4.7 a aufgetragen. Es wurden Proben in nassem Zustand entnommen und Volumen sowie Wassergehalt während der Trocknung bestimmt. Dabei wurden drei Phasen beobachtet:

1. *Strukturelle Schrumpfung* tritt am Anfang ein, wenn der Ton zu schrumpfen beginnt und sich gleichzeitig einige große Poren mit Luft füllen.
2. *Normalschrumpfung* tritt auf, wenn die Volumenänderung gleich der Wassergehaltsänderung ist. Es erfolgt kein Luftzutritt, was im Diagramm eine Kurve mit einem Steigungswinkel von 45° ergibt. Bei diesem Boden trifft dies für einen Bodenwassergehalt zu, der von Feldkapazität bis knapp unter den Welkepunkt reicht.
3. *Restschrumpfung* tritt ein, wenn sich bei geringen Wassergehalten Risse bilden und Luft in diese und die sehr kleinen Poren eindringt.

Im Gegensatz dazu zeigen sandige Böden fast keine Schrumpfungserscheinungen; der gesamte Wasserverlust resultiert aus der Entleerung der Poren, die sich während des Trocknens in ihrer Größe nicht verändern (Abb. 4.7 a). Der Anteil luftgefüllter Poren in beiden Böden ist in Abb. 4.7 b dargestellt. Böden, deren Korngrößenzusammensetzung zwischen diesen beiden Extremen liegt, und Tonböden mit gut ausgebildetem Gefüge (Oberbodenhorizonte) liegen auch in ihren Eigenschaften zwischen den in der Abbildung dargestellten Böden.

Mit dem Wassergehalt von Tonböden ändert sich auch deren Konsistenz. Häufig verwendete Konsistenzindizes sind die *Ausroll- und Fließgrenze*. Smith und Mullins (1991) fassen die Methoden zusammen, und Archer (1975) gibt Werte an, die den Zusammenhang mit Korngrößenzusammensetzung und Humusgehalt herstellen.

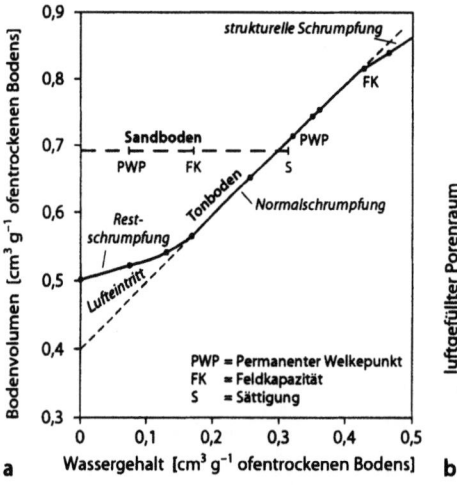
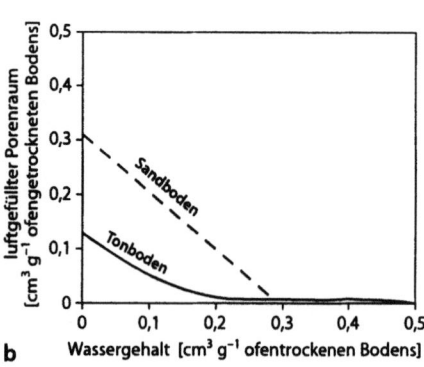

Abb. 4.7. a Schrumpfung von Tonaggregaten; die Proben wurden an der *Drayton Experimental Husbandry Farm* in Stratfort-upon-Avon entnommen. (0–40 cm Tiefe; 57 % Ton, vorwiegend Smectit; Festsubstanzdichte 2,65 g cm^{-3}). b Die gestrichelte Linie zeigt das Verhalten nicht schrumpfenden Sandbodens mit einer Lagerungsdichte von 1,45 g cm^{-3} (aus Lawrence *et al.* 1979)

4.3 · Bodenquellung und -schrumpfung

Messung der Schrumpfung während des Austrocknens

Nasser, durchgekneteter Boden wird in einen flachen, runden Behälter gefüllt und langsam getrocknet. Die Änderung des Wassergehaltes wird durch Wiegen verfolgt, und die Schrumpfung durch Messung des Durchmessers der Bodenscheibe.

Ausrüstung

- *Metall- oder Glasschüsseln*: Tiefe ca. 1 cm, Durchmesser 10 cm.
- *Boden*. Jeweils ungefähr 500 g Unterboden aus einem Ton-, einem Sand- und einem sandigen Lehmboden.
- *Vaseline*.

Methode

Man gibt Wasser zu einem Tonboden und rührt mit einem Stab um, bis sich ein weicher Teig gebildet hat. Der Boden sollte sich gerade am Übergang zwischen plastischer und flüssiger Konsistenz befinden und keine Luftblasen mehr enthalten. Der Ton wird noch mehrere Stunden lang Wasser aufnehmen; man sollte ihn über Nacht stehen lassen und, falls nötig, mehr Wasser zugeben. Zum Sand- und sandigen Lehmboden gibt man Wasser und rührt mit dem Stab um, bis die Böden gesättigt, aber nicht flüssig sind.

Man mißt die Innenmaße der Schüsseln und überzieht sie mit Vaseline, um ein Ankleben des Tons zu verhindern. Nun werden alle Schüsseln gewogen.

Man gibt den teigigen Boden in eine Schüssel, bis diese vollständig gefüllt ist; dies geschieht für jeden Boden zweimal. Mit einer Metallschiene streicht man überschüssigen Boden ab, bis dieser bündig mit dem Schüsselrand abschließt. Nun wiegt man Schüssel und Boden. Der Boden soll nun langsam in der Luft trocknen; es wird täglich gewogen und der Durchmesser der Bodenscheibe gemessen. Letzteres erfordert mehrere Messungen mit verschiedenen Winkeln über der Bodenscheibe. Wenn nahezu Gewichtskonstanz erreicht ist, läßt man den Boden über Nacht bei 105 °C trocknen und bestimmt das Trockengewicht des Bodens (s. Abschn. 3.3).

Berechnung

Man berechnet den spezifischen Wassergehalt (Anm. 1) nach jedem Wiegen als cm^3 H$_2$O g^{-1} ofentrockenen Bodens.

Das Volumen der Bodenscheibe wird jedesmal wie folgt berechnet: Anfangs beträgt der Scheibendurchmesser d_1 [cm] und die Dicke l_1 [cm] und damit das Volumen $l_1 \cdot \pi d_1^2 / 4$ [cm^3]. Wenn der Durchmesser sich auf d_2 verringert hat, kann man davon ausgehen, daß auch die Dicke im gleichen Verhältnis abgenommen hat, daß also die Schrumpfung gleichmäßig verläuft. Damit ergibt sich eine neue Dicke $l_2 = l_1 d_2 / d_1$ und ein neues Volumen $l_1 d_2 / d_1 \cdot \pi d_2^2 / 4$. Man drückt die Ergebnisse als spezifische Volumina in cm^3 Boden g^{-1} ofentrockenen Bodens aus.

Datenauswertung

Ein Beispiel mit Daten für einen Tonboden ist in Abb. 4.8 dargestellt. Der durchgeknetete Ton wurde anfänglich gesättigt. Normalschrumpfung findet bis zu einem Wassergehalt von etwa 0,3 cm^3 g^{-1} statt. Man beachte, daß das Bodenvolumen = Festsubstanzvolumen + Wasservolumen + Luftvolumen ist. Wäre keine Luft in den Ton

Abb. 4.8. Schrumpfungskurven für durchgeknetete Böden

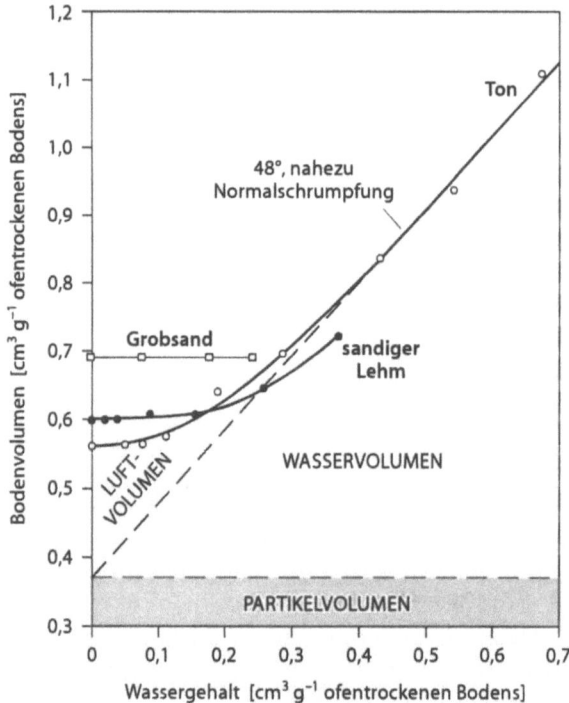

eingedrungen, würde sich die Kurve der Normalschrumpfung bis zur y-Achse fortsetzen, und der Schnittpunkt mit der Achse wäre der Punkt, an dem (in einem imaginären Boden ohne Luft und Wasser)

Bodenvolumen = Festsubstanzvolumen = 0,38 cm^3 g^{-1}.

Am tatsächlichen Schnittpunkt gilt:

Bodenvolumen (ohne Wasser) = Festsubstanz- + Luftvolumen = 0,56 cm^3 g^{-1},

woraus sich für den trockenen Boden ein Luftvolumen von 0,18 cm^3 g^{-1} berechnen läßt. Die Abweichung der gemessenen Linie von der Normalschrumpfungskurve gibt das Luftvolumen des Bodens bei jedem beliebigen Wassergehalt an.
Das spezifische Bodenvolumen ist der Kehrwert der Dichte, und damit gilt:

Festsubstanzdichte = 1/spezifisches Festsubstanzvolumen = 1/0,38 = 2,63 g cm^{-3}

und

Bodentrockendichte = 1 / spezifisches Bodentrockenvolumen
= 1 / 0,56 = 1,79 g cm^{-3}.

Vergleicht man mit den Bodendaten in Tabelle 4.1, dann ist der durchgeknetete Ton sehr dicht, hart und fest. Der durchgeknetete und getrocknete sandige Lehm hat eine Lagerungsdichte von 1,67 g cm^{-3} und zeigt ebenfalls die Folgen eines geschädigten Bodengefüges.

4.3 · Bodenquellung und -schrumpfung

Drayton-Daten. Die Analyse der Daten von Abb. 4.7 a ist nicht so unkompliziert wie diejenige der Daten von Abb. 4.8, da während der strukturellen Schrumpfung etwas Luft in den Boden eindringt. Dennoch wurde die Festsubstanzdichte gemessen (2,65 g cm^{-3}, Abschn. 4.1), woraus sich ein spezifisches Festsubstanzvolumen von ½.65 = 0,377 cm^3 g^{-1} ergab. An jeder Stelle der Kurve gilt:

Bodenvolumen = Luftvolumen + Wasservolumen = 0,377.

Da das Wasservolumen bekannt ist, kann das Luftvolumen berechnet werden, wie in Abb. 4.7 b gezeigt wurde. Nur 0,01 cm^3 Luft g^{-1} dringen während der strukturellen Schrumpfung in den Boden ein; der Luftgehalt bleibt während der Normalschrumpfung konstant und erhöht sich bei der Restschrumpfung auf 0,12 cm^3 g^{-1} ofentrockenen Bodens. Die Werte zeigen, daß der Steigungswinkel des geraden Abschnitts der Kurve 44° beträgt, was dem Steigungswinkel der Normalschrumpfung nahekommt.

Alternativmethode

Mit der oben vorgestellten Methode kann das Bodenvolumen nicht genau genug bestimmt werden. In Abschn. 1.2 wurde eine alternative Methode vorgestellt, bei der das Volumen wachsüberzogener Aggregate mit Hilfe des Archimedischen Prinzips bestimmt wurde.

Ausrüstung

- *Saranharz.* Man gibt 200 g Saranharz F220 (Aldrich Chemical Company) in 1 l Methylethylketon. Über ein bis zwei Tage hinweg wird gelegentlich umgerührt, bis sich das Harz aufgelöst hat. Bei Aggregaten mit großen Poren verwendet man 250 g l^{-1}.

Man nimmt einige Aggregate aus dem feuchtem Tonboden, bindet um jedes einen Faden und wiegt sie. Man beschichtet die Aggregate durch langsames Eintauchen in die Saranlösung und läßt das Lösungsmittel verdunsten. Nun wird abermals gewogen. Das Aggregatvolumen wird nun nach der in Abschn. 1.2 beschriebenen Methode bestimmt. Man läßt die Aggregate an der Luft hängen, damit sie trocknen. Der Harzüberzug ist

1. für Wasserdampf, aber nicht für flüssiges Wasser permeabel und ermöglicht
2. eine langsame Trocknung, was die vorzeitige Bildung von Rissen verhindert, und
3. er schrumpft mit dem Aggregat. Man wiegt und vermißt das Aggregat von Zeit zu Zeit. Wenn die Masse praktisch konstant bleibt, läßt man über Nacht bei 105 °C trocknen und bestimmt die ofentrockene Masse des Aggregats.

Anmerkung 1. Die Bezeichnung „spezifisch" wird verwendet, um physikalische Mengenabgaben zu kennzeichnen, die sich auf eine Masseneinheit beziehen. Somit ist das spezifische Volumen = Volumen/Masse. In Abb. 4.7 wird der Begriff für das Bodenvolumen, das Luftvolumen und den Wassergehalt verwendet. Er wird auch für die Oberfläche von Tonmineralen verwendet: In Tabelle 2.3 ist m^2 g^{-1} die Einheit der spezifischen Oberfläche.

4.4
Wirkung von Fahrzeugen und Bodenbearbeitungsgeräten auf das Porenvolumen

Fahrzeugräder

Am *Scottish Centre of Agricultural Engineering* wurden Experimente (Smith 1987) durchgeführt, deren Ergebnisse wir verwenden können, um den Einfluß der Räder von Fahrzeugen auf das Porenvolumen zu untersuchen. Bei diesen Experimenten wurde ein sandiger Lehmboden im Herbst gepflügt, im Frühling geeggt und mit einer leichten Walze eingeebnet. Die Ackerfläche wurde mit einem Traktor und einem Anhänger befahren (Farbtafel 7); die Lagerungsdichte wurde sowohl unterhalb als auch neben der Reifenspur gemessen. In Tabelle 4.5 sind die bei dieser Bodenbearbeitung relevanten Informationen enthalten, Abb. 4.9 enthält die Lagerungsdichtewerte, und Abb. 4.10 zeigt die Arbeitsgeräte sowie ihre Wirkung auf den Boden.

Die Reifen verursachen eine Bodenabsenkung um 11 cm; der Boden muß an Festigkeit zugenommen haben, bis er der Belastung von 98 kPa unter den Reifen des Anhängers standhalten konnte. Diese Stabilitätszunahme ging mit einer Zunahme der Lagerungsdichte und einer Abnahme des Porenvolumens einher. Diese Veränderungen sind vor allem mit einer Abnahme des Grobporenanteils verbunden.

Datenauswertung

Folgende Hypothese soll überprüft werden: *die Räder verursachen eine Verdichtung des Bodens, die vom Boden nur durch eine vertikale Bewegung kompensiert wird.* Ist diese Annahme richtig, dann ist das Volumen der Wagenspur gleich der Abnahme des Bodenvolumens in einer Bodensäule unter dieser Fahrspur, und diese wiederum

Tabelle 4.5. Auflast- und Druckwerte von Traktorrädern und Radanhängern

Rad	Radlast [kN]	Reifen-Boden-Kontaktfläche [m^2]	Reifen-Boden-Auflagedruck [kPa]
Traktorvorderrad	6,9	0,08	86
Traktorhinterrad	19,1	0,25	76
Anhänger	31,2	0,32	98

- Das *Gewicht* (Last) ist die Kraft, die entsteht, wenn die Schwerkraft auf die Masse der Arbeitsgeräte wirkt. Eine Masse von 0,1 kg erzeugt ein Gewicht von 1 N (Newton). Der Druck, der nun auf den Boden ausgeübt wird, resultiert aus der Kraft, die auf die Kontaktfläche übertragen wird.
- *Druck* in Pascal [Pa] = Kraft/Fläche [N m^{-2}].
- Das Rad des Anhängers (31,2 kN = 31,2 · 100 kg = ca. 3 t) verteilt seine Last auf eine Fläche von 0,32 m^2 und erzeugt einen Druck von 98 kPa. Verwendet man geläufigere Einheiten, dann ist der Druck auf den Boden ca. 10 t m^{-2} groß, was man in Relation zu den international verwendeten Reifendrücken setzen kann. Große Räder werden verwendet, um die Last auf eine größere Fläche zu verteilen und den herrschenden Druck zu reduzieren. Aus diesem Grund besitzen die Reifen auch einen niedrigen Druck. Wenn der oben erwähnte Anhänger groß genug ist, kann man den Reifendruck halbieren und damit die Kontaktfläche auf etwa 0,64 m^2 verdoppeln. Dadurch wird der auf den Boden wirkende Druck auf ca. 5 t m^{-2} verringert. Die tatsächlichen Werte hängen von der Reifenstärke und anderen Faktoren ab. In jedem Fall konnte der Schaden am Bodengefüge, der durch Räder verursacht wird, reduziert werden (Farbtafel 7).

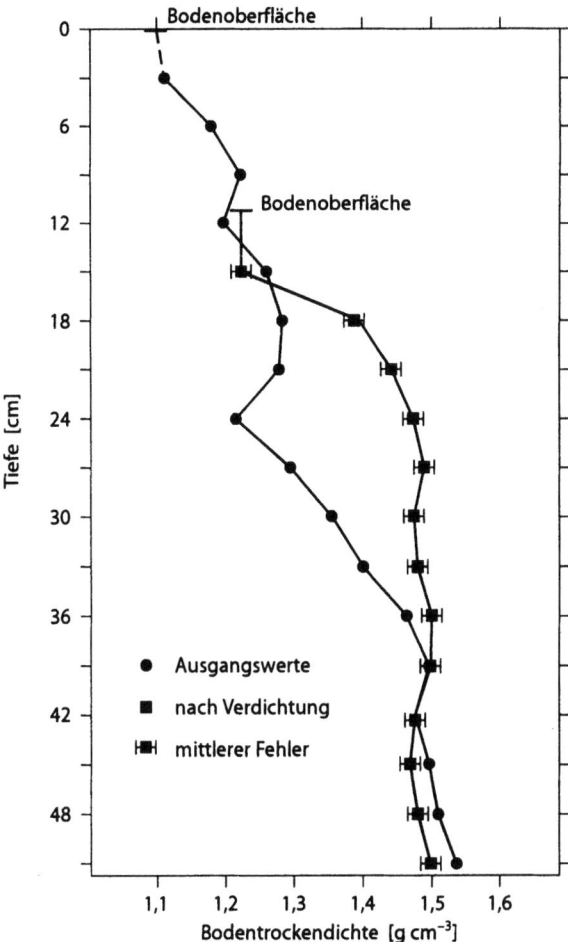

Abb. 4.9. Dichte des trockenen Bodens vor und nach dem Befahren (Smith 1987)

muß der Abnahme des Porenvolumens in der Säule entsprechen. Diese Hypothese kann überprüft werden, wenn man aus den Dichtewerten die Veränderung des Porenvolumens berechnet. Man muß weiterhin annehmen, daß der Standort ursprünglich einheitlich war und die Veränderung der Lagerungsdichte von den Bodenbearbeitungsmaßnahmen herrührt.

Wir betrachten eine unter dem Reifen liegende Bodensäule mit einer Grundfläche von 1 cm² und einer Tiefe von 51 cm; dies sind die Grenzen der Messung. Die Lagerungsdichte wurde in 3-cm-Intervallen bestimmt, d.h. jeder Punkt in Abb. 4.9 kann für die Dichte innerhalb eines Bodensegments auf jeder Seite der Meßtiefe als repräsentativ angesehen werden. Wenn beispielsweise im unbearbeiteten Boden die erste Messung in 3 cm Tiefe vorgenommen wurde und 1,11 g cm^{-3} beträgt, dann ist dieses Ergebnis für den Boden zwischen 0 und 4,5 cm repräsentativ. Die zweite Messung repräsentiert den Boden zwischen 4,5 und 7,5 cm und so weiter in 3-cm-Abschnitten. Im verdichteten Boden liegt das 0–11-cm-Segment in der Fahrspur, und die erste Dichtemessung repräsentiert das 11–16,5-cm-Segment, auf das wiederum 3-cm-Abschnitte folgen. Tabelle 4.6 zeigt die Werte vor und nach der Verdichtung. Die Lage-

Tabelle 4.6. Porenvolumen vor und nach der Verdichtung

Segmenttiefe [cm]	Bodendichte [g cm^{-3}]	Partikelvolumen [cm^3 cm^{-3}]	Porenvolumen [cm^3 cm^{-3}]	Segment-Porenvolumen [cm^3]
vor der Verdichtung				
0 – 4,5	1,11	0,43	0,57	2,57
4,5 – 7,5	1,19	0,46	0,54	1,62
und folgende 3-cm-Segmente bis				
49,5 – 52,5	1,52	0,58	0,42	1,26
				Summe 25,46
nach der Verdichtung				
0 – 11	kein Boden			
11 – 16,5	1,23	0,47	0,53	2,92
16,5 – 19,5	1,41	0,54	0,46	1,38
und folgende 3-cm-Segmente bis				
49,5 – 52,5	1,49	0,57	0,43	1,29
				Summe 18,43

rungsdichtewerte wurden aus Abb. 4.9 abgelesen, und es wurde eine Festsubstanzdichte von 2,6 g cm^{-3} angenommen (das entspricht dem Wert für kultivierten Mineralboden, s. Abschn. 4.1). Es gilt: Festsubstanzvolumen = Lagerungsdichte/2,6 g cm^{-3} (s. Abschn. 4.2) und Porenvolumen = 1 − Festsubstanzvolumen [cm^3 cm^{-3}] (Gleichung 4.1).

Das Porenvolumen pro Segment ist gleich dem Produkt aus Porenvolumen [cm^3 cm^{-3}] und Segmentvolumen [cm^3]. Das Gesamtporenvolumen der Bodensäule wurde berechnet; es beträgt unbeeinflußt 25,46 cm^3 und nach der Verdichtung 18,43 cm^3, was einem Porenraumverlust von 7,03 cm^3 entspricht. Wenn man davon ausgeht, daß unterhalb 50 cm Bodentiefe keine Veränderungen stattgefunden haben, dann wurde eine Fahrspur mit einem Volumen von 11 cm^3 bei einem Porenraumverlust in der Bodensäule von nur 7 cm^3 geschaffen.

Es ist völlig klar, daß die Hypothese nicht richtig sein kann, da die verbleibenden 4 cm^3 des Volumens der Fahrrinne durch andere Bodenbewegungen als eine vertikale Verdichtung aufgefangen werden mußten. Smith (1987) hat diese Veränderungen genauer untersucht. Der Boden wurde aus der Säule unter dem Rad horizontal herausgedrückt, was vermutlich zu einer Hebung des Bodens an beiden Seiten der Reifenspur geführt hat. Abb. 4.10 ist eine schematische Darstellung der Veränderungen, die in den 17 Segmenten von diesem Fahrzeug oder anderen landwirtschaftlichen Maschinen hervorgerufen wurden. Die Dichte der Querlinien repräsentiert die Lagerungsdichte, die Verbreiterung der Segmente weist auf die horizontale Bodenverschiebung hin, und die unterschiedliche Breite der Säulen ist ein Hinweis auf die Breite der Räder. Der leichte Sprühwagen hat die geringste Wirkung, ein beladener Anhänger die größten. Der Kettenanhänger (ein eher ungewöhnliches Gerät) zeigt eine eher geringe Wirkung, da er das gleiche Gewicht auf eine größere Bodenfläche verteilt, wodurch sich der auf den Boden ausgeübte Druck von 98 auf 25 kPa reduziert.

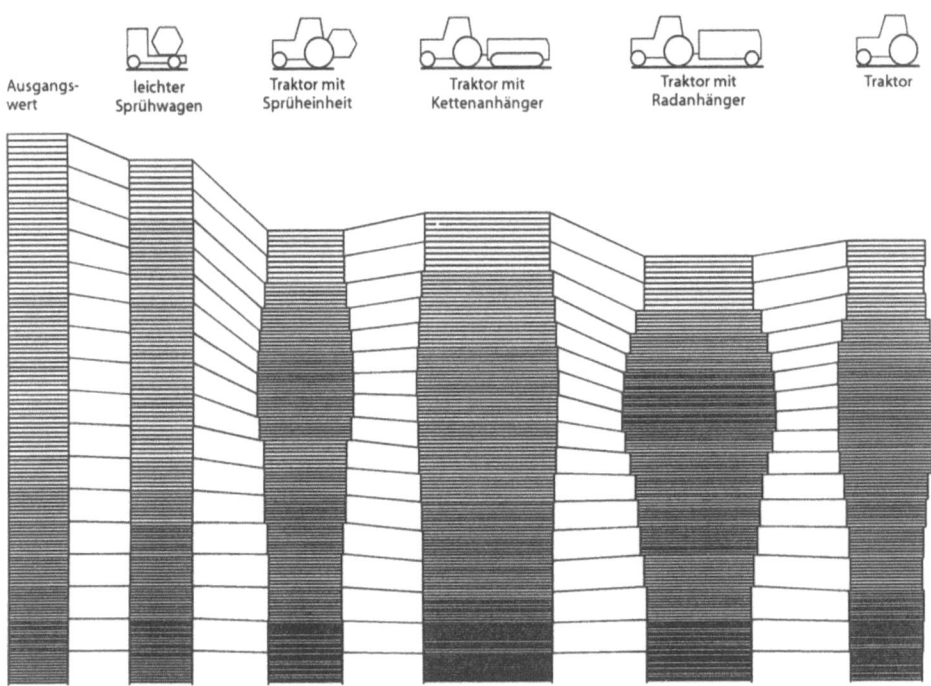

Abb. 4.10. Darstellung der Lagerungsdichte von Bodensäulen bzw. -segmenten vor und nach dem Befahren mit fünf verschiedenen Fahrzeugen (Smith 1987)

Bodenbearbeitung

Bodenbearbeitung wird aus vielerlei Gründen durchgeführt: um Ernterückstände und Unkräuter unterzupflügen, um ein Saatbett mit geeignetem Bodengefüge für die nachfolgende Feldfrucht zu bereiten, und gelegentlich auch, um den verfestigten Boden einer Pflugsohle aufzubrechen. Die durch die Bodenbearbeitung hervorgerufenen Veränderungen der Lagerungsdichte können gemessen werden und dienen als Hinweis auf Gefügeveränderungen.

In Experimenten am *Scottish Centre of Agricultural Engineering* (Soane 1975) hat man an einem Boden, auf dem Getreide angebaut wurde, vier Bodenbearbeitungsmaßnahmen durchgeführt. Im Anschluß an eine Getreideernte wurde der Boden im Herbst bearbeitet; eine zweite Bodenbearbeitung erfolgte im Frühjahr (Tabelle 4.7). Es wurde Gerste ausgesät, ohne daß vorher gepflügt worden wäre; dazu wurde *Direkteinsaat* vorgenommen, wobei der Samen in eine Spalte gelegt wird, die in den nicht bearbeiteten Boden geschnitten wird. Während der Wachstumsperiode wurde die Dichte des trockenen Bodens bestimmt; die Werte sind in Abb. 4.11 dargestellt. Die Meßergebnisse können der Beantwortung der folgenden Fragen dienen:

Bis zu welcher Tiefe ist der Boden in den vorausgegangenen Jahren möglicherweise bearbeitet worden?

Tabelle 4.7. Bodenbearbeitungsverfahren

Bearbeitungsart	Primärbearbeitung (Herbst)	Sekundärbearbeitung (Frühjahr)
tiefes Pflügen	Streichblech- Pflügen einmal bis 30–35 cm	Eggen (zweimal)
flaches Pflügen	Streichblech- Pflügen einmal bis 15–20 cm	Eggen (zweimal)
Grubbern	Grubbern bis zur maximal möglichen Tiefe an insgesamt drei Terminen im Herbst und Winter	Eggen (zweimal)
kein Pflügen	nichts	nichts

Ein Streichblech-Pflug wendet die Bodenoberfläche (s. Bildtafel 4.2); ein Grubber bricht den Boden auf, ohne ihn zu wenden; Eggen lockert die oberen Zentimeter wie ein Rechen. Für weitere Informationen zu Bodenbearbeitungsmethoden siehe Davies *et al.* 1972.

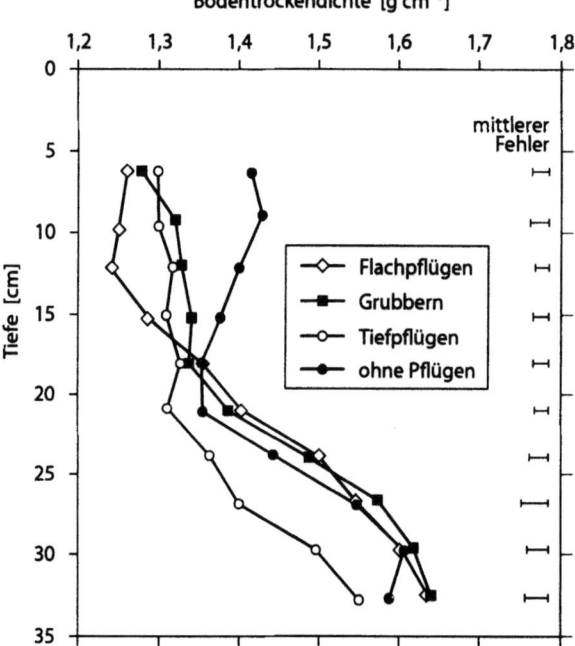

Abb. 4.11. Wirkung von Bodenbearbeitungsmaßnahmen auf die Lagerungsdichte (Soane 1975)

- Der Verzicht auf Pflügen ist der beste Hinweis auf die Bodenbearbeitung in den vorausgegangenen Jahren: Obwohl die Bodenoberfläche durch die Landmaschinen beeinflußt wurde, ist kaum mit signifikanten Einflüssen in größerer Bodentiefe zu rechnen. Die Dichtezunahme unter 20 cm ist sowohl für nicht bearbeitete Böden als auch für kultivierte, etwas verdichtete Böden (mit Pflugsohlen) typisch. Der Knick bei etwa 20 cm legt nahe, daß frühere Bodenbearbeitungsmaßnahmen diese Tiefe erreicht haben. In einem nicht bearbeiteten Boden würde sich die Abnahme der Lagerungsdichte bis zur Oberfläche fortsetzen.

Wie wirken sich die bei der Direkteinsaat verwendeten Maschinen auf die pfluglose Bearbeitung aus?

- Wenn der Boden in den vorausgegangenen Jahren bis zu einer Tiefe von ca. 20 cm gepflügt wurde, wären dadurch Lagerungsdichten ähnlich den durch flaches Pflügen erzeugten entstanden. Anschließend wäre eine Sackungsverdichtung eingetreten. Erntemaschinen und andere Landmaschinen hätten den Oberboden verfestigt; die Einsaat würde eine weitere Verdichtung des Oberbodens hervorrufen. Die Zunahme der Lagerungsdichte bei 20 cm spiegelt diese Veränderung wider.

Bis in welche Tiefe hat sich das Flachpflügen und Grubbern ausgewirkt?

- Vergleicht man diese Bearbeitungsmethoden mit der pfluglosen Bearbeitung, so zeigt sich, daß beide den Boden bis ca. 17,5 cm gelockert haben und der Streichblechpflug die größte Wirkung hat. Unterhalb dieser Tiefe rufen beide Methoden Verdichtung hervor und verstärken die Bildung einer Pflugsohle.

Welche Veränderungen sind durch das Tiefpflügen eingetreten, sowohl unmittelbar nach dem Pflügen als auch später?

- Der Boden wurde bis zu einer Tiefe von 30–35 cm umgebrochen. Vor diesem Pflügen hatte der Boden wahrscheinlich eine Dichte ähnlich der eines nie gepflügten Bodens. Bodenmaterial, das ursprünglich tiefer als 20 cm lag, wurde stark gelockert und mit geringerer Dichte an die Oberfläche geholt. Der oberflächennahe Boden wurde gleichfalls gelockert, aber später in größerer Tiefe wieder verdichtet. Die obersten 15 cm haben nach dem Tiefpflügen eine höhere Lagerungsdichte als dies bei flachem Pflügen der Fall wäre, was die anfänglich höhere Dichte des Bodens in größerer Tiefe widerspiegelt.

4.5
Praktische Übungen

1. Bestimmen Sie unter Verwendung von Messungen der Lagerungsdichte das Porenvolumen unter den folgenden Gegebenheiten:
   a) Unter der Fahrspur auf einer bearbeiteten Fläche. Dabei kann es sich um eine landwirtschaftlich genutzte Fläche oder den Sportplatz einer Schule handeln.
   b) Vergleichen Sie einen Sportplatz, auf dem durch Spiele bei nassem Wetter der Boden aufgewühlt und verfestigt wurde, mit einer ähnlichen Fläche abseits des Spielfeldes (s. Bullock und Gregory 1991, Kap. 6)!
2. Messen Sie die Kräfte, die auf einen bearbeiteten Boden einwirken, indem Sie z.B. die Belastung einer bestimmte Fläche erhöhen! Ein Plastikeimer wird in einen hölzernen Rahmen mit einer 10 x 10 cm messenden Fußplatte gestellt. Gießen Sie Wasser in bekannter Menge in den Eimer und messen Sie die Absenkung der Fußplatte! Auf ähnliche Weise kann eine bestimmte Last durch Platten unterschiedlicher Fläche auf den Boden übertragen werden.
   Tragen Sie die Beziehung zwischen Einsinktiefe und Druck graphisch auf! Erhält man dieselbe Beziehung für Platten verschiedener Größe? Messen Sie nun die Größe des Hufabdrucks einer Kuh! Berechnen Sie den entstehenden Druck, wenn die Kuh 500 kg wiegt und mindestens zwei Hufe auf dem Boden hat; machen Sie eine Voraussage über die Eindringtiefe des Hufs in den oben betrachteten Boden!
   Dieses Experiment kann man unmittelbar nach Sättigung des Bodens mit Wasser ausführen. Dazu deckt man den Boden ab und mißt nach zwei Tagen wieder,

wenn der Boden auf Feldkapazität (s. Abschn. 4.2) entwässert ist, oder nach einer langen Trockenperiode.
Führen Sie ähnliche Experimente auf Grünland durch!

3. Bestimmen Sie die Festsubstanz- und Lagerungsdichte von Golfbällen, Murmeln und Kugellager-Kugeln, wenn sie in einen Behälter bekannten Volumens gepackt werden! Vergleichen Sie die eigenen Ergebnisse mit den Werten in Anschluß an Übungsaufgabe 5, Abschn. 4.6!
   Trennen Sie den Bausand entweder durch Sieben oder nach der in Abschn. 2.3 beschriebenen Sedimentationsmethode in Partikel bekannter Größenordnung! Bestimmen Sie die Festsubstanzdichte und die Dichte des trockenen Bodens, wenn sich die Teilchen in einem Behälter geeigneten Volumens befinden, und vergleichen Sie mit den berechneten Werten! Führen Sie ein ähnliches Experiment mit der gesamten Sandprobe durch und zeigen Sie, daß Gemische verschiedener Korngrößen höhere Lagerungsdichten besitzen!

4. Entnehmen Sie mit Stechzylindern zur Bestimmung der Lagerungsdichte an mehreren Standorten aus verschiedenen Bodentypen (z.B. leichte und schwere Böden, Acker- und Grünlandboden) Proben! Bestimmen Sie die Lagerungsdichte und das Porenvolumen!

5. Verwenden Sie die Informationen aus dem Artikel von Smith (1987) als Grundlage für eine Datenanalyse, wie sie in Abschn. 4.4 beschrieben ist!
   a) Vervollständigen Sie die Werte in Tabelle 4.6, um die angegebenen Daten des Gesamtporenvolumens zu überprüfen!
   b) In Abb. 4.6 scheint es, als ob der Einsatz des leichten Sprühwagens keine horizontalen Bodenverschiebungen hervorruft. Überprüfen Sie diese Schlußfolgerung, indem Sie unter Zuhilfenahme von Abb. 2 (aus Smith 1987) das Gesamtporenvolumen nach Durchfahrt des Sprühwagens berechnen!
   c) Die Schlußfolgerungen aus (a) und (b) kann man überprüfen, wenn man nach jeder Bearbeitung die Bodenmasse unter der Fahrspur berechnet. Hat unter der Spur keine horizontale Verschiebung des Bodens stattgefunden, dann ist die Bodenmasse unverändert. Man muß allerdings davon ausgehen, daß unterhalb von 51 cm keine Veränderungen eintreten. Multiplizieren Sie für jedes Segment das Bodenvolumen mit der Dichte, um die Segmentmasse zu ermitteln!
   d) Verwenden Sie die Werte aus Tabelle 1 und Abb. 2 (aus Smith 1987) und tragen Sie die Tiefe der Fahrspur gegen den Bodendruck auf! Smith' Abb. 10 hilft bei der Erklärung, warum sich die Daten nicht durch eine einfache Beziehung erklären lassen. Berechnen Sie die Kontaktflächen der Reifen für die beiden in Abb. 10 vorgenommenen Bearbeitungsweisen!
   e) Berechnen Sie mit den Daten aus Abb. 4.11 die Erhöhung der Bodenoberfläche durch die drei Bearbeitungsverfahren mit Pflugeinsatz, verglichen mit der pfluglosen Methode! Die Tiefen sind relativ zu den jeweils neuen Bodenoberflächen angegeben.
   Vorschlag: Berechnen Sie die Bodenmasse pro Segment und bilden Sie die Summe aus den Massen! Die Differenzen in der Gesamtmasse beziehen sich auf das nicht entnommene Bodensegment aus einer Tiefe von mehr als 35 cm (Abb. 4.12). Berechnen Sie die Mächtigkeit dieses Segments unter der Annahme, daß es die gleiche Lagerungsdichte besitzt wie das Segment bei 33 cm!

6. Abschnitt 4.3 beschreibt eine Übung zur Bestimmung der Bodenschrumpfung.

Abb. 4.12. Veränderung des Niveaus der Bodenoberfläche nach der Bearbeitung

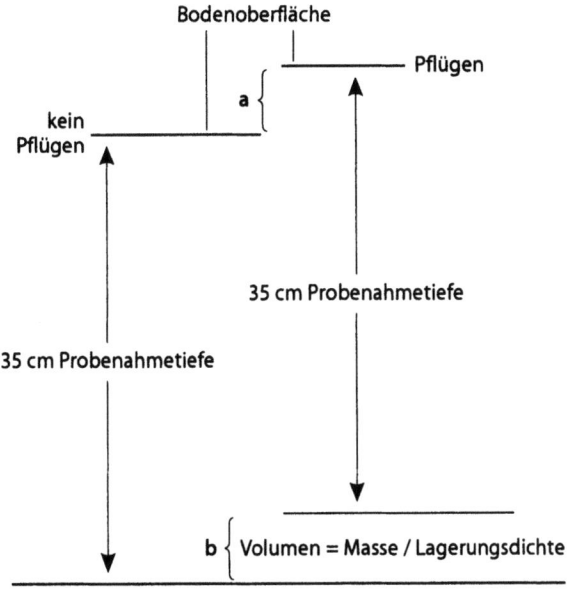

a = Erhöhung des Bodenniveaus
b = betragsmäßig gleich mit der Erhöhung des Bodenniveaus

4.6 Übungsaufgaben

1. Eine zylindrische Bodenprobe von 5 cm Durchmesser und 5 cm Länge wurde bei Feldkapazität im Gelände entnommen. Der feuchte Boden wog 156,5 g; nach dem Trocknen bei 105 °C wog er 11,0 g. Berechnen Sie:
   a) den Wassergehalt des Bodens [g g^{-1} ofentrockenen Bodens]. (*Antwort*: 0,41)
   b) die Dichte des trockenen Bodens [g cm^{-3}]. (*Antwort*: 1,13)
   c) den volumetrischen Wassergehalt [cm^3 cm^{-3}]. (*Antwort*: 0,46)
   d) das Volumen der festen Bestandteile in 1 cm^3 Boden unter der Voraussetzung, daß die Festsubstanzdichte 2,6 g cm^{-3} beträgt. (*Antwort*: 0,46 cm^3)
   e) das Porenvolumen von 1 cm^3 trockenem Boden. (*Antwort*: 0,57 cm^3)
   f) das Volumen der Grobporen in 1 cm^3 Boden. (*Antwort*: 0,11 cm^3)

   Am Welkepunkt enthielt dieser Boden 0,08 cm^3 Wasser cm^{-3} Boden. Berechnen Sie das Volumen der Mittel- und Feinporen in 1 cm^3 Boden! (*Antwort*: 0,38, 0,08 cm^3)

2. Der Wassergehalt eines sandigen Lehmbodens betrug bei Feldkapazität 20 g Wasser pro 100 g ofentrockenen Bodens. Wenn die Dichte des trockenen Bodens 1,3 g cm^{-3} beträgt, wie groß ist dann der Wassergehalt in cm^3 H$_2$O cm^{-3} Boden? (*Antwort*: 0,26). Dieser Boden wurde auf 1,5 g cm^{-3} verdichtet, ohne daß er Wasser verloren hat. Berechnen Sie erneut den Wassergehalt sowohl in g pro 100 g als auch in cm^3 cm^{-3}! (*Antwort*: 20, 0,3) Bei fortgesetzter Verdichtung würde man schließlich ein Stadium erreichen, bei dem Wasser ausgepreßt wird (Sättigung).

Berechnen Sie die Lagerungsdichte, bei der dies eintritt, unter der Annahme, daß die Dichte der festen Bodenbestandteile 2,6 g cm^{-3} beträgt! (*Antwort*: 1,71). Man beachte, daß das Wasser schon früher austreten würde, da eingeschlossene Luft vorhanden ist.

3. Die folgenden Festsubstanzdichten wurden für Proben aus dem A- und C-Horizont eines Bodenprofils ermittelt: A, 2,3 g cm^{-3}; C, 2,6 g cm^{-3}. Berechnen Sie den Anteil an organischer Bodensubstanz in jeder Probe, wenn man für die Dichte der Mineralkörner 2,65 g cm^{-3} und die Dichte der organischen Bodensubstanz 1,4 g cm^{-3} einsetzt!
   Vorschlag: Die Masse der organischen Bodenbestandteile sei x und die der Mineralkörner $(1 - x)$ g g^{-1} Boden. Drücken Sie das Volumen der Festsubstanz beider Bodenkomponenten in Abhängigkeit von x aus und bilden Sie die Summe daraus, um das Gesamtvolumen der Festsubstanz in 1 g Boden zu erhalten! Berechnen Sie außerdem das Gesamtvolumen der Festsubstanz in cm^3 g^{-1} aus der Festsubstanzdichte der Probe! Setzen Sie beide Volumina gleich und lösen nach x auf! (*Antwort*: A 17 %, C 2,2 %)

4. Ein gepflügter Horizont enthält 0,17, 0,2 und 0,12 cm^3 Grob-, Mittel- und Feinporen cm^{-3} Boden. Ein Traktor fährt über diesen Boden, was die Oberfläche um 2 cm eingedrück. Wenn diese Verdichtung gleichmäßig über die oberen 20 cm des Bodens durch eine Verringerung des Grobporenanteils aufgefangen wird, wie groß ist dann der verlorengegangene Anteil dieser Poren? (*Antwort*: 0,59). Wie groß war die durchschnittliche Lagerungsdichte im Pflughorizont vor und nach der Verdichtung? Rechnen Sie mit einer Festsubstanzdichte von 2,6 g cm^{-3}! (*Antwort*: 1,33 und 1,59 g cm^{-3}).

5. Berechnen Sie mit dem Ansatz von Abb. 4.1 das Porenvolumen einer Lage kugelförmiger Sandkörner in lockerer Packung für mehrere Korngrößen, um zu zeigen, daß das Porenvolumen von der Korngröße unabhängig ist, wenn die Körner so gepackt sind! Beweisen Sie rechnerisch diese Unabhängigkeit!
   Schwieriger ist es, das Porenvolumen einer dichten Packung zu bestimmen. Untersuchen Sie die Anordnung von Murmeln und versuchen Sie das Porenvolumen zu bestimmen! (Man beachte, daß es verschiedene Möglichkeiten der räumlichen Anordnung gibt.)

KAPITEL 5

Bodenwasser

Der Porenraum des Bodens wird entweder von Wasser oder Luft eingenommen. Der Wassergehalt verändert sich mit den Witterungsverhältnissen, die die Wasserzufuhr, die Versickerung und Verdunstung (*Evaporation*) aus dem Boden steuern, sowie mit den Blattflächen, die die Wasserabgabe über Pflanzen (*Transpiration*) steuern. Diese steuernde Funktion wird von den lebenden Blättern der Pflanzen über die Transpiration, aber auch durch den Einfluß abgefallenen Laubs auf die Evaporation ausgeübt. Die Fähigkeit des Bodens, Versickerung zuzulassen, pflanzenverfügbares Wasser zu speichern und einen Teil des Wassers so fest zu binden, daß Pflanzen es nicht nutzen können (Totwasser), hängt von der Größe, Form und Kontinuität der Bodenporen ab.

Das Vorhandensein von Bodenwasser hat einen merklichen Einfluß auf die physikalischen Bodeneigenschaften. So nehmen die Kohäsion (der Zusammenhalt der Bodenteilchen und damit der Widerstand gegenüber Bodenbearbeitung) und die Fähigkeit, Lasten zu tragen (Widerstandsfähigkeit gegenüber Verdichtung), häufig mit dem Trocknen der Böden zu. Diese Eigenschaften werden – über ihre Wirkung auf die Verteilung der Poren unterschiedlicher Größe (*Porengrößenverteilung*) und damit der Verteilung des Wassers in diesen Poren, und die Gefügestabilität, die von der Stärke der Bindungen zwischen den Bodenteilchen abhängt – auch von der Bodenart, dem Gehalt an organischer Substanz und dem Bodengefüge beeinflußt. Gesamtporenvolumen und typische Werte für den Grob-, Mittel- und Feinporenanteil unterschiedlicher Böden sind in den Tabellen 4.1 und 4.3 zusammengestellt.

Das Bodenwasser ist auch unter den folgenden Gesichtspunkten von zentraler Bedeutung:

- es deckt den Wasserbedarf der Pflanzen;
- es ist das Milieu, in dem mikrobielle Aktivitäten stattfinden;
- es ist die Bodenlösung, die gelöste Ionen und Moleküle enthält, einschließlich der Nährstoffe für Pflanzen und Mikroorganismen;
- es ist das Medium, in dem chemische Reaktionen stattfinden, vor allem an den Berührungsstellen mit Teilchenoberflächen;
- es transportiert Teilchen der Tonfraktion und gelöste Stoffe, weshalb es bei der Bodenbildung, Versauerung, Versalzung und Auswaschung von Kontaminationen ins Grundwasser eine wichtige Rolle spielt;
- es verdrängt Luft, was zu einer schlechten Bodendurchlüftung und den damit verbundenen Folgen für biochemische Prozesse führen kann.

Bodenwassergehalt

Die maximale Wassermenge, die ein Boden halten kann, ist die *volle Wassersättigung* (auch *gesättigter Wassergehalt* oder *maximale Wasserkapazität* genannt), die vom Gesamtporenvolumen abhängt (s. Abschn. 4.2). In der Praxis tritt diese im Freiland sehr selten auf, denn selbst wenn Böden zeitweise überflutet sind oder unterhalb des Grundwasserspiegels liegen, finden sich immer noch eingeschlossene Luftblasen. Tabelle 4.3 zeigt, daß das Gesamtporenvolumen und damit der gesättigte Wassergehalt typischerweise 40 bis 60 % des Bodenvolumens beträgt. Nachdem sich die Böden auf *Feldkapazität* entwässert haben (s. Kap. 4 und Abschn. 12.2), nimmt das Wasser im allgemeinen 10 bis 55 % des Bodenvolumens ein. Die Evapotranspiration durch Pflanzen kann den Wassergehalt bis auf einen bestimmten Grenzwert reduzieren, der zwischen 5 und 35 % liegt und der *permanenter Welkepunkt* genannt wird. Weiteres Trocknen tritt durch Evaporation ein, bis der *lufttrockene* Zustand erreicht ist; der Wassergehalt hängt dann von der jeweiligen relativen Luftfeuchtigkeit, der Bodenart und dem Humusgehalt ab. Die Wassergehalte lufttrockener Böden reichen bei einer relativen Luftfeuchtigkeit von 50–60 % von praktisch Null in Sandböden bis zu etwa 8 Masse-% in schweren Tonböden.

Wassergehalte lassen sich messen und, je nach dem Zweck der Messung, in verschiedener Weise angegeben. Meßmethoden werden in Abschn. 5.1 beschrieben.

Wasserspeichervermögen

Zwei Beobachtungen verdeutlichen die Fähigkeit von Böden, Wasser zu speichern:

1. Wenn die Versickerung des Wassers in einem nassen Boden nachläßt (Erreichen der Feldkapazität), wirkt die Schwerkraft nach wie vor auf das Wasser und muß durch eine Kraft, die das Wasser im Boden bindet, ausgeglichen werden.
2. Wenn Böden bis zum Welkepunkt ausgetrocknet sind, kann das noch im Boden verbliebene Wasser durch die von der Wurzeloberfläche ausgeübte Saugspannung nicht entzogen werden.

Das Wasserspeichervermögen hängt von Kräften ab, die zwischen Wassermolekülen und hydrophilen (wasseranziehenden) Partikeloberflächen wirken; es sind dies Wasserstoff-Brückenbindungen, van-der-Waals-Kräfte und elektrostatische Anzie-

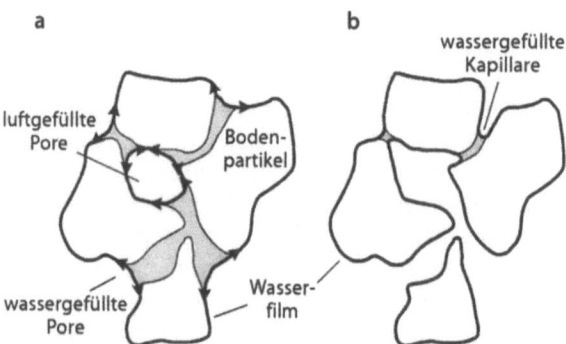

Abb. 5.1. Verteilung von Wasser im Boden

Einführung

hungskräfte zu austauschbaren Kationen. Das hat zwei Auswirkungen: Erstens bleibt Wasser in engen Poren und im Hals größerer luftgefüllter Poren haften (Kapillarwasser), wie in Abb. 5.1 a für einen entwässerten Boden schematisch dargestellt wurde; zweitens legt sich ein dünner Wasserfilm auf die Partikeloberflächen und umschließt dabei auch luftgefüllte Poren. Wegen der Anziehung zwischen den Wassermolekülen und den Porenwänden wird das Wasser in die Richtung gezogen, die in Abb. 5.1 a durch kleine Pfeile angezeigt ist; die Grenzfläche Wasser-Luft ist zu Menisken gekrümmt, und das Wasser befindet sich in einem gespannten Zustand, was zu der Bezeichnung *Wasserspannung des Bodens* führt.

Eine alternative Betrachtungsweise dieses Konzepts ist, daß ein Tropfen, der bei Luftdruck mit dem Boden in Kontakt gebracht wird, durch die Wasserspannung in den Boden gesaugt wird. Daran zeigt sich, daß der Druck im Bodenwasser geringer ist als der Druck des zugeführten Wassers und deshalb das Wasser dem Druckunterschied folgend in den Boden fließt. Der Betrag, um den der Druck geringer ist als der Luftdruck, ist die *Saugspannung des Bodens*.

Ein Teil des Wassers in dem in Abb. 5.1 a dargestellten Boden kann durch Absaugen entfernt werden, wenn die aufgewendete Sogwirkung größer ist als die Sogwirkung des Bodens: das tun ja letztlich auch die Pflanzenwurzeln. Abb. 5.1 b zeigt die Verteilung des verbleibenden Wassers. Die Dicke des Wasserfilms ist reduziert und einige weite Poren sind entleert, da sich das Wasser in kleinere Poren und Kapillaren zurückgezogen hat; das verbleibende Wasser wird von Menisken mit kleineren Krümmungsradien gehalten. Die Bodenwasserspannung ist nun größer als zuvor (der Wasserdruck wurde noch weiter unter den Luftdruck abgesenkt). Die Beziehung zwischen Bodenwasserspannung, Krümmung und Größe der wassergefüllten Poren wird in Abschn. 5.2 hergeleitet; sie wurde dazu verwendet, die in Tabelle 5.1 aufgeführten

Tabelle 5.1. Die Beziehung zwischen der Porengröße und der während des Trocknens zu ihrer Entleerung nötigen Bodenwasserspannung

Porendurchmesser [µm]	kritische Wasserspannung [kPa]	Höhe der Wassersäule h_W [m H$_2$O]	Anmerkungen
20 000	0,015	0,002 (2 mm)	z.B. ein 2-cm-Spalt.
4 000	0,075	0,008 (8 mm)	z.B. eine Regenwurmröhre.
300	1,0	0,10 (10 cm)	Durchmesser einer Getreidewurzel.
60 –30	5 –10	0,5 –1,0	Saugspannung bei Feldkapazität; Grobporen: > 50 µm.
2	150	15	Größe einer Bakterie; Grenze des leicht nutzbaren Wassers; Obere Partikelgröße der Tonfraktion; Mittelporen: 50–0,2 µm.
0,2	1 500 (1,5 MPa)	150	Saugspannung am Welkepunkt; Feinporen: <0,2 µm
0,003	100 000 (100 MPa)	10 000	Saugspannung lufttrockenen Bodens; Porengröße beträgt das 10fache eines Wassermoleküls

Saugspannungen zu berechnen, bei denen sich die Poren einer bestimmten Größe entleeren, was man auch als *kritische Saugspannung* bezeichnet. Die Wasserspannung hat die Einheit des Drucks, also 1 Pascal (abgekürzt 1 Pa, was der Kraft von 1 Newton entspricht, die auf eine Fläche von 1 m^2 wirkt (1 N m^{-2})). Man beachte, daß wegen der unregelmäßigen Form der Bodenporen und Kapillaren die angeführten Maße effektive Porendurchmesser sind, also Durchmesser einer zylindrischen Pore oder einer Kapillare mit kreisförmigem Querschnitt, die sich bei einer gegebenen Saugspannung entleeren würden.

Die Tabelle zeigt eine breite Spanne von Porengrößen und macht auch deutlich, warum der Boden ein so gut geeignetes Milieu für viele biologische Aktivitäten ist. Beispiele dafür sind:

- Regenwurmgänge werden ungehindert entwässert und ermöglichen eine ausreichende Sauerstoffversorgung für die aerobe Respiration und eine sehr schnelle Wasserbewegung.
- Wurzeln können normalerweise nicht in Poren eindringen, die kleiner sind als die Wurzel selbst: deshalb werden die Poren, in die Wurzeln hineinwachsen, bei Feldkapazität entwässert und erlauben den Zutritt von Sauerstoff.
- Pflanzenverfügbares Wasser wird vor allem in Mittelporen gespeichert, wo das räumliche Nebeneinander von Partikeloberflächen und Porenwasser eine rasche Ergänzung der Vorräte der Nährstoffionen ermöglicht, wenn dieses Wasser durch die Pflanzenwurzeln aufgenommen wird.
- Die Wasserbewegung zu den Wurzeln erfolgt hauptsächlich durch wassergefüllte Mittelporen. Aufgrund ihrer Größe, oft auch wegen ihrer unmittelbaren Nähe zu den Wurzeln und der Tatsache, daß sie untereinander sowie mit Wasserfilmen und wassergefüllten Feinporen ein zusammenhängendes System bilden, können sich Wasserbewegungen über einen weiten Bereich von Wassergehalten fortsetzen.
- Bakterien müssen für normales Wachstum vollständig in den Wasserfilm eintauchen und die meisten benötigen auch Sauerstoff; diese Voraussetzungen sind erfüllt, wenn der Wassergehalt Pflanzenwachstum zuläßt.

Böden mit stabilem Gefüge besitzen nicht nur eine Porengrößenverteilung, die die oben beschriebenen Bodenfunktionen ermöglicht, sondern deren Poren halten auch einwirkenden Kräften stand (Kap. 4).

Die Konzepte von Feldkapazität, Welkepunkt und nutzbarer Feldkapazität werden in Kap. 12 diskutiert. Man beachte, daß in Tabelle 5.1 ein gewisses Wertespektrum für die Feldkapazität aufgeführt ist, welches erkennen läßt, daß Unterschiede zwischen Böden verschiedener Bodenarten auftreten. Hierbei wird der Minimaldurchmesser (50 μm) der Grobporen durch das in Tabelle 4.2 aufgeführte Wertespektrum abgedeckt. Eine Wasserspannung von 1,5 MPa (Porendurchmesser 0,2 μm) wird allgemein als die Wasserspannung des *permanenten Welkepunktes* akzeptiert; ein Porendurchmesser von 0,2 μm wird auch zur Abgrenzung der Feinporen verwendet.

Messung der Bodenwasserspannung

In Abschn. 5.3 werden verschiedene Methoden beschrieben. Häufig werden Tensiometer verwendet, deren Funktionsweise verdeutlicht, warum die *Höhe der Wassersäule [cm Wassersäule]* in Tabelle 5.1 ein Maß für die Wasserspannung ist.

Einführung

Abb. 5.2 zeigt ein Tensiometer, das aus einem Wasserreservoir in einem Manometer (ein U-Rohr) besteht, das über eine poröse Tonzelle mit dem Bodenwasser verbunden ist. Der Meniskus befindet sich zu Beginn auf Niveau A, also in derselben Höhe wie die Tonzelle. Je nach Saugspannung wird Wasser aus dem Reservoir durch die porösen Wände der Tonzelle in den Boden gesaugt, und der Meniskus erniedrigt sich auf B. Der Druck in der Tonzelle fällt, bis ein Gleichgewicht erreicht ist; die Saugspannung hat dann relativ zum Luftdruck den Wert

$$P = -h_w g \rho_w \quad (5.1)$$

Dabei ist h_w der Höhenunterschied (m), g die Schwerkraft pro Masseneinheit (9,81 N kg^{-1}) und ρ_w die Dichte von Wasser (1 000 kg m^{-3}). Die Herleitung der Gleichung erfolgt in Abschn. 5.2.

Anmerkung 1. Setzt man Zahlenwerte ein, erhält man $P = -9810\, h_w$ Pascal, und damit beträgt die Wasserspannung ($= -P$) $+9810\, h_w$ Pascal. Der Wert von h_w entspricht der (negativen) Höhe der Wassersäule. Es ist ganz nützlich, sich zu merken, daß eine Wassersäule von 1 m einer Saugspannung von 10 kPa entspricht. Tatsächlich wird die Bodenwasserspannung durch den Druck ausgeglichen, der aus dem Gewicht der Wassersäule resultiert, die im linken Arm des Manometers zwischen a und b hängt: das Wasser an Punkt b befindet sich auf Luftdruckniveau.

Tabelle 5.1 zeigt, daß die Höhe der Wassersäule im Boden variiert; diese Technik ermöglicht die einfache Messung von Werten (bis zu 8 m), die in der Praxis gar nicht mehr auftreten können. Jedenfalls ist dieses Konzept sehr nützlich, selbst wenn bestimmte Messungen so nicht mehr durchgeführt werden können.

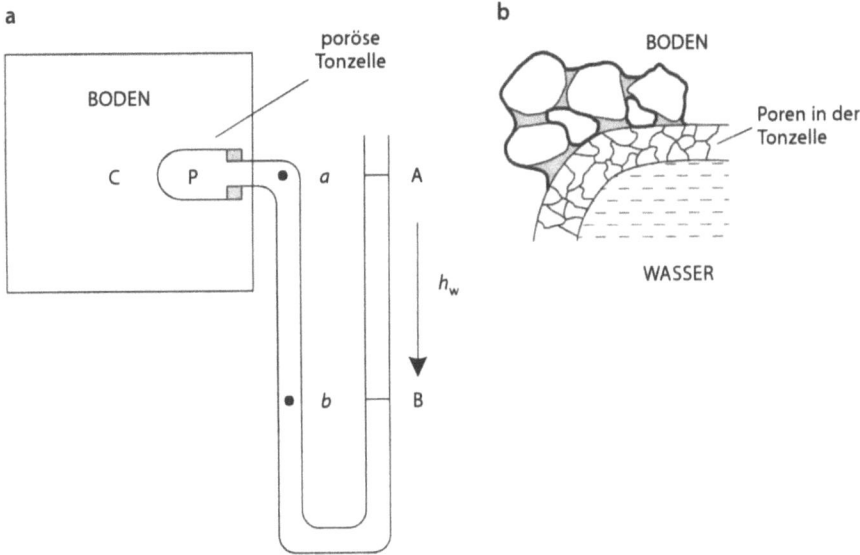

Abb. 5.2. a Tensiometer und die Saugspannung des Bodens. b zeigt einen vergrößerten Ausschnitt der Tonzelle

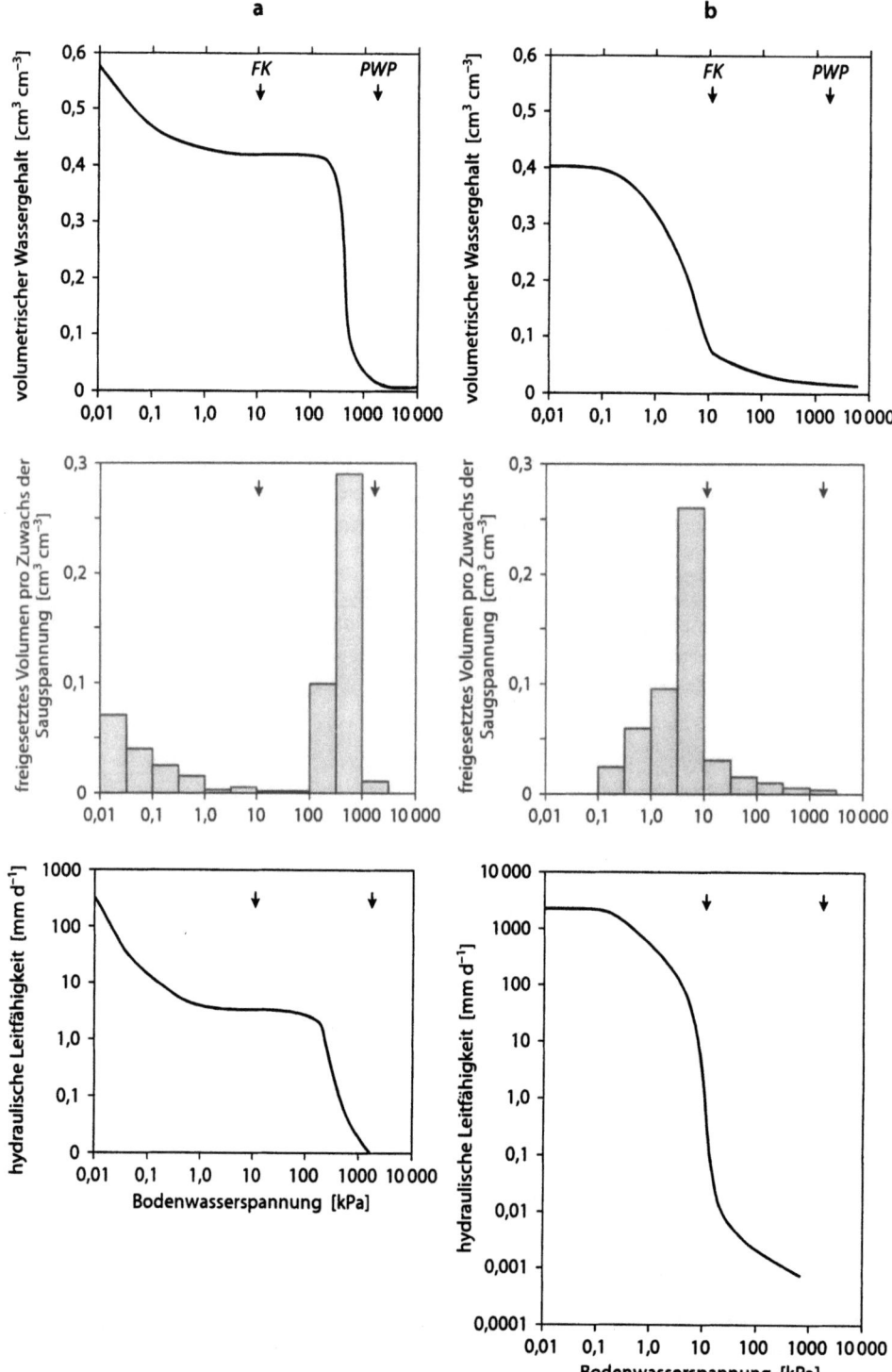

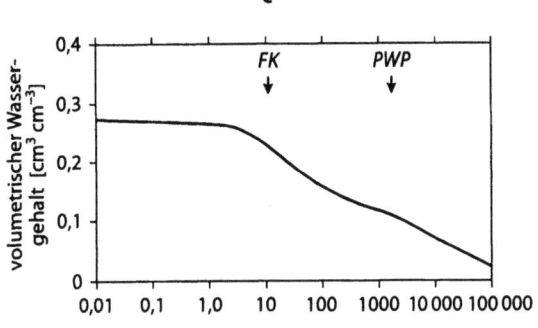
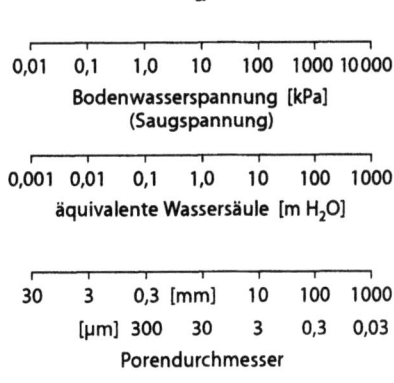
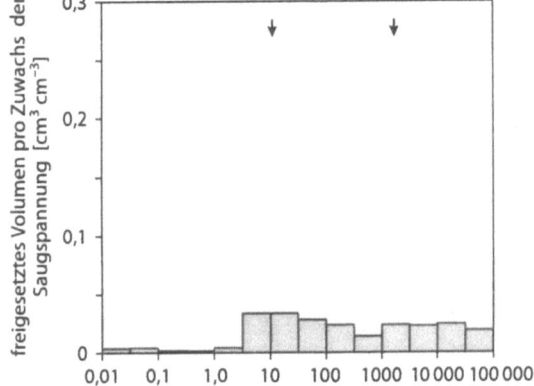

FK Feldkapazität
PWP permanenter Welkepunkt

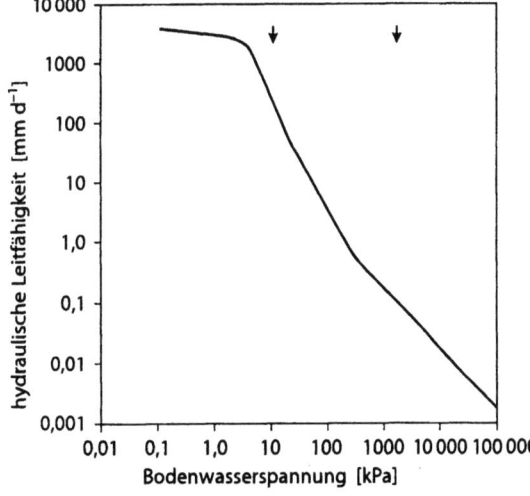

Abb. 5.3. Wasserspannungskurven, Porengrößenverteilung und hydraulische Leitfähigkeit. a Kreidefels aus der Oberen Kreide von West Ilsley, Berkshire, aus 2 m Tiefe. (auf Grundlage von Gardner et al. 1990). b Sandboden aus Sadoré, Niger (0–20 cm, 91 % Sand, 5 % Schluff, 4 % Ton; Werte aus Hoogmoed und Klaij 1990). c Sandiger Lehm aus Wellesbourne, Warwickshire (0–45 cm, 70 % Sand, 12 % Schluff, 18 % Ton, 1,2 % organischer Kohlenstoff). Die hydraulische Leitfähigkeit wurde nach der bei Rowse (1975) beschriebenen Methode gemessen (Werte von Rowse und Stone 1978). d Vergleich von Werten der Bodensaugspannung, der Höhe der Wassersäule und der Porendurchmesser

Wasserspannungskurve

Die Beziehung zwischen Bodenwassergehalt und Bodenwasserspannung bezeichnet man als die *Wasserspannungskurve (Bodenwassercharakteristik, auch pF-Kurve,* s. Anm. 1). Abb. 5.3 zeigt Beispiele für einen Kreidefelsen und zwei verschiedene Böden. Diese Substrate setzen ihr Bodenwasser bei verschiedenen Saugspannungen frei, die von ihrer Porengrößenverteilung abhängen. Beispielsweise enthält die Kreide einige große Spalten, die bereits bei geringer Saugspannung entwässern und etwa 15 % des Kreidevolumens ausmachen. Die restlichen Poren ermöglichen bei Spannungen von mehr als 30 kPa Versickerung und nehmen ca. 40 % des Volumens ein.

Da die Beziehung zwischen der Porengröße und der Wasserspannung, bei der entwässert wird, bekannt ist (s. Abschn. 5.2), kann die Wasserspannungskurve in eine Darstellung der Porengrößenverteilung umgewandelt werden. In seiner einfachsten Form ist dies ein Histogramm, das die zwischen bestimmten Spannungsgrenzen freigesetzten Wassermengen anzeigt. Die x-Achse wird sowohl mit der Wasserspannung als auch mit dem maximalen Porendurchmesser beschriftet, der bei dieser Wasserspannung noch gefüllt bleibt. Die Kreideporen sind überwiegend ca. 1 mm oder zwischen 0,3 und 3 µm groß; letztere sind in Bildtafel 2.1 dargestellt: Die Kreide hat eine einfache Porengrößenverteilung mit zwei Maxima (Abb. 5.3). Im Gegensatz dazu hat der Sand in Abb. 5.3 b bei Feldkapazität das meiste Wasser verloren; seine Poren liegen im Bereich von 30–1 000 µm, was einer eingipfeligen Verteilung entspricht. Der Sand entwässert ungestört und hat eine geringe nutzbare Feldkapazität, deren Wert von der tatsächlichen Wasserspannung bei Feldkapazität (zwischen 5 und 10 kPa) abhängt. Der sandige Lehm (Abb. 5.3 c) wurde kontinuierlich zum Gemüseanbau verwendet, was ein schlechtes Bodengefüge mit nur ca. 0,05 cm^3 cm^{-3} Grobporen entstehen ließ. Es liegt eine einheitliche Porenverteilung zwischen 10 kPa und 100 MPa vor.

Die Eigenschaften von Böden unterschiedlicher Bodenart können wie folgt zusammengefaßt werden:

- Mittelschwere Böden haben, falls sie fachgerecht bewirtschaftet werden, eine Porengrößenverteilung, die eine gute Dränung, große Mengen verfügbaren Wassers und einen geringen Feinporenanteil mit sich bringt, was dem Boden gute mechanische Eigenschaften verleiht (Tabelle 4.2).
- Tonböden haben Poren, deren Größe sich bei Befeuchtung und Austrocknung des Bodens verändert (s. Abschn. 4.3). Wenn sie nicht fachgerecht bewirtschaftet werden, können sie bei Feldkapazität nahezu gesättigt sein, bei Austrocknung schrumpfen und große Risse bilden und ungünstige mechanische Eigenschaften aufweisen. Durch Grünlandnutzung kann im Oberboden eine stabile Gefügestruktur aufrechterhalten werden.

Anmerkung 1. Will man die Saugspannung des Bodenwassers angeben, muß man bedenken, daß dieses Potential Werte von bis zu 10 000 oder sogar 100 000 cm Wassersäule annehmen kann (s. Tabelle 5.1). Um diese großen Zahlen zu vermeiden, wurde analog zum pH-Wert der Begriff *pF-Wert* eingeführt; *p* steht für negativer Logarithmus, und *F* kommt von Freier Energie des Wassers. Der pF-Wert ist als der dekadische Logarithmus der negativen Saugspannung ($-\psi$) bzw. Druckhöhe in „cm Wassersäule" definiert. Der Wert pF 1 ist daher die Saugspannung, die 10 cm Wassersäule entspricht.

Einführung

Lufteintrittsspannung und Kapillarsaum

Es gibt eine charakteristische Bodenwasserspannung, bei der Luft in den Porenraum eindringt; sie wird *Lufteintrittsspannung* genannt. Dies ist die Spannung, die erforderlich ist, das Wasser aus den gröbsten Bodenporen zu entleeren, in die dann Luft eingesogen wird. Die Lufteintrittsspannung hat dort eine besondere Bedeutung, wo ein Grundwasserspiegel vorhanden ist, dessen Tiefe man mit Hilfe eines *Pegels* bestimmen kann; hierbei handelt es sich um ein senkrechtes Rohr, in das man einen Sensor ablassen kann. Über dem Grundwasserspiegel befindet sich ein wassergesättigter Bodenraum, den man *Kapillarsaum* (oder *Kapillarraum*) nennt (Abb. 5.4). Vorausgesetzt, es findet keine Aufwärtsbewegung von Wasser zu Wurzeln oder der Bodenoberfläche statt, dann ist die Höhe des Saums gleich der Wassersäule, die erforderlich ist, um Lufteintritt in die größten Poren zu verursachen. Dies läßt sich anhand von Abb. 5.2 a veranschaulichen. Man stelle sich vor, daß die Bodenwasserspannung gleich der Lufteintrittsspannung ist, die der Höhe der Wassersäule h_w entspricht. Der Wasserstand B kann nun als der Grundwasserspiegel betrachtet werden, der, sofern vorhanden, die Wasserspannung bei C gleich der Lufteintrittsspannung halten würde, so daß h_w der Dicke des Kapillarsaums entsprechen würde.

In Tonböden kann sich der Kapillarsaum bis zu 40 cm über dem Grundwasserspiegel erstrecken und selbst bei einer Entfernung von 1 m können erst 10 % des Bodenvolumens mit Luft gefüllt sein. Dieser Wert wird oft als grober Anhaltspunkt für den Luftgehalt des Bodens verwendet, bei dessen Unterschreitung Belüftungsprobleme auftreten können. In Kap. 6 wird dieses Thema eingehender behandelt. Im Sandboden von Abb. 5.3 b erstreckt sich der Kapillarsaum nur 1 cm über den Grundwasserspiegel, und bereits oberhalb von 10 cm wird der Boden gut durchlüftet sein.

Ein weiteres Beispiel für einen Kapillarsaum ist ein Topf mit Erde, den man in eine Schale mit Wasser stellt, so daß er 1–2 cm in das Wasser eintaucht. Damit luftgefüllte Poren bis an den Topfboden reichen, muß der Pflanzkompost bzw. die Pflanzerde

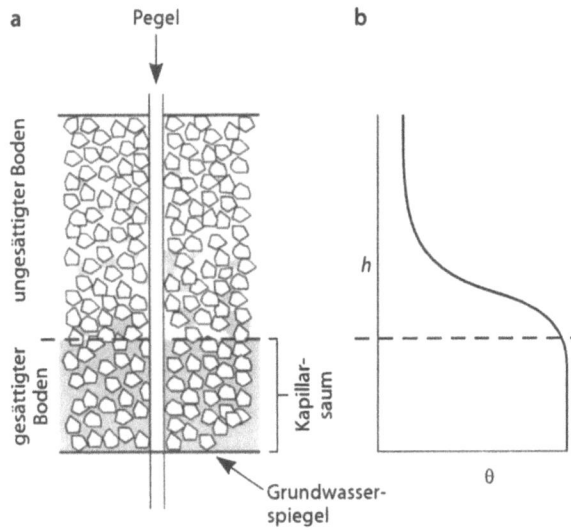

Abb. 5.4. Kapillarsaum. a Die Bodenteilchen sind stark vergrößert dargestellt. b Veränderung des Wassergehaltes θ mit der Höhe h über dem Grundwasserspiegel

grobe Poren enthalten: Poren mit einem Durchmesser von 3 mm sind erforderlich, damit luftgefüllte Poren bis 1 cm über dem Wasserspiegel vorhanden sind. Komposte enthalten Torf, Kokosfasern oder anderes Material, um diese Poren aufrechtzuerhalten. Mangelnde Porosität ist der Hauptgrund, weshalb „Überwässerung" zu Problemen bei Zimmerpflanzen oder Pflanzexperimenten führt.

Wasserbewegung

Das Wasser im Boden steht selten still und das Verständnis der Wasserbewegungen ist in vielerlei Hinsicht hilfreich. Wie können wir z.b. die Tiefe ermitteln, aus der sich Wasser aufwärts bewegt, wenn es von Pflanzenwurzeln aufgenommen wird? Das hat wichtige Konsequenzen für die Bestimmung der pflanzenverfügbaren Wassermenge. Damit ist die Frage verbunden, in welche Tiefe gelöste Stoffe wie Nitrate oder Pestizide vordringen müssen, um außer Reichweite des Wurzelsystems und dann unwiderruflich ins Grundwasser zu gelangen.

Wasser bewegt sich, wenn es einem Kräfteungleichgewicht unterliegt. Drei Kräfte wirken normalerweise auf Wasser ein:

1. Die *Gravitationskraft der Erde* bewirkt, daß sich Wasser abwärts bewegt.
2. *Saugspannungsunterschiede.* Wasser bewegt sich von Orten geringer Wasserspannung (feuchter Boden, relativ großer Druck) zu Orten hoher Wasserspannung (trockener Boden, relativ geringer Druck). Ebenso wie bei der Wasserbewegung in Rohren bewegt sich das Bodenwasser in Richtung des abnehmenden Drucks.
3. *Wasser bewegt sich durch Osmose* aus Bereichen niedrigkonzentrierter Lösungen zu höher konzentrierten Lösungen, wenn diese durch eine semipermeable Membran (Nuffield Advanced Biology I, Kap. 8 und 9) voneinander getrennt sind. Osmose hat jedoch selten große Wasserbewegungen im Boden zur Folge, da dort keine semipermeablen Membranen vorkommen. Unterschiede der Salzkonzentration werden rasch durch Diffusion der gelösten Salze ausgeglichen. Die einzige Ausnahme davon ist in trockenen Böden die Wasserbewegung in dampfförmiger Phase, da die Luft-Wasser-Grenzfläche wie eine Membrane wirkt, die zwar für Wasser, nicht jedoch für gelöste Stoffe durchlässig ist. Osmose tritt jedoch bei kleinräumigen Wasserbewegungen auf, wie z.B. beim Eindringen von Wasser in die Zwischenschichten quellbarer Tonminerale (s. Abschn. 14.4); Osmose spielt eine wichtige Rolle, wenn man die Wasseraufnahme von Pflanzen betrachtet, da das Wasser die Zellmembranen durchqueren muß (s. Abschn. 14.3).

Diese drei Kräfte werden im Konzept des *Bodenwasserpotentials* vereinigt, wenn man die Bewegung des Bodenwassers oder die pflanzenverfügbare Wasserkapazität betrachtet. Dieses Konzept basiert auf dem Prinzip, daß sich Wasser in Richtung eines niedrigeren Energieniveaus bewegt, d.h. zu geringeren Höhen und Drücken oder zu höheren Konzentrationen an gelösten Stoffen; das Bodenwasserpotential ist ein Maß für den Gehalt des Bodenwassers an potentieller Energie. In Abschn. 5.4 wird dieses Konzept hergeleitet: Die Grundlagen werden angewendet, um die Richtung der Wasserbewegung in einem Profil zu untersuchen, das Niederschlägen und Evapotranspiration ausgesetzt ist. Das erlaubt es uns abzuschätzen, wie groß der Niederschlagsanteil ist, der versickert und die Grundwasservorräte auffüllt, welche Menge von den Pflanzen genutzt wird und durch Verdunstung verlorengeht.

Geschwindigkeit der Wasserbewegung

Die folgenden Fragen sollen verdeutlichen, daß die Fließgeschwindigkeit des Bodenwassers für den hydrologischen Kreislauf und die Wechselbeziehungen zwischen Boden und Pflanzen von großer Bedeutung ist. Inwieweit wird die Wasseraufnahme der Pflanzen durch die Geschwindigkeit der Wasserbewegung zu den Wurzeln begrenzt? Wie kann der Wasserbedarf der Pflanzendecke während einer Dürreperiode durch aufsteigendes Grundwasser befriedigt werden? Wie heftig muß ein Regenereignis sein, damit sich Pfützen bilden und Oberflächenabfluß stattfindet? Wie beeinflussen die Bodeneigenschaften die Verluste durch Evaporation von der Bodenoberfläche?

In Abschn. 5.5 werden die Prinzipien erklärt, die der Geschwindigkeit der Bodenwasserbewegung zugrunde liegen; es wird gezeigt, daß die Fließgeschwindigkeit sowohl von der treibenden Kraft des Wasserpotentialgefälles (des hydraulischen Gradienten) als auch von der *Wasserleitfähigkeit* des Bodens abhängt. Letztere ist ein Maß für die Leichtigkeit, mit der das Wasser sich durch den Boden bewegt. Die *Wasserleitfähigkeit* hängt von einer Reihe von Faktoren ab:

- *Wassergehalt.* Je größer der volumetrische Wassergehalt ist, umso größer ist die Querschnittsfläche der wassergefüllten Poren, durch die Wasser fließen kann.
- *Tortuosität des Porensystems.* Je gewundener das wassergefüllte Porensystem ist, umso weiter muß sich das Wasser bewegen, um dieselbe Entfernung zurückzulegen. Die Tortuosität nimmt mit abnehmendem Wassergehalt zu, da das Wasser luftgefüllte Poren umfließen muß.
- *Größe der wassergefüllten Poren.* Steht Wasser in Kontakt zu festen Bodenbestandteilen, dann ist es als nahezu stationär zu betrachten. Die Fließgeschwindigkeit nimmt zur Mitte der Pore hin zu, genauso wie die Strömung in der Mitte eines Flusses am stärksten ist. Damit ist bei einem gegebenen Potentialgradienten der Durchfluß durch größere Poren sehr viel schneller, da er zur 4. Potenz des Porenradius direkt proportional ist. Das hat weitreichende Konsequenzen. Tabelle 5.1 zeigt beispielsweise, daß bei Feldkapazität der Unterschied zwischen einem Regenwurmgang und der größten wassergefüllten Pore das Hundertfache betragen kann, daß also dieselbe treibende Kraft eine Fließgeschwindigkeit hervorrufen würde, die im Regenwurmkanal $100^4 = 10^8$ mal größer ist. Die größten Poren wiederum, die am Welkepunkt noch Wasser enthalten, sind etwa 1000mal kleiner, was die Bewegungsgeschwindigkeit um den Faktor 10^{12} reduzieren würde. Das bedeutet, daß die Wasserleitfähigkeit sehr rasch abnimmt, wenn Böden austrocknen und daß sich das Bodenwasser bei einem bestimmten Wassergehalt mit stark unterschiedlichen Geschwindigkeiten bewegt, was für den Transport gelöster Stoffe mit dem Sickerwasser von entscheidender Bedeutung ist (s. Abschn. 11.5 und 15.4).

Ist ein Boden wassergesättigt, können alle Poren Wasser leiten, und die Leitfähigkeit erreicht als *gesättigte Wasserleitfähigkeit* ihren maximalen Wert. Die gesättigte wie auch die ungesättigte Wasserleitfähigkeit sind abhängig von der Größe, Zahl, Ausrichtung, Verteilung und Kontinuität der wassergefüllten Poren. In Abschn. 5.5 werden wir den Zusammenhang zwischen Leitfähigkeit und Wassergehalt detaillierter untersuchen und Methoden zu ihrer Bestimmung beschreiben. Abb. 5.3 gibt Beispiele für diesen Zusammenhang. Man beachte, daß Kreide eine hohe Leitfähigkeit besitzt, wenn die langen Risse mit Wasser gefüllt sind, sie aber drastisch absinkt, wenn sich diese entleeren. Der Sand büßt seine Wasserleitfähigkeit ungefähr bei Feldkapazität ein, da die meisten Poren entleert sind und die verbleibenden wassergefüllten Kapillaren schlecht miteinander verbunden sind. Im sandigen Lehm fällt die Leitfähigkeit wegen größerer Mengen an Restwasser nicht so steil ab. Lehme mit schlecht ausgebildeter Gefügestruktur haben eine geringe gesättigte Wasserleitfähigkeit, sind aber in der Lage, bei hoher Saugspannung eine mittlere Leitfähigkeit aufrechtzuerhalten, da sie über ein durchgängiges Netzwerk kleiner wasserspeichernder Poren verfügen.

Aufgrund der oben beschriebenen Unterschiede ergeben sich praktische Auswirkungen:

- Wenn Kreide wassergesättigt ist, ist eine abwärtsgerichtete Wasserbewegung von ca. 15 mm h^{-1} möglich. Bei einem typischen englischen Gewitter beträgt die Niederschlagsintensität ca. 2 mm h^{-1}. Daher sind Böden aus Kreide wahrscheinlich niemals wassergesättigt, es sei denn, der Boden selbst hat eine geringe Leitfähigkeit. Dies ist einer der Gründe, warum Kreidegebiete zum Training von Rennpferden bevorzugt werden.
- Ein großer Tonklumpen wird an der Luft durch die langsame Wasserbewegung zur Oberfläche solange trocknen, bis der gesamte Klumpen den lufttrockenen Zustand erreicht hat (s. Abschn. 4.3). Genauso kann ein Tonprofil durch Verdunstung über lange Zeiträume hinweg ständig Wasser verlieren und damit bis in große Tiefen austrocknen.
- Durch die Evaporation von der Oberfläche eines Sandbodens bildet sich schnell eine dünne oberflächennahe Schicht trockenen Bodens mit sehr geringer Wasserleitfähigkeit; diese Schicht ist eine effektive Barriere gegen weitere Verdunstung. Daher bleibt der darunterliegende Boden feucht, wenn nicht Wasser durch Wurzeln entzogen wird. Diese Eigenschaft ist die Grundlage der *Brache*, durch die gespeichertes Bodenwasser in Gegenden mit unregelmäßigen Niederschlägen konserviert werden soll (Kap. 12).

Kombinierte Wirkung der Saugspannung und Wasserbewegung auf die Wasserversorgung von Pflanzen

Die Keimgeschwindigkeit von Samen hängt weitgehend von der Geschwindigkeit ab, mit der sie Wasser absorbieren können. Diese wird von einer Sameneigenschaft gesteuert, die die Wasserspannung, die sich an der Samenoberfläche entwickeln kann, bestimmt, aber auch von der Wasserspannung und der Wasserleitfähigkeit des Bodens. Ob die Samen letztlich keimen, hängt jedoch hauptsächlich von der Saugspannung des Bodens ab. Dies sind die Grundlagen für die Betrachtung der pflanzenverfügbaren Wasserkapazität in Kap. 12; sie werden in Abschn. 5.6, Feldübung 3, zur Illustration der Daten in Abb. 5.3. eingeführt

Weitere Studien

Anregungen für Übungsprojekte werden in Abschn. 5.6 gegeben; Übungsaufgaben finden sich in Abschn. 5.7.

5.1
Methoden der Messung und Darstellung des Bodenwassergehalts

Der Wassergehalt wird auf drei verschiedene Weisen angegeben:

1. Der *gravimetrische* Wassergehalt ist die Wassermenge pro Masseneinheit ofentrockenen Bodens (Messung s. Abschn. 3.3). Gebräuchliche Einheiten sind $g\,g^{-1}$, $g\,kg^{-1}$ oder der Prozentanteil (g H_2O/100 g ofentrockenen Bodens).
2. Der *volumetrische* Wassergehalt (meist mit θ bezeichnet) ist das Wasservolumen pro Volumeneinheit Boden, typischerweise ausgedrückt als $cm^3\,H_2O\,cm^{-3}$ Boden; er wird häufig auch als Bruch ohne Einheiten dargestellt oder in Volumenprozent. Die Werte sind direkt mit Porenvolumenwerten vergleichbar, die in derselben Einheit ausgedrückt werden. Die Grundlagen hierzu wurden in Abschn. 4.2 eingeführt, als die Methoden zur Bestimmung des Grob-, Mittel- und Feinporenanteils durch die Bestimmung des volumetrischen Wassergehaltes bei Feldkapazität und die Bestimmung des Gesamtporenvolumens beschrieben wurden.
3. Das dritte Maß ist die *Wasserhöhe* pro Längeneinheit Boden, typischerweise ausgedrückt in mm H_2O, was einen direkten Vergleich mit Niederschlags- und Bewässerungsmengen zuläßt.

Bestimmung des volumetrischen Wassergehalts

Ausrüstung
Wie bei der Bestimmung der Lagerungsdichte (s. Abschn. 4.2).

Methode
Mit einem gewogenen Stechzylinder entnimmt man eine Probe aus feuchtem Boden, verschließt die Enden mit Deckeln und bewahrt die Probe in einem Plastikbeutel auf. Man verschließt den Beutel, um Verdunstung zu verhindern. Im Labor wiegt man den feuchten Boden + Zylinder und trocknet über Nacht bei 105 °C im Ofen (bis zur Gewichtskonstanz); nun wird wieder gewogen. Länge und Innendurchmesser des Zylinders werden notiert.

Rechenbeispiel
Verwenden wir die Daten aus Abschn. 4.2, dann beträgt die Masse des ofentrockenen Bodens 147,26 g, das Volumen des Zylinders 100 cm^3 und die Dichte des trockenen Bodens 1,47 $g\,cm^{-3}$. Wenn die Masse des feuchten Bodens 188,52 g war, enthält die Probe 41,27 g Wasser. Der gravimetrische Wassergehalt des Bodens ist

$41{,}27/147{,}26 = 0{,}28\,g\,g^{-1}$.

Der volumetrische Wassergehalt wird unter der Annahme berechnet, daß 1 g H_2O den Raum von 1 $cm^3\,H_2O$ einnimmt; somit ist

$\theta = 41{,}27\,cm^3\,H_2O/100\,cm^3 = 0{,}41$.

Sind der gravimetrische Wassergehalt und die Lagerungsdichte bekannt, ist

θ = gravimetrischer Wassergehalt · Lagerungsdichte (5.2)

Die Einheiten sind cm³ H₂O cm⁻³ Boden = g bzw. cm³ H₂O g⁻¹ Boden · g Boden cm⁻³ Boden. Im obigen Fall beträgt $\theta = 0{,}28 \cdot 1{,}47 = 0{,}41$. Vergleicht man mit Werten aus Tabelle 4.3, könnte es sich um einen mittelschweren Boden bei Feldkapazität handeln (Mittel- und Feinporen sind mit Wasser gefüllt).

Wassergehalt, ausgedrückt als Wasserhöhe

Man stelle sich ein Bodenwürfel mit 1 cm Kantenlänge vor, der einen volumetrischen Wassergehalt von 0,41 cm³ H₂O cm⁻³ Boden hat (Abb. 5.5). Wären keine Bodenteilchen vorhanden, würde das Wasser eine Schicht von 1 × 1 × 0,41 cm einnehmen. Wäre der Boden zu Beginn vollständig trocken gewesen und wären 0,41 cm Regen durch die Würfeloberfläche eingedrungen und hätten sich im Boden verteilt, dann wäre der volumetrische Wassergehalt 0,41. Damit ist der Wert von θ auch der Wassergehalt, ausgedrückt als cm H₂O cm⁻¹ Bodentiefe.

Beispiel. Es fallen 10 mm Regen und verteilen sich über die obersten 20 cm des Bodens. Der volumetrische Wassergehalt nimmt um 1/20 = 0,05 zu. Wenn die Lagerungsdichte dieser Schicht 1,3 g cm⁻³ beträgt, dann erhöht sich der gravimetrische Wassergehalt (Gleichung 5.2) um 0,05/1,3 = 0,038 g H₂O g⁻¹ Boden.

Wassergehalt lufttrockenen Bodens

Der Wassergehalt lufttrockenen Bodens wird gravimetrisch ausgedrückt (s. Abschn. 3.3). Die Werte sind zum einen von der relativen Luftfeuchtigkeit abhängig, bei der der Boden getrocknet wurde, und zum anderen von der spezifischen Oberfläche des Bodens (s. Abschn. 4.3, Anm. 1), da diese die Dicke des Wasserfilms bestimmt, der auf den Bodenpartikeln adsorbiert wird. In diesem Zustand wird ein nicht unerheblicher Teil des Wassers von den austauschbaren Kationen gebunden, die sich auf der Oberfläche von Tonmineralen und Humus befinden, womit die Mineralogie des Tons und der Humusgehalt ebenfalls den Wassergehalt beeinflussen.

Die spezifische Oberfläche hängt eng mit der Korngröße zusammen, und deshalb gibt die Kenntnis der Bodenart einen guten Hinweis auf den wahrscheinlichen Wassergehalt des lufttrockenen Bodens. Abb. 5.6 zeigt Werte für Böden verschiedener Korngrößenzusammensetzung. In gemäßigten Breiten liegt die relative Luftfeuchtigkeit in der Regel zwischen 50 und 60 %, womit in lufttrockenen Böden Wassergehalte von bis zu 10 % möglich sind. Die Abbildung enthält auch Werte für einen besonders

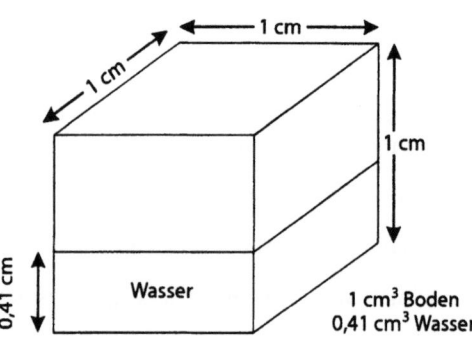

Abb. 5.5. Bodenwassergehalt, ausgedrückt als Wassersäule

5.1 · Methoden der Messung und Darstellung des Bodenwassergehalts

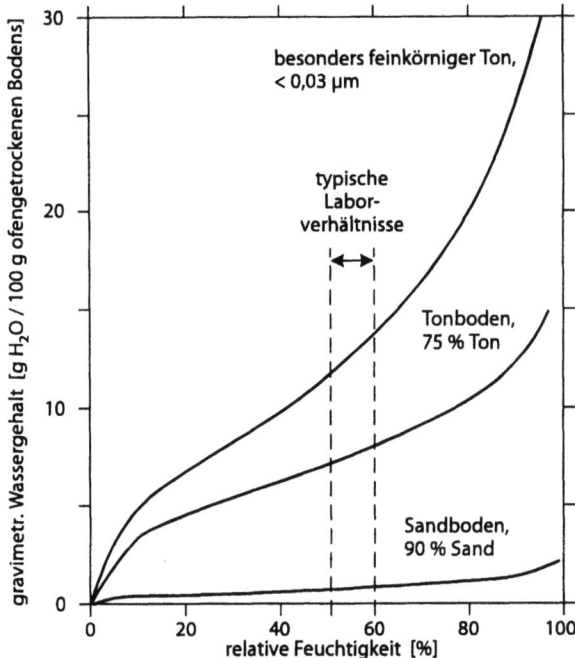

Abb. 5.6. Beziehung zwischen Wassergehalt einer lufttrockenen Bodenprobe und relativer Luftfeuchtigkeit (Daten aus Thomas 1924)

feinkörnigen Ton, der durch Sedimentation aus dem Tonboden abgetrennt wurde. An seiner großen Oberfläche werden große Wassermengen gebunden. Übungsaufgabe 5 in Abschn. 5.7 verfolgt diese Idee weiter.

Typische Wassergehaltswerte

Tabelle 4.3 enthält typische Werte des volumetrischen Wassergehalts von Böden unterschiedlicher Bodenart. Gravimetrische Werte sind in Tabelle 5.2 aufgeführt; die Wassergehalte der lufttrockenen Bodenproben stammen aus Abb. 5.6 und Thomas (1924); die übrigen Werte wurden wie folgt berechnet.

Permanenter Welkepunkt und Feldkapazität. Basierend auf Tabelle 4.3 wurden als typische Werte für das Gesamtporenvolumen leichter, mittelschwerer und schwerer Böden die Werte 0,4, 0,5 bzw. 0,6 cm^3 cm^{-3} angenommen. Diese Böden haben nach Gleichung 4.1 eine Lagerungsdichte von 1,56, 1,30 und 1,04 g cm^{-3}. Der Wertebereich für den Fein- und Mittelporenanteil wurde unter Verwendung des gravimetrischen Wassergehaltes berechnet. Beispiel: Ein schwerer Boden mit einem Feinporenanteil von 0,35 cm^3 cm^{-3} hat einen gravimetrischen Wassergehalt von

$$0{,}35/1{,}04 = 0{,}34 \text{ g H}_2\text{O g}^{-1} \text{ ofentrockenen Bodens bzw. } 34\,\% \tag{5.2}$$

Sättigung. Das Gesamtporenvolumenspektrum und damit der volumetrische Wassergehalt bei Sättigung ist in Tabelle 4.3 aufgeführt. Angenommen ein mittelschwerer Boden hat ein Gesamtporenvolumen von 0,55 cm^3 cm^{-3} und eine Lagerungsdichte von 1,17 g cm^{-3} (Gleichung 4.1); dann beträgt der gravimetrische Wassergehalt

$$0{,}55 \text{ g H}_2\text{O cm}^{-3} \text{ Boden}/1{,}17 \text{ g Boden cm}^{-3} = 0{,}47 \text{ g g}^{-1} \text{ bzw. } 47\,\%.$$

5.2
Messung der Bodensaugspannung

5.2.1
Grundlagen

Wenn Wasser unter Einfluß der Schwerkraft aus einem Boden sickert oder durch Evaporation und Transpiration entzogen wird, wird es wegen der Adhäsion der Wassermoleküle an die Partikeloberflächen und der Kohäsionskräfte, die zwischen den Wassermolekülen wirken, von einer Spannung (einem reduzierten oder negativen Druck) gehalten (Hillel 1982). Betrachten wir das Wasser in der zylindrischen Pore in Abb. 5.7 und stellen uns vor, daß eine Wurzel versucht, Wasser von der rechten Seite der Pore aufzunehmen. Der Winkel β (Randwinkel) entsteht durch die Resultante der Kräfte, die das Wasser in Richtung der Kraft F_3 ziehen. F_1 ist eine Komponente von F_3, die genau entgegengesetzt zu F_2 gerichtet ist; F_2 entsteht durch den „Sog" der Wurzel. Im Gleichgewichtszustand ist $F_1 = F_2$. Wir werden jede Kraft gesondert untersuchen.

Kraft durch die Saugspannung der Wurzel. Per Definition ist Druck = Kraft/Fläche, und die entsprechenden Einheiten sind $1\,Pa = 1\,N\,m^{-2}$. Die Saugspannung, die von einer Wurzel auf das Porenwasser ausgeübt wird, beträgt S [Pa] und wirkt über die Querschnittsfläche der Pore πr^2 [m²]. Damit ist $F_2 = S\pi r^2$ [Newton].

Kraft durch Adhäsion und Kohäsion. An der Kontaktlinie zwischen dem Meniskus und der Porenwand (dem Umfang des Meniskus) kann die Kraft als Kraft pro Kontaktlängeneinheit in γ Newton pro Meter ausgedrückt werden, was man als *Oberflächenspannung* bezeichnet. Sie wirkt an der Berührungsstelle entlang der Wasseroberfläche, d.h. in einem Winkel β. $F_3 = 2\pi r \gamma$ Newton, da die Kraft entlang dem gesamten Umfang wirkt, der eine Länge von $2\pi r$ m besitzt. F_1 ist eine Komponente der Kraft F_3; sie ist der Kraft F_2 entgegengerichtet und läßt sich mit trigonometrischen Funktionen berechnen: $\cos\beta = F_1/F_3$; $F_1 = 2\pi r \gamma \cos\beta$.

Im Gleichgewichtszustand sind die beiden Kräfte gleich groß.
$F_1 = F_2$; $S\pi r^2 = 2\pi r \gamma \cos\beta$. Auflösung nach S ergibt: $S = 2\gamma \cos\beta / r$.

War der Boden zu Beginn gesättigt und das Bodenwasser lag bei Luftdruck vor, dann ist $S = 0$, $\cos\beta = 0$ und $\beta = 90°$, d.h. der Meniskus ist flach. Mit steigendem S

Tabelle 5.2. Typische Werte für den gravimetrischen Wassergehalt von Böden. Abb. 5.6 und Tabelle 4.3 dienen als Grundlage

Textur	Gravimetrischer Wassergehalt [g H₂O pro 100 g ofengetrockneten Bodens]			
	lufttrocken	Welkepunkt	Feldkapazität	Sättigung
Leicht	1 – 2	3 – 6	6 – 16	21 – 31
Mittel	2 – 5	12 – 15	27 – 35	31 – 47
Schwer	5 – 10	24 – 34	38 – 53	38 – 90

Abb. 5.7. Beziehung zwischen der Wasserspannung und dem Krümmungsradius eines Meniskus an einer Luft-Wasser-Grenzfläche

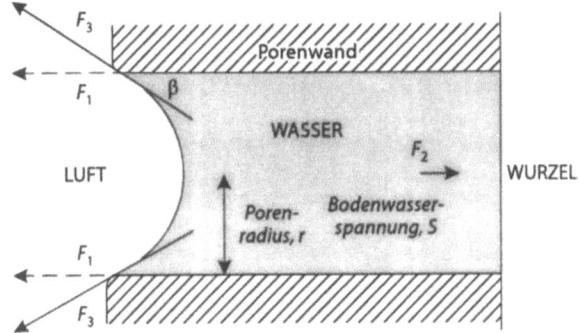

(Wurzelsog) zieht sich der Meniskus in die Pore zurück und β nimmt ab, bis schließlich ein Maximalwert von S erreicht ist; dann ist $\cos\beta = 1$ und $\beta = 0°$. Jeder weitere Versuch der Wurzel, die Spannung zu erhöhen, zieht das Wasser lediglich in die Pore zurück und entleert diese. Die kritische Spannung, die zur Entleerung einer Pore erforderlich ist, tritt ein, wenn $\cos\beta = 1$ und $S = 2\gamma/r$ ist. Bei 20 °C beträgt der γ-Wert für Wasser, das in Kontakt mit festen Bodenpartikeln steht, 0,075 N m^{-1} und damit ist

$$S = 0{,}15/r \tag{5.3}$$

S hat die Einheit Pascal und r Meter. Die Werte der kritischen Wasserspannung in Tabelle 5.1 wurden nach dieser Gleichung berechnet.

5.2.2
Messung der Bodenwasserspannung

Tensiometer

Ein einfaches Tensiometer ist in Abb. 5.2 dargestellt. Die Wasserspannung wird nach Gleichung 5.1 durch Messung der Höhe der Wassersäule h_w (m H$_2$O) bestimmt. Befindet sich im Manometer Wasser, ist der Einsatz des Tensiometers auf Saugspannungsmessungen in der Nähe der Feldkapazität beschränkt. Die Verwendung eines Quecksilbermanometers erweitert den Meßbereich bis auf ca. 80 kPa. Ein solches Tensiometer kann sehr einfach hergestellt werden(s. Abb. 5.8).

Herstellung eines Tensiometers

- **Ausrüstung**
  Poröse Tonzelle, Durchmesser 22 mm, erhältlich bei Soil Moisture Equipment Co., P.O.Box 30025, Santa Barbara, CA 93105 USA;
- *Polyethylen-Kapillarschlauch* mit einem Innendurchmesser von ca. 3 mm;
- *Nylon-* oder *PVC-Schlauch* mit einem Innendurchmesser, der etwa dem Außendurchmesser der Tonzelle entspricht;
- *Nylon-T-Stück* wie in Abb. 5.8 b dargestellt;
- *Araldit*;
- *Holzständer* und Skala mit mm-Einteilung;
- *Quecksilber* und *kleine Plastikampullen*. *Vorsicht:* Quecksilberdämpfe sind schädlich: nur unter dem Abzug oder an einem gut belüfteten Ort verwenden!

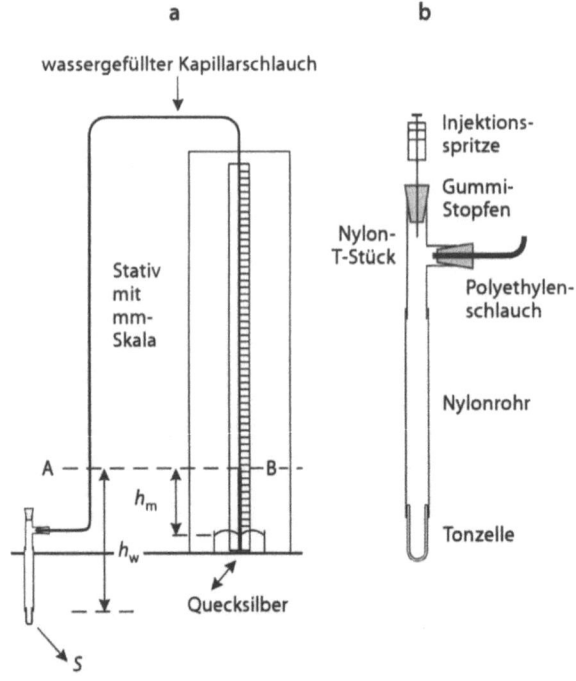

Abb. 5.8. a Einfaches Tensiometer mit Quecksilbermanometer; **b** vergrößerte Darstellung des Tensiometers

Vorbereitung. Man klebt die Tonzelle mit Araldit an das Ende des Nylonschlauchs, wie in Abb. 5.8 b gezeigt. Die Länge des Schlauchs wird danach gewählt, wie weit das Tensiometer maximal in den Boden eingeführt werden soll. Nun wird das Nylon-T-Stück an das andere Ende des Schlauches geklebt. Man zieht den Kapillarschlauch durch einen Gummistopfen und drückt ihn in den Seitenarm des Nylon-T-Stücks. Man befestigt den Kapillarschlauch am Holzständer, so daß sein Ende in die Quecksilberampulle taucht. Mit einer Injektionsspritze füllt man abgekochtes, abgekühltes Wasser durch die obere Öffnung des T-Stücks, bis der Nylonschlauch vollständig gefüllt ist. Nun sticht man, wie abgebildet, die Nadel durch den Gummistopfen und injiziert weiterhin Wasser, so daß es durch den Kapillarschlauch gepreßt wird, bis das Wasser durch das Quecksilber herausperlt. Man entfernt Spritze und Stopfen und verschließt das T-Stück mit einem neuen, nicht durchbohrten Gummistopfen; es dürfen keine Luftblasen im Schlauch eingeschlossen sein. Das Tensiometer ist nun gebrauchsfertig; die Tonzelle sollte bis zu ihrer Verwendung in einem Becherglas mit Wasser aufbewahrt werden.

Einbau des Tensiometers in den Boden

Das Tensiometer wird folgendermaßen bis zur erforderlichen Tiefe in den Boden eingeführt: Mit einem Erdbohrer (s. Abschn. 1.3) bohrt man ein Loch, das denselben Durchmesser wie das Tensiometer besitzen sollte, bis ca. 1 cm über der erforderlichen Tiefe. Man steckt das Tensiometer mit etwas Druck in den Boden, damit ein guter Kontakt zwischen Tonzelle und Boden gewährleistet ist. Das Einführen wird durch etwas Wasser oder eine Kaolinaufschlämmung erleichtert. Die Aufschlämmung ist bei steinigen Böden besonders hilfreich, weil sonst kein guter Kontakt zwischen Bo-

5.2 · Messung der Bodensaugspannung

den und Tonzelle gewährleistet ist. Die Zugabe von Wasser hat keine Auswirkungen auf die Saugspannung des Bodens, sobald es vom umgebenden Boden aufgenommen wurde.

Arbeitsweise des Tensiometers und Messung der Wasserspannung

Die Spannung des Bodenwassers zieht Wasser aus der Tonzelle, was das Quecksilber im Kapillarschlauch solange ansteigen läßt, bis sich ein Gleichgewicht eingestellt hat (Abb. 5.8 a). Der Wasserdruck im Kapillarschlauch ist bei A und B gleich groß. Bei A ist er aufgrund der Bodenwasserspannung S und der Wassersäule h_w geringer als der Luftdruck (s. Anm. 1). Bei B ist er aufgrund der Quecksilbersäule h_m geringer als der Luftdruck. Setzt man diese beiden Effekte hinsichtlich der Wasserspannung gleich, so erhält man: $S + h_w g \rho_w = h_m g \rho_m$; dabei sind ρ_w und ρ_m die Dichte von Wasser bzw. Quecksilber (1000 und 13 590 kg m^{-3}) und g die Schwerkraft pro Masseneinheit (9,81 N kg^{-1}). Durch Einsetzen der Zahlenwerte erhält man:

$$S = 1{,}33 \cdot 10^5 h_m - 9\,810 h_w \text{ Pascal} \tag{5.4}$$

Der Wert von h_m. Führt man einen Kapillarschlauch in Quecksilber ein, liegt der Quecksilberspiegel im Schlauch im Vergleich zu dem in der Ampulle niedriger. Daher muß die Strecke h_m von diesem erniedrigten Spiegel bis zur Spitze der Quecksilbersäule gemessen werden. Die Korrektur beträgt nur wenige mm und kann ermittelt werden, indem man ein kurzes Stück Kapillarschlauch mit Wasser füllt und in das Quecksilber hineinsteckt. Schiebt man den Schlauch an die Seite der Ampulle (aus Glas oder durchsichtigem Kunststoff), kann man die Lage des erniedrigten Quecksilberspiegels sehen und die Differenzstrecke mit (für dieses Experiment) hinreichender Genauigkeit ermitteln.

Die Meßgrenzen. Mit dieser Ausrüstung kann maximal eine Wasserspannung von 80 kPa gemessen werden, was zu 600 mm Quecksilbersäule äquivalent ist. Überschreitet man diesen Druck, wird Luft in die Tonzelle gezogen und die Quecksilbersäule fällt. Allerdings wird dadurch der größte Teil des Wasserspannungsbereichs zwi-

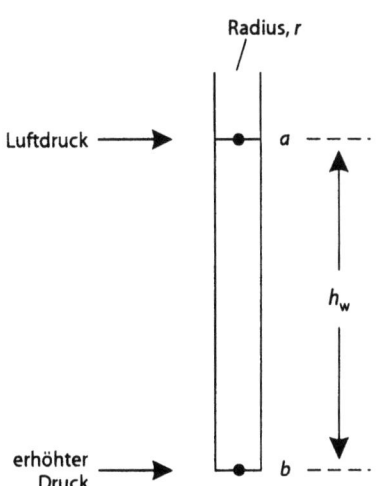

Abb. 5.9. Druckunterschiede in einer wassergefüllten Röhre

schen Feldkapazität und dem Grenzwert für leicht pflanzenverfügbares Wasser abgedeckt (Tabelle 5.1).

Anmerkung 1. Der Druckunterschied zwischen *a* und *b* (in Abb. 5.9) besteht infolge der auf das Wasser einwirkenden Schwerkraft. Genauer gesagt erhöht das Gewicht des Wassers den Druck bei *b*. Ist der Radius eines Rohres r [m], so beträgt das Wasservolumen zwischen *a* und *b* $\pi r^2 h_w$ und seine Masse ist $\pi r^2 h_w \rho_w$ [kg]. Die Erdbeschleunigung g [N kg^{-1}] wirkt auf diese Wassermasse und entwickelt die Kraft $\pi r^2 h_w \rho_w g$ [N]. Diese wirkt auf das Wasser am Boden des Rohrs mit der Fläche πr^2, und somit ist die Druckerhöhung bei *b* $h_w \rho_w g$ [Pa]. Der Druck bei *b* ist gleich dem Druck an der offenen Oberfläche B, welcher wiederum dem Luftdruck entsprechen muß. In Abb. 5.8 a hängt eine Wassersäule unterhalb von A und eine Quecksilbersäule unterhalb von B. In beiden Fällen kann der obige Ausdruck verwendet werden, wenn man für die Quecksilbersäule die Werte von h_m und ρ_m einsetzt.

Handelsübliche Tensiometer

Sie bestehen aus einer porösen Tonzelle, die mit einem Manometer verbunden ist (z.B. Quickdraw Soil Moisture Probe von ELE International). Die Anzeige ist in bar, einer alten Druckeinheit, kalibriert (0–100 centibar). Man kann umrechnen: für 1 bar ≈ 100 kPa; 1 centibar ≈ 1 kPa. Auch hier liegt die Meßgrenze bei 80 kPa (80 cbar).

Filterpapiermethode

Filterpapier ist ein poröses Material. Es hat ebenso wie der Boden eine Wasserspannungskurve. Deren Verlauf wurde für Whatman-Filterpapier Nr. 42 bestimmt; das Papier wurde mit verschiedenen Methoden, die wir hier nicht näher erläutern können (Hamblin 1981; Smith und Mullins 1991), mit bekannten Wasserspannungen ins Gleichgewicht gebracht. Die Ergebnisse sind in Abb. 5.10 dargestellt. Sie enthalten Meßreihen, die über etliche Jahre hinweg mit verschiedenen Papierchargen gemessen wurden; die Werte waren zuverlässig konsistent. Die Messung der Saugspannung beinhaltet die Einstellung eines Gleichgewichts zwischen Papier und feuchtem Boden, bis beide Saugspannungen gleich sind. Dann wird der Wassergehalt des Papiers bestimmt, und aus der Abbildung kann die zugehörige Wasserspannung abgelesen werden. C.E. Mullins stellte die Informationen zur Verfügung.

Ausrüstung

- *Whatman-Filterpapier Nr. 42*, Durchmesser 55 mm. Man beachte, daß für andere Zwecke, die in diesem Buch beschrieben sind, auch andere Filterpapiersorten verwendet werden können. Abb. 5.10 jedoch bezieht sich ausschließlich auf dieses Whatman Filterpapier;
- *Kunststoff-Flaschen* mit Verschluß, Durchmesser 65 mm; Tiefe 50 mm (o.ä.);
- *Elektronische Waage*, auf 1 mg genau;
- *Kartonschachtel*, vorne offen und mit feuchtem Papier ausgekleidet;
- *Isolierbox* (isolierte Picknick-Box);
- *Leichte Kunststoff-Wägeflaschen* mit Verschluß;
- *Klebeband*;
- *Feiner Pinsel*.

5.2 · Messung der Bodensaugspannung

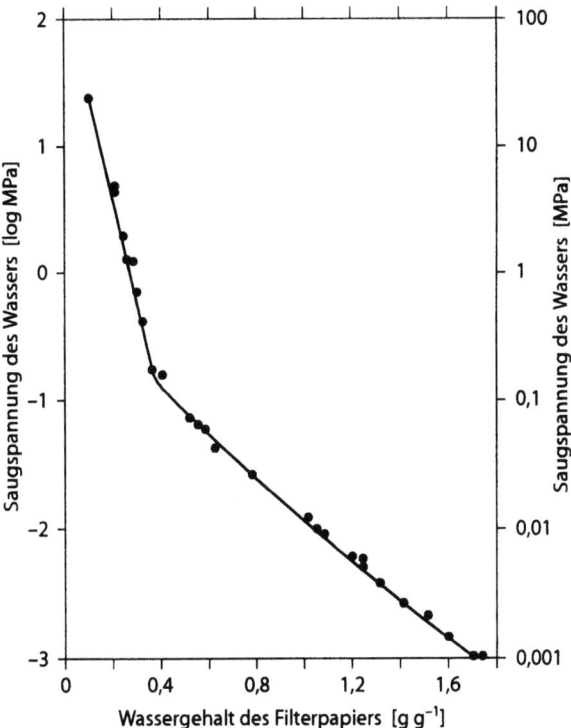

Abb. 5.10. Wasserspannungskurve für Whatman Nr. 42-Filterpapiere. Gebrauchshinweise für logarithmische Skalen s. Abschn. 2.3 und Abb. 2.8 (aus Hamblin 1981)

Methode

Gestörte Proben. Man füllt eine Plastikflasche halbvoll mit Boden (doppelte Probenahme) und legt ein markiertes Filterpapier zentriert auf die Probe. Nun gibt man ausreichend Boden zu, daß der Behälter gefüllt ist, wenn die Kappe zugeschraubt wird (insgesamt etwa 180 g). Man umwickelt den Verschluß mit Klebeband, um Feuchtigkeitsverlust zu verhindern, und stellt die Flasche in eine Isolierbox; diese sollte in einem Raum mit konstanter Temperatur aufbewahrt werden, am besten auf einem großen Styroporblock oder in einem anderen Raum mit möglichst geringen Temperaturschwankungen. Diese würden eine Verdunstung von Wasser aus dem Boden bewirken und das Wasser an den Behälterwänden kondensieren lassen. Die Zeit, die zur Einstellung des Gleichgewichts benötigt wird, hängt vom Wassergehalt des Bodens ab: 6 Tage [d] werden als Standard empfohlen, das Gleichgewicht hat sich jedoch eigentlich nach 2 Tagen eingestellt.

Man tariert eine Wägeflasche und stellt sie dann geöffnet in die Kartonschachtel. Man nimmt die Plastikflasche aus der Isolierbox, gießt Boden und Filterpapier in eine Schale und überführt das Filterpapier, nachdem man lockeren Boden abgebürstet hat, mit einer Pinzette in die Wägeflasche, verschließt und wiegt sofort. Feuchte Papiere verlieren Wasser durch Verdunstung mit einer Rate von ca. 1 mg s^{-1}, wenn man sie in der Laborluft bewegt. Die Filterpapiere wiegen (ofentrocken) ca. 300 mg und enthalten nach der Gleichgewichtseinstellung zwischen 60 und 550 mg H_2O.

Das Papier wird bei 105 °C getrocknet und nochmals gewogen. Man berechnet den Wassergehalt des Papiers als g H_2O g^{-1} ofentrockenen Papiers und bestimmt aus Abb. 5.10 die Wasserspannung im Papier und damit die Bodenwasserspannung.

Die Hauptfehlerquelle dieser Methode liegt in einer unzureichenden Temperaturkontrolle während der Gleichgewichtseinstellung, die zur Kondensation von Wasser an den Behälterwänden führen kann. Dieses Wasser reduziert den Wassergehalt des Bodens und kann das Papier anfeuchten, wenn es während der Gleichgewichtseinstellung oder beim Herausschütten des Bodens mit den Wänden in Berührung kommt. Die Kontaminierung des Papiers mit Boden verursacht nur geringe Fehler. Normalerweise würde man auch den gravimetrischen Wassergehalt bestimmen.

Ungestörte Probekerne. Man kann Probekerne verwenden, wie sie zur Bestimmung der Lagerungsdichte (s. Abschn. 4.2) oder für Wurzelmessungen (s. Abschn. 3.1) entnommen werden. Nachdem man das Ende des Probekerns abgeschnitten hat, legt man ihn in einem verschließbaren Behälter auf das Filterpapier (notfalls wird es zurechtgeschnitten, damit es kleiner als der Kerndurchmesser ist). Man läßt die Probe den Gleichgewichtszustand erreichen und mißt wie vorher beschrieben. Alternativ kann man den Probekern auch zerschneiden und das Filterpapier zwischen die Schnittflächen der beiden Teilkerne legen.

Direkte Messung in Pflanztöpfen oder im Freiland. Mit einem Spachtel zieht man im Boden einen Spalt, in den das Papier gesteckt wird; der Boden wird über dem Papier geschlossen. Wenn das Papier aus dem Boden entnommen wird, wiegt man sofort. Es ist nicht notwendig, jedesmal zu trocknen, da die Standardpapiere praktisch identische Massen haben: Man trocknet im voraus einige Papiere und bestimmt die durchschnittliche Masse.

Wassergehaltsbestimmung über den elektrischen Widerstand

Zur Bestimmung der Bodenfeuchtigkeit können auch Widerstandsmeßgeräte verwendet werden. Erfaßbar sind Wasserspannungen zwischen 20 und 1500 kPa. Von den Grundlagen her ähnelt die Methode der Filterpapiermethode. Ein Keramikblock (oder ein anderes geeignetes Material) wird in den Boden gebracht, wo er solange Wasser absorbiert, bis er einen Gleichgewichtszustand mit dem Bodenwasser erreicht hat. Sein elektrischer Widerstand wird gemessen und mit seinem Wassergehalt in Relation gesetzt. Durch Eichung erhält man dann ein Maß für die Saugspannung. Die Ausrüstung ist bei ELE International erhältlich.

Andere Methoden

Ein einfache Methode, Bodenwasserspannungen zu ermitteln, wird bei Pritchard (1969) vorgestellt. Smith und Mullins (1991) diskutieren die Standardmethoden.

5.3
Bestimmung der Wasserspannungskurve

Es werden zwei Methoden beschrieben: die Haines-Methode bestimmt die Wasserspannungskurve zwischen Sättigung und einer Saugspannung von ungefähr 15 kPa (etwas trockener als Feldkapazität) und die Filterpapiermethode (s. Abschn. 5.2) zwischen 1 kPa und 50 MPa (etwas nasser als Feldkapazität bis lufttrocken). Aufwendigere Methoden werden bei Smith und Mullins (1991) diskutiert.

5.3 · Bestimmung der Wasserspannungskurve

Abb. 5.11. Haines-Apparatur

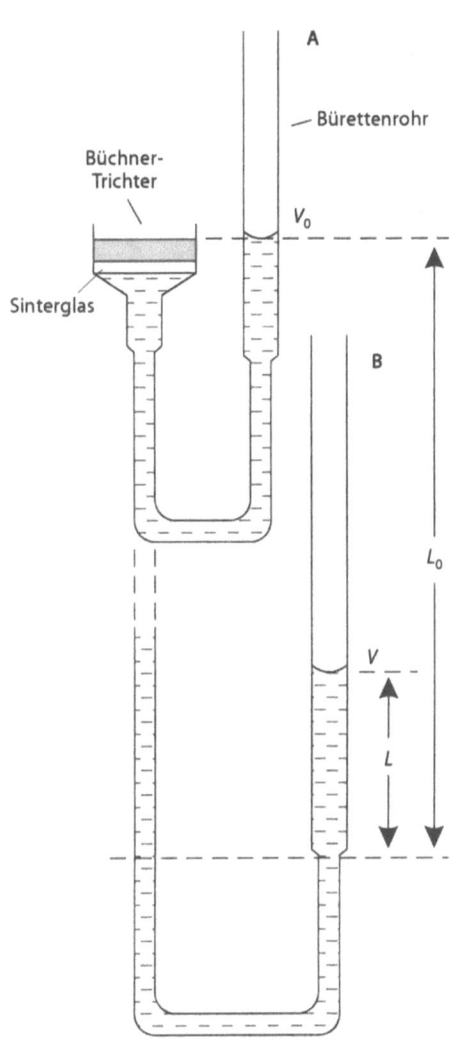

Haines-Methode

Die Methode basiert auf den Prinzipien, die auch für das Tensiometer (Abb. 5.2) gelten. Man füllt Boden in einen Büchner-Trichter, an dessen Grund sich eine poröse Sinterglasplatte befindet und der über einen wassergefüllten Kunststoffschlauch mit einer geeichten Bürette verbunden ist (Abb. 5.11). Zu Beginn der Messung ist der Boden wassergesättigt. Durch Absenken des markierten Rohrs kann auf das Bodenwasser eine Saugspannung ausgeübt werden; das Wasser sickert solange durch das Sinterglas, bis wieder ein Gleichgewichtszustand erreicht ist. Die Bodenwasserspannung wird durch die Höhe der Wassersäule bestimmt und Veränderungen des Wassergehaltes durch Veränderungen des Wasserspiegels im geeichten Rohr. Der endgültige Wassergehalt des Bodens wird gravimetrisch bestimmt. Das Verfahren wird zunächst für Sand und dann modifizierter für Bodenproben beschrieben.

Ausrüstung

- *Büchner-Trichter aus Glas mit Sinterglasplatte.* Dieser Trichter ist erhältlich bei Fison's Scientific Equipment mit einer Platte der Porengröße 10–16 µm (Größe Nr. 4, Güte 4), die der angelegten Saugspannung von 9–15 kPa (0,9–1,5 m H_2O) standhält, bevor Luft angesogen wird (Gleichungen 5.1 und 5.2);
- *Polyethylenschlauch (1,5 m) und eine kalibrierte Glasröhre.* Eine 50-ml-Bürette ohne Auslaufspitze ist ideal;
- *Retortenhalter, Klammern und Befestigungen;*
- *Sand.*

Methode

Man baut die Geräte auf, wie in Abb. 5.11 dargestellt. Man stellt den Trichter verkehrt herum in einen Behälter mit gekochtem, abgekühltem Wasser und zieht mit einer Vakuumpumpe Wasser durch den Trichter in das Rohr, bis dieses gefüllt ist. Das System darf keine Luftblasen enthalten. Trichter und Glasrohr werden am Stativ befestigt und Position A eingestellt. Je nach Bedarf fügt man abgekochtes Wasser zu oder schüttet Wasser aus dem Rohr.

Man wiegt etwa 50 g (±0,01 g) lufttrockenen Sand ab und gibt diesen in das im Trichter befindliche Wasser. Man klopft am Trichter und fügt Wasser zu, um sicherzustellen, daß der Sand gesättigt ist. Nun senkt man das Rohr ab, um Wasser aus dem Sand zu ziehen (falls nötig, gießt man ab), bis der Sand gerade gesättigt ist (kein freies Wasser über dem Sand). In der Ausgangsposition sollte sich das Wasser am unteren Ende des Glasrohres befinden. Man bedeckt den Trichter mit haftender Plastikfolie (an einigen Stellen durchstochen), um Verdunstung zu verhindern. Die nächsten Schritte verlaufen folgendermaßen:

- Man mißt die Höhe des Meniskus L_0 über einem festen Referenzpunkt (dem Retortenhalter oder der Arbeitsfläche) und notiert das Volumen V_0 [cm^3] im kalibrierten Glasrohr.
- Man senkt das Rohr um ca. 3 cm ab; etwas Wasser wird aus dem Sand in das Rohr sickern. Hat sich wieder ein Gleichgewichtszustand eingestellt (bei Sand in ca. 3 min), notiert man die neuen Werte für L und V (Abb. 5.11, Position B).
- Man wiederholt den vorhergehenden Schritt und notiert die L- und V-Werte im Gleichgewichtszustand, bis der Sand praktisch das gesamte Wasser abgegeben hat und V sich kaum noch verändert. Nun senkt man das Rohr in Schritten von 10 cm oder mehr ab, bis sich der Meniskus etwa 100 cm unter dem Sand befindet ($L_0 - L \approx 100$ cm). Man beachte, daß für Sand ein gut definierter Zustand existiert (der kritische Saugspannungsbereich), bei dem Luft in die Poren „einbricht" und Wasser freisetzt.
- Nun wiegt man eine 100-ml-Wägeflasche. Ohne die Position des Trichters oder des geeichten Rohrs zu verändern, befestigt man den Polyethylenschlauch gerade unterhalb des Trichters. Man überführt soviel Sand wie möglich in die Wägeflasche und bestimmt den gravimetrischen Wassergehalt in g H_2O g^{-1} ofentrockenen Sandes (s. Abschn. 3.3). Man bestimmt auch den Wassergehalt der lufttrockenen Sandprobe, die im Experiment verwendet wurde.

Tabelle 5.3. Werte des Haines-Experiments für gesiebten Sand (Größenfraktion 0,5–2 mm)

a Meniskus- höhe über dem Bezugs- niveau [cm]	b Höhe der Wassersäule $h_w = L_0 - L$ [cm]	c abgelesenes Volumen [cm³]	d entzogenes Volumen $V_0 - V$ [cm³]	e Volumen im Sand [cm³]	f gravimetri- scher Was- sergehalt [g g⁻¹ ofentr. Sandes]	g volumetri- scher Was- sergehalt [cm³ cm⁻³]
L_0 = 84,10	0	V_0= 33,05	0	11,83	0,235	0,384
L = 78,70	5,40	V = 32,30	0,75	11,08	0,220	0,359
74,10	10,00	32,09	0,96	10,87	0,216	0,353
71,50	12,60	31,40	1,65	10,18	0,202	0,330
69,80	14,30	29,80	3,25	8,58	0,170	0,278
66,70	17,40	26,90	6,15	5,68	0,113	0,185
60,35	23,75	23,80	9,25	2,58	0,051	0,083
47,20	36,90	22,90	10,15	1,68	0,033	0,054
22,50	61,60	22,65	10,40	1,43	0,028	0,046
3,30	80,80	22,40	10,65	1,18	0,023	0,038

Menge des verwendeten Sandes (luftgetrocknet) = 50,34 g;
Wassergehalt des luftgetrockneten Sandes = 0,4 g kg⁻¹ ofengetrockneten Sandes;
Menge des verwendeten Sandes (ofengetrocknet) = 50,32 g;
Letzter Wassergehalt des Sandes = 23,5 g kg⁻¹ ofengetrockneten Sandes;
Menge des Wassers, die schließlich noch in 50,32 g ofengetrocknetem Sand vorhanden war = 1,18 g.

Datenauswertung

Beispiele für Meßergebnisse an Sand werden in Tabelle 5.3 aufgeführt. Die Höhe der Wassersäule (Spalte *b*) wird aus der Differenz der Sandhöhe und der Höhe des Meniskus (Spalte *a*) berechnet. Die Wassermenge, die dem Sand jeweils entzogen wurde, wird unter Verwendung von Spalte *c* bestimmt. In der Fußnote der Tabelle sind berechnete Werte aufgelistet, die man braucht, um die am Ende noch im Sand vorhandene Wassermasse zu bestimmen (1,18 g). Wenn man davon ausgeht, daß 1 g H$_2$O ein Volumen von 1 cm³ einnimmt, so beträgt das Endvolumen in Spalte *e* 1,18 g; daraus wurden die anderen Volumina der Spalte bestimmt. Nun kann Spalte *f* berechnet werden (Werte in Spalte *e*/50,32).

Umwandlung in volumetrische Wassergehaltsangaben. Die Festsubstanzdichte von Sand beträgt 2,65 g cm⁻³, sein spezifisches Volumen (s. Abschn. 4.3, Anm. 1) 1/2.65 = 0,377 cm³ g⁻¹. Damit hat der gesättigte Sand mit einem gravimetrischen Wassergehalt von 0,235 g H$_2$O g⁻¹ Sand (Spalte f) ein Gesamtvolumen von

$$0{,}235 \text{ cm}^3 \text{ H}_2\text{O} + 0{,}377 \text{ cm}^3 \text{ Sand} = 0{,}612 \text{ cm}^3$$

und sein volumetrischer Wassergehalt beträgt 0,235/0,612 = 0,384 cm³ cm⁻³. Angenommen, daß sich das Volumen dieser Sandschicht nicht verändert, kann man die Werte für Spalte *g* berechnen, indem man die Werte aus Spalte *f* durch 0,612 dividiert.

Die Wasserspannungskurve ist in Abb. 5.12 a dargestellt. Anfänglich wurde eine kleine Wassermenge entnommen; es handelte sich um das „freie" Wasser an der Oberfläche der Sandschicht. Der größte Teil des Wassers wurde bei einer Saugspannung von 10–30 cm H$_2$O abgegeben.

Abb. 5.12. a Wasserspannungskurve und **b** Porengrößenverteilung von Sand der Größenfraktion 0,5–2 mm

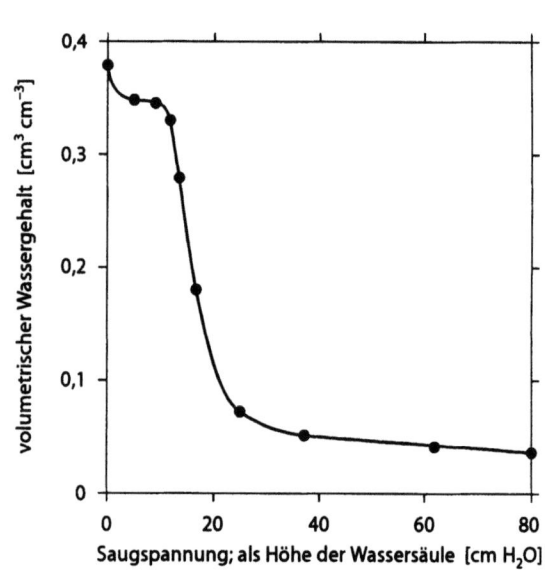

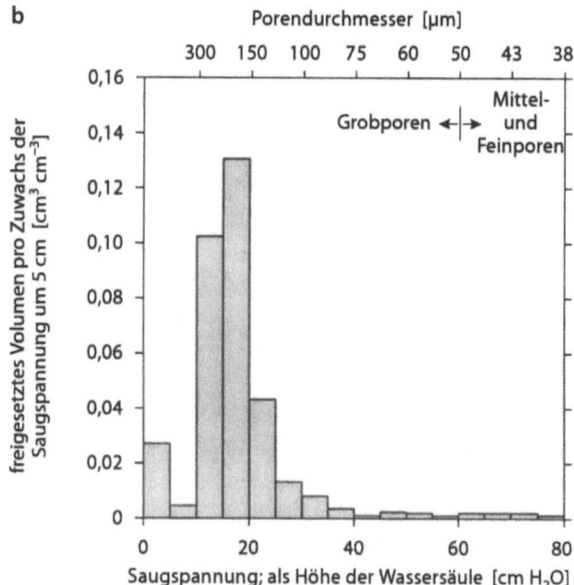

Porengrößenverteilung. In Abb. 5.12 b sind die abgegebenen Volumina in Abhängigkeit von der Wasserspannungserhöhung in 5-cm-Schritten aufgetragen. Die x-Achse ist auch mit der Porengröße beschriftet, die aus den Gleichungen 5.1 und 5.3 berechnet wurde: $r = 0{,}15/9810h$ (r und h sind hier in Metern angegeben), oder es wird der Durchmesser verwendet: $d \approx 3\,000/h$ (dann wird d in µm und h in cm angegeben; $h = 3\,000/d$ wird als Steighöhengleichung bezeichnet). Die Poren, die sich bei einer Saugspannung von 10–30 cm entleeren, haben einen Durchmesser von 100–300 µm

5.3 · Bestimmung der Wasserspannungskurve

und nehmen 0,288 cm^3 cm^{-3} ein, was 75 % des Gesamtporenvolumens und 88 % des Grobporenanteils (>50 μm) entspricht. Im Freiland würde ein Sand dieser Korngröße bei Feldkapazität auf einen Wassergehalt von ca. 0,05 cm^3 cm^{-3} bzw. 0,03 g g^{-1} entwässern, woraus deutlich wird, welche geringen Mengen pflanzenverfügbaren Wassers von groben Sandböden gebunden werden können (Tabellen 12.1 und 5.2 und Abb. 5.3 b). In solchen Substraten, die ein eingeschränktes Korngrößen- und Porenspektrum und keine gefügebedingten Poren besitzen, sind Poren dominierend, deren Größe etwa ein Fünftel der Korngröße beträgt (in diesem Fall ca. 200 μm bzw. 1 mm).

Eine für Böden modifizierte Methode

Bevor man sich Untersuchungen „richtiger" Böden zuwendet, ist es einfacher, den Gebrauch der Geräte und die Auswertung der Messungen am Beispiel von Sand zu erlernen. Das Experiment nimmt wenig Zeit in Anspruch, da sich ein Gleichgewichtszustand rasch einstellt und Fehler korrigiert werden können.

Die im Haines-Experiment verwendeten Wasserspannungen entleeren hauptsächlich die Grobporen (>50 μm, Tabelle 4.2). In Böden sind das vor allem gefügebedingte Poren, so daß es wenig sinnvoll ist, das Experiment mit luftgetrocknetem, gesiebtem Boden durchzuführen, da man lediglich den ungefähren Wassergehalt bei Feldkapazität (50–100 cm H$_2$O) erhält. Die Mittel- und Feinporen werden durch Trocknen und Sieben wenig beeinflußt. Zur Bestimmung einer sinnvollen Wasserspannungskurve muß die Messung an einer ungestörten Stechzylinderprobe durchgeführt werden (vgl. Bestimmung der Lagerungsdichte, Abschn. 4.2). Man benötigt allerdings einen Zylinder, der in einen Büchner-Trichter paßt und ca. 2 cm hoch ist. Die Unterseite dieser Bodenscheibe muß besonders gut geglättet sein, damit sie Kontakt zur Sinterglasplatte hat. Der Boden bleibt während des Experiments im Zylinder.

Nach Probenahme und Zurechtschneiden stellt man den Zylinder mit dem Boden in den Trichter, der nur wenige mm Wasser enthält. Man läßt den Boden das Wasser aufsaugen und hält den Wasserstand konstant, damit innerhalb einiger Stunden Sättigung eintritt. Alternativ kann man den Boden auf angefeuchtete Zellstofftücher stellen, die gelegentlich durchnäßt werden; auch dann stellt sich Sättigung ein.

Nun verfährt man genauso wie beim Sand, doch dauert die Gleichgewichtseinstellung für jeden Schritt sehr viel länger: Durch regelmäßige Messungen kontrolliert man, ob sich der Meniskus nicht mehr verändert. Die zur Gleichgewichtseinstellung benötigte Zeit hängt von der Textur ab: sandige Böden benötigen pro Schritt ca. eine Stunde, Tonböden können mehrere Wochen in Anspruch nehmen. Verdunstung muß also verhindert werden. Am Ende entfernt man den Boden mit dem Zylinderring, wiegt den feuchten Boden, trocknet ihn im Ofen und wiegt wieder. Nach dem Waschen und Trocknen bestimmt man die Maße des Zylinders und wiegt ihn.

Datenauswertung

Man berechnet die ofentrockene Bodenmasse, den Endwassergehalt und das Probekernvolumen (s. Abschn. 4.2). Mit Daten wie in Tabelle 5.3 berechnet man die Werte für Spalten *e* und *g*. Spalte *f* ist wahrscheinlich überflüssig. Beispiele von Saugspannungs-Wassergehaltskurven und Porengrößenverteilungen finden sich in Abb. 5.3.

Wenn die Sinterglasplatte mit Boden verwendet wird, kann diese teilweise verstopfen, was die Gleichgewichtseinstellung behindert; deshalb reinigt man sie durch Kochen in einer Reinigungsmittellösung (Decon).

Filterpapiermethode

Bodenproben mit einem Wassergehaltsspektrum zwischen lufttrocken und Feldkapazität werden vorbereitet. Die Filterpapiermethode aus Abschn. 5.2 dient der Bestimmung der Wasserspannung und des gravimetrischen Wassergehalts.

Ausrüstung

- Ausrüstung für die Filterpapiermethode;
- *Boden*; 6 kg lufttrockener Feinboden.

Methode

Man berechnet die Wassermenge, die 750-g-Proben mit Wassergehalten zwischen lufttrocken und Feldkapazität enthalten, folgendermaßen. In Tabelle 5.2 sind typische Werte für gravimetrische Bodenwassergehalte angegeben. Man bearbeitet etwa acht Proben. Jede Probe wird in einen Plastikbeutel gefüllt und unter Schütteln und Mischen mit der Pipette das berechnete Wasservolumen zugegeben. Um Verdunstung zu verhindern, bewahrt man die Proben zwei Wochen lang in einem Behälter (Isolierbox) verschlossen auf, damit jede Probe einheitlich durchfeuchtet wird.

Man mißt die Saugspannung nach der Filterpapiermethode (3 Wiederholungsmessungen) und den gravimetrischen Wassergehalt jeder Probe (s. Abschn. 3.3).

Man zeichnet die Werte wie in Abb. 5.3 auf. Mit dieser Messung läßt sich sinnvollerweise ein Experiment zur Wirkung des Bodenwassers auf die Samenkeimung kombinieren (s. Abschn. 5.6, Übungsprojekt 3).

5.4
Bodenwasserpotential und die Richtung der Wasserbewegung

Die Schwerkraft, Saugspannungsdifferenzen und Osmose können eine Bewegung des Bodenwassers verursachen. Die Osmose spielt gewöhnlich nur dann eine Rolle, wenn es um Wasserbewegungen in Richtung Wurzeln geht. Im Freiland ist der Boden nahe der Oberfläche typischerweise trockener als in größerer Tiefe. Folglich besteht ein Saugspannungsgradient, der eine aufwärts gerichtete Kraft auf das Bodenwasser ausübt. Dem steht die abwärts gerichtete Gravitationskraft gegenüber. Man muß beide Kräfte betrachten, wenn man wissen will, in welche Richtung sich das Wasser bewegt.

Abb. 5.13 a zeigt ein Beispiel: Einfache Tensiometer sind an den Stellen A und B in ein Bodenprofil eingeführt worden. Die Tensiometer zeigen an, daß der Boden bei A, verglichen mit dem Boden bei B, relativ trocken ist (er hat eine höhere Saugspannung). Das zeigt sich daran, daß $h_a > h_b$ ist. Die Fließrichtung kann man beurteilen, wenn man den Wasserstand in den beiden offenen Armen der Manometer (gemessen durch L_a und L_b) vergleicht. Da Wasser zwischen A und B frei durch den Boden fließen kann, würde man einen Wasserfluß zwischen den Tensiometern erwarten, bis sich ein Gleichgewichtszustand eingestellt hat, beide Wasserstände also gleich sind, d.h. $L_a = L_b$. Das Wasser würde abwärts fließen, wodurch Boden A noch trockener und Boden B noch feuchter wird. Ist Boden A jedoch sehr viel trockener (Abb. 5.13 b), übertrifft die nach oben gerichtete, aus der Saugspannungsdifferenz resultierende Kraft die nach unten gerichtete Gravitationskraft, und das Wasser bewegt sich aufwärts von B nach A. Um diese beiden Kräfte zusammen betrachten zu können,

5.4 · Bodenwasserpotential und die Richtung der Wasserbewegung

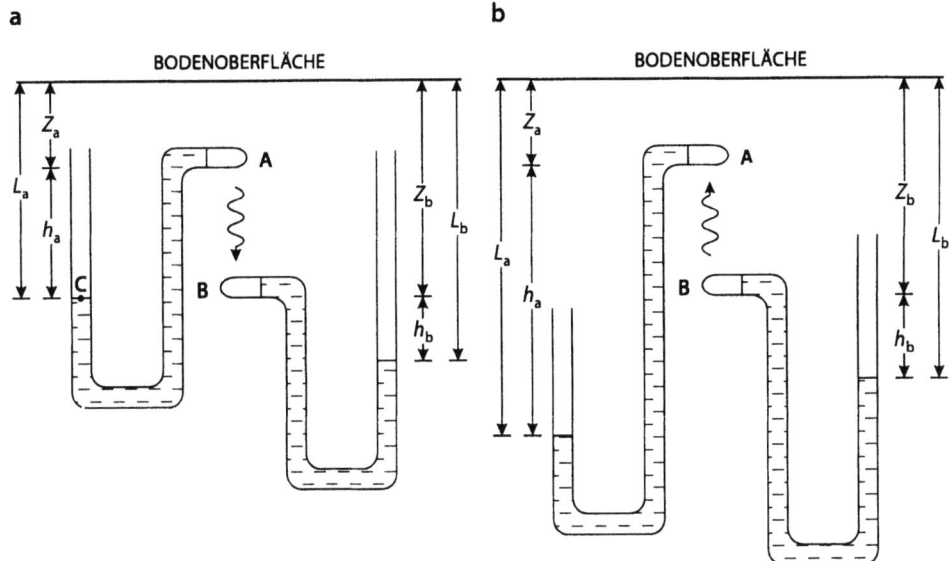

Abb. 5.13. Gradienten der Wasserspannung und der Schwerkraft in Böden

wenden wir den Grundsatz an, daß das Wasser von einem Niveau hoher potentieller Energie (aufgrund einer höheren Lage oder niedrigeren Saugspannung) sich in einen Zustand niedriger potentieller Energie (niedrigere Lage oder stärkere Saugspannung) bewegen wird. Wir müssen daher untersuchen, wie die Höhenlage das *Gravitationspotential* beeinflußt und welche Wirkung die Adhäsion der Wassermoleküle an die Bodenteilchen (Bodenmatrix) auf das *Matrixpotential* besitzt. Diese Begriffe werden jetzt erläutert.

Potentielle Energie

Bewegt man einen Körper mit gegebener Masse in vertikaler Richtung, findet eine Veränderung seiner potentiellen Energie statt. Es muß gegen die Gravitationskraft Arbeit verrichtet werden, und die dabei gewonnene Energie wird wieder freigesetzt, wenn der Körper fällt: Wird ein Körper angehoben, wird Energie gespeichert und seine potentielle Energie (ψ) nimmt zu. Nach Definition ist die Arbeit, die an einem Körper verrichtet wird, gleich der Veränderung seiner potentiellen Energie und somit ist sie das Produkt aus der eingesetzten Kraft [N] und der Strecke [m], um die der Körper bewegt wurde. Die Einheit der Energie (und der Arbeit) ist 1 Joule [J], wobei 1 J = 1 Nm ist. Bei einem Körper, der gegen das Gravitationsfeld der Erde bewegt wird, muß die Erdbeschleunigung g [N kg^{-1}], die auf seine Masse M [kg] wirkt, überwunden werden, wozu die Kraft $M \cdot g$ [N] erforderlich ist. Wenn also der Körper über eine Strecke von L Metern angehoben wird, nimmt die potentielle Energie ψ um MgL [kg · N kg^{-1} · m = N m = J] zu und muß der Energie entsprechen, die zur Hebung des Körpers aufgewendet wurde.

Betrachten wir Abb. 5.13 a, kann das Konzept der potentiellen Energie direkt auf den Unterschied zwischen dem Wasser an der Bodenoberfläche (eine offene Wasserfläche in dieser Höhe wird häufig als *freies Wasser* bezeichnet) und dem Wasser der Manometer-Röhre bei C angewendet werden. Beide befinden sich bei Luftdruck, aber wegen der unterschiedlichen Höhenlage haben M [kg] Wasser an der Bodenoberfläche eine potentielle Energie von MgL_a [J], die größer ist als die Energie bei C. Deshalb sagt man, daß das Wasser bei C relativ zum Bezugsniveau (dem freien Wasser an der Bodenoberfläche) eine potentielle Energie von $-MgL_a$ [J] hat. Pro kg Wasser beträgt seine potentielle Energie $-gL_a$ [J kg^{-1}].

Bodenwasserpotential

Nun müssen wir das Bodenwasser bei A betrachten; das Tensiometer bei A befindet sich im Gleichgewicht mit dem Bodenwasser. Beide müssen also das gleiche Energieniveau aufweisen (sonst würde Wasserbewegung stattfinden). Damit beträgt die potentielle Energie des Wassers bei A relativ zum Bezugsniveau ebenfalls $-gL_a$; sie wird als *hydraulische* bezeichnet. Wenn wir annehmen (was ab hier geschehen soll), daß Osmose (s. Abschn. 14.3) vernachlässigbar ist, kann das hydraulische Potential als das *Bodenwasserpotential* ψ angesehen werden. Es mag zunächst merkwürdig erscheinen, daß das Wasser bei A auf die Tiefe L_a bezogen wird, obwohl es sich tatsächlich nur in der Tiefe Z_a befindet. Dieser Unterschied zeigt, daß das Bodenwasserpotential aus zwei Gründen niedriger als auf Bezugsniveau ist:

1. Das Bodenwasser befindet sich unter der Bodenoberfläche und hat in Abhängigkeit von der Tiefe Z_a das *Gravitationspotential* ψ_g.
2. Das Wasser wird von der Bodenmatrix gebunden und hat ein *Matrixpotential* ψ_m, das im allgemeinen den gleichen Betrag wie die Saugspannung hat, da beide durch die Adhäsion des Wassers an den festen Bodenbestandteilen bedingt sind.

Um eine bequeme Handhabung beider Größen zu ermöglichen, kann das Wasserpotential als Energie pro Volumeneinheit Wasser ausgedrückt werden, d.h. als J m^{-3}. Da $\psi = -gL_a$ [J kg^{-1}] und ρ_w die Einheit kg m^{-3} hat, ist $\psi = -\rho_w g L_a$ [J m^{-3}]. Man beachte die Ähnlichkeit dieser Gleichung mit Gleichung 5.1 und daß die Einheit von ψ [ausschließlich J m^{-3}] von der Dimension her einem Druck [Pa] entspricht, da 1 J m^{-3} = 1 N m m^{-3} = 1 N m^{-2} = 1 Pa.

Das Gravitationspotential bei A kann nun als $-\rho_w g Z_a$ ausgedrückt werden, da es sich um die potentielle Energie freien Wassers in Höhe A relativ zum Bezugsniveau handelt. Da aber $\psi = \psi_g + \psi_m$ ist, muß das Matrixpotential $-\rho_w g h_a$ sein und numerisch gleich dem negativen Wert der Bodensaugspannung (Gl. 5.1). Damit ist

$$\psi = -\rho_w g Z_a - \rho_w g h_a \tag{5.5}$$

mit der Einheit J m^{-3}, oder mit Zahlenwerten

$$\psi = -9810 Z_a - S, \tag{5.6}$$

wobei ψ in J m^{-3}, Z_a in m und S in Pa ausgedrückt wird. Da J m^{-3} = Pa ist, werden die drei Ausdrücke manchmal zweckmäßigerweise in Pa ausgedrückt. Da man Gleichung 5.5 auch folgendermaßen schreiben kann:

$$\psi = -\rho_w g(Z_a + h_a) = -\rho_w g L_a,$$

wird das Bodenwasserpotential manchmal als Höhe der Wassersäule L_a ausgedrückt. Man beachte, daß die Bezeichnung „Höhe der Wassersäule" sowohl für die Saugspannung des Bodens (Tabelle 5.1) als auch für das hydraulische Potential benutzt werden kann.

Richtung der Wasserbewegung

Wasser bewegt sich in Richtung des abnehmenden Bodenwasserpotentials, d.h. entlang eines Potentialgradienten. Die Geschwindigkeit der Bewegung wird in 5.5 diskutiert. Gibt es zwischen zwei Punkten keine Potentialdifferenz, dann gibt es auch keine Wasserbewegung, einen Zustand, den man als *Fließstillstand* bezeichnet. Die Feldkapazität ist ein Spezialfall des Fließstillstandes: Wenn ψ_g als Höhe der Wassersäule ausgedrückt wird, verändert es sich um 1 m m^{-1} Bodentiefe. Wenn im Boden die Veränderung von ψ_m gleich groß und ψ_g entgegengerichtet ist, der Boden also zur Oberfläche hin etwas trockener wird, dann ist der Potentialgradient gleich Null und es findet keine Bewegung statt. Die Verhältnisse in einer Bodensäule, in der man im Labor Wasserbewegung zuließ, werden in Abschn. 5.5, Anm. 1 diskutiert. In den häufigsten Fällen ist die Feldkapazität derjenige Wassergehalt, bei dem die Wasserleitfähigkeit auf solche Werte gefallen ist, bei denen die Wasserbewegung selbst bei vorhandenem Potentialgefälle vernachlässigbar gering wird.

Schlußfolgerung

Die Bestimmung des Bodenwasserpotentials erfordert lediglich die Messung der Saugspannung und der Bodentiefe. Erstere kann mit Tensiometern oder der Filterpapiermethode ermittelt werden. Das Wasserpotentialgefälle zeigt die Richtung der Wasserbewegung an. Es folgt eine Fallstudie aus dem Niger, die veranschaulichen soll, wie diese Messung dazu verwendet werden kann, die Richtung der Wasserbewegung in einem Profil zu bestimmen; Übungsprojekt 4 in Abschn. 5.6 gibt eine Anregung, wie man diese Methode auf die gemäßigten Breiten übertragen kann.

5.4.1
Fallstudie: Bodenwasserdynamik in der Savanne der Sahelzone

Am ICRISAT-Forschungszentrum (*International Crops Research Institute for Semi-Arid Tropics*) im Niger, Westafrika, wurde vom Institut für Hydrologie aus Wallingford und der Universität Reading ein Projekt durchgeführt, das bestimmen sollte, in welchem Ausmaß Bodenwasserverluste auf Versickerung (abwärts gerichtete Bewegung) und Evapotranspiration von der Bodenoberfläche oder der Vegetation (Aufwärtsbewegung) zurückzuführen sind. In Savannengebieten ist dies ein kompliziertes Problem, da die Vegetation aus verstreuten Baum- und Strauchgruppen mit sehr tiefen Wurzeln besteht, zwischen denen flachwurzelnde einjährige Gräser wachsen (Farbtafeln 8 a und b). Damit sollte das Muster der Wasserbewegung vor allem von der Nähe zu den Bäumen abhängen, deren Wurzeln auch aus größerer Bodentiefe Wasser entnehmen können.

Der für das Experiment ausgewählte Standort liegt nahe Niamey, der Hauptstadt der Republik Niger. Es gibt eine ausgeprägte Regenzeit (Juni bis Oktober), während der praktisch der gesamte Jahresniederschlag fällt (Abb. 12.8). Der durchschnittliche jährliche Niederschlag ist mit dem von London (650 mm) vergleichbar, aber die Verdunstungsrate ist in der heißen und trockenen Luft (s. Kap. 12) hoch. Insgesamt reichen die Niederschläge nicht aus, um den Wasserbedarf zu befriedigen. Hinzu kommt, daß die Niederschläge bei unregelmäßigen starken Gewittern fallen und der Boden eine geringe Speicherkapazität besitzt; einiges Wasser gelangt in größere Tiefen und füllt die Grundwasservorräte auf, die in Brunnenbohrungen für den häuslichen Bedarf ausgebeutet werden. Daher ist man stark daran interessiert zu verstehen, wie Veränderungen der Vegetation (Rodungen zur Nutzlandgewinnung) das Versickerungsverhalten und die Grundwasserneubildung beeinflussen. Der Boden ist sehr sandig (West *et al.* 1984), seine Eigenschaften sind in Abb. 5.3 b dargestellt.

Probekerne wurden zu verschiedenen Zeiten unter den Gebüschen und Gräsern entnommen. Die Mächtigkeit der Probe wurde notiert und die Saugspannung mit der Filterpapiermethode bestimmt (s. Abschn. 5.2). Man erwartete folgendes Ergebnis: Das Wasser außerhalb der Reichweite der Wurzeln bewegt sich, der Schwerkraft folgend, nach unten, wogegen in der Wurzelzone ständig Wasser verbraucht wird und deshalb ein aufwärts gerichteter Fluß aus dem feuchten Boden unterhalb der Wurzelzone entsteht.

Abbildung 5.14 zeigt das Saugspannungsprofil (die Veränderungen der Saugspannung in Abhängigkeit von der Tiefe) unter Gras am 23. August 1990. Der Boden war in einer Tiefe von 20–40 cm viel trockener (höhere Saugspannung) als darunter. Die Wasserspannung bei 60 cm und darunter betrug 7–8 kPa, typische Werte für Feldkapazität (Tabelle 5.1). Im oberen Teil des Bodenprofils war der Saugspannungsgradient

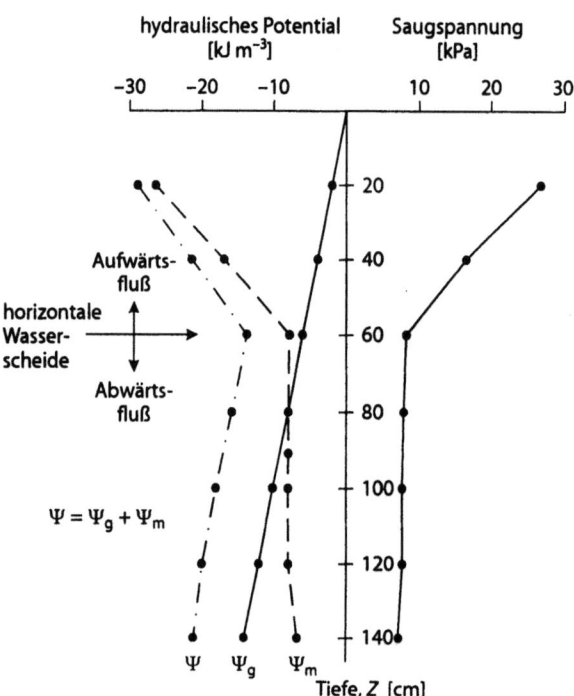

Abb. 5.14. Tiefenabhängige Veränderungen des Bodenwasserpotentials und der Saugspannung unter Grasland in Sadoré, Niger. (Daten von V.L. Grime, Reading University und dem Institute of Hydrology)

groß, im unteren Teil klein, aber beide Gradienten zeigten eine aufwärts gerichtete Wasserbewegung an.

Um zu bestimmen, ob diese Spannungsgradienten ausreichen, die Schwerkraft zu überwinden, wurde das Bodenwasserpotential ψ nach Gleichung 5.5 berechnet und in Abb. 5.14 zusammen mit den Werten des Gravitations- (ψ_g) und Matrixpotentials (ψ_m) aufgetragen. Man beachte, daß der ψ_m spiegelbildlich zur Saugspannung verläuft und ψ_g eine Gerade ist, da das Gravitationspotential nur von der Tiefe abhängt. Die Richtung der Wasserbewegung kann nun aus der Steigung der Wasserpotentialkurve ψ abgelesen werden. Oberhalb von 40 cm bewegt sich das Wasser aufwärts in Richtung eines negativeren Wasserpotentials, wogegen es unterhalb von 80 cm abwärts fließt. Irgendwo dazwischen (bei etwa 60 cm), wo die Kurve vertikal verläuft (keine Potentialänderung mit der Tiefe), findet kein Wasserfluß mehr statt.

Diese kritische Tiefe stellt eine „horizontale Wasserscheide" innerhalb des Bodenprofils dar und ist in der Abbildung markiert. Während Trockenperioden ist die Lage dieser Ebene ein guter Hinweis darauf, aus welcher Tiefe Wurzeln Wasser aufgenommen haben.

Abb. 5.15 zeigt eine Abfolge von Profilen des Bodenwasserpotentials während der Regenzeit, die am 24. Juli begann. Die gestrichelte Linie zeigt die Messungen nahe einer Gruppe von *Guiera senegalensis* (mehrstämmige Bäume, die mehrere Meter groß werden) und die durchgezogene Linie verbindet die Meßpunkte der Werte aus einer Graslichtung (9 m vom nächsten Baum entfernt). Der Meßtermin am 4. August lag ausreichend weit in der Regenzeit, so daß sich die Böden in ihrem feuchtesten Zustand befanden. Das „Gras"-Profil hatte nahezu Feldkapazität erreicht, aber das Gebüschprofil war in mehr als 60 cm Tiefe noch relativ trocken. Offenbar hatte die mit den Regenfällen einsetzende Belaubung der Bäume einen hohen Wasserbedarf zur Folge; weitere Regenfälle füllten lediglich das von den Bäumen und Sträuchern verbrauchte Wasser auf, anstatt daß das Wasser in größere Bodentiefen vorgedrungen wäre. Eine andere Erklärung wäre, daß das Blätterdach als Schirm wirkte, der die in den Boden gelangende Wassermenge verringerte. Die Steigung der Wasserpotentialkurve beider Standorte legt nahe, daß die Wasserbewegung abwärts gerichtet ist.

Zwischen dem 4. und 23. August fiel wenig Regen, und das Bodenwasser wurde hauptsächlich durch die Pflanzen verbraucht. Am 23. August hatte die horizontale Wasserscheide unter Gras 60 cm erreicht (s. diskutiertes Beispiel in Abb. 5.14). Anscheinend sind die Graswurzeln bis in 60 cm Tiefe gewachsen, wofür seit Einsetzen des Regens eine Wachstumsrate von 2 cm d^{-1} erforderlich ist, ein für einjährige Gräser plausibel erscheinender Wert. Im Gegensatz dazu liegt die Wasserscheide unter den Gebüschen unter der maximalen Meßtiefe. Insgesamt scheint sich das Bodenwasser generell aufwärts zu bewegen, was an der größeren Durchwurzelungstiefe und dem größeren Wasserbedarf der Bäume liegt. Mit Sicherheit ist unter den Gebüschgruppen wenig Wasser durch Versickerung verlorengegangen, während auf den Grasflächen Versickerung ins Grundwasser stattfand. Die Versickerungsraten werden in Abschn. 5.5 berechnet.

Zwischen dem 23. August und 10. September fielen 100 mm Regen, die den Oberboden mit Wasser füllten; am 10. September lag die Wasserscheide an beiden Standorten nahe der Bodenoberfläche, was so interpretiert werden muß, daß in beiden Profilen Wasser versickert. Mitte September ließ der Regen nach. Am 3. Oktober waren beide Profile sehr trocken und die Wasserbewegung aufwärts gerichtet.

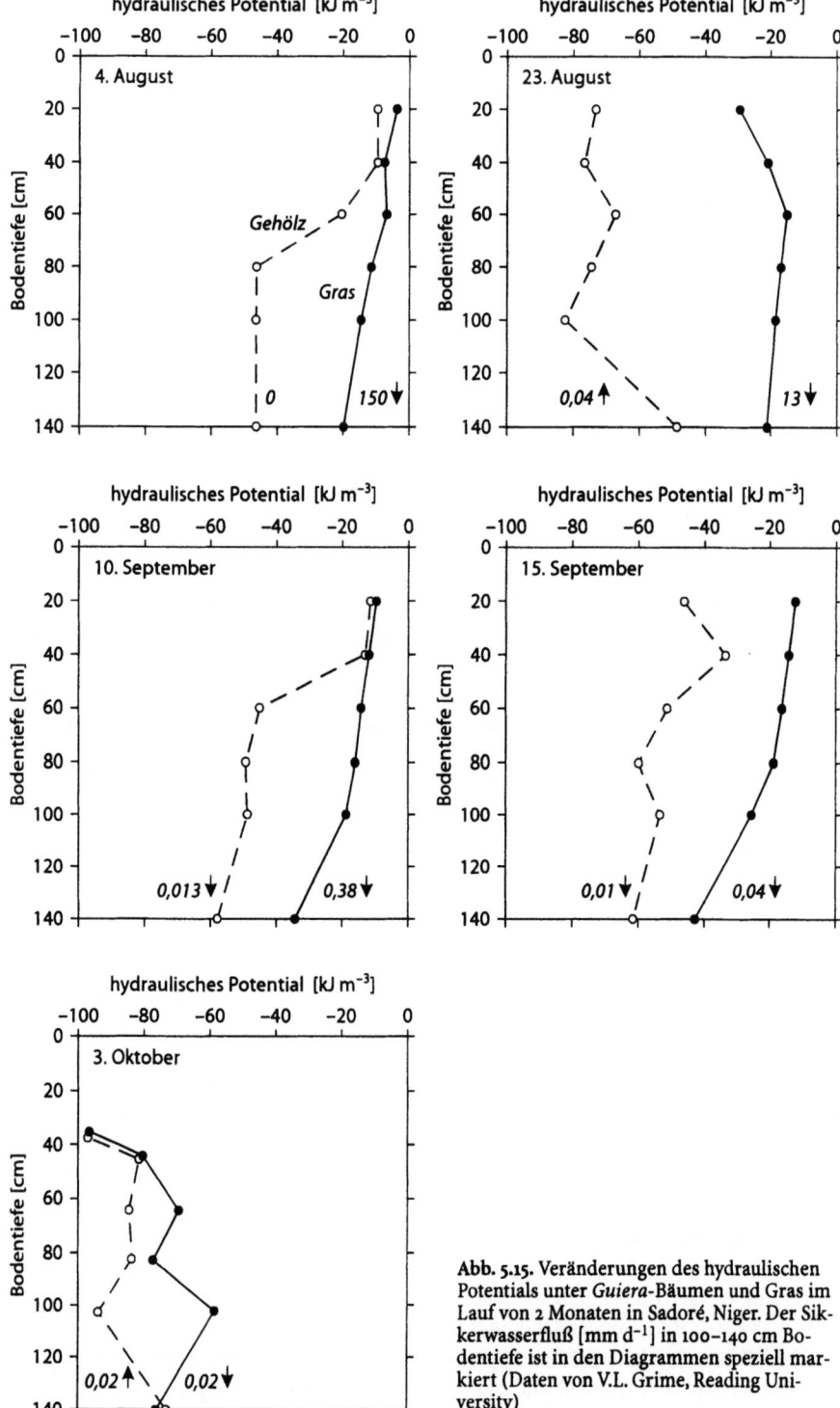

Abb. 5.15. Veränderungen des hydraulischen Potentials unter *Guiera*-Bäumen und Gras im Lauf von 2 Monaten in Sadoré, Niger. Der Sickerwasserfluß [mm d^{-1}] in 100–140 cm Bodentiefe ist in den Diagrammen speziell markiert (Daten von V.L. Grime, Reading University)

5.5
Wasserleitfähigkeit und Geschwindigkeit der Wasserbewegung

Wasserleitfähigkeit: Definition und Einheiten

Die Geschwindigkeit F, mit der sich Wasser durch eine Sand- oder Bodensäule bewegt, wird Wasserfluß (auch Wasserbewegung, Fließgeschwindigkeit oder Filtergeschwindigkeit) genannt und durch die Darcy-Gleichung beschrieben:

$$F = -K \, d\psi/dx \qquad (5.7)$$

Dabei ist K die Wasserleitfähigkeit und $d\psi/dx$ der hydraulische Gradient (s. Abschn. 5.4). Gleichungen dieser Art werden auch dazu verwendet, die Beziehung zwischen der Bewegung von Gasen und ihrem Konzentrationsgradienten (Abschn. 6.5), die Bewegung von Nährstoffen (s. Kap. 9 und 10) und die Wärmeleitung zu beschreiben. Die Wasserleitfähigkeit ist ein Maß für die Leichtigkeit, mit der sich Wasser durch den Boden bewegen kann; der Potentialgradient ist ein Maß für die treibende Kraft der Bodenwasserbewegung. Durch Umformung der Gleichung erhält man $K = F/(-d\psi/dx)$, und damit ist K gleich der Geschwindigkeit der Wasserbewegung, die von der Einheit der treibenden Kraft erreicht wird. Das negative Vorzeichen deutet an, daß die Kraft in Richtung des kleineren Potentials wirkt.

Für die Größen in Gleichung 5.7 können verschiedene Einheiten verwendet werden. Am gebräuchlichsten und zweckmäßigsten sind folgende:

- Der *Wasserfluß* wird ausgedrückt als die Wassermenge, die den Boden je Flächeneinheit in einer Zeiteinheit durchfließt [$m^3 \, m^{-2} \, s^{-1}$], was einer Fließgeschwindigkeit [$m \, s^{-1}$] entspricht. Diese Geschwindigkeit kann man sich vorstellen als die Rate der Tiefenveränderung eines Beckens mit Wasser, das in dem darunterliegenden Boden versickert. Die Fließgeschwindigkeit des Wassers in den Bodenporen ist größer als F, da der Wasserfluß nicht über das ganze Bodenvolumen verteilt ist. Man stelle sich beispielsweise eine Wasserpfütze auf der Oberfläche eines Sandbodens vor, der ein Porenvolumen von 0,5 $cm^3 \, cm^{-3}$ besitzt. Wenn sich der Wasserspiegel um 10 mm h^{-1} senkt, beträgt der Wasserfluß im Boden 10 mm h^{-1}, die durchschnittliche Fließgeschwindigkeit in den Poren jedoch 20 mm h^{-1}, da die Hälfte des Bodenvolumens nicht durchlässig ist (s. Abschn. 11.5).
- Das *hydraulische Potential* wird zweckmäßigerweise als Höhe der Wassersäule [m] ausgedrückt, da die Einheit des hydraulischen Gradienten dann $m \, m^{-1}$ ist, es sich also um einen dimensionslosen Parameter handelt.
- Wenn $d\psi/dx$ dimensionslos ist, hat die Wasserleitfähigkeit dieselbe Einheit wie der Wasserfluß [$m \, s^{-1}$]; man kann sie sich als den Fluß vorstellen, der erreicht wird, wenn $d\psi/dx = -1$ ist; durch Einsetzen in Gleichung 5.7 ergibt sich: $F = K$. Da der hydraulische Gradient aufgrund der Schwerkraft allein -1 beträgt (ausgedrückt als Höhe der Wassersäule: ψ_g nimmt um 1 m pro m Bodentiefe ab), kann man sich die Wasserleitfähigkeit als die Wasserbewegungsrate vorstellen, die allein von der Schwerkraft hervorgerufen wird. Beispielsweise ist die Wasserleitfähigkeit eines gesättigten Bodens (kein Potentialgefälle), der von einer sehr flachen Pfütze bedeckt ist, gleich dem Wasserfluß und läßt sich deshalb anhand der Geschwindigkeit messen, mit der sich der Wasserspiegel in der Pfütze senkt.

Beziehung zwischen wassergefüllten Poren und hydraulischer Leitfähigkeit

Die Größe und Kontinuität der wassergefüllten Poren bestimmt die Wasserleitfähigkeit eines Bodens. Zur Bestimmung der Porengrößenverteilung kann die Beziehung mit Hilfe der Wasserspannungskurve mathematisch hergeleitet werden, wenn man die Poren als Kapillarröhren betrachtet und die Poiseuille-Gleichung anwendet, die die Fließgeschwindigkeit durch eine Kapillare mit dem Röhrenradius und dem Druckgradienten verknüpft. Marshall und Holmes (1988) beschreiben dieses Verfahren, und ein Anwendungsbeispiel für Sand wird von Marshall (1958) gegeben.

5.5.1
Messung der hydraulischen Leitfähigkeit

Es gibt kein Standardverfahren zur Bestimmung der hydraulischen Leitfähigkeit von Böden. Wir werden hier vier Methoden beschreiben.

1. Die gesättigte Wasserleitfähigkeit (auch Wasserdurchlässigkeit im gesättigten Boden genannt) wird an neu gepackten Bodensäulen im Labor bestimmt.
2. Die Infiltration stehenden Wassers in Böden bildet die Grundlage zur Freilandmessung der hydraulischen Leitfähigkeit mit einem Doppelring-Infiltrometer.
3. Die hydraulische Leitfähigkeit von Böden mit einem Wassergehalt zwischen Wassersättigung und Feldkapazität wird durch die Messung des Wassergehalts einer ungesättigten Bodensäule bestimmt, durch die Wasser fließt.
4. Zur Bestimmung der hydraulischen Leitfähigkeit trockener Böden wird die Verdunstungsrate von der Spitze einer Bodensäule gemessen, deren Basis mit Wasser versorgt wird.

Obwohl es sich bei 1) und 2) um Standardmethoden handelt, werden Messungen der ungesättigten hydraulischen Leitfähigkeit üblicherweise mit aufwendigeren Methoden als 3) und 4) durchgeführt, deren Beschreibung jedoch den Rahmen dieses Buches sprengen würde (Smith und Mullins 1991).

Messung der gesättigten hydraulischen Leitfähigkeit im Labor

Die Methode ist mit Sand als Probematerial leicht erlernbar; der Gebrauch der Geräte und der Daten kann daran geübt werden (Green und Ampt 1911). Eine modifizierte Methode für Bodenkerne wird ebenfalls beschrieben.

Ausrüstung

- *Sickerröhre*, wie in Abb. 5.16 a dargestellt; diese läßt sich aus einem 15 cm langen Glasrohr mit einem Durchmesser von 5 cm herstellen. Das untere Ende verschließt man mit einem durchbohrten Stopfen, in dem ein kurzes Röhrchen (Durchmesser 5 mm) steckt. Man verbindet den unteren Teil der Sickerröhre nun mit dem Glasausflußrohr, das gebogen sein sollte, wie in der Abbildung gezeigt ist;
- *Absorbierende Watte*;
- *Meßzylinder*;
- *Sand*;
- *Stoppuhr*.

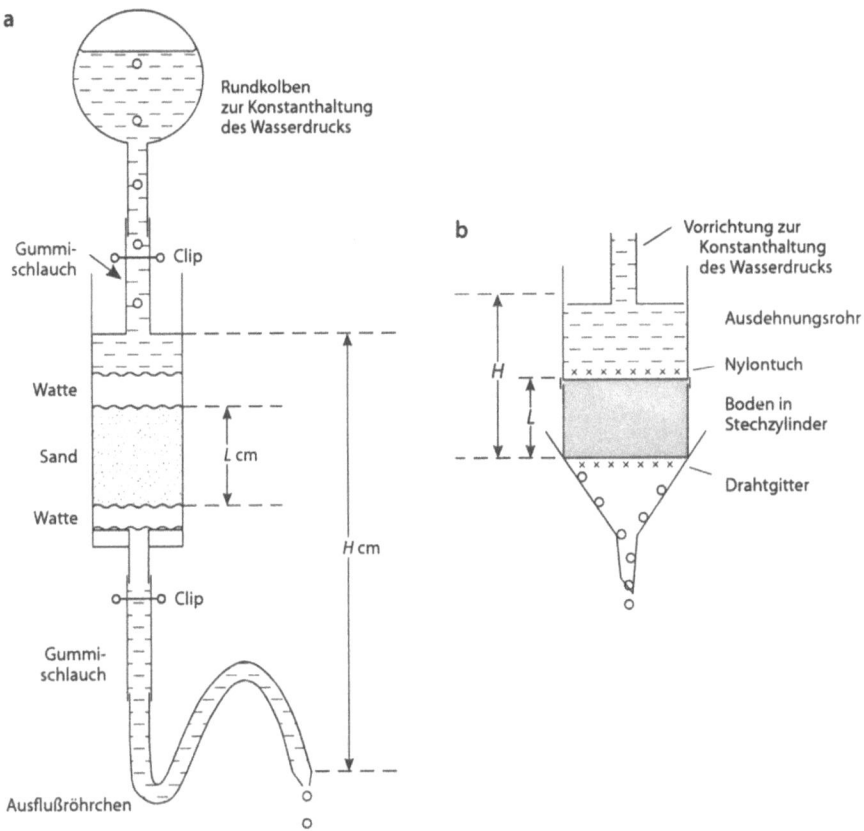

Abb. 5.16. Meßanordnung für die gesättigte hydraulische Leitfähigkeit von a Sand und b Boden

Methode

Man baut die Geräte zusammen, wie in der Abbildung dargestellt. Man legt über den Stopfen der Sickerröhre Watte, verbindet den Auslauf über einen Gummischlauch mit dem 5-mm-Röhrchen und füllt die Sickerröhre halbvoll mit Wasser. Man läßt das Wasser ausfließen, um die Sickerröhre vollständig mit Wasser zu füllen und vergewissert sich, daß keine Luftblasen eingeschlossen sind. Nun gießt man eine Sandschicht in die Sickerröhre (ca. 5 cm hoch) und entläßt unter Klopfen und Wirbeln möglichst alle Luftblasen. Über den Sand legt man eine zweite Watteschicht.

An einem 500-ml-Meßkolben wird ein Stück Gummischlauch und ein Clip befestigt (s. Abb. 5.16). Man füllt den Kolben mit Wasser, verschließt ihn mit dem Clip, führt ihn in das Sickerrohr ein und öffnet den Clip; außerdem öffnet man den Verschluß am Ausflußröhrchen. Man positioniert den Meßkolben und den Ausfluß so zueinander, daß das Gefälle (Druckhöhe) H 2 bis 15 cm beträgt, so daß sich ein Fluß von etwa 1 Tropfen s^{-1} ergibt. Schnellere Tropfgeschwindigkeiten führen zu Turbulenzen im Sand, und das Darcy-Gesetz läßt sich nicht mehr anwenden.

Hat sich ein stabiler Fluß eingestellt, mißt man die Durchflußrate Q ($cm^3 s^{-1}$) mit dem Meßzylinder und der Stoppuhr. Man mißt mehrere Male und ermittelt daraus den Mittelwert. Man mißt die Höhe der Sandschicht L_1 [cm] an mehreren Stellen rund um das Glasrohr und bildet den Mittelwert. Nun wird das Gefälle H [cm] gemessen. Da Sand eine hohe Leitfähigkeit besitzt, sind die Druckhöhen klein; man verwendet am besten ein transparentes Lineal und einen Spiegel, um Parallaxenfehler zu vermeiden. Man wiederholt die Bestimmung mit mehreren unterschiedlichen Druckhöhen (fünf Werte sind angemessen).

Man entfernt den Meßkolben und die obere Watte, füllt die Sandschicht auf 10 cm (= L_2) auf und ersetzt die Watte. Nun wiederholt man die obigen Messungen.

Zum Schluß mißt man den inneren Durchmesser des Sickerrohrs und berechnet seinen Querschnitt A [cm^2].

Rechenbeispiel

Der Fließwiderstand, den das System dem Wasser entgegenstellt, hängt sowohl vom Sand als auch von der gesamten Apparatur ab (in erster Linie von den beiden Wattelagen und dem Ausflußröhrchen). Zur Berechnung der hydraulischen Leitfähigkeit von Sand muß der Widerstand der experimentellen Anordnung wie folgt berücksichtigt werden.

Die Darcy-Gleichung entspricht dem Ohmschen Gesetz, das die Leitung elektrischen Stroms durch einen Widerstand beschreibt:

Stromfluß = Potentialdifferenz/Widerstand

Für das obige Experiment bedeutet dies

$$Q/A = H/R \tag{5.8}$$

R ist der Widerstand des Sandes plus dem der Meßapparatur. Setzt man die Einheiten $cm^3 s^{-1}/cm^2$ = cm/R ein, dann hat R die Einheit s.

Für jede Variante des Experiments (5- und 10-cm-Sandschicht) trägt man Q/A auf der y-Achse gegen H auf der x-Achse auf. Man legt eine Gerade durch die Punkte und bestimmt ihre Steigung (s. Abschn. 9.6). Der Wert von R ist der Kehrwert der Steigung, wobei R_1 und R_2 die Werte für die 5- bzw. 10-cm-Sandschicht sind.

Nehmen wir wieder elektrischen Strom als Beispiel, dann können wir die Widerstände des Sandes R_{Sand} und der Apparatur $R_{Apparatur}$ als „Reihenschaltung" ansehen. Man kann die Werte der beiden unterschiedlichen Schichthöhen verwenden, um die beiden Widerstände zu trennen: bei der 5-cm-Schicht $R_1 = R_{Sand1} + R_{Apparatur}$, bei der 10-cm-Schicht $R_2 = R_{Sand2} + R_{Apparatur}$. Subtrahiert man beide Gleichungen voneinander, so erhält man $R_{Sand2} - R_{Sand1} = R_2 - R_1$. Dann ist $R_{Sand2} - R_{Sand1}$ (und damit $R_2 - R_1$) der Widerstand der zugefügten Sandschicht mit der Mächtigkeit $L_2 - L_1$. Man berechnet nun den *spezifischen Widerstand* des Sandes (seinen Widerstand pro Längeneinheit) als $(R_2 - R_1)/(L_2 - L_1)$, welcher die Einheit $s\ cm^{-1}$ besitzt, und multipliziert mit 100 $s\ m^{-1}$. Der spezifische Widerstand ist der Kehrwert der Leitfähigkeit:

K [$m\ s^{-1}$] = 1/spezifischen Widerstand [$s\ m^{-1}$].

Man beachte, daß sich die Bezeichnung Widerstand auf den Gesamtwiderstand, d.h. das gesamte Sickersystem bzw. Sandsäule bezieht. Der spezifische Widerstand des Sandes ist sein Widerstand pro Längen- und Flächeneinheit der Säule.

5.5 · Wasserleitfähigkeit und Geschwindigkeit der Wasserbewegung

Alternative Meßanordnung

Eine ausgefeiltere Vorrichtung zur Konstanthaltung der Druckhöhe wird später in diesem Kapitel (vergl. Abb. 5.19 und Beschreibung im Text) und in Abschn. 14.5 beschrieben. Dabei wird eine Mariottesche Flasche verwendet; der Sand oder die Bodenprobe werden zwischen Scheiben aus Nylontuch gehalten.

Modifikation der Methode für Bodenproben

Obwohl die oben beschriebene Methode für gesiebten und in die Sickerröhre gepackten Boden verwendet werden kann, hat die auf diese Weise gemessene Wasserleitfähigkeit wenig mit derjenigen im Gelände zu tun, vielleicht mit Ausnahme von sandigen Böden. Die gesättigte Wasserleitfähigkeit ist besonders stark von der Größe und Kontinuität der Grobporen abhängig und muß bei ungestörter Lagerung, d.h. im natürlichen Bodengefüge, gemessen werden. Man kann einen Probekern verwenden, wie er mit dem Stechzylinder zur Bestimmung der Lagerungsdichte (s. Abschn. 4.2) entnommen wird. Nach Zurechtschneiden des Probekerns stellt man diesen auf eine Unterlage aus nassen Zellstofftüchern und deckt ihn ab, um Verdunstung zu vermeiden. Über einige Tage hinweg hält man mit gelegentlichen Wassergaben das Papier feucht, so daß der Bodenkern langsam durchfeuchtet wird, bis er annähernd gesättigt ist. Man verbindet den Stechzylinder mit Hilfe von wasserfestem Klebeband mit einem Ausdehnungsrohr. Eine Scheibe aus Drahtgewebe wird unter den Boden des Stechzylinders geschoben und die gesamte Anordnung in einen Trichter gestellt, wie in Abb. 5.16 b gezeigt. Man bedeckt die Bodenoberfläche mit einer Scheibe aus Nylonstoff und führt das Experiment nun so aus, wie eben beschrieben. In diesem Fall ist der Widerstand der Apparatur vernachlässigbar, und daher muß nur bei einer Bodenmächtigkeit gemessen werden. Man kann Gleichung 5.8 dazu folgendermaßen formulieren: $Q/A = KH/L$; setzt man die Einheiten ein, erhält man cm^3 s^{-1} /cm^2 = $K \cdot$ cm/cm, und damit hat K die Einheit cm s^{-1}. Wird Q/A gegen H aufgetragen, dann ist die Steigung K/L.

Mit Gleichung 5.8 wird der Widerstand des Bodens bestimmt und daraus der spezifische Widerstand und die gesättigte Wasserleitfähigkeit berechnet. Die Meßergebnisse dürften aus folgenden Gründen nur eingeschränkte Gültigkeit besitzen:

- Die Leitfähigkeit eines kleinen Probekerns kann für Böden im Gelände nicht repräsentativ sein, da in diesen große Risse und Spalten auftreten.
- Das Zurechtschneiden der Bodenoberfläche im Stechzylinder kann zum Verschmieren offener Poren und zur Verringerung der Leitfähigkeit führen.
- Im Probekern kann sich selbst nach vorsichtiger Befeuchtung noch Luft befinden.
- Zwischen Bodenprobe und Zylinderwand können sich Hohlräume befinden, durch die Wasser fließt.

Messung der gesättigten hydraulischen Leitfähigkeit im Freiland

Ist ein Boden überflutet, dann ist die anfängliche Infiltrationsrate sehr hoch, fällt aber auf einen konstanten Wert, der ein Maß für die Wasserleitfähigkeit des gesättigten Bodens darstellt (Abb. 5.17). Überflutet man eine kleine Fläche, hat dies naturgemäß laterale und vertikale Wasserbewegungen zur Folge; zur Messung verwendet man ein Doppelring-Infiltrometer, um laterale Wasserbewegung weitgehend auszuschließen.

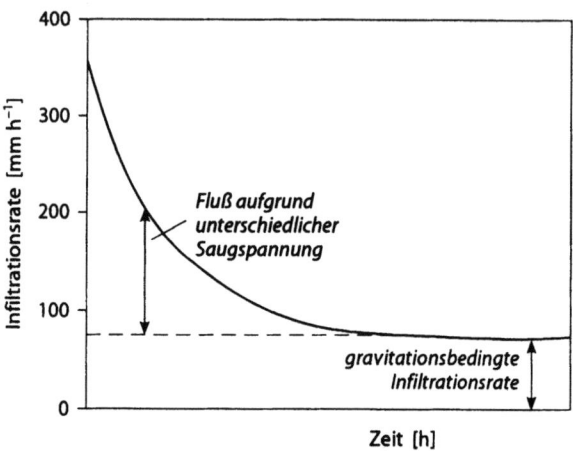

Abb. 5.17. Zeitliche Veränderung der Infiltrationsrate nach Überflutung

Der äußere Ring bildet eine Schutzzone aus gesättigtem Boden um jene des inneren Ringes herum, von der man annimmt, daß sich in ihr das Wasser nur vertikal bewegt. Hier werden auch die Messungen durchgeführt. Die gesättigte Wasserleitfähigkeit unterliegt unter den häufig gemessenen Bodeneigenschaften wahrscheinlich der größten räumlichen Variabilität, da eine einzige Spalte oder ein Regenwurmgang einen sehr schnellen Wasserabzug erlauben können. Daher sind viele Messungen notwendig, um eine bestimmte Fläche charakterisieren zu können, und selbst dann sollten die Meßergebnisse mit Vorsicht interpretiert werden.

Ausrüstung

- *Doppelring-Infiltrometer*, bestehend aus einem inneren und einem äußeren Metallzylinder von 25 cm Tiefe und 30 bzw. 80 cm Durchmesser;
- *50-cm-Lineal*;
- *Große Wasserbehälter* und ein *ausreichender Wasservorrat* (etwa 150 l).

Methode

Man drückt (u. U. mit einem Hammer) den äußeren Ring einige cm in den Boden, um eine gute Abdichtung zwischen Boden und Ring zu erreichen. Nun drückt man den inneren Ring fest ins Erdreich und vermeidet dabei eine Störung der Bodenoberfläche. Über den Boden des inneren Rings legt man ein dünnes Tuch, um ihn gegen Verschlämmung zu schützen, wenn das Wasser eingefüllt wird. Die Methode erfordert es, daß eine Wasserhöhe von 5–10 cm über dem Boden in beiden Kammern des inneren und äußeren Rings aufrechterhalten wird; die Messung der Infiltrationsrate erfolgt in der inneren Kammer. Man benötigt große Wassermengen. Der Sandboden aus Abb. 5.3a hat eine gesättigte Leitfähigkeit von 2 240 mm d^{-1} bzw. 1,5 mm min^{-1}, was für einen Ring mit 80 cm Durchmesser einen Fluß von 750 cm^3 min^{-1} ergibt und für den 30-cm-Ring 106 cm^3 min^{-1}. Am Anfang verläuft die Infiltration sogar noch schneller. Eine bequeme Methode zur Bestimmung der Infiltrationsrate wird in Abb. 5.18 gezeigt. Ein Lineal wird in den inneren Zylinder gelegt und im Boden befestigt, um Schwankungen des Wasserspiegels auf der geneigten mm-Skala ablesen zu können. Man bereitet fünf Behälter mit je 2 l Wasser und einen mit 5 l Wasser vor. Sinnvollerweise führt man das Experiment, vor allem dessen Beginn, zu zweit durch.

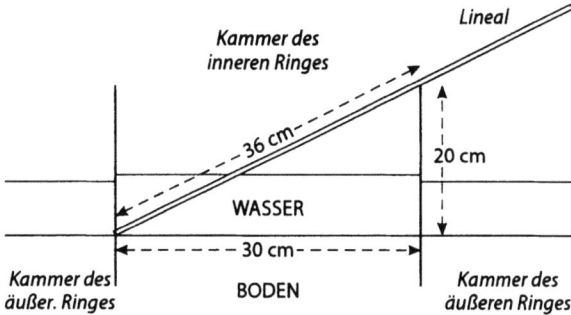

Abb. 5.18. Doppelring-Infiltrometer

Man gießt 5 l Wasser in den inneren Ring und gibt gleichzeitig Wasser in den äußeren Ring, so daß sich die Wasserspiegel auf gleichem Niveau befinden. Man notiert sofort den Wasserstand, der am Lineal abgelesen werden kann, und die in den inneren Ring eingefüllte Wassermenge. Bei 5 l Wasser erreicht man im inneren Ring eine Wassertiefe von ca. 7 cm, die auf dem Lineal einer Anzeige von 13 cm entspricht (vgl. Anordnung in Abb. 5.18). In geeigneten zeitlichen Abständen notiert man in Abhängigkeit von der Infiltrationsrate den Wasserstand auf dem Lineal. Wenn nötig, gibt man 2 l Wasser zu, um die Wassertiefe zwischen 5 und 10 cm zu halten (Zugabe notieren!). Der Wasserstand des äußeren Rings sollte demjenigen des inneren Rings auf 1-2 cm genau entsprechen. Man führt die Aufzeichnungen solange weiter, bis die Infiltrationsrate konstant ist.

Meßergebnisse

Für die in Abb. 5.18 gezeigte Anordnung entspricht eine Veränderung der Wasserstandsanzeige auf dem Lineal um 1 cm einer Veränderung der Wassertiefe um 0,556 cm, was bei einer Ringfläche von 706,8 cm² einer Volumenänderung von 393 cm³ gleichkommt. Man berechnet die kumulative Infiltrationsmenge [cm³] und trägt sie gegen die Zeit [min] auf. Man bestimmt die Steigung der Kurve für verschiedene Zeiten; dies ist die Infiltrationsrate [cm³ min^{-1}]. Die Werte werden in mm h^{-1} umgewandelt und aufgetragen, wie in Abb. 5.17 dargestellt. Die gesättigte hydraulische Leitfähigkeit ist die am Ende ermittelte, nur noch gravitationsbedingte Infiltrationsrate.

Man beachte aber, daß durch das Wasser im Ring ein positiver hydrostatischer Druck entsteht. Auf die endgültige Infiltrationsrate hat dieser jedoch einen vernachlässigbaren Einfluß.

Ein Beispiel für die Infiltration eines trockenen Bodens in Niger zu Beginn der Regenzeit ist in Abb. 12 5 dargestellt.

Bestimmung der ungesättigten hydraulischen Leitfähigkeit durch Infiltration

Um die Grundlagen für diese Methode zu verstehen, betrachten wir Abb. 5.19. Eine Bodensäule wird gesättigt und dann gedränt, während auf die Bodenoberfläche mit konstanter Geschwindigkeit Wasser zugeführt wird. Wenn die Rate, mit der das Wasser aus der Säule austritt, abnimmt und gleich der Rate der Wasserzufuhr wird, ist der Wassergehalt in der gesamten Bodensäule konstant. Am untersten Säulenende jedoch nimmt der Wassergehalt abrupt bis zur Sättigung zu, damit die Wassertropfen

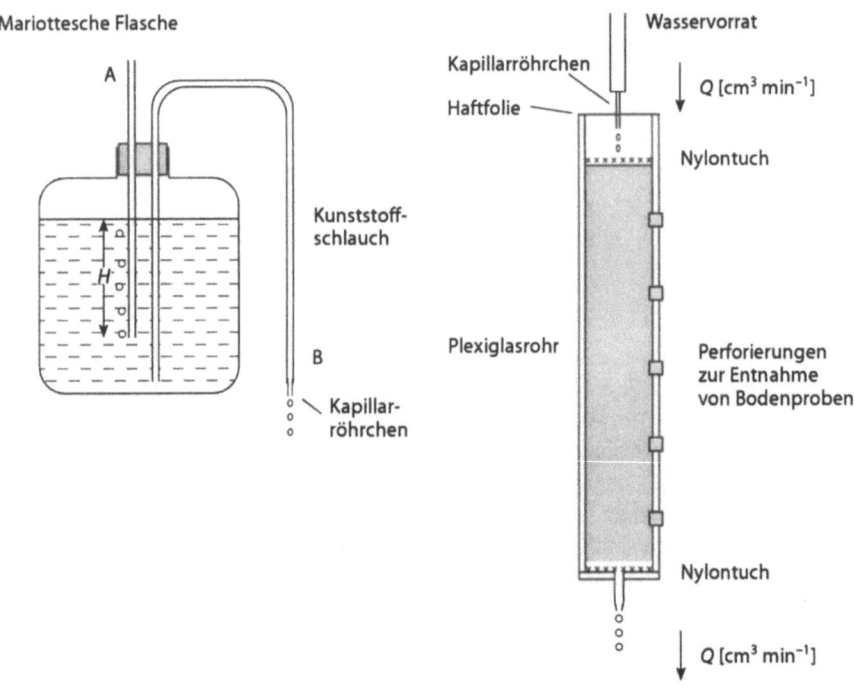

Abb. 5.19. Gleichgewichtszustand der Infiltration in eine Bodensäule

bei Luftdruck aus der Säule heraustropfen können. Ohne Matrixpotentialgefälle ist die Flußrate gleich der hydraulischen Leitfähigkeit, da der Gravitationspotentialgradient 1 m Wassersäule m^{-1} (Gleichung 5.7) beträgt. Der Experimentator sollte daher eine hydraulische Leitfähigkeit (bzw. Flußrate) wählen und den Wassergehalt bestimmen, der zur Aufrechterhaltung dieses Gradienten erforderlich ist.

Bodenproben

Da mit dem Experiment die Wasserleitfähigkeit von Böden bestimmt werden soll, die feuchter als Feldkapazität sind, sollte das natürliche Grobporensystem bei der Probenahme erhalten bleiben. Zwei Verfahren ermöglichen dies:

1. *Ungestörte Bodenkerne (Proben ungestörter Lagerung).* In ein ca. 30 cm langes PVC-Rohr (ein Abflußrohr; Durchmesser 6 cm, geschärfter Rand) werden in Abständen von 5 cm 10 mm große Löcher gebohrt; vorausgesetzt, daß es sich um einen leichten oder mittelschweren Boden handelt, der skelettfrei ist, wird das Rohr in den Boden getrieben. Zum Einschlagen legt man einen Holzklotz auf das Rohr, um es nicht zu beschädigen. Wurde das Rohr einige Zentimeter in den Boden geschlagen, wird rundherum ausgegraben und das Rohr tiefer hineingetrieben. Man fährt fort, bis man einen 30 cm langen Probekern erhält. Das Rohr wird ausgegraben und der Bodenkern an beiden Enden zurechtgeschnitten. Auf das untere Ende des Bodens legt man eine Scheibe aus Nylonstoff und klebt an das untere Rohrende eine Plastikscheibe mit einem Ausflußrohr (Abb. 5.19).

Diese Art der Probenahme kann zur Verdichtung des Bodens führen, wodurch dieser seine Leitfähigkeit verändern würde. Spezielle Probenahmegeräte sind bei *Eijkelkamp Agrisearch Equipment* erhältlich; sie ermöglichen es, längere Probekerne bei geringerer Verdichtung zu gewinnen. Außerdem können Hohlräume zwischen dem Kern und der Rohrwand entstehen, was die Leitfähigkeit bei Wassergehalten in Sättigungsnähe erhöhen kann.

2. *Neu gepackte Probekerne.* Leichte Böden von Ackerflächen (lufttrockener Feinboden) können in Sickersäulen, die man aus einem Kunststoffabflußrohr oder einem Plexiglasrohr anfertigt, gepackt werden, wie es in Abb. 5.19 gezeigt wird. Man füllt den Boden in 5-cm-Schichten ein und klopft die Säule jeweils einige Male gegen die Arbeitsplatte, bevor man neuen Boden zugibt, um eine dichte Packung des Bodens zu erreichen. Sobald der Boden angefeuchtet ist, kann er sich noch weiter setzen. Er ist jedoch normalerweise weniger dicht als im Gelände, was die Wasserleitfähigkeit erhöht, wenn sich der Wassergehalt in Sättigungsnähe befindet; bei Feldkapazität erhält man jedoch brauchbare Meßergebnisse.

Ausrüstung

- *Sickerröhre.* Wie oben beschrieben; sie sollte einen ungestörten Probekern oder neu gepackten Boden enthalten;
- *Mariottesche Flasche* mit einer Kapillarröhre als Ausfluß (Abb. 5.19);
- *Probenröhre* und *Stab* zum Herausdrücken;
- *Korkbohrer* (äußerer Durchmesser 10 mm) ist gut geeignet;
- *Wägeflaschen.*

Methode

Sickerröhre und Mariottesche Flasche werden in einer geeigneten Anordnung aufgebaut. Vor Beginn des Experiments füllt man die Flasche und bläst durch Röhrchen A (Abb. 5.19), damit sich Röhrchen B füllt. Aus dieser Kapillare wird nun Wasser tropfen. Man paßt die Eintauchtiefe H und die Höhe von B so an, daß sich ein Abfluß von 1 ml min^{-1} einstellt, was bei diesem Säulendurchmesser eine Zulaufrate von etwa 500 mm d^{-1} erfordert. Man kontrolliert diese Rate, indem man mehrere Proben über bekannte Zeitabschnitte hinweg sammelt und ihr Volumen oder ihr Gewicht bestimmt. Durch die Kapillare erhält die Mariottesche Flasche einen konstanten Fluß aufrecht, obgleich der Wasserspiegel in der Flasche fällt. Während der Vorbereitung der Säule klemmt man den Auslauf ab.

Man befestigt einen 80 cm langen Kunststoffschlauch in Form eines U-Rohrs am Säulenauslauf und verbindet ihn mit einem großen Trichter. Man hält den Trichter unterhalb der Säulenbasis und gießt Wasser in den Trichter, um den Schlauch zu füllen (Bodenprobe nicht befeuchten); Luftblasen sind aus dem Schlauch zu entfernen. Man hebt den Trichter langsam an und gibt, falls nötig, noch Wasser zu, so daß die Bodensäule von unten nach oben befeuchtet wird, bis sie schließlich gesättigt ist. Man klemmt den Kunststoffschlauch nahe dem Säulenauslauf fest. Nun legt man eine mit Nylonstoff bespannte Scheibe oben auf die Bodensäule, läßt aus der Mariotteschen Flasche Wasser zufließen und entfernt umgehend den Kunststoffschlauch vom Säulenauslauf. Das Wasser kann jetzt aus der Säule sickern, bis sich Abfluß- und Zuflußgeschwindigkeit angeglichen haben. Eine Haftfolie verhindert bei langsamen Flußraten eine Verdunstung aus dem oberen Säulenende und dem Auffangbehälter.

Während das Wasser fließt, entnimmt man mit dem Korkbohrer Bodenproben durch die seitlichen Löcher und drückt den Boden mit einem Stab in die Wägeflaschen. Man bestimmt den Wassergehalt der Proben (s. Abschn. 3.3) und berechnet den Mittelwert.

Das Experiment wird mit anderen Durchflußraten wiederholt.

Wenn die Beziehung zwischen der hydraulischen Leitfähigkeit und der Saugspannung benötigt wird, bestimmt man mit der Haines-Apparatur (s. Abschn. 5.3) die Wasserspannungskurve.

Meßergebnisse

Exemplarische Meßergebnisse für einen sandigen Boden sind in Abb. 5.3 b dargestellt. Die hydraulische Leitfähigkeit bei Sättigung und Feldkapazität beträgt 2 240 bzw. 3 mm d^{-1}. Bei einem Rohr mit einem Durchmesser von 6 cm und einer Querschnittsfläche von 28,3 cm^2 sowie einem Potentialgradienten von 1 m m^{-1} würde man Flußraten von 260 bzw. 0,4 cm^3 h^{-1} erwarten.

Anmerkung 1. Wenn man die Wasserzufuhr stoppt, wird die Säule noch so lange weiter dränen, bis sich ein Matrixpotentialgradient einstellt, der gleich dem Gravitationspotentialgradienten, diesem aber entgegengerichtet ist; der Boden ist also im oberen Teil der Säule trockener. In einem Bodenprofil wäre dies der Zustand der Feldkapazität, aber in einer dränenden Säule hängt der Feuchtegrad an der Basis von den Eigenschaften des Nylontuchs, der Form der Auslaufröhre und den Auslaufbedingungen ab. Obwohl wir also die Wasserspannung an der Säulenbasis nicht vorhersagen können, wissen wir, daß die als Höhe einer Wassersäule ausgedrückte Saugspannung am oberen Ende der Bodensäule größer ist als an deren Basis, und zwar um die Säulenlänge in Metern.

Bestimmung der ungesättigten hydraulischen Leitfähigkeit durch Verdunstung

Die Grundlagen dieser Methode (Moore 1939) können der Abb. 5.20 entnommen werden. Eine Säule mit feuchtem Boden taucht am unteren Ende so in einen Wasservorrat ein, als ob sie im Grundwasser stünde. Durch Verdunstung trocknet die Bodenoberfläche aus, und es entsteht ein Matrixpotentialgradient in der Säule. Wenn sich ein Gleichgewichtszustand eingestellt hat – was mehrere Tage dauern kann –, ist die Verlustrate durch Verdunstung gleich der Aufnahme aus dem Vorrat, was zugleich ein Maß für die Flußrate in der Säule ist. Entweder wird der Wassergehalt von Bodenproben, die aus Probelöchern entnommen wurden, bestimmt und eine Beziehung zum Matrixpotential durch Bestimmung der Wasserspannungskurve hergestellt, oder es werden durch die Probenlöcher Tensiometer in den Boden eingeführt, mit denen die Saugspannung direkt gemessen wird. Bei Verwendung von Gleichung 5.7 ist der Fluß an allen Punkten in der Säule gleich groß und kann über die Verlustrate aus dem Vorratsbehälter bestimmt werden. Damit können die Werte der hydraulischen Leitfähigkeit aus dem Wasserpotentialgradienten berechnet werden.

Ein einfache alternative Methode wird von Rowse (1975) beschrieben, die mathematische Auswertung ist allerdings viel komplizierter.

Abb. 5.20. Gleichgewichtszustand der Verdunstung aus einer Bodensäule, die mit einem Vorratsbehälter verbunden ist

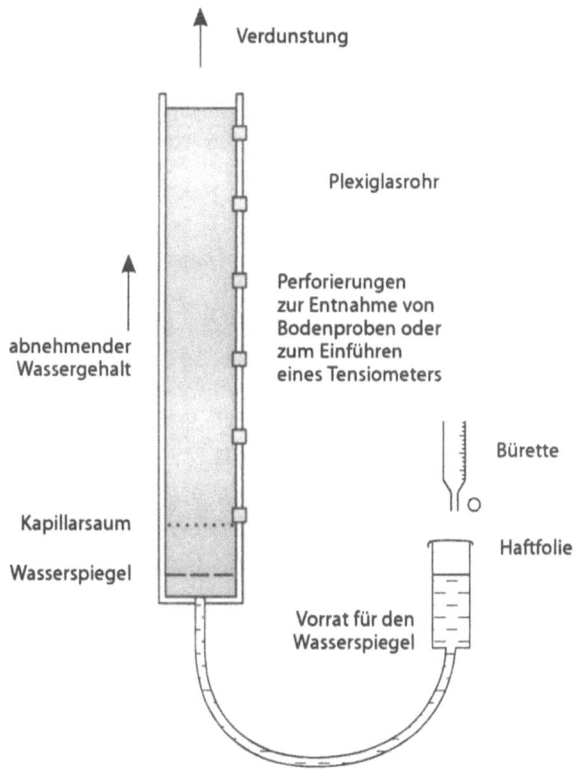

Ausrüstung

- *Bodensäule* wie bei der oben beschriebenen Infiltrationsmethode, mit einem Behälter für den „Grundwasservorrat" (Durchmesser ca. 2,5 cm).

Methode

Man kann entweder einen ungestörten Probekern oder eine neu gepackte Säule verwenden (s. Infiltrationsmethode). Die Säulenlänge sollte bei leichten Böden etwa 30 cm betragen (s. Anm. 2). Wie bei der Infiltrationsmethode sättigt man den Boden von der Basis her und senkt dann den Trichter, damit die Säule dränen kann (der Trichterrand wird auf Höhe des erforderlichen Wasserspiegels gehalten, so daß ein Überlauf möglich ist). Wenn der Abfluß nachläßt, verbindet man den Wasservorratsbehälter mit dem Ablaufschlauch an der Basis der Säule, damit bei fortschreitender Verdunstung der Wasserstand gleich bleibt (Markierung). Man läßt täglich Wasser aus der Bürette zufließen und notiert dessen Menge. Der Vorratsbehälter wird mit Haftfolie abgedeckt, um Verdunstung zu vermeiden.

Die Wasserverlustrate wird abnehmen, bis sie schließlich konstant ist, was je nach Bodeneigenschaften einige Tage oder Wochen dauern kann. Idealerweise sollte die Säule bei konstanter Temperatur und konstanter Verdunstungsrate betrieben werden. Labore bieten relativ konstante Umgebungsbedingungen, so daß man brauchbare Ergebnisse erhält. Mit einem Ventilator, der einen Luftzug über der Bodenoberfläche erzeugt, läßt sich die Verdunstungsrate erhöhen.

Wenn sich das Verdunstungsgleichgewicht eingestellt hat, werden der Säule Bodenproben entnommen und die Verteilung des Wassergehalts bestimmt. Mit der Filterpapiermethode bestimmt man die Wasserspannungskurve des Bodens (s. Abschn. 5.2 und 5.3). Es können zur direkten Messung der Saugspannung auch Tensiometer in die Löcher der Säulenwand eingeführt werden (s. Abschn. 5.2).

Meßergebnisse

Man drückt das Bodenwasserpotential ψ für jede Probenahmestelle mit Hilfe von Gleichung 5.6 als Höhe der Wassersäule aus. ψ wird gegen die Tiefe in der Säule aufgetragen. Den Potentialgradienten $d\psi/dx$ [mm^{-1}] für jede Probenahmetiefe bestimmt man aus der Kurvensteigung. Man mißt den Innendurchmesser der Säule und berechnet die Querschnittsfläche, um die Flußrate Q [m^3 d^{-1} cm^{-2} = cm d^{-1}], meist ausgedrückt in mm d^{-1}, bestimmen zu können. Mit Gleichung 5.7 berechnet man die Wasserleitfähigkeit für jede Probenahmetiefe und trägt die Werte gegen die Wasserspannung oder den Wassergehalt auf.

Anmerkung 2. Es ist schwierig, die „korrekte" Länge der Bodensäule zu wählen. Die Säule muß so lang sein, daß durch den Abfluß der Wassergehalt an der Bodenoberfläche und damit auch die Wasserleitfähigkeit spürbar gesenkt werden kann.

5.5.2
Fortsetzung der Fallstudie:
Bodenwasserdynamik in der Savanne der Sahelzone

In Abschn. 5.4 wurde die Wasserbewegung in Savannenböden des Niger analysiert. Nach der Darcy-Gleichung wird nun der Wasserabfluß aus dem hydraulischen Gradienten, der in Abb. 5.15 dargestellt ist, und den Werten der hydraulischen Leitfähigkeit aus Abb. 5.15 berechnet.

Beispiel

Die Berechnung wird folgendermaßen durchgeführt: Wir verwenden die Werte vom 10. September aus Abb. 5.15; die Ergebnisse sind in Tabelle 5.4 aufgeführt.

- Der mittlere hydraulische Gradient in einer Bodentiefe von 100–140 cm beträgt:

    $d\psi/dx = (\psi_{140} - \psi_{100})/(Z_{140} - Z_{100})$

    (die tiefgestellten Zahlen beziehen sich auf die Bodentiefe). Die Gradienten sind $(-58 + 48)/40 = -0{,}25$ für die Probe unter den Bäumen und $(-34 + 19)/40 = -0{,}375$ für das Grasland; ihre Einheit ist kJ m^{-3} cm^{-1}. Wie oben erwähnt, ist m m^{-1} eine zweckmäßigere Einheit, wenn das Wasserpotential als Höhe der Wassersäule ausgedrückt wird. Da 1 kJ m^{-3} einem 1 kPa entspricht (s. Abschn. 5.4) und 9,81 kPa einer Wassersäule von 1 m (Gleichung 5.4), betragen die obengenannten Gradienten $-2{,}55$ bzw. $-3{,}82$ m m^{-1}. Das negative Vorzeichen besagt, daß das Potential noch stärker negativ (kleiner) wird, wenn die Tiefe zunimmt.
- Mit den Werten des hydraulischen Potentials und Gleichung 5.6 wird die Saugspannung in zwei verschiedenen Tiefen berechnet. Der Mittelwert der hydraulischen Leitfähigkeit für eine Bodentiefe von 100–140 cm wird nach Gleichung 5.3 mit der durchschnittlichen Saugspannung bestimmt.

- Man wendet Gleichung 5.7 an und berechnet den Sickerwasserfluß in dieser Tiefe.

Dies führt zu folgenden Ergebnissen:

- Die Potentialgradienten zeigen, daß an beiden Meßstellen Wasser aus dem Profil sickert.
- Der Gradient unter Gras ist etwas größer als derjenige unter Gebüschen, da der Boden dort feuchter ist; die hydraulische Leitfähigkeit ist 20mal größer und daher ist der Sickerwasserfluß 30mal größer. Hier wird deutlich, daß der Potentialgradient zwar die Fließrichtung angibt, für das Ausmaß der Wasserbewegung aber die hydraulische Leitfähigkeit von vorrangiger Bedeutung ist.
- Der Sickerwasserfluß unter Gras ist mit 0,4 mm d^{-1} zwar niedrig, aber dennoch eine bedeutende Komponente des Wasserhaushalts des ganzen Bodens. Ließe sich dieser Fluß über einen Zeitraum von 4 Wochen aufrechterhalten, würden 11 mm Wasser abwärts fließen und einen Beitrag zur Auffüllung des Grundwassers leisten. Die Evapotranspirationsverluste dürften bei einer Pflanzendecke, die gut mit Wasser versorgt ist, 5 mm d^{-1} betragen, könnten aber auch in der Größenordnung des Sickerwasserflusses liegen, wenn das Bodenprofil auszutrocknen beginnt.

Die Sickerwassermengen wurden auch für die anderen Probenahmetermine berechnet und sind in Abb. 5.15 markiert. Am 4. August konnte das Niederschlagswasser nach heftigen Regenfällen nur wenige Stunden im Boden unter Grasland gehalten werden, weshalb die Probenahme mit einem gewaltigen Sickerwasserfluß aus dem Profil zusammenfiel: 153 mm d^{-1} = 6 mm h^{-1}, bei einem Regenschauer von vielleicht 20 mm. Am 23. August verlor das Grasland 13 mm d^{-1} durch Versickerung und vermutlich 5 mm d^{-1} durch Verdunstung, wodurch die obersten 60 cm austrockneten. Unter den Gebüschen führte ein großer Potentialgradient zwischen 100 und 140 cm wegen der geringen hydraulischen Leitfähigkeit nur zu einer langsamen Aufwärtsbewegung des Bodenwassers. Am 3. Oktober war der Boden an beiden Meßstellen relativ trocken, und wiederum war der Wasserfluß trotz einer großen Potentialdifferenz zwischen 100 und 140 cm gering.

Diese Fallstudie wird in Abschn. 12.2 wieder aufgegriffen, wenn Verdunstungsverluste betrachtet werden.

Tabelle 5.4. Die Werte zeigen die Drängeschwindigkeit des untersuchten Bodens an einem Standort bei Sadoré, Niger

		Buschland	Grasland
hydraulisches Potential [kJ m^{-3}]	bei 100 cm	−48	−19
	bei 140 cm	−58	−34
Saugspannung [kPa]	bei 100 cm	38	9
	bei 140 cm	44	20
	Durchschnitt	41,0	14,5
Hydraulische Leitfähigkeit [mm d^{-1}]		0,005	0,1
hydraulischer Gradient [m m^{-1}]		−2,55	−3,82
Dränfluß oder Durchlässigkeit [mm d^{-1}]		0,013	0,38

5.6
Praktische Übungen

1. Besorgen Sie sich (z.B. aus einer Baustoffhandlung) Sand und bestimmen Sie die Wasserspannungskurve mit der Haines-Apparatur (s. Ab-schn. 5.3)! Werten Sie die Daten aus, wie es in Abschn. 5.7, Übungsaufgabe 1 vorgeschlagen ist!
2. Die Haines-Apparatur erlaubt die Bestimmung der Charakteristik von Grobporen, die ein Hinweis darauf ist, wie gut ein Boden dräniert ist. Entnehmen Sie Proben aus Böden ähnlicher Textur (leicht oder mittelschwer), die unterschiedlich bearbeitet wurden, und vergleichen sie ihre Wasserspannungskurve über Wassergehalte von gesättigt bis Feldkapazität! Die Filterpapiermethode erlaubt es, die Messung der Bodenwassercharakteristik bis zum lufttrockenen Zustand auszudehnen.
3. Bereiten Sie nach den in Abschn. 5.3 beschriebenen Methoden (Filterpapiermethode) Proben eines Sandes, eines Lehms und eines Tons jeweils mit einem Wassergehaltsspektrum von lufttrocken bis Feldkapazität vor! Bestimmen Sie nach Einstellung eines Gleichgewichtszustandes an etwas Sand den gravimetrischen Wassergehalt und die Wasserspannung! Füllen Sie Proben aller Böden in Petrischalen, säen Sie 20 Samen (Gerste, Salat) in jede Schale und bedecken Sie die Samen mit Boden! Stellen Sie die abgedeckten Schalen in einen geschlossenen Exsikkator, um Verdunstung zu verhindern! Öffnen Sie die Schalen täglich zur Kontrolle und notieren Sie, wie viele Samen gekeimt haben (Wurzellänge > 2 mm)!

   Tragen Sie für jeden Boden den Anteil der letztlich gekeimten Saat (Keimungsrate) auf a) gegen den Wassergehalt b) gegen die Saugspannung! Zu erwarten ist, daß die Keimungsrate eher von der Saugspannung als vom Wassergehalt abhängt.

   Tragen Sie für jede Petrischale die Keimungsrate gegen die Zeit auf! Bestimmen Sie aus jedem Diagramm die Zeit, die erforderlich war, um 50 % der Samen keimen zu lassen! Tragen Sie diese Zeit wiederum a) gegen den Wassergehalt und b) gegen die Bodenwasserspannung auf! Ähneln diese Ergebnisse denen der endgültigen Keimungsrate? Es ist zu erwarten, daß die eher geringe Saugspannung des Sands die Keimungsrate begrenzt, da die Wasserleitfähigkeit gering ist und die Samen wenig Flüssigkeitskontakt besitzen. Der Versuch läßt sich erweitern, indem man die Böden mit Salzlösung statt Wasser anfeuchtet und damit das Bodenwasserpotential reduziert (s. Abschn. 5.4 und 14.3). In diesem Fall ist zu erwarten, daß die Keimung eher vom Wasserpotential (Matrixpotential + osmotisches Potential) als von der Wasserspannung (Matrixpotential) oder dem Wassergehalt abhängt.
4. Entnehmen Sie mit einem Jarret-Erdbohrer Bodenproben, um mit der Filterpapiermethode (s. Abschn. 5.3) Wasserspannungskurven, ähnlich denen in Abb. 5.14 und 5.15, zu bestimmen! Entnehmen sie die Proben in regelmäßigen zeitlichen Abständen aus Böden, die nach Trockenperioden wieder angefeuchtet sind, und interpretieren Sie die Daten wie in der Fallstudie aus dem Niger!
5. Messen Sie die gesättigte Wasserleitfähigkeit mit Hilfe der Infiltrationsmethode (Abschn. 5.5) an folgenden Standorten: unbearbeiteter Wald- oder Grünlandboden und benachbarte Ackerfläche! Vergleichen Sie auf der Ackerfläche befahrene mit nicht verdichteten Bereichen (s. Abschn. 4.4)! Betrachten Sie die Porengrößenverteilung in den obersten 25 cm Boden (s. Abschn. 1.2)! Entnehmen Sie Proben und messen Sie die Lagerungsdichte (s. Abschn. 4.2)! Ziehen Sie aus den Beobachtungen Rückschlüsse auf die Verteilung der groben wasserdurchlässigen Poren!

5.7 Übungsaufgaben

1. Die Werte in Tabelle 5.5 sind mit der Haines-Apparatur (s. Abschn. 5.3) an Sand ermittelt worden, der auf einen bestimmten Korngrößenbereich gesiebt wurde. Berechnen Sie wie in Tabelle 5.3 und zeichnen Sie die Ergebnisse, einschließlich der Werte aus Abb. 5.12, auf! Berechnen Sie den effektiven Porendurchmesser bei Lufteintrittsspannung und tragen Sie die Ergebnisse auf, um zu zeigen, daß der Porendurchmesser etwa ein Fünftel der mittleren Korngröße beträgt!
2. Überprüfen Sie, ob die Werte in Tabelle 5.2 korrekt aus Tabelle 4.3 und Abb. 5.6 hergeleitet wurden!
3. Folgen Sie den in Abschn. 5.5 vorgestellten Methoden und prüfen Sie, ob die in Abb. 5.15 angegebenen Wasserdurchlässigkeitswerte für eine Bodentiefe von 100–140 cm korrekt sind!
4. Zeichnen Sie Abb. 5.12 neu und verwenden Sie die x-Achse aus Abb. 5.3! Vergleichen Sie die erzielten Ergebnisse mit dem Sand- und dem sandigen Lehmboden!
5. Berechnen Sie die ungefähre Dicke des Wasserfilms auf der Oberfläche des besonders feinkörnigen Tons aus Abb. 5.6, wenn es sich dabei überwiegend um Smectit mit einer spezifischen Oberfläche von 500 m^2 g^{-1} handelt und die Luftfeuchte 60 % beträgt! (*Antwort*: 0,28 nm). Stellen Sie sich den Ton als einen Stoß Karten vor (Abb. 2.2 und 14.8)! Wie dick ist der Film zwischen benachbarten Tonschichten? (*Antwort*: 0,56 nm). Vergleichen Sie mit den Werten in Abb. 14.9!
6. Ein sandiger Lehm aus dem Feld hatte einen gravimetrischen Wassergehalt von 15 % und eine Dichte von 1,4 g cm^{-3} (s. Abschn. 4.2). Berechnen Sie seinen volumetrischen Wassergehalt! (*Antwort*: 0,21 cm^3 cm^{-3})
7. Ein nasser Tonboden, der wie in Übungsaufgabe 6 entnommen wurde, hat einen gravimetrischen Wassergehalt von 40 % und eine Lagerungsdichte von 1,25 g ofentrockenem Boden cm^{-3} feuchten Bodenvolumens. Nach der Trocknung im Ofen

Tabelle 5.5. Wassergehalt/Wasserspannung für gradierte Sande

Größe der Sandpartikel [mm]					
2,8–2,0		0,5–0,2		0,2–0,1	
Saugspannung [cm H$_2$O]	θ [cm^3 cm^{-3}]	Saugspannung [cm H$_2$O]	θ [cm^3 cm^{-3}]	Saugspannung [cm H$_2$O]	θ [cm^3 cm^{-3}]
0	0,454	0	0,402	0	0,455
1,8	0,428	2,3	0,386	4,6	0,420
3,1	0,364	9,0	0,380	15,8	0,411
4,0	0,286	23,0	0,370	28,0	0,406
5,6	0,168	30,0	0,348	40,9	0,400
7,7	0,087	35,9	0,304	50,4	0,391
15,2	0,069	42,6	0,231	59,6	0,385
24,5	0,055	49,0	0,172	69,6	0,316
44,4	0,043	74,9	0,109	82,2	0,226
89,4	0,020	85,3	0,090	96,0	0,180

wurde der Bodenkern aus dem Stechzylinder (Länge 5,1 cm, Durchmesser 5 cm) entfernt; er hatte eine Länge von 4,5 cm und einen Durchmesser von 4,4 cm. Berechnen Sie das Gesamtporenvolumen und das Volumen der luftgefüllten Poren im feuchten Zylinder! (*Antwort*: 0,52 und 0,02 cm^3 cm^{-3}) Berechnen Sie das Porenvolumen des Kerns nach dem Trocknen, ausgedrückt als cm^3 Poren cm^{-3} trockenen Bodenvolumens! (*Antwort*: 0,3) Wie groß ist die Dichte des trockenen Bodenkerns? (*Antwort*: 1,83 g cm^{-3} des trockenen Bodenvolumens)

8. Eine Bodensäule (Länge 10 cm lang, Durchmesser 5 cm) der Sandfraktion wird mit Wasser gesättigt und befindet sich unter einer Wassersäule (H) von 20 cm (Abb. 5.16). Die Fließgeschwindigkeit beträgt 6,8 cm^3 min^{-1}. Berechnen Sie seine gesättigte Wasserleitfähigkeit unter der Voraussetzung, daß der Sand der alleinige Fließwiderstand ist! (*Antwort*: 1,7 mm min^{-1}) Vergleichen Sie das Ergebnis mit Abb. 5.3 b!

KAPITEL 6

Bodenluft – Angebot und Bedarf

Sauerstoff (O_2) ist eine essentielle Voraussetzung für das Leben im Boden. Bodentiere, Pflanzenwurzeln und die Mehrzahl der Mikroorganismen gewinnen die zum Leben nötige Energie durch den Prozeß der Atmung (Respiration), bei der O_2 verbraucht und CO_2 freigesetzt wird. Böden müssen also „atmen", um ihre biologische Aktivität aufrechterhalten zu können: O_2 dringt in den Boden ein und CO_2 wird von ihm an die Atmosphäre abgegeben. Im Gegensatz zu unserer eigenen Atmung, die durch Massenbewegung der Luft in und aus unseren Lungen erfolgt, verläuft diese Bodenatmung in erster Linie durch die Diffusion von Gasen.

Bodenorganismen verwenden Sauerstoff zur Oxidation der Kohlenhydrate, die vor allem aus Pflanzen stammen (Tabelle 6.1): Kohlenhydrate sind diejenigen Verbindungen, in denen bei der Photosynthese Sonnenenergie gespeichert wird. Innerhalb der Pflanze werden sie zu den Wurzeln verlagert, damit sie dort oxidiert werden können und die zum Wachstum notwendige Energie liefern. Bodentiere ernähren sich von Pflanzenmaterial oder anderen Tieren; Energie gewinnen sie wiederum durch die Oxidation von Kohlenhydraten. Der Sauerstoffbedarf der einzelnen Bodentier-Individuen ist relativ hoch, im Vergleich zu jenem der Pflanzenwurzeln und Mikroorganismen, die etwa den gleichen Bedarf haben, jedoch gering. Die Mikroorganismen verwerten die Kohlenhydrate der Pflanzen- und Tierreste im Rahmen des Abbauprozesses der organischen Bodensubstanz.

Der Sauerstoffbedarf von Böden ist daher in den Oberbodenhorizonten, wo sich die meisten Wurzeln, Mikroorganismen und Bodentiere befinden, am größten. Die

Tabelle 6.1. Der Sauerstoffverbrauch von Böden (g m^{-2} d^{-1}). Zur Umwandlung in Volumina: 32 g O_2 = 22,4 l bei Standardtemperatur und -druck

Zone	Zeit	bestellte Felder	Brache	Wälder	Bodentemperatur in 10 cm Tiefe [°C]
Gemäßigte Zonen, feuchter Boden	Sommer	4 – 20	1 – 12	10 – 20	
Feuchte Tropen	ganzjährig			8 – 50	
Rothamsted Brassica-Anbau	Januar Juli	2 24	0,7 12		3 17

Die Rothamsted-Werte stammen aus Currie (1970).

Respirationsrate des Bodens (d.h. die Rate, mit der Sauerstoff verbraucht wird) hängt von der Aktivität dieser Organismen ab und wird von der Temperatur, dem Gehalt an organischer Substanz, dem Bodenwassergehalt und der Nährstoffzufuhr gesteuert. Kann das Sauerstoffangebot den Bedarf nicht decken, muß die Respirationsrate sinken. Unter diesen Bedingungen können Böden *anaerob* werden. In Teilen des Bodens ist dann kein Sauerstoff mehr vorhanden oder die Sauerstoffzufuhr ist so gering, daß biologische Prozesse, für die O_2 benötigt wird, nicht mehr möglich sind. Die *Bodendurchlüftung* ist, genaugenommen, der Prozeß, durch den der O_2-Vorrat aufgefüllt und CO_2 entfernt wird. Häufig wird dieser Begriff in einem allgemeineren Sinne zur Beschreibung der im Boden anzutreffenden O_2- und CO_2-Konzentrationen verwendet.

Der Bodenatmungsprozeß kann durch folgende Gleichung beschrieben werden, wobei Glucose zu Kohlendioxid oxidiert wird:

$$C_6H_{12}O_6 + 6O_2 = 6CO_2 + 6H_2O + \text{Energie} \tag{6.1}$$

Eine genauere Beschreibung dieses Prozesses findet sich in Nuffield, Advanced Biology I, Kap. 5, in Bryant (1971) oder Scheffer und Schachtschabel (1992).

Messung der Bodenatmung

Freilandmessungen

Die Freilandmessung der Bodenatmung geht über den Rahmen dieses Buches hinaus. Hierzu ist die Isolierung eines Bodenvolumens mit möglichst geringer Störung seiner natürlichen Horizontfolge und Struktur erforderlich. Den dazu verwendeten Behälter nennt man *Bodenrespirometer*. Bei früheren Forschungsarbeiten pflegte man dazu den Boden auszuheben, einen Metalltank in den Boden einzulassen und den Boden im Tank unter möglichst genauer Einhaltung der natürlichen Horizontfolge zu ersetzen. Ein sandiger Boden läßt sich relativ einfach neu packen, aber schwere Böden sind nach dieser Prozedur deutlich verändert. Moderne Techniken verwenden *ungestörte Kerne*, die dadurch gewonnen werden, daß man einen Zylinder (normalerweise aus Fiberglas) in den Boden treibt, ihn ausgräbt, eine Stahlplatte unter den Zylinder schiebt, das Ganze mit einem Kran anhebt und in einem Feldlabor wieder aufbaut (Bildtafeln 6.1 und 6.2).

Ohne Abdeckung bezeichnet man diese Kerne als Lysimeter; sollen sie als Respirometer verwendet werden, muß der obere Teil des Zylinders mit einem Material abgedeckt werden, das Lichtzutritt zu den Pflanzen unter der Abdeckung zuläßt. Unter diese Abdeckung läßt man Luft eintreten und mißt die Veränderungen des O_2- und CO_2-Gehalts. Es ist also prinzipiell möglich, die Bodenatmung mit Lysimetern zu messen, aber eigentlich nicht empfehlenswert (und auch nicht notwendig), da die Abdeckung unweigerlich die Wachstumsbedingungen für die Pflanzen, insbesondere die Bodentemperatur, verändert, so daß die ermittelten Werte nicht mehr für die Freilandverhältnisse repräsentativ sind.

Die Bodenatmung läßt sich im Freiland auf einfachere Weise messen, indem man einen Metallzylinder in den Boden drückt, und so ein bestimmtes Areal der Bodenoberfläche abgrenzt. Nach Abdeckung wird genauso gemessen wie bei konventionellen Respirationsapparaten (Bildtafel 6.3). Die Deutung der Ergebnisse kann durch horizontale Gasbewegungen im Boden unter dem Zylinder kompliziert werden.

Einführung

In Tabelle 6.1 sind Meßwerte aufgeführt, die mit den oben genannten oder anderen Methoden gewonnen wurden. Obwohl die gemessenen Werte sehr stark schwanken, wird der große Einfluß der Temperatur auf die Bodenatmung ebenso wie die Tatsache deutlich, daß die Respirationsrate kultivierter Böden fast doppelt so hoch wie jene brachliegender Böden ist (s. Abschn. 6.1).

Bildtafel 6.1. Entnahme eines ungestörten Bodenkerns für ein Lysimeter (Fotografie des AFRC *Letcombe Laboratory*)

Bildtafel 6.2. Installation von Lysimetern in einem Freilandlabor. Nach Abschluß der Arbeiten befinden sich die Lysimeteroberflächen auf gleicher Höhe wie der umliegende Boden; auf der ganzen Fläche kann eine Nutzpflanze angebaut werden, deren Wachstum in den Lysimetern überwacht wird. Zu den Lysimetern gibt es einen unterirdischen Zugang, so daß Boden- und Sickerwasseruntersuchungen möglich sind (Fotografie des AFRC *Letcombe Laboratory*)

Bildtafel 6.3. Respirometer, bestehend aus einem Metallzylinder, der in den Boden gedrückt wird und mit einer Plastikhaube abgedeckt ist, einer Luftzuführung, einem Auslaß und Probenahmeöffnungen (Fotografie des AFRC *Letcombe Laboratory*)

Labormessungen

Die Respirationsrate der mikrobiellen Biomasse läßt sich relativ einfach im Labor messen (s. Abschn. 6.2); auch sie ist von der Temperatur und der organischen Bodensubstanz abhängig (s. Abschn. 6.3). Die Messungen können für Vorhersagen der Bodendurchlüftung (s. Abschn. 6.5) herangezogen werden und dienen als Hinweis auf Schadstoffwirkungen in Böden (s. Abschn. 3.2).

Bodenatmung: Sauerstoffzufuhr und Kohlendioxidabtransport

Fände keine Bodenatmung statt, hätte die Bodenluft dieselbe Zusammensetzung wie die Atmosphäre: ca. 21 Vol-% O_2, 0,03 % CO_2, 79 % N_2 und Edelgase. Der O_2-Gehalt eines Bodens ist von dessen Luftvolumen abhängig, das auch *Luftgehalt* genannt wird. Es handelt sich um das luftgefüllte Porenvolumen in %, dessen Bestimmung in Abschn. 6.4 beschrieben wird. Es ist vom Gesamtporenvolumen und somit vom Bodengefüge abhängig, aber auch vom Wassergehalt, mit dessen Zunahme sich der luftgefüllte Porenraum verringert. Selbst in Böden mit hohem Gehalt an luftgefüllten Poren könnte, je nach Respirationsrate, die mikrobielle Bodenatmung mit dem vorhandenen O_2 nur 1-2 Tage aufrechterhalten werden, wenn die Bodenoberfläche versiegelt und damit die O_2-Versorgung des Bodens abgeschnitten würde (s. Abschn. 6.4).

Mechanismen des Gastranports

Durch die O_2-Aufnahme bei Atmung reduziert sich die O_2-Konzentration der Bodenluft und erhöht sich diejenige des CO_2. Die Konstanthaltung der O_2-Konzentration im Boden und die Entfernung des CO_2 erfolgt durch zwei verschiedene Mechanismen des Gastransports. Die Gesamtbewegung der Bodenluft wird auch als *Massenfluß* bezeichnet; sie tritt infolge von Temperatur- oder Druckveränderungen auf, wobei Expansions- oder Kontraktionsvorgänge Gas in den Boden saugen oder es aus ihm herausdrücken, als ob der Boden ein riesiger Blasebalg wäre. Regenwasser, das durch den Boden fließt, kann Gas vor sich hertreiben und gelöste Gase transportieren. Diese Prozesse sind jedoch im allgemeinen unbedeutender als die *Diffusion*. Dazu kommt es, wenn durch die ungeordnete thermische Bewegung von Gasmolekülen ein Gastransport entlang eines Konzentrationsgradienten in Gang gesetzt wird.

Einführung

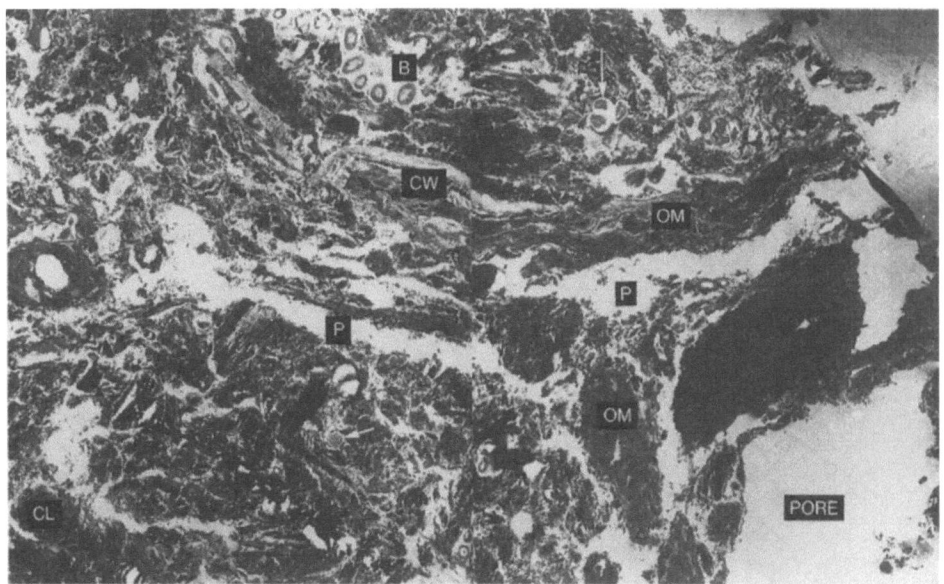

Bildtafel 6.4. Transmissionselektronenmikroskopische Aufnahme eines Bodens in der Rhizosphäre einer Kleewurzel. Der Boden besteht überwiegend aus Ton (*T*). Bodenporen wurden mit *P* bezeichnet. Eine kleine Bakterienkolonie (*B*) ernährt sich von den Resten einer abgestorbenen Zellwand (*ZW*); isolierte Bakterien sind überall im Boden zu entdecken (*Pfeile*). OS bezeichnet die organische Bodensubstanz (Aufnahme von R. Foster). Die Balkenlänge entspricht 10 μm

Diffusion findet hauptsächlich in den luftgefüllten Porenräumen statt. Gase lösen sich zwar in Wasser, diffundieren darin jedoch nur langsam, wogegen die Diffusionsrate in der Luft ungefähr 10 000mal größer ist. Wasser stellt also für den Gastransport ein wirksames Hindernis dar; wenn der Wassergehalt des Bodens steigt, sinkt die Gastransportrate. Für eine ungehinderte Gasbewegung im Boden sollten insbesondere die vertikal verlaufenden luftgefüllten Bodenporen durchgängig sein, da bereits ein Wasserfilm zwischen zwei luftgefüllten Poren den Diffusionsweg blockiert.

Verteilung von Sauerstoff und Kohlendioxid

Aktivitätszentren

Die wichtigsten Orte der O_2-Aufnahme und CO_2-Produktion im Boden befinden sich in Pflanzenwurzeln und Zellen von Mikroorganismen. Die graphische Darstellung in Abb. 6.1 basiert auf elektronenmikroskopischen Fotografien wie in den Bildtafeln 2.2 oder 6.4 und zeigt die Komplexität des Systems. Die Gase müssen durch Wasserfilme diffundieren, die die Organismen umgeben, an deren Oberflächen die niedrigsten O_2- und höchsten CO_2-Konzentrationen auftreten. Die Organismen können die Atmung auch dann noch fortsetzen, wenn die O_2-Konzentration an ihrer Oberfläche auf sehr niedrige Werte gefallen ist: Das Vorhandensein von Sauerstoff am Reaktionszentrum zeigt an, daß der Sauerstoffbedarf des Organismus durch Diffusion gedeckt wer-

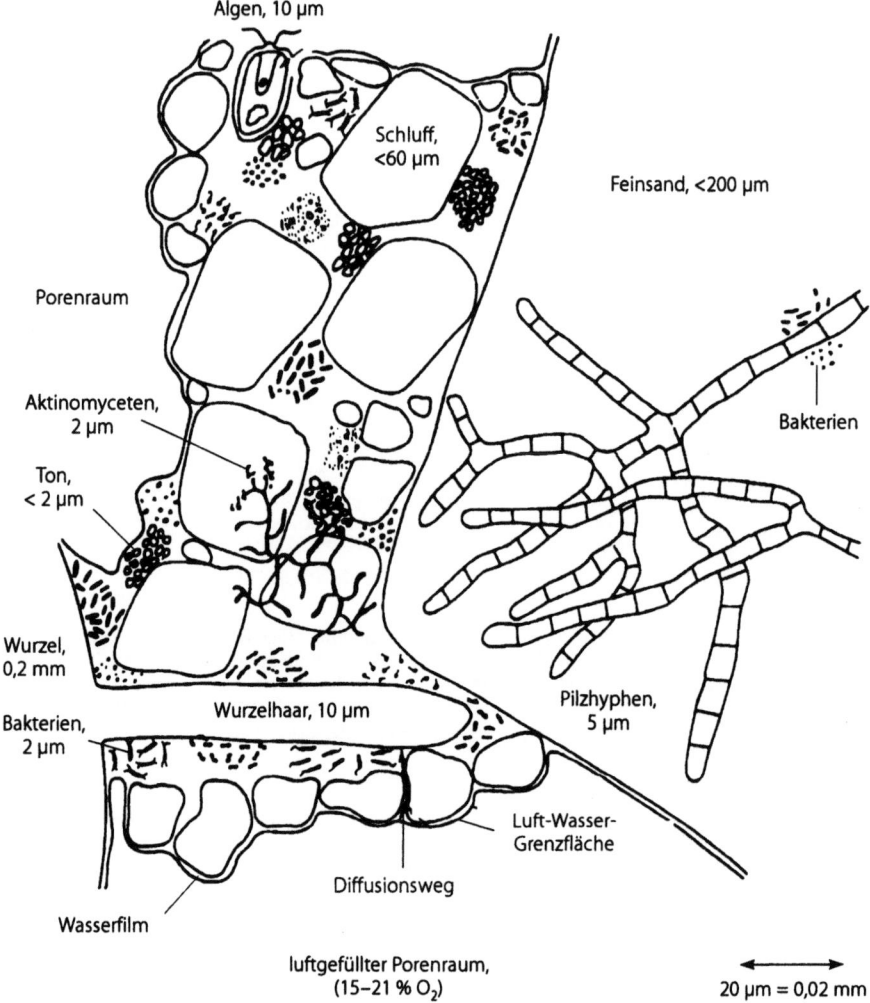

Abb. 6.1. Beziehung zwischen den Aktivitätszentren der Bodenatmung und den mineralischen Bestandteilen und Wasserfilmen im Boden

den kann. Liegt die O_2-Konzentration in den luftgefüllten Poren nahe 21 %, können Organismen auch dann noch mit ausreichend Sauerstoff versorgt werden, wenn sie von einer ca. 1 cm dicken Wasserschicht umgeben sind (s. Abschn. 6.5). Diese sogenannte *kritische Entfernung* ist indirekt proportional zur Respirationsrate.

Gasverteilung in reinem Sandboden

Die O_2- und CO_2-Konzentration ist abhängig vom Gleichgewicht zwischen Angebot und Verbrauch (s. Abschn. 6.5). Selbst in einem relativ einheitlichen, gut dränierten Boden ändern sich diese Faktoren mit der Tiefe und der Zeit. Der Bedarf ist in feuchten Oberbodenhorizonten am höchsten, da in diesen Durchwurzelungsintensität, Humusgehalt und biologische Aktivität am größten sind. Die klimatischen Verhältnisse wirken sich über Temperatur und Wasserzufuhr aus; der O_2-Bedarf ist nach einem Sommerregen am höchsten. Die Einschränkung der Gasdiffusion nimmt mit der Bodentiefe zu, da Unterböden in der Regel nasser und kompakter sind; nach einem heftigen Regenguß kann die Durchlüftung der Oberfläche allerdings stärker eingeschränkt sein. Daher ist die Verteilung der Bodenluft äußerst variabel und ändert sich sowohl räumlich als auch zeitlich. Die O_2-Konzentrationen sind während einer Nässeperiode im Sommer und nicht im Winter am niedrigsten, weil dann der O_2-Bedarf, trotz der winterlichen Witterung, gering ist.

Die Messung der Zusammensetzung der Bodenluft geht über den Rahmen dieses Buches hinaus. Dafür muß man Luft mit einem dünnen Schlauch und einer geeigneten Spritze aus einer bekannten Bodentiefe saugen und anschließend eine gaschromatographische Analyse durchführen. Alternativ können O_2-Elektroden verwendet werden, die aber bis zur Meßtiefe eingeführt werden müssen, was zu Störungen des Bodengefüges führt und die Durchlüftung verändert. Deshalb eignen sich Elektroden eher für Respirometer, in die sie seitlich und nicht von oben eingeführt werden können. Mit diesen Methoden findet man in sandigen Böden sogar bis zu einer Tiefe von 60 cm eine O_2-Konzentration von etwas über 19 %, der CO_2-Gehalt steigt dabei nicht über 1 %. Das Wasser zieht nach heftigen Regengüssen rasch ab. Ein gut ausgebildetes Grobporensystem (Tabelle 4.2) sorgt dafür, daß die Entfernung zwischen den Aktivitätszentren an den Wurzeln und den luftgefüllten Poren nicht mehr als der kritische Abstand beträgt. Solche Böden sind normalerweise gut durchlüftet, und das Pflanzenwachstum in ihnen wird wahrscheinlich nicht unter O_2-Mangel leiden.

Gasverteilung in schweren Böden

Schwere Böden sind häufig schlecht durchlüftet. Die Respirationsraten sind zwar ungefähr genauso hoch wie in sandigen Böden, aber die O_2-Zufuhr kann aus drei Gründen stark eingeschränkt sein:

1. Diese Böden können an tiefer gelegenen Orten hoch anstehendem *Grundwasser* ausgesetzt sein. Knapp über dem Grundwasserspiegel sind selbst Grobporen wassergefüllt (s. Abschn. 5.3). Auch Böden mit einem gut ausgebildeten Grobporensystem sind dann zum größten Teil wassergesättigt und anaerob.
2. Selbst wenn schwere Böden nicht durch das Grundwasser beeinflußt sind, haben viele von ihnen dennoch tonreiche Unterböden, die kaum wasserdurchlässig sind. Nach heftigen Regenfällen staut sich das Wasser über dem Tonhorizont. Es bildet sich *Stauwasser*. Auch hierdurch können anaerobe Zonen entstehen.
3. Einige schwere Böden sind möglicherweise weder durch Stau- noch durch Grundwasser beeinflußt, können aber bei schlecht ausgebildetem Bodengefüge und nur einem niedrigen Grobporenanteil nach heftigen Regenfällen weitgehend wassergesättigt und anaerob sein.

Bislang wurde ausschließlich der Bodenzustand nach heftigen Regenfällen diskutiert. In trockeneren Böden ist das luftgefüllte Porensystem besser ausgebildet; wenn sie austrocknen, wird die Durchlüftung selten zum Problem. Böden bei Feldkapazität enthalten die nach dem Abzug des Sickerwassers maximal mögliche Wassermenge und nur die Grobporen sind luftgefüllt; dieser Wassergehalt wird für einen gewissen Zeitraum gehalten, der aber für die Bodendurchlüftung bereits kritisch sein kann.

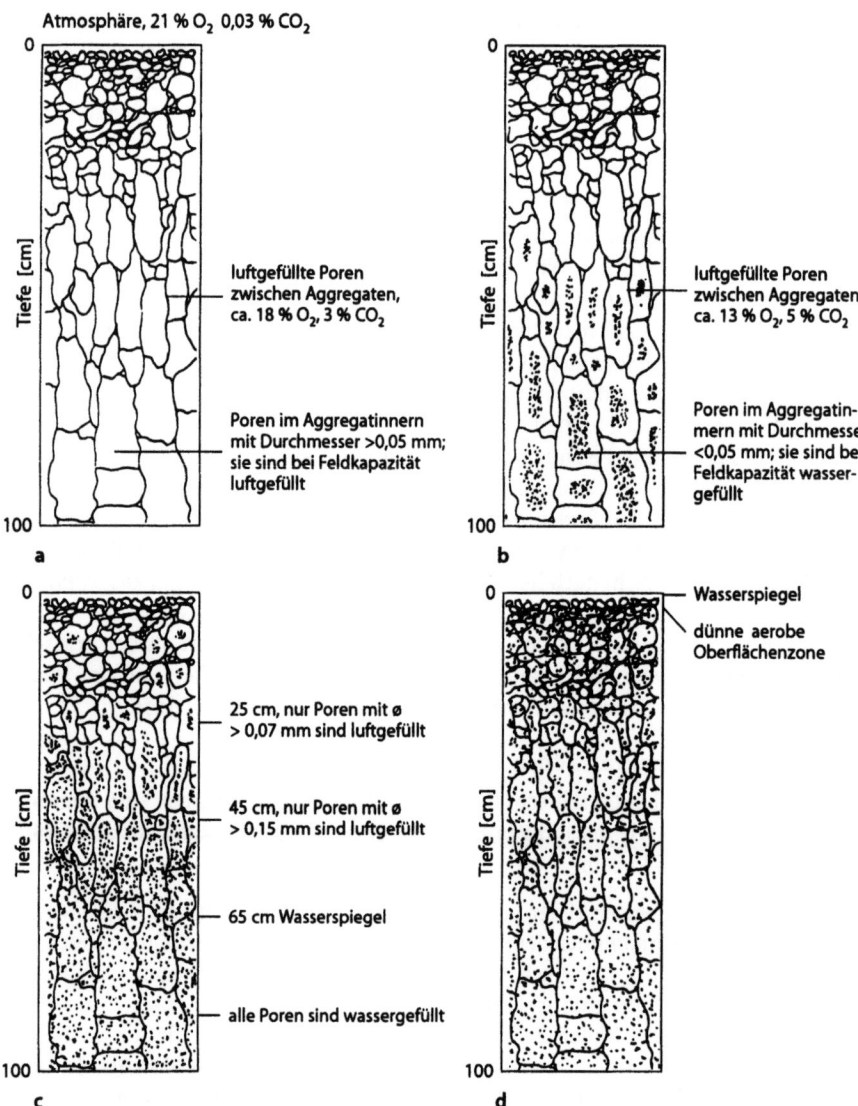

Abb. 6.2. Verteilung aerober und anaerober Zonen bei unterschiedlichem Vernässungsgrad. a bei Feldkapazität gut dränierter, völlig durchlüfteter Boden; b bei Feldkapazität teilweise vernäßter Boden mit kleineren anaeroben Zonen; c bei Feldkapazität infolge hoch anstehenden Grundwassers oder eines undurchlässigen Unterbodens vernäßter Boden; d wassergesättigter Boden. Die gepunkteten Bereiche sind anaerob

Die Verteilung der anaeroben Zonen in diesen Böden ist in Abb. 6.2 dargestellt. Überflutete Böden weisen eine oberflächennahe aerobe Zone auf, deren Tiefe durch die kritische Entfernung bedingt ist. Bei vorübergehender Überflutung werden Luftkissen eingeschlossen, so daß die aeroben Zonen für eine gewisse Zeit bestehen bleiben. Der Spezialfall der Marschen- und Naßreisböden wird weiter unten diskutiert.

Einführung

Folgen anaerober Bedingungen

Die unmittelbare Folge des O_2-Mangels besteht darin, daß Organismen, die Sauerstoff für ihren Stoffwechsel benötigen, nicht überleben können. Deshalb verlassen Bodentiere überflutete Flächen, die Artenzusammensetzung der Pflanzengesellschaften verändert sich zugunsten von Pflanzen, die anaerobe Bedingungen tolerieren, und auch die Mikroorganismenpopulation verschiebt sich in Richtung solcher Arten, die unter diesen Bedingungen überleben können oder diese sogar vorziehen. Die anaeroben Mikrobengemeinschaften können jedoch organische Materie nur in geringerem Umfang abbauen; Pflanzenreste sammeln sich auf der Bodenoberfläche an, was schließlich zur Bildung einer Torfschicht führt. Die Ökologie der Pflanzen, Tiere und Mikroorganismen ist deshalb eng mit der Bodendurchlüftung verknüpft.

Nutzpflanzenwachstum

Vom Reis abgesehen leiden alle Kulturpflanzen unter anaeroben Bedingungen. In gravierenden Fällen ist der Stoffwechsel der Wurzeln so stark beeinträchtigt, daß Toxine produziert und die Pflanzen geschädigt werden oder sogar absterben. Ähnliche Toxine können auch von Mikroorganismen produziert werden. Unter weniger schwierigen Bedingungen entweicht Stickstoff aus dem Boden, wenn das Nitrat der Bodenlösung *denitrifiziert* bzw. zu Stickstoff und Distickstoffoxid reduziert wird, s. Abschn. 6.6 und Kap. 11). Die Ernteerträge können infolge N-Mangels sinken, aber wegen des breiten Faktorenspektrums, das das Pflanzenwachstum und die Denitrifikation beeinflußt, sind die Wirkungen sehr vielfältig. Die Bodentemperatur ist ein besonders kritischer Faktor. Sommerliche Überflutungen können mehr Schaden anrichten als ein permanent hoher Wasserspiegel, der sich wegen der gesicherten Wasserversorgung sogar positiv auf den Ertrag auswirken kann. Im Winter haben ein hoher Wasserspiegel oder vorübergehende Überflutungen einen geringen Einfluß auf das Wachstum, da die Bodentemperatur und die Respirationsrate niedrig sind.

Bodeneigenschaften

Die in anaeroben Böden aktiven Mikroorganismen müssen ohne O_2 atmen, was als *anaerobe Respiration* bezeichnet wird. Sowohl organische als auch anorganische Verbindungen werden von Mikroorganismen zur Energiegewinnung reduziert, wobei ihnen entweder organische Verbindungen oder CO_2 als Kohlenstoffquelle dienen.

Die Biochemie dieser Prozesse ist in Abschn. 6.6 zusammengefaßt. Das Kernstück des chemischen Prozesses ist der Transfer von Elektronen und Protonen von einer Verbindung, die oxidiert wird, zu einer anderen Verbindung, die reduziert wird. Bei der aeroben Respiration werden Elektronen und Protonen von Kohlenwasserstoffen unter Bildung von Wasser auf O_2 übertragen, wogegen sie bei der anaeroben Respiration entweder auf organische oder anorganische Verbindungen übertragen werden und sich eine ganze Reihe reduzierter Verbindungen bilden kann. Sauerstoff ist die am einfachsten reduzierbare Verbindung, weshalb in seiner Anwesenheit keine anaerobe Atmung stattfindet. Ist kein O_2 vorhanden, werden Verbindungen in der Reihenfolge ihrer Reduzierbarkeit reduziert, wodurch sich im Lauf der Zeit immer stärker reduzierende Bedingungen entwickeln. Die Reduktionskraft des Bodens läßt sich als *Redoxpotential* messen (s. Abschn. 6.7). Aerobe Böden haben Redoxpotentiale von 0,6 V, wogegen die Potentiale anaerober Böden zwischen 0,4 und −0,2 V liegen.

Die Reduktion verursacht bedeutende Veränderungen der Bodeneigenschaften. Werden Böden anaerob, setzt praktisch unmittelbar danach Denitrifikation ein, was ernsthafte Folgen für die Nutzpflanzenproduktion hat. Gleichzeitig entstehen verschiedene organische Verbindungen wie Ethylengas und Essigsäure, die das Pflanzenwachstum behindern können. Ist der Boden bereits stärker reduziert, werden Oxide und Hydroxide des Eisens und Mangans reduziert (s. Abschn. 6.6), worauf durch den Prozeß der *Vergleyung* bzw. *Fleckenbildung* eine charakteristisch grau und braun gefärbte Bodenmusterung entsteht (Farbtafel 10). Ausmaß und Tiefenlage der Vergleyung sind ein guter Indikator für die Bodendurchlüftung und -dränung (Abb. 6.3). Ein alternativer Ansatz besteht in der Einstufung des Bodens nach dem Vernässungsgrad (Robson und Thomasson 1977). Reduziertes Eisen kann vom Bodenwasser abtransportiert werden und als zementartige Eisenschicht oder *Ortstein* (oft in Zusammenhang mit schwankendem Wasserspiegel) wieder ausgefällt werden. Schließlich wird unter sehr stark reduzierenden Bedingungen Sulfat zu Sulfid reduziert, das teils als Schwefelwasserstoff (H_2S) verlorengeht, teils als Eisensulfid ausfällt. Der schlechte Geruch von frisch ausgehobenem reduziertem Boden ist durch H_2S und andere reduzierte organische Verbindungen bedingt. Das letzte Reduktionsstadium bei permanenter Überflutung ist die Bildung von Torf (Farbtafel 10).

Dränage landwirtschaftlich genutzter Böden

Die meisten schweren Böden sind in Großbritannien durch unterirdische Röhren oder Maulwurfsdränagen entwässert worden. Die Grundlagen hierzu werden bei Davies et. al. (1972) diskutiert. Die Trockenlegung von Marschen und Mooren zur landwirtschaftlichen Nutzung ist Teil der agrarischen Entwicklung in den letzten 200 Jahren. Das Schicksal der wenigen, in den Industrieländern noch verbliebenen Feuchtgebiete muß mit Sorge verfolgt werden (Burton und Hodgson 1987).

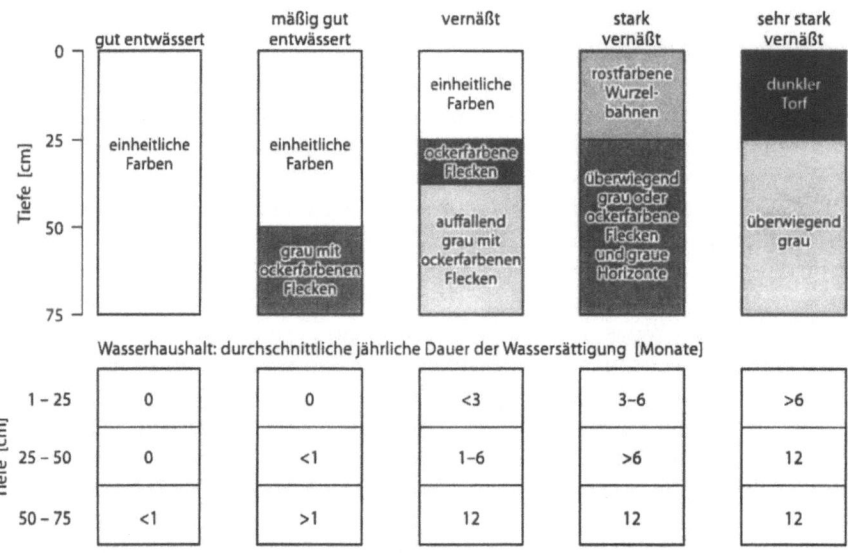

Abb. 6.3. Bodendurchlüftung und Vernässungsgrad (aus Batey 1971)

Pflanzenwachstum in überfluteten Böden

Pflanzen, die von Natur aus auf überfluteten Böden wachsen, führen keine anaerobe Atmung durch, wie dies bei einigen Mikroorganismen der Fall ist. Aufgrund ihres anatomischen Aufbaus können sie O_2 von den Blättern über die Sproßachse zu den Wurzeln transportieren. Damit wird der O_2-Bedarf der Wurzeln über die Blätter und Stengel und nicht aus dem Boden gedeckt. Reis ist eine ökonomisch wichtige Pflanze, die so im Feuchtland oder auf überfluteten Feldern wächst. (IRRI 1988 und de Datta 1981). Reis liefert 21 % der Energie, die die Menschheit über Nahrungsmittel aufnimmt. Einige Reissorten gedeihen auf normal entwässerten Böden (Trockenreis), die meisten wachsen jedoch auf anaeroben Böden (Paddy- oder Naßreis, etwa 87 % der Reisanbaufläche). Die Gesamtproduktion beträgt 464 Mio. t (auf 145 Mio. ha), verglichen mit 430 Mio. t Weizen (239 Mio. ha). Damit ist der durchschnittliche Hektarertrag von Reis fast doppelt so hoch wie der von Weizen.

Es ist sehr interessant, sich mit der Bearbeitung von Reisböden (*paddy soils*) zu befassen, da diese so vielen Pflanzenbauprinzipien zu widersprechen scheint, die normalerweise für die Erreichung einer günstigen Bodenstruktur gelten. Reis keimt unter aeroben, entwässerten Bedingungen, da er in diesem Stadium einen hohen Sauerstoffbedarf hat. Reisfelder sind ebene Flächen, die von einem Erdwall umgeben sind. Sie werden überflutet, so daß das Wasser ca. 6 cm über der Bodenoberfläche steht, und werden dann von Tieren und Feldgeräten aufgewühlt (Farbtafel 9). Dies zerstört die Bodenstruktur und macht den Boden nahezu wasserundurchlässig, so daß das Wasser nicht versickern kann. Daraufhin wird der Boden sehr schnell anaerob. Der junge Reis wird in diesen Boden gepflanzt und wächst bis zur Reife heran. Dann läßt man das Land abtrocknen, um die Ernte zu ermöglichen. „Warum zieht man Reis auf so arbeitsintensive Weise heran, wenn einige Sorten in normal entwässerten Böden wachsen?" Mit dieser und einigen anderen Fragen befaßt sich Abschn. 6.8.

Weitere Studien

Anregungen für praktische Übungen sind in Abschn. 6.9 zu finden, Übungsaufgaben in Abschn. 6.10.

6.1 Respirationsraten, Kohlenstoffverlust und Temperaturwirkungen

Die Respirationsrate von Böden wird meist als Masse an O_2 oder CO_2 m^{-2} Bodenoberfläche und d^{-1} ausgedrückt. Es ist jedoch einfacher, ein Gasvolumen zu verwenden und dieses zu messen. Man möchte sicherlich auch den jeweiligen Anteil von CO_2 und O_2 berechnen und das Gasvolumen bei unterschiedlicher Temperatur oder unterschiedlichem Druck bestimmen können.

Umrechnungen

Gasvolumen

Aus Gleichung 6.1 geht hervor, daß bei der Produktion von 1 mol CO_2 1 mol O_2 verbraucht wird (s. Abschn. 2.5). Aus den Gasgesetzen ist bekannt, daß 1 mol eines Gases unter Standardbedingungen (0 °C und 1 atm) ein Volumen von 22,4 l einnimmt (Nuffield Advanced Chemistry I, Topic 3). Damit ist in der durch Gleichung 6.1 beschriebenen Reaktion das verbrauchte O_2-Volumen gleich dem entstandenen CO_2-Volumen. Das Verhältnis von produziertem CO_2/verbrauchtem O_2 nennt man den *Respirationsquotienten*. Messungen der Bodenatmung bestätigen, daß der Respirationsquotient etwa 1 beträgt. Nur wenn der Boden teilweise anaerob wird, übersteigt die CO_2-Produktion den O_2-Verbrauch.

Umrechnung von Masse in Volumen

Aus der obigen Beziehung können wir entnehmen, daß 1 mol O_2 (32 g) bzw. 1 mol CO_2 (44 g) unter Standardbedingungen 22,4 l einnehmen. Damit können wir die Respirationswerte (Tabelle 6.1), die für unbepflanzte Böden mit 1–12 g O_2 m^{-2} d^{-1} angegeben werden, in Volumina umrechnen:

32 g O_2 nehmen 22,4 l ein
12 g O_2 nehmen 22,4 · 12/32 = 8,4 l ein.

Der Wertebereich für 1–12 g O_2 beträgt also 0,7–8,4 l.

Bei einem Respirationsquotienten von etwa 1 muß der Wertebereich des produzierten CO_2-Volumens ebenfalls 0,7–8,4 l betragen. Die Masse des CO_2 unterscheidet sich aber von derjenigen des O_2; sie kann folgendermaßen berechnet werden:

32 g O_2 produzieren 44 g CO_2
12 g O_2 produzieren 44 · 12/32 = 16,5 g CO_2.

Dieser Wertebereich liegt also zwischen 1,4–16,5 g.

Volumen bei unterschiedlichen Temperaturen und Drücken

Das Volumen einer bestimmten Gasmasse nimmt zu, wenn die Temperatur steigt oder der Druck fällt. Dieser Zusammenhang wird durch die Gaszustandsgleichung idealer Gase (auch „ideales Gasgesetz") ausgedrückt:

$pV = nRT$.

Dabei ist p der Druck in Atmosphären [atm], V das Volumen [l], n die Stoffmenge des Gases [mol], R die Gaskonstante (0,082 atm l K^{-1} mol^{-1}) und T die Temperatur in Kelvin (K = 273 + °C). Mit unserem obigen Beispiel können wir nun das Gasvolumen bei jeder Temperatur und jedem Druck bestimmen.

Beispiel. 12 g O_2 nehmen unter Standardbedingungen 8,4 l ein. Diesen Zusammenhang hätte man auch mit dem idealen Gasgesetz ausrechnen können:

$V = nRT/p = (12/32) \cdot 0{,}082 \cdot 273/1 = 8{,}4$ l.

Der Wert von n ist 12/32, denn Stoffmenge in mol = Masse/molare Masse (s. Abschn. 2.5). Das Volumen bei jeder anderen Temperatur kann nun auf ähnliche Weise berechnet werden. Bei 20 °C (= 293 K) und konstantem Druck beträgt das Volumen:

$V = (12/32) \cdot 0{,}082 \cdot 293/1 = 9{,}0$ l.

Dieser Ansatz läßt sich auch vereinfachen, denn bei konstantem Druck ist $V_1/V_2 = T_1/T_2$ und bei konstanter Temperatur ist $V_1/V_2 = p_2/p_1$; die tiefgestellten Ziffern 1 und 2 stehen für zwei verschiedene Bedingungen.

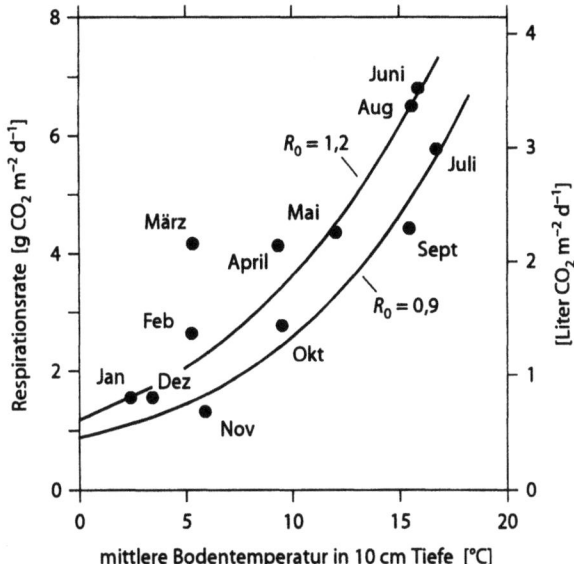

Abb. 6.4. Beziehung zwischen der täglichen Bodenrespirationsrate und der durchschnittlichen Bodentemperatur für einen brachliegenden Boden in Rothamsted (Oktober 1960 bis September 1961) (aus Monteith et al. 1964)

Abhängigkeit der Respirationsrate von der Temperatur

Die biologische Aktivität nimmt zu, wenn die Temperatur steigt, und deshalb hängt die freigesetzte CO_2-Menge von der Bodentemperatur ab. Diese schwankt mit der Tiefe sowie im Tages- und Jahresgang. Labormessungen zeigen, daß die Temperaturabhängigkeit durch die Gleichung $R = R_0 Q^{T/10}$ beschrieben werden kann; dabei ist R die Bodenatmung bei T [°C], R_0 die Bodenatmung bei 0 °C und Q der Q_{10}-Faktor. Der Wert von Q liegt bei Böden nahe 3.

Abb. 6.4 zeigt die Veränderungen der Respirationsrate im Laufe eines Jahrs für einen Boden aus Rothamsted. Die beiden Kurven repräsentieren die Daten von Februar bis August und September bis Januar. Sie stellen die theoretischen Veränderungen der Bodenatmung unter der Annahme dar, daß $Q = 3$ und $R_0 = 1,2$ bzw. 0,9 g m^{-2} d^{-1} ist (s. auch Rechenbeispiel 4, Abschn. 6.10).

Die Unterschiede zwischen den beiden Zeitabschnitten könnten z.B. damit im Zusammenhang stehen, daß zu Beginn des Jahres mehr abbaubare Pflanzenreste anfallen und die Böden später abtrocknen. Man nimmt an, daß die mikrobielle Bodenatmung unterhalb von 5 °C vernachlässigbar ist. Die im Dezember und Januar gemessenen Raten können aus größeren Tiefen (unterhalb von 10 cm) mit höheren Temperaturen stammen.

6.2
Laborbestimmung der Respirationsrate der mikrobiellen Biomasse

Das durch Atmung in einem feuchten Boden produzierte CO_2 wird durch Absorption in Natronlauge aufgefangen. Nach einer bestimmten Zeit wird die noch verbliebene NaOH-Menge durch Titration mit Standardsäure bestimmt. Spezialausrüstung ist nicht erforderlich.

Bodenprobe

Trocknung und Wiederbefeuchtung bringen einen Schub für die biologische Aktivität des Bodens mit sich. Um deshalb Meßergebnisse zu erhalten, die für Freilandböden repräsentativ sind, sollte man im Idealfall eine feldfeuchte Probe entnehmen und sie gerade so lange an der Luft trocknen lassen, daß sie sich durch ein 2-mm-Sieb (oder ein Gartensieb, wenn kein 2-mm-Sieb verfügbar ist) sieben läßt. Alternativ verwendet man lufttrockenen Feinboden, feuchtet ihn mit 10 g Wasser pro 100 g Boden an und lagert ihn eine Woche lang in einem Plastikbeutel. Der Beutel wird nicht verschlossen, sondern nur locker gefaltet, um Luftzutritt zu gewährleisten. Man öffnet täglich und schüttelt, um den Boden zu durchlüften.

Reagenzien und Ausrüstung

- *Respirationskolben.* Ein 250-ml-Erlenmeyerkolben mit einem Gummistopfen bildet ein einfaches Respirometer (Abb. 6.5). In den Stopfen wird ein kleiner Haken geschraubt, an dem mit einem Faden ein Röhrchen (Durchmesser 2 cm, Länge 8 cm) aufgehängt wird. Wenn der Kolben mit dem Stopfen verschlossen ist, soll das Röhrchen im Kolbeninneren frei hängen.
- *Natronlauge, ca.* 0,3 M. In einem 250-ml-Becherglas löst man 12 g NaOH in destilliertem Wasser. Man läßt abkühlen, überführt in einen 1-l-Rundkolben und füllt bis zur Markierung auf.
- *Salzsäure,* 0,1 M;
- *Bariumchlorid,* 1 M. 61 g $BaCl_2 \cdot 2H_2O$ werden in Wasser gelöst und auf 250 ml aufgefüllt.
- *Phenolphthalein-Indikator.* Man löst 1 g Phenolphthalein in 100 ml Ethanol.

Messung

In zweifacher Ausführung werden 50 g (±0,1 g) feuchter Boden in die Respirationskolben eingewogen. In die Röhrchen werden 10 ml ca. 0,3 M NaOH pipettiert; Röhrchen und Stopfen werden in den Kolben eingesetzt und gut festgedrückt, um ein Überspritzen aus dem Röhrchen zu vermeiden. Der Verschluß sollte gasdicht sein; man umwickelt ihn deshalb noch einmal mit Haftfolie. Zwei Kolben werden in der gleichen Weise für die Blindproben präpariert, für die man anstelle des Bodens 50 g

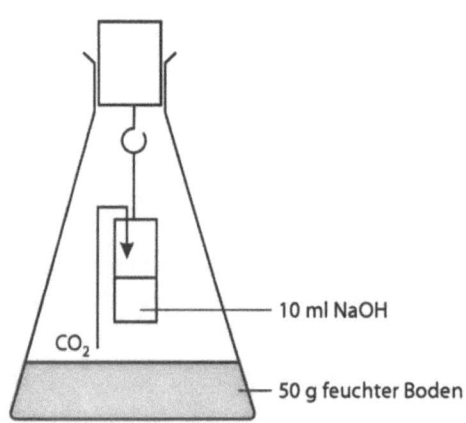

Abb. 6.5. Einfaches Laborrespirometer

Sand verwendet. Man notiert den Zeitpunkt, an dem Röhrchen und Stopfen in die Kolben eingesetzt wurden. Diese werden eine Woche im Dunkeln bei Raumtemperatur oder in einem Inkubator bei der geforderten Temperatur aufbewahrt.

Zu Beginn des Versuchs bestimmt man den Wassergehalt. Zweimal wiegt man ca. 10 g (±0,01 g) feuchten Boden in 100-ml-Bechergläser und notiert die Masse von Becher und Boden. Man trocknet über Nacht bei 105 °C und wiegt wiederum, so daß man den gravimetrischen Wassergehalt des ofentrockenen Bodens berechnen kann (s. Abschn. 3.3).

Titration

Um das Titrieren zu üben, pipettiert man 10 ml 0,3 M NaOH Natronlauge in einen 250-ml-Erlenmeyerkolben, fügt etwa 10 ml Wasser und mit einer Pipette 10 ml 1 M $BaCl_2$-Lösung hinzu. Man gibt 6 Tropfen Phenolphthalein-Lösung zu und titriert mit 0,1 M HCl bis zum Farbumschlag von rot nach farblos (es sollten ca. 30 ml Säure verbraucht werden, häufig sind es aber weniger, da die NaOH-Lösung während der Lagerung CO_2 absorbiert). Dieser Titrationswert wird in den Rechnungen nicht verwendet.

Nach Beendigung des Versuchs entfernt man die Röhrchen vorsichtig aus den Respirationskolben, überführt die Natronlauge quantitativ in einen 250-ml-Erlenmeyerkolben (das Röhrchen wird mit destilliertem Wasser in den Kolben ausgespült) und führt, wie eben beschrieben, die Titration durch. Man notiert das verbrauchte HCl-Volumen und die Zeit, die seit Entfernung der Röhrchen aus dem Respirationskolben verstrichen ist.

Grundlagen

Natronlauge besitzt eine Affinität zu CO_2. Das CO_2 wird absorbiert und bildet in Lösung Natriumcarbonat.

$$2NaOH + CO_2 = Na_2CO_3 = H_2O \qquad (6.2)$$

Das gesamte CO_2 des Kolbens wird absorbiert. Bei den Kontrollmessungen handelt es sich nur um CO_2 aus der Luft, aber in den Kolben mit Bodenproben wird auch das Respirations-CO_2 aufgenommen.

Das Lösungsgemisch aus Na_2CO_3 und NaOH kann nicht direkt mit Salzsäure titriert werden, da beide Verbindungen mit dieser reagieren würden; deshalb wird Bariumchlorid zugegeben, um das Carbonat auszufällen.

$$Na_2CO_3 + BaCl_2 = BaCO_3 = 2NaCl.$$

Da die Lösung im Kolben bis zum Erreichen des Titrationsendpunktes alkalisch bleibt, reagiert das Bariumcarbonat nicht mit der Säure und die Säure reagiert nur mit dem restlichen NaOH.

$$NaOH + HCl = NaCl + H_2O \qquad (6.3)$$

Rechenbeispiel

Man faßt die Ergebnisse in einer Tabelle zusammen. Tabelle 6.2 enthält typische Werte, mit denen die Rechnung erklärt werden kann. Sie gilt für einen Boden mit einem Humusgehalt von ca. 3 % und für eine Inkubationstemperatur von 25 °C.

Tabelle 6.2. Die Datenbeispiele aus einem Respirationsexperiment

Spalte i Kolbeninhalt	ii Titration [ml]	iii Titrationsmit- telwert [ml]	iv HCl Verbrauch = nicht verbrauchte NaOH [mol]	v NaOH, die mit CO_2 reagiert hat [mol]
Boden	14,75	14,70	(a) $1,47 \cdot 10^{-3}$	(b–a) $1,015 \cdot 10^{-3}$
Boden	14,65			
Blindprobe	24,80	24,85	(b) $2,485 \cdot 10^{-3}$	
Blindprobe	24,90			

Spalte ii. Die Titration der Blindproben (s. Anm. 1) erfordert mehr HCl als die Titration der mit Bodenproben gefüllten Kolben, da das ausgeatmete CO_2 die NaOH-Menge reduziert hat (s. Anm. 2). Gleichung 6.3 besagt, daß 1 mol Säure mit 1 mol Base reagiert. (Abschn. 2.5 erklärt die Grundlagen).

Spalte iv. Man berechnet die Säuremenge, die zur Titration des NaOH aus der Bodenprobe verwendet wurde (Man verwendet den Titrationsmittelwert aus Spalte iii):

$$0,1 \text{ mol } l^{-1} \cdot 14,70/1\,000 \text{ l} = 1,47 \cdot 10^{-3} \text{ mol}.$$

Dies ist die Stoffmenge NaOH in mol, die mit der Säure (Spalte iv) reagiert hat. a und b sind die NaOH-Mengen in den Röhrchen am Ende des Experiments. Ihre Differenz ist die NaOH-Menge, die mit dem Respirations-CO_2 reagiert hat.

Spalte v. Aus Gleichung 6.2 geht hervor, daß 2 mol NaOH mit 1 mol CO_2 reagieren. Die molare Masse von CO_2 beträgt 44 g mol^{-1}. Daraus läßt sich die CO_2-Menge berechnen, die mit dem NaOH im Röhrchen reagiert hat:

$$1,015 \cdot 10^{-3} \text{ mol} \cdot 44 \text{ g mol}^{-1}/2 = 0,0223 \text{ g } CO_2.$$

Daraus ergibt sich eine Respirationsrate von 0,022 g CO_2 pro Woche (bzw. Inkubationszeit) und 50 g feuchtem Boden. Um dies in einen standardisierten Wert zu verwandeln, müssen wir die Masse ofentrockenen Bodens in 50 g feuchtem Boden (z.B. 45,2 g) und die Respirationszeit kennen (z.B. 6 d, 23 h und 32 min = 603 120 s). Deshalb wird die Respirationsrate in g CO_2 g^{-1} ofentrockenen Bodens s^{-1} ausgedrückt

$$0,0223/(45,2 \cdot 603\,120) = 8,18 \cdot 10^{-10} \text{ g g}^{-1} \text{ s}^{-1} \text{ (s. Anm. 3)}.$$

Anmerkung 1. Die CO_2-Menge, die sich bereits im Kolben befand, ist sehr gering und wird durch die Blindmessungen korrigiert. Diese sind notwendig, da NaOH an der Luft instabil ist und CO_2 absorbiert; läßt man es im Röhrchen im Labor stehen, kann sich seine Konzentration ebenso ändern, wie die Konzentration der Vorratslösung. Daher genügt es nicht, 10 ml Probe am Ende der Respirationszeit zu titrieren und anzunehmen, daß man damit die Konzentration zu dem Zeitpunkt erhält, an dem das NaOH in das Röhrchen gefüllt wurde.

Die CO_2-Menge, die sich ursprünglich im Kolben befand, kann folgendermaßen berechnet werden: Die in einem 250-ml-Kolben enthaltene Luft hat einen CO_2-Gehalt von 0,03 Vol-%. Das CO_2-Volumen im Kolben beträgt also

$$250 \cdot 0,03/100 = 0,075 \text{ cm}^3 \text{ bzw. } 7,5 \cdot 10^{-5} \text{ l}.$$

Nach dem Gasgesetz (s. Abschn. 6.1) nimmt ein mol Gas unter Standardbedingungen ein Volumen von 22,4 l ein. Daher beträgt die CO_2-Menge im Kolben

$7,5 \cdot 10^{-5}$ l$/22,4$ l mol$^{-1} = 3,4 \cdot 10^{-6}$ mol.

Diese würden mit $2 \cdot 3,4 \cdot 10^{-6}$ mol NaOH (Gleichung 6.2) reagieren. Die NaOH-Konzentration, die dann für die Titration übrigbleibt, wäre daher um $6,8 \cdot 10^{-6}$ mol geringer. Dadurch wird die erforderliche HCl-Menge um diesen Betrag bzw. um

$6,8 \cdot 10^{-6}$ mol/$0,1$ mol l$^{-1} = 6,8 \cdot 10^{-5}$ l oder 0,07 ml reduziert.

Anmerkung 2. Der Titrationswert der Bodenprobe sollte ¼ bis ¾ des Wertes der Blindprobe ausmachen. Ist der Wert zu groß, werden auch die Fehler bei der Bestimmung der Differenz in Spalte v zu groß. Ist der Wert zu klein, wurde praktisch das gesamte NaOH verbraucht, und es wäre möglich, daß nicht alles CO_2 aus der Bodenatmung absorbiert wurde. Das Experiment müßte mit einer entsprechend veränderten Respirationsdauer wiederholt werden.

Anmerkung 3. Dieser Wert kann nun folgendermaßen mit Freiland-Respirationswerten verglichen werden. Ein hypothetischer Freilandboden hat die Dichte von 1,3 g cm^{-3}. Die obersten 20 cm des Bodens atmen mit der berechneten Respirationsrate. Unterhalb dieser Tiefe sind Humusgehalt und Respirationsrate gering. Das Volumen des respirierenden Bodens pro m^2 Bodenoberfläche beträgt daher

$100 \cdot 100 \cdot 20 = 2 \cdot 10^5$ cm^3.

Die Masse des atmenden Bodens beträgt

$2 \cdot 10^5$ cm^3 m$^{-2} \cdot 1,3$ g cm$^{-3} = 2,6 \cdot 10^5$ g m^{-2} Bodenoberfläche.

Die Respirationsrate beträgt

$2,6 \cdot 10^5$ g m$^{-2} \cdot 8,18 \cdot 10^{-10}$ g g^{-1} s$^{-1} \cdot 86\,400$ s d$^{-1} = 18$ g CO_2 m^{-2} d^{-1}.

Dieser Wert übersteigt jene in Abb. 6.4, bezieht sich aber auch auf 25°C.

Anmerkung 4. Eine automatische Apparatur zur Bestimmung der Bodenatmung ist bei Heinemeyer, Insam, Kaiser und Walenzik (1989) beschrieben. Die CO_2-Konzentration wird spektroskopisch durch Lichtabsorption im IR-Bereich erfaßt. Die Apparatur ist im Handel erhältlich.

6.3
Mikrobielle Aktivität in Böden

Die Respirationsrate, die mit den in Abschn. 6.2 vorgestellten Methoden bestimmt werden kann, ist ein Indikator für die mikrobielle Bodenaktivität. Wie schon gezeigt, übt die Temperatur im Freiland einen starken Einfluß auf diese Aktivität aus (s. Abschn. 6.1), und ähnliches wird auch bei Laborinkubationen beobachtet. Der Humusgehalt spielt eine große Rolle, wie durch klassische Experimente an der *Rothamsted Experimental Station* bewiesen werden konnte (Tabelle 6.3). Bei diesen Langzeitexperimenten sind Böden mit unterschiedlichen Humusgehalten entstanden, die ansonsten aber sehr ähnlich sind.

Tabelle 6.3. Der Einfluß der organischen Bodensubstanz auf die Aktivität der Biomasse (aus Jenkinson und Powlson 1976)

Bodenstandort	Mineraldünger oder Gülle	Feldfrucht	$C_{org.}$ [%]	Respiration in 10 d [µg C g^{-1} Boden]
Broadbalk	ungedüngt	Weizen	1,00	102
Broadbalk	ungedüngt	Brache	0,84	86
Broadbalk	Gülle	Weizen	2,47	174
Broadbalk	Gülle	Brache	2,33	132
Broadbalk	Mineraldünger	Weizen	1,09	71
Broadbalk	Mineraldünger	Brache	1,09	79
Broadbalk	ungedüngt	Wald	3,49	424
Broadbalk	ungedüngt	Gras[a]	3,23	465
Parkrasen	ungedüngt	Gras	3,20	322

Gülle: 37 t ha^{-1} a^{-1} seit 1844; Mineraldünger: N, P, K$^+$, Na$^+$ und Mg^{2+} jährlich;
[a] Es handelt sich um einen Teil der Broadbalk Wilderness; der Holzbewuchs wird jedes Jahr zurückgeschnitten. Daher dominieren gräserartige Pflanzen.

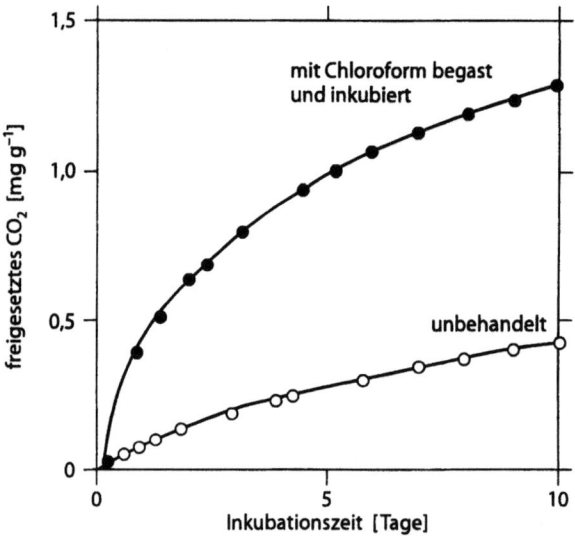

Abb. 6.6. Auswirkungen der Chloroformbegasung auf die Bodenatmung (aus Jenkinson und Ladd 1981)

Viele natürliche Prozesse wirken sich spürbar auf die mikrobielle Aktivität aus. Austrocknung tötet einen großen Teil der Mikroorganismenpopulation, aber bei Wiederanfeuchtung vermehrt sich die Population rasch, da ihr die Zellen der abgestorbenen Mikroorganismen als C- und N-Quelle zur Verfügung stehen. Es kommt zu einem Aktivitätsschub mit anfänglich sehr hohen Respirationsraten. Dieser Effekt ist in Abb. 6.6 dargestellt; die Biomasse wurde zunächst mit Chloroform begast, danach wurden alle Chloroformspuren entfernt und der feuchte Boden mit den im Boden verbliebenen Mikroorganismen bei 25 °C 10 Tage lang inkubiert. Bakterien- und Pilzzellen, die diese Behandlung überleben, verleihen dem Boden Elastizität, was seine bio-

Tabelle 6.4. Die Wirkungen schwermetallhaltiger Klärschlämme auf die Biomasseaktivität von Böden der *Woburn Experimental Farm* (aus Brookes und McGrath 1984)

Behandlung	Mikrobielle Biomasse [µg g^{-1} Boden]	Bodenrespiration in 10 d [µg C g^{-1} Boden]	Biomasserespiration in 10 d[a] [mg C g^{-1} Biomasse]
Mineraldünger	293	56	197
Stalldung (1)	340	63	195
Stalldung (2)	411	62	152
Klärschlamm (1)	212	58	279
Klärschlamm (2)	207	65	347
kompostiert. Klärschlamm (1)	233	58	268
kompostiert. Klärschlamm (2)	237	66	284

[a] Biomasse-Respiration (mg C g^{-1} Biomasse) = 1 000 (Boden-Respiration µg C g^{-1} Boden)/µg Biomasse g^{-1} Boden. Durchschnittswert aus vier Feldern;
Mineraldünger: zwischen 1942 und 1967 jährlich ausgebracht;
Stalldung: 5,2 oder 10,4 t Trockenmasse ha^{-1} a^{-1};
Klärschlamm: 8,2 oder 16,4 t ha^{-1} a^{-1};
Klärschlamm/Stroh-Kompost: 5,9 oder 11,8 t ha^{-1} a^{-1}.

logische Aktivität angeht. Einige Eingriffe haben allerdings Langzeitfolgen und müssen bei der Art und Weise der Bodenbearbeitung unbedingt berücksichtigt werden. Schwermetalle, die dem Boden mit Klärschlamm zugeführt werden, bilden persistente Rückstände und damit eine andauernde Belastung; auf Ackerflächen der *Woburn Experimental Farm*, auf denen vor 20 Jahren Klärschlamm ausgebracht wurde, leidet die Biomasse und ihre Aktivität noch immer unter der Wirkung der Schwermetalle (Tabelle 6.4). Obwohl die Biomasse durch diese lange zurückliegende Behandlung (vor allem aufgrund von Kupfer- und Nickelschäden) noch immer reduziert ist, ist die Bodenrespiration wenig beeinflußt, was darauf hinweist, daß die verbliebene Mikroorganismenpopulation pro Gramm Biomasse aktiver ist als diejenige in nicht-kontaminierten Böden. Weitere Informationen hierzu sind bei Chander und Brookes (1991a, b) zu finden.

Bodenatmung als Maß für die Biomasse: Begasungs-Inkubationsmethode

Das aus begasten Böden zusätzlich ausgeatmete CO_2 (nach 10 Tagen Inkubation bei 25 °C) ist eng mit der vor der Begasung vorhandenen Biomasse korreliert, eignet sich also für Messungen der Biomasse (Jenkinson und Powlson 1976). In neutralen Böden fand man für den Kohlenstoffgehalt der Biomasse- [mg C g^{-1} Boden] die Beziehung C = 2,2 · F. F ist die Differenz aus der Kohlenstoffmenge, die im begasten Boden während der zehntägigen Inkubationsdauer und bei einer Temperatur von 25 °C respiriert wurde, und der respirierten Kohlenstoffmenge einer nicht begasten Blindprobe [beide in mg C g^{-1} Boden]. Der Faktor 2,2 zeigt, daß drei Viertel (=1/2,2) des Kohlenstoffs der Biomasse während der Inkubationszeit zu CO_2 mineralisiert wurde. Dieser Faktor läßt sich bestimmen, indem man dem Boden eine bekannte Menge an Mikroorganismen zuführt und anschließend deren Wirkung auf die Bodenatmung mit Hilfe von direkten Keimzählverfahren mißt (Jenkinson und Ladd 1981). Messungen, die die Begasungs-Inkubationsmethode anwenden, sind für die Eichung der Begasungs-Extraktionsmethode grundlegend (s. Abschn. 3.2).

Methode

Die Bodenaufbereitung und Begasung erfolgt wie in Abschn. 3.2 beschrieben; es sollten jedoch 50 g Boden eingesetzt werden. Man verwendet ethanolfreies Chloroform; anderenfalls fördert das Ethanol das anschließende Mikroorganismenwachstum, was die Respiration leicht erhöht. Nach der Begasung mißt man 10 Tage lang die Respiration bei 25 °C und befolgt die in Abschn. 6.2 beschriebene Methode; man sollte einen größeren Erlenmeyerkolben (500 ml) verwenden, um eine ausreichende O_2-Versorgung sicherzustellen. Man subtrahiert den Respirationswert der nicht-begasten Bodenprobe von jenem der begasten, um den Respirationsschub zu ermitteln. Durch Multiplikation mit 2,2 erhält man den Kohlenstoffgehalt der Biomasse.

In neutralen Böden können Mikroorganismensporen die Chloroformbehandlung überleben und den Boden wieder besiedeln, was zu dem beobachteten Respirationsschub führt. In sauren Böden muß der begaste Boden mit einer kleinen Menge unbegasten Bodens beimpft werden: Man fügt zu den begasten wie auch den unbegasten Bodenproben 50 mg nichtbegasten Boden und mischt vor der Inkubation gründlich.

6.4
Messung des luftgefüllten Porenvolumens

Das Gesamtporenvolumen wird in Abschn. 4.2 behandelt und meist als Volumenverhältnis in cm^3 Poren cm^{-3} Boden ausgedrückt. In feuchten Böden wird ein Teil dieses Hohlraums von Wasser eingenommen. Wenn der Wassergehalt als cm^3 H_2O cm^{-3} Boden (s. Abschn. 5.1) gemessen wird, dann kann durch Differenzbildung das luftgefüllte Porenvolumen bestimmt werden. Typische Werte sind in Tabelle 4.3 aufgeführt; das Luftvolumen bei Feldkapazität (bzw. der Grobporenanteil) beläuft sich auf Werte zwischen 0,05 und 0,3 cm^3 cm^{-3}. Liegt der Wassergehalt nahe dem Welkepunkt, dann ist das Luftvolumen gleich dem Gesamtporenvolumen minus dem Feinporenvolumen, wobei typische Werte zwischen 0,25 und 0,35 cm^3 cm^{-3} liegen.

Wie lange kann die Bodenatmung ohne Gasaustausch aufrechterhalten werden?

Für dieses Rechenbeispiel benötigen wir die Respirationsrate und das luftgefüllte Porenvolumen. Man verwendet den Wert der Respirationsrate aus Abschn. 6.2 (bei 25 °C), d.h. $8{,}2 \cdot 10^{-10}$ g CO_2 g^{-1} s^{-1}, und ein Luftvolumen von 0,2 cm^3 cm^{-3}, das zu Beginn 21 % O_2 enthält.

O_2-Gehalt in den Poren

Das Sauerstoffvolumen beträgt 21 % von 0,2 cm^3 cm^{-3} = 0,042 cm^3. Mit Hilfe der Gasgleichung (s. Abschn. 6.1) $pV = nRT$ kann man die in diesem Volumen vorhandene O_2-Menge berechnen. Die Stoffmenge n beträgt:

$$pV/RT = (1 \cdot 0{,}042/1\,000)/(0{,}082 \cdot 298) = 1{,}72 \cdot 10^{-6} \text{ mol}.$$

Ein mol O_2 entspricht 32 g. Die O_2-Masse beträgt daher:

$1{,}72 \cdot 10^{-6}$ mol $\cdot$ 32 g mol^{-1} = $5{,}5 \cdot 10^{-5}$ g O_2 cm^{-3} Boden.

Bei einer Lagerungsdichte von 1,3 g ofentrockenem Boden cm^{-3} enthält der Boden

$5{,}5 \cdot 10^{-5} / 1{,}3 = 4{,}2 \cdot 10^{-5}$ g O_2 g^{-1} Boden.

Respirationsrate

Da die Respirationsrate als CO_2-Produktion ($8{,}2 \cdot 10^{-10}$ g CO_2 g^{-1} s^{-1}) ausgedrückt wird, benötigt man einen Wert für den O_2-Verbrauch. Da während der Atmung aus 1 mol O_2 (32 g) 1 mol CO_2 entsteht (44 g), beträgt die Rate des Sauerstoffverbrauchs

$8{,}2 \cdot 10^{-10} \cdot 32/44 = 5{,}96 \cdot 10^{-10}$ g O_2 g^{-1} s^{-1}.

Dauer der aeroben Bedingungen

Die O_2-Masse g^{-1} Boden und die Respirationsrate haben nun die gleiche Einheit. Dividieren wir die Sauerstoffmenge durch die Verbrauchsrate (g g^{-1}/g g^{-1} s^{-1}) erhalten wir die Zeit [s], innerhalb der das gesamte O_2 aufgebraucht ist:

$4{,}2 \cdot 10^{-5} / 5{,}96 \cdot 10^{-10} = 70\,469$ s = 19,6 h.

Rechenbeispiel

Unter der Annahme, daß der Q_{10}-Faktor gleich 3 ist (s. Abschn. 6.1), rechnet man die obigen Daten noch einmal für Bodentemperaturen von 15 °C bzw. 5 °C durch.

6.5
Prognosen der Bodendurchlüftung

In Abschn. 6.4 wurde gezeigt, daß der in den luftgefüllten Poren eines feuchten Bodens vorhandene Sauerstoff den mikrobiellen Bedarf in Abhängigkeit von der Temperatur nur 1 bis 2 Tage lang decken kann, sofern keine O_2-Zufuhr erfolgt. Kommt noch die Atmung der Pflanzenwurzeln hinzu, wird der aerobe Zustand nur halb so lange andauern, da sich dann die Bodenatmung etwa verdoppelt. Diese Situation tritt nur dann ein, wenn der O_2-Zutritt von der Bodenoberfläche durch Wassersättigung oder starke Verschlämmung des Bodens behindert ist.

Normalerweise ist die Situation so, daß die O_2-Konzentration mit der Tiefe abnimmt und bei einer bestimmten Tiefe gegen Null geht, wenn Respirationsrate und Wassergehalt hoch genug sind; der darunterliegende Boden ist anaerob. Diese Situation läßt sich mathematisch analysieren, wenn man von gewissen Annahmen für das System Boden ausgeht.

Annahmen

Betrachten wir einen Boden, dessen Wassergehalt, Porenvolumen und Respirationsrate unabhängig von der Tiefe einheitlich sind! Diese Annahme wird nur (und auch dann nur angenähert) für den Pflughorizont eines sandigen Bodens gelten. Man stelle sich eine Sauerstoffverteilung etwa wie in Abb. 6.7 vor. Die O_2-Konzentration der Bodenluft

Abb. 6.7. Veränderung der Sauerstoffkonzentration mit der Tiefe in einem einheitlichen Profil

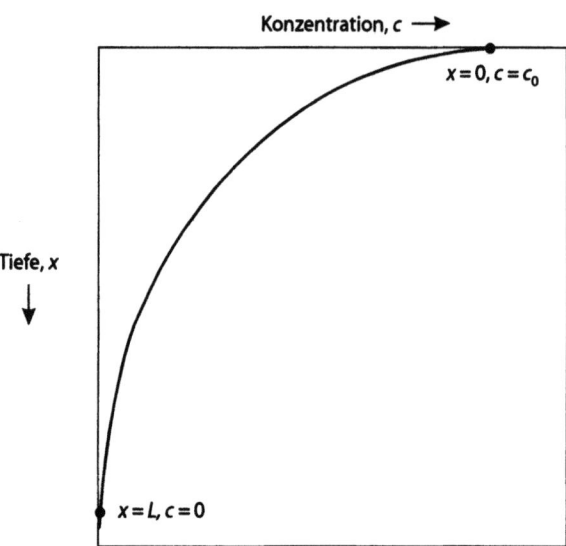

beträgt an der Bodenoberfläche 21 %, da diese mit der Atmosphäre in Kontakt steht. Unterhalb von L ist kein O_2 vorhanden, und der Boden ist anaerob.

Einfache Schlußfolgerungen

Der gesamte im Boden benötigte Sauerstoff muß durch die Bodenoberfläche eindringen. Wenn der gesamte Boden bis zur Tiefe L, unabhängig von der O_2-Konzentration, mit der gleichen Rate respiriert, dann muß nur die Hälfte des Sauerstoffs bis in die halbe Profiltiefe gelangen. Bei $x = 3L/4$ bewegt sich nur ¼ des gesamten Sauerstoffs nach unten. Bei $x = L$ erfolgt kein O_2-Transport mehr. Darauf aufbauend läßt sich der Kurvenverlauf erklären, da die Diffusionsrate eines Gases in jeder beliebigen Tiefe vom seinem Konzentrationsgradienten abhängt. Dieses Prinzip wird durch das Ficksche Diffusionsgesetz ausgedrückt.

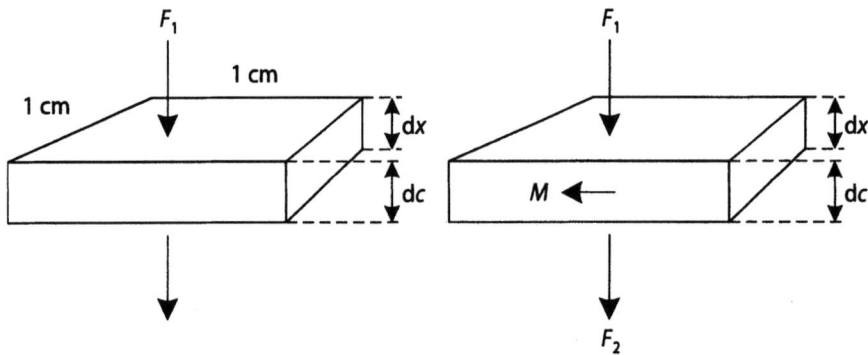

Abb. 6.8. Bedingungen in einem Bodensegment, durch das Sauerstoff diffundiert (linke Abb.)

Abb. 6.9. Diffusion durch ein Bodensegment, in dem Respiration stattfindet (rechte Abb.)

In einem Bodensegment (Abb. 6.8) der Dicke dx, dessen Konzentrationsgradient quer zur Grundfläche von 1 cm² verläuft, beträgt die Diffusionsrate $F = -D\,dc/dx$, wobei für unsere Zwecke die Diffusionsrate das Sauerstoffvolumen [cm³ O_2] sein soll, das durch 1 cm² Boden s⁻¹ strömt; c wird in cm³ O_2 cm⁻³ Boden, x in cm und der Diffusionskoeffizient D in cm² s⁻¹ angegeben. Der Koeffizient ist durch die oben gegebene Beziehung definiert; seine Abhängigkeit von den Bodeneigenschaften wird weiter unten diskutiert.

Mathematische Analyse

Wenn die Konzentration linear mit der Tiefe abnimmt (dc/dx = const.), kann das Ficksche Gesetz angewendet werden, um die Tiefe der aeroben Bodenzone zu bestimmen. Da sich jedoch sowohl der Gradient als auch der Fluß mit der Tiefe verändern, muß man eine Variante des Fickschen Gesetzes anwenden, die manchmal als 2. Ficksches Gesetz bezeichnet wird. Dieses gilt für alle Gasflüsse, die aus einem Konzentrationsgradienten resultieren und besagt, daß die Rate der Konzentrationsänderung an einem bestimmten Punkt von der Änderungsrate des Konzentrationsgradienten mit der Entfernung abhängig ist: dc/d$t = D\,d^2c/dx^2$. Die Bodenatmung wird in dieser Gleichung nicht berücksichtigt. Aus ihr geht nur hervor, was geschieht, wenn ein nicht-linearer Konzentrationsgradient existiert und eine Diffusionsbewegung stattfindet, durch die die Gaskonzentration im gesamten Boden tendenziell angeglichen wird.

Im realen System ist Diffusion durch Konzentrationsgradienten bedingt, die durch die Bodenatmung aufrechterhalten werden. Nehmen wir wiederum ein kleines Bodensegment (Abb. 6.9) und betrachten den Sauerstoff, der in diesem Segment mit der Rate M (cm³ O_2 cm⁻³ Boden s⁻¹) verbraucht wird! Dementsprechend ist F_2 (Zufluß in das Segment) kleiner als der F_1 (Abfluß aus dem Segment); der tendenziellen Konzentrationserhöhung wirkt der respirationsbedingte O_2-Entzug entgegen, und damit wird dc/d$t = D\,d^2c/dx^2 - M$. Man beachte, daß c/t und M die gleiche Einheit haben, M aber dc/dt entgegenwirkt und daher ein negatives Vorzeichen hat.

Wenn wir einen Gleichgewichtszustand annehmen, dann wird die O_2-Diffusion in das Segment gerade durch den O_2-Verbrauch ausgeglichen; es gibt keine zeitliche Veränderung der Konzentration oder des Konzentrationsgradienten und somit ist

dc/d$t = 0 = D\,d^2c/dx^2 - M$ und

$d^2c/dx^2 = M/D$. \hfill (6.4)

Wir können jetzt die in Abb. 6.7 gezeigten Grenzbedingungen anwenden, d.h. bei $x = 0$ ist

$c = c_0$,

und bei $x = L$ gilt

$c = 0$ und dc/d$t = 0$.

Die Integration von Gleichung 6.4 ist einfach, da weder M noch D sich mit x verändern. Damit ist

dc/d$t = Mx/D +$ Konstante.

Ersetzt man $dc/dt = 0$, so erhält man mit $x = L$:

$0 = ML/D +$ Konstante,

und damit ist die Konstante $= -ML/D$. Daraus folgt:

$dc/dt = Mx/D - ML/D$.

Man integriert nochmals und erhält:

$c = Mx^2/2D - MLx/D +$ Konstante.

Substituieren wir nun $c = c_0$, wenn $x = 0$ ist

$c_0 =$ konstant und

$c = Mx^2/2D - MLx/D + c_0$ oder

$c - c_0 = Mx(x - 2L)/2D$. (6.5)

Diese Gleichung gibt die Beziehung zwischen O_2-Konzentration und Tiefe wieder. Zur Bestimmung der Tiefe der aeroben Zone L können wir diese unter Anwendung der dritten Grenzbedingung, daß $c = 0$ und $x = L$ ist, einsetzen. Daraus folgt:

$0 - c_0 = ML(L - 2L)/2D$ und

$L^2 = 2Dc_0/M$ (6.6)

Parameter

Die theoretische Analyse gilt für reinen Sandboden. Daher wurden für die Berechnung folgende Parameter gewählt: Lagerungsdichte $= 1{,}5$ g cm^{-3}, Gesamtporenvolumen $= 0{,}42$ cm^3 cm^{-3}, gravimetrischer Wassergehalt bei Feldkapazität $= 0{,}13$ g g^{-1}; daraus ergibt sich das luftgefüllte Porenvolumen $= 0{,}2$ cm^3 cm^{-3} (s. Tabellen 4.1 und 4.3).

c_0. Dies ist die O_2-Konzentration an der Bodenoberfläche [cm^3 O_2 cm^{-3} Boden] unter der Voraussetzung, daß die Gasphase 21 % O_2 enthält. Mit einem luftgefüllten Porenvolumen (ε) von $0{,}2$ cm^3 cm^{-3} beträgt $c_0 = 0{,}042$ cm^3 cm^{-3}.

M. Dies ist die O_2-Verbrauchsrate [cm^3 O_2 cm^{-3} Boden s^{-1}] Wenn die Respirationsrate bei 25 °C $8{,}2 \cdot 10^{-10}$ g CO_2 g^{-1} s^{-1} beträgt (s. Abschn. 6.2) bzw., auf O_2 bezogen, $5{,}96 \cdot 10^{-10}$ g O_2 g^{-1} s^{-1}, sind zwei Umrechnungen erforderlich:

1. Man wandelt g in mol um, anschließend in cm^3 O_2 bei 25 °C:

$5{,}96 \cdot 10^{-10}$ g O_2 g^{-1} s^{-1} = $5{,}96 \cdot 10^{-10}$ g/32 mol g^{-1} = $1{,}86 \cdot 10^{-11}$ mol O_2 g^{-1} s^{-1}.

Mit der Gaszustandsgleichung (s. Abschn. 6.1) $pV = nRT$ ist

$V = 1{,}86 \cdot 10^{-11} \cdot 0{,}082 \cdot 298/1$

$= 4{,}54 \cdot 10^{-10}$ l g^{-1} s^{-1}

$= 4{,}54 \cdot 10^{-7}$ cm^3 O_2 g^{-1} s^{-1}.

Abb. 6.10. Einfluß der festen Bodenpartikel auf die Gasdiffusion durch ein Bodensegment

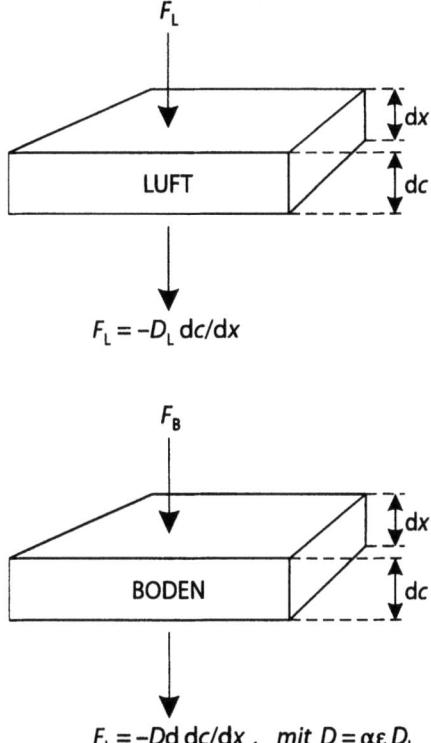

2. Bei einer Lagerungsdichte von 1,5 g ofentrockenem Boden cm^{-3} beträgt die Respirationsrate $M = 4{,}54 \cdot 10^{-7}/1{,}5 = 3{,}0 \cdot 10^{-7}$ cm^3 O$_2$ g^{-1} s^{-1}.

D. Dies ist der O$_2$-Diffusionskoeffizient in feuchtem Boden [cm^2 s^{-1}]. Um diesen Wert berechnen zu können, müssen wir wissen, daß der O$_2$-Diffusionskoeffizient in Luft (D_L) 0,23 cm^2 s^{-1} beträgt. Der Koeffizient im Boden ist kleiner als dieser Wert, da Bodenpartikel und Wasser einen Teil des Raumes einnehmen und die Moleküle auf einem gewundenen Weg durch den Boden diffundieren müssen; ihre Vorwärtsbewegung wird durch den Boden behindert. Die Sauerstoffdiffusion durch Wasser ist um vieles langsamer als durch Luft, so daß sie hier vernachlässigt werden kann. Die beiden Systeme sind in Abb. 6.10 zusammen mit der Beziehung zwischen D und D_L dargestellt; D_L wurde experimentell bestimmt. F_L und F_B sind die Diffusionsraten in Luft bzw. im Boden. Um D berechnen zu können, benötigt man sowohl α als auch ε.

Der Koeffizient α ist ein Impedanzfaktor (Faktor des Scheinwiderstandes). Er ist vom luftgefüllten Porenvolumen ε [cm^3 cm^{-3}] abhängig und experimentell für feuchte, sandige Substrate bestimmt. Aus Abb. 6.11 und der Gleichung $D = \alpha\varepsilon D_L$ ist ersichtlich, daß die Diffusion abnimmt, wenn der Wassergehalt zunimmt, weil der für die Diffusion zur Verfügung stehende Porenraum kleiner und zudem der Diffusionspfad gewundener wird.

Für die hier betrachteten Bodenbedingungen ist $\varepsilon = 0{,}2$ cm^3 cm^{-3} und damit $\alpha = 0{,}06$. Somit beträgt $D = 0{,}06 \cdot 0{,}2 \cdot 0{,}23 = 2{,}76 \cdot 10^{-3}$ cm^2 s^{-1}.

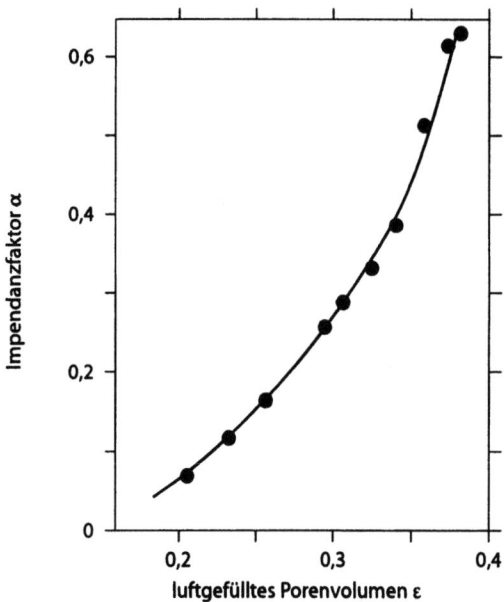

Abb. 6.11. Beziehung zwischen Impedanzfaktor α und luftgefülltem Porenvolumen ε für feuchten Sand (aus Currie 1970)

Lösung von Gleichung 6.6: $L^2 = 2Dc_0/M$

Wir setzen Zahlenwerte in die Gleichung ein:

$$L^2 = (2 \cdot 2{,}76 \cdot 10^{-3} \cdot 0{,}042)/(3{,}0 \cdot 10^{-7})$$

und

$L = 28$ cm.

Die Berechnung sagt voraus, daß unter diesen Bedingungen (25 °C, Wassergehalt bei Feldkapazität in einem homogenen Sandboden) die Tiefe des aeroben Bereichs ungefähr 30 cm beträgt. Verwendet man Respirationsraten, die für die Temperaturen in britischen Böden typischer sind (s. Abschn. 6.2, Anm. 3), werden kritische Tiefen von 30–60 cm vorausgesagt. Reale Böden sind jedoch nicht homogen; ihr Gehalt an organischer Substanz und ihre Temperatur nehmen im Sommer mit der Tiefe ab. Es ist deshalb unwahrscheinlich, daß sich in derartigen Böden anaerobe Bedingungen einstellen, es sei denn, unter feuchttropischen Klimaverhältnissen.

Zusätzliche Übungsaufgaben

Wiederholen Sie die oben durchgeführten Berechnungen für die folgenden Rahmenbedingungen:

1. Berechnen Sie die Respirationsrate für Bodentemperaturen von 5 bzw. 15 °C! Der Q_{10}-Faktor sei 3 (s. Abschn. 6.1). D_L beträgt 0,21 bzw. 0,20 cm^2 s^{-1}. (*Antwort:* 46 bzw. 78 cm)
2. Berechnen Sie die Tiefe der aeroben Bodenzone unter trockeneren Bedingungen (Luftvolumen = 0,3), aber bei gleicher Lagerungsdichte! (*Antwort:* 88 cm)

3. Berechnen Sie die Tiefe der aeroben Bodenzone bei geringerer Verdichtung! Gehen Sie von der gleichen Lagerungsdichte von 1,3 g cm^{-3} und dem gleichen gravimetrischen Wassergehalt aus! Man beachte, daß durch die Lockerung des Bodens zwar ε ansteigt, aber M aufgrund der kleineren respirierenden Bodenmasse pro cm^3 abnimmt. (*Antwort*: 120 cm)

Durchlüftung eines gesättigten Bodens

In diesem Fall kann Gleichung 6.6 auch dann zur Berechnung der Tiefe der aeroben Bodenzone eingesetzt werden, wenn die Diffusion nur durch die wassergefüllten Poren erfolgt. Als Ergebnis erhält man die kritische Entfernung.

Parameter

c_0. Dies ist die Konzentration des gelösten O$_2$ in cm^3 O$_2$ cm^{-3} Boden. Das Volumen des in Wasser gelösten O$_2$ beträgt $5{,}9 \cdot 10^{-3}$ cm^3 O$_2$ cm^{-3} Wasser (Gleichgewicht mit der Atmosphäre, bei 25 °C und Luftdruck). Bei einer Lagerungsdichte von 1,5 g cm^{-3} beträgt das Gesamtporenvolumen 0,42 cm^3 cm^{-3} (Festsubstanzdichte = 2,6 g cm^{-3}), das hier auch dem wassergefüllten Porenvolumen entspricht. Daher ist

$$c_0 = 0{,}42 \cdot 5{,}9 \cdot 10^{-3} = 2{,}48 \cdot 10^{-3} \text{ cm}^3 \text{ O}_2 \text{ cm}^{-3} \text{ Boden}.$$

M. Wenn die Respirationsrate unverändert ist, gilt derselbe Wert wie zuvor, solange ausreichend O$_2$ zur Verfügung steht:

$$M = 3{,}0 \cdot 10^{-7} \text{ cm}^3 \text{ O}_2 \text{ cm}^{-3} \text{ s}^{-1}.$$

D. Der Diffusionskoeffizient von O$_2$ in Wasser D_W, beträgt $2{,}6 \cdot 10^{-5}$ cm^2 s^{-1}. Wieder gilt $D = \alpha \varepsilon_W D_W$, wobei ε_W dem wassergefüllten Porenvolumen (0,42 cm^3 cm^{-3}) entspricht. α beträgt unter diesen Bedingungen ungefähr 0,66, ist also so groß wie bei der Diffusion in einem vollständig trockenen Boden, da die beteiligten Zwischenräume in beiden Fällen dieselben sind (Abb. 6.11):

$$D = 0{,}66 \cdot 0{,}42 \cdot 2{,}6 \cdot 10^{-5} = 7{,}2 \cdot 10^{-6} \text{ cm}^2 \text{ s}^{-1}.$$

Lösung von Gleichung 6.6

Durch Einsetzen der Zahlenwerte erhält man

$$L^2 = 2 \cdot 7{,}2 \cdot 10^{-6} \cdot 2{,}48 \cdot 10^{-3}/3{,}0 \cdot 10^{-7}$$

und

$L = 0{,}34$ cm oder ca. 3 mm.

Bei einer realistischeren Bodentemperatur von 15 °C beträgt M etwa ein Drittel des obigen Wertes und L ca. 5 mm.

In Reisböden beträgt die Tiefe der aeroben Bodenzone nur wenige Millimeter. In bei Feldkapazität dränierten Böden sollten die Grobporen nicht weiter als 1 cm auseinanderliegen, wenn der Boden insgesamt aerob bleiben soll. Diese Bedingungen sind in Abb. 6.2 veranschaulicht.

6.6
Chemie der aeroben und anaeroben Bodenatmung

6.6.1
Aerobe Bodenatmung

Der gesamte Atmungsprozeß läßt sich mit Gleichung 6.1 zusammenfassen:

$C_6H_{12}O_6 + 6O_2 = 6CO_2 + 6H_2O +$ Energie.

Die Übertragung der Elektronen (e^-) und Protonen (H^+), die in dem Gesamtprozeß ausgetauscht werden, kann in zwei Stufen dargestellt werden:

$C_6H_{12}O_6 + 6H_2O = 6CO_2 + 24H^+ + 24e^-$ (6.7)

$24H^+ + 24e^- + 6O_2 = 12H_2O +$ Energie (6.8)

Diese beiden Reaktionsgleichungen fassen einen komplexen Vorgang zusammen, an dem zahlreiche biochemische Reaktionen beteiligt sind. Dabei fungiert Glucose als Elektronendonator und O_2 als Elektronenakzeptor.

6.6.2
Anaerobe Bodenatmung

In Abwesenheit von O_2 können Kohlenhydrate nur teilweise oxidiert werden. Der Prozeß wird durch die Oxidation von Glucose zu Brenztraubensäure illustriert. Im ersten Schritt stimmen aerobe und anaerobe Bodenatmung noch überein:

$C_6H_{12}O_6 = 2CH_3COCOOH + 4H^+ + 4e^-$.

Diese Reaktion kann nicht selbständig ablaufen. Es müssen anaerobe Mikroorganismen zugegen sein, die diese Oxidation mit Elektronenakzeptoren verknüpfen, d.h. mit Stoffen, die reduziert werden können. Die jeweiligen Reduktionsreaktionen sind für eine Art oder Artengruppe spezifisch. Im Boden sind folgende von Bedeutung:

Denitrifikation	$2NO_3^- + 12H^+ + 10e^-$	=	$N_2 + 6H_2O$
	Nitrat		Stickstoffgas
Fermentation	$CH_3CHO + 2H^+ + 2e^-$	=	CH_3CH_2OH
	Acetaldehyd		Ethanol
Eisenreduktion	$Fe(OH)_3 + 3H^+ + e^-$	=	$Fe^{2+} + 3H_2O$
	Eisen-III-hydroxid		Eisen-II-Ion (6.9)
Methanbildung	$CO_2 + 8H^+ + 8e^-$	=	$CH_4 + 2H_2O$
	Kohlendioxid		Methan.

Diese Reaktionen treten in dieser Reihenfolge bei zunehmend reduzierenden Bedingungen auf. Mikroorganismen verschieben Elektronen von der oxidierten zur reduzierten Verbindung. Man kann sie sich als Elektronenpumpe vorstellen, die einen Elektronen-„Druck" aufbaut, um die Reaktion voranzutreiben.

6.6.3
Redoxpotentiale

Wenn wir uns an den Vergleich mit einem Druck halten, läßt sich das Konzept des Redoxpotentials vielleicht besser verstehen. Stellt man ein Stück Platin in eine Lösung, in der Oxidations- und Reduktionsreaktionen stattfinden, bewegen sich die Elektronen in der Lösung in Abhängigkeit von ihrem „Druck" zur Metalloberfläche, was dem Metall ein zunehmend negatives elektrisches Potential verleiht, wenn der „Elektronendruck" zunimmt.

Potentiale können nicht isoliert, sondern nur auf ein anderes Potential bezogen gemessen werden (Nuffield Coordinated Science, Physics, Ch. P17 und Nuffield Advanced Chemistry II, Topic 15). Dies läßt sich am einfachsten damit vergleichen, daß Höhenangaben auf der Erdoberfläche als Abstand über dem Meeresspiegel standardisiert sind. Angaben des Redoxpotentials sind auf eine Standard-Wasserstoffelektrode als Referenzelektrode bezogen, deren Potential gleich Null gesetzt wird (s. Abschn. 5.4). Das Redoxpotential (E_h) ist daher definiert als das Potential der Platinelektrode relativ zum Potential einer Wasserstoffelektrode. Die einzelnen Details der Wasserstoffelektrode sind hier nicht von Bedeutung, da sie recht schwierig zu handhaben ist und meist durch eine Kalomel- oder Silberchlorid-Referenzelektrode ersetzt wird. Das Potential der Referenzelektrode wird von der Lösung nicht beeinflußt, und damit ist der als Spannung gemessene Potentialunterschied zwischen den beiden Elektroden nur von den Potentialschwankungen an der Platinoberfläche abhängig. Wird eine Kalomel-Elektrode als Referenz verwendet, ist die gemessene Spannung um 0,248 V niedriger als bei Verwendung einer Wasserstoffelektrode. Vergleichen wir wieder mit Höhenangaben, dann ist es so, als ob das Referenzniveau um 248 m über den Meeresspiegel verlagert worden wäre: Alle auf den Meeresspiegel bezogenen Höhenangaben sind dann um 248 m größer als die relativ zum Referenzniveau gemessenen Höhen (s. Abb. 6.12). Bei Messungen mit einer Kalomel-Elektrode gilt also:

E_h (Volt) = $E_{gemessen}$ + 0,248 V.

Definition des Redoxpotentials

Das Redoxpotential ist ein Maß für den Elektronendruck und die Stärke der reduzierenden Bedingungen. In Böden weist es darauf hin, welche Verbindungen wahrscheinlich reduziert wurden.

Numerische Beziehungen

Die physikalische Chemie eines Oxidations-Reduktionssystems führt zu numerischen Beziehungen zwischen Redoxpotentialen und den Konzentrationen oxidierter und reduzierter Verbindungen in Böden (Nuffield Advanced Chemistry II, Topic 15). In aeroben Böden zeigt uns Gleichung 6.8, daß O_2 reduziert wird. Für dieses System gilt:

$$E_h = 1{,}23 + 0{,}015 \log P_{O_2} - 0{,}059 \text{pH} \tag{6.10}$$

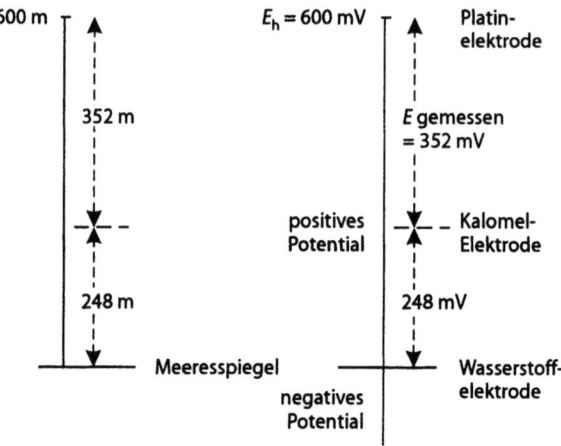

Abb. 6.12. Beziehung zwischen dem Redoxpotential und dem Potential, das mit einer Platin- bzw. Kalomel-Referenzelektrode gemessen wurde

P_{O_2} ist der O_2-Partialdruck der Atmosphäre, mit der sich die Lösung im Gleichgewicht befindet. Die Gleichung zeigt, daß E_h von drei verschiedenen Größen abhängt:

1. 1,23 ist ein Standardmaß für die Reduzierbarkeit von O_2;
2. P_{O_2} ist direkt mit dem O_2-Gehalt der Lösung verknüpft;
3. pH-Wert ist ein Maß für die Wirkung der Wasserstoffionen auf die Reduktion des Sauerstoffs. Sowohl Elektronen als auch Wasserstoffionen treiben die durch Gleichung 6.8 beschriebene Reaktion voran.

In der normalen Atmosphäre beträgt P_{O_2} 0,21 (21 % O_2), in aeroben Böden liegt der Wert oft zwischen 0,18 und 0,2. In aeroben und neutralen (pH 7) Böden beträgt E_h theoretisch fast 0,8 V. Tatsächlich findet man in einer frisch zubereiteten Bodenpaste Werte um 0,6 V, was wohl an einem geringeren O_2-Gehalt des Wassers oder lokal niedrigeren E_h-Werten in der Umgebung von Mikroorganismenkolonien liegt.

Vergleichbare Untersuchungen zeigen, daß die Reduktion von Nitrat bei etwa 0,4 V erfolgt. Wurde das gesamte Nitrat reduziert, stabilisiert sich das Redoxpotential zwischen 0 und 0,1 V durch die Reduktion von Eisenverbindungen, die häufig in ausreichenden Mengen vorhanden sind und den Boden viele Wochen lang gegen Redoxpotentialänderungen „abpuffern" können, das Redoxpotential also konstant halten. Gleichung 6.9 liefert die entsprechende Beziehung:

$$E_h = 1,06 - 0,059 \log [Fe^{2+}] - 0,177 \text{pH} \qquad (6.11)$$

Dabei ist $[Fe^{2+}]$ die Konzentration (genaugenommen die Aktivität, s. Abschn. 7.1, Anm. 2) der gelösten Eisen-II-Ionen [mol l^{-1}]. Diese Gleichung besagt, daß ein neutraler Boden, in dem das Redoxpotential auf etwa 0 V gefallen ist, eine Eisen-II-Konzentration von ungefähr 10^{-3} M in der Bodenlösung besitzt, die durch Reduktion des Eisen-III-hydroxids entstanden ist.

Rolle des pH-Werts bei Redoxreaktionen

Sowohl O_2 als auch Eisen-III-hydroxid werden unter sauren Bedingungen leichter reduziert. Gleichung 6.9 zeigt, daß die Reduktion des Fe-III-hydroxid von Protonen

6.6 · Chemie der aeroben und anaeroben Bodenatmung

und Elektronen vorangetrieben wird, was bereits bei der Reduktion des O_2 (Gleichung 6.8) festzustellen war. Aus der Gleichung entnehmen wir, daß die daran beteiligten Protonen aus der Oxidation von Glucose stammen. In Böden hängt die Protonenkonzentration allerdings vom natürlichen pH-Wert bzw. dessen Veränderung durch Reduktionsprozesse ab.

Erweiterte Definition des Redoxpotentials

Das Redoxpotential und der pH-Wert steuern gemeinsam die Reduktion von Verbindungen und gemeinsam weisen sie auf die Stärke der reduzierenden Bedingungen im Boden hin.

Deshalb haben sich die folgenden Faustregeln als nützlich erwiesen: „Oxidierende Bedingungen bleiben in Gegenwart von O_2 bestehen" und „Reduzierende Bedingungen sind stark genug, um eine 10^{-3} M Fe^{2+}-Lösung herzustellen". Setzen wir für die erste Bedingung in Gleichung 6.10 $P_{O_2} = 0{,}21$, dann erhalten wir:

$$E_h = -0{,}059 \text{pH} + 1{,}219 \qquad (6.12)$$

Theoretisch kann jede Kombination von E_h und pH bei dieser O_2-Konzentration vorliegen, falls die obige Gleichung erfüllt ist. Setzen wir in Gleichung 6.11 nun $[Fe^{2+}] = 10^{-3}$, erhalten wir:

$$E_h = -0{,}177 \text{pH} + 1{,}23 \qquad (6.13)$$

Auch hier ist jede Kombination von E_h und pH möglich, wenn Eisen soweit reduziert wurde, daß Gleichung 6.13 erfüllt ist. Diese Beziehungen sind in Abb. 6.13 als Stabilitätsdiagramme dargestellt. Die Steigung der Geraden beträgt -0,059 bzw. -0,177 V pro pH-Einheit. Alle Punkte auf der Geraden zeigen, trotz veränderter E_h-Werte, die gleiche Reduktionsstärke. Obgleich $Fe(OH)_3$ reduzierten Böden oft „puffert", ist die $Fe(OH)_3/Fe^{2+}$-Gerade ein Hinweis auf die vorliegenden E_h-pH-Bedingungen.

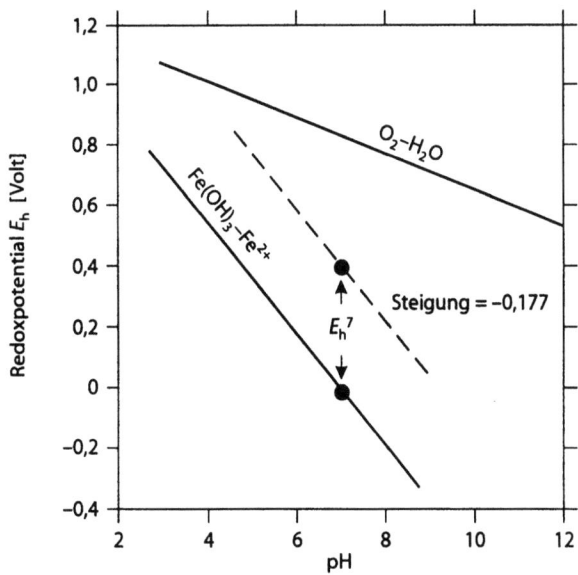

Abb. 6.13. E_h-pH-Beziehung in aeroben und anaeroben Böden. Die O_2-H_2O-Stabilitätsgerade ergibt sich aus Gleichung 6.12 mit $P_{O_2} = 0{,}21$; die $Fe(OH)_3$-Fe^{2+}- Stabilitätsgerade ergibt sich aus Gleichung 6.13 mit $[Fe^{2+}] = 10^{-3}$M (strenggenommen eine Aktivität). Die unterbrochene Linie wird im Text erklärt

Schlußfolgerung

Sowohl der E_h- als auch der pH-Wert sollten bestimmt werden, um die Reduktionskraft des Bodens zu messen. Damit Vergleiche zwischen Böden mit unterschiedlichem pH-Wert möglich sind, wird oftmals der „auf pH 7 korrigierte E_h-Wert" (Schreibweise: E_h^7) verwendet. Dies ist der E_h-Wert, der bei pH 7 und gleicher Reduktionskraft vorliegen würde. Für das $Fe(OH)_3/Fe^{2+}$-System kann man E_h^7 wie folgt berechnen:

$$E_h^7 = E_h - 0{,}177 \cdot (\text{pH des Bodens} - 7).$$

In Abb. 6.13 bewegen wir vom Meßpunkt entlang der $Fe(OH)_3/Fe^{2+}$-Geraden bis pH 7. In reduzierten Böden wissen wir nicht, welches Redoxsystem den Boden „puffert". Zweckmäßigerweise verwendet man für Korrekturberechnungen eine Steigung von $-0{,}177$ V pro pH-Einheit. Für eine graphische Lösung werden der gemessene E_h- und pH-Wert in einem Diagramm wie in Abb. 6.13 aufgetragen, und durch diesen Punkt wird eine parallel zur $Fe(OH)_3/Fe^{2+}$-Geraden verlaufende Gerade gezogen (gestrichelte Linie in Abb. 6.13). Der E_h^7-Wert kann dann aus der Kurve abgelesen werden. Für das aerobe System wird eine Steigung von $-0{,}059$ eingesetzt.

pH-Änderungen durch Reduktion

Wenn ein saurer Boden überflutet wird, dessen Redoxpotential durch die Reduktion von Eisenverbindungen „gepuffert" ist, so steigt der pH meist auf Werte zwischen 6 und 7 an. Dies läßt sich erklären, wenn wir die Gleichungen 6.7 und 6.9 neu formulieren:

$$C_6H_{12}O_6 + 6H_2O = 6CO_2 + 24H^+ + 24e^-,$$

$$24Fe(OH)_3 + 72H^+ + 24e^- = 24Fe^{2+} + 72H_2O.$$

Um 24 Elektronen auf $Fe(OH)_3$ zu übertragen, sind zusätzlich zu den Protonen, die bei der Oxidation der Glucose-Oxidation produziert werden, nochmals 48 Protonen erforderlich. Da sie der Bodenlösung entnommen werden, steigt der pH-Wert. In alkalischen Böden treten andere Reaktionen auf, die den pH auf Werte um 7 senken. Daher bewegt sich der pH-Wert aller überfluteter Böden auf den Neutralpunkt zu.

Aus diesem Grund liegt der in überfluteten Böden gemessene E_h oft nahe bei E_h^7 und kann als Näherungswert für die Stärke der reduzierenden Bedingungen verwendet werden, selbst wenn der pH nicht bekannt ist.

6.7 Messung des Redoxpotentials

Eine Platinelektrode und eine geeignete Referenzelektrode (Abb. 6.14) werden in den feuchten Boden eingeführt; die Potentialdifferenz zwischen beiden wird als Spannungsunterschied mit einem Voltmeter bestimmt.

Ausrüstung

- *Platinelektrode.* Sie kann einzeln oder mit einer Referenzelektrode zusammen gekauft werden. Sie kann auch einfach hergestellt werden, indem man einen Platin-

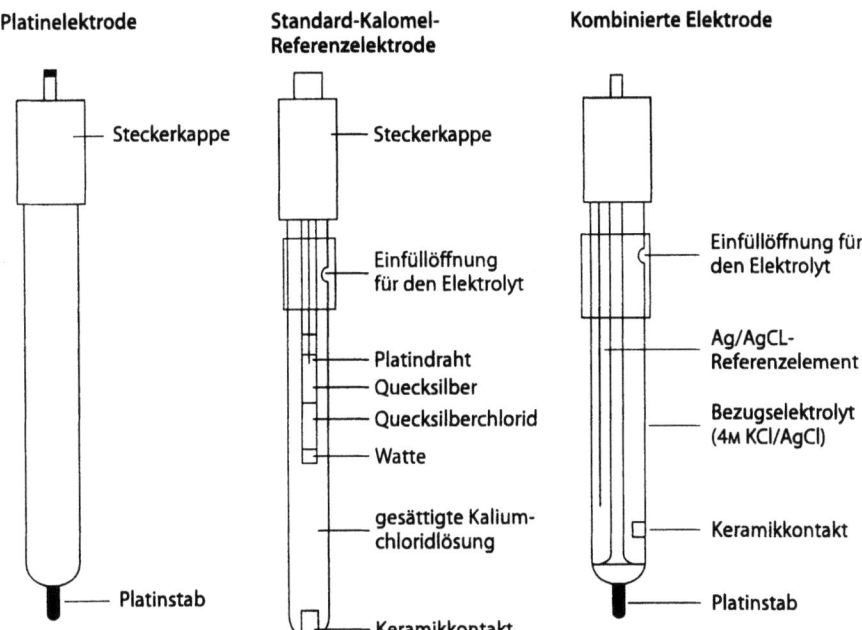

Abb. 6.14. Platin- bzw. Kalomel-Elektroden

draht (Durchmesser 2 mm) auf einen isolierten Kupferdraht lötet. Man befestigt den Platindraht (mit Araldit) am unteren Ende eines Glasrohrs, ohne die Platinoberfläche dabei zu verunreinigen, so daß etwa 1 cm Draht übersteht. Die durch die Glasröhre führende Leitung wird mit einem Voltmeter verbunden.
- *Referenzelektrode.* Meist wird eine Kalomel- oder Silberchlorid-Elektrode verwendet.
- *Millivoltmeter.* pH-Meter sind Millivoltmeter, und die meisten Voltmeter können auf einen Millivoltbereich eingestellt werden.

Reagenzien
- *Standard-Redoxlösung.* In einem 250-ml-Becherglas löst man 3,92 g Eisen-II-Ammoniumsulfat ($Fe(NH_4)_2(SO_4)_2 \cdot 6H_2O$) und 4,82 g Eisen-III-Amoniumsulfat ($FeNH_4(SO_4)_2 \cdot 12H_2O$) in 50 ml destilliertem Wasser.
  Man fügt 5,6 ml konzentrierte Schwefelsäure (ca. 98 Masse-% H_2SO_4, *Vorsicht!*) hinzu, rührt um und läßt abkühlen. Diese Mischung wird in einen 100-ml-Rundkolben überführt, der bis zur Markierung aufgefüllt wird. Sie enthält 0,1 M Fe^{2+} und 0,1 M Fe^{3+} in etwa 1 M H_2SO_4 und hat bei 25 °C ein Potential von 430 mV (Platin-Kalomel).
- *Schwefelsäure,* etwa 1 M. Man pipettiert 5,6 ml konzentrierte H_2SO_4 (ca. 98 Masse-% H_2SO_4) zu 50 ml destilliertem Wasser in ein 250 ml Becherglas (*Vorsicht!*), rührt um und läßt abkühlen. Die Lösung wird in einen 100-ml-Rundkolben überführt, der bis zur Markierung aufgefüllt wird.

Messung

Die Elektroden werden gemäß der Angaben des Geräteherstellers mit dem Meßgerät verbunden. Bis zur Messung werden sie in einem Becherglas mit destilliertem Wasser aufbewahrt. Vor der Messung taucht man die Platinelektrode zur Reinigung der Oberfläche in 1 M H_2SO_4, spült die Elektroden mit destilliertem Wasser ab, entfernt das überschüssige Wasser mit einem Zellstofftuch und führt beide Elektroden in die Standard-Redoxlösung ein. Nach den Herstellerangaben werden 0 V eingestellt, anschließend wird die Spannung zwischen den beiden Elektroden abgelesen (s. Anm. 1). Beträgt der angezeigte Wert 430 ±10 mV, arbeiten die Elektroden korrekt.

Man spült die Elektroden ab und führt sie in den feuchten Boden ein (s. Anm. 2). Es dauert eine Weile, bis sich ein konstanter Wert eingestellt hat (etwa 1 min) und man die Spannung notieren kann (zur Erinnerung: E_h [Volt] = $E_{gemessen}$ + 0,248 V, Abschn. 6.6).

Die Platinoberfläche sollte zwischen den Messungen in Säure gereinigt und mit destilliertem Wasser nachgespült werden.

Anmerkung 1. Die Standard-Redoxlösung dient nicht zur Eichung des Spannungsmeßgeräts; der Gebrauch dieser Lösung unterscheidet sich vom Standardpuffer bei der pH-Messung. Das Voltmeter gibt einen direkten Wert in Millivolt an; die Standardlösung dient nur zur Überprüfung der korrekten Arbeitsweise von Elektroden und Meßgerät. Abweichende Werte weisen darauf hin, daß die Platinoberfläche verunreinigt ist oder elektrische Kontakte gestört sind. Wenn die Abweichung in verschiedenen Pufferlösungen mit unterschiedlichem Redoxpotential gleich ist, können die Meßwerte rechnerisch korrigiert werden.

Anmerkung 2. Zwischen den Elektroden muß ein Flüssigkeitskontakt bestehen. In einer Bodensuspension oder -paste sollte die Kalomel-Elektrode lediglich mit der überstehenden Flüssigkeit in Kontakt stehen. Die Platinelektrode sollte in den Boden eintauchen.

Messung im „ungestörten" Boden. Feuchter Boden wird an der Luft oxidiert. Werden daher Freilandmessungen durchgeführt – z.B. an einer Aufschlußwand oder an einem Stück Boden, den man ins Labor mitgenommen hat –, sollte die Platinelektrode über die oxidierte Oberfläche hinaus in den Boden gedrückt werden. Wenn man aus dem Gelände eine Bodenprobe mitnehmen will, sollte sie unmittelbar nach der Probenahme in einen Plastikbeutel gefüllt und die Luft vor dem Verschließen herausgelassen werden. Die Messungen sollten so bald wie möglich durchgeführt werden. Der Boden muß für die Kalomel-Elektrode naß genug sein, so daß mit der Bodenoberfläche Flüssigkeitskontakt besteht.

Dadurch, daß die Elektrode in den Boden gedrückt wird, wird die Platinoberfläche nicht beschädigt, selbst wenn der Draht durch einen Stein verbogen werden sollte. Wird gleichzeitig der pH-Wert gemessen (s. Abschn. 8.1), ist größere Sorgfalt erforderlich; man verwendet am besten eine verstärkte Glaselektrode. Vor Einführung der Elektrode sollte man mit einem Stab (gleicher Querschnitt wie Elektrode) ein Loch in den Boden bohren, in das die Elektrode eingeführt wird, denn grober Sand und Steine könnten die Oberfläche der Glaselektrode beschädigen.

Abb. 6.15. Redoxpotentiale in einem Naßreisboden (*durchgezogene Linien*) und in einem angrenzenden, gut dränierten Boden (*unterbrochene Linie*) (aus DeGee 1950)

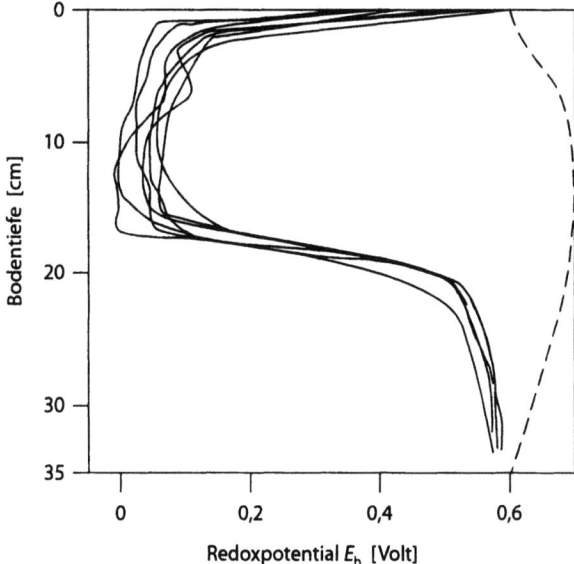

Redoxpotentiale in überfluteten Böden

Die Redoxpotentiale wurden an sechs Meßpunkten in verschiedenen Tiefen eines Naßreisbodens jeweils zwischen zwei Reispflanzen (Abstand 42 cm) gemessen (Abb. 6.15). Die Kurven zeigen deutliche Veränderungen mit der Tiefe, aber auch in einer bestimmten Tiefe variieren die Potentiale infolge der O_2-Zufuhr über die Reiswurzeln.

Nur die obersten Zentimeter des Bodens sind aerob, was bereits die Berechnungen in Abschn. 6.5 vorhergesagt haben. Bis in eine Tiefe von ca. 17 cm bewegen sich die Redoxpotentiale um 0 V, was etwa der Tiefe der Bodenbearbeitung (des „puddling") entspricht. Der darunterliegende Boden ist natürlich gedränt und enthält ausreichend viele luftgefüllte Poren, so daß aerobe Bedingungen bestehen können.

6.8
Fragen zum Naßreisanbau

Warum wird Reis auf überfluteten Böden angebaut?

- Die Reispflanze ist an Überflutungsbedingungen gut angepaßt und reagiert auf Wassermangel äußerst empfindlich. Bereits leichte Austrocknung des Bodens ruft Wachstumsstörungen hervor. Trockenreis ist zwar weniger anfällig, die Ernteerträge sind aber nur halb so hoch wie bei Naßreis, was hauptsächlich auf Wassermangel zurückzuführen ist.
- Das Fluten der Felder verhindert das Wachstum einer großen Zahl von Unkräutern, die ansonsten mit den Reispflanzen konkurrieren würden.
- Stickstoff wird den Naßreispflanzen auf natürlichem Wege durch N_2-Fixierung in den Zellen im Wasser lebender Blaualgen zur Verfügung gestellt. Bei der anschließenden Zersetzung und Mineralisierung der abgestorbenen Blaualgenzellen wer-

den Ammoniumionen freigesetzt. Somit ermöglichte der auf diese Weise gebildete Stickstoff über Tausende von Jahren hinweg (bis zur Entwicklung von Mineraldüngern) den Reisanbau auf einem Niveau, das weit über demjenigen anderer, auf gut durchlüfteten Böden wachsender Getreidearten liegt.

- Phosphor wird (als Phosphat) aus Eisenverbindungen freigesetzt, wenn diese unter anaeroben Bedingungen reduziert werden.

Auf ähnliche Weise werden Silizium (als Silikat), Mangan und Eisen dem Reis verfügbar gemacht; diese drei Elemente benötigt Reis in größeren Mengen, als dies bei anderen Kulturpflanzen der Fall ist.

Verhalten von Stickstoffverbindungen unter anaeroben Bedingungen

In reduzierten Böden vorhandenes Nitrat geht durch Denitrifikation rasch in Form von N_2O und N_2 verloren. Bei der Mineralisierung des organischen Stickstoffs wird Ammonium freigesetzt, das unter diesen Bedingungen stabil ist und vom Reis aufgenommen werden kann. Das Ammonium diffundiert zur Wasseroberfläche und wird dort zu Nitrat oxidiert (nitrifiziert), welches wiederum nach unten in den reduzierten Bereich diffundieren kann, wo es denitrifiziert wird. In diesem Zusammenhang ist es von großer Bedeutung, daß die Stickstoffversorgung durch Mineralisierung organischer Substanz mit sehr geringen Verlusten abläuft, wogegen die N-Aufnahme aus Mineraldüngern, der üblicherweise als Harnstoff ($CO(NH_2)_2$) dem Oberflächenwasser zugeführt wird, äußerst ineffizient ist. Harnstoff wird zu Ammonium hydrolysiert und im oxidierten Boden zu Nitrat nitrifiziert. Viel Stickstoff entweicht als Ammoniak aus dem warmen Wasser und geht verloren. Zwar dringt ein Teil des Nitrats in den reduzierten Boden ein, geht aber durch Denitrifikation verloren, bevor es von den Pflanzen aufgenommen werden kann. Nur etwa 30 % des zugeführten Stickstoffs finden den Weg in die Pflanzen; die N-Verluste an die Atmosphäre in Form von NH_3, N_2O und N_2 sind bedenklich, da die beiden letztgenannten Gase zum Treibhauseffekt beitragen (Wild 1993). Im Gegensatz dazu werden in einem fachgerecht bearbeiteten Weizenfeld etwa 80 % der N-Zufuhr aufgenommen.

Warum findet keine Humusakkumulation in Reisböden statt?

Auf ständig überfluteten Böden bildet sich Torf, doch in Naßreisböden bleibt die Menge des organischen Kohlenstoffs konstant, d.h. der C-Eintrag in Form von Pflanzenresten und organischen Düngern wird durch die Verluste ausgeglichen. Die Einträge sind geringer als in natürlichen Marschböden. Zwischen den Anbauperioden trocknen die Böden ab, so daß sie vorübergehend oxidiert werden können. Darüber hinaus treten während der Überflutungszeit Fermentationsprozesse auf, die große Verluste in Form von Methan, einem Treibhausgas, verursachen.

6.9
Praktische Übungen

1. An verschiedenen Bodenproben von Standorten mit unterschiedlicher Vegetation und Bearbeitungsweise werden der Gehalt an organischem Kohlenstoff (s. Abschn. 3.4) und die mikrobielle Aktivität durch Messung der Bodenatmung (s. Ab-

Tabelle 6.5. Benötigte Reagenzmengen zur Herstellung schwermetallkontaminierter Böden

Metall	Konzentration im Boden: empfohlene Obergrenze [mg kg^{-1}]	Reagenz	Reagenzmasse pro 100 g Boden [mg]
Zink	300	$ZnCl_2$	63
Kupfer	135	$CuCl_2$	29
Nickel	75	$NiCl_2 \cdot 6H_2O$	30
Cadmium	3	$CdCl_2 \cdot 2\frac{1}{2}H_2O$	0,6
Blei	250	$PbCl_2$	34

schn. 6.2) bestimmt. Tragen Sie die Meßergebnisse zusammen mit den Werten aus Tabelle 6.3 in einem Diagramm auf und vergleichen Sie die eigenen Ergebnisse mit denen in Tabelle 3.1 und Übungsaufgabe 6 (Abschn. 6.10)!

2. Entnehmen Sie eine Probe aus einem bearbeiteten Boden (Gemüsegarten oder Ackerfläche)! Lassen Sie die Proben an der Luft trocknen und sieben Sie sie durch ein 2-mm-Sieb! Geben Sie zu Bodenproben von jeweils 100 g Schwermetalle zu (s. Tabelle 6.5) und feuchten Sie mit 20 ml Wasser pro 100 g an! Stellen Sie außerdem Proben her, die die 10fache bzw. 100fache Schwermetallmenge enthalten. Um die Schwermetalle in geringen Mengen zugeben zu können, stellt man eine verdünnte Lösung her und gibt den Proben zu 100 g das entsprechende Volumen zu. Will man beispielsweise 3 mg Cadmium pro kg Boden zuführen, löst man 0,6 g Cadmiumchlorid in 1 l Wasser und gibt 1 ml dieser Lösung in die 20 ml Wasser, mit denen die Bodenprobe befeuchtet wird. Lassen Sie die Böden 10 Tage lang ruhen und messen Sie dann 10 Tage lang die jeweilige Respirationsrate. Die minimal zugeführten Mengen entsprechen den empfohlenen Maximalkonzentrationen von Schwermetallen, s. Abschn. 15.5 (Giller und McGrath 1989; ADAS 1987).

3. Besorgen Sie sich Bodenproben aus Marschland, wenn möglich aus unterschiedlichen Tiefen! Füllen Sie den nassen Boden in Plastikbeutel und kneten Sie diese durch, um eingeschlossene Luft zu entfernen! Verschließen Sie den Plastikbeutel! Messen Sie so bald als möglich das Redoxpotential und den pH-Wert! Tragen Sie die Ergebnisse in ein Diagramm (vgl. Abb. 6.13) ein, um das Reduktionsvermögen des Bodens einschätzen zu können!

4. Sammeln Sie einen Eimer skelettfreien Boden, schütten Sie Wasser dazu und stellen Sie eine glatte Bodenpaste her! Die Luft sollte möglichst entweichen können. Der Boden sollte von wenigen Zentimetern Wasser bedeckt sein und einige Zeit an einem warmen Platz aufbewahrt werden. Messen Sie die E_h- und pH-Verteilung nach der „Überflutung" in einwöchigen Abständen und tragen Sie die Ergebnisse wie in Abb. 6.13 auf!

6.10
Übungsaufgaben

1. Ein m^2 eines kultivierten Bodens hat einen C_{org}-Gesamtgehalt von 7 kg; seine Respirationsrate beträgt 10 g CO_2 m^{-2} d^{-1}. Berechnen Sie den C_{org}-Anteil, der dem

Boden täglich verlorengeht! *(Antwort:* 0,04) Berechnen Sie die C-Umsatzdauer (s. Abschn. 3.5) unter der Veraussetzung, daß die durchschnittliche Respirationsrate über ein Jahr hinweg 3 g CO_2 m^{-2} d^{-1} beträgt und der C_{org}-Gehalt durch zugeführte Pflanzenrückstände konstant bleibt! *(Antwort:* 23,5 Jahre)

2. Der jährliche Stroh- und Wurzeleintrag in einen Ackerboden beläuft sich auf 0,7 kg Trockensubstanz m^{-2}. Man kann davon ausgehen, daß diese Einträge 43 % C enthalten und sich der Gehalt an organischer Substanz nicht von Jahr zu Jahr verändert; berechnen Sie die durchschnittliche Bodenrespirationsrate als g CO_2 m^{-2} d^{-1} unter der Voraussetzung, daß die Rate das ganze Jahr konstant bleibt! Vergleichen Sie die berechneten Werte mit denen in Tabelle 6.1! *(Antwort:* 3)

3. Ein Boden hat ein Luftvolumen von 0,3 cm^3 cm^{-3}; der O_2-Gehalt der Bodenluft beträgt 18 Vol.-%. Berechnen Sie die Sauerstoffmenge im Boden in m^3 m^{-3}! *(Antwort:* 0,054) Rechnen Sie dieses Ergebnis in die bei einer Bodentemperatur von 15 °C vorhandene O_2-Masse m^{-3} um! *(Antwort:* 73 g)

4. In Abb. 6.4 (Monteith *et al.* 1964) stellen zwei Kurven jeweils die Meßergebnisse aus den Monaten Februar bis August und September bis Januar dar. Nun sollen die Ergebnisse in einer einzigen Kurve dargestellt werden. Wählen Sie mit den Informationen aus Abschn. 6.1 Werte für R_0 und Q_{10} und tragen Sie die berechneten Werte für R auf, so daß Sie eine Kurve erhalten, die den Werten am besten angepaßt ist. Für eine bessere Simulation der Freilandbedingungen müßten die Auswirkungen des Austrocknens und die Verfügbarkeit zersetzbaren Pflanzenmaterials berücksichtigt werden. Können die Werte in Tabelle 3.1 an einen Q_{10}-Faktor von 3 angepaßt werden?

5. Die Auswirkungen der Chloroformbegasung eines Bodens auf dessen mikrobielle Aktivität sind in Abb. 6.6 zu sehen. Berechnen Sie mit den Informationen aus Abschn. 6.3 den Kohlenstoffgehalt der Biomasse dieses Bodens! *(Antwort:* 537 µg g^{-1}) Berechnen Sie die Biomasse und den Stickstoffgehalt der Biomasse-N mit den Daten aus Abschn. 3.2! *(Antwort:* 1,07 g g^{-1} und 130 µg g^{-1})

6. Tragen Sie mit Hilfe der Daten aus Tabelle 3.1 die Beziehung zwischen organischem Kohlenstoffgehalt [t ha^{-1}, x-Achse] und dem Kohlenstoffgehalt der Biomasse [kg ha^{-1}] auf. Zeichnen Sie die am besten durch die Meßpunkte passende Gerade und geben Sie die Geradengleichung in der Form $y = Ax$ an (A hat die Einheit kg t^{-1})! Die Interpolation der Kurve kann von Hand oder durch eine lineare Regressionsanalyse erfolgen (s. Abschn. 9.6). *(Antwort:* $y = 26x$) Vergleichen Sie die eigenen Ergebnisse mit der interpolierten Geraden in Abb. 1 der Veröffentlichung von Anderson und Domsch (1980)! Bestimmen Sie die Steigung der Geraden [µg g^{-1}/g 100 g^{-1}]! Drücken Sie die Steigung auch in kg t^{-1} aus, um Vergleiche ziehen zu können!

7. Zeichnen Sie Abb. 6.13 neu, so daß die E_h- und pH-Werte, die in aeroben Böden zu finden sind, wenn sich die O_2-Konzentration der Bodenluft zwischen 0 und 21 % bewegt, als Fläche dargestellt sind; in anaeroben Böden sollen sich die Fe^{2+}-Konzentrationen zwischen 10^{-5} und 10^{-2} M bewegen. Für das O_2-freie System wird man einen realen Wert einsetzen müssen: Messungen haben bewiesen, daß die aerobe Bodenatmung so lange fortdauert, bis die O_2-Konzentration auf der Oberfläche eines Organismus nur noch 1/100 der atmosphärischen Konzentration ausmacht; verwenden sie dabei als Untergrenze 0,2 % ($P_{O_2} = 0{,}002$)!

8. In zwei Böden wurden der E_h- und pH-Wert gemessen: Boden A 0,40 V, pH 4,0; Boden B 0,30 V, pH 7,0. Tragen Sie diese Werte in Abb. 6.13 ein! Welcher der beiden Böden ist stärker reduziert?
9. Die erste Stufe der Denitrifikation ist die Reduktion von Nitrat zu Nitrit. Das Nitrit besteht nur vorübergehend, da es weiter zu N_2 und N_2O reduziert wird. Die Reaktions- und Redoxpotentialgleichung für die erste Stufe lautet:

$$NO_3^- + 2H^+ + 2e^- = NO_2^- + H_2O$$

$$E_h = 0,83 - 0,03 \log([NO_2^-]/[NO_3^-]) - 0,059 pH$$

Berechnen Sie die Beziehung zwischen E_h und pH, nachdem die Hälfte des NO_3^- reduziert wurde und $[NO_3^-] = [NO_2^-]$ ist! Zeichnen Sie das Ergebnis in Abb. 6.13 ein! Welche Auswirkungen haben diese Ergebnisse für sehr saure Böden?
10. Verwenden wir nun die Daten aus Abb. 6.15 und nehmen an, daß das Redoxpotential reduzierter Böden durch die Reduktion von $Fe(OH)_3$ zu Fe^{2+} gepuffert wird. Welcher Fe^{2+}-Konzentrationsbereich wäre in der Bodenlösung in 10 cm Tiefe anzutreffen, falls der pH-Wert der Bodenlösung 6.5 beträgt? (*Antwort*: 1,5–29 mM)

KAPITEL 7

Partikeloberflächen und Bodenlösung

Viele wichtige chemische Bodeneigenschaften werden von Reaktionen gesteuert, die sich zwischen Bodenwasser und Partikeloberflächen abspielen. Das Bodenwasser ist eine Lösung, die eine Vielzahl von Kationen, Anionen und organischen Molekülen, meist in geringen Konzentrationen, enthält. Die Partikeloberflächen reagieren mit diesem Wasser, wobei die folgenden Reaktionen am wichtigsten sind:

- *Lösung* und *Fällung* von Salzen und Mineralen;
- *Adsorption* und *Desorption* an den Oberflächen von Tonmineralen, Sesquioxiden und Huminstoffen.

Die Menge an Kationen, Anionen und organischen Molekülen auf den Partikeloberflächen ist, verglichen mit jener in der Bodenlösung, normalerweise groß.

Die Bedingungen im Boden verändern sich ständig: Der Boden wird naß und trocknet aus, die Temperatur schwankt, Pflanzen nehmen Nährstoffe auf und organische Substanz wird mineralisiert, doch aufgrund der obengenannten Reaktionen wird die Zusammensetzung der Bodenlösung in erstaunlich engen Grenzen gehalten. Diese Steuerung der Zusammensetzung der Bodenlösung kann man im weitesten Sinn als *Pufferung* bezeichnen, auch wenn dieser Begriff in der Chemie ausschließlich auf den pH-Wert von Säure-Basen-Gleichgewichten angewendet wird. Diese Pufferung unterscheidet Boden von feuchtem Sand, in dem nur wenige Wechselwirkungen zwischen den festen Bestandteilen und dem Wasser bestehen. Die Pufferung verhindert größere Auswaschungsverluste und hält die Nährstoffversorgung aus der Bodenlösung aufrecht.

Lösung und Fällung

Salze und mineralische Teilchen lösen sich in Wasser. Ist genug Festsubstanz vorhanden, hält der Lösungsprozeß so lange an, bis die Konzentration der gelösten Ionen eine *Sättigung* erreicht hat. Dann besteht ein Gleichgewichtszustand zwischen dem Feststoff und der Lösung, die nunmehr mit diesem Feststoff gesättigt ist. Verdunstet Wasser aus einer solchen Lösung, steigt die Konzentration der gelösten Ionen an und die Lösung wird *übersättigt*. Dieser Zustand ist instabil; im allgemeinen stellt sich die Konzentration durch Ausfällung wieder auf den Sättigungswert ein. Diese Abläufe gelten für die Mineralverwitterung in Böden (s. Abschn. 2.1). Aufgrund der Pufferung der Bodenlösung wird im Boden tendenziell eine gesättigte Lösung der hauptsächlich vorhandenen Salze und Minerale aufrechterhalten. Dementsprechend wird die Bodenlösung dazu tendieren, nach Befeuchtung und Austrocknung, nach Nährstoffauswaschung oder -aufnahme durch Pflanzen und nach Ausbringung von Düngern zu ihrer Gleichgewichtszusammensetzung zurückzukehren. Die Geschwindigkeit, mit der sich das Gleichgewicht wieder einstellt, ist niedrig. Daher sind Bodenlösungen selten im, aber oft nahe dem Gleichgewichtszustand.

Einige Salze sind sehr leicht löslich. Gewöhnliches Kochsalz (NaCl) z.B. ist in Böden nur unter ariden Verhältnissen zu finden (Farbtafel 21 b). Gips hat eine etwas geringere Löslichkeit und kommt häufig in Böden semiarider Gebiete vor (Farbtafel 11). Dem Gips folgen in abnehmender Reihenfolge der Löslichkeit Calcit, Feldspat, Glimmer, Quarz, Tonminerale und Sesquioxide, woraus folgt, daß unter feuchttropischen Bedingungen Tonminerale und Sesquioxide häufig dominieren. Der höhere Gehalt an leichtlöslichen Salzen und Mineralen führt in ariden Gebieten zu salzhaltigen Bodenlösungen, während in humiden Regionen stärker verdünnte auftreten (Tabelle 7.1).

Adsorption und Desorption

Hinter diesen Begriffen verbirgt sich eine Vielzahl von Reaktionen, von denen der Ionenaustausch, der auf elektrostatischen Wechselwirkungen beruht, und die chemische Adsorption, bei der sich Oberflächenverbindungen bilden, die wichtigsten sind.

Oberflächenladung und Ionenaustausch

Tonminerale, Sesquioxide und Huminstoffe tragen an ihren Oberflächen elektrische Ladungen. Einige Tonminerale sind permanent negativ geladen, wodurch sie austauschbare Kationen an ihrer Oberfläche binden können (s. Abschn. 2.2). Andere Tonminerale und Sesquioxide tragen Ladungen, die sich mit dem pH-Wert verändern: positive bei niedrigem, negative bei hohem pH. Dementsprechend werden an ihnen entweder Anionen oder Kationen gebunden (s. Abschn. 2.2). Huminstoffe tragen ebenfalls negative Ladungsplätze, deren Zahl mit steigendem pH zunimmt (s. Abschn. 7.1).

Alle diese Partikel tragen zur Gesamtladung des Bodens bei. Böden werden bezüglich ihrer Ladung in drei Gruppen eingeteilt:

1. *Gruppe i.* Mineralböden, in denen die permanente negative Ladung von 2:1-Tonmineralen dominiert;
2. *Gruppe ii.* Humose Böden, in denen die variable negative Ladung von Huminstoffen dominiert;
3. *Gruppe iii.* Mineralböden, in denen die variable Ladung von Sesquioxiden, Kaoliniten und Allophanen vorherrscht.

Zwischen diesen Gruppen bestehen jedoch keine scharfen Grenzen, so daß die Gesamtladung eines Bodens vom jeweiligen Anteil der drei Typen geladener Oberflächen abhängen wird; die Gesamtladung von Böden der Gruppen *ii* und *iii* wird außerdem vom pH-Wert und der Konzentration der Lösung bestimmt. Die Böden der gemäßigten Breiten gehören überwiegend in Gruppe *i*. Die stärkere Verwitterung der feuchten Tropen läßt saure Böden der Gruppe *iii* entstehen, die positiv geladen sein können, und nur wenig negative Ladung tragen. Böden der Gruppe *ii* treten häufig unter feucht-kühlen Klimabedingungen auf; in ihnen ist die Humus-Umsatzrate ge-

Tabelle 7.1. Austauschbare Kationen und Zusammensetzung von Bodenlösungen

Böden	A	B	C
Boden			
pH	7,0	5,9	4,7
C [%]	nb	13,5	1,5
Ton [%]	nb	12,0	10,7
KAK [cmol$_c$ kg^{-1}]^a	40,3	29,4	2,31
Austauschbare Kationen [cmol$_c$ kg^{-1}]			
Ca^{2+}	} 29,0	16,6	1,24
Mg^{2+}		2,11	0,35
K$^+$	0,8	1,01	0,23
Na$^+$	10,5	0,17	0,03
Al^{3+}	nb	nb	} 0,46
H$^+$	nb	nb	
Lösungen^b			
pH	nb	6,2	4,95
Ionenkonzentration [mmol l^{-1}]			
Ca^{2+}	16,2	1,18	8,02
Mg^{2+}	19,2	0,29	3,97
K$^+$	0,51	0,85	3,45
Na$^+$	145,0	0,52	nb
Al^{3+}	nb	0,02	0,07
SO$_4^{2-}$	53,0	0,46	0,10
Cl$^-$	105,0	0,22	0,84
NO$_3^-$	nb	2,29	30,75^c
HCO$_3^-$	3,3	0,12	nb

^{a} Die KAK wurde bei pH 7 bestimmt, nicht jedoch bei Boden C, da die KAK hier bereits der effektive Kationenaustauschkapazität entspricht;
^{b} Die Messungen wurden an einem gesättigten Extrakt von Boden A durchgeführt und an Lösungen, die aus den feuchten Böden B und C durch Zentrifugierung gewonnen wurden;
^{c} Die hohe Nitrat-Konzentration ist vermutlich das Ergebnis von Mineralisierung oder Düngung;
nb: nicht bestimmt;
A: Salzboden, Kalifornien (aus Richards 1954);
B: Gelbbrauner Lehm, Neuseeland (aus Edmeades et al. 1985);
C: Ultisol, USA (aus Elkhatib et al. 1987).

ring, aber auch die lokalen Verhältnisse können von Bedeutung sein, etwa wenn starke Vernässung die Zersetzungsgeschwindigkeit verlangsamt. Böden in Wüstengebieten tragen meist wenig Ladung, da pedogene Minerale und Huminstoffe fehlen.

Kationenaustauschkapazität und austauschbare Kationen

Elektrostatische Kräfte binden immer eine ausreichend große Anzahl von Kationen auf den Partikeloberflächen, um die negative Oberflächenladung auszugleichen; man spricht von der *Kationenaustauschkapazität* oder KAK. Bei den Kationen, die häufig auf diese Weise festgehalten werden, handelt es sich um Calcium, Magnesium, Kalium und Ammonium, in salzigen Böden auch um Natrium, in sauren Böden um Wasserstoff und Aluminium. Jedes dieser Kationen wird als *austauschbar* (z.B. austauschbares Calcium) bezeichnet. Die Methoden zur Bestimmung der austauschbaren Kationen und der KAK werden in Abschn. 7.2 für neutrale, in Abschn. 7.3 für saure Böden beschrieben. Durch Anwendung einer Ionenaustauschreaktion werden die austauschbaren Kationen in Lösung gebracht und dort gemessen. Die Ergebnisse werden in der Einheit cmol$_c$ kg^{-1}, die in Abschn. 7.2 erläutert wird, ausgedrückt. In Deutschland wird als Einheit häufig mval pro 100 g Boden verwendet. Die KAK-Werte von Böden liegen zwischen 2 und 60 cmol$_c$ kg^{-1}, je nach Tongehalt, Tonmineraltyp und Humusgehalt.

- *Tone.* Tabelle 2.3 enthält die KAK-Werte von Tonmineralen. Ein Boden mit etwa 40 % Smectit-Tonmineralen (100 cmol$_c$ kg^{-1} Ton) hat eine KAK von ca. 40 cmol$_c$ pro kg Boden, wenn die Oberflächen der Tonpartikel nicht verunreinigt sind: Der Gehalt des Bodens an 2:1-Tonmineralen muß sehr hoch sein, um Werte am oberen Ende des obengenannten Wertebereichs zu erreichen.
- *Organische Substanz.* Huminstoffe können selbst in mineralischen Böden einen bedeutenden Anteil zur KAK beisteuern, da ihre effektive Ladung in neutralen Böden nahezu 100 cmol$_c$ kg^{-1} organische Substanz betragen kann (s. Abschn. 7.1). Ein Humusgehalt von 3 % kann zur KAK bis zu 3 cmol$_c$ kg^{-1} beitragen, je nach den Eigenschaften des Humus, dem pH-Wert, der Konzentration der Bodenlösung, der Wechselwirkung zwischen Huminstoffen und Tonen bzw. Sesquioxiden sowie der Bindung von Kationen an Huminstoffen durch den Prozeß der *Chelatisierung* (s. Abschn. 7.1).
- *Sesquioxide* leisten einen geringen Beitrag zur KAK, solange der pH-Wert nicht größer als 7 ist (s. Abschn. 7.5); selbst bei dem in Böden (mit Ausnahme von Natriumböden) maximal anzutreffenden pH-Wert von 8,5 beträgt die negative Ladung unkontaminierter Oberflächen nur etwa 2 cmol$_c$ kg^{-1} Sesquioxid. Ausgehend von diesem Wert, besitzt ein Boden mit einem Sesquioxidgehalt von 5 % nur etwa 0,1 cmol negative Ladung kg^{-1} Boden, die an 50 g Sesquioxiden gebunden ist. Die tatsächliche KAK ist abhängig vom pH, der Konzentration der Bodenlösung, der Bindung von Kationen und Anionen und der Wechselwirkung zwischen Huminstoffen und Tonen. Sesquioxide sind in den Böden der Gruppe *iii* von Bedeutung, die bei niedrigem pH vor allem 1:1-Tonminerale enthalten und in denen die Sesquioxide der wichtigste Träger der Anionenaustauschkapazität (AAK) sind.
- *Böden.* Die Spannweite der KAK in Böden wird in Tabelle 7.2 vorgestellt. Die breite Spannweite für jede Bodenartengruppe spiegelt die Unterschiede in bezug auf die Menge und Art der Tonminerale und den Gehalt an organischer Substanz wider.

Tabelle 7.1 gibt die KAK dreier Böden gemeinsam mit ihren austauschbaren Kationen wieder. *Boden A* fällt in Gruppe *i*. *Boden B* enthält sowohl permanent geladene Tonminerale als auch viel organische Bodensubstanz und zeigt Eigenschaften von Böden der Gruppe *i* wie auch der Gruppe *ii*. *Boden C* ist zur Gruppe *iii* zu rechnen.

Tabelle 7.2. Bereich der KAK-Werte, die häufig in Mineralböden unterschiedlicher Korngrößenzusammensetzung vorkommen

	KAK [cmol$_c$ kg^{-1}]
Sand	2 – 4
Sandiger Lehm	2 – 12
Lehm	7 – 16
Schluffiger Lehm	9 – 26
Ton und toniger Lehm	4 – 60

Effektive Kationenaustauschkapazität

Da sich die Ladung von Huminstoffen und Sesquioxiden sowohl mit dem pH-Wert als auch mit der Salzkonzentration der Lösung verändert, kann die KAK auf zweierlei Weise bestimmt werden:

1. Bei pH 7 mit den Methoden, die für gemäßigte Regionen entwickelt wurden (s. Abschn. 7.2);
2. bei dem im Freiland vorliegenden pH-Wert und der entsprechenden Konzentration der Bodenlösung. Dies wird auch als *effektive Kationenaustauschkapazität* oder KAK_{eff} bezeichnet (s. Abschn. 7.3 und 7.6).

Faktoren, die die Menge der austauschbaren Kationen bestimmen

Die Menge der verschiedenen austauschbaren Kationen, die zur Austauschkapazität eines Bodens beitragen, ist abhängig von Einträgen und Verlusten, wie sie in Abb. 7.1 dargestellt sind. Dabei handelt sich um folgende Prozesse:

- Die Lösung von Mineralen in Niederschlags- und Grundwasser sowie die atmosphärische Deposition in Küstenregionen sind die wichtigsten natürlichen Einträge, zu denen in landwirtschaftlichen Systemen Einträge durch Düngung, Kalkung und Bewässerung hinzukommen.
- Die Hauptverluste erfolgen durch Auswaschung, wobei die Kationen mit der geringsten Bindungsstärke am Austauscher am leichtesten ausgewaschen werden. Diese Bindungsstärke ist abhängig von der elektrostatischen Anziehungskraft zwischen dem Kation und der Oberfläche, die ihrerseits von der Ionenladung und dem Ionenradius abhängt. Die Größe des hydratisierten Ions ist dafür maßgeblich, wie weit es sich dem Austauscher annähern kann. Daher geht Na^+ leichter verloren als K^+. Na^+ wird aber auch gegen Ca^{2+} leicht ausgetauscht und dieses wiederum gegen Al^{3+}.
- Nährstoff-Kationen sind Teil eines Kreislaufs zwischen Boden und Pflanzen.

Tabelle 7.1 verdeutlicht einige dieser Effekte. Boden A erhält große Einträge von löslichen Salzen aus dem Grund- und Bewässerungswasser, weshalb Na^+, Mg^{2+} und Ca^{2+} unter den austauschbaren Kationen dominieren. Im Kationenbelag des Bodens B herrscht Ca^{2+} vor, was auf Minerale zurückzuführen ist, die bei ihrer Lösung Ca^{2+} freisetzen, sowie wahrscheinlich auf die Ausbringung von Kalk im Rahmen der landwirtschaftlichen Bewirtschaftung. Die saure Reaktion von Boden C hat zur Freisetzung von Al^{3+}-Ionen aus den Bodenmineralen geführt, die 20 % der Austauschplätze besetzen.

Wegen der Vielzahl von Faktoren, die die austauschbaren Ionen beeinflussen, können nur generelle Hinweise auf die zu erwartenden Mengen gegeben werden.

- Der gemeinsame Anteil von Ca^{2+} und Mg^{2+} schwankt zwischen weniger als 10 % der KAK in sehr sauren Böden und fast 100 % in neutralen Böden. In Verbindung damit nimmt der Anteil von H^+ und Al^{3+} von Null in neutralen Böden auf mehr als 90 % der KAK unter sehr sauren Bedingungen zu.
- Das Ca^{2+}/Mg^{2+}-Verhältnis schwankt zwischen 5:1 und 1:2.
- K^+ kann bis zu 5 % der KAK ausmachen.
- In ausgewaschenen Böden ist der Na^+-Anteil nahezu Null, kann jedoch in Natriumböden bis zu 50 % der KAK betragen.

Abb. 7.1. Prozesse, die die Menge der austauschbaren Kationen in Böden beeinflussen

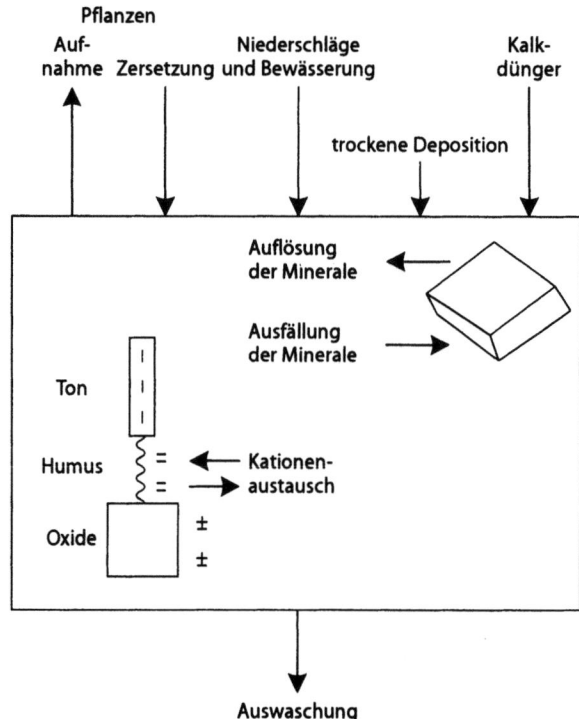

Austauschbare Kationen und Zusammensetzung der Bodenlösung

Die jeweiligen Konzentrationsverhältnisse der Kationen in der Bodenlösung spiegeln die Mengenverhältnisse der austauschbaren Kationen wider. Tabelle 7.1 gibt hierzu Beispiele. In der Bodenlösung wird eine Kationenladung stets durch eine Anionenladung ausgeglichen. In ausgewaschenen Böden kann die Menge der gelösten Kationen nur 1/50 oder 1/100 der an den Austauschern gebundenen Kationen betragen; die Zusammensetzung der Bodenlösung wird von den austauschbaren Kationen gepuffert. In Salzböden ist die Zusammensetzung der Bodenlösung ein Spiegelbild der Einträge an leichtlöslichen Salzen; in diesen Böden können sich mehr Kationen in Lösung befinden als an den Austauschplätzen; möglicherweise ist die Lösung überhaupt nicht durch austauschbare Kationen gepuffert.

Die Messung der Zusammensetzung der Bodenlösung wird in Abschn. 7.4 beschrieben. Salzböden werden als Spezialfall in Abschn. 14.2 näher betrachtet.

Im folgenden diskutieren wir drei Beispiele für die Pufferung von Bodenlösungen; das Konzept hierzu wird in Abschn. 9.4 weiterentwickelt.

1. Pufferung und Auswaschung

Regenwasser dringt in einen neutralen Boden ein und verdünnt die Bodenlösung. Die Ca^{2+}- und Mg^{2+}-Konzentrationen sind im Regen viel niedriger (Tabelle 14.1) als in der Bodenlösung (Tabelle 7.1), wogegen die H^+-Konzentration generell höher ist. Daher gelangt H^+ zum Austauscher und verdrängt Ca^{2+} und Mg^{2+} von den Austauschplätzen in die Bodenlösung; dieser Prozeß ist eine *Ionenaustauschreaktion*. Das

Einführung

System nähert sich in Abhängigkeit von der Bindungsstärke der Kationen am Austauscher einem Gleichgewicht zwischen Kationenbelag und Kationenzusammensetzung der Bodenlösung. Betrachten wir z.B. Boden B in Tabelle 7.1: Hier ist die an den Austauschern gebundene Kationenmenge im Vergleich zu jener in der Gleichgewichtslösung so groß, daß die Verdrängung von Ca^{2+} Mg^{2+} durch H^+-Ionen mit einer Auffüllung der Lösung bei geringen Veränderungen der Bodeneigenschaften einhergeht. Im Lauf der Zeit wird der Ca^{2+}- und Mg^{2+}-Anteil am Kationenbelag aber immer geringer und der Boden versauert zusehends (s. auch Kap. 8 und Abb. 8.1).

Der Kationenaustausch zwischen H^+ und Ca^{2+} läßt sich wie folgt darstellen:

$$R^{2-} Ca^{2+} + 2H^+ \rightleftharpoons R^{2-} H_2^+ + Ca^{2+}.$$

R ist dabei die negative Oberflächenladung. Zur Erhaltung der Ladungsneutralität müssen die Kationen in Lösung durch Anionen ausgeglichen werden.

2. Pufferung und Nährstoffaufnahme durch Pflanzen

Pflanzen nehmen selektiv diejenigen Nährstoffionen auf, die sie zu ihrem Wachstum benötigen. Die Kaliumaufnahme aus der Bodenlösung z.B. erniedrigt dessen Lösungskonzentration und stört das Gleichgewicht zwischen den Kationen an den Austauschern und in der Bodenlösung. Durch Kationenaustausch wird sich das Gleichgewicht wieder einstellen: K^+ wird an den Austauschplätzen freigesetzt und durch andere Kationen der Gleichgewichtslösung ersetzt:

$$R^{2-} K_2^+ + Ca^{2+} \rightleftharpoons R^{2-} Ca^{2+} + 2K^+.$$

Die K^+-Konzentration (und anderer gelöster Kationen) ist normalerweise niedrig und wäre ohne Kationenaustausch sehr schnell erschöpft.

Da Wurzeln eine Vielzahl von Kationen aufnehmen, findet zur Wiederherstellung der Gleichgewichtslösung ein mehrfacher Ionenaustausch statt. Der andauernde Entzug austauschbarer K^+-, Ca^{2+}- und Mg^{2+}-Ionen erfordert es, daß andere Kationen ihren Platz einnehmen; so kommen H^+- und schließlich Al^{3+}-Ionen ins Spiel. Wasserstoffionen werden bei der Mineralisierung der organischen Bodensubstanz und von den Wurzeln selbst freigesetzt.

3. Pufferung und Düngung

Dünger werden dem Boden gewöhnlich als lösliche Salze (z.B. als Kaliumchlorid) zugeführt. Sie lösen sich im Boden und stören das Gleichgewicht zwischen den Kationen an den Austauschern und in der Bodenlösung. Das Gleichgewicht stellt sich wieder ein, indem K^+ eine Reihe anderer Kationen von den Austauschplätzen verdrängt. In neutralen Böden handelt es sich dabei vorwiegend um Ca^{2+}, und die entsprechende Reaktion lautet:

$$R^{2-} Ca^{2+} + 2K^+ \rightleftharpoons R^{2-} K_2^+ + Ca^{2+}.$$

Damit hat sich die K^+-Konzentration nur leicht erhöht. Chlorid bleibt in Lösung und wird schließlich mit anderen Kationen (vorwiegend Ca^{2+}) aus dem Boden ausgewaschen. Dieser Aspekt des Düngemitteleinsatzes wurde von den Befürwortern organischer Anbaumethoden kritisiert: Die Dünger erhöhen die Chloridkonzentration der Bodenlösung und vergrößern die Ca^{2+}-Verluste durch Bildung von $CaCl_2$ (s. Abschn. 9.4).

Tabelle 7.3. Ionenaustausch-Eigenschaften von Böden der feuchten Tropen

Bodentypen[a]	Herkunftsland	Probentiefe	pH 1:1 in H_2O	Konzentration d. Bodenlösung [mM]	AAK [$cmol_c\,kg^{-1}$]	KAK_{eff}
Oxisol	Kenia	45 – 68	4,9	1,2[b]	0,29	4,30
Ultisol	Thailand	80	5,7	1,3	0,01	0,13
Alfisol	Brasilien	Unterboden	5,4	0,4	0,67	1,44
Oxisol	Malaysia	35 – 50	5,1	1,1	1,09	1,17
Inceptisol	Kolumbien	40 – 60	5,5	0,7	1,74	0,89
Ultisol	Kamerun	40 – 60	5,9	1,3	0,10	4,08
Ultisol	Elfenbeinküste	Unterboden	4,8	0,8	0,06	1,93
Ultisol	Nigeria	47 – 70	4,5	0,7	0,06	2,63
Ultisol	Bolivien	0 – 5	5,6	25,7	0	3,48
Oxisol	Malaysia	0 – 2	4,3	2,0	0,31	1,39

[a] Bodensystematik: Soil Survey Staff (1975). Eine einfache Einführung findet man bei Brady (1990);
[b] Bei diesen Werten handelt es sich um die Ionenstärke der Bodenlösung; sie können als Ammoniumchlorid-Konzentrationen aufgefaßt werden, die den Boden dazu veranlassen, dieselbe Ladung wie die Bodenlösung zu entwickeln;
Die Ergebnisse entstammen einem Projekt von M. Wong, das von der „*Overseas Development Administration*" der britischen Regierung unterstützt wurde.

Positive Ladung und Anionenaustauschkapazität

Sesquioxide und Allophane sind die wichtigsten Träger positiver Ladung in den Böden der Gruppe *iii*; zusätzlich entstehen geringe Mengen positiver Ladung an Bruchflächen von Kaolinitkristallen. Abbildung 7.7 zeigt, daß die positive Ladung von Goethit und Gibbsit bei pH 4 und einer Konzentration der Lösung von 5 mM bis zu 6 $cmol_c\,kg^{-1}$ betragen kann. In feuchttropischen Böden tragen diese Minerale bis zu 2 $cmol_c$ positive Ladung kg^{-1} Boden (Tabelle 7.3). Hieran sieht man, daß die Anionenaustauschkapazität (AAK) gering ist, wenn man sie mit der KAK von Böden der Gruppen *i* und *ii* (bis zu 60 $cmol_c\,kg^{-1}$) vergleicht. Obgleich die positive Ladung nicht als *effektive* Anionenaustauschkapazität bezeichnet wird, wird sie in der Praxis normalerweise bei dem pH-Wert und der Konzentration der Bodenlösung bestimmt.

Von großer Bedeutung ist es, zwischen der Ladung, die Ionen durch elektrostatische Anziehungskräfte bindet (hier kann freier Austausch erfolgen, da es sich um eine *unspezifische Adsorption* handelt), und jener Ladung zu unterscheiden, die durch Ionen ausgeglichen wird, welche durch chemische Bindungen stabil gebunden sind (*spezifische Adsorption*). Obwohl Kationen unterschiedlich stark an den negativen geladenen Austauschplätzen auf Tonmineraloberflächen gebunden sind, sind sie doch frei austauschbar. An den negativen Ladungen von Huminstoffen werden Kationen teilweise spezifisch, teilweise auch durch spezifische Adsorption festgehalten (s. Abschn. 7.1). Dementsprechend ist die Bindungsstärke von Anionen durch positive Ladungsträger variabel. Chlorid und Nitrat werden frei ausgetauscht, während Sul-

Tabelle 7.4. Kationenaustausch-Eigenschaften von zwei gegensätzlichen Bodentypen (van Raij und Peech 1972)

Tiefe [cm]	Ton [%]	Glühverlust [%]	pH (H$_2$O)	pH (1 M KCl)	austauschbare Basen[a] [cmol$_c$ kg^{-1}]	KAK$_{eff}$ [cmol$_c$ kg^{-1}]
Boden A, Gruppe i/ii						
0 – 8	21	10,9	5,5	5,0	18,9	28
8 – 30	28	4,9	6,1	5,4	16,6	20
30 – 66	21	5,2	6,0	5,4	16,8	22
66 – 89	19	2,9	6,0	5,4	10,6	13
89 – 107	18	2,7	6,3	5,8	9,3	12
Boden B, Gruppe iii		C$_{org}$ [%]				
0 – 17	72	2,6	5,1	4,3	0,31	0,94
17 – 33	79	2,1	5,2	4,5	0,23	0,43
33 – 51	82	1,7	5,3	4,7	0,18	0,27
51 – 106	86	0,7	5,2	5,2	0,08	0,10
Boden C, Gruppe iii						
0 – 20	65	2,5	5,3	4,7	2,6	2,8
100 – 200	62	0,7	5,9	6,0	0,5	0,5

[a] Austauschbare Basen = Ca^{2+} + Mg^{2+} + K$^+$ + Na$^+$.
Boden A: Gleyboden unter Gras (nicht kalkhaltiges Grundwasser), der sich im Alluvium über Eozän-Ton entwickelt hat (Reading, Großbritannien). (aus Jarvis 1968) Die Tonfraktion wird von Smectit dominiert. Mineralogisch ist der Boden in Gruppe *i* einzuordnen, doch verleiht ihm die organische Bodensubstanz im Oberbodenhorizont auch Eigenschaften der Gruppe *ii*;
Boden B: Rotgelber, von Wald bewachsener Latosol, der sich aus tertiären Tonsedimenten über präkambrischem Quarzit gebildet hat (Cerrado-Region, Brasilien). Die Daten stammen von E. de Sa Mendonca. Die Tonfraktion besteht vorwiegend aus Kaolinit und Gibbsit;
Boden C: Oxisol aus Sao Paulo, Brasilien. Der Boden enthält 19 % Fe$_2$O$_3$, 37 % Gibbsit und 9 % Kaolinit in Horizont 0–20 cm Tiefe und 18 % Fe$_2$O$_3$, 33 % Gibbsit (γ-Al (OH)$_3$) und 11 % Kaolinit in 100–200 cm Tiefe.

fat (in sauren Böden) und Phosphat spezifisch adsorbiert werden. Diese Unterschiede werden in Abschn. 7.5 erörtert. Normalerweise wird die Bezeichnung „Austauschkapazität" für jene Ladung verwendet, die frei austauschbare Ionen unspezifisch sorbiert.

Seit etwa 30 Jahren besteht ein Interesse, Methoden zur Bestimmung der AAK zu entwickeln, was mit der raschen Entwicklung der Landwirtschaft in den feuchten Tropen zusammenhängt. Es gibt keine Standardmethode, doch die in Abschn. 7.6 beschriebene ist einfach durchzuführen. Sie beruht auf der Anionenaustauschreaktion, bei der Chlorid durch Nitrat verdrängt wird. In Böden der Gruppe *iii* schwankt sowohl die AAK als auch die KAK mit dem pH und der Konzentration der Bodenlösung, und damit ist diese Methode mit dem Standardverfahren zur KAK-Bestimmung in sauren Böden vergleichbar (s. Abschn. 7.3).

Einfache Methode zur Identifizierung positiv geladener Böden

Unterschiede des pH-Werts von Böden, der entweder in Wasser oder in Kalium- bzw. Calciumchloridlösung gemessen wurde (s. Abschn. 8.1), weisen auf deren Ladungseigenschaften hin. Böden, die insgesamt positiv geladen sind, zeigen bei Messungen in Wasser einen niedrigeren pH. Bei insgesamt negativer Ladung ist der pH in einer Chloridlösung niedriger. Die Böden in Tabelle 7.4 sind insgesamt negativ geladen, mit Ausnahme des untersten Horizonts von Boden C, der insgesamt positive Ladung trägt, und des untersten Horizonts von Boden B, in dem die beiden pH-Werte gleich sind, was darauf schließen läßt, daß die positive und negative Ladungsmenge ungefähr gleich ist.

Austauschkapazität von Böden mit variabler Ladung

Sowohl die AAK als auch die KAK_{eff} sind in vielen Böden der feuchten Tropen klein (Tabelle 7.3). Die niedrige KAK_{eff} ist ein Zeichen für das Fehlen oder die nur geringen Gehalte an 2:1-Tonmineralen; Ladungsträger sind vorwiegend Huminstoffe und Kaolinite. In Tabelle 7.4 wird die KAK eines Bodens der Gruppe *i/ii* mit jener eines Bodens der Gruppe *iii* verglichen. Die KAK_{eff} von Boden B ist eng mit seinem Humusgehalt verknüpft, denn die Tonminerale tragen trotz ihres hohen Gehalts nur wenig Ladung.

Die Bewirtschaftung vieler Böden aus Gruppe *iii* bereitet oftmals beträchtliche Schwierigkeiten:

- Die in diesen Böden vorhandenen Minerale binden Phosphate sehr fest, besonders bei den vorherrschenden niedrigen pH-Werten. Dies kann bei Kulturpflanzen zu ernsthaften Phosphatmangelerscheinungen führen. Andererseits ist die Fähigkeit der AAK, Sulfat und Nitrat zu binden und dadurch Auswaschungsverluste zu vermindern, eine wertvolle Bodeneigenschaft.
- Die niedrigen KAK_{eff}-Werte bedeuten, daß die Kapazität, Nährstoffionen wie K^+, Ca^{2+} und Mg^{2+} zu sorbieren, gering ist und zusammen mit der durch hohe Niederschläge bedingten Auswaschung zu Mangelerscheinungen führen kann. Da in tieferen Horizonten häufig sehr geringe Ladungsmengen anzutreffen sind, können sich aus dem Oberboden ausgewaschene Kationenen praktisch so frei bewegen wie das Nitrat in Böden der gemäßigten Zone. Die organische Bodensubstanz ist für die Kationensorption von besonderer Bedeutung, weshalb der auf die Bewirtschaftung folgende rasche Humusschwund die Fähigkeit des Bodens Kationen zu sorbieren, noch stärker vermindert (s. Abschn. 13.5).
- In der näheren Umgebung stehen häufig keine Kalkdünger zur Verfügung, was die Kalkung stark verteuert. Wegen der hohen Auswaschung läßt deren Wirkung rasch nach.
- Diese Böden können bei starken Niederschlägen leicht erodiert werden, weshalb sie fachgerecht bewirtschaftet werden müssen (s. Abschn. 13.5).

Weitere Studien

Anregungen zu Übungsprojekten werden in Abschn. 7.7 gegeben, Übungsaufgaben in Abschn. 7.8.

7.1 Negative Ladungsplätze auf der Humusoberfläche

Humus setzt sich aus sehr großen und komplexen Molekülen zusammen (die molaren Massen liegen zwischen 20 000 und 100 000 g mol^{-1}); um die Eigenschaften des Humus verstehen zu können, werden die Moleküle fraktioniert oder die funktionellen Gruppen an den unveränderten Molekülen identifiziert (Stevenson 1982). Die zweite Untersuchungsmethode erbrachte das Ergebnis, daß Carboxyl- (COOH-), Phenol- (OH-) und Hydroxyl-(OH)-Gruppen die negativen Ladungsträger der Huminstoffe darstellen. Bei pH-Werten <7 tragen nur noch Carboxylgruppen nennenswerte Ladungsmengen.

Dissoziation der Carboxylgruppen

Carboxylgruppen dissoziieren in Lösung (zerfallen in Ionen), wie man am Verhalten der Essigsäure sehen kann.

$$CH_3COOH \rightleftharpoons CH_3COO^- + H^+ \tag{7.1}$$
Essigsäure   Acetat

Das Ausmaß der Dissoziation in das negativ geladene Acetat und das Wasserstoffion ist ein Charakteristikum der Carboxylgruppe und wird von dem anhängenden „Rest" beeinflußt (RCOO$^-$; hier ist R = -CH$_3$). Bei Ameisensäure (HCOOH; R = -H) z.B. ist die Dissoziationsneigung der Carboxylgruppe höher als bei Essigsäure. Zudem wird das Ausmaß der Dissoziation vom pH-Wert bestimmt, da bereits in Lösung vorliegende Wasserstoffionen das Gleichgewicht nach links verschieben (Anm. 1). In sauren Böden liegt die Carboxylgruppe also überwiegend in undissoziierter Form vor, was zu einer geringeren Anzahl negativ geladener Austauschplätze führt.

Die Dissoziation läßt nach, wenn sich ein Gleichgewicht zwischen der undissoziierten Säure und den Dissoziationsprodukten eingestellt hat. Die *Dissoziationskonstante* K_a beschreibt für Gleichung 7.1 das Ausmaß der Dissoziation im Gleichgewichtszustand:

$$K_a = [CH_3COO^-][H^+]/[CH_3COOH].$$

Die eckigen Klammern [ ] stehen für die Konzentration (strenggenommen Aktivität, s. Anm. 2) in mol l^{-1}. Die K_a-Werte für Ameisensäure und Essigsäure betragen $1{,}6 \cdot 10^{-4}$ bzw. $1{,}7 \cdot 10^{-5}$. Sie werden oft als pK_a-Wert ausgedrückt: $-\log K_a$. In den beiden eben angeführten Fällen beträgt der pK_a 3,8 bzw. 4,8.

Diese Zahlen veranschaulichen auf einfache Weise den Dissoziationsgrad, der sich folgendermaßen beschreiben läßt (s. Anm. 3):

$$\log K_a = \log \{[CH_3COO^-]/[CH_3COOH]\} + \log [H^+]$$

oder

$$pK_a = -\log \{[CH_3COO^-]/[CH_3COOH]\} + pH \tag{7.2}$$

Wenn der pH- gleich dem pK_a-Wert ist, ist $-\log \{[CH_3COO^-]/[CH_3COOH]\} = 0$, $[CH_3COO^-]/[CH_3COOH] = 1$, und damit $[CH_3COO^-] = [CH_3COOH]$ (Äquivalenzpunkt). Kennt man also den pK_a-Wert, dann weiß man, bei welchem pH-Wert die

Konzentration der undissoziierten Moleküle gleich der Konzentration der dissoziierten Ionen ist, oder anders ausgedrückt, bei welchem pH-Wert die Hälfte aller Carboxylgruppen dissoziiert ist. Für die obigen Beispiele bedeutet das, daß die Hälfte aller Ameisensäuremoleküle bei pH 3,8 und die Hälfte aller Essigsäuremoleküle bei pH 4,8 dissoziiert vorliegen. Die größere Dissoziationsneigung der Ameisensäure drückt sich darin aus, daß dieser „halbe Dissoziationsgrad" trotz eine höheren Wasserstoffionen-Konzentration erreicht wird.

Carboxylgruppen auf organischen Bodenbestandteilen

Die Huminstoffe des Bodens können auf ähnliche Weise wie Ameisen- oder Essigsäure betrachtet werden, wenn man davon absieht, daß wir es nicht mit gelösten Molekülen zu tun haben:

$$\text{Humus-COOH} = \text{Humus-COO}^- + \text{H}^+;$$

$$K_a = [\text{Humus-COO}^-][\text{H}^+]/[\text{Humus-COOH}].$$

Die Konzentration dieser Carboxylgruppen wird nur der Einfachheit halber in cmol kg^{-1} Humus angegeben; da es sich allerdings um ein Verhältnis von dissoziierten zu nichtdissoziierten Carboxylgruppen handelt, ist die Einheit nicht von Belang. Die Dissoziationskonstante K_a ist wiederum ein Hinweis auf das Erreichen des „halben Dissoziationsgrades" (des Äquivalenzpunkts). Die Carboxylgruppen am Humus haben pK_a-Werte von ungefähr 3–6, was die Unterschiede in den lokalen chemischen Milieus der Moleküle widerspiegelt.

Wegen ihrer variablen Eigenschaften ist es nicht möglich, exakte Ladungswerte für Huminstoffe anzugeben. An aufbereiteten Humusfraktionen ließ sich die Ladungsmenge messen, womit Computermodelle zur Vorhersage der wahrscheinlich im Boden vorhandenen Ladung entwickelt wurden (Tipping und Hurley 1988). Die wichtigsten Ladungsträger sind die *Huminsäure-* und die *Fulvosäure*-Fraktion. Sie können mit Natronlauge aus dem Humus extrahiert werden; zurück bleiben die relativ inerten *Humine*. Durch Ansäuerung der alkalischen Lösung fallen die Huminsäuren aus, während die Fulvosäuren in Lösung bleiben. Aus Abb. 7.2 kann man entnehmen, daß die Ladungsmenge von Huminsäuren von ca. 30 auf 230 cmol$_c$ kg^{-1} steigt, wenn der pH mit NaOH von 3 auf 6,5 angehoben wird (Kurve *I*). In diesem relativ einfachen System wird NaOH durch elektrostatische Kräfte austauschbar gebunden:

$$\text{Humus-COOH} + \text{NaOH} \rightleftharpoons \text{Humus-COO}^-\text{Na}^+ + \text{H}_2\text{O}.$$

Die Ladung der Fulvosäuren steigt unter gleichen Bedingungen wahrscheinlich von ca. 50 auf 400 cmol$_c$ kg^{-1}. In verschiedenen Böden beträgt der Anteil der Humin- und Fulvosäurefraktion 25–75 % (typischerweise ca. 50 %) der gesamten Humusmasse. Die Fulvosäuren haben einen Anteil von 15–70 % (typischerweise etwa 25 %) an der Masse beider Säurefraktionen. Basierend auf diesen Mengenanteilen, wird in Abb. 7.2 die Spannweite der Ladungsmenge von Huminstoffen abgeschätzt. In Übereinstimmung mit Messungen liegt die für einen pH-Wert von 6,5 vorhergesagte Ladungsmenge zwischen 60 und 250 cmol$_c$ kg^{-1} Humus (Stevenson 1982). Bei noch höheren pH-Werten verursacht die Dissoziation von Phenol- und Hydroxylgruppen eine weitere Zunahme der Ladungsmenge bis zu einem Maximum von etwa 400 cmol$_c$ pro kg Humus, obgleich auch schon höhere Werte angegeben wurden.

7.1 · Negative Ladungsplätze auf der Humusoberfläche

Abb. 7.2. Ladungsmenge, die für austauschbare Ionen auf gereinigten Humusfraktionen zur Verfügung stehen, und für Huminstoffe vorhergesagte Ladungsmenge. Die Huminsäurewerte wurden von E. Tipping ermittelt und basieren auf dem Huminsäuremodell von Tipping und Hurley (1988). Es wurde angenommen, daß sich Fulvosäuren ähnlich verhalten, aber größere Ladungsmengen tragen. (Berechnung der Ladungswerte für Huminstoffe s. Text) *Kurve I*: Gesamtladung, wenn der pH mit NaOH angehoben wird. *Kurve II*: Ladung, durch die austauschbare Ca^{2+}-Ionen gebunden werden, wenn die pH-Erhöhung mit $Ca(OH)_2$ erfolgt. *Kurve III*: Ladung, durch die austauschbare Ca^{2+}- und Al^{3+}-Ionen gebunden werden, wenn der pH-Wert mit $Ca(OH)_2$ in Gegenwart von Gibbsit erhöht wird. In allen Fällen bewegt sich die Konzentration der Bodenlösung zwischen 2,5 und 3,5 mM

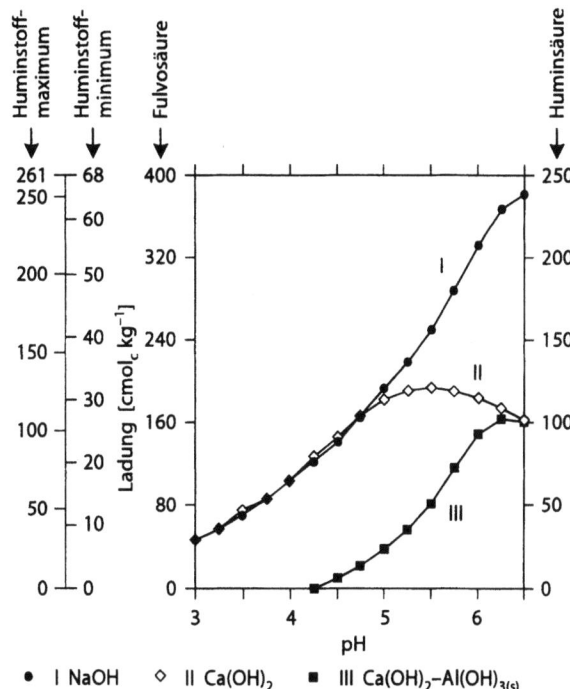

Wirkung gebundener Kationen

Kurve *I* in Abb. 7.2 bezeichnet die Gesamtzahl der Austauschplätze, die entstehen können, wenn alle potentiellen Austauschplätze mit austauschbaren Na^+ gesättigt sind. Carboxylgruppen reagieren jedoch mit einigen dieser Kationen und können sie durch elektrostatische Kräfte und Komplexierungsreaktionen sehr fest binden (s. Abschn. 15.3, Anm. 4). Diese Kationen sind dann nicht mehr austauschbar:

$$\text{Humus} \begin{array}{c} \diagup \text{COOH} \\ \diagdown \text{COOH} \end{array} + Ca(OH)_2 \rightleftharpoons \text{Humus} \begin{array}{c} \diagup \text{COO}^- \\ \diagdown \text{COO}^- \end{array} + Ca^{2+} + 2H_2O.$$

Dieser Bindungstyp ist als Chelatisierung bekannt. Sie findet vor allem bei hohen pH-Werten statt; Kurve *II* zeigt, daß bei pH-Werten >5 beträchtliche Ca^{2+}-Mengen gebunden werden, was die für austauschbare Kationen verfügbare Ladung reduziert.

Saure Böden enthalten normalerweise Al^{3+}, das aus Mineralen freigesetzt wurde. Carboxylgruppen wirken auf dieses Kation stark chelatisierend, wodurch die freie Ladungsmenge im Boden noch weiter reduziert wird. Dieser Effekt läßt sich anhand eines Modells überprüfen, wenn man annimmt, daß die Bodenlösung mit Gibbsit ($AL(OH)_3$) gesättigt ist und damit ihre Al^{3+}-Konzentration konstant bleibt (s. Abschn. 8.3). Kurve *III* ist daher für reale Bodenbedingungen typischer; sie zeigt, daß die Carboxylgruppen bei pH-Werten <4,25 vollständig durch gebundenes Aluminium gesättigt sind. In dem Maße, in dem die $Ca(OH)_2$-Konzentration den pH-Wert erhöht, sinkt die Al^{3+}-Konzentration im Boden, und es entsteht freie verfügbare Ladung, bis die Al^{3+}-Ionen bei pH 6,5 wegen der geringen Löslichkeit des Gibbsits praktisch keinen Einfluß mehr haben. Gebundenes Ca^{2+} ist noch immer vorhanden, und die freie Ladung der Huminstoffe liegt bei diesem pH (6,5) zwischen 25 und 100 $cmol_c\ kg^{-1}$ (typischerweise 50). Dies ist ein Schätzwert für die in bezug auf KAK-Messungen effektive Ladungsmenge. Die Unterscheidung zwischen gebundenem und austauschbarem Ca^{2+} hängt jedoch von der Extraktionsmethode ab. Die hier erwähnten Werte beziehen sich auf typische Bedingungen in der Bodenlösung und sind in ihrem Ergebnis auch vom Extraktionsverfahren, wie etwa den Standardextraktionen mit 1 M Ammoniumacetat oder Kaliumchlorid, abhängig.

Die Chelatisierung hat noch weitere wichtige Konsequenzen. Die Spurenelemente Kupfer, Zink, Mangan und Eisen werden in kalkhaltigen Böden stark an Humus gebunden, was zu Mangelerscheinungen bei Kulturpflanzen führt. Andererseits werden potentiell toxische Metalle aus Klärschlämmen ebenfalls durch die organische Substanz gebunden, was ihre Pflanzenverfügbarkeit vermindert.

Wirkung der Konzentration der Bodenlösung

Die Ladungsmenge der Huminstoffe steigt mit der Konzentration der Lösung, die mit der Oberfläche der Huminstoffe in Kontakt steht. Die Gründe hierfür lassen sich nicht so leicht verstehen wie die Auswirkungen des pH-Werts, aber der zugrundeliegende Mechanismus kann als eine Art Kationenaustausch angesehen werden, bei der chemisch gebundenes H^+ gegen elektrostatisch gebundenes Na^+ ausgetauscht wird:

Humus-COOH + Na^+ = Humus-COO^-Na^+ + H^+.

Sind Na^+-Ionen in der Lösung vorhanden, verschiebt sich das Reaktionsgleichgewicht nach rechts (s. Anm. 1), genauso wie H^+-Ionen (niedriger pH-Wert) das Gleichgewicht nach links verschieben. Die Konzentration der Bodenlösung liegt häufig zwischen 1 und 3 mM, und deshalb muß der Konzentrationseffekt bei der Messung der KAK berücksichtigt werden, wenn 1 M Lösungen verwendet werden (s. Abschnitte 7.3 und 8.2), obgleich aus Abb. 8.4 hervorgeht, daß die Konzentration kein Problem sein muß. Die Werte in Abb. 7.2 beziehen sich auf 3 mM Lösungen.

Bindungen zwischen Huminstoffen, Tonmineralen und Sesquioxiden

Die Ladungen der Tonminerale (Tabelle 2.3), Huminstoffe (Abb. 7.2) und Sesquioxiden (Abb. 7.7) werden durch die enge Verknüpfung dieser drei Bodenbestandteile in der kolloidalen Fraktion des Bodens verändert. Besonders wenn eine geladene Carboxylgruppe über ein Kation mit der Ladung einer Sesquioxidoberfläche verknüpft ist, ist dieses Kation höchstwahrscheinlich nicht mehr austauschbar. Über das Ausmaß dieses Effekts gibt es wenige Informationen.

Anmerkung 1. Chemisches Gleichgewicht. Für jedes im Gleichgewicht befindliche System gibt es eine Beziehung zwischen den Konzentrationen (genaugenommen Aktivitäten) der Ausgangsstoffe und Endprodukte der Reaktion. Wird eine Reaktion beispielsweise durch folgende Gleichung beschrieben:

$m\mathrm{A} + n\mathrm{B} \rightleftharpoons p\mathrm{C} + q\mathrm{D}$,
dann gilt:
$[C]^p[D]^q/\{[A]^m[B]^n\} = K_c$.

Dabei ist K_c ist die Gleichgewichtskonstante. Werden dem System Ausgangsstoffe zugeführt (d.h. [A] und [B] werden erhöht), verlagert sich die Reaktion nach rechts, so daß mehr Endprodukte gebildet werden, bis das Konzentrationsverhältnis wieder K_c ergibt. Eine Erhöhung der Konzentration der Endprodukte hingegen verlagert die Reaktion nach links.

Anmerkung 2. Aktivitäten und Konzentrationen. Chemische Gleichgewichte sind von den Aktivitäten der Ausgangsstoffe und Endprodukte abhängig. Die Aktivität ist ein Maß für die Konzentration „freier" Moleküle oder gelöster Ionen. Moleküle (ungeladene Stoffe) sind in Lösung immer „frei", so daß ihre Aktivität gleich ihrer Konzentration ist. In einer Lösung geladener Teilchen nimmt die „Freiheit" der Ionen jedoch mit zunehmender Konzentration wegen der Nähe zu anderen Ionen ab, und die Aktivität wird kleiner als die Konzentration. Da Bodenlösungen normalerweise verdünnt vorliegen, ist der Unterschied zwischen Konzentration und Aktivität so klein, daß er in praktisch allen Fällen vernachlässigt werden kann. In Salzböden hingegen ist er beträchtlich und muß berücksichtigt werden.

Anmerkung 3. Umgang mit logarithmischen Gleichungen. Jede mathematische Gleichung kann in logarithmische Form gebracht werden. Man kann z.B. $a = b$ auf beiden Seiten logarithmieren und erhält: $\log a = \log b$. Weitere Beispiele sind

$a = b + c$ $\log a = \log(b + c)$,
$a = bc$ $\log a = \log(bc)$,
                    $\quad\quad = \log b + \log c$,
$a = bc/d$ $\log a = \log(bc/d)$,
                    $\quad\quad = \log b + \log c - \log d$,
$a = b^2$ $\log a = \log(b^2)$,
                    $\quad\quad = 2\log b$,
$a = b^{-2} = 1/b^2$ $\log a = \log b^{-2}$,
                    $\quad\quad = -2\log b$.

Bei Umwandlungen in „p-Werte", wie das bei der Umformung von K_a zu pK_a ($= -\log K_a$) oder von $[H^+]$ zu pH ($= -\log [H]$) der Fall ist, muß man darauf achten, daß die Vorzeichen korrekt bleiben. Etwa:

$a = bc/d$ $\log a = \log b + \log c - \log d$,
                    $-\log a = -\log b - \log c + \log d$,
                    $pa = pb + pc - pd$,
$a = b^{-2}$ $\log a = -2\log b$,
                    $-\log a = 2\log b$,
                    $pa = -2pb$.

7.2
Messung austauschbarer Kationen und der KAK neutraler Böden

Diese Methode (Abb. 7.3) erfordert das Durchspülen des Bodens mit einer 1 M Ammoniumacetatlösung. Die verdrängten austauschbaren Kationen werden anschließend in Lösung gemessen. Die Austauschplätze sind nun mit Ammoniumionen belegt, und die Ammoniumacetatlösung bleibt im feuchten Boden. Sie wird mit Ethanol ausgewaschen. Durch angesäuertes Kaliumchlorid wird dann wiederum das austauschbare Ammonium verdrängt; dieses wird gemessen und entspricht der KAK. Die Meßergebnisse werden in $cmol_c\ kg^{-1}$ ausgedrückt.

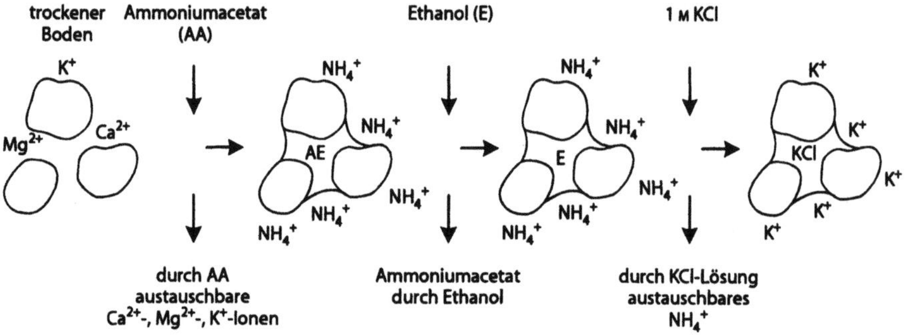

trockener Ammoniumacetat   Ethanol (E)   1 M KCl
Boden   (AA)

[Diagramm: Bodenpartikel mit K⁺, Mg²⁺, Ca²⁺ → nach AA-Behandlung mit NH₄⁺ besetzt (AE) → nach Ethanol (E) mit NH₄⁺ → nach KCl mit K⁺ besetzt, KCl freigesetzt]

durch AA   Ammoniumacetat   durch KCl-Lösung
austauschbare   durch Ethanol   austauschbares
Ca²⁺-, Mg²⁺-, K⁺-Ionen   NH₄⁺

Abb. 7.3. Bestimmung der austauschbaren Kationen und der Kationenaustauschkapazität

Wahl der Verdrängungslösung

Die Standardmethode wurde in und für die gemäßigte Zone entwickelt. Ammoniumacetat ist eine Pufferlösung (s. Abschn. 8.4), die den pH des Bodens auf nahezu 7 steigert. Man hat es als sinnvoll erachtet, alle Böden bei diesem pH zu messen: zum einen, weil die landwirtschaftliche Nutzung in dieser Zone weitgehend auf Böden mit pH-Werten um 7 beschränkt ist, und zum anderen, weil dadurch die pH-abhängige Ladung der Huminstoffe auf Standardbedingungen gebracht wird. Bei neutralen Böden mißt man mit der Methode die Eigenschaften der jeweiligen Bodenprobe, aber bei sauren Böden finden zwei Veränderungen statt:

1. Die vorhandenen austauschbaren K^+-, Ca^{2+}- und Mg^{2+}-Ionen werden extrahiert, nicht jedoch austauschbare H^+- und Al^{3+}-Ionen. Die Pufferlösung neutralisiert H^+ und fällt Al^{3+} als $Al(OH)_3$ aus.
2. Mit steigendem pH-Wert steigt auch die KAK. In mineralischen Böden mit geringen Humusgehalten handelt es sich hierbei um eine geringfügige Veränderung (Gruppe i), die aber in humosen Böden und Böden mit variabler Ladung (Gruppen ii und iii) groß ist. Speziell auf diese Böden abgestimmte Methoden werden in den Abschnitten 7.3 und 7.6 beschrieben.

Man beachte, daß Böden mit löslichen Salzen diese in die Ammoniumacetatlösung abgeben. Kalkhaltige Böden liefern zu hohe Werte für austauschbares Ca^{2+}, und in salzigen Böden erhält man sehr hohe Werte für Na^+, Ca^{2+} und Mg^{2+} (s. Abschn. 14.2).

Das Ethanol dient dazu, die überschüssige Ammoniumacetatlösung zu ersetzen. Die beiden Lösungen sind zwar mischbar, aber das austauschbare Ammonium wird nicht von den Austauschplätzen desorbiert, da Ethanol keine Kationen enthält, die NH_4^+ ersetzen könnten. Das Kaliumchlorid ist angesäuert, damit das verdrängte NH_4^+ nicht als Ammoniak verlorengeht.

In Deutschland wird nicht mit Ammonium- sondern mit Bariumsalz ausgetauscht. Die Lösung kann je nach Ziel der Messung gepuffert sein, muß es aber nicht. Beim Austausch der Kationen ist die Zweiwertigkeit des Ba^{2+} von Vorteil, und Ba^{2+} kann nach dem Rücktausch flammenphotometrisch bestimmt werden (Schlichting, Blume und Stahr 1995), was erheblich schneller und präziser vollzogen werden kann als die NH_4^+-Bestimmung durch Destillation.

7.2 · Messung austauschbarer Kationen und der KAK neutraler Böden

Alternative Methode zur Bestimmung der austauschbaren Kationen und der Kationenaustauschkapazität (KAK)

Der Eintausch der Ba^{2+}-Ionen und die Desorption der austauschbaren Kationen im Perkolationsverfahren findet bei pH 8,1 (Pufferung mit Triethanolamin) statt (Miehlich 1942); Rücktausch des Ba^{2+} mit Mg^{2+}; Bestimmung der ausgetauschten Kationen im 1. Perkolat, und des rückgetauschten Ba^{2+} im 2. Perkolat.

Zur Desorption der Austauschkationen werden 10 g Boden in einem mit Blaubandfilter ausgelegten Trichter eingewogen (bei tonreichem Boden: + Quarzsand), mit 120 ml (6 · 20 ml) Austauschlösung (45 ml Triethanolamin + ca. 500 ml dest. H_2O mit HCl auf pH 8,1 einstellen, auf 1 l auffüllen und 1:1 mit 5%iger $BaCl_2$-Lösung mischen) über etwa 3 h perkoliert. Dann 1 h mit 30 ml (3 · 10 ml) 0,1 N $BaCl_2$-Lösung und 3 h mit 100 ml CO_2-freiem (gekochtem) dest. H_2O nachgewaschen. Der 250 ml Meßkolben wird mit dest. H_2O auf 250 ml aufgefüllt (= Lösung A).

Rücktausch des Ba^{2+} durch Mg^{2+} (Bestimmung der KAK)

Der Trichter mit Ba^{2+}-belegtem Boden wird auf einen zweiten Meßkolben gesetzt, das Ba^{2+} mit 250 ml (10 · 25 ml) 0,2 N $MgCl_2$-Lösung rückgetauscht, das Perkolat im Kolben mit dest. H_2O auf 250 ml aufgefüllt (= Lösung B).
Bestimmung von K_a, Na_a, Ca_a, Mg_a, Al_a, und H_a, in der Lösung A:

- *K und Na* werden flammenphotometrisch bestimmt (Pufferlösung zusetzen: 5 ml bei 50 ml Meßvolumen; Puffer = 50 g CsCl + 250 g $Al(NO_3)_3 \cdot 9\ H_2O/l$)
- *Ca und Mg* werden durch *Atomabsorptionsflammenspektrometrie* (AAS) bestimmt (Puf-ferlösung zusetzen, 5 ml bei 50 ml Meßvolumen; Puffer 58,6 g La_2O_3 + 100 ml HCl konz./l)
- *Al* wird ebenfalls flammenspektrometrisch (am AAS) mit Lachgasflamme bestimmt. N.b.: Blind- und Eichlösungen jeweils in Perkolationslösung ansetzen
- *H-Wert:* 25 ml Perkolat sowie die Blindlösung werden mit 0,04 N HCl gegen Mischindikator (Bromcresolgrün/Methylrot, Umschlagsbereich pH 4,5) bis zum Farbumschlag (rosa) titriert; ml verbrauchtes HCl (Differenz Blindlösung – Meßperkolat) · 4 (bei 10 g Einwaage) = me/100 g Boden.

Die *Bestimmung von Ba^{2+}* in Lösung B erfolgt flammenphotometrisch (Blind- und Eichlösung in Perkolationslösung).
Auswertung in me/100 g Boden. (Die Laborvorschrift wurde entnommen aus Munch 1996: Bodenökologisches Praktikum, Technische Universität München, Freising-Weihenstephan)

Einheiten der Ladung

Jede negative Ladung auf Tonmineralen oder Huminstoffen entspricht jener eines Elektrons und wird durch die positive Ladung eines austauschbaren Kations ausgeglichen. Die Kationenaustauschkapazität eines Bodens kann in der Größenordnung von 10^{23} Elementarladungen kg^{-1} liegen; einfacher läßt sich die Ladungsmenge jedoch über die Zahl der in einem Boden sorbierten austauschbaren Kationen ausdrücken. Dementsprechend würde ein Boden, dessen obengenannte Ladung ausschließlich mit Kalium ausgeglichen wird, 10^{23} K^+-Ionen kg^{-1} Boden enthalten. Die

Masse dieser Ionen kann aus der molaren Masse von Kalium (39,1 g mol^{-1}) berechnet werden. Ein Mol enthält 6,02 · 10^{23} Atome oder Ionen:

10^{23} K$^+$-Ionen kg^{-1}/6,02 · 10^{23} K$^+$-Ionen mol^{-1} = 0,166 mol K$^+$ kg^{-1},

oder:

0,166 mol kg^{-1} · 39,1 g mol^{-1} = 6,5 g K$^+$ kg^{-1} (s. Tabelle 7.5).

Wendet man diese Rechnung für den Fall an, daß alle Ladungsträger durch Na$^+$ besetzt sind, erhält man ebenfalls 0,166 mol Na$^+$ kg^{-1} mit einer Masse von 3,8 g Na$^+$ kg^{-1}. Um die Autauschkapazität also unabhängig von der Art des sorbierten Ions ausdrükken zu können, benötigt man dessen molare Masse [g mol^{-1}]. Dies gilt jedoch nur für einwertige Ionen, wie man sieht, wenn man dieselbe Berechnung mit einem calciumgesättigten Boden durchführt. 10^{23} negative Ladungen werden auch diesmal von 10^{23} positiven Ladungen der Ca^{2+}-Ionen ausgeglichen allerdings sind dazu wegen der zweifachen Ladung des Calciums nur 0,5 · 10^{23} Ionen erforderlich. Die KAK würde nur 0,083 mol Ca^{2+} kg^{-1} betragen, für dreifach geladene Aluminiumionen sogar nur 0,055 mol Al^{3+} kg^{-1}.

Um also äquivalente Werte für die Kationenaustauschkapazität zu erhalten, die von der Wertigkeit der jeweils vorhandenen austauschbaren Ionen unabhängig sind, muß die KAK sowohl mit der Ladungszahl des Ions als auch mit dessen molarer Masse oder Molzahl verknüpft werden. Dies wird erreicht, wenn man die Ladungsmenge in *Mol an Ladung* (abgekürzt mol$_c$) ausdrückt, was 6,02 · 10^{23} Elementarladungen entspricht. In Deutschland ist der Gebrauch von Ladungsäquivalenten (Eq) üblich, deren Einheit Eq bzw. me ist (meq; siehe unten). Für einwertige Ionen ist 1 mol = 1 mol$_c$, für zweiwertige Ionen ist 1 mol = 2 mol$_c$ und für dreiwertige Ionen ist 1 mol = 3 mol$_c$. Für Ca^{2+} wurden nach obiger Rechnung 0,083 mol Ca^{2+} kg^{-1} als KAK ermittelt; was 0,083 · 2 = 0,166 mol$_c$ kg^{-1} entspricht und für Al^{3+} 0,55 · 3 = 0,166 mol$_c$ pro kg, was der Ladungsmenge einwertiger Ionen entspricht.

Mit dieser Einheit bekommt die KAK nicht nur einen äquivalenten Wert, sondern es wird auch möglich, den Kationenaustausch in zufriedenstellender Weise auszudrücken. Nach den vorherigen Werten würden 0,166 mol K$^+$ durch 0,083 mol Ca^{2+} ersetzt, wenn der Austausch vollständig ist; drückt man dies jedoch in Ladungsäquivalenten aus, werden 0,166 mol$_c$ K$^+$ gegen 0,166 mol$_c$ Ca^{2+} getauscht.

Eine letzte Angleichung muß noch vorgenommen werden: Da sich die KAK-Werte normalerweise zwischen 0,02 und 0,6 mol$_c$ kg^{-1} bewegen, verwendet man am besten die Einheit Centimol Ladung pro Kilogramm (cmol$_c$ kg^{-1}). Die Werte liegen dann zwischen 2 und 60 cmol$_c$ kg^{-1}, was zweckmäßigerweise auch der früher gebräuchlichen Ladungseinheit entspricht: Milliäquivalente pro 100 g (meq pro 100 g).

Tabelle 7.5. Möglichkeiten, die Ladung in Böden auszudrücken

Anzahl negativer Ladungen kg^{-1}	Anzahl austauschbarer Kationen kg^{-1}	Austauschbare Kationen [g kg^{-1}]	[mol kg^{-1}]	[mol$_c$ kg^{-1}]
10^{23}	1 · 10^{23} K$^+$	6,5	0,166	0,166
10^{23}	0,5 · 10^{23} Ca^{2+}	3,3	0,083	0,166
10^{23}	0,33 · 10^{23} Al^{3+}	1,5	0,055	0,166

Herstellung der Extrakte

Reagenzien

- *Ammoniumacetatlösung*, 1 M. Man verdünnt ca. 230 ml Eisessig und ca. 220 ml Ammoniaklösung (etwa 35%ige NH$_3$) auf jeweils 1 l. Man mischt die Lösungen miteinander und stellt den pH-Wert mit Essigsäure oder Ammoniak auf 7 ein. Nun wird auf 4 l verdünnt.
- *Ethanol*, 95 %;
- *Kaliumchloridlösung*. 100 g KCl werden in Wasser aufgelöst und auf 1 l aufgefüllt. Man säuert mit 2,5 ml 1 M HCl an.

Extraktion

Man wiegt 5 g (±0,01 g) lufttrockenen Feinboden in ein 100-ml-Becherglas. Man gibt 20 ml Ammoniumacetatlösung zu, rührt um und läßt über Nacht stehen. Man gießt die Suspension über einen Trichter mit Filterpapier (Whatman-Papier Nr. 44) in einen 250-ml-Meßkolben. Das Becherglas wird gründlich mit Ammoniumacetatlösung nachgespült und die Flüssigkeit in den Kolben gefiltert. Dabei ist eine Waschflasche mit Ammoniumacetat recht praktisch. Man wäscht den Boden mit Ammoniumacetatlösung nach, die man in Portionen von jeweils 25 ml zugibt, zwischen denen man den Trichter trockenlaufen läßt. Man wiederholt diesen Vorgang so lange, bis sich nahezu 250 ml Filtrat angesammelt haben. Nun füllt man mit Ammoniumacetat bis zur Markierung auf. Dieser Extrakt wird zur Bestimmung des Kaliums, Calciums und Magnesiums verwendet.

Der Trichter wird an einem Stativ über einem 250-ml-Becherglas befestigt. Man wäscht den Trichter, den Boden und das Papier mit fünf 25-ml-Portionen Ethanol und läßt auch hier die Flüssigkeit jeweils ganz durchlaufen. Die Waschflüssigkeit wird verworfen. Es ist wichtig, daß die gesamte Ammoniumacetatlösung entfernt wird. Auch hier empfiehlt sich eine Waschflasche mit Ethanol.

Man stellt den Trichter in einen 100-ml-Meßkolben. Man spült mehrmals mit jeweils 25 ml KCl-Lösung durch, wobei man den Trichter zwischendurch trockenlaufen läßt. Wenn sich beinahe 100 ml Extrakt angesammelt haben, hört man auf und füllt bis zur Markierung auf. Dieser Extrakt wird zur Bestimmung der KAK verwendet.

Bestimmung des austauschbaren Kaliums

Das Kalium im Ammoniumacetat-Extrakt wird durch Analyse mit einem Flammenphotometer bestimmt. Die einzige Alternative wären gravimetrische Methoden, die aber komplizierter und weniger genau sind (Piper 1947).

Reagenzien

Kalium-Eichlösungen, 0-10 µg K$^+$ ml^{-1}. Sie werden aus einer Stammlösung hergestellt, die 1 mg K$^+$ ml^{-1} enthält und fertig gekauft werden kann oder folgendermaßen hergestellt wird: Man trocknet Kaliumnitrat (KNO$_3$) eine Stunde lang bei 105 °C und läßt es im Exsikkator abkühlen. 1,293 g werden in einem 100 ml Becherglas in Wasser aufgelöst, und es wird 1 ml Salzsäure (ca. 36%ige HCl) als Konservierungsmittel hinzugefügt, falls die Lösung einige Tage aufgehoben werden soll. Man überführt sie mit der Waschflüssigkeit (Ausspülen des 100-ml-Becherglases) in einen 500-ml-Meßkolben und füllt bis zur Markierung auf. 10 ml dieser Lösung werden in einen 100-ml-Kolben pipettiert und bis zur Markierung mit Ammoniumacetatlösung aufgefüllt. Diese Lösung enthält 100 µg K^+ ml^{-1}. 0, 2, 4, 6, 8 und 10 ml dieser Lösung werden in 100-ml-Kolben pipettiert, und es wird jeweils bis zur Markierung mit Ammoniumacetat aufgefüllt. Diese Lösungen enthalten 0, 2, 4, 6, 8 und 10 µg K^+ ml^{-1}.

Flammenphotometer

Abbildung 7.4 zeigt die Bestandteile des Photometers. Die kaliumhaltige Lösung wird in ein Gas-Luft-Gemisch eingespritzt. In der Flamme werden die Kaliumionen zunächst in Atome umgewandelt. Diese nehmen aus der Flamme Energie auf; dabei werden Elektronen für kurze Zeit in energiereichere Umlaufbahnen angehoben, sie werden also in einen angeregten Zustand versetzt (Abb. 7.5). Die hierzu benötigte Energie variiert von Element zu Element. Fallen diese Elektronen auf ihre ursprüngliche Umlaufbahn zurück, wird die gespeicherte Energie in Form von Licht freigesetzt (emittiert). Die Wellenlänge des emittierten Lichtes ist für den jeweiligen Energiebetrag charakteristisch. Einfacher ausgedrückt: die Farbe des Lichtes unterscheidet sich von Element zu Element. Diese Eigenschaft wird in qualitativen Flammentests ausgenutzt (Nuffield Advanced Chemistry I, Topic 4).

Die emittierte Lichtmenge ist von der Einstellung der Flamme und der Rate, mit der das Kalium auf die Flamme trifft, abhängig. Damit ist bei Standardeinstellung des Photometers und konstanter Flußrate die emittierte Lichtmenge proportional zur Kaliumkonzentration der Lösung. Das von Kalium emittierte Licht wird von jenem der anderen Elemente durch ein Filter aus gefärbtem Glas getrennt, damit es mit einer Photozelle und einem Milliamperemeter gemessen werden kann. Nur bestimmte Elemente (K^+, Ca^{2+}, Na^+, Li^+) emittieren Licht, das auf diese Weise gemessen werden kann; zur Bestimmung dieser Elemente ist die Methode hochempfindlich und einfach zugleich.

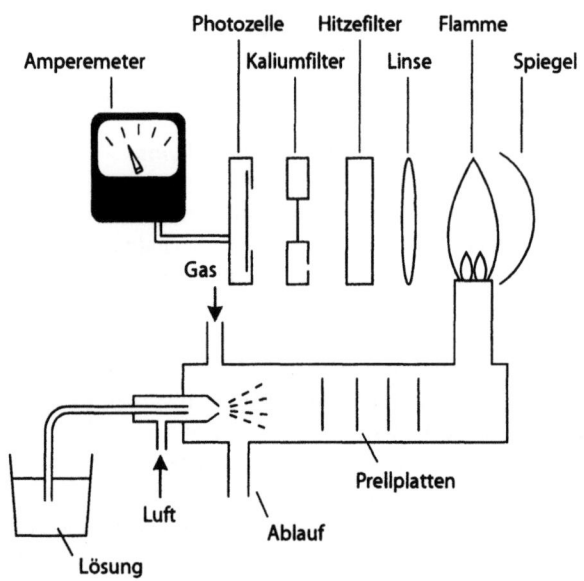

Abb. 7.4. Bestandteile eines Flammenphotometers

Abb. 7.5. Lichtemission in einem Flammenphotometer

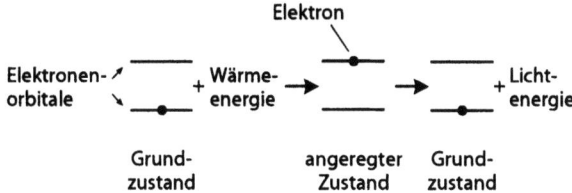

Messung

Nach empfohlener Vorgehensweise des Herstellers und mit montiertem Kalium-Filter wird das Milliamperemeter mit der Blindprobe der Kaliumeichreihe auf Null und mit der Lösung mit 10 µg K^+ ml^{-1} auf den vollen Ausschlag eingestellt. Man mißt alle Eichlösungen und notiert die Meßwerte. Nun wird Ammoniumacetat-Extrakt in die Flamme gesprüht (s. Anm. 1). Man überprüft die Stabilität der Messung durch nochmaliges Einspritzen der Blind- und Maximallösung und wiederholt diese, falls nötig.

Man zeichnet die Eichkurve (Abb. 7.6): Bei niedrigen Konzentrationen entspricht die Eichkurve einer Gerade, bei höheren Konzentrationen zeigt sie jedoch eine Krümmung, die von den Eigenschaften der Photozelle abhängt. Es empfiehlt sich daher, die Messungen durch entsprechende Verdünnung im geraden Kurvenabschnitt durchzuführen. Mit Hilfe der Kurve kann man nun die K^+-Konzentration im Bodenextrakt ermitteln.

Rechenbeispiel

Zusammenfassung der Methode

Lufttrockener Boden (? cmol$_c$ K^+ kg^{-1})
↓
5 g → 250 ml
↓
y (µg ml^{-1}) flammenphotometrisch gemessen.

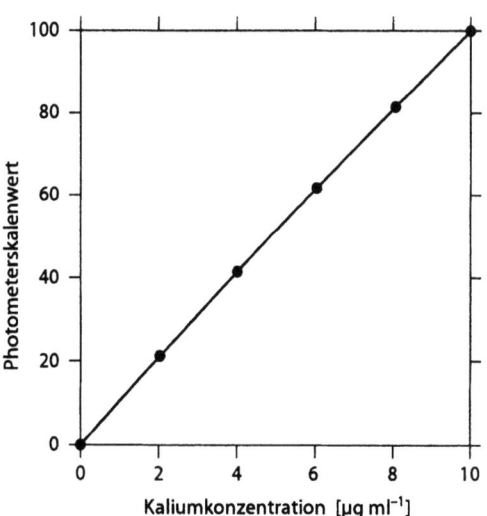

Abb. 7.6. Eichkurve zur flammenphotometrischen Bestimmung von Kalium

Beispiel. Die Konzentration des Extrakts $y = 4{,}6$ µg ml^{-1}, und die in 250 ml Extrakt vorhandene K$^+$-Menge beträgt:

4,6 µg ml^{-1} · 250 ml = 1150 µg = 1,150 mg.

Diese Menge liegt in 5 g Boden vor. Aus 1 kg Boden würde man 1,150 · 1000/5 = 230 mg K$^+$ extrahieren. Die molare Masse von Kalium beträgt 39,1 g mol^{-1} bzw. 39,1 mg mmol^{-1}. Damit beträgt die Menge an austauschbarem K

230 mg kg^{-1}/39,1 mg mmol^{-1} = 5,88 mmol kg^{-1} = 0,59 cmol kg^{-1}.

Da Kalium einwertig ist, entsprechen sich Mol und Mol$_c$ und der endgültige Wert lautet 0,59 cmol$_c$ kg^{-1} lufttrockenen Bodens. Diese Rechenbeispiel vereinfacht sich zu:

cmol$_c$ kg^{-1} lufttrockenen Bodens = 0,1283y · 5/Bodenmasse (g).

Wenn der lufttrockene Boden 5 g H$_2$O pro 100 g ofentrockenem Boden enthält (s. Abschn 3.3), enthält 1 kg lufttrockener Boden 952,4 g ofentrockenen Boden. Darin beträgt die Menge an austauschbarem K:

0,59 · 1000/952,4 = 0,62 cmol$_c$ kg^{-1} ofentrockenen Bodens.

Anmerkung 1. Die Eichlösungen und die Extrakte werden normalerweise in kleine Bechergläser gefüllt, um dann in das Photometer eingesprüht zu werden. Das in die Bechergläser gefüllte Volumen hat keinerlei Bedeutung für die anschließenden Berechnungen. Das Instrument wird so eingestellt, daß die abgelesenen Werte sich danach richten, mit welcher *Flußrate* die zu untersuchenden Lösungen in die Flamme gelangen. Vorausgesetzt, daß die Flußrate sowohl für die Eichlösungen als auch für den Extrakt gleich ist, wird die Konzentration des Extrakts in derselben Einheit gemessen wie jene der Eichlösungen, unabhängig von der Menge der verwendeten Lösung.

7.2.1
Bestimmung des austauschbaren Calciums

Für die Standardmethode benötigt man ein Atomabsorptionsspektrometer: da bei solchen Geräten technische Hilfe notwendig ist, verzichten wir hier auf eine Beschreibung der Details. Es handelt sich um eine Variante der Flammenmethode, die jedoch auf der Lichtabsorption durch das Calcium in der Flamme beruht und nicht auf Lichtemission. Mit dieser Methode kann ein breites Kationenspektrum mit hoher Empfindlichkeit gemessen werden. Die Ca^{2+}-Konzentration im Ammoniumacetat-Extrakt liegt zwischen 10 und 250 µg ml^{-1}, und daher ist eine Verdünnung nötig, um die Konzentration auf den Meßbereich der atomaren Absorption (0–5 µg ml^{-1}) zu reduzieren. Man setzt Calcium-Eichlösungen an, die 0–5 µg Ca^{2+} ml^{-1} enthalten, sowie einen Lösungsvermittler: 2,68 g Lanthanchlorid (LaCl$_3$·7H$_2$O) werden in Wasser gelöst und auf 100 ml verdünnt. Zu 20 ml einer jeden Eichlösung und zum Extrakt gibt man direkt vor der Messung 1 ml Lanthanchloridlösung zu und mischt gut durch.

Zwei weitere Methoden können angewendet werden: Flammenphotometrie und direkte Titration.

1. Calciumbestimmung durch Flammenphotometrie

Für Calcium ist diese Methode störanfälliger und weniger empfindlich als für Kalium, aber dennoch für viele Zwecke ausreichend.

Reagenzien

- *Calcium-Eichlösung*, 0–250 µg Ca^{2+} ml^{-1}. Diese Lösungen werden aus einer Stammlösung hergestellt, die 1 mg Ca^{2+} ml^{-1} enthält und fertig gekauft oder folgendermaßen angesetzt werden kann: Wasserfreies Calciumnitrat ($Ca(NO_3)_2$) wird eine Stunde lang bei 105 °C getrocknet und dann im Exsikkator abgekühlt. Davon werden in einem 100-ml-Becherglas 2,05 g in Ammoniumacetatlösung aufgelöst; man fügt 1 ml HCl (ca. 36%ige HCl) als Konservierungsmittel zu, überführt die Lösung mit den Extraktionslösungen im Becherglas in einen 500-ml-Meßkolben und füllt bis zur Markierung mit Ammoniumacetat auf. Nun werden 0, 5, 10, 15, 20, und 25 ml in 100-ml-Meßkolben pipettiert und wiederum mit Ammoniumacetat bis zur Markierung aufgefüllt. Die Kolben enthalten nun 0, 50, 100, 150, 200, und 250 µg Ca^{2+} ml^{-1}.

Messung

Man kalibriert das Flammenphotometer mit den Calcium-Eichlösungen und einem Calciumfilter und mißt die Ca^{2+}-Konzentration im Bodenextrakt.

Rechenbeispiel

Man folgt dem Rechenbeispiel für Kalium, wobei man bedenken muß, daß die molare Masse von Ca^{2+} 40,1 g mol^{-1} beträgt und daß 1 cmol Ca^{2+} 2 $cmol_c$ Ca^{2+} enthält.

Man multipliziert daher $cmol_c$ Ca^{2+} kg^{-1} mit 2, um $cmol_c$ Ca^{2+} kg^{-1} zu erhalten. Dies vereinfacht die Rechnung zu:

$cmol_c$ kg^{-1} lufttrockener Boden = $0,249y \cdot 5/$Bodenmasse (g).

y ist die Ca^{2+}-Konzentration [µg ml^{-1}] im Bodenextrakt.

2. Gemeinsame Bestimmung des Calciums und Magnesiums durch Titration

In diesem Verfahren werden die Ca^{2+}- und Mg^{2+}-Kationen mit Ethylendiamintetraessigsäure (EDTA) chelatisiert; als Titrationsindikator wird Solochromschwarz verwendet. Es handelt sich um die gleiche Methode wie bei der Wasserhärtebestimmung.

Grundlage

In alkalischer Lösung bildet Solochromschwarz mit Ca^{2+} und Mg^{2+} einen roten Komplex. EDTA wirkt auf diese Kationen aber stärker komplexierend. Werden auf diesem Weg alle Ionen vom Indikator Solochromschwarz entfernt, wandelt er sich wieder in seine nichtkomplexierte blaue Form um.

Reagenzien

- *Ethylendiamintetraessigsäure, Dinatriumsalz, 0,005 M.* Die molare Masse beträgt 372,24 g mol^{-1}. Das Salz wird eine Stunde lang bei 105 °C getrocknet und im Exsikkator abgekühlt. 1,86 g werden in einem 250-ml-Becherglas in Wasser gelöst;

diese Lösung und anschließende Extraktionslösungen werden in einen 1-l-Meßkolben überführt, der bis zur Markierung aufgefüllt wird.
- *Pufferlösung.* 17,5 g Ammoniumchlorid (NH_4Cl) werden in einem Becherglas in Wasser gelöst und in einen 250-ml-Meßkolben überführt. Das Becherglas wird nachgespült; das Waschwasser sowie 143 ml Ammoniaklösung (ca. 35%ige NH_3) werden zur Lösung in einen Kolben gegeben, der bis zur Markierung aufgefüllt wird. Diese Lösung sollte nur unter dem Abzug gehandhabt werden.
- *Solochromschwarz-Indikator.* Man löst 0,25 g der Substanz in 190 ml Triethanolamin und 63 ml Ethanol.
- *Calciumlösung*, 250 µg Ca^{2+} ml^{-1}. Siehe Anleitung im vorhergehenden Abschnitt, allerdings wird die Lösung in Wasser angesetzt.

Methode

Die EDTA-Lösung muß nicht geeicht werden, aber man sollte die Calciumlösung dazu verwenden, um sich mit dem Titrationsendpunkt vertraut zu machen.

Man pipettiert 25 ml in einen 250-ml-Erlenmeyerkolben *und fügt 2 ml Pufferlösung und wenige Tropfen Solochromschwarz hinzu. Man titriert mit 0,005 M EDTA bis zum Farbumschlag von purpurrot nach einem blassen, leicht grünlichen Blau. Der Endpunkt ist erreicht, wenn die letzte Spur von rosa aus der blauen Farbe verschwunden ist. Der EDTA-Verbrauch für diese Titration sollte 15,6 ml betragen.

Titration des Bodenextrakts. 25 ml Extrakt werden in einen Erlenmeyerkolben pipettiert; ab hier folgt man der obigen Anweisung ab dem Sternchen (*). Bei sauren Böden werden möglicherweise nur 1-2 ml EDTA verbraucht, wogegen neutrale oder alkalische Tonböden bis zu 80 ml erfordern können. Wegen dieser großen Spannweite titriert man rasch, um einen etwaigen Endpunkt zu erhalten, und wiederholt die Titration (u.U. mit einem geringeren Volumen des Bodenextrakts) zur präzisen Endpunktbestimmung. Der Farbumschlag ist bei Bodenextrakten weniger deutlich als bei reinen Lösungen: Eine erste schnell durchgeführte Titration ermöglicht es, den Umschlag leichter zu erkennen. Falls nötig, fügt man mehr Indikator hinzu.

Rechenbeispiel
Zusammenfassung der Methode
Lufttrockener Boden (? $cmol_c$ Ca^{2+} + Mg^{2+} kg^{-1})
↓
5 g → 250 ml
↓
25 ml werden mit y ml 0,005 M EDTA titriert.

Die Titrationsreaktion lautet:

$$Ca^{2+}(Mg^{2+}) + EDTA^{2-}Na^{2+} \rightarrow EDTA^{2-}\ Ca^{2+}(Mg^{2+}) + 2Na^+.$$

Daher reagiert 1 mol(Ca^{2+} + Mg^{2+}) mit 1 mol EDTA Na_2.

Beispiel. Es wird ein Volumen (y) von 12,5 ml der EDTA-Lösung verbraucht, was folgender Stoffmenge in mol entspricht:

$$0{,}005 \text{ mol l}^{-1} \cdot 12{,}5/1\,000 \text{ l} = 6{,}25 \cdot 10^{-5} \text{ mol}.$$

Daraus ergibt sich eine (Ca^{2+} + Mg^{2+})-Gesamtmenge von von $6{,}25 \cdot 10^{-5}$ mol in 25 ml bzw. von $6{,}25 \cdot 10^{-4}$ mol in 250 ml. Diese stammt aus 5 g Boden und somit beträgt die Menge, die man aus 1 kg Boden extrahieren würde:

$6{,}25 \cdot 10^{-4} \cdot 1\,000/5 = 0{,}125$ mol kg^{-1} oder 12,5 cmol kg^{-1}.

Für die zweiwertigen Ca^{2+} und Mg^{2+}-Ionen sind dies 25 $cmol_c$ kg^{-1} lufttrockenem Boden. Die Rechnung vereinfacht sich zu:

$cmol_c$ kg^{-1} lufttrockenem Boden = $10y \cdot 5$/Bodenmasse [g].

Man bezieht das Ergebnis auf ofentrockenen Boden (z.B. 5 g H_2O pro 100 g ofentrockenem Boden, 26,2 $cmol_c$ kg^{-1} ofentrockenem Boden).

3. Bestimmung des Calciums durch Titration

Falls nötig, kann Calcium mit einem ähnlichen Titrationsverfahren auch alleine bestimmt werden, wozu man Murexid als Indikator verwendet. Dieser Indikator komplexiert Calcium, nicht jedoch Magnesium. Der Farbumschlag tritt ein, wenn EDTA das Ca^{2+} aus dem Murexid entfernt hat.

Reagenz

- *Murexid-Indikator.* Man schüttelt 0,5 g Murexid 30 min lang in 100 ml Wasser und filtert anschließend durch Whatman-Nr. 1-Filterpapier. Die Lösung wird vor dem Verbrauch jeweils frisch angesetzt.

Methode und Rechenbeispiel

Man befolgt die für die Gesamtmenge von Ca^{2+} + Mg^{2+} beschriebene Methode, verwendet jedoch Murexid anstelle von Solochromschwarz.

Bestimmung des austauschbaren Magnesiums

Die Standardbestimmung erfolgt durch Atomabsorption. Die Mg^{2+}-Konzentration im Ammoniumacetat-Extrakt liegt bei 2–50 µg ml^{-1} (0,5–12 $cmol_c$ kg^{-1}). Daher ist es nötig ist, die Konzentration auf den üblichen Bereich (0–1 µg ml^{-1}) zu reduzieren. Man verfährt wie bei Calcium und verwendet Lanthanchlorid als Lösungsvermittler.

Die für die gemeinsame Bestimmung von Ca^{2+} und Mg^{2+} bzw. die alleinige Bestimmung von Ca^{2+} beschriebenen Titrationsmethoden erlauben eine allerdings nicht sehr genaue Bestimmung des austauschbaren Mg^{2+} durch Differenzbildung.

Bestimmung der Kationenaustauschkapazität

Das Ammonium im KCl-Extrakt wird durch Dampfdestillation und anschließende Titration bestimmt (vgl. Abschn. 3.6 und die dort beschriebene Methode zur Bestimmung des organischen Stickstoffs).

Methode

Man pipettiert 25 ml KCl-Extrakt (s. Anm. 2) in die Destillationsapparatur. Man destilliert und titriert mit 0,01 M HCl.

Rechenbeispiel

Zusammenfassung der Methode

Lufttrockener Boden (? $cmol_c$ NH_4^+ kg^{-1})
↓
5 g → 250 ml
↓
25 ml werden destilliert und mit y ml 0,01 M HCl titriert.

Die Titrationsreaktion lautet:

$NH_4OH + HCl = NH_4Cl + H_2O$.

Dabei reagiert 1 mol HCl mit 1 mol NH_4OH.

Beispiel. Das Titrationsvolumen (y) = 15,50 ml, und daraus berechnet sich die verbrauchte HCl Menge:

0,01 mol l^{-1} · 15,50/1 000 l = 1,55 · 10^{-4} mol.

In 25 ml Extrakt befinden sich 1,55 · 10^{-4} mol NH_4^+, in 250 ml Extrakt 1,55 · 10^{-3} mol. Diese stammen aus 5 g Boden, und damit würde 1 kg folgende NH_4^+-Menge enthalten:

1,55 · 10^{-3} · 1 000/5 = 0,310 mol kg^{-1}.

Dies entspricht 31,0 cmol kg^{-1} bzw. 31,0 $cmol_c$ kg^{-1} lufttrockenem Boden (NH_4^+ ist einwertig). Die Rechnung vereinfacht sich zu

$cmol_c$ kg^{-1} lufttrockener Boden = $2y$ · 5/Bodenmasse (g).

Man bezieht das Ergebnis auf ofentrockenen Boden (z.B. 6 g H_2O pro 100 g ofentrockenem Boden oder 32,9 $cmol_c$ kg^{-1} ofentrockenem Boden).

Anmerkung 2. Bei Böden mit niedriger oder hoher KAK muß das in die Destillationsapparatur pipettierte Volumen möglicherweise entsprechend verändert werden. Das obige Rechenbeispiel zeigt, daß bei Verwendung von 25 ml das Titrationsvolumen numerisch ungefähr der Hälfte des KAK-Werts entspricht. KAK-Werte liegen normalerweise zwischen 2 und 60 $cmol_c$ kg^{-1}. Für kleine Werte erhöht man daher das Volumen der Probe auf 50 ml, für große Werte reduziert man es auf 10 ml. Die Berechnung ist entsprechend zu abzuändern.

7.3
Messung austauschbarer Kationen und der effektiven Kationenaustauschkapazität (KAK_{eff}) saurer Böden

Saure Böden enthalten austauschbaren Wasserstoff und austauschbares Aluminium. Diese werden gemeinsam mit anderen Kationen verdrängt, wenn man eine ungepufferte Salzlösung (1 M KCl) durch den Boden perkolieren läßt, die den pH-Wert jedoch kaum merklich verändert. H^+ und Al^{3+} werden durch Titration bestimmt und Ca^{2+} und Mg^{2+} durch die in Abschn. 7.2 beschriebenen Methoden. K^+, das in relativ geringen Mengen vorliegt, wird nicht bestimmt. Die KAK ergibt sich aus der Summe der verdrängten austauschbaren Kationen. Sie ist wegen der variablen Ladung von Huminstoffen und Sesquioxiden geringer als die KAK bei pH 7 (die nach der Ammoniumacetat-Methode bestimmt werden könnte). Aus diesem Grund wird sie als die effektive Kationenaustauschkapazität (KAK_{eff}) bezeichnet. Sie ist die Austauschkapazität, die beim natürlichen pH-Wert des Bodens wirksam ist.

Wenn es notwendig ist, die KAK_{eff} zu bestimmen, die Mengen der einzelnen Kationen jedoch nicht von Interesse sind, kann die in Abschn. 7.6 beschriebene Methode angewendet werden.

Methode

Reagenzien und Ausrüstung

- *Kaliumchlorid*, 1 M. 74,6 g KCl werden in 1 l Wasser gelöst.
- *Phenolphthalein-Indikator*. 0,1 g Phenolphthalein werden in 100 ml 95%igem Ethanol gelöst.
- *Natriumfluoridlösung*. Man löst 40 g NaF in Wasser und füllt auf 1 l auf.
- *Salzsäure*, 0,01 M;
- *Natronlauge*, 0,01 M;
- *pH-Meter*, als Alternative zum Indikator.

Zubereitung der Extrakte

Man verfährt nach der Methode in Abschn. 7.2, die folgendermaßen modifiziert wird. Man läßt 10 g Boden über Nacht in 30 ml 1 M KCl-Lösung stehen. Der Boden wird anschließend mehrfach mit jeweils 10 ml KCl-Lösung gewaschen, die mit den ursprünglichen 30 ml in einem 100-ml-Meßkolben gesammelt werden. Zum Schluß füllt man bis zur Markierung auf. Durchspülen mit Ethanol und angesäuertem KCl ist nicht nötig.

Austauschbares Calcium und Magnesium

Es werden wiederum die Methoden aus Abschn. 7.2 angewendet. Die Mengen dieser Kationen sind in sauren Böden gering, aber das Mengenverhältnis zwischen Boden und Bodenlösung erhöht sich. Die Berechnung muß entsprechend verändert werden, um die verwendete Bodenmenge und das verwendete Lösungsvolumen zu berücksichtigen.

Austauschbarer Wasserstoff und austauschbares Aluminium

Man pipettiert 50 ml Bodenextrakt in einen 250-ml-Erlenmeyerkolben, fügt 5 Tropfen Indikator zu und titriert mit 0,01 M NaOH bis zum Auftreten einer Rosafärbung oder bis pH 6,8. Auf diese Weise werden die austauschbaren H^+ und Al^{3+}-Ionen bestimmt (s. Anm. 1).

- *Alternative 1*: Man gibt einen Tropfen 0,01 M HCl zu, so daß die Lösung wieder farblos wird. Man gibt 10 ml NaF-Lösung zu und titriert so lange mit 0,01 M HCl, bis die Rosafärbung verschwunden ist (s. Anm. 1). Auf diese Weise wird das austauschbare Al^{3+} bestimmt.
- *Alternative 2*: Man läßt den Tropfen HCl weg, gibt NaF zu und titriert zurück auf pH 6,8.

Grundlagen und Berechnung

Austauschbare H^+- und Al^{3+}-Ionen = Austauschbare Acidität
Beide Ionen werden mit NaOH titriert (s. Anm. 2):

$$H^+ + NaOH = H_2O + Na^+,$$

$$Al^{3+}_{(aq)} + 3NaOH_{(aq)} = Al(OH)_{3(s)} + 3Na^+_{(aq)}.$$

In der ersten Gleichung reagiert 1 mol NaOH mit 1 mol H^+, was der Reaktion mit 1 mol_c H^+ entspricht. In der zweiten Gleichung reagieren 3 mol NaOH mit 1 mol Al^{3+}, das 3 mol_c Al^{3+} enthält, und damit reagiert 1 mol NaOH mit 1 mol_c Al^{3+}. Da beide Reaktionen gleichzeitig ablaufen, reagiert 1 mol NaOH mit 1 mol_c ($H^+ + Al^{3+}$).

Zusammenfassung der Methode
Lufttrockener Boden (? $cmol_c$ $H^+ + Al^{3+}$ kg^{-1})
↓
10 g → 100 ml
↓
50 ml werden mit y ml 0,01 M NaOH titriert.

Beispiel. Das Titrationsvolumen beträgt 10,5 ml, woraus sich die verbrauchte NaOH-Menge berechnen läßt:

0,01 mol l^{-1} · 10,5/1 000 l = 1,05 · 10^{-4} mol.

Diese reagieren mit 1,05 · 10^{-4} mol_c ($H^+ + Al^{3+}$), die in 50 ml Extrakt vorliegen. In 100 ml Extrakt befinden sich daher 2,10 · 10^{-4} mol_c ($H^+ + Al^{3+}$). Diese stammen aus 10 g Boden, d.h. aus 1 kg Boden könnte folgende Menge ausgewaschen werden:

2,10 · 10^{-4} · 1 000/10 = 2,1 · 10^{-2} $cmol_c$ ($H^+ + Al^{3+}$).

Die austauschbare Acidität beträgt 2,1 $cmol_c$ kg^{-1} lufttrockenem Boden. Dies vereinfacht die Berechnung zu:

$cmol_c$ kg^{-1} lufttrockener Boden = 0,2y · 10/Bodenmasse [g].

Das Ergebnis soll auf den ofentrockenen Boden bezogen werden (z.B. 7 g H_2O pro 100 g ofentrockenem Boden oder 2,2 $cmol_c$ ($H^+ + Al^{3+}$) kg^{-1} ofentrockenem Boden).

Austauschbare Al^{3+}-Ionen
Nach Beendung der ersten Titration verursacht die Zugabe von NaF folgende Reaktion:

$Al(OH)_{3(s)} + 3NaF_{(aq)} = 3NaOH_{(aq)} + AlF_{3(s)}.$

Das freiwerdende NaOH wird gegen HCl titriert (s. Anm. 2):

$NaOH + HCl = NaCl + H_2O.$

3 mol HCl reagieren mit jener NaOH-Menge, die aus 1 mol $Al(OH)_3$ freigesetzt wurde. Dieses enthielt das ursprünglich austauschbare Aluminium. Das bedeutet, daß 1 mol HCl mit jener NaOH-Menge reagiert, die aus 1 mol_c Al^{3+} freigesetzt wurde. Die Methode läßt sich genauso wie bei den ($H^+ + Al^{3+}$)-Ionen zusammenfassen, wenn man davon absieht, daß bei der Schlußtitration z ml 0,01 M HCl verbraucht werden.

Beispiel. Das Titrationsvolumen z beträgt 5,3 ml und damit das der benötigten HCl:

$0,01$ mol $l^{-1} \cdot 5,3/1\,000$ l $= 5,3 \cdot 10^{-5}$ mol.

Dies entspricht auch der NaOH-Menge in 50 ml. In 100 ml befinden sich also $1,06 \cdot 10^{-4}$ mol NaOH, die von $1,06 \cdot 10^{-4}$ mol$_c$ Al^{3+} freigesetzt wurden. Damit beträgt die Menge an austauschbarem Al^{3+}

$1,06 \cdot 10^{-2}$ mol$_c$ kg^{-1} = 1,1 cmol$_c$ kg^{-1} lufttrockenen Bodens.

Wiederum läßt sich die Berechnung vereinfachen zu:

cmol$_c$ kg^{-1} lufttrockener Boden = $0,2z \cdot 10$/Bodenmasse [g].

Das Ergebnis wird auch hier in bezug auf ofentrockenen Boden formuliert.

Austauschbare H$^+$-Ionen

Die Bestimmung erfolgt durch Differenzbildung: Austauschbare (H$^+$ + Al^{3+})-Ionen abzüglich austauschbarer Al^{3+}-Ionen.

Anmerkung 1. Wenn man Indikator verwendet, sind die Titrationsendpunkte zwar gut sichtbar, aber nicht stabil (langsame Umwandlung des Aluminiumhydroxids). Man titriert so lange, bis der Farbumschlag 15 s lang stabil bleibt. Dies kann zu einer Überschätzung der austauschbaren Al^{3+}-Menge um etwa 0,2 cmol$_c$ kg^{-1} führen, besonders, wenn sehr langsam titriert wird. Die Genauigkeit der Endpunktbestimmung läßt sich durch Verwendung eines pH-Meters deutlich verbessern.

Titration ist die einzige Methode zur Bestimmung der austauschbaren Acidität, Aluminium kann jedoch auch kolorimetrisch oder durch Atomabsorption gemessen werden. Normale Werte liegen bei 0–5 cmol$_c$ Al^{3+} kg^{-1} Boden bzw. 0–45 µg Al^{3+} ml^{-1} im KCl-Extrakt. Der Meßbereich des AAS liegt bei 0–50 µg ml^{-1}, wenn eine Lachgas/Acetylen-Flamme verwendet wird. Ein Lösungsvermittler wird nicht benötigt.

Anmerkung 2. Zwar handelt es sich bei dem Aluminium, das von KCl verdrängt wird, vorwiegend um Al^{3+}-Ionen, doch sind auch andere Ionenspezies des Aluminiums vorhanden (z.B. AlOH^{2+}; s. Abschn. 8.3). Betrachten wir die Titration

AlOH^{2+} + 2NaOH = Al(OH)$_{3(s)}$ + 2Na$^+$.

1 mol$_c$ AlOH^{2+} reagiert mit 1 mol$_c$ NaOH. Folglich umfaßt die berechnete Menge austauschbarer H$^+$ + Al^{3+}-Ionen auch andere Al-Spezies, wird aber korrekt in Ladungseinheiten ausgedrückt. Nach Zugabe von NaF liegt das gesamte Al als Al(OH)$_3$ vor; die zweite Titration bestimmt Al in Ladungseinheiten, kann aber auch zur Bestimmung der Aluminiummasse verwendet werden, falls dies gewünscht wird.

Effektive Kationenaustauschkapazität (KAK$_{eff}$)

Diese entspricht der Summe der austauschbaren Ca^{2+}-, Mg^{2+}-, H$^+$- und Al^{3+}-Ionen [cmol$_c$ kg^{-1}]. In sauren Böden gibt es keine Probleme mit löslichen Salzen, da diese bereits ausgewaschen worden sind. Der Fehler durch die Vernachlässigung des austauschbaren Kaliums ist gering (normalerweise kleiner als 0,2 cmol$_c$ kg^{-1}). Wird die austauschbare Kaliummenge aus anderen Gründen benötigt (beispielsweise als Hinweis auf die Kaliumverfügbarkeit für Kulturpflanzen), so kann diese nach den in den Abschnitten 7.2 oder 9.1 beschriebenen Methoden bestimmt werden.

7.4
Bestimmung der Zusammensetzung der Bodenlösung

Auf zweierlei Weise läßt sich die Bodenlösung aus den Poren eines feuchten Bodens gewinnen: 1. die Lösung kann aus dem Boden zentrifugiert werden und 2. der Boden kann mit einer Flüssigkeit hoher Dichte gemischt werden. Auch hier wird anschließend zentrifugiert, so daß sich die Bodenlösung über der Flüssigkeit sammelt, vorausgesetzt die beiden Flüssigkeiten sind nicht mischbar (Kinniburgh und Miles 1983). Feuchte Böden enthalten 10–30 % Wasser, von denen mit den beschriebenen Extraktionsmethoden nur etwa 30 % gewonnen werden können. Bei einer 100 g schweren Bodenprobe kann man demnach eine Lösungsmenge von 3–10 ml erwarten.

Viele der in diesem Buch beschriebenen Standardanalyseverfahren sind für diese kleinen Flüssigkeitsmengen nicht geeignet. Das Aufkommen des als „induktiv gekoppelte Plasma-Analyse" (abgekürzt ICP) bezeichneten flammenphotometrischen Verfahrens machte die gleichzeitige Analyse mehrerer Elemente möglich, die mit niedrigen Konzentrationen in kleinen Flüssigkeitsmengen vorliegen. Mit Hilfe solcher Analyseverfahren wird sich das Wissen über die Bodenlösung in den kommenden Jahren rasch vergrößern.

Man kann jedoch durchaus auch hier beschriebene Standardmethoden anwenden, wenn man geringfügige Veränderungen der Zusammensetzung der Bodenlösung in Kauf nimmt, die sich aus der Wassermenge ergeben, die dem Boden zusätzlich zugeführt wird. Mit 100 g Boden und 100 ml Wasser kann man eine Bodensuspension herstellen. Diese wird gefiltert, so daß man ca. 30 ml Lösung erhält (aus schweren Böden weniger). Im Falle der Ionen, die durch den Boden gut gepuffert sind (H^+, K^+, Ca^{2+}, Mg^{2+}, $H_2PO_4^-$, SO_4^{2-}), erfolgt durch das zugefügte Wasser nur eine geringe Verdünnung. Für Cl^- und NO_3^- Ionen erfolgt jedoch in allen Böden (mit Ausnahme von Böden mit variabler Ladung) eine Verdünnung proportional zur zugeführten Wassermenge, woraus sich die voraussichtliche Konzentration in der Bodenlösung berechnen läßt.

In Abschn. 14.2 sind die Einzelheiten der Gewinnung eines Sättigungsextrakts beschrieben; dies ist die Standardmethode zur Bestimmung der Zusammensetzung der

Tabelle 7.6. Zusammensetzung der Bodenlösung von Böden aus Oxfordshire (Mittelwerte von 24 Standorten) (aus Campbell et al. 1989)

Ion	Konzentration [mol l^{-1}]	[µg ml^{-1}]
Na$^+$	$4{,}7 \cdot 10^{-4}$	11
K$^+$	$3{,}9 \cdot 10^{-4}$	15
Mg^{2+}	$1{,}4 \cdot 10^{-4}$	3
Ca^{2+}	$2{,}1 \cdot 10^{-3}$	84
NO$_3^-$	$8{,}6 \cdot 10^{-4}$	12 (N)
Cl$^-$	$1{,}6 \cdot 10^{-3}$	57
SO$_4^{2-}$	$3{,}3 \cdot 10^{-4}$	11 (S)
H$_2$PO$_4^-$	$6{,}4 \cdot 10^{-5}$	2 (P)

pH 7,7; Meßbereich 5,7–8,5.

Bodenlösung in salzigen Böden, kann aber auch für andere Böden verwendet werden. Das Verhältnis von Boden zu Wasser beträgt etwa 100 g:50 ml, um die Verdünnung der Bodenlösung in Grenzen zu halten. Verwendet man entweder einen Suspensions- oder einen Sättigungsextrakt, hat man die Möglichkeit, Vergleiche zwischen Böden vorzunehmen, selbst wenn man keine absoluten Werte ermitteln kann.

Die in Tabelle 7.6 aufgeführten Konzentrationen der Bodenlösung (Extraktion mit einer Zentrifuge) stellen Mittelwerte für eine Reihe von Böden in Oxfordshire dar, aus denen im Laufe des Jahres mehrere Proben entnommen wurden. Alle Böden wiesen pH-Werte um 7 auf.

Folgende Messungen können an den Lösungen, die aus den Böden extrahiert wurden, vorgenommen werden:

- *pH* wie in Abschn. 8.1. Hieraus erhält man die H^+- und OH-Konzentrationen;
- *Na^+* nach den in Abschn. 14.1 beschriebenen Methoden;
- *K^+* nach der in Abschn. 7.2 beschriebenen Methode; die K^+-Eichlösungen sollten allerdings in Wasser hergestellt werden;
- *Ca^{2+}* und *Mg^{2+}* nach den in Abschn. 7.2 beschriebenen Methoden;
- *NO_3^-* nach den in Abschn. 11.1 beschriebenen Methoden. Nitrat wird oft mit KCl-Lösung extrahiert und als mg Nitrat-N kg^{-1} Boden ausgedrückt;
- *Cl^-* nach der in Abschn. 7.6 beschriebenen Methode;
- *SO_4^{2-}* nach der in Abschn. 10.5 beschriebenen Methode;
- *$H_2PO_4^-$* und *CO_3^{2-}* nach der Methode aus Abschn. 14.1;
- *Al^{3+}* kann in sauren Bodenlösungen mit dem Atomabsorptionsspektrometer (s. Abschn. 7.3) gemessen oder aus dem pH-Wert näherungsweise abgeschätzt werden (s. Abschn. 8.3).

Die Ionengesamtkonzentration in der Bodenlösung läßt sich durch Messung der elektrischen Leitfähigkeit abschätzen (s. Abschn. 14.1).

Lösungen, die aus Salzböden extrahiert wurden, müssen u.U. vor der Messung verdünnt werden (Tabellen 7.1 und 14.2).

7.5
Oberflächenladung und Anionensorption an Sesquioxiden und Tonmineralen

Die Ladung auf Sesquioxiden bildet sich nach ähnlichen Prinzipien wie bei Huminstoffen (s. Abschn. 7.1). In Abschn. 2.2 wurde gezeigt, daß die Hydroxylgruppen auf der Oberfläche von Eisen- und Aluminiumverbindungen dissoziieren, wenn der pH-Wert steigt; dabei setzen sie Wasserstoffionen frei und werden selbst zunehmend negativ geladen. Die Dissoziationskonstante K_a beschreibt das Ausmaß der Dissoziation. Bei niedrigen pH-Werten assoziieren sich die Gruppen mit Wasserstoffionen und die Ladung wird positiv, was sich mit einer *Assoziationskonstante* K_b beschreiben läßt. Im Falle der Huminstoffe zeigt der pK_a jenen pH-Wert an, bei dem die Hälfte aller sorptionsfähigen Gruppen dissoziiert vorliegt. Bei Sesquioxiden hat es sich jedoch als sinnvoller erwiesen, das Verhalten der Hydroxylgruppen durch den *Ladungsnullpunkt* zu beschreiben. Das ist der pH-Wert, bei dem sich die positiven und negativen Ladungen auf der Oberfläche ausgleichen, so daß die *Nettoladung* (= positive + negative Ladung) gleich Null ist.

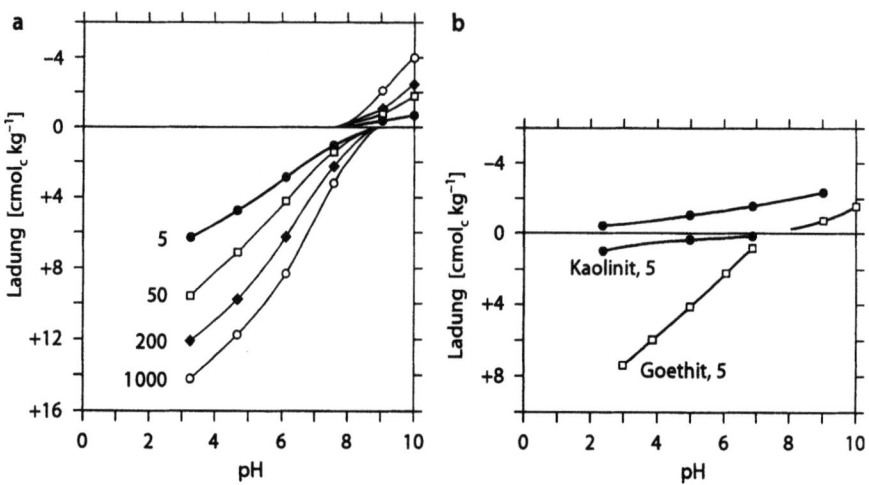

Abb. 7.7. Ladungsmenge a auf Gibbsit, b auf Goethit und Kaolinit. Bei den verwendeten Stoffen handelt es sich um reinen synthetischen Gibbsit und Goethit sowie um Georgia-Kaolinit. Die Daten stammen von A. Mashali, Reading. Die Ladung des Gibbsits wurde mit LiCl-Lösung gemessen; die Konzentrationswerte [mmol l^{-1}] sind neben den Kurven aufgetragen. Die Ladung von Goethit und Kaolinit wurde mit 5 mM NaCl bestimmt. Die größeren Ladungsmengen, die bei anderen Kaoliniten beobachtet wurden, sind vermutlich auf Verunreinigung durch 2:1-Tonminerale (negative Ladung) und Sesquioxide (positive Ladung) zurückzuführen. Siehe auch Tabelle 2.3

Abbildung 7.7 zeigt die gemessene Ladung reinen Gibbsits und Goethits. Diese Stoffe tragen ähnliche Ladungsmengen. Ihr Ladungsnullpunkt liegt ungefähr bei 8.

Einfluß der Konzentration der Bodenlösung

Meßergebnisse zeigen, daß bei einem bestimmten pH eine Erhöhung der Konzentration auch zu einem Anstieg der Ladungsmenge führt. Die theoretischen Grundlagen hierzu sind bekannt: Bei Messungen mit einwertigen Ionen sollte die Ladung proportional zur Quadratwurzel der Konzentration sein, was man in der Praxis allerdings nicht beobachtet. Die Auswirkungen auf die negative Ladung lassen sich in Analogie zu den Huminstoffen (s. Abschn. 7.1) erklären, an denen chemisch gebundene H$^+$-Ionen gegen elektrostatisch gebundene Na$^+$-Ionen ausgetauscht werden:

Sesquioxid–OH + Na$^+$ $\rightleftharpoons$ Sesquioxid–O$^-$ Na$^+$ + H$^+$.

Der Effekt auf positiv geladene Oberflächen kann jedoch nicht durch Ionenaustausch erklärt werden. Eine erhöhte Konzentration von Cl$^-$-Ionen oder anderen Anionen fördert anscheinend die Sorption von H$^+$-Ionen an –OH-Gruppen, wodurch Cl$^-$ zum austauschbaren Anion wird:

Sesquioxid–OH + Cl$^-$ + H$^+$ $\rightleftharpoons$ Sesquioxid–OH$_2^+$ Cl$^-$.

Bei dieser Sorptionsreaktion verschieben sowohl die Cl$^-$- als auch die H$^+$-Ionen (niedriger pH) das Reaktionsgleichgewicht nach rechts (s. Abschn. 7.1, Anm. 1). Mit anderen Worten: Durch diese Reaktionen wird die Entstehung sowohl negativ als auch positiv geladener Austauschplätze aufgrund der zunehmenden „Verfügbarkeit" entgegengesetzt geladener Ionen (in diesem Fall Na^+ und Cl^-) gefördert.

Die Folgen sind weitreichend. Die Menge der pH-abhängigen Ladung schwankt in dem Maße, in dem sich die Konzentration der Bodenlösung durch Auswaschung und Austrocknung des Bodens verändert, auch wenn die Pufferung der Bodenlösung die Schwankungen in Grenzen halten dürfte. Bei Messungen der Ladungsmenge ist es jedoch unbedingt erforderlich, daß nicht nur der pH-Wert der mit dem Boden in Kontakt stehenden Extraktionslösung ungefähr dem pH-Wert des feuchten Bodens entspricht, sondern daß auch die Konzentration der Extraktionslösung der realen Konzentration der Bodenlösung entspricht. Wird beispielsweise eine 1 M Lösung zur Bestimmung der AAK (ebenso wie der KAK) verwendet, dann wird dadurch die Ladung deutlich überschätzt, da die Konzentration der Bodenlösung in den feuchten Tropen ungefähr 1 mM beträgt (Tabelle 7.3). Das bedeutet, daß die 5 mM Lösung in Abb. 7.7 die Verhältnisse angemessen wiedergibt.

Anionenadsorption

Chlorid und Nitrat werden von positiv geladenen Oberflächen durch elektrostatische Anziehungskräfte angezogen und können frei ausgetauscht werden. Andere Anionen in der Bodenlösung (Phosphat, Sulfat, Silikat und Hydrogencarbonat) werden auf ähnliche Weise chemisch gebunden, wie das bei mehrwertigen Kationen an Huminstoffen geschieht. Abbildung 7.8 zeigt eine vereinfachte Darstellung der Sorption von Phosphaten: Diese werden entweder durch eine einzige Bindung fixiert, oder – noch stärker – durch zwei Bindungen (s. Abschn. 15.3; Anm. 4). Die negative Ladung der Phosphate addiert sich zur Oberflächenladung (in etwas komplexerer Weise als hier dargestellt ist), so daß diese weniger positiv (bzw. stärker negativ) geladen ist. Phosphat wird bei niedrigem pH sehr stark gebunden, weshalb es dann für Kulturpflanzen kaum verfügbar ist (s. Kap. 10). Es wird von den Austauschern so stark angezogen, daß es sogar an negativ geladene Flächen gebunden wird, allerdings unter neutralen und alkalischen Bedingungen weniger stark als in sauren Böden. Ein Großteil des Düngerphosphats verhält sich so, wenn es auf dem Boden ausgebracht wird.

Sulfat wird von den Partikeloberflächen weniger stark angezogen als Phosphat und nur bei pH-Werten unterhalb des Ladungsnullpunkts gebunden. Daher wird

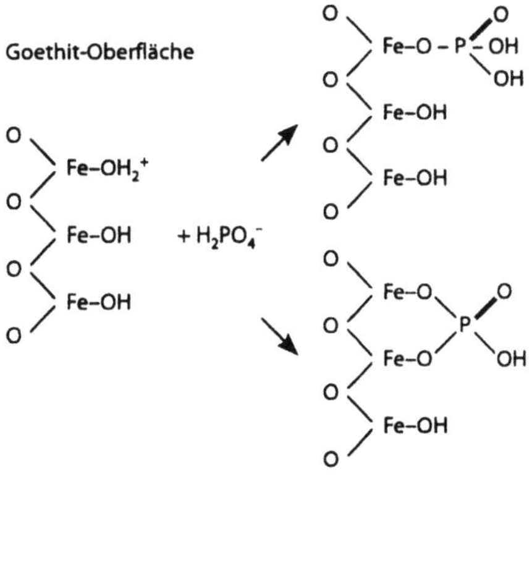

Abb. 7.8. Reaktion von Phosphat mit einer Goethit-Oberfläche

Sulfat in neutralen Böden ebenso wie Nitrat und Chlorid leicht ausgewaschen. Organische Anionen wie Citrat, Oxalat und Acetat werden hingegen wahrscheinlich gebunden.

Die chemische Bindung von Anionen hat zur Folge, daß die Sesquioxide in Böden bei einem bestimmten pH-Wert mehr negative Ladung tragen, als dies ansonsten der Fall wäre. Außerdem verschiebt sich dadurch der Ladungsnullpunkt in Richtung niedrigerer pH-Werte. Da auch Tonminerale und Huminstoffe zur negativen Ladung beitragen, verschiebt sich der Ladungsnullpunkt des gesamten Bodens noch weiter in Richtung tieferer Werte. In Abb. 7.9 ist zur Veranschaulichung ein Oxisol aus Brasilien dargestellt. Der Ladungsnullpunkt in 100–200 cm Tiefe beträgt 6,5, was die Eigenschaften der Sesquioxide, die Anwesenheit von gebundenen Anionen und Kaolinit, sowie von geringen Mengen organischer Substanz in diesem Boden wiedergibt. Die obersten 20 cm des Bodens weisen eine ähnliche Mineralzusammensetzung und einen ähnlichen Tongehalt auf, und daher ist der höhere Humusgehalt vermutlich die Hauptursache für die erhöhte negative Ladung und für die Absenkung des Ladungsnullpunktes auf 3,8. Die Anzahl der positiv geladenen Austauschplätze dürfte ebenfalls erhöht sein.

Verdrängung von Anionen

Obwohl Chlorid und Nitrat frei austauschbar sind, können sie andere chemisch gebundene Anionen nicht ersetzen. Solche Anionen hingegen, die nur oberflächlich sorbiert sind, können in Abhängigkeit von ihrer Bindungsstärke gegeneinander ausgetauscht werden. Bei der Routinebestimmung der Phosphorverfügbarkeit in Böden (s. Abschn. 10.3) wird beispielsweise eine Hydrogencarbonatlösung dazu verwendet, Phosphat auszutauschen. Das Sulfat wiederum kann mit einer Phosphatlösung verdrängt werden (s. Abschn. 10.5).

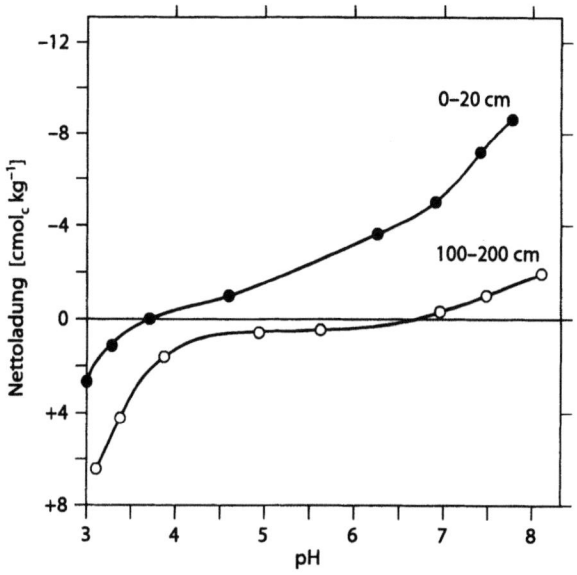

Abb. 7.9. Einfluß des pH-Werts auf die Ladung eines brasilianischen Oxisols. Die Daten stammen aus van Raij und Peech (1972). Die Eigenschaften dieses Bodens sind in Tabelle 7.4 (*Boden C*) beschrieben. Die Messungen wurden mit einer 1 mM NaCl-Lösung vorgenommen

Konsequenzen für Bestimmung der AAK

Das Ziel der Messung ist es, in einem Boden bei realen Bedingungen die „freie" positive Ladung zu bestimmen, durch die Chlorid und Nitrat sorbiert werden. Die ermittelte AAK wird von den Eigenschaften der Sesquioxide und der Bindungsstärke der Anionen abhängig sein. Um das zu erreichen, sollte die Methode die gebundenen Anionen nicht verdrängen, da so die positive Ladung vergrößert würde (Abschn. 7.6).

Da sich der pH des Bodens und die Art der gebundenen Anionen auf die AAK auswirken, ist sie auch von der Bearbeitungsweise des Bodens abhängig, insbesondere von Kalkungsmaßnahmen und der Ausbringung von Phosphat- und Sulfatdüngern.

Allophane und 1:1-Tonminerale

Allophane sind Aluminiumsilikate mit variabler Ladung und hinsichtlich ihrer Austauscheigenschaften bei den Sesquioxiden einzuordnen (s. Abschn. 2.2 und Tabelle 2.3). Allophanreiche Böden, die oftmals beachtliche AAK-Werte aufweisen, sind allerdings nicht so weit verbreitet wie sesquioxidreiche Böden.

Kaolinite besitzen ebenfalls an den Mineralbruchflächen variable Ladung. Abbildung 7.7 zeigt aber, daß die Ladungsmenge geringer ist als bei Sesquioxiden und der Ladungsnullpunkt niedriger liegt (zwischen 4 und 5). Verwitterungsbedingungen, die die Bildung von Sesquioxiden begünstigen, fördern auch die Kaolinitbildung; die Ladungsmenge in den Böden der feuchten Tropen ist häufig von den Eigenschaften dieser Komponenten abhängig. Ihre enge Assoziation in der Tonfraktion beeinflußt die Eigenschaften beider Oberflächen.

7.6
Messung der Anionen- und Kationenaustauschkapazität in Böden variabler Ladung

Messung der Anionenaustauschkapazität

Die Anionenaustauschkapazität schwankt mit dem pH und der Konzentration der Bodenlösung. Ihre Bestimmung muß daher so durchgeführt werden, daß die Extraktionslösung die Bedingungen im Boden möglichst gut imitiert. Die Messung des pH-Werts des Bodens sollte nach den in Abschn. 8.1 beschriebenen Methoden erfolgen. In ausgelaugten Böden der feuchten Tropen liegt die Konzentration der Bodenlösung normalerweise zwischen 0,5 und 2 mM (Tabelle 7.3). Eine 2 mM Lösung wird als Standard angenommen. Falls nötig, kann die Konzentration der Bodenlösung nach den in Abschn. 7.4 beschriebenen Methoden bestimmt werden.

Reagenzien und Ausrüstung

- *Ammoniumchlorid*, 2 mM. Man löst 0,107 g NH_4Cl in Wasser und füllt auf 1 l auf. Mit 0,05 M HCl bringt man den pH-Wert der Lösung auf den Boden-pH.
- *Ammoniumchlorid*, 50 mM. Man löst 2,675 g NH_4Cl in H_2O und füllt auf 1 l auf. Mit 0,05 M HCl bringt man den pH-Wert der Lösung auf den Boden-pH.
- *Kaliumnitrat*, 20 mM. 2,022 g KNO_3 werden in Wasser gelöst und das Volumen auf 1 l aufgefüllt.

Abb. 7.10. Röhrchen für Extraktionsexperimente, hergestellt aus einer Injektionsspritze

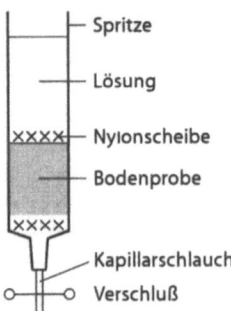

- *Silbernitrat*, 1 mM. Man löst 0,170 g AgNO$_3$ in Wasser und füllt auf 1 l auf.
- *Kaliumchlorid-Eichlösung*, 5 mM. 0,3727 g KCl (bei 105 °C trocknen, dann im Exsikkator abkühlen lassen) werden in 20 mM KNO$_3$ gelöst und mit dieser Lösung auf 1 l aufgefüllt.
- *Salpetersäure*, 70%ige HNO$_3$. (*Vorsicht:* Salpetersäure wirkt korrodierend, unter dem Abzug handhaben und Eppendorf-Pipetten verwenden; s. Anm. 1)
- *Kleine Extraktionsröhrchen*. Injektionsspritzen (10 ml) sind geeignet (Abb. 7.10). Man schneidet Scheiben aus Nylonstoff (mit etwa 60 µm Maschenweite) auf den Innendurchmesser der Spritze zurecht. Eine dieser Scheiben klebt man (Kleber nur am Rand) in das untere Ende der Röhre, damit die Bodenprobe nicht herausfällt. Man schließt ca. 40 cm Kapillarschlauch (0,5 mm Innendurchmesser) an den Spritzenauslaß an und versieht den Schlauch mit einem Clip als Verschluß.
- *Silber/Silberchlorid-Elektrode*;
- *Referenzelektrode* (*Quecksilber/Quecksilbersulfat*). Eine Kalomel-Elektrode kann nicht verwendet werden, da sie Chlorid freisetzen könnte.
- *Millivoltmeter*. An den meisten pH-Metern kann man die Spannung auch in Millivolt ablesen.
- *Eppendorf-Pipette* (o.ä.) für die Zugaben von jeweils 2 ml.

Extraktionsmethode

Man wiegt eine trockene Spritze mit Kapillarschlauch sowie eine zusätzliche Nylonscheibe und füllt 4,0 g (±0,01 g) lufttrockenen Feinboden in die Spritze. Man komprimiert den Boden mit dem Injektionskolben. Dann legt man die zusätzliche Nylonscheibe auf den Boden und füllt 5 ml 2 mM NH$_4$Cl-Lösung in das Röhrchen. Wenn die Lösung aus dem Kapillarschlauch tropft, verschließt man ihn mit dem Clip und läßt Apparatur und Bodenprobe über Nacht stehen (die Spritze sollte abgedeckt werden), damit der Boden gründlich durchfeuchtet wird. Dann spült man mehrmals mit jeweils 5 ml 2 mM NH$_4$Cl-Lösung über einen Zeitraum von 3 h hinweg, wobei man insgesamt 50 ml Lösung verbrauchen sollte (s. Anm. 2). Diese Lösung wird verworfen. Man warte, bis der Abfluß von alleine aufhört.

Die Spritze und der nasse Boden werden gewogen, um das Volumen der Lösung zu bestimmen, die im Boden festgehalten wird (Annahme: Masse = Volumen).

Nun wird der Boden mehrmals mit jeweils 5 ml 20 mM KNO$_3$ über einen Zeitraum von 3 h hinweg durchgespült; diese Extraktionslösung wird gesammelt. Infolge der Länge des Kapillarschlauchs von 40 cm sollte sich die korrekte Fließgeschwindigkeit einstellen. Falls nötig, kann man die Länge entsprechend ändern.

Chloridbestimmung durch potentiometrische Titration

Man verbindet die Silber/Silberchlorid-Elektrode und die Referenzelektrode mit dem Millivoltmeter.

Titration A. Man pipettiert 5 ml 5 mM KCl in ein 100-ml-Becherglas auf einem Magnetrührer und gibt 20 ml Wasser sowie 2 ml 70%ige Salpetersäure mit einer Eppendorf-Pipette zu. Das Becherglas wird auf einen Magnetrührer gestellt, die Elektroden werden im Becherglas befestigt und der Rührfisch hineingelegt. Man titriert so lange mit 1 mM $AgNO_3$, bis das Potential den durch die Zugabe von 25 ml 20 mM KNO_3 und 2 ml HNO_3 vorgegeben Wert erreicht hat. Dadurch wird die $AgNO_3$-Lösung geeicht.

Titrationen B und C. Das Verfahren ist das gleiche; für B verwendet man 5 ml 2 mM NH_4Cl-Lösung und für C 25 ml des 20 mM KNO_3-Extrakts aus der Spritze, ohne 20 ml Wasser zuzugeben.

Rechenbeispiel

Der Boden wird mit 2 mM NH_4Cl-Lösung in einen Gleichgewichtszustand gebracht. In diesem Zustand ist die AAK mit Cl^- gesättigt. In der Spritze befindet sich freie NH_4Cl-Lösung. Durch Wägung bestimmt man die Masse der im Boden enthaltenen Lösung. Chlorid wird durch KNO_3 verdrängt und durch Titration gemessen.

Beispiel

	[ml]
Volumen der im Boden enthaltenen Lösung	2,37
Volumen der Extraktionsflüssigkeit	49,38
Titrationen: benötigte 1 mM $AgNO_3$-Lösung für:	
A: 5 ml 5 mM KCl	24,30
B: 5 ml 2 mM NH_4Cl	10,20
C: 25 ml KNO_3-Extrakt	5,65

Schritte

1. Konzentration der $AgNO_3$-Lösung; Titration A:

   $KCl_{(aq)} + AgNO_{3(aq)} \rightarrow AgCl_{(s)} + KNO_{3(aq)}$.

   Gleiche Mengen an $AgNO_3$ und KCl reagieren miteinander:

   $5 \cdot 10^{-3}$ mol l$^{-1} \cdot 5/1\,000$ l $= y \cdot 24{,}30/1\,000$ l.

   Dabei ist y die Molarität der $AgNO_3$-Lösung, also ist $y = 1{,}029 \cdot 10^{-3}$ M.

2. Konzentration der NH_4Cl-Lösung; Titration B:

   $AgNO_{3(aq)} + NH_4Cl_{(aq)} \rightarrow AgCl_{(s)} + NH_4NO_{3(aq)}$.

   Es gelten die gleichen Grundsätze:

   $1{,}029 \cdot 10^{-3}$ mol l$^{-1} \cdot 10{,}20/1\,000$ l $= z \cdot 5/1\,000$ l.

   Dabei ist z die Molarität der NH_4Cl-Lösung, also ist $z = 2{,}099 \cdot 10^{-3}$ M.

3. Menge der in der Bodenlösung enthaltenen Cl^--Ionen:
   Die Menge an Cl^-, die in 2,37 ml Bodenlösung enthalten sind, beträgt

   $2{,}099 \cdot 10^{-3}$ mol l$^{-1} \cdot 2{,}37/1\,000$ l $= 4{,}975 \cdot 10^{-6}$ mol.

4. Menge der im Bodenextrakt vorliegenden Cl⁻-Ionen; Titration C:
Die Stoffmenge an Cl⁻-Ionen in 25 ml Bodenextrakt ist gleich der Stoffmenge an AgNO$_3$, die bei der Titration verbraucht wird. Das sind

$1{,}029 \cdot 10^{-3}$ mol l^{-1} · 5,65/1 000 l = $5{,}814 \cdot 10^{-6}$ mol Cl⁻.

Im gesamten Extrakt befinden sich $5{,}814 \cdot 10^{-6}$ · 49,38/25 = $1{,}148 \cdot 10^{-5}$ mol.

5. Menge der austauschbaren Cl⁻-Ionen:
Diese wird aus der Differenz zwischen den im Extrakt (4.) und den in der Bodenlösung enthaltenen Cl⁻-Ionen (3.) bestimmt:

$1{,}148 \cdot 10^{-5} - 4{,}975 \cdot 10^{-6} = 6{,}505 \cdot 10^{-6}$ mol. (s. Anm. 3)

Diese Menge befand sich in 4 g Boden (man setzt jeweils die gewogene Bodenmasse ein), und damit beträgt die AAK:

$6{,}505 \cdot 10^{-6}$ · 1 000/4 = $1{,}626 \cdot 10^{-3}$ mol kg^{-1} oder

= 0,16 cmol$_c$ kg^{-1} lufttrockenen Bodens.

Man bezieht das Ergebnis auf ofentrockenen Boden (z.B. 7 g H$_2$O pro 100 g ofentrockenem Boden oder 0,17 cmol$_c$ kg^{-1} ofentrockenem Boden).

Anmerkung 1. Eine Eppendorf-Pipette erlaubt die sichere Überführung einer bestimmten Menge konzentrierter HNO$_3$. Steht keine derartige Pipette zur Verfügung, kann sicherheitshalber auch mit verdünnter Säure gearbeitet werden: man verwendet 2 ml 1 M HNO$_3$; hierzu werden 63 ml HNO$_3$ (70 Masse-%) in Wasser auf 1 l verdünnt.

Anmerkung 2. Die Cl⁻-Menge in der NH$_4$Cl-Extraktionslösung muß groß genug sein, um die AAK mit Cl⁻ zu sättigen. Man könnte auch größere Mengen zugeben; dann wird aber auch Sulfat von den Austauschern verdrängt und die gemessene AAK steigt. Die Cl⁻-Menge in 50 ml 2 mM NH$_4$Cl beträgt 10^{-4} mol. Für 4 g Boden mit einer AAK von 1 cmol$_c$ kg^{-1} benötigt man also $4 \cdot 10^{-5}$ mol. 50 ml sind also bereits die für diesen Zweck mögliche Minimalmenge.

Anmerkung 3. In diesem Boden macht die Cl⁻-Menge in der Bodenlösung etwa die Hälfte der im Extrakt enthaltenen Menge aus. Wenn die AAK abnimmt, so wird dieses Verhältnis größer ebenso wie sich die Meßfehler aufgrund der geringeren Differenz zwischen den beiden Cl⁻-Mengen vergrößern.

Messung der effektiven Kationenaustauschkapazität

In Abschn. 7.3 wird die Bestimmung der KAK$_{eff}$ mit der „Summe der austauschbaren Kationen" beschrieben. Wenn man sich nicht für die Einzelmengen der austauschbaren Kationen interessiert, kann man eine abgeänderte AAK-Methode verwenden. Während der Extraktion mit NH$_4$Cl wird die negative Ladung mit NH$_4^+$ gesättigt, und zwar bei einer Lösungskonzentration und einem pH-Wert, die realen Bodenverhältnissen entsprechen; NH$_4^+$ wird nach erneutem Austausch gegen K$^+$ gemessen.

Methode

Man folgt dem Verfahren zur AAK-Bestimmung, nimmt jedoch eine zusätzliche Extraktion des Bodens mit 25 ml 50 mM NH$_4$Cl bei Boden-pH vor. Dies stellt sicher, daß die KAK$_{eff}$ (die viel größer sein kann als die AAK) mit NH$_4^+$ gesättigt ist. Diesem Schritt folgt Durchspülen mit 2 mM NH$_4$Cl bei Boden-pH und Extraktion mit KNO$_3$. Man bestimmt die NH$_4^+$-Konzentration des NH$_4^+$ sowohl in 25 ml 2 mM NH$_4$Cl als auch im KNO$_3$-Extrakt durch Dampfdestillation und titriert mit 0,01 M HCl (s. Abschn. 3.6). Für die Titration des Ammoniumchlorids benötigt man ca. 20 ml HCl, für den Extrakt etwa 5 ml pro 1 cmol$_c$ kg^{-1} an Austauschkapazität.

Rechenschritte
1. Berechnen Sie die NH$_4^+$-Konzentration in der NH$_4$Cl-Lösung!
2. Berechnen Sie die in der Bodenlösung enthaltene NH$_4^+$-Menge!
3. Berechnen Sie die Gesamtmenge an NH$_4^+$, die mit der KNO$_3$-Lösung aus dem Boden extrahiert wurde!
4. Berechnen Sie durch Differenzbildung die KAK$_{eff}$ als cmol$_c$ kg^{-1} ofentrockenen Bodens!

7.7
Praktische Übungen

1. Sammeln Sie aus den gängigen Lehrbüchern Daten zur KAK sowie zum Ton- und Humusgehalt (oder Glühverlust) von Böden! Tragen Sie die Beziehungen zwischen KAK und Tongehalt, KAK und Humusgehalt sowie zwischen Ton- und Humusgehalt in Diagrammen auf und legen Sie entweder nach Augenschein oder mit Hilfe einer linearen Regressionsanalyse eine Ausgleichsgerade durch die Punkte (s. Abschn. 9.6)! Überlegen Sie sich mögliche Ursachen, warum die Punkte um die Gerade streuen!
2. Sammeln Sie Bodenproben aus kleinräumigen Gebieten, in denen unterschiedliche Ausgangssubstrate auftreten! Soweit möglich, sollten Standorte gewählt werden, die unter gleicher oder ähnlicher Vegetation liegen. Nehmen Sie Proben aus dem Ober- und Unterboden! Messen Sie die KAK, austauschbares Ca^{2+} + Mg^{2+}, C-Gehalt (oder Glühverlust), pH und Tongehalt (oder Bodenart mit der Fingerprobe, woraus sich anhand von Abb. 2.6 der mögliche Tongehaltsbereich ermitteln läßt)! Versuchen Sie, die Unterschiede zwischen den Proben zu erklären! Berücksichtigen Sie Abschn. 8.2, wenn Sie die Wirkung der Bodenaciditätseffekte in Betracht ziehen!
3. Entwerfen Sie für eine Acker- oder Gartenfläche (s. Abschn. 11.6, Projekt 4 und Abschn. 13.1) ein Experiment, um den Einfluß von organischen und mineralischen Düngern auf die Cl$^-$-Konzentration der Bodenlösungen zu vergleichen! Für die Düngerausbringung gelten folgende Empfehlungen: Im Rothamsted Broadbalk-Experiment wurden 35 t Rinderdung ha^{-1}, das sind 3,5 kg m^{-2}, eingesetzt; die KCl-Einträge beliefen sich auf 37 kg K$^+$ ha^{-1}, das sind 3,7 g K$^+$ m^{-2} bzw. 7 g KCl m^{-2}. Verteilen Sie den Stalldung gleichmäßig über den Boden und arbeiten Sie ihn in die oberen Bodenzentimeter ein! Lösen Sie KCl in Wasser (2 l) und verteilen Sie es mit einer Gießkanne gleichmäßig über die Fläche! Gießen Sie die gleiche Menge Wasser über die mit Stalldung gedüngte Fläche! Entnehmen Sie nach ein paar Tagen Proben aus dem Oberboden (0–20 cm), extrahieren Sie die Bodenlösung und bestimmen Sie die Cl$^-$-Konzentration mit den in Abschnitten 7.4 und 7.6 beschriebenen Methoden! Machen Sie sich Gedanken über das Probenahmeverfahren und

erforderliche Wiederholungsproben (s. Abschn. 1.1 und 1.3)! Messen Sie die Veränderungen, die sich durch Auswaschung mit dem Niederschlagswasser oder mit zusätzlich zugeführtem Wasser ergeben!

4. Positiv geladene Böden sind in den gemäßigten Breiten sehr selten. Man kann sie jedoch simulieren, wenn man eine Mischung aus sandigem Boden und einem Anionenaustauscherharz verwendet. Dowex 1-XB (erhältlich bei BDH Ltd oder bei Merck, Darmstadt) ist ein dafür geeignetes Harz. Es hat eine AAK von etwa 350 $cmol_c$ kg^{-1} feuchtem Harz und enthält ca. 43 % Wasser. Stellen Sie eine Mischung aus Harz und Boden her, deren AAK etwa 2 $cmol_c$ kg^{-1} beträgt! Die Mischung sollte aus lufttrockenem Feinboden und lufttrockenem Harz bestehen. Es ist eine gründliche Durchmischung der trockenen Komponenten erforderlich (gemeinsames Schütteln in einem Plastikbeutel). In der erhältlichen Form trägt das Harz bereits Cl^--Ionen an seinen Austauschplätzen.

Extrahieren Sie einen Boden mit variabler Ladung oder das Boden-Harz-Gemisch mit Lösungen, die Cl^-- und NO_3^--Ionen in verschiedenen Mengenanteilen enthalten, nach der in Abschn. 7.6 beschriebenen Methode und bestimmen Sie dann die austauschbaren Cl^--Ionen! Die Extraktionslösungen sollten aus einer Mischung von NH_4Cl und NH_4NO_3 bestehen, so daß $[Cl^-] + [NO_3^-] = 2$ mM ist (incl. einer Lösung aus 2 mM Cl^- und 0 mM NO_3^-).

Tragen Sie das Verhältnis zwischen austauschbaren Cl^--Ionen und austauschbaren NO_3^--Ionen gegen das Verhältnis der Konzentrationen in der Bodenlösung $[Cl^-]/[NO_3^-]$ auf! Die Geradensteigung entspricht dem Austauschkoeffizient G für diese beiden Ionen, und die Beziehung wird durch die Gleichung

$$\text{austauschbares } Cl^-/\text{austauschbares } NO_3^- = G[Cl^-]/[NO_3^-]$$

beschrieben. Wenn $G = 1$ ist, sind die beiden Ionen an den Austauschplätzen gleich stark gebunden. Diese Übung wird in Abschn. 11.6, Projekt 5 vertieft.

7.8
Übungsaufgaben

1. Ein Boden enthält 15 % Smectit und 3 % Humus, wobei man davon ausgehen kann, daß beide unabhängig voneinander als Austauscher wirken. Berechnen Sie unter dieser Voraussetzung die möglichen Werte KAK-Werte des Bodens bei pH 6,5 mit Hilfe der Daten aus Tabelle 2.3 und Abb. 7.2! (*Antwort*: 15,8–18,1 $cmol_c$ kg^{-1})
2. Wir betrachten einen Boden aus den feuchten Tropen mit 5 % Goethit, 20 % Kaolinit, 2 % Humus und einem pH-Wert von 4, wobei man davon ausgehen kann, daß die genannten Bodenbestandteile unabhängig voneinander als Austauscher wirken. Berechnen Sie die möglichen AAK- und KAK-Werte mit Hilfe der Daten aus Abb. 7.2 (Humus) und 7.7 (Goethit und Kaolinit)! Vergleichen Sie die eigenen Ergebnisse mit denen in Tabelle 7.3! (*Antwort*: AAK 0,5; KAK 0,1 $cmol_c$ kg^{-1})
3. In einem Gedankenexperiment wird dem Oberboden aus Malaysia in Tabelle 7.3 mineralischer Sulfatdünger in Gaben von 60 kg S ha^{-1} (2 000 t Boden ha^{-1}) zugeführt; das Sulfat wird von Sesquioxiden sorbiert, so daß 1 mol_c sorbiertes SO_4^{2-} die positive Ladung um 1 mol_c reduziert. Berechnen Sie die neue AAK! Die molare Masse von Schwefel beträgt 32,1 g mol^{-1}. (*Antwort*: 0,29 $cmol_c$ kg^{-1}) Wahrscheinlich wird die Ladung jedoch nur um 0,5 mol_c pro sorbiertem mol_c SO_4^{2-} reduziert.

7.8 · Übungsaufgaben

4. Tabelle 7.6 enthält die durchschnittliche Zusammensetzung der Bodenlösung neutraler Böden aus Oxfordshire. Berechnen Sie die gesamte Anionen- und Kationenladung! (*Antwort*: 3,2 und 5,3 mmol$_c$ l^{-1}). Welche bedeutenden Ionen wurden dabei vernachlässigt?

5. Auf sauren Böden werden Kalkdünger in Mengen bis zu 10 t CaCO$_3$ ha^{-1} und Kalidünger in Mengen bis zu 60 kg K$^+$ ha^{-1} ausgebracht. Rechnen Sie diese Mengen in cmol$_c$ kg^{-1} um, vorausgesetzt, daß 2 000 t Boden ha^{-1} vorhanden sind! Um welchen Prozentsatz steigen diese Mengen, wenn ein Boden 10 cmol$_c$ Ca^{2+} kg^{-1} und 0,5 cmol$_c$ K$^+$ kg^{-1} enthält und wenn alle zugeführte Ca^{2+}- und K$^+$-Ionen an den Austauschern gebunden werden? (*Antwort*: 100 und 15)

   Wenn K$^+$-Ionen als KCl zugeführt werden, bleiben alle Cl$^-$-Ionen in der Bodenlösung. Wie groß ist der Anstieg der Cl$^-$-Konzentration in der Bodenlösung, wenn der feuchte Boden 30 Masse-% Wasser enthält? (*Antwort*: 2,6 mM) Vergleichen Sie die eigenen Ergebnisse mit denen in Abschn. 9.4! Angaben zu den molaren Massen sind in Anhang 2 zu finden.

6. Ein Boden hat eine AAK von 1,0 cmol$_c$ kg^{-1}, wovon die Hälfte durch NO$_3^-$ besetzt ist. Berechnen Sie die Menge an NO$_3^-$-N, die pro ha$_{(2\,000\,t)}$ vorhanden ist! Die molare Masse von Stickstoff beträgt 14 g mol^{-1}. (*Antwort*: 140 kg)

7. Man stelle sich vor, daß ein reiner Humus 65 cmol Carboxylgruppen kg^{-1} enthält, die einen pK_a von 4,0 haben. Berechnen Sie mit Hilfe von Gleichung 7.2 den Anteil jener Carboxylgruppen, die bei pH 3, 4, 5 und 6 dissoziiert vorliegen! Berechnen Sie dann aus diesen Anteilen die Ladungsmenge der Huminstoffe bei dem jeweiligen pH-Wert! (*Antwort*: 5,9; 32,5; 59,1; 64,4 cmol$_c$ kg^{-1}) Stellen Sie die Ergebnisse in einem Diagramm dar und vergleichen Sie dieses mit Kurve *I* aus Abb. 7.2! Nehmen Sie nun an, daß ein Viertel der Carboxylgruppen einen pK_a von 3,0 hat und drei Viertel einen pK_a von 5,5 haben. Führen Sie eine Neuberechnung durch und tragen Sie die Ladungsmenge gegen den pH auf! Dies ist eines der Verfahren, die bei Modellrechnungen der Beziehung zwischen Ladungsmenge und pH-Wert angewendet wird. Ändern Sie die pK_a-Werte, die Anzahl der Carboxylgruppen in jeder Fraktion und die Zahl der Fraktionen entsprechend, um die bestmögliche Übereinstimmung zu erreichen!

8. Die Obergrenze der Kupferzufuhr für mit Klärschlamm behandelte Böden liegt in Großbritannien bei 135 mg kg^{-1} Boden. Ein Boden enthält 3 % organische Substanz mit einer negativen Ladung von 60 cmol$_c$ kg^{-1} organische Substanz. Das gesamte Kupfer wurde durch Chelatisierung fest an den Humus gebunden; welcher Anteil der Ladung der organischen Substanz wäre dadurch ausgeglichen worden? Die molare Masse von Kupfer beträgt 63,5 g mol^{-1}, und 1 mol Cu^{2+} trägt 2 mol Ladung. (*Antwort*: 24)

KAPITEL 8

Bodenacidität und Bodenalkalität

Das Klima hat einen entscheidenden Einfluß auf die Bodeneigenschaften. Die Unterschiede zwischen den Merkmalen, die für Bodenprofile aus verschiedenen Klimazonen charakteristisch sind, waren der erste Anreiz für Wissenschaftler, sich überhaupt mit Böden zu beschäftigen und Klassifikationssysteme für Böden zu entwickeln. Die Niederschläge und die Temperatur steuern das Ausmaß der Auswaschung und Verwitterung von Bodenmineralen (s. Abschn. 2.1) und wirken sich daher erheblich auf die chemischen Bodeneigenschaften, vor allem die Acidität und den Salzgehalt, aus.

Ausgewaschene Böden neigen zur Versauerung, wogegen alkalisch reagierende Böden vor allem in Trockengebieten vorkommen. In welchem Ausmaß Böden innerhalb einer bestimmten Region versauern, hängt von dem Säureeintrag aus der Vegetation und der mikrobiellen Biomasse sowie davon ab, inwieweit die primären Gesteinsminerale der zur Versauerung führenden Auswaschung entgegenwirken. Auch die Alkalisierung ist vom Ausgangsgestein, der Vegetation und den hydrologischen Verhältnissen abhängig.

Die Bodenbewirtschaftung ist ein Eingriff, der das Gleichgewicht zwischen diesen Faktoren stört. Kalkdüngung kehrt z.B. die natürliche Tendenz zur Bodenversauerung um, wogegen das Anpflanzen von Nadelbäumen die Versauerungsgeschwindigkeit erhöhen kann. Die fachgerechte Bewässerung von Böden arider Regionen kann in diesen eine Alkalisierung bremsen; erfahrungsgemäß ist dies jedoch meist nicht der Fall. Die Luftverschmutzung und der Klimawandel infolge des Treibhauseffekts führen sogar in noch größerem Umfang zu zunehmender Bodenversauerung.

Beschaffenheit der Bodenacidität

Die Acidität im engeren Sinne ist als die Konzentration gelöster Wasserstoffionen definiert. Sie wird als pH-Wert ($-\log [H^+]$) angegeben, wobei $[H^+]$ die Konzentration (genaugenommen die Aktivität, Abschn. 7.1, Anm. 2) der Wasserstoffionen in mol l^{-1} ist. In sauren Lösungen ist der pH-Wert kleiner als 7, neutrale Lösungen haben einen pH von 7, und alkalische Lösungen einen pH größer als 7. In Abschn. 8.1 werden die mit dem pH-Wert in Zusammenhang stehenden Begriffe erläutert. Bereits hier sollte gesagt werden, daß die Bezeichnung „neutral" im Falle von Böden einen pH-Bereich von ca. 6,5 bis 7 umfaßt.

Der Begriff „Bodenacidität" bedeutet allerdings mehr als nur der pH-Wert der Bodenlösung. Zwar gelten dabei weiterhin dieselben Grundsätze wie bei der Messung des Boden-pH (s. Abschn. 8.1), die normalerweise in einer wäßrigen Bodensuspension vorgenommen wird, so daß das Meßergebnis in erster Linie den pH-Wert der Bodenlösung wiedergibt; an Kationenaustauschplätzen sind jedoch auch Wasserstoffionen sorbiert, die das Meßergebnis beeinflußen. Mit steigender Acidität (pH 7 → 3) sind folgende Veränderungen der Bodeneigenschaften verknüpft:

- Die Menge an austauschbaren Ca^{2+}- und Mg^{2+}- Ionen nimmt ab. Diese Ionen werden zusammen mit den austauschbarem K^+-, Na^+- und NH_4^+-Ionen als *austauschbare Basen* bezeichnet. Ihr Gesamtanteil an der KAK wird meist in Prozenten angegeben und als *Basensättigung* bezeichnet (s. Abschn. 8.2).
- Die Menge an austauschbaren Al^{3+}-Ionen nimmt zu; sie wird bisweilen als *Aluminiumsättigung* der KAK_{eff} angegeben (s. Abschn. 8.2).
- Die negative Ladung von Huminstoffen nimmt ab, aber die positive an Sesquioxiden nimmt zu (s. Abschn. 7.1 und 7.5).
- Die Verfügbarkeit von Pflanzennährstoffen ändert sich; z.B. durch Verringerung der Phosphatlöslichkeit (s. Kap. 10).
- Die Verfügbarkeit toxischer Elemente ändert sich; z.B. lösen sich Aluminium und Mangan unter sauren Bedingungen leichter (s. Abschn. 8.3).
- Die Aktivität vieler Bodenorganismen ist eingeschränkt. Deswegen akkumuliert sich die organische Substanz während sich das Ausmaß der Mineralisierung und die Verfügbarkeit von N, P und S reduziert.

Entstehung der Bodenacidität

In reinem Wasser beträgt die Konzentration der H^+-Ionen 10^{-7} mol l^{-1}; der pH-Wert beträgt also 7. Wenn das Wasser in Kontakt mit atmosphärischem CO_2 steht, bildet sich eine verdünnte Kohlensäurelösung mit einem pH von 5,6. Destilliertes oder deionisiertes Wasser, wie es im Labor verwendet wird, hat daher einen pH-Wert von ca. 5,6. Damit ein davon abweichender pH-Wert vorliegen kann, muß entweder eine andere Säure oder eine Base zugegeben werden. „Saurer Regen" enthält Salpeter- und Schwefelsäure, die sich in der Atmosphäre gelöst haben (oder Ammoniak sowie Stick- und Schwefeloxide, die diese Säuren bilden können). Der pH des sauren Regens liegt unter 5,6. Der durchschnittliche pH des Regenwassers im östlichen Großbritannien beträgt ca. 4,4 (DOE 1990). Selbst in nicht verschmutzter Luft nimmt der Regen kleine Mengen natürlich vorkommender Säuren auf und hat einen pH-Wert von etwa 5. Ammoniak sowie Stick- und Schwefeloxide werden auch „trocken" auf der Vegetation und dem Boden deponiert und dann mit den Niederschlägen in den Boden gewaschen, wo sie Versauerung verursachen. Somit stellt die Atmosphäre eine externe Quelle für H^+-Ionen dar, die zur Bodenacidität beitragen (Abb. 8.1).
Böden haben aber auch interne Quellen für H^+-Ionen:

- Bei der Respiration von Wurzeln und Mikroorganismen entsteht CO_2, das sich im Bodenwasser unter Kohlensäurebildung löst (s. Abschn. 8.1). Diese schwache Säure dissoziiert in größerem Umfang nur oberhalb von pH 5 und ist in neutralen und alkalischen Böden die Hauptquelle für H^+-Ionen.
- H^+-Ionen werden während des Abbaus der organischen Bodensubstanz als Ergebnis der Mineralisierung, Nitrifizierung und Auswaschung freigesetzt.
- Vegetation, organische Bodensubstanz und Pflanzenwurzeln geben organische Säuren ab.

Einführung

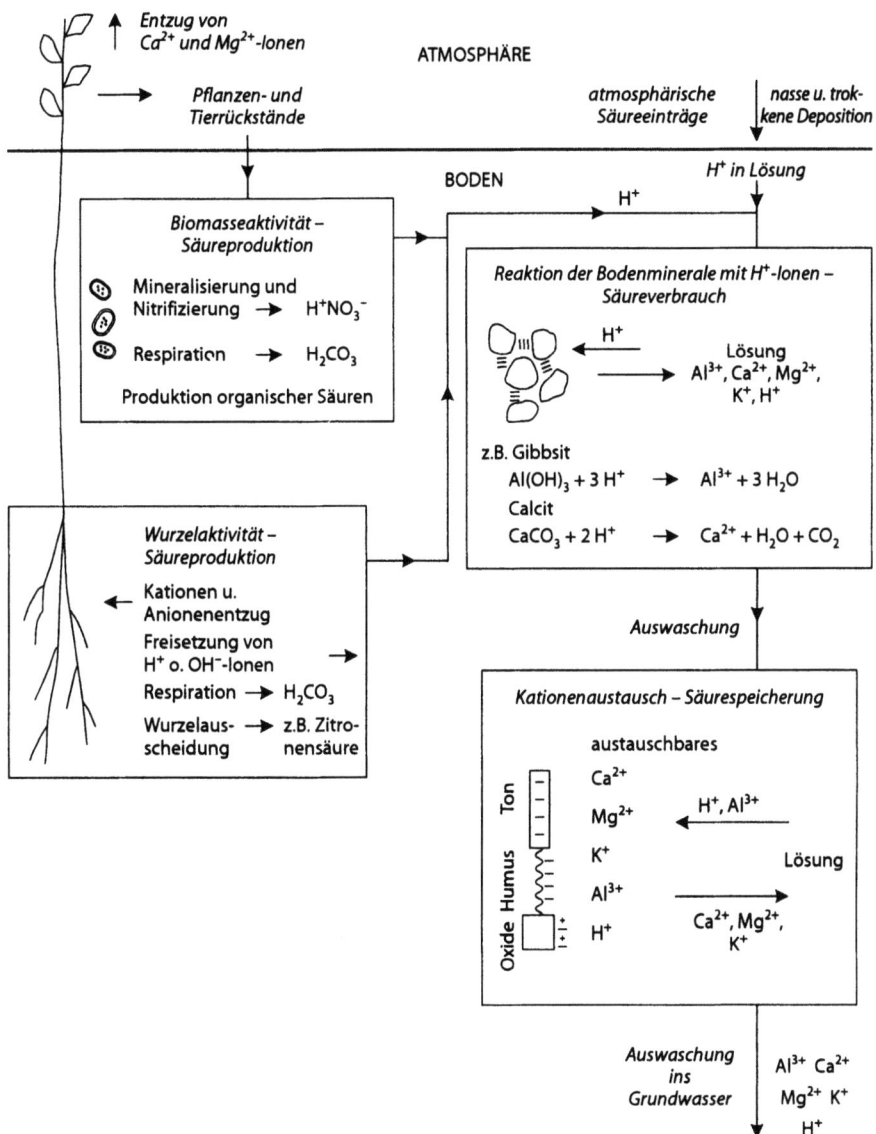

Abb. 8.1. Prozeß der Bodenversauerung. Anmerkungen: 1. die Zufuhr von Ammoniumdüngern verstärkt die Säureproduktion durch Nitrifizierung; 2. die Bodenatmung trägt nur oberhalb von pH 5 zur Bodenversauerung bei. Unterhalb dieses Wertes werden bei der Dissoziation von H_2CO_3 zu wenig H^+-Ionen freigesetzt. 3. Calcit kann natürlich vorkommen oder als Kalkdünger zugeführt werden

- Bei der Aufnahme von Nährstoffionen geben Wurzeln H^+- oder OH^--Ionen ab, um die elektrische Neutralität ihrer Oberflächen zu wahren. Damit sind sie Quellen für Säuren, aber auch für Basen.
- Pedogene Minerale reagieren normalerweise sauer; während ihrer Verwitterung geben sie H^+-Ionen in das Bodenwasser ab.

Nicht alle Säuren, die in den Boden gelangen oder dort gebildet werden, bleiben auch im Boden. Es finden chemischen Reaktionen statt, die als „Säuresenken" wirken:

- Viele der aus dem Ausgangsgestein ererbten Minerale reagieren mit Wasser basisch, was einen pH-Wert von 7 oder mehr ergibt.
- Ionenaustauschreaktionen an Tonmineralen, Sesquioxiden und Huminstoffen entfernen H^+-Ionen im Tausch gegen basische Kationen aus der Bodenlösung.
- Durch Auswaschung verlassen H^+-Ionen den Boden.

Die Bewirtschaftung der Bodens verändert das Gleichgewicht zwischen den Säurequellen und -senken, was im wesentlichen folgende Auswirkungen nach sich zieht:

- Die Beseitigung der natürlichen Vegetation führt zu einem beschleunigten Abbau der organischen Bodensubstanz, zu Nitrat-Auswaschung und Säurebildung.
- Bei der Nitrifizierung von Ammonium-Düngern entstehen H^+-Ionen.
- Kalk fungiert im Boden als Base, die mit Säuren reagiert und diese neutralisiert.

Da in Böden Säuresenken vorhanden sind, findet bei einer bestimmten H^+-Ionenzufuhr keine so starke pH-Wert-Absenkung statt wie bei der Zugabe der gleichen H^+-Menge zu reinem Wasser. Man bezeichnet dies als Pufferung (s. Abschn. 8.4), ein Begriff, der bereits in Kap. 7 für die Regulierung der Ionenkonzentration der Bodenlösung während des Ionenaustauschs verwendet wurde. Das Ausmaß der Pufferung hängt von der Zusammensetzung des Bodens ab. In kalkhaltigen Böden wird z.B. ein pH-Wert von ungefähr 8 aufrechterhalten, solange Calciumcarbonat ($CaCO_3$) vorhanden ist und gelöst werden kann (s. Abschn. 8.3); Tonminerale und Huminstoffe puffern die Bodenlösung durch H^+-Austausch und Adsorptionsreaktionen. Daraus folgt, daß Böden auch unterschiedlich empfindlich auf Säure- oder Baseneinträge reagieren, wobei sandige Böden sehr viel stärker zur Versauerung neigen als schwere. Bei Betrachtung der schädlichen Folgen des sauren Regens muß dies berücksichtigt werden; deshalb wurde das Konzept der *kritischen Säurebelastung* entwickelt, das die Säuremenge bezeichnet, die pro Jahr auf eine bestimmte Fläche gelangen darf, ohne eine schädliche Wirkung hervorzurufen. Diese kritische Menge basiert vor allem auf der Pufferkapazität (DOE 1991). Pufferung spielt auch in der Landwirtschaft eine große Rolle; z.B. ist bei sandigen Böden für eine pH-Anhebung weniger Kalk erforderlich als bei schweren Böden (s. Abschn. 8.5).

Die Pufferung der Bodenacidität wird als *Pufferkapazität* gemessen; darunter versteht man die Menge an Säure (oder Base), die notwendig ist, den pH um eine Einheit pro kg Boden zu senken (oder anzuheben, s. Abschn. 8.4). Die Pufferung der Nährstoffionen in der Bodenlösung wird als *Pufferstärke* gemessen (s. Abschn. 9.4).

Im Hinblick auf die Entstehung der Acidität muß ein weiterer Aspekt des Systems Boden berücksichtigt werden. Jeder H^+-Input verursacht Reaktionen, bei denen bestimmte Produkte freigesetzt werden. Die weitere Reaktion ist eingeschränkt, falls diese Produkte nicht entfernt werden. Hierbei handelt es sich um ein grundlegendes chemisches Prinzip (auch Le Châtelier-Prinzip genannt; Nuffield Advanced Chemistry II, Topic 12). Der Säureangriff auf $CaCO_3$ verläuft folgendermaßen:

$$CaCO_3 + 2H^+ \rightleftharpoons Ca^{2+} + H_2O + CO_2.$$

Wenn Ca^{2+} nicht entfernt wird oder CO_2 nicht entweichen kann, ist die Reaktion gehemmt. Im Boden werden die Reaktionsprodukte durch Auswaschung entfernt; in

Abb. 8.1 sind die Folgen dargestellt. Von großer Tragweite ist dabei die Auswaschung austauschbarer Ca^{2+}- und Mg^{2+}-Ionen, deren Platz an den Austauschern H^+ und gelöste Al^{3+}-Ionen einnehmen. Würden Ca^{2+} und Mg^{2+} nicht entfernt, hätten weitere H^+-Einträge nur begrenzte Wirkung. Für zunehmende Versauerung sind also sowohl Säurezufuhr als auch Auswaschung erforderlich.

Zusammenfassung

Böden versauern aufgrund atmosphärischer Einträge von H^+-Ionen oder sauer reagierenden Verbindungen sowie aufgrund bodeninterner H^+-Bildung. Durch Reaktionen mit Bodenmineralen erhöht sich die Menge an austauschbaren H^+- und Al^{3+}-Ionen; lösliche Reaktionsprodukte gehen durch Auswaschung verloren. Die Veränderung des pH-Werts hängt von den externen und internen H^+-Einträgen ab sowie vom Ausmaß, in dem H^+-Ionen mit dem Boden reagieren und die entstandenen Produkte ausgewaschen werden. Unter Pufferkapazität versteht man die Fähigkeit des Bodens, sich einer Veränderung des pH-Werts zu widersetzen.

Bodenversauerung unter natürlicher Vegetation

Die Pufferkapazität von Böden mit einem pH von 4 bis 7 schwankt in Abhängigkeit von Bodenart und Humusgehalt in einem Bereich von 10 bis 100 mmol H^+ kg^{-1} pH^{-1} (= mg H^+ kg^{-1} pH^{-1}). Die Säureeinträge werden normalerweise auf eine bestimmte Flächeneinheit bezogen. Dann beträgt die Pufferkapazität ungefähr 25 bis 250 mg H^+ ha^{-1} kg^{-1} pH^{-1} (1 ha bis 20 cm Bodentiefe, 2 500 t Boden).

Erreicht der Boden-pH den Wert 4, dann stabilisiert er sich im allgemeinen trotz weiterhin anhaltender Säureeinträge. Minerale werden gelöst und neutralisieren einen Teil der Acidität; die restlichen H^+-Ionen werden entweder bis zum Ausgangsgestein durchgespült und dort neutralisiert, oder das angesäuerte Wasser fließt lateral über undurchlässigen Gesteinsschichten ab. Die oben erwähnten Werte der Pufferkapazität gelten also nicht für sehr saure Böden.

Säureeinträge in Böden unter einer natürlichen Vegetationsdecke sind in jüngster Zeit sehr gründlich untersucht worden, da man sich über die Wirkung des sauren Regens auf Wälder, Seen, Flüsse und Böden große Sorgen macht. Die atmosphärischen Einträge wurden in Großbritannien durch das DOE (1990) untersucht und sind in den Farbtafeln 13 a und b dargestellt.

Interne Säureeinträge sind ungleich schwerer zu bestimmen. Beispiele hierzu sind in Tabelle 8.1 aufgeführt. In landwirtschaftlich genutzten Böden ist diese Komponente im Vergleich zu den atmosphärischen Einträgen groß, während letztere in sauren Böden unter einer natürlichen Vegetationsdecke größere Bedeutung haben. Die interne Säureproduktion läßt sich durch Landnutzungsänderungen beträchtlich beeinflussen. Massive Versauerungsschübe werden durch den Abbau organischer Stoffe und die Auswaschung von Nitrat ausgelöst, wenn Waldgebiete abgeholzt (Tabelle 8.1 b und Abschn. 13.5) oder Grasflächen untergepflügt werden (Abb. 11.7). Der *Hubbard Brook Experimental Forest*, ein Waldversuchsgelände in den USA, lieferte sehr wertvolle Daten über Bodenveränderungen nach der Abholzung (Likens et al. 1970); die Werte in Tabelle 8.1 b stammen aus einer britischen Studie (Stevens et al. 1989).

Tabelle 8.1. Beispiele für Säureeinträge und interne Säureproduktion in Böden

a Durchschnittliche Landwirtschaftsböden in Dänemark (Petersen 1986)	[kg H$^+$ ha^{-1} a^{-1}]
atmosphärische Einträge	1,2
bodeninterne Säureproduktion durch:	
Respiration	4,5
Nitrifizierung	>2,1
Nährstoffaufnahme	0,8

Der Boden-pH in H$_2$O variiert von durchschnittlich 5,75 im Westen Dänemarks bis 7,15 im Osten. Die Niederschlagsmenge schwankt zwischen 500 und 800 mm a^{-1}, die Evapotranspiration beträgt etwa 350–450 mm a^{-1} und die Versickerung ca. 100–400 mm a^{-1}. Im Durchschnitt werden 140 kg ha^{-1} an N-Dünger, hauptsächlich als NH$_4$NO$_3$ verwendet. Die durch Nitrifizierung verursachte Versauerung kann aus den Auswaschungsverlusten von NO$_3^-$ (30 kg N ha^{-1}) berechnet werden: bei NH$_4$NO$_3$ verbleibt 1 mol H$^+$ pro ausgewaschenem mol NO$_3^-$ im Boden (Reuss und Johnson 1986).

b Boden unter Sitka-Fichten	[kg H$^+$ ha^{-1} a^{-1}]
schlagreifes Forsteinzugsgebiet	
H$^+$ im Regenwasser; pH 4,4; 2 717 mm a^{-1}	0,92
Versauerung durch atmosphärische N-Einträge und bodeninterne N-Umwandlung[a]	1,07
gesamter Säureeintrag	1,99
H$^+$-Austrag über Fließgewässer	0,89
NO$_3^-$-Autrag über Fließgewässer	11 – 16 kg N
benachbartes Gebiet im zweiten Jahr nach Abholzung	
H$^+$ im Regen	0,86
Versauerung durch atmosphärische N-Einträge und bodeninterne N-Umwandlung[a]	4,90
gesamter Säureeintrag	5,76
H$^+$-Entzug aus den C-Horizont	0,82
NO$_3^-$-Entzug aus dem C-Horizont	72 kg N

[a] Aus den unterschiedlichen NH$_4^+$- und NO$_3^-$-Ein- und Austrägen des schlagreifen Einzugsgebietes (Stevens et al. 1989) bzw. des Bodenprofils der gerodeten Fläche (Stevens, unveröffentlichte Daten). Die Einzugsgebiete befinden sich in Beddgelert, N. Wales. Bei den Böden handelt es sich um Stagnopodsole mit einem durchschnittlichen pH von 3,1–4,1. Die Säurebildung durch S-Einträge und S-Umwandlung ist klein und wurde vernachlässigt.

Um den Einfluß atmosphärischer Einträge und veränderter Bewirtschaftungsmethoden beurteilen zu können, benötigt man *Säurebilanzen* (wie in Tabelle 8.1), in denen atmosphärische Einträge, interne Produktion und interner Verbrauch sowie Versickerungsverluste aufgeführt sind. Der Versickerungsverlust ist normalerweise eine geringfügige Komponente des Gesamthaushalts, die aber mit zunehmender Sickerwassermenge an Bedeutung gewinnt. Wegen der Komplexität der realen Verhältnisse werden quantitative chemische Modelle dazu herangezogen, um die langfristigen Folgen der Veränderung der atmosphärischen Inputs abschätzen zu können (Tipping und Hurley 1988).

Auswirkungen der Bodenversauerung

Obwohl die Auswirkungen der Bodenversauerung meist als Veränderung des Boden-pH wahrgenommen werden, geht die Versauerung vor allem mit einer Zunahme der gelösten und austauschbaren Aluminiumionen einher (s. Abschn. 8.2 und 8.3). Diese führt zu Toxitätserscheinungen an empfindlichen Pflanzen und einer Herabsetzung der Konzentration der gelösten und austauschbaren Calcium- und Magnesiumionen, womit wiederum Mangelerscheinungen verbunden sind; dies wird durch das Ionenverhältnis $Al^{3+}/(Ca^{2+} + Mg^{2+})$ gesteuert (Farbtafel 12). Die Aluminiumtoxizität ist im allgemeinen der wichtigste Faktor, der sich direkt auf den Pflanzenstoffwechsel auswirkt und der vor allem den Ionen- und Wassertransport durch die Wurzelzellmembranen behindert. Wurzeln werden kürzer und dicker, was wiederum die Fähigkeit der Pflanzen, Wasser und Nährstoffe (insbesondere Phosphate) aufzunehmen, beeinträchtigt (Farbtafel 15). Die Bodenversauerung ist derjenige Faktor, der die Ernteerträge in den feuchten Tropen in erster Linie begrenzt. Zudem wird die natürliche Verbreitung von Pflanzen aufgrund deren unterschiedlicher Säureempfindlichkeit wesentlich durch die Bodenacidität bestimmt (Nuffield Advanced Biology II, Kap. 26.5).

Welche Rolle die Bodenversauerung beim Wald- und Baumsterben spielt, ist nach wie vor unklar, obwohl eine erhöhte Aluminium- sowie eine verringerte Calcium- und Magnesiumaufnahme wahrscheinlich dazu beitragen (Roberts et al. 1989). Die Zusammensetzung des Bodensickerwassers beeinflußt die Fließgewässer und Seen (Howells und Dalziel 1992). Auch hier zeigt sich wieder, daß die erhöhte Al^{3+}-Konzentration und die erhöhten $Al^{3+}/(Ca^{2+} + Mg^{2+})$-Verhältnisse für das Überleben der Fische von zentraler Bedeutung sind. Schließlich gelangt Aluminium auch in die Trinkwasserversorgung. Man vermutet, daß zwischen der erhöhten Aluminiumkonzentration des Trinkwassers und der Alzheimerschen Erkrankung ein Zusammenhang besteht.

Versauerung in landwirtschaftlichen Systemen

In Zusammenhang mit der landwirtschaftlichen Nutzung sind vor allem die Auswirkungen von Mineraldüngern und Viehbeständen auf den Säurehaushalt des Bodens zu berücksichtigen. Von zentraler Bedeutung ist dabei wohl die Ausbringung von N-Düngern, vor allem von solchen, die Ammoniumionen enthalten. Die Nitrifizierung von NH_4^+ zu NO_3^- findet in landwirtschaftlich genutzten Böden innerhalb weniger Wochen statt:

$$NH_4NO_3 + 2O_2 \rightarrow 2\,NO_3^-\,2H^+ + H_2O.$$

In dieser Reaktion setzt 1 kg N (in Form von NH_4^+) 0,14 kg H^+ frei. Die erhöhte NO_3^--Aufnahme durch die Feldfrüchte führt zur Abgabe von OH^--Ionen, damit die Wurzeloberflächen elektrisch neutral bleiben; dies hängt allerdings auch davon ab, ob die Kationenaufnahme ebenfalls gesteigert ist.

In England und Wales von 1965 bis 1971 durchgeführte Freilandmessungen zeigten, daß die Netto-Acidität, die durch die verschiedenen Formen der verwendeten N-Dünger entstand, etwa die Hälfte bis zwei Drittel des theoretischen Werts betrug, nämlich 0,08 kg H^+ pro kg eingesetztem NH_4^+-N (Gasser 1973). Da die NO_3^--Aufnahme

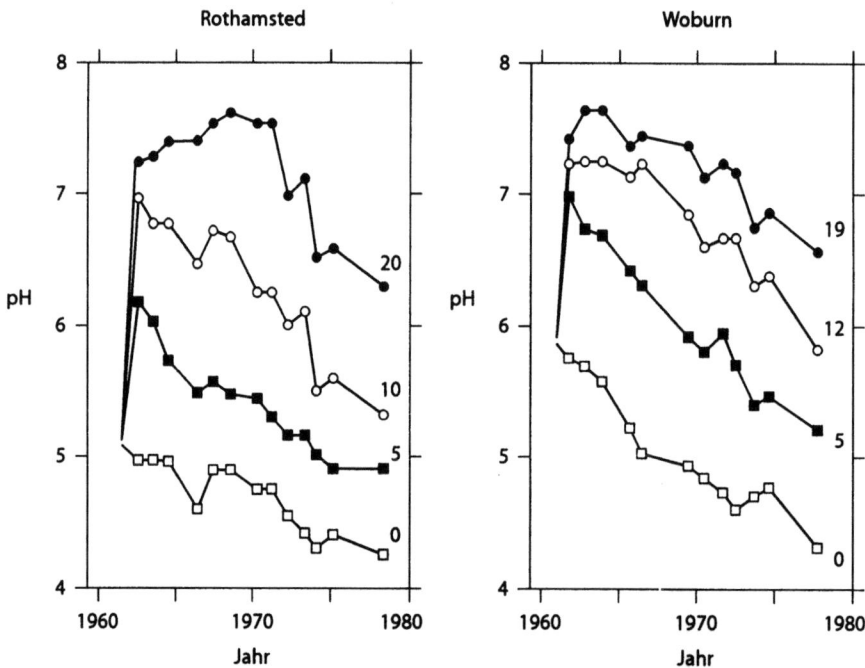

Abb. 8.2. Wirkungen der Kalkdüngung und späteres Sinken des Boden-pH. *Rothamsted*: schluffig-toniger Lehm unter Dauergrünland. *Woburn*: sandiger Lehm unter Ackerland mit wechselnden Feldfrüchten. Die Zahlen an den Kurven entsprechen den Kalkgaben [t CaCO$_3$ ha^{-1}], die 1962 verabreicht wurden. Die Proben wurden aus den oberen 23 cm der Böden entnommen (aus Goulding et al. 1989)

der Säureproduktion entgegenwirkt, ist die Versauerung vor allem durch NO$_3^-$-Auswaschungsverluste und nicht durch NH$_4^+$-Düngung bedingt. Ein einfaches Modell zeigt, daß im Fall von NH$_4$NO$_3$ und Harnstoff 0,07 kg H$^+$ pro kg ausgewaschenem NO$_3^-$-N entstehen und daß für (NH$_4$)$_2$SO$_4$ die gleichen Werte gelten plus 0,06 kg H$^+$ pro kg ausgewaschenem SO$_4^{2-}$-S (Reuss und Johnson 1986). Beim Einsatz von KCl entstehen 0,03 kg H$^+$ pro kg ausgewaschenem Cl$^-$, wenn das gesamte Kalium aufgenommen wird. Nehmen wir durchschnittliche Werte für Winterweizen in England und Wales (Tabelle 11.1 b), dann werden bei einer Nettoproduktion von 4,3 kg H$^+$ ha^{-1} 61 kg NO$_3^-$-N ausgewaschen, was etwa doppelt so hoch ist wie die in Tabelle 8.1 für dänische Böden angegebenen Werte und ungefähr genauso hoch ist wie die H$^+$-Einträge aus allen anderen Quellen. Auch beim Einsatz organischer Dünger wird sich daran nicht viel ändern – es sei denn, die winterlichen Auswaschungsverluste ließen sich einschränken (s. Abschn. 13.3) –, denn pro kg ausgewaschenem NO$_3^-$-N bleibt sowohl bei NH$_4$NO$_3$-N als auch bei mineralisiertem N die gleiche Säuremenge zurück (Reuss und Johnson 1986).

Wenn ein leichter Boden eine Pufferkapazität von 100 kg H$^+$ ha^{-1} pH^{-1} hat (Tabelle 8.5) und ihm insgesamt 9 kg H$^+$ ha^{-1} a^{-1} zugeführt werden (Tabelle 8.1 a), fällt der pH-Wert um 9/100 = 0,09 pH-Einheiten a^{-1}. In schweren Böden erfolgt die pH-Abnahme langsamer; Beispiele hierfür sind in Abb. 8.2 für Böden in Rothamsted und Woburn dargestellt. Die Zugabe von 5 t CaCO$_3$ ha^{-1} erhöhte den pH-Wert um etwa

1,1 Einheiten, woraus sich schließen läßt, daß beide Böden trotz unterschiedlicher Körnung offenbar über Pufferkapazitäten von etwa 4,5 t $CaCO_3$ ha^{-1} pH^{-1} (90 kg H^+ ha^{-1} pH^{-1}) verfügten. In Rothamsted war der Kalk oberflächlich ausgebracht worden, in Woburn wurde er in den Boden eingearbeitet. Die gemessene Pufferkapazität des Rothamsted-Bodens ist geringer als erwartet (Tabelle 8.5). Nach der Kalkung versauerte der Boden um 0,05–0,1 pH-Einheiten pro Jahr. Die im Vergleich zu Woburn niedrigere Versauerungsgeschwindigkeit von Rothamsted kann durch geringere H^+-Inputs und geringere Auswaschungsverluste aufgrund einer höheren Wasserspeicherkapazität oder einer höheren tatsächlichen Pufferkapazität bedingt sein.

Bodenkalkung

Bei dem in Böden eingebrachten Kalk handelt es sich um $CaCO_3$. Das Ziel der Kalkung besteht meist darin, den Boden-pH auf einen Richtwert anzuheben. Bei den Böden der feuchten Tropen geht es jedoch immer mehr darum, die Aluminiumsättigung auf ein vertretbares Maß zu reduzieren (Sanchez 1976). Der angestrebte pH-Wert für ackerbaulich genutzte Böden der gemäßigten Breiten liegt üblicherweise zwischen 6,5 und 7,0, in den feuchten Tropen darunter. Er ist von der Säureempfindlichkeit der jeweiligen Kulturpflanze abhängig (s. Tabelle 8.2), dem Humusgehalt, den

Tabelle 8.2. Säureempfindlichkeit von Feldfrüchten

a Gemäßigte Breiten. Unterhalb des angegebenen pH-Werts wird das Wachstum nachteilig beeinflußt (MAFF 1981)

Feldfrucht	pH	Feldfrucht	pH
Luzerne (Alfalfa)	6,2	Weizen	5,5
Bohnen	6,0	Hafer	5,3
Gerste	5,9	Kartoffeln	4,9
Zuckerrüben	5,9	Roggen	4,9
Erbsen	5,9	wilder Weißklee	4,7
Rotklee	5,9	Schwingelgräser	4,7
Mais	5,5	Weidelgras	4,7

b Tropische Regionen. Es ist der Aluminium-Sättigungsbereich [%] angegeben, oberhalb dessen das Wachstum beeinträchtigt wird (Caudle 1991)

Feldfrucht	Toleranz	Feldfrucht	Toleranz
Mais	0 – 40	Cassava	70 – 100
Sojabohnen	0 – 70	Langbohnen	40 – 100
Sorghum-Hirse	0 – 70	Bohnen	0 – 70
Rispenhirse	40 – 100	Mungbohnen	0 – 40
Erdnüsse	40 – 70	Weizen	0 – 70
Reis	40 – 100	Baumwolle	0 – 40

Kosten für die Kalkung und der Geschwindigkeit, mit der die Böden versauern. Infolgedessen müssen die in den feuchten Tropen angebauten Nutzpflanzen säuretoleranter sein, da die Bodenversauerung aufgrund der außerordentlich hohen Auswaschung schneller erfolgt und die Kosten für eine Kalkung hoch sind. Der angestrebte pH beträgt hier 4,5-5,5. Für Grünland im westlichen und nördlichen Hügelland Großbritanniens werden pH-Werte von 5,5-6,5 angestrebt (tolerante Grasarten, hohe Versauerungsgeschwindigkeit); Zuckerrüben und Gerste, die im Osten Englands angebaut werden, sind dagegen säureempfindlicher. Die Böden versauern dort langsamer, weshalb es aus ökonomischer Sicht vernünftig ist, einen pH von 7 anzustreben. Dieser Wert liegt deutlich über den in Tabelle 8.2 angegebenen Toleranzwerten, spiegelt aber die Notwendigkeit wider, a) den pH-Wert in allen Teilen einer räumlich variablen Ackerfläche über die Toleranzwerte anzuheben und b) eine Kalkung vorzunehmen, die mehrere Jahre lang vorhalten sollte, da der pH-Wert aufgrund der natürlichen Versauerung im Lauf der Zeit wieder fällt.

Um ein zufriedenstellendes System zur Bestimmung des Kalkbedarfs entwickeln zu können, sind die Resultate von Freilanduntersuchungen und viel Erfahrung nötig. Je höher der Boden-pH ist, umso höher ist die Säureproduktion aufgrund der verstärkten Dissoziation der Kohlensäure (Tabelle 8.1) und umso schneller wird deswegen der pH-Wert wieder sinken. Bei fachgerechter Bodenbewirtschaftung darf also nicht mehr als empfohlen gekalkt werden.

Der Kalkbedarf wird daher über die Pufferkapazität des Bodens bestimmt und als $CaCO_3$-Menge angegeben, die zur Anhebung des pH von 1 kg Boden (bzw. 1 ha bei gegebener Bodentiefe) um eine pH-Einheit erforderlich ist. Das Produkt aus der Pufferkapazität und der erforderlichen pH-Anhebung ergibt den Kalkbedarf. Die Bestimmung der Pufferkapazität wird in Abschn. 8.4 beschrieben, das Standardverfahren zur Bestimmung des Kalkbedarfs in Abschn. 8.5.

Nutzpflanzen reagieren wahrscheinlich vor allem deshalb positiv auf Kalkdüngung, weil dadurch verhindert wird, daß sich Aluminium auf den Pflanzenstoffwechsel schädigend auswirken kann. Außerdem erhöht sich die Mineralisierungsrate und verstärkt sich das Wurzelwachstum, was es den Pflanzen ermöglicht, größere Mengen an Nährstoffen und Wasser aufzunehmen. Insgesamt ergibt sich ein Beispiel für das Zusammenspiel unterschiedlicher wachstumsbegrenzender Faktoren (s. Kap. 13).

Alkalische Böden

Für einen pH >7 müssen Böden Calcit ($CaCO_3$), Dolomit ($CaMg(CO_3)_2$) oder Natriumcarbonat (Na_2CO_3) enthalten. Die chemische Zusammensetzung von Kalkböden wird in Abschn. 8.3 erläutert. Sie sind durch Calcit sehr gut gepuffert: ein Boden mit einem $CaCO_3$-Anteil von 5 % neutralisiert durch Lösung des Calcits 1 g H^+ kg^{-1} (2 500 kg H^+ ha^{-1} in den oberen 20 cm). Erst nach Lösung des gesamten Carbonats wird der pH-Wert unter 7 fallen, und andere Pufferungsmechanismen treten auf.

Auswirkungen der Alkalität

Wenn Böden alkalisch (pH 7-8,5) werden, steigt die OH^--Konzentration und dementsprechend auch die Hydrogencarbonat-Konzentration, welches zum dominierenden Anion wird (s. Abschn. 8.3). Der Carbonatgehalt steigt ebenfalls, liegt aber weit unter dem des Hydrogencarbonats. Bei den austauschbaren Kationen ergeben sich keine nennenswerten Veränderungen, da der Boden bei pH 7 bereits basengesättigt ist.

Ob sich Hydrogencarbonat direkt auf das Pflanzenwachstum auswirkt, ist unbekannt. Alkalische Bedingungen im Boden verursachen jedoch eine ganze Reihe von Pflanzenschädigungen und beeinflussen die natürliche Verbreitung der Pflanzenarten sehr stark. Das auffälligste Symptom sind Chlorosen an Blättern empfindlicher Pflanzen, die nicht genügend Eisen und Mangan erhalten (Farbtafeln 14 a und b). Die Erträge von Baum- und Strauchfrüchten verringern sich, was an der kombinierten Wirkung der geringen Löslichkeit eisen- und manganhaltiger Minerale, der starken Bindung der Metalle an Huminstoffen und der Einschränkung des Eisen- und Manganstoffwechsels durch das Hydrogencarbonat liegt. Kupfer- und Zinkmangelerscheinungen können aus ähnlichen Gründen auftreten.

Phosphatmangel ist ebenfalls für Kalkböden typisch, kann aber mit Düngergaben relativ leicht behoben werden. Ursachen sind wahrscheinlich die geringe Löslichkeit phosphathaltiger Minerale und die durch Hydrogencarbonat eingeschränkte Aufnahmefähigkeit. Pflanzen zeigen demgegenüber unterschiedliche Toleranz: Weizen z.B. wächst auf gedüngten kalkhaltigen Böden normal, wogegen das Wachstum von Tomaten im gleichen Boden stark eingeschränkt ist.

Böden mit sehr hohen $CaCO_3$-Gehalten, wie z.B. direkt auf Kalkgestein aufliegende, geringmächtige Böden, können aufgrund der Auswaschungsverluste nur begrenzte Kaliummengen binden (s. Abschn. 9.5). Zudem ist die verfügbare N-Menge wegen des niedrigen Humusgehalts gering (s. Abschn. 11.4).

Management alkalischer Böden

Ist die Alkalität durch Calcit oder Dolomit bedingt, sollten keine Versuche unternommen werden, den Boden zu neutralisieren; Es wären zu große Säuremengen erforderlich (außer kleinflächig in Gärten). Besser ist es, kalktolerante Feldfrüchte auszuwählen, entsprechend zu düngen und, falls nötig, Blattdünger mit Spurenelementen zu spritzen. Der Umgang mit stark alkalischen Sodaböden wird in Kap. 14 diskutiert.

Weitere Studien

Projektübungen sind in Abschn. 8.6 zu finden, Übungsaufgaben in Abschn. 8.7.

8.1
Bedeutung und Bestimmung des pH-Werts

Der pH-Wert einer Lösung ist als der $-\log(H^+)$ definiert, wobei (H^+) die Aktivität der Wasserstoffionen in der Lösung ist. In verdünnten Lösungen ist die Aktivität ungefähr gleich der Konzentration $[H^+]$ in mol l^{-1} (Abschn. 7.1, Anm. 2). Für alle Bodenlösungen, mit Ausnahme der Lösung von Salzböden, gilt daher:

$$pH \approx -\log[H^+].$$

Wasser dissoziiert unter Freisetzung von Wasserstoff- und Hydroxid-Ionen:

$$H_2O \rightleftharpoons H^+ + OH^-.$$

Die Dissoziationskonstante K_w ist $(H^+)(OH^-)$. Sie beträgt bei 25 °C 10^{-14} (mol $l^{-1})^2$. In reinem Wasser ist der Neutralpunkt $(H^+) = (OH^-) = 10^{-7}$ mol l^{-1}; der pH-Wert beträgt 7. Wird Säure zugegeben (z.B. HNO_3), steigt die H^+-Konzentration, was zur Vereinigung einiger H^+- und OH^--Ionen zu Wasser führt, so daß sich eine OH^--Konzentration $<10^{-7}$ mol l^{-1}, eine H^+-Konzentration $>10^{-7}$ mol l^{-1} und ein pH <7 ergibt. Basenzugabe (etwa NaOH) verursacht ebenfalls Vereinigung von H^+ und OH^--Ionen, so daß sich eine OH^--Konzentration $>10^{-7}$ mol l^{-1}, eine H^+-Konzentration $<10^{-7}$ mol l^{-1} und ein pH >7 ergibt. Das pH-Spektrum von Bodenlösungen reicht ungefähr von 3 bis 10 (10^{-3}–10^{-10} mol H^+ l^{-1}).

Man merke sich, daß Säuren in Lösung H^+-Donatoren, Basen dagegen H^+-Akzeptoren sind. Beispielsweise ist HNO_3 eine Säure, die in Lösung H^+-Ionen abgibt, während NaOH eine Base ist, deren OH^--Ionen sich mit H^+ unter Bildung von Wasser vereinigen und somit den pH-Wert anheben.

Wasser nimmt aus der Atmosphäre CO_2 auf und reagiert mit diesem unter Bildung von Kohlensäure (H_2CO_3). Dies ist eine schwache Säure (s. Anm. 1), bei deren Dissoziation H^+, HCO_3^-, und CO_3^{2-} entstehen:

$$CO_2 + H_2O \rightleftharpoons H_2CO_3;$$

$$H_2CO_3 \rightleftharpoons HCO_3^- + H^+;$$

$$HCO_3^- \rightleftharpoons CO_3^{2-} + H^+.$$

Reines Wasser, das sich mit CO_2 bei Atmosphärenkonzentration (0,03 Vol-%) im Gleichgewicht befindet, hat einen pH von 5,6. Die Bodenlösung hat einen pH-Wert niedriger oder höher als 5,6, wenn der Boden entweder als Säure oder Base wirkt.

Anmerkung 1. Schwache Säuren geben zwar H^+-Ionen ab, liegen aber nur teilweise dissoziiert vor, während starke Säuren fast vollständig dissoziiert sind. Diese Bezeichnungen beziehen sich nicht auf die Konzentration der Säure in Lösung, sondern nur auf den Dissoziationsgrad des Säuremoleküls (Nuffield Advanced Chemistry II, Topic 12.4). Salpetersäure (HNO_3) ist z.B. eine starke Säure und dissoziiert in Lösung fast vollständig zu H^+ und NO_3^-. Wie schon erwähnt, ist Kohlensäure dagegen eine schwache Säure und liegt weitgehend undissoziiert, also als H_2CO_3, vor. Infolgedessen ergibt Salpetersäure eine höhere H^+-Konzentration und einen niedrigeren pH-Wert, als dies bei Kohlensäure der gleichen Konzentration der Fall ist.

Messung des pH in Lösung

Der pH-Wert wird mit einer Glaselektrode (Abb. 8.3) gemessen, die aus einer Referenzelektrode (Abb. 6.14) und einem pH-Meter (bzw. Millivoltmeter) besteht. Ist der pH-Wert innerhalb und außerhalb der Glasmembran der Glaselektrode verschieden, so entwickelt sich eine Potentialdifferenz zwischen den beiden Seiten der Glasmembran. Diese kann nur relativ zu einem anderen Potential gemessen werden, wozu man normalerweise eine Kalomel-Referenzelektrode verwendet. Das Potential der Kalomel-Elektrode ist pH-unabhängig. Die Potentialdifferenz zwischen den beiden Elektroden ist direkt proportional zum pH-Wert. Damit kann das pH-Meter geeicht und der pH-Wert direkt abgelesen werden. Die beiden Elektroden werden meist zusammen in ein einziges Gehäuse eingebaut (Abb. 8.3).

Abb. 8.3. Glaselektrode und kombinierte pH-Elektrode

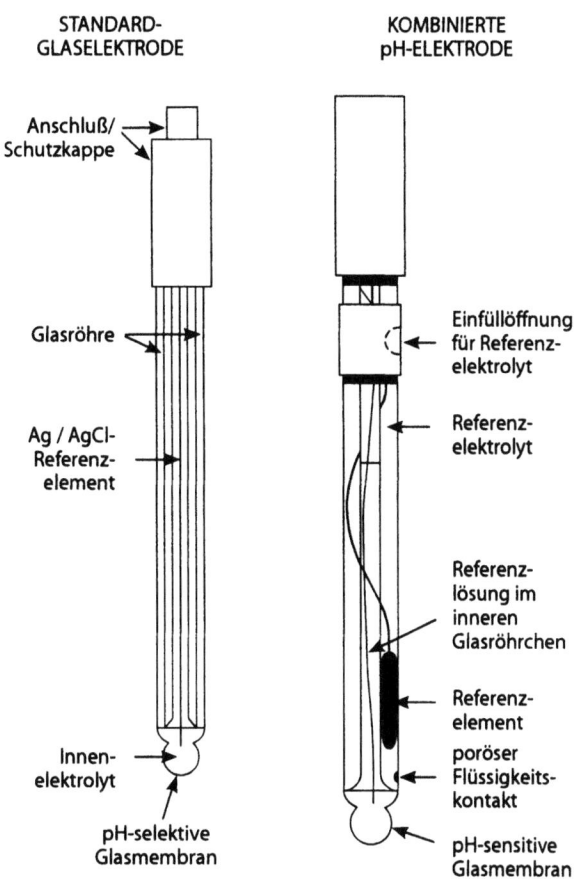

Ausrüstung und Reagenzien

Das pH-Meter wird mit zwei Pufferlösungen mit pH-Werten von 4 und 7 bzw. 7 und 9 geeicht, je nachdem, in welchem pH-Bereich gemessen werden soll. Diese Lösungen sind gut gepuffert, d.h. ihre pH-Werte sind stabil, selbst wenn sie durch Spuren von Säuren oder Basen verunreinigt werden (Nuffield Advanced Chemistry II, Topic 12.5 und Abschn. 8.3). Diese Pufferlösungen werden mit Puffertabletten hergestellt, welche nach Anleitung des Herstellers in destilliertem Wasser oder folgendermaßen aufgelöst werden:

- *Pufferlösung, pH 4,0.* Kaliumhydrogenphthalat ($COOHC_6H_4COOK$) wird 1 h lang bei 105 °C getrocknet und dann im Exsikkator abgekühlt. 10,21 g werden in Wasser gelöst und auf 1 l verdünnt.
- *Pufferlösung, pH 6,9.* Kaliumdihydrogenphosphat (KH_2PO_4) und Dinatriumhydrogenphosphat, (Na_2HPO_4,) werden 1 h lang bei 105 °C getrocknet und dann im Exsikkator abgekühlt. Man löst 3,39 g KH_2PO_4 in Wasser und fügt 3,53 g Na_2HPO_4 zu; dann wird auf 1 l aufgefüllt.

Eichung des pH-Meters

Die pH-Werte der Pufferlösungen sind temperaturabhängig und auf den Puffertabletten angegeben. Für Routinezwecke können die oben beschriebenen Lösungen verwendet werden, Temperaturschwankungen vernachlässigt man. Man stellt den Temperaturregler des pH-Meters auf die Umgebungstemperatur ein.

Die Elektroden werden mit Wasser aus einer Waschflasche abgespült und vorsichtig mit Zellstofftüchern abgetrocknet. Die Elektrode wird in die Pufferlösung mit pH 4 gehalten und die Lösung leicht gerührt. Das verkürzt die Zeit, die zur Stabilisierung des Meßwerts erforderlich ist. Das Meßgerät wird mit dem Pufferregler auf pH 4,0 eingestellt. Die Elektroden werden entfernt, mit Wasser abgespült, getrocknet und dann in den Puffer mit pH 6,9 getaucht. Sobald der abgelesene Wert stabil ist, stellt man den Steilheitsregler so ein, daß pH 6,9 angezeigt wird. Man wiederholt die Messungen, bis sie für beide Pufferlösungen korrekt sind.

Das pH-Meter ist nun kalibriert und man kann nach obiger Vorgehensweise den pH-Wert jeder Lösung messen. Ist eine größere Meßreihe durchzuführen, sollte man die Genauigkeit der pH-Messung in regelmäßigen Abständen mit einer der Pufferlösungen überprüfen. Werden die Elektroden nicht verwendet, bewahrt man die Membran der Glaselektrode und den unteren Teil der Kalomel-Elektrode in Wasser auf.

Messung des Boden-pH

Diese Messung wird gewöhnlich in einer Bodensuspension vorgenommen. Man wiegt 10 ± 0,1 g lufttrockenen Feinboden (s. Anm. 2) in eine Flasche mit Schraubverschluß ein. Aus einem Meßzylinder werden 25 ml Wasser zugegeben und auf einem Schüttler 15 min lang oder mit der Hand über einen Zeitraum von 15 min geschüttelt.

Man rührt die Suspension um, führt die Elektroden ein, schwenkt die Suspension um die Elektroden und notiert nach 30 s den pH-Wert (s. Anm. 3).

Anmerkung 2. Für Routinezwecke kann zur Portionierung des Bodens ein 10-ml-Meßbecher (Abb. 9.8) verwendet werden, der ca. 10 g lufttrockenen Feinboden enthält. Geringe Unterschiede der Bodenmenge verändern den pH-Wert nicht.

Anmerkung 3. In neutralen und alkalischen Bodensuspensionen dauert die Stabilisierung des angezeigten Werts einige Zeit. Für Routinemessungen ist der Wert nach 30 s akzeptabel. Präzises chemisches Arbeiten erfordert längere Wartezeiten.

Messung des Boden-pH mit Wasser

Bodenlösungen sind gut gepuffert. Gibt man destilliertes Wasser (pH ≈ 5,6) zu einer Bodenprobe, die einen anderen pH-Wert hat, wird sich der pH des Wassers dem pH der Bodenlösung der feuchten Probe angleichen. In sauren Böden erfolgt diese Angleichung dadurch, daß infolge der Verdünnung der Bodenlösung gelöste Ca^{2+}- und Al^{3+}-Ionen zu den Austauschplätzen wandern und die die dort gebundenen H^+-Ionen verdrängen. In Kalkböden wird der pH hauptsächlich durch Lösung von $CaCO_3$ bestimmt, womit auch hier die Lösung gut gepuffert ist. Folgt man dem Standardverfahren zur pH-Messung, sind zuverlässige Vergleiche zwischen Böden möglich, selbst wenn es schwierig ist, die absoluten Werte zu interpretieren. Unterschiede im pH-Wert, die durch die Zugabe unterschiedlicher Wassermengen bedingt sind, werden als *Verdünnungseffekt* bezeichnet.

Messungen können nahe der Oberfläche des feuchten Bodens durchgeführt werden, falls genug Wasser vorhanden ist, um den Flüssigkeitskontakt zwischen den Elektroden herzustellen (s. Abschn. 6.7).

Messung des Boden-pH mit Salzlösungen

Will man eine Standardisierung der Meßbedingungen erreichen, kann man die Messung in 0,01 M $CaCl_2$- (oder 0,1 M KCl-)Lösung durchführen. Bei negativ geladenen, sauren Böden (Gruppe *i* und *ii* Böden, Kap. 7) bewirkt dies Kationenaustausch, d.h. H^+-Ionen werden in die Lösung freigesetzt. Der gemessene pH liegt etwa 0,5 Einheiten unter dem Meßwert einer wäßrigen Bodenlösung.

Bei Böden mit einer positiven Nettoladung (Böden mit variabler Ladung, aus Gruppe *iii*) werden infolge der erhöhten Salzkonzentration mehr H^+-Ionen an den Austauschplätzen sorbiert (s. Abschn. 7.5). Daher steigt der pH der Lösung um etwa 0,5 Einheiten. Diese pH-Unterschiede bezeichnet man als *Salzeffekt*; sie werden gemessen als:

Δ pH = Boden-pH in Salzlösung − Boden-pH in Wasser.

Δ bedeutet hier „Veränderung". Die pH-Wertveränderung ist positiv in Böden, die insgesamt positiv geladen sind, und negativ bei einer negativen Nettoladung des Bodens; dabei ist die pH-Wertveränderung umso größer, je größer die negative Ladungsmenge ist.

In Kalkböden ist Ca^{2+} infolge der Lösung von $CaCO_3$ das *vorherrschende Ion* (Abschn. 8.3); dadurch reduziert sich die Carbonatmenge, die gelöst wird, woraus sich eine Absenkung des pH-Werts um etwa 0,5 Einheiten ergibt.

8.2
Messung der Basen- und Aluminiumsättigung

Saure und basische Kationen

In neutralen und alkalischen Böden besteht der Kationenbelag aus Ca^{2+}-, Mg^{2+}-, K^+-, Na^+- und NH_4^+-Ionen. Mit zunehmender Bodenversauerung nimmt der Anteil dieser Ionen ab und H^+ und Al^{3+}-Ionen besetzen die Austauschplätze. Die Notwendigkeit, zwischen diesen beiden Ionengruppen zu unterscheiden, führte zu den Bezeichnungen *basische* und *saure* Kationen. Im letzteren Fall ist die Bezeichnung völlig korrekt, denn H^+ ist das Säure-Ion und Al^{3+} ist eine Säure, da es mit Wasser unter Bildung von H^+ und Hydroxyaluminium-Ionen (z.B. $AlOH^{2+}$) reagiert. Die Bezeichnung „basische Kationen" jedoch ist genaugenommen nicht korrekt, da sie weder als H^+-Akzeptoren fungieren, noch bei Reaktion mit Wasser OH^--Ionen freisetzen. Sie sind allesamt nahezu neutral, nur NH_4^+ reagiert leicht sauer. Die einzige Rechtfertigung für diese Bezeichnung ist eigentlich, daß die basischen Kationen im Gegensatz zu H^+- und Al^{3+}-Ionen keine Säuren sind. Historisch gesehen entstand die Bezeichnung „basische Kationen", weil sie anscheinend den sauer reagierenden Kationen entgegenwirkten. Wenn diese Bezeichnung unter chemischen Gesichtspunkten auch fragwürdig erscheint, erfüllt sie bei der Unterscheidung der beiden Ionengruppen doch ihren Zweck.

Prozentuale Basensättigung

Definition

$$\text{Prozentuale Basensättigung} = 100 \cdot \frac{\text{austauschbare}(Ca^{2+} + Mg^{2+} + K^+ + Na^+ + NH_4^+)}{\text{KAK}}$$

Methoden

Die austauschbaren Kationen und die KAK werden, wie in Abschn. 7.2 beschrieben, gemessen. Austauschbares Na^+ und NH_4^+ wird normalerweise nicht bestimmt, da die Konzentration dieser Ionen in sauren Böden sehr klein und vor allem die Basensättigung von Interesse ist.

Interpretation der Ergebnisse

Oberflächlich betrachtet ist die obige Definition der prozentualen Basensättigung eindeutig. Die folgenden Punkte sollten jedoch beachtet werden:

1. Diese Eigenschaft wurde zunächst für Böden der gemäßigten Breiten bestimmt, die durch permanente Ladung charakterisiert sind (Böden der Gruppe *i*). Die KAK wurde mit 1 M Ammoniumacetat-Puffer bei pH 7 (hier abgekürzt als KAK_7) gemessen. Hebt man den pH dieser Böden durch Kalkung auf 7 an, dann sind sie zu 100 % basengesättigt. Bei sinkendem pH besetzen jedoch in zunehmendem Maße austauschbare H^+- und Al^{3+}-Ionen die Austauschplätze, wodurch sich die Basensättigung vermindert.
2. In Böden der Gruppe *i* kann man die KAK nahezu als unabhängig von pH-Wert und Lösungskonzentration betrachten, falls der Gehalt an Huminstoffen und Sesquioxiden gering ist (s. Abschn. 7.1 und 7.5). Hingegen enthalten Böden der Gruppe *ii* Huminstoffe mit variabler Ladung, was zwei Probleme hervorruft:
   a) Die KAK_{eff} nimmt ab, wenn der pH fällt. Selbst wenn die basischen Kationen bei pH 6 alle Austauschplätze besetzen, ist die berechnete, auf die KAK_7 bezogene Sättigung geringer als 100 %. Man spricht von einem *pH-Ladungseffekt*.
   b) Die Ladung der Huminstoffe wird sich vergrößern, wenn die Ionenkonzentration der Bodenlösung steigt. Die Messung der KAK_7 erfordert ein Durchspülen des Bodens mit 1 M Ammoniumacetatlösung, wogegen die Bodenlösung selbst eine Konzentration von 3 mM hat, was voraussichtlich zu einem Ladungsanstieg führt. Wie sich die anschließenden Ethanolextraktionen auswirken, weiß man bislang noch nicht. Allerdings sind die Böden bei pH 7 bezogen auf die KAK_7 zu 100 % basengesättigt, was zeigt, daß mit der Methode (vielleicht zufällig) auch die KAK_{eff} bei pH 7 gemessen wird.
3. Die Ladung der Minerale der Böden der Gruppe *iii* ist sowohl vom pH-Wert als auch von der Konzentration der Bodenlösung abhängig, was zusammen mit der Ladung der Huminstoffe die oben beschriebenen Probleme noch verstärkt. In diesem Fall stellt sich heraus, daß die KAK_7 größer ist als die KAK_{eff} bei pH 7. Hier spricht man von einem *Salz-Ladungseffekt*. Dieser Effekt könnte auf die Wirkung der durch das Ammoniumacetat erhöhten Ionenkonzentration oder auf die Adsorption von Acetat an Sesquioxiden zurückführen sein. Obgleich also austauschbare Basen die Ladung bei pH 7 sättigen, wird die auf KAK_7 bezogene Basensättigung kleiner als 100 % sein.

8.2 · Messung der Basen- und Aluminiumsättigung

Tabelle 8.3. Prozentuale Basensättigung von Böden mit variabler und permanenter Ladung

pH	Austauschbare Basen [$cmol_c\ kg^{-1}$]	Summe der Kationen = KAK_{eff}	Basensättigung [%] in Relation zu KAK_7	KAK_{eff}
a Ultisol. Onne, Nigeria				
4,24	0,35	2,39	5,5	14,6
4,87	1,69	2,41	26,5	70,1
5,52	2,89	2,96	45,0	97,6
6,70	3,52	3,53	55,0	99,7
7,55	4,59	4,59 $KAK_7 = 6,38$	71,9	100,0
b Gley. Reading, England				
3,93	9,74	14,55	39,7	66,9
4,31	12,61	13,25	59,0	95,2
4,76	14,86	15,01	72,4	99,0
5,49	16,80	16,90	81,2	99,5
6,36	18,60	18,70	89,5	99,5
7,03	20,75	20,88 $KAK_7 = 19,52$	109,4	99,4

Der Ultisol (0–20 cm) enthielt 2,5 % organische Substanz und 15 % Ton, vorwiegend Kaolinit mit etwas Goethit; es handelt sich um einen Boden der Gruppe *iii*. Der Gley (15–30 cm) enthielt 6,2 % organische Substanz und 13 % Ton, überwiegend Smectit mit Glimmer und Kaolinit, und gehört zur Gruppe *i/ii*.
(Daten von A. Bantirgu, A. Dudley und C. Guest, Reading)

Diese Überlegungen führen zu einem alternativen Ansatz, wie man die Sättigung der Austauschplätze bei jedem beliebigen pH-Wert bestimmen kann; man sollte die Menge der basischen Kationen als Prozentanteil der KAK_{eff} angeben. Durch den Vergleich dieser Werte mit den KAK_7-Werten kann man Rückschlüsse auf das Ausmaß des pH-Ladungs- und Salz-Ladungseffekts ziehen. Beispiele hierzu sind in Tabelle 8.3 und Abb. 8.4 aufgeführt. Die sauren Böden wurden mit unterschiedlichen $Ca(OH)_2$-Mengen inkubiert, so daß sich unterschiedliche pH-Werten ergaben. Dabei wurden die Methoden aus den Abschnitten 8.1, 7.2 und 7.3 angewendet. Es lassen sich folgende Schlüsse ziehen:

- Der Gley zeigt nur einen pH-Ladungseffekt. Das Fehlen eines Salz-Ladungseffekts deutet darauf hin, daß $KAK_7 = KAK_{eff}$ ist.
- Der Ultisol zeigt sowohl einen pH- als auch einen Salz-Ladungseffekt.
- Unterhalb von pH 5,5 unterscheidet sich die Sättigung der Austauschplätze (auf die KAK_{eff} bezogene Werte) in beiden Böden sehr deutlich. Der gleiche Effekt läßt sich auch für die Aluminiumsättigung (Abb. 8.5) beobachten und wird weiter unten diskutiert.

Da die Basensättigung sowohl mit Hilfe der KAK_7- als auch der KAK_{eff}-Werte berechnet werden kann, sollte man sich beim Vergleich von Ergebnissen in der Literatur vergewissern, welche Meßmethode eingesetzt wurde.

Abb. 8.4. Beziehung zwischen der Basensättigung und dem pH. In Tabelle 8.3 werden die Bodeneigenschaften aufgeführt

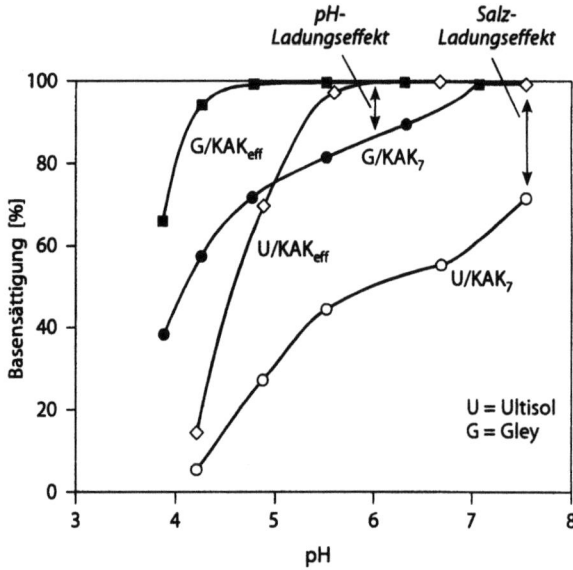

Praktische Verwendung der Basensättigung

Da Calcium, Magnesium und Kalium Nährstoffe sind, Aluminium aber ein toxisches Element, läßt sich die Basensättigung als allgemeiner Indikator der Bodenfruchtbarkeit interpretieren. Da zudem Böden, die von Mineralen variabler Ladung beherrscht werden, bei jedem pH-Wert eine geringere Basensättigung aufweisen als Böden mit Mineralen permanenter Ladung, wird diese Eigenschaft in der amerikanischen Soil Taxonomy (Soil Survey Staff 1975) zur Klassifizierung von Böden eingesetzt.

Messung und Anwendung der Aluminiumsättigung

Das austauschbare Aluminium und die KAK_{eff} werden nach den in Abschn. 7.3 beschriebenen Methoden gemessen.

Definition

Prozentuale Aluminiumsättigung = $100 \cdot$ austauschbares Al^{3+}/KAK_{eff}

Im Gegensatz zur Basensättigung ist die Bedeutung der Aluminiumsättigung eindeutig: Sie ist definiert als Anteil der Al^{3+}-Ionen an allen Kationen, die durch Extraktion mit 1 M KCl entfernt werden können. Dennoch wird die Aluminiumsättigung in der älteren Literatur manchmal auf die KAK bei pH 7 bezogen.

Verwendung der Daten

Die Beziehung zwischen der Aluminiumsättigung und dem pH-Wert ist in Abb. 8.5 dargestellt. Generell ist die Aluminiumsättigung dem Trend der Basensättigung entgegengerichtet, d.h. oberhalb von pH 5,5 ist die Aluminiumsättigung gering, was an der Wirkung des pH-Werts auf die Löslichkeit von Gibbsit und anderen Mineralen liegt (Abschn. 8.3). Aluminium wird an Huminstoffen stark gebunden, wodurch sich die Aluminiumsättigung verringert; dies und Unterschiede in der Mineralzusammen-

8.3 · Chemische Reaktionen in sauren und alkalischen Böden

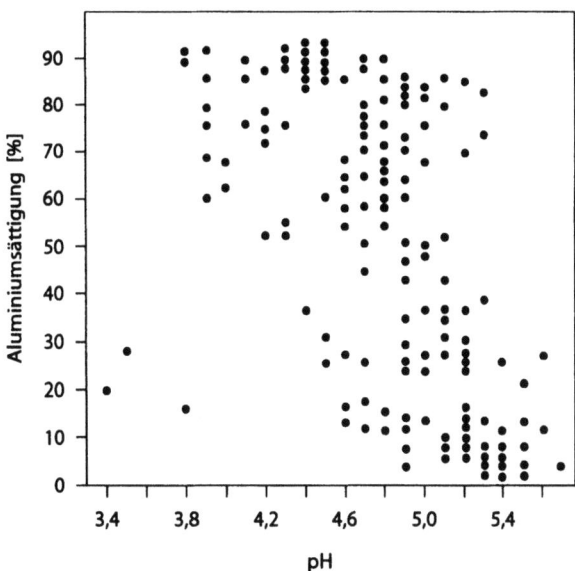

Abb. 8.5. Beziehung zwischen dem pH und der Aluminiumsättigung in südamerikanischen Böden (v.a. aus Kolumbien). Das austauschbare Aluminium ist als Anteil der KAK_{eff} ausgedrückt. Die Daten wurden von Dr. S. McKean zur Verfügung gestellt und am *Centro Internacional de Agricultura Tropical* in Kolumbien gemessen. Die Proben stammen aus den oberen 20 cm der Böden

setzung sind wahrscheinlich die Hauptursachen für die breite Streuung der Sättigungswerte bei einem bestimmten pH-Wert.

Aluminium ist das dominierende toxische Element in sauren Böden. Seine Konzentration in der Bodenlösung, die nur schwer meßbar ist, ist maßgeblich für seine Wirkung auf Pflanzen. Gelöstes Aluminium wird durch austauschbares Aluminium gepuffert, und die Aluminiumsättigung ist vermutlich der beste Gradmesser für die Aluminiumtoxizität, den man routinemäßig messen kann. Die Abbildungen 8.5 und 8.7 zeigen, daß der pH keinesfalls ein vergleichbar guter Gradmesser sein kann.

Daten zur Toleranz tropischer Nutzpflanzen gegenüber der Al-Sättigung stehen kaum zur Verfügung. Die Schwankungsbreite der Meßwerte für verschiedene Nutzpflanzen in Tabelle 8.2 spiegelt die Unwägbarkeiten wider, die sich aus der Variabilität der Böden und dem Anbau unterschiedlicher Nutzpflanzenarten ergeben. Eine Kontrolle der Acidität wird u.a. durch Kalkung versucht, wodurch die Al-Sättigung auf einem vertretbaren Niveau gehalten werden soll (Abb. 8.5). Man versucht auch Pflanzensorten zu züchten, die die hohe Al-Sättigung in diesen Regionen tolerieren.

Die meisten Kulturpflanzen der gemäßigten Breiten reagieren bereits auf geringe Al-Mengen empfindlich. Hierfür ist die Aluminiumsättigung kein brauchbarer Gradmesser; vielmehr sollte ein pH von 6 bis 7 angestrebt werden (s. Abschn. 8.5).

8.3 Chemische Reaktionen in sauren und alkalischen Böden

8.3.1 Bodenacidität

Die Eigenschaften des Aluminiums sind für das Verständnis der Bodenacidität von zentraler Bedeutung. Seine Reaktionsverhalten ist jedoch komplex und es ist schwierig, sein Verhalten im Boden zu verstehen und dieses zu messen (Lindsay 1979).

Aluminium in der Bodenlösung

Die wichtigsten Minerale, die die Aluminiumlöslichkeit in Mineralböden bestimmen, sind Gibbsit und Kaolinit. In humosen Böden spielt die Fähigkeit des Aluminiums, mit den sorptionsfähigen Gruppen auf der Oberfläche von Huminstoffen Komplexe zu bilden, eine wichtige Rolle.

Wenn sich Gibbsit löst, werden Aluminium- und Hydroxid-Ionen in die Lösung entlassen:

$$Al(OH)_{3(s)} \rightleftharpoons Al^{3+}_{(aq)} + 3OH^-_{(aq)} \tag{8.1}$$

Das *Löslichkeitsprodukt* $K_{Lp} = (Al^{3+})(OH^-)^3 = 10^{-34}$ (s. Anm. 1). Mit Hilfe dieser Gleichung kann die Beziehung zwischen der Al^{3+}-Aktivität und dem pH ermittelt werden; sie ist in Abb. 8.6 dargestellt.

Al^{3+} reagiert mit Wasser, wobei durch die folgenden Reaktionen die gelösten Hydroxy-Al-Ionenspezies $AlOH^{2+}$ und $Al(OH)_2^-$ entstehen (s. Anm. 2):

$$Al^{3+} + H_2O \rightleftharpoons AlOH^{2+} + H^+ \tag{8.2}$$

$$AlOH^{2+} + H_2O \rightleftharpoons Al(OH)_2^+ + H^+ \tag{8.3}$$

Ihre Aktivitäten sind in Abb. 8.6 dargestellt. Außerdem befinden sich in der Lösung Hydroxo-Al-Polymere (Aluminiumhydroxide, die zu größeren Einheiten ver-

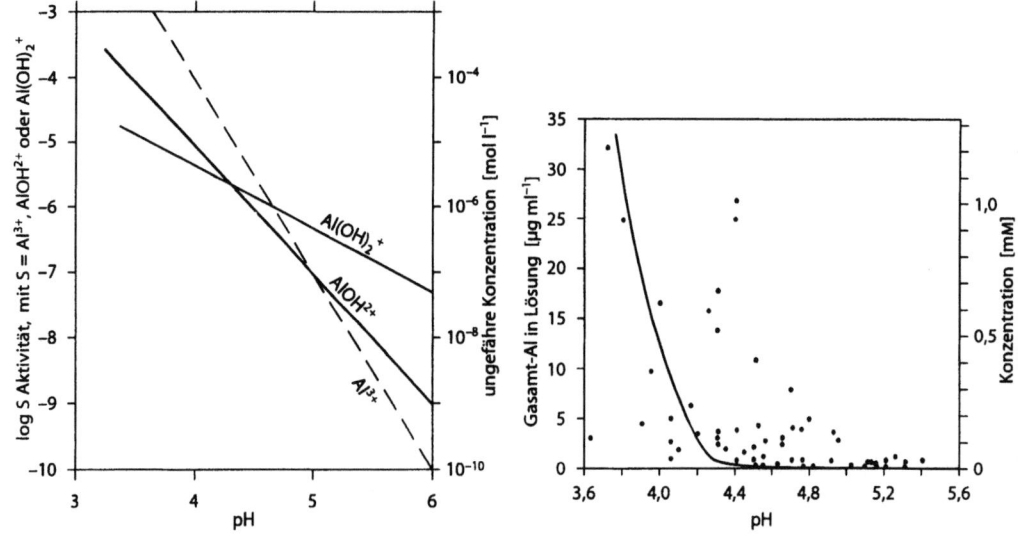

Abb. 8.6. Beziehung zwischen der Aktivität der Aluminiumspezies und dem pH im Lösungsgleichgewicht mit Gibbsit (links)

Abb. 8.7. Aluminiumkonzentration einer sauren Bodenlösung. Die durchgezogene Kurve ist die theoretische Gesamt-Aluminiumkonzentration im Gleichgewicht mit Gibbsit. Die Konzentrationen (rechte Achse) wurden unter der Annahme berechnet, daß in der Lösung nur Al^{3+} vorlag (aus Wild 1988)

knüpft sind) sowie Aluminium, das an organische Moleküle gebunden ist. Unterhalb von pH 4,5 ist Al^{3+} die dominierende Ionenspezies in mineralischen Böden.

Abbildung 8.7 zeigt die in sauren Bodenlösungen gemessenen Aluminiumkonzentrationen. Die berechneten Konzentrationen von Al^{3+}, $AlOH^{2+}$ und $Al(OH)_2^+$ im Gleichgewicht mit Gibbsit sind ebenfalls dargestellt. Die meisten Werte liegen oberhalb der Kurve, weil Polymere und organisch komplexiertes Aluminium in der Lösung gemessen, bei den Berechnungen aber nicht berücksichtigt werden. Oberhalb von pH 5,5 ist nur wenig gelöstes Aluminium zu finden. Bei einem bestimmten pH-Wert sind stark unterschiedliche Aluminiumkonzentrationen möglich, was die unterschiedliche Aluminiumsättigung der Austauscher widerspiegelt, die bereits in Abbildung 8.5 zu erkennen war. Die Bedeutung des gelösten Aluminiums im Hinblick auf das Pflanzenwachstum wurde in Abschn. 8.2 diskutiert.

Aluminium auf Partikeloberflächen

Austauschbares Aluminium liegt als Al^{3+}, $AlOH^{2+}$ und $Al(OH)_2^+$ vor. Verdrängt man die Aluminiumionen mit 1 M KCl, ermöglicht ihre unterschiedliche Ladung eine Titrationsbestimmung (s. Abschn. 7.3). Durch Atomabsorption oder kolorimetrische Methoden kann man die Aluminiummasse ermitteln.

Ein pH-Anstieg fördert die Bildung von Hydroxo-Al-Polymeren sowohl in Lösung als auch auf Partikeloberflächen; sie können als Zwischenstufen bei der Bildung von Gibbsit angesehen werden. An Humus gebundenes Aluminium ist mit 1 M KCl nicht austauschbar. Die Fraktionierung des Aluminiums im Boden kann mit verschiedenen Extraktionslösungen vorgenommen werden (Jarvis 1986).

Wasserstoff auf Partikeloberflächen

Austauschbare H^+-Ionen sind an den permanenten Ladungsträgern von Tonmineralen gebunden und bilden zusammen mit den austauschbaren Aluminiumionen die sogenannte austauschbare Acidität (s. Abschn. 7.3). Der an Hydroxylgruppen von Sesquioxiden und Kaoliniten sowie an Carboxylgruppen von Huminstoffen gebundene Wasserstoff kann bei steigendem pH freigesetzt werden und wird dann von der zuge-

Tabelle 8.4. Eigenschaften eines gekalkten nigerianischen Ultisol

appliziertes Ca(OH)$_2$ [cmol$_c$ kg^{-1}]	pH	austauschbare Kationen [cmol$_c$ kg^{-1}]					
		Ca^{2+}	Mg^{2+}	K$^+$	Al^{3+}	H$^+$	Σ Kationen = KAK$_{eff}$
0	4,24	0,19	0,07	0,09	1,49	0,55	2,39
1,55	4,87	1,52	0,07	0,10	0,43	0,29	2,41
3,10	5,52	2,74	0,06	0,09	0	0,07	2,96
6,20	6,70	3,40	0,02	0,10	0	0,01	3,53

Es handelt sich hier um den Ultisol aus Tabelle 8.3 a; dort sind auch die Bodeneigenschaften beschrieben. Die Daten stammen von A. Bantirgu, Reading.

fügten Base neutralisiert. Diese Gruppen werden zusammengenommen als *nichtaustauschbare Acidität* bezeichnet. Die freigewordenen negativ geladenen Austauschplätze werden von austauschbaren Kationen besetzt, womit sich die KAK erhöht (Abb. 8.12). Wird als Base Kalk zugeführt, so wird an einigen dieser Plätze Ca^{2+} gebunden (s. Abschn. 7.1), was eine geringere Erhöhung der KAK zur Folge hat, als wenn NaOH zugeführt würde (Abb. 7.2). Ein Beispiel für diese Austauschreaktion ist in Tabelle 8.4 dargestellt. Die Zufuhr von 6,20 $cmol_c$ Ca^{2+} kg^{-1} erhöht das austauschbare Ca^{2+} um 3,21 $cmol_c$ kg^{-1}; die verbleibenden 2,99 $cmol_c$ kg^{-1} bleiben nichtaustauschbar. Die Abnahme des austauschbaren Mg^{2+} läßt darauf schließen, daß 0,05 $cmol_c$ Mg^{2+} kg^{-1} gebunden wurden, als sich die Ladung erhöhte. Die Zugabe von 6,2 $cmol_c$ $Ca(OH)_2$ kg^{-1} neutralisierte 2,03 $cmol_c$ kg^{-1} der austauschbaren Acidität, und die verbleibenden 4,17 $cmol_c$ kg^{-1} neutralisierten die nichtaustauschbare Acidität. Die Ladung stieg um 1,14 $cmol_c$ kg^{-1}, was zeigt, daß 3,03 $cmol_c$ kg^{-1} der nichtaustauschbaren Acidität, die neutralisiert wurden, nicht als Austauschplätze übrigblieben; sie entsprechen ungefähr 2,99 $cmol_c$ kg^{-1} gebundenem Ca^{2+} + 0,05 $cmol_c$ kg^{-1} gebundenem Mg^{2+}.

Anmerkung 1. Gleichung 8.1 ist ein Beispiel für eine Gleichgewichtsreaktion (s. Abschn. 7.1, Anm. 1). Gibbsit löst sich und bildet eine gesättigte Lösung. Da aber Gibbsit im Überschuß vorhanden ist, hat seine Menge keinen Einfluß auf die Zusammensetzung der Lösung; der Gleichgewichtszustand kann einfach durch die Aktivitäten der Reaktionsprodukte ausgedrückt werden. Das Löslichkeitsprodukt ist für jedes Salz oder Mineral eine Konstante. Da Lösungen im Boden normalerweise verdünnt sind, sind Aktivitäten und Konzentrationen ungefähr gleich. In Abb. 8.6 sind die ungefähren Konzentrationen der verschiedenen Aluminium-Ionenspezies eingetragen. Die Differenz zwischen der Aktivität a und der Konzentration c hängt von der Gesamtionenkonzentration der Lösung und der Wertigkeit des Ions ab. In einer typischen (nichtsalzhaltigen) Bodenlösung ist $c \cong 1,1a$ für ein einwertiges Ion; bei einem zweiwertigen Ion ist $c \cong 1,4a$ und bei einem dreiwertigen Ion ist $c \cong 2a$. Auf den ersten Blick erscheinen diese Differenzen groß, insbesondere für Al^{3+}, doch ist im Vergleich dazu die Spannweite der betrachteten Konzentrationen viel größer (ein Faktor von 10^6 in Abb. 8.6).

Anmerkung 2. Man kann Al^{3+} als bodeninterne Säurequelle betrachten, was durch die Gleichungen 8.2 und 8.3 veranschaulicht und auch bestätigt wird. Es ist allerdings nicht möglich, diese durch die Gleichungen beschriebenen Reaktionen von den Gesamtveränderungen im Bodensystem zu isolieren. Die Al^{3+}-Quelle, muß ebenfalls berücksichtigt werden. Gleichung 8.1 zeigt eine dieser Quellen und die Verwitterung von Tonmineralen ist eine weitere. In diesen Reaktionen führen die H^+-Ionen eine Auflösung der Minerale herbei. Gleichung 8.1 kann folgendermaßen umformuliert werden:

$$Al(OH)_3 + 3H^+ = Al^{3+} + 3H_2O \tag{8.4}$$

Kombiniert man die Gleichungen 8.4, 8.2 und 8.3 miteinander, so stellt man einen Nettoverlust an H^+-Ionen fest, die dazu dienen, Al^{3+} in Lösung zu bringen. Daher ist es in diesem Zusammenhang nicht korrekt, Al^{3+} als eine Säurequelle aufzufassen. Wird jedoch der pH-Wert durch Kalkung angehoben, verhalten sich Al^{3+}-Ionen wie eine Säure.

8.3.2
Bodenalkalität

Kalkhaltige Böden

Calcit hat zwar eine geringe Löslichkeit, doch üben seine Reaktionen mit Wasser eine nachhaltige Wirkung auf die Bodeneigenschaften aus, da sie den Boden-pH regulieren. Es handelt sich um folgende chemische Reaktionen:

$$CaCO_{3(s)} \rightleftharpoons Ca^{2+}_{(aq)} + CO_3^{2-}_{(aq)} \qquad (8.5)$$

$$CO_3^{2-}_{(aq)} + H_2O \rightleftharpoons HCO_3^-_{(aq)} + OH^-_{(aq)} \qquad (8.6)$$

$$HCO_3^-_{(aq)} + H_2O \rightleftharpoons H_2CO_{3(aq)} + OH^-_{(aq)} \qquad (8.7)$$

$$H_2CO_{3(aq)} \rightleftharpoons CO_{2(aq)} + H_2O \qquad (8.8)$$

$$CO_{2(aq)} \rightleftharpoons CO_{2(g)} \qquad (8.9)$$

Gleichung 8.5 beschreibt die zu Beginn stattfindende Calcitlösung. Die Gleichungen 8.6 und 8.7 zeigen, daß Carbonat mit Wasser reagiert (diese Reaktion wird als Hydrolyse bezeichnet) und dabei Hydrogencarbonat und Kohlensäure bildet, wodurch der pH-Wert steigt. Hydrogencarbonat und Carbonat wirken also als Basen. Gleichung 8.8 drückt aus, daß Kohlensäure und gelöstes CO_2 in Wasser im Gleichgewicht vorliegen. Gleichung 8.9 beschreibt das Gleichgewicht zwischen dem CO_2 der Bodenluft und dem im Bodenwasser gelösten CO_2.

Stehen Calcit, Wasser und Luft miteinander in Kontakt, stellt sich bei all diesen Reaktionen ein Gleichgewichtszustand ein. Aus den obigen Gleichungen und ihren Gleichgewichtskonstanten läßt sich folgende Beziehung herleiten:

$2pH = 9{,}6 - \log(Ca^{2+}) - \log P_{CO_2}$.

Dabei handelt es sich bei P_{CO_2} um den CO_2-Partialdruck in der Luft und (Ca^{2+}) ist die Aktivität des Ca^{2+} in Lösung. Die Atmosphäre enthält 0,03 Vol.-% CO_2 und somit ist $P_{CO_2} = 0{,}0003$. In der Bodenluft kann P_{CO_2} diesen Wert um das 100fache übersteigen. Abbildung 8.8 ist eine graphische Darstellung von Gleichung 8.10; sie zeigt den pH-Wertebereich, der in wahrscheinlich kalkhaltigen Böden anzutreffen ist.
Daraus lassen sich folgende Schlußfolgerungen ziehen:

- Wasser, das sich mit Calcit und der Luft im Gleichgewicht befindet, hat einen pH-Wert von 8,4.
- Ein Anstieg der CO_2-Konzentration verursacht eine Absenkung des pH-Werts.
- Ein Anstieg der Ca^{2+}-Konzentration (anderer Herkunft als Calcit und daher ein häufiges Ion) verursacht ebenfalls eine pH-Absenkung.
- Die Löslichkeit des Calciumcarbonats im Boden unterscheidet sich von jener des Calcits aufgrund von Verunreinigungen und Überzügen, die die Lösung behindern. Eine geringere Löslichkeit verringert den Gleichgewichts-pH-Wert.
- In Lösung und bei pH-Werten, die für kalkhaltige Böden typisch sind (7–8,5), ist Hydrogencarbonat das dominierende Anion.

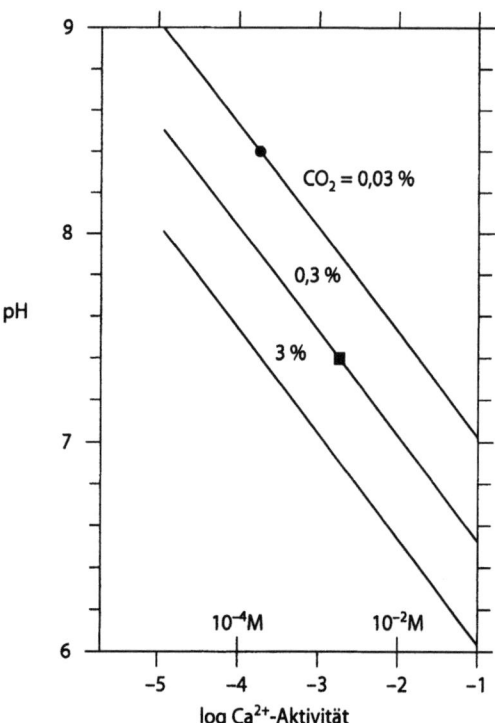

Abb. 8.8. Beziehung zwischen dem pH und der Aktivität von Ca^{2+} im Lösungsgleichgewicht mit Calcit

- Lösungsverhältnisse, bei denen sich Calcit und Wasser unter Atmosphärenbedingungen im Gleichgewicht befinden: (Ca^{2+}) = 0,2 mM, CO_2 = 0,03 %. pH = 8,4
- Beispiel für die Lösungsverhältnisse in einem kalkhaltigen Boden: (Ca^{2+}) = 0,2 mM, CO_2 = 0,3 %. pH = 7,4

In Abhängigkeit von den CO_3^{2-}- und Ca^{2+}-Konzentrationen ist der pH-Wert von kalkhaltigen Böden über eine gewisse Zeit variabel. Eine standardisierte Messung des pH unter solchen Bedingungen ist mit einer 10 mM $CaCl_2$-Lösung möglich. Der auf diese Weise gemessene pH-Wert ist dann das Ergebnis von Unterschieden in der Löslichkeit und – bis zu einem gewissen Grad – der vorhandenen $CaCO_3$-Menge: Wenn der Boden nämlich wenig Carbonat enthält oder die festen Bodenbestandteile eine kleine spezifische Oberfläche haben (wenige große Steine), dann löst sich das vorhandene $CaCO_3$ nur langsam und die Standard-Schüttelzeit von 15 min ist zu kurz (s. Abschn. 8.1).

Natriumhaltige Böden

Böden arider Gebiete neigen zur Akkumulation von Na_2CO_3. Natriumcarbonat ist ein leicht lösliches Salz. Gelöstes CO_3^{2-} reagiert mit Wasser und CO_2, wie in den Gleichungen 8.6–8.9 gezeigt wurde, und verursacht einen pH-Anstieg auf Werte bis zu 10,5 (s. Kap. 14).

Abb. 8.9. Pufferung des pH durch Wasser und Boden

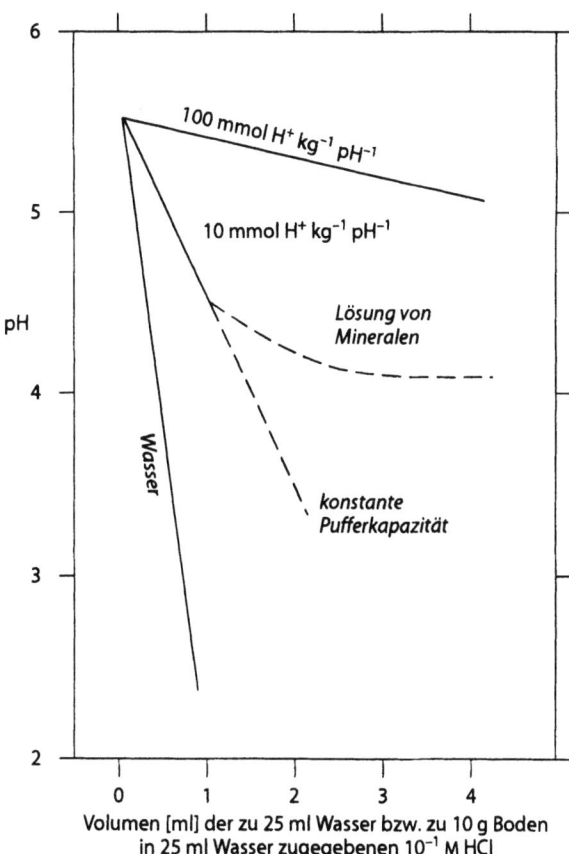

8.4 Pufferkapazität von Böden und ihre Bestimmung

Pufferlösungen sind Lösungen, deren pH-Wert sich bei Zugabe von Säuren oder Basen kaum verändert. Der chemische Mechanismus wird in Abschn. 8.5 erläutert; das Prinzip läßt sich leicht verstehen, wenn man in Abb. 8.9 die Zugabe von Säure zu Wasser mit der Zugabe von Säure zur Bodenlösung vergleicht.

Gibt man zu 25 ml Wasser 1 ml 10^{-1} M HCl, liegt die folgende Menge an H$^+$-Ionen vor:

10^{-1} mol l^{-1} · 1/1 000 l = 10^{-4} mol H$^+$.

Der Beitrag der ursprünglich im Wasser vorhandenen H$^+$-Ionen ist dabei unwesentlich. Die H$^+$-Ionen befinden sich in einem Volumen von 26/1 000 l; die H$^+$-Konzentration beträgt deshalb 3,8 · 10^{-3} mol l^{-1} und

pH = –log (H$^+$) ≅ –log (3,8 · 10^{-3}) = 2,4   (s. Abschn. 8.3, Anm. 1).

Aufgrund der Reaktionen, die sich zwischen den zugegebenen H$^+$-Ionen und den Bodenpartikeln abspielen (Abb. 8.1), ist die pH-Absenkung in einem Boden, der auf die gleiche Weise behandelt wird, viel geringer als in Wasser; die Pufferkapazität von

Tabelle 8.5. Pufferkapazitäten von Böden unterschiedlicher Substrate, ausgedrückt in verschiedenen Einheiten

Substrat	A [mmol H$^+$ kg^{-1} pH^{-1}]	B [g CaCO$_3$ kg^{-1} pH^{-1}]	C [g Ca(OH)$_2$ kg^{-1} pH^{-1}]	D [t CaCO$_3$ ha^{-1} pH^{-1}] (2 600 t Boden ha^{-1} bis 20 cm)	E [kg H$^+$ ha^{-1} pH^{-1}] (2 600 t ha^{-1})
Sand	16	0,8	0,6	2	40
leicht	48	2,4	1,8	6	120
mittel	56	2,8	2,1	7	140
schwer	64	3,2	2,4	8	160
Ton	80	4,0	3,0	10	200
humos	80	4,0	3,0	10	200
Torf	128	6,4	4,7	16	320

Außer für Sand und Ton basieren die Werte auf jenen, die vom ADAS in Großbritannien verwendet werden; sie sind in Tabelle 8.6 aufgeführt. Dort werden auch die Böden erläutert. Wegen der Bandbreite für die Textur innerhalb jedes Bodens wurden die extremeren Werte für Sand und Ton in die Tabelle aufgenommen. Diese Werte stammen von Helyar et al. (1990), der die folgende Gleichung benutzte, um Pufferkapazitätswerte für australische Böden aus ihrem Tongehalt und der Menge an organischer Bodensubstanz (OS) zu berechnen:

Pufferkapazität [kg H$^+$ ha$^{-1}_{2500t}$ pH^{-1}] = (7,5 · OS %) + (3,6 · Ton %).

Diese Gleichung ermittelt deshalb nur ungefähre Werte, weil die Mineralzusammensetzung der Tonfraktion nicht berücksichtigt wird. Aitken et al. (1990) stellten eine ähnliche Beziehung für Böden mit variabler Ladung auf.

Böden liegt bei etwa 10–100 mmol H$^+$ kg^{-1} pH^{-1} (Tabelle 8.5). Auch hierfür kann die pH-Veränderung berechnet werden: Die Zugabe von 10^{-4} mol H$^+$ zu 10 g Boden bedeutet einen Eintrag von 10 mmol H$^+$ kg^{-1}. Bei einem Boden mit einer Pufferkapazität von 10 mmol H$^+$ kg^{-1} pH^{-1} bedeutet das eine Veränderung um 1 pH-Einheit, und bei einer Pufferkapazität von 100 mmol H$^+$ kg^{-1} pH^{-1} ändert sich der pH um 0,1 Einheiten. Weitere Säurezugabe verursacht eine lineare pH-Abnahme, falls die Pufferkapazität konstant ist. In der Praxis jedoch nimmt die Pufferkapazität ungefähr ab pH 4 zu, da die Auflösung der Minerale einsetzt. Läßt man den Bodenpartikeln genügend Zeit, mit der zugegebenen Säure zu reagieren, so bleibt der pH letztlich bei diesem Wert, d.h. die Pufferkapazität wird sehr groß.

Messung der Boden-Pufferkapazität: Zugabe von Säure

Ausrüstung und Reagenzien

- *Salzsäure*, 0,1 M;
- *Natronlauge*, 0,1 M;
- *Kaliumchloridlösung*, 0,1 M. Man löst 7,5 g KCl in Wasser und füllt auf 1 l auf.
- *pH-Meter* und *Elektroden*;
- *Magnetrührer*.

Methode

10 g lufttrockener Feinboden wird in ein 100-ml-Becherglas gefüllt und 25 ml 0,1 M KCl-Lösung zugegeben. Das Becherglas wird auf den Magnetrührer gestellt, das pH-Meter geeicht (s. Abschn. 8.1) und der pH-Wert gemessen. Man gibt mit einer Bürette eine bestimmte Säuremenge zu (s. unten), rührt 15 min um und mißt erneut den pH-Wert. Säurezugabe und Messungen werden so lange wiederholt, bis der erforderliche pH-Bereich abgedeckt ist. Man zeichnet die Pufferkurve (pH gegen zugegebene Säure) und berechnet die Pufferkapazität (s.u.).

Zugegebene Säuremenge. Sandige Böden haben eine geringe Pufferkapazität, weshalb man die Säure in 0,5-ml-Portionen zugibt. Bei schweren Böden mit größerer Pufferkapazität kann man jeweils 2,5 ml zugeben.

Dauer der Gleichgewichtseinstellung. Die Säurezugabe läßt den pH-Wert zunächst stark sinken und im Verlauf der Pufferreaktion wieder langsam ansteigen. Es kann mehrere Stunden dauern, bis sich ein Gleichgewichtswert eingestellt hat. Wie lange man auf diesen wartet, hängt davon ab, welchem Zweck das Experiment dienen soll. Sind beispielsweise 24 h nötig, um den Gleichgewichtszustand zu erreichen, führt man einen Vorversuch durch, bei dem man, wie oben beschrieben, dem Gleichgewicht 15 min Zeit läßt, sich einzustellen. Auf Grundlage dieser Ergebnisse bereitet man eine Reihe von Bechergläsern mit Bodenproben und Lösung vor und gibt jeweils unterschiedliche Säuremengen zu, um den erforderlichen pH-Bereich abzudecken. Im Laufe von 24 h schwenkt man gelegentlich um und mißt den pH. Alternativ kann man die Bodensuspension mit der Säure auch in eine Schraubflasche füllen und über Nacht mechanisch schütteln lassen, bevor der pH-Wert gemessen wird. (*Vorsicht*: Dieses Verfahren sollte nicht bei kalkhaltigen Böden angewendet werden; es entsteht CO_2 und die Flasche könnte bersten.)

Verwendung einer 0,1 M KCl-Lösung. Dieses Experiment könnte auch mit Wasser anstatt mit KCl-Lösung, durchgeführt werden, aber die Zugabe von HCl würde die Chlorid- bzw. Salzkonzentration der Lösung zunehmend erhöhen (Abb. 8.10), woraus sich aufgrund des Salzeffekts Meßfehler ergeben würden (s. Abschn. 8.1). Wird der Boden jedoch in einer 0,1 M KCl-Lösung suspendiert, so bleibt die Salzkonzentration während des Experiments konstant, sofern 0,1 M HCl verwendet wird. In Abb. 8.11 sind Beispiele für auf diese Weise ermittelte Pufferkurven dargestellt.

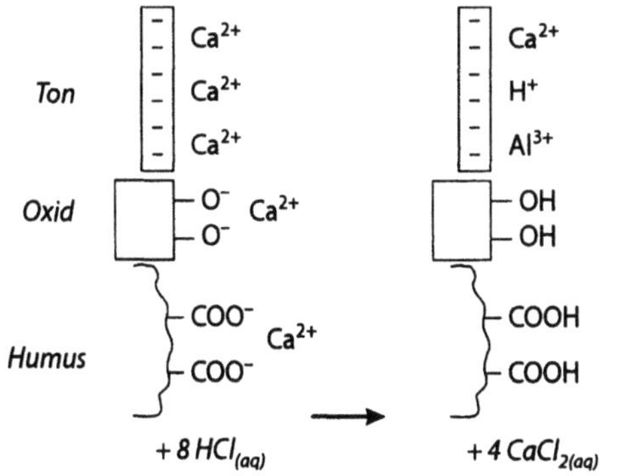

Abb. 8.10. Schematische Darstellung der Reaktion einer Säure mit einem neutralen Boden. Gibbsit und andere Minerale setzen Al^{3+}-Ionen frei, wenn der pH sinkt. In der Bodenlösung und an den Austauschplätzen befinden sich auch noch andere Ionen

Abb. 8.11. Pufferkurven, die man bei Zugabe von NaOH bzw. HCl zu Bodensuspensionen erhält. Zu 10 g Boden wurden 25 ml Wasser bzw. 0,1 M KCl-Lösung gegeben, dann wird NaOH bzw. HCl zugefügt und schließlich der pH-Wert nach Gleichgewichteinstellung über Nacht gemessen.
Boden *I*: Braunerde; 3,0 % Humus; 18 % Ton, vorwiegend Smectit, außerdem Illit und Kaolinit; KAK = 13,2 cmol$_c$ kg^{-1}.
Boden *II*: der in Tabelle 8.3 beschriebene Gley

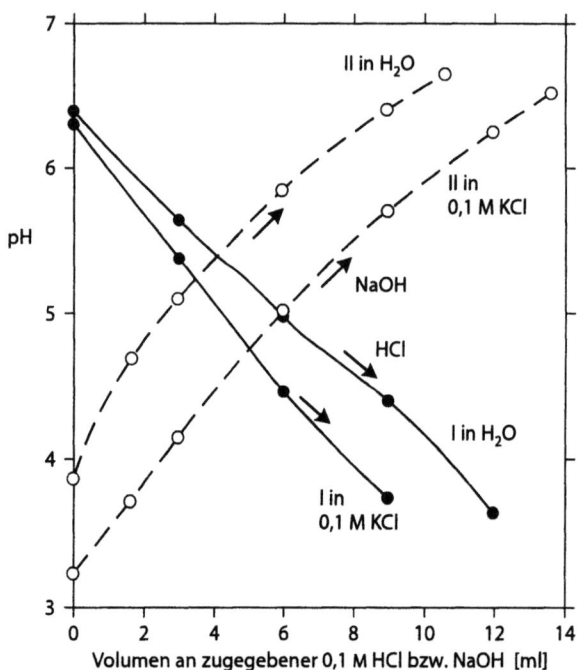

Man beachte, daß sich im Laufe des Experiments durch Zugabe der KCl-Lösung das Mengenverhältnis von Boden zu Lösung verändert, so daß wegen des Verdünnungseffekts kleine Fehler (s. Abschn. 8.1) auftreten können. Würde man 1 M HCl-Lösung mit einer Eppendorf-Pipette zugeben, so würde sich zwar der Verdünnungseffekt verringern, parallel dazu jedoch der Salzeffekt verstärken. Auch im Freiland werden Anionen ausgewaschen, ohne daß sich die Konzentration der Bodenlösung wesentlich verändert. Es ist also nicht ganz leicht, die beste Methode auszuwählen.

Messung der Pufferkapazität des Bodens: Zugabe von Base

Zugabe zu Bodensuspensionen

Es kann die oben beschriebene Methode angewendet werden, wobei jedoch statt HCl 0,1 M NaOH zugegeben wird. Austauschbare H$^+$- und Al^{3+}-Ionen werden durch die OH$^-$-Ionen neutralisiert; es bildet sich Wasser bzw. es fällt Al(OH)$_3$ aus, und die ebenfalls zugeführten Na$^+$-Ionen verdrängen die übrigen austauschbaren Kationen (Abb. 8.12). Ist variable Ladung vorhanden, verursacht der pH-Anstieg die Freisetzung von H$^+$-Ionen und die Ausbildung negativer Ladung an einigen Austauschplätzen, aber auch an diesen werden Na$^+$-Ionen gebunden. Damit findet in der Lösung keine Erhöhung der Salzkonzentration statt, und das Experiment kann entweder mit Wasser oder mit 0,1 M KCl-Lösung durchgeführt werden. Wenn der Boden negativ geladen ist, werden die mit KCl gemessenen pH-Werte niedriger ausfallen, als jene Meßwerte, die mit Wasser bestimmt werden (s. Abschn. 8.1), wie aus Abb. 8.11 hervorgeht.

Abb. 8.12. Schematische Darstellung der Reaktion einer Base mit saurem Boden. In der Bodenlösung und an den Austauschplätzen befinden sich noch andere Ionen

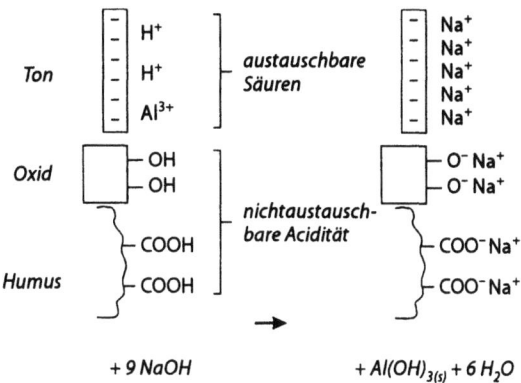

Inkubation des Bodens mit CaCO$_3$

Die Pufferkapazität wird vor allem deshalb bei erhöhtem pH gemessen, weil man damit Vergleichswerte für den Kalkbedarf erhält. Daher ist es logisch, den Boden mit CaCO$_3$ zu mischen und den pH nach einer angemessenen Inkubationszeit zu bestimmen.

Kalkbedarf. Pufferkapazitäten von 10–100 mmol H$^+$ kg^{-1} pH^{-1} können folgendermaßen in Kalkmengen umgerechnet werden. Unter der Annahme, daß alle Reaktionen reversibel sind, kann eine Absenkung um 1 pH-Einheit für die obengenannten H$^+$-Einträge durch Zugabe von 5–50 mmol CaCO$_3$ kg^{-1} pH^{-1} umgekehrt werden:

$$2H^+ + CaCO_3 = Ca^{2+} + H_2O + CO_2.$$

Die Molmasse von CaCO$_3$ beträgt 100 g mol^{-1}, und damit sind 0,5–5 g CaCO$_3$ erforderlich, um den pH um 1 Einheit anzuheben (Tabelle 8.5). Für Inkubationsuntersuchungen im Labor kann man auch Ca(OH)$_2$ verwenden, das schneller als CaCO$_3$ reagiert. Seine Molmasse beträgt 74 g mol^{-1}, und es werden 0,4–4 g Ca(OH)$_2$ kg^{-1} pH^{-1} benötigt.

Methode

Der Boden-pH wird gemessen (s. Abschn. 8.1), und man entscheidet sich, welchen pH-Bereich man mit dem Experiment abdecken möchte. In Tabelle 8.5 findet man die erwarteten Pufferkapazitäten in Relation zur Körnung und zum Humusgehalt. Mit Hilfe dieser Werte legt man den Kalkbedarf in g Ca(OH)$_2$ pro 100 g Boden fest. Um beispielsweise einen leichten Boden von pH 4 auf pH 7 zu bringen, sind theoretisch 3 · 1,8 g Ca(OH)$_2$ kg^{-1} bzw. 0,54 g pro 100 g Boden nötig, wofür sich eine Kalkdüngung mit Gaben von 0–0,6 g pro 100 g Boden eignet, die pro Behandlung um jeweils 0,1 g gesteigert werden.

Man wiegt lufttrockene Feinbodenproben von jeweils 100 g in Plastikbeutel ein und gibt die erforderliche Menge Ca(OH)$_2$ zu. Man schüttelt zur gründlichen Durchmischung. Nun fügt man Wasser zu, um den Boden auf 40 % seiner Wasserspeicherkapazität zu bringen (Tabelle 5.2 und Abschn. 3.2, Anm. 2). Die Proben werden im locker gefalteten Beutel eine Woche lang aufbewahrt, der Beutel wird von Zeit zu Zeit geöffnet und geschüttelt, um eine gute Durchlüftung zu gewährleisten.

Am Ende der Inkubationszeit mißt man den pH jeder Bodenprobe (Abschn. 8.1, 10 g Boden: 25 ml H_2O).

Pufferkurve. Die Ergebnisse werden wie in Abb. 8.13 aufgetragen. Die Steigung der Kurve = pH/g $Ca(OH)_2$ kg^{-1} entspricht dem Kehrwert der Pufferkapazität. Die Ergebnisse führen wahrscheinlich nicht zu einer Geraden; für einen bestimmten pH-Wertebereich im unteren Abschnitt kann jedoch ein Durchschnittswert angegeben werden. In diesem Fall betrachten wir die Pufferkapazität zwischen den pH-Werten 4,2 und 6,7:

$$1/(2,5/4,6) = 1,8 \text{ g } Ca(OH)_2 \text{ kg}^{-1} \text{ pH}^{-1}.$$

Eine andere Möglichkeit besteht darin, bei einem bestimmten pH-Wert die Kapazität zu ermitteln, indem man an die Kurve eine Tangente anlegt. Die obengenannte Pufferkapazität entspricht auch der in Tabelle 8.5 für leichte Böden angegebenen. Der obere pH-Grenzwert von etwa 7,7 zeigt an, daß das $Ca(OH)_2$ in $CaCO_3$ verwandelt wurde, das im Boden bleibt.

Umkehrbarkeit von pH-Veränderungen

Die Pufferkapazität, die mit Hilfe einer Säurezugabe gemessen wird, ist im pH-Bereich von 4,5 bis 6,5 ungefähr genau so groß wie jene Pufferkapazität, die durch Basenzugabe ermittelt wird. Dieser pH-Bereich wird durch die Auflösung von Mineralen bei niedrigen pH-Werten und die Gegenwart von $CaCO_3$ bei hohem pH begrenzt.

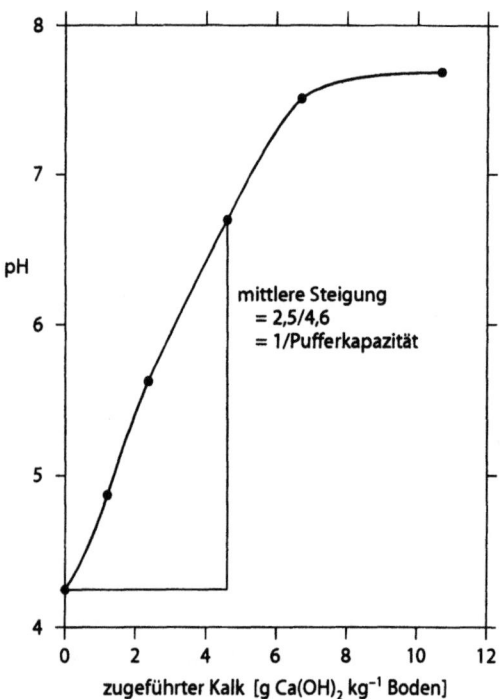

Abb. 8.13. Pufferkurve eines Ultisols aus Nigeria. Die Daten wurden von A. Bantirgu durch Inkubation des feuchten Bodens mit $Ca(OH)_2$ ermittelt. Der Boden wird in den Tabelle 8.3 und 8.4 beschrieben

8.5
Ermittlung des Kalkbedarfs

Der Kalkbedarf eines Bodens ist die Kalkmenge (normalerweise $CaCO_3$), die erforderlich ist, um den pH von Freilandböden auf einen bestimmten Sollwert anzuheben.

Textur-pH-Methode

In Großbritannien hat der ADAS einfache Richtlinien für den Kalkbedarf entwickelt, die auf im Freiland gesammelten Erfahrungen und auf intensiven Laboruntersuchungen über die Pufferkapazität von Böden und die Empfindlichkeit von Kulturpflanzen basieren. Tabelle 8.6 enthält Details für ackerbaulich genutzte Böden.

Methode

Im Gelände werden nach den in Abschn. 1.3 beschriebenen Methoden Proben entnommen. Es ist wichtig, daß diese Proben für die gesamte Ackerfläche bis in eine Tiefe von 20 cm repräsentativ sind. Sollte man aus bestimmten Gründen (Wechsel des Bodentyps oder der Bearbeitungsmethode) wissen, daß sich der pH auf dieser Fläche systematisch verändert, dann sollten eigene Proben aus den jeweiligen Teilflächen entnommen und separat untersucht werden. Eine lufttrockene Feinbodenprobe wird aufbereitet und der Boden-pH gemessen (1:2,5 in H_2O, s. Abschn. 8.1). Man bestimmt die Textur (Bodenart; s. Abschn. 1.2) und die Pufferkapazität des Bodens nach Tabelle 8.6. Der Kalkbedarf wird folgendermaßen berechnet:

Kalkbedarf = (Soll-pH − Boden-pH) · Pufferkapazität.

Tabelle 8.6. Kalkbedarf von Ackerböden (aus MAFF 1986 b)

Substrat	empfohlener pH-Wert	angestrebter pH-Wert	Pufferkapazität[a] [t $CaCO_3$ ha^{-1} pH^{-1}]	Textur (UK-System) und organische Substanz
Leicht	6,5	6,7	6	Sande und lehmige Sande
Mittel	6,5	6,7	7	Lehme (außer tonigem Lehm)
Schwer	6,5	6,7	8	tonige Lehme und Tone
Humus	6,2	6,4	10	10–25 % organische Substanz
Torf	5,8	6,0	16	mehr als 25 % organische Substanz

[a] Die Pufferkapazität bezieht sich auf eine Bodentiefe von 20 cm (2 600 t ha^{-1}) und wird vom ADAS als *Kalkfaktor* bezeichnet.
Empfohlener pH und der angestrebter pH. Tabelle 8.2 zeigt, daß bei einem pH von 6,0 einige Feldfrüchte bereits Beeinträchtigungen zeigen. Um ein Absinken des pH-Werts über einige Jahre zu brücksichtigen, ist 6,5 der für Mineralböden empfohlene pH. Um der Variabilität des pH innerhalb der Anbaufläche und der ungleichmäßigen Ausbringung des Kalkes Rechnung zu tragen, liegt der Ziel-pH 0,2 Einheiten über dem empfohlenen pH.
Humose Böden und Torf. Aluminium wird von Humus stark gebunden, daher kann man hier niedrigere pH-Werte tolerieren als in Mineralböden. Große Kalkmengen sind nötig, um den pH dieser Böden zu verändern: eine Überkalkung führt zu Mangelerscheinungen an Spurenelementen (s. Abschn. 7.1) und zu großen Ca^{2+}/K^+- und Ca^{2+}/Mg^{2+}-Verhältnissen, die K^+- und Mg^{2+}-Mangel verursachen können.

Für Weideflächen liegt der Sollwert um 0,5 Einheiten unter jenem für Ackerflächen. Die Empfehlungen werden für eine geringere Bodentiefe (15 cm) ausgesprochen, da Grünland nach der Kalkung nicht gepflügt wird und es bei größeren Kalkmengen länger dauern würde, bis diese mit dem Sickerwasser im Boden verteilt werden. Die Pufferkapazität von Grünlandflächen, ausgedrückt in t CaCO$_3$ ha^{-1} pH^{-1}, beträgt daher nur 75 % der Pufferkapazität von Ackerflächen.

Pufferlösungs-Methode

Der Kalkbedarf eines Bodens wird am häufigsten direkt durch Feldversuche bestimmt, die aber teuer und zeitaufwendig sind. Die im Labor durchgeführten Inkubationsuntersuchungen (s. Abschn. 8.4) ermöglichen es, daß Boden und Kalk miteinander reagieren, ohne daß durch die räumliche Variabilität der Böden oder ungleichmäßige Durchmischung der Proben Komplikationen auftreten, wie das im Freiland der Fall ist. Doch auch diese Versuche sind für Routineuntersuchungen zu zeitaufwendig. Aus diesem Grund wurden Pufferlösungsmethoden entwickelt, die billig und einfach anzuwenden sind (Woodruff 1948; Shoemaker *et al.* 1961).

Versuchsprinzip

Der pH einer Pufferlösung ändert sich kaum, wenn Säuren oder Basen zugegeben werden. Normalerweise besteht sie aus einer schwachen Säure und deren Salz (Nuffield Advanced Chemistry II, Topic 12.5), z.B. aus Essigsäure und Ammoniumacetat. Die Verwendung eines Puffers bei der Bestimmung der KAK bei pH 7 wurde bereits diskutiert (s. Abschn. 7.2). Essigsäure ist eine schwache Säure, denn sie liegt in Wasser nur teilweise dissoziiert vor:

$$CH_3COOH \rightleftharpoons CH_3COO^- + H^+.$$

Salzsäure dagegen ist eine starke, nahezu vollständig dissoziierte Säure:

$$HCl \rightleftharpoons H^+ + Cl^-.$$

Wird der Essigsäure/Acetat-Lösung Salzsäure zugesetzt, verbinden sich einige der zugegebenen H$^+$-Ionen mit CH$_3$COO$^-$, wodurch sich die CH$_3$COOH-Konzentration erhöht. Das CH$_3$COO$^-$ bildet sich aus dem Ammoniumacetat, so daß auf diese Weise mehr H$^+$-Ionen neutralisiert werden können und die pH-Erniedrigung insgesamt geringer ausfällt als in reinem Wasser.

Bei dieser Methode wird eine Pufferlösung bei pH 7 mit einem sauren Boden gemischt. Die beiden gepufferten Systeme (der Boden und die Pufferlösung) reagieren miteinander, der pH der Lösung sinkt und der Boden-pH steigt, bis sich beide pH-Werte aneinander angeglichen haben (Abb. 8.14). Die Absenkung des Lösungs-pH ist abhängig vom Ausmaß der Bodenacidität, die mit dem Puffer reagiert, während gleichzeitig der Boden-pH bis zum Erreichen des Gleichgewichts ansteigt. Die Kapazität der Pufferlösung und ihre pH-Absenkung können daher verwendet werden, um die Pufferkapazität des Bodens zu messen. Letztlich wirkt die Pufferlösung wie Kalkdünger, indem sie den pH-Wert des Bodens ansteigen läßt.

Die anschließend beschriebene Methode basiert auf der von Woodruff (1948) beschriebenen. Sie wurde vom MAFF (1986a) modifiziert, um die Pufferkapazität des Bodens zu bestimmen.

8.5 · Ermittlung des Kalkbedarfs

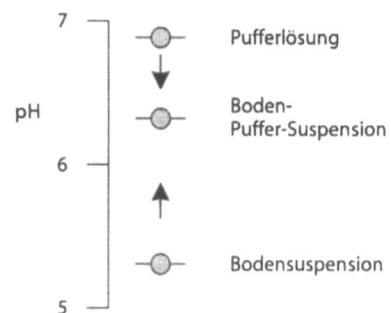

Abb. 8.14. Mit der Pufferlösungs-Methode ermittelte pH-Werte zur Bestimmung des Kalkbedarfs

Reagenzien und Ausrüstung

- *Pufferlösung*. Man trocknet Calciumacetat (($CH_3COO)_2Ca$) 1 h lang bei 105 °C und läßt es im Exsikkator abkühlen. 40 g werden abgewogen und zusammen mit 8,0 g 4-Nitrophenol ($NO_2C_6H_4OH$) und 0,6 g Magnesiumoxid (MgO), in ca. 900 ml Wasser gelöst. Damit sich die Feststoffe lösen, erwärmt man ein wenig. Nach Abkühlung füllt man auf 1 l auf und filtert die Lösung, falls sie trübe ist. Der pH sollte zwischen 6,9 und 7,1 liegen. Falls nötig, wird er mit konzentrierter HCl oder MgO auf diesen Bereich eingestellt.
- *pH-Meter*, *Elektroden* und *Puffer*;
- *Flaschen* und *Verschlüsse*.

Methode

Die Bodenproben sollten so entnommen werden, wie es bereits für die Textur-pH-Methode beschrieben wurde.

Das pH-Meter wird geeicht; man stellt eine Bodensuspension aus 10 g (oder 10 ml) Boden und 25 ml Wasser her und mißt den pH (s. Abschn. 8.1). Liegt der pH-Wert über dem in Tabelle 8.6 empfohlenen, ist keine Kalkdüngung notwendig. Im unten beschriebenen Beispiel beträgt der Boden-pH 5,25.

Für saure Böden verwendet man die oben beschriebene Suspension zur Messung des Kalkbedarfs. Man pipettiert 20 ml Pufferlösung in die Suspension. Die Flasche wird verschlossen und 5 min lang geschüttelt (s. Anm. 1). Außerdem mischt man 25 ml Wasser und 20 ml Pufferlösung in einem Becherglas.

Man mißt den pH der Puffer-Boden-Suspension (z.B. 6,34) und der Puffer-Wasser-Mischung (z.B. 6,92). Liegt der pH der Puffer-Boden-Suspension unterhalb von 6,0, wird das Experiment mit 5 g (oder 5 ml) Boden wiederholt.

Rechenbeispiel

Die Reaktion kann folgendermaßen zusammengefaßt werden:

Puffer OH^- + Boden-H^+ = Boden-Puffer-Suspension + H_2O.

Die Menge der reagierenden OH^--Ionen ist durch das Produkt aus der Kapazität der Pufferlösung und der pH-Veränderung der Pufferlösung (bezeichnet mit Δ Puffer-pH; Δ bedeutet Änderung) festgelegt. Die Menge der reagierenden H^+-Ionen berechnet sich aus dem Produkt der Pufferkapazität des Bodens mit · Δ Boden-pH. Wird Mol als Einheit verwendet, müssen beide Beträge gleich sein.

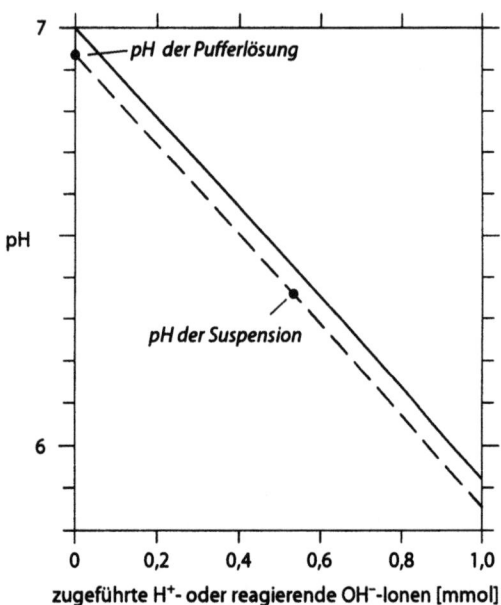

Abb. 8.15. pH-Wert-Änderungen, die durch Säurezugabe zu einer Pufferlösung hervorgerufen werden (20 ml Pufferlösung + 25 ml Wasser)

Die Pufferkapazität der Puffer-Wasser-Mischung ist in Abb. 8.15 (s. Anm. 2) graphisch dargestellt: Es sind 0,86 mmol H$^+$ pro 45 ml Lösung erforderlich, um den pH um 1 Einheit zu senken. Hatte die Lösung anfänglich einen pH von 7, gilt die durchgezogene Linie; die gestrichelte Linie beschreibt das Verhalten der Pufferlösung mit einem Anfangs-pH von 6,92 (vgl. obiges Beispiel).

Der pH-Wert der Boden-Puffer-Suspension wird vom pH-Wert der Pufferlösung abgezogen, und man erhält so einen Δ Puffer-pH-Wert von 6,92 – 6,34 = 0,58. Die OH$^-$-Menge im Puffer, die reagiert hat, kann aus der Kurve abgelesen oder berechnet werden:

0,86 mmol OH$^-$ pH^{-1} · 0,58 pH = 0,50 mmol OH$^-$.

Damit beträgt die H$^+$-Menge im Boden, die reagiert hat, 0,50 mmol H$^+$ pro 10 g Boden bzw. 50 mmol kg^{-1}. Der Wert von Δ Boden-pH beträgt 6,34 – 5,25 = 1,09. Und damit beträgt die Pufferkapazität des Bodens:

50 mmol kg^{-1}/1,09 pH = 45,8 mmol kg^{-1} pH^{-1}.

Verwendung der Pufferkapazität für Kalkungsempfehlungen

Böden mit zu hoher Acidität werden üblicherweise mit CaCO$_3$ neutralisiert. Aufgrund der Reaktion

$$2H^+ + CaCO_3 = Ca^{2+} + CO_2 + H_2O$$

werden nur 0,5 mol CaCO$_3$ benötigt, um 1 mol H$^+$ im Boden zu neutralisieren. Daher kann die Pufferkapazität folgendermaßen ausgedrückt werden:

45,8/2 = 22,9 mmol CaCO$_3$ kg^{-1} pH^{-1}.

8.5 · Ermittlung des Kalkbedarfs

Die Molmasse von $CaCO_3$ beträgt 100 mg mmol^{-1}. Daher beträgt die Pufferkapazität 22,9 · 100 mg kg^{-1} pH^{-1} bzw.

2,29 g $CaCO_3$ kg^{-1} pH^{-1} (= kg $CaCO_3$ t^{-1} pH^{-1}).

Ausgehend von 2 600 t Boden ha^{-1} bei einer Bodentiefe von 20 cm, beträgt die Pufferkapazität

2,29 kg t^{-1} pH^{-1} · 2 600 t ha^{-1} = 5 954 kg ha^{-1} pH^{-1} = 5,95 t $CaCO_3$ ha^{-1} pH^{-1}.

Diese Berechnung läßt sich vereinfachen zu:

Pufferkapazität (t $CaCO_3$ ha^{-1} pH^{-1}) = 11,18 · Δ Puffer-pH/Δ Boden-pH.

Werden 5 g Boden verwendet, beträgt der Faktor 22,36 anstatt 11,18. Die Berechnung muß auch entsprechend geändert werden, wenn eine andere Bodentiefe zugrunde gelegt wird (15 cm, 1 950 t) oder die Lagerungsdichte deutlich von 1,3 g cm^{-3} abweicht (s. Abschn. 4.2).

Wie bereits erwähnt, lautet die Kalkdüngungsempfehlung:

(Soll-pH – Boden-pH) · Pufferkapazität.

Für das obige Beispiel (Ackerfläche, Mineralboden, s. Tabelle 8.6) lautet damit die Empfehlung:

(6,7 – 5,25) · 5,95 = 8,6 t $CaCO_3$ ha^{-1}.

Vereinfachte Methode. Für routinemäßige Düngungsempfehlungen kann der Kalkbedarf von Ackerflächen (2 600 t Boden ha^{-1}) nach folgender Gleichung berechnet werden:

t $CaCO_3$ ha^{-1} = 11,2 · Δ Puffer-pH

Diese Formel basiert auf der Originalmethode von Woodruff (1948), der die Annahme zugrunde liegt, daß der pH der Boden-Puffer-Suspension ungefähr so groß wie der Soll-pH ist; daher muß ersterer oberhalb von pH 6 liegen.

Anmerkung 1. Diese Schüttelzeit ist im Vergleich zur Reaktionszeit des Kalks im Freiland sehr kurz. Besonders bei humosen Böden kann dies zu einer Unterschätzung der Pufferkapazität führen.

Anmerkung 2. Zwischen pH 6 und 7 bildet der Graph eine Gerade, krümmt sich jedoch unterhalb von pH 6. Die Gültigkeit des Graphs kann überprüft werden, wenn man die pH-Werte der folgenden Lösungen mißt: zu 20 ml Pufferlösung fügt man 5, 10, 15 und 20 ml 0,05 M HCl mit jeweils 20, 15, 10 und 5 ml Wasser zu. Diese Lösungen enthalten 0,25; 0,5; 0,75 und 1 mmol HCl.

Die „kalkende" Wirkung von hartem Wasser

Hartes Wasser enthält Carbonate und Hydrogencarbonate des Calciums und Magnesiums, die meist aus gelöstem Kalkstein stammen. Deren Konzentration (ausgedrückt als $Ca(HCO_3)_2$) beträgt etwa 3 mM. Sie kann mit den in Abschn. 14.1 beschriebenen Methoden gemessen werden.

Beispiel

- Wasser mit 3 mM Ca(HCO$_3$)$_2$ (= 6 mM HCO$_3^-$);
- Boden-Pufferkapazität: 50 mmol OH$^-$ (bzw. HCO$_3^-$) kg^{-1} pH^{-1}.

Ein Liter Wasser enthält 6 mM HCO$_3^-$. Gibt man diese Menge zu 1 kg Boden, beträgt die pH-Veränderung 6 mmol/ 50 mmol pH^{-1} = 0,12 pH-Einheiten.

Bei einer einzigen Bewässerung eines Feldes oder Pflanztopfs auf Feldkapazität wird 200 ml Wasser kg^{-1} Boden zugeführt, was einer pH-Änderung von 0,024 entspricht. Verglichen mit der Kalkung von sauren Ackerböden ist dieser Effekt klein, aber im Gartenbau sollte für kalkempfindliche Pflanzen (z.b. für Azaleen) kein hartes Wasser verwendet werden. Aus diesem Grund wird zur Entfernung des Hydrogencarbonats das Wasser auf einen pH von 5,8–6,0 angesäuert.

Methode zur Bestimmung des Kalkbedarfs von Böden der feuchten Tropen

In den feuchten Tropen ist es nicht nötig, einen pH von 6–7 anzustreben. Die Kulturpflanzen sind weniger säureempfindlich, die Ernteerträge können sinken und die Kalkverluste wären hoch. Es wurden Methoden mit niedrigeren pH-Richtwerten (Shoemaker et al. 1961) entwickelt, bzw. solche, die darauf abzielen, das gesamte oder einen Teil des austauschbaren Aluminiums zu neutralisieren und damit die Menge des gelösten Aluminiums bis unter die toxische Konzentration zu reduzieren (s. Abschn. 8.2 und Tabelle 8.2 b).

Kamprath (1970) zeigte, daß man zur Senkung der Menge des austauschbaren Aluminiums folgende empirische Beziehung heranziehen kann:

erforderliche OH$^-$-Ionen [cmol$_c$ kg^{-1}]

= 1,5 · Menge der zu neutralisierenden, austauschbaren Al^{3+}-Ionen [cmol$_c$ kg^{-1}].

Der Faktor 1,5 berücksichtigt die anderen Formen der Bodenacidität außer den Al^{3+}-Ionen, die auch neutralisiert werden müssen (Abb. 8.12); er gilt nur für Mineralböden ähnlich jenen, die von Kamprath verwendet wurden (Oxisole und Ultisole). Der Faktor für humose Böden ist viel höher. Neutralisierungsmethoden für diese sind noch in der Entwicklungsphase (Caudle 1991; Cochrane et al. 1980).

8.6
Praktische Übungen

1. Besorgen Sie sich sauren Boden (Waldböden sind normalerweise sauer) und messen oder schätzen Sie seine Pufferkapazität (s. Abschn. 8.4)! Berechnen Sie die unterschiedlich hohen Ca(OH)$_2$-Gaben, um den pH auf eine Reihe von Werten um 6,5 anzuheben! Geben Sie Ca(OH)$_2$ zu den Bodenproben (100 g), inkubieren Sie die feuchten Proben in Plastikbeuteln und messen Sie nach einer Woche pH-Wert und austauschbares Ca^{2+}! Berechnen Sie die Zunahme an austauschbarem Ca^{2+} und vergleichen Sie mit den zugegebenen Mengen! Der Unterschied wird durch Calcium verursacht, das an den Huminstoffen gebunden war (Tabelle 8.4). Vergleichen Sie den gemessenen pH-Wert mit dem auf Grundlage der Pufferkapazität geschätzten Wert! Berechnen Sie die Pufferkapazität mit den Ergebnissen des Inkubationsexperiments und vergleichen Sie wiederum mit dem vorhergesagten Wert!

2. Inkubieren Sie feuchte 100-g-Proben eines neutralen Bodens (landwirtschaftlich genutzte, gekalkte Böden haben normalerweise pH-Werte zwischen 6 und 7) mehrere Wochen lang mit Ammoniumsulfat-Reagenz (s. Abschn. 11.3)! Messen Sie danach den pH-Wert, um den Versauerungseffekt durch die Nitrifizierung des Ammoniumdüngers zu bestimmen!

Düngungsempfehlung: Auf einem Weizenfeld kann man 150 kg N ha^{-1} ausbringen, was bei 2 500 t Boden ha^{-1} einer $(NH_4)_2SO_4$-Menge von 0,28 g kg^{-1} Boden entspricht. Düngergaben von 0,28–2,8 g kg^{-1} lägen also bei der 1–10fachen Menge des üblichen Bedarfs. Man gibt das Reagenz zum trockenen Boden, schüttelt gut und feuchtet auf 40 % der Wasserspeicherkapazität an (Tabelle 5.2 und Abschn. 3.2, Anm. 2).

Jedes mol NH_4^+ setzt theoretisch 2 mol H^+ frei, d.h. eine Düngergabe von 0,28 g kg^{-1} entspricht 4,2 mmol NH_4^+ kg^{-1} bzw. 8,4 mmol H^+ kg^{-1}. Handelt es sich um sandigen Boden mit einer Pufferkapazität von 10 mmol H^+ kg^{-1} pH^{-1}, ist eine pH-Absenkung um 0,84 Einheiten zu erwarten. Bei schweren Böden mit etwa 10facher Pufferkapazität beläuft sich die pH-Veränderung auf 0,1 Einheiten.

Erweiterung des Projekts: Messen Sie die Pufferkapazität des Bodens (s. Abschn. 8.4)! Berechnen Sie aus der im Inkubationsexperiment gemessenen pH-Veränderung die vom Dünger produzierten Säuremengen! Wiederholen Sie das Experiment mit NH_4NO_3 und Harnstoff!

3. Richten Sie eine Versuchsanordnung mit Pflanztöpfen ein, um den Säureeinfluß auf Pflanzen mit unterschiedlicher Säureempfindlichkeit zu messen bzw. um das Konkurrenzverhalten zwischen diesen Pflanzen zu untersuchen!

Besorgen Sie sich wiederum sauren (Wald-)Boden mit einem pH zwischen 4 und 5! Lassen Sie ihn an der Luft trocknen und sieben Sie ihn durch ein Gartensieb! Bestimmen Sie aus Tabelle 8.5 die Kalkmenge, die zur Anhebung des pH-Werts auf 6,5 nötig ist! Düngen Sie in jeweils vier Kalkungsstufen von ungekalkt bis zum vollen Kalkbedarf! Besorgen Sie sich Gersten- und Roggensamen (oder andere geeignete Samen) und bereiten Sie drei Töpfe pro Getreideart und Kalkungsstufe vor, denen adäquate Mengen an NPK-Dünger zugegeben werden! Die Methoden werden in Abschn. 9.2 beschrieben. Lassen Sie die Samen in Anzuchterde keimen und pflanzen Sie in jeden Topf drei Keimlinge, sobald sie 3 cm groß sind! Ernten Sie die Pflanzen, nachdem sie einige Wochen gewachsen sind, und bestimmen Sie ihre Trockenmasse! Messen Sie den Boden-pH und tragen Sie den durchschnittlichen Ernteertrag (Trockenmasse) je Topf gegen den pH-Wert auf! Läßt sich aus den Daten ein Hinweis darauf finden, daß die in Tabelle 8.2 angegebenen kritischen pH-Werte für Feldfrüchte auch für Topfpflanzen gelten?

Anstelle einer einzigen Art kann eine Mischung aus Rotklee und Weidelgras verwendet werden. 0,25 g Weidelgras-Samen werden abgewogen und gleichmäßig im Topf ausgesät. Dann werden 10 Kleesamen in möglichst gleichen Abständen im Topf eingepflanzt. Die Samen werden mit 5 mm Boden bedeckt. Zur Ernte werden die Pflanzen knapp über dem Boden abgeschnitten, Gras und Klee werden voneinander getrennt, getrocknet und gewogen. Der Ernteertrag (Trockenmasse) jeder Art wird gegen den Boden-pH aufgetragen (s. auch Abschn. 13.4).

Verwenden Sie eine einfache statistische Analyse (s. Abschn. 3.8), um zu entscheiden, ob sich die Mittelwerte der unterschiedlichen Kalkbehandlungen voneinander unterscheiden!

4. *Datenanalyse.* Die Beziehung zwischen Pufferkapazität, organischer Bodensubstanz und Tongehalten von Böden wird von Helyar *et al.* 1990 beschrieben:
   a) Überprüfen Sie, ob die Gleichung auf S. 526 von Helyars Arbeit korrekt umgeformt wurde und nun der Gleichung unter Tabelle 8.5 entspricht!
   b) Formen Sie die Gleichung so um, daß sich Pufferkapazitäten in mmol H^+ kg^{-1} pH^{-1} ergeben!
   c) Welche Pufferkapazität besitzt die organische Bodensubstanz nach dieser Gleichung? Vergleichen Sie den eigenen Wert mit jenem in Abb. 7.2. Hat die organische Substanz dieses australischen Bodens ähnliche Eigenschaften wie der Humus, der die Werte für die Abbildung lieferte?
   d) Berechnen Sie unter Verwendung der Werte aus Helyars Tabelle 7, Entnahmestelle 6, den mit der Verwendung von NH_4NO_3 verbundenen Säureeintrag! Was sind die Ursachen für einen negativen Säureeintrag (d.h. Entstehung von Alkalität) auf einigen Flächen?
5. Besorgen Sie sich Proben verschiedener Böden in Kreide- und Kalkgebieten. Messen Sie deren $CaCO_3$-Gehalt (Abschn. 2.4) und pH-Wert! Tragen Sie die Ergebnisse in einem Diagramm auf! Läßt sich zeigen, daß zwischen diesen beiden Eigenschaften praktisch keine Beziehung besteht? Entnehmen Sie aus einem Bodenprofil über Kreide Proben aus dem darunterliegenden Gestein! In diesem Fall sollten die pH-Werte mit dem $CaCO_3$-Gehalt ansteigen (Schinas und Rowell 1977).
6. Besorgen Sie sich aus dem Agrarhandel oder einem Gartencenter Kalkdünger! Bestimmen Sie dessen Neutralisierungskapazität (s. Abschn. 2.4) und geben Sie die Ergebnisse als äquivalente Menge an reinem $CaCO_3$ pro kg Kalkdünger wieder! Wasserhaltiger (gelöschter) Kalk z.B. besteht zum größten Teil aus $Ca(OH)_2$. Die molare Massen betragen 100 bzw. 74 g mol^{-1}, so daß 1 kg $Ca(OH)_2$ eine Neutralisierungskapazität von $100/74 = 1{,}35$ kg $CaCO_3$ besitzt.

8.7
Übungsaufgaben

1. Es liegt ein Boden mit einer Pufferkapazität von 20 mmol H^+ kg^{-1} pH^{-1} vor:
   a) Berechnen Sie die Pufferkapazität des Bodens in kg H^+ ha^{-1} pH^{-1} (Annahme: 2 500 t Boden ha^{-1})! (*Antwort:* 50).
   b) Zeichnen Sie ein Diagramm, um die Beziehung zwischen dem pH-Wert und den zugefügten H^+-Ionen für den pH-Bereich von 3 bis 7 zu verdeutlichen! Der pH wird auf der Ordinate, die zugeführten H^+-Ionen in kg ha^{-1} auf der Abszisse eingetragen.
   c) Tragen Sie t $CaCO_3$ ha^{-1} auf der Abszisse ein, wobei Sie davon ausgehen, daß Bodenreaktionen reversibel ablaufen! $CaCO_3$ hat eine molare Masse von 100 g mol^{-1}; 1 mol $CaCO_3$ reagiert mit 2 mol H^+.
   d) Der anfängliche Boden-pH beträgt 5,0. Bestimmen Sie aus dem Graph die späteren pH-Werte, wenn sich der atmosphärische Säureeintrag und die bodeninterne Säureproduktion, die sich auf 4 kg H^+ ha^{-1} a^{-1} belaufen, über 10 Jahre hinweg akkumuliert haben! (*Antwort:* 4,2)
   e) Daraufhin wurden 3 t gemahlener Kalkstein ha^{-1} mit einer Neutralisierungskapazität von 75 % des reinen $CaCO_3$ ausgebracht. Bestimmen Sie den sich daraus ergebenden pH-Wert! (*Antwort:* 5,1)

2. Ein Boden hat eine KAK von 20 cmol$_c$ kg^{-1}, von denen 60 % durch austauschbare H$^+$- und Al^{3+}-Ionen gesättigt sind. Berechnen Sie die zur Neutralisierung der austauschbaren sauren Kationen benötigte Kalkmenge [g CaCO$_3$ kg^{-1}]! (*Antwort*: 6)

3. Ein Mineralboden mit einem pH von 5,2, der ackerbaulich genutzt werden soll, hat einen Kalkbedarf von 9 t CaCO$_3$ ha^{-1} (Tabelle 8.6). Berechnen Sie mit den Daten aus Tabelle 8.1 a den Zeitpunkt der nächsten Kalkung, die vorgenommen werden soll, wenn der pH-Wert auf 6,0 gefallen ist! (*Antwort*: 10 Jahre)
   Vorschlag: Berechnen Sie die Pufferkapazität des Bodens in t CaCO$_3$ ha^{-1} pH^{-1} in der Annahme, daß der pH-Wert auf 6,7 ansteigt. Rechnen Sie in kg H$^+$ ha^{-1} pH^{-1} um, berechnen Sie den H$^+$-Eintrag in kg ha^{-1}, der zur Absenkung des pH auf 6,0 nötig ist, und dividieren Sie dann durch den jährlichen Eintrag (kg H$^+$ ha^{-1} a^{-1}), um die Zeit in Jahren zu erhalten!

4. Verwenden Sie die Werte aus den Farbtafeln 13 a und b sowie die Pufferkapazitäten aus Tabelle 8.5 dazu, um die durch hohe bzw. niedrige atmosphärische Säuredeposition (1 bzw. 6 kg H$^+$ ha^{-1} a^{-1}) erwartete pH-Absenkung für Sand zu berechnen! Gehen Sie davon aus, daß die gesamte Acidität in den oberen 20 cm des Bodens umgesetzt wird (2 600 t ha^{-1})! (*Antwort*: 0,25 und 1,5)) Berechnen Sie den Säureeintrag [kg H$^+$ ha^{-1} a^{-1}] aus dieser Quelle nochmals für den Fall, daß in dem Gebiet mit hohem Säureeintrag 2 000 mm Regen a^{-1} mit einer H$^+$-Konzentration von 20 g H$^+$ l^{-1} und einem pH von 4,7 fallen (1 m^3 Regen = 1 000 l)! (*Antwort*: 0,4) Berechnen Sie die voraussichtliche pH-Absenkung aus dieser Quelle nach 10 Jahren! (*Antwort*: 0,1)

5. Verwenden Sie die Daten aus Abb. 8.2 für die folgenden Aufgaben:
   a) Berechnen Sie aus der pH-Änderung nach einer Kalkdüngung von 5 t ha^{-1} die Pufferkapazität eines jeden Bodens und bestätigen Sie die auf S. 269-270 angegebenen Werte! (*Antwort*: Rothamsted 4,35, Woburn 4,55 t CaCO$_3$ ha^{-1} pH^{-1})
   b) Berechnen Sie die Säureeinträge [kg H$^+$ ha^{-1} pH^{-1}], die die beobachteten niedrigeren pH-Werte verursacht haben! Verwenden Sie hierzu die Daten von Rothamsted + 5 t Kalk ha^{-1} und von Woburn + 0 t Kalk ha^{-1}, so daß die Veränderungen an beiden Orten bei einem Ausgangs-pH von 6 miteinander verglichen werden können! Vergleichen Sie die eigenen Ergebnisse mit Tabelle 8.1 und den Farbtafeln 13 a und b!
   Vorschlag: Berechnen Sie die durchschnittliche jährliche pH-Änderung von 1962 bis 1978! (*Antwort*: 0,08 und 0,11) Berechnen Sie mit den Pufferkapazitätswerten den jährlichen CaCO$_3$-Verlust (*Antwort*: 0,36 und 0,48 t ha^{-1}) und rechnen Sie die Ergebnisse in kg H$^+$ ha^{-1} a^{-1} um! (*Antwort*: 7 und 10)

KAPITEL 9

Verfügbarkeit von Pflanzennährstoffen
– Kalium, Calcium und Magnesium

Das Pflanzenwachstum hängt von den Stoffeinträgen aus dem Boden und der Atmosphäre ab. Die in pflanzlichem Material vorhandenen Elemente gelangen auf folgende Weise dorthin:

- Kohlenstoff (C) und Sauerstoff (O) stammen aus dem CO_2 der Atmosphäre und werden durch Photosynthese in den Blättern assimiliert.
- Wasserstoff (H) und Sauerstoff (O) werden als Wasser durch die Wurzeln aufgenommen.
- Kalium, Calcium und Magnesium werden von den Wurzeln als K^+-, Ca^{2+}- und Mg^{2+}-Ionen aus der Bodenlösung aufgenommen.
- Stickstoff (N), Phosphor (P) und Schwefel (S) werden ebenfalls aus der Bodenlösung in Form von NO_3^--, $H_2PO_4^-$- und SO_4^{2-}-Anionen aufgenommen. Stickstoff gelangt auch als NH_4^+ in die Pflanzen oder wird indirekt aus der Bodenluft durch bakterielle N-Fixierung gewonnen.
- Andere, in kleinen Mengen benötigte Elemente (Spurenelemente), stammen ebenfalls aus der Bodenlösung.

Basierend auf der Zusammensetzung von Trockensubstanz von Nutzpflanzen (Tabelle 9.1), zeigt Tabelle 9.2 typische Nährstoffmengen, mit denen die verschiedenen Feldfrüchte versorgt werden müssen. Im allgemeinen werden von Stickstoff die

Tabelle 9.1. Typische Makronährstoff-Konzentrationen in Feldfrüchten (Trockensubstanz) [g kg^{-1} = kg t^{-1}][a] (aus Archer 1988)

Feldfrucht	N	P	K^+	Ca^{2+}	Mg^{2+}	S
Getreide, Korn	20	4	6	0,6	1,5	1,5
Stroh	7	0,8	8	3,5	0,9	1,1
Kartoffel, Knolle	14	1,8	22	0,9	0,9	1,4
Weidelgras	25	3	18	4	1,2	1,2
Öl-Raps, Samen	36	7	10	4	2,5	10

[a] Die Nährstoffkonzentrationen der frischen Feldfrüchte sind, je nach Wassergehalt des Pflanzenmaterials, niedriger (Tabelle 9.2). Getreidekörner mit 85 % Trockenmasse enthalten typischerweise 17 g N kg^{-1}. Die tatsächlichen Werte liegen innerhalb eines bestimmten Bereiches um die angegebenen Zahlen. Der N-Gehalt des Weidelgrases ist mit 16–32 g kg^{-1} in Abhängigkeit vom Wachstumsstadium besonders variabel.

Tabelle 9.2. Typische Makronährstoffgehalte in Feldfrüchten zur Erntezeit

Feldfrucht	Trockenmasseanteil [%][a]	N	P	K$^+$	Ca^{2+} [kg ha^{-1}]	Mg^{2+}	S
Getreide, 6 t Körner	85	100	20	30	3	8	8
4,5 t Stroh[b]	85	30	3	30	13	3	4
Kartoffel, 50 t Knollen	22	150	20	240	10	10	15
Gras, 50 t Silage	20	250[c]	30	180	40	12	12
Öl-Raps, 3 t Samen	92	100	20	30	11	7	30
				Dem Boden entzogene Mengen[d] [mg kg^{-1}]			
Getreide, 6 t Korn + 4,5 t Stroh		50	9	24	6	4	5
				[cMol$_c$ kg^{-1}]			
				0,06	0,03	0,04	

[a] S. Abschn. 9.3.
[b] Das Verhältnis von geerntetem Stroh zu Körnern liegt normalerweise zwischen 0,6 und 0,75 für Weizen und Gerste, je nach Varietät, Halmlänge und Schnitthöhe.
[c] Der Wertebereich liegt zwischen 160 und 320 kg ha^{-1}.
[d] Dies wurde unter der Annahme berechnet, daß alle Nährstoffe den oberen 20 cm des Bodens entzogen wurden (2 500 t ha^{-1}).

größten Mengen benötigt, gefolgt von Kalium; alle übrigen Nährstoffe sind in geringeren, jedoch pflanzenspezifisch unterschiedlichen Mengen erforderlich. Obwohl alle Nährelemente aus der Bodenlösung aufgenommen werden, sind diese darin stets nur in geringen Mengen enthalten. Ihre Konzentration in der Lösung wird durch verschiedene Prozesse „gepuffert", d.h. weitgehend konstant gehalten:

- Die Verwitterung von Mineralen ist die Hauptquelle aller Nährstoffe mit Ausnahme von Kohlenstoff, Wasserstoff, Sauerstoff und Stickstoff.
- Gasförmiger Stickstoff wird im Boden durch Bakterien fixiert und anschließend in die Bodenlösung in Form von NH_4^+ und NO_3^- abgegeben.
- K$^+$-, Ca^{2+}- und Mg^{2+}-Ionen werden aus Pflanzenresten schnell in den Boden freigesetzt, während P, S und N nur langsam mineralisiert werden; große Mengen der letztgenannten Elemente sind somit in der organischen Bodensubstanz gespeichert. Abbildung 3.2 veranschaulicht diese Prozesse.
- Tonminerale, Sesquioxide und Huminstoffe verleihen dem Boden die Fähigkeit zum Kationenaustausch. K$^+$, Ca^{2+} und Mg^{2+} werden als austauschbare Kationen gebunden, was ihre Konzentration in der Bodenlösung weitgehend konstant hält.
- Phosphate sind an Sesquioxidoberflächen gebunden und als ausgefällte Phosphatminerale vorhanden. Freisetzung durch Desorption und Auflösung halten die Phosphatkonzentration in der Bodenlösung konstant.
- Auch die Konzentration der Sulfate, die in sauren Böden an Sesquioxiden gebunden sind, bleibt in der Bodenlösung konstant. In neutralen Böden befindet sich der Hauptteil der SO_4^{2-}-Ionen frei in der Lösung (s. Abschn. 7.5). In alkalischen

Böden arider Regionen kann das in Gips (Calciumsulfat) enthaltene SO_4^{2-} gelöst werden, so daß die Konzentration in der Lösung aufrechterhalten bleibt.
- Stickstoff wird vorübergehend als austauschbares NH_4^+ sorbiert; wenn dieses nitrifiziert wird, befindet sich das gesamte NO_3^- frei in der Bodenlösung. Eine Ausnahme davon sind Böden mit positiver Ladung, an der austauschbares NO_3^- gebunden ist (Böden der Gruppe *iii*, s. Kap. 7).
- Stickstoff- und Schwefelverbindungen (hauptsächlich Oxide) gelangen zusammen mit Kalium-, Calcium- und Magnesiumsalzen mit den Niederschlägen oder via trockene Deposition aus der Atmosphäre in die Bodenlösung.

Es wäre logisch, die Behandlung der Nährstoffe mit Stickstoff zu beginnen, da dieser in den größten Mengen benötigt wird und unter allen Nährstoffen derjenige ist, dessen unzureichende Verfügbarkeit die häufigste Ursache eingeschränkten Pflanzenwachstums ist. Die für die Kalium-, Calcium- und Magnesiumversorgung maßgeblichen Prinzipien sind jedoch einfacher zu verstehen; sie können später auf komplexere Systeme übertragen werden.

Kaliumverfügbarkeit

Die Formen und durchschnittlichen Mengen von Kalium in 20 verschiedenen britischen Böden sind in Abb. 9.1 dargestellt (Arnold und Close 1961). Vor allem Minerale schwerer Böden enthalten sehr große Kaliumvorräte. Die Menge des austauschbaren Kaliums ist 10–100mal größer als die in Lösung vorliegende Menge, die dadurch wirkungsvoll gepuffert ist. Langsam austauschbare K^+-Ionen sind an den Kanten von Illit-Tonmineralen gebunden (Abb. 9.2 und Bildtafel 9.1); deren Eigenschaften liegen zwischen jenen von austauschbaren K^+-Ionen und jenen in Bodenmineralen. Die für

Abb. 9.1. Kaliumgehalt von 20 britischen Böden

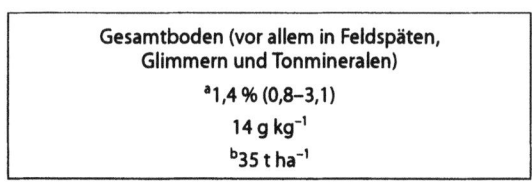

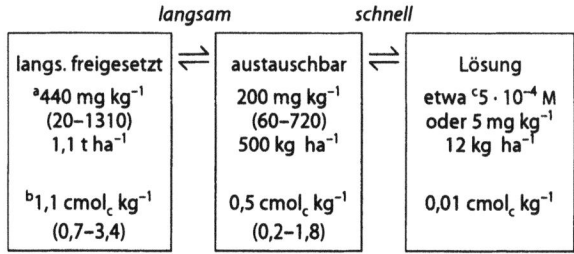

[a] dem Mittelwert der 20 von Arnold und Close (1961) untersuchten Böden folgt der Wertebereich in Klammern.

[b] in den oberen 20 cm des Bodens (2500 t ha^{-1})

[c] bei 250 g H_2O kg^{-1} Boden

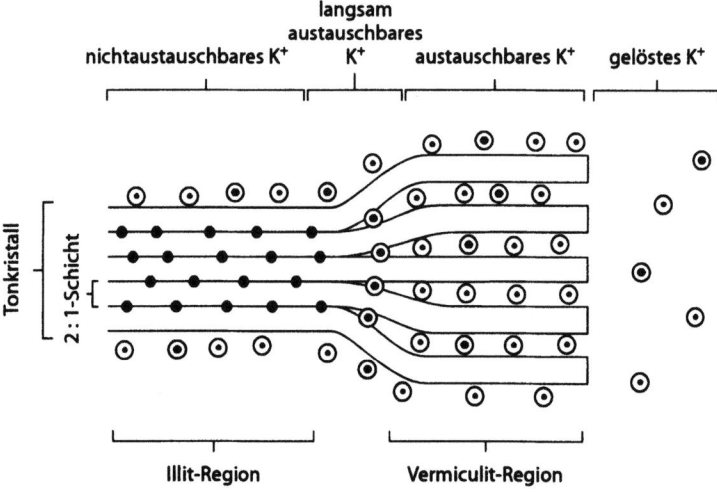

Abb. 9.2. Kalium-Bindungsformen im Boden. Bei fortgeschrittener Verwitterung entsteht Vermiculit. Langsam verfügbares Kalium befindet sich im Illit, der dem aufgeweiteten Vermiculit benachbart ist. Sobald austauschbares Kalium in die Vermiculit-Region diffundiert, um die K-Konzentration in der Bodenlösung konstant zu erhalten, dringen andere Kationen (Ca^{2+}- und Mg^{2+}-Ionen) in die aufgeweiteten Zwischenschichten ein und erzwingen eine weitere Aufweitung des Minerals. Dies setzt noch mehr Kalium frei. Hohe K-Düngerkonzentrationen können diesen Prozeß umkehren, lassen aber keinesfalls nichtaustauschbares Kalium entstehen

Pflanzen verfügbare Menge hängt von der jeweiligen Mineralzusammensetzung, der Witterung, der Nutzpflanze und deren Wachstumsstadium ab.

In einem typischen Weizenfeld werden 60 kg K^+ ha^{-1} in Korn und Stroh aufgenommen (Tabelle 9.2); während seines Wachstums kann der Weizen nahezu die dreifache K-Menge enthalten (Abb. 11.3). Damit aus den obersten 20 cm des Bodens (2 500 t ha^{-1}) 200 kg K^+ ha^{-1} zur Verfügung gestellt werden können, müssen während der Wachstumszeit im Boden 80 mg K^+ kg^{-1} in wurzelverfügbarer Form vorliegen. In den von Arnold und Close untersuchten Böden scheint für den Bedarf von Weizen genug austauschbares Kalium vorhanden zu sein, sofern die Wurzeln dieses aufnehmen können; das gilt jedoch nicht für alle Böden, daher wird in diesem Zusammenhang von der *Nährstoffverfügbarkeit* gesprochen. Im weitesten Sinne wird darunter die Fähigkeit des Bodens verstanden, die wachsenden Pflanzen mit Kalium zu versorgen. Daher ist das *verfügbare Kalium* diejenige Menge, die von den Pflanzen aufgenommen werden kann. Sie ist abhängig von: a der K-Menge in den verschiedenen Bindungsformen, aus denen Nährstoffe aufgenommen werden können, nämlich aus der Bodenlösung sowie als austauschbares und langsam austauschbares Kalium und b der Erreichbarkeit des Kaliums für die Wurzeln. Im engsten Sinne ist es die K-Menge, die durch chemische Standardverfahren aus dem Boden extrahiert werden kann, wobei es sich normalerweise um die austauschbaren K^+-Ionen handelt.

Einführung

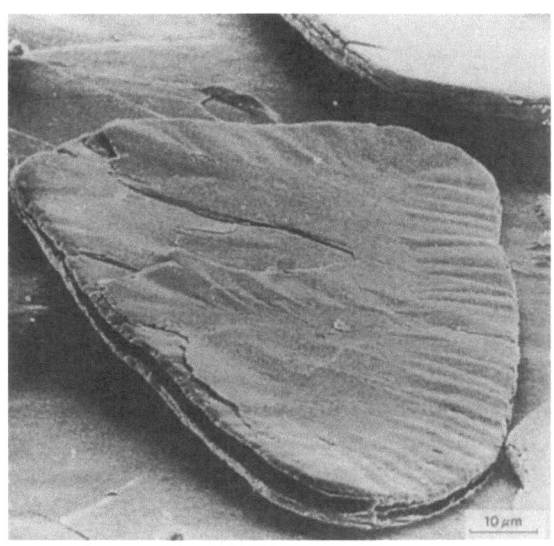

Bildtafel 9.1. Biotit-Glimmerschuppe nach teilweiser Entfernung des Zwischenschichten-Kaliums durch künstliche Verwitterung mittels Bariumchlorid-Lösung. Auch hier sind aufgeweitete Kanten zu beobachten; vergl. die Darstellung für Vermiculit in Abb. 9.2. Nichtverwitterter Glimmer (die mittlere Region des Plättchens) bindet sein Kalium normalerweise fester als Illit (aus Smart und Tovey 1981)

Was die Wurzeln betrifft, sind zwei Aspekte zu beachten: Erstens können dem Wurzelwachstum physikalische Barrieren, etwa Pflugsohlen oder Vernässung ab einer bestimmten Tiefe im Wege stehen, weshalb Kalium nur aus einem Teil des Bodens zugänglich wäre. Zum zweiten muß sich Kalium bei normaler Wurzelverteilung (Bildtafel 3.1) durch den Boden zur Wurzeloberfläche bewegen. Das braucht Zeit; damit ist die Errreichbarkeit von den Abständen zwischen den Wurzeln, von der Leichtigkeit der K-Bewegung durch den Boden und von der Wachstumsperiode abhängig. Daher ist die K-Zugänglichkeit für die Wurzeln in trockenen Böden stark eingeschränkt, da nicht genügend Wasser zu Verfügung steht, um K-Transport im Boden zuzulassen. In stark verdichtetem Boden kann die Aufnahme eingeschränkt sein, falls die Wurzeln weit auseinander liegen. Die Erreichbarkeit ist jedoch beim Phosphat ein weit größeres Problem, da es sich in Böden nur sehr langsam bewegt.

Bestimmung des verfügbaren Kaliums

Chemische Extraktion

Am einfachsten erfolgt die Messung durch Standardmethoden, die sowohl das austauschbare als auch das gelöste Kalium, in einigen Fällen auch das austauschbare und einen Teil des langsam austauschbaren Kaliums, extrahieren (s. Abschn. 9.1). Die bei den Messungen gebräuchliche 30minütige Extraktionszeit ist natürlich kurz, wenn man sie mit der Wachstumsperiode von Nutzpflanzen vergleicht; deshalb ist es möglich, daß nicht alle K^+-Ionen extrahiert werden, die den Pflanzen während ihres Wachstums zur Verfügung stehen. Andererseits erfolgt die chemische Extraktion effizienter und einheitlicher, als das den Wurzeln möglich ist, so daß normalerweise die K-Menge, die die Nutzpflanzen während ihres Wachstums aufnehmen können, eher überschätzt wird. Daher erlaubt die Bestimmung des *extrahierbaren Kaliums* zwar die Einstufung unterschiedlicher Böden in bezug auf die Kaliumverfügbarkeit, stellt aber keine genaue Messung der tatsächlich pflanzenverfügbaren Menge dar.

Topfversuche

Topfversuche ermöglichen die Messung der K-Aufnahme durch Pflanzen in Zeiträumen, die denen im Freiland vergleichbar sind. Damit kann die Verfügbarkeit auf eine Weise gemessen werden, bei der auch langsam freigesetztes Kalium berücksichtigt wird. Bei diesen Experimenten sollte, korrekte Durchführung vorausgesetzt, die Erreichbarkeit kein Problem darstellen, da bei ihnen eine große Zahl an Wurzeln auf ein kleines Bodenvolumen begrenzt ist. Aus dem gleichen Grund ist der Kaliumbedarf hoch und u.U. wird mehr Kalium langsam freigesetzt, als dies im Freiland in der gleichen Zeit der Fall ist. Deshalb stellen Topfversuche keine gute Simulation der Freilandbedingungen dar, obwohl mit ihnen die Verfügbarkeit meist besser abgeschätzt werden kann als durch die chemische Extraktion. Durch Bodenkerne (Durchmesser 15 cm, Länge 1 m) mit ungestörtem Gefüge werden die Freilandbedingungen besser simuliert als durch Topfversuche (Ogunkunle und Beckett 1988).

Die Durchführung der Topfversuche wird in Abschn. 9.2 beschrieben, Analyseverfahren zur Bestimmung des Nährstoffgehalts von Pflanzen in Abschn. 9.3.

Topfversuche werden häufig bei der Untersuchung der Nährstoffversorgung von Pflanzen eingesetzt. Die Ergebnisse eines klassischen Experiments, das von Arnold und Close 1961 veröffentlicht wurde, werden wir hier als Beispiel verwenden: Um die Fähigkeit verschiedener Böden, Kalium zur Verfügung zu stellen, vergleichen zu können, wurde Weidelgras (*Lolium perenne*) in Töpfen in einem Treibhaus herangezogen. Wasser und alle Nährstoffe, außer Kalium, wurden nach Bedarf zugeführt. Das Gras wurde in bestimmten Intervallen geschnitten, und sein Kaliumgehalt über einen Zeitraum von nahezu 2 Jahren gemessen. Weidelgras ist für diese Art von Experimenten sehr gut geeignet, da es mehrmaligen Schnitt überlebt und selbst dann langsam weiterwächst, wenn die Nährstoffvorräte beinahe erschöpft sind.

In Abb. 9.3 ist die K-Aufnahme aus vier dieser Böden, zusammen mit den ursprünglich vorhandenen Mengen an austauschbaren K^+-Ionen, dargestellt. Diese Diagramme werden als *kumulative Aufnahmekurven* bezeichnet, da sie aus der Summe des sukzessiven K-Entzugs ermittelt wurden und somit die akkumulierte Gesamtmenge repräsentieren. Hätte man die Menge, die bei jedem Schnitt entzogen wurde, jeweils getrennt aufgetragen, wäre die Kurve während der ersten sechs Schnitte rasch abgefallen, um sich dann bei niedrigen Aufnahmewerten einzupendeln. Der anfänglich hohen Aufnahme an austauschbarem Kalium folgt der Entzug des langsam austauschbaren Kaliums aus dem Boden.

Die zu einem bestimmten Zeitpunkt aufgenommene Menge langsam austauschbaren Kaliums läßt sich aus der *Kaliumbilanz* ermitteln. In einem geschlossenen System, in dem keine Ein- und Austräge stattfinden, muß die Summe aus dem Kaliumentzug durch die Pflanzen und des im Boden verbleibenden Kaliums konstant sein:

Pflanzen-K + austauschbares K + nichtaustauschbares K = const.

Der hier eingeführte Begriff des „*nichtaustauschbaren*" Kaliums bezeichnet die Menge Boden-K ohne das austauschbare Kalium (zu dem aufgrund der Meßmethodik auch das Kalium der Bodenlösung gehört). Während der Wachstumsperiode muß das Kalium der Pflanzen aus dem Boden gekommen sein, woraus folgt:

Pflanzen-K =   Abnahme des austauschbaren K
             + Freisetzung des nichtaustauschbaren K.

Einführung

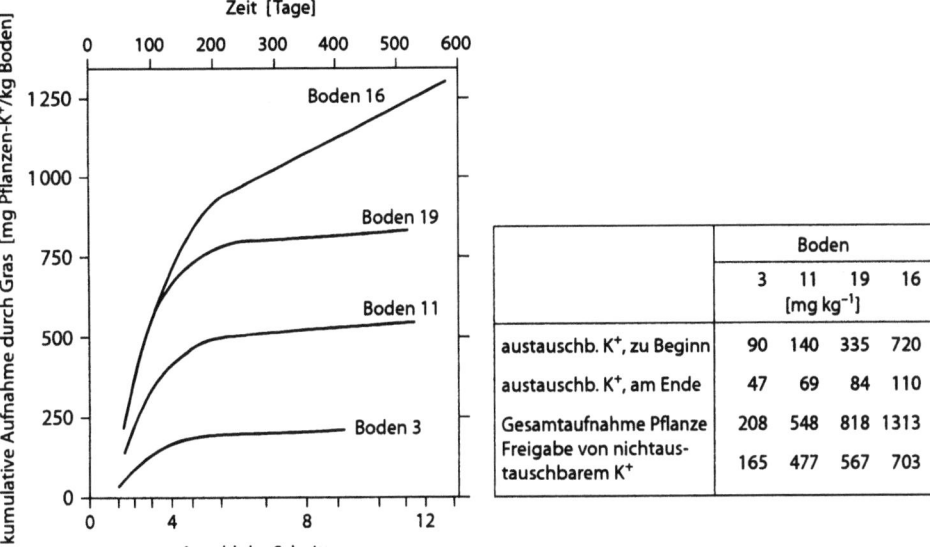

Abb. 9.3. Kumulative K-Aufnahme durch Weidelgras in Topfaufzucht

Wenn die durch Pflanzen aufgenommene Menge und das austauschbare Kalium zu Beginn und am Ende des Experiments gemessen werden, kann man daraus die freigesetzte Menge an nichtaustauschbarem Kalium berechnen. Diese Mengen sind in Abb. 9.3 dargestellt. Aus den Kurven läßt sich ablesen, daß den Pflanzen Kalium in drei Bindungsformen zur Verfügung stehen dürfte: austauschbares Kalium, langsam freigesetztes Kalium und Kalium, das aus den primären Mineralen des Bodens sehr langsam durch die Verwitterung freigesetzt wird, falls die Konzentration der Bodenlösung sehr niedrig ist; daraus ergibt sich der nahezu horizontal verlaufende Abschnitt der Kurven in Abb. 9.3.

Korrelation zwischen austauschbarer K-Menge und K-Aufnahme

Abbildung 9.4 zeigt die Genauigkeit mit der es mit dem Arnold-Close-Topfversuch möglich ist, aus der zu Beginn vorhandenen austauschbaren K-Menge die Kaliumverfügbarkeit vorherzusagen. Die Beziehung ist zwar eindeutig, besitzt aber eine hohe Variabilität. Die Menge an austauschbarem Kalium gibt nützliche Hinweise auf die Menge an letztlich verfügbarem Kalium. Wenn die kumulative Aufnahme gleich dem anfänglich vorhandenen austauschbaren Kalium ist, hat die Kurve eine Neigung von 45°. Nach 50 Wachstumstagen wurde etwa die Hälfte des austauschbaren Kaliums aufgenommen; nach 105 Tagen haben einige der Böden beträchtliche Mengen an nichtaustauschbarem Kalium an das Gras abgegeben. Dabei wurden aus den zu Beginn mit austauschbarem K gut versorgten Böden zugleich auch die größten K-Mengen nachgeliefert (die einzige Ausnahme bildet ein vermutlich kurz zuvor gedüngter Boden, der nur wenig Kalium freisetzte).

Abb. 9.4. Beziehung zwischen austauschbarem Kalium und K-Aufnahme durch Weidelgras im Topfexperiment von Arnold und Close (1961). Die Regressionsgeraden und Symbole werden im Text und in Abschn. 9.6 erklärt.

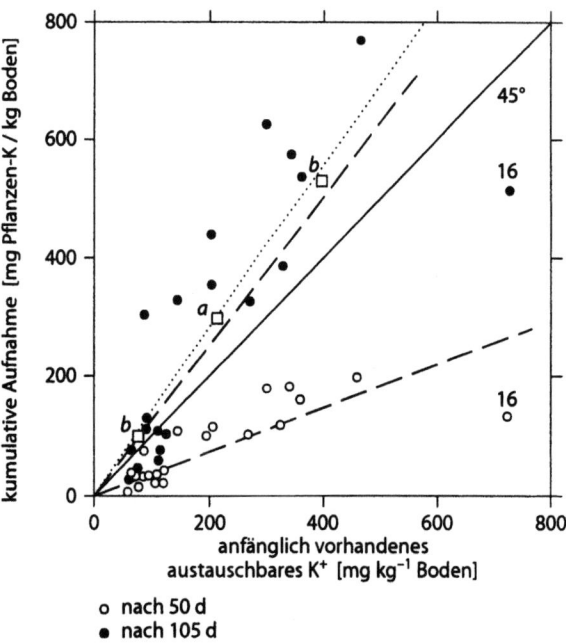

○ nach 50 d
● nach 105 d

Kaliumtransport zu den Wurzeln

Da nur ein ganz kleiner Teil des Bodens in direktem Kontakt zu den Wurzeln steht (s. Abschn. 3.1), müssen die Nährstoffionen durch den Boden zur Wurzeloberfläche transportiert werden, um aufgenommen werden zu können. Daran sind zwei Prozesse beteiligt.

1. Gelöste Kaliumionen gelangen zu den Wurzeln, wenn Wasser aufgenommen wird, um den Transpirationsbedarf zu decken. Dies bezeichnet man als *Massenfluß*.
2. Wenn durch den Massenfluß nicht genug Kalium bei den Wurzeln ankommt, erniedrigt sich durch die K-Aufnahme der Pflanze die K-Konzentration im Boden um die Wurzeln. Dadurch entsteht im Boden ein Konzentrationsgradient, der seinerseits eine *Diffusion* der Ionen in Gang setzt.

Die K-Mengen, die durch Massenfluß und Diffusion nachgeliefert werden, können in Topfversuchen bestimmt werden. Dabei wird der Wasserverbrauch gemessen (Abschn. 9.2) und die K^+-Konzentration der Bodenlösung mit der in Abschn. 7.4 beschriebenen Methode oder mit einer *Austausch-Isotherme* ermittelt (Abschn. 9.4). Die durch Massenfluß bereitgestellte Menge beträgt

$$\text{mg } K^+ = \text{Wasservolumen [l]} \cdot K^+\text{-Konzentration [mg l}^{-1}\text{]}.$$

Die durch Diffusion nachgelieferte Menge entspricht der insgesamt aufgenommenen Menge abzüglich der durch Massenfluß zugeführten Menge.

Experimente haben gezeigt, daß der gesamte oder beinahe gesamte Nitrat-, Calcium- und Magnesiumbedarf in vielen Fällen durch Massenfluß bereitgestellt werden kann, aber nur 20 % des Kaliums und sogar nur 1 % des Phosphats auf diese Weise zugeführt werden. Somit hat das Bodengefüge, das die Wurzelabstände beeinflußt,

Einführung

auch einen wichtigen Einfluß auf die K- und P-Verfügbarkeit. Das gleiche gilt für Bodeneigenschaften, die auf die Diffusionsrate von Ionen im Boden Einfluß nehmen. Die wichtigsten davon sind der Wassergehalt (Diffusion findet praktisch ausschließlich im Bodenwasser statt) und die Fähigkeit des Bodens, die Ionenkonzentration der Bodenlösung durch Ionenaustausch konstant zu erhalten (d.h. seine Pufferstärke, s. Abschn. 9.4).

Über diese Mechanismen weiß man mittlerweile gut Bescheid (Nye und Tinker 1977). Es ist möglich, die Nährstoffversorgungsrate von Pflanzen mit mathematischen Methoden vorherzusagen, die auf Messungen der Boden- und Wurzeleigenschaften basieren. Zusammen mit dem vermehrten Wissen über die Auswirkungen der Klimaverhältnisse auf das Pflanzenwachstum hat dies zu einer beachtlichen Verbesserung unserer pflanzenbaulichen Kenntnisse beigetragen.

Kaliumverfügbarkeit im Freiland

Die Messung eines *Kalium-Verfügbarkeitsindex* wird in Abschn. 9.1 beschrieben. Dabei handelt es sich um eine einfache Einstufung der K-Verfügbarkeit (0–4 für die meisten Ackerböden), die auf der extrahierbaren K-Menge basiert. Der Kaliumindex wurde in Feldversuchen bestimmt, bei denen die Reaktion der Pflanzen auf K-Düngung gemessen wurde. Abbildung 9.5 zeigt die *Ertragskurve* von Kartoffeln, die einen hohen Kaliumbedarf haben (Tabelle 9.2). Die optimale Kaliumzufuhr und damit die optimale Erntemenge sind abhängig von den Düngerkosten und dem Wert der Nutzpflanze. Für einen maximalen Ernteertrag ist oft ein geringerer Düngereintrag erforderlich, da bei Annäherung an den maximal möglichen Ertrag der Nutzen aus einem bestimmten Eintrag geringer wird und schließlich unter den Kosten für

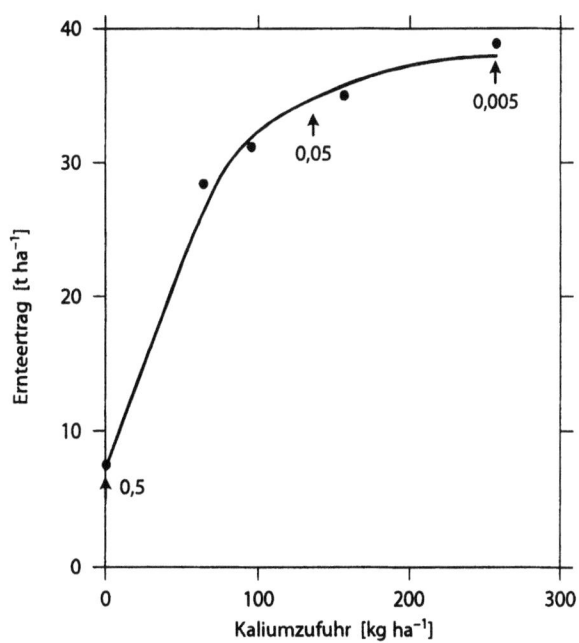

Abb. 9.5. Ertragskurve, die die Wirkung einer Kaliumdüngung auf die Erntemenge von Kartoffeln zeigt. Die Ertragssteigerung durch den Düngereinsatz ist gleich der Kurvensteigung, die der Erhöhung der Erntemenge pro Kilogramm (zusätzlich) ausgebrachten Kaliums entspricht. Die Werte sind entlang der Kurve eingezeichnet (aus Henkens 1986)

Tabelle 9.3. Empfohlene Düngergaben: Kalium für Getreide (aus MAFF 1988)

Extrahierbares K⁺				
[mg l⁻¹ Boden][a]	0 – 60	61 – 120	121 – 240	>240
[kg ha⁻¹][a]	0 – 150	151 – 300	301 – 600	>600
Index	0[b]	1	2	>2

		Empfohlene Düngergaben [kg K⁺ ha⁻¹][c]		
Untergepflügtes oder verbranntes Stroh				
Erwartete Erträge	6 t Korn ha⁻¹	71	30	30 E[d]	k.B.
	10 t Korn ha⁻¹	91	50	50 E	k.B.
Strohentfernung [e]				
Erwartete Erträge	6 t Körner ha⁻¹	101	60	60 E	k.B.
	10 t Körner ha⁻¹	141	100	100 E	k.B.

[a] Bei 2 500 t ha⁻¹ und einer Bodendichte im Meßbehälter von 1 kg l⁻¹ (s. Abschn. 9.1).
[b] Bei Böden mit sehr kleiner Verfügbarkeit werden über eine Reihe von Jahren große Kaliumeinträge benötigt, um den Index auf 2 anzuheben; Ausnahme: sandige Böden, da hier exzessive Auswaschung stattfinden würde. Um beispielsweise K⁺ von 50 mg kg⁻¹ (Index 0) auf 200 mg kg⁻¹ (Index 2) bei 2 500 t Boden anzuheben, werden 375 K⁺ ha⁻¹ oder mehr benötigt, je nachdem, wieviel in die nichtaustauschbare Fraktion eingeht.
[c] Düngergaben sind in kg K⁺ angegeben, um einen Vergleich zwischen Feldfrüchten und Bodenwerten zu ermöglichen. Die Dünger werden noch immer unter Angabe des K-Gehalts in kg K₂O verkauft, obwohl sich kein K₂O im Dünger befindet, sondern KCl. Die Verwendung des K₂O bezieht sich auf alte Gepflogenheiten, die Ergebnisse so auszudrücken, daß sie für die gravimetrische Analyse geeignet sind. Um kg K₂O zu erhalten, multipliziere man kg K⁺ mit 1,2.
[d] E bezeichnet die zur Erhaltung notwendige Düngermenge (= Düngung auf Entzug). Sie ersetzt das durch die Feldfrucht entzogene K⁺ und basiert auf einem K⁺-Gehalt von 5 kg t⁻¹ Korn; die Menge wird verdoppelt, wenn Ernterückstände entfernt werden. Eine Reaktion auf die Düngung wird bei einem Index von 2 nicht erwartet. Ein Verzicht auf Düngung würde jedes Jahr zu einer Abnahme des extrahierbaren K⁺ führen. Die meisten Tonböden haben Reserven an langsam austauschbaren K⁺, was Erhaltungsdüngungen auf ihnen unnötig macht. Die Bestimmung des austauschbaren K⁺ gibt nach einigen Jahren Aufschluß darüber, ob die Verfügbarkeit aufrecht erhalten wurde (s. Abschn. 9.5).
[e] Die Schätzungen des K⁺-Gehaltes von Stroh variieren. Der ADAS arbeitet mit einer K⁺-Menge von 5 kg K⁺ im Stroh, das pro Tonne Korn produziert wurde; der Gehalt könnte jedoch größer sein (Tabelle 9.2).
k.B.: Keine Empfehlung (Nulldüngung), da kein zusätzlicher Bedarf.

den zusätzlichen Dünger liegt. Bei der Kaliumdüngung von Getreide wird sich kaum die typische Form der Ertragskurve ergeben, da ausreichende Kaliummengen verfügbar sind und der Bedarf geringer ist als bei Kartoffeln. Bei Getreide führt man normalerweise eine Erhaltungsdüngung durch, um den Pflanzenentzug auszugleichen, ohne daß eine direkte Wirkung erwartet wird. Die Applikation von Stickstoff zeigt dagegen sofortige Wirkung, weshalb man typische Ertragskurven erhält.

Auf der Grundlage von Feldversuchen werden Düngeempfehlungen ausgesprochen, die den Kaliumindex, die erwartete Erntemenge, den Bodentyp und die Bodenbearbeitung berücksichtigen. Tabelle 9.3 zeigt ein Beispiel für den britischen Getreideanbau.

Um den Pflanzenbedarf decken zu können, muß der Boden mehr extrahierbares Kalium enthalten als letztlich aufgenommen wird. Nicht alles extrahierbare Kalium ist den Wurzeln während der Wachstumsperiode zugänglich; insbesondere zur Zeit

Einführung

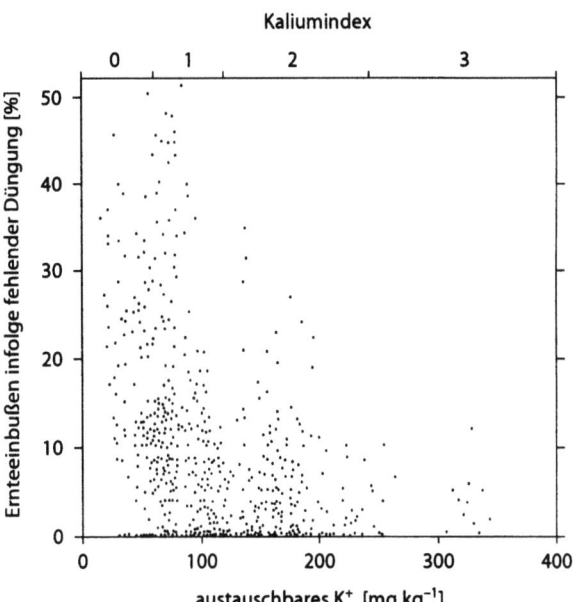

Abb. 9.6. Einfluß der verfügbaren K-Menge auf die K-Düngerwirkung bei rotierender Fruchtfolge. Es handelt sich hierbei um ein Langzeitexperiment in Nordfrankreich. Von 1962 bis 1983 wurde rotierende Fruchtfolge mit geringen Variationen zwischen den einzelnen Schlägen betrieben: z.B. Weizen (9), Gerste (2), Mais (4), Zuckerrüben (2), Luzerne (2) und Erbsen (1); die Werte in Klammern geben an, wie viele Jahre jede Feldfrucht in diesen 20 Jahren angebaut wurde. Der Ernteertrag (Y_1) bei 100 kg K-Dünger ha^{-1} a^{-1} wurde mit dem Ernteertrag ohne Düngung Y_0 verglichen. Für jede Feldfrucht wurde die Ernteeinbuße infolge unterlassener Düngung berechnet: 100 $(Y_1 - Y_0) / Y_1$; diese wurde gegen den Gehalt an austauschbarem Kalium aufgetragen (Daten aus Julien 1989)

des stärksten Wachstums muß das Kalium in ausreichenden Mengen nachgeliefert werden (Abb. 11.3). Beispielsweise wird für den Anbau von Weizen ein Kaliumindex von 2 empfohlen, wobei das Getreide bis zu 200 kg K$^+$ ha^{-1} enthalten kann, obwohl der Ackerfläche weniger entzogen wurde (Abb. 11.3). Böden mit einem Index von 2 besitzen 300–600 kg extrahierbares K$^+$ ha^{-1} (bei 2 500 t Boden ha^{-1}). Dementsprechend sollte alleine der Oberboden zu Beginn das 1,5fache der Höchstmenge an Kalium enthalten, die später von den Pflanzen aufgenommen wird, und mindestens das 10fache der Menge, die sich im geernteten Korn befindet. Außerdem sollte der Unterboden zusätzliche Mengen an extrahierbarem Kalium enthalten. Bei diesem Index empfiehlt sich eine Erhaltungsdüngung. Bei einem Index von 1 (150–300 kg K$^+$ ha^{-1}) reicht der K-Vorrat möglicherweise nicht aus, was niedrigere Erträge zur Folge hat, falls kein Dünger zugeführt wird.

Die Genauigkeit, mit der man anhand des austauschbaren Kaliums den Düngerbedarf vorhersagen kann, wird in Abb. 9.6 gezeigt. Die Variabilität ist noch größer als bei den Topfversuchen (Abb. 9.4); dabei spielen der jeweilige Boden, die Witterung, die Bodenbearbeitung und das Nutzpflanzenmanagement eine große Rolle. Bei diesen Experimenten zeigten viele der Böden mit einem Index von 1 nur eine geringe Reaktion auf die Düngung; ganz offensichtlich müssen also die jeweiligen Standortverhältnisse differenzierter betrachtet werden. Ähnliche Daten wurden für die P-Düngung von Zuckerrüben gesammelt (Cooke 1982, Abb. 23).

Kaliumbilanz im Freiland

Es ist nicht einfach, für Freilandbedingungen eine Kaliumbilanz zu erstellen. Dennoch kann man natürlich den Entzug durch die Pflanzen, die zugeführte Düngermenge und die Veränderungen der austauschbaren K-Menge messen (s. Abschn. 9.5). Das beweist, daß in vielen Tonböden jedes Jahr beträchtliche Mengen an nichtaustauschbarem Kalium freigesetzt werden, weshalb man nur wenig düngen muß. Die Geschiebelehme Ostenglands haben z.B. jahrelang den gesamten K-Bedarf der Feldfrüchte gedeckt, ohne daß gedüngt worden wäre. Ganz im Gegensatz dazu werden aus Sand- und einigen Kreideböden nur geringe Mengen an nichtaustauschbarem Kalium freigesetzt; darüber hinaus erleiden diese Böden im Winter beträchtliche Auswaschungsverluste, weshalb es schwierig ist, pflanzenverfügbares Kalium ständig in ausreichenden Mengen bereitzustellen. Es wurden chemische Methoden entwickelt, um den Anteil des nichtaustauschbaren Kaliums an der von den Pflanzen aufgenommenen K-Menge zu bestimmen, aber weder diese Methoden noch die Bestimmung des gesamten Kaliums im Boden haben die Vorhersage der Kaliumverfügbarkeit deutlich verbessern können.

Calciumverfügbarkeit

In Tabelle 9.2 sind die durch Pflanzen entzogenen Ca-Mengen zu finden: so enthält Weizen ca. 20 kg Ca^{2+} ha^{-1}. Das ist wenig im Vergleich zu den Mengen an austauschbarem Ca^{2+}, die sich in kalkgedüngten Böden finden, denn in diesen besteht der Kationenbelag praktisch vollständig aus Ca^{2+}- und Mg^{2+}-Ionen. Ein Boden mit 20 $cmol_c$ Ca^{2+} kg^{-1} enthält ca. 10 t austauschbares Ca^{2+} ha^{-1} im Pflughorizont (2 500 t). Calciummangel tritt also in gekalkten Böden nicht auf.

In sauren Böden der feuchten Tropen kann der Gehalt an austauschbarem Calcium sehr gering sein. Ca-Mangelerscheinungen treten gemeinsam mit der toxischen Wirkung von Aluminium auf. Als kritische Calciummenge wurden 0,2 $cmol_c$ kg^{-1} vorgeschlagen, aber auch Faktoren wie das Ca^{2+}/Al^{3+}-Verhältnis und das Ca^{2+}/Mg^{2+}-Verhältnis beeinflussen das Auftreten von Ca-Mangelsymptomen (Farbtafel 12).

0,2 $cmol_c$ kg^{-1} entsprechen einer Ca-Menge von 100 kg ha^{-1}. Damit beträgt das Verhältnis der kritischen Menge an austauschbarem Calcium zum Nutzpflanzenbedarf (Tabelle 9.2) ungefähr 5:1. Nicht alle vorhandenen Ca^{2+}-Ionen sind für die Wurzeln während der Wachstumsperiode erreichbar; dieses Problem wird dadurch verschärft, daß das Wurzelwachstum direkt von der Calciumversorgung abhängig ist. Wenn also nicht genug Calcium verfügbar ist, wachsen die Wurzeln nur schwach und damit ist noch weniger Calcium für sie zugänglich.

In den Böden der feuchten Tropen befindet sich häufig sehr wenig austauschbares Calcium im Unterboden. Dies führt zu ganz besonderen Problemen, da Calcium nicht so leicht wie andere Nährstoffe zum Wurzelsystem transportiert werden kann und dadurch das Wurzelwachstum im Unterboden eingeschränkt wird. Dieses Problem läßt sich durch eine Kalkung des Oberbodens nicht sofort beheben, da sich die Ca^{2+}-Ionen nur langsam nach unten bewegen. Bei geringer Durchwurzelungstiefe sind die Feldfrüchte stärker von Dürreperioden betroffen, denn selbst in den feuchten Tropen enthält der Oberboden nur Wasservorräte für wenige Tage. Dies ist ein Beispiel für die Wechselwirkung zwischen Ca-Vorräten und der verfügbaren Wassermenge. Wechselwirkungen dieser Art werden in Kapitel 13 diskutiert.

In der Calciumbilanz eines gekalkten Bodens spielt der Pflanzenentzug im Vergleich zu den Auswaschungsverlusten keine große Rolle. Letztere stehen in engem Zusammenhang mit Säureeinträgen, die Ca^{2+}-Ionen (in geringerem Umfang K^+- und Mg^{2+}-Ionen) von den Austauschern verdrängen. 2 mol H^+ (2 g) ersetzen 1 mol Ca^{2+} (40 g), und damit werden theoretisch 200 kg Ca^{2+} ha^{-1} a^{-1} (die zu 500 kg $CaCO_3$ äqui-

Einführung

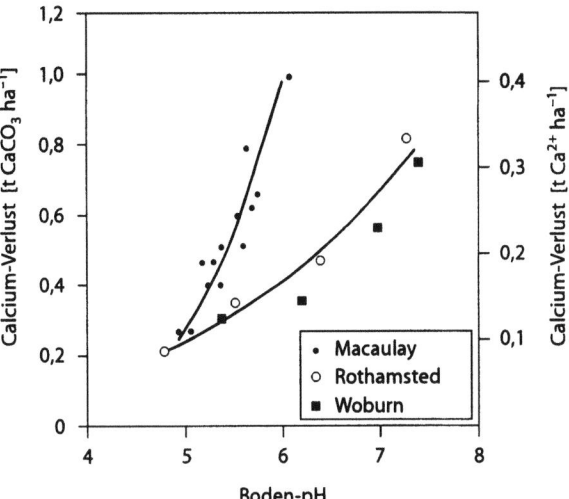

Abb. 9.7. Jährliche Calciumverluste aus Ackerböden. Die Daten aus Rothamsted und Woburn (Bolton 1972) wie auch jene aus Macaulay (Aberdeen) (Reith 1962) wurden aus gemessenen Veränderungen des austauschbaren Calciumgehalts in den obersten 23 cm des Bodens (3 000 t Boden ha^{-1}) berechnet. Der Boden-pH fiel während des Experiments. Im Diagramm sind die Mittelwerte aufgetragen. Der mittlere jährliche Niederschlag beträgt in Woburn, Rothamsted und Macaulay 632, 686 bzw. 893 mm

valent sind) durch einen Eintrag von 10 kg H$^+$ ha^{-1} a^{-1} (Tabelle 8.1) ersetzt. Abbildung 9.7 gibt dazu Beispiele. Der Säureeintrag ist mit der Niederschlagsmenge verknüpft. Das Ausmaß der Austauschreaktion hängt sowohl vom pH-Wert (der Menge an austauschbaren Ca^{2+}-Ionen) als auch von der Sickerwassermenge ab, die die Reaktionsprodukte entfernt. Diese Verluste sind in den feuchten Tropen viel größer.

Magnesiumverfügbarkeit

Magnesiummangel tritt in der gemäßigten Zone häufiger auf als Calciummangel. Dies liegt an den geringen Mg-Einträgen mit dem Kalkdünger, sofern kein dolomitischer Kalkstein verwendet wird. Die chemische Extraktion von Magnesium kann mit den gleichen Methoden wie bei der K-Extraktion erfolgen; auch hier wird ein Indexsystem verwendet (s. Abschn. 9.1). Bei vielen Feldfrüchten ist die Ausbringung von Mg-Düngern nur dann notwendig, wenn das austauschbare Magnesium unter 15 mg l^{-1} Boden sinkt (die Untergrenze für Index 0), was 0,12 cmol$_c$ kg^{-1} bzw. ungefähr der Hälfte der kritischen Calciummenge entspricht. Umgerechnet sind das ca. 40 kg ha^{-1}, von denen z.B. von Weizen 10–15 kg aufgenommen werden; das Verhältnis aus dem Bedarf an austauschbarem Magnesium zu Pflanzen-Mg beträgt damit 3:1. Wenn auf Böden mit einem Index von 1 Kartoffeln und Zuckerrüben angebaut oder diese als Grünland genutzt werden, ist eine Magnesiumdüngung zu empfehlen.

Vor allem in tropischen Regionen wird Magnesium durch die Verwitterung von Mineralen möglicherweise in größeren Mengen zur Verfügung gestellt als Calcium, was von der Zusammensetzung des Ausgangsgesteins abhängt. Ein Mg^{2+}/Ca^{2+}-Verhältnis größer als 1 kann zu Ca-Mangelerscheinungen führen, selbst wenn mehr als 0,2 cmol$_c$ kg^{-1} an austauschbarem Calcium vorliegen.

Weitere Studien

Übungsprojekte sind in Abschn. 9.7 zu finden, Rechenaufgaben in Abschn. 9.8.

9.1
Chemische Extraktion von verfügbarem Kalium, Magnesium und Calcium

9.1.1
Kalium

Eine ganze Reihe von Methoden sind gebräuchlich. Bei allen wird das austauschbare und gelöste Kalium, zusammen mit unterschiedlichen Mengen des langsam austauschbaren Kaliums, extrahiert. Bei der hier beschriebenen Methode handelt es sich um das in Großbritannien routinemäßig angewendete Standardverfahren. Als Extraktionslösung wird 1 M NH_4NO_3 verwendet. Alternativ kann man als Extraktionsmittel 1 M Ammoniumacetatlösung oder eine Mischung aus HCl und Ammoniumfluorid, Bray-Lösung genannt, benutzen (Page 1982). In Deutschland wird mit CAL-Lösung (Calciumacetat-Lactat-Lösung) extrahiert (Schüller 1969).

Reagenzien und Ausrüstung
- *Ammoniumnitrat*, 1 M. Man löst 80 g NH_4NO_3 in Wasser und füllt auf 1 l auf.
- *Kalium-Eichlösungen.* Kaliumnitrat wird bei 105 °C 1 h lang getrocknet und in einem Exsikkator abgekühlt. Davon werden 1,293 g in Wasser gelöst; falls nötig, wird 1 ml konzentrierte HCl (36 Masse-%) als Konservierungsmittel zugesetzt und mit Wasser auf 500 ml aufgefüllt. Diese Lösung enthält 1 mg K^+ ml^{-1}. Man pipettiert 0, 1, 2, 3, 4 und 5 ml hiervon in 100-ml-Kolben und füllt mit 1 M NH_4NO_3 bis zur Markierung auf. Diese Lösungen enthalten 0, 10, 20, 30, 40 und 50 µg K^+ ml^{-1}.
- *Flaschen mit Verschlüssen.*

Methode
10 g (bzw. 10 ml, s.u.) lufttrockener Feinboden werden in eine Flasche überführt und 50 ml 1 M NH_4NO_3-Lösung zugefügt. Die Flasche wird verschlossen 30 min in einer Schüttelmaschine bzw. ebenso lange gelegentlich mit der Hand geschüttelt. Es wird filtriert und das Filtrat zur flammenphotometrischen K-Bestimmung (oder zur Bestimmung mit dem AAS) aufbewahrt (s. Abschn. 7.2).

Rechenbeispiel
Zusammenfassung der Methode
lufttrockener Boden (? mg K^+ kg^{-1} bzw. mg l^{-1} Boden)
↓
10 g (bzw. 10 ml Boden) → 50 ml Lösung
↓
y µg K^+ ml^{-1}.

Beispiel. Die Konzentration des Extrakts beträgt $y = 14,3$ µg ml^{-1}. Damit befinden sich in 50 ml Lösung 14,3 · 50 = 715 µg K^+. Diese wurden aus 10 g Boden extrahiert; 1 kg Boden hätte 715 · 1000/10 µg = 71,5 mg K^+ enthalten. Diese Rechnung läßt sich vereinfachen zu:

mg K^+ kg^{-1} lufttrockenem Boden = 5 y.

Falls nötig, wird das Ergebnis auf ofentrockenen Boden bezogen.

Abb. 9.8. Meßbecher

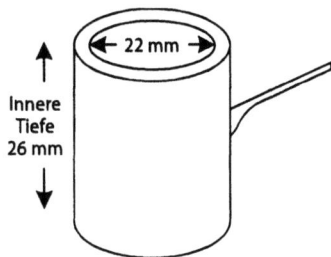

Verwendung eines Bodenvolumens

In einer ganzen Reihe von Böden reicht der Wurzelraum der Kulturpflanzen etwa bis in die gleiche Tiefe (sie nutzen somit das gleiche Bodenvolumen); damit scheint das Volumen ein geeigneter Weg zu sein, den Verfügbarkeitsindex von Kalium zu bestimmen. Die Verwendung eines bestimmten Volumens macht es auch unnötig, den Unterschied zwischen luft- und ofentrockenem Boden zu berücksichtigen. Für Routineuntersuchungen lassen sich 10 ml Boden rasch mit einem Meßbecher (Abb. 9.8) abmessen. Man schaufelt den Boden in den Becher und streicht überschüssigen Boden ohne Klopfen mit einer geraden Kante (einem Lineal) ab. Das Rechenbeispiel bleibt numerisch unverändert, doch das Ergebnis wird folgendermaßen umformuliert:

mg K^+ l^{-1} Boden = 5 y.

Die Lagerungsdichte eines Bodens, der in einen Meßbecher überführt wurde (häufig etwa 1 g cm^{-3}), ist normalerweise geringer als die ungestörte Lagerungsdichte. Die Dichte der Proben ist allerdings annähernd proportional zur tatsächlichen Lagerungsdichte.

Kalium-Verfügbarkeitsindex

In Großbritannien werden Böden in Klassen eingeteilt, denen je nach ihrem Gehalt an extrahierbarem Kalium (Tabelle 9.4) ein Index zugeordnet wird. Für viele Nutzpflanzen bedeuten die Indizes 0, 1 und 2 unzureichende, geringe und mittlere Kaliumverfügbarkeit. In Böden mit einem Index von 2 wird Getreide nicht ausreichend mit Kalium versorgt, weshalb die Zufuhr von Kalium nötig ist, um weiterhin verfügbares Kalium bereitzustellen. Böden mit einem Index von 2 besitzen genug Kalium,

Tabelle 9.4. Kaliumverfügbarkeits-Indizes (MAFF 1988)

Index	Extrahierbares K^+ [mg l^{-1} Boden]
0	0 – 60
1	61 – 120
2	121 – 240
3	241 – 400
4	401 – 600

um den Bedarf einige Jahre lang ohne zusätzliche Einträge zu decken. Die Verwendung weit gefaßter Klassen weist darauf hin, mit welchen Fehlern die Messung des extrahierbaren Kaliums als Indikator für die pflanzenverfügbare Menge verbunden ist. Von den Problemen der Erreichbarkeit ganz abgesehen, kann man mit dieser Methode auch keine Aussage über die Verfügbarkeit des langsam freigesetzten Kaliums treffen. Obwohl die chemische Extraktion also zu einem präzisen Meßergebnis führt, kann dieser nicht mit der gleichen Präzision als Gradmesser für die Verfügbarkeit verwendet werden.

Skelettreiche Böden

Der Kalium-Verfügbarkeitsindex wird am Feinboden bestimmt. Enthält ein Boden einen nennenswerten Skelettanteil, dann wird durch die Angabe des extrahierbaren Kaliums der Feinbodenprobe die tatsächliche Verfügbarkeit überschätzt. Der Skelettgehalt kann nur näherungsweise geschätzt werden (s. Abschn. 1.2), zumal da der Skelettgehalt auf einer bestimmten Fläche häufig stark variiert; daher reicht eine näherungsweise Korrektur der Meßergebnisse aus. Wenn ein Boden im Feld 30 Vol.-% Skelett enthält, dann sind 70 % des Bodenvolumens Feinboden; der extrahierbare Kaliumgehalt des obengenannten Beispiels beträgt $71{,}5 \cdot 0{,}7 = 50{,}5$ mg l^{-1} Boden, einschließlich der Steine.

9.1.2
Magnesium

Das Extraktionsverfahren ist das gleiche wie für Kalium. Das Magnesium im Extrakt wird mit dem Atomabsorptionsspektrometer und Eichlösungen mit 0–1 µg Mg^{2+} ml^{-1} gemessen. Der Extrakt enthält 0–50 µg ml^{-1} und muß um den Faktor 50 verdünnt werden (2 ml auf 100 ml auffüllen), um ihn in den Meßbereich zu bringen. Ein Lösungsvermittler ist erforderlich, um Störungen der Messung zu verhindern. 2,68 g Lanthanchlorid (LaCl$_3 \cdot$6H$_2$O) werden in Wasser gelöst und auf 100 ml aufgefüllt. Zu 20 ml jeder Eichlösung und dem Extrakt wird vor der Messung 1 ml Lanthanchloridlösung zugefügt und gemischt.

Alternativ kann die Titration auch mit dem unverdünnten Extrakt mit EDTA durchgeführt werden (s. Abschn. 7.2). Diese Vorgehensweise führt jedoch zu Ergebnissen mit geringerer Genauigkeit.

Die Klassen des extrahierbaren Magnesiums und die Verfügbarkeitsindizes sind in Tabelle 9.5 aufgeführt.

Tabelle 9.5. Magnesiumverfügbarkeits-Indizes (MAFF 1988)

Index	Extrahierbares Mg^{2+} [mg l^{-1} Boden]
0	0 – 25
1	26 – 50
2	51 – 100
3	101 – 175
4	176 – 250

9.1.3
Calcium

Calciummangel kann höchstens in sehr sauren Böden auftreten. Extrahierbares Calcium muß nur bestimmt werden, wenn der Boden-pH (s. Abschn. 8.1) anzeigt, daß Mangel vorliegen könnte. Zur Extraktion können dieselben Methoden wie für Magnesium eingesetzt werden (mit Eichlösungen mit 0–5 µg Ca^{2+} ml^{-1}). Die kritischen Werte wurden auf Seite 314 diskutiert. Bei der Bestimmung des Kalkbedarfs eines Bodens (s. Abschn. 8.5) wird abgeschätzt, wieviel Kalk benötigt wird, den pH auf einen Sollwert anzuheben; dabei wird dem Boden eine viel höhere Ca-Menge zugeführt, als für die Pflanzenernährung nötig wäre.

9.2
Topfversuche – Techniken und Durchführung

Bei der Untersuchung der Nährstoffverfügbarkeit von Böden gibt es etliche Gründe, die für die Verwendung von Topfversuchen anstelle von Feldversuchen sprechen:

- Sie lassen sich in der Regel leichter organisieren und nehmen weniger Zeit in Anspruch.
- Die räumliche Variabilität im Gelände wird eliminiert, wenn der Boden für die Pflanztöpfe gründlich durchmischt wurde.
- Alle Töpfe befinden sich in identischer Umgebung.
- Niederschläge spielen keine Rolle mehr, was eine Kontrolle der Wasserversorgung ermöglicht.
- Man kann ein „geschlossenes" System einrichten, so daß keine Auswaschungsverluste auftreten.
- Die gesamte Pflanze, einschließlich aller Wurzeln, kann geerntet und untersucht werden.
- Nährstoffgaben werden einer bekannten Bodenmenge zugeführt.

Allerdings gibt es auch Nachteile:

- Die Wurzeln wachsen in einem begrenzten Volumen.
- Die Bewässerung muß sorgfältig kontrolliert werden, um einen Wasserstau zu vermeiden.
- Die Konkurrenzverhältnisse zwischen benachbarten Pflanzen sind anders als im Freiland.
- In einem beheizten Glashaus kann die geringe Lichtintensität im Winter zum Etiolement der Pflanzen (unnatürlich lange Triebe) führen.

Aufbereitung des Bodens für ein Topfexperiment

Der Boden, der aus einem Ackerstandort ausgegraben wurde, sollte soweit getrocknet werden, bis er durch ein Gartensieb (Gitteröffnung ca. 1 cm) gesiebt werden kann. Falls nötig, läßt man danach weiter trocknen. Liegen keine besonderen Gründe vor, wird der Boden nicht durch das 2-mm-Sieb gesiebt, da dadurch das Bodengefüge großenteils zerstört würde, was Durchlüftungsprobleme und Staunässe verursachen kann. Müssen chemische Messungen vorgenommen werden, kann man zu folgenden Techniken greifen:

1. Eine Teilprobe des Bodens läßt man nach Siebung durch das 1-cm-Sieb an der Luft trocknen, wiegt sie und siebt sie durch das 2-mm-Sieb; danach wird nochmals gewogen. Hieraus kann die Masse an Feinboden pro kg Boden (<1 cm) im Topf bestimmt werden. Die chemischen Messungen werden am Feinboden durchgeführt, können aber auf die Bodenmenge in den Töpfen bezogen werden.
2. Das Topfexperiment wird mit dem Feinboden durchgeführt, aber es werden besondere Vorkehrungen zur Kontrolle der Wasserversorgung und Entwässerung getroffen (s. u.).

Größe der Töpfe und Bodenmenge

Die Bodenmenge, die für die am häufigsten verwendeten Topfgrößen benötigt wird, ist von der Lagerungsdichte nach Füllung des Topfes abhängig. Sie beträgt häufig ca. 1 g cm^{-3} und ist infolge des Siebens und Umfüllens kleiner als die Lagerungsdichte im Gelände. Tabelle 9.6 enthält die ungefähren Werte. Die Hersteller geben normalerweise als Topfgröße den oberen Durchmesser in Zentimetern an.

Tabelle 9.6. Ungefähr benötigte Bodenmengen für die häufig verwendeten Topfgrößen

Topf-Durchmesser [cm]	Bodentrockenmasse [kg]
15	1,5
12,5	1,0
11,25	0,6
10	0,4
8,75	0,3
7,5	0,2
Dräntöpfe	
15 cm Ø × 50 cm	8
10 cm Ø × 25 cm	2

Kalkgaben

In Tabelle 8.5 sind die Pufferkapazitäten für Böden unterschiedlicher Korngrößenzusammensetzung zu finden.

Der Boden-pH wird gemessen (s. Abschn. 8.1) und die Bodenart mit der Fingerprobe bestimmt (s. Abschn. 1.2). Je nach angestrebtem pH-Wert berechnet man den Kalkbedarf pro Kilogramm Boden. Kalk kann in Form von zermahlenem $CaCO_3$ zugeführt werden, oder als $Ca(OH)_2$-Pulver, wenn eine rasche Umsetzung im Boden erwünscht ist. Man füllt trockenen Boden in einen großen Plastikbeutel, gibt die erforderliche Kalkmenge zu und durchmischt den Boden durch gründliches Schütteln des Beutels, bevor der Inhalt in die Töpfe gefüllt wird. Diese Aufbereitung des Bodens wird für jeden Topf gesondert durchgeführt, da eine gemeinsame Aufbereitung nur zu einer ungleichmäßigen Verteilung zwischen den Töpfen führt und die Experimente nur schwer wiederholt werden können. Nach Anfeuchtung des Bodens läßt man den Kalk 1–2 Wochen lang mit dem Boden reagieren.

Düngung

Da die pro Topf erforderliche Nährstoffmenge gering ist, ist es am zweckmäßigsten, Nährstofflösungen herzustellen und davon jeden Topf mit der jeweils nötigen Menge zu versorgen. Bei so vielen Töpfen geht eine Flüssigdüngung auch schneller. Man kann die Lösungen dem Boden zusetzen, wenn er sich nach der Kalkbehandlung noch im Plastikbeutel befindet; der Boden wird mit der Lösung gegossen, wobei man schüttelt, um eine möglichst homogene Verteilung zu erreichen. Man kann den Boden auch in eine Küchenmaschine füllen und langsam rühren, während man die Lösung zufließen läßt.

Stickstoff

Für die Deckung des Stickstoffbedarfs kann man sich an den Düngerempfehlungen oder an der voraussichtlich von den Pflanzen entzogenen Menge orientieren (Tabellen 9.2 und 11.5). Geht man beispielsweise von 100 kg N ha^{-1} aus, kann der Bedarf auf Grundlage der Topfbodenfläche oder der Masse des Bodens berechnet werden:

- *Bodenfläche*. Bei Verwendung eines 12,5-cm-Topfs mit 1 kg Boden beträgt die Bodenfläche im Topf $\pi(0,063 \text{ m})^2 = 0,012 \text{ m}^2$. Auf ein 1 ha bzw. 10^4 m^2 werden 100 kg N ausgebracht. Um die gleiche Düngermenge pro Flächeneinheit zu erhalten, muß der Topf $100 \cdot 0,012/10^4$ kg = 0,12 g N erhalten. Der Stickstoff wird üblicherweise in Form von NH$_4$NO$_3$ zugeführt. 1 mol (80 g) dieser Substanz enthält 28 g N; deshalb benötigt man $0,12 \cdot 80/28 = 0,34$ g NH$_4$NO$_3$ pro Topf. Man stellt eine Lösung her, die 13,6 g NH$_4$NO$_3$ l^{-1} enthält, und gibt 25 ml kg^{-1} Boden (hier: pro Topf) zu.
- *Bodenmenge*. Man kann den Standardwert 2 500 t ha^{-1} bei 20 cm Bodentiefe verwenden, oder ein geringeren Wert, wenn man die Tiefe des Topfs berücksichtigen möchte (bei einem 12,5-cm-Topf sind das etwa 12 cm). Eine Düngermenge von 100 kg N ha^{-1} = 100 kg pro 2 500 t = 0,04 g N kg^{-1} = 0,114 g NH$_4$NO$_3$ kg^{-1} (pro Topf). Man stellt eine Lösung her, die 4,6 g l^{-1} enthält, und gibt davon 25 ml kg^{-1} Boden zu.
- *Differenz*. Der erste Wert ist ungefähr dreimal so hoch wie der zweite. Denn unter einer bestimmten Freilandfläche befindet sich mehr Boden als unter derselben Topffläche. Normalerweise wählt man die höhere Düngermenge, da der Boden im Topf den Bedarf der Nutzpflanze decken muß, deren Wachstumsrate von der Lichtzufuhr pro Flächeneinheit abhängig ist. Es gibt aber auch Situationen, in denen man die kleinere Düngermenge wählen sollte.

Die Störung und Aufbereitung des Bodens führt zu einer schnelleren N-Mineralisierung in den Töpfen, als dies im Freiland geschehen würde. Insbesondere humusreiche Wald- und Grünlandböden sind auch ohne Düngereinsatz gut mit Stickstoff versorgt.

Andere Makronährstoffe

In Tabelle 9.7 sind weitere Düngerempfehlungen aufgeführt; die Mengen basieren auf einer Bodenfläche von 0,012 m^2 pro Topf. Alternativ können P und K gemeinsam verabreicht werden: 25 ml K$_2$HPO$_4$-Lösung (Konzentration 6,6 g l^{-1}) entsprechen 24 kg P und 60 kg K$^+$ ha^{-1}. Gleiches gilt für eine MgSO$_4$-Lösung (7,68 g MgSO$_4$ 7H$_2$O l^{-1}); sie stellt das Äquivalent von 20 kg S und 15 kg Mg^{2+} ha^{-1} zur Verfügung.

Tabelle 9.7. Empfohlene Nährstoffmengen bei Topfversuchen

	Nährstoff				
	N	K$^+$	Mg^{2+}	P	S
Gelände-Applikation [kg ha^{-1}]	100	60	10	20	20
Topf-Applikation [mg Nährelement pro Topf]	120	72	12	24	24
Topf-Applikation [g Nährstoffverbindung pro Topf][a]	0,34	0,14	0,10	0,11	0,11
25 ml Düngerlösung [g Nährstoffverbindung l^{-1}]	13,6	5,6	4,0	4,4	4,4

[a] N als NH_4NO_3, K$^+$ als KCl, Mg^{2+} als $MgCl_2 \cdot 6H_2O$, P als $CaHPO_4$ und S als Na_2SO_4.
Die Düngergaben in den Topfversuchen beziehen sich auf 12,5-cm-Töpfe und etwa 1 kg Boden, damit die gleichen Applikationsmengen pro Flächeneinheit erzielt werden wie im Gelände.

Wenn der Boden einen Makronährstoff nur in geringen Mengen enthält, muß u.U. entsprechend gedüngt werden. Die Bestimmung der extrahierbaren Nährstoffe und die Kenntnis der kritischen Mengen (MAFF 1988) ermöglicht es, angemessene Düngergaben zu berechnen.

Man sollte nicht vergessen, daß auch Samen Nährstoffe enthalten, die Einträge in den Pflanztopf darstellen und gemessen werden müssen, wenn die Nährstoffbilanz bestimmt werden soll (s. Abschn. 9.3).

Mikronährstoffe (Spurenelemente)

Der Mikronährstoffgehalt des Bodens reicht in der Regel aus, um den Pflanzenbedarf bei Topfversuchen zu decken. In Abschn. 13.1 werden Methoden beschrieben, wie man Nährstoffmängel im Boden erkennen kann, und Düngerempfehlungen gegeben.

Bewässerung

Im Normalfall würde ein Gärtner täglich (bzw. nach Bedarf) die Bodenoberfläche gießen und das überschüssige Wasser abfließen lassen. Dabei werden jedoch Nitrat und andere Nährstoffe ausgewaschen.

Man kann ein „geschlossenes" System herstellen, wenn man den Topf in einen Plastikuntersetzer stellt. Das überschüssige Wasser wird aufgefangen und kann durch kapillaren Aufstieg in den Boden zurückgesaugt werden, wenn die Pflanze Wasser transpiriert. Das bedeutet allerdings, daß der Boden am Grund des Topfes immer im Wasser steht und sich dort anaerobe Verhältnisse einstellen können. Ist das Bodengefüge intakt, arbeitet dieses System zufriedenstellend. Man sollte sich jedoch daran erinnern, daß die Poren, die 1 cm über dem Wasserspiegel liegen, einen Durchmesser von 3 mm besitzen müssen, um luftgefüllt zu bleiben (S. 140). Das ist der Grund, warum man bei der Bodenzubereitung nur ein grobes Sieb verwenden sollte. Die Gefügestabilität von schwach humosen Unterböden ist gering, weshalb sie kollabieren können, wenn der Boden gewässert wird. Anaerobe Bedingungen führen zu schlechtem Wurzelwachstum und Nitratverlust durch Denitrifizierung.

Die Versickerung läßt sich verbessern, wenn man groben Sand, Torf, aufgeblähten Vermiculit oder „Perlit" in den Boden mischt. Torf und Vermiculit verändern außerdem die chemischen Bodeneigenschaften, wogegen Sand und Perlit relativ inert sind.

Falls erforderlich, läßt sich die Bewässerung dadurch regulieren, daß man gerade so viel Wasser zuführt, daß sich der Boden nahe Feldkapazität befindet. In den Tabellen 5.2 und 12.1 sind Bewässerungswerte für Böden unterschiedlicher Körnung zu finden. Bei Standardversuchen mit einheitlicher Topfgröße und Bodenmasse pro Topf wird die Pflege durch eine einfache Waage erleichtert. Eine Flasche wird mit trockenem Sand gefüllt, bis sie genau so schwer wie die mit feuchtem Boden gefüllten Töpfe ist. Die Töpfe werden täglich gegen die Flasche gewogen, und es wird soviel Wasser zugefügt, bis beide wieder gleich schwer sind. Die wachsenden Pflanzen machen die Töpfe immer schwerer, weshalb die Bewässerung entsprechend zu korrigieren ist. Die Masse der Pflanzen ist jedoch im Vergleich zur Wassermasse im Topf gering, außer, wenn sehr große Pflanzen herangezogen werden.

Der Wasserverbrauch der Pflanzen kann mit Hilfe dieses Verfahrens ebenfalls bestimmt werden. Die Töpfe werden auf einer normalen Waage gewogen und der Wasserverlust wird notiert. Man kann auch Wasser aus einem Meßzylinder zugießen und das Volumen notieren. Zur Kontrolle benötigt man Töpfe ohne Pflanzen, wenn man die Transpiration durch Subtraktion der Verdunstung von der Bodenoberfläche vom Gesamt-Wasserverlust ermitteln will.

Keimung

Die Samen sollten in einer flachen Bodenschicht aus aufgeblähtem Vermiculit oder Perlit keimen. Man wählt Sämlinge einheitlicher Größe aus und pflanzt sie in Töpfe um. Als Vorsichtsmaßnahme setzt man ein oder zwei zusätzliche Pflänzchen in jeden Topf und dünnt auf die erforderliche Anzahl aus, wenn die Pflanzen angewachsen sind. Die Anzahl der Pflanzen pro Topf ist abhängig von der Topfgröße und der Endgröße der Pflanzen. Getreide wächst im Feld beispielsweise in einer Dichte von etwa 300 Pflanzen m^{-2}. In einem 12,5-cm-Topf mit einer Bodenfläche von 0,012 m^2 entsprechen 3-4 Pflanzen pro Topf der Dichte auf Ackerflächen.

Der Umgang mit Grassämlingen ist schwierig. Zweckmäßigerweise werden die Samen direkt in den Topf gesät, in dem man viele Sämlinge heranwachsen läßt. Die Erntemenge ist dann von der Topfgröße und nicht der Zahl der Pflanzen abhängig. Im Freiland werden Weidelgrassamen in einer Dichte von etwa 3 g m^{-2} gesät, was 0,04 g pro 12,5-cm-Topf entspricht. Mit der fünffachen Menge erzielt man in kurzer Zeit vollständige Bodendeckung. Die Saat läuft gleichmäßiger, wenn man die Samen mit einer wenige Millimeter dicken Grobsandschicht bedeckt.

Die Samen gewöhnlicher Gartenpflanzen sind in Gartencentern leicht erhältlich. Nutzpflanzensamen können über den Landhandel erworben werden. Auch Unkrautsamen können bezogen werden.

Biologische Variabilität und Reproduktion

Die statistische Untersuchung der Variabilität, die durch Probenahme oder Bodenanalyse entsteht, ist in den Abschnitten 1.3 und 3.8 beschrieben worden. Pflanzenexperimente bringen biologische Variabilität ins Spiel, die unbedingt berücksichtigt werden muß, wenn Wachstumsunterschiede und Nährstoffaufnahme untersucht werden. Normalerweise sind mindestens drei Wiederholungen pro Versuch erforderlich. Dann können mit Hilfe von Standardverfahren die Mittelwerte verglichen werden.

Bereits im Sämlingsstadium können Unterschiede zwischen den Pflanzen minimiert werden, wenn möglichst einheitliche Sämlinge ausgewählt oder – wie bei der Grassaat – sehr viele Pflanzen herangezogen werden.

Wachstumsunterschiede treten auf, wenn sich Wachstumsbedingungen wie Licht, Temperatur oder Wasserversorgung im Glashaus über die Länge der Tische verändern. Daher verteilt man die Töpfe zufällig auf den Tischen und stellt sie gelegentlich um.

Schädlinge und Krankheiten

Man kann die gängigen Spritzmittel einsetzen. Das in Großbritannien am häufigsten auftretende Problem sind Pilzinfektionen am Getreide. Diese lassen sich mit Benlate (ICI) oder einem ähnlichen Mittel leicht bekämpfen.

Ernten

Die Pflanzen werden auf Bodenniveau abgeschnitten, in einer Papiertüte gesammelt und bei 70 °C getrocknet. Man kann sowohl das Frischgewicht als auch die Masse der Trockensubstanz bestimmen.

Man entfernt mit den in Abschn. 3.1 beschriebenen Methoden den Boden von den Wurzeln und bestimmt dann Frischgewicht, Wurzellänge und Masse der Trockensubstanz.

Der Nährstoffgehalt der Trockensubstanz wird mit den in Abschn. 9.3 beschriebenen Methoden ermittelt.

9.3
Analyse von Pflanzenmaterial

Die Makronährelemente werden durch Veraschung des trockenen Pflanzenmaterials bei 450–500 °C in ihre Oxide und Carbonate überführt. Die Asche wird in HCl aufgelöst, und Kalium, Calcium, Magnesium und Phosphor werden nach den Standardverfahren bestimmt. Praktisch der gesamte Stickstoff und ein Großteil des Schwefels gehen bei der Veraschung als gasförmige Oxide verloren. Zur N-Bestimmung verwendet man einen Säureaufschluß (s. Abschn. 11.2), zur S-Bestimmung ein modifiziertes Trockenveraschungsverfahren (s. Abschn. 10.5). Ein alternativer Säureaufschluß zur Bestimmung von Kalium, Calcium, Magnesium und Phosphor wird bei Page (1982) und MAFF (1986a) beschrieben. Die Temperatureffekte bei der Trockenveraschung werden von Isaac und Jones (1972) diskutiert.

Die Verbrennung von Pflanzen im Freiland ist mit der Veraschung im Labor vergleichbar. Bei höheren Feuertemperaturen geht jedoch auch ein Teil des Phosphors verloren. Die anderen Elemente bleiben zurück, lösen sich im Regenwasser und werden in den Boden gewaschen. Aus diesem Grund ist Pflanzenasche eine gute Quelle für alle Nährstoffe mit Ausnahme von Stickstoff und Schwefel.

Bestimmung des Trockensubstanzanteils

Bei der Ernte enthält Pflanzenmaterial unterschiedliche Mengen an Wasser. Tabelle 9.2 listet Beispiele für den Trockensubstanzanteil von Feldfrüchten auf. Die Pflanzenmasse kann als Masse des frischen Materials (Frischgewicht) ausgedrückt werden, als Masse des lufttrockenen Materials oder als Masse der Trockensubstanz nach Trocknung bis zur Gewichtskonstanz bei 70 °C, was je nach Pflanzenmaterial 20–40 h dauern kann. Der Wassergehalt von frischem und lufttrockenem Material wird in g H_2O pro 100 g frischem bzw. lufttrockenem Material angegeben. Der Trockensubstanzgehalt wird ebenfalls als prozentualer Anteil ausgedrückt: g Trockensubstanz pro 100 g frischem oder lufttrockenem Material. Man beachte den Unterschied zur Angabe des Bodenwassergehalts (s. Abschn. 3.3), der als g H_2O pro 100 g ofentrockenen Bodens ausgedrückt wird.

Gewinnung der Trockensubstanz

Das Pflanzenmaterial wird bei 70 °C getrocknet, zermahlen und durch ein 1-mm-Sieb gesiebt. Alternativ kann das Pflanzenmaterial mit einer Schere oder einem Hackmesser zerkleinert werden, wovon man repräsentative Teilproben entnehmen kann.

Trockene Veraschung und die Gewinnung eines Pflanzenextrakts

Reagenzien und Ausrüstung

- *Konzentrierte Salzsäure*, ca. 36 Masse-% HCl;
- *Salzsäure*, ca. 6 M HCl. Man mischt gleiche Mengen konzentrierte Salzsäure und Wasser (Vorsicht! Die Säure muß in das Wasser gegossen werden, nicht umgekehrt).
- *Verdunstungsschale*, Kapazität 20 ml;
- *Muffelofen*;
- *Wasserbad*.

Methode (s. auch Anm. 1)

2 g (±0,01 g) der Trockensubstanz werden in eine Verdunstungsschale eingewogen, und über Nacht im Muffelofen auf 450–500 °C erhitzt, bis graue Asche entsteht. Sollte schwarzer Kohlenstoff zurückgeblieben sein, feuchtet man mit Wasser an, trocknet bei 105°C und erhitzt wieder auf 450–500 °C. Nach dem Abkühlen gibt man 10 ml 6 M HCl zu und deckt mit einem Uhrglas ab. Wenn die Schaumbildung abgeklungen ist, wäscht man die Spritzer vom Uhrglas in die Schale, stellt diese in ein kochendes Wasserbad und läßt eintrocknen. Es wird eine weitere Stunde im Wasserbad oder bei 105 °C im Ofen erhitzt. Der Rückstand wird mit 2 ml konz. HCl angefeuchtet, mit einem Uhrglas abgedeckt und nochmals 2 min lang auf dem Wasserbad erhitzt. Man gibt 10 ml Wasser zu und läßt weiterkochen. Die Spritzer am Uhrglas werden wieder in die Verdunstungsschale gespült. Der Schaleninhalt wird nun quantitativ mit der gesamten nachgespülten Flüssigkeit in einen 50-ml-Meßkolben überführt, der bis zur Markierung mit Wasser aufgefüllt wird. Die Lösung wird durch Whatman-Filterpapier Nr. 541 filtriert, wobei die ersten paar ml verworfen werden. Der Rest des Pflanzenextrakts wird zur Analyse auf Kalium (s. u.), Phosphor (s. Abschn. 10.4) und Schwefel (s. Abschn. 10.5) aufbewahrt. Auch Calcium, Magnesium und Natrium lassen sich mit dem Flammenphotometer oder dem AAS bestimmen.

Gleichzeitig führt man dasselbe Verfahren für eine Probe ohne Pflanzenmaterial durch. Dadurch erhält man eine Blindprobe, die genauso wie der Pflanzenextrakt analysiert werden sollte.

9.3.1
Bestimmung von Kalium im Pflanzenextrakt

Die Kaliumkonzentration im verdünnten Pflanzenextrakt wird mit dem Flammenphotometer bestimmt.

Reagenzien

- *Kalium-Eichlösungen.* Kaliumchlorid (KCl) wird bei 105 °C 1 h lang getrocknet und dann im Exsikkator abgekühlt. 0,954 g werden in Wasser gelöst (falls nötig, unter Zugabe von 1 ml konzentrierter HCl, als Konservierungsmittel) und in einem Meßkolben auf 500 ml aufgefüllt. Diese Lösung enthält 1 mg K^+ ml^{-1}. Man pipettiert 0, 1, 2, 3, 4 und 5 ml in 100-ml-Kolben und füllt diese bis zur Markierung auf; diese Eichlösungen enthalten 0, 10, 20, 30, 40 und 50 µg K^+ ml^{-1}.

Methode

Der Kaliumgehalt der Trockensubstanz beträgt wahrscheinlich zwischen 5–30 mg g^{-1} (Tabelle 9.1). Wenn 2 g in 50 ml extrahiert werden, liegt die Konzentration in der Lösung bei 0,2–1,2 mg ml^{-1}, was für eine direkte Messung zuviel ist. Daher werden 2 ml Extrakt in einen 100-ml-Kolben pipettiert, der bis zur Markierung mit Wasser aufgefüllt wird. Diese Verdünnung erniedrigt die Konzentration auf 4–24 µg K^+ ml^{-1}.

Man kalibriert das Flammenphotometer entsprechend den Anweisungen in Abschn. 7.2 und bestimmt die K^+-Konzentration im Pflanzenextrakt.

Rechenbeispiel

Zusammenfassung der Methode

Trockensubstanz (? g K^+ kg^{-1})
↓
2 g → 50 ml Pflanzenextrakt
↓
2 ml → 100 ml verdünnter Extrakt
↓
y µg K^+ ml^{-1}.

Beispiel. Der verdünnte Extrakt hat eine Konzentration von $y = 15{,}2$ µg ml^{-1}, d.h. 100 ml verdünnter (bzw. 2 ml unverdünnter) Extrakt enthalten $100 \cdot 15{,}2$ µg bzw. 1,52 mg K^+. 50 ml unverdünnter Extrakt enthalten dann $1{,}52 \cdot 50/2 = 38{,}0$ mg K^+. Diese stammen aus 2 g Trockensubstanz (hier setzt man die tatsächliche Masse ein); 1 kg Trockensubstanz enthalten somit $38{,}0 \cdot 1\,000/2$ mg $= 19$ g $= 1{,}9$ % K^+.
Diese Berechnung läßt sich vereinfachen zu:

g K^+ kg^{-1} Trockensubstanz = $2{,}5y$/Masse der Trockensubstanz.

Wurde eine Blindprobe hergestellt, wird die Konzentration der Blindprobe von jener des verdünnten Extrakts subtrahiert, bevor man die Berechnung durchführt.

Anmerkung 1. Soll nur der Kaliumgehalt bestimmt werden, kann man das Verfahren vereinfachen, da Kalium relativ leicht aus dem Pflanzenmaterial extrahiert werden kann. Beispielsweise kann das Regenwasser aus den Blättern von reifem Getreide Kalium auswaschen (s. Abb. 11.3).

Man stellt 1 M HCl her, indem man 45 ml konzentrierte HCl auf 500 ml verdünnt. In einem Becherglas läßt man 2 g Trockensubstanz über Nacht in 25 ml 1 M HCl einweichen (dabei deckt man mit einem Uhrglas ab). Man filtert durch Whatman-Filterpapier in einen 100-ml-Kolben und spült Becherglas und Filterpapier mit 1 M HCl nach. Nun wird bis zur Markierung aufgefüllt. 4 ml dieser Lösung werden erneut in einem 100-ml-Kolben mit Wasser verdünnt; diese verdünnte Lösung wird zur K-Bestimmung verwendet.

Der Rechenweg hat sich zwar etwas verändert, doch die vereinfachte Berechnung entspricht jener für den Ascheauszug.

9.4
Messung und Verwendung von Kaliumaustauschisothermen

Die Bezeichnung „Isotherme" trifft für eine Linie zu, die Punkte *gleicher Temperatur* (in einer Karte oder einem Diagramm) verbindet. Bei der Untersuchung von Oberflächeneigenschaften bezieht sich die Bezeichnung Isotherme auf eine Kurve, die die Beziehung zwischen der Menge eines sorbierten Ions oder Moleküls und der Lösung beschreibt, die mit dieser Oberfläche in Kontakt steht. Diese *Sorptionsisotherme* wird für eine bestimmte Temperatur bestimmt und damit verbindet der Graph Punkte, *die bei der gleichen Temperatur bestimmt wurden*. Je nachdem, welchen Prozeß man untersucht, werden auch die Bezeichnungen Adsorptions-, Desorptions- und Austauschisotherme verwendet.

Abbildung 9.9 zeigt eine Kalium-Austauschisotherme für ein einfaches System. Ein Tonboden wird mit CaCl$_2$-Lösung durchgespült, bis der Kationenbelag vollständig aus Ca^{2+}-Ionen besteht, der Boden also calciumgesättigt ist. Einer Suspension dieses Tons in 10 mM CaCl$_2$-Lösung wird KCl-Lösung in steigender Menge zugegeben. K$^+$-Ionen werden gegen Ca^{2+}-Ionen eingetauscht, wobei sich, je nach zugeführter Menge, ein neues Gleichgewicht einstellt:

$$\text{Ton}^{2-}\text{Ca}^{2+} + 2\text{KCl}_{(aq)} = \text{Ton}^{2-}\text{K}_2^+ + \text{CaCl}_{2(aq)}.$$

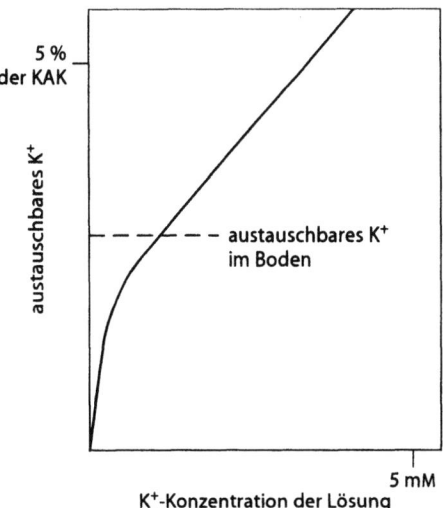

Abb. 9.9. Kalium-Calcium Austauschisotherme

Die Konzentration des im Gleichgewichtszustand in Lösung verbleibenden Kaliums wird bestimmt; die Differenz zwischen zugeführter und gelöster K-Menge entspricht derjenigen an den Austauschern. Die Beziehung zwischen den austauschbaren K^+-Ionen und der K-Konzentration der Lösung kann graphisch aufgetragen werden.

Anfänglich werden die K^+-Ionen stark von den randlich aufgeweiteten Zwischenschichten der Tonminerale angezogen, wie in Abb. 9.2 dargestellt wurde, und dann schwächer von den Austauschplätzen auf den Außenflächen der Tonminerale. Der Graph verläuft also gekrümmt, d.h. die Steigung nimmt mit wachsender Menge an austauschbarem Kalium zu.

Der Anteil des austauschbaren Kaliums macht normalerweise weniger als 5 % der KAK aus, und die K-Konzentrationen in der Bodenlösung beträgt weniger als 5 mM. Aus praktischen Gründen wird daher nur dieser Teil der Isotherme untersucht.

Auch wenn Böden kompliziertere Systeme darstellen, gelten für sie die gleichen Prinzipien. In Geländeproben liegt ein Teil des Kaliums bereits austauschbar oder gelöst vor. Die gestrichelte Linie in der Abbildung zeigt den Startpunkt. Der Graph oberhalb dieser Linie zeigt an, daß K^+-Ionen an den Austauschern adsorbiert werden, während unterhalb der Linie die K-Desorption stattfindet.

Dabei muß eine weitere Komplikation berücksichtigt werden: Die K-Austauschintensität hängt von den Konzentrationen der anderen konkurrierenden Kationen im System ab. An den Austauschplätzen von gekalkten, landwirtschaftlich genutzten Böden der gemäßigten Breiten dominieren Ca^{2+}-Ionen, deren Konzentration in der Bodenlösung etwa 3 mM beträgt (Tabelle 7.6). Die Austauschisotherme wird daher mit einer $CaCl_2$-Lösung gemessen. Oft wird eine Konzentration von 10 mM gewählt, womit für alle Böden Standardbedingungen, ungeachtet ihrer unterschiedlichen natürlichen Konzentrationen, eingeführt werden. Für einige Aufgabenstellungen ist es notwendig, die Ca-Konzentration der Bodenlösung zu messen und diese zu verwenden.

Die Isotherme wird normalerweise mit den Einheiten $cmol_c$ kg^{-1} Boden bzw. $mmol$ l^{-1} Lösung für das austauschbare bzw. gelöste Kalium gezeichnet. Alternativ können mg kg^{-1} und mg l^{-1} verwendet werden.

Bestimmung der Isotherme

Reagenzien und Ausrüstung
- *Calciumchlorid*, 0,4 M. 14,7 g $CaCl_2 \cdot 2H_2O$ werden in Wasser 250 ml aufgefüllt.
- *Kaliumchlorid*, 0,1 M. KCl wird bei 105 °C 1h lang getrocknet und im Exsikkator abgekühlt. Es werden 3,727 g in Wasser gelöst und auf 500 ml aufgefüllt.
- *Kaliumchlorid-Eichlösungen in 10 mM Calciumchlorid.* In sechs 1-l-Meßkolben werden 25 ml 0,4 M $CaCl_2$-Lösung pipettiert. Man pipettiert in diese Kolben 0, 5, 10, 20, 30 und 50 ml 0,1 M KCl-Lösung und füllt bis zur Markierung mit Wasser auf. Diese Lösungen enthalten 0, 0,5, 1, 2, 3 und 5 mM K^+ in 10 mM $CaCl_2$.
  Sollte man die Alternativmethode verwenden, bei der die K-Konzentration in mg statt in mmol angegeben wird, werden die Lösungen folgendermaßen hergestellt: Man löst 3,813 g KCl in Wasser und füllt auf 500 ml auf. Diese Lösung enthält 4 g K^+ l^{-1}. Wenn man wie oben verdünnt, erhält man 0, 20, 40, 80, 120 und 200 mg K^+ l^{-1} in 10 mM $CaCl_2$.
- *Verschließbare 50-ml-Schüttelflaschen;*
- *Flammenphotometer.*

Methode

In jede der sechs Flaschen werden 2,5 g Feinboden eingewogen und je 25 ml der KCl-Eichlösungen pipettiert. Die Flaschen werden 30 min auf einem Schüttelgerät geschüttelt oder über denselben Zeitraum gelegentlich mit der Hand. Die Suspensionen werden durch Whatman-Filterpapier Nr. 41 in 25-ml-Bechergläser filtriert, wobei die ersten ml verworfen werden.

Das Flammenphotometer wird nach der Beschreibung in Abschn. 7.2 mit den KCl-Eichlösungen kalibriert; anschließend wird die K-Konzentration der sechs Filtrate gemessen.

Rechenbeispiel

Beispiel. Die nun folgende Berechnung wurde für eine Lösung ausgearbeitet, deren Konzentration anfangs 0,5 mM und nach dem Schütteln 0,65 mM betrug. Die Werte in der rechten Spalte beziehen sich auf eine Lösung, deren Konzentration anfangs 5 mM und nach dem Schütteln 4,4 mM betrug.

a) Die K-Konzentration betrug vor dem Schütteln 0,50 mmol l^{-1} 5,00
b) Die K-Menge in 25 ml Lösung betrug vor dem Schütteln
    0,50 · 25/1 000 = 0,0125 mmol   0,125
c) Die K-Konzentration betrug nach dem Schütteln 0,65 mmol l^{-1} 4,40
d) Die K-Menge in 25 ml Lösung betrug nach dem Schütteln
    0,65 · 25/1 000 = 0,01625 mmol   0,110
e) Die Veränderung der K-Menge in 25 ml Lösung betrug während
    des Schüttelns 0,0165 − 0,0125 = +0,00375 mmol   −0,015
    (Ein positives Vorzeichen bedeutet einen Gewinn, ein negatives
    einen Verlust an Kalium.)
f) Die Veränderung der K-Menge in 2,5 g Boden betrug während
    des Schüttelns −0,00375 mmol   +0,015
g) Der Gewinn oder Verlust wird in Standardeinheiten umgewandelt.
    Somit sind −0,00375 mmol pro 2,5 g
    = −0,00375 · 1 000/2,5
    = −1,5 mmol kg^{-1}
    = −0,15 cmol$_c$ kg^{-1} lufttrockenem Boden   +0,60

Diese Rechnung vereinfacht sich zu:

Gewinn oder Verlust des Bodens [cmol$_c$ kg^{-1} lufttrockenem Boden]
= Konzentration vor dem Schütteln
  − Konzentration nach dem Schütteln [mmol l^{-1}].

Falls erforderlich, bezieht man das Ergebnis auf ofentrockenen Boden: *Beispiel:* Bei 5 g Wasser pro 100 g ofentrockenem Boden verändert sich das obige Ergebnis in −0,16 bzw. 0,63 cmol$_c$ kg^{-1}.

Verwendet man die Alternativmethode mit der Lösungskonzentration in mg K$^+$ l^{-1}, dann vereinfacht sich die Rechnung folgendermaßen:

Gewinn oder Verlust des Bodens [mg K$^+$ kg^{-1} lufttrockenem Boden]
= 10 · (Konzentration vor dem Schütteln
  − Konzentration nach dem Schütteln [mg l^{-1}].

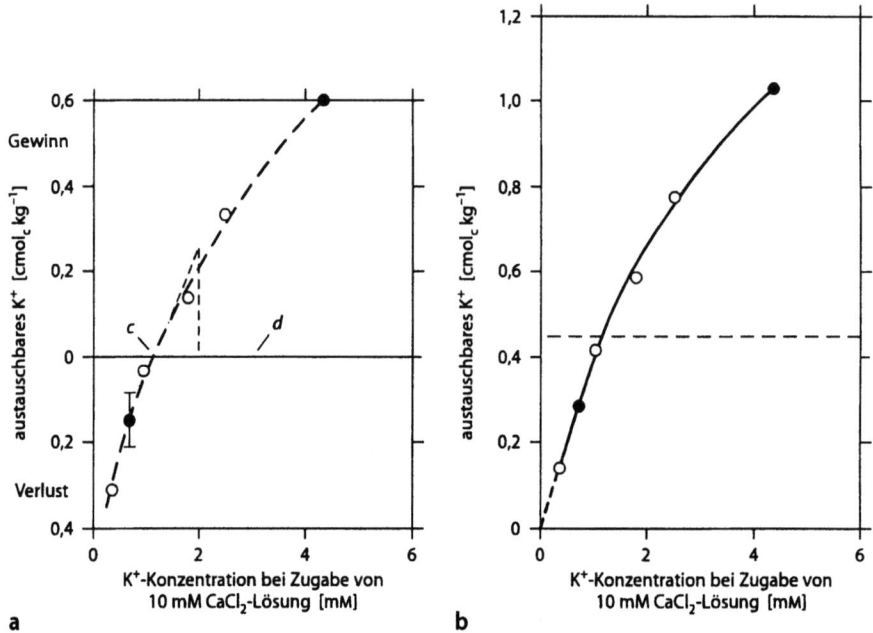

Abb. 9.10. K-Austauschisothermen: **a** Darstellung der Adsorption und Desorption; **b** Neuzeichnung der Kurve, nachdem die Menge des austauschbaren Kaliums im Boden bekannt war

Wenn man eine Bodensuspension mit niedriger K-Konzentration in der Lösung schüttelt, werden K^+-Ionen desorbiert. Adsorption tritt bei einer anfänglich hohen Konzentration der Lösung auf. Die berechneten Werte sind in Abb. 9.10 a (gefüllte Kreise) aufgetragen. Die anderen vier Werte (offene Kreise) stammen aus anderen Lösungen.

Die Isotherme kann nochmals aufgetragen werden (Abb. 9.10 b), so daß aus ihr die Beziehung zwischen austauschbarem Kalium und der K-Konzentration der Lösung hervorgeht. Das austauschbare Kalium wird nach der in Abschn. 7.2 beschriebenen Standardmethode gemessen. In diesem Boden beträgt die austauschbare K-Menge ungefähr 0,45 $cmol_c\ kg^{-1}$. Wenn man zu den berechneten Gewinnen und Verlusten des Bodens 0,45 addiert, kann man die Austauschkurve entsprechend umzeichnen. Die gestrichelte, horizontale Linie markiert die Bedingungen, die bei der Probenahme im Gelände vorlagen. Man beachte, daß die beiden Methoden strenggenommen nicht vergleichbar sind, da Kalium einmal mit 10 mM $CaCl_2$ ad- und desorbiert, das andere Mal aber mit 1 M Ammoniumacetat extrahiert wurde.

Allerdings können die Ergebnisse auf diese Weise recht anschaulich dargestellt werden.

Fehlerquellen

Die Punkte liegen nicht ganz auf einer Linie. Diese Abweichungen haben ihren Ursprung in Analysefehlern, die sich dann besonders stark auswirken, wenn eine geringe Differenz zwischen zwei Meßwerten die Grundlage der Berechnung ist. Wenn beispielsweise bei der Messung einer 0,5 mM Lösung und einer 0,65 mM Lösung jeweils ein 5%iger Fehler vorliegt (0,5 ±0,025 und 0,65 ±0,0325), dann liegt die Differenz zwischen 0,525 – 0,6175 = –0,0925 und 0,475 –0,6825 = –0,2075, womit der für Gewinn oder Verlust des Bodens berechnete Fehler bei 0,15 ±0,0575 läge, was ±38 % entspricht. Dies ist in Abb. 9.10 a durch Fehlerbalken gekennzeichnet.

Grundsätzlich gilt: *Der Fehler der Differenz zweier Meßwerte ist immer größer als der Fehler einer einzelnen Messung.* Dies ist in einem statistischen Zusammenhang zu betrachten, wenn die Differenz zwischen zwei Mittelwerten bestimmt wird (s. Abschn. 3.8). Der Fehler kann verringert werden, indem die Eichlösungen und Extrakte jeweils paarweise gemessen werden. Dadurch wird sichergestellt, daß sich die Kalibrierung des Flammenphotometers während der Messung nicht verändert.

Verwendung der Isotherme

Konzentration der Bodenlösung

Der Punkt, an dem die Isotherme die Abszisse schneidet (Punkt c; Abb. 9.10 a), ist die Lösungskonzentration, bei der weder Adsorption noch Desorption von Kalium stattfindet. Unter der Voraussetzung, daß die Ca-Konzentration genauso groß ist wie jene im Gelände, entspricht dieser Punkt der K-Konzentration der Bodenlösung (hier: 1,1 mM).

Wenn die Messung bei einer anderen Ca-Konzentration als jener der Bodenlösung vorgenommen wird, kann man eine einfache Korrektur vornehmen. *Beispiel*: Die ungefähre K-Konzentration $[K^+]$ soll für eine Ca-Konzentration $[Ca^{2+}]$ von 3 mm berechnet werden. Das Verhältnis $[K^+]/[Ca^{2+}]^{1/2}$ bleibt trotz der Veränderung von $[Ca^{2+}]$ für ein bestimmtes Verhältnis von austauschbarem Kalium zu austauschbarem Calcium konstant. Dabei handelt es sich um das *Gesetz der konstanten Proportionen*. Wenn also $[K^+]$ = 1,1 mm und $[Ca^{2+}]$ = 10 mm ist, dann ist

$$[K^+]/[Ca^{2+}]^{1/2} = 1{,}1 \cdot 10^{-3}/(10 \cdot 10^{-3})^{1/2} = 0{,}011.$$

Dieser Wert muß gleich $y/(3 \cdot 10^{-3})^{1/2}$ sein, wobei y die K-Konzentration bei $[Ca^{2+}]$ = 3 mm ist. Damit ist y = 0,6 mm. Das Gesetz der konstanten Proportionen ist mit der Gapon-Austauschgleichung verknüpft (s. Abschn. 9.8, Übungsaufgabe 4).

Kaliumpufferung der Bodenlösung

Die Isotherme (Abb. 9.10 a) illustriert die Bedeutung der Pufferung für die K-Konzentration der Bodenlösung. Ein kg feuchter Boden kann 300 ml Wasser enthalten. Die Konzentration der Bodenlösung beträgt 1,1 mM und so befinden sich in 300 ml:

1,1 · 300/1 000 = 0,33 mmol oder 0,033 $cmol_c$ K^+.

Stände die Lösung nicht in Kontakt mit den Bodenpartikeln, würde die K-Konzentration auf Null sinken, wenn man diese K-Menge aus der Lösung entziehen würde. Besteht jedoch Kontakt zwischen Lösung und Boden, wird als Reaktion auf die Erniedrigung der Lösungskonzentration Kalium von den Austauschern desorbiert.

Die Freisetzung dieser Menge (0,033 $cmol_c$) aus 1 kg Boden verursacht nur eine geringfügige Veränderung der Gesamtmenge austauschbaren Kaliums (0,45 $cmol_c$ kg^{-1}). Damit bleibt die K-Konzentration in der Bodenlösung gegenüber ihrem Ausgangswert nahezu konstant.

Pufferung und Düngereinsatz

Die Bedeutung der Pufferung muß man vor dem Hintergrund der gängigen Düngepraxis betrachten. Weizen kann Düngermengen von 60 kg K^+ ha^{-1} (Tabelle 9.3) erhalten, die anschließend vom Getreide aufgenommen werden. Dieser K-Input kann in den Einheiten ausgedrückt werden, die auch für die Isotherme verwendet werden. Falls die obersten 20 cm 2500 t Boden ha^{-1} enthalten, entsprechen 60 kg K^+ ha^{-1} = 24 mg K^+ kg^{-1} = 0,06 $cmol_c$ kg^{-1} (molare Masse = 39,1 g mol^{-1}). Die Düngung würde die Konzentration der Bodenlösung von 1,1 auf 1,3 mM erhöhen, und die Konzentration würde später wieder auf 1,1 mM absinken. In der Nähe eines Granulatkorns des Düngers ist die Konzentration höher, aber die durchschnittliche Konzentrationsänderung im gesamten Horizont ist sehr klein. Für Böden in Oxfordshire (Tabelle 7.6) wurde bei einem Wertebereich von 0,01–2 mM ein Mittelwert von 0,4 mM ermittelt.

Anhand dieser Prinzipien sollte einer der Lehrsätze des organischen Landbaus überprüft werden, der die Verwendung von KCl-Dünger verbietet. Dies wird damit begründet, daß die Konzentration des gelösten Salzes, insbesondere von Chlorid, auf ein nicht akzeptables Niveau angehoben wird, das zu Auswaschungsverlusten führt. Im Hinblick auf die K-Konzentration gibt es wegen der Pufferung der Lösung praktisch keine Veränderung. Selbst wenn alle zugeführten K^+-Ionen in der Bodenlösung verbleiben würden – etwa in einem schlecht gepufferten Sandboden –, würde die K-Konzentration nur um ca. 2 mM (300 ml Lösung kg^{-1} Boden) ansteigen.

Der Chlorideintrag würde bei der obigen Düngung 54 kg ha^{-1} betragen. Cl^--Ionen sind in der Lösung nicht gepuffert, so daß deren Konzentration um etwa 2 mM ansteigen würde, wenn man von den gleichen Voraussetzungen ausgeht. Für Böden in Oxfordshire wurde bei einem Wertebereich von 0,1–10 mM ein Mittelwert von 1,6 mM gemessen. Je nach der Nähe zum Meer hat der Regen eine Cl-Konzentration von 0,05–0,5 mM. Damit ist selbst in einem ungepufferten System die Konzentrationsänderung klein, wenn man von der unmittelbaren Umgebung der Granulatkörner absieht (s. Abschn. 13.3), und nachteilige Auswirkungen für den Boden oder die Nutzpflanzen sind sehr unwahrscheinlich. Chlorid wird jeden Winter ausgewaschen und sammelt sich, außer in Trockengebieten, nicht an.

Pufferstärke

Wird der Begriff „Pufferkapazität" auf Böden angewendet, dann bezieht sich diese strenggenommen nur auf die Pufferung des Boden-pH (s. Abschn. 8.3). Manchmal wird die Bezeichnung für Nährstoffe in Lösung verwendet, aber die Alternativbezeichnung „*Pufferstärke*" ist dabei vorzuziehen. Die Pufferstärke des Kaliums im Boden kann als die K^+-Menge definiert werden, die pro Kilogramm Boden erforderlich ist, um die Konzentration der Lösung um 1 Einheit zu verändern. Basierend auf der Isotherme ist die Einheit der Konzentration mmol l^{-1}; die Pufferstärke wird durch die Kurvensteigung in $cmol_c$ kg^{-1} (mmol l^{-1})$^{-1}$ angegeben.

Die Krümmung der Isotherme weist darauf hin, daß die Pufferstärke in Abhängigkeit der vorhandenen Kaliummenge schwankt. Je steiler die Steigung, um so stärker ist die Lösung gepuffert. Die Pufferstärke des ungestörten Bodens kann durch den Schnittpunkt der Isotherme mit der Abszisse bestimmt werden; dort legt man eine Tangente an die Kurve, deren Steigung der Pufferstärke entspricht (unterbrochene Linie in Abb. 9.10 a; 0,22/0,9 = 0,244, ausgedrückt in den obigen Einheiten).

9.4 · Messung und Verwendung von Kaliumaustauschisothermen

Abgesehen von der Art der Austauscher, ist die KAK der für die Pufferstärke entscheidende Faktor. Dies ist am leichtesten zu verstehen, wenn wir uns wieder auf die Isotherme beziehen. Um die Konzentration von c nach d anzuheben (Abb. 9.10 a), müssen dem Boden 0,4 cmol$_c$ K$^+$ kg^{-1} zugeführt werden. Würde man die Austauschkapazität verdoppeln (höherer Ton- oder Humusgehalt), müßten 0,8 cmol$_c$ K$^+$ kg^{-1} zugeführt werden, um dieselbe Konzentrationsänderung zu erreichen, und die Steigung der Isotherme würde sich ebenfalls verdoppeln.

Verwendet man die Werte der Pufferstärke, dann können Veränderungen der Lösungskonzentration aus den bekannten K-Einträgen berechnet werden. Für näherungsweise Berechnungen geht man davon aus, daß alle zugeführten K$^+$-Ionen an den Austauschern sorbiert werden. Im Falle des oben erwähnten Weizens führt ein Input von 0,06 cmol$_c$ K$^+$ kg^{-1} zu einer Konzentrationsänderung von

$$0,06 / 0,244 \text{ cmol}_c \text{ kg}^{-1} / \text{cmol}_c \text{ kg}^{-1}(\text{mmol l}^{-1})^{-1} = 0,026 \text{ mM}.$$

Die Werte der Pufferstärke können auch dazu verwendet werden, den Anteil des zugeführten K-Düngers zu berechnen, der in der Lösung zurückbleibt. Dabei ist es sinnvoll, wenn die Pufferstärke die Einheit mmol$_c$ kg^{-1}(mmol l^{-1}) trägt, was für das obige Beispiel einen Wert von 2,44 ergibt, wobei sich die Einheit zu l kg^{-1} vereinfacht. Der Kehrwert daraus (0,41) ist das Verhältnis der in Lösung (pro Liter) bleibenden zugeführten K-Menge zu der an den Austauschern (pro Kilogramm) gebundenen Menge. In einem feuchten Boden mit 0,3 l Lösung kg^{-1} Boden beträgt dieses Verhältnis (0,41 · 0,3):1 = 0,12:1. Damit beträgt der Anteil des in Lösung bleibenden zugeführten Kaliums 0,12/(1 + 0,12) = 0,11 = 11 %. Die Pufferstärke liegt zwischen 0,2 und 20 l kg^{-1}, was bedeutet, daß 1–25 % des zugeführten Kaliums gelöst bleiben können. Auswaschungsverluste beziehen sich auf diesen Anteil.

In Abschn. 15.3 wird ein ähnlicher Ansatz benutzt, um auszudrücken, auf welche Weise sich Pestizide zwischen den Partikeloberflächen und der Lösung verteilen. In diesem Fall wird der Adsorptionskoeffizient häufig in cm^3 g^{-1} ausgedrückt.

Pufferstärke und Auswaschungsverluste

Die Bodenlösung wird durch Regenwasser verdrängt, und die in der Lösung enthaltenen K$^+$-Ionen gehen für den Boden verloren. Die Isotherme zeigt die Beziehung zwischen Veränderungen (Verlusten) an austauschbarem Kalium und der Konzentration der Lösung; sie kann zur Vorhersage der Verluste verwendet werden, sofern die Wassermenge bekannt ist, die sich durch den Boden bewegt.

Beispiel. Der Jahresniederschlag in der Gegend von Reading beträgt ca. 600 mm. Während der sechs Monate von Oktober bis März übersteigt der Niederschlag die Evapotranspiration um etwa 300 mm. Ein Boden, der Ende September an seinem Welkepunkt angekommen ist, benötigt Regen, um wieder Feldkapazität zu erreichen; der diesen Bedarf übersteigende Niederschlag fließt durch den Boden ab. Bei sandigem Lehm mit einem Welkepunkt bei 0,05 cm^3 H$_2$O cm^{-3} Boden und einer Feldkapazität von 0,3 cm^3 cm^{-3} (Tabelle 4.3) benötigen die oberen 20 cm des Bodens 50 mm Wasser, um wieder Feldkapazität zu erreichen. Bei einem Niederschlagsüberschuß von 300 mm fließen also im Winter etwa 250 mm Wasser durch den Oberboden. Dieses Wasservolumen pro ha^{-1} entspricht

$$0,25 \text{ m} \cdot 10^4 \text{ m}^2 = 2,5 \cdot 10^3 \text{ m}^3 \text{ oder } 2,5 \cdot 10^6 \text{ l}.$$

Wenn die K-Konzentration bei 1,1 mM bleibt, beläuft sich die K-Menge, die über eine Tiefe von 20 cm hinaus ausgewaschen wird, auf

$$1,1 \cdot 10^{-3} \cdot 2,5 \cdot 10^6 = 2750 \text{ mol oder } 108 \text{ kg K}^+ \text{ ha}^{-1}$$

(molare Masse = 39,1 g mol^{-1}). Typischer wäre eine K-Konzentration der Bodenlösung (Tabelle 7.6) von 0,4 mM, womit der vorhergesagte Verlust nur noch 39 kg ha^{-1} beträgt. Messungen der versickerungsbedingten Verluste (in eine Tiefe >60 cm) ergaben etwa 20 kg ha^{-1} für Sandböden (z.B. Woburn 12 kg ha^{-1}, Tabelle 10.3) und etwa 5 kg ha^{-1} für Tonböden. Im Vergleich machen Düngereinträge und der Pflanzenentzug 30–60 kg K$^+$ ha^{-1} aus.

Im folgenden sind weitere Faktoren beschrieben, die die Verluste beeinflussen:

- Die Konzentration der Lösung nimmt ab, wenn Kalium von den Austauschplätzen desorbiert wird. Dieser Zusammenhang wird durch die Isotherme verdeutlicht. Ein Verlust von 108 kg K$^+$ ha^{-1} entspricht 43 mg K$^+$ kg^{-1} (2 500 t ha^{-1}) bzw. 0,11 K$^+$ cmol$_c$ kg^{-1}. Wie aus der Isotherme abzulesen ist, wird die Konzentration von 1,1 auf ca. 0,8 mM sinken, eine Veränderung, die den berechneten Verlust um 10–20 kg verringern wird.
- Damit K$^+$-Ionen ausgetauscht werden können, um die Lösungskonzentration aufrechtzuerhalten, müssen Ca^{2+}-Ionen oder andere Kationen deren Platz einnehmen. In neutralen oder sauren Böden ist die Freisetzung von K$^+$-Ionen wegen der geringen Menge anderer Kationen in der Bodenlösung wahrscheinlich begrenzt. Daher ist es derzeit nicht möglich, diese Verluste vorherzusagen. In kalkhaltigen Böden jedoch wird sich CaCO$_3$ lösen, um den Vorrat an Ca^{2+}- und HCO$_3^-$-Ionen aufzufüllen, weshalb hohe K-Verluste wahrscheinlich sind. Freilandmessungen, die diese Prognose stützen, werden in Abschn. 9.5 vorgestellt.
- Selbst wenn Kalium aus den obersten Zentimetern des Bodens ausgewaschen wird, kann es im Unterboden wieder fixiert werden. In schweren Unterböden werden Verluste durch eine hohe Austauschkapazität und Wasserspeicherfähigkeit begrenzt. Getreidewurzeln wachsen sehr tief (Abb. 3.1 und Bildtafel 3.1) und Kalium wird auch noch aus größeren Tiefen aufgenommen. Sandige, skelettreiche und kalkhaltige Unterböden können Kalium nur in geringem Umfang zurückhalten.
- Die Pufferstärke von Sandböden ist gering, womit bei einer bestimmten Menge an austauschbarem Kalium die Konzentration der Lösung größer sein wird als in schweren Böden. Zusammen mit der geringeren Wasserspeicherkapazität wird dies zu höheren Verlusten führen.
- Aus zwei Gründen treten in skelettreichen Böden große Verluste auf. Erstens ist der Wassergehalt bei Feldkapazität aufgrund des Skelettanteils kleiner und damit wird im Winter mehr Wasser durch den Boden sickern. Zweitens ist die effektive Pufferstärke des gesamten Bodens reduziert. Die Ordinate der Isotherme hat z.B. cmol$_c$ kg^{-1} Feinboden als Einheit. Besteht jedoch der Boden zu 50 % aus Skelett, müssen die Werte auf der Ordinate halbiert werden, wenn die Pufferstärke in bezug auf den gesamten Boden ausgedrückt wird. Dementsprechend ist bei einer bestimmte Menge an austauschbarem Kalium im Gesamtboden die Konzentration der Lösung in skelettreichen Böden höher.
- In niederschlagsreichen Gebieten können beträchtliche Verluste an Kalium und anderen Kationen auftreten, vor allem wenn die Austauschkapazität gering ist. Dies bringt Schwierigkeiten bei der Anwendung von Düngern und Kalk mit sich.

9.5
Kaliumbilanz im Feld

Die Komponenten des Kaliumhaushalts sind in Abb. 9.11 dargestellt. Wenn man eine Kaliumbilanz für den Anbau von Weizen aufstellen soll, kann das austauschbare Kalium durch Extraktion mit NH_4NO_3-Lösung im September bestimmt werden, bevor die Saat ausgebracht wird; genau ein Jahr später mißt man nochmals. Damit wird die Veränderung des austauschbaren Kaliumgehalts gemessen; die Bilanz kann folgendermaßen formuliert werden:

Veränderung des austauschbaren Kaliumgehalts
= (atmosphärischer Eintrag + Düngereintrag + Freisetzung)
− (Pflanzenaufnahme + Fixierung + Auswaschung).

Unter Freisetzung versteht man den Übergang des Kaliums aus der nichtaustauschbaren in die austauschbare Bindungsform, und mit Fixierung ist der umgekehrte Prozeß gemeint (Abb. 9.2). Die atmosphärischen Einträge sind gering (Tabelle 10.3). Die Düngereinträge und die K-Aufnahme durch die Pflanzen können bestimmt werden. Damit läßt sich die Bilanzgleichung umformulieren:

Veränderung des austauschbaren Kaliumgehalts
= Düngereintrag − Pflanzenaufnahme
+ (Freisetzung − Fixierung + atmosphärischer Eintrag − Auswaschung).

Die Bilanzposten in den Klammern sind nicht einfach zu messen. Abbildung 9.12 zeigt eine anschauliche Darstellungsweise dieser Gleichung. Die Freilandmessungen wurden von 1985 bis 1990 an südenglischen Kreideböden durchgeführt. Düngereintrag abzüglich -entzug wurde auf der Abszisse aufgetragen, die Ordinate zeigt die Veränderung der Menge des austauschbaren Kaliums. Es wurde eine gestrichelte Linie gezogen, die den Fall verdeutlichen soll, bei dem die Differenz aus Eintrag und Entzug gleich der Veränderung der austauschbaren K-Menge im Pflughorizont ist. Die Meßwerte, die auf dieser Linie liegen, zeigen, daß die Wirkung von Fixierung, Freisetzung, atmosphärischen Einträgen und Auswaschung insgesamt gleich Null ist. Die Mehrzahl der Werte liegt jedoch unterhalb der Geraden. Die in die Punkte eingepaßte Regressionsgerade (s. Abschn. 9.6) läßt erkennen, daß die Düngergaben im Schnitt den Pflanzenentzug um 31 kg ha^{-1} übersteigen müssen, um ein Absinken des austauschbaren Kaliumgehalts zu verhindern. Es ist unwahrscheinlich, daß hier Net-

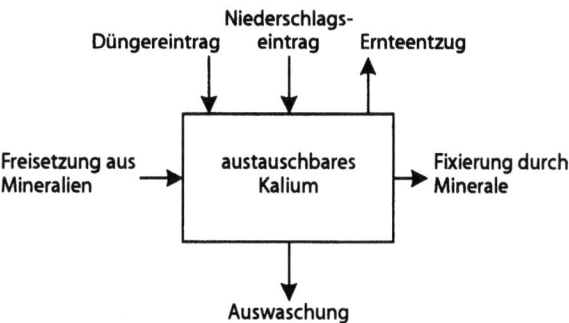

Abb. 9.11. Einträge und Verluste im Kaliumhaushalt

Abb. 9.12. Kaliumbilanz von Getreide auf Kreideböden. Das im Pflughorizont vorhandene austauschbare Kalium wurde durch Extraktion mit NH_4NO_3 (s. Abschn. 9.1) in mg l^{-1} gemessen: Die Ordinatenwerte sind auch in kg ha^{-1} angegeben (bei 2 500 t ha^{-1} im Pflughorizont und einer Dichte des trockenen Feinbodens im Meßbecher von 1 kg l^{-1}). Die durchgezogene Linie ist die Regressionsgerade: $y = -13 + 0{,}42\,x$, $r = 0{,}62$ (Daten des *Soil Service Ltd*, Swindon)

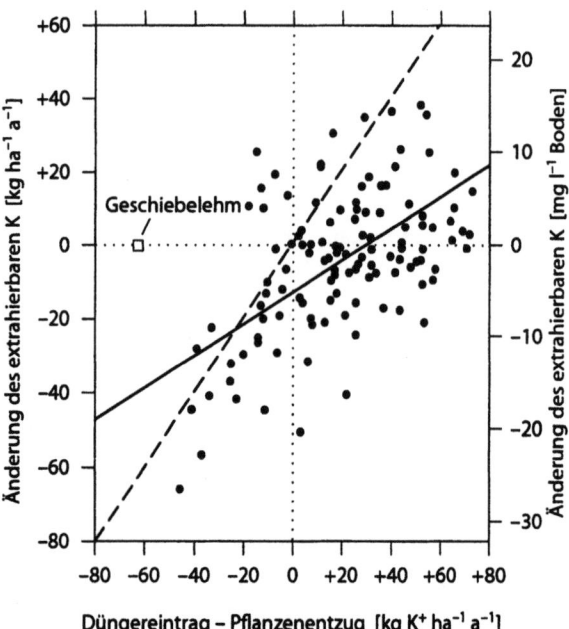

tofixierung oder Freisetzung stattfinden, da diese Böden über viele Jahre hinweg gedüngt und bewirtschaftet wurden. Die atmosphärischen Einträge belaufen sich auf etwa 4 kg ha^{-1} a^{-1}; damit bewegen sich die Auswaschungsverluste von Böden, in denen die Menge an austauschbarem Kalium konstant gehalten wird, in der Größenordnung von etwa 35 kg ha^{-1} a^{-1}. Der auf Seite 334 für die obersten 20 cm vorausgesagte Verlust betrug 39 kg ha^{-1}, basierend auf der Auswaschung im Winter und einer Konzentration der Bodenlösung von 0,4 mM. Es überrascht nicht, daß die Verluste größer werden, wenn die Differenz zwischen den Einträgen und dem Entzug ebenfalls zunimmt.

Die Geschiebelehme von Ost-England erhalten praktisch keinen K$^+$-Dünger; der Entzug durch Feldfrüchte liegt bei etwa 60 kg ha^{-1} a^{-1} und dennoch findet im Laufe der Jahre keine Veränderung des austauschbaren Kaliums statt. Für diese Böden wurde ein Meßwert in das Diagramm (Abb. 9.12) eingetragen. Die Differenz aus Düngereintrag und Pflanzenentzug beträgt hier –60 kg ha^{-1}, woraus folgt, daß die Nettofreisetzung ca. 60 kg ha^{-1} a^{-1} betragen muß, wenn man von der Annahme ausgeht, daß in diesen schweren Böden der Auswaschungsverlust in etwa dem atmosphärischen Eintrag gleicht.

Interessanterweise bleibt der Kalium-Index von Geschiebelehm sogar ohne Düngung bei 2–3, wogegen es in Kreideböden manchmal schwierig ist, ohne größere Einträge einen Index von 1 beizubehalten. In Böden, in denen Kalium leicht ausgewaschen wird, lassen sich die Verluste manchmal reduzieren, wenn im Frühjahr und nicht im Herbst gedüngt wird. Sollte eine Herbstdüngung unumgänglich sein, ist es vorteilhafter, den Dünger auf der Bodenoberfläche auszubringen anstatt ihn in den Boden einzuarbeiten.

9.6
Regression und Korrelation

Wenn man die verfügbare Nährstoffmenge in Böden und deren Beziehung zum Ernteertrag und zur Nährstoffaufnahme durch die Pflanzen bestimmt, liegt es nahe, sich die Frage zu stellen: „Läßt sich ein mathematischer Zusammenhang zwischen der Nährstoffverfügbarkeit und der Erntemenge (bzw. der Nährstoffaufnahme) herstellen?" und „Wie eindeutig ist dieser Zusammenhang?" Das Beispiel in Abb. 9.4 zeigt, daß die K-Aufnahme durch Weidelgras deutlich mit dem Gehalt an austauschbarem Kalium verknüpft ist, aber offensichtlich kein eindeutiger Zusammenhang besteht. Statistische Analysen können bei der Beantwortung dieser Fragen sehr hilfreich sein. Wir werden uns im Rahmen dieses Buches nur mit linearen Funktionen befassen.

Lineare Funktionen

Die allgemeine Gleichung einer Geraden lautet:

$y = A + Bx$.

Dabei sind y und x die beiden Variablen, A der Achsenabschnitt auf der y-Achse und B die Steigung der Geraden (Abb. 9.13). Wenn die Gleichung bekannt ist, kann die Gerade durch Einsetzen von Zahlenwerten für x und y gezeichnet werden; um den Verlauf einer Geraden zu bestimmen, sind nur zwei Punkte erforderlich. Ist die Gerade in das Diagramm eingezeichnet, kann daraus mit Hilfe des Achsenabschnitts und der Steigung die Geradengleichung hergeleitet werden. Die Steigung ist leicht zu bestimmen, indem man ein Dreieck zeichnet (s. Abb. 9.13 b) und die Differenz auf der y-Achse durch die Differenz auf der x-Achse dividiert: $(y_1 - y_2)/(x_1 - x_2)$. Man beachte, daß es sich hierbei nicht um Streckenlängen handelt, sondern um Zahlenwerte in den Einheiten, die auf der Achse angegeben sind. Die Teilfiguren a und b in Abb. 9.13 haben positive Steigungen, c eine negative Steigung.

Graphische Darstellung von Daten

Wenn man bei einem Experiment Meßwerte erhält, kann man den möglichen Zusammenhang zwischen den Variablen untersuchen, indem man die Werte in ein

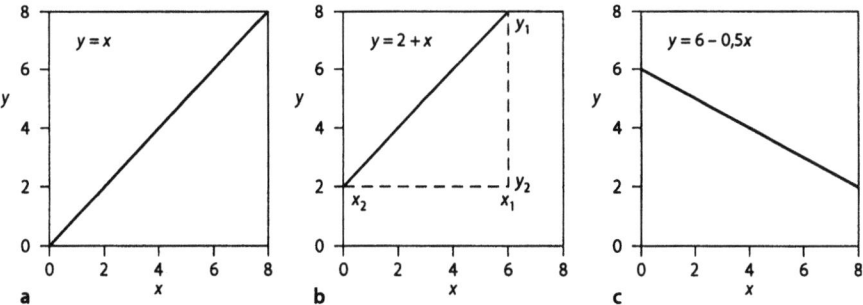

Abb. 9.13. Lineare Beziehungen

Streuungsdiagramm einträgt (Abb. 9.14). Es ist üblich, die unabhängige Variable (die man selbst reguliert) auf der x-Achse und die abhängige Variable (auf die sich die Veränderung der x-Werte auswirkt) auf der y-Achse aufzutragen. Ist die Abhängigkeit unbekannt, können die Variablen auf jeder der Achsen aufgetragen werden.

Anpassung der Geraden an die Daten

Wird ein Zusammenhang vermutet, kann man eine Kurve zeichnen, um diesen Zusammenhang sichtbar zu machen. Es ist die am besten passende Linie. Zur Ermittlung dieser Kurve können vier einfache Methoden angewendet werden:

1. Man legt ein transparentes Lineal auf das Streuungsdiagramm und bewegt es solange, bis man eine Gerade zeichnen kann, die die Meßpunkte so trennt, daß sich auf jeder Seite der Geraden die gleiche Anzahl von Punkten befindet.
2. Man zeichnet zwei parallele Linien, die die meisten oder alle Punkte einschließen. „Ausreißer" können ausgeschlossen werden. Nun zieht man eine gerade Linie, die zu den beiden parallelen Linien gleich weit entfernt ist.
3. Man berechnet den Mittelwert der x-Werte ($\bar{x}$) und den Mittelwert der y-Werte ($\bar{y}$) (s. Abschn. 3.8). Der Punkt mit den Koordinaten ($\bar{x}$, $\bar{y}$) wird im Diagramm eingetragen. Wenn bekannt ist, daß die Gerade durch den Nullpunkt verläuft,

Tabelle 9.8. Die Kaliumaufnahme durch Weidelgras im Topfexperiment von Arnold und Close (1961)

Boden-Nr.	Austauschbares K+		Kumulative Aufnahme (nach Tagen)			Freisetzung v. nicht-austauschbarem K+
	zu Beginn [mg kg^{-1}]	nach 600 d	50[a] [mg Pflanzen-K$^+$ kg^{-1} Boden]	105	600	nach 600 d [mg kg^{-1}]
	120	50	43	107	202	132[b]
2	110	40	42	110	179	109
3	90	47	35	110	208	165
4	115	37	28	71	129	51
5	60	31	13	30	57	28
5A	75	42	17	43	62	29
5B	110	49	30	62	92	31
6	65	21	36	78	108	64
6A	90	33	61	130	182	125
8	200	107	101	360	685	592
10	265	126	103	323	637	498
11	140	69	107	332	548	477
12	85	39	75	303	525	479
13	325	135	116	388	696	506
14	455	125	198	773	1 643	1 313
15	295	100	180	626	1 179	984
16	720	110	137	518	1 313	703
17	355	220	163	541	1 158	1 023
18	195	115	104	440	1 075	995
19	335	84	181	571	818	567

[a] Die für K+ angegebenen Werte bei 50 und 105 d beziehen sich auf die Pflanzenteile oberhalb des Bodens und die Gesamtpflanze (plus Wurzeln) nach 600 d.
[b] Die Freisetzung von nichtaustauschbarem K+ = Aufnahme nach 600 d minus der Absenkung des austauschbaren K+.

9.6 · Regression und Korrelation

Tabelle 9.9. Die Bartlett-Methode zur Bestimmung der Geraden mit der besten Anpassung

Gruppe 1		Gruppe 2		Gruppe 3	
x	y	x	y	x	y
60	30	110	110	265	323
65	78	115	71	295	626
75	43	120	107	325	388
85	303	140	332	335	571
90	110	195	440	355	541
90	130	200	360	455	773
110	62			720	518
$\bar{x} = 82$	$\bar{y} = 108$			$\bar{x} = 393$	$\bar{y} = 534$

verbindet man den Punkt ($\bar{x}, \bar{y}$) mit dem Nullpunkt. Aus den Daten in Abb. 9.4 und Tabelle 9.8 ergibt sich für die Beziehung zwischen dem Gehalt an austauschbarem Kalium und der K-Aufnahme durch die Pflanzen nach 105 Tagen ein $\bar{x}$-Wert von 210 und ein $\bar{y}$-Wert von 296. Die gepunktete Linie in Abb. 9.4 führt durch diesen (mit a bezeichneten) Punkt und den Nullpunkt. Die Steigung der Geraden beträgt 296/210 = 1,41 und der Achsenabschnitt A = 0; damit lautet die Gleichung der Geraden y = 1,41x. Entsprechend lautet die Gleichung für die Nährstoffaufnahme nach 50 d: y = 0,42x.

4. Wenn man nicht weiß, ob die am besten passende Kurve durch den Nullpunkt führt, kann man die Bartlett-Methode anwenden. Man sortiert die Meßwerte (105 d) in bezug auf eine der Variablen in ansteigender Reihenfolge; hier wurde das austauschbare Kalium ausgewählt, da es die unabhängige Variable ist (Tabelle 9.8). Man unterteilt die Werte in drei gleich große Gruppen; falls dies nicht möglich ist, sollten Gruppe 1 und Gruppe 3 gleich groß sein (Tabelle 9.9). Man berechnet $\bar{x}$ (210) und $\bar{y}$ (296) für alle Daten (Punkt a in Abb. 9.4). $\bar{x}$ und $\bar{y}$ werden für Gruppe 1 und Gruppe 3 separat berechnet. Diese Punkte (in Abb. 9.4 mit b bezeichnet) werden in das Diagramm eingetragen; durch sie und Punkt a wird eine Gerade gelegt. Diese Gerade (nicht eingezeichnet) ist leicht nach unten verschoben. Ihre Steigung ist unverändert und der Achsenabschnitt A liegt bei -5, woraus sich die Gleichung y = -5 + 1,41x ergibt.

Regression

Die Verwendung von statistischen Methoden zur Bestimmung der Geraden, die sich den Punkten eines Datensatzes am besten anpaßt, nennt man *Regression*, die Gerade *Regressionsgerade* und die zugehörige, den Graph beschreibende Gleichung *Regressionsgleichung*. Zur Ermittlung der erforderlichen Parameter kann man einen programmierbaren Taschenrechner mit einer linearen Regressionsfunktion verwenden. Bevor man eine Regressionsgleichung berechnet, zeichnet man ein Streuungsdiagramm und legt per Hand eine Gerade durch die Meßpunkte; anhand dieser Geraden kann man das Rechenergebnis überschlagsmäßig nachprüfen.

Wenn die Gerade durch den Nullpunkt führt, ist die Steigung durch $\sum xy/\sum x^2$ bestimmt; aus den Daten für Meßzeiträume von 50 Tagen bzw. 105 Tagen erhält man die Regressionsgleichungen y = 0,37x bzw. y = 1,27x. Diese Geraden sind in Abb. 9.4 als gestrichelte Linien eingezeichnet.

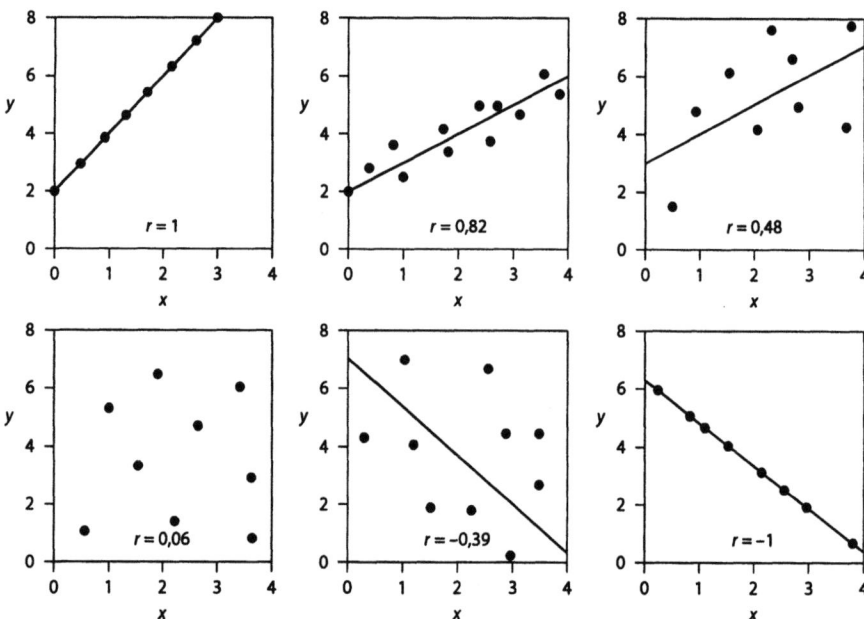

Abb. 9.14. Streuungsdiagramme (aus Garvin 1986)

Wenn man nicht weiß, ob die Gerade durch den Nullpunkt führt, beträgt die Steigung

$$\sum(x-\bar{x})(y-\bar{y}) / \sum(x-\bar{x})^2$$

und der Achsenabschnitt A beträgt $\bar{y} - B\bar{x}$. Die Berechnung ergibt nun für $y = 31{,}1 + 0{,}273x$ bzw. $y = 72{,}3 + 1{,}06x$. Die Statistik hilft allerdings nicht bei der Entscheidung, ob die Gerade nun durch den Nullpunkt verlaufen soll oder nicht. Enthielte in diesem Experiment ein imaginärer Boden kein austauschbares Kalium, dann wäre die gemessene Aufnahme sehr klein und würde ausschließlich auf dem atmosphärischen Input beruhen. Der Kaliumgehalt der Samen wurde bereits vom Kaliumgehalt des Pflanzenmaterials subtrahiert, als die Höhe der Nährstoffaufnahme bestimmt wurde. Somit würde der Achsenabschnitt höchstens einer Aufnahme von ein paar Milligramm entsprechen: Wahrscheinlich passen daher Geraden, die durch den Nullpunkt verlaufen, am besten zu den Meßwerten.

Die Versuchung ist groß, Boden Nr. 16 von der Regression auszuschließen und ihn als Ausreißer zu betrachten. Die Paßgenauigkeit der Kurven würde dadurch verbessert und die Steigungen leicht erhöht. Abgesehen von seiner Lage im Koordinatensystem, gibt es jedoch keinen anderen Grund, diesen Wert zurückzuweisen, und deshalb bleibt er in der Wertemenge.

Korrelation

Abbildung 9.14 zeigt Werte, die ihren Regressionsgeraden unterschiedlich gut angepaßt sind. *Korrelation* ist die statistische Bezeichnung für den „Grad der Paßgenauigkeit" z.B. von Wertepaaren. Ist die Steigung positiv, ist auch die Korrelation positiv.

9.6 · Regression und Korrelation

Die Korrelation wird durch den Korrelationskoeffizienten (r) quantifiziert. Die Diagramme zeigen Beispiele, die von einer perfekten positiven Korrelation ($r = +1$) über Daten, bei denen keine Beziehung hergestellt werden kann (r liegt nahe bei Null), bis zu einer perfekten negativen Korrelation ($r = -1$) reichen. Diese Diagramme kann man verwenden, um einen zwar nur näherungsweisen (aber dennoch sinnvollen) Schätzwert des Korrelationskoeffizienten zu gewinnen. Beispielsweise scheinen die 105-Tage-Werte in Abb. 9.4 einen Korrelationskoeffizienten zwischen 0,5 und 0,8 zu besitzen.

Mit Hilfe der folgenden Formel läßt sich der Korrelationskoeffizient berechnen:

$$r = \sum\left[(x-\bar{x})(y-\bar{y})\right] / \left[\sum(x-\bar{x})^2 \sum(y-\bar{y})^2\right]^{1/2}.$$

Mit dem Taschenrechner errechnet man für die 105-Tage-Werte $r = 0,78$. Für die 50-Tage-Werte ergibt sich für r ein Wert von 0,77. Es ist immer sinnvoll, ein Streuungsdiagramm zur Abschätzung von r (Abb. 9.14) zu zeichnen, bevor man den Wert berechnet.

Ist die Korrelation signifikant?

In Abschn. 3.8 wurde die Signifikanz eines Mittelwerts durch Berechnung des 95%-Konfidenzintervalls bestimmt. Die Signifikanz der Korrelation kann auf ähnliche Weise bestimmt werden. Wenn die Anzahl der Meßpunkte zunimmt, erhält man bereits bei niedrigeren Werten von r eine signifikante Korrelation. Tabelle 9.10 enthält die r-Werte, oberhalb derer wir zu 95 % sicher sein können, daß die Korrelation signifikant ist. Die Anzahl der Freiheitsgrade (df) ist um 2 geringer als die Anzahl der Meßpunkte. Bei unseren Kaliumergebnissen (105 d) ergeben 20 Meßwerte 18 Freiheitsgrade, weshalb r größer als 0,44 sein muß, um signifikant zu sein. Damit besteht eine statistisch signifikante Korrelation zwischen dem Gehalt an austauschbarem Kalium und der K-Aufnahme.

Eine andere Betrachtungsweise der Signifikanz der Korrelation kann über den Wert von r^2 erfolgen; r^2 wird als der *Bestimmtheitskoeffizient* bezeichnet und ist ein Maß für den Anteil der Variabilität von y, die durch Schwankungen von x hervorgerufen werden. Im obigen Fall (105 d) ist $r^2 = 0,61$, was darauf hinweist, daß die Variabilität der K-Aufnahme zu 61 % durch Unterschiede des austauschbaren Kaliumgehalts bedingt ist.

Tabelle 9.10. Korrelationskoeffizienten

df	r	df	r	df	r
1	0,997	11	0,55	25	0,38
2	0,95	12	0,53	30	0,35
3	0,88	13	0,51	35	0,33
4	0,81	14	0,50	40	0,30
5	0,76	15	0,48	45	0,29
6	0,71	16	0,47	50	0,27
7	0,67	17	0,46	60	0,25
8	0,63	18	0,44	70	0,23
9	0,60	19	0,43	80	0,22
10	0,58	20	0,42	90	0,21
				100	0,20

9.7
Praktische Übungen

1. Eine Bodenprobe erhält KCl-Gaben; die Mengen sollten von 0–600 kg K^+ ha^{-1} (bis zu der 10fachen Menge der üblichen Feldrate, Tabelle 9.3) reichen. Es wird 1 oder 2 Wochen feucht inkubiert und dann das austauschbare K^+ in 1 M NH_4NO_3 nach der Vorschrift aus Abschn. 9.1 gemessen. Berechnen Sie die zugeführte K-Menge, die nicht extrahierbar ist und bei jeder Düngerbehandlung fixiert wurde!
2. Bringen Sie auf einen sandigen und einen tonigen Boden eine zu 60 kg K^+ ha^{-1} (Tabelle 9.7) äquivalente Menge an KCl aus! Führen Sie mit jedem Boden einen Topfversuch (s. Abschn. 9.2) nach dem Beispiel von Arnold und Close durch (S. 308), um die kumulative K-Aufnahme durch Weidelgras zu messen! Messen Sie am Ende des Experiments das aus dem Boden mit 1 M NH_4NO_3 extrahierbare Kalium (Methode s. Abschn. 9.1)! Bestimmen Sie außerdem das extrahierbare Kalium in einem frisch gedüngten Boden sowie in einem Boden, der zu Beginn des Topfexperiments gedüngt, aber nicht bepflanzt wurde! Bestimmen Sie durch die Berechnung der K-Bilanz, ob während des Experiments Kalium in die nichtaustauschbare Form überführt oder aus dieser freigesetzt wurde! Dieses Projekt erfordert einen Mindestzeitaufwand von einigen Monaten.
3. Bestimmen Sie die K-Austauschisothermen von Böden unterschiedlicher Körnung nach den in Abschn. 9.4 beschriebenen Methoden! Bestimmen Sie außerdem das austauschbare Kalium und die KAK (s. Abschn. 7.2)! Die Pufferstärke steigt mit der KAK, fällt aber wegen der Krümmung der Isotherme mit steigender K-Sättigung der KAK. Tragen Sie die Pufferstärke gegen die KAK und dem Anteil des austauschbaren Kaliums an der KAK auf! Ermitteln Sie die Regressionsgleichungen und die Korrelationskoeffizienten (s. Abschn. 9.6)! Man stelle sich vor, daß jedem Boden 60 mg K^+ kg^{-1} zugeführt werden: Berechnen Sie aus dem Diagramm oder aus den Pufferstärken den voraussichtlichen Konzentrationsanstieg in der Bodenlösung!

   Angenommen, diese Menge wurde im Feld appliziert (2 500 t Boden ha^{-1}, 0–20 cm Tiefe). Wenn 300 mm Wasser durch die behandelten Böden sickern und sich die Konzentration der Bodenlösung nicht verändert, sollen hierfür die Auswaschungsverluste in kg ha^{-1} aus jedem Boden berechnet werden. In Wirklichkeit fällt die Konzentration der Bodenlösung durch das Auswaschen: Überlegen Sie sich einen Ansatz zur Berechnung der darauf beruhenden Verluste!
4. Die Auswaschungsverluste der Böden aus Übung 3 können nach der in Abschn. 11.5 für die Nitrat-Auswaschung beschriebenen Methode gemessen werden. Die Säulen müssen mit 10 mM $CaCl_2$ durchgespült werden, wenn man einen Vergleich mit den sich aus den Isothermen ergebenden Verlusten ziehen will; bei Extraktion mit Wasser wird nämlich viel weniger Kalium entfernt. In Freilandböden bleibt die Calciumkonzentration von etwa 3 mM erhalten, was für die im Labor durchgeführte schnellere Extraktion nicht zutreffen dürfte. Wenn eine Isotherme in 3 mM $CaCl_2$ bestimmt und die Extraktion ebenfalls mit dieser Lösung vorgenommen wird, ist dies wahrscheinlich die beste Simulation der Freilandbedingungen.
5. Bereiten Sie 9 Töpfe mit je 1 kg Boden vor, der einheitlich mit Kalk und Nährstoffen versorgt wurde (s. Abschn. 9.2)! Lassen Sie Lauchpflanzen in Kompost keimen und pflanzen Sie je drei Sämlinge in jeden Topf! Bestimmen Sie an drei anderen

Sämlingen Wurzellänge (s. Abschn. 3.1)! Trocknen Sie den Sproß und die Wurzeln im Ofen und bewahren Sie diese als kombinierte Probe zur Analyse auf! Ernten Sie nach zwei Wochen alle drei Töpfe und behandeln Sie die drei Pflanzen jeden Topfs wie eine einzige Probe! Befreien Sie die Wurzeln vom Boden und waschen Sie sie in Wasser! Bestimmen sie abermals die Wurzellänge, trocknen Sie die gesamte Pflanze im Ofen und bewahren Sie die Probe zur Analyse auf. Ernten Sie zwei Wochen später erneut drei Töpfe ab und nach zwei weiteren Wochen die letzten drei und führen Sie, wie oben beschrieben, die Messungen durch! Sollten die Pflanzen schlecht wachsen, müssen die Abstände zwischen den Ernten gegebenenfalls verlängert werden.

Fassen sie die Sproße und Wurzeln aus jedem Topf zusammen und bestimmen Sie die Masse der Trockensubstanz und den Kaliumgehalt jeder Probe (und der Sämlinge) (s. Abschn. 9.3)!

Tragen Sie die Erntemenge (mg Trockensubstanz pro Topf) und die K-Aufnahme (µg K$^+$ pro Topf) gegen die Zeit auf! Das Datum der Umpflanzung der Sämlinge in die Töpfe ist der Zeitpunkt Null.

Ein sinnvolles Maß für die K-Aufnahmerate ist der Zufluß, d.h. die K-Menge, die pro Zeiteinheit zu einer Wurzel mit Einheitslänge strömt. Bestimmen Sie aus dem Graphen die Steigung der Kurve sowie die tägliche Aufnahmerate 2, 4 und 6 Wochen nach der Pflanzung. Berechnen sie für diese Zeitpunkte den Zufluß! Bei derartigen Topfversuchen wurden Werte von 50–500 µg K$^+$ m^{-1} d^{-1} gemessen.

Berechnen sie aus Abb. 11.3 die maximale K-Aufnahmerate von Weizen (im Mai) in kg K$^+$ ha^{-1} d^{-1}. Rechnen Sie das Ergebnis in g K$^+$ m^{-1} d^{-1} um! In Abb. 3.1 beträgt die Wurzellänge dieses Getreides im Juni 180 cm unter 1 cm^2 Oberfläche. Berechnen Sie mit diesen Werten die Wurzellänge unter 1 m^2 Boden und berechnen Sie anschließend mit der obigen Aufnahmerate den Zufluß in µg K$^+$ m^{-1} d^{-1}! In dieser Rechnung gibt es einige Näherungen, so daß man eigentlich nur die Größenordnung des Wertes erhält. Häufig erhält man als Ergebnis, daß die Nährstoffaufnahme junger Pflanzen etwa 10mal so hoch ist wie die Aufnahmerate älterer Pflanzen; betrachten Sie die Meßergebnisse der Lauchpflanzen unter diesem Gesichtspunkt! Lauch ist für diese Art von Experimenten gut geeignet, da er ein einfaches Wurzelsystem hat, das eine leichte Bestimmung der Wurzellänge erlaubt.

6. Erweiterung von Übung 5: Messen Sie den Wasserverbrauch des Lauchs (s. Abschn. 9.2) und die K-Konzentration der Bodenlösung (Abschn. 9.4 o. 7.4)! Berechnen Sie daraus den Anteil des Massenflusses und der Diffusion an der K-Aufnahme!

9.8
Übungsaufgaben

1. Verwenden Sie die Mittelwerte aus Abb. 9.1, um die Anteile aller im Boden vorhandenen Kaliumformen zu berechnen! (*Antwort*: langsam freigesetztes Kalium 3,1, austauschbares Kalium 1,4, gelöstes Kalium 0,03) Welcher Anteil des von einer 6-t-Weizensaat (einschließlich Stroh) insgesamt aufgenommenen K-Menge befand sich in Lösung? (*Antwort*: 20)

2. 10 ml Boden wurden mit 50 ml 1 M NH$_4$NO$_3$ 30 min lang geschüttelt. Die Suspension wurde gefiltert und die Lösung enthielt 20 µ K$^+$ ml^{-1}. Welchen Kaliumindex würde man diesem Boden zuordnen (s. Abschn. 9.1)? (*Antwort*: 100 mg l^{-1} Boden,

Index 1) Wieviel K-Dünger ist erforderlich, um das extrahierbare Kalium der obersten 20 cm dieses Bodens auf 180 mg l^{-1} anzuheben (Index 2)? Gehen Sie davon aus, das alles zugeführte Kalium in extrahierbarer Form bleibt, der trockene Boden im Meßbecher eine Dichte von 1 g cm^{-3} hat und die Gesamtbodenmasse 2 500 t Boden ha^{-1} beträgt. (*Antwort:* 200 kg ha^{-1})

3. Berechnen Sie die Menge an KCl, die erforderlich ist, um 50 kg K$^+$ ha^{-1} (Tabelle 9.3) bereitzustellen! (*Antwort:* 95 kg ha^{-1}) Wie hoch wäre die Düngermenge in kg K$_2$O ha^{-1}? (Antwort: 60)

4. Sechs Bodenproben à 5 g wurden in Flaschen eingewogen und mit je 50 ml 10 mM KCl-haltiger CaCl$_2$-Lösung 10 min lang geschüttelt. Dann wurden die Suspensionen gefiltert und die K-Konzentration der Filtrate bestimmt. Die Werte sind in Tabelle 9.11 aufgeführt. Tragen Sie die Austauschisotherme als Gewinn oder Verlust des Bodens an K$^+$ [cmol$_c$ kg^{-1}] gegen die Lösungskonzentration [mM] auf und legen Sie eine passende Kurve durch die Meßpunkte! Bestimmen Sie aus dem Graph die K-Gleichgewichtskonzentration in der Bodenlösung und die Pufferstärke des Bodens! (*Antwort:* 1,3 mM, 0,2 cmol$_c$ kg^{-1}/mmol l^{-1})

Mit 1 M NH$_4$NO$_3$-Lösung können 0,40 cmol$_c$ kg^{-1} austauschbares Kalium extrahiert werden. Zeichnen Sie die Isotherme neu: austauschbares Kalium gegen die Konzentration der Lösung (Graph 2).

Die KAK des Bodens beträgt 15 cmol$_c$ kg^{-1}. Annahme: Ca^{2+} ist (neben K$^+$) das einzige andere austauschbare Kation und die Ca^{2+}-Konzentration der Lösung bleibt bei 10 mM. Zeichnen Sie unter diesen Voraussetzungen die Austauschisotherme mit austauschbarem K$^+$/austauschbarem Ca^{2+} gegen [K$^+$]/[Ca^{2+}]$^{1/2}$! [ ] steht für die Konzentration in mol l^{-1}. Werden die Daten in dieser Form angegeben, kann man den *Gapon Austauschkoeffizienten* bestimmen. Die Gapon-Austauschgleichung lautet:

austauschbares K$^+$/austauschbares Ca^{2+} = G[K$^+$]/[Ca^{2+}]$^{1/2}$.

Dabei ist G der Austauschkoeffizient in (mol l^{-1})$^{-1/2}$. Bestimmen Sie den G-Wert des Bodens so, wie er im Gelände entnommen wurde! (*Antwort:* 1,4)

Ein ähnliches Experiment wird angesetzt, aber Flasche 6 wird vor der Filtration gesondert behandelt: Die Flasche wird zentrifugiert, die Lösung abgegossen und ihre Konzentration bestimmt. Der zurückbleibende Boden enthielt noch 1,12 g der Lösung. Die Flasche wurde mit 50 ml 10 mM CaCl$_2$-Lösung (ohne Kalium) aufgefüllt, geschüttelt und zentrifugiert; die anschließende Kalium-Bestimmung erbrachte einen Gehalt von 0,55 mM K$^+$. Berechnen Sie die K-Menge, die während des Schüttelns desorbiert wurde! (*Hinweis:* Berechnen Sie die K-Menge in den

Tabelle 9.11. Die experimentellen Daten für Übungsaufgabe 4

Flasche Nr.	K$^+$-Konzentration [mM]	
	vor dem Schütteln	nach dem Schütteln
1	0	0,30
2	0,5	0,65
3	1,0	1,05
4	2,0	1,90
5	3,0	2,80
6	4,0	3,65

1,12 g (= ml) Lösung. Ihre Konzentration beträgt 3,65 mM. Berechnen Sie danach die K-Menge in 50 + 1,12 ml Lösung nach dem Schütteln! Die Konzentration beträgt dann 0,55 mM. Die Differenz kann dazu verwendet werden, die desorbierte K-Menge pro kg Boden zu berechnen). Tragen Sie den Desorptionspunkt in Graph 2 ein! (*Antwort:* Koordinaten 0,55/0,27) Ist der Austauschprozeß reversibel?

5. Verwenden Sie die Austauschisotherme von Übungsaufgabe 4 in ihrer ursprünglichen Form (Graph 1) und berechnen Sie die Düngermenge (in kg K^+ ha^{-1}), die erforderlich ist, die Konzentration der Bodenlösung in der 0–20 cm Tiefe (2 500 t ha^{-1}) auf 3,5 mM anzuheben! (*Antwort:* 293) Wieviel austauschbares Kalium (in kg K^+ ha^{-1}) enthielt der Boden vor der Düngung? (*Antwort:* 391)

6. Bei den Experimenten von Arnold und Close (Tabelle 9.8) betrugen die Erntemengen nach 600 Tagen für die Böden 5A, 14 und 19 jeweils 26,3, 114,3 und 62,3 g Trockensubstanz kg^{-1} Boden. Berechnen Sie die K-Konzentration in der Pflanzentrockenmasse (*Antwort:* 2,4, 14,3 und 13,1 mg g^{-1}) und vergleichen Sie die eigenen Werte mit Tabelle 9.1! War das Weidelgras gut mit Kalium versorgt?

7. Eine Ackerfläche wurde mit 6 t dolomitischem Kalkstein ha^{-1} gedüngt. 95 % des Kalks lagen als $CaMg(CO_3)_2$ vor. Der Kalk wurde in die obersten 20 cm des Bodens (2 500 t) eingearbeitet. Berechnen Sie den Eintrag: a in t Ca^{2+} ha^{-1} und t Mg^{2+} ha^{-1} und b in $cmol_c$ Ca^{2+} kg^{-1} und $cmol_c$ Mg^{2+} kg^{-1} (Werte der molaren Massen sind in Anhang 2 zu finden)! (*Antwort:* a 1,8 und 1,1; b 3,7 – für beide Elemente). Tabelle 9.2 enthält den Calcium- und Magnesiumbedarf verschiedener Nutzpflanzen. Berechnen Sie den prozentualen Calcium- und Magnesiumanteil in 6 t Kalk, der jährlich von 6 t Gerste ha^{-1} *aufgenommen wird*! (*Antwort:* 0,9 und 1,0)

8. Bestimmen Sie mit den Daten in Tabelle 9.8 die Regressionsgerade und den Korrelationskoeffizienten für die Beziehung zwischen dem austauschbaren K und der K-Aufnahme nach 600 Tagen! Die Regressionsanalysen für die Meßergebnisse nach 50 bzw. 105 Tagen wurden in Abschn. 9.6 beschrieben. Aus welchem Datensatz erhält man die den Daten am besten angepaßte Kurve?

Man überdenke die Hypothese, daß Böden mit einem hohen Gehalt an austauschbarem Kalium auch in der Lage sind, nennenswerte Mengen nichtaustauschbaren Kaliums freizusetzen. Verwenden Sie die Daten aus Tabelle 9.8, um die statistische Gültigkeit dieser Hypothese zu untersuchen: Tragen Sie den ursprünglichen austauschbaren Kaliumgehalt (*x*-Achse) gegen die Freisetzung von nichtaustauschbarem Kalium nach 600 Tagen auf und führen Sie eine Regressionsanalyse durch! (*Antwort:* $y = 97,9 + 1,64x, r = 0,69$)

Phosphor und Schwefel

Phosphor kommt in Böden als anorganisches Phosphat und als Bestandteil der organischen Substanz vor. Die auffälligsten Eigenschaften der Bodenphosphate sind die sehr geringe Löslichkeit der Phosphatminerale und ihre starke Bindung an Partikeloberflächen; beides trägt zur niedrigen P-Konzentration der Bodenlösung bei, weshalb Phosphatmangel bei Nutzpflanzen sehr häufig ist. Die Forschung hat sich ausgiebig mit diesem Problem beschäftigt. Aus ökologischer Sicht hat die geringe Löslichkeit der Phosphate den Vorteil, daß versickerndes Regenwasser eine sehr niedrige Phosphatkonzentration aufweist und von Bodenphosphaten nur selten eine Verschmutzung der Trinkwasservorräte ausgeht.

Schwefel wird von den Pflanzen als Sulfat aufgenommen, das durch Mineralisierung aus organischem Schwefel ($2-4$ kg S ha^{-1} a^{-1}) entstanden ist oder durch atmosphärische Einträge – entweder als trockene Deposition in Form von SO_2 oder als nasse Deposition in Form von SO_4^{2-} – in den Boden gelangt ist. In sauren Böden wird Sulfat, ähnlich wie Phosphat, an Sesquioxiden und Kaoliniten gebunden (s. Abschn. 7.5); in neutralen Böden dagegen verhält es sich wie Nitrat: Es bleibt ungebunden und ist daher leicht auswaschbar. Seine Konzentration in der Bodenlösung ist mit jener des Kaliums vergleichbar (in Südengland etwa 0,3 mM, Tabelle 7.6), ist aber aufgrund der atmosphärischen Einträge weiten Schwankungen unterworfen.

Phosphor

Phosphatgehalte in Böden

Abbildung 10.1 zeigt, wie sich das Phosphat im Boden auf verschiedene Fraktionen verteilt.

- *Phosphatminerale.* Hierbei handelt es sich vor allem um Calcium-, Eisen- und Aluminiumphosphate.
- *Partikeloberflächen.* Phosphate werden durch Chelatisierung an Sesquioxidoberflächen gebunden. Tonminerale binden ebenfalls Phosphate, doch sind die Mechanismen bislang noch nicht ausreichend erforscht. Zum Teil erfolgt die Bindung über OH-Gruppen an den Bruchflächen von Kaolinitmineralen sowie über die Bildung sehr kleiner, mineralischer Phosphatpartikel auf der Tonoberfläche. 2:1-Tonminerale binden Phosphate anscheinend nur, wenn ihre Oberflächen mit Sesquioxiden verunreinigt sind. In kalkhaltigen Böden adsorbieren Calcitoberflächen die Phosphate, wodurch Calciumphosphat entsteht. Phosphat scheint sich auch an Aluminium auf der Oberfläche von Huminstoffen anzulagern.

Abb. 10.1. Typische Werte für die Phosphorverteilung eines relativ fruchtbaren Bodens. Die Werte beziehen sich auf eine Bodentiefe von 0–20 cm mit einer Masse von 2500 t ha^{-1}. Die organische Bodensubstanz enthält 1,7 % Phosphor bzw. 12 g P kg^{-1}. Das Phosphat der Bodenlösung wurde unter der Annahme berechnet, daß 1 kg Boden 300 ml Lösung enthält. Die Pfeile zeigen die Bewegungsrichtung des Phosphors zwischen den verschiedenen Bodenbestandteilen an (nach Wild 1988)

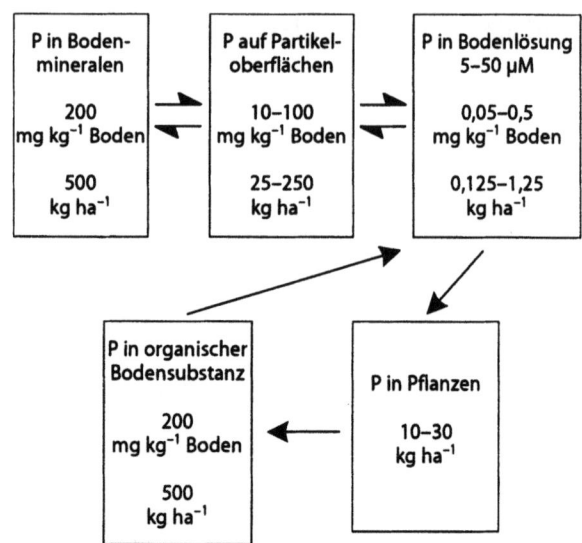

- *Bodenlösung.* Im üblichen Bereich des Boden-pH liegt Phosphat überwiegend als $H_2PO_4^-$ und HPO_4^{2-} vor.
- *Pflanzenphosphor.* In Pflanzen findet man Phosphor meist in organischen Estern, in denen der Phosphor über Sauerstoffbindungen an den Kohlenstoff gebunden ist.
- *Organische Bodensubstanz.* Die Form des organischen P läßt darauf schließen, daß er in Pflanzen und Mikroorganismen hauptsächlich in Estern gebunden ist.

Anorganischer Phosphor

Phosphate in der Bodenlösung

Die starke Adsorption von Phosphaten an Partikeloberflächen und die geringe Löslichkeit von Phosphatmineralen sind für niedrige P-Konzentrationen in der Bodenlösung (1–50 µM) verantwortlich. Das entspricht etwa einem Zehntel der Kalium- und einem Hundertstel der Nitratkonzentration in der Bodenlösung. Das gelöste Phosphat wird üblicherweise spektrometrisch oder kolorimetrisch nach Bildung eines blaugefärbten Phosphomolybdat-Komplexes gemessen (s. Abschn. 10.1).

Reaktionen zwischen Partikeloberflächen und gelösten Phosphaten

Zur Untersuchung dieser Reaktionen hat man ausgiebig Gebrauch von Adsorptions-Isothermen gemacht. Die Grundlagen entsprechen denen, die für Kalium besprochen wurden (s. Abschn. 9.4). Die wesentlichen Unterschiede rühren von der stärkeren Adsorption und geringeren Lösungskonzentration der Phosphate her. Die hierzu erforderlichen Reaktionen werden in einer 10 mM $CaCl_2$-Lösung über einen Zeitraum von 24 h durchgeführt und sind in Abschn. 10.2 beschrieben. Im Gegensatz zu den Kaliumexperimenten, bei denen K^+- und Ca^{2+}-Ionen um dieselben Austauschplätze konkurrierten, konkurriert Cl^- nicht mit $H_2PO_4^-$ um die Adsorptionsstellen. Die $CaCl_2$-Lösung verhindert lediglich eine Dispergierung des Tons und erhält eine Ca^{2+}-Lösungskonzentration aufrecht, die geringfügig über der für neutrale Böden normalen Konzentration liegt (Tabelle 7.6).

Infolge der starken Bindung der Phosphate (*Fixierung*) ist eine anschließende Entfernung von den Partikeloberflächen kaum noch möglich. „Fixierung" ist allerdings kein zufriedenstellender Begriff, da er zum einen in Zusammenhang mit Boden-N in einer völlig anderen Bedeutung verwendet wird und es sich zum anderen um eine letztlich reversible Bindung handelt, aus der Phosphat, wenn auch nur sehr langsam, über viele Jahre hinweg an die Pflanzen abgegeben wird. Die allgemeinere Bezeichnung „*Sorption*" ist daher vorzuziehen.

Chlorid ist nicht in der Lage, adsorbiertes Phosphat zu verdrängen; dafür konkurriert es mit Hydrogencarbonat um dieselben Austauschplätze (s. Abschn. 7.5). Aus diesem Grund benutzt man häufig eine 0,5 M Natriumhydrogencarbonat-Lösung, um die Menge an extrahierbarem Phosphat zu ermitteln und damit einen Hinweis auf seine Verfügbarkeit (s. Abschn. 10.3) zu erhalten. Aber selbst mit dieser Lösung wird nur jener Teil des Phosphats extrahiert, der wahrscheinlich verfügbar ist.

Rolle der Phosphatminerale

Die Reaktionen, die auf den Partikeloberflächen stattfinden, umfassen auch die Bildung von schwerlöslichen Phosphatmineralen: Im Vergleich zur Adsorption an Sesquioxide ist die Bildungsgeschwindigkeit normalerweise klein, und deshalb wird auch die Adsorptionsisotherme, die nach 24stündiger Gleichgewichtseinstellung zwischen Boden und Lösung bestimmt wird, durch die Ausfällung dieser Minerale nicht beeinflußt. Unter Freilandbedingungen jedoch ist ihre Bildung von größerer Bedeutung; Phosphate können durch Lösung langsam wieder freigesetzt werden, wenn sich die Konzentration der Lösung durch Phosphataufnahme der Pflanzen erniedrigt hat. Adsorptions- und Desorptions- sowie Ausfällungs- und Lösungsreaktionen werden unten erläutert. Obwohl Oberflächen-P und mineralisches P getrennt betrachtet werden, bilden die Formen der Oberflächenphosphate ein Kontinuum, das von an Sesquioxiden gebundenem Phosphat bis zu diskreten Mineralpartikeln reicht.

$$\begin{array}{cc} \text{starke Adsorption} & \text{langsame Ausfällung} \\ \text{Oberflächen-P} \rightleftharpoons \text{Lösungs-P} & \rightleftharpoons \text{mineralisches-P} \\ \text{eingeschränkte Desorption} & \text{langsame Lösung} \end{array}$$

Organischer Phosphor

Mit Pflanzenresten wird dem Boden Phosphor zugeführt, der durch Mineralisierung aus der organischen Substanz freigesetzt wird. In Böden mit einer gleichbleibenden Menge an organischer Substanz, z.B. in ständig ackerbaulich genutzten Böden, liegt der Umsatz zwischen 4 und 8 kg P ha^{-1} a^{-1}. Der Abbau größerer Mengen organischer Substanz stellt eine ergiebige P-Quelle dar. Beispielsweise sank nach der Rodung eines Sekundärwaldes in Nigeria der organische P-Gehalt in den obersten 10 cm des Bodens im Lauf von 22 Monaten von 194 auf 147 mg kg^{-1} (Nye und Greenland 1960). Ausgehend von 1 250 t Boden ha^{-1} bis zu dieser Bodentiefe, wurden 59 kg P ha^{-1} freigesetzt. Wird der Humusgehalt z.B. durch Nachwachsen des Waldes oder Feldgraswirtschaft angehoben, so ergibt sich insgesamt eine Akkumulation von organischem Phosphor, aber auch ein geringerer jährlicher Umsatz. Die Grundlagen hierzu werden wir in Kap. 11 bei der Behandlung des Stickstoffs weiterentwickeln. Sie sind die Grundlage des organischen Landbaus und des Wanderfeldbaus (s. Kap. 13).

Verfügbarkeit des Phosphors

Die Grundlagen der Messung der Nährstoffverfügbarkeit wurden in Kap. 9 besprochen und können auf Phosphor übertragen werden.

Extrahierbares Phosphat

Zur Extraktion werden verschiedene Lösungen verwendet: z.B. 0,5 M Natriumhydrogencarbonat bei pH 8,5 (Olsen-Lösung), wodurch das mit Hydrogencarbonat austauschbare Phosphat und einige leichtlösliche Calciumphosphate extrahiert werden (s. Abschn. 10.3); in Deutschland wird die CAL-Methode verwendet (s. Abschn. 9.1).

Austauschbares Phosphat

Durch Markierung mit dem radioaktiven Phosphat ^{32}P kann das *isotopisch austauschbare Phosphat* im Boden bestimmt werden. Das markierte Phosphat wird gegen das Bodenphosphat eingetauscht; somit vermeidet man, für die Messung ein anderes Anion, etwa Hydrogencarbonat, verwenden zu müssen. Eine Beschreibung der Methode geht über den Rahmen dieses Buches hinaus. Die damit erzielten Ergebnisse besagen jedoch, daß die Mengen des mit Hydrogencarbonat extrahierbaren und des mit markierten P-Isotopen austauschbaren Phosphats beinahe gleich sind.

Die geringe Mobilität von Phosphat und die Bedeutung der Mykorrhiza

Wegen der starken Adsorption und der niedrigen Lösungskonzentration ist der Beitrag des Massenflusses zur Phosphataufnahme der Wurzeln sehr gering; die P-Diffusionsraten sind klein. Wurzeln können also Phosphate nur aus ihrer unmittelbaren Umgebung aufnehmen. Mit Hilfe von Isotopenmarkierungsverfahren (Bildtafel 10.1) konnte die Ausdehnung der *Verarmungszone* gemessen werden (Abb. 10.2). Getreide hat zur Zeit des größten Wachstums den höchsten P-Bedarf (in unseren Breiten in den Monaten April, Mai und Juni, Abb. 11.3); wahrscheinlich hat die Verarmungszone um die Wurzeln nur einen Radius von 2–3 mm. Daher ist ein ausgedehntes Wurzelsystem für eine ausreichende P-Versorgung der Pflanzen besonders wichtig.

Das Ausmaß der geringen P-Mobilität konnte durch ein 1980 in Rothamsted durchgeführtes Topfexperiment gezeigt werden. Zehn Böden mit geringem P-Gehalt wurden mit P-Dünger in fünf verschiedenen Mengen behandelt; danach wurde das mit Hydrogencarbonat extrahierbare Phosphat gemessen. Jede Bodenprobe wurde in zwei Teilproben unterteilt. Die eine Hälfte wurde mit γ-Strahlen sterilisiert, die andere Hälfte in ihrem ursprünglichen Zustand belassen. Die Strahlen töteten alle Mikroorganismen im Boden ab. Nun wurden in allen Bodenproben Lauchpflanzen herangezogen und mit allen Nährstoffen, mit Ausnahme von Phosphor, versorgt. Die Erntemengen sind in Abb. 10.3 aufgetragen und lassen folgende Interpretation der Versuchsergebnisse zu:

- In sterilisierten Böden (Abb. 10.3 a) ist das mit Hydrogencarbonat extrahierbare Phosphat trotz der geringen P-Mobilität ein guter Indikator für den Ertrag. In den nichtsterilisierten Böden (Abb. 10.3 b) hingegen hängt der Ertrag weniger eindeutig mit dem extrahierbaren Phosphat zusammen. Der Grund für diesen Unterschied liegt in der Fähigkeit der Wurzeln, mit Mykorrhiza-Pilzen eine symbiotische Gemeinschaft zu bilden. *Symbiose* ist das enge Zusammenleben zweier Organismen

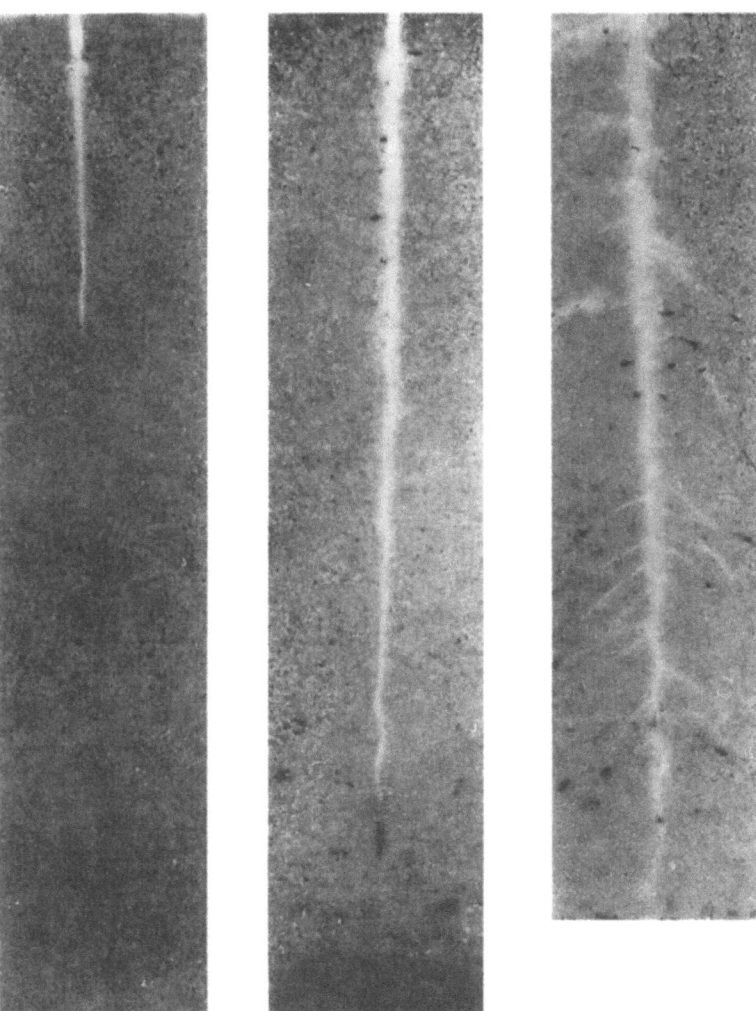

Bildtafel 10.1. Autoradiogramme phosphatverarmter Zonen um die Wurzeln von Ölraps (*Brassica napus*), der in mit ^{32}P markierten Bodenblöcken gezogen wurde. Die Maße der Blöcke betrugen 9 × 2 × 0,5 cm; es wurde die Kornfraktion <0,15 mm eines Sandbodens verwendet. Der dunkle Hintergrund wird von der Isotopenstrahlung verursacht; die weißen Flächen sind Bodenbereiche, die durch die Pflanzenaufnahme an Phosphat verarmt sind. Die sehr dunklen Spitzen der Primärwurzeln und einiger Seitenwurzeln weisen auf P-Akkumulationen (in den Wurzeln) hin. a Nach 2 Tagen Wachstum, b nach 4 und c nach 7 Tagen (Aufnahme von E. Owusu-Bennoah, Reading)

men, häufig zum beiderseitigen Nutzen. Die Mykorrhizen wachsen von den Wurzeln aus in den Boden, nehmen Phosphor (und andere Nährstoffe) auf und transportieren ihn zu den Wurzeln; im Gegenzug decken sie auf Kosten der Pflanze ihren Kohlenhydratbedarf. In einigen Böden war die Mykorrhiza gut ausgebildet, weshalb die Pflanzen besser mit Phosphor versorgt waren. In anderen Böden jedoch waren die Wurzeln ausschließlich auf die Diffusion angewiesen.

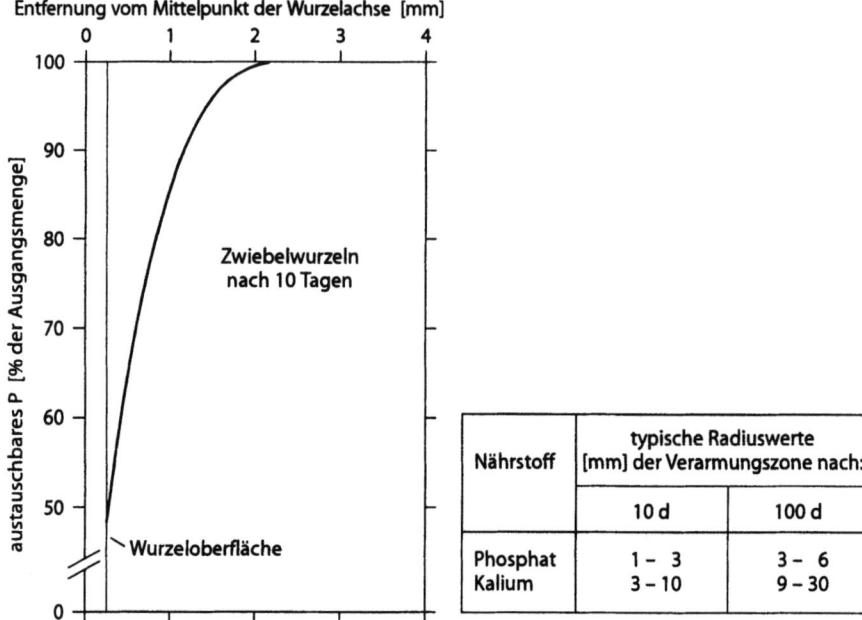

Abb. 10.2. Verarmungszonen um Wurzeln. In einem sandigem Lehm wurden Zwiebeln herangezogen; der P-Entzug wurde nach einer 10tägigen Aufnahmeperiode mittels Autoradiographie gemessen. Unter einer Verarmungszone wird für gewöhnlich der Bodenbereich verstanden, in dem sich weniger als 90 % der ursprünglich vorhandenen Nährstoffmenge befinden (aus Bhat und Nye 1973, 1974)

- In Böden mit hohen Konzentrationen an extrahierbaren Phosphaten wird die P-Aufnahme durch Mykorrhiza nicht gesteigert, da der P-Bedarf der Wurzeln leicht durch Diffusion gedeckt werden kann.
- Der maximale Ernteertrag ist in den sterilisierten Böden höher, was möglicherweise an der Entfernung von Krankheitserregern oder der Mineralisierung von Stickstoff und Phosphor im Anschluß an die Sterilisierung liegt (s. Abschn. 3.2). Aus dieser Perspektive kann man Mykorrhiza-Pilze auch als Parasiten betrachten, die die Kohlenhydrate der Wirtspflanze verbrauchen und damit den Ernteertrag verringern.

Die Ergebnisse dieses und ähnlicher Versuche haben das Interesse daran geweckt, wie man Mykorrhiza-Pilze einsetzen kann, um die P-Nutzung der Pflanzen zu verbessern. Es hat sich jedoch als schwierig erwiesen, bereits die Samen zu beimpfen, damit sich eine möglichst erfolgreiche Symbiose entwickeln kann. Ein wirksamer Weg zur Überwindung der geringen P-Mobilität besteht darin, Düngergranulat in Nähe der Samen auszubringen, anstatt den Dünger in den Boden einzuarbeiten. Auf diese Weise können die Wurzeln ein kleines, mit Phosphaten angereichertes Bodenvolumen optimal nutzen. Bei intensiver landwirtschaftlicher Nutzung kann man allerdings davon ausgehen, daß der P-Gehalt des gesamten Bodens soweit angehoben ist, daß trotz der geringen Mobilität genug Phosphat zur Verfügung steht.

Einführung

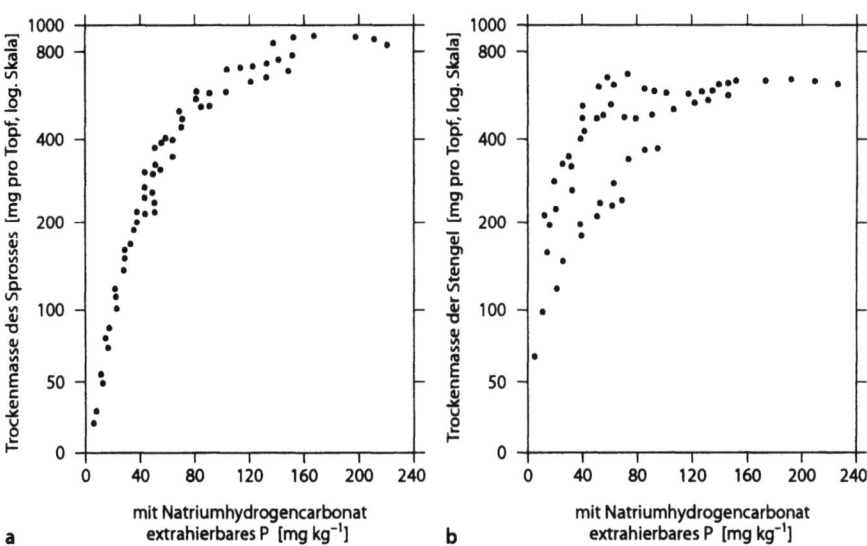

Abb. 10.3. Beziehung zwischen der Erntemenge von Lauch und dem mit Hydrogencarbonat extrahierbaren Phosphat. a Böden, die mit γ-Strahlen sterilisiert wurden, um die Mykorrhiza abzutöten; b nichtsterilisierte Böden, in denen die Pflanzen von Natur aus mit Mykorrhiza-Pilzen infiziert sind (aus Stribley *et al.* 1980)

Topfversuche

Die obige Diskussion unterstreicht den Nutzen von Topfversuchen bei Untersuchungen zur P-Verfügbarkeit. Dabei bleiben, ebenso wie bei Kalium, viele Faktoren unberücksichtigt, die die P-Verwertung im Freiland beeinflussen. Die Bestimmung des P-Gehalts in der Pflanzentrockensubstanz wird in Abschn. 10.4 beschrieben.

Verfügbarkeit des Phosphors im Freiland

Verfügbarkeitsindex

Die Extraktion von Phosphat durch Hydrogencarbonat wird dazu verwendet, dem Boden einen P-Index zuzuordnen (s. Abschn. 10.3). In Tabelle 10.1 sind die britischen Düngungsempfehlungen für Getreide aufgeführt. Sichtbare P-Mangelsymptome sind nur in Extremfällen zu beobachten.

Obwohl ähnliche Prinzipien wie bei den Düngungsempfehlungen für Kalium zugrunde gelegt wurden, sollte man zwei wichtige Unterschiede beachten:

1. Tonböden besitzen oft große Reserven an nichtaustauschbarem Kalium, die den jährlichen Kaliumbedarf der Feldfrucht ganz oder teilweise decken. Es gibt jedoch sehr wenige Böden, die große P-Reserven in ihren Bodenmineralen besitzen.
2. Die Einschränkungen, die eine Mobilität für die Nährstoffverfügbarkeit bedeutet, sind in Kap. 8 für Kalium diskutiert worden. Phosphat ist noch viel weniger mobil als Kalium, und man sollte erwarten, daß nur ein kleiner Teil der extrahierbaren Phosphate in Böden für die Wurzeln erreichbar ist. Ein Weizenfeld mit einem Ertrag von 6 t ha^{-1} nimmt ca. 30 kg P ha^{-1} sowie 200 kg K$^+$ ha^{-1} auf (Abb. 11.3).

Tabelle 10.1. Düngungsempfehlungen: Phosphorbedarf von Getreide (aus MAFF 1988)

entzogener P	[mg l^{-1} Boden]	0 – 9	10 – 15	16 – 25	26 – 45	>45
	[kg ha^{-1}]	0 – 23	24 – 38	39 – 63	64 – 113	>113
Index		0	1	2	3	>3
			Empfohlene Düngergaben [kg P ha^{-1}]			
erwartete Erträge	6 t Körner ha^{-1}	47	21	21 E	21 E	k.B.
	10 t Körner ha^{-1}	57	35	35 E	35 E	k.B.

1. Der extrahierte P wurde in eine Hektarmenge umgerechnet; Annahme: 2 500 t Boden ha^{-1}, Bodendichte im Meßbecher 1 kg l^{-1} (s. Abschn. 9.1 und 10.3).
2. Die Düngungsempfehlungen sind in kg P ha^{-1} angegeben, um einen Vergleich mit den Feldfrucht- und Bodenwerten zu ermöglichen. Zur Umrechnung in die Einheiten, die von den Düngemittel-Herstellern verwendet werden, berechne man kg P · 2,29 = kg P$_2$O$_5$.
3. Mit dem Stroh werden nur kleine P-Mengen entfernt (Tabelle 9.2). Daher hängt, anders als beim K$^+$ (Tabelle 9.3), die Empfehlung nicht davon ab, ob das Stroh auf dem Feld verbleibt oder entfernt wird.
4. E weist auf eine Erhaltungsdüngung hin; es wird keine Auswirkung auf die Erntemenge erwartet, aber der Entzug durch die Feldfrüchte wird ausgeglichen. Die Düngergabe basiert auf einem P-Gehalt von 3,5 kg P t^{-1}, ein Betrag, der etwas geringer ist als der in Tabelle 9.1 angegebene Wert ist. Empfehlungen für andere Erntemengen können auf dieser Grundlage berechnet werden.
5. Böden mit dem Index 0 benötigen hohe P-Gaben über mehrere Jahre hinweg, um den Index 2 zu erreichen. Ein großer Anteil des zugeführten P wird stark gebunden und kann nicht mit Hydrogencarbonat-Lösung extrahiert werden.

Um Ertragsbeschränkungen zu vermeiden, muß sowohl für Phosphor als auch für Kalium ein Index von 2 aufrechterhalten werden (39–63 kg P ha^{-1}; 301–600 kg K$^+$ ha^{-1}). Legt man diese Werte zugrunde, dann sollte allein der Oberboden die 1,3fache Menge des P- und die 1,5fache Menge des K-Bedarfs der angebauten Pflanze enthalten: Aufgrund dieser Daten gibt es keinen Hinweis darauf, daß die P-Verfügbarkeit ein besonderes Problem darstellt. Die Tatsache jedoch, daß aus der P-Verarmungszone ausreichende P-Mengen aufgenommen werden können, läßt vermuten, daß mehr Phosphat im Boden vorhanden ist, als mit Hydrogencarbonat extrahiert werden kann. Dies läßt sich durch eine zweite Hydrogencarbonat-Extraktion der Bodenprobe bestätigen, bei der nochmals ca. 50 % der zuerst extrahierten Menge gewonnen werden können. Im Falle von Kalium entzieht eine zweite Ammoniumnitrat-Extraktion nur wenig zusätzliches Kalium. Die Hydrogencarbonat-Methode mißt also nicht die gesamte Menge, die von den Wurzeln entzogen werden kann, sondern stuft Böden lediglich nach ihrer Fähigkeit ein, Pflanzen mit Phosphaten zu versorgen; deshalb wird die Bezeichnung „Verfügbarkeitsindex" verwendet.

Langzeitwirkung von Phosphatdüngern

Der schnellen Adsorption des Phosphats an Partikeloberflächen folgt eine langsamere Umwandlung in schlecht verfügbare Formen wie mineralische Phosphate. Düngerphosphat ist also im ersten Jahr nach der Ausbringung am leichtesten für Pflanzen verfügbar, aber ein Teil des Phosphats bleibt auch langfristig verfügbar. Die Auswirkung einer Düngung auf die Erträge, die mehr als ein Jahr lang besteht, wird mitunter als *Speicherwirkung* bezeichnet.

Einführung

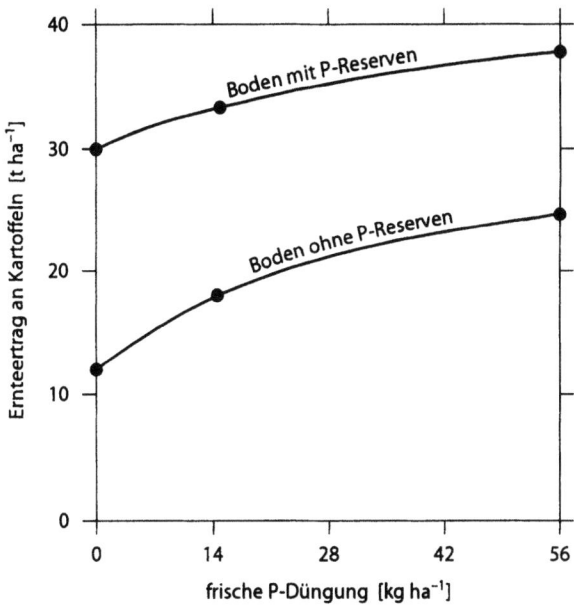

Abb. 10.4. Speicherung von P-Düngern in Agdell Field, *Rothamsted Experimental Station*, 1960 (aus Johnston et al. 1970)

Die große Bedeutung dieser Speicherwirkung ist in Abb. 10.4 dargestellt. Zwei Äkker in Agdell Field, Rothamsted, haben seit 1848 keine P-Düngung erhalten, zwei andere wurden im Abstand von 4 Jahren mit jeweils 37 kg P ha^{-1} versorgt. 1960 wurden die Schläge in kleinere Teilflächen aufgeteilt, die mit unterschiedlichen Düngermengen versorgt wurden. Ohne frische P-Zufuhr waren die Erträge des Kartoffelanbaus auf Böden mit P-Reserven mehr als doppelt so hoch. Auch eine hohe P-Düngung konnte es nicht mit der kombinierten Wirkung von frischem P und P-Reserven aufnehmen. Der besondere Wert der gespeicherten Phosphate liegt vermutlich in seiner gleichmäßigen Verteilung im ganzen Boden; damit steht das ganze Wurzelsystem in Kontakt zu einem gut mit Phosphaten versorgten Boden. Frisch ausgebrachte Dünger bleiben in einem kleinen Bodenvolumen um die Granulatkörner, und selbst höhere Konzentrationen in diesem beschränkten Raum gewährleisten keine bessere Versorgung der Pflanzen.

Beschränkungen durch Bodenacidität

Will man in den gemäßigten Breiten Pflanzen anbauen, ist eine Kalkung meist der erste Schritt zur Meliorierung des Bodens. In den Tropen führt der hohe Preis für den Kalkdünger und in humiden Gebieten auch die rasche Wiederversauerung der gekalkten Böden dazu, daß die Nutzpflanzen oft bei niedrigem pH angebaut werden. Diese Böden enthalten häufig sehr kleine Mengen an extrahierbaren Phosphaten, weshalb P-Düngung unerläßlich ist. Da aber die Bodenacidität einen sehr schädlichen Einfluß auf das Wurzelwachstum und die Nährstoff- und Wasseraufnahme durch die Wurzeln ausübt (Farbtafel 15 a und b), kann die Kombination aus schlechtem Wurzelwachstum und geringer P-Mobilität Mangelerscheinungen selbst in solchen Böden verursachen, in denen Phosphate in eigentlich ausreichenden Mengen extrahierbar sind. Das ungenügende Wurzelwachstum vor allem in sauren Unterböden führt zu Wassermangel, was das Pflanzenwachstum zusätzlich einschränkt.

Tabelle. 10.2. Ertragsänderungen beim Maisanbau auf einem sauren Boden in Ghana als Reaktion auf Kalk- und Phosphatgaben (aus Lathwell 1979)

Kalkgaben [t CaCO$_3$ ha^{-1}]	Boden-pH	P-Gaben [kg ha^{-1}] [t Korn ha^{-1}]				
		0	11	22	33	44
0	4,5	1,05	2,63	2,92	2,90	2,83
1	5,0	1,38	2,79	3,10	3,13	3,44
2	5,7	2,23	2,70	2,99	3,20	3,61
4	6,0	3,08	3,10	3,42	3,06	3,33

Ein Beispiel gibt Tabelle 10.2. Die Daten verdeutlichen die Reaktion von Mais auf Kalkung und P-Düngung auf einem sauren Boden in Ghana. Ohne P-Zugabe konnte der Ertrag durch Kalkgaben von 1 auf 3,1 t ha^{-1} gesteigert werden. Alleinige P-Düngung erhöhte den Ertrag auf 2,8 t ha^{-1}. Bei gemeinsamer Ausbringung konnten maximal 3,6 t pro ha geerntet werden. Das bedeutet, daß der Boden genügend Phosphat zur Verfügung stellen konnte, sobald die Beschränkungen durch die Acidität beseitigt waren.

Phosphatauswaschung

Die P-Konzentration der Bodenlösung liegt zwischen 0,2 und 2 mg l^{-1} (5 und 50 μM, s. Abb. 10.1). Das bedeutet, daß sehr wenig Phosphat aus dem Boden ausgewaschen wird. Die P-Menge, die Abflüsse und Wasserläufe erreicht, kann noch geringer sein, da das im Wasser gelöste Phosphat adsorbiert wird, während es durch den Unterboden sickert. Tabelle 10.3 stellt Werte zusammen, die in der *Woburn Experimental Station* gesammelt wurden. Bei dem Boden handelt es sich um sandigen Lehm, der auf Glaukonitsand aufliegt und in dem Auswaschung relativ leicht stattfinden kann. Die P-Konzentration des Regen- und Sickerwassers ist mit 0,03 bzw. 0,13 mg l^{-1} sehr gering. Die P-Konzentration des Sickerwassers der schweren Böden der *Saxmundham Experimental Station* ist niedriger als jene des Regenwassers, was darauf schließen läßt, daß der Boden das Niederschlags-P adsorbiert hat (Williams 1976). Die obigen Konzentrationen gelten für lösliches Phosphat: Im Wasser suspendierte, phosphathaltige Mineralpartikel erhöhen die P-Gesamtbelastung des Wassers deutlich.

Die Konzentrationen des gelösten Phosphats in den Flüssen und Seen um Woburn entsprechen jenen des Sickerwassers. Die größeren Flüsse in Großbritannien haben jedoch P-Konzentrationen bis zu 1 mg l^{-1}. Die Quellen dieses zusätzlichen Phosphors sind wahrscheinlich Abwässer, Gülle und Waschmittel. Erhöhte P-Konzentrationen stimulieren das Algenwachstum in Flüssen und Seen (Birch und Moss 1990), aber man ist sich über die Konzentration unsicher, bei der Algenblüte auftreten kann. Sofern nicht der Stickstoff wachstumslimitierend wirkt, ist eine P-Konzentration von 0,01–0,1 mg P l^{-1} erforderlich; wenn hingegen der Phosphor nicht der begrenzende Wachstumsfaktor ist, werden 0,1–1 mg N l^{-1} benötigt. In den meisten natürlichen Gewässern ist eher Phosphor als Stickstoff der limitierende Nährstoff.

Tabelle 10.3. P-, K- und S-Konzentrationen in verschiedenen Wasserproben von Woburn 1970-74 (aus Williams 1976)

	mittlere Konzentration [mg l^{-1}]			mittlerer jährlicher Gehalt [kg ha^{-1}]		
	K$^+$	P	S	K$^+$	P	S
Niederschläge, 548 mm a^{-1}	0,39	0,03	2,59	2,1	0,16	14,2
Sickerwasser, 250 mm a^{-1}	5,0	0,13	55,0	12,5	0,3	138
Fließgewässer	4,3	0,15	35,5			
See	8,8	0,03	55,0			

^{a}Die Sickerwassermenge ist eine Schätzung. Die jährliche Versickerung, die durch eine Lysimeterbestimmung ermittelt wurde, betrug zwischen 1988 und 1990 etwa 235 mm (K. Goulding). Ungestörte Böden haben eine leicht höhere Sickerwassermenge.

Schwefel

Der Gesamtschwefelgehalt von Böden (20 µg bis 50 g kg^{-1}) weist erhebliche Schwankungen auf und hängt von der S-Menge ab, die im Ausgangsgestein vorhanden oder an die organische Substanz (ca. 5 g S kg^{-1} Humus) gebunden ist. Böden mit hohem Schwefelgehalt sind in ariden Gebieten zu finden, wenn sich Gips im Boden akkumuliert, sowie an der Küste in Marschböden, die häufig Pyrit (FeS$_2$) enthalten.

Schwefelbilanz landwirtschaftlich genutzter Böden

Der Pflanzenbedarf an Schwefel wird in Tabelle 9.2 aufgeführt. Die meisten Pflanzen entziehen 10-15 kg S ha^{-1}; Kohlpflanzen benötigen allerdings größere Mengen. In Großbritannien wird dieser Bedarf aus zwei Quellen gedeckt:

1. *Atmosphärische Einträge.* Sie sind in Farbtafel 16 dargestellt; ihre Messung erfolgte wegen der jüngsten Besorgnis über den sauren Regen. Die aus der Atmosphäre zugeführten Schwefelmengen reichen praktisch aus, um den Pflanzenbedarf zu decken. Die Reduktion der S-Emissionen seit Mitte der 60er Jahre hat allerdings zu einer ständigen Abnahme der Bodeneinträge aus dieser Quelle geführt (Abb. 10.5), so daß im Westen und Norden Großbritanniens der Bedarf der Kulturpflanzen nicht mehr gedeckt werden kann. Überschüssiges Sulfat wird im Winter, nach Ende der Vegetationsperiode, ebenso wie Nitrat ausgewaschen.
2. *Dünger.* Superphosphat, das seit seiner Entwicklung im Jahre 1840 der wichtigste P-Dünger ist, enthält 12 % S und ist damit auch ein ausgezeichneter S-Lieferant. In den letzten Jahren wurden jedoch verstärkt Ammoniumphosphate in Volldüngern verwendet, wodurch sich die S-Zufuhr auf sehr niedrige Werte verringert hat.

S-Bedarfsberechnungen verweisen darauf, daß einige Nutzpflanzen im Norden und Westen Großbritanniens mit Schwefel gedüngt werden müssen, was sich auch mit Feldversuchen belegen läßt. Bei Rückgang der S-Emissionen werden sich die Flächen, die Düngung benötigen, ausweiten. Mangelerscheinungen wurden in denjenigen Teilen der Welt beobachtet, in denen die atmosphärischen Einträge niedrig sind.

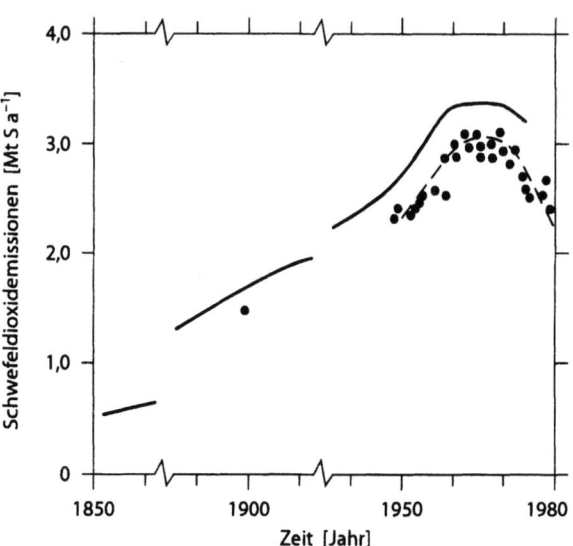

Abb. 10.5. Veränderung der Schwefeldioxid-Emissionen in Großbritannien seit 1850. Die Daten stammen aus dem *Warren Spring Laboratory* sowie aus anderen Quellen zur historischen Entwicklung (durchgezogene Linie) (DOE 1990)

Die Woburn-Werte aus Tabelle 10.3 zeigen, daß viel mehr Schwefel mit dem Sikkerwasser verlorenging, als mit den Niederschlägen zugeführt wurde. Der Überschuß stammte aus der trockenen Deposition und aus Düngern.

Schwefelbilanz nicht landwirtschaftlich genutzter Böden

Ausgedehnte, nicht landwirtschaftlich genutzte Flächen befinden sich im Hügelland im Norden und Westen Großbritanniens. Die dortigen sauren Böden binden Sulfate, weshalb der Sulfatgehalt des Bodens in den letzten 150 Jahren (seit Beginn der Industrialisierung) gestiegen ist. Im Gegensatz dazu gehen die Nitrateinträge alljährlich durch Auswaschung verloren.

Die durch atmosphärische Einträge hervorgerufene Versauerung wurde in Kap. 8 diskutiert. Durch die pH-Senkung entsteht gelöstes Aluminium, das gemeinsam mit Nitrat und Sulfat aus den Böden ausgewaschen wird. Der Verlust ins Sickerwasser erfolgt nur, wenn Anionen zugegen sind, weshalb die Versauerung von Flüssen und Seen eng mit den atmosphärischen N- und S-Immissionen verknüpft ist. Die Sulfatakkumulation im Boden birgt ein hohes Zukunftsrisiko der Aluminiumauswaschung in sich, auch wenn sich die Einträge wegen gesunkener S-Emissionen verringert haben.

Bestimmung des Schwefels in Böden und Pflanzen

Die Methoden, die man derzeit zur Bestimmung des Gesamt-S und Sulfat-S in Wasser, Böden und Pflanzen verwendet, können nicht als befriedigend bezeichnet werden; die weitere Entwicklung von einfachen und zuverlässigen Methoden ist wünschenswert und notwendig. Die Standardmethoden werden in Abschn. 10.5 beschrieben.

Weitere Studien

Übungsprojekte finden sich in Abschn. 10.6, Übungsaufgaben in Abschn. 10.7.

10.1
Bestimmung des Phosphats in der Bodenlösung

Die P-Konzentration der Bodenlösung und des Sickerwassers beträgt normalerweise 1–50 µM (0,03–2 mg P l^{-1}). Wegen dieser niedrigen Konzentrationen benötigt man zur Bestimmung des P-Gehalts sehr empfindliche Meßmethoden. Für die spektralphotometrische Bestimmung wird ein Komplex aus Phosphat und Ammoniummolybdat verwendet, der durch Reduktion mit Ascorbinsäure eine blaue Färbung annimmt. Schickt man rotes Licht durch die Lösung, wird es absorbiert, wobei die absorbierte Menge von der Phosphatkonzentration abhängig ist. Die Lichtabsorption wird mit einem Spektralphotometer oder Kolorimeter gemessen. Da es sich hier um sehr niedrige Konzentrationen handelt, muß bei der Analyse besonders auf sauberes Arbeiten geachtet werden.

Gebrauch eines Spektralphotometers

Abbildung 10.6 zeigt die Komponenten eines Spektralphotometers. Das Licht wird durch ein Beugungsgitter geführt, eine bestimmte Wellenlänge wird ausgewählt und durch einen Verschluß geschickt, der eine Regulierung der Lichtintensität erlaubt. Für die P-Messung ist eine Wellenlänge von 880 nm erforderlich. Das Licht durchdringt die blaue Lösung (die sich in einer Küvette befindet) und fällt auf eine photoelektrische Zelle. In dieser wird Lichtenergie in elektrische Energie umgewandelt, die mit einem Amperemeter gemessen werden kann. Der Strom ist der Lichtintensität direkt proportional, sofern die Intensität gering ist.

Das Lambert-Beersche Gesetz formuliert die Beziehung zwischen dem absorbierten Licht und der Konzentration des Komplexes in Lösung (Abb. 10.7):

$$\log(L_0/L) = kcx.$$

L_0 bezeichnet die Intensität des einfallenden Lichtes und L die Intensität des austretenden Lichtes, c ist die Konzentration, x die Strecke, die das Licht in der Probe zurücklegt (meist 10 mm) und k ist eine Konstante (der molare Extinktionskoeffizient). Ist der Strom I direkt proportional zu L, dann ist die Beziehung zwischen I und c so, wie in Abb. 10.8 dargestellt. Dadurch ergibt sich keine einfach zu benutzende Eichkurve. Jedoch ist $\log(L_0/L)$ linear mit c verknüpft und wird als die *Extinktion* oder *Absorption* der Lösung bezeichnet. Die Extinktion ist Null, wenn $c = 0$ und $L = L_0$ ist,

Abb. 10.6. Aufbau eines Spektralphotometers

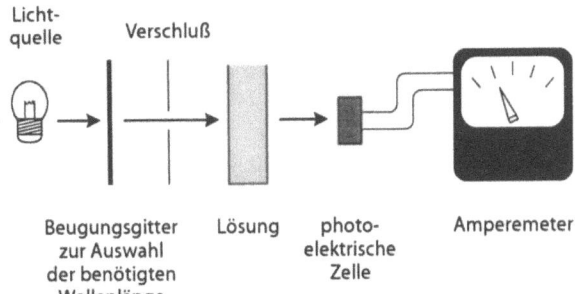

Lichtquelle — Verschluß — Beugungsgitter zur Auswahl der benötigten Wellenlänge — Lösung — photoelektrische Zelle — Amperemeter

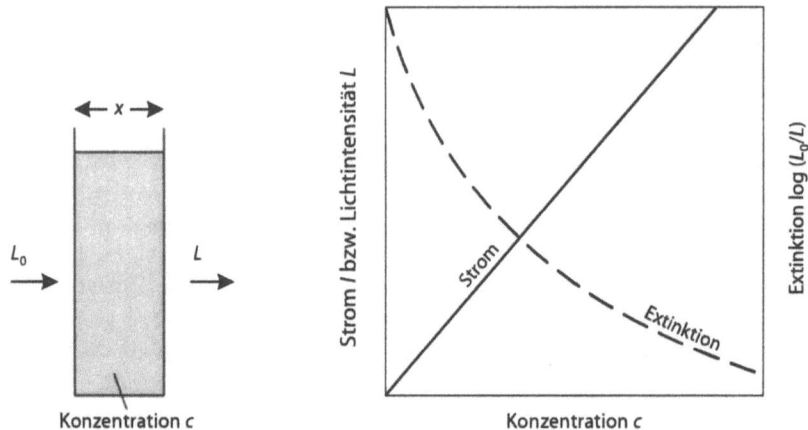

Abb. 10.7. Lichtabsorption in einer Küvette (links)
Abb. 10.8. Graphische Darstellung des Lambert-Beerschen Gesetzes (rechts)

denn dann ist $\log (L_0/L) = \log 1 = 0$. Dieser Graph ist als Eichkurve ideal. Die Spektralphotometerskala kann in Extinktionseinheiten kalibriert werden, womit der abgelesene Wert linear mit der Konzentration verknüpft ist. Der empfindliche Meßbereich liegt bei 0–1 Extinktionseinheit bzw. bei 0–90 % Lichtabsorption.
Man achte auf die Bedeutung der hier verwendeten Bezeichnungen:

- *absorbieren (Absorption)* = *in* eine Lösung oder einen Festkörper aufnehmen;
- *adsorbieren (Adsorption)* = *an* eine Oberfläche anlagern;
- Anmerkung: Die *Absorption* wird auch als *Extinktion* bezeichnet, und ist der logarithmische Term des Lambert-Beerschen Gesetzes.

Ein Kolorimeter ist ein einfaches Spektralphotometer. Das Licht wird durch ein Filter (Rot für die P-Bestimmung) geschickt.

Kalibrierung des Spektralphotometers

Reagenzien und Ausrüstung

- *Ammoniummolybdat-Lösung.* Man löst 12 g pulverisiertes Ammoniummolybdat $((NH_4)_6Mo_7O_{24} \cdot 4H_2O)$ und 0,3 g Antimon-Kaliumtartrat $(KSbO\text{-}C_4H_4O_6)$ in 600 ml Wasser und rührt sehr langsam 148 ml konzentrierte Schwefelsäure (ca. 98 Masse-%, *Vorsicht!*) dazu; dann wird auf 1 l verdünnt. 125 ml dieser Lösung werden mit 875 ml Wasser gemischt und sollten gekühlt aufbewahrt werden.
- *Ascorbinsäure-Lösung.* 1,5 g Ascorbinsäure $(C_6H_8O_6)$ werden in Wasser gelöst und auf 100 ml aufgefüllt. Die Lösung sollte täglich frisch hergestellt werden.
- *Phosphat-Eichlösung.* Kaliumdihydrogenorthophosphat (KH_2PO_4) wird 1 h lang bei 105 °C getrocknet und im Exsikkator abgekühlt. Man löst 1,099 g in Wasser, fügt 1 ml konzentrierte HCl (ca. 36 Masse-%) zu und füllt auf 250 ml auf. Diese Lösung enthält 1 mg P ml^{-1}. Soll die Lösung länger als ein paar Tage aufbewahrt werden, gibt man 1 Tropfen Toluol hinzu.

10.1 · Bestimmung des Phosphats in der Bodenlösung

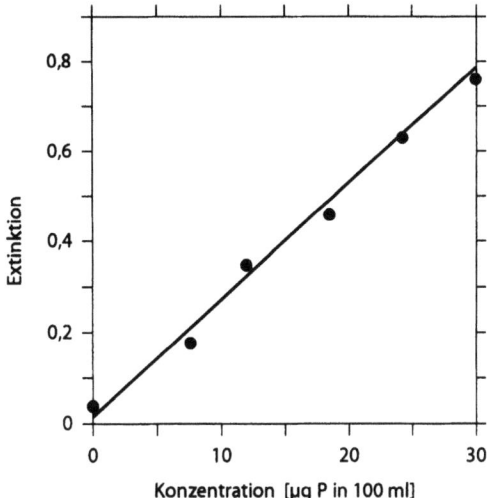

Abb. 10.9. Spektralphotometrische Eichkurve für Phosphat

- *Sauberes Glasgerät.* Die Pipetten und Meßkolben müssen gründlich gewaschen werden. Sie werden über Nacht entweder in konzentrierte H_2SO_4 bzw. in „Decon" gelegt oder mit einem anderen entsprechenden Reinigungsmittel eingeweicht. Anschließend muß man gründlich mit Leitungswasser und deionisiertem Wasser nachspülen.

Methode

10 ml Eichlösung (1 mg P ml^{-1}) werden in einen 100-ml-Kolben pipettiert, der dann bis zur Markierung aufgefüllt wird. Diese Lösung enthält 100 µg P ml^{-1}. Zur weiteren Verdünnung werden davon 10 ml in einen 1-l-Kolben pipettiert und aufgefüllt. Endkonzentration: 1 µg P ml^{-1}.

In sechs 100-ml-Meßkolben werden 0, 5, 10, 15, 20 und 30 ml der 1 µg P ml^{-1} enthaltenden Lösung pipettiert. Es wird auf etwa 80 ml verdünnt und geschüttelt; dann pipettiert man in jeden Kolben 8 ml Ammoniummolybdat- und 8 ml Ascorbinsäurelösung und füllt bis zur Markierung auf. Man schüttelt und läßt bis zur vollständigen Farbentwicklung 20 min stehen. Diese Lösungen enthalten 0, 5, 10, 15, 20 und 30 µg P in 100 ml. Man mißt die Extinktion jeder Lösung in einer Küvette, nachdem mit einer zweiten (ebenfalls 40 mm breiten) wassergefüllten Küvette ein Extinktionswert von Null eingestellt wurde (s. Anm. 1). Dieser so eingestellte Blindwert sollte vor jeder Messung überprüft und, wenn nötig, die Geräteeinstellung entsprechend korrigiert werden.

Die Eichkurve wird aufgetragen (Abb. 10.9). Häufig zeigen die ersten Messungen noch starke Schwankungen. Wenn einige Meßpunkte deutlich von der Kurve abweichen, wiederholt man die Messungen solange, bis die analytischen Probleme gelöst sind.

Messung einer Probe mit unbekannter P-Konzentration

Die Konzentration der Bodenlösung oder anderer Wasserproben kann jetzt anhand dieser Eichkurve bestimmt werden.

Parallel zur Herstellung der Eichlösungen pipettiert man 5 ml (oder ein beliebiges Volumen <80 ml) der Probe in einen 100-ml-Meßkolben. Mit Wasser wird auf 80 ml verdünnt und die Farbreaktion wie bei den Eichlösungen herbeigeführt. Die Extinktion der unbekannten Lösung wird gemessen und aus der Eichgeraden die P-Konzentration der Lösung bestimmt [µg in 100 ml].

Rechenbeispiel
Zusammenfassung der Methode
Wasserprobe (? µg P ml^{-1})
$\downarrow$

5 ml → 100 ml : µg P in 100 ml.

Beispiel. Die aus der Eichgeraden bestimmte Konzentration beträgt 2,5 µg P in 100 ml. Diese stammen aus 5 ml Wasserprobe, womit diese Probe 2,5/5 = 0,5 µg P ml^{-1} enthält, oder in molaren Einheiten ausgedrückt:

$$0{,}5 \cdot 10^{-3} \text{ g l}^{-1}/31 \text{ g mol}^{-1} = 1{,}6 \cdot 10^{-5} \text{ mol P l}^{-1}$$
$$= 16 \text{ µM}.$$

Phosphat in der Bodenlösung

Handelt es sich bei der eben genannten Probe um einen Bodenwasserextrakt, der nach der in Abschn. 7.4 beschriebenen Methode (100 g lufttrockener Boden + 100 ml Wasser) hergestellt wurde, so hat dieser Extrakt eine Konzentration von 16 µM P in Form von Phosphat. Da Phosphat in der Bodenlösung gut gepuffert ist, kann man davon ausgehen, daß die Konzentrationen des Extrakts und der Lösung des feuchten Bodens weitgehend übereinstimmen. Wenn der lufttrockene Boden 5 g H_2O pro 100 g ofentrockenen Bodens enthält, dann befanden sich in der Suspension 95,24 g ofentrockener Boden sowie 104,76 ml Wasser; im Vergleich dazu enthält ein feuchter Boden etwa 30 ml Wasser. Damit wäre die Bodenlösung um den Faktor 3 verdünnt worden und die P-Konzentration je nach dem Ausmaß der Pufferung um den Faktor 1 bis 3.

P-Konzentration. Wenn der feldfeuchte Boden 30 ml Bodenlösung pro 100 ml ofentrockenem Boden enthält und diese Lösung eine Konzentration von 0,5 µg P ml^{-1} hat, so beträgt die P-Menge in der Bodenlösung 0,5 · 30 = 15 µg. Dies wird häufig auf die Bodenmasse bezogen. 15 µg P befinden sich in der Lösung von 100 g ofentrockenem Boden oder

15 · 1 000/100 = 150 µg gelöster P kg^{-1} Boden.

Anmerkung 1. Man kann in die zweite Küvette statt des Wassers auch eine andere Flüssigkeit einfüllen. Verwendet man Wasser, welches, optisch gesehen, völlig stabil ist, erhält man grundsätzlich einen niedrigen Blindwert und die Eichgerade verläuft nicht durch den Nullpunkt. Alternativ kann ein Nullstandard verwendet werden. Die zweite Küvette ist unbedingt nötig, da die Nullpunkteinstellung zwischen allen Messungen überprüft werden muß, um langsame Veränderungen dieser Einstellung zu korrigieren, die durch Veränderungen der Lampenintensität oder elektronisches Driften entstehen.

10.2
Adsorptions- und Desorptionsisothermen für Phosphat

Die Prinzipien der Isothermenmessung und -anwendung wurden in Abschn. 9.4 am Beispiel der Kalium-Austauschisotherme erläutert. Phosphat wird auf Sesquioxid- und Tonoberflächen adsorbiert oder desorbiert, weshalb die Isotherme in diesem Fall als *Sorptionsisotherme* bezeichnet wird.

Reagenzien und Ausrüstung

- *Calciumchlorid*, 0,4 M. 14,7 g $CaCl_2 \cdot 2H_2O$ werden in Wasser gelöst und auf 250 ml aufgefüllt.
- *P-Eichlösung.* Kaliumdihydrogenorthophosphat (KH_2PO_4) wird 1 h lang bei 105 °C getrocknet und im Exsikkator abgekühlt. Man löst 2,197 g in Wasser und füllt auf 250 ml auf. 25 ml dieser Lösung werden in einen 500-ml-Kolben pipettiert und bis zur Markierung mit Wasser aufgefüllt. Diese Lösung enthält 100 µg P ml^{-1}.
- *P-Eichlösungen in 10 mM Calciumchlorid.* In sechs 1-l-Meßkolben werden 0, 5, 10, 20, 30 und 50 ml 100 µg P ml^{-1}-Lösung pipettiert, jeweils 25 ml 0,4 mM $CaCl_2$-Lösung zugegeben und bis zur Markierung aufgefüllt. Diese Lösungen enthalten 0, 0,5, 1, 2, 3 und 5 µg P ml^{-1} in 10 mM $CaCl_2$.
- *Schüttelflaschen mit Verschluß.*
- *Spektralphotometer* und ein Paar aufeinander abgestimmte *40-mm-Küvetten* (oder ein Kolorimeter).

Methode

In sechs Flaschen werden 2,5 g (±0,01 g) lufttrockener Feinboden eingewogen, zu dem man jeweils 25 ml P-Eichlösung pipettiert. Die Flaschen werden verschlossen und 24 h lang auf ein Schüttelgerät gestellt oder über denselben Zeitraum gelegentlich von Hand geschüttelt. Die Suspensionen werden durch Whatman-Filterpapier Nr. 41 filtriert, wobei die ersten ml der Lösung verworfen werden.

Nach Anleitung in Abschn. 10.1 wird die Eichkurve für die Phosphomolybdat-Methode aufgestellt. Man verwendet die obengenannten P-Eichlösungen (0–5 µg P ml^{-1}) und entnimmt 5-ml-Proben für die Farbreaktion. Die 100-ml-Kolben mit blauer Lösung enthalten 0, 2,5, 5, 10, 15 und 25 µg P.

Nach Ablauf der Farbreaktion mißt man die P-Konzentration der sechs Filtrate an den 5-ml-Proben.

Rechenbeispiel

Man berechnet für jede Flasche die Endkonzentration der Lösung [µg P ml^{-1}] und die P-Menge, die beim Schütteln ad- oder desorbiert wurde [µg P g^{-1} Boden].

Beispiel. Eine Lösung enthielt ursprünglich 5 µg P ml^{-1}. Nach dem Schütteln bildete sich der blaue Komplex, wobei 100 ml der farbigen Lösung 5,2 µg P enthielten.

1. Endgültige Konzentration: 5,2 µg P befanden sich in 5 ml der filtrierten Lösung. Daher beträgt deren Konzentration 5,2/5 = 1,04 µg P ml^{-1}.
2. P-Menge, die sich anfänglich in 25 ml Lösung befand:

$$5 \text{ µg ml}^{-1} \cdot 25 \text{ ml} = 125 \text{ µg P}.$$

Unter Berücksichtigung der Konzentration befanden sich zum Schluß noch 1,04 · 25 = 26 µg P in dieser Flasche.
3. Die P-Menge, die der Lösung entzogen wurde, beläuft sich auf 125 − 26 = 99 µg P. Diese wurden an 2,5 g Boden adsorbiert. Die adsorbierte Menge beträgt daher:

adsorbiertes P = 99/2,5 = 39,6 µg P g^{-1} (s. Anm. 1).

Damit vereinfacht sich die Rechnung zu:

adsorbiertes P [µg g^{-1}] = 10 · (Ausgangskonzentration
− Endkonzentration) [µg P ml^{-1}].

Ein negatives Ergebnis weist auf Desorption hin.

Anmerkung 1. Diese Rechenbeispiele beziehen sich auf die P-Adsorption aus 25 ml Lösung, die zu 2,5 g lufttrockenem Boden gegeben worden waren. Wenn die Ergebnisse auf ofentrockenen Boden bezogen werden sollen, bestimmt man den Wassergehalt des Bodens (z.B. 5 g H$_2$O pro 100 g ofentrockenem Boden). Die Masse des ofentrockenen Bodens beträgt dann 2,38 g, und die Rechnung kann entsprechend korrigiert werden. Die Wassermenge im lufttrockenen Boden (0,12 ml pro 2,5 g) ist, verglichen mit den zugegebenen 25 ml, klein; sie bleibt normalerweise unberücksichtigt.

Isothermen

Abbildung 10.10 zeigt die Ergebnisse für drei verschiedene Böden.

Oxisol, Brasilien. Die Tonfraktion dieses nicht genutzten Bodens wird von Eisenoxiden und Kaolinit dominiert. Der Boden besitzt eine äußerst niedrige Lösungskonzentration (0,001 µg P ml^{-1}), jedoch eine sehr große P-Pufferkapazität; mit Hydrogencarbonat konnte nur eine sehr kleine Phosphatmenge (0,3 mg P kg^{-1}, Index 0, s. Abschn. 10.3) extrahiert werden. Den P-Gehalt dieses Bodens anzuheben, ist ein kaum lösbares Problem. Die verfügbare P-Menge ist begrenzt; hinzu kommt das Problem der sehr niedrigen Lösungskonzentration, wodurch die Aufnahmerate begrenzt ist. Selbst wenn man die Konzentration der Bodenlösung auf nur 0,1 µg ml^{-1} anheben will (dies wird häufig als die Untergrenze für den Pflanzenanbau betrachtet), wäre eine P-Zufuhr von 210 mg kg^{-1} bzw. ungefähr 500 kg P ha^{-1} erforderlich. Wegen der langsamen Adsorption könnten sogar noch höhere Gaben erforderlich sein.

Boden aus Glaukonitsand, Oxfordshire. Dieser Boden hat eine geringe Pufferstärke, wurde jedoch immer gut gedüngt, wodurch die Konzentration der Bodenlösung angehoben wurde, so daß er einen P-Verfügbarkeitsindex von 2 aufweist (20 µg P g^{-1}).

Great Field-Boden, Rothamsted. Dieser Boden wurde aus Parzelle 0 des Great Field-Experiments entnommen. Seine Pufferstärke ist Ausdruck der schluffig-tonigen Textur. Die niedrige Konzentration der Bodenlösung sowie ein P-Index von 0 spiegeln die Bodennutzung wider: Von 1959 bis 1985, dem Jahr der Probenahme, erhielt dieser Boden keinen mineralischen oder organischen Dünger. In diesem Zeitraum wurden auf dem Boden gelbe Kohlrüben, Kartoffeln, Gerste und eine Gras-Klee-Mischung angebaut. Für andere Parzellen desselben Experiments, die Phosphat erhalten hatten (Tabelle 10.4), war die P-Aufnahme durch die Pflanzen auf etwa 20 % des Eintrags geschätzt worden. In Parzelle 4 blieben von 426 etwa 341 mg P kg^{-1} im Boden. Nur 37 mg konnten mit Natriumhydrogencarbonat-Lösung extrahiert werden (s. Ab-

Abb. 10.10. Adsorptions/Desorptions-Isothermen für Bodenphosphate. *Oxisol*: G. Warren, Reading; Great Field: P. LeMare und Studenten aus Reading; *Oberer Glaukonitsand*: White und Beckett (1964). Für den Glaukonitsand wurde angenommen, daß der mit Hydrogencarbonat extrahierbare Phospatgehalt einem Index-2-Boden entspricht

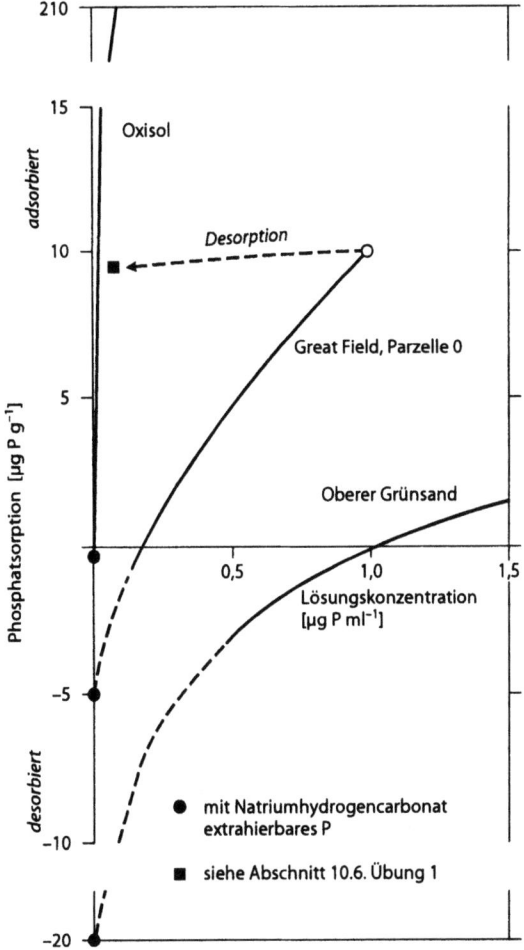

Tabelle 10.4. Das Great Field Experiment, Rothamsted

Parzelle	Gesamt P-Zufuhr (1959–1985)		mit Hydrogencarbonat extrahierbarer P	Konzentration der Bodenlösung[a]
	[kg ha^{-1}]	[mg kg^{-1}][b]	[mg kg^{-1}]	[µg P ml^{-1}]
0	0	0	5	0,15
1	278	89	8	0,20
2	552	177	9	0,25
3	942	301	19	0,60
4	1 332	426	37	1,65

[a] Die Konzentrationen der Bodenlösung wurden aus den Schnittpunkten der Sorptionsisothermen mit der Abszisse bestimmt.
[b] Die Bodenproben wurden bis aus einer Tiefe von 25 cm [3 125 t ha^{-1}] entnommen.
(Daten von E. A. Johnston und Studenten aus Reading)

schn. 10.3), doch der größte Teil der 341 mg kg^{-1} ist verfügbar, da der Boden dieser Parzelle nun einen Index von 3 besitzt. Die Konzentration der Bodenlösung konnte auf ein Niveau angehoben werden, das dem normalen Niveau landwirtschaftlich genutzter Böden in den gemäßigten Breiten entspricht (Tabelle 7.6).

10.3
Boden-P-Extraktion mit Natriumhydrogencarbonat (Olsen-Methode) und Bestimmung des Verfügbarkeitsindex

Phosphate, die mit Natriumhydrogencarbonat-Lösung aus dem Boden extrahiert werden, können mit der in Abschn. 10.2 beschriebenen Phosphomolybdat-Methode bestimmt werden. Die mit dieser Methode extrahierbare P-Menge wird dazu verwendet, dem Boden einen P-Index zuzuordnen, wie es bereits für Kalium in Abschn. 9.1 beschrieben wurde. Auch die Bray-Lösung (30 mM NH_4F + 25 mM HCl) wird häufig zur Extraktion eingesetzt, und Isotopen-Verdünnungsmethoden werden zur Messung des austauschbaren Phosphats verwendet (Page 1982).

Reagenzien und Ausrüstung

- *Polyacrylamid-Lösung* (s. Anm. 1). Man löst 0,5 g Polyacrylamid in etwa 600 ml Wasser; dazu muß mehrere Stunden lang gerührt werden. Dann wird auf 1 l aufgefüllt.
- *Natriumhydrogencarbonat-Lösung*, 0,5 M. Man löst 84 g Natriumhydrogencarbonat ($NaHCO_3$) in Wasser, gibt 10 ml Polyacrylamid-Lösung zu und füllt auf 2 l auf. Mit einigen Tropfen Natronlauge (50 g NaOH in 100 ml Wasser) wird der pH auf 8,50 (s. Abschn. 8.1) eingestellt.
- *Schwefelsäure*, ca. 1,5 M. 80 ml konzentrierte H_2SO_4 (ca. 98 Masse-%) werden zu Wasser gegeben (*Vorsicht*) und auf 1 l verdünnt.
- *Schüttelflaschen mit Verschlüssen*;
- *Spektralphotometer* mit einem Paar zusammenpassender Küvetten (40 mm; oder Kolorimeter).

Extraktion

Man wiegt 5 g (±0,05 g) lufttrockenen Feinboden in eine Flasche ein und gibt 100 ml Natriumhydrogencarbonat-Lösung zu. Die Flasche wird verschlossen und auf der Schüttelmaschine 30 min lang bei 20 °C (s. Anm. 2) geschüttelt. Die Suspension wird durch Whatman-Papier Nr. 125 filtriert, die ersten paar ml werden verworfen. Die restliche Lösung wird zur Phosphatbestimmung aufgehoben (s. Anm. 3).

Messung

Nach der in Abschn. 10.1 beschriebenen Methode erstellt man eine Eichkurve. Dafür muß die Methode geringfügig geändert werden: Nachdem 0–30 ml Eichlösung mit einer Konzentration von 1 µg P ml^{-1} in die 100-ml-Kolben pipettiert worden sind, werden jeweils 5 ml Natriumhydrogencarbonat-Lösung und dann 1 ml ca. 1,5 M Schwefelsäure hinzugefügt. Man schwenkt um, damit das entstehende CO_2 entweichen kann. Die Kolben dürfen erst verschlossen werden, wenn alles Gas entwichen ist. Dann folgen die Farbreaktion und Messung der Extinktion wie zuvor.
Die Konzentration des Extrakts wird folgendermaßen bestimmt:

*Man pipettiert 5 ml (s. Anm. 3) in einen 100-ml-Kolben parallel zur Herstellung der Eichlösungen. Es wird 1 ml ca. 1,5 M Schwefelsäure zugegeben und dann wird, wie oben beschrieben, fortgefahren.

Die Modifizierung der Methode dient dazu, das Hydrogencarbonat im Extrakt zu neutralisieren, damit die Bedingungen für die Farbreaktion die gleichen sind wie bei den Wasserextrakten in Abschn. 10.1. Die Eichlösungen müssen den Extrakten angepaßt werden; sie müssen also ebenfalls Hydrogencarbonat und Säure enthalten.

Rechenbeispiel
Zusammenfassung der Methode
lufttrockener Boden (? mg P kg^{-1})
↓
5 g → 100 ml Bodenextrakt
↓
5 ml → 100 ml blauer Extrakt: µg P in 100 ml.

Beispiel. Die für 100 ml blaue Lösung bestimmte P-Menge beträgt 10,5 µg und stammt aus 5 ml Bodenextrakt. In 100 ml Extrakt befinden sich also 10,5 · 100/5 = 210 µg P. Diese stammen aus 5 g Boden, und damit beträgt die Konzentration:

210 · 1 000/5 = 42 000 µg oder 42 mg P kg^{-1} lufttrockenen Bodens.

Die Rechnung vereinfacht sich zu:

mg P kg^{-1} lufttrockenen Bodens = 4 · (µg P in 100 ml blauer Lösung).

Wenn der lufttrockene Boden 5 g H$_2$O pro 100 g des ofentrockenen Bodens enthält, dann wurde tatsächlich 4,76 g ofentrockener Boden suspendiert, und daher beträgt die Menge an extrahierbarem Phosphat:

210 · 1 000/4,76 = 44 118 µg bzw. 44 mg P kg^{-1} ofentrockenem Boden.

Verwendung des Bodenvolumens
Bei Routineanalysen wird ein 5-ml-Meßbecher mit Boden gefüllt, anstatt 5 g abzuwiegen. Der Meßbecher hat einen inneren Durchmesser von 18 mm und ist 19 mm tief (Abb. 9.8). Ansonsten bleibt der Rechenweg unverändert. Die Rechnung vereinfacht sich zu:

mg P l^{-1} Boden = 4 · (µg P in 100 ml blauer Lösung).

In Abschn. 9.1 wird die Verwendung des Bodenvolumens erklärt.

Anmerkung 1. Polyacrylamid ist ein hochmolekulares organisches Polymer, das sich an Tonminerale bindet. Es verhindert eine Dispergierung des Tons, während der Boden mit Natriumhydrogencarbonat-Lösung geschüttelt wird.

Anmerkung 2. Die extrahierbare Phosphatmenge ist temperaturabhängig. Steht kein Raum mit konstanter Temperatur zur Verfügung, sollte man einen Ort wählen, dessen Temperatur bei bzw. so nahe als möglich bei 20 °C liegt.

Anmerkung 3. Sollte der Extrakt aufgrund von gelöster organischer Substanz intensiv gefärbt (braun) sein, führt man die Eichung wie beschrieben durch. An der mit

Tabelle 10.5. P-Verfügbarkeitsindizes, die in Großbritannien durch den ADAS verwendet werden (aus MAFF 1988)

Index	Extrahierbares Phosphat [mg P l^{-1} Boden][a]
0	0 – 9
1	10 – 15
2	16 – 25
3	26 – 45
4	46 – 70
5	71 – 100

[a] 1 Liter <2 mm lufttrockener Boden.

einem Sternchen (*) markierten Stelle bereitet man zwei Proben vor. Eine wird wie beschrieben behandelt, während man zur zweiten keine Ascorbinsäure gibt. Man füllt lediglich mit Wasser bis zur Markierung auf, nachdem das Ammoniummolybdat zugegeben worden ist. In dieser Probe wird sich kein blauer Komplex bilden, aber man kann wegen der Braunfärbung einen Extinktionswert messen. Aus der Differenz der abgelesenen Extinktionswerte beider Lösungen errechnet man die vorliegende Phosphatmenge.

Phosphorverfügbarkeitsindex

In Tabelle 10.5 ist ein Indexsystem aufgelistet. Bei Getreideanbau ist bis zu einem Index von 3 P-Düngung zu empfehlen (Tabelle 10.1). Einige Gemüsearten werden sogar bis zu einem Index von 5 gedüngt.

10.4 Phosphorbestimmung in Pflanzenmaterial

10.4.1 Pflanzenphosphor

Die Pflanzentrockensubstanz wird verascht, um organischen Phosphor in Phosphat zu verwandeln, der dann in HCl aufgelöst und nach der Phosphomolybdat-Methode bestimmt wird. Alternativ kann die Phosphovanadomolybdat-Methode verwendet werden (Page 1982; MAFF 1986a).

Methode

Nach der in Abschn. 9.3 beschriebenen Methode werden 2 g Pflanzentrockensubstanz bei 450–500 °C verascht Durch Lösung in 50 ml erhält man den Pflanzenextrakt. Der P-Gehalt der Trockensubstanz beläuft sich auf etwa 3 g P kg^{-1} (Tabelle 9.1), d.h. 50 ml Extrakt dürften ca. 6 mg P enthalten.

Die P-Konzentration wird mit der in Abschn. 10.1 beschriebenen Phosphomolybdat-Methode gemessen. Der Meßbereich der Methode liegt bei 0–30 µg P. Eine 5-ml-Probe des eben erwähnten Extrakts (600 µg P pro 5 ml) muß bis in den Meßbereich verdünnt werden.

5 ml des Extrakts werden in einen 250-ml-Meßkolben pipettiert; es wird bis zur Markierung mit Wasser aufgefüllt. Die Farbreaktion wird mit 5 ml dieses verdünnten Pflanzenextrakts durchgeführt und anschließend die Extinktion gemessen.

Rechenbeispiel
Zusammenfassung der Methode
Pflanzentrockensubstanz (? g P kg^{-1})
↓
2 g → 50 ml Pflanzenextrakt
↓
5 ml → 250 ml verdünnte Lösung
↓
5 ml → 100 ml:µg P in 100 ml.

Beispiel. 12,5 µg P befinden sich in 100 ml der blauen Lösung. Diese stammen aus 5 ml verdünnter Lösung, d.h. 250 ml verdünnte Lösung enthalten $12,5 \cdot 250/5 = 625$ µg P. Diese wiederum stammen aus 5 ml Pflanzenextrakt, womit sich in 50 ml Pflanzenextrakt 6 250 µg P bzw. 6,25 mg P befinden. Der Pflanzenextrakt wurde aus 2 g Pflanzentrockensubstanz gewonnen, d.h. der P-Gehalt beträgt:

$6,25 \times 1\,000/2 = 3\,125$ mg = 3,1 g P kg^{-1}.

Die Rechnung vereinfacht sich zu:

g P kg^{-1} Trockensubstanz = (µg P in 100 ml blauer Lösung)/4.

10.5
Schwefelbestimmung in Boden- und Pflanzenmaterial

Das Sulfat der Bodenlösung kann mit Wasser oder 10 mM CaCl$_2$-Lösung extrahiert werden. Chlorid wird nur eine geringe Menge des adsorbierten Sulfats ersetzen. Diese Lösungen können verwendet werden, wenn es um die Bestimmung des verfügbaren Sulfats in neutralen Böden geht, die wenig adsorbiertes Phosphat enthalten. Gelöste und adsorbierte Sulfate können mit einer Calciumphosphat-Lösung extrahiert werden; in sauren Böden gilt diese Messung als ein Maß für die Verfügbarkeit. Der Schwefel in Pflanzen wird zunächst durch Veraschung in Sulfat überführt.

Das extrahierbare Sulfat wird turbidimetrisch bestimmt. Dies ist ein einfaches Verfahren, das aber bei der ersten Anwendung ziemlich unzuverlässig sein kann. Es gibt noch weitere Methoden, die aber für den normalen Gebrauch weniger geeignet sind.

Turbidimetrische Sulfatbestimmung

Nach Zugabe von Bariumchlorid zu einer sulfathaltigen Lösung fällt Bariumsulfat aus. Mit einem Spektralphotometer kann man nun die Lichtabsorption in der getrübten Lösung bestimmen. Der Gebrauch des Spektralphotometers wurde in Abschn. 10.1 beschrieben.

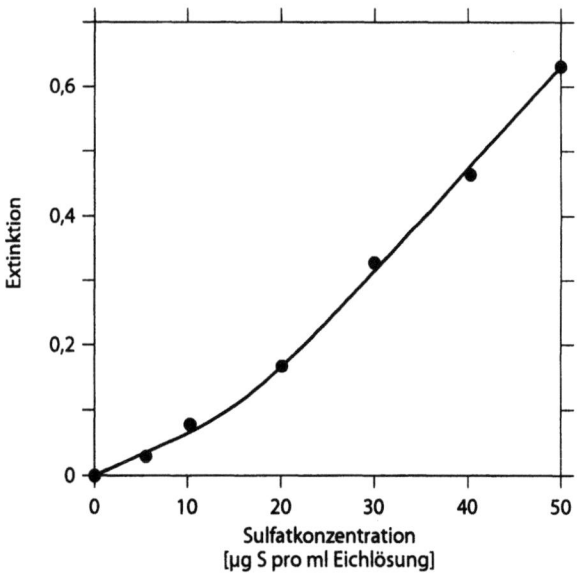

Abb. 10.11. Kalibrierungskurve für die turbidimetrische Sulfatbestimmung

Reagenzien und Ausrüstung

- *Bariumchlorid.* Man siebt das Salz, so daß man 425–600 μm große Kristalle erhält (s. Anm. 1).
- *Salzsäure,* ca. 1 M. 25 ml konzentrierte HCl (ca. 36 Masse-%) werden mit Wasser auf 250 ml verdünnt.
- *Sulfat-Eichlösungen,* 0–50 μg S ml^{-1}. Kaliumsulfat (K_2SO_4) wird 1 h lang bei 105 °C getrocknet und im Exsikkator abgekühlt. 0,544 g werden in Wasser gelöst und auf 1 l verdünnt. Diese Lösung enthält 100 μg S ml^{-1}. Man pipettiert 0, 5, 10, 20, 30, 40 und 50 ml dieser Lösung in 100-ml-Kölbchen, gibt jeweils 10 ml konzentrierte HCl (ca. 36 Masse-%) zu und füllt bis zur Markierung auf. Diese Lösungen enthalten 0–50 μg S ml^{-1} in etwa 1 M HCl.
- *Spektralphotometer* mit 40-mm-Küvetten;
- *50-ml-Meßzylinder* mit Stopfen oder *250-ml-Erlenmeyerkolben* mit Schliff.

Methode

Man pipettiert 5 ml einer jeden Eichlösung in einen 50-ml-Meßzylinder (oder Erlenmeyerkolben) und verdünnt auf 20 ml. Man gibt 0,25 g Bariumchlorid zu, verschließt den Zylinder und schüttelt 30 s lang kräftig. Danach läßt man 30 min stehen.

*Der Zylinder wird zur Durchmischung mehrmals hintereinander umgedreht; danach wird unverzüglich die Extinktion der Suspension in einer 40-mm-Küvette bei 480 nm gemessen. Diesen Vorgang wiederholt man für jeden Zylinder (Anm. 1). Nun wird die Eichkurve gezeichnet, die die Abhängigkeit zwischen der Extinktion und der Konzentration der Eichlösungen herstellt (Abb. 10.11).

Man beachte, daß in der Eichkurve die Extinktion auf die S-Konzentration [μg ml^{-1}] in 5 ml Eichlösung bezogen ist, und nicht auf die Endkonzentration in den 20 ml der trüben Lösung. Man könnte zwar die Endkonzentration benutzen, aber sowohl für Boden- als auch für Pflanzenextrakte werden 5 ml in den Meßzylinder gegeben, weshalb es einfacher ist, die Eichung auf dieses Volumen zu beziehen.

Anmerkung 1. Die Zuverlässigkeit dieser Methode hängt davon ab, ob die Bedingungen sorgfältig standardisiert werden. Die Extinktion ist von einer homogenen und repräsentativen Verteilung der Bariumsulfat-Partikel in der Küvette abhängig. Unter Umständen muß man das Experiment mehrmals wiederholen, um eine gewisse Routine beim Umgang mit den Lösungen und Extrakten zu entwickeln. Die Siebung des Bariumchlorids soll sicherstellen, daß es sich in jeder der Proben gleich gut löst. Die Eichkurve ist unterhalb von 20 µg ml^{-1} nicht linear.

Sulfat in der Bodenlösung

Das lösliche Sulfat kann mit 10 mM CaCl$_2$-Lösung extrahiert werden, wodurch eine Dispergierung des Tons verhindert, adsorbiertes Sulfat jedoch nicht verdrängt wird. Außerdem wird Aktivkohle zugesetzt, um den Extrakt zu entfärben, damit die lösliche organische Substanz nicht die anschließende Messung stört. Die bei der turbidimetrischen Analyse verwendeten Eichlösungen werden leicht verändert, damit sie mit der Extraktionslösung übereinstimmen.

Reagenzien und Ausrüstung

- *Aktivkohle.* Sie muß gereinigt werden, um Sulfate zu entfernen. Man wiegt 100 g Aktivkohle in ein 1-l-Becherglas und fügt 150 ml konzentrierte HCl (36 Masse-%) zu. Man kocht 15 min lang, rührt gut um und läßt 30 min absetzen. Man gießt den flüssigen Überstand ab, fügt 500 ml Wasser zu, mischt durch und läßt die Lösung 30 min stehen. Das Waschen mit Wasser wird zweimal wiederholt. Nun werden nochmals 500 ml Wasser zugegeben; man kocht wieder 15 min lang und wiederholt das Waschen mit Wasser dreimal. Die Aktivkohle wird bei 105 °C über Nacht getrocknet und dann in einem gut verschlossenen Behälter aufbewahrt.
- *Calciumchlorid*, 10 mM. Man löst 1,47 g CaCl$_2$ · 2H$_2$O in Wasser und füllt anschließend auf 1 l auf.
- *Calciumchlorid*, 100 mM. Man löst 1,47 g CaCl$_2$ · 2H$_2$O in Wasser und füllt auf 100 ml auf.
- *Sulfat-Eichlösungen.* Herstellung siehe „Turbidimetrische Sulfatbestimmung" auf S. 370; bevor jedoch auf 100 ml aufgefüllt wird, pipettiert man 10 ml 100 mM CaCl$_2$-Lösung in jeden Kolben. Die Eichlösung enthält dann 10 mM CaCl$_2$.
- *Flaschen* mit Verschlüssen, *125-ml-* oder *250-ml-Erlenmeyerkolben* mit Schliff.

Extraktion und Sulfatmessung

25 g (±0,1 g) lufttrockener Feinboden werden zusammen mit etwa 1 g Aktivkohle und 50 ml 10 mM CaCl$_2$-Lösung in eine Flasche oder einen Erlenmeyerkolben gefüllt. Er wird verschlossen und 30 min auf einem Schüttler geschüttelt (oder über den gleichen Zeitraum gelegentlich mit der Hand). Man filtert durch Whatmanpapier Nr. 40 und bewahrt das Filtrat auf.

Parallel dazu wird eine Blindprobe ohne Bodenzugabe vorbereitet. Mit dieser soll die Lichtabsorption bestimmt werden, die auf das Sulfat aus der Aktivkohle zurückzuführen ist.

Man pipettiert von jedem Filtrat 5 ml in 50-ml-Meßzylinder und gibt 5 ml 1 M HCl, 10 ml Wasser und 0,25 g Bariumchlorid zu. Der Zylinder wird verschlossen, 30 s geschüttelt und dann 30 min zum Absetzen stehengelassen. Man mißt die Extinktion und folgt ab dem (*) Sternchen genau der oben beschriebenen Vorschrift für das Eichverfahren.

Man mißt die Hintergrund-Extinktion des Bodenextraktes, der zwar Säure enthält, jedoch mit Wasser statt mit Bariumchlorid auf 20 ml aufgefüllt wurde. Diese Lichtabsorption beruht auf verbliebenen Tonpartikeln, die so fein sind, daß sie das Filterpapier passieren.

Rechenbeispiel

Aus der Eichkurve bestimmt man die der Extinktion entsprechende Sulfatkonzentration des Bodenextrakts, der Blindprobe und des Hintergrunds. Die Werte der beiden letzten Proben werden zusammengezählt.

Beispiel
- Extrakt $\qquad$ 4,5 µg S ml^{-1}
- Blindprobe + Hintergrund $\quad$ 0,3 µg S ml^{-1}
- Extrahiertes Sulfat $\qquad$ 4,2 µg S ml^{-1}

Zusammenfassung der Methode

lufttrockener Boden (? mg S kg^{-1})
↓
25 g → 50 ml
↓
µg S ml^{-1}.

Im obigen Beispiel enthalten 50 ml Extrakt $4{,}2 \cdot 50 = 210$ µg S. Diese stammen aus 25 g Boden. 1 kg Boden enthält also

$210 \cdot 1\,000 / 25 = 8\,400$ µg $= 8{,}4$ mg S kg^{-1} lufttrockenen Bodens.

Diese Rechnung vereinfacht sich zu:

mg S kg^{-1} lufttrockenem Boden = 2 · (Konzentration des Extrakts in µg S ml^{-1}).

Wenn der lufttrockene Boden 5 g H$_2$O pro 100 g ofentrockenem Boden enthält (952,4 g ofentrockener Boden kg^{-1} lufttrockenem Boden), lautet das Ergebnis:

$8{,}4 \cdot 1\,000 / 952{,}4 = 8{,}8$ mg S kg^{-1} ofentrockenen Bodens.

Dieser Wert kann für die Bodenlösung auch als Molarität ausgedrückt werden: Angenommen, die Wasserspeicherkapazität des Bodens beträgt 30 Masse-%, dann würde 1 kg ofentrockener Boden bei Wiederbefeuchtung 300 ml Bodenlösung enthalten. Dessen S-Gehalt wäre:

8,8 mg S oder $8{,}8 \cdot 1\,000 / 300 = 29$ mg S l^{-1}.

Die Molmasse von Schwefel beträgt 32,1 g mol^{-1}; damit beträgt die Molarität

$29 \cdot 10^{-3}$ g l^{-1} / 32,1 g mol^{-1} = $9{,}0 \cdot 10^{-4}$ mol l^{-1} = 0,9 mM.

In Tabelle 7.6 wird für Böden in Oxfordshire ein Durchschnittswert von 0,3 mM angegeben. Man beachte, daß bei der Berechnung davon ausgegangen wurde, daß das gesamte extrahierte Sulfat aus den 300 ml Bodenlösung stammt. Das trifft für neutrale Böden wahrscheinlich auch zu. Sofern in sauren Böden adsorbiertes Sulfat vorhanden ist, kann ein Teil davon bei der Extraktion desorbiert werden.

Extrahierbares Bodensulfat

Zur Extraktion werden sowohl Natriumhydrogencarbonat- als auch Calciumtetrahydrogenphosphat-Lösung verwendet (Page 1982). Letztere ergibt in den meisten Böden klare Extrakte und wird bei der im folgenden beschriebenen Methode verwendet. Zwischen Phosphaten und Sulfaten besteht eine starke Konkurrenz um die Adsorptionsplätze, wodurch Sulfat in die Bodenlösung verdrängt werden kann. Die Sulfat-Eichlösung, die für die Trübungsmessung verwendet wird, sollte modifiziert und der Extraktionslösung angepaßt werden.

Reagenzien

- *Extraktionslösung.* Man löst 2,52 g $CaH_4(PO_4)_2 \cdot H_2O$ in Wasser und füllt auf 1 l auf.
- *Sulfat-Eichlösungen.* Die Lösungen werden, wie im Abschnitt „Turbidimetrische Sulfatbestimmung" beschrieben, hergestellt, wobei man jedoch 10 ml der Tetrahydrogenphosphat-Lösung in den Kolben pipettiert, bevor auf 100 ml aufgefüllt wird. Die Eichlösungen besitzen dann dieselbe Calciumphosphat-Konzentration wie die Extraktionslösung.

Extraktion und Messung

Man folgt dem unter „Sulfat in der Bodenlösung" beschriebenen Verfahren, das aber folgendermaßen modifiziert wird: Man extrahiert 10 g Boden mit 1 g Aktivkohle und 100 ml Extraktionslösung 30 min lang. Die S-Konzentration wird dann aus 5 ml Extrakt bestimmt.

Rechenbeispiel

Die Rechnung muß angepaßt werden, um das veränderte Boden/Lösungs-Verhältnis zu berücksichtigen:

mg S kg^{-1} lufttrockenem Boden = 10 · (Konzentration des Extrakts in µg S ml^{-1})

Das Ergebnis sollte auf ofentrockenen Boden bezogen werden.

Kritische Mengen an extrahierbarem Sulfat

Etwa 10–13 mg extrahierbarer Sulfat-S kg^{-1} (25–33 kg ha^{-1}, 2 500 t ha^{-1}) werden oft als kritische Konzentration der Bodenlösung angesehen, unterhalb der das Pflanzenwachstum durch unzureichende S-Versorgung eingeschränkt sein kann. Mit der oben beschriebenen Methode sind solche Konzentrationen (1–1,3 µg ml^{-1} im Extrakt) kaum nachweisbar. Der Pflanzenbedarf (Tabelle 9.2) und die atmosphärischen Einträge (Farbtafel 16) sind hohen Schwankungen unterworfen. Ein Indexsystem für die empfohlene Düngermenge wurde in Großbritannien bislang noch nicht entwickelt.

Schwefel in Pflanzenmaterial

Der in Pflanzen enthaltene Schwefel wird bei der Veraschung als Sulfat freigesetzt. Das Verfahren aus Abschn. 9.3 muß allerdings modifiziert werden, damit sichergestellt ist, daß der organische Schwefel zu SO_4^{2-} oxidiert wird, der dann turbidimetrisch bestimmt werden kann.

Reagenzien und Ausrüstung

- *Magnesiumnitrat-Lösung.* 71,3 g Mg(NO$_3$)$_2$ · 6H$_2$O werden in Wasser gelöst und auf 100 ml aufgefüllt.
- *Elektrische Heizplatte.*

Extraktion

Zu 1 g Pflanzentrockensubstanz (s. Abschn. 9.3) werden in einer Verdunstungsschale 10 ml Magnesiumnitrat-Lösung gegeben, so daß die gesamte Probe bedeckt ist. Man erwärmt die Probe auf der Heizplatte bei 180 °C und erhöht die Temperatur nach dem Eindampfen auf 280 °C. Organischer Schwefel und Sulfide werden dadurch zu Sulfat oxidiert. Wenn die Farbe des Rückstandes von braun nach gelb umschlägt, erhitzt man die Probe in einem Muffelofen über Nacht auf 450 °C, bis nur noch weiße Asche zurückbleibt. Man läßt abkühlen und deckt mit einem Uhrglas ab. Nun feuchtet man mit Wasser an, fügt 10 ml konzentrierte HCl (ca. 36 Masse-%) zu und kocht vorsichtig 2 min lang. Man gibt abermals 10 ml Wasser zu, spült das Uhrglas ab (in die Schale) und entfernt es. Der Inhalt der Schale wird mit der gesamten Waschflüssigkeit quantitativ in einen 100-ml-Meßkolben überführt, der bis zur Markierung aufgefüllt wird. Man filtert durch Whatmanpapier Nr. 541 und verwirft die ersten ml. Der Rest wird für die Analyse aufbewahrt

Sulfatbestimmung

Die unter „Turbidimetrische Sulfatbestimmung" beschriebene Methode wird auch hier angewendet. Der Pflanzenextrakt enthält ebensoviel Säure wie die Eichlösungen. Man pipettiert 5 ml Extrakt in einen 50-ml-Meßzylinder, füllt mit Wasser auf 20 ml auf und gibt 0,25 g Bariumchlorid zu. Dann verfährt man wie vorher beschrieben.

Rechenbeispiel
Zusammenfassung der Methode
Pflanzentrockensubstanz (? g S kg^{-1})
↓
1 g → 100 ml
↓
µg S ml^{-1}.

Beispiel. Die gemessene Konzentration beträgt 20,5 µg S ml^{-1}. In 100 ml Extrakt befinden sich also 20,5 · 100 = 2 050 µg = 2,05 mg S. Diese stammen aus 1 g Pflanzentrockensubstanz, womit der S-Gehalt der Trockensubstanz 2,05 g S kg^{-1} beträgt.

10.6
Praktische Übungen

1. Bestimmen Sie, in welchem Umfang adsorbiertes Phosphat durch CaCl$_2$-Lösung nicht desorbiert wird! Folgen Sie den in Abschn. 10.2 beschriebenen Methoden und bestimmen Sie die Sorptionsisotherme für einen oder mehrere Böden unterschiedlicher Bodenart! Die einzige Abweichung von der Standardmethode besteht darin, daß die Bodenproben und Lösungen in Zentrifugenröhrchen geschüttelt werden sollten.

Wiegen Sie die Zentrifugenröhrchen vor der Zugabe von Boden und Lösung! Zentrifugieren Sie nach dem Schütteln, gießen Sie den Überstand ab und bewahren Sie ihn zur Phosphatbestimmung auf! Wiegen Sie das Röhrchen mit dem feuchten Boden nochmals, um die im Boden verbliebene Lösungsmenge (verschleppte Lösung) bestimmen zu können! Geben Sie 10 mM $CaCl_2$-Lösung zu, schütteln Sie 24 h lang, zentrifugieren Sie und messen Sie die P-Konzentration der Lösung!

Es folgt ein Beispiel, das auf der Great Field-Bodenisotherme aus Abb. 10.10 beruht. Der Höchstwert der Isotherme (10 µg g^{-1}, 1 µg ml^{-1}) wird nach dem oben beschriebenen Verfahren ermittelt. Die Menge der verschleppten Lösung betrug 0,6 g und die Endkonzentration 0,1 µg ml^{-1}. Die P-Menge in der verschleppten Lösung beläuft sich auf 1 · 0,6 = 0,6 µg. Nach nochmaligem Schütteln beträgt die P-Menge in 25 ml + 0,6 ml Lösung 0,1 · 25,6 = 2,56 µg. Die P-Menge, die in die 10 mM $CaCl_2$-Lösung desorbiert wurde, beträgt 2,56−0,6 = 1,96 µg P. Diese stammen aus 2,5 g Boden; damit wurden 1,96/2,5 = 0,78 µg P g^{-1} Boden desorbiert. Dieser Punkt wurde in der Isotherme eingetragen und kennzeichnet das Ausmaß der Irreversibilität der Reaktion. Die desorbierte P-Menge beträgt 8 % der ursprünglich adsorbierten Menge.

Besteht für Böden unterschiedlicher Bodenart eine Beziehung zwischen der Bodenart und dem Anteil der Desorption? Vergleichen Sie die Ergebnisse dieses Experiments mit ähnlichen Kaliumversuchen (s. Abschn. 9.8, Übungsaufgabe 4)!

2. Führen Sie einen Topfversuch durch, um die Reaktion von Weidelgras auf Kalk- und Phosphatdüngung in einem saurem Boden zu untersuchen! Befolgen Sie die in Abschn. 9.2 beschriebene Methode! Berechnen Sie für einen sauren Waldboden mit einem pH von ungefähr 4 die Kalkmenge, die erforderlich ist, um den pH auf 6 anzuheben! Versorgen Sie alle Töpfe mit Stickstoff und Kalium sowie die Hälfte der Töpfe mit Phosphat (mit drei Parallelproben pro Phosphatgabe)! Die experimentelle Anordnung sieht also folgendermaßen aus:

K_0 (pH 4) P_0 (ohne P)
K_1 (pH 6) P_1 (mit P)

Behandelt werden: 3 Töpfe pro K_0P_0, K_0P_1, K_1P_0 und K_1P_1, insgesamt also 12 Töpfe.

Ziel des Experiments ist es herauszufinden, ob Wachstumsbeschränkungen in sauren Böden in erster Linie durch die Acidität oder durch einen P-Mangel verursacht werden.

Das Experiment läßt sich erweitern, wenn man das mit Hydrogencarbonat extrahierbare P in den unterschiedlich behandelten Böden bestimmt (Abschn. 10.3). Erhöht die Kalkdüngung die extrahierbare P-Menge? Welcher Anteil der Düngerzufuhr ist extrahierbar und wird diese Menge durch die Kalkung beeinflußt?

3. Behandeln Sie Bodenproben gemäß den in Abschn. 9.2 diskutierten Methoden mit unterschiedlichen P-Mengen! Sie werden 1 Monat lang feucht inkubiert. Messen Sie die Sorptionsisothermen der Proben einschließlich der Isotherme einer unbehandelten Bodenprobe!

Tragen Sie die Gleichgewichtskonzentration des Phosphats in der Bodenlösung gegen das sorbierte Phosphat auf! Tragen Sie an jedem Punkt die Sorptionsisotherme ein! (Abb. 10.12).

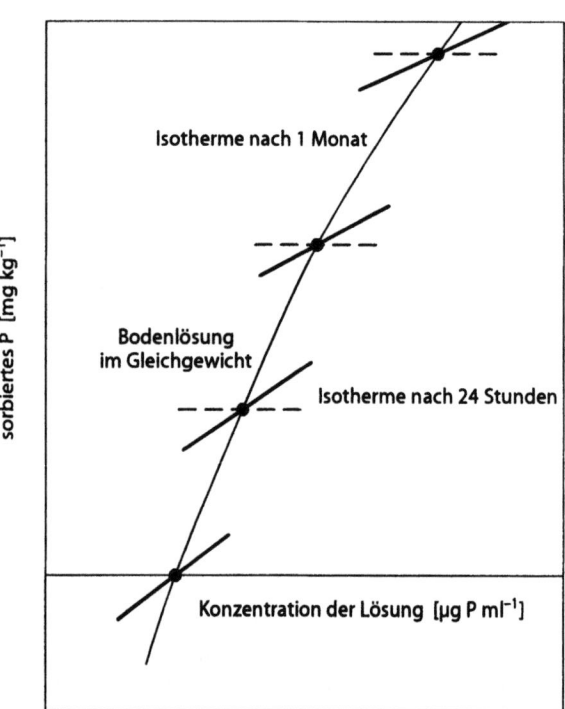

Abb. 10.12. Mit Übung 3 ermittelte Isothermen

Was verursacht den Unterschied zwischen der Steigung der Isotherme nach 24 h und nach einem Monat?
4. *Projekt zur Datenanalyse.* Berechnen Sie mit den Daten aus Abb. 3.1 den prozentualen Anteil des Bodenvolumens in 0–15 cm Tiefe, das sich in den Monaten März und Juni in der phosphatverarmten Zone um die Weizenwurzeln befindet. Gehen Sie von einem Wurzelradius von 0,15 mm und einer Verarmungszone von 2 mm (Abb. 10.2) aus! (*Antwort:* 19 und 37) Wiederholen Sie die Berechnung für eine Bodentiefe von 75–100 cm! (*Antwort:* 0 und 1,4)
Berücksichtigen Sie bei weiteren Berechnungen, daß zu verschiedenen Zeiten verschiedene Teile des Wurzelsystems für die P-Aufnahme zuständig sind! Hierfür wird man einige Annahmen machen müssen: In der Zeit vom 31. Dezember bis zum 30. Juni verdoppelt sich die Wurzellänge alle sechs Wochen, d.h. Ende Dezember gibt es (noch) keine Verarmungszone; die Zone dehnt sich derart aus, daß der Radius proportional zur Quadratwurzel der Zeit zunimmt (Radius in mm = 0,32 $t^{1/2}$; t ist die Aufnahmezeit in Tagen). Vergleichen Sie das berechnete, an Phosphat verarmte Volumen mit dem Gesamtbodenvolumen bis in 1 m Tiefe! Zur Durchführung dieser Berechnungen sollte man ein Computerprogramm schreiben. Die Berechnung müßte schrittweise erfolgen, da jede Woche neue Wurzeln wachsen und in deren Umgebung in der verbleibenden Zeit der Wachstumsperiode die P-Vorräte ausgebeutet werden.
5. Aus der Literatur geht hervor, daß sich in neutralen Böden nahezu das gesamte Sulfat frei in der Bodenlösung befindet. In sauren Böden hingegen – besonders in solchen, die nennenswerte Mengen an Sesquioxiden und Kaoliniten enthalten – können große Mengen adsorbierter Sulfate vorliegen (s. Abschn. 7.5). Überprüfen

Sie diese Behauptung für eine Reihe von Böden und messen Sie die adsorbierten Sulfatmengen und den Sulfatgehalt der Lösung! Sammeln Sie Böden mit unterschiedlichen pH-Werten und unterschiedlicher Zusammensetzung. Rot gefärbte Böden haben oft hohe Gehalte an Sesquioxiden. Bereiten Sie lufttrockene Feinbodenproben vor! Extrahieren Sie nach den in Abschn. 10.5 beschriebenen Methoden das Sulfat mit Calciumchlorid- und Calciumphosphat-Lösungen! Die S-Konzentrationen in ausgewaschenen Böden können sehr klein sein. Sollte dies der Fall sein, fügt man den Böden eine gewisse Sulfatmenge zu und wiederholt die Messung.

Vorschläge für die Zugaben. Man gibt 50 mg S kg^{-1} Boden zu, was 125 kg ha^{-1} (2 500 t ha^{-1}) entspricht. Hierfür löst man 1,357 g K$_2$SO$_4$ in Wasser und füllt auf 1 l auf. Gibt man zu 100 g Boden 20 ml dieser Lösung, bedeutet das eine Zufuhr von 27,14 mg K$_2$SO$_4$ bzw. 5 mg S. Boden und Lösung werden gründlich gemischt und einige Tage inkubiert, bevor der Boden an der Luft getrocknet und dann extrahiert wird. Wenn durch die CaCl$_2$-Lösung der gesamte Schwefel extrahiert wird, steigt die Konzentration im Extrakt um 25 µg ml^{-1}. Verwendet man zur Extraktion Calciumphosphat-Lösung, steigt die Konzentration um 5 µg ml^{-1}.

10.7
Übungsaufgaben

1. Berechnen Sie mit den Daten aus Abb. 10.1 den ungefähren Wertebereich des Gesamtphosphatgehalts des Bodens! (*Antwort*: 400–500 mg P kg^{-1}) Verwenden Sie für die anschließende Überlegung den höheren Wert und drücken Sie folgende P-Fraktionen als Prozentanteil des Gesamtphosphats im Boden aus: gelöstes Phosphat, Phosphat auf Partikeloberflächen, Phosphat in Bodenmineralen, organischer Phosphor! (*Antwort*: 0,1, 20, 40, 40)
Um den Pflanzenbedarf zu decken, wandert Phosphat aus der Bodenlösung zu den Wurzeln. Geben Sie mit Hilfe der Daten für Weizen in Tabelle 9.2 an, welchen Anteil das Phosphat der Bodenlösung an der gesamten Pflanzenaufnahme ausmacht! (*Antwort*: 0,5–5)
Berechnen Sie anhand von Abb. 11.3 die ungefähre maximale P-Aufnahmerate pro Tag! (*Antwort*: 0,9 kg ha^{-1}) Befindet sich im Boden genug Phosphat, um den Tagesbedarf zu decken?
2. Eine Ackerfläche wurde mit 50 kg P ha^{-1} gedüngt; der Dünger wurde in die oberen 20 cm des Bodens eingearbeitet. Berechnen Sie, ausgehend von einer Lagerungsdichte von 1,3 t m^{-3}, die äquivalente Düngermenge für ein Laborexperiment in mg P kg^{-1}! (*Antwort*: 19) Welche Menge an KH$_2$PO$_4$ müßte bei dieser Düngung ausgebracht werden? Die molaren Massen sind in Anhang 2 aufgeführt. (*Antwort*: 84 mg kg^{-1}) Wieviel Dünger müßte auf dem Acker ausgebracht werden, wenn man die Menge in kg P$_2$O$_5$ ha^{-1} ausdrückt? (*Antwort*: 115)
3. Der Radius der phosphatverarmten Zone um eine Wurzel nimmt ungefähr mit der Quadratwurzel der Zeit zu. Formulieren Sie eine Gleichung, die den Radius (r in mm) mit der Zeit (t in d) verknüpft! Die Werte aus Abb. 10.2 können hierzu verwendet werden. (*Antwort*: $r = 0{,}32\, t^{1/2}$) Berechnen Sie mit dieser Gleichung die Zeit, die verstreicht, bis sich eine Verarmungszone mit einem Durchmesser von 2 mm gebildet hat! (*Antwort*: 39 d) Berechnen Sie außerdem den Anteil des phos-

phatverarmten Bodenvolumens innerhalb der 2-mm-Zone, wenn 4 cm Wurzeln cm^{-3} Boden vorhanden sind! Das Wurzelvolumen kann dabei vernachlässigt werden. (*Antwort*: 50) In Abb. 3.1 ist die Wurzellänge für verschiedene Bodentiefen zu finden. Wiederholen sie die Berechnung für eine Bodentiefe von 75–100 cm im Juni und gehen Sie dabei von einer Verarmungszone von 3 mm aus! (*Antwort*: 14)

4. Drei ml Phosphatlösung (0,5 g P l^{-1}) wurden sorgfältig mit 40 g Boden gemischt und 1 Woche lang feucht inkubiert. Von diesem Boden wurde eine Teilprobe von 5 g mit 50 ml 10 mM CaCl$_2$-Lösung geschüttelt. Die Suspension wurde filtriert; in der Lösung wurde eine P-Konzentration von 1 µg P ml^{-1} gemessen. Welche Menge des zugegebenen Phosphats war an die Partikeloberflächen adsorbiert worden? (*Antwort*: 1,1 mg P)

5. Berechnen Sie anhand von Tabelle 10.2 für jede Parzelle die Differenz zwischen der P-Zufuhr und dem P-Entzug! Gehen Sie davon aus, daß der Mais in allen Parzellen 4 kg P t^{-1} enthielt! Stellen Sie eine neue Tabelle zusammen, in der diese Werte als Hinweis auf die Restphosphat-Mengen dienen, von der die nächste Pflanzengeneration profitieren könnte! (*Beispiel*: Erntemenge = 3,33 t ha^{-1}, P im Korn = 3,33 · 4 = 13,3 kg, P-Zufuhr = 44 kg, Restphosphat = 30,7 kg)

6. Berechnen Sie die P-, S- und N-Verluste pro Hektar in 300 mm Sickerwasser, wenn die Konzentrationen 0,01, 3 bzw. 10 mg l^{-1} betragen (vgl. Tabelle 10.3 und Abb. 11.7)! (*Antwort*: 0,03, 9 und 30 kg)

7. Der Jahresniederschlag eines Orts in Nordengland liegt bei 1 200 mm; die Gesamt-S-Konzentration beträgt 2 mg l^{-1}. Berechnen Sie die Einträge in kg S ha^{-1} a^{-1}! (*Antwort*: 24) Berechnen Sie den SO$_2$-bedingten Säureeintrag in kg H$^+$ ha^{-1} a^{-1} für den Fall, daß der SO$_2$-Eintrag durch Niederschläge sowie trockene Deposition 10 kg S ha^{-1} a^{-1} beträgt und SO$_2$ durch folgende Oxidationsreaktion umgesetzt wird:

$$2SO_2 + O_2 + 2H_2O = 2H_2SO_4!$$

(Molmassen: s. Anhang 2; *Antwort*: 0,63)

# KAPITEL 11

Stickstoff

Der Stickstoff im Boden stammt hauptsächlich aus dem gasförmigen Stickstoff (N_2) der Atmosphäre. Freilebende und mit Pflanzen in Symbiose lebende Mikroorganismen fixieren N_2 und bilden daraus *organischen Stickstoff*, der in Form von Aminogruppen ($-NH_2$) in Proteine eingebaut wird. So gelangt N_2 in die organische Bodensubstanz, bei deren Zersetzung ein Teil des organischen Stickstoffs in den sogenannten *mineralischen Stickstoff* umgewandelt wird: damit sind das Ammonium-Ion (NH_4^+) sowie das Nitrit- und Nitrat-Ion (NO_2^-, NO_3^-) gemeint. Man beachte, daß sich die Begriffe „Mineral" und „mineralisch" hier auf Ionen beziehen, die Stickstoff (bzw. Schwefel und Phosphor) enthalten, und nicht auf Bodenminerale (wie Feldspäte, Tone etc., s. Kap. 2). Auch in der Bodenluft findet sich Stickstoff, doch wird dieser nicht dem Boden-N zugerechnet, da Gase frei beweglich sind und den Boden verlassen können. Mineralischer Stickstoff wird von Pflanzen und Mikroorganismen aufgenommen, die ihn in organischen Stickstoff umwandeln. Insbesondere in Wäldern enthalten die Pflanzen den größten Teil der gesamten im Ökosystem vorhandenen N-Vorräte.

Stickstoffdynamik

Im Boden findet aufgrund der Aktivitäten von Pflanzen und Mikroorganismen ein kontinuierlicher Fluß des Stickstoffs von einer Form in eine andere statt. Abbildung 11.1 zeigt die daran beteiligten Prozesse.

- *Mineralisierung* ist die mikrobielle Umwandlung von organischem Stickstoff in mineralischen Stickstoff (*R*: organischer Rest):

    $R-NH_2 \rightarrow NH_4^+$.

- *Nitrifikation* ist die Oxidation von Ammonium-N durch spezifische Mikroorganismen zu Nitrit und Nitrat:

    $NH_4^+ \rightarrow NO_2^- \rightarrow NO_3^-$.

- *Immobilisierung* ist die Umwandlung von mineralischem Stickstoff in organischen Stickstoff. Sie tritt dann ein, wenn Mikroorganismen ihren N-Bedarf aus dem organischen Material, das ihnen als Nahrungsgrundlage dient, nicht decken können. Statt dessen nehmen sie mineralischen Stickstoff auf:

    NH_4^+ und $NO_3^- \rightarrow R-NH_2$.

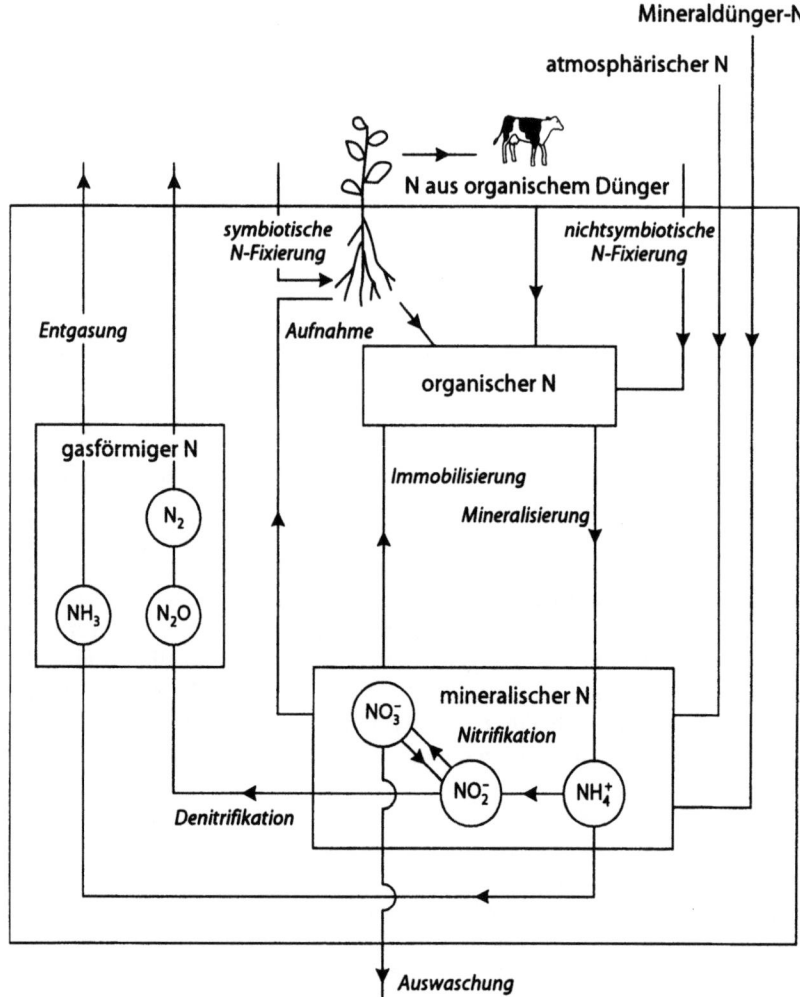

Abb. 11.1. Stickstoffkreislauf

- *Ausgasung* ist der Verlust von Ammoniakgas aus dem Boden. Unter alkalischen Bedingungen werden aus gelösten Ammoniumionen Ammoniakmoleküle, die in die Bodenluft entweichen:

    $NH_4^+ + OH^- \rightleftharpoons NH_3 + H_2O$.

- *Denitrifikation* ist der Verlust von Stickstoff und Lachgas (N_2O) aus dem Boden unter anaeroben Bedingungen. Nitrat und Nitrit werden von Mikroorganismen zu diesen Gasen reduziert (s. Abschn. 6.6):

    NO_3^- und $NO_2^- \rightarrow N_2O \rightarrow N_2$.

- *Stickstoff-Fixierung*: Eine spezialisierte Gruppe von Mikroorganismen kann das Stickstoffgas der Bodenluft in Ammonium umwandeln. Das Ammonium wird danach als organischer Stickstoff assimiliert:

  $N_2 \rightarrow NH_4^+ \rightarrow R-NH_2$.

- *Netto-Mineralisierung*. Da Mineralisierung und Immobilisierung zur gleichen Zeit stattfinden, ist es schwierig, die beiden Prozesse zu trennen. Normalerweise wird die Veränderung der mineralischen N-Menge während einer bestimmten Zeitspanne gemessen. Verluste aufgrund von Auswaschung, Denitrifikation und Ausgasung müssen berücksichtigt werden, damit man den Nettobetrag berechnen kann. Dabei kann es sich um einen Gewinn oder Verlust an mineralischem Stickstoff handeln; der Verlust wird als *Netto-Immobilisierung* bezeichnet.
- Durch *Nitrat-Auswaschung* geht dem Boden im Sickerwasser ein Teil des Nitrats verloren. Nitrat wird nicht an den Oberflächen von Bodenpartikeln adsorbiert, es sei denn, sie tragen positive Ladung (s. Abschn. 7.5). Von sauren Böden der feuchten Tropen abgesehen, ist Nitrat damit frei auswaschbar.

Der N-Kreislauf wird durch N-Aufnahme von Pflanzen aus dem Boden geschlossen; die N-Zufuhr in den Boden erfolgt aus direkten atmosphärischen Einträgen (als Nitrat, Ammoniak und gasförmige Stickoxide, die im Boden in Nitrat umgewandelt werden) und aus Einträgen durch mineralische und organische Dünger sowie tierische Exkremente.

Was kann gemessen werden?

Der organische Stickstoff wird mit den in Abschn. 3.6 vorgestellten Methoden bestimmt. Durch diese Analyse werden organischer Stickstoff und Ammonium-N zusammen erfaßt; da jedoch der mineralische N-Anteil sehr gering ist, werden die Ergebnisse als organischer N-Gehalt (N_{org}) oder Gesamt-N des Bodens bezeichnet.

Der mineralische Stickstoff (N_{min}) wird durch Extraktion des Bodens mit Kaliumchlorid- oder -sulfatlösung gemessen. Ammonium und Nitrat können getrennt oder gemeinsam bestimmt werden (s. Abschn. 11.1). Die gleichen Methoden verwendet man, um den N_{min}-Gehalt von Sickerwasser zu bestimmen.

Pflanzen-N wird durch Aufspaltung des Pflanzenmaterials in konzentrierter Säure als Ammonium-N freigesetzt, der dann bestimmt werden kann (s. Abschn. 11.2). Diese Methode ähnelt dem zur Bestimmung des Boden-N verwendeten Verfahren.

Die Messung der atmosphärischen N-Einträge sowie der gasförmigen Verluste erfordert technische Verfahren, die über den Rahmen dieses Buches hinausgehen. Sie sind jedoch für eine Bestimmung der N-Bilanz von großer Bedeutung. Eine Abschätzung der derzeitigen atmosphärischen Einträge in Großbritannien ist in Farbtafel 17 dargestellt.

Der N-Kreislauf ist in Abb. 11.2 nochmals dargestellt. Die N-Formen, die mit den oben beschriebenen Methoden gemessen werden können, wurden ebenso wie der Mengenanteil der mineralischen und organischen Form eingetragen. Der Gehalt an organischem Stickstoff wird zum Gehalt an organischer Bodensubstanz in Beziehung gesetzt (s. Kap. 3): Bei einem C/N-Verhältnis von 10 enthält ein Boden 0,06 % N pro 1 % organischer Substanz. In Böden arider Gebiete ist der Humusgehalt gering und

Abb. 11.2. Vereinfachter Stickstoffkreislauf

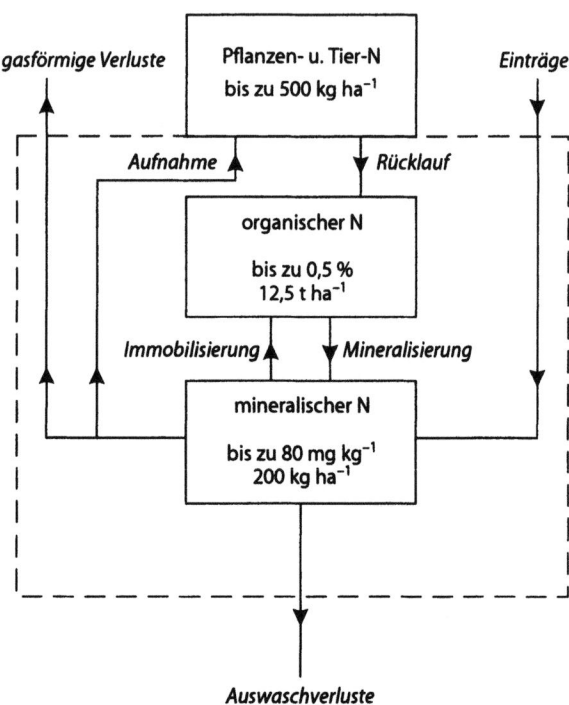

damit ist auch der N_{org}-Gehalt gering. Wenn kein organischer Stickstoff mineralisiert wird, ist der N_{min}-Gehalt des Bodens auf atmosphärische Einträge zurückzuführen. In diesen Gebieten kann das Regenwasser 0,1 mg N l^{-1} enthalten; wenn 30 % des Niederschlags versickert, entspricht das einem Eintrag von 0,03 mg N l^{-1} bzw. <0,1 kg ha^{-1} im Oberboden. Die größten Mengen an mineralischem Stickstoff sind dort zu finden, wo rasche Mineralisierung stattfindet oder wo mineralische oder organische Dünger ausgebracht wurden. N-Gewinne und N-Verluste werden weiter unten im Rahmen der N-Bilanz behandelt.

Stickstoffversorgung der Pflanzen

Pflanzen nehmen mineralischen Stickstoff auf. In der natürlichen Vegetation decken der mineralisierte Stickstoff und geringe Mengen mineralischen Stickstoffs aus der Atmosphäre den Pflanzenbedarf. Deren Menge reguliert die Produktivität natürlicher Ökosysteme. In Agrarökosystemen stützt sich die Pflanzenproduktion ebenfalls auf diese Quellen; zusätzlich erfolgen aber Einträge über mineralische und organische Dünger (Farbtafel 18 a und b). Für eine genaue Beurteilung des N-Düngerbedarfs muß man die Mineralisierungsrate und den Bedarf der angebauten Pflanzen kennen. Folgende Faktoren beeinflussen die Mineralisierungsgeschwindigkeit:

- *Menge der organischen Bodensubstanz und ihr N-Gehalt.* Der Bodenhumus stellt das Substrat der mikrobiellen Aktivität dar. Je höher der Humusgehalt, desto größer ist im allgemeinen die Aktivität der Mikroorganismen, wobei die Hauptmenge des mineralisierten Stickstoffs bei der Zersetzung frischer Pflanzenrückstände anfällt. Damit jedoch insgesamt Mineralisierung stattfindet, muß das C/N-Verhältnis der organischen Stoffe, die abgebaut werden, kleiner als 30:1 sein (mehr als 1,8 % N): Strohrückstände führen – zumindest anfangs – zu einer Netto-N-Immobilisierung, wogegen Leguminosenrückstände Mineralisierung hervorrufen.

- *Wassergehalt.* Nur in feuchten Böden sind die Mikroorganismen aktiv. Der Wiederbefeuchtung eines trockenen Bodens folgt in der Regel ein mikrobieller Aktivitätsschub.
- *Temperatur.* Die Stoffwechselrate von Mikroorganismen erhöht sich bei einem Temperaturanstieg um 10 °C ungefähr um den Faktor 3, bis ein Optimum erreicht ist (s. Abschn. 6.1).
- *pH.* Saure Bedingungen verringern sowohl die Abbaugeschwindigkeit der organischen Substanz als auch die N-Mineralisierung, was zur Akkumulation teilweise zersetzter Pflanzenreste auf der Oberfläche saurer Böden führt. Kalkung erhöht die Mineralisierungsrate und verbessert die Versorgung der Pflanzen mit mineralischem N.
- *Durchlüftung.* Anaerobe Bedingungen setzen die mikrobielle Aktivität ebenfalls herab und bewirken auf unter Wasser stehenden Flächen die Bildung von Torf, durch den Pflanzen nur unzureichend mit mineralischem Stickstoff versorgt werden.
- *Bodenbewirtschaftung.* Dabei spielen viele Faktoren eine Rolle. Pflanzen sterben ab und werden zusammen mit den Ernterückständen in den Boden eingearbeitet, wodurch möglicherweise die Durchlüftung verbessert wird. Im allgemeinen wird dadurch die Netto-Mineralisierungsrate erhöht.

Maximale Mineralisierungsraten treten daher in warmen, feuchten und humosen Böden auf. Die folgenden Faktoren sind dabei wichtig:

- die Wiederbefeuchtung des warmen Bodens im Herbst, besonders wenn es sich um einen kultivierten Boden handelt;
- die Erwärmung der feuchten Böden im Frühjahr und
- der Eintrag von großen Mengen frischen Pflanzenmaterials.

Wird gut gedüngtes oder leguminosenreiches Grasland der gemäßigten Breiten umgepflügt, hat dies besonders hohe Mineralisierungsraten zur Folge. Zusammen mit organischer Düngung ist dies die Grundlage des Pflanzenbaus in landwirtschaftlichen Mischbetrieben. Die Rodung von Wäldern hat einen ähnlichen Effekt und ist die Grundlage des Wanderfeldbaus in den Tropen (vgl. Abschn. 13.5). Im organischen Landbau beruht die Pflanzenproduktion in hohem Maße auf dem mineralischen Stickstoff (s. Abschn. 13.3).

Abschätzung der Mineralisierungsrate im Feld

In Laborversuchen wurden die Faktoren untersucht, die die Mineralisierungsrate steuern. Daraus konnten Routinemethoden zur Messung der mineralischen Stickstoffs entwickelt werden, der während der Inkubation des Bodens unter Standardbedingungen gebildet wird (s. Abschn. 11.3). Da sich die Wetter- und Bodenverhältnisse jedoch nicht voraussagen lassen, hat es sich als unmöglich erwiesen, allein aufgrund von Labormessungen die mineralische N-Menge abzuschätzen, die während einer Wachstumsperiode verfügbar sein wird. Neuere Forschungen benutzen Computermodelle, um die von Tag zu Tag stattfindenden Veränderungen des N-Gehalts im Boden und in den Pflanzen vorherzusagen. Doch auch sie bauen auf den im Labor gewonnenen Grundlagen auf. Darüber hinaus ist man daran interessiert, die Biomasse im Boden als Indikator für den Umsatz des Boden-N zu verwenden (s. Abschn. 3.2). Im Gegensatz zu den bei Kalium und Phosphor angewendeten Methoden beruhen die derzeitigen Empfehlungen zur Abschätzung des verfügbaren Stickstoffs also nicht auf Verfügbarkeitsindizes, die im Labor gemessen wurden.

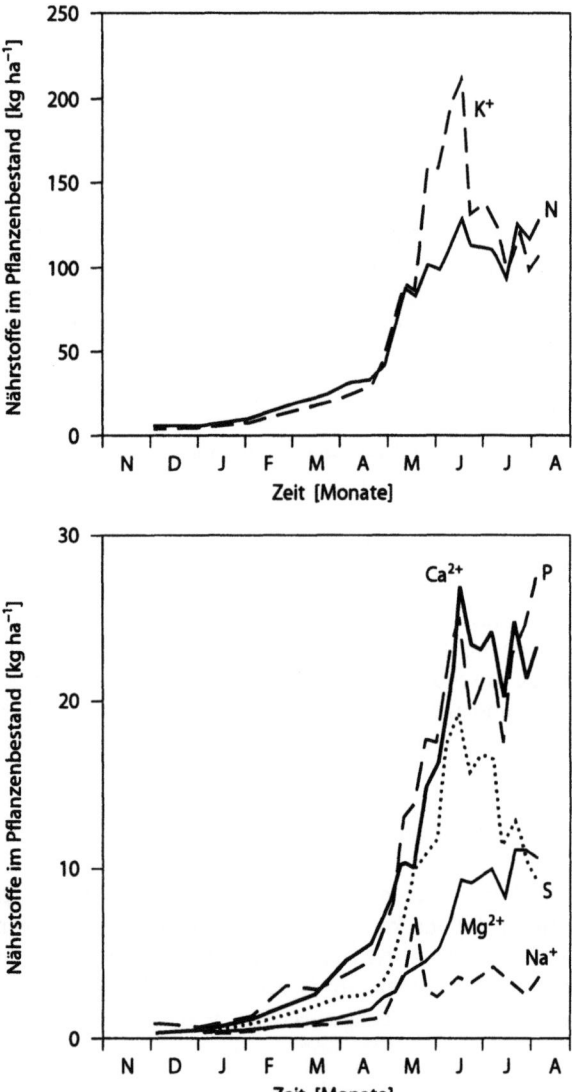

Abb. 11.3. Aufnahme der Hauptnährstoffe durch einen gut gedüngten Winterweizenbestand auf einem sandigen Lehmboden (Leicestershire, Großbritannien). Die Werte beziehen sich auf die gesamte Getreidepflanze, einschließlich der Wurzeln; die Kornerträge betrugen 6,45 t ha^{-1}, bei einem Feuchtigkeitsgehalt des Korns von 15 % (aus Gregory et al. 1979)

Angebot und Bedarf: Stickstoffbilanz

Grundlage für die Vorhersage des Düngerbedarfs von Nutzpflanzen ist die Kenntnis der N-Bilanz. Art und Sorte der angebauten Pflanze, Boden- und Klimaverhältnisse sind für den potentiellen Ertrag und damit für den potentiellen N-Bedarf maßgeblich.

Pflanzenbedarf

Aus Tabelle 9.2 ist zu entnehmen, daß Kulturpflanzen in Großbritannien dem Boden 100–250 kg N ha^{-1} a^{-1} entziehen. Dieser Bedarf muß aus verschiedenen Quellen gedeckt werden. Da jedoch Mineralisierung auch während der Wachstumsperiode stattfindet, ist es wichtig, die Verteilung des Bedarfs über die gesamte Vegetationsperiode hinweg zu kennen. Im Gegensatz dazu lag der Hauptaspekt bei den K$^+$- und P-Vorräten (s. Kap. 9 und 10) auf der zu Beginn der Wachstumsperiode vorhandenen Menge.

Abbildung 11.3 zeigt die Nährstoffaufnahme durch Winterweizen (Nottingham University School of Agriculture) zwischen der Aussaat im Oktober und der Ernte im August. Im Herbst werden nur sehr geringe N-Mengen benötigt, im Winter wächst der Weizen fast überhaupt nicht. Der N-Aufnahme steigt im Frühjahr langsam an, bis im Mai und Juni rasches Wachstum einsetzt und das Getreide durchschnittlich 1,6 kg N ha^{-1} d^{-1} benötigt. Überdies steigern warme und sonnige Tage das Wachstum und damit den Bedarf auf bis zu 6 kg N ha^{-1} d^{-1}. Einschließlich der Wurzeln enthält das reife Getreide schließlich ca. 120 kg N ha^{-1}. Idealerweise sollte die N-Zufuhr dem jeweiligen, zeitlich variierenden Bedarf angepaßt sein.

Der Bedarf an anderen Nährstoffen ist im Mai und Juni ebenfalls hoch; er wird in erster Linie durch die zu Beginn der Wachstumsperiode im Boden vorhandenen Nährstoffe gedeckt. Schwefel macht hier eine Ausnahme, da er das ganze Jahr über aus der Atmosphäre nachgeliefert wird.

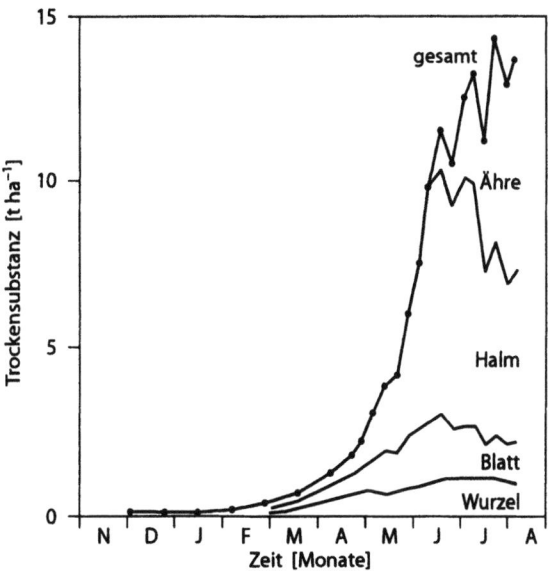

Abb. 11.4. Trockensubstanzproduktion eines Winterweizenbestands; nähere Angaben s. Abbildung 11.3 (aus Gregory et al. 1979)

Abbildung 11.4 zeigt die Veränderungen der Trockensubstanz in verschiedenen Teilen der Getreidepflanzen. Zur Erntezeit betrugen die Mengen 6,45 t Korn ha^{-1}, 6 t Stroh und 1 t Wurzeln. Diese Werte bewegen sich nahe den britischen Durchschnittswerten. Die Wurzelverteilung von Weizen ist in Abb. 3.1 dargestellt. Obwohl der Nährstoffbedarf im Herbst gering ist, ist der *Zufluß* pro Längeneinheit der Wurzel während dieser Zeit, und später wieder im Mai und Juni, hoch. Um den Pflanzenbedarf im Herbst decken zu können, müssen sich die Nährstoffe im Oberboden befinden, wo die Wurzeln wachsen. Dort wird auch der Stickstoff mineralisiert und sind die größten Mengen an verfügbarem Phosphat und Kalium vorhanden. Infolgedessen ist das Auftreten eines Nährstoffmangels im Herbst sehr unwahrscheinlich.

Die geerntete Trockensubstanz (der Ernteentzug) eines bewässerten und gut mit Nährstoffen versorgten südenglischen Weidelgrasfeldes ist in Abb. 11.5 dargestellt. Das Gras wurde monatlich geschnitten. Genau wie bei Weizen liegt im Mai eine Phase besonders raschen Wachstums, die sich aber bei diesen perennierenden Gräsern auch über den Sommer und Herbst ersteckt. Der N-Entzug wurde aus dem Ernteertrag abgeschätzt.

Normalerweise unterliegt das Wachstum und die Nutzung der angebauten Pflanzen folgenden Bedingungen:

- Meist herrscht im Sommer Wassermangel, weshalb sich die Wachstumsgeschwindigkeit verringert, worauf jedoch eine zweite Phase raschen Wachstums folgt, sobald der Herbstregen einsetzt und mineralisierter Stickstoff verfügbar wird.
- Weidelgras wird üblicherweise abgeweidet. Unter diesen Bedingungen beträgt die Brutto-N-Aufnahme durch das Gras zwischen 600 und 700 kg ha^{-1} a^{-1}, von denen bis zu 300 kg in Form von Mist und Jauche und weitere 300 kg durch gealterte Gräser, die nicht abgeweidet wurden, zurückgeführt werden. Der Nettoentzug durch die Tiere in Form von Fleisch, Milch und Wolle beträgt 30–40 kg N ha^{-1} a^{-1} (Parson *et al.* 1990). Die durchschnittliche tägliche N-Aufnahme durch das Gras beträgt bei einer Wachstumsperiode von 200 Tagen ca. 3 kg ha^{-1}.

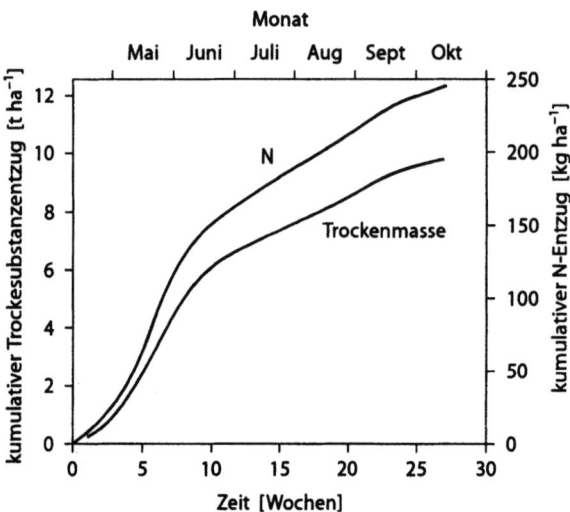

Abb. 11.5. Trockensubstanz und N-Gehalt der geernteten Pflanzenmasse von Weidelgras, das mehrfach geschnitten wurde. Die Berechnung basiert auf Robson *et al.* (1989) sowie auf folgenden Annahmen: Trockensubstanz = 1,11 · organische Pflanzensubstanz; N-Entzug durch die Pflanzen = 25 kg N pro t Trockensubstanzentzug

Stickstoffvorrat

Um den Düngerbedarf richtig einschätzen zu können, ist es wichtig, die während der Wachstumsperiode mineralisierte N-Menge zu messen. Aus der Messung der Veränderungen des N_{min}-Gehalts ergibt sich der Nettoeffekt aller Komponenten der N-Bilanz. Über einen bestimmten Zeitraum ist daher:

ΔN_{min} = (Netto-N_{min} + Düngereinträge + atmosphärische Einträge)
  − (Pflanzenaufnahme + Auswaschungsverluste + gasförmige Verluste)

Δ bedeutet hier „Veränderung der Menge von". Der mineralische Stickstoff ist jederzeit für die Pflanzen verfügbar und kann in der Folge aufgenommen werden oder dem Boden verlorengehen.

Abbildung 11.6 zeigt die N_{min}-Mengen, die in einem mit Winterweizen bepflanzten Boden der ICI Jealott's Hill Research Station vorhanden sind. Die Messungen wurden mit den in Abschn. 11.1 beschriebenen Methoden durchgeführt. Die Ermittlung dieser Daten ist sehr zeitaufwendig, weshalb Meßreihen für verschiedene Nutzpflanzen, Böden und Klimabedingungen nur sehr langsam zugänglich werden.

In der vorhergehenden Vegetationsperiode war auf dem Feld, das einen ADAS-N-Index von 2 (s.u.) aufwies, Weidelgras angebaut worden. Das Feld war im August umgepflügt worden; das Getreide wurde Anfang Oktober 1982 ausgesät. Im Januar 1983 befanden sich etwa 10 kg N_{min} ha^{-1} in den obersten 30 cm des Bodens und vermutlich mehr im Unterboden. Im Januar und Februar fand kaum Auswaschung statt. Ende Februar wurden 33 kg N-Dünger ha^{-1} (als NH_4NO_3) zugeführt, der wahrscheinlich schon Anfang März teilweise aus dem Oberboden ausgewaschen worden war.

Die Mineralisierung setzte ein, als die Bodentemperaturen stiegen. Aufnahme durch das Getreide, Auswaschung und Denitrifikation sind die Ursachen für die Ab-

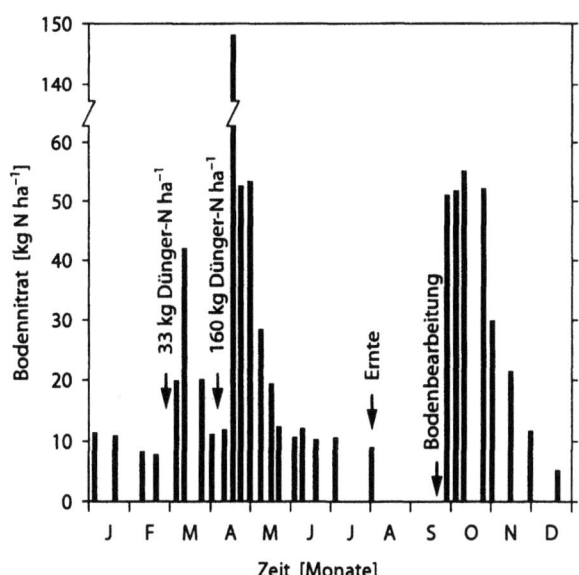

Abb. 11.6. Nitrat-Stickstoff in 0–30 cm Bodentiefe unter Winterweizen: toniger Lehm über London-Ton, Berkshire, Großbritannien. Die Düngungszeitpunkte sind im Diagramm eingetragen. ICI-Daten von D. Barraclough

nahme Ende März und Anfang April. Die Hauptdüngung am 12. April wurde nicht sofort durch Regenwasser in den Boden eingewaschen, wurde aber dennoch bei der Probenahme Mitte des Monats nachgewiesen. Danach reduzierte der Entzug durch das Getreide den N_{min}-Gehalt bis zur Erntezeit auf etwa 10 kg N ha^{-1}. Der Ernteertrag lag bei 10 t Korn ha^{-1}, wobei der Stickstoff infolge der großen zur Verfügung stehenden N-Menge in den Getreidekörnern angereichert war. Ein Boden mit einem N-Index von 2 erhält in der Regel nicht soviel Dünger-N, es sei denn, auf ihm wird hochwertiges Brotgetreide angebaut.

Die Bodenbearbeitung im September rief einen Mineralisierungsschub hervor (50 kg N ha^{-1} im Oberboden), dem vermutlich den ganzen Herbst hindurch weitere Mineralisierung folgte. Gasförmige und Auswaschungsverluste sind die Hauptursachen für die Abnahme des N-Gehalts bis zum Ende des Jahres 1983, denn die als nächstes angebaute Feldfrucht nahm während dieses Zeitraums wiederum nur etwa 10 kg N ha^{-1} auf.

Bilanz

In den Monaten Januar bis August sind N-Bedarf und N-Versorgung recht gut aufeinander abgestimmt. Der im Herbst mineralisierte Stickstoff kann jedoch vom Getreide kaum genutzt werden und geht großenteils durch Auswaschung und Denitrifikation verloren. Die N-Bilanz des in Jealott's Hill angebauten Getreides ist in Tabelle 11.1 a zusammengefaßt.

Für viele Jahre lang ackerbaulich genutzte Flächen schätzt man, daß keine Netto-Mineralisierung stattfindet und daß die Auswaschungsverluste 15–65 kg ha^{-1}a^{-1} und die gasförmigen Verluste 5–30 kg ha^{-1} a^{-1} betragen. Die Durchschnittswerte für Winterweizen in Großbritannien sind in Tabelle 11.1 b zusammengestellt. Weitere Beispiele für N-Bilanzen sind in Abschn. 11.4 und Tabelle 13.4 zu finden.

Gräser nutzen den verfügbaren Stickstoff effizienter aus, da sie auch den im Herbst mineralisierten Stickstoff aufnehmen können, selbst wenn beträchtliche Verluste durch Beweidung oder Mahd auftreten können.

Stickstoff-Verfügbarkeitsindex

Da sich mit Labormessungen der Mineralisierung die pflanzenverfügbare N-Menge nicht zufriedenstellend vorhersagen läßt, stützt man sich auf die in früheren Jahren gewonnenen Erfahrungen, in welcher Weise die Bodenbewirtschaftung die Menge des im Boden mineralisierten Stickstoffs beeinflußt hat, der während der Wachstumszeit den Pflanzen zur Verfügung stand. In Großbritannien hat man aus diesen Erfahrungswerten einen *Stickstoff-Verfügbarkeitsindex* hergeleitet (s. Abschn. 11.4). Wichtige Faktoren der Bodenbewirtschaftung sind dabei das Unterpflügen der Gründüngung (Gräser und Leguminosen) sowie früher ausgebrachte organische und mineralische Dünger. Im wesentlichen ist der Index eine Bewertung der aus dem letzten Anbaujahr zurückgebliebenen N_{min}-Menge plus der N_{org}-Menge in der organischen Bodensubstanz, in Ernterückständen und in organischen Düngern, die im kommenden Anbaujahr mineralisiert werden (Farbtafel 18). Jede Maßnahme, die die Menge des im Boden mineralisierten pflanzenverfügbaren Stickstoffs erhöht, senkt den erforderlichen Eintrag an Dünger-N.

Tabelle 11.1. Stickstoffbilanz für Winterweizen in Großbritannien, [kg N ha^{-1}] (House of Lords (1989))

a Anbau an der ICI Jealott's Hill Research Station mit einem Ertrag von 10 t Korn ha^{-1}

Einträge		Entzug	
Mineraldünger	193	Feldfrucht	335
atmosphärische Einträge	20	Stroh	64
Samen	5	Denitrifikation	12
Netto-Mineralisierung	171		
biologische N-Fixierung	4		
Gesamt	393	Gesamt	411

b Durchschnittlicher Winterweizen in England und Wales (1985–88); Annahme: der Boden befindet sich im Gleichgewicht (keine Netto-Mineralisierung). Der durchschnittliche Ertrag beläuft sich auf 6,75 t Korn ha^{-1} bei einem Feuchtigkeitsgehalt von 14 %.

Einträge		Entzug	
Mineraldünger	181	Körner	123
organischer Dünger	17	Stroh	23
atmosphärische Einträge und Samen	20	Denitrifikation	15
biologische N-Fixierung	4		
Gesamt	222		161
		Auswaschung (durch Differenzbildung)	61

Obwohl das hier beschriebene Indexsystem in Großbritannien verwendet wird, ist es prinzipiell auch auf andere Bedingungen übertragbar. Der Pflanzenbedarf wird durch den im Boden mineralisierten Stickstoff und Dünger-N gedeckt; damit man mit dem N-Dünger effizient umgehen kann, muß man den Pflanzenbedarf der Feldfrucht kennen und die mineralisierte N-Menge vorher abschätzen. In Deutschland wird nach der N_{min}-Methode analysiert, die auf demselben Prinzip beruht.

Nitratauswaschung

Für eine effiziente Ausnutzung des Boden-N müssen die Auswaschungsverluste möglichst gering gehalten werden (DOE 1986; House of Lords 1989; NRA 1992). Alle Böden verlieren geringe Nitratmengen ins Grundwasser: 1–5 mg Nitrat-N l^{-1} ist der normale Konzentrationsbereich für das Grundwasser in Großbritannien; Niederschlagswasser enthält bis zu 1,5 mg N l^{-1}. Das Wasser, das im Winter durch den Boden sickert, enthält selbst unter natürlicher Vegetation Nitrat.

Jedesmal, wenn die Nitratkonzentration aufgrund von Mineralisierung oder Düngung steigt, besteht die Gefahr erhöhter Auswaschungsverluste. Da in Großbritannien Auswaschung im Winter stattfindet, ist jenes Nitrat auswaschungsgefährdet, das am Ende der Vegetationsperiode noch im Boden vorhanden ist, sowie jenes Nitrat, das im Lauf des Herbstes oder Winters mineralisiert wird (Addiscott et al. 1991).

In den gemäßigten Breiten kann sich Nitrat frei in der Bodenlösung bewegen, da es nicht an Partikeloberflächen adsorbiert wird. In leichten Böden wird die Bodenlösung durch einsickerndes Niederschlagswasser ersetzt, das sich mit der Bodenlösung mischt und diese verdünnt. In Abschn. 11.5 werden Laborexperimente beschrieben, die dies demonstrieren. In schweren Böden verläuft die Nitratauswaschung komplizierter, da das Sickerwasser durch große Risse und Kanäle abfließt und das Nitrat zurückläßt, das sich in Bodenaggregaten mit geringer Wasserbewegung befindet. Zur Untersuchung dieser komplexen Systeme hat man Computermodelle herangezogen.

Beispiele für die Nitratauswaschung

Das Grundwasser unter dem Kreidehügelland Süd- und Ostenglands ist ein wichtiger Trinkwasserspeicher. Als Teil einer Studie, die den Einfluß der Landwirtschaft auf die Qualität des Grundwassers untersuchte, wurde im September 1977 ein Feld der Churn Farm (University of Reading) in Berkshire umgepflügt. In den drei vorausgegangenen Jahren war es mit Weidelgras bewachsen, hatte Dünger erhalten und war von Schafen abgeweidet worden. Auf dem Feld wurde Winterweizen angesät. Im darauffolgenden November, Februar und April wurde jeweils der N_{min}-Gehalt gemessen.

Abbildung 11.7 zeigt die N_{min}-Freisetzung im Herbst sowie die Auswaschungsbewegung des Nitrats. Im Pflughorizont entstanden bei einem Mineralisierungsschub ca. 100 kg Nitrat-N ha^{-1}, die den Winter über etwa 1 m tief in den Boden transportiert wurden. Im Frühjahr wurde in Zusammenhang mit einer N-Düngung im März erneut Nitrat im Pflughorizont freigesetzt. Das Nitrat, das im Winter tiefer als 1 m ausgewaschen wird, ist für das Wurzelsystem des Weizens nicht erreichbar (Abb. 3.1): 70 kg ha^{-1} des im Herbst mineralisierten Stickstoffs befanden sich unterhalb 90 cm, als im April die Proben entnommen wurden.

An einem vergleichbaren Standort der *Bridgets Experimental Husbandry Farm* in Hampshire waren 1975 durch das *Water Research Centre* lange Probenkerne entnommen worden. Die Ergebnisse sind in Abb. 11.8 dargestellt. Sie lassen zwei Effekte erkennen:

1. Eine Serie von Peaks konnte mit Mineralisierungsschüben in Verbindung gebracht werden, die jedesmal dann auftraten, wenn Grünland zu Ackerland umgebrochen

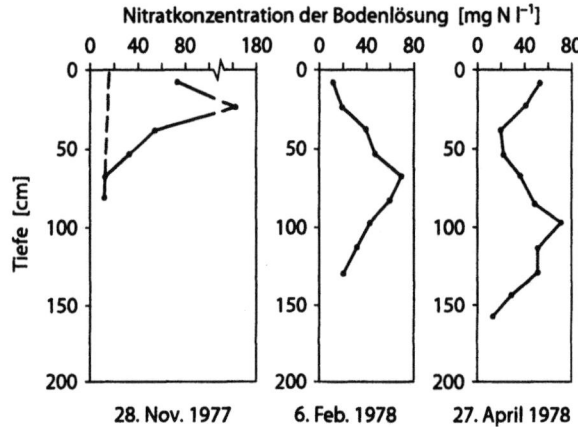

Abb. 11.7. Mineralisierung und Auswaschung von Nitrat nach Grünlandumbruch. Die gestrichelte Linie (linkes Diagramm) zeigt die wahrscheinliche Konzentration des NO_3^--N vor dem Umbruch an (aus Cameron und Wild 1984)

Abb. 11.8. Nitratverteilung in Hampshire-Kreide unter landwirtschaftlich genutztem Boden: Nitratkonzentration von Wasser, das aus der Kreide extrahiert wurde. Die Jahre, an denen das Grünland umgebrochen wurde, sind an den Kurvenpeaks vermerkt (aus Young et al. 1976). Der Grundwasserspiegel befindet sich 56 m unter der Bodenoberfläche

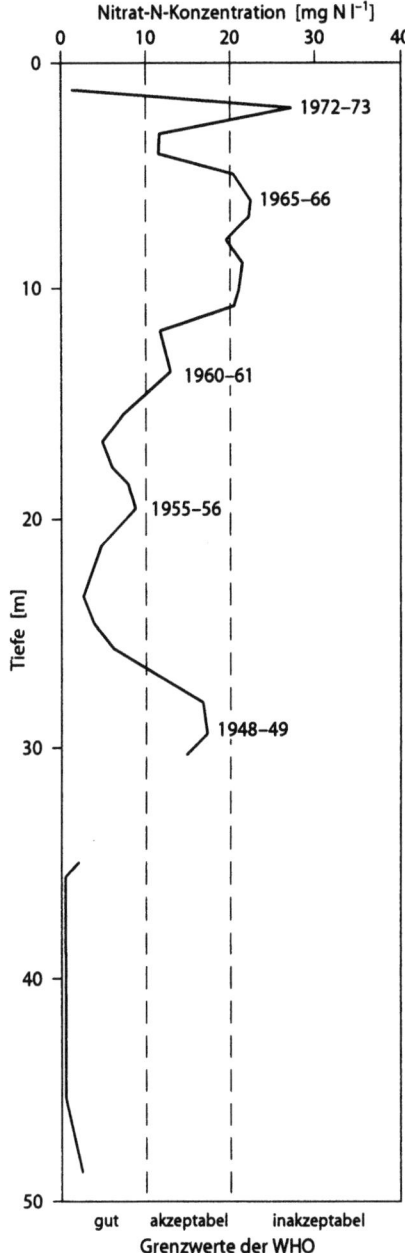

wurde. Im Jahre 1948 wurden erstmals Flächen umgepflügt, die seit Beginn der historischen Aufzeichnungen stets Wiesen waren. Die Mineralisierung löste einen sehr großen Nitratschub aus, der in den folgenden 27 Jahren (1948 bis 1975) in der Kreide etwa 30 m nach unten wanderte, was einer Transportrate von etwa 1 m pro Jahr entspricht. Der letzte Grünlandumbruch fand 1972 statt; 1975 war diese Nitratfront bis in etwa 3 m Tiefe vorgedrungen.

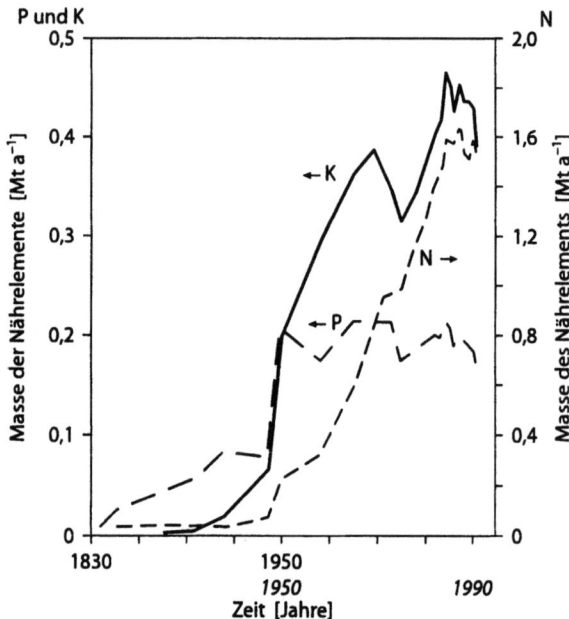

Abb. 11.9. Veränderungen des Düngergebrauchs in Großbritannien zwischen 1837 und 1991. Man beachte, daß für Stickstoff eine andere Skala (rechte Abszisse) verwendet wird (aus FMA 1981 und mündliche Mitteilung)

2. Die Nitratkonzentration fällt stetig von ca. 20 mg l^{-1} in den obersten 10 cm auf ca. 3 mg l^{-1} im Grundwasser ab. Der Grünlandumbruch ist zumindest teilweise für diesen Trend verantwortlich, aber auch die steigende Düngerzufuhr in diesem Zeitraum (Abb. 11.9). Außerdem müssen weitere Faktoren berücksichtigt werden: Das hochkonzentrierte, aus einem Mineralisierungsschub stammende Nitrat wird verdünnt, wenn es sich mit dem umliegenden Wasser vermischt, wie in Abb. 11.7 dargestellt ist; außerdem kann in der Kreide Denitrifikation stattfinden. Daher ist es unklar, ob Sickerwasser mit einer Nitratkonzentration von 20 mg l^{-1} schließlich (um das Jahr 2025) das Grundwasser erreichen wird. Falls dies doch geschieht, wird sich dieses Wasser mit dem Wasser aus den umliegenden nicht landwirtschaftlich genutzten Flächen mischen, womit die Veränderungen der Grundwasserkonzentration das Resultat der Landnutzung der gesamten Region ist.

Werte zur Nitratauswaschung in Dränagen, Entwässerungsgräben und Wasserläufe findet man in MAFF (1976). Dränagen werden i.d.R. nur in schweren Böden angelegt, aus denen Nitrat weniger schnell ausgewaschen wird als aus leichten Böden.

Auswirkungen auf die Umwelt

Wasserqualität

Hohe Nitratkonzentrationen im Trinkwasser wurden für die bei Säuglingen auftretende Krankheit Methämoglobinämie verantwortlich gemacht. Fälle dieser Krankheit sind selten und meist mit Wasser verbunden, das sowohl durch Nitrat als auch durch Abwasserbakterien verunreinigt ist. Außerdem besteht der Verdacht, daß zwischen hohen Nitratwerten im Trinkwasser und dem Auftreten von Magenkrebs ein Zusammenhang besteht. Die Weltgesundheitsorganisation (WHO) hat 11,3 mg Nitrat-N l^{-1}

Einführung

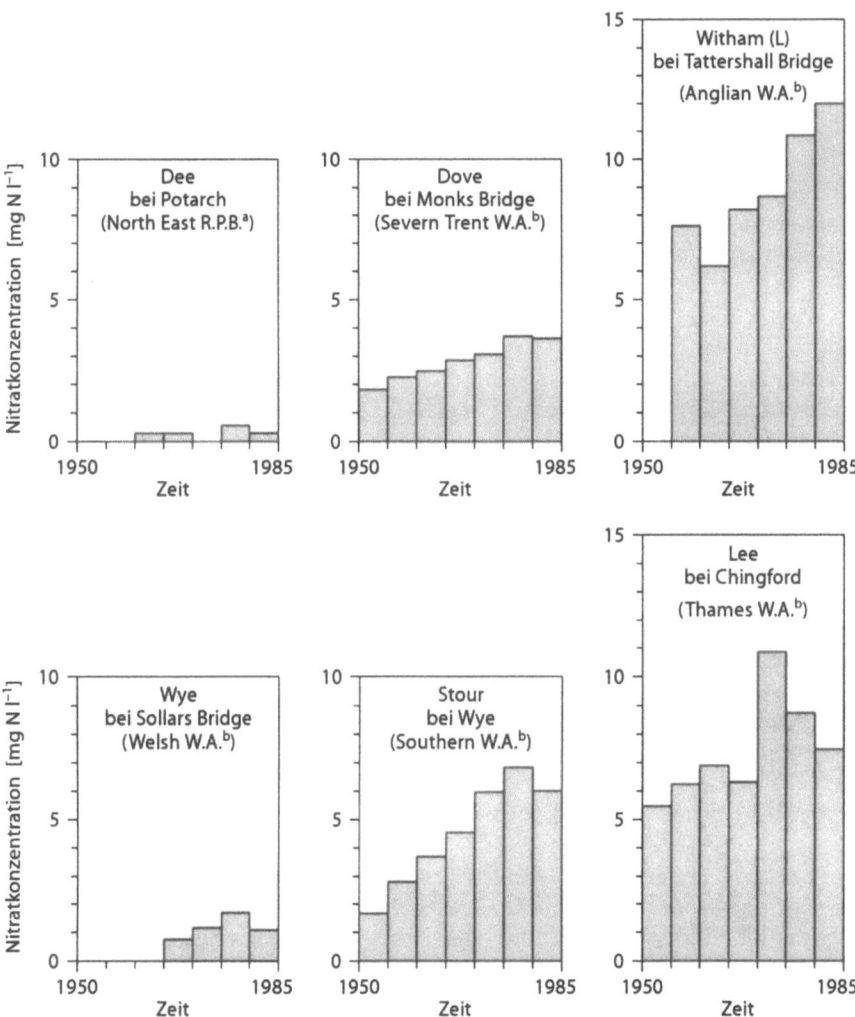

Abb. 11.10. Veränderungen der Nitratkonzentration in Flußwasser zwischen 1950 und 1985. Mittelwerte aus 5 Jahren ([a] *River Parification Board*; [b] *Water Authority* (UK); aus DOE 1989)

als Grenzwert für gute Wasserqualität festgelegt; die Europäische Gemeinschaft hat niedrigere Werte vorgeschlagen. In der Tat ist sehr wichtig, den Einfluß der Landnutzung auf die Nitratkonzentration im Grundwasser und in Flüssen zu verstehen. Die Verzögerung, mit der Nitrat das Grundwasser (Abb. 11.8) erreicht, gilt nicht für den Abfluß zu Flüssen. Der N-Gehalt von sechs britischen Flüssen ist in Abb. 11.10 aufgezeichnet; der seit 1950 bestehende Trend der Konzentrationserhöhung konnte in vielen Gebieten umgekehrt werden. Der mögliche Zusammenhang zwischen der Nitratkonzentration und dem Auftreten von Algenblüten in Flüssen und Seen wurde auf S. 356 diskutiert.

Gasförmige Verluste

Die Denitrifikation führt zu N-Verlusten des Bodens in Form von N_2 und Stickoxiden. Beides ist aus ökonomischer Sicht unerwünscht, auch wenn ersteres keine Umweltschäden verursacht. Denitrifikation tritt bei warmer Witterung auf, wenn der Boden ganz oder teilweise anaerob wird. Will man die Verluste in Grenzen halten, muß für ein stabiles Bodengefüge gesorgt werden.

Ammoniak gast vor allem bei hohem pH und warmem Wetter aus; von besonderer Bedeutung sind hierbei die Verluste aus den Exkrementen des Weideviehs. Neuere Schätzungen für Weideflächen zeigen, daß 9–15 % der N-Düngermenge in Form von Milch und Fleisch entzogen werden. Das wiederum bedeutet, daß bis zu 90 % des Stickstoffs in der organischen Substanz gespeichert wird oder verlorengeht. Die N-Verluste aus beweidetem Grasland sind ebenso wie aus Mähwiesen von den Düngereinträgen und der Wiederverwertung organischer Dünger bzw. tierischer Exkremente abhängig (Jarvis 1992; Barraclough et al. 1992; Cuttle et al. 1992).

Ammoniakverluste treten auch bei Gülledüngung auf, oder wenn auf kalkhaltigen Böden mit Harnstoff gedüngt wird. Von finanziellen Verlusten abgesehen, kann die Geruchsbelästigung sehr unangenehm sein. Außerdem hat eine Erhöhung der N-Zufuhr verstärkte Bodenversauerung zur Folge. In den Niederlanden ist dies wegen der hohen Milchviehdichte ein besonderes Problem.

Weitere Studien

Übungsprojekte finden sich in Abschn. 11.6, Übungsaufgaben in Abschn. 11.7.

11.1
Bestimmung des mineralischen Stickstoffs in Böden

Die Bodenproben werden im Gelände feucht entnommen, sofort extrahiert oder bei niedriger Temperatur ohne Trocknen oder Einfrieren aufbewahrt. Die Standard-Extraktionslösung ist Kaliumchlorid, das lösliches und austauschbares Nitrat und Ammonium entfernt. Bei der unten beschriebenen Methode wird 2 M KCl-Lösung verwendet, aber eine 1 M Lösung ist fast genauso wirksam und preiswerter. Nitrat wird zu Ammonium reduziert, in einer Dampfdestillationsapparatur als Ammoniak kondensiert und dann mit Standardsäure titriert.

Probenahme im Gelände

Das Probenahmeverfahren der Wahl ist vom Zweck der Messung abhängig:

- *Mit einem Jarret-Erdbohrer.* Die Proben werden nach den in Abschn. 1.3 beschriebenen Methoden aus einer bekannten Tiefe entnommen. Man bestimmt den N_{min}-Gehalt pro Masseneinheit Boden. Insbesondere bei Trockenheit fällt bei Sandböden Boden von oben in das Bohrloch, weshalb es schwierig ist, eine „saubere" Probe aus einer bestimmten Tiefe zu entnehmen.
- *Mit einem Probenentnahmerohr.* Ein Metallrohr mit einem Durchmesser zwischen 4,5 und 15 cm wird in den Boden getrieben und dann wieder herausgezogen. Die

Tiefe des Lochs wird gemessen und zur Längenkorrektur des komprimierten Bohrkerns verwendet. Der Kern wird herausgedrückt und in Abschnitte bekannter Länge geschnitten, die in Plastikbeutel verpackt werden. Aus der Abschnittslänge und dem Rohrdurchmesser läßt sich das Bodenvolumen und die Masse bestimmen. Der N_{min}-Gehalt pro Masseneinheit Boden kann auf das Bodenvolumen bezogen werden; mit Hilfe der Kompression, die aus der Tiefe des Bohrlochs berechnet werden kann, kann man die Gesamtmenge an mineralischem Stickstoff in einer bestimmten Tiefe bestimmen.

Bis ca. 30 cm Tiefe läßt sich ein einfaches Metallrohr verwenden; tiefere Bohrungen erfordern möglicherweise jedoch spezielle Kenntnisse und Geräte (z.B. Eijkelkamp Agrisearch Equipment).

- *Probenanzahl.* Die Verteilung des Mineral-N kann auf einer Fläche stark variieren, vor allem wenn es sich um Böden mit gut ausgebildetem Gefüge handelt. Um Meßwerte zu erhalten, die für eine bestimmte Fläche repräsentativ sind, sind wiederholte Beprobungen unumgänglich. Für Routinemessungen auf Ackerflächen gelten folgende Richtlinien: Man entnimmt 13–15 Kerne pro Parzelle und erstellt ggf. Mischproben, damit die Analyse vier- bis fünfmal wiederholt werden kann.

Probenaufbewahrung und -aufbereitung

Die Extraktion sollte am feuchten Boden und möglichst unmittelbar (innerhalb von Stunden) nach der Probenahme durchgeführt werden. In Notfällen können die Proben gekühlt (bei +2 °C) aufbewahrt werden, um die Mineralisierung zu begrenzen. Sobald KCl-Lösung zugegeben worden ist, können die Extrakte im Kühlschrank bei 2 °C bis zu 2 Monate lang für die Analyse aufbewahrt werden.

Man zerkrümelt den Boden vorsichtig, entfernt die Steine und nimmt eine 40 g schwere, repräsentative Probe für die Analyse. Man bestimmt den Wassergehalt einer 10 g schweren Probe nach den in Abschn. 3.3 beschriebenen Methoden und gibt das Ergebnis in g H_2O pro 100 g ofentrockenem Boden wieder.

Extraktion

Reagenz

- *Kaliumchlorid,* 2 M. Man löst 149 g KCl in Wasser und füllt auf 1 l auf.

Methode

Man gibt eine 40 g schwere, feuchte Bodenprobe in einen 250-ml-Erlenmeyerkolben. Die trockene Bodenmasse dieser Probe läßt sich aus dem Wassergehalt errechnen. Man gibt 200 ml 2 M KCl zu, schüttelt 1 h lang und filtriert die Suspension. Der N_{min}-Gehalt dieses Extrakts wird durch Dampfdestillation bestimmt.

Dampfdestillation

Reagenzien

- *Magnesiumoxid, geglüht.* Man erhitzt MgO in einem Muffelofen über Nacht auf 800 °C. Damit ist sichergestellt, daß das gesamte vorhandene $MgCO_3$ in MgO überführt worden ist. Man läßt das MgO abkühlen und bewahrt es in einer fest

verschlossenen Flasche im Exsikkator auf. Nach einigen Tagen glüht man nochmals durch, damit auch sicher „frisches" MgO verwendet wird.
- *Devarda-Legierung.* Man zerreibt sie in einem Mörser zu feinem Pulver.
- *Octanol-2.* Diese Flüssigkeit soll übermäßige Schaumbildung während der Destillation verhindern.

Andere Reagenzien und die Gerätschaften wurden in Abschn. 3.6 beschrieben

Methode (s. Anm. 1)

Ammonium-N. Man pipettiert 50 ml Extrakt in den Destillationskolben. 10 ml frische Borsäurelösung werden in den Auffangkolben gegeben, der unter dem Kühlrohr befestigt wird. Man fügt dem Extrakt einen Tropfen Octanol-2 und 0,5 g MgO zu. Der Dampf wird durch den Extrakt geleitet. Man fängt ca. 50 ml Destillat auf. Der Kolben wird entfernt und zur Titration aufbewahrt. Die Dampfversorgung wird abgestellt. Zur Analyse des Nitrat-N wird ein neuer Auffangkolben aufgestellt.

Nitrat-N. Man gibt 0,5 g Devarda-Legierung zum Extrakt im Destillationskolben, schließt die Dampfversorgung wieder an und destilliert weitere 50 ml Destillat.

Mineralischer Stickstoff. Wenn NH_4^+-N und NO_3^--N nicht getrennt bestimmt werden müssen, kann N_{min} mit nur einer Dampfdestillation bestimmt werden. Man gibt gleich zu Beginn 1 Tropfen Octanol-2, 0,5 g Devarda-Legierung und 0,5 g MgO zum Extrakt und destilliert.

Jedes Destillat wird mit 0,01 m HCl und Methylrot/Bromcresolgrün als Indikator (s. Abschn. 3.6) titriert. Man führt einen Blindtest mit 50 ml 2 m KCl-Lösung durch. Dieser Titrationswert sollte vom Probenwert abgezogen werden, um das korrigierte Titrationsvolumen zu ermitteln.

Rechenbeispiele

Ammonium wird bei hohem pH destilliert, der durch die MgO-Zugabe zum Extrakt erzeugt wurde. Nitrat wird zu Ammonium reduziert, wenn die Legierung mit der alkalischen Lösung unter Bildung von naszierendem Wasserstoff reagiert. Die nun folgenden Rechenbeispiele beziehen sich auf NH_4^+-N, NO_3^--N und N_{min}.

Zusammenfassung der Methode

Feuchter Boden (? mg N kg^{-1} ofentrockenem Boden)
↓
40 g + 200 ml 2 M KCl
↓
50 ml destillierter Extrakt, titriert mit 0,01 M HCl.

Beispiel. Der Wassergehalt des feuchten Bodens beträgt 23,2 g H_2O pro 100 g ofentrockenem Boden. In 40 g feuchtem Boden sind also 40 · 100/123,2 = 32,47 g ofentrockener Boden und 7,53 g (= ml) Wasser enthalten. Damit betrug das Gesamtvolumen der Flüssigkeit während des Schüttelns 207,53 ml. Hiervon wurden nach der Filtration 50 ml zur Destillation entnommen, woraus sich ein (mit dem Blindwert korrigiertes) Titrationsvolumen von 1,25 ml ergab. Die Titrationsreaktion lautet:

$NH_4OH + HCl = NH_4Cl + H_2O$.

Die bei der Titration verbrauchte HCl-Menge beträgt

0,01 mol l^{-1} · 1,25/1 000 l = 1,25 · 10^{-5} mol.

Bei der Titration muß dieselbe Stoffmenge an NH$_4$OH reagiert haben. Jedes Mol NH$_4$OH enthält 14 g N, und damit beträgt die N-Masse

1,25 · 10^{-5} · 14 g mol^{-1} = 1,75 · 10^{-4} g = 0,175 mg.

Diese N-Menge muß sich in 50 ml Extrakt befunden haben; aus der Bodenprobe wurden dann insgesamt 0,175 · 207,53/50 = 0,726 mg extrahiert, die wiederum aus 32,47 g ofentrockenem Boden stammten. Daraus ergibt sich ein N-Gehalt von

0,726 · 1 000/32,47 = 22,4 mg N kg^{-1} ofentrockenen Bodens.

Die Rechnung läßt sich vereinfachen zu:

mg N kg^{-1} = 2,8 · korrigiertes Titrationsvolumen [ml]
 × Gesamt-Flüssigkeitsvolumen/Masse des ofentrockenen Bodens.

Faustregel: 1 ml Titrationsvolumen entspricht 18 mg N kg^{-1}.

Umrechnung in Geländewerte

Wenn die oben berechnete Probe im Freiland den obersten 20 cm des Bodens entnommen wurde und die Dichte des ofentrockenen Bodens 1,35 g Boden cm^{-3} beträgt, rechnet man wie folgt:
Auf 1 ha befinden sich bis zu einer Bodentiefe von 20 cm 0,2 · 10^4 m^3 Boden, und die Bodenmasse pro ha beträgt:

1,35 · 0,2 · 10^4 = 2 700 t.

Der N-Gehalt beträgt 22,4 mg kg^{-1} (= g t^{-1}) bzw.

22,4 · 2 700 = 6,05 · 10^4 g ha^{-1} = 61 kg N ha^{-1}.

Skelettreiche Böden. In diesen bereitet bereits die Probenahme Schwierigkeiten. Handelt es sich um eine skelettreiche Probe, entnimmt man zur Analyse 40 g skelettfreien Boden. Der Skelettgehalt sollte bestimmt werden (s. Abschn. 1.2); er wird z.B. angegeben als 210 g Skelett pro kg Gesamtboden bzw. als 21 Masse-% . In 1 kg Boden befinden sich 790 g Feinboden. Damit beträgt der N-Gehalt des gesamten Bodens

22,4 · 790/1 000 = 17,7 mg N kg^{-1} trockenen Bodens.

Dieser Wert ergibt zusammen mit der Dichte des trockenen Bodens den N-Gehalt in kg ha^{-1}. Die Dichte des trockenen Bodens ist in diesem Fall die Masse des Gesamtbodens (incl. Skelett) pro Volumeneinheit.

Umrechnung in Konzentrationswerte der Bodenlösung

Unter der Voraussetzung, daß sich der gesamte Nitrat-N in der Bodenlösung befindet, besteht ein einfacher Zusammenhang zwischen der Lösungskonzentration, der extrahierten Nitratmenge und dem Bodenwassergehalt. Angenommen, im obigen Beispiel (22,4 mg N kg^{-1}) beträgt der Wassergehalt bei Feldkapazität 30 g H$_2$O pro 100 g ofentrockenem Boden, dann enthält 1 kg Boden 300 ml Lösung. Die N-Konzentration beträgt damit 22,4 mg N in 300 ml bzw. 75 mg N l^{-1}. Näherungsweise gilt, daß die Konzentration der Bodenlösung etwa dreimal so groß ist wie die extrahierte Nitratmenge, wenn die oben angegebenen Einheiten verwendet werden.

Man beachte, daß die Konzentration der Bodenlösung auf den Wassergehalt bei Feldkapazität bezogen ist. Die Konzentration ist in trockeneren Böden höher. Im Mittelpunkt des Interesses steht jedoch die Verdünnung der Lösung durch das Sikkerwasser. Wenn der Wassergehalt leicht über der Feldkapazität liegt (s. Abschn. 11.5), bewegt sich die Lösung durch den Boden; deshalb ist deren Konzentration etwas niedriger als die berechnete.

Bestimmung des mineralischen Stickstoffs im Sickerwasser

Es werden die oben beschriebenen Methoden angewendet. Eine 50 ml-Wasserprobe wird in den Destillationskolben pipettiert (s. Anm. 1).

Zusammenfassung der Methode
Sickerwasser (? mg N l^{-1})
↓
50 ml Destillat, titriert mit 0,01 M HCl.

Beispiel. Das Titrationsvolumen beträgt 1,55 ml, und damit beträgt die bei der Titration verbrauchte HCl-Menge $0,01 \cdot 1,55/1\,000 = 1,55 \cdot 10^{-5}$ mol. Diese reagieren mit

$1,55 \cdot 10^{-5} \cdot 14 = 2,17 \cdot 10^{-4}$ g = 0,217 mg N.

Diese befinden sich in 50 ml, und damit beträgt die N-Konzentration des Wassers

$0,217 \cdot 1\,000/50 = 4,3$ mg l^{-1}.

Diese Rechnung vereinfacht sich zu:

mg N l^{-1} = 2,8 · Titrationsvolumen.

Anmerkung 1. Es ist ratsam, eine Standard-N-Lösung zu verwenden, um das Analyseverfahren überprüfen zu können. Anmerkung 4 in Abschn. 3.6 beschreibt den Standard, der 0,28 mg NH_4^+-N ml^{-1} enthält und zur Überprüfung der Ammoniumbestimmung verwendet werden kann. Eine Probe von 5 ml sollte nach der Destillation mit 10 ml 0,01 M HCl titriert werden.

Eine geeignete Nitratprobe (mit 0,28 mg NO_3^--N ml^{-1}), wird durch Auflösen von 2,022 g Kaliumnitrat (KNO_3) in Wasser hergestellt und auf 1 l verdünnt. Destilliert man eine 5-ml-Probe, dürften bei der Titration 10 ml 0,01 M HCl verbraucht werden.

11.2
Stickstoffbestimmung in Pflanzenmaterial

Die Methode lehnt sich eng an die in Abschn. 3.6 beschriebene Bestimmung des organischen Stickstoffs an. Die Trockensubstanz der Pflanzen wird durch konzentrierte Schwefelsäure unter Zugabe eines Katalysators aufgeschlossen. Pflanzen-N wird in Ammonium-N verwandelt, der dann destilliert und titriert wird.

Reagenzien und Ausrüstung
Diese wurden in Abschn. 3.6 beschrieben.

Aufbereitung der Trockensubstanz

Frisches Pflanzenmaterial sollte über Nacht bei 70 °C (s. Abschn. 9.3) getrocknet, gemahlen und durch ein 1-mm-Sieb gesiebt werden. Man kann das trockene Material aber auch mit einer Schere zerkleinern und daraus eine repräsentative Teilprobe entnehmen (s. Abschn. 9.3).

Methode: Aufschluß und Destillation

Man wiegt 1 g (±0,001 g) Trockensubstanz in einen 100 ml Kjeldahl- oder Aufschlußkolben ein. Der Aufschluß erfolgt nach der in Abschn. 3.6 beschriebenen Methode. Im Gegensatz zum Bodenaufschluß bleiben nach Beendigung der Reaktion keine festen Teilchen zurück. Der gesamte Extrakt wird mit dem gesamten Waschwasser in einen 100-ml-Meßkolben überführt, welcher bis zur Markierung aufgefüllt wird.

Man pipettiert 10 ml der verdünnten Aufschlußlösung in den Destillationskolben, destilliert und titriert mit 0,01 M HCl.

Rechenbeispiel (Anm. 1)

Zusammenfassung der Methode

Pflanzentrockenmasse (? g N kg^{-1})
↓
    1 g → 100 ml Aufschlußextrakt
    ↓
    10 ml Destillat, titriert mit 0,01 M HCl.

Beispiel. Das Titrationsvolumen beträgt 10,25 ml; die verbrauchte Säure beträgt

0,01 mol l^{-1} · 10,25/1 000 l = 10,25 · 10^{-5} mol.

Dies ist auch die Stoffmenge an NH_4OH, die bei der Titration reagiert. Die Masse des in 10 ml Aufschlußextrakt enthaltenen Stickstoffs beträgt

14 g mol^{-1} · 10,25 · 10^{-5} mol = 1,435 · 10^{-3} g.

In 100 ml Extrakt befinden sich daher 1,435 · 10^{-2} g N = 14,4 mg N. Diese stammen aus 1 g Trockensubstanz; das Ergebnis lautet also 14,4 g N kg^{-1} Trockensubstanz. Die Rechnung vereinfacht sich zu:

g N kg^{-1} = 1,4 · Titrationsvolumen.

Die in Tabelle 9.1 aufgeführten Pflanzen enthalten 7–36 g N kg^{-1}, was Titrationsmengen von 5–26 ml entspricht.

Anmerkung 1. Es ist ratsam, den Aufschluß und die Destillation mit einer Blindprobe durchzuführen und die Destillation mit einer Standard-Ammoniumlösung zu überprüfen. Details hierzu findet man in Abschn. 3.6, Anm. 4.

Umrechnung in Geländewerte

Der N-Gehalt der Pflanzentrockenmasse in g N kg^{-1} entspricht auch dem Wert in kg N t^{-1}. Multipliziert man diesen Wert mit dem Ernteertrag in t Trockensubstanz pro ha, dann erhält man den N-Gehalt der Pflanze in kg ha^{-1}. Wird der Ertrag auf frisches Material bezogen, muß entsprechend korrigiert werden, da der N-Gehalt mit ofentrockenem Material bestimmt wird. Kartoffelknollen z.B. enthalten 22 % Trokkensubstanz (220 kg Trockensubstanz t^{-1} Knollen). Wenn die Trockensubstanz 14 g N pro kg enthält, befinden sich in 1 t Knollen 14 · 220 = 3 080 g bzw. 3,1 kg N. Eine Erntemenge von 50 t Knollen ha^{-1} enthält 154 kg N.

11.3
Labormethoden zur Untersuchung der Mineralisierung

11.3.1
Vorhersage der Stickstoffverfügbarkeit durch Inkubation im Labor

Die Bestimmung des mineralischen N, der aus frischem feuchtem Boden extrahiert werden kann, ergibt die Menge des zum Zeitpunkt der Messung verfügbaren Stickstoffs. Bislang hat man die ideale Methode zur Abschätzung der voraussichtlichen N-Mineralisierung noch nicht gefunden, da es zwangsläufig Unterschiede zwischen den Inkubationsbedingungen im Labor und den im Freiland herrschenden Wachstumsbedingungen gibt. Aus diesem Grund werden Inkubationsmessungen nicht für die routinemäßige Abschätzung des Düngerbedarfs herangezogen, doch läßt sich mit ihnen das Mineralisierungspotential unter Standardbedingungen ermitteln.

Wir werden hier die Methode von Waring und Brenner (1964) beschreiben. Sie ist relativ einfach und läßt sich leicht zu Routineuntersuchungen heranziehen. Eine Bodenprobe wird 7 Tage lang unter anaeroben Bedingungen bei 40 °C inkubiert. Während dieser Zeit findet Mineralisierung statt, während Nitrifikation durch den Sauerstoffmangel verhindert wird. Der Anstieg des Ammonium-N wird durch Destillation und Titration bestimmt.

Reagenzien und Ausrüstung
- *Kaliumchlorid*, 4 M. Man löst 149 g KCl in Wasser und füllt auf 500 ml auf.
- *Standard-Salzsäure*, 5 mM HCl.
- *Reagenzien und Ausrüstung* wie zur Bestimmung des mineralischen Stickstoffs (s. Abschn. 11.1), außer daß mit 5 mM HCl titriert wird. Da die bei der Titration verbrauchten Säuremengen klein sind, ist eine Mikrobürette mit 5 ml Gesamtvolumen und einer Skala in 0,01-ml-Schritten ein nützliches, aber nicht unbedingt notwendiges Gerät.

Aufbereitung des Bodens
Der Boden sollte nach den in Abschn. 11.1 beschriebenen Verfahren entnommen werden. Nach der (ggf. erforderlichen) Bestimmung der Trockendichte des Bodens wird die Probe jedoch luftgetrocknet und durch ein 2-mm-Sieb gesiebt.

Methode
Man wiegt 5 g (±0,01 g) lufttrockenen Feinboden in ein 150 mm langes Reagenzglas mit einem Durchmesser von 16 mm ein und gibt 12,5 ml (±1 ml) Wasser zu. Das Glas wird mit einem Stöpsel verschlossen und bei 40 °C sieben Tage lang inkubiert. Das Glas wird geschüttelt und die gesamte Boden-Wasser-Mischung in einen Destillationskolben überführt; es wird mit 12-15 ml 4 M KCl gewaschen. Nun verfährt man so, wie in Abschn. 11.1 beschrieben, destilliert und bestimmt den NH_4^+-N.

Man bestimmt auch den ursprünglich im Boden vorhandenen NH_4^+-N. Dann folgt man der soeben beschriebenen Methode; statt der 7tägigen Inkubation schüttelt man jedoch 1 h lang. Man berechnet den mineralisierten Stickstoff aus der Differenz der beiden Meßwerte. Ackerböden enthalten anfangs wenig NH_4^+-N, weshalb es sich kaum auf die Meßergebnisse auswirkt, wenn dieser nicht bestimmt wird.

Rechenbeispiel

Zusammenfassung der Methode
lufttrockener Boden (? mg N kg^{-1})
↓
5 g werden extrahiert, destilliert und mit 5 mM HCl titriert.

Beispiel. Die Titrationsdifferenz zwischen der inkubierten und der nicht inkubierten Probe beträgt 1,45 ml; dies entspricht

$$0{,}005 \text{ mol l}^{-1} \cdot 1{,}45/1\,000 \text{ l} = 7{,}25 \cdot 10^{-6} \text{ mol HCl}.$$

Diese reagieren mit derselben Stoffmenge an NH_4OH. Sie enthält

$$14 \text{ g mol}^{-1} \cdot 7{,}25 \cdot 10^{-6} \text{ mol} = 1{,}015 \cdot 10^{-4} \text{ g } NH_4^+\text{-N}.$$

Dieser stammt aus 5 g Boden. Somit enthält 1 kg Boden

$$1{,}015 \cdot 10^{-4} \cdot 1\,000/5 = 0{,}0203 \text{ g N}.$$

Dies entspricht einem Gehalt von 20 mg N kg^{-1} lufttrockenem Boden. Die Berechnung läßt sich vereinfachen zu:

mg N kg^{-1} = 14 · Titrationsvolumen.

Fehlerquellen. Geringe Titrationsmengen führen zu erhöhten Fehlern. Da diese Methode jedoch nur dazu dient, das Mineralisierungspotential während des Pflanzenwachstums anzuzeigen, sind die Fehler nicht von Bedeutung. Aus dem gleichen Grund hat es auch keinen Sinn, die Werte auf den ofentrockenen Boden zu beziehen.

Bewertung der Messung
Ob den Pflanzen genug Stickstoff zur Verfügung steht, hängt von der zu Beginn der Wachstumsperiode vorhandenen N_{min}-Menge sowie von der Menge, die während des Wachstums mineralisiert wird, ab. Beide müssen gemessen werden. Bei Topfversuchen erhält man eine gute Korrelation zwischen der N-Aufnahme und der N_{min}-Ausgangsmenge plus dem bei Inkubation unter Standardbedingungen mineralisierten NH_4^+-N. Unter Freilandbedingungen ist die Korrelation schlecht; aus diesem Grund werden computergestützte Modelle der N-Mineralisierung entwickelt, die die N-Verfügbarkeit präziser vorhersagen sollen.

11.3.2
Umwandlungsprozesse des Stickstoffs

Die Veränderungen, denen der Stickstoff nach einer mineralischen oder organischen Düngung unterliegt, lassen sich durch Laborinkubationsexperimente untersuchen. Die zugegebenen Mengen sollten so gewählt werden, daß sie Freilandbedingungen simulieren und die Freisetzung von Ammonium-N und Nitrat-N gemessen werden kann. Auch pH-Veränderungen sind wichtig, da Ammoniumdünger stark versauernd wirkt.

Die quantitative Analyse erfordert die Extraktion von Ammonium und Nitrat mit 2 M KCl. Mit dem Tüpfeltest wird jedoch auch eine einfachere, semiquantitative Methode zur Bestimmung dieser Ionen beschrieben.

Reagenzien und Ausrüstung
- *Boden.* Man besorgt sich eine feuchte Probe aus einem Acker oder Garten. Man siebt so viel Boden durch ein 5-mm-Sieb, daß man eine feuchte Probe von 1,2 kg erhält. Der Rest wird luftgetrocknet und ebenfalls durch das 5-mm-Sieb gesiebt, so daß sich drei Proben von jeweils 1 kg ergeben.
- *Stallmist.* Eine Probe Stallmist sollte luftgetrocknet und zu Pulver zerrieben werden. Es werden etwa 10 g des getrockneten Materials benötigt. Alternativ kann Dung, der für gartenbauliche Zwecke verwendet wird, benutzt werden.
- *Harnstofflösung.* Man löst 1,287 g Harnstoff (NH_2CONH_2) in Wasser und füllt auf 1 l auf.
- *Reagenzien und Ausrüstung* zur Bestimmung von Ammonium und Nitrat siehe „Methoden" in Abschn. 11.1.
- *pH-Meter und Pufferlösungen* zur Messung des pH-Werts (s. Abschn. 8.1).

Methode
Man füllt 1,2 kg feuchten Boden in einen Plastikbeutel; dies ist die *feuchte Blindprobe*.

Zu 1 kg trockenem Boden fügt man 200 ml Wasser zu und mischt gründlich. Dies ist die *getrocknete Blindprobe*.

Zu 1 kg trockenem Boden gibt man 200 ml Harnstofflösung, die 120 mg N enthalten. Dies ist die *mit Harnstoff behandelte Probe*; ihr entspricht eine Düngung von 300 kg N ha^{-1} (s. Abschn. 9.2; 2 500 t Boden ha^{-1}). Harnstoff hat eine molare Masse von 60 g mol^{-1}, die 28 g N enthält.

Zur dritten 1-kg-Bodenprobe werden 6 g trockener Mist gegeben; dies ist die *mit Stallmist behandelte Probe*. Stallmist ist in seiner Zusammensetzung sehr variabel. Feuchte Proben enthalten 0,3–2,2 % N. Bei dieser Düngung wird mit 6 g kg^{-1} ungefähr die gleiche N-Menge wie bei einer Harnstoffbehandlung zugeführt, falls der trockene Mist einen N-Gehalt von 2 % hat. Dies entspricht etwa der Menge, die jährlich auf der „Stallmist-Parzelle" des Broadbalk-Experiments in Rothamsted ausgebracht wird (Abschn. 13.2; 35 t feuchter Mist ha^{-1} = 17 t Trockensubstanz ha^{-1} bei einem Wassergehalt von 50 % bzw. ca. 7 g Trockensubstanz kg^{-1}; bei 2 500 t Boden ha^{-1}).

Inkubation. Man bewahrt die Bodenproben in locker verschlossenen Plastikbeuteln auf, um Luftzufuhr zu ermöglichen. Man schüttelt die Beutel von Zeit zu Zeit kräftig und gibt, falls erforderlich, Wasser zu, damit der Wassergehalt konstant bleibt.

Entnahme von Teilproben aus den Plastikbeuteln. Jeweils in Intervallen von 3 Tagen oder in anderen geeigneten Abständen entnimmt man jedem Beutel 120 g Boden, extrahiert mit 100 ml 2 M KCl und mißt NO_3^- und NH_4^+ mit den in Abschn. 11.1 beschriebenen Methoden. Der pH-Wert kann in der Boden-KCl-Aufschlämmung vor dem Filtern bestimmt werden. Dabei ergibt sich ein niedrigerer pH-Wert als in einer Boden-Wasser-Suspension (Salzeffekt, s. Abschn. 8.1). Dennoch können die durch die verschiedenen Behandlungen auftretenden Unterschiede und die im Lauf der Zeit stattfindenden Veränderungen auf diese Weise hinreichend genau bestimmt werden. Wenn Vergleiche mit anderen Meßergebnissen gezogen werden müssen, sollten zur pH-Bestimmung getrennte Proben entnommen werden (Methodik vgl. Abschn. 8.1). Der Wassergehalt der feuchten Blindprobe ist nicht der gleiche wie jener der anderen Proben. Man bestimmt den Wassergehalt mit den in Abschn. 3.3 angegebenen Methoden und verwendet diesen Wert zur Berechnung des NH_4^+- und NO_3^--N.

Voraussichtliche Ergebnisse

In der getrockneten Blindprobe sollte durch Trocknung und Wiederbefeuchtung ein Mineralisierungsschub der organischen Bodensubstanz eintreten; in der mit Stallmist behandelten Probe sollte eine langsamere Freisetzung des mineralischen Stickstoffs erfolgen als in der mit Harnstoff behandelten Probe. Abbildung 11.11 zeigt die Resultate einer Harnstoffbehandlung bei einem ähnlichen Experiment von M. N. Court, bei dem eine wesentlich höhere Düngermenge von 350 mg N kg^{-1} (875 kg ha^{-1}, 2 500 t Boden ha^{-1}) eingesetzt wurde. Harnstoff wird folgendermaßen abgebaut:

- Urease, ein Enzym, das von Bodenmikroorganismen produziert wird, bewirkt eine Hydrolyse; das ist eine vereinfachte Form der Mineralisierung, bei der der organische Stickstoff des Harnstoffs in mineralischen Stickstoff verwandelt wird:

$$CO(NH_2)_2 + 2H_2O \rightarrow (NH_4)_2CO_3.$$

Die Ammoniumproduktion kann nach weniger als einer Woche den Meßergebnissen entnommen werden.

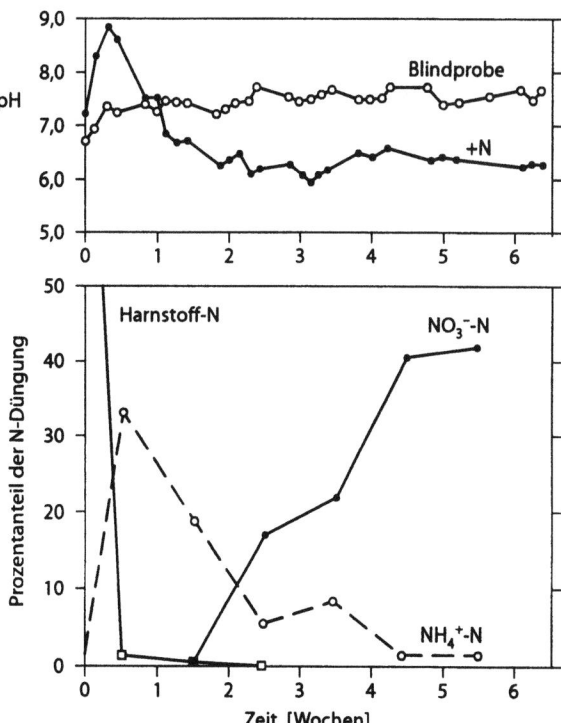

Abb. 11.11. N-Umwandlungsprozesse in einem sandigen Lehmboden nach einer Harnstoffdüngung (350 mg N kg^{-1} Boden) (aus Court et al. 1964)

- Carbonat reagiert mit Wasser, wodurch der pH des Bodens ansteigt:

  $CO_3^{2-} + 2H_2O = H_2CO_3 + 2OH^-$.

  Die Kohlensäure zerfällt zu CO_2 und H_2O; CO_2 entweicht in die Atmosphäre.
- Infolge des erhöhten pH entgast NH_4^+ als NH_3. Da dabei H^+-Ionen freigesetzt werden, wirkt dies dem durch die Carbonatreaktion hervorgerufenen pH-Anstieg etwas entgegen:

  $NH_4^+ = NH_3 + H^+$.
- Der nächste Umwandlungsprozeß ist die Nitrifikation:

  $NH_4^+ + 2O_2 \rightarrow NO_3^- + 2\,H^+$.

  Die Umwandlung von NH_4^+ in NO_3^- und die Absenkung des pH gehen aus den Meßergebnissen hervor.

  Nach 6 Wochen waren noch ca. 45 % des zugeführten N nachweisbar, meist in Form von NO_3^- (ca. 159 mg N kg^{-1}). Der Rest ging vermutlich durch Entgasung verloren, obwohl auch Immobilisierung und Denitrifikation stattgefunden haben dürften.

Signifikanz der Meßergebnisse

Konzentrationen der Bodenlösung

Durch die Nitrat-Freisetzung wird die N-Konzentration der Bodenlösung merklich angehoben. Diese Konzentrationsänderung läßt sich folgendermaßen berechnen. Ursprünglich dürfte die Konzentration ungefähr 12 mg N l^{-1} (Böden aus Oxfordshire; Tabelle 7.6) betragen haben. Werden 150 mg NO_3^--N in 200 ml Bodenlösung (pro kg Boden) freigesetzt, so steigt die NO_3^--Konzentration um 750 mg N l^{-1} bis auf 762 mg l^{-1} an. Bei einer praxisnäheren Düngermenge von 100 kg ha^{-1} (40 mg kg^{-1}) würde sich eine Konzentration von etwa 98 mg l^{-1} ergeben, wenn derselbe Anteil des Harnstoff-N in Nitrat umgewandelt wird.

Um diese N_{min}-Gehaltszunahme mit jenen Zuwächsen vergleichen zu können, die in nicht gedüngten Systemen auftreten, können die Daten aus Abb. 11.7 herangezogen werden. Die Peakkonzentration, die nach dem Umbruch des Grünlandes gemessen wurde, betrug 171 mg N kg^{-1}. Damit sind die N_{min}-Konzentrationen, die durch Düngung hervorgerufen werden, mit jenen vergleichbar, die auf die herbstliche Mineralisierung von organischem Stickstoff zurückzuführen sind. Nur in unmittelbarer Umgebung von Düngergranulatkörnern wird man viel höhere Konzentrationen messen.

Veränderungen des Boden-pH

Abbildung 11.11 zeigt, daß der pH-Wert infolge der Düngung letztlich um 1,5 Einheiten sinkt. Es ist nicht möglich, aus den obengenannten Umwandlungsreaktionen die Säureproduktion zu berechnen, da die relative Bedeutung der einzelnen Reaktionen nicht bekannt ist. Wir wollen uns jedoch gedanklich noch ein wenig mit den Daten beschäftigen: Nehmen wir an, daß 350 mg N zugeführt wurden, 200 mg als NH_3 verlorengingen und 150 mg in NO_3^- umgewandelt wurden. Der als NH_3 verlorengegangene Stickstoff verursacht keine pH-Änderung:

$(NH_4)_2CO_3 = 2NH_3 + 2H_2O + CO_2$.

Bei der Nitrifikation werden hingegen H^+-Ionen freigesetzt:

$(NH_4)_2CO_3 + 4O_2 \rightarrow 2NO_3^- + 2H^+ + 3H_2O + CO_2$.

Damit wird für jedes entstandene Mol NO_3^- (14 g N) 1 mol H^+ freigesetzt; das sind bei 150 mg NO_3^--N 10,7 mmol H^+. Wenn dadurch eine pH-Veränderung um 1,5 Einheiten verursacht wurde, beträgt die Pufferkapazität

$10,7/1,5 = 7,1$ mmol H^+ kg^{-1} pH^{-1}.

Aus Tabelle 8.5 ist zu entnehmen, daß dies der Pufferkapazität eines sehr sandigen Bodens entspricht. Es sind nicht alle Details dieses Bodens bekannt, aber der sandige Lehm enthält 10,7 % Ton, was auf einen Sandanteil von 50–80 % schließen läßt (s. Abschn. 2.3). Damit stimmen die Meßergebnisse und die erwarteten Werte überein.

Man könnte auch mit Ammoniumsulfat düngen. Die Nitrifikation macht diese Verbindung zu dem am stärksten versauernd wirkenden N-Dünger:

$(NH_4)_2SO_4 + 4O_2 \rightarrow H_2SO_4 + 2HNO_3 + 2H_2O$.

Es entsteht kein CO_3^{2-}, das für einen anfänglichen pH-Anstieg sorgt. Es geht wenig Stickstoff durch Ammoniakentgasung verloren. Bei Nitrifikation von 150 mg NH_4^+-N pro kg werden 21,4 mmol H^+ kg^{-1} Boden freigesetzt, was bei einer Pufferkapazität von 7,1 mmol H^+ kg^{-1} pH^{-1} zu einem Absinken des pH um 3,0 Einheiten führt. Wenn der Boden von Pflanzen bewachsen ist, hängt der Versauerungseffekt auch vom Nährstoffentzug durch die Pflanzen und den Auswaschungsverlusten ab (s. Kap. 8).

11.3.3
Alternative Bestimmungsmethoden für Nitrat und Ammonium

Einfache kolorimetrische Tüpfeltests können dazu verwendet werden, die Veränderungen der Nitrat- und Ammonium-Konzentration semiquantitativ zu erfassen.

Reagenzien

- *Nesslers Reagenz*. Dabei handelt es sich um ein Gift, das mit größter Vorsicht verwendet werden sollte. Es ist als gebrauchsfertige Lösung erhältlich.
- *Sulfanilsäure (p-Aminobenzolsulfonsäure)*. Man gibt 8 g $NH_2C_6H_4SO_3H$ in etwa 700 ml Wasser und fügt 10 ml konzentrierte H_2SO_4, zu. Falls nötig, wärmt man leicht an, um den Feststoff zu lösen. Dann wird auf 1 l aufgefüllt.
- *N-1-Naphthylethylendiamindihydrochlorid (NEDD)*. Man löst 1 g in 1 l 1 M HCl.
- *Zinkpulver*.
- *Ammoniumnitrat-Eichlösungen*. Man löst 0,57 g NH_4NO_3 in Wasser und füllt auf 1 l auf. Diese Lösung enthält 100 mg NO_3^--N und 100 mg NH_4^+-N l^{-1}. In zwei 100-ml-Meßkolben werden 1 bzw. 10 ml dieser Lösung pipettiert und bis zur Markierung aufgefüllt. Sie enthalten jeweils 1 bzw. 10 mg NO_3^--N und NH_4^+-N pro l.

Methode

Für den Tüpfeltest benötig man wenige Tropfen Bodenextrakt. Er wird durch das Einwiegen von 10 g feuchtem Boden in 100-ml-Bechergläser und die Zugabe von 25 ml 2 M KCl hergestellt; es wird 15 min gerührt. Der pH wird gemessen und dann wird die Suspension durch Whatmanpapier Nr. 41 in ein Reagenzglas gefiltert.

Tabelle 11.2. Tüpfeltest zum Nachweis von Ammonium und Nitrat

Konzentration [mg N l^{-1}]	Ammonium	Nitrat
100	Dunkelbraun	intensives Purpur
10	Gelb	helles Purpur
1	Spuren von Gelb	Spuren von Purpur

Tüpfeltest zum Ammoniumnachweis. In die Vertiefungen einer Tüpfelplatte gibt man von jeder der folgenden Lösungen drei Tropfen: destilliertes Wasser sowie NH_4^+-N-Lösung mit einer Konzentration von 1, 10 und 100 mg l^{-1}. Man beobachtet die Farbreaktion nach Zugabe von drei Tropfen Nesslers Reagenz. Tabelle 11.2 zeigt die voraussichtlichen Ergebnisse.

Nun führt man die Farbreaktion auch für den Bodenextrakt (drei Tropfen) durch und notiert die ungefähre Konzentration.

Tüpfeltest zum Nitratnachweis (Anm. 1). In die Vertiefungen der Tüpfelplatte werden jeweils drei Tropfen destilliertes Wasser sowie NO_3^--N-Lösung mit einer Konzentration von 1, 10 und 100 mg l^{-1} getropft. Man gibt eine geringe Menge Zinkstaub, drei Tropfen Sulfanilsäure und anschließend drei Tropfen NEDD-Lösung zu. Man beobachtet wiederum die Farbreaktion und vergleicht mit Tabelle 11.2.

Auch mit drei Tropfen des Bodenextrakts wird nun die Farbreaktion durchgeführt und mit Hilfe der Tabelle die ungefähre Konzentration bestimmt.

Bewertung der Ergebnisse

Wenn man aus dem Tüpfeltest schließen kann, daß die Nitrat-Konzentration zwischen 10 und 100 mg l^{-1} liegt, d.h. etwa 50 mg l^{-1} beträgt, dann sind in 25 ml Extrakt ca. 1,25 mg N enthalten. Der Extrakt wurde aus 10 g Boden gewonnen; damit enthält 1 kg Boden 125 mg NO_3^--N kg^{-1} (±50 mg). Die Methode ist also offensichtlich nur semiquantitativ.

Anmerkung 1. Beim Test wird Nitrat durch naszierenden Wasserstoff (H), der durch die Reaktion des Zinkpulvers mit der Säure entsteht, zu Nitrit reduziert. Der Farbtest weist das Nitrit nach. Führt man den Tüpfeltest ohne Zink durch, kann man die Nitrit-Konzentration bestimmen.

Der Nitrattest kann auch für Leitungswasser verwendet werden. Allerdings kann man auf diese Weise nur ungefähr abschätzen, ob die Konzentration ober- oder unterhalb des WHO-Grenzwertes von 11,3 mg l^{-1} liegt.

11.4
ADAS-Stickstoff-Verfügbarkeitsindex

Die N-Verfügbarkeit von Böden wird in bezug auf den N_{org}-Gehalt, der während der kommenden Vegetationsperiode wahrscheinlich mineralisiert wird, als niedrig, mittel oder hoch eingestuft. Dies ist eine sehr viel ungenauere Angabe der Nährstoffverfügbarkeit, als dies für Kalium, Magnesium und Phosphor möglich war (Abschn. 9.1 und 10.3); die extrahierbare Menge dieser Nährstoffe konnte nämlich quantitativ gemessen werden.

11.4 · ADAS-Stickstoff-Verfügbarkeitsindex

Tabelle 11.3. ADAS-Stickstoffindex: gemessen nach dem Unterpflügen von Luzerne, Langzeitbrache und Dauerweide (aus MAFF 1988)

Anbau vor Umbruch	Dauer der Ackernutzung nach Umbruch [a]				
	1	2	3	4	5
Luzerne	2	2	1	0	0
langfristige Gründüngung(-brache), nur geschnitten	1	1	0	0	0
langfristige Gründüngung(-brache), beweidet bzw. geschnitten und beweidet, niedrige N-Werte[a]	1	1	0	0	0
langfristige Gründüngung(-brache), beweidet bzw. geschnitten und beweidet, hohe N-Werte[b]	2	2	1	0	0
Dauerweide, geringe Qualität	0	0	0	0	0
Dauerweide, niedrige N-Werte[a]	2	2	1	1	0
Dauerweide, hohe N-Werte[b]	2	2	1	1	1

[a] Erhielt weniger als 250 kg N ha^{-1} a^{-1} und hatte einen geringen Kleeanteil.
[b] Erhielt mehr als 250 kg N ha^{-1} a^{-1} oder hatte einen hohen Kleeanteil.

Tabelle 11.4. ADAS-Stickstoffindex: nach Feldfruchtanbau und nach Kurzzeitgründüngung (aus MAFF 1988)

Stickstoffindex 0	Stickstoffindex 1	Stickstoffindex 2
Getreide, Zuckerrüben o. Mais	Erbsen, Bohnen	Jede Feldfrucht, wenn der Boden häufig große Mengen an Dung oder Gülle erhalten hat
	Kartoffeln, Ölraps	
Gemüse, welches weniger als 200 kg N ha^{-1} erhält	Gemüse, welches mehr als 200 kg N ha^{-1} erhält	
Kurzzeitgründüngung, beweidet geschnitten und beweidet, niedrige N-Werte[a]	Kurzzeitgründüngung, beweidet bzw. geschnitten und beweidet, hohe N-Werte[b]	
Kurzzeitgründüngung, nur geschnitten		
Futteranbau, geerntet[c]	Futteranbau, beweidet	

[a,b] s. Fußnote zu Tabelle 11.3.
[c] Die typischen Futterpflanzen in Großbritannien (außer Brachen, Mais und Luzerne, die separat aufgeführt wurden) sind Kohl, Rüben, Senf und Roggen.

Die Tabellen 11.3 und 11.4 zeigen das in Großbritannien gebräuchliche System. Die erste Tabelle bezieht sich auf Flächen, auf denen in den letzten 5 Jahren eine Dauerweide, Langzeitgründüngung oder Luzerne (*Medicago sativa*) untergepflügt wurde. Als Gründüngung wird Gras- oder Gras-Klee-Bewuchs bezeichnet, der Teil einer Fruchtfolge ist. Eine Langzeitgründüngung befindet sich 3 Jahre oder mehr auf einer Fläche, bevor sie untergepflügt wird. Luzerne ist eine Leguminose, die ebenfalls vor dem Unterpflügen mehrere Jahre lang angebaut wird. Alle in Tabelle 11.3 aufgeführten Gründüngungspflanzen führen zu einer Erhöhung des Humusgehalts. Der N-Gehalt der organischen Substanz hängt in erster Linie von den N-Düngereinträgen und der N-Fixierung durch Leguminosen ab. Die organische Substanz macht in allen Fällen für mehr als 1 Jahr erhebliche Mengen an mineralischem Stickstoff verfügbar, wenn man von qualitativ minderwertigen Dauerweiden absieht, auf denen die organische Substanz nur wenig Stickstoff enthält. Tabelle 11.3 kann wie folgt verwendet werden:

- Angenommen, man möchte wissen, wie hoch der Düngerbedarf für das kommende Jahr sein wird. Aus den eigenen Aufzeichnungen weiß man, daß eine Parzelle vor 3 Jahren umgepflügt wurde, weshalb man nun den Anbau der vierten Feldfrucht nach dem Unterpflügen plant. Der in der Tabelle gegebene Index basiert auf der Zahl der Anbaujahre nach dem Unterpflügen und der Nutzungsart vor dem Unterpflügen.
- Vermutlich wurden nach dem ersten Unterpflügen auf dieser Fläche Feldfrüchte angebaut. Von diesen sind Pflanzenrückstände zurückgeblieben, aus denen ebenfalls Stickstoff mineralisiert wird. Der in Tabelle 11.4 angegebene Index basiert auf der Feldfrucht und der Anbaumethode des vergangenen Jahres. Man bestimmt den zweiten Index; wenn die beiden Tabellen unterschiedliche Indizes ergeben, verwendet man den höheren Index. Bei Parzellen, die permanent ackerbaulich genutzt werden oder bei denen eine kurzzeitige Gründüngung (1 bis 2 Jahre) in die Fruchtfolge eingeschaltet ist, sollte nur Tabelle 11.4 angewendet werden.

Als Beispiel für den Gebrauch der beiden Tabellen stelle man sich eine Fläche vor, die nach dem Unterpflügen einer Luzerne-Gründüngung bereits fünf Jahre lang ackerbaulich genutzt wird. Im Vorjahr waren auf der Fläche Bohnen angepflanzt worden. Da aus den alten Luzernerückständen nur eine geringe N-Freisetzung zu erwarten ist, wird der Fläche mit Tabelle 11.3 ein Index von 0 zugeordnet. In Tabelle 11.4 werden die frischen Überreste der Bohnen (eine N-fixierende Pflanze) stärker bewertet, wodurch sich der Index auf 1 erhöht. Dabei sollten die folgenden allgemeinen Richtlinien beachtet werden:

- Gräser und Leguminosen steuern ebenso wie tierische Dünger (z.B. Gülle) große Mengen an mineralisierbarem N ein. Sie stellten die Basis der Pflanzenproduktion vor der Einführung mineralischer Dünger dar und sind in landwirtschaftlichen Mischbetrieben immer noch von großer Bedeutung. Im organischen Landbau sind die Kulturpflanzen fast ausschließlich auf diese N-Quellen angewiesen.
- Permanente ackerbauliche Nutzung verursacht einen Rückgang der organischen Bodensubstanz (s. Abschn. 13.3); es verbleiben nur geringe Mengen an Ernterückständen im Boden.
- Futterpflanzenanbau und kurzzeitige Gründüngung verbessern das Mineralisierungspotential nicht wesentlich, es sei denn, die N-Einträge sind hoch.
- Weidende Tiere geben dem Boden Stickstoff zurück; es bleiben größere Reste auf den Weiden als dort, wo das Gras geschnitten und entfernt wird.
- Leguminosen (Klee, Luzerne, Erbsen und Bohnen) hinterlassen N-reiche Pflanzenreste, da die Bakterien der Gattung *Rhizobium*, die in den Wurzeln dieser Pflanzen leben, Stickstoff fixiert haben.

- Nach dem Intensivanbau von Gemüse, Kartoffeln und Raps, die hohe Düngermengen erhalten, können erhebliche Mengen an mineralischem N im Boden zurückbleiben, sofern die Niederschläge und die Auswaschung nicht übermäßig stark waren.

Düngungsempfehlungen

Die in Tabelle 11.5 zusammengestellten Empfehlungen für die N-Düngung von Winterweizen in Großbritannien basieren auf zahlreichen Feldversuchen und der Erfahrung von Landwirten. Die im Schnitt geerntete Kornmenge beträgt ca. 7 t ha^{-1}, der maximal mögliche Ertrag liegt bei 12 t ha^{-1}. Dabei sollte man folgende Grundsätze beachten:

- Der Stickstoff-Bedarf ist von der angebauten Pflanzenart abhängig und steigt mit dem voraussichtlichen Ernteertrag. Die Entscheidung des Landwirts beruht daher auf seinen Erfahrungen hinsichtlich der potentiellen Erntemenge auf seinen Böden.
- Auch die Bodeneigenschaften sind zu berücksichtigen. Humusreiche und organische Böden setzen große Mengen an mineralischem Stickstoff frei. Sandige und flachgründige Böden enthalten nur geringe Mengen organischer Substanz und setzen deshalb auch nur geringe N_{min}-Mengen frei. Außerdem sind sie leicht auswaschbar.
- Ein Anstieg des N-Index weist auf einen Anstieg des verfügbaren Stickstoffs hin, womit sich der Düngerbedarf verringert.
- Viele andere Faktoren werden von Landwirten und landwirtschaftlichen Beratern herangezogen, bevor eine Entscheidung über die Düngermenge gefällt wird. Die Auswaschung des mineralischen Stickstoffs, der im Winter im Boden verblieben ist, kann z.B. aus der Niederschlagsmenge in dieser Zeit und der Bodenart abgeschätzt werden.

Tabelle 11.5. Stickstoff-Düngungsempfehlungen für Winterweizen: Düngung zwischen Ende März und Anfang Mai

Bodenart	N-Index 0	1	2
	Empfehlung [kg N ha^{-1}]		
Erntemenge bis zu 7 t Korn ha^{-1}			
Flachgründige Sandböden über Kreide oder Kalkstein	175	150	75
Tiefgründige Schluffböden	150	50	k.B.
Tone	150	75	k.B.
Andere Mineralböden	150	100	50
Humose Böden	90	45	k.B.
Torfböden	50	k.B.	k.B.

Die Empfehlungen erhöhen sich um 25 kg N für jede Tonne, die über der erwarteten Erntemenge von 7 t ha^{-1} liegt. k.B.: kein Bedarf. Alle Einzelheiten sind in MAFF (1988) zu finden.

Empfehlungen und Stickstoffbilanz

Stickstoffbilanzen lassen sich selten vollständig und hinreichend genau ermitteln, weil die Messung der gasförmigen Verluste und die Bestimmung der Netto-Mineralisierung problematisch ist. Daher können für Böden mit verschiedenen Indexwerten keine typischen Bilanzen vorgestellt werden. Mittlerweile hat sich jedoch ein umfangreiches Wissen über den N_{min}-Gehalt von Böden, in denen Winterweizen angebaut wird, angesammelt. In Großbritannien findet der Hauptmineralisierungsschub im Herbst statt, kurz bevor oder kurz nachdem das Getreide ausgesät wird. Ein zweiter Mineralisierungsschub folgt im Frühjahr. In den Tonböden von East Anglia steigen die Mineralisierungswerte im Spätherbst auf 80, 130 und 200 kg N ha^{-1}, je nachdem, ob der Boden einen N-Index von 0, 1 oder 2 hat. Teilweise handelt es sich dabei um Überreste aus der vorausgegangenen Vegetationszeit, aber der größte Teil wurde neu mineralisiert. Ein Großteil dieses Stickstoffs dürfte im Frühjahr noch verfügbar sein, sofern das Nitrat im Winter infolge niedriger Niederschläge und der Retention in Bodenaggregaten nicht völlig ausgewaschen wurde (s. Abschn. 11.5). In feuchteren Gebieten und in leichten Böden sind die potentiellen Auswaschungsverluste aus Böden mit einem hohen Index groß. Weitere Informationen über Auswaschungsverluste bei Feldgraswirtschaft werden in Abschn. 13.3 diskutiert. Die Mengen des aus dem Boden stammenden Stickstoffs, die dem Weizen in Böden mit den Indizes 0, 1 und 2 verfügbar sind, belaufen sich auf 30-80, 80-130 und 130-200 kg N ha^{-1}.

Tabelle 11.1 gibt Beispiele für N-Bilanzen. Wenn man nur den Düngerinput und den Ernteentzug (oder die Erntemenge) kennt, kann man die N-Bilanz nur ungefähr abschätzen. Nehmen wir hierzu als Beispiel Abb. 11.3: Im Mai wurden 97 kg Dünger-N ha^{-1} ausgebracht; der Pflanzengehalt betrug 128 kg N ha^{-1}. Der N-Input aus der Atmosphäre (Farbtafel 17), den Samen und der biologischer N-Fixierung dürfte etwa 30 kg ha^{-1} betragen haben. Die Menge des aus dem Boden stammenden, verfügbaren Stickstoffs kann näherungsweise aus dem N-Index des Bodens abgeschätzt werden. Auf dieser speziellen Ackerfläche wurde das Getreide in einem Feldfrucht-Gründüngung-Fruchtfolgesystem angebaut; sie war im Vorjahr mit Kartoffeln bepflanzt, und deshalb hatte der Boden einen Index von 1 (Tabellen 11.3 und 11.4). Wenn die Menge des aus dem Boden stammenden Stickstoffs 80 kg ha^{-1} beträgt, dann belaufen sich die Einträge auf 207 kg und der Entzug auf 120 kg. Die Differenz beträgt 87 kg ha^{-1}; ein Teil davon geht durch Auswaschung und Denitrifikation verloren und ein Teil wird sich am Ende der Vegetationsperiode noch im Boden befinden. Nimmt man den höheren Wert für den aus dem Boden stammenden Stickstoff (130 kg) an, wächst die Differenz auf 137 kg ha^{-1}. Für die nachfolgende Feldfrucht würde der Boden mit dem Index 0 eingestuft werden; dementsprechend fallen wahrscheinlich 30-80 kg an mineralisiertem Stickstoff pro ha an. Ein Großteil der 87-137 kg ist also am Ende der ersten Wachstumsperiode nicht mehr verfügbar.

Wirkung der Stickstoffdüngung

Der Kornertrag eines englischen Bodens mit einem Index von 0 beträgt ohne N-Düngereinträge etwa 4 t ha^{-1}, wodurch dem Boden 80 kg N entzogen werden (Sylvester-Bradley et al. 1987; Farbtafel 18). Bei den üblichen N-Düngermengen liegt der Ertrag bei 15-30 kg Korn pro kg ausgebrachtem N; er wird kleiner, je mehr man sich dem maximal möglichen Ertrag annähert. Die Strohmasse steigt auf 13-26 kg Trockensubstanz kg^{-1} ausgebrachtem N; die Wurzelmasse nimmt bei N-Düngung nur wenig zu. Dieses zusätzliche Pflanzenmaterial enthält 0,4–0,8 kg N pro kg ausgebrachtem N. Dementsprechend werden 20–60 % der N-Zufuhr nicht vom Getreide genutzt, was die hohe standörtliche und saisonale Variabilität der Denitrifikation und der Auswaschungsverluste widerspiegelt.

Eine typisch geformte Ertragskurve (Abb. 9.5 und 13.6) ist meist auf die Wirkung von Stickstoff zurückzuführen; Böden mit einem N-Index von 0 sind weit verbreitet, während die meisten kultivierten Böden einen K- oder P-Index von 2 besitzen. Die Form der N-Ertragskurve ist abhängig von der Verfügbarkeit des aus dem Boden stammenden Stickstoffs. Nimmt die verfügbare Menge zu, flacht sich die Kurve ab und fällt schließlich sogar, da physiologische Störungen und Halmbruch auftreten.

Der ökonomisch optimale N-Düngereintrag ist vom Preis des Düngers und des Getreides sowie von anderen Pauschalkosten abhängig. In Großbritannien belaufen sich diese Kosten auf ca. 36 Pence kg^{-1} N; der Getreidepreis liegt bei ca. 12 Pence kg^{-1}. Vernachlässigt man andere Kosten, müssen mehr als 3 kg Korn pro kg ausgebrachtem N geerntet werden, damit sich die Düngung lohnt. Die entsprechenden Zahlen für Nebraska (Abb. 13.2) lauten 24 Cents kg^{-1} N und 13 Cents kg^{-1} Korn, was einen Ertrag von mindestens 2 kg Körner kg^{-1} ausgebrachtem N erfordert.

11.5
Methoden zur Untersuchung der Nitratauswaschung

Die Bestimmung des N_{min}-Gehalts von Freilandböden wurde in Abschn. 11.1 beschrieben und lieferte die in Abb. 11.7 dargestellten Daten zur Nitratauswaschung. Laboruntersuchungen sind von großem Nutzen, wenn man die an der Auswaschung beteiligten Mechanismen verstehen will; sie bilden die Grundlage für der Erstellung computergestützer Modelle der Auswaschung im Freiland.

Bewegungsrate des Nitrats im Boden

In Böden ohne positive Ladung (s. Abschn. 7.5) bewegt sich Nitrat frei mit dem Wasser. Die vom Wasser zurückgelegte Strecke hängt sowohl von klimatischen als auch bodenspezifischen Faktoren ab. Die Differenz aus Niederschlagsmenge und Evapotranspiration ergibt die Rate, mit der Wasser in den Boden eintritt. Es bewegt sich dann durch die wassergefüllten Poren, deren Größe, Form und Volumen die Strecke bestimmen, um die sich Wasser und Nitrat fortbewegen können.

Zylindrische, wassergefüllte Röhren

Die Grundlagen werden in Abb. 11.12 a und b erläutert. Bei der gleichen Zuflußrate wird sich Wasser in einer engeren Röhre schneller bewegen. Anders ausgedrückt: Das erforderliche Volumen, um ein Wassermolekül vom oberen zum unteren Ende der Röhre zu befördern, ist in einer engeren Röhre kleiner.

Die Anwesenheit von Sand- und Bodenpartikeln verringert das Wasservolumen in der Röhre, und damit ist abermals weniger Wasser erforderlich, das Wassermolekül vom oberen zum unteren Ende zu bewegen; dieses Wasservolumen entspricht dem Volumen der wassergefüllten Poren. Um daher die Entfernung zu bestimmen, um die das Wasser gewandert ist, müssen die zugeführte Wassermenge und das Volumen der wassergefüllten Poren während der Auswaschung bekannt sein.

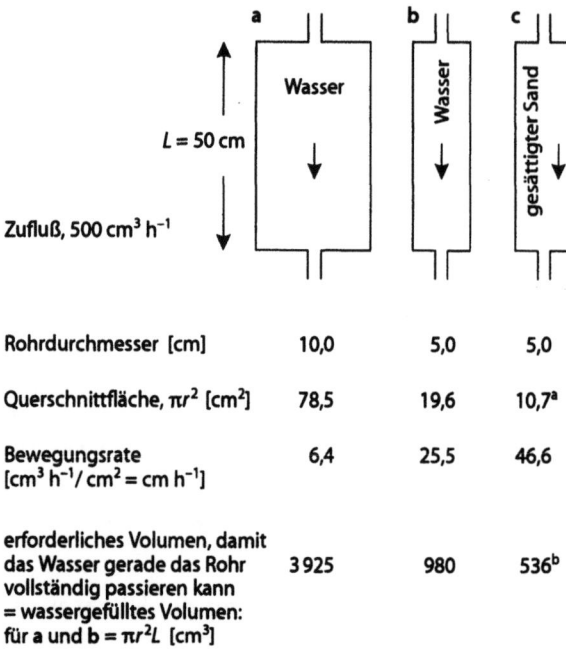

Abb. 11.12. Wasserbewegung durch zylindrische Röhren

	a	b	c
Rohrdurchmesser [cm]	10,0	5,0	5,0
Querschnittfläche, πr^2 [cm²]	78,5	19,6	10,7[a]
Bewegungsrate [cm³ h⁻¹/ cm² = cm h⁻¹]	6,4	25,5	46,6
erforderliches Volumen, damit das Wasser gerade das Rohr vollständig passieren kann = wassergefülltes Volumen: für a und b = $\pi r^2 L$ [cm³]	3 925	980	536[b]

[a] (wassergefüllter Raum)   [b] (siehe Text)

In Laborexperimenten werden gesättigte Säulen eingesetzt; in diesem Fall entspricht das Volumen der wassergefüllten Poren dem Gesamtporenvolumen. Im Feld muß das Volumen der wassergefüllten Poren während der Auswaschung größer sein als das Volumen bei Feldkapazität (s. Kap. 5). Bei heftigen Niederschlägen kann der Boden nahezu gesättigt sein, doch unter normalen Bedingungen liegt der Wassergehalt nur wenig über Feldkapazität.

Säule mit gesättigtem Sand

Man betrachte eine sandgefüllte Säule, die einen Durchmesser von 5 cm (Abb. 11.12 c) hat. Der Querschnitt, durch den sich das Wasser bewegen kann, wird durch die Sandkörner verkleinert. Ist der Sand mit einer Lagerungsdichte von 1,2 g cm⁻³ gepackt, beträgt das Volumen der Sandkörner (Dichte = 2,65 g cm⁻³) 1,2/2,65 = 0,453 cm³ cm⁻³ (s. Abschn. 4.2). Dieser Wert gibt auch den Anteil des wasserdurchlässigen Querschnitts an (0,547 cm² cm⁻²) und damit die Querschnittsfläche, durch die sich das Wasser bewegen kann: 19,6 · 0,547 = 10,72 cm². Die durchschnittliche Fließgeschwindigkeit beläuft sich bei einem Zufluß von 500 cm³ h⁻¹ auf 500/10,2 = 46,6 cm h⁻¹. Das Volumen an Wasser, welches nötig ist, um ein einziges Wassermolekül gänzlich durch die Röhre zu transportieren, entspricht dem wassergefüllten Porenanteil von 0,547 cm³ cm⁻³ · 980 cm³ = 536 cm³.

Säule mit ungesättigtem Sand

Nun betrachte man eine Säule, in der das Wasser so leicht versickert, daß der Sand nicht gesättigt ist, der Wassergehalt aber nahe Feldkapazität bleibt. Dies könnte z.B. 0,2 cm³ Wasser cm⁻³ Röhrenvolumen entsprechen. Dann beträgt der Anteil des wasserdurchlässigen Querschnitts 0,2, woraus sich eine Fläche von 3,92 cm² und eine Fließgeschwindigkeit von 128 cm h⁻¹ ergibt. Man bedenke, daß alle Fließgeschwindigkeiten und Entfernungen Durchschnittswerte sind, denn nicht alle Moleküle werden sich mit der gleichen Geschwindigkeit bewegen.

Aus dem obigen Beispiel kann man entnehmen:

Fließgeschwindigkeit [cm h⁻¹]
= Zuflußrate/wasserdurchlässige Querschnittsfläche [cm³ h⁻¹/cm²].

Entsprechend gilt für ein bestimmtes Zuflußvolumen:

zurückgelegte Strecke [cm]
= Zuflußvolumen/wasserdurchlässige Querschnittsfläche [cm³ cm⁻²]   (11.1)

Einheiten

Die Wasserzufuhr im Freiland wird normalerweise als Niederschlagshöhe abzüglich der Evapotranspiration gemessen, meist in mm H_2O. Die vom Wasser zurückgelegte Strecke läßt sich folgendermaßen berechnen: Man stelle sich eine Sandsäule mit einer Grundfläche von 1 × 1 cm vor, die 5 cm³ Wasser erhält (Abb. 11.13). Nehmen wir wieder den ungesättigten Fall, dann beträgt die Querschnittsfläche der wassergefüllten Poren 0,2 cm², und die zurückgelegte Strecke beträgt nach Gleichung 11.1 5/0,2 = 25 cm. Die in den Sand eindringende Wassermenge hat eine Höhe von 5 cm; damit ergibt sich die zurückgelegte Entfernung aus dem Quotienten aus der Höhe der Wasserzufuhr und dem wassergefüllten Porenvolumen – oder mathematisch ausgedrückt:

zurückgelegte Strecke = Zufuhrhöhe/θ (11.2)

Die zurückgelegte Strecke und die Höhe der Wasserzufuhr tragen die gleiche Einheit [mm oder cm], und θ ist der volumetrische Wassergehalt in cm³ cm⁻³. Aus dieser Gleichung erhält man die zurückgelegte Strecke sowohl für Wasser als auch für Nitrat in Sand. Sie kann für Böden verwendet werden, wenn a) Nitrat nicht an die Partikeloberflächen adsorbiert wird und b) das Bodengefüge schlecht ausgebildet ist. Diese Einflüsse werden weiter unten beschrieben.

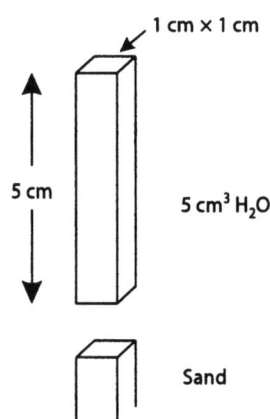

Abb. 11.13. Höhe des in eine sandgefüllte Säule eindringenden Wassers

Labormessungen

Reagenzien

- *Kaliumnitrat*, 20 mM. 1,011 g KNO_3 werden in Wasser gelöst und auf 500 ml aufgefüllt.

Auswaschungsröhren

Ein Glasrohr mit einem Durchmesser von 2,5 cm und einer Länge von 20 cm stellt eine geeignete Auswaschungsröhre dar. Das untere Ende verschließt man mit einem Stopfen, der mit einem Glasröhrchen durchbohrt ist, und legt eine Scheibe aus Nylongewebe auf den Stopfen. Die gesamte Säule wird gewogen, mit trockenem Sand (oder lufttrockenem Feinboden) gefüllt und leicht angestoßen, damit sich der Sand setzt. Man schüttet so lange Sand hinein, bis die Sandfüllung 15 cm hoch ist. Man legt eine weitere Nylonscheibe auf die Oberfläche des Sands und wiegt nochmals, um die Masse des trockenen Sandes zu bestimmen.

Als Vorratsbehälter installiert man eine Flasche wie in Abb. 11.14 oder verwendet eine Mariottesche Flasche. Das Wasser sollte so lange mit einer Geschwindigkeit von ca. 1 Tropfen pro Sekunde aus der Flasche tropfen, bis sich eine konstante Ausflußrate am Säulenende eingestellt hat. Man unterbricht die Wasserzufuhr und pipettiert 1 ml 20 mM KNO_3 auf die Nylonscheibe über dem Sand. Man nennt dies Nitrat-*Pulsmarkierung*. Die Wasserzufuhr wird wieder angestellt und der Ausfluß aus der Säule in Proben zu 5 ml aufgefangen, bis insgesamt 50 ml gesammelt sind. Die Proben werden für die Messung aufbewahrt. Die Zufuhr wird gestoppt und die Säule mit dem nassen Sand sofort gewogen, um den Wassergehalt des Sandes zu bestimmen.

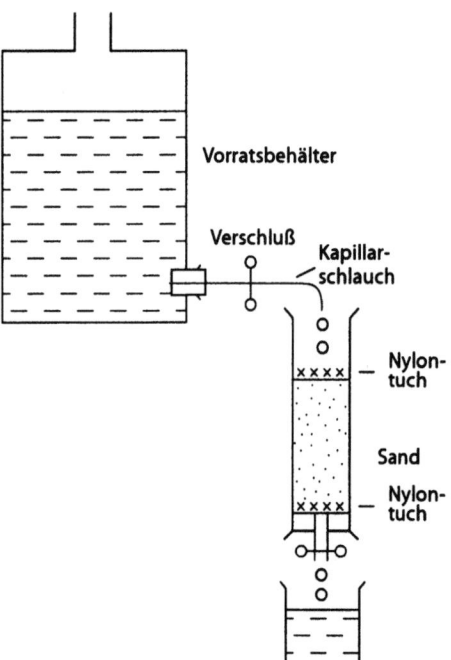

Abb. 11.14. Apparatur für Labor-Auswaschungsversuche

Messung des Nitrats im Säulenausfluß

Dazu können vier Methoden eingesetzt werden, die je nach der vorhandenen Ausrüstung gewählt werden:

1. *Durch Messung der elektrischen Leitfähigkeit.* Die Benutzung eines Meßgeräts zur Bestimmung der elektrischen Leitfähigkeit (EC) wird in Abschn. 14.1 beschrieben. Die Konzentration von KNO_3 hängt linear mit der elektrischen Leitfähigkeit zusammen und wird näherungsweise durch folgende Gleichung beschrieben:

   Konzentration [mM] = EC/0,1.

   Die EC hat die Einheit $mS\ cm^{-1}$ (S = Siemens). Strenggenommen sollte als Einheit $S\ m^{-1}$ verwendet werden – womit die Beziehung mit mM = $S\ m^{-1}$/0,01 angegeben werden müßte –, aber die Leitfähigkeitsmeßgeräte arbeiten häufig noch mit den alten Einheiten. Mit Eichlösungen, die durch Verdünnung von 20 mM KNO_3-Lösung hergestellt werden, kann das Meßgerät kalibriert werden.

   Man mißt die EC aller 5-ml-Ausflußproben. Die Volumina werden durch Abmessen und/oder Wiegen genau bestimmt. Die EC bzw. die KNO_3-Konzentration wird gegen das kumulative Ausflußvolumen aufgetragen.

2. *Durch Destillation und Titration.* Man kann die in Abschn. 11.1 beschriebene Methode verwenden, was aber bei 10 Proben sehr zeitaufwendig ist. Man pipettiert 5 ml des Ausflusses in den Destillationskolben, destilliert und titriert mit 0,01 M HCl. Die Berechnung vereinfacht sich zu:

   Nitratkonzentration [mM] = 2 · Titrationsvolumen [ml].

3. *Durch den in Abschn. 11.3 beschriebenen Tüpfeltest.* Obwohl es sich hierbei um ein semiquantitatives Verfahren handelt, ergibt sich daraus die ungefähre Peaklage.

4. *Durch Verwendung eines Chlorid-Tracers.* Das Experiment könnte auch mit 20 mM KCl-Lösung anstelle von Nitratlösung durchgeführt werden; dann kann man das Chlorid mit der in Abschn. 7.6 beschriebenen potentiometrischen Methode bestimmen. Somit muß nicht jede Probe titriert werden. Man mißt das Potential in Volt und liest die entsprechende Konzentration aus einer Kalibrierungskurve ab, die zuvor durch Potentialmessungen an Eichlösungen, die 0, 5, 10 und 20 mM KCl enthielten, aufgestellt wurde. Die 20 mM KCl-Lösung wird hergestellt, indem man 0,75 g KCl in Wasser löst und auf 500 ml auffüllt.

Ergebnisse

Der ermittelte Graph (Abb. 11.15) wird *Durchbruchskurve* genannt; aus ihm geht die Wassermenge hervor, die erforderlich ist, um das Nitrat durch die Säule zu spülen. Außerdem sollte aus den Ergebnissen hervorgehen, daß die Nitratkonzentration im Peak kleiner als 20 mM ist, was an der Durchmischung des Nitratpulses mit dem Wasser in der Säule liegt.

Bewegt sich der Nitratpuls mit der erwarteten Geschwindigkeit?

Betrachten wir als Beispiel die oben beschriebene Säule (Länge × Durchmesser = 15 cm × 2,5 cm; Volumen = 73,6 cm^3), die mit 88,3 g trockenem Sand gepackt ist. Dessen Lagerungsdichte beträgt

$88,3/73,6 = 1,21\ g\ cm^{-3}$.

Abb. 11.15. Durchbruchskurve

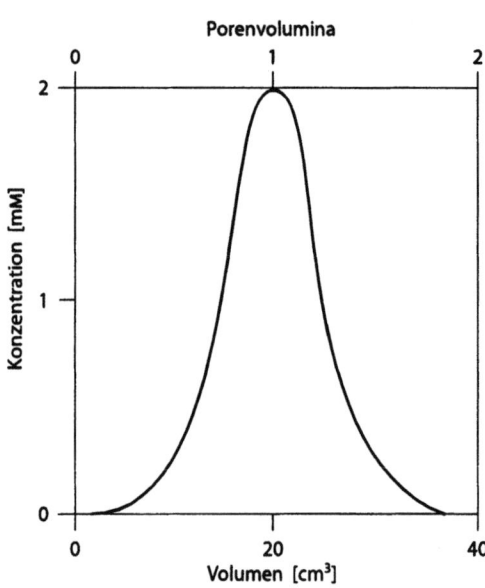

Das Partikelvolumen beträgt

88,3 g/2,65 g cm^{-3} = 33,3 cm^3.

Daraus ergibt sich ein Porenvolumen von 73,6 − 33,3 = 40,3 cm^3. Bei einer gesättigten Säule entspricht dies dem wassergefüllten Porenvolumen. Die Durchbruchskurve zeigt, daß nur etwa 20 cm^3 Wasser nötig sind, um den Nitratpeak aus der Säule zu verdrängen; dies bedeutet, daß die Säule nicht gesättigt war.

Das Volumen, das erforderlich ist, um das Nitrat aus der Säule zu verdrängen, entspricht theoretisch dem wassergefüllten Porenvolumen und wird auch als *Ein-Porenvolumen* bezeichnet. Wenn sich das Nitrat auf diese Weise bewegt, beträgt das Ein-Porenvolumen 20 cm^3. Dieser Wert kann durch Wiegen bestätigt werden, da es sich ganz einfach um jenes Wasser handelt, das sich während des Experiments in der Säule befindet. Wenn diese Säule 20 g Wasser enthält, dann zeigt die Durchbruchskurve, daß sich das Nitrat mit der gleichen Geschwindigkeit wie das Wasser bewegt. Bei Durchbruchskurven wird das Volumen, das auf einer Achse aufgetragen wird, häufig als Vielfaches des Porenvolumens und nicht in cm^3 angegeben (s. Abb. 11.15).

Man beachte, daß für diese Kurve die zugeführte Wassermenge von 20 cm^3 auch als Höhe einer Wassersäule ausgedrückt werden kann (Abb. 11.16). Der Säulenquerschnitt beträgt πr^2 = 4,91 cm^2 und damit beträgt die Höhe 20/4,91 = 4,07 cm. Das wassergefüllte Porenvolumen beträgt 20/73,6 = 0,272 cm^3 cm^{-3}. Mit Gleichung 11.2 wird die zurückgelegte Strecke berechnet, die erwartungsgemäß 15 cm beträgt, was der Länge der Sandsäule entspricht.

Nitratauswaschung aus Böden mit gut ausgebildetem Gefüge

Die Versickerung erfolgt vor allem in den Grobporen (s. Abschn. 4.2). Insbesondere in schweren Böden handelt es sich bei den Poren im Inneren der Aggregate meist um Feinporen, so daß der Wasserfluß vorwiegend außerhalb der Aggregate stattfindet und

11.5 · Methoden zur Untersuchung der Nitratauswaschung

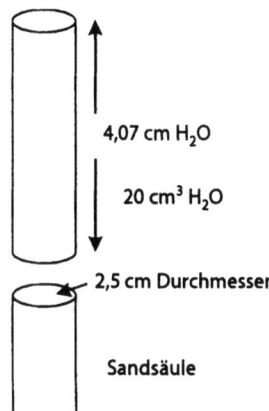

Abb. 11.16. Wasserzufuhr, dargestellt als Höhe einer Wassersäule

4,07 cm H$_2$O

20 cm^3 H$_2$O

2,5 cm Durchmesser

Sandsäule

das Wasser in den Aggregaten eher stationär ist. Dieser Fluß wird als „*bypass flow*" (präferentieller Fluß) bezeichnet und hat zwei wichtige Konsequenzen:

1. Wenn die Bodenoberfläche gedüngt wurde und es anschließend regnet, wird das Nitrat gelöst und kann durch die Grobporen des Bodens abgeführt werden. Da sich ein Teil des Bodenwassers nicht bewegt, wird das Nitrat weiter transportiert, als man dies aus Gleichung 11.2 erwarten würde.
2. Befindet sich Nitrat *in* den Bodenaggregaten, sei es aus Düngerrückständen oder als mineralisierter Stickstoff, wird das Regenwasser die Aggregate passieren und einen Großteil des Nitrats zurücklassen. Ein Teil des Nitrats wird in das sich bewegende Wasser hineindiffundieren, aber die Auswaschung würde deutlich verzögert.

Mit computergestützten Modellen läßt sich die Bewegung für beide Situationen voraussagen. Die oben beschriebenen Phänomene können an den folgenden Laborexperimenten beobachtet werden.

Methode

Man besorgt sich einen Boden mit einem gut ausgebildeten, stabilen Gefüge (mittelschwerer Boden, jedoch kein Tonboden); er wird luftgetrocknet und dann vorsichtig durch ein 5-mm-Sieb gesiebt. Dann wird der Boden <5 mm auf einem 2-mm-Sieb geschüttelt, so daß die Aggregate mit einem Durchmesser von 2–5 mm zurückbleiben. Mit diesem Bodenaggregaten füllt man, wie oben beschrieben, eine Auswaschungssäule.

Fall 1. Man wartet, bis sich ein gleichmäßiger Wasserfluß durch die Säule eingestellt hat (bei schweren Böden wird es längere Zeit – eventuell über Nacht – dauern, bis der Boden gut durchnäßt ist), gibt die Nitrat-Pulsmarkierung zu und stellt die Wasserzufuhr wieder an.

Fall 2. Man geht wie in Fall 1 vor, läßt aber nach der Nitrat-Pulsmarkierung die Säule über Nacht stehen, so daß das Nitrat in die Aggregate diffundiert. Die Wasserzufuhr wird am nächsten Tag wieder angestellt.

Im ersten Fall müßte das Nitrat bereits mit einem kleinen Wasservolumen ausgewaschen werden, wogegen im zweiten Fall die Auswaschung langsamer erfolgt.

Nitratauswaschung in positiv geladenen Böden

Positive Ladung in Böden wirkt sich dahingehend aus, daß sie die Auswaschung von Nitrat und Chlorid verzögert. Dies läßt sich gut mit einem chromatographischen Experiment vergleichen; die Grundlagen hierzu sind beschrieben in: Nuffield Advanced Chemistry II, Topic 13.4.

Eine Bodenprobe aus den feuchten Tropen steht selten zur Verfügung, kann aber durch eine Mischung aus Anionenaustauscherharz mit Sand bzw. sandigem Boden simuliert werden. Man kann z.B. Dowex 1-X8 verwenden, das eine Anionenaustauschkapazität (AAK) von 250 $cmol_c$ kg^{-1} hat und feucht geliefert wird. Es sollte teilweise getrocknet werden (man breitet es im Labor ca. 1 h lang auf einem Papier aus, bis es sich trocken anfühlt) und wird danach sorgfältig mit lufttrockenem, sandigem Feinboden oder mit trockenem Sand im Verhältnis von 0, 0,2, 0,4, 0,6 und 0,8 g Harz kg^{-1} Boden gemischt. Diese Mischungen tragen 0, 0,05, 0,1, 0,15 und 0,2 cmol positive Ladung kg^{-1}.

Das Harz sorgt für die positive Ladung der Mischung, die aber im Gegensatz zu einer echten Bodenprobe von pH-Veränderungen oder der Konzentration der Bodenlösung, mit der das Harz in Kontakt steht, unbeeinflußt bleibt. Nach der in Kap. 7 verwendeten Terminologie handelt es sich also um *permanente positive Ladung*.

Methode

Es werden Auswaschungsexperimente durchgeführt, wie sie für Sand beschrieben wurden, allerdings mit folgenden Modifikationen. Da der Nitratpuls an den Anionenaustauschplätzen festgehalten wird, ist ein zweites Anion erforderlich, um das Nitrat zu verdrängen. Um die Laborbedingungen den Freilandbedingungen anzupassen, läßt man am Anfang 1 mM KCl durch den Boden laufen. Es wird eine KNO_3-Pulsmarkierung aufgetragen und dann wieder mit 1 mM KCl verdrängt. Man fängt 10-ml-Proben des Säulenausflusses auf, bis insgesamt 200 ml ausgewaschen wurden.

Wenn sich eine potentiometrische Bestimmung durchführen läßt, kann man auch mit 1 mM KNO_3 auswaschen und mit einem Puls von 20 mM KCl verdrängen. Da sich Cl^-- und NO_3^--Ionen identisch verhalten, sind sie in diesem Experiment gegeneinander austauschbar. Lösungen, die 1 mM KNO_3 oder KCl enthalten, können durch Verdünnung der entsprechenden 20 mM Lösungen hergestellt werden: In einem Meßzylinder mischt man 25 ml der 20 mM-Lösung mit 475 ml Wasser.

Ergebnisse

Man trägt die Durchbruchskurven auf und bestimmt das Volumen, das bis zum Austreten des Kurvenpeaks zugegeben werden muß. Für jede Kurve gibt man dieses Volumen als Porenvolumen der Säule an, das durch Wiegen ermittelt werden kann. Beträgt z.B. das Porenvolumen einer Säule 20 cm^3 und tritt der Peak bei 45 cm^3 aus, dann beträgt das Verdrängungsvolumen das 2,25fache des Porenvolumens. Der Puls bewegt sich in diesem Fall mit der 1/2,25 = 0,44fachen Geschwindigkeit des Wassers; in der Chromatographie entspricht dies dem *Retardationsfaktor* R_f.

Man kann die Ergebnisse auch als eine *Verzögerung* der Nitratauswaschung auffassen. Wenn 1 Porenvolumen zur Verdrängung des Wassers in der Säule nötig ist, aber 2,25 Porenvolumina für das Nitrat, dann beträgt die Verzögerung 2,25 − 1 = 1,25 Porenvolumina. Trägt man die Verzögerung in einem Diagramm gegen die AAK auf,

Abb. 11.17. Wanderung des Nitratpulses

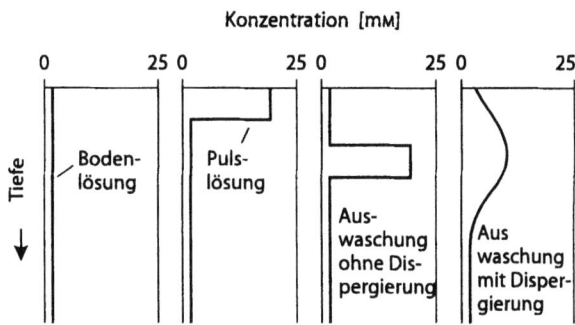

sollte sich eine annähernd lineare Beziehung ergeben. Weitere theoretische Details sind bei Wong *et al.* (1990) und in Abschn. 11.6, Projekt 5 nachzulesen.

Kann die Verdünnung des Pulses vorausgesagt werden?

Gibt man einen Nitratpuls auf die Bodenoberfläche, so ist die Grenze zwischen der Bodenlösung und dem Puls anfänglich ganz scharf. Im vorangegangenen Experiment änderte sich die Konzentration von 1 auf 20 mM. Die Konzentrationsverteilung nennt man das *Nitratprofil*. Genau wie bei einem Bodenprofil ist damit einfach die vertikale Verteilung bestimmter Eigenschaften gemeint. Die Zugabe von Wasser oder verdünnter Lösung drängt den Puls nach unten. Wenn sich der Puls nicht mit der Bodenlösung mischen würde, würde die Grenze zwischen beiden auch während der Auswaschung scharf bleiben. Die Lösung bewegt sich aber in den Grobporen schnell und wird in Feinporen aufgehalten. Damit bewegt sich der Nitratpuls mit unterschiedlichen Geschwindigkeiten in der Bodenlösung (s. Abb. 11.17), was zur Verbreiterung des Pulses führt. Eine Auswaschung ohne Vermischung nennt man „*piston flow*" (Direktfluß). Der Durchmischungsprozeß heißt *Dispersion*. Die Merkmale des durch den Boden wandernden Pulses hängen von der Größe, Form und Kontinuität der Poren ab. Darüber hinaus wirkt sich das Bodengefüge auf die vom Nitrat zurückgelegte Strecke aus und reguliert die Dispersion des Pulses.

Zur Beschreibung des Dispersionsprozesses wurden äußerst komplizierte mathematische Verfahren angewendet. Häufig ist es einfacher und sinnvoller, ein Modell zur Berechnung der Veränderungen aufzustellen, die aus aufeinanderfolgenden, kleinen Wasserzugaben resultieren. Das Modell wird dann so lange den aus Experimenten gewonnenen Daten angepaßt, bis die besten Bedingungen für die Berechnung gefunden wurden. Sobald sich das Modell mit Erfolg auf das betrachtete System anwenden läßt, kann man auch Vorhersagen zur Auswaschung in anderen Böden abgeben (Burns 1974; Addiscott und Wagenet 1985; Addiscott *et al.* 1991).

Auswaschungsmodell

Bodenverhältnisse

Wir betrachten eine 50 cm lange Bodensäule mit einer Grundfläche von 10 × 10 cm. Der Boden befindet sich bei Feldkapazität und hat einen volumetrischen Wassergehalt von 0,3 cm^3 cm^{-3}. Wir teilen die Säule in fünf 10-cm-Schichten. Jede Schicht enthält 1 000 cm^3 Boden, in denen 300 cm^3 Bodenlösung enthalten sind. 150 cm^3 Nitrat-

Abb. 11.18. „Weinglas-Modell" der Bewegung gelöster Substanzen

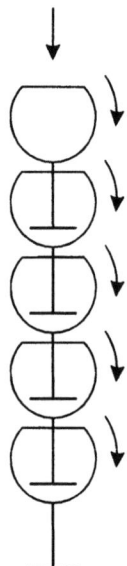

pulslösung (mit 100 mg N) werden auf die Säulenoberfläche gegeben; dies entspricht 100 kg N ha^{-1}. Bis hierher wurden reale Verhältnisse nachempfunden. Im nun folgenden Modell wird als Berechnungsgrundlage von hypothetischen Bedingungen ausgegangen.

Imaginärer Auswaschungsprozeß. Man nimmt an, daß sich der 150-cm^3-Puls mit der Bodenlösung in der obersten Schicht mischt, bevor die überschüssige Lösung nach unten zur zweiten Schicht fließt. Dort mischt sie sich wieder mit der Bodenlösung, bevor sie zur dritten Schicht fließt usw. Nach fünf Mischungs- und Verdrängungsschritten verlassen 150 cm^3 Bodenlösung das untere Ende der Säule. Dieser Vorgang wird mit weiteren 150 cm^3 Wasser wiederholt, die in den Boden eindringen, in Schritten die Säule durchwandern und als Ausfluß am Säulenende austreten. Dieser Vorgang wird so lange wiederholt, bis der Puls die Säule vollständig durchwandert und verlassen hat.

In Analogie zu diesem Prozeß kann man sich eine Reihe übereinanderstehender Weingläser vorstellen (Abb. 11.18). Zunächst sind die Weingläser mit Wasser gefüllt. In das oberste Glas wird Nitratlösung gegossen. Sie mischt sich mit dem Wasser und fließt in das zweite Glas über, wo sie sich wieder mischt, wieder überfließt usw.

Obwohl der im Boden ablaufende Prozeß imaginär ist, kommt er den realen Verhältnissen sehr nahe: Er wurde nur einfach in Teilschritte unterteilt, um die Berechnung zu ermöglichen.

Berechnungen

Für den Fall, daß die anfängliche Nitratkonzentration im Boden Null ist, ist der erste Auswaschungsvorgang in Abb. 11.19 dargestellt. Offensichtlich nimmt die Nitratmenge, die Schritt für Schritt nach unten transportiert wird, ab, bis schließlich ein kleiner Teil davon mit dem ersten 150-cm^3-Ausfluß austritt.

11.5 · Methoden zur Untersuchung der Nitratauswaschung

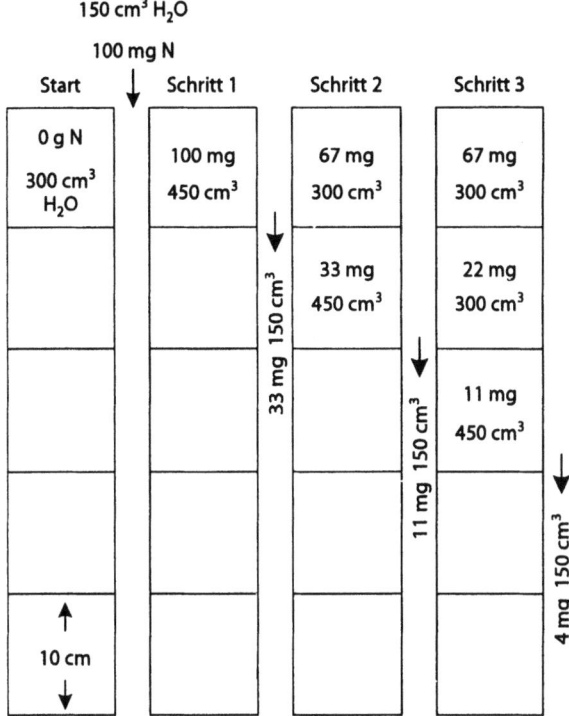

Abb. 11.19. Simulation der Nitratbewegung durch eine Bodensäule

Der nächste Auswaschungsvorgang ist ein bißchen schwieriger zu berechnen, da sich das Nitrat nun abwärts in Schichten verlagert, die bereits Nitrat enthalten. Die Gesamtmenge jeder Schicht wird berechnet; davon wandert ein Drittel zur nächsten Schicht, zwei Drittel bleiben zurück. Noch immer sind die Berechnungen so einfach, daß sie mit einem Taschenrechner durchgeführt werden können.

Die Nitratmenge, die das Säulenende nach jedem Auswaschungsvorgang verläßt, wird in einer Kurve aufgetragen (Abb. 11.20 für 5 Schichten). Sie hat die für einen dispergierten Puls typische Form; die Peak-Konzentration stellt sich heraus, nachdem 1200 cm³ Wasser verdrängt wurden. Dies ist weniger als ein Porenvolumen, das 5 × 300 = 1500 cm³ beträgt. Die für die Berechnung gewählten Bedingungen (Parameter) sagen eine schnellere Verdrängung vorher, als dies in der Realität der Fall ist.

Anpassung des Modells

Obwohl bei den Berechnungen nicht das richtige Ergebnis herauskam, simuliert das Modell den Auswaschungsprozeß eigentlich recht gut. Es kann durch Veränderung der Parameter verbessert werden. Damit kann man überprüfen, ob man eine Übereinstimmung zwischen den Vorhersagen und den experimentellen Daten erzielt. Folgende Parameter können entsprechend geändert werden: das Volumen des ersten Pulses, das Volumen des verdrängenden Wassers und die Anzahl der Bodenschichten. Allerdings lassen sich diese Berechnungen nicht mehr manuell durchführen. Für die zweite Meßreihe in Abb. 11.20 wurde ein Computerprogramm verwendet, das den Peak an korrekter Stelle bei 1500 cm³ zeigt. Für diese Anpassung wurde die Boden-

Abb. 11.20. Vorhersage einer Durchbruchskurve mit dem „Weinglas-Modell"

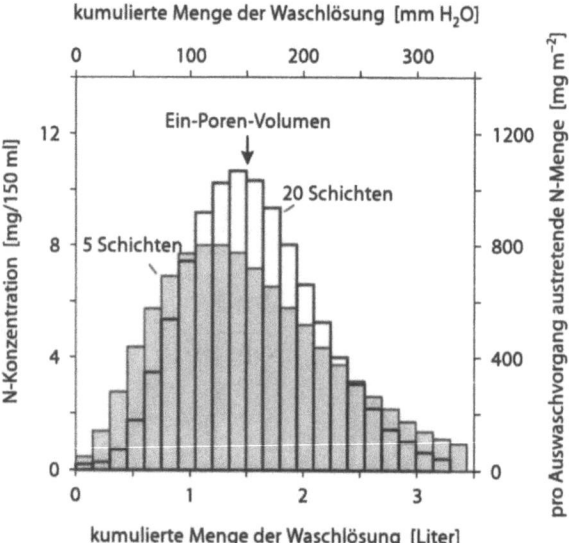

säule in 20 Schichten zu je 2,5 cm unterteilt; die anderen Bedingungen blieben unverändert. Der Puls ist weniger stark dispergiert, die Konzentration des Peaks ist höher. Eine derartige Anpassung der Daten kann nach der Trial-and-error-Methode erfolgen; ein Durchlauf des Computerprogramms nimmt wenig Zeit in Anspruch. Daher können die Parameter solange variiert werden, bis die Lage des Peaks mit den Versuchsergebnissen übereinstimmt. Eine Diskette mit diesem Programm, das den den Namen „Weinglas" trägt, ist bei der in Anhang 3 angegebenen Adresse erhältlich. Das gleiche Modell wird auch in Abschn. 15.4 verwendet, um die Auswaschung von Pestiziden zu simulieren.

Abbildung 11.21 zeigt einen Vergleich zwischen den experimentellen und den simulierten Werten. Eine ungestörte Bodensäule (s. Abschn. 11.1) von 65 cm Länge und 16 cm Durchmesser wurde im Labor (in einem PVC-Rohr) installiert. Das Wasser wurde gleichmäßig auf der Säulenoberfläche verteilt und wurde, nachdem es unter einem leichten Sog von 10 kPa die Säule durchflossen hatte, am unteren Ende aufgefangen, womit die Versuchsbedingungen jenen im Freiland sehr ähnlich waren. Ein mit Tritium markierter Wasserpuls wurde auf die Oberfläche gegeben und die Auswaschung fortgesetzt. Der Ausfluß wurde gesammelt, sein Volumen und seine Tritiumkonzentration wurden gemessen. Tritium (^{3}H) ist ein Wasserstoff-Isotop. ^{3}H$_2$O-Moleküle bewegen sich genauso wie Nitrat durch den Boden. Damit zeigt Abb. 11.21, wie sich Nitrat oder jede andere nicht adsorbierte, gelöste Substanz durch den Boden bewegen würde. Der Peak trat aus, nachdem 6,5 l Wasser durch die Säule gelaufen waren, was dem Porenvolumen, das durch die Messung des Bodenwassergehalts (7,03 l) bestimmt wurde, sehr nahekommt. Die Kurve ist nicht symmetrisch, was auf die Verzögerung der Tritiumbewegung im Boden hinweist. Diese Asymmetrie und das geringfügig frühere Austreten des Peaks wird durch die Anwesenheit sehr feiner Poren verursacht, durch die das Wasser sehr langsam fließt. Lage und Dispersion des Pulses werden durch das Weinglas-Modell sehr gut simuliert, wenn man die Säule in 20 Schichten teilt und bei jedem Auswaschungsvorgang jeweils 45 mm Wasser durch

Abb. 11.21. Auswaschung einer nichtadsorbierten gelösten Substanz in einer Bodensäule im Laborversuch und deren Computersimulation mit dem Weinglas-Modell. Experimentelle Bestimmung: M. Wong; Programmierung: L. Simonds, Reading University. Als Mengeneinheit des radioaktiven Tritiums (^{3}H) werden 10^6 Zerfällen min^{-1} verwendet. Die Aktivität des zugeführten Tritiums betrug 119 Einheiten

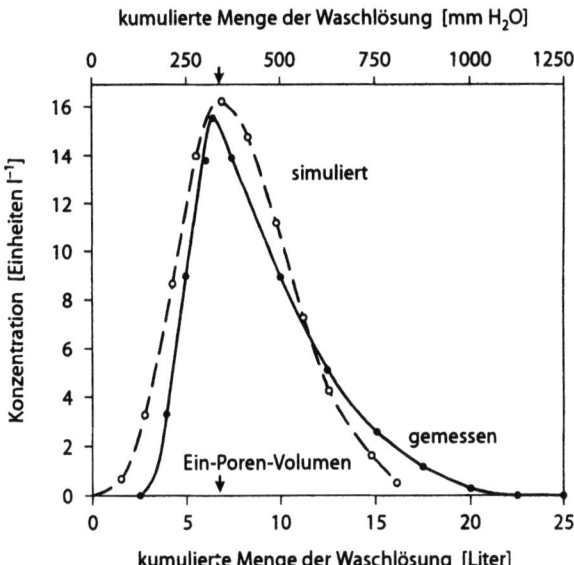

die Säule fließen. Die Kurve ist nun nahezu symmetrisch und der Peak liegt bei dem Ein-Porenvolumen. Die Daten, mit denen dieses Programm läuft, sind auf der Diskette in der Datei „tritium.dat" enthalten.

Zusätzlich können mit dem Modell Effekte wie der „bypass flow" oder die durch Adsorption hervorgerufene Verzögerungen (s. Abschn. 15.4) simuliert werden. Auch wenn sie auf Fragen der Mineralisierung, der Wasserverfügbarkeit und des Wurzelwachstums ausgeweitet werden, haben sich computergestützte Modelle als wirkungsvolle Hilfsmittel erwiesen, mit denen eine Prognose der Nitratauswaschung und der verfügbaren N-Menge möglich ist. Die beiden anschließend genannten Bücher liefern Informationen zu Modellrechnungen: Richter (1986) sowie Anlauf, Richter und Kersebaum (1988).

11.6
Praktische Übungen

1. Vergleichen Sie mit den Methoden aus Abschn. 11.3, wie sich die N-Zugabe in Form von Harnstoff, Ammoniumsulfat und Ammoniumnitrat auf Böden auswirkt! Bei Zugabe der gleichen N-Menge (z.B. 120 mg N kg^{-1}, zugeführt als 257 mg NH_2CONH_2, 566 mg $(NH_4)_2SO_4$ oder 343 mg NH_4NO_3 kg^{-1}) müßte sich herausstellen, daß die drei Substanzen unterschiedlich starke Versauerung hervorrufen; die entsprechenden Reaktionsgleichungen lauten:

$NH_2CONH_2 \rightarrow (NH_4)_2CO_3 \rightarrow 2HNO_3 + H_2O + CO_2$

$(NH_4)_2SO_4 \rightarrow H_2SO_4 + 2HNO_3$

$NH_4NO_3 \rightarrow 2HNO_3$.

Die Acidität von Harnstoff und NH_4NO_3 ist nur halb so groß wie jene von $(NH_4)_2SO_4$.

In bereits sauren Böden wird man auch eine niedrigere Nitrifikationsrate als in neutralen Böden messen.

2. Planen Sie eine Inkubationsstudie an einem überfluteten Boden. Geben Sie Harnstoff und Ammoniumnitrat in den in Aufgabe 1 vorgeschlagenen Mengen zu zwei Eimern mit je 5 kg Boden! Setzen sie den Boden in den Eimern unter Wasser und rühren Sie um, um den Boden gründlich zu durchfeuchten und die Luftblasen entweichen zu lassen! Rühren Sie in wöchentlichen Abständen gut um und bestimmen Sie den pH-Wert (s. Abschn. 8.1), den E_h-Wert (s. Abschn. 6.7) sowie die NO_3^-- und NH_4^+-Konzentration (s. Abschn. 11.1)! Die Meßergebnisse sollten erkennen lassen, daß eine Mineralisierung des Harnstoffs, gehemmte Nitrifikation, Denitrifikation und NH_3-Entgasung stattfinden.

3. Wenn Sie Zugang zu den Ernteertragsaufzeichnungen eines landwirtschaftlichen Betriebs haben und Bodenproben von den entsprechenden Feldern erhalten können, sollten Sie die Mengen an mineralischem Stickstoff vergleichen, die aus Böden mit unterschiedlichen N-Indizes durch die beiden Standardverfahren (Waring- und Brenner-Methode, s. Abschn. 11.3) freigesetzt werden. Die Tabellen 11.3 und 11.4 zeigen die Beziehung zwischen der Bodenbewirtschaftung und dem Verfügbarkeitsindex.

4. Auswaschungsuntersuchungen können auch im Freiland durchgeführt werden, wenn es sich um skelettfreie, leichte bis mittelschwere Böden handelt. Grenzen Sie zwei Versuchsparzellen ab, indem Sie zwei hölzerne Rahmen (50 × 50 cm) in den Boden einsenken! Die Rahmen sollten einige Zentimeter im Boden stecken, aber auch noch über die Bodenoberfläche hinausragen. Dadurch wird gewährleistet, daß genau diesen Flächen bekannte Wassermengen zugeführt werden können. Halten Sie die beiden Flächen mehrere Tage lang naß, bis sie Feldkapazität erreicht haben! Sehr trockene Böden benötigen zu diesem Zweck Wassermengen, die bis zu ein Drittel des Volumens ausmachen (Tabelle 4.3). Das Volumen der abgegrenzten Fläche beträgt bis in 1 m Tiefe

$$0.5 \times 0.5 \times 1 = 0.25 \text{ m}^3,$$

wofür bis zu 0,075 m³ Wasser (das sind 75 l oder acht große Gießkannenfüllungen) nötig sein können. Beide Flächen erhalten die gleiche Wassermenge. Decken Sie den Boden zur Verhinderung von Verdunstung mit Folien ab und lassen Sie das Wasser zwei Tage lang versickern!

Bringen Sie auf der Oberfläche der einen Parzelle Nitrat in einer Menge von insgesamt 2,5 g aus, was einer Düngergabe von 100 kg N ha^{-1} entspricht! Lösen Sie 18 g KNO_3 in 2 l Wasser und gießen Sie diese Lösung gleichmäßig über die Oberfläche! Gießen Sie die zweite Parzelle mit der gleichen Menge reinem Wasser!

Ein sandiger Boden, der bei Feldkapazität einen volumetrischen Wassergehalt von 0,3 cm³ cm^{-3} hat, benötigt ca. 3 cm Wasser, damit sich der Puls 10 cm im Boden verlagert (Gleichung 11.2). Das entspricht 7,5 l bei einer Fläche von 2 500 cm² innerhalb des Rahmens. Geben Sie das Wasser gleichmäßig zu (ungefähr mit einer Rate von 1 l d^{-1}), bis sich der Puls (theoretisch) in die gewünschte Tiefe verlagert hat! Decken Sie zur Vermeidung von Verdunstung zwischen den Wasserzugaben ab!

Entnehmen Sie aus der Mitte jeder abgegrenzten Fläche einen Probekern (s. Abschn. 11.1) und messen Sie die Lagerungsdichte sowie den Wasser- und Nitratgehalt in geeigneten Abschnitten (5 cm) des Kerns! Vergleichen Sie die theoretische (Gleichung 11.2) und die experimentell bestimmte Transportstrecke des Nitratpulses. Konnte die erwartete Nitratmenge nachgewiesen werden? Man erinnere sich, daß Nitrat mit dem in Abschn. 11.3 beschriebenen Tüpfeltest semiquantitativ bestimmt werden kann.

Wenn sich ein Langzeitprojekt einrichten läßt, kann man die natürliche Auswaschung untersuchen. Die Flächen werden, wie oben beschrieben, vorbereitet und nach Zugabe des Nitratpulses Niederschlägen und Verdunstung ausgesetzt. Abschn. 12.2 gibt Hinweise zur Berechnung der Netto-Wasserzufuhr.

5. In Abschn. 11.5 wird ein Auswaschungsexperiment in positiv geladenen Böden beschrieben. Es kann so modifiziert werden, daß die gemessene Verzögerung (etwa durch Adsorption) mit der Vorhersage verglichen werden kann, die auf Grundlage der chromatographischen Theorie getroffen wurde. Diese Theorie besagt:

$$R_f = 1/[1 + (b\rho/\theta)].$$

Dabei ist R_f der Retardationsfaktor, b der unten angegebene Adsorptionskoeffizient, ρ die Dichte des Bodens in g cm^{-3} und bρ/θ ist die Verzögerung in Porenvolumina (s. Abschn. 15.4).

Wenn man das Experiment in einem Boden mit einer positiven Ladung von 0,2 cmol kg^{-1} durchführt und anfänglich 10 mM KNO$_3$, gefolgt von 10 mM KCl zugibt, dann ist b eine Konstante, wie in Abb. 11.22 dargestellt. Es handelt sich hierbei um eine Cl$^-$-NO$_3^-$-Austauschisotherme (s. Abschn. 9.4).

Die adsorbierte Cl$^-$-Menge hängt linear mit der Cl$^-$-Konzentration in der Lösung zusammen (konstante Steigung), da beide Ionen von den Austauschern gleich stark angezogen werden.

Der Adsorptionskoeffizient ist mit der Geradensteigung verknüpft, muß aber in korrekter Einheit ausgedrückt werden: µmol g^{-1}/µmol cm^{-3} = cm^3 g^{-1}. Die Steigung beträgt 0,2 cmolc kg-1 / 10 mm. Daraus leitet sich der Adsorptionskoeffizient ab:

$$2 \text{ µmol g}^{-1}/10 \text{ µmol cm}^{-3} = 0,2 \text{ cm}^3 \text{ g}^{-1}.$$

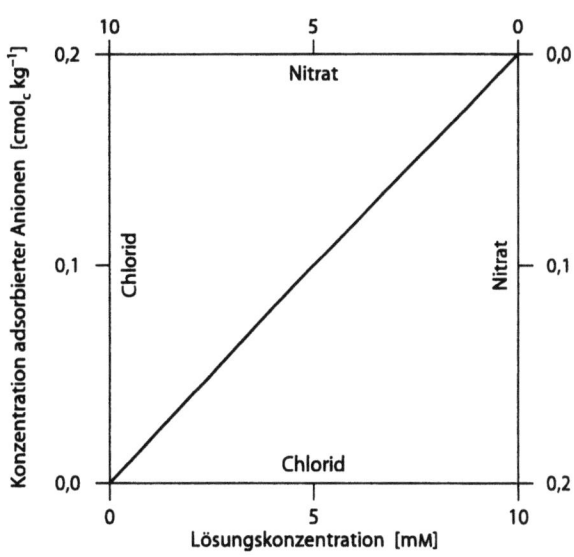

Abb. 11.22. Chlorid-Nitrat-Austauschisotherme

Unter den oben angegebenen Bedingungen und für eine Säule mit $\rho = 1{,}2$ und $\theta = 0{,}27$ (wie im Experiment in Abschn. 11.5) gilt:

$R_f = 1/[1 + (0{,}2 \cdot 1{,}2/0{,}27)] = 1/(1 + 0{,}89) = 0{,}53$.

Die erwartete Verzögerung beträgt 0,9 (bρ/θ) Porenvolumina.
Daß die in Abschn. 11.5 diskutierte Beziehung zwischen Ladung und Verzögerung linear ist, ist aus der obigen Gleichung ersichtlich, da b und die Ladung linear voneinander abhängen.

6. Überprüfen Sie mit Hilfe des Weinglas-Modells die Simulationen aus den Abbildungen 11.20 und 11.21!

11.7
Übungsaufgaben

1. 40 g einer feuchten Oberbodenprobe wurden mit 200 ml 2 M KCl extrahiert. Die gemessene NO_3^--N-Konzentration betrug 5 mg l^{-1} und der Wassergehalt 26 g H_2O pro 100 g ofentrockenem Boden. Berechnen Sie die Menge an NO_3^--N im Boden, ausgedrückt in mg kg^{-1} ofentrockenem Boden! (*Antwort*: 33) Wie hoch war die Nitratkonzentration in der Bodenlösung? (*Antwort*: 126 mg l^{-1}) Berechnen Sie die Menge an NO_3^--N im Oberboden (2 500 t ha^{-1}) in kg ha^{-1}. (*Antwort*: 82)

2. Auf einer Ackerfläche wurden 100 kg N ha^{-1} in Form von NH_4NO_3-Dünger ausgebracht. Welche Düngermenge wird benötigt, wenn der Dünger einen Reinheitsgrad von 98 % hat? (molare Massen s. Anhang 2; *Antwort*: 292 kg ha^{-1})

   Berechnen Sie die Konzentrationszunahme an Nitrat-N in der Bodenlösung, wenn das gesamte NH_4^+ nitrifiziert wird! Der Dünger wurde bei einem Wassergehalt von 30 g pro 100 g trockenem Boden homogen mit 2 500 t Boden gemischt. (*Antwort*: 133 mg l^{-1} bzw. 9,5 mmol l^{-1})

   Beim Nitrifikationsprozeß werden für jedes Mol mineralisiertes NH_4^+ 2 mol H^+-Ionen freigesetzt. Berechnen Sie die Veränderung des Boden-pH, wenn dieser eine Pufferkapazität von 50 mmol H^+ kg^{-1} pH^{-1} besitzt! (*Antwort*: 0,06)

3. Von einem Grasschnitt, der 10 t Trockensubstanz ha^{-1} erbrachte, wurde eine trockene Grasprobe entnommen. Die Probe enthält 15 g N kg^{-1} Trockensubstanz. Welche N-Düngermenge wäre pro ha nötig, um den N-Entzug durch den Schnitt auszugleichen? (Antwort: 150 kg)

4. Ein Inkubationsexperiment im Labor erfordert einen N-Eintrag von 40 mg kg^{-1} trockenem Boden. Berechnen Sie die Masse eines jeden der folgenden Dünger, die den erforderlichen Eintrag decken würde: NH_4NO_3, $(NH_4)_2SO_4$, Harnstoff und trockener Mist, der 2 % N enthält. (molare Massen s. Anhang 2; *Antwort*: 114, 189, 86 und 2 000 mg kg^{-1}).

KAPITEL 12

Verfügbarkeit von Wasser in Böden

Das Pflanzenwachstum wird vor allem durch klimatische Faktoren wie die Temperatur, die Niederschläge und die Windverhältnisse beschränkt. Innerhalb einer bestimmten Klimazone stellt der Boden einen weiteren wachstumslimitierenden Faktor dar: a) durch die Gründigkeit, den Skelettgehalt, die Körnung und das Bodengefüge (die Kombination dieser Faktoren bestimmt die Wasserspeicherkapazität des Bodens und dessen Durchwurzelbarkeit) und b) durch die Verfügbarkeit der Nährstoffe. Diese Bodenfaktoren bestimmen gemeinsam die *Bodenfruchtbarkeit,* die wir in Kap. 13 ausführlich diskutieren werden.

Der Boden ist das Kernstück des Wasserkreislaufs, der in Abb. 12.1 dargestellt ist. Man kann sich den Boden als ein Bankkonto vorstellen, auf dem Einzahlungen und Abhebungen die Bilanz bestimmen. Die Bilanz wäre in diesem Fall die gespeicherte Wassermenge. Folgende „Kontobewegungen" sind zu verzeichnen:

- Der Bodenoberfläche wird durch Niederschläge, Schmelzwasser und Oberflächenabfluß Wasser zugeführt. Aber nicht alles Wasser wird letztlich in den Boden eindringen. Ein Teil wird von der Vegetation zurückgehalten und geht durch Verdunstung verloren; wenn die zugeführte Wassermenge die Aufnahmefähigkeit des Bodens übersteigt, wird das Wasser oberflächlich abfließen und dabei möglicherweise Erosion und (plötzliche) Überschwemmungen hervorrufen.
- Nach lang anhaltenden, heftigen Niederschlägen kann die Wasserspeicherfähigkeit des Bodens erschöpft sein, so daß das Sickerwasser in Quellen austritt oder zum Grundwasser abfließt. Beim Durchgang des Wassers durch den Boden werden immer auch lösliche Stoffe ausgewaschen.
- Das im Boden gespeicherte Wasser ist das Reservoir, aus dem Wasser für die Evaporation von der Bodenoberfläche nachgeliefert wird und das die Wasserversorgung der Pflanzen zwischen den Regenfällen sicherstellt. In Trockenperioden wird der Wasserentzug durch die Pflanzen durch den im Boden gespeicherten Vorrat begrenzt, was zu Wassermangel bei den Pflanzen führt. Die Evaporationsrate von der Bodenoberfläche wird zudem vom Bodenwassergehalt gesteuert.
- Eine aufwärts gerichtete Wasserbewegung innerhalb des Bodens tritt dann ein, wenn unter einem trockenen Ober- ein feuchter Unterboden liegt. Die Grundlagen der Wasserbewegung im Boden wurden in den Abschnitten 5.4 und 5.5 behandelt.

Kurzfristige Störungen des Gleichgewichts zwischen Wassergewinnen und -verlusten führen letztlich zu Veränderungen des Wassergehalts. Anders als ein Bankkonto hat der Boden eine obere „Einzahlungsgrenze" in bezug auf die Wassermenge, die er

Abb. 12.1. Komponenten des Bodenwasserhaushalts

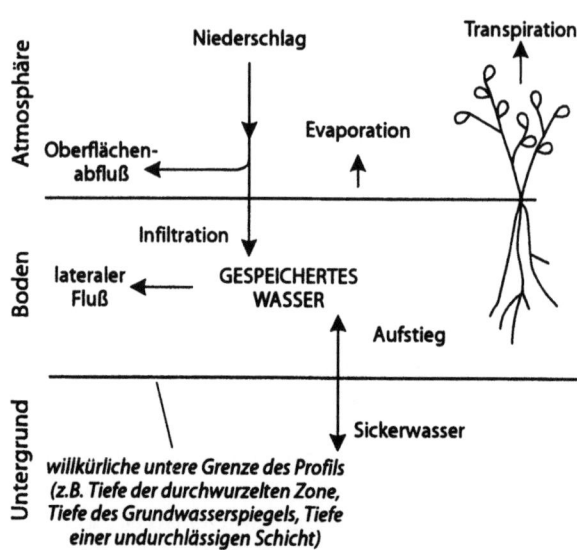

speichern kann; sie wird als seine *Feldkapazität* bezeichnet. Da diese Kapazität, verglichen mit den jährlichen Niederschlägen, gering ist (außer in sehr trockenen Gebieten), werden die Gewinne und Verluste über ein Jahr oder einen längeren Zeitraum annähernd ausgeglichen sein: die Gewinne durch Niederschläge gleichen in etwa den Verlusten durch Verdunstung und Versickerung. Anders als bei einem Bankkonto gibt es im Bodenwasserhaushalt auch eine Untergrenze der im Boden gespeicherten Wassermenge, und zwar den *permanenten Welkepunkt*; dieser Grenzwert bezieht sich auf das von Pflanzen aufnehmbare Wasser. Die Verdunstung von der Bodenoberfläche kann den Wassergehalt noch unter den permanenten Welkepunkt absenken. In von Pflanzen bewachsenen Böden kann der Wassergehalt also kurzfristig zwischen Feldkapazität und permanentem Welkepunkt schwanken. Tabelle 4.3 zeigt, daß die Mittelporen ein Volumen von $0{,}25$–$0{,}5$ $cm^3\,cm^{-3}$ einnehmen, womit die Schwankung des Wassergehalts in einem 1 m mächtigen Profil einer Niederschlagsmenge von 50–250 mm entspricht (s. Abschn. 5.1).

In diesem Kapitel werden wir die verschiedenen Komponenten des *Bodenwasserhaushalts* betrachten, und wie diese gemessen oder abgeschätzt werden können.

Infiltration und Oberflächenabfluß

Bei leichtem Regen dringt das Wasser so schnell in den Boden ein wie der Regen fällt, so daß sich auf der Bodenoberfläche kein Regenwasser ansammeln kann. Bei zunehmender Niederschlagsintensität kann die Fähigkeit des Bodens, Wasser aufzunehmen, überschritten werden; die *Infiltrationskapazität* des Bodens ist dann erschöpft. Daraufhin werden sich auf der Bodenoberfläche Wasserpfützen bilden. Dieser Wasserüberstau stellt die Vorstufe für Oberflächenabfluß und Erosion dar.

Dieselben Faktoren, die die Infiltrationskapazität steuern, sind auch für die Bewegung des Bodenwassers maßgeblich, die in Kap. 5 (v.a. in Abschn. 5.5) diskutiert wurde. Die Kräfte, die die Abwärtsbewegung des Bodenwassers antreiben, resultieren aus der gemeinsamen Wirkung der Schwerkraft und des Wasserspannungsgradienten, durch den Wasser aus einem Boden mit geringer Saugspannung (feuchter Boden) in einen Boden mit hoher Saugspannung (trockener Boden) transportiert wird. Zu Beginn der Infiltration ist die Saugspannung der angefeuchteten Bodenoberfläche etwas kleiner als die Saugspannung des darunter liegenden Bodens. Die Schwerkraft und ein hoher Saugspannungsgradient wirken in dieselbe Richtung und sorgen für eine Abwärtsbewegung des Wassers. Wenn der Regen andauert und der Wassergehalt im oberen Teil des Profils immer mehr zunimmt, nimmt der Spannungsgradient und damit auch die nach unten gerichtete Kraft ab. Sobald der Boden wassergesättigt ist, ist die Gravitation die einzige für die Infiltration verantwortliche Kraft. In Abb. 5.17 ist diese Abfolge für einen Spezialfall dargestellt: Ein trockener, tiefgründiger, gut dränierter Boden wird plötzlich überflutet, und das Wasser staut sich während der Infiltration auf der Oberfläche. Der Normalfall, der bei nicht zu starken Niederschlägen eintritt, ist in Abb. 12.5 dargestellt. Man bedenke, daß die Infiltrationskapazität keine Konstante ist, sondern von der Verteilung des Wassers im Profil abhängt.

Eine Folge dieser Veränderungen ist, daß sich bei gleichmäßigem Regen nicht sofort Pfützen bilden, sondern erst dann, wenn die abnehmende Infiltrationskapazität kleiner als die Niederschlagsintensität wird. Deswegen bilden sich Pfützen auch auf bereits nassen Böden leichter als auf trockenen.

Abschnitt 5.5 zeigt, daß die Geschwindigkeit der Wasserbewegungsrate sowohl von der treibenden Kraft als auch von der hydraulischen Leitfähigkeit des Bodens abhängt. Die Infiltrationsrate hängt von der hydraulischen Leitfähigkeit des feuchten Bodens ab, die wiederum von der Größe und Kontinuität der Grobporen abhängt (Tabelle 4.2). Ist der Boden schließlich wassergesättigt, so daß kein Saugspannungsgradient mehr besteht, dann ist der Wasserpotentialgradient gleich dem Gradienten des Gravitationspotentials; die Fließgeschwindigkeit des Wassers (Gleichung 5.7) entspricht der gesättigten hydraulischen Leitfähigkeit, wenn man diese als Geschwindigkeit (meist in mm d^{-1}) ausdrückt. Diese Überlegung liegt der Feldmethode zur Bestimmung der hydraulischen Leitfähigkeit eines gesättigten Bodens (s. Abschn. 5.5) zugrunde.

Bei der Betrachtung der Faktoren, die die Infiltrationsrate regulieren, sollte ein weiterer Aspekt berücksichtigt werden. Auf der Bodenoberfläche kann das Bodengefüge durch Betreten und Befahren, den Aufprall der Regentropfen und Oberflächenabfluß Schaden nehmen, was in einer dünnen oberflächennahen Zone zu einer niedrigeren gesättigten hydraulischen Leitfähigkeit führen kann als die im darunterliegenden Boden. Viele Bodenbearbeitungsmaßnahmen haben daher das Ziel, ein Netzwerk von großen Poren aufrechtzuerhalten, die bis zur Bodenoberfläche reichen. Das ist in semiariden tropischen Gebieten besonders wichtig, da die begrenzten Niederschläge hier meist als heftige Regengüsse niedergehen, was eine zweifache Gefahr in sich birgt: Zum einen schädigen diese heftigen Regenfälle das Gefüge der Bodenoberfläche, was zu einer Verstopfung der groben Poren führt. Dieses Problem wird dadurch verschärft, daß das Bodengefüge in diesen Gebieten aufgrund des niedrigen Humusgehalts instabil ist (s. Kap. 13). Zweitens tritt bei diesen Starkregenereignissen Oberflächenabfluß ein, was die Wirkung des Aufpralls der Regentropfen noch verstärkt und die Infiltrationskapazität verringert; dies wiederum führt zu noch mehr Oberflächenabfluß und weiteren Schäden am Bodengefüge.

Um diesen Teufelskreis zu durchbrechen, sollte die Bodenoberfläche durch eine Pflanzendecke oder durch Mulch vor dem Regentropfenaufprall geschützt werden.

Durch die Bodenbearbeitung sollten an der Bodenoberfläche große Aggregate geschaffen werden, die von einem stabilen Grobporensystem durchzogen sind. Übergeordnetes Ziel der Bodenbearbeitung sollte es sein, den Humusgehalt konstant zu halten oder sogar zu erhöhen.

Evaporation aus dem Boden

Wasser wird dem Boden mehr oder weniger kontinuierlich durch direkte Evaporation aus dem Boden oder durch Verdunstung von Blättern entzogen; letzteres bezeichnet man als *Transpiration* und die Summe aus beiden Verdunstungsverlusten als *Evapotranspiration*. In diesem Kapitel werden wir aber die allgemeinen Begriffe Verdunstung oder Evaporation für beide Arten des Wasserverlusts verwenden. Die jeweilige Witterung ist der wichtigste Faktor, der die Verdunstungsrate reguliert: Besonders hoch ist die Verdunstung an einem heißen sonnigen Tag mit trockenem Wind. Der Verdunstungsbedarf der Luft kann aus der Verdunstungsrate abgeschätzt werden, die sich über einer ausgedehnten Wasserfläche, etwa einem See, einstellt und als täglich entzogene Wassermenge angegeben wird (z.B. in mm d^{-1}); diese Menge wird als *potentielle Evaporation* bezeichnet. Sie läßt sich abschätzen, wenn man die Verdunstungsrate aus einem offenen Wasserbecken mißt. Wegen der begrenzten Größe des Beckens müssen die Meßwerte korrigiert werden, wenn die Verdunstungsrate durch eine trockene Umgebung verstärkt ist; sie kann dann zwei- bis dreimal so hoch sein. In diesem Fall wirkt das Becken wie eine „Oase", über die Luft streicht, die nicht vom Boden und der Vegetation in der Umgebung abgekühlt und angefeuchtet wurde.

Alternativ kann die potentielle Evaporation aus der Messung der bestimmenden Klimafaktoren (Sonneneinstrahlung, Temperatur, Luftfeuchtigkeit und Windgeschwindigkeit) abgeschätzt werden, wenn man bei dieser Betrachtung die physikalischen Prozesse der Verdunstung zugrunde legt. Damit Evaporation stattfinden kann, muß Energie zugeführt werden, um die Bindungen zwischen den Wassermolekülen zu lösen. Diese Energie wird von der verdunstenden Fläche durch Absorption von Sonnenstrahlung aufgenommen. Der Abtransport des entstehenden Wasserdampfs ist von der Feuchtigkeit der darüberliegenden Luftschichten und der Windgeschwindigkeit abhängig.

Die Verdunstungsrate einer nassen Bodenoberfläche ist mit jener einer Seefläche vergleichbar. Wenn die Bodenoberfläche abtrocknet, wird die *aktuelle bzw. reale Evaporation* aus zwei in Wechselbeziehung stehenden Gründen kleiner als die potentielle Verdunstung:

1. Wenn die Bodenwasserspannung steigt, nimmt der Dampfdruck der Bodenluft ab, was den Dampfdruckgradienten zwischen der Bodenluft und der trockeneren über dem Boden liegenden Luft verringert. Da dieses Dampfdruckgefälle eine der treibenden Kräfte für die Verdunstung ist, verringert sich damit die Verdunstungsrate.

2. Die hydraulische Leitfähigkeit des Bodens ist herabgesetzt, womit die Geschwindigkeit, mit der sich Wasser zur Bodenoberfläche bewegt, um die Verdunstungsverluste auszugleichen, ebenfalls verringert ist.

Abbildung 12.2 zeigt den Verlauf der potentiellen und aktuellen Evaporation aus einem sandigen Boden in Niger im Anschluß an ein Niederschlagsereignis. Boden

Einführung

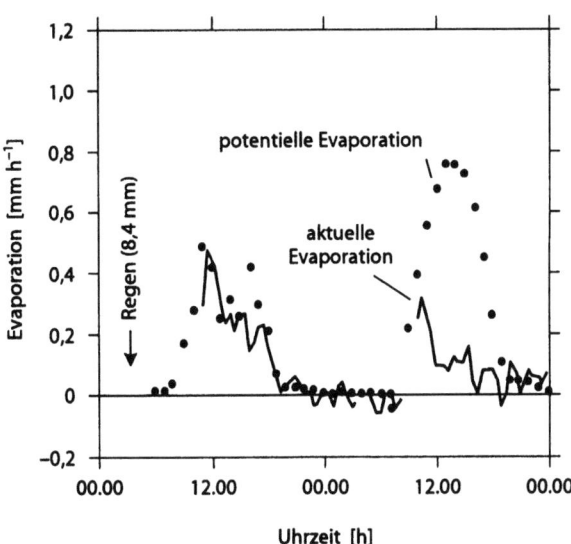

Abb. 12.2. Potentielle und aktuelle Evaporation von einer unbewachsenen Bodenoberfläche in Sadoré, Niger (Daten von C. Daamen, Reading University)

und Standort werden in den Abschnitten 5.4 und 5.5 beschrieben. Der Niederschlag (8,4 mm) fiel am Abend vor der ersten Messung; an den beiden darauffolgenden Tagen folgten keine weiteren Niederschläge. Die potentielle Evaporation ist Ausdruck des Tagesgangs der Klimafaktoren. Der erste Meßtag war bewölkt und die potentielle Evaporation stieg zur Mittagszeit auf ca. 0,5 mm h^{-1}. Die reale Evaporation glich der potentiellen, mit Ausnahme einer kurzen Zeitspanne am Nachmittag, als die Aufwärtsbewegung des Wassers durch die geringe hydraulische Leitfähigkeit des Bodens begrenzt wurde. Abbildung 5.3 b zeigt, daß die hydraulische Leitfähigkeit des Bodens stark zurückgeht, wenn die Wasserspannung bis in die Nähe der Feldkapazität (10 kPa) steigt. Über Nacht hielt ein langsamer aufwärts gerichteter Fluß an, der die Bodenoberfläche teilweise wieder anfeuchtete. Der nächste Tag war klar und heiß, und die potentielle Evaporation stieg auf 0,8 mm h^{-1}. In den Morgenstunden hatte das Wasserangebot kurze Zeit dem Verdunstungsbedarf entsprochen, bevor der Boden wieder oberflächlich abtrocknete, was die Verdunstung einschränkte. Es war zu beobachten, wie sich eine scharf abgegrenzte, ca. 1 cm dicke Schicht trockenen Bodens entwickelte, die die Wasserbewegung sehr wirkungsvoll behinderte. Am ersten Tag betrug die potentielle Evaporation 3,1 mm und die aktuelle Evaporation 2,7 mm, am zweiten Tag lagen die Evaporationswerte bei 5,5 und 1,6 mm.

Verdunstung aus den Pflanzen

Bei niedrigwüchsigen Pflanzen, wie z.B. dem gemähten Gras einer feuchten Wiese, wirken die Zellen in den Blättern wie Wasserflächen, da die relative Feuchtigkeit im Interzellularraum der Blätter praktisch 100 % beträgt. Dennoch gibt es bedeutende Unterschiede zwischen der Evaporation von Blättern (Transpiration) und der Verdunstung von einer offenen Wasserfläche:

- Die an der Blattoberfläche gelegenen Zellen sind nach außen für Wasserdampf mehr oder weniger undurchlässig. Wasserdampf verläßt die Blätter durch die

Stomata (= Spaltöffnungen), die tagsüber geöffnet sind, um den Zutritt von CO_2 für die Photosynthese zu ermöglichen. Die Stomata stellen für den Fluß des Wasserdampfes einen Widerstand dar, der die Transpiration begrenzt. Allerdings ist dieser Widerstand bei vollständig geöffneten Stomata sehr gering.

- Die Barrierewirkung der Spaltöffnungen gegenüber dem Wasserfluß wird teilweise dadurch kompensiert, daß die gesamte Blattfläche eines Pflanzenbestandes sehr viel größer ist als die Bodenfläche, auf der sie wachsen. In einem gutwüchsigen Weizenfeld kommen zur Zeit der maximalen Blattentwicklung auf 1 m^2 Boden etwa 6 m^2 Blätter. Dabei kann die Verdunstung von beiden Seiten der Blätter erfolgen.

Insgesamt haben diese Unterschiede zur Folge, daß die Verdunstungsrate dichter, gut mit Wasser versorgter Pflanzenbestände (z.B. Grünland, Weizenfeld) ca. 80 % der Verdunstung einer offenen Wasserfläche ausmacht. Obwohl die Blattfläche sehr groß sein kann, wird das Ausmaß der Verdunstung letzten Endes durch die von der Sonne eingestrahlte Energie beschränkt.

Mit zunehmender Austrocknung des Bodens verringert sich die für Pflanzen verfügbare Wassermenge. Um zu starken Wasserentzug zu vermeiden, reagieren Pflanzen mit dem Verschließen ihrer Stomata oder mit dem Abwerfen ihrer Blätter, was sowohl den Wasserverlust als auch die CO_2-Aufnahmerate reduziert. Damit ist eine reduzierte CO_2-Aufnahme eine der Konsequenzen des Wassermangels; dadurch wird das Wachstum reduziert und künstliche Bewässerung erforderlich, um die Ertragsfähigkeit der Nutzpflanzen steigern zu können. Um begreifen zu können, auf welchen Wegen sich Pflanzen und Böden gegenseitig beeinflussen, um so ihren Wasserverlust an die Atmosphäre einschränken zu können, muß man zunächst die Prozesse begreifen, die den Wasserfluß aus dem Boden zu den Transpirationsorten in den Blättern lenken.

Blattwasserpotential

Das Wasser bewegt sich aus dem Boden entlang eines abnehmenden Wasserpotentialgradienten zu den Blättern, ebenso wie die Wasserbewegung im Boden aufgrund einer Potentialdifferenz erfolgt (s. Abschn. 5.5). Das Pflanzengewebe setzt dem Wasserfluß einen großen Widerstand entgegen, weshalb eine große Wasserpotentialdifferenz zwischen Boden und Blatt notwendig ist, um das Wasser so schnell fließen zu lassen, daß der Wasserbedarf durch die Verdunstung gedeckt werden kann. Das Bodenwasser hat in der Regel ein negatives Potential (s. Abschn. 5.4), da es unter der Bodenoberfläche liegt und an die Bodenmatrix adsorbiert ist; sowohl Gravitations- als auch Matrixpotential sind also negativ. Daher muß sich das Wasser im Blatt auf einem noch niedrigeren (noch negativeren) Potentialniveau befinden, damit eine nach oben gerichtete Wasserbewegung in der Pflanze stattfindet. Die Blätter erhalten ein niedriges *Blattwasserpotential* aufrecht, indem sie in ihrem Zellsaft Salze in hohen Konzentrationen akkumulieren, woraus sich ein stark negatives osmotisches Potential ergibt. Der osmotische Effekt auf das Blattwasserpotential wird allerdings zum Teil dadurch gemindert, daß in den Zellen ein positiver Innendruck wirkt, der *Turgor*, der mit dem sogenannten *Turgorpotential* einen positiven Beitrag zum Blattwasserpotential leistet.

Abb. 12.3. Veränderungen von a Transpiration; b Wasserpotential während eines Tages mit hohem Verdunstungsbedarf

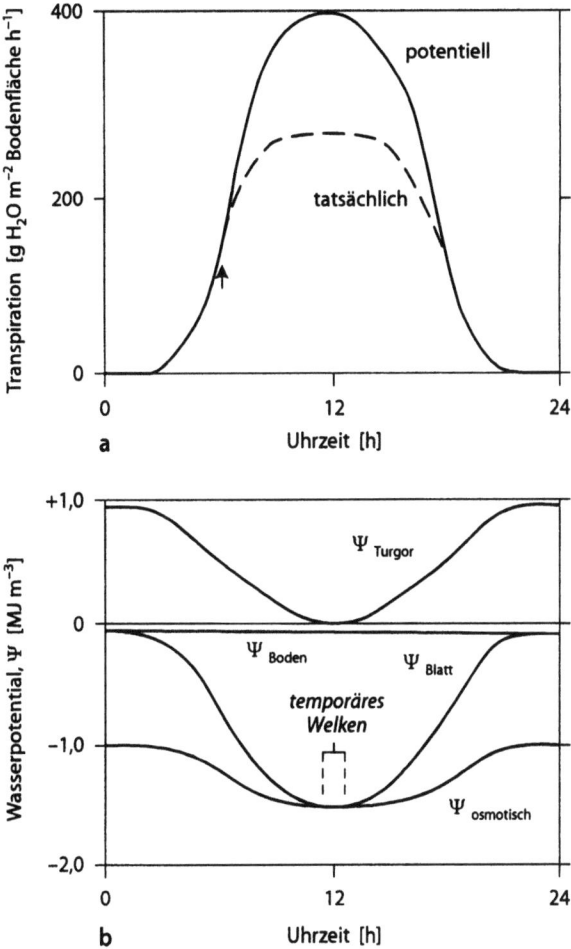

Dieses Konzept läßt sich aber auch unter dem Aspekt betrachten, daß die Pflanzen während ihres Wachstums Energie verbrauchen, um eine hohe Salzkonzentration in den Blattzellen aufrechterhalten zu können. Durch Osmose dringt Wasser in die Blattzellen; da deren Volumen begrenzt ist, steigt der hydrostatische Druck in den Zellen an. Ein dynamischer Gleichgewichtszustand ist dann erreicht, wenn die Rate der Wasseraufnahme aus dem Boden gleich der Verlustrate durch Verdunstung ist.

Abbildung 12.3 zeigt, wie sich die Boden- und Blattwasserpotentiale im Laufe eines Tages mit hohem Verdunstungsbedarf verändern können. Bei Nacht entspricht das Blattwasser- dem Bodenwasserpotential (in diesem Fall -0,05 MJ m^{-3}), sofern der Wasserfluß während der Nacht gleich Null ist. Das Blattwasserpotential setzt sich aus dem osmotischen Potential (-1 MJ m^{-3}) und dem Turgorpotential (+0,95 MJ m^{-3}) zusammen. Letzteres resultiert aus dem hydrostatischen Druck in den Zellen, der 0,95 MPa über dem Luftdruck der Umgebung liegt und das Pflanzengewebe anschwellen läßt. Am frühen Morgen öffnen sich die Stomata und die Verdunstung beginnt. Den Blattzellen wird Wasser entzogen, wodurch das Turgorpotential sinkt. Gleichzeitig verringert sich das Volumen der Zellen, die Konzentration des Zellsaftes steigt und das osmotische Potential wird stärker negativ. Insgesamt wird damit das Blattwasserpotential gesenkt und so die Potentialdifferenz geschaffen, die das Wasser aus dem Boden in die Blätter fließen läßt. Das Blattwasserpotential hat damit eine so große Schwankungsbreite, daß es sowohl auf den Verdunstungsbedarf als auch auf die verfügbare Wassermenge reagieren kann, um das Gleichgewicht zwischen Wasserangebot und Wasserbedarf aufrechterhalten zu können.

Pflanzen können Wasserverluste durch eine verringerte Öffnungsweite der Stomata begrenzen, um übermäßigen Wasserentzug und damit verbundene physiologische Schäden zu verhindern. Der Pfeil in Abb. 12.3 deutet den Zeitpunkt an, an dem eine derartige Reaktion der Stomata zu beobachten ist. Auf diese Weise kann in Zeiten hohen Wasserbedarfs für die Verdunstung die reale Transpirationsrate unter die potentielle abgesenkt werden kann. Zu Zeiten extrem hoher Verdunstung kann der Turgordruck auf Null abfallen und die Blätter werden ganz schlaff: diesen Zustand nennt man *Welke*. Wenn sich der Pflanzenturgor erholt hat, sobald die Wasserabgabe nachläßt (also in der darauffolgenden Nacht), bezeichnet man diesen Zustand als *temporäre Welke*. Ist der Boden so stark ausgetrocknet, daß sich der Turgordruck über Nacht nicht erholen kann, dann bezeichnet man den Zustand der Pflanze als *permanente Welke*.

Pflanzenverfügbares Wasser

Wie stark muß ein Boden austrocknen, bevor das pflanzenverfügbare Wasser erschöpft ist? Um auf klassischem Wege eine Antwort auf diese Frage zu finden, würde man Pflanzen in gut bewässerten Töpfen heranziehen und dann die Töpfe versiegeln, um Evaporation zu verhindern. Nunmehr können die Pflanzen dem Boden Wasser ent-

Tabelle 12.1. Typische volumetrische Wassergehaltswerte von Böden unterschiedlicher Textur bei Feldkapazität und am permanenten Welkepunkt, zusammen mit ihren Nutzwasserkapazitäten (aus Campbell 1985)

Textur	Wassergehalt [$cm^3\ cm^{-3}$]		
	Permanenter Welkepunkt	Feldkapazität	nutzbare Wasserkapazität
Ton	0,28	0,44	0,16
schluffiger Ton	0,28	0,44	0,16
toniger Lehm	0,23	0,44	0,21
schluffig-toniger Lehm	0,20	0,42	0,22
sandig-toniger Lehm	0,16	0,36	0,20
Lehm	0,14	0,36	0,22
schluffiger Lehm	0,14	0,36	0,22
sandiger Lehm	0,08	0,22	0,14
lehmiger Sand	0,06	0,18	0,12
Sand	0,05	0,15	0,10

Einführung

ziehen, bis permanente Welke eingetreten ist. Bei Eintreten dieses Zustands nimmt man an, daß die Pflanzen das gesamte für sie verfügbare Wasser aufgenommen haben. Diese Untergrenze der Wasserverfügbarkeit tritt bei einer Bodenwasserspannung von 1,5 MPa ein und wird als permanenter Welkepunkt bezeichnet. Der Spannungswert wird vom Bodentyp kaum beeinflußt, obwohl der Wassergehalt bei dieser Saugspannung sehr stark von der Korngrößenzusammensetzung und dem Humusgehalt abhängt. Tabelle 12.1 enthält typische Werte hierzu. Permanentes Welken tritt dann ein, wenn während der Nacht die Wasservorräte in den Blätter nicht wieder aufgefüllt werden, wenn also keine Potentialdifferenz zwischen Boden und Blättern besteht. Wenn also permanente Welke eingetreten ist, muß das Bodenwasserpotential gleich dem Blattwasserpotential sein, bei dem die Welke eintrat. Bei der in Abb. 12.3 b dargestellten Pflanze würde man permanentes Welken bei einem Bodenwasserpotential von $-1,5$ MJ m^{-3} erwarten.

Temporäres Welken kann in Böden auftreten, deren Wassergehalt deutlich über dem permanenten Welkepunkt liegt. Wie Abb. 12.3 b zeigt, kann das Blattwasserpotential bis zum Welkepunkt abfallen, selbst wenn der Boden relativ feucht ist. Demzufolge verhindert Beschattung temporäres Welken mindestens genauso wirkungsvoll wie die Bewässerung des Bodens.

Der permanente Welkepunkt ist ein einfacher Wert zur Bestimmung der absoluten Untergrenze der Wasserverfügbarkeit für Pflanzen; in Wirklichkeit werden Pflanzen bereits in Mitleidenschaft gezogen, lange bevor Böden bis zu diesem Punkt ausgetrocknet sind. Abbildung 12.4 zeigt die Ergebnisse eines klassischen Experiments zum Wasserhaushalt von Böden und Pflanzen. Mais wurde in Containern aufgezogen und der Wasserverlust aufgezeichnet. Die Abbildung zeigt die Transpirationsraten an drei Tagen mit ganz unterschiedlichem Wetter: An einem völlig bedeckten, feuchtschwülen Tag betrug der Wasserbedarf 1,4 mm d^{-1}, und diese Transpirationsrate wurde außer in Böden, die sich bereits nahe dem permanenten Welkepunkt befanden,

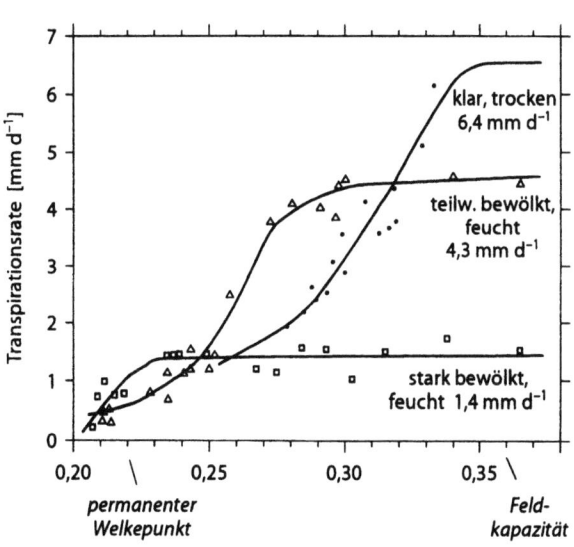

Abb. 12.4. Einfluß von Verdunstungsbedarf und Bodenwassergehalt auf die Transpirationsrate von Mais. Die potentiellen Transpirationsraten [mm d^{-1}] sind in der Darstellung gesondert (rechts) angegeben (aus Denmead und Shaw 1962)

beibehalten. An einem klaren, trockenen Tag konnte die potentielle Evaporationsrate von 6,4 mm d^{-1} nur noch in Böden gedeckt werden, die sich nahe Feldkapazität befanden. In allen anderen Fällen war die Transpirationsrate kurz vor Erreichen des permanenten Welkepunktes begrenzt.

Die Wassermenge, die ein Boden zwischen Feldkapazität und permanentem Welkepunkt speichert, wird als *pflanzenverfügbare Wasserkapazität* oder *nutzbare Feldkapazität* bezeichnet. In Tabelle 12.1 sind typische Werte in cm^3 cm^{-3} angegeben, was der Wasserhöhe pro Flächeneinheit entspricht (s. Abschn. 5.1). Die Wassermenge, die einer Feldfrucht zur Verfügung steht, kann aus dem Produkt von Durchwurzelungstiefe und nutzbarer Feldkapazität berechnet werden. Das Bodenwasser ist für die Pflanzen jedoch nicht überall gleich gut erreichbar. Der Einfluß der räumlichen Variabilität der Bodeneigenschaften auf die nutzbare Feldkapazität und die Durchwurzelungstiefe und damit auch auf das Pflanzenwachstum sind in Bildtafel 1.2 dargestellt.

Bodenwasserdefizite und Bewässerungsbedarf

Idealerweise sollte man genau dann mit der Bewässerung beginnen, wenn das Nutzpflanzenwachstum gerade eben durch ein Wasserdefizit im Boden beeinträchtigt wird. Die Menge an Wasser, die dann erforderlich ist, um den Bodenwassergehalt wieder auf Feldkapazität zu bringen, wird *Bodenwasserdefizit* genannt und häufig in mm Wassersäule ausgedrückt. In der Praxis kann man bei der Bewässerungsplanung von der einfachen Vorstellung ausgehen, daß es ein kritisches Bodenwasserdefizit gibt (das *limitierende Defizit*), jenseits dessen das Wachstum der Feldfrucht durch Wassermangel begrenzt wird. Das Wasser, das zwischen Feldkapazität und diesem begrenzenden Defizit im Boden gespeichert ist, wird als leicht verfügbar betrachtet. In Tabelle 12.2 sind für dieses leicht verfügbare Wasser typische Werte aufgelistet. Sein Anteil an der nutzbaren Feldkapazität des durchwurzelten Bodenraums hängt von der Durchwurzelungsintensität und der Reaktion der Stomata auf Wasserdefizite ab.

Tabelle 12.2. Typische Werte für die Durchwurzelungstiefe und den leicht verfügbaren Anteil der Nutzwasserkapazität in der Wurzelzone (aus Doorenbos und Pruit 1977)

Feldfrucht	Wurzeltiefe [m]	leicht nutzbare Fraktion
Alfalfa	1,0 – 2,0	0,55
Gerste	1,0 – 1,5	0,55
Bohnen	0,5 – 0,7	0,45
Gras	0,5 – 0,7	0,45
Mais	1,0 – 1,7	0,60
Kartoffeln	0,4 – 0,6	0,25
Gemüse (verschiedene)	0,3 – 0,6	0,20
Weizen	1,0 – 1,5	0,55
Erdnüsse	0,5 – 1,0	0,40

In Abschn. 12.1 wird gezeigt, wie man Messungen von Veränderungen des Bodenwassergehalts dazu einsetzen kann, die Rate der Wasseraufnahme durch die Pflanzen während der Vegetationsperiode zu berechnen. In Abschn. 12.2 wird behandelt, wie man bei der Bewässerungsplanung mit Hilfe von Wetterdaten sowie pflanzen- und bodenspezifischen Faktoren bestimmen kann, wann das limitierende Defizit erreicht ist. In Abschn. 12.3 wird dieser Ansatz auf trockenere Böden ausgedehnt und ein Modell vorgestellt, mit dem man die Veränderungen in der Wasserbilanz eines Bodens verfolgen kann. Das geschieht unter Verwendung wöchentlicher Niederschlagswerte und der potentiellen Evaporation, mit denen die Veränderungen des Bodenwasserdefizits und Sickerwasserverluste bestimmt werden. Das Modell kann manuell oder mit einem Computerprogramm verwendet werden.

Weitere Studien

Anregungen zu Übungsprojekten sind in Abschn. 12.4 zu finden.

12.1
Bestimmung der Wasserverluste aus Böden

Wasserverluste ergeben sich aus der Evaporation von unbewachsenen Bodenoberflächen, aus der Transpiration der Pflanzen und aus der Versickerung. Die daraus resultierenden Veränderungen des Bodenwassergehalts können für verschiedene Profiltiefen volumetrisch gemessen werden. Dafür werden die folgenden drei Methoden häufig angewendet:

1. Mit einem Jarret-Bohrer (s. Abschn. 1.3) oder Wurzelbohrer (s. Abschn. 3.1) werden Bodenproben aus bekannter Tiefe entnommen und der gravimetrische Wassergehalt bestimmt (s. Abschn. 3.3). Die Dichte des trockenen Bodens läßt sich näherungsweise bestimmen, indem man die Menge des feuchten Bodens notiert, die mit dem Erdbohrer aus bekannten Tiefenabschnitten entfernt wurde, und seine Masse nach Ofentrocknung berechnet oder indem man die in Abschn. 4.2 beschriebenen Methoden anwendet.
2. Man entnimmt einen ungestörten Probekern (s. Abschn. 11.1) und teilt diesen in Abschnitte auf. Die Masse jedes Teilkerns wird notiert und sein gravimetrischer Wassergehalt bestimmt. Da das Volumen jedes Teilkerns bekannt ist, kann der volumetrische Wassergehalt berechnet werden.
3. Die unter Punkt 1 und 2 beschriebenen Methoden sind zeitaufwendig und lassen keine weiteren Messungen am selben Ort zu. Um Veränderungen über eine gewissen Zeitraum zu verfolgen, muß man an verschiedenen Stellen Kerne entnehmen. Selbst wenn die Bohrlöcher nach der Probenahme wieder aufgefüllt werden, dürfte sich der Wasserhaushalt der Probefläche verändert haben. Mit einer *Neutronensonde* umgeht man diese Probleme. Eine Beschreibung dieser Methode übersteigt aber den Rahmen dieses Buches (Smith und Mullins 1991). Durch das Bodenprofil wird ein Loch gebohrt, in das eine Metallröhre eingeführt wird, die als Zuführung für das Meßgerät dient. Das Meßgerät wird auf eine bestimmte Tiefe herabgelassen. Bei entsprechender Kalibrierung kann der volumetrische Wassergehalt im umgebenden Boden direkt abgelesen werden Die Messungen können zu einem

späteren Zeitpunkt in derselben Röhre wiederholt werden, was die Überwachung von Wassergehaltsänderungen an ein und derselben Stelle ermöglicht.

Wassergehaltsänderungen von kultivierten und brachliegenden Böden in Niger

Ein Beispiel für die Verwendung von Messungen des Bodenwassergehalts ist in Abb. 12.5 dargestellt. Der Probenahmestandort befand sich in N'Dounga, 20 km nördlich von Niamey in Niger. Bei diesem Boden handelt es sich um einen sandigen Lehm; es wurden Zugangsröhren für Messungen mit der Neutronensonde in den Boden geschlagen, und zwar auf einer mit Hirse bestellten Ackerfläche und auf einer benachbarten, brachliegenden (Schwarzbrache) Parzelle. Außerdem wurden die Niederschläge an diesen Standorten gemessen. In Abb. 12.8 sind die Klimadaten aufgezeichnet.

Als das Getreide ausgesät wurde, hatten frühe Regenfälle die oberen Bodenzentimeter durchfeuchtet, doch der darunterliegende Boden war trocken. Im Brachfeld drang der Regen in größere Tiefen ein; am 10. August war Sickerwasser bis in 150 cm Tiefe vorgedrungen; der Wassergehalt des Bodens lag nahe bei Feldkapazität. Auf dem bestellten Feld verhinderte der Wasserentzug durch die Vegetation ein Vordringen des Sickerwassers bis über 100 cm hinaus; die Bodenfeuchte war in ungefähr 50 cm Tiefe am größten. Messungen in 5 und 13,5 cm Tiefe sind nicht zuverlässig, weil es schwierig ist, das Meßgerät im Oberboden zu kalibrieren.

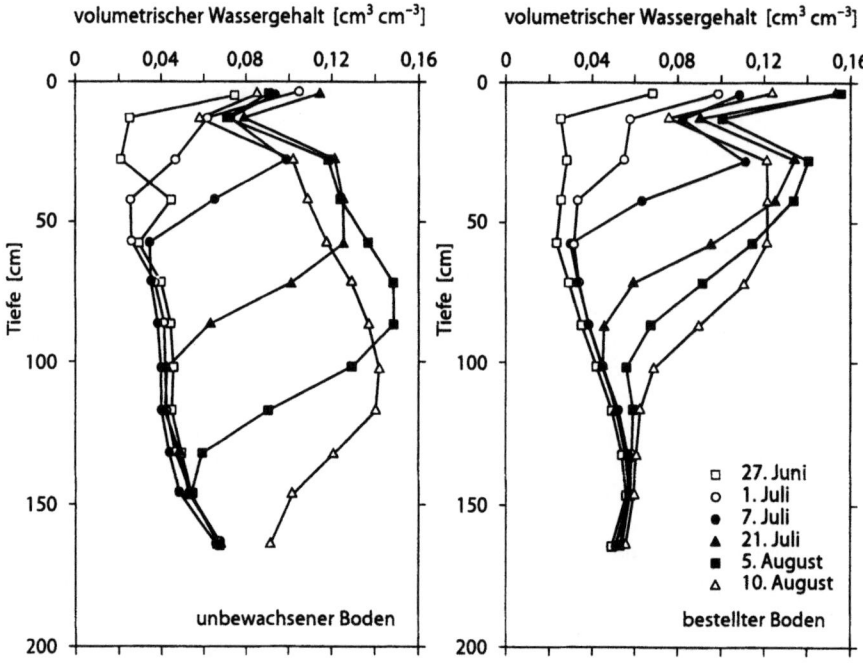

Abb. 12.5. Wassergehaltsänderungen in einem Boden unter Schwarzbrache und einem kultivierten Boden in N'Dounga, Niger (Daten von W. A. Payne, Texas A&M)

12.1 · Bestimmung der Wasserverluste aus Böden

Tabelle 12.3 zeigt die Verwendung der Meßergebnisse. Die Daten der bepflanzten Parzelle wurden ausgewählt, da in dieser offenbar kein Wasser durch Versickerung verlorenging. Da der Boden im unteren Teil des Profils nie angefeuchtet wurde, muß jede Abnahme der im Boden gespeicherten Wassermenge gleich der Differenz zwischen Evaporation und Niederschlägen sein. Der Wassergehalt in einer bestimmten Tiefe wurde als der Wassergehalt des umgebenden Tiefenabschnitts angenommen, womit es möglich war, die Veränderung des in jedem Tiefenabschnitt gespeicherten Wassers zu berechnen. Wenn man die Summe aus den Veränderungen in den einzelnen Tiefenabschnitten bildet, erhält man die Gesamtzunahme an gespeichertem Wasser. In Abschn. 3.7 wurde ein ähnliches Verfahren beschrieben, um die Kohlenstoffmenge in einem Bodenprofil zu bestimmen. Die Differenz zwischen der Niederschlagsmenge und der Zunahme des gespeicherten Wassers ergibt die aktuelle Evaporation, deren Durchschnittswert für den Meßzeitraum 2,2 mm d^{-1} beträgt.

Der vollständige Datensatz für die bepflanzte Parzelle befindet sich auf der in Abschn. 12.3 beschriebenen Diskette in der Datei Water.dat und in Anhang 3. Abbildung 12.6 zeigt die Veränderungen der Evaporation über die gesamte Wachstumsperiode, die bis zum 25. September dauerte; man kann sie mit Abb. 12.8 vergleichen, in der ähnliche, aus Wetterdaten abgeschätzte Werte dargestellt sind. Abbildung 12.6 zeigt, daß die aktuelle Evaporation anfangs nur etwa ein Drittel der potentiellen ausmachte, was an der kleinen Blattfläche der jungen Pflanzen lag und dem Umstand, daß in diesem sandigen Boden die Verdunstung nach einem Regen bald eingeschränkt wird, weil der Boden oberflächlich abtrocknet (Abb. 12.2). Bei fortgeschrittenem Wachstum verdunsteten die Pflanzen so stark, wie es potentiell möglich war, bis die fehlenden Niederschläge und die Reifung des Getreides die Wasserverluste reduzierten.

Tabelle 12.3. Veränderungen des gespeicherten Wassers für einen mit Hirse bebauten Boden

Tiefe	volumetrischer Wassergehalt am Tag der Messung		Schichtstärke	Zunahme gespeicherten Wassers in jeder Schicht
[cm]	27. Juni	1. Juli	[mm]	[mm]
5,0	0,068	0,100	92,5	2,96
13,5	0,025	0,058	117,5	3,88
28,5	0,028	0,054	150	3,90
43,5	0,024	0,034	150	1,50
58,5	0,023	0,031	150	1,20
73,5	0,030	0,026	150	−0,60
88,5	0,035	0,038	150	0,45
103,5	0,042	0,044	150	0,30
118,5	0,049	0,052	150	0,45
133,5	0,055	0,057	150	0,30
148,5	0,056	0,059	150	0,45
163,5	0,049	0,054	150	0,75
	Gesamtanstieg Speicherwasser [mm]			15,54
	Regen [mm]			24,5
	tatsächliche Evaporation [mm]			8,96
	Evaporationsrate [mm d^{-1}]			2,24

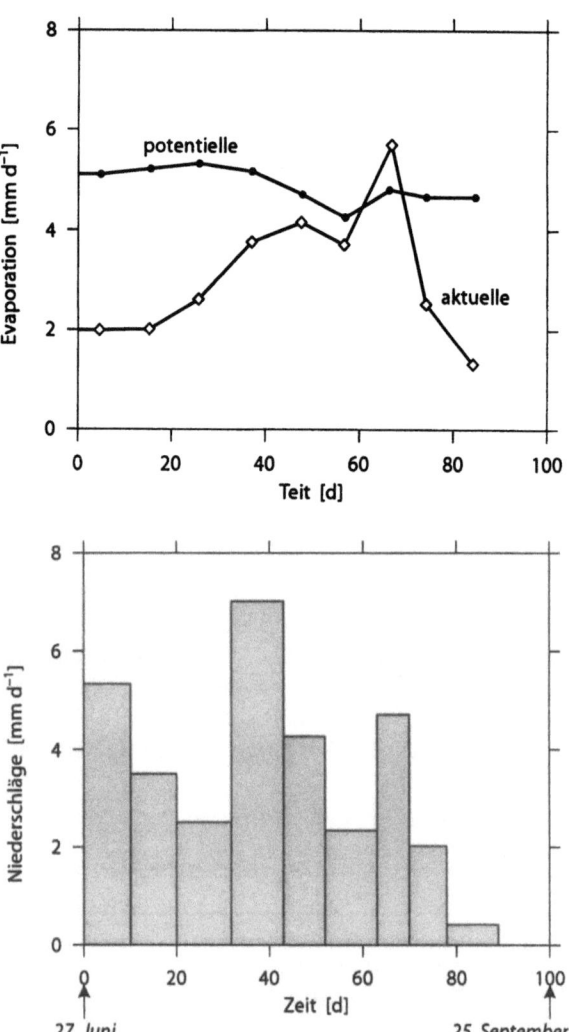

Abb. 12.6. Evaporationsrate von Hirse und Niederschläge in N'Dounga, Niger. Die aufgetragenen Werte sind Mittelwerte für die angegebenen Zeiträume (meist 10 Tage) (Daten aus Messungen von W. A. Payne, Texas A&M)

12.2
Schätzung des Wasserverbrauchs von Kulturpflanzen

Da Wasser durch die Stomata verlorengeht, während CO_2 für die Photosynthese aufgenommen wird, ist der Transpirationsverlust der unvermeidliche Preis für die Produktion von Trockensubstanz. Je nach Pflanzenart und Klima werden 200–800 g Wasser für die Produktion von 1 g Trockensubstanz verbraucht. Deshalb benötigt man für die Pflanzenproduktion gewaltige Wassermengen. Beispielsweise beträgt auf einem Zuckerrohrfeld von 1 ha die für die Produktion von 40 t Trockensubstanz verbrauchte Wassermenge 20 000 m³.

Normalerweise liegt die aktuelle Evaporation von Nutzpflanzen deutlich unter der potentiellen Evaporation, da während der Wachstumsperiode meist nicht genug Regen fällt. Die Evaporation eines Weizenfeldes in Großbritannien betrug während der drei Sommermonate des ziemlich trockenen Jahres 1975 188 mm. In der gleichen Zeit betrug die potentielle Evaporation 270 mm und die Regenmenge 68 mm. Die Differenz zwischen der aktuellen Verdunstung und der Niederschlagsmenge (= 120 mm) zeigt an, inwieweit das pflanzenverfügbare Wasser im Boden erschöpft ist. Die im Boden gespeicherte Wassermenge reichte also nicht aus, um den potentiellen Evaporationsbedarf zu decken; bei Bewässerung wäre das Getreide wahrscheinlich besser gewachsen. In Trockengebieten treten noch extremere Situationen auf. Die aktuelle Evaporation eines indischen Erdnußfeldes betrug über zwei Monate des Jahres 1982 hinweg 102 mm, während die potentielle Evaporation 554 mm betrug. Während der Wachstumsperiode fiel kein Regen, d.h. das gesamte von den Pflanzen aufgenommene Wasser wurde dem im Boden gespeicherten Vorrat entnommen.

In beiden angeführten Fällen befand sich der Boden zu Beginn der Wachstumsperiode auf Feldkapazität und zum Zeitpunkt der Ernte nahe dem permanenten Welkepunkt. So lag die verfügbare Wasserkapazität im Wurzelraum bei 120 bzw. 102 mm.

Verfügbare Wasserkapazitäten sind in Tabelle 12.1 aufgeführt; multipliziert man diese mit der Durchwurzelungstiefe (Tabelle 12.2), erhält man die *nutzbare Feldkapazität des Wurzelraumes*. Ein sandiger Lehmboden mit einer nutzbaren Feldkapazität von 0,14 cm^3 cm^{-3}, die von den Erdnußwurzeln bis in 50 cm Tiefe genutzt wird (Tabelle 12.2), enthält 70 mm verfügbares Wasser, was bei einer potentiellen Verdunstungsrate von 6 mm d^{-1} (typisch für Zentralindien in der Trockenzeit) einem Vorrat für 12 Tage entspricht. In der Praxis allerdings sinkt die aktuelle Verdunstung rasch unter die potentielle, wodurch das Pflanzenwachstum eingeschränkt wird. Deshalb wurde der Begriff des leicht verfügbaren Wassers eingeführt; dabei handelt es sich um jene Wassermenge bei Feldkapazität, die aufgenommen werden kann, bevor die aktuelle kleiner als die potentielle Evaporation wird und bevor Wachstumsbeschränkung eintritt. Betrachtet man Abb. 12.4, so ist dieses Konzept relativ willkürlich: Das leicht verfügbare Wasser muß für eine bestimmte Nutzpflanze und einen bestimmten Standort experimentell bestimmt werden; näherungsweise macht es ungefähr die Hälfte der nutzbaren Feldkapazität aus (Tabelle 12.2).

Für Bewässerungsplanungen wird das limitierende Bodenwasserdefizit der Menge an leicht verfügbarem Wasser gleichgesetzt. Im folgenden wird eine Bodenwasserbilanz aufgestellt, die so konzipiert ist, daß das Defizit den limitierenden Wert nicht übersteigen darf, damit der Verdunstungsbedarf gedeckt und das Wachstum nicht eingeschränkt wird. In Abschn. 12.3 wird gezeigt, wie man bei trockeneren Böden aus der potentiellen Evaporation die aktuelle Evaporation vorhersagen kann.

Erstellung einer Bodenwasserbilanz

Tabelle 12.4 zeigt eine Bilanz für einen Zeitraum von 10 Tagen, während des Wachstums von bewässerten Erdnüssen in Indien. Die Daten wurden folgendermaßen ermittelt:

- Die *potentielle Evaporation* wurde aus meteorologischen Daten (Doorenbos und Pruit 1977) berechnet. Diese Daten bekommt man häufig auch von lokalen Wetterstationen. In Großbritannien unterhält der Meteorological Office eine Datenbank, von der Werte der täglichen oder wöchentlichen potentiellen Evaporation abgerufen werden können: *The MORECS Unit, The Meteorological Office*, Johnson House, Room JG2, London Road, Bracknell, Berkshire RG12 2SY. In Deutschland ist hier-

Tabelle 12.4. Bodenwasserbilanz für ein Erdnußfeld in Zentralindien

Meßtag	1	2	3	4	5	6	7	8	9	10
potentielle Evaporation [mm]	4,5	6,0	7,2	5,4	6,6	3,2	6,6	7,2	6,5	5,5
Pflanzenfaktor	0,8	0,8	0,8	0,8	0,9	0,9	0,9	0,9	0,9	0,9
geschätzte Evaporation [mm]	3,6	4,8	5,8	4,3	5,9	2,9	5,9	6,5	5,9	5,0
Niederschläge [mm]	0	0	5,2	0	0	0	0	0	25,0	0
Bodenwasserdefizit zu Beginn des Tages [mm]	23,0	26,6	31,4	32,0	36,3	0	2,9	8,8	15,3	0
am Ende des Tages [mm]	26,6	31,4	32,0	36,3	42,2	2,9	8,8	15,3	0	5,0
Bewässerung [mm]	0	0	0	0	50,0	0	0	0	0	0
Versickerung [mm]	0	0	0	0	7,8	0	0	0	3,8	0

für der Deutsche Wetterdienst in Offenbach oder die Agrarmeteorologische Meßstelle in Braunschweig zuständig.

- Der *Pflanzenfaktor* berücksichtigt die eingeschränkte Verdunstung aus dem unbewachsenen Boden zwischen den Pflanzen und basiert darauf, in welchem Ausmaß die Pflanzen den Boden bedecken. Bei nahezu vollständiger Deckung steigt der Wert bis nahe 1,0. Die Werte können entweder Veröffentlichungen (Doorenbos und Pruitt 1977) entnommen oder aus dem Ausmaß der Bodendeckung abgeschätzt werden. Faktoren, die den Pflanzenfaktor beeinflussen, sind u. a. die angebaute Art, das Ausmaß der Bodendeckung, die Häufigkeit der Bodenbefeuchtung und der Reifegrad der Pflanzen.
- Einen Schätzwert für die Evaporation erhält man durch Multiplikation der potentiellen Evaporation mit dem Pflanzenfaktor. In diesem Fall kann man davon ausgehen, daß die Wasservorräte nicht limitierend wirkten, das limitierende Defizit also nicht erreicht wurde, womit der geschätzte Wert gleich der *potentiellen Evaporation* der Erdnüsse ist.
- Die *Niederschlagsmenge* wurde direkt vor Ort gemessen.
- *Bodenwasserdefizit.* Frühere Aufzeichnungen zeigten, daß das Defizit zu Beginn des ersten Meßtags 23 mm erreicht hatte. Am ersten Tag gingen 3,6 mm Wasser verloren und das Defizit stieg auf 26,6 mm. Am zweiten Tag stieg es auf 31,4 mm, und am dritten Tag lag die Verdunstung nur 0,6 mm über den Niederschlägen, so daß das Defizit 32,0 mm erreichte. Am fünften Tag wurde das limitierende Defizit von 40 mm überschritten, weswegen am Abend bewässert und der Boden wieder auf Feldkapazität gebracht wurde; es wurde zusätzlich Wasser zugeführt, um Salz auszuwaschen (s. Abschn. 14.6). Am neunten Tag überstieg der Regen die Menge, die nötig gewesen wäre, um den Boden wieder auf Feldkapazität zu bringen; daher müssen 3,8 mm durch den Wurzelraum gesickert sein.

Diese Werte verdeutlichen, wie man eine Wasserbilanz zur Planung von Bewässerungsmaßnahmen einsetzen kann. Das Wasser wird dann zugeführt, wenn das Defizit den limitierenden Wert erreicht, wobei es nicht unbedingt nötig ist, soviel Wasser zuzuführen, daß Feldkapazität erreicht wird. Ein weiteres Beispiel für die Wasserbilanz von Ackerflächen in Großbritannien findet sich in Abschn. 12.4, Projekt 6.

12.3
Das Bucket-Modell des Bodenwasserhaushalts

Die Komponenten des Bodenwasserhaushalts wurden in Abschn. 12.2 am Beispiel bewässerter Erdnußpflanzungen diskutiert. Damit sie für verschiedene Nutzpflanzen sowie für verschiedene bewachsene und unbewachsene Böden allgemein anwendbar sind, müssen die Schätzungen der aktuellen Evaporation auf Böden ausgedehnt werden, deren Defizit zwischen dem limitierenden Wert und dem permanenten Welkepunkt liegt.

In Abb. 12.7 ist ein einfaches Verfahren dargestellt; man kann davon ausgehen, daß bei einer Nutzpflanze, die den Boden bedeckt, das Verhältnis von aktueller Evaporation (EVAP) zu potentieller Evaporation (EPOT), das als ERATIO bezeichnet wird, zwischen Feldkapazität und limitierendem Bodenwasserdefizit den Wert 1 hat. In trockeneren Böden nimmt der Wert linear ab und wird am permanenten Welkepunkt Null. Um dieses Modell verwenden zu können, benötigt man einen Wert für die nutzbare Feldkapazität des Wurzelraumes (RZAWC) sowie für das limitierende Bodenwasserdefizit (LIMDEF). Ersteres kann aus der nutzbaren Feldkapazität (Tabelle 12.1) hergeleitet werden. Das limitierende Defizit wird aus der RZAWC und dem Anteil leicht verfügbaren Wassers ermittelt (Tabelle 12.1). Ist das Bodenwasserdefizit (SWD) zu Beginn des Meßzeitraumes bekannt, kann der Wert von ERATIO berechnet werden. Bei dem in Abb. 12.7 dargestellten Beispiel beträgt das Bodenwasserdefizit 50 mm, was das limitierende Defizit von 35 mm übersteigt. Durch Dreisatzrechnung ergibt sich für ERATIO ein Wert von 0,57. Wenn SWD < LIMDEF ist, dann ist ERATIO = 1 und wenn SDW > LIMDEF, dann ist

ERATIO = (RZAWC − SWD)/(RZAWC) − LIMDEF).

Die aktuelle Evaporation bei vollständig bedecktem Boden ist gegeben durch EPOT · ERATIO. Wenn der Pflanzenfaktor (CROPFACT) bekannt ist (s. Abschn. 12.2), ist die aktuelle Evaporation

CROPFACT · EPOT · ERATIO.

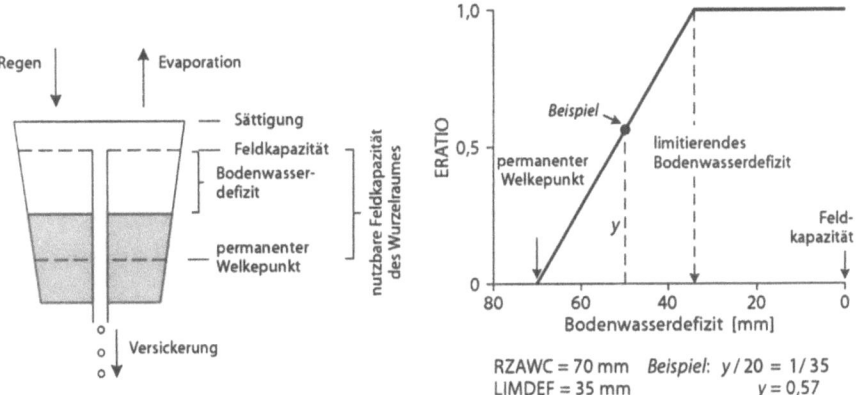

Abb. 12.7. Bucket-Modell des Bodenwasserhaushalts

Einen Spezialfall bilden unbewachsene Böden. Die Evaporation wird bereits eingeschränkt, wenn nur geringe Wassermengen den Boden verlassen. In einem einfachen Modell nimmt man an, daß Wasser nur aus den obersten 40 cm des Bodens verlorengeht und daß das limitierende Defizit erreicht ist, wenn nur ein Viertel des in dieser Zone verfügbaren Wassers verbraucht wurde. Die Schwankungen der hydraulischen Leitfähigkeit lassen diese Annahme jedoch recht willkürlich erscheinen. Für unbewachsene Böden werden Werte von 0,3–1,0 als „Pflanzenfaktor" eingesetzt; hohe Werte sind bei kühlfeuchten Klimaverhältnissen angemessen, niedrige Werte bei trockenheißem Klima (Doorenbos und Pruit 1992, Abb. 6).

Bodenwasserbilanz in Niamey, Niger

Ein Datensatz, der die potentielle Evaporation und die Regenfälle auf einer wöchentlichen Basis enthält, ist in Tabelle 12.5 dargestellt. Es ist möglich, die Wasserbilanz für diesen Standort manuell zu berechnen, wenn man die Daten aus Tabelle 12.4 mit dem Modell zur Abschätzung der aktuellen Evapotranspiration kombiniert. Ein BASIC-Computerprogramm zur Erleichterung dieser Berechnungen ist in Anhang 3 wiedergegeben. Es ist bei der dort angegebenen Adresse erhältlich. In diesem Modell muß ein weiterer Aspekt Berücksichtigung finden. In Tabelle 12.4 existiert ein bekannter Ausgangswert für das Bodenwasserdefizit, Tabelle 12.5 enthält keinen derartigen Wert. Bei diesem Datensatz geht man davon aus, daß sich der Boden Anfang Januar wegen der vorausgegangenen trockenen Monate am permanenten Welkepunkt befand (d.h. SWD = RZAWC). Dies ist nicht ganz korrekt, aber das Programm rechnet dann den jährlichen Witterungsverlauf zehnmal durch (für jedes Jahr wird „Durchschnittswetter" angenommen), wodurch der Einfluß des Defizitanfangswerts aufgehoben wird. Dieser Ansatz funktioniert selbst für Standorte gut, an denen der Boden Anfang Januar feucht war.

Tabelle 12.5. Mittlerer Wochen-Niederschlag und potentielle Evaporation in Niamey, Niger [mm]

W[a]	E_{pot}[b]	NS[c]	W	E_{pot}	NS	W	E_{pot}	NS	W	E_{pot}	NS
1	39	0	14	49	0	27	35	47	40	30	2
2	41	0	15	53	2	28	38	35	41	35	0
3	35	0	16	55	0	29	41	80	42	37	15
4	42	0	17	53	0	30	36	29	43	38	4
5	40	0	18	58	5	31	31	95	44	39	0
6	38	0	19	49	1	32	29	42	45	38	0
7	41	0	20	52	15	33	29	35	46	36	0
8	45	0	21	51	25	34	31	10	47	39	0
9	48	0	22	48	18	35	29	25	48	35	0
10	49	1	23	49	12	36	29	40	49	38	0
11	53	0	24	52	28	37	31	5	50	34	0
12	55	0	25	47	36	38	32	25	51	35	0
13	50	1	26	44	15	39	28	31	52	36	0

[a] W: Woche;
[b] E_{pot}: potentielle Evaporation;
[c] NS: Niederschlag.

12.3 · Das Bucket-Modell des Bodenwasserhaushalts

Die Bilanzrechnungen aus Abschn. 12.2 sind die Basis für das Programm:

SWD dieser Woche = SWD letzter Woche
+ aktuelle Evapotranspiration
− Niederschläge

Wenn SWD negativ wird (d.h. der Boden ist feuchter als Feldkapazität), versickert das Wasser, bis wieder Feldkapazität erreicht ist.

Mit Hilfe dieses Programms wurden die Daten aus Abb. 12.8 errechnet. In Niamey dauert die Trockenzeit von November bis April, während der sich die Böden nahe am permanenten Welkepunkt befinden. Das Modell sagt voraus, daß der Boden nur Ende Juni Feldkapazität erreicht und 37 mm Wasser aus dem 100 cm tiefen Wurzelraum abfließen. Es überrascht nicht, daß die aktuelle Evaporation in diesem Klima eng an die Niederschlagsverteilung gebunden ist.

Die Diskette enthält weitere Dateien mit Datensätzen von anderen Orten auf der ganzen Welt. Mit diesem Programm kann man Daten ähnlich denen in Abb. 12.8 für jeden dieser Orte errechnen.

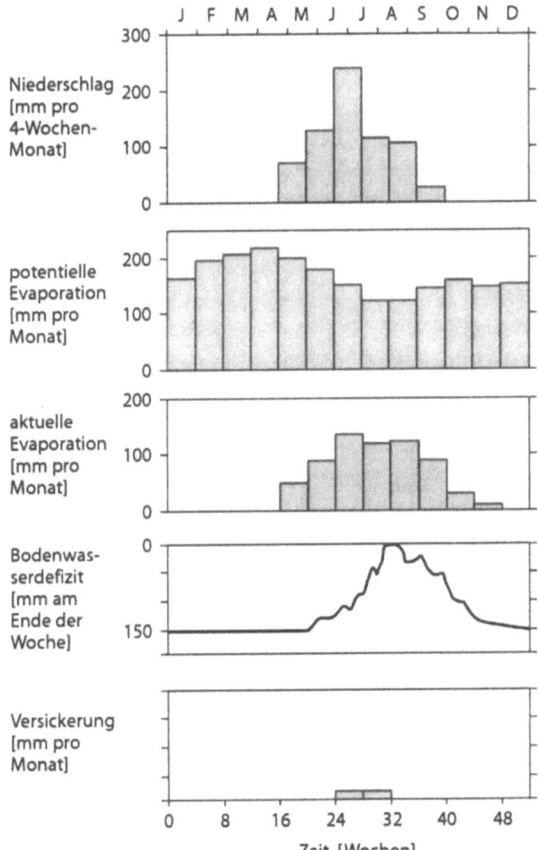

Abb. 12.8. Mit dem Bucket-Modell aufgestellte Bodenwasserbilanz für eine landwirtschaftliche Nutzfläche in Niamey, Niger. Durchwurzelungstiefe = 100 cm; nutzbare Feldkapazität des Wurzelraumes = 150 mm; limitierendes Bodenwasserdefizit = 60 mm; Pflanzenfaktor = 1,0

Abb. 12.9. Einfluß der Dauer der Wachstumsperiode auf den Ernteertrag von Kulturpflanzen in den Tropen und Subtropen (aus FAO 1978)

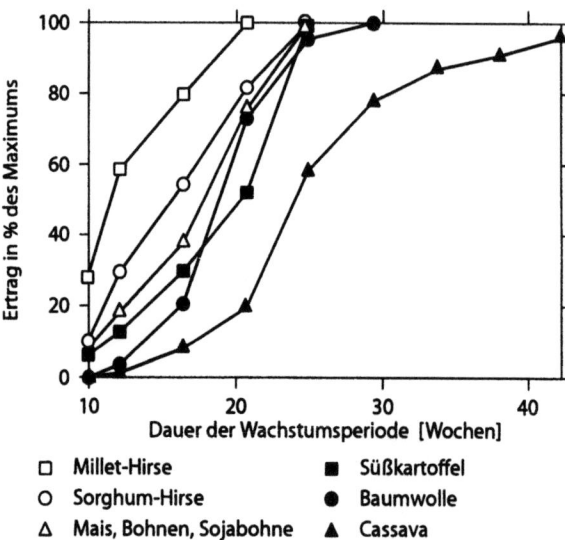

□ Millet-Hirse   ■ Süßkartoffel
○ Sorghum-Hirse   ● Baumwolle
△ Mais, Bohnen, Sojabohne   ▲ Cassava

Anwendungen des Bucket-Modells

Dauer der Wachstumsperiode

Das Klima in Niamey zwingt dem Pflanzenwachstum wegen der geringen Niederschläge Beschränkungen auf. Abbildung 12.8 zeigt, daß sich der Boden nur über einen Zeitraum von 12 Wochen oberhalb des limitierenden Defizits befindet. Die Wachstumsperiode ist jedoch länger als diese 12 Wochen und wird als die Zeitspanne betrachtet, in der die aktuelle Evaporation mehr als 50 % der potentiellen beträgt. Aus der Abbildung entnehmen wir, daß dieser Zeitraum etwa 20 Wochen dauert. Mit dem auf wöchentlicher Basis laufenden Computerprogramm ergibt sich eine Wachstumsperiode von 18 Wochen. Somit kann das Modell helfen, die Dauer der Wachstumsperiode vorhersagen, was die Wahl geeigneter Nutzpflanzen möglich macht. Eine wichtige Aufgabe der Agrarmeteorologie besteht darin, für verschiedene Klimazonen geeignete Landnutzungssysteme zu finden. Abbildung 12.9 zeigt den Einfluß der Länge der Wachstumsperiode auf den Ernteertrag von Nutzpflanzen, die in den Tropen häufig angebaut werden. In den meisten Jahren sind die Bedingungen in Niamey für den Anbau von Cassava und Süßkartoffeln ungeeignet. Nur mit Millet-Hirse lassen sich in den meisten Jahren zuverlässige Erträge erzielen, deshalb überrascht es nicht, daß Hirse das Hauptnahrungsmittel der Region ist. In Abschn. 12.4, Aufgabe 2 werden die Computerdaten nochmals zur Untersuchung dieses Problems verwendet.

Nitratauswaschung

Das Modell erlaubt die Vorhersage des Zeitraums, an dem jedes Jahr Versickerung stattfindet. Wenn zugleich Nitrat durch Mineralisierung oder Düngung freigesetzt wird, so wird dieses wahrscheinlich ins Grundwasser ausgewaschen werden. Das Modell vereinfacht die tatsächlichen Verhältnisse insofern, als darin nicht berücksichtigt wird, wo sich das Nitrat im Boden konzentriert. Abschnitt 12.4, Aufgabe 3, befaßt sich mit diesem Problem, und in den Abschnitten 11.5 und 15.4 sind Modelle beschrieben, die detaillierter auf die Auswaschung eingehen.

12.4
Praktische Übungen

1. Lassen Sie in Töpfen (s. Abschn. 9.2) Sonnenblumen heranwachsen und bewässern Sie so lange, bis die Pflanzen gut angewachsen sind. Decken Sie die Töpfe ab, um Evaporation zu verhindern, und lassen Sie die Pflanzen bis zum Welketod (keine Erholung über Nacht) weiterwachsen! Bestimmen Sie den gravimetrischen Wassergehalt (s. Abschn. 3.3) und die Bodenwasserspannung mit der Filterpapiermethode (s. Abschn. 5.2)! Vergleichen Sie die eigenen Ergebnisse mit dem Standard-Spannungswert von 1,5 MPa und den Wassergehalten, die in den Tabellen 5.2 und 12.1 angegeben sind!
2. Verwenden Sie die Daten aus der Computerdatei, um die Dauer der Vegetationsperiode in Halab (Syrien), Niamey (Niger), Kaduna und Port Harcourt (beide Nigeria) zu bestimmen! Legen Sie die gleichen Annahmen wie in Abb. 12.8 zugrunde und wiederholen Sie die Berechnung für eine Nutzpflanze, die 50 cm lange Wurzeln hat!
3. Verwenden Sie die Daten aus der Computerdatei zur Vorhersage der Jahreszeit, in der unter den verschiedenen Klimabedingungen Versickerung auftritt. Treffen Sie geeignete Annahmen bezüglich der Durchwurzelungstiefe und des limitierenden Wasserdefizits! Vergleichen Sie trockene und nasse Jahre in Reading und Cairngorm (Schottisches Hochland)! Bestimmen Sie mit den in Kap. 11 gewonnenen Informationen, wann Stalldung oder Dünger ausgebracht werden sollte und wann die beste Zeit zum Umbruch von Grünland ist!
4. Verwenden Sie die Daten aus den Abb. 12.5 und 5.3, um den Verlauf des Bodenwasserpotentials im unbewachsenen Boden am 10. August aufzuzeichnen, wie es in Abb. 5.14 dargestellt wurde! In welcher Tiefe findet keine Wasserbewegung statt? Berechnen Sie mit Hilfe von Abb. 5.3 die Geschwindigkeit der Wasserbewegung zwischen 150 und 165 cm Bodentiefe! Bestimmen Sie mit derselben Methode, ob der Potentialgradient zwischen 50 und 165 cm Bodentiefe im unbewachsenen Boden am 1. Juli zu einer Aufwärts- oder Abwärtsbewegung des Bodenwassers führt!
5. Abbildung 12.2 zeigt die Tagesschwankungen der Evaporationsrate. Die Werte für die Evaporationsmenge pro Tag, die auf S. 431 angegeben sind, wurden nach dieser Abbildung berechnet. Überprüfen Sie die Werte durch Bestimmung der Flächen unter den Kurven. Die Flächen repräsentieren das Integral aus $mm\ h^{-1} \cdot h$, das der Evaporation in mm entspricht. Die Fläche kann man bestimmen, indem man den Graph auf Millimeterpapier abzeichnet und die Kästchen unter der Kurve zählt. Als andere Möglichkeit kann man vergrößerte Fotokopien der Abbildung herstellen und die Fläche unter der Evaporationskurve sowie ein Papierrechteck, das $1\ m\ h^{-1} \cdot 48\ h$ (= 48 mm) entspricht, mit der Schere ausschneiden und beides wiegen. Die Masse des Papiers ist zu seiner Fläche proportional und die Masse des Rechtecks repräsentiert eine Verdunstung von 48 mm.
6. Tabelle 12.4 zeigt, wie man Bewässerungsmaßnahmen auf der Basis von Evaporationsschätzungen und meteorologischen Daten planen kann. Die Diskette (Datei Sonning.dat; s. Anhang 3) stellt einen weiteren Datensatz für Kartoffeln zur Verfügung, die in Großbritannien in der Nähe von Reading angebaut wurden. Berechnen Sie nach dem Ansatz von Tabelle 12.4 die Wasserdefizite und die Versickerung während eines Zeitraums von 27 Tagen!

KAPITEL 13

Bodenfruchtbarkeit

Solange der Mensch Getreide und Feldfrüchte anbaut, strebt er nach steigenden Erträgen und anhaltender Produktivität im Ackerbau, um eine stetig wachsende Bevölkerung zu ernähren. Die Bedeutung der Landwirtschaft können wir heute in den von Dürren geplagten Regionen Afrikas sehen. Länder, die in der Nahrungsmittelproduktion Überkapazitäten besitzen, sollten der Erhaltung der Bodenfruchtbarkeit Vorrang einräumen, da diese eine Voraussetzung sowohl der ökonomischen als auch ökologischen Überlebensfähigkeit ist. Nur so können nationale Bedürfnisse und die Exportnachfrage gedeckt werden. Die Wissenschaft hat versucht, Antworten und Lösungen auf die Frage zu finden wie sich die Erträge nachhaltig steigern lassen. So wurden neue Getreide- und Feldfruchtsorten gezüchtet, es werden Dünger und Kalk eingesetzt, chemische Mittel zur Bekämpfung von Schädlingen und Krankheiten erforscht sowie geeignete Anbau- und Bewässerungstechniken entwickelt.

Die Eignung der Böden, die ständige Produktivitätssteigerung zu verkraften, hängt im wesentlichen davon ab, wie ihre Eigenschaften im Zuge der Melioration verändert wurden. Obwohl sich gerade in den letzten 50 Jahren die landwirtschaftlichen Arbeitsmethoden rapide geändert haben und Agrarchemikalien eine neue Dimension hinzufügten, sind die grundlegenden Probleme auch heute noch dieselben wie vor vielen tausend Jahren, als die Menschen anfingen, Ackerbau zu betreiben:

- Die Entfernung der Vegetation setzt den Boden Regen und Wind aus; Erosion kann die Folge sein.
- Im Lauf der Zeit sinkt der Gehalt an organischer Substanz, was die Stabilität des Bodens reduziert und seine Erosionsanfälligkeit erhöht.
- Der reduzierte Gehalt an organischer Bodensubstanz und die damit verbundene Reduzierung der mikrobiellen Biomasse verursacht einen Rückgang der jährlichen Nährstoffmineralisierung.
- Ein geringerer Gehalt an organischer Bodensubstanz senkt die Kationenaustauschkapazität (KAK) des Bodens und damit dessen Fähigkeit, Nährstoffkationen zu binden und vor Auswaschung zu schützen.
- Der Nährstoffentzug durch die Feldfrüchte muß durch Einträge ausgeglichen werden; entweder durch natürliche Prozesse oder durch die Verwendung organischer oder mineralischer Dünger.
- Die Bewässerung in Trockengebieten kann den Salzgehalt der Böden erhöhen.
- In stark humiden Gebieten erhöht die Entfernung der Vegetation die Nährstoffauswaschung und trägt so zur Bodenversauerung bei.

Für eine nachhaltige Produktion sind Agrar- und andere Chemikalien von gewisser Bedeutung; drei Aspekte sollten berücksichtigt werden:

1. Dünger führen Nährstoffe zu, die in diesen Formen bereits natürlich vorliegen. Sie verändern die Konzentrationen in den Böden und können Auswaschverluste erhöhen; sie steigern aber die Produktion und erlauben einen höheren Entzug, ohne die Böden auszulaugen.
2. Pestizide und wachstumsregulierende Substanzen bringen organische Chemikalien in Formen in das System ein, die natürlicherweise nicht im Boden vorkommen. Ihre Wirkungen müssen nachvollziehbar sein.
3. Die Reststoffentsorgung zu Land bringt häusliche und industrielle Abfälle in Bodensysteme ein. Von besonderer Bedeutung sind Klärschlämme, die Metalle (darunter auch Schwermetalle) enthalten, die im Boden natürlicherweise nur in Spuren vorkommen, aber bei erhöhten Konzentrationen für Pflanzen und Tiere toxisch sein können.

Abgesehen von der Notwendigkeit, daß die landwirtschaftliche Produktion nachhaltig sein muß, soll sie auch noch Nahrungsmittel von zufriedenstellender Qualität liefern und umweltgerecht sein. Zwar gibt es heftige Diskussionen im Zusammenhang zwischen der Lebensmittelqualität und intensiv betriebener Landwirtschaft, aber es existieren kaum stichhaltige Hinweise darauf, daß hier Grund zur Sorge besteht. Jede Form der landwirtschaftlichen Produktion wird eine Veränderung der Umwelt zur Folge haben. Ursache und Ausmaß solcher Veränderungen zu verstehen, ist von großer Bedeutung. Die Versalzung weiter Flächen im Mittleren Osten, die Auswirkungen auf die Bodenfruchtbarkeit durch zu lange Anbauzeiten in Teilen der Tropen, in denen traditionell Wanderfeldbau betrieben wird und die Erosion der Lößböden in China sind Beispiele für größere Eingriffe, die unheilvolle Konsequenzen haben. Sie sind in Bezug auf die Umwelt unakzeptabel, da sie das Land schädigen und die landwirtschaftliche Produktion nicht nachhaltig ist. Im Vergleich dazu erscheint die Verwendung von Agrarchemikalien als relativ sicher, obwohl unter dem Gesichtspunkt der Aufrechterhaltung der Bodenfruchtbarkeit sehr wenig darüber bekannt ist, wie sich die Chemikalien auf die Bestandteile der mikrobiellen Biomasse des Bodens auswirken.

Die Veränderungen der Bodeneigenschaften, wie sie sich aus der menschlichen Nutzung ergeben, fallen in zwei große Kategorien. *Irreversible* Veränderungen sind ungemein schwerwiegender als solche, die *reversibel* sind: Erosion oder Vergiftung mit Schwermetallen sind unumkehrbare Vorgänge, wohingegen etwa die Senkung des organischen Bodensubstanzgehaltes durch intensiven Anbau umkehrbar ist.

Produktivitätspotential

Die maximale Ertragsleistung von Nahrungsmittelpflanzen hängt in erster Linie von deren genetischer Ausstattung ab. Unter idealen Bedingungen produzieren beispielsweise sowohl Weizen als auch Reis 14,5 t Korn ha^{-1} Anbaufläche; Mais kann einen Ertrag von 22 t ha^{-1} erbringen. Um solche Erträge zu erzielen, müssen optimale Klima- und Bodenbedingungen herrschen und die Feldfrucht muß gesund und frei von Schädlingsbefall sein. In den Jahren 1977–79 betrug die durchschnittliche Weltproduktion dieser Getreidearten jedoch nur 1,78, 2,61 und 3,09 t ha^{-1}. Es ist unbedingt

Einführung

notwendig, die für diese niedrigen Durchschnittswerte verantwortlichen Faktoren aufzuspüren, will man realistische Vorhersagen für die landwirtschaftliche Gesamtproduktion erstellen, von der die Weltbevölkerung ernährt werden soll.

Abbildung 13.1 stellt eine Reihe von Faktoren vor, die für den Ertrag entscheidend sind. Sie lassen sich unter den Oberbegriffen *Klima, Bodenfruchtbarkeit, Schädlinge und Krankheiten* sowie *Agrarmanagement* zusammenfassen.

- Bei Fehlen anderer Beschränkungen stellt das Klima durch die Einstrahlung der Sonnenenergie oder durch die Lufttemperatur den direkt begrenzenden Faktor dar. Die potentiellen maximalen Ertragsmengen an Getreide sind z.B. in Schottland größer als in Südengland. Bei einer Lage in nördlicheren Breiten sind die Tage länger, was für die Wachstumsperiode im Sommer einen höheren Energieeintrag zur Folge hat. Ein weiteres Beispiel aus der Türkei zeigt, daß in höher gelegenen Gebieten aufgrund der hohen Lichtintensitäten bessere Erträge erzielt werden können.
- Das Klima kontrolliert auch die Bodentemperaturen, die das Wachstum beeinflussen.
- Niederschläge und potentielle Verdunstung kontrollieren die Wasserversorgung der Nutzpflanzen, die einen wesentlichen ertragslimitierenden Faktor darstellt.

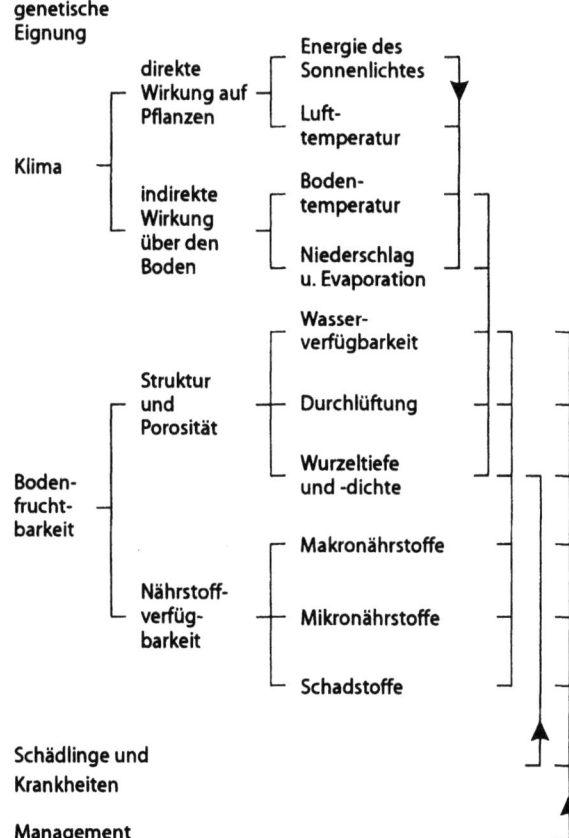

Abb. 13.1. Faktoren, die den Ertrag beeinflussen. Klammer „[" verweist auf Teilfaktoren „]" zeigt direkte Verknüpfungen zwischen Faktoren an. Die Pfeile weisen auf einseitig gerichtete Wirkungen hin

- Die physikalischen Eigenschaften setzen dem Wachstum durch die miteinander verknüpften Faktoren Wasservorrat, Durchlüftung und Wurzelverteilung Grenzen.
- Chemische Bodeneigenschaften begrenzen das Wachstum durch die Verfügbarkeit von Nährstoffen oder die Gegenwart toxischer Stoffe.
- Biologische Prozesse sind in die Bereitstellung von Nährstoffen involviert, etwa bei der Mineralisierung organischer Bodensubstanz und der N-Fixierung.
- Schädlinge und Krankheiten wirken hemmend, sowohl im Boden als auch an den oberirdischen Pflanzenteilen. Im Boden vorhandene Schädlinge und Krankheiten können für die Ertragsleistung so wichtig sein wie die Nährstoffverfügbarkeit und die bodenphysikalischen Eigenschaften.
- Das Bodenmanagement kann direkten Einfluß auf die Bodenfruchtbarkeit sowie Schädlinge und Krankheiten nehmen, beeinflußt die Erträge jedoch auch durch eine zeitlich günstige Wahl bei Meliorationsmaßnahmen, Aussaat, Düngung, Schädlingsbekämpfung und Bewässerung.

Erträge und Wechselwirkungen

Erträge

Abbildung 9.5 stellt Ertragsdaten in Form einer Ertragskurve dar. Solche Kurven verlaufen entweder exponentiell mit abnehmender Wirkung bei Annäherung an das Maximum, oder sie weisen zwei nahezu gerade Abschnitte, wieder mit abnehmender Steigung bei Annäherung an das Maximum, auf (Cooke 1982). Der ökonomisch optimale Nährstoffeinsatz liegt normalerweise unter jenem, der für einen Maximalertrag erforderliche ist (s. Kap. 9 und Abschn. 11.4).

Wechselwirkungen

In Abb. 13.1 sind auf der rechten Seite Klammern und Verbindungslinien dargestellt, die Verknüpfungen zwischen verschiedenen Faktoren andeuten. Das Klima beispielsweise ist mit den bodenphysikalischen Faktoren verknüpft, da es die Bodentemperatur und den Wasservorrat beeinflußt. Die bodenphysikalischen Eigenschaften sind wegen ihres Einflusses auf die Nährstoffverfügbarkeit mit den chemischen Eigenschaften verknüpft. So ist es nicht überraschend, daß die Ackerfrucht bei Aufhebung eines tatsächlich limitierenden Faktors mit einer besseren Ausnutzung des Lichts, Wassers und der Nährstoffe reagiert, obgleich sich keiner dieser Faktoren verändert haben muß. Ein einfaches Beispiel hierzu sind Wachstumsunterschiede zwischen kalten und warmen Klimaregionen: Die Feldfrucht wird mehr Nährstoffe aufnehmen, wenn die Hemmung durch niedrige Temperaturen entfällt.

Obwohl die Verbindung zwischen einzelnen Faktoren mit dem Begriff der „Wechselwirkung" im Rahmen seiner allgemeinen Bedeutung bezeichnent wird, ist er hier im engeren Sinne in Bezug auf eine Ertragssteigerung durch eine verbesserte Nährstoff- und Wasserversorgung bzw. durch die Aufhebung einer Beschränkung (etwa durch Bodenacidität oder -verdichtung) zu verstehen. *Eine Wechselwirkung liegt dann vor, wenn eine Ertragssteigerung (oder -einbuße) aus der gemeinsamen Veränderung zweier Faktoren höher ausfällt, als die Summe der Ertragssteigerungen (oder -einbußen) bei getrennten Veränderungen der jeweiligen Faktoren.*

Abb. 13.2. Wechselwirkung zwischen Wasser und Stickstoff. Die Mittelwerte aus 3 Jahren gelten für Winterweizen, angebaut in den *Great Plains* (Nebraska) (aus Ramig und Rhoades 1962)

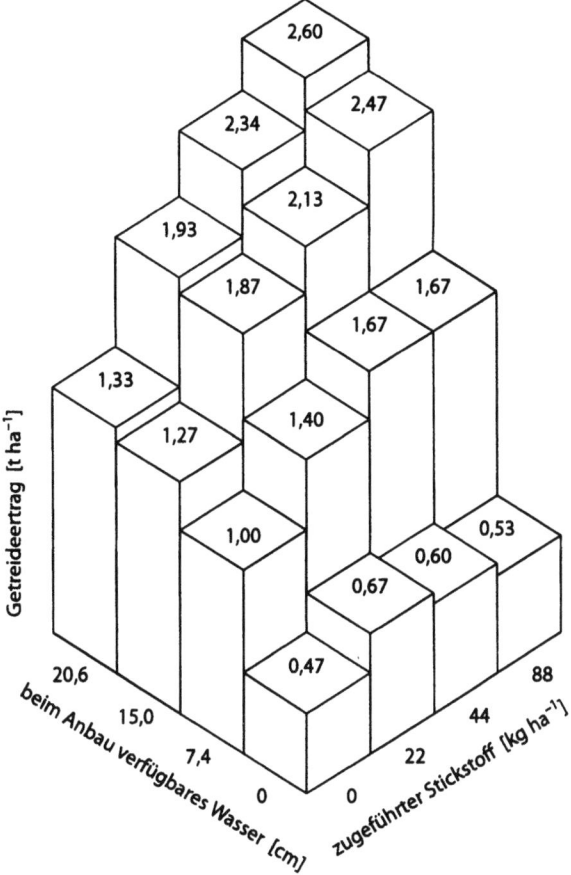

Die am häufigsten auftretende Wechselwirkung besteht zwischen den Faktoren Wasser und Stickstoff. Ein Beispiel hierzu wird in Abb. 13.2 gezeigt. Bei einer Winterweizensaat in Nebraska war die Menge des verfügbaren Wassers vor der Aussaat auf den entsprechenden Feldern reguliert worden. Es wurden vier Varianten mit unterschiedlich hoher N-Düngung durchgeführt. War zur Pflanzzeit kein Wasser verfügbar, so war das Getreide auf die winterlichen Regenfälle angewiesen, und die Ertragssteigerung durch die N-Düngung fiel gering aus; hohe N-Gaben senkten die Erträge sogar. Wurde kein N zugegeben, konnte man durch erhöhte Wasserzugaben eine mäßige Ertragssteigerung erreichen. Der durch N und Wasser gemeinsam hervorgerufene Zuwachs war wesentlich größer als die Summe der separat erzielten Steigerungen: Hier handelt es sich um eine *positive Wechselwirkung*.

Das „Hoosfield-Experiment" mit Sommergerste in Rothamsted (Farbtafel 19) gibt ein Beispiel für die Wechselwirkung zwischen Nährstoffen. Jahrelange Düngungen mit P und K^+ haben in bezug auf die Verfügbarkeit dieser Nährstoffe Parzellen mit niedriger, mittlerer und hoher Fruchtbarkeit entstehen lassen. Im Jahre 1968 wurden diese Parzellen abgesteckt und auf unterschiedlich hohe N-Niveaus eingestellt. Die erzielten Erträge sind in Abb. 13.3 dargestellt. Das Getreide reagierte auf den ausgebrachten N und auf die noch im Boden vorhandenen P und K^+-*Reserven*; jede Ertrags-

Abb. 13.3. Wechselwirkung zwischen Stickstoff bzw. Phosphor- und Kaliumnachlieferung. Das Hoosfield-Experiment mit Sommergerste, Rothamsted

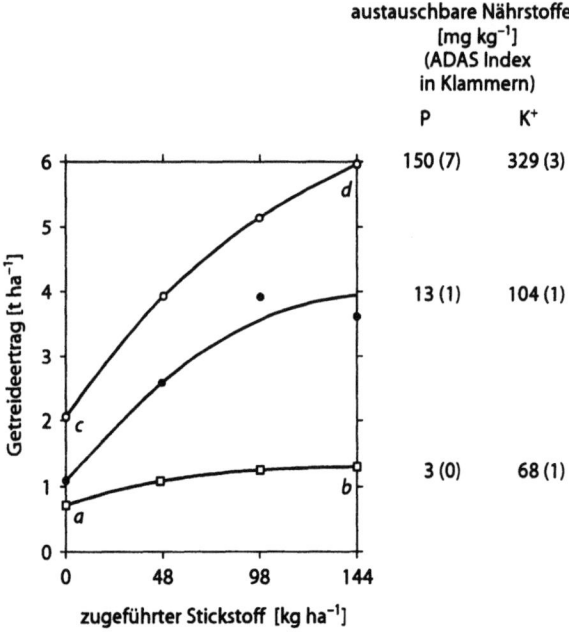

steigerung aufgrund einer Düngung im vorangegangenen Jahr wird als *Restwirkung* bezeichnet. Die Darstellung zeigt eine positive Wechselwirkung zwischen N und den in Reserven noch vorhandenen P- und K$^+$-Mengen. Die Ertragssteigerung im Boden mit geringer Fruchtbarkeit beträgt bei einer N-Gabe von 144 kg ha^{-1} nur 0,60 t ha^{-1} (*b* − *a*); wogegen sich der Zuwachs in einem Boden mit besserer P- und K$^+$-Nachlieferung ohne jegliche N-Düngung auf 1,34 t ha^{-1} beläuft (*c* − *a*). Bei einem Zusammenwirken aller Nährstoffe beträgt der Zuwachs 5,27 t ha^{-1} (*d* − *a*), welcher die Summe der getrennt erzielten Steigerungen um 3,33 t ha^{-1} übertrifft. In der Praxis wird eine nennenswerte Ertragssteigerung (Abschn. 11.4) auf dem Boden niedriger Fruchtbarkeit bei einer N-Gabe von 48 kg N ha^{-1} erzielt. Auf der Parzelle mittlerer Fruchtbarkeit lohnt sich eine Düngung mit 96 kg N ha^{-1} und auf jener mit hoher Fruchtbarkeit können 144 kg N ha^{-1} sinnvoll eingesetzt werden.

Zwei wichtige Implikationen folgen aus dem Auftreten von Wechselwirkungen:

1. Um hohe Erträge zu erzielen, müssen alle wachstumsrelevanten Ansprüche einer Feldfrucht berücksichtigt werden. Es ist uneffizient, hohe Gaben eines Nährstoffs zu verwenden, wenn die Reaktionsmöglichkeit auf diesen Nährstoff durch andere Faktoren eingeschränkt ist. Ein Beispiel hierzu ist die Getreideproduktion auf den flachgründigen Böden über Kreide in Südengland. Wegen der Auswaschverluste (s. Abschn. 9.5) ist es schwierig, die Kaliummengen auf einem angemessenen Niveau zu halten; damit ist die Möglichkeit einer Ertragssteigerung durch N sehr begrenzt.

2. Wo Überproduktion stattfindet, kann es sinnvoll sein, die Erträge zu reduzieren. Desgleichen können Umweltschäden, die mit der Verwendung von Agrarchemikalien zusammenhängen, eine Verringerung solcher Einträge erfordern. Nehmen wir wieder das Beispiel des Getreides auf den Kalkböden: Eine Verringerung der

Erntemengen könnte durch reduzierte K^+- oder N-Gaben erreicht werden. Sollte N-Auswaschung ein Problem sein, wäre es vorteilhafter, die Kaliumversorgung aufrecht zu erhalten, so daß bei einem gegebenen Ertrag nur eine minimale N-Düngung zu erfolgen braucht.

Tabelle 10.2 stellt ein anderes Experiment vor, bei dem es um Reaktionen auf Nährstoffgaben ging. In diesem Fall lag eine *negative Wechselwirkung* durch die Düngung mit Kalk und P vor. Die Ertragssteigerung durch die kombinierte Behandlung fiel geringer aus als die Summe der getrennt erzielten Gewinne; die Kalkung hebt die durch die Bodenversauerung verursachten Beschränkungen auf, und der Feldfrucht wird die Nutzung des bereits im Boden vorhandenen P ermöglicht. Ein weiteres Beispiel für Wechselwirkung ist der Einfluß von Unkräutern auf die Ertragsleistung einer Feldfrucht nach einer N-Düngung (Tabelle 15.3). Es besteht ganz klar die Notwendigkeit eines kombinierten Managementansatzes in Bezug auf die ertragswirksamen Faktoren.

Abb. 13.1 beschreibt Topf- und Freilandparzellenmethoden zur Untersuchung von Reaktionen und Wechselwirkungen.

Schlußfolgerungen

Die Feldfrucht reagiert mit einer Ertragssteigerung, wenn ein Nährstoff zugefügt wird, dessen Verfügbarkeit zuvor gering war. Die Eigenschaften der Ertragskurve sind von der Feldfrucht, dem Klima und den Bodeneigenschaften abhängig, die gemeinsam die Fruchtbarkeit des Bodens bestimmen. Wechselwirkungen treten normalerweise dann auf, wenn limitierende Faktoren aufgehoben werden. Die optimale Zuführung eines Nährstoffs kann unter drei verschiedenen Gesichtspunkten beurteilt werden:

1. Für ein wissenschaftliches Experiment kann es notwendig sein, das höchstmögliche Ertragspotential zu bestimmen. In diesem Fall sind die optimalen Einträge jene, die erforderlich sind, um den Höchstertrag zu erzielen.
2. Landwirtschaftliche Betriebe sind Unternehmen, bei denen auch wirtschaftliche Aspekte zu berücksichtigen sind. Unter diesem Gesichtspunkt ist der optimale Nährstoffeinsatz derjenige, der die Deckung der Marktnachfrage bei maximalem Profit ermöglicht. Hier ist der Düngereinsatz geringer als jener, der zum Erzielen des Höchstertrages notwendig wäre.
3. Da Böden und Landschaften die wichtigsten Ressourcen eines Staates sind, muß das Produktionssystem sie in gutem Zustand erhalten; es sollte zudem Nahrungsmittel von angemessener Qualität produzieren. Daher gibt es einen weiteren „optimalen" Nährstoffeinsatz, der den Umweltkriterien genügt; er mag wiederum kleiner sein als der zum Erzielen des wirtschaftlichen Optimums.

Bodenfruchtbarkeit und ihre Erhaltung

Abbildung 13.1 läßt erkennen, was die Bezeichnung *Bodenfruchtbarkeit* bedeutet. Sie schließt all die Faktoren ein, die das Wachstum beeinflussen und den Ertrag beschränken können. Jede Landfläche unter natürlicher Vegetation besitzt eine ihr eigene Fruchtbarkeit. Ihre landwirtschaftliche Nutzung wird ihre Fruchtbarkeit verändern, doch die verschiedenen Faktoren, die das Wachstum beeinflussen, werden sich dabei nicht im gleichen Ausmaß wandeln. Die Nährstoffverfügbarkeit beispielsweise, kann relativ leicht durch Düngergaben verbessert werden, die Wasserverfügbarkeit aber ist abhängig vom Volumen der Vorratsporen (Tabelle 4.2) und kann nicht so leicht verändert werden; die Durchwurzelbarkeit und die Bodendurchlüftung sind abhängig von den dränenden (Grob-)Poren, die durch Bodenverdichtung verringert und durch sorgfältige Meliorationsmaßnahmen verbessert werden können (s. Abschn. 4.4).

Organische Substanz

Die organische Bodensubstanz ist für die Erhaltung der Bodenfruchtbarkeit von zentraler Bedeutung: Die Mineralisierung von N, P und S, die Fähigkeit des Bodens, Nährstoffkationen zu binden, die strukturelle Stabilität und das Wasserspeichervermögen werden alle vom Gehalt an organischer Bodensubstanz beeinflußt. Da man Nährstoffe relativ leicht durch Düngung ersetzen kann, wird die Frage, in welchem Ausmaß die natürliche Fruchtbarkeit des Bodens gesenkt werden darf, seit langem diskutiert, vor allem seit der Mitte des 19. Jahrhunderts, als Dünger in größerem Umfang erhältlich wurden. Gibt es für eine bestimmte Landfläche eine natürliche Fruchtbarkeit und – damit verbunden –, einen kritischen Gehalt an organischer Bodensubstanz, unterhalb dessen die im Rahmen des Bodenmanagements auftretenden Probleme und die verringerten Erträge nicht mehr akzeptabel sind?

Die Arbeiten an der *Rothamsted Experimental Station*, begonnen 1843 durch J.B. Lawes, haben uns wichtige Erkenntnisse darüber geliefert, wie Böden auf eine Reduzierung des Gehalts an organischer Bodensubstanz reagieren. Das klassische Broadbalk-Experiment (Farbtafel 19) hat den Einfluß organischer und anorganischer Einträge auf Winterweizen miteinander verglichen, der Jahr für Jahr seit 1843 angebaut wird. Einzelheiten hierzu werden in Abschn. 13.2 erläutert. Auf Parzellen mit Mineraldüngergaben bewegt sich der organische Kohlenstoffgehalt heute zwischen 0,84 und 1,04 %, verglichen mit 2,59 % bei jährlicher Ausbringung von organischen Düngern. Die Erträge aus den mit Mineraldünger behandelten Böden liegen jedoch nahe derer mit Gülle behandelten Parzellen. Obwohl sich die natürliche Fruchtbarkeit des Bodens anfänglich verringerte (im Hinblick auf seine Fähigkeit, N durch Mineralisierung nachzuliefern) hat sie sich (und der Gehalt an organischer Substanz) über die letzten 100 Jahre stabilisiert. Es hat auch eine gewisse Zerstörung der Bodenstruktur stattgefunden. Diese Veränderungen sind jedoch durch die Umwandlung der Parzellen in Grünland reversibel. Der Gehalt an organischer Substanz steigt dann langsam auf seinen ursprünglichen Wert an (Johnston 1992). Kontinuierlich betriebener Ackerbau verursacht auf schluffigen und schlecht entwässerten Böden ernsthaftere strukturelle Schäden (MAFF. 1970). Ein Beispiel für durch Ackerbaumaßnahmen verursachte Strukturschäden zeigt Farbtafel 5.

Organisch betriebene Landwirtschaft

Landwirtschaftsbetriebe, die sich bei der Feldfruchtproduktion auf organische Dünger stützen, wirtschaften normalerweise mit einer Kombination von Feldfruchtrotationen, Gülle- und Stallmistgaben und bestimmten anorganischen Verbindungen mit geringer Löslichkeit, die als „natürlich" angesehen werden können. Dünger mit höherer Löslichkeit werden als „künstlich" eingestuft und nicht verwendet (s. Abschn. 13.3). In diesen landwirtschaftlichen Systemen spielt die organische Bodensubstanz bei der Erhaltung der Bodenstruktur und der Nähstoffzufuhr eine zentrale Rolle.

Der ertragsbegrenzende Faktor in organisch betriebenen Systemen ist normalerweise der N-Vorrat. Man schiebt Leguminosen-Grasbrachen ein, um die N-Fixierung durch das Bakterium *Rhizobium* (s. Abschn. 13.4) zu nutzen. Wird eine solche Grünbrache untergepflügt, setzt die Mineralisierung mehr Nitrat frei, als die Feldfrüchte im Herbst benötigen; so sind hohe Auswaschverluste zu verzeichnen, falls keine Winterzwischenfrucht eingesetzt wird. Allerdings werden in diesen gemischten landwirtschaftlichen Systemen die Grünbrachen in jedem Jahr nur auf einem Teil der Flächen untergepflügt. Damit ist die Nitratkonzentration im abfließenden Wasser des gesamten Einzugsgebietes niedriger als von dem Feld, auf dem die Grünbrache untergepflügt wurde. Im darauffolgenden Frühjahr steigt im Zuge der Bodenerwärmung die Mineralisierungsrate etwa parallel zum Bedarf der Feldfrucht an. Es kann jedoch sein, daß die Freisetzung in der Wachstumsperiode nicht frühzeitig genug erfolgt, um maximale Getreideerträge zu gewährleisten.

Die Diskussionen um die Vor- und Nachteile der sogenannten organischen und anorganischen landwirtschaftlichen Systeme umfaßt viele Fragen, die jenseits des Gebiets der Bodenkunde liegen. Es bestehen aber wenig Zweifel daran, daß die natürliche Bodenfruchtbarkeit in den organischen Systemen normalerweise besser ist, was jedoch nicht bedeutet, daß die Verwendung von Mineraldüngern nicht akzeptabel sei. Unter einem wissenschaftlichen Gesichtspunkt ist es vernünftiger, die Systeme zu verwenden, die den Boden in einem guten Zustand erhalten und darüber hinaus die Vorteile der Mineraldünger nutzen – diese Aspekte lassen sich gut miteinander vereinbaren. Auf stabilen Böden, wie jenen in Broadbalk, ist ein gut geführter kontinuierlicher Ackerbau mit Düngern ein vertretbares Produktionssystem. Auf Böden mit schwachen physikalischen Strukturen sind Fruchtfolgeanbau, gemeinsam mit Mineraldüngern, zur Erhaltung eines guten Bodenzustands und hoher Erträge notwendig.

Wanderfeldbau

Das als *Wanderfeldbau* bezeichnete Agrarsystem ist vielleicht das wichtigste Beispiel eines organischen Anbausystems. Es wurde über Jahrhunderte in weiten Teilen der Erde praktiziert und wird noch immer in einigen Teilen der Tropen durchgeführt. Ein Abschnitt des Waldes oder der Savanne wird dabei durch Brandrodung freigelegt; dann können für einige Jahre Feldfrüchte angebaut werden, bevor man eine Regenerierung der natürlichen Vegetation zuläßt. Während der Ackerbauphase sinkt die Fruchtbarkeit des Bodens und erholt sich wieder in der viel längeren Phase mit „natürlicher" Vegetation. Abschn. 13.5 enthält Einzelheiten über die Veränderungen der Bodeneigenschaften während des Anbauzyklus. Der Druck durch eine ständig wachsende Bevölkerung und die Verlängerung der Anbaudauer haben in vielen Gegenden zu einem Zusammenbruch dieses Systems geführt und unfruchtbare, erodierte Böden zurückgelassen.

Regenwälder

Die Abholzung der Regenwälder zur landwirtschaftlichen Nutzung hat Konsequenzen, die weit über die Folgen für den Boden hinausgehen. Die Bodenfruchtbarkeit sinkt, aber anders als beim Wanderfeldbau besteht häufig nicht die Absicht, den Regenwald zu regenerieren. Eine künftige Agrarproduktion ist dann von der Erhaltung der Fruchtbarkeit durch Grünlandnutzung und Düngereinsatz abhängig. Besonders gefährdet sind leichte Böden, in denen die KAK mit dem Gehalt an organischer Bodensubstanz verknüpft ist (s. Abschn. 13.5). Mit der Zersetzung der organischen Substanz (was unter den feuchten, tropischen Verhältnissen rasch geschieht) sinkt die Fähigkeit des Bodens, Nährstoffkationen zu binden. Die Auswaschverluste sind sehr hoch und der Boden wird erosionsanfälliger. Ist eine Nutzung der Böden dieser Regionen für landwirtschaftliche Zwecke nicht zu umgehen, muß eine erfolgreiche Bodenbearbeitung die speziellen Bodeneigenschaften berücksichtigen. Die besonders gefährdeten Böden sollten naturbelassen bleiben oder als Grünland genutzt werden.

Klassifizierung der Bodenfruchtbarkeit

Die Bodenfruchtbarkeit umfaßt so viele Aspekte, daß ihre Klassifizierung ein schweres Unterfangen darstellt. Eine Beurteilung, ob eine Landfläche für bestimmte Zwecke geeignet ist, kann nur in sehr groben Zügen getroffen werden (Dent und Young 1981).

Weitere Studien

Abschnitt 13.6 enthält Übungsaufgaben.

13.1
Topf- und Freilandmethoden zur Untersuchung von Erträgen und Wechselwirkungen

Die Methoden für Topfversuche aus Abschn. 9.2 lassen sich verwenden, um Ertrags- und Wechselwirkungsstudien durchzuführen, vorausgesetzt, man verfügt über Böden mit geringer Nährstoffversorgung. Folgendes ist zu beachten:

- Die meisten landwirtschaftlich genutzten Böden sind mit P und K^+ gut versorgt. Ertragsreaktionen sind bei Topfexperimenten sehr unwahrscheinlich. Waldböden könnten geeignet sein, doch sollte ihre Nährstoffverfügbarkeit gemessen werden, bevor man mit der Vorbereitung und Durchführung eines Experiments viel Zeit verbraucht (s. Abschn. 9.1 und 10.3).
- Probenahme, Lufttrocknung und Siebung haben normalerweise einen Mineralisierungsschub zur Folge, sobald der Boden wieder angefeuchtet wird. Eine Stickstoffgabe kann daher zumindest anfänglich angebracht sein. Zur Untersuchung der Ertragsveränderung auf N-Gaben verwendet man leichten Boden mit geringem Gehalt an organischer Substanz (aus einem unter kontinuierlichem Anbau stehenden Boden, Stickstoffindex = 0, s. Abschn. 11.4) und entnimmt die Bodenprobe am Ende der Vegetationszeit.
- Zu starke Bewässerung kann Denitrifikation hervorrufen, was zu schlechten Reaktionen auf die Stickstoffdüngung führt.

Topfversuch zur Bestimmung einer Ertragskurve für Stickstoff

Gemäß den in Abschn. 9.2 beschriebenen Techniken wählt man N-Gaben bis zu 0,12 g N kg^{-1} (100 kg ha^{-1} auf Topfbasisfläche) sowie eine höhere Düngergabe (0,25 g N kg^{-1}), zusammen mit Kalk, P und K$^+$. Weidelgras (*Lolium perenne*) ist eine ideale Versuchspflanze. Eine Wiederholung ist hier weniger bedeutend als in Experimenten, bei denen der Effekt einer einzelnen Behandlung bestimmt werden soll. Bei gegebener Topfzahl kann es sinnvoller sein, die Zahl der verschiedenen N-Schritte zu erhöhen, als jede Behandlung zu wiederholen, da bei der Einpassung der Kurve an die Daten die Wiederholung sozusagen in das Experiment eingebaut ist.

Die „Minus-Eins"-Technik

Diese Art von Experiment soll der Identifizierung des Nährstoffs dienen, der mit größter Wahrscheinlichkeit der Minimumfaktor für das Pflanzenwachstum ist. Es vermittelt eine Vorabinformation, bevor detaillierte und aufwendige Topf- und Parzellenversuche angesetzt werden, und es hat sich dort als besonders hilfreich erwiesen, wo Flächen zum ersten Mal landwirtschaftlich genutzt werden sollen. Der Boden in den Töpfen wird entweder mit allen Nährstoffen behandelt (Kontrolle) oder jeweils einer wird ausgelassen. Wenn der ausgelassene Nährstoff auch unter natürlichen Umständen defizitär ist, wird das Wachstum im Vergleich zur Kontrollgruppe vermindert ausfallen. Dies ist eine effizientere Methode als das Hinzufügen eines Nährstoffs, denn für den Fall, daß es an mehreren Nährstoffen mangelt, wird die Ertragssteigerung durch einen Nährstoff von den anderen (ebenfalls defizitären) begrenzt.

Es gibt viele Möglichkeiten, ein „Minus-Eins"-Experiment anzusetzen. Das hier beschriebene untersucht N, P und K$^+$ getrennt und mit anderen Nährstoffen gemeinsam, aber jeder Nährstoff kann durch Modifizierung der Nährstoffgaben für sich betrachtet werden.

Nährlösungen

Die Nährstoffe werden als Mischungen in Lösung zugeführt, da die gesonderte Zuführung jedesmal ein Gegenion erfordert. Um beispielsweise mit Kalium zu düngen, kann man KCl verwenden, was aber einen unnötigen Überschuß an Chlorid erzeugt.

Es sollten folgende Lösungen angesetzt werden (Es sind die Massen der Reagenzien angegeben, gefolgt vom Volumen des destillierten Wassers, in dem sie aufzulösen sind. Es sollten Reagenzien mit Analysequalität verwendet werden, da weniger reine Substanzen Spurenelemente einschleppen könnten):

Lösung 1: 21,1 g Ca(NO$_3$)$_2$ · 4H$_2$O, 18,0 g KNO$_3$, 6,3 g NaH$_2$PO$_4$ · 2H$_2$O, 500 ml Aq$_{dest.}$;
Lösung 2: 15,5 g K$_2$SO$_4$, 6,3 g NaH$_2$PO$_4$ · 2H$_2$O, 500 ml Aq$_{dest.}$;
Lösung 3: 21,1 g Ca(NO$_3$)$_2$ · 4H$_2$O, 18,0 g KNO$_3$, 500 ml Aq$_{dest.}$;
Lösung 4: 21,1 g Ca(NO$_3$)$_2$ · 4H$_2$O, 15,1 g NaNO$_3$, 6,3 g NaH$_2$PO$_4$ · 2H$_2$O, 500 ml Aq$_{dest.}$;
Lösung 5: 5,1 g MgSO$_4$ · 7H$_2$O, 250 ml Aq$_{dest.}$;
Lösung 6: 9,9 g CaCl$_2$ · 6H$_2$O, 250 ml Aq$_{dest.}$;
Lösung 7: 300 mg H$_3$BO$_3$, 200 mg MnSO$_4$ · 4H$_2$O, 20 mg CuSO$_4$ · 5H$_2$O 20 mg ZnSO$_4$ · 7H$_2$O, 3 mg (NH$_4$)$_6$Mo$_7$O$_{24}$ · 2H$_2$O, 1 000 ml Aq$_{dest.}$.

Tabelle 13.1. Benötigte Lösungsmengen [ml], um die erforderliche Nährstoffzugabe zu erzielen

Nährstoffe	Lösung Nr.						
	1	2	3	4	5	6	7
alle Nährstoffe	20	0	0	0	10	0	20
ohne N	0	20	0	0	10	10	20
ohne P	0	0	20	0	10	0	20
ohne K$^+$	0	0	0	20	10	0	20
ohne Mg^{2+}, S und Spurenelemente	20	0	0	0	0	0	0

Bodenvorbereitung

Die Topfgröße kann in Abhängigkeit von der zur Verfügung stehenden Bodenmenge beliebig gewählt werden. Die nun folgenden Angaben beziehen sich auf eine Menge von 0,5 kg Boden pro Topf. Das Lösungsvolumen sollte angeglichen werden, wenn man andere Mengen verwendet. Da jedes Nährelement im Überschuß vorliegt, können einfache Pipettenvolumina beibehalten werden, d.h. 5, 10, 20, 50 ml, selbst wenn das die Einträge leicht verändert.

Man breite jeweils 0,5-kg-Portionen des Bodens auf einer Plastikfolie aus. Auf jedes Bodenaliquot gebe man das erforderliche Volumen der jeweiligen Nährstofflösung (Tabelle 13.1) und mische gut durch. Lösung 7 sollte den Untersetzern beigefügt werden. Für jeden Test sind Lösungsnummer und Volumen zu vermerken.

Durch die Lösungen werden die folgenden Nährstoffmengen [in mg pro Topf] appliziert: N 200, P 50, K$^+$ 280, Ca^{2+} 140, Mg^{2+} 20, S 30, B 1, Mn^{2+} 1, Cu^{2+} 0,1, Zn^{2+} 0,1, Mo 0,05. Diese Kombination wurde dem Pflanzenbedarf entsprechend gewählt und ist auch bequem als Mischlösung herzustellen.

Jeder Topf erhält vor Einfüllen des Bodens eine Glasfaserfilterscheibe und anschließend einen Untersetzer. Man bereite drei Wiederholungen pro Behandlung vor.

Pflanzenwachstum

Weidelgras ist eine geeignete Testpflanze. Man pflanzt, wässert und erntet, wie in Abschn. 9.2 beschrieben. Wenn kleine Bodenmengen verwendet werden, z.B. 250 g, läßt man die Pflanzen etwa drei Wochen lang wachsen und wiederholt dann die Nährstoffzugabe, diesmal direkt auf den Boden im Topf.

Man gibt den mittleren Ertrag jeder Einzelbehandlung als %-Anteil des Ertrags der Behandlung mit allen Nährstoffen wieder.

Freilandtechniken

Versuche im Feldmaßstab werden von Dyke (1974) beschrieben. Hier sollen jedoch Angaben für ein einfaches Freilandexperiment gemacht werden, das sich auf jeder Grasfläche durchführen läßt, sofern sie sich einzäunen läßt, um ein Betreten zu verhindern. Das Ziel des Experiments ist es, für einen trockenen Teil der Fläche die Ertragsreaktion von Gras sowohl auf N als auch Wasser zu zeigen und zu ermitteln, ob eine Wechselwirkung eingetreten ist. Behandlungen können auch durch andere ersetzt werden: in feuchtem Gelände sollte man die Wasserbehandlung durch eine gemeinsame Phosphor- und Kaliumgabe substituieren (weitere Alternativen s. u.).

Abb. 13.4. Eine Fläche mit zufälliger Anordnung von 12 Parzellen

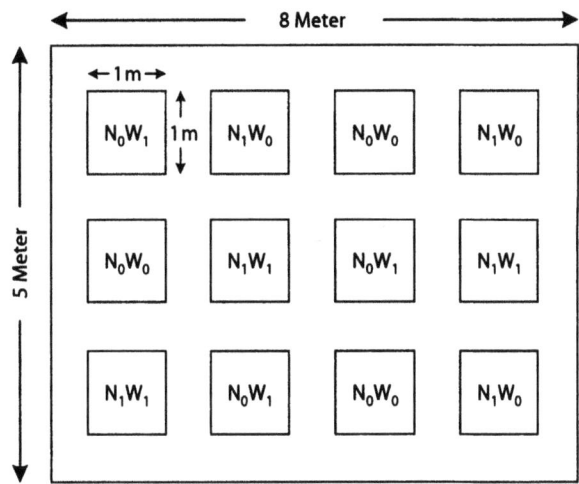

Bodenparzellen

Man benötigt eine Fläche von ca. 8 × 5 m (Abb. 13.4). Die Mischung aus Rasen und anderen Pflanzen sollte auf dieser Fläche einigermaßen einheitlich sein. Der Rasen wird gemäht. Man markiert eine Fläche, die 12 Parzellen (s. Anm. 1) von je 1 × 1 m, enthält; zwischen den Parzellen sollte Platz für einen Pfad sein, der die Breite einer Rasenmäherbahn besitzt, damit der Rasen geschnitten werden kann. Der Mäher sollte das geschnittene Gras auffangen. Die Ecke jeder Parzelle kann mit einem Pflock markiert werden, der durch eine weiße Scheibe getrieben wird. Die Markierung sollte auf dem Boden aufliegen, damit der Mäher über sie hinwegfahren kann. Die Fläche wird eingezäunt. Beim Arbeiten an den Parzellen sollten nur die Pfade betreten werden. Der Pfad wird nach Bedarf gemäht.

Nährstoffbehandlungen

- Mit und ohne zusätzlichen Stickstoff: N_1 und N_0;
- Mit und ohne zusätzliches Wasser: W_1 und W_0;
- Alle Parzellen erhalten P und K^+.

Folgende Behandlungen werden mit jeweils drei Wiederholungen durchgeführt: $N_0W_0, N_1W_0, N_0W_1, N_1W_1$, was 12 Parzellen ergibt.

Stickstoff. Unter Anwendung von Düngergaben, die auch auf Wirtschaftsgrünland ausgebracht werden, sollte Anfang April mit 100 kg N ha^{-1} gedüngt werden. Nach jedem Schnitt in Abständen von 4–6 Wochen wird die Behandlung wiederholt. Die Behandlungsmenge beträgt $100 \cdot 10^{-4}$ kg pro Parzelle was 10 g entspricht und kann in Form von 29 g NH_4NO_3 zugeführt werden. Diese sollten in 5 l Wasser aufgelöst und per Gießkanne mit feinem Brausekopf gleichmäßig über die Parzelle verteilt werden. Die Lösung wird mit weiteren 5 l Wasser in den Boden gespült.

Wasser. Wenn die Nährstoffe gelöst zugeführt werden, sollten alle Parzellen die gleiche Wassermenge erhalten. Die Wassergabe kann auf den Informationen aus Tabelle 12.1 basieren, kann aber auch abgeschätzt werden. Bei trockenem Sommerwetter verdunstet (transpiriert) z. B. in Südengland Gras auf feuchtem Boden bis zu 5 mm

Wasser d^{-1}. Damit betragen die möglichen Wasserverluste einer Parzelle:

$$5 \cdot 10^{-3} \text{ m} \cdot 1 \text{ m}^2 = 5 \cdot 10^{-3} \text{ m}^3 = 5 \text{ l } d^{-1} \quad (1 \text{ m}^3 = 1000 \text{ l})$$

bzw. 35 l pro Woche. Aus der Differenz der geschätzten Verluste und den Regenmengen ergibt sich näherungsweise das Bodenwasserdefizit (s. Abschn. 12.2).

Man gießt die W_1-Parzellen einheitlich in Abständen von 2 Wochen und jeweils nach dem Schnitt, um das Bodenwasserdefizit auf 25 bis 50 mm zu reduzieren.

Phosphor und Kalium. Die Mengen an P und K^+, die Grasland gewöhnlich zugeführt werden, sind davon abhängig, wieviel durch weidende Tiere zurückgeführt wird. In diesem Feldexperiment wird sämtliches Gras entfernt; der hier betrachtete Boden kann anfänglich eine geringe P- und K^+-Verfügbarkeit besitzen. Gras nimmt die gleichen K^+- und N-Mengen auf. Alle Parzellen sollten 100 kg K^+ ha^{-1} erhalten, wenn N zugeführt wird. Wird K^+ in Form von K_2HPO_4 gedüngt, werden gleichzeitig 40 kg P hinzugefügt; das ist wahrscheinlich mehr, als benötigt wird, ist aber bequem. Man gießt jede Parzelle mit 5 l der Lösung, die 22 g K_2HPO_4 enthält. Diese können für die N_1-Behandlung gemeinsam mit NH_4NO_3 aufgelöst werden.

Ernte

Das Gras wird monatlich in einem 0,75 × 0,75 m Quadrat in der Mitte jeder Parzelle bis auf 2 cm Länge geschnitten (s. Anm. 2). Man trocknet es bei 100 °C und wiegt die Trockensubstanz. Wenn alle Parzellen abgeerntet sind, mäht man die gesamte Fläche und führt die Wiederholungsdüngung durch.

Datenauswertung

Nach jeder Ernte zeichnet man eine Kurve der mittleren Erträge [g Trockensubstanz pro Parzelle] gegen die N-Düngung (Abb. 13.5) auf. Um jeden Mittelwert markiert man

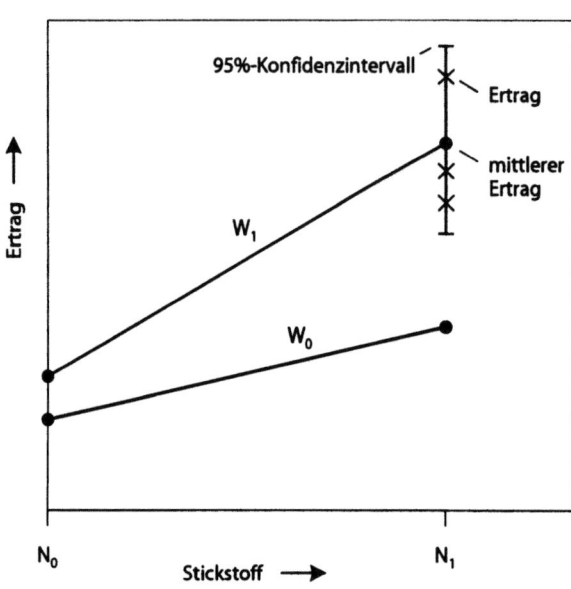

Abb. 13.5. Stickstoff-Wasser-Wechselwirkungen

man die Erträge der Wiederholungen und zeichnet das 95%-Konfidenzintervall der Mittelwerte (s. Abschn. 3.8) ein. Am Ende der Anbauzeit zeichnet man auf die gleiche Weise eine Kurve der kumulativen Erträge jeder Parzelle.

Anmerkung 1. Wiederholungen sind bei Freilandversuchen wichtig, selbst wenn sie den Arbeitsaufwand des Experiments erhöhen. Bei einem Topfversuch ist der Boden homogen, Freilandböden aber sind variabel (s. Abschn. 1.3). Deshalb muß auch in diesem Experiment die natürliche Variabilität der Pflanzen über die gesamte Fläche akzeptiert werden. Die Variabilität wird verringert, wenn die Parzellengröße erweitert wird. Die Wiederholungsparzellen sind *zufällig* über die Versuchsfläche verteilt.

Anmerkung 2. Die Seitenstreifen einer jeden Parzelle können von den abweichenden Bodenbedingungen des angrenzenden Pfads beeinflußt werden. Man bezeichnet dies als *Randeffekt*. Daher befindet sich die Fläche, die zur Ertragsabschätzung verwendet werden soll, auch im Zentrum einer jeden Parzelle.

Alternative Behandlungen

N, PK-Wechselwirkung. Auf feuchten Flächen ersetzt man die Wasserbehandlung durch eine Phosphor/Kalium-Düngung. Im Experimententwurf werden W_1 und W_0 durch P_1K_1 und P_0K_0 ersetzt und folgende Behandlungen durchgeführt: $N_0P_0K_0$, $N_1P_0K_0$, $N_0P_1K_1$ und $N_1P_1K_1$. Außer dem Wasser, das zur Applikation der Nährstoffe erforderlich ist, sollte kein weiteres Wasser zugeführt werden.

Wirkung von Klee. Wenn sich die Parzellen 2 oder 3 Jahre erhalten lassen, kann die Wirkung von Klee als Stickstofflieferant untersucht werden. Man wähle eine kleefreie Fläche oder verwende einen selektiven Unkrautvernichter, um Klee und andere breitblättrige Unkräuter zu vernichten. Die folgenden Behandlungen können mit je drei Wiederholungen durchgeführt werden:

- N_0: kein Dünger, kein Klee;
- N_1: 25 kg N ha^{-1} zu Beginn und nach jedem Schnitt;
- N_2: 100 kg N ha^{-1} zu Beginn und nach jedem Schnitt;
- K: kein Dünger, mit Klee.

Nach der ersten Mahd wird jede Parzelle gerecht, um die Bodenoberfläche zu lockern. Auf jede K-Parzelle verteilt man 5 g Kleesamen und recht noch einmal. Nun führt man die Behandlungen jeder Parzelle durch. In jedem Frühjahr werden P und K$^+$ zugeführt, in dem man 40 g KH$_2$PO$_4$ über die Oberfläche der Parzelle verteilt und dann wässert. Jeden Sommer werden die Parzellen ohne Klee mit einem selektiven Herbizid behandelt. Man trägt die Kurve der jährlichen Erträge gegen den zugeführten Stickstoff auf. Mit Hilfe der Kurve bestimmt man den Dünger-N Eintrag, der erforderlich wäre, um die gleiche Ertragsmenge wie auf den Gras/Klee Parzellen zu erzielen. So gewinnt man einen groben Hinweis auf die durch Klee fixierte N-Menge.

Zusammensetzung der Grasnarbe. Wenn auch in diesem Fall eine mehrjährige Durchführung des Experiments möglich ist, kann der Einfluß der Nährstoffe auf die Zusammensetzung der Grasnarbe untersucht werden. Dieser Versuch ähnelt dem Experiment von Lawes und Gilbert im Jahre 1856 in Rothamsted, der unter den Namen „Park Gras" bekannt wurde. Idealerweise sollte die Parzellengröße auf mehrere

m² erweitert werden. Wiederholungen sind nicht erforderlich, wenn das Experiment hauptsächlich der Beobachtung dient.
Hier einige Vorschläge für Behandlungen:

1. Ammoniumsulfat ohne Kalk: 47 g $(NH_4)_2SO_4$ m^{-2} führen 100 kg N ha^{-1} zu. Damit sollte in jedem Frühjahr gedüngt werden.
2. Ammoniumsulfat mit Kalk: wie oben plus 0,5 kg $CaCO_3$ m^{-2}, was 5 t ha^{-1} entspricht. Das $CaCO_3$ sollte zu Beginn des Experiments ausgebracht werden.
3. Natriumnitrat: 61 g $NaNO_3$ m^{-2}, es werden 100 kg N ha^{-1} zugeführt. Die Düngung erfolgt in jedem Frühjahr.
4. Phosphor und Kalium: 22 g K_2HPO_4 m^{-2} führt 100 kg K ha^{-1} und 40 kg P ha^{-1} zu. Auch hier Frühjahrsdüngung.
5. Behandlungen 1 und 4 gemeinsam.
6. Behandlungen 2 und 4 gemeinsam.

Behandlung 1 hat eine stark versauernde Wirkung (aufgrund der Ammoniumnitrifikation und der Sulfatauswaschung), die beim 2. Ansatz durch $CaCO_3$ neutralisiert wird. Bei Behandlung 3 findet keine Versauerung statt, vorausgesetzt, sämtliches Nitrat wird aufgenommen; die Erträge sollten mit 2 vergleichbar sein.

Die Parzellen sollten nach jeder Blüte und Reifung geschnitten werden; das Gras soll auf der Parzelle trocknen, damit die Samen zurückbleiben. Detaillierte Informationen zum „Park Gras"-Experiment sind von der Rothamsted Experimental Station (1970, 1977b) zu erhalten. Ein Diasatz mit begleitender Erklärung kann bei der Bibliothek angefordert werden: *Rothamsted Experimental Station, Harpenden*, AL5 2JQ.

13.2
Das Broadbalk-Experiment

Als J.B. Lawes und J.H. Gilbert vor 150 Jahren mit ihren Experimenten begannen, wurden in der Rothamsted-Region Feldfrüchte in einem 4(oder 5)jährigen Rotationsturnus angebaut: Rüben, Gerste, Klee, Weizen (Gerste); Klee und Stalldung sorgten für die Erhaltung der Bodenfruchtbarkeit. Die Weizenerträge lagen bei etwa 1,5 t ha^{-1}.

Der Boden der Region ist ein kalkfreier, schluffig-toniger Lehm über Oberer Kreide. Es wurden Versuchsfelder angelegt. Die Experimente und Behandlungen begannen im Jahre 1843. Seit dieser Zeit wird in jedem Jahr auf einem Teil jeder Versuchsfläche (Farbtafel 19) Weizen angebaut. Über die Jahre haben sich die Hauptdüngerbehandlungen nicht verändert, jedoch sind die Bewirtschaftungsmethoden heute andere, und neue Weizensorten wurden eingeführt. Die letzten großen Veränderungen fanden im Jahre 1968 statt, und im Jahr 1985 wurde eine Intensiv-N-Parzelle angelegt. Tabelle 13.2 faßt die hier besprochenen Maßnahmen zusammen. Abbildung 13.6 zeigt die Durchschnittserträge, die zwischen 1979 und 1984 erzielt wurden, als man das Ertragspotential durch den Einsatz von Fungiziden gegen Blattpathogene zu schützen versuchte. Hier sind die wesentlichen Erkenntnisse zusammengefaßt:

- Kontinuierlicher Weizenanbau über 140 Jahre ohne gezielte Einträge produziert Erträge von 1,2 t ha^{-1}, was in etwa der Erntemenge von 1834 entspricht. Das Getreide hat sich von P, K$^+$, Ca^{2+} und Mg^{2+}-Bodenreserven, von atmosphärischen S- und N-Einträgen sowie von bakteriell fixiertem N ernährt.

13.2 · Das Broadbalk-Experiment

Tabelle 13.2. Düngungsvarianten des Broadbalk-Experiments (aus Rothamsted Experimental Station 1969 und 1991)

Bewirtschaftung:	kontinuierlicher Weizenanbau oder nach 2jähriger Pause zur Bekämpfung der Bodenpathogene; Unkräuter, Schädlinge und Krankheiten wurden chemisch bekämpft.
Parzelle, behandelt mit organischem Dünger:	35 t ha^{-1} org. Dünger, Ausbringung im Herbst; enthält etwa 225 kg N, 45 kg P und 145 kg K$^+$;
Parzelle, behandelt mit Mineraldünger:	P, K$^+$, Mg^{2+} und Kalk werden im Herbst zugeführt, N im Frühjahr;
Phosphor:	35 kg P ha^{-1} als Tripelsuperphosphat (Monocalciumphosphat)
Kalium:	90 kg K$^+$ ha^{-1} als Kaliumsulfat
Magnesium	30 kg Mg^{2+} ha^{-1} als Magnesiumsulphat
Stickstoff:	48, 96, 144, 192, 240 und 288 kg N ha^{-1} als Ammoniumnitrat
Kalk:	nach Bedarf zur Erhaltung eines Boden-pH von 7,0

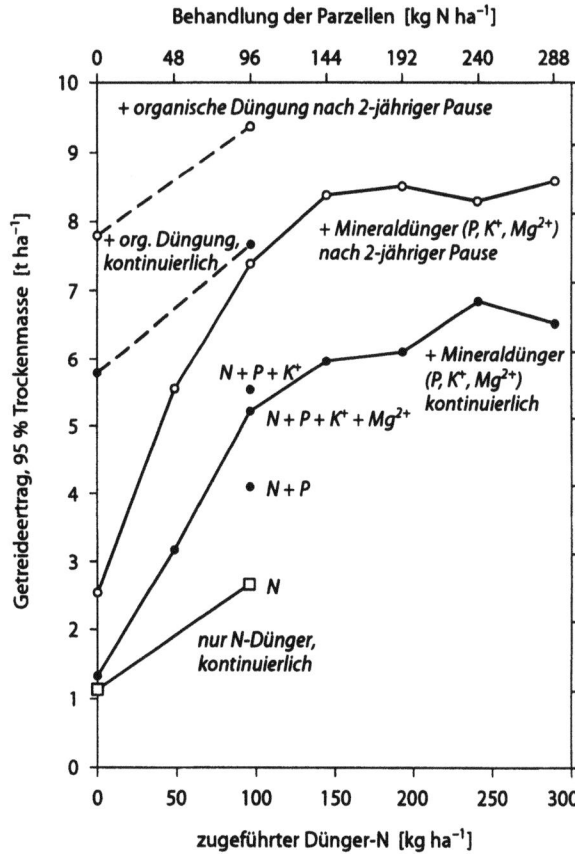

Abb. 13.6. Ertragssteigerungen von Winterweizen (Sorte Brimstone) durch organischen und Mineraldünger beim Broadbalk-Experiment, 1985–90 (aus Rothamsted 1991)

- Bei angemessenen P, K$^+$ und Mg^{2+}-Vorräten steigerte die Düngung mit N den Ertrag von 1,3 auf 6,5 t ha^{-1}; die Parzelle mit organischer Düngung erbrachte 5,8 t ha^{-1}. Wurde organischer Dünger durch zusätzlichen mineralischen N ergänzt, stieg der Ertrag auf 7,7 t ha^{-1}. Die Ursache für diesen Effekt läßt sich nicht einfach erklären. Mögliche Gründe, warum der Ertrag durch z.B. Gülle plus Mineraldünger höher ist als durch Mineraldünger allein, sind bessere physikalische Bodenbedingungen für die Wasserversorgung in trockenen Jahren und eventuell eine homogenere N-Nachlieferung während der Vegetationszeit.
- Die Abb. zeigt auch, daß nach einer zweijährigen „Getreidepause" höhere Erträge erzielt werden konnten; die Pause senkte die Zahl der Bodenschädlinge und Krankheitserreger. Auch hier erzielten mineralische und organische Dünger gemeinsam höhere Erträge als Mineraldünger allein.
- Der Verzicht auf Mg^{2+}-Gaben für die kontinuierlichen Weizenparzellen hatte keinen Einfluß auf den Ertrag. Bei der N-Zugabe von 96 kg ha^{-1} reduziert der Verzicht

Tabelle 13.3. Der Einfluß der Bodenbewirtschaftung auf die Broadbalk-Böden

Parzelle	N in 0–23 cm Tiefe[a] [%]			
	1865	1944	1966	1987
ohne Zugaben	0,105	0,106	0,099	0,102
ohne N, plus P, K$^+$ und Mg^{2+}	0,107	0,105	0,107	0,104
96 N, plus P, K$^+$ und Mg^{2+}	0,117	0,121	0,115	0,124
organischer Dünger	0,175	0,236	0,251	0,270

	C (1966)[a] 0–23 cm [%]	Biomasse-C[b] 0–23 cm [µg g^{-1}]
ohne Zugaben	0,84	158
ohne N, plus PK$^+$ und Mg^{2+}	0,91	–
96 N, plus PK$^+$ und Mg^{2+}	1,00	–
144 N, plus PK$^+$ und Mg^{2+}	1,04	190
organischer Dünger	2,59	342

C [%] · 1,72 ≅ organische Substanz [%]

	Lagerungsdichte[c] 0–23 cm [g cm^{-3}]	Nutzwasserkapazität[c] 0–25 cm [mm H$_2$O]
Keine Einträge	1,44	30
Null N, plus PK$^+$ und Mg^{2+}	1,44	30
144 N, plus PK$^+$ und Mg^{2+}	1,44	30
Stalldung	1,32	45

[a] *Rothamsted Experimental Station* 1969 und 1991;
[b] Brookes et al. 1984;
[c] AE Johnston, persönliche Mitteilung. Die Nutzwasserkapazität wurde zwischen 5 kPa und 1,5 kPa Bodenwasserspannung (s. Abschn. 5.2; und Salter und Williams 1969) bestimmt. Die Lagerungsdichte ist die Masse der Feinbodenfraktion cm^{-3}.

auf Mg^{2+} und K^+ die Ernte von 5,3 auf 4,1 t ha^{-1} und ohne P, K^+ und Mg^{2+} fällt der Ertrag auf 2,7 t ha^{-1}. Die Bodenreserven dieser Nährstoffe sind jedoch noch immer ausreichend, um eine moderate Ernte zu erzielen. Man beachte, daß deutliche Wechselwirkungen zwischen N und den anderen Nährstoffen bestehen.

Stickstoffbilanz

Das Broadbalk-Experiment ist in seiner Art einmalig und liefert auch heute noch bedeutende Informationen, z.b. über die Effizienz der N-Verwertung, die ohne eine gut dokumentierte Bodengeschichte nicht klärbar wäre. Das fortdauernde Bodenmanagement hat Parzellen entstehen lassen, in denen der Gesamtstickstoff stabile Werte erreicht hat (Tabelle 13.3). Das bedeutet, daß die jährliche N-Bilanz weder eine Netto-Mineralisierung noch -Immobilisierung enthält. Eine Meßunsicherheit bei den Veränderungen im Gesamt-Bodenstickstoff, die eine Interpretation der modernen Experimente behindern würde, spielt deshalb bei der Betrachtung der Broadbalk-Daten keine Rolle. Die N-Bilanz für die im Jahre 1980 und 1981 angebauten Feldfrüchte wurde mit Hilfe von isotopenmarkiertem Dünger-N im Detail von Powlson et al. (1986) aufgestellt. Ihre Ergebnisse sind in Tabelle 13.4 zusammengestellt. Es lassen sich folgende Schlüsse ziehen:

- Bei niedrigen N-Einträgen entzieht die Feldfrucht mehr N, als im Dünger zugeführt wurde. Einträge, die nicht aus Düngergaben stammten (z.B. aus der Atmosphäre, den Samen oder der biologischen N-Fixierung) betragen ca. 45 kg ha^{-1} a^{-1}. Verluste durch Auswaschung und Denitrifikation treten in allen Parzellen auf und liegen zwischen 9 und 70 kg ha^{-1} a^{-1}. Die aus ^{15}N-Messungen berechneten Fremdeinträge liegen höher als die mit anderen Verfahren abgeschätzten (Tabelle 11.1).

Tabelle 13 4. Die Stickstoffbilanz des kontinuierlichen Weizenanbaus von Broadbalk. Die Mittelwerte der Anbaujahre 1980 und 1981 [kg N ha^{-1} a^{-1}]

a) Mineraldüngerparzellen

ausgebrachter Dünger-N	durch Korn und Stroh entzogener N	berechneter Eintrag von Nichtdünger-N	Berechneter N-Verlust
0	26	35	9
48	62	36	22
96	114	51	33
144	145	55	54
189	169	50	70
		45 = Mittelwert	

b) Stalldungparzelle

ausgebrachter organischer N	durch Korn und Stroh entzogener N	angenommener Eintrag an nichtorganischem N	geschätzter Verlust
225	145	45	125

- Der N-Eintrag durch die Samen beträgt 4 kg ha^{-1} a^{-1}. Eine Schätzung der aus der Atmosphäre stammenden N-Mengen ist noch immer mit einer gewissen Unsicherheit behaftet. Farbtafel 17 gibt einen Wert von 7–14 kg ha^{-1} a^{-1} an; diese Werte erscheinen jedoch zu niedrig. Die Rothamsted-Messungen deuten eher auf 30–35 kg ha^{-1} a^{-1} hin. Damit dürfen 6–11 kg ha^{-1} a^{-1} auf die biologische Fixierung entfallen.
- Die Erhöhung der Fremdeinträge in die Intensiv-N-Parzellen spielt keine bedeutende Rolle.
- Powlsons Untersuchung berücksichtigte nicht die Parzelle mit organischer Düngung. Tabelle 13.4 gibt einen geschätzten Stickstoffverlust von 125 kg ha^{-1} a^{-1}, der größer ist als jener aus den Mineraldüngerparzellen. Will man den N-Bedarf der Feldfrüchte über die Mineralisierung von organischem N decken, wird man mit einem unvermeidlichen Mineralisierungsschub im Herbst rechnen müssen, der zusammen mit dem auch im frischen Stalldung enthaltenen Mineral-N, die Nitratverluste durch winterliche Auswaschung hervorruft. Organisch produzierte Feldfrüchte, die sich ausschließlich auf organische Dünger stützen, können daher den N weniger effizient nutzen als solche, denen auch Mineraldünger zur Verfügung steht.

Wird im Herbst kein Feldfruchtanbau geplant, kann man im September eine Zwischenfrucht aussäen, die im Frühjahr vor der Getreidesaat untergepflügt wird und die durch die Nutzung der N-Vorräte im Herbst dazu beiträgt, die Auswaschverluste zu vermindern.

Bodeneigenschaften

Tabelle 13.3 listet die Gesamt-N-Gehalte der Broadbalk-Böden auf. Das C/N-Verhältnis aller Parzellen beträgt etwa 10:1, und damit weisen diese Zahlen auch auf Veränderungen im C-Gehalt hin. Auch der im Jahre 1966 gemessene C-Gehalt wird angeführt. Die organisch gedüngte Parzelle weist etwa dreimal mehr organische Substanz auf als die Parzelle ohne jegliche Düngung; auch die mikrobielle Biomasse ist etwa doppelt so hoch. Man beachte, daß die Düngergaben sowohl die Erträge als auch die Ernterückstände erhöhten, womit der C-Gehalt und die Biomasse über die Werte der Nullparzelle angehoben wurden.

Die Bodenstruktur in der organisch gedüngten Parzelle ist besser, was durch eine geringere Bodentrockendichte und eine höhere Wasserspeicherfähigkeit angezeigt wird. Der Boden hat eine dunklere Farbe; das bedeutet, daß er sich im Frühjahr etwas rascher aufwärmen könnte. Es existiert überraschenderweise eine Kenntnislücke bezüglich der physikalischen Bodeneigenschaften dieses Standorts. Daraus geht hervor, daß es sehr schwierig ist, Messungen der Bodenstrukturen durchzuführen, die im Hinblick auf das Pflanzenwachstum relevant sind. Es liegen allerdings keine Hinweise darauf vor, daß eine strukturelle Zerstörung die Erträge signifikant beeinflußt hätte.

Für weitere Informationen zum Broadbalk-Experiment siehe Rothamsted Experimental Station (1969, 1970, 1977a, 1977b, 1983, 1991). Eine Diaserie und begleitende Erläuterungen sind von der Bibliothek, *Rothamsted Experimental Station*, Harpenden AL5 2JQ erhältlich.

Tabelle 13.5. Gehalte organischer Substanz in Böden verschiedener Anbausysteme in England und Wales. Die angegebenen Werte sind die Prozentanteile der Flächen in den einzelnen Substanzklassen (aus Church und Skinner 1986)

Anbausystem	Organische Bodensubstanz [%]					
	<2	2-5	5-8	8-10	10-13	>13
Acker	11	67	15	3	2	2
Grünland-Acker	4	56	31	6	2	1
Dauergrünland	–	18	40	23	13	6

13.3 Management und organische Substanz sowie Fragen zum organisch betriebenen Landbau

Der Einfluß eines landwirtschaftlichen Systems auf den Gehalt an organischer Bodensubstanz ist ein guter Indikator für die Veränderungen der Bodenfruchtbarkeit, die dieses Anbausystem verursacht. Von besonderem Interesse ist dabei die Beziehung zwischen Bodenfruchtbarkeit und Bodenstruktur sowie der potentiellen N-Nachlieferung durch Mineralisierung. Selbst bei gleichem Bodenmanagement wird es Flächen unterschiedlicher Gehalte an organischer Bodensubstanz geben, da Bodentextur, Entwässerung und Klima in sich unterschiedlich sind.

Repräsentative Bodenprobenahme nach dem ADAS-Schema, 1974–1983

Nach diesem Schema werden in jedem Jahr Proben aus Feldern entnommen, die verschiedene landwirtschaftliche Anbausysteme repräsentieren. Die Böden werden je nach ihrem Gehalt an organischer Substanz verschiedenen Klassen zugeordnet. Tabelle 13.5 zeigt den %-Anteil der Felder in jeder Klasse. Das Bodenmanagement blieb über 10 Jahre konstant, ebenso wie der Gehalt an organischer Bodensubstanz. Die meisten Dauerackerflächen wiesen Gehalte zwischen 2 und 5 % auf. Die Gehalte in Böden unter Grünbrache/Ackerbau-Rotation lagen etwas höher zwischen 5 und 8 %. Böden unter Dauergrünland wiesen noch höhere Gehalte auf. Die Verteilung der Werte innerhalb jedes Anbausystems reflektieren in erster Linie die Unterschiede in der Korngrößenzusammensetzung; schwere Böden neigen dazu, ihre organische Substanz zu schützen (Tabelle 3.4 und Abschn. 3.5). Der Gehalt an organischer Bodensubstanz ist allerdings auch klimaabhängig: Alle Daten gelten für die kühlen, gemäßigten Bedingungen von England und Wales.

Die klassischen Rothamsted- und Woburn-Experimente

Die „Norfolk-Vier-Frucht-Rotation" galt in der Mitte des 19. Jahrhunderts, also zu der Zeit, als die Experimente in Rothamsted und Woburn begannen (1843 bzw. 1876), als Basis zur Erhaltung der Bodenfruchtbarkeit auf ihren Ackerstandorten. Der Gehalt an organischer Bodensubstanz war üblicherweise gering und wurde nur durch gelegentliche Dunggaben (einmal pro Rotation) und das spätherbstliche Einpflügen der Unkräuter verbessert. Andere Flächen der Farm wurden als Dauergrünland genutzt und hatten hohe Gehalte an organischer Substanz. Sir George Stapledon führte als erster an, daß eine Abfolge von Ackerbau und Grünland auf derselben Fläche die

Bodenfruchtbarkeit verbessern könne. Solche Systeme erhielten die Bezeichnung „Grünland-Ackerbau"-Landwirtschaft. Die ersten Versuche hierzu begannen 1937 in Woburn. Folgeexperimente wurden nach 1945 in Rothamsted und auf dem Versuchsgut des Landwirtschaftsministeriums unternommen.

Abb. 13.7 a zeigt die Veränderungen der organischen Bodensubstanz im *Hoosfield*-Experiment mit kontinuierlichem Gersteanbau in Rothamsted, dessen Fläche bereits vor 1850 ackerbaulich genutzt wurde und daher einen geringen Gehalt an organischer Substanz aufwies. Auf den nur mit Mineraldüngern behandelten Parzellen ist der C-Gehalt über mehr als 100 Jahre nahezu konstant geblieben. Die Gehalte der mineralgedüngten Böden sind etwas höher als in den nicht gedüngten, da in den ersteren größere Feldfrüchte heranwuchsen, die höhere Wurzeleinträge und mehr Ernterückstände hinterließen. Die Ausbringung organischer Dünger verdreifachte den C-Gehalt. Nachwirkungen organischer Düngergaben der Jahre 1852 bis 1871 lassen sich noch heute messen.

Der Woburn-Boden (Abb. 13.7 b) enthielt von Anfang an mehr organische Bodensubstanz, die jedoch trotz ähnlichen Bodenmanagements auf niedrigere Werte als in Rothamsted fielen. Selbst eine organische Vier-Frucht-Rotation konnte das Absinken nicht verhindern. Der leichte Boden ist anscheinend nicht in der Lage, seine organische Substanz vor der Zersetzung zu schützen: Der letztlich resultierende Gleichgewichtswert bei sandigen Böden und vergleichbarer Bewirtschaftung sowie ähnlichem Klima wird von ihrem Tongehalt abhängen.

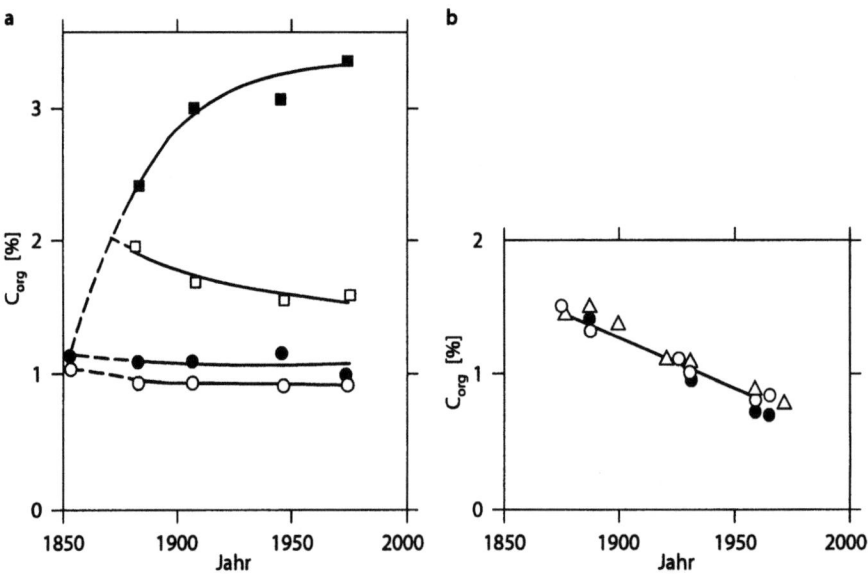

Abb. 13.7. Die Veränderungen des organischen Bodenkohlenstoffgehaltes bei klassischen Experimenten in Rothamsted und Woburn. a Ein Boden von Hoosfield, Rothamsted. Seit 1852 jährlicher Anbau von Gerste mit folgenden jährlichen Düngergaben: (O) ohne organischen Dünger; (●) NPK-Dünger (48 kg N ha^{-1});(■) organischer Dünger (35 t ha^{-1}); (□) organischer Dünger 1852–71, danach keine weiteren Applikationen. b Ein Boden von Woburn. Jährlich Getreide mit folgender Düngung: (O) ohne organischen Dünger; (●) NPK-Dünger; (Δ) organischer Dünger in Vier-Frucht-Rotation (aus Johnston 1986)

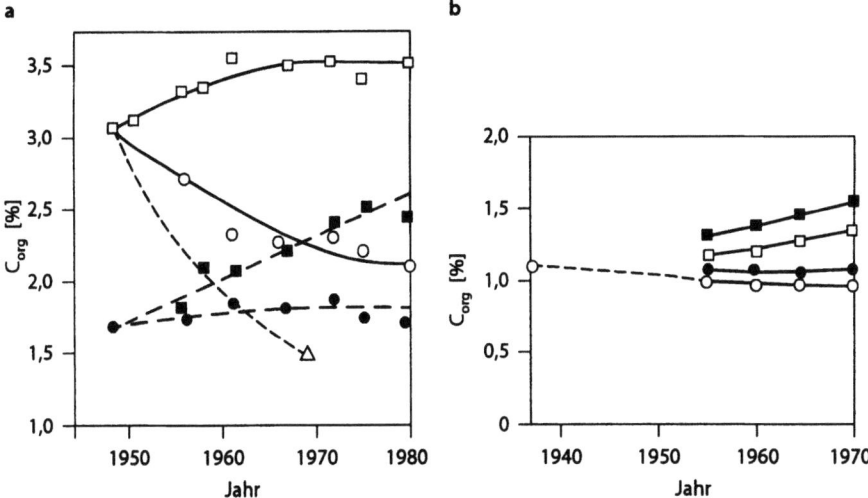

Abb. 13.8. Veränderungen des organischen C-Gehaltes bei Grünland-Ackerbau-Experimenten in Rothamsted und Woburn. a In Rothamsted. Alter Grünlandboden: (□) wurde als Grünland belassen; (○) untergepflügt und danach zum Feldanbau verwendet; (△) jährlich gepflügt mit anschließender Schwarzbrache. Alter Ackerboden: (●) ständiger Anbau mit Feldfrüchten; (■) mit Gras ausgesät, anschließend nicht mehr gepflügt. b In Woburn. Alle Böden in Rotation: (○) keine organische Düngung; (●) organische Düngung (37,5 t ha^{-1} einmal in 5 Jahren). Rotation mit 3 Jahren Grünland und 2 Jahren Acker: (□) keine organische Düngung; (■) organische Düngung (37,5 t ha^{-1}, einmal in 5 Jahren) (aus Johnston 1986)

Andere Rothamsted-Experimente wurden auf schon lang existierenden Grünland- und Ackerflächen durchgeführt (Abb. 13.8 a). Auf den alten Grünflächen verursachte der kontinuierliche Ackerbau ein Absinken des Gehalts auf den neuen Gleichgewichtswert von ca. 2 % C, wogegen eine Erhaltung des Grünlandes aufgrund verbesserter Bearbeitungsmethoden zu einem Anstieg der organischen Bodensubstanz führte. Auf den alten Äckern ist der Gehalt organischer Substanz bei kontinuierlichem Anbau im wesentlichen konstant geblieben. Bei einer Nutzung dieser Böden als Dauergrünland konnte ein langsamer Anstieg des C-Gehalts verzeichnet werden. Auf diesen Böden würde es etwa 100 Jahre dauern, bis der C-Gehalt der alten (seit langem bebauten) Äcker auf den Gehalt der alten (lang existierenden) Grünflächen angestiegen wäre, und etwa 25 Jahre bis Erreichen der Hälfte dieses Wertes (Johnston 1992).

Die Erkenntnisse aus einem Experiment mit dreijähriger Rotation zwischen Ackerbau und Gras-Kleebrache im Vergleich zu kontinuierlichem Ackerbau waren mit Blick auf die organische Bodensubstanz eher gering (die Ergebnisse sind in der Abbildung nicht dargestellt). Der durchschnittliche Zuwachs durch die Rotationsbrache betrug zwischen 1949 und 1975 nur 0,25 % C. Allerdings war für die nach der Brache angebaute Feldfrucht ein deutlicher Nutzen durch eine verbesserte N-Versorgung zu verzeichnen.

In Woburn (Abb. 13.8 b) verbesserte eine Kombination aus Ackerbau/Grünland-Rotation und organischer Düngung den C-Gehalt eines alten Ackerbodens im Laufe von 32 Jahren um 0,6 % im Vergleich zu den mit Mineraldünger behandelten Parzellen – und das mit sichtbarem Nutzen für die Feldfrüchte. Wie die Daten zeigen, sind viele Jahre nötig, um mit Anbau/Brache-Rotationen den Gehalt an organischer Bodensubstanz zu verbessern, obgleich auch kurzfristige Verbesserungen möglich sind.

Wirkung von Schwarzbrachen

Abbildung 13.8 a stellt die Wirkung einer Dauerschwarzbrache auf einen alten Grünlandboden vor. Ein sehr rasches Absinken des organischen Substanzgehaltes war die Folge von Meliorationsmaßnahmen zur Unkrautbekämpfung mit anschließender Abfuhr der Pflanzenrückstände. Schwarzbrachen werden in der britischen Landwirtschaft selten eingesetzt. Trotzdem wurden im Zuge eines Flächenstillegungsprogrammes der britischen Regierung im Jahre 1987 zur Drosselung der Getreideproduktion Brachen angelegt. Eine einfache Möglichkeit, Flächen unkrautfrei zu halten, sind entsprechende Meliorationsmaßnahmen. Das wird jedoch die Bodenfruchtbarkeit senken, weil die organische Substanz zersetzt und der aus ihr mineralisierte Stickstoff ausgewaschen wird. Eine Vegetationsdecke ist nötig, um solche Verluste zu vermeiden.

Weitere Informationen zu Langzeitexperimenten finden sich in Rothamsted Experimental Station 1970, 1977b.

Organischer Landbau und nachhaltige Landwirtschaft

Es gibt viele Fragen, die von Protagonisten organisch-biologischer Anbausysteme zur Erzeugung von Nahrungsmitteln aufgeworfen wurden (Hodges 1992). Einige Punkte sollten aus bodenkundlicher Sicht verdeutlicht werden:

- Ein wirklich nachhaltiges System fordert, daß alle dem Boden entzogenen Nährstoffe diesem auch wieder zugeführt werden. Wenn Produkte den Bauernhof verlassen, müssen dem Boden äquivalente Mengen an Nährstoffen zurückgegeben werden. Stickstoff wird durch N-Fixierung und atmosphärische Depositionen ergänzt. Die Verwitterung von Bodenmineralen liefert etwa Kalium, Phosphor, Calcium und Magnesium, und kleine Mengen dieser Elemente stammen aus der Atmosphäre. Schwefel kommt vor allem aus der Atmosphäre, abhängig von den Emissionen verbrannter Energieträger (Erdöl etc.). Neben dem Einsatz organischer Substanz zur Erhaltung einer guten Bodenstruktur und als Lieferant mineralisierbaren Stickstoffes müssen auch ausreichende Einträge anderer Nährstoffe stattfinden.
- Harnstoff- und Ammoniumnitratdünger führen dem Boden keine unnatürlichen Verbindungen zu. Die Gesamtkonzentration löslichen Stickstoffs im Urin von Tieren beträgt beispielsweise 8 g N l^{-1}, von denen ca. 6 g l^{-1} als Harnstoff-N vorliegen. Dieser wird im Boden in Ammonium und Nitrat umgewandelt (Haynes und Williams 1992). Werden Harnstoff- oder Ammoniumnitratdünger dem Boden in einer Menge von 100 kg N ha^{-1} zugeführt und in die oberen 20 Bodenzentimeter eingewaschen, beträgt dessen Konzentration dort etwa 38 mg N kg^{-1} Boden oder 167 mg l^{-1} Bodenlösung (dies gilt unter der Annahme einer Bodenlagerungsdichte von 1,3 t m^3 und eines volumetrischen Wassergehaltes von 0,3 m^3 m^{-3}). In ähnlicher Weise werden Ammonium und Nitrat freigesetzt, wenn Grünland untergepflügt wird: Abb. 11.7 zeigt eine Spitzenkonzentration von 171 mg mineralischem N pro l Bodenlösung.

- Tierurin enthält ca. 10 g K$^+$ l^{-1} und 4 g Cl$^-$ l^{-1}. Bewässerungswasser guter Qualität kann bis zu 210 mg Cl$^-$ l$^-$ enthalten. Eine Düngergabe von 60 kg K$^+$ ha^{-1} und 54 kg Cl$^-$ ha^{-1} (Tabelle 9.3) in Form eines KCl-Düngers würde nach der obigen Rechnung zu 23 mg K$^+$ kg^{-1} Boden oder 100 mg l^{-1} Bodenlösung sowie 21 mg Cl$^-$ kg^{-1} oder 90 mg Cl$^-$ l^{-1} führen. Kalium wird jedoch sofort an Kationenaustauschstellen adsorbiert, wodurch die Konzentration der Bodenlösung weitaus geringer ansteigt: Abschnitt 9.4 enthält ein Beispiel, das zeigt, wie die Konzentration in der Bodenlösung von etwa 40 auf 50 mg K$^+$ l^{-1} (1,1–1,3 mM) steigt. Chlorid wird nicht adsorbiert und reichert sich deshalb, genau wie Nitrat, auch nicht an. Es wird jeden Winter ausgewaschen. Man kann die durch Dünger hervorgerufenen Konzentrationen auch noch mit denen vergleichen, die mit dem Regen in den Boden eingetragen werden. Das Warren Spring Laboratory (Campbell et al. 1987) berichtet von einem Konzentrationsspektrum von 1–17 mg Cl$^-$ l^{-1} und von jährlichen Einträgen von 9–200 kg Cl$^-$ ha^{-1}. Die Bereiche für K$^+$ liegen bei 0,04–0,4 mg l^{-1} oder 0,3–5 kg ha^{-1}.
- Die Auswaschung des Düngerchlorids wird hauptsächlich Calciumionen mit sich nehmen und daher eine Bodenversauerung verursachen. Wenn 54 kg Cl$^-$ ha^{-1} als CaCl$_2$ verlorengehen, dann werden dabei 30 kg Ca^{2+} ausgewaschen, die durch 76 kg CaCO$_3$ ersetzt werden müssen. Das entspricht einem Säureeintrag von 1,5 kg H$^+$ und etwa einem Zehntel der jährlichen Säureproduktion in landwirtschaftlich genutzten Böden (Tabelle 8.1). Die Verwendung von Kaliumsulfat bringt keine Vorteile, wenn der Sulfateintrag aus der Atmosphäre den Bedarf der Feldfrucht deckt. In neutralen Böden wird wenig Sulfat adsorbiert und daher ebenso wie Chlorid ausgewaschen, mit entsprechenden Versauerungsfolgen. In dem Maße, in dem die Emissionen und damit die atmosphärischen Sulfateinträge zurückgehen, werden Gips (Calciumsulfat) und Kaliumsulfat offensichtliche Düngealternativen.
- Tierurin enthält geringe Mengen P (ca. 44 mg P l^{-1}). Eine Applikation mit 21 kg P ha^{-1} (Tabelle 10.1) als Ammoniumphosphatdünger führt zu einer Konzentration von 8 mg kg^{-1} oder 35 mg l^{-1}, falls keine Adsorption stattfindet. Phosphor wird jedoch stark adsorbiert: Betrachtet man die Great Field-Sorptionsisotherme in Abb. 10.10, könnte der Anstieg in der Lösungskonzentration 0,2 bis 0,8 mg l^{-1} betragen. Aufgrund seiner starken Adsorption wird P nicht weit in den Boden eingewaschen. Wird er in den oberen 2 cm des Bodens gehalten, kann seine Konzentration auf etwa 10 mg l^{-1} steigen. In Böden, die eine geringe P-Verfügbarkeit haben, ist es nötig, die Lösungskonzentration zu erhöhen, um den Feldfruchtbedarf zu decken – unabhängig vom Anbausystem.
- Die Deckung des N-Bedarfs aus organischen Quellen kann ähnlich hohe Säureeinträge hervorrufen, wie die Düngung mit äquivalenten Mengen an Ammoniumnitrat, je nachdem, welche Nitratmenge ausgewaschen wird. Die erhöhte Pufferkapazität eines Bodens mit größerem Gehalt an organischer Bodensubstanz kann jedoch die Auswirkungen der Versauerung reduzieren. Es findet während des Leguminosenanbaus eine höhere Versauerung statt als bei solchen Feldfrüchten, die keine N-Fixierung betreiben (Jarvis und Robson 1983). Damit ist die Bekämpfung der Bodenversauerung in organischen Systemen besonders wichtig, da Klee eine säureempfindliche Pflanze ist (Tabelle 8.2).

13.4
Messung von Leguminosenwachstum und Stickstoff-Fixierung

Rhizobium-Bakterien kommen im Boden als unabhängige Organismen vor und nutzen eine Reihe von C-Verbindungen als Nahrungsquelle. In diesem Zustand fixieren sie keinen Stickstoff. Sie leben aber auch in symbiotischer Gemeinschaft mit Leguminosen, deren Wurzeln sie infizieren. Sie dringen in die Wurzelzellen ein, die dann zu Knöllchen auswachsen. Die Bakterien füllen diese Zellen aus und wandeln dort Stickstoff (N_2) in Ammoniumionen um, die an die Leguminosenzellen abgegeben und dort in organischen N umgewandelt werden. Die Trockenmasse von Leguminosen enthält normalerweise etwa doppelt so viel N wie die von Nicht-Leguminosen.

Die Fixierungsraten im Gelände variieren stark. Für Klee wurden Werte zwischen 50 und 450 kg N ha^{-1} a^{-1} genannt. Ähnliche Werte gelten für Luzerne und Buschbohnen, während die Angaben für tropische Leguminosen sämtlich niedriger ausfallen. Die Gegenwart mineralischen Stickstoffs im Boden hemmt die Fixierung, weil dann die Pflanzen ihren Bedarf aus dem Boden decken. Es hat erhebliche Forschungsanstrengungen gegeben, Symbiosen von Klee und *Rhizobium* zu erzeugen, die auch noch in Gegenwart von Dünger-N Stickstoff fixieren. Dies könnte der Produktivitätssteigerung von Weidelgras/Klee-Brachen dienen. Bislang gab es jedoch keine nennenswerten Erfolge, was besonders für die Nutzpflanzen der gemäßigten Zonen gilt.

Solange deren Wurzeln nicht absterben, geht wenig oder kein fixierter Stickstoff aus der Pflanze verloren. Bei der Weidelgras/Klee-Brache findet ein minimaler N-Transfer im ersten Wachstumsjahr statt. In folgenden Jahren werden mit der Zersetzung von Knöllchen und Wurzeln erhebliche Mengen mineralischen Stickstoffs freigesetzt. Die Gegenwart von Weidelgras fördert die Entstehung eines effizienten Systems, da Klee alleine weniger N fixiert, sobald die Freisetzung einmal begonnen hat. Wird die Weidelgras/Klee-Brache untergepflügt, erzeugt die N-reiche Pflanzenmasse, zusammen mit der organischen Bodensubstanz, im ersten Jahr einen großen Mineralisierungsschub, der in den darauffolgenden Jahren abflacht (Tabelle 11.3).

Experiment zur N-Fixierung

Der Stickstoff in den Kleepflanzen entstammt teilweise dem mineralischen N des Bodens und teilweise der N-Fixierung. Läßt man Weidelgras in Reinkultur wachsen, nimmt es nur mineralischen N des Bodens auf. Läßt man beide Pflanzen in getrennten Töpfen, aber im gleichen Boden, heranwachsen, und nimmt man ferner an, daß beide Pflanzen die gleichen mineralischen N-Mengen aufnehmen, kann die durch N-Fixierung hervorgerufene Differenz bestimmt werden. Im folgenden wird ein Topfversuch zur Bestimmung der N-Fixierung in Rein- oder Mischkulturen beschrieben.

Methode

Boden. Man benötigt einen neutralen Boden mit geringem Gehalt an organischer Substanz und mineralischem N. Geeignet ist ein leichter Boden aus einem seit Jahren bebauten Feld, der am Ende der Vegetationszeit entnommen wurde. Der Boden sollte trocknen, bis er leicht ein 5-mm-Sieb passiert. Zu neun Proben à 1 kg füge man 60 mg N kg^{-1} (50 kg ha^{-1}) gemäß dem in Abschn. 9.2 beschriebenen Verfahren hinzu. Zu diesen und neun weiteren 1-kg-Proben ohne N gebe man P und K$^+$. Der Boden wird in 12,5-cm-Töpfe gefüllt. Die beiden unterschiedlich behandelten Topfserien werden mit N_1 und N_0 bezeichnet.

Pflanzen. Man sät Weidelgras und weißen Klee (*Trifolium repens*) in Bodenschalen, Kompost oder Perlit an. Bis zum Keimen deckt man die Schalen zur Erhaltung der Feuchtigkeit ab. Nach der Keimung wird aufgedeckt und man läßt die Sämlinge wachsen, bis sie zur Weiterverwertung groß genug sind (ca. 2–3 Wochen).

- *Weidelgras*: Man pflanzt 8 Sämlinge, gleichmäßig verteilt, in jeden Topf (3 · N_0-Töpfe und 3 · N_1-Töpfe);
- *Klee*: Man pflanzt wie bei Weidelgras (3 plus 3 Töpfe);
- *Weidelgras und Klee*: von jeder Pflanze werden 4 Sämling, gemeinsam und gleichmäßig verteilt, in jeden Topf gepflanzt (3 plus 3 Töpfe).

Pflege. Es wird, den Angaben in Abschn. 9.2 folgend, bewässert und man läßt die Pflanzen 6–8 Wochen wachsen. Man bedenke: Bei Nässe tritt Denitrifikation auf.

Ernte und Analyse. Man schneidet die Pflanzen in Bodenhöhe ab. Weidelgras und Klee aus der Mischkultur werden getrennt und bei 100 °C getrocknet. Die Trockensubstanz wird gewogen.

Man bestimmt den N-Gehalt der Trockensubstanz mit den in Abschn. 11.2 beschriebenen Methoden. Für jede Bestimmung benötigt man 1 g Trockensubstanz. Man berechnet den pro Topf aufgenommenen Stickstoff.

Ergebnisse

Bei der Durchführung des Experiments wird der N der Pflanzenwurzeln vernachlässigt. Idealerweise sollten die Wurzeln mitgeerntet und analysiert werden (s. Abschn. 3.1), doch eine Trennung der Weidelgras- und Kleewurzeln ist zu aufwendig. Der N-Gehalt der Wurzeln ist, verglichen mit dem der Schößlinge, vernachlässigbar.

Die Differenz im N-Gehalt der getrennt herangezogenen Klee- und Weidelgraspflanzen ist ein Maß für die N-Fixierung durch Klee. Es wurde angenommen, daß beide Pflanzen gleiche Mengen an mineralischem N aufnehmen. Diese Annahme gilt nicht für junge Pflanzen, jedoch dann, wenn beide Arten dem Boden den N vollständig entzogen haben. Tabelle 13.6 a liefert ein Beispiel für Werte, die in einem ähnlichen Experiment (N_0-Behandlungen) von 7wöchiger Dauer gewonnen wurden. Die Töpfe enthielten 350 g Boden und die Wurzeln wurden mit analysiert. Der N-Gehalt der Pflanzen wurde durch Multiplikation der mg N g^{-1} Trockensubstanz mit den g Trockensubstanz pro Topf berechnet (Tabelle 13.6 b), um als Ergebnis mg N pro Topf zu erhalten.

Es können die folgenden Schlüsse gezogen werden:

- In der Reinkultur nimmt das Gras 1,8 mg mineralischen N pro Topf auf. Nimmt der Klee ebenfalls diese Menge auf, beträgt die durch N-Fixierung produzierte Menge 16,4 − 1,8 = 14,6 mg pro Topf oder 1,8 mg pro Pflanze.
- In der Mischung beläuft sich der Gesamtpflanzen-N auf 1,7 + 5,6 = 7,3 mg. Die Menge des fixierten N kann nicht berechnet werden, da unbekannt ist, wieviel mineralischen N der Klee aufgenommen hat. Nehmen jedoch Klee und Weidelgras gleiche Mengen auf, beläuft sich der fixierte N auf N = 5,6 − 1,7 = 3,9 mg pro Topf oder 1 mg pro Pflanze. Die Trockensubstanz der Kleepflanze wurde durch die Konkurrenz mit dem Weidelgras von 0,08 mg auf 0,06 mg gesenkt.

Tabelle 13.6. Daten eines Weidelgras-Klee-Experiments (aus McNeill und Wood 1990)

a	nach 7 Wochen Wachstum				nach 9 Wochen Wachstum			
	Reinkultur		Mischkultur		Reinkultur		Mischkultur	
	TM	N	TM	N	TM	N	TM	N
Gras	0,15	12,1	0,11	15,6	0,30	19,7	0,21	16,2
Klee	0,69	23,8	0,25	22,4	0,94	24,6	0,44	20,9

b	Pflanzen-N nach 7 Wochen Wachstum [mg N pro Topf]	
	Reinkultur	Mischkultur
Gras	1,8	1,7
Klee	16,4	5,6

c	Pflanzen-N-Zunahme in der 7.–9. Woche [mg N pro Topf]	
	Reinkultur	Mischkultur
Gras	4,1	1,7
Klee	6,7	3,6

TM = g Trockenmasse pro Topf; N = mg N g^{-1} Trockenmasse.

Alternatives Experiment

Obwohl bereits eine einzige Ernte Werte liefert, aus denen die N-Fixierung berechnet werden kann, ist es besser, einen Bestand wachsen zu lassen und dann die Aufnahme über eine gewisse Zeit zu messen und zu verfolgen. Tabelle 13.6 a und c zeigen Daten, die auf diese Weise gewonnen wurden. Nach den oben beschriebenen Verfahren waren zwei N$_0$-Topfserien vorbereitet worden. Die erste Topfserie wurde nach 7 Wochen geerntet, die zweite Serie nach 9 Wochen. Letztere hatte eine Nitrat-N-Düngung von 3,3 mg pro Topf erhalten, als der erste Satz von Töpfen geerntet wurde.

Man kann die Ergebnisse folgendermaßen interpretieren:

- Wird das Gras in Reinkultur herangezogen, nimmt es 4,1 mg N auf. Diese stammen aus dem mineralischen N des Bodens und dem Dünger-N. Gras nimmt den N sehr effizient auf; es ist daher möglich, daß die Menge des verfügbaren mineralischen Boden-N während der 2-Wochen-Periode 4,1 – 3,3 = 0,8 mg betrug (3,3 mg Dünger-N waren nach 7 Wochen zugeführt worden).
- Der Stickstoff im Klee (Reinkultur) stieg um 6,7 mg N. Wenn der Klee die gleiche Menge an mineralischem N aufgenommen hat wie das Weidelgras, dann wurden 6,7 – 4,1 = 2,6 mg N fixiert.
- In der Mischung nahm das Gras 1,7 mg mineralischen N, d.h. etwa die Hälfte des verfügbaren N (4,1 g) auf. Es wurde die gleiche Anzahl von Gras und Kleepflanzen in jedem Topf aufgezogen; somit könnte der Klee ebenfalls 1,7 mg N aufgenommen haben. Wenn dies der Fall ist, fixierte der Klee 3,6 – 1,7 = 1,9 mg N.
- Nehmen wir daher an, der Klee fixierte in Reinkultur 2,6 mg N pro Topf (8 Pflanzen) und 1,9 mg (4 Pflanzen) in der Mischung. Damit sind die pro Pflanze fixierten N-Mengen 0,33 mg bzw. 0,48 mg. Die Pflanzen besaßen praktisch die gleiche

Größe (0,12 und 0,11 g Trockensubstanz pro Pflanze). Jeder Interpretation der Werte liegt die Annahme hinsichtlich des Entzugs von mineralischem N durch den Klee zugrunde: McNeill und Wood (1990) zeigen, wie man isotopenmarkierten N verwenden kann, um Pflanzen-N in fixierten N und im Boden bereits vorhandenen N aufzutrennen.

Konkurrenz zwischen Klee und Gras

Wenn Weidelgras und Klee gemeinsam heranwachsen, konkurrieren sie um Licht, Nährstoffe und Wasser. Das Überleben beider Arten unter Feldbedingungen erfordert, daß Bodenbedingungen und Bearbeitungsmethoden nicht das Wachstum einer Art unterdrücken und somit die andere begünstigen. Ein reichliches N-Angebot, niedriger Boden-pH, eine geringe Phosphat- und Kaliumverfügbarkeit und Überweidung verdrängen den Klee. Die folgenden Topfexperimente untersuchen die Auswirkungen des Boden-pH und des Phosphatvorrates auf das Überleben des Klees.

Der Boden

Man benötigt einen sauren Boden mit einer geringen Phosphatverfügbarkeit. Am ehesten besitzt ein Waldboden diese Eigenschaften. Er wird, soweit nötig, getrocknet und auf 5 mm gesiebt.

Behandlungen

Kalk. Tabelle 8.5 zeigt Pufferkapazitäten. Angenommen der Boden besitzt eine mittlere Korngrößenzusammensetzung und einen pH von 4,5, dann sind etwa 6 g $CaCO_3$ pro kg nötig, um den pH auf 6,5 anzuheben. Man fügt den Kalk als Pulver zu und mischt gründlich (mit $CaCO_3$: L_1; ohne $CaCO_3$: L_0).

Phosphor. Phosphat wird gelöst zugeführt. In Abschn. 9.2 werden Angaben für eine Düngung von 20 kg P ha^{-1} gemacht, doch bei sehr niedriger P-Verfügbarkeit werden höhere Gaben benötigt. Man löst 11 g $CaHPO_4$ in 500 ml Wasser und gibt hiervon 25 ml zu 1 kg Boden. Dies entspricht (Fläche des Topfbodens) einer Felddüngung von 100 kg P ha^{-1} (mit Phosphor: P_1; ohne Phosphor: P_0). Für das Experiment werden die folgenden Behandlungen mit je drei Wiederholungen (12 Töpfe) angesetzt: L_0P_0, L_1P_0, L_0P_1, L_1P_1.

Stickstoff. Mineralisierter N ist wahrscheinlich ausreichend vorhanden.

Kalium. Allen Töpfen wird, wie in Abschn. 9.2 beschrieben, Kalium zugefügt.

Pflanzen

Man befolgt die Anleitung für das N-Fixierungsexperiment und pflanzt je 4 Klee- und Weidelgrassämlinge gemeinsam in einen Topf. Es wird nach Bedarf gewässert. Nach der Ernte werden Klee und Weidelgras getrennt. Die Trockensubstanz wird gewogen. Man läßt nachwachsen und erntet ein zweites Mal, um den Einfluß des Schneidens auf das Überleben der Pflanzen und ihr Wachstum zu bestimmen. Man führt eine statistische Analyse (s. Abschn. 3.8) zur Überprüfung der Unterschiede zwischen den Behandlungen durch.

Alternative Behandlungen

Man fügt P und Kalk als gemeinsame Behandlung hinzu und untersucht den Einfluß des Dünger-N als zweite Behandlung. Es wird die gleiche N-Gabe wie im Fixierungsexperiment verwendet. Nach dem Schnitt wird ein zweites Mal gedüngt, um das Nachwachsen zu stimulieren.

13.5
Waldrodung und Wanderfeldbau

Im Jahre 1960 schrieben P.H. Nye und D.J. Greenland:

> Über 200 Mio. Menschen leben dünn verteilt auf 14 Mio. Quadratmeilen in den Tropen und gewinnen den größten Teil ihrer Nahrung durch das Anbausystem des Wanderfeldbaus. Sie bilden etwas weniger als 10 % der Weltbevölkerung, verteilen sich aber auf 30 % der bebaubaren Böden der Erde.

Zur Beschreibung des Anbausystems fügten sie hinzu:

> Menschen ... brennen den Wald nieder, pflanzen ihre Feldfrüchte mit einem einfachen Pflanzstock und überlassen, nachdem sie ein oder zwei Ernten eingebracht haben, ihre Parzellen dem nachwachsenden Wald. Jedes Jahr wird eine neue Parzelle gerodet, daher der Name - Wanderfeldbau. Einige von ihnen entwickelten Hacken, und mit diesem Hilfsmittel versehen, waren sie in der Lage, hartnäckige Graswurzeln zu entfernen; sie kultivierten die Savannen, gaben aber ihre Parzellen, genau wie im Wald, nach einigen Jahren des Beackerns wieder auf.

Jüngste Veränderungen kommentierten sie:

> Bis vor etwa einem Jahrhundert hatte der Wanderfeldbau keinen ernsthaften Einfluß auf das Agrarland der Tropen, da dem Boden und der Vegetation angemessene Zeiten gegeben wurden, um sich nach Perioden des Ackerbaus zu regenerieren. Das jüngste ... rapide Wachstum der Bevölkerung und ... die Nachfrage nach Agrargütern wie Cacao, Kaffee und Gummi ... hat die kultivierte Fläche vergrößert und die des Subsistenzanbaus verringert. Eine Konsequenz war die Umwandlung weiter Flächen tropischen Urwaldes und Waldlandes in weniger produktives Savannen-Grasland.

Man könnte nun noch die Probleme der Dürrejahre anführen, die im Afrika der jüngsten Vergangenheit zu Katastrophen geführt haben.

13.5.1
Veränderungen der Bodeneigenschaften infolge Rodung

Brandrodung

Tabelle 13.7 zeigt die Bodeneigenschaften nach der Brandrodung eines 40 Jahre alten Waldbestandes in Ghana. Die Verbrennung hat im wesentlichen drei direkte Auswirkungen:

1. Große Mengen an Nährstoffionen sind in der Asche verteilt. Die Aschemenge eines niedergebrannten Urwaldes ist wesentlich größer, als jene eines niedergebrannten Sekundärwaldes (zwischen 4 und 50 t ha^{-1}). Der Hauptteil des N der Vegetation geht in Form von Ammoniak und Stickoxiden an die Atmosphäre verloren. Etwas Schwefel entweicht als Schwefeldioxidgas. Sowohl die Vegetation als auch die Waldstreu werden verbrannt, aber nicht die organische Bodensubstanz. Die Zusammensetzung der Holzasche ist in Abhängigkeit von der Vegetation und

der Verbrennungstemperatur äußerst variabel. Typische Asche kann enthalten [in % der Trockenasche]: 0,07-1,7 N, 0,1-0,4 P, 1-19 Ca^{2+}, 0,5-4 Mg^{2+}, 0,1-5 K^+ und ca. 0,3 Cl^- sowie etwa 1 S (als SO_2^-) zusammen mit unterschiedlichen Mengen an Oxiden, Hydroxiden, Carbonaten, Hydrogencarbonaten und Silikaten sowie Holzkohle.

2. Die Bodenoberfläche wird erhitzt, was Unkrautsamen abtötet und zunächst die Struktur schwerer Böden verbessert.
3. Der Boden-pH wird durch die Carbonate angehoben (zunächst enthält die Asche Oxide, aber CO_2 wird adsorbiert und es entstehen Carbonate).

Die Tabelle zeigt eine deutliche Steigerung des Boden-pH und einen Anstieg des extrahierbaren P, K^+, Ca^{2+} und Mg^{2+}. Die gemessenen Steigerungen der Mengen extrahierbarer Nährstoffe wurden in Einträge für den gesamten Boden umgewandelt. Teile des N gingen wohl verloren, doch die Veränderung (auch die des C-Gehalts) mag statistisch nicht signifikant sein. Der Anstieg des pH stimuliert die Mineralisierung der organischen Bodensubstanz.

Tabelle 13. 7. Veränderungen chemischer Bodeneigenschaften durch Brandrodung (Kade, Ghana) (aus Nye und Greenland 1960)

a				austauschbare Ionen				
Tiefe [cm]	pH	C [%]	N [%]	P^a [µg g^{-1}]	K^+	Ca^{2+} [$cmol_c$ kg^{-1}]	Mg^{2+}	KAK
vor der Rodung								
0 - 5	5,21	2,22	0,21	9,8	0,41	5,7	1,2	10,1
5 - 15	4,73	1,11	0,11	3,6	0,33	3,6	1,0	7,0
15 - 30	4,63	0,87	0,09	1,9	0,32	3,0	1,0	6,7
nach Rodung und Verbrennung								
0 - 5	7,9	2,26	0,20	30,0	2,01	17,9	2,7	9,9
5 - 15	6,4	1,26	0,12	8,0	0,81	4,6	1,3	5,7
15 - 30	5,7	0,94	0,08	5,0	0,42	3,0	1,1	6,4

b Nährstoffgewinne in 0-30 cm Bodentiefe durch Rodung und Verbrennung [kg ha^{-1}]				
N	P	K^+	Ca^{2+}	Mg^{2+}
-110	25,3	737	1551	187

c Lagerungsdichte vor der Rodung	
Tiefe [cm]	Lagerungsdichte [t m^{-3}]
0 - 5	1,00
5 - 15	1,54
15 - 30	1,68

[a] P wurde mit 0,03 m NH_4F + 0,025 M HCl-Lösung (Bray-Lösung) extrahiert. Es kann mehr P extrahiert werden, als mit einer $NaHCO_3$-Lösung (s. Abschn. 10.3).

Feldfruchtanbau

Gute Erträge werden normalerweise im ersten Jahr nach der Rodung erzielt, nehmen dann jedoch rapide ab. Einträge organischer oder mineralischer Dünger helfen, können aber die Ertragsrückgänge nicht verhindern. Die Ursachen der Ertragsminderungen sind:

- sich vermehrende Unkräuter, Schädlinge und Krankheiten;
- die Zerstörung der Bodenstruktur, die Bodenversiegelung und Erosion des Oberbodens;
- die Wiederversauerung und Verschlechterung der Nährstoffversorgung.

Tabelle 13.8 zeigt die Veränderungen der Bodeneigenschaften, die während 8 Jahren kontinuierlicher Ackerbaunutzung nach der Rodung des Waldes in Ghana auftraten. Die Flächen und Parzellen sind nicht dieselben wie in Tabelle 13.7. Der Boden versauerte, die organische Bodensubstanz schwand ebenso wie der verfügbare Phosphor. Überraschenderweise stieg der Gehalt an austauschbarem K^+, obwohl eine Reduktion durch Auswaschung wie bei Ca^{2+} erwartet worden war. Wahrscheinlich war in diesem Boden P der limitierende Faktor, da große Mengen an N mineralisiert wurden.

Veränderungen der Bodenstruktur erwiesen sich im Hinblick auf den Ertrag als schwer meßbar. Es fand eine Verschlechterung der strukturellen Stabilität des Oberflächenbodens statt, die mit einer rapiden Zersetzung der organischen Bodensubstanz einherging. Schwere Regenfälle können zur Versiegelung des Bodens führen und die Porosität senken. Eine gesenkte Infiltrationskapazität und schlechte Stabilität führen dann zu Erosion.

Tabelle 13.8. Änderung chemischer Bodeneigenschaften unter kontinuierlichem Ackerbau (Aiyinasi, Ghana) (aus Nye und Greenland 1960)

a					austauschbare Ionen			
Tiefe [cm]	pH	C [%]	N [%]	P^a [µg g^{-1}]	K^+	Ca^{2+} [cmol$_c$ kg^{-1}]		KAK
unmittelbar nach der Rodung								
0–15	6,0	2,19	0,164	16,0	0,22	4,62		10,0
15–30	5,0	1,28	0,103	6,0	0,16	1,37		7,2
8 Jahre später								
0–15	5,0	1,50	0,128	3,7	0,26	2,05		9,3
15–30	4,8	1,02	0,089	2,6	0,25	1,18		8,6

b Nährstoffverluste in 0–30 cm Bodentiefe in 8 Jahren [kg ha^{-1}]			
N	P	K^+	Ca^{2+}
1 100	34	Zunahme	1 210

[a] siehe Tabelle 13.7.

Kritische Überprüfung der Ergebnisse

Häufig werden gemessene Ergebnisse unbesehen akzeptiert. Es ist jedoch notwendig, Daten sowohl hinsichtlich ihrer Zuverlässigkeit als auch ihrer Bedeutung in Frage zu stellen. Die Tabellen 13.7 und 13.8 sollte man so angehen.

Stimmen die zitierten Nährstoffgewinne aus Rodung und Verbrennung in Tabelle 13.7 b mit den Messungen überein?

Nehmen wir Calcium als Beispiel: Die Tabelle führt einen Gewinn von 1551 kg ha^{-1} an, der vermutlich aus der gemessenen Änderung des austauschbaren Ca^{2+} berechnet wurde. Es gelangte mit der Asche als CaO in den Boden. In den drei Tiefenstufen betragen die Steigerungen jeweils 12,2, 1,0 und 0 cmol$_c$ kg^{-1}. Die molare Masse von Ca^{2+} ist 40 g mol^{-1}; damit ist ein mol$_c$ Ca^{2+} = 20 g. In 0–5 cm Tiefe beträgt der Ca^{2+}-Anstieg

$$12,2 \cdot 10^{-2} \text{ mol}_c \text{ kg}^{-1} \cdot 20 \text{ g mol}_c^{-1} = 2,44 \text{ g kg}^{-1} \; (= \text{kg t}^{-1}).$$

Die ersten 5 cm des Bodens enthalten $0{,}05 \cdot 10^4$ m^3 Boden ha^{-1} und bei einer Lagerungsdichte von 1,0 t m^{-3} ergibt sich eine Masse von 500 t ha^{-1}. Der Zuwachs an Ca^{2+} beträgt daher $2{,}44 \cdot 500 = 1220$ kg ha-1. Für die zweite Tiefenstufe (5–15 cm; 1540 t ha^{-1}) errechnet sich ein Anstieg von 308 kg ha^{-1}. In der dritten Tiefenstufe fand keine Veränderung statt, womit die Gesamtsteigerung $1220 + 308 = 1528$ kg ha^{-1} beträgt. Läßt man nun in der Rechnung etwas Auf- und Abrunden zu, sind die Werte konsistent.

Stehen die pH-Veränderungen im Verhältnis zum Asche-Eintrag?

Wir kennen weder die Menge noch die Zusammensetzung der Asche, die dem Boden zugeführt wurde: Deshalb können die Veränderungen der Bodeneigenschaften nicht quantitativ mit dem Ascheeintrag verknüpft werden. Nimmt man aber an, daß die Veränderungen der austauschbaren Kationen aus dem Eintrag von K$_2$O, CaO und MgO der Asche resultierten und daß diese „Kalkmittel" die pH-Veränderung hervorgerufen haben, kann eine Pufferkapazität berechnet und mit den erwarteten Werten verglichen werden.

Die Veränderungen der austauschbaren Kationen in 0–5 cm Tiefe belaufen sich auf 1,6, 12,2 und 1,5 cmol$_c$ kg^{-1} für K$^+$, Ca^{2+} und Mg^{2+}. In Form seines Oxids trägt 1 cmol$_c$ jeder Kationnenart 1 cmol an OH$^-$ bei. Damit beträgt der gesamte OH$^-$-Eintrag

$$1{,}6 + 12{,}2 + 1{,}5 = 15{,}3 \text{ cmol kg}^{-1}.$$

Die pH-Veränderung in dieser Tiefe beträgt $7{,}9 - 5{,}21 = 2{,}69$ und damit die Pufferkapazität

$$15{,}3/2{,}69 = 5{,}69 \text{ cmol OH}^- \text{ kg}^{-1} \text{ pH}^{-1} \text{ bzw.}$$
$$= 57 \text{ mmol OH}^- \text{ kg}^{-1} \text{ pH}^{-1}.$$

Tabelle 8.5 zeigt, daß dies der Erwartungswert für einen mittelschweren Boden wäre. Ein pH-Wert von 7,9 kann andeuten, daß bei Durchführung der Messungen nicht umgesetzte Asche (Carbonat) vorhanden war. Träfe dies zu, wären die Pufferkapazitäten größer als in Tabelle 8.5, die sich auf saure und neutrale Böden beziehen. Die tatsächliche Pufferkapazität der zweiten Schicht beträgt 11 mmol kg^{-1} pH^{-1}. Die Werte erscheinen vernünftig, da die Oberflächenschicht einen höheren C-Gehalt und eine größere KAK besitzt. In der dritten Schicht stieg der pH um 1,07 Einheiten, praktisch ohne eine Veränderung der austauschbaren Kationen; dies ist ein überraschendes Ergebnis. Die Pufferkapazität der ersten und zweiten Schicht gemeinsam (wird unten verwendet) betragen 22 mmol kg^{-1} pH^{-1}; dies ergibt sich bei Betrachtung der Bodenmenge beider Schichten unter einer einheitlichen Oberfläche (50 und 154 kg m^{-2} für die Schichten 1 und 2).

Besteht Übereinstimmung zwischen den angegebenen Gesamtstickstoffverlusten und den beobachteten Veränderungen des Bodenstickstoffs?

Die oben für Ca^{2+} angewandten Betrachtungen können auf die Werte in Tabelle 13.8 übertragen werden. Die Lagerungsdichte der Böden ist unbekannt, aber man kann die in Tabelle 13.7 genannten Werte verwenden. Die in 0–15 cm Tiefe stattfindenden Veränderungen des N (0,036 % m/m, 2 040 t Boden ha^{-1}) weisen auf eine Freisetzung von 734 kg ha^{-1} hin. In 15–30 cm Tiefe werden 353 kg ha^{-1} freigesetzt (0,014 % N, 2 520 t ha^{-1}), was insgesamt 1 087 kg ha^{-1} ergibt und damit mit dem angegebenen Wert von 1 100 kg ha^{-1} übereinstimmt. Wir schließen daraus, daß die Lagerungsdichte dieses Standortes der des vorherigen ähnelt.

Ist Nitrifikation die Hauptursache der Bodenversauerung während des Feldfruchtanbaus?

Die Nitrifikation folgt der Mineralisierung und ist für einen Anstieg der Bodenversauerung verantwortlich. Eine Nitrataufnahme durch die Feldfrüchte bedeutet Neutralisierung, aber für jedes ausgewaschene mol NO$_3^-$ bleibt 1 mol H$^+$ im Boden zurück (Reuss und Johnson 1986). Zusätzlich kann Denitrifikation auftreten. Die folgende Schätzung zeigt, daß etwa 10 % des mineralisierten N aufgenommen und 90 % ausgewaschen werden könnten. In 0–15 cm Tiefe werden 734 kg N ha^{-1} mineralisiert (Tabelle 13.8), folglich würden 73 kg aufgenommen und 661 kg ausgewaschen. Damit kann die Säureproduktion abgeschätzt werden: Die molare Masse von N beträgt 14 g mol^{-1}. Das ergäbe bei 661 kg N ha^{-1} 47,2 kmol ausgewaschenen N ha^{-1} bzw. 47,2 kmol H$^+$ ha^{-1}, die im Boden zurückblieben. In dieser Schicht befinden sich etwa 2 040 t Boden ha^{-1}, was einen Säureeintrag von

$$47{,}2/2\,040 = 0{,}023 \text{ kmol H}^+ \text{ t}^{-1} \text{ bzw.}$$
$$= 23 \text{ mmol kg}^{-1}$$

ergäbe. Es muß noch andere Säure- oder Basenquellen geben; wäre aber dieser Eintrag der einzige, hätte die pH-Veränderung von 1 Einheit bei einer Pufferkapazität 23 mmol H$^+$ kg^{-1} pH^{-1} entstehen müssen. Dieser Wert gleicht in etwa den gemeinsamen Werten der Schichten 1 (0–5 cm) und 2 (5–15 cm), der aus den Ascheeinträgen berechnet wurde (22 mmol kg^{-1} pH^{-1}). Mit einer ähnlichen Berechnung erhält man für die Schicht in 15–30 cm Tiefe einen Säureeintrag von 9 mmol kg^{-1} und damit eine pH-Veränderung von 0,2 Einheiten und daraus folgend eine Pufferkapazität von 45 mmol H$^+$ kg^{-1} pH^{-1}.

Wie neuere Experimente in den Vereinigten Staaten belegen, verursachte die Rodung einer Waldfläche in einem Wassereinzugsgebiet im *Hubbard Brook Experimen-*

tal Forest im Laufe von 3 Jahren die Freisetzung von 340 kg N ha^{-1} mit einer anschließenden pH-Wert-Absenkung des Fließgewässers um 1 Einheit (Likens *et al.* 1970 und Kap. 8). Dies deutet auf ähnliche Veränderungen sowohl in gemäßigten als auch tropischen Breiten als Reaktion auf Waldrodung hin. Die Nitrifikation ist ganz eindeutig eine Hauptsäurequelle.

Was geschieht mit den verlorenen Nährstoffen?
Auswaschung und Ernteentzug stellen wahrscheinlich zusammen mit der Denitrifikation die Nährstoffsenken dar. Die von den Feldfrüchten aufgenommenen Mengen können nur abgeschätzt werden; nimmt man jedoch einen jährlichen Ertrag von 1 t Korn ha^{-1} an, kann sich der Nährstoffentzug [in kg ha^{-1} a^{-1}] bei N auf 17, P 3, K$^+$ 5, Ca^{2+} 0,5 und bei Mg^{2+} auf 1 (Tabelle 9.1) belaufen.

Nehmen wir N als Beispiel: Der Ernteentzug kann im Laufe von 8 Jahren 136 kg ha^{-1} betragen haben, bei einem Gesamtverlust von 1100 kg ha^{-1}. Wenn die Einträge vernachlässigt werden, betragen die geschätzten Verluste durch Auswaschung und Denitrifikation 964 kg ha^{-1} bzw. 121 kg ha^{-1} a^{-1}. Dieses Agrarsystem scheint extrem hohe N-Verluste aufzuweisen, was sowohl mit den sehr hohen Mengen mineralisierten Stickstoffs zusammenhängt als auch mit den hohen Niederschlägen in der Region.

Verwendet man die obigen Werte, kann der P-Entzug durch die Feldfrüchte im Laufe von 8 Jahren 24 kg ha^{-1} ausmachen, verglichen mit einer gemessenen Veränderung im Boden von 34 kg ha^{-1}. Phosphor wird in Böden stark gebunden.

Betrachtet man Ca^{2+}, so verliert der Boden in diesem Zeitraum 1210 kg. Die Feldfrüchte nehmen in 8 Jahren jedoch nur 4 kg ha^{-1} auf. Dieser enorme Verlust geht, was nicht anders zu erwarten war, auf das Konto der Auswaschung, da eine hohe NO$_3^-$-Auswaschung vorliegt und immer ein mit ausgewaschenes Kation die Ladung des Anions ausgleichen muß. Wenn Ca(NO$_3$)$_2$ die Hauptkomponente im abfließenden Wasser ist, wird jedes mol Ca^{2+} von 2 mol NO$_3^-$ ausgeglichen. Hier hat man eine Überprüfungsmöglichkeit: Die ausgewaschene Ca^{2+}-Menge beträgt etwa 1200 kg ha^{-1}; das sind

1200 kg ha^{-1} / 40 g mol^{-1} = 30 kmol ha^{-1}.

Wurden ca. 960 kg N ha^{-1} (ohne Berücksichtigung der Denitrifikation) ausgewaschen, führt die entsprechende Rechnung zu

960 kg N ha^{-1} / 14 g mol^{-1} = 69 kmol ha^{-1}.

Dies entspricht etwa dem zweifachen Ca^{2+}-Wert und unterstützt die Annahme, daß der Großteil der verlorenen Ca^{2+} auf die gemeinsame Auswaschung mit NO$_3^-$ zurückzuführen ist.

Damit stellt das durch Mineralisierung gebildete NO$_3^-$ sowohl eine Säurequelle dar als auch den Vermittler der Kationen- und hier insbesondere der Ca^{2+}-Auswaschung. Der Verlust von K$^+$, Ca^{2+} und Mg^{2+} mag der Hauptgrund der Ertragsrückgänge auf einigen Flächen dieses dem (Ur)Wald abgerungenen Stück Landes sein. All dies deutet darauf hin, daß das Anbausystem dringend verbessert werden muß; insbesondere muß nach Möglichkeiten gesucht werden, das Nitrat vor der Auswaschung zu schützen.

Empfindliche Böden

Fruchtbarkeit

Nach einer Waldrodung wird vor allem die Fruchtbarkeit jener Böden stark abnehmen, bei denen sich KAK hauptsächlich auf die organische Fraktion stützt. Wird die organische Substanz zersetzt, schwindet die Fähigkeit des Bodens, Nährstoffkationen zu halten. Der Boden B aus Brasilien (in Tabelle 7.4) ist ein Beispiel dafür: Trotz seines hohen Tongehalts ist seine Austauschkapazität gering. Die Ladung verändert sich mit dem Gehalt an organischer Bodensubstanz, was den Schluß nahelegt, daß diese den Hauptträger der Ladung stellt. Diese Schlußfolgerung kann wie folgt überprüft werden: Der Boden weist in der Schicht von 0–17 cm eine KAK_{eff} von 0,94 $cmol_c$ kg^{-1} Boden auf und einen C-Gehalt von 2,6 % bzw. einen Humusgehalt von 4,5 %. Abbildung 7.2 läßt darauf schließen, daß die organische Bodensubstanz (Humus) bei einem pH von 5 zwischen 5 und 20 $cmol_c$ kg^{-1} Humus tragen kann, je nachdem, wieviel Aluminium vorhanden ist. Geht man von einem Wert von 10 $cmol_c$ kg^{-1} aus, dann trägt die organische Bodensubstanz 0,45 $cmol_c$ kg^{-1} Boden bei. Für die Schicht von 51–106 cm Tiefe läßt sich ein Beitrag von 0,12 $cmol_c$ kg^{-1} Boden errechnen, verglichen mit einer gemessenen KAK_{eff} von 0,10 $cmol_c$ kg^{-1}. Damit befindet sich ein großer Teil der Ladung an der organischen Bodensubstanz und eine Kultivierung setzt die Fähigkeit des Bodens, Kationen zu binden, aufs Spiel.

Erodierbarkeit

Ob eine Fläche für Rodung und die anschließende Kultivierung geeignet ist, hängt von der möglichen Erosionsgefährdung ab. Eine Beurteilung ist jedoch äußerst schwierig (Lal et al. 1986).

13.6
Übungsaufgaben

1. Die N-Werte aus Tabelle 13.3 werden in %-C umgerechnet und die C-Gehaltsänderungen der organisch und der nicht gedüngten Parzellen gegen die Zeit aufgetragen (Abszisse in Jahren: 1840–1980). Man trägt die Werte aus Tabelle 13.8 a in dieselbe Abbildung ein, ebenso die Veränderungen, die zwischen 1843 und 1865 eingetreten sein könnten, als in Broadbalk zum ersten Mal N bestimmt wurde.
2. Bei Experimenten in Rothamsted (Tabelle 13.8) wurde eine Dauerweide gepflügt und das Land 32 Jahre ackerbaulich genutzt. Während dieser Zeit sank der C-Gehalt von 3,1 auf 2,0 %. Wieviel mineralischer N wird durchschnittlich pro Jahr freigesetzt, wenn man davon ausgeht, daß das C/N-Verhältnis von 10:1 erhalten bleibt? (2 500 t Boden ha^{-1}). (*Antwort*: 86 kg)

    Ein anderer Acker, auf dem viele Jahre lang Feldfrüchte gezogen wurden, wurde in Grünland umgewandelt und dann 32 Jahre nicht gepflügt. In dieser Zeit stieg der C-Gehalt von 1,7 auf 2,4 %. Wie hoch muß, bei einem stabilen C/N-Verhältnis von 10:1, der durchschnittliche jährliche N-Eintrag gewesen sein, um den dafür benötigten N-Vorrat anzulegen? (*Antwort*: 55 kg)

    Berechne für die organisch gedüngte Broadbalk-Parzelle (Tabelle 13.3) die mittlere jährlich im Humus gespeicherte N-Menge für die Zeiträume 1865–1944 sowie 1944–66 (2 840 t Boden ha^{-1}). (*Antwort*: 22 und 19 kg ha^{-1})

3. Im Jahre 1985 wurden Feldparzellen mit einer Mischung aus Weidelgras und weißem Klee eingesät und die gewonnenen Erkenntnisse mit denen von Feldern verglichen, die ausschließlich Weidelgras trugen. Es wurde kein Dünger verwendet. In der Zeit vom 29. April bis 19. Oktober 1987 wurden folgende Werte ermittelt: Trockensubstanz der Schößlinge 431 g m^{-2} (nur Gras), 492 g m^{-2} (Gras im Mischanbau) und 476 g m^{-2} (Klee im Mischanbau). Der Stickstoffanteil der Trockensubstanz betrug 1,45, 2,14 bzw. 3,97 %. Berechne die N-Aufnahme durch jede Feldfrucht. (*Antwort*: 6,25, 10,53 und 18,9 g N m^{-2})
   Berechne den von der Weidelgras/Klee-Mischung insgesamt aufgenommenen N. (*Antwort*: 29,43 g m^{-2})
   Um wieviel übersteigt der N-Gehalt der Mischkultur jenen der Grasmonokultur? (*Antwort*: 23,18 g m^{-2})
   Dieser zusätzliche N muß entweder fixiert worden sein oder er wurde aus den N-reichen Wurzelresten der vorausgegangenen zwei Jahre mineralisiert. Nun berechne man unter der Annahme, daß Klee und Weidelgras in der Mischkultur gleiche Mengen an mineralisiertem N aufgenommen haben, die fixierte N-Menge. (*Antwort*: 8,37 g m^{-2})
   Wieviel mineralisierter N wurde von der Mischkultur insgesamt aufgenommen? (*Antwort*: 21,06 g m^{-2})
   Wieviel zusätzlicher N wurde im Boden mineralisiert und nährt die Mischkultur im Vergleich zur Grasmonokultur? (*Antwort*: 14,81 g m^{-2})
   Man vergleiche den N-Anteil der Weidelgrasmonokultur (ungedüngt) und des Grases der Mischkultur mit typischen Werten von gedüngtem Weidelgras in Tabelle 9.1.
   Vergleiche die Fixierungsrate des Klee und die N-Aufnahmerate der Mischkultur in kg N ha^{-1} d^{-1} (*Antwort*: 0,48 und 1,7) und diese Werte mit den Aufnahmeraten des gedüngten Weidelgrases in Abb. 11.5.
4. Mit den folgenden Annahmen läßt sich für den Anbau von Weizen im Nebraska-Experiment eine N-Bilanzschätzung (Abb. 13.2) erstellen: N-Gehalt des Korns 17 kg N t^{-1}, der Strohertrag beträgt das 0,6fache des Kornertrags und enthält 7 kg N t^{-1} (Tabelle 9.2). Man berechnet den von der Feldfrucht aufgenommenen Stickstoff und erstellt eine Tabelle (wie Tabelle 13.4). Die Fremdeinträge können nur geschätzt werden: Eintrag durch die Samen 5 kg N ha^{-1}, atmosphärischer Eintrag bei einer relativ reinen Atmosphäre 5 kg N ha^{-1} (Farbtafel 17) und biologische Fixierung ebenfalls 5 kg N ha^{-1}. Die netto mineralisierte N-Menge ist unbekannt, doch kann als Hinweis jene Menge dienen, die aus einer Parzelle entfernt wurde, die keinen N erhielt und deren Ertrag 1,33 t ha^{-1} betrug (Dieser Wert wurde bereits errechnet!). Würde diese Parzelle keine Verluste erleiden, entspräche dieser Wert den gesamten Fremdeinträgen, woraus durch Differenzbildung der netto mineralisierte N errechnet werden kann. (*Antwort*: 13 kg ha^{-1})
   Man zeichne die Ertragskurven des Nebraska-Weizen (Abb. 13.2; plus 20,6 cm verfügbares Wasser) und des Dauerweizenanbaus von Rothamsted (Abb. 13.6) in eine Abbildung ein. Berechne und markiere in der Darstellung die Ertragssteigerung pro kg ausgebrachten N für jede N-Erhöhung. Die Kosten des N-Düngers und der erzielte Weizenpreis betragen 36 Pence kg^{-1} bzw. £120 t^{-1} in Großbritannien und 25 Cent kg^{-1} bzw. $130 t^{-1} in den USA. Berechne die Düngerkosten und den zusätzlichen Ertragsgewinn für jede Erhöhung (s. Abschn. 11.4). Da auch noch an-

dere Produktionskosten entstehen, kann man hieraus keinen direkten Hinweis auf das ökonomische Optimum des N-Dünger-Einsatzes entnehmen: Die Werte besagen nur, für welche zusätzliche Düngergabe der zusätzliche Gewinn höher ist als die Düngerkosten.

5. Eine Brandrodung in Afrika produzierte 20 t Asche ha^{-1}. Sie enthielt 8,2 % Ca^{2+}, 1,7 % Mg^{2+} und 2,8 % K^+. Berechne den Eintrag dieser drei Nährstoffionen in kg ha^{-1}. (*Antwort*: 1 640, 340 und 560)

   Die Asche wurde in die obersten 15 cm des Bodens eingearbeitet, die 2 000 t Boden ha^{-1} enthielten. Berechne den Eintrag als $cmol_c$ kg^{-1}, wenn sich alle Nährstoffe gelöst hätten und in die austauschbare Form übergegangen wären (*Antwort*: 4,10, 1,40 und 0,72)

   Berechne die von der Asche hervorgerufene pH-Wertänderung in dieser Tiefe, wenn die Pufferkapazität des Bodens 5 cmol OH^- kg^{-1} pH^{-1} beträgt. Annahme: die Kationen in der Asche liegen in Form ihrer Oxide, Hydroxide und Carbonate vor, womit ihr Kalkeffekt (cmol OH^-) gleich ihrer Menge, ausgedrückt als $cmol_c$ Kation, ist. (*Antwort*: 1,24)

   Vergleiche die Ergebnisse mit denen von Tabelle 13.7.

Kapitel 14

Salz- und natriumhaltige Böden

Versalzung zählt zu den ältesten Problemen der „Bodenverschmutzung". Einige Historiker sehen darin eine Ursache für den Niedergang des Babylonischen Reichs: Die zu starke Salzakkumulation brachte den Bewässerungsfeldbau zum Erliegen (Hillel 1992). Trotz unseres Wissens um die zugrundeliegenden Probleme und ihr Management unterliegt auch heute noch etwa ein Drittel des weltweit bewässerten Landes der Degradation und geht für die Nutzpflanzenproduktion verloren.

Bodenversalzung

Gefahr besteht in erster Linie für Böden arider und semiarider Gebiete, die zu geringe Niederschläge zur Auswaschung löslicher Salze erhalten. Diese Salze kommen entweder natürlich im Boden vor oder gelangen mit Bewässerungswasser, Niederschlägen, äolischen Staubablagerungen (Löß) und aufsteigendem Grundwasser in den Boden. Die Evaporation von der Bodenoberfläche und die Transpiration aus Pflanzen entzieht dem Boden Wasser, läßt aber die Salze im Boden zurück (Farbtafel 21 b). Salze wiederum werden dem Boden durch Pflanzen und mit dem Perkolationswasser entzogen.

Bewässerungswasser enthält immer gelöste Salze: Sie sammeln sich in Flüssen an, wenn Wasser oberflächlich abfließt oder durch den Boden sickert, bevor es in Quellen wieder zutage tritt; das Grundwasser enthält Salze, die sich während der Versickerung aus porösen Festgesteinen oder Lockersedimenten gelöst haben. Das Vorhandensein selbst kleiner Salzmengen in qualitativ gutem Bewässerungswasser führt zur Salzakkumulation im Boden, falls die Salze nicht mit Regen- oder Bewässerungswasser ausgewaschen werden können. Das eingeschleppte Salz sollte idealerweise durch ein Dränagesystem entfernt werden, wird aber meist nur ausgewaschen und sammelt sich dann unterhalb der Wurzelzone der Nutzpflanzen an.

Auch durch Überflutung mit Meerwasser tritt Bodenversalzung ein (Farbtafel 21 a). Im Jahre 1953 verursachte eine starke Sturmflut ausgedehnte Überschwemmungen in Ostengland, Belgien und den Niederlanden und hinterließ große Salzmengen im Boden. Im gemäßigten Klimabereich wäscht der Regen die Salze aus; damit muß aber eine sorgfältige Bodenbewirtschaftung einhergehen, um eine Schädigung der physikalischen Eigenschaften des Bodens zu verhindern.

Gewinnt man dem Meer Land ab, bedeutet auch das eine Auseinandersetzung mit der Bodenversalzung. Die Böden der niederländischen Polder entstanden aus marinen Sedimenten. Nach der Trockenlegung blieben salzhaltige Sedimente zurück, aus denen die Salze erst im Laufe der Bodenentwicklung ausgewaschen werden.

Auch beim Intensivanbau in Gewächshäusern ist Versalzung ein Problem, denn Intensivanbau erfordert häufiges Düngen.

Salzeinträge beim Bewässerungsfeldbau

Die Salzeinträge hängen in erster Linie von der Menge des Bewässerungswassers und den Konzentrationen der darin gelösten Salze ab; im Fall von Küstenüberflutungen auch von der Zusammensetzung des Meerwassers. Tabelle 14.1 zeigt die Zusammensetzung von Bewässerungswasser guter und schlechter Qualität sowie von Meer- und Regenwasser. Der Gesamtsalzgehalt (die Salinität) des Wassers wird meist durch Messung seiner *elektrischen Leitfähigkeit* bzw. des EC_w-Wertes bestimmt (s. Abschn. 14.1). Die verschiedenen Ionenarten zeigen jedoch spezifische Wirkungen, weshalb bei der Wasseranalyse normalerweise auch der Natrium-, Calcium- und Magnesiumgehalt sowie der Carbonat- und Hydrogencarbonatgehalt gemessen werden (Abschn. 14.1). Der Bor- und Chloridgehalt werden ebenfalls gemessen, da diese Elemente für Pflanzen toxisch sind.

Bewässerungswasser kann bedeutende Mengen an Nährstoffionen, vor allem an Nitraten, enthalten; dies reduziert den Nährstoffbedarf aus Düngern und anderen Quellen. Zu hohe Konzentrationen führen zu einer Überversorgung, was bei empfindlichen Pflanzenarten Probleme verursachen kann.

Tabelle 14.1. Die Zusammensetzung von Bewässerungs-, Meer- und Regenwasser

	Colombia (Fl.) Washington, USA	Pecos (Fl.) Neu Mexico, USA	See Genezareth, Israel	Grundwasser, Nahal Oz, Israel	Meereswasser	Regen Malham, UK
Elektrische Leitfähigkeit bei 25 °C, EC_w [dS m^{-1}]	0,15	3,21	1,00	4,6	51	0,009
Ionenkonzentrationen [mmol l^{-1}]						
Ca^{2+} [a]	0,45	8,65	0,10	0,65	10	0,007
Mg^{2+}	0,2	4,6	1,29	1,85	54	0,008
Na^+	0,2	11,5	5,1	41,3	470	0,06
$2CO_3^{2-}+HCO_3^-$ [b]	1,2	3,2	1,9	9,6	2,3	–
SO_4^{2-}	0,1	11,6	0,53	0,75	38	0,02
Cl^-	0,1	12,0	6,0	35,2	550	0,08
Na-Adsorptionsverhältnis (NAV)[c]	0,2	3,2	4,3	26,1	59	0,5

[a] Die Ionenkonzentrationen sind in mmol l^{-1} angegeben. Bei Na^+ und Cl^- ist mmol l^{-1} = mmol$_c$ l^{-1}; bei den divalenten Ionen (Ca^{2+}, Mg^{2+}, SO_4^{2-}) muß man mmol l^{-1} mit 2 multiplizieren, um mmol$_c$ l^{-1} zu erhalten.
[b] HCO_3^- und CO_3^{2-} werden gemeinsam als Alkalität bezeichnet. Die Einheit ist mmol [$2CO_3^{2-}+HCO_3^-$] l^{-1}, was mmol$_c$ [$CO_3^{2-}+HCO_3^-$] l^{-1} entspricht (s. Abschn. 14.1).
[c] Na-Adsorptionsverhältnis (NAV) = [Na^+]/([Ca^{2+}] + [Mg^{2+}])$^{1/2}$; die eckigen Klammern bedeuten hier Konzentration in mmol l^{-1}.
(Die Daten stammen aus Richards 1954, R. Keren und Y. Shainberg, persönliche Mitteilung und Campbell *et al.* 1987.)

Der Salzgehalt von Böden

Salze, die sich im Boden angesammelt haben, liegen entweder im Bodenwasser gelöst oder als Kristalle im trockenen Boden vor. Farbtafel 21 b zeigt die Bildung großer Salzkristalle im A-Horizont eines in der Nähe des Toten Meeres gelegenen Bodens mit extrem hohem Salzgehalt: Das Wasser des Jordan fließt in einen abflußlosen See, in dem die Salze zurückbleiben, wenn das Wasser verdunstet. Die akkumulierte Salzmenge ist so groß, daß sie kommerziell ausgebeutet wird.

Die Messung der gelösten Salze der Bodenlösung wird in einem *Sättigungsextrakt* vorgenommen. Dafür wird eine gesättigte Boden-Wasser-Paste hergestellt, aus der die Lösung extrahiert wird. Der Gesamtsalzgehalt wird durch Messung der elektrischen Leitfähigkeit des Sättigungsextrakts (*engl.: electrical conductivity*, abgekürzt „EC_e") bestimmt; die einzelnen Ionen werden je nach Bedarf gemessen (Abschn. 14.2).

Die einfachste Klassifizierung der salzhaltiger Böden basiert auf der EC_e (ihre Einheit dS m^{-1} (Dezisiemens pro Meter) wird in Abschn. 14.1 näher erläutert):

salzhaltige Böden: $EC_e > 4$ dS m^{-1},

salzarme Böden: $EC_e < 4$ dS m^{-1}.

Tabelle 14.2. Chemische Eigenschaften von vier Böden arider Gebiete (nach Richards 1954)

Boden	salzfrei, natriumfrei	salzhaltig	natriumhaltig	salz- u. natriumhaltig
prozentuale Sättigung [g H$_2$O pro 100 g ofentrockene Bodens]^a	40,4	46,4	38,7	59,7
pH (gesättigter Boden)	7,9	8,0	9,6	7,8
Kationenaustausch-Eigenschaften [cmol$_c$ kg^{-1}]				
Kationenaustauschkapazität	17,4	17,0	21,9	40,3
austauschbares Na$^+$	0,5	1,4	10,1	10,5
austauschbares Ca^{2+} + Mg^{2+}	16,7	15,3	4,8	29,0
%-Anteil^b des austauschbaren Na$^+$	3	8	46	26
Sättigungsextrakt				
elektr. Leitfähigkeit bei 25 °C [dS m^{-1}]	0,84	12,0	3,16	16,7
Ionenkonzentrationen [mmol l^{-1}]				
Ca^{2+}	1,4	18,5	0,6	16,2
Mg^{2+}	0,9	17,0	0,2	19,2
Na$^+$	5,2	79,0	29,2	145,0
HCO$_3^-$	6,6	7,2	27,1	3,3
SO$_4^{2-}$	1,4	31,1	2,3	53,0
Cl$^-$	0,4	47,0	7,5	105,0
Na-Adsorptionsverhältnis (NAV)	3,5	13,3	32,6	24,4

^{a} Die prozentuale Sättigung entspricht dem Wassergehalt der gesättigten Bodenpaste (s. Abschn. 14.2).
^{b} Für den %-Anteil des austauschbaren Na$^+$ gilt: Na$^+$ = 100 (austauschbares Na$^+$/KAK) (s. Abschn. 14.2).

Tabelle 14.2 gibt Beispiele für die chemischen Eigenschaften dieser Böden. Würde man Wasser aus den Flüssen Pecos oder Nahal Oz (Tabelle 14.1) zur Bewässerung des salz- und natriumarmen Bodens aus Tabelle 14.2 verwenden, so würde dies den Salzgehalt erhöhen; dieser würde zudem durch die Evaporation noch weiter zunehmen, wenn keine Salze ausgewaschen würden.

Einfluß des Salzgehalts auf das Pflanzenwachstum

Die wichtigsten Auswirkungen der Bodenversalzung sind (Fitter und Hay 1987):

1. Direkte toxische Wirkung, z. B. durch Natrium, Chlorid und Bor;
2. Störung des Ionengleichgewichts in der Pflanze;
3. Verringerung der verfügbaren Wassermenge durch Herabsetzung des osmotischen Potentials im Boden; dieser Vorgang wird als *physiologische Dürre* bezeichnet, da die Pflanzen unter Wassermangel leiden, obgleich der Bodenwassergehalt den Bedarf der Pflanzen eigentlich decken müßte. In Abschn. 5.4 wurde dieser Effekt detaillierter erklärt.

Die Salztoleranz von Pflanzen wird durch Wechselbeziehungen zwischen Pflanzen, Boden, Wasser und Klima bestimmt. Dementsprechend sind die Auswirkungen hoher Salzkonzentrationen auf Pflanzen komplexer Natur.

Die Salztoleranz von Pflanzen kann auf verschiedene Weise untersucht werden:

- Die Auswirkungen auf die Keimung werden normalerweise als Anteil derjenigen Pflanzen ausgedrückt, die auf einem salzhaltigen Boden zum Vorschein kommen; dieser Anteil wird prozentual auf jene Pflanzen bezogen, die in einem salzarmen Boden keimen. Die meisten Nutzpflanzen sind während der Keimung wenigstens genauso tolerant wie während des anschließenden Wachstums; Zuckerrüben bilden hier eine Ausnahme. Mais, Reis und Weizen sind im frühen Sämlingstadium am empfindlichsten, ihre Toleranz steigt mit zunehmender Reife.
- Die Auswirkungen auf das Wachstum nach dem Auflaufen der Saat werden üblicherweise als relativer Ertrag angegeben; dies ist der Ernteertrag in einem salzhaltigen Boden, ausgedrückt als Anteil des Ertrags unter salzarmen Bedingungen. Zur Vereinfachung werden die Daten häufig als elektrische Leitfähigkeit des Sättigungsextrakts angegeben, der eine 50%ige Ertragsminderung verursacht. Die Salzempfindlichkeit kann dann gemäß Abb. 14.1 eingestuft werden. Daraus geht hervor, daß es einen Salzgehaltsgrenzwert gibt, unterhalb dessen der Ertrag nicht betroffen ist; darauf folgt mit steigendem Salzgehalt eine nahezu lineare Ertragsabnahme.

Tabelle 14.3 enthält Werte für häufig angebaute Feldfrüchte. Maas (1986) gibt eine ausführliche Übersicht über die umfangreichen Daten. Dieser Artikel enthält, ebenso wie jener von Ayers und Westcot (1985), auch Tabellen mit Informationen zu anderen Pflanzen. Da die Meßwerte in der Literatur auf unterschiedliche Weise angegeben werden, ist Abb. 14.1 zur Standardisierung der Informationen sehr nützlich. Ist beispielsweise der EC bekannt, der bei einer Nutzpflanze zu einer 50%igen Ertragsminderung führt, kann dieser Wert in das Diagramm eingezeichnet werden, so daß man den ungefähren Grenzwert und die Steigung abschätzen kann. Auf diese Weise konnte die Salztoleranz von Weidelgras nachgewiesen werden.

Einführung

Welche Bedeutung es hat, daß die Grenze für den Salzgehalt bei $EC_e = 4$ dS m^{-1} gezogen wurde, kann aus Tabelle 14.3 entnommen werden. Schäden an empfindlichen Pflanzen setzen ungefähr ab diesem Salzgehalt ein.
In Abschnitt 14.3 werden Methoden zur Messung der Salztoleranz von Pflanzen beschrieben.

Tabelle 14.3. Die Salztoleranz häufig angebauter Feldfrüchte im Boden (aus Maas 1986)

Nutzpflanze	Toleranz[a]	Elektrische Leitfähigkeit EC_e bei 25 °C [dS m^{-1}]	
		50 % Aufwuchs	50 % Ertrag
Gerste	T	16 – 24	18
Baumwolle	T	15	17
Zuckerrüben	T	6 – 12	15
Sorghum	MT	13	15
Weizen	MT	14 – 16	13
Weidelgras	MT	–	12,2
Luzerne	ME	8 – 13	8,9
Tomaten	ME	7,6	7,6
Mais	ME	21 – 24	5,9
Salat	ME	11	5,2
Weißklee	ME	–	–
Reis	E	18	3,6
Bohnen	E	8,0	3,6

[a] T = tolerant, MT = mäßig tolerant, ME = mäßig empfindlich, E = empfindlich.

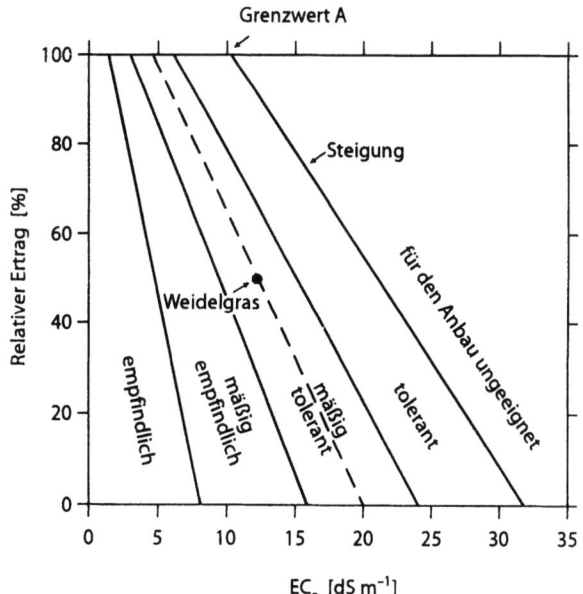

Abb. 14.1. Salzempfindlichkeit von Pflanzen. Relativer Ertrag = 100 – Steigung · (EC_e – A), wenn $EC_e > A$. Dabei ist der relative Ertrag der prozentuale Anteil des maximalen Ertrags, EC_e ist die elektrische Leitfähigkeit des Sättigungsextrakts bei 25 °C [dS m^{-1}], A ist der EC_e-Grenzwert, und die Steigung entspricht dem Quotienten aus dem relativen Ertrag und der EC_e [dS m^{-1}] (aus Maas 1986)

Probleme aufgrund hoher Natriumgehalte

Die Bewirtschaftung salzbelasteter Böden wäre eine einfache Sache, wenn es nur darum ginge, die Salze auszuwaschen. Durch Natriumsalze kommt jedoch ein ernsthafteres Problem hinzu: die *Natriumanreicherung*. Die Akkumulation von Natriumsalzen im Boden erhöht die Menge des austauschbaren Natriums, die normalerweise als *Natrium-Sättigung* (*engl.: exchangeable sodium percentage*, abgekürzt ESP) ausgedrückt wird; hierbei handelt es sich um den prozentualen Anteil des austauschbaren Natriums an der Kationenaustauschkapazität (KAK). In Abschnitt 14.2 wird die Messung dieses Parameters beschrieben. Bei einem ESP von 10–15 kommt es in Tonböden wahrscheinlich zu Quellung und Dispersion, was den Zerfall der Bodenaggregate bewirkt (s. Abschn. 14.4); dies geschieht vor allem, wenn die Bodenlösung durch Regenwasser oder qualitativ gutes Bewässerungswasser (niedriger Salzgehalt) verdünnt wird (Shainberg und Letey 1984). Man steht also vor einem Dilemma: Einerseits müssen lösliche Salze entfernt werden, um Salzschäden zu vermeiden, andererseits wird dadurch das Bodengefüge infolge der hohen Na-Sättigung nachhaltig verschlechtert. Calcium schützt das Bodengefüge vor dem Zerfall und schirmt gleichzeitig die Pflanzen vor der toxischen Wirkung des Natriums ab.

Die Folgen der Quellung und Dispersion können anhand von Abb. 4.3 gezeigt werden: Die Quellung der Tonminerale muß durch die angrenzenden Freiräume und Poren aufgefangen werden; Grobporen, durch die Wasser abziehen kann, schließen sich; es bilden sich zunehmend Mittel- und Feinporen, aus denen kein Wasser versickern kann. Diese Verschlechterung des Bodengefüges hat mehrere wichtige Konsequenzen:

- Schwere Böden werden klebriger und plastischer, wenn sie naß werden, und verhärten bei Trockenheit; dadurch wird ihre Bearbeitung stark erschwert.
- Die hydraulische Leitfähigkeit nimmt ab. Bewässerungswasser bewegt sich langsamer durch den Boden, was zu Verschlämmung und Pfützenbildung auf der Bodenoberfläche führt. Infolgedessen wird es schwieriger, Salze aus dem Profil auszuwaschen.
- Wenn die Bodenoberfläche während der Bewässerung wassergesättigt ist, ist der Luftzutritt begrenzt, wodurch anaerobe Bedingungen entstehen können, die Denitrifikation und Bildung von Pflanzentoxinen bewirken. Pflanzen in anaeroben Böden sind anfälliger für Salzschäden.
- Die Bodenoberfläche reagiert besonders empfindlich auf die mechanische Beanspruchung durch Regen- oder Bewässerungswasser, hauptsächlich wenn mit Beregnungsanlagen bewässert wird. Dies führt zur Verkrustung der Bodenoberfläche, was die Infiltrationsrate herabsetzt und die obengenannten Probleme verschärft. In Böden, die Niederschlägen ausgesetzt sind, genügen bereits 3–5 % austauschbares Natrium, um diese Probleme hervorzurufen (Shainberg 1985).

Die einfachste Klassifizierung des Natriumgehalts von Böden basiert auf dem ESP:

Natriumhaltige Böden > 15 % ESP

Natriumarme Böden < 15 % ESP

Beispiele hierzu sind in Tabelle 14.2 zu finden.

Probleme aufgrund der Alkalität

Natriumböden besitzen pH-Werte von bis zu 10,5, die aus der hohen Hydrogencarbonatkonzentration des in den Boden eindringenden Bewässerungs- oder Grundwassers und aus der Hydrolyse natriumreicher Tone (s. Abschn. 14.4) resultieren. Damit reagieren natriumreiche Böden alkalisch (und zwar stärker als kalkhaltige; s. Abschn. 8.3). Die Dispergierung der organischen Bodensubstanz verursacht eine weitere Schwächung des Bodengefüges und verschärft somit die oben beschriebenen Probleme.

Veränderungen, die durch hohe Natriumgehalte hervorgerufen werden

Quellung von Tonmineralen

Smectite besitzen wegen ihrer hohen negativen Ladung und geringen Größe die höchste Quell- und Dispersionsfähigkeit. Abbildung 14.2 macht Angaben zur Quellung ausgerichteter Tonplättchen bei verschiedenen ESP-Werten und Konzentrationen der Bodenlösung. Die entsprechende Methode wird in Abschn. 14.5 besprochen. Bei einem ESP von weniger als 15 findet kaum Quellung statt, oberhalb nimmt das Ausmaß der Quellung mit steigendem ESP und fallender Konzentration der Lösung zu.

Veränderungen der hydraulischen Leitfähigkeit

Der Einfluß von Quellung und Dispersion auf die hydraulische Leitfähigkeit ist in Abb. 14.3 dargestellt; für die Experimente wurde gesiebter Boden in Auswaschungsröhren verwendet. Eine gravierende Verringerung der hydraulischen Leitfähigkeit tritt bei ESP-Werten von mehr als 15 ein, wenn sich die Konzentration der Lösung verringert. Die verwendete Meßmethode wird in Abschn. 14.5 beschrieben.

Im Freiland wird die Lage kritisch, wenn der Winterregen einsetzt oder Bewässerungswasser guter Qualität in den Boden eindringt und dadurch die Konzentration

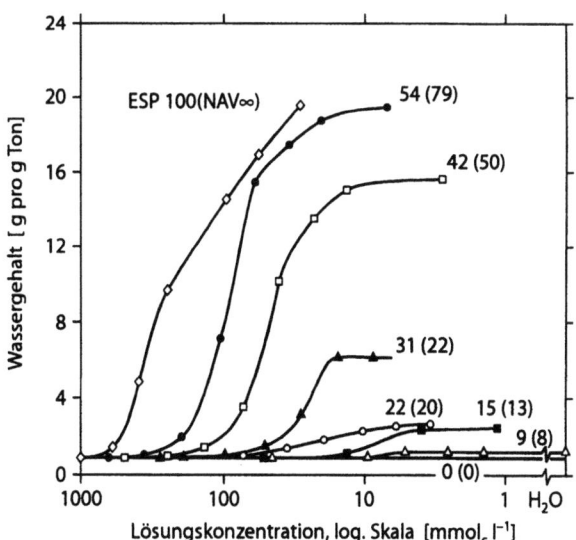

Abb. 14.2. Quellung von Smectit in einer gemischten Natrium-Calcium-Lösung:
$mmol_c\ l^{-1} = [Na^+] + 2[Ca^{2+}]$;
mit [ ] in $= mmol\ l^{-1}$,
$= \{Na+\} + \{Ca^{2+}\}$;
mit { } in $= mmol_c\ l^{-1}$.
Die Zahlen an den Kurven sind ungefähre ESP-Werte; in Klammern stehen die experimentell ermittelten NAV-Werte (NAV: Natrium Adsorptionsverhältnis, s. Abschn. 14.5). Die ESP-Werte wurden mit Hilfe von Abb. 14.7 berechnet (Daten von Rowell 1963)

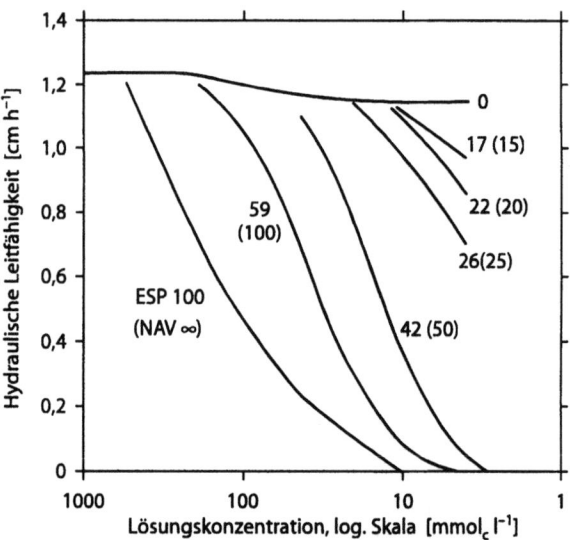

Abb. 14.3. Einfluß der Natriumsättigung (ESP) auf die hydraulische Leitfähigkeit eines smectitreichen Bodens. Die Meßwerte gehören zu Boden Nr. 2 aus Abb. 14.4. Die Zahlen an den Kurven sind ungefähre ESP-Werte; in Klammern stehen die experimentell ermittelten NAV-Werte (Abschn. 14.5). Die ESP-Werte wurden mit Hilfe von Abb. 14.7 berechnet. (Daten aus McNeal und Coleman 1966)

der Bodenlösung niedrige Werte erreicht. Außer an der Bodenoberfläche werden Gesamt-Ionenkonzentrationen von etwa 3 mmol$_c$ l^{-1} (s. Abschn. 14.1, Anm. 1) aufrechterhalten. Dies geschieht selbst bei Regen durch die Pufferung der austauschbaren Kationen und die Verwitterung von Mineralen. Bei diesen Konzentrationen kann die hydraulische Leitfähigkeit von Böden mit ESP-Werten um oder kleiner als 5 beeinträchtigt sein. An der Bodenoberfläche rufen niedrigere Lösungskonzentrationen, zusammen mit der mechanischen Wirkung der Regentropfen, selbst bei noch geringeren ESP-Werten bereits Verkrustung und reduzierte Infiltration hervor.

Aus den Daten in Abb. 14.2 und 14.3 sind wichtige Konsequenzen für die Bodenbearbeitung zu ziehen: Natriumreiche Böden benötigen Bewässerungswasser geringer Qualität (hohe Salzkonzentrationen), um Gefügeschäden zu vermeiden. Der schädlichen Wirkung des Regens kann man vorbeugen, wenn dem Boden lösliche Salze wie Gips oder Calciumchlorid zugeführt werden, durch die die Lösungskonzentration konstant gehalten und austauschbares Calcium zugeführt wird. Obwohl in der einfachsten Klassifizierung des Natriumgehalts ein ESP-Wert von 15 verwendet wird, ist der kritische ESP-Wert von der Lösungskonzentration abhängig; beide Werte müssen berücksichtigt werden, wenn man Entscheidungen bezüglich der Qualität des Bewässerungswassers fällt.

Unterschiede zwischen Böden

Zusätzlich tritt eine weitere Komplikation auf: Die durch Natriumanreicherung hervorgerufenen Schäden variieren von Boden zu Boden. Abbildung 14.4 zeigt die Unterschiede bezüglich des *Konzentrationsgrenzwertes*; das ist die Konzentration in der Bodenlösung, unterhalb der beträchtliche Veränderungen der hydraulischen Leitfähigkeit auftreten. Bei den Werten der Abbildung handelt es sich um die Konzentration, die eine 25%ige Abnahme der hydraulischen Leitfähigkeit hervorruft. Gefügeschäden können vermieden werden, wenn die Lösungskonzentration oberhalb dieses Grenzwertes gehalten wird. Die Daten wurden mit den in Abschn. 14.3 beschriebenen experimentellen Verfahren ermittelt.

Einführung

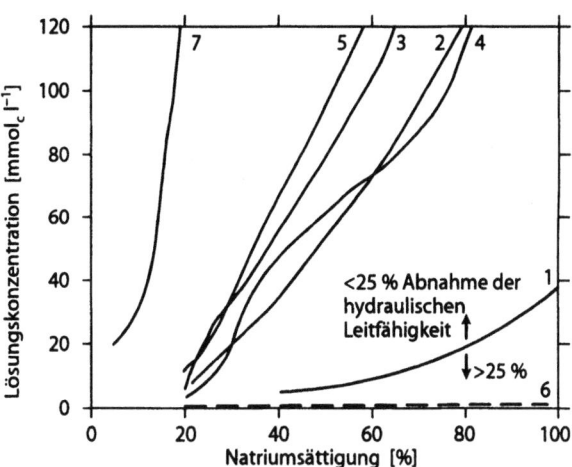

Abb. 14.4. Einfluß des Tongehaltes und der Mineralzusammensetzung auf Veränderungen der hydraulischen Leitfähigkeit. Die Kurve zeigt die Lösungskonzentration für jeden ESP-Wert, der eine 25%ige Verringerung der hydraulischen Leitfähigkeit hervorruft. Je niedriger die Konzentration ist, desto stärker ist der Rückgang der Leitfähigkeit (Daten von McNeal und Coleman 1966)

Boden	Ton %	Mineralzusammensetzung
1	11	Glimmer / Smectit / Sesquioxid
2	13	Glimmer / Smectit
3	14	Glimmer / Smectit / Vermiculit
4	23	Glimmer / Smectit
5	30	Glimmer / Smectit / Vermiculit
6	46	Kaolinit
7	60	Glimmer / Smectit

Der Kaolinit-Boden Nr. 6 (s.o.) ist kaum von Natriumanreicherung betroffen. Boden Nr. 1 besitzt einen geringen Tongehalt; die stabilisierende Wirkung der Sesquioxide, die an Glimmer und Smectite gebunden sind, schützt ihn ebenfalls vor Gefügeschäden. Die Schadensanfälligkeit aller anderen Böden, die von 2:1-Tonen dominiert werden, hängt vor allem von ihrem Tongehalt ab.

Zusammenfassung

Die Anfälligkeit von Böden gegenüber hohen Natriumgehalten ist abhängig von Tongehalt, Tonmineralbestand, Sesquioxid- und Humusgehalt sowie von der Lagerungsdichte. Das Ausmaß der möglicherweise auftretenden Schäden ist abhängig von diesen Bodeneigenschaften, der Menge an austauschbaren Kationen (insbesondere Natrium), der Konzentration der Bodenlösung und dem pH-Wert. Verwitterbare Minerale, wie z.B. Feldspat, Calcit und Gips, wirken schützend, da ihre, wenngleich begrenzte, Löslichkeit ausreicht, ein zu starkes Absinken der Konzentration der Bodenlösung zu verhindern. Darüber hinaus stellen sie eine Quelle für Calciumionen dar.

Management salz- und natriumhaltiger Böden

Melioration

Der Anlage künstlich bewässerter Anbauflächen auf bisher nicht kultivierten Böden sollte eine Bodenanalyse zur Bestimmung des Salz- und Natriumgehalts vorausgehen. Wenn dabei Probleme bestehen, müssen vor Beginn der Bodennutzung Meliorationsmaßnahmen durchgeführt werden. Eine Beschreibung der dazu erforderlichen Details geht über den Rahmen des Buches hinaus (s. Schilfgaarde 1974), aber es gelten die folgenden grundlegenden Prinzipien:

- *Natriumarme Salzböden.* Man kann qualitativ gutes Wasser verwenden, um die Salze aus dem Profil auszuwaschen. Strukturelle Schäden sind unwahrscheinlich.
- *Salz- und natriumhaltige Böden.* Die Verwendung qualitativ guten Bewässerungswassers führt zur strukturellen Schäden. Bringt man auf der Bodenoberfläche Gips aus, kann die Konzentration der Bodenlösung konstant gehalten werden. Außerdem wird der Boden dadurch mit Calciumionen versorgt, die Natrium von den Austauschern verdrängen können.
- *Salzarme Natriumböden.* Das Bodengefüge ist höchstwahrscheinlich bereits geschädigt, die Infiltrationsrate und die hydraulische Leitfähigkeit sind vermutlich gering. Durch das oberflächliche Ausbringen von Gips gelangen langsam austauschbare Calciumionen in den Boden. Die Gefügebildung ist ein ebenso langsam fortschreitender Prozeß: Gräser und andere Futterpflanzen können sich entwikkeln und den Bereich mit gut ausgebildetem Gefüge vertiefen. Die Kosten einer Melioration sind hoch.

Wasserqualität

Böden können in einem guten Zustand (geringer Salz- und Natriumgehalt) erhalten werden, wenn salzarmes Wasser zur Bewässerung verwendet und der Boden ange-

Tabelle 14.4. Die FAO-Richtlinien zur Bewertung der Wasserqualität für Bewässerungszwecke (aus Ayers und Westcot 1985)

Bewässerungsproblem	Einschränkungen zur Verwendung		
	keine	gering bis mäßig	stark
Salinität			
EC_w bei 25 °C [dS m^{-1}]	<0,7	0,7 – 3,0	>3,0
Infiltration (Natriumgehalt)			
SAR[a] = 0 – 3 u. EC_w =	>0,7	0,7 – 0,2	<0,2
= 3 – 6 =	>1,2	1,2 – 0,3	<0,3
= 6 – 12 =	>1,9	1,9 – 0,5	<0,5
= 12 – 20 =	>2,9	2,9 – 1,3	<1,3
= 20 – 40 =	>5,0	5,0 – 2,9	<2,9
Spezifische Ionentoxizität			
Natrium[b] (SAR)	<3	3,0 – 9,0	>9
Chlorid[b] [mmol l^{-1}]	<4	4,0 – 10,0	>10
Bor [mg l^{-1}]	<0,7	0,7 – 3,0	>3,0

[a] Man lese die Zeile horizontal, um die EC_w-Werte zu erhalten, die die Restriktionen für jeden Bereich der SAR-Werte angeben.
[b] Die Werte gelten für eine Oberflächen-(Tropf-)Bewässerung.

messen ausgewaschen wird. Qualitätskriterien sind: ein niedriger Salzgehalt, ein niedriges Na-Adsorptionsverhältnis (s.u.) zur Verhinderung von Natriumakkumulation und eine niedrige Konzentration der Ionen, die spezifische toxische Wirkungen haben können. In Tabelle 14.4 ist die am häufigsten verwendete Klassifikation von Bewässerungswasser (Ayers und Westcot 1985) dargestellt. Die Tabelle sollte folgendermaßen interpretiert werden:

- *Einschränkungen der Wasserverwendung.* Es handelt sich hier um grobe Werte. Die Probleme werden sich im Lauf der Zeit stellen; das Bodenmanagement muß sich auf diese Probleme einstellen, selbst wenn sie sich noch nicht erkennen lassen.
- *Salzgehalt.* Eine hoher Salzgehalt des Wassers kann sich direkt auf empfindliche Pflanzenarten auswirken (Tabelle 14.3). Bei niedrigeren Salzgehalten akkumulieren sich die Salze, was nach längeren Zeiträumen schließlich Pflanzenschäden verursacht, falls das Salz nicht mit dem Bewässerungswasser ausgewaschen wird.
- *Natriumanreicherung.* Die Hauptgefahr liegt in der Herabsetzung der Infiltrationsrate aufgrund struktureller Schäden, die von den austauschbaren Na^+-Ionen verursacht werden. Die Tendenz dieses Wassers, den ESP des Bodens zu erhöhen, wird mit Hilfe des *Natrium-Adsorptionsverhältnisses* (NAV; engl.: *sodium adsorption ratio*, SAR) eingestuft; dieses ist definiert als: $[Na^+]/([Ca^{2+}] + [Mg^{2+}])^{1/2}$; die Klammern stehen für die Konzentration in mmol l^{-1} (s. Abschn. 14.2). Wenn sich zwischen Boden und Wasser ein Gleichgewichtszustand eingestellt hat, ist der ESP ungefähr gleich dem NAV. Wie man aus der Tabelle entnehmen kann, wird bei der Klassifizierung von Natriumböden bei einem ESP ($\approx$ NAV) von 15 die Grenze gezogen (S. 492), was bereits hart an der Grenze ernstzunehmender Schäden liegt. Bei einem bestimmten Natriumgehalt ist das Ausmaß der Gefügeschäden vom Salzgehalt des Wassers abhängig. Überraschenderweise bleiben in Tabelle 14.4 Unterschiede im Tongehalt oder der Mineralzusammensetzung des Bodens unberücksichtigt; mit der Tabelle soll allerdings hinsichtlich des Zustands bewässerter Nutzflächen ein möglichst breites Spektrum abgedeckt werden; wenn genauere Informationen vorliegen, kann sie entsprechend modifiziert werden, um den lokalen Bedingungen besser zu entsprechen.
- *Spezifische Toxizität einzelner Ionen.* Auch hier handelt es sich um grobe Richtwerte; die toxische Wirkung ist abhängig von der Empfindlichkeit der angebauten Pflanzen. Die Toxizität von Natrium ist von der Na-Sättigung der Austauscher abhängig; damit ist das NAV ein sinnvolles Maß für mögliche Probleme.

Ein in Tabelle 14.4 nicht berücksichtigtes Problem ergibt sich aus den hohen Konzentrationen von Ca^{2+} und $CO_3^{2-} + HCO_3^-$. Wenn Wasser in den Boden eindringt, kann $CaCO_3$ ausfallen, das die wasserleitenden Poren verschließt. Dadurch sinkt die Ca^{2+}-Konzentration, was wiederum das NAV ansteigen läßt (Ayers und Westcot 1985).

Notwendigkeit der Auswaschung

Salzakkumulation ist offensichtlich das Ergebnis der Bewässerung in Trockengebieten. Weniger offensichtlich ist jedoch, daß das NAV der Bodenlösung im Lauf der Salzakkumulation steigt und das NAV des Bewässerungswassers übertrifft. Auswaschung wird damit unumgänglich, will man die Salzakkumulation stoppen und den Anstieg des NAV (und des ESP) auf ein inakzeptables Niveau verhindern.

Beispiel. Das Wasser des Flusses Pecos (Tabelle 14.1) enthält 11,5 mmol Na^+ l^{-1} und 13,25 mmol (Ca^{2+} + Mg^{2+}) l^{-1} und hat damit ein NAV von 3,2. Wenn sich die Akkumulation der Salze verdoppelt, steigen die Konzentrationen auf 23 bzw. 26,5 mmol l^{-1} und die NAV erreicht 4,5.

Auswaschfraktion

Das Bewässerungswasser wird zur Deckung des Transpirationsbedarfs der angebauten Pflanzen benötigt. Um Salze aus der Wurzelzone auswaschen und akzeptable Salz- und Natriumwerte gewährleisten zu können, wird zusätzliches Wasser benötigt. Dieses Wasser wird als Anteil des insgesamt verbrauchten Wassers ausgedrückt und als die Auswaschfraktion (*engl.: leaching fraction*, abgekürzt LF) bezeichnet.

Die Bedingungen in einem Bodenprofil können vorhergesagt werden, wenn man annimmt, daß das Wasser mit konstanter Infiltrationsrate in die Bodenoberfläche eintritt, mit konstanter Aufnahmerate von den Wurzeln entzogen wird und das Sikkerwasser mit konstanter Rate das Profil verläßt. Man bezeichnet dies auch als *stationäre* Bedingungen. Im Feld treten derartige Bedingungen nicht auf, da die Bewässe-

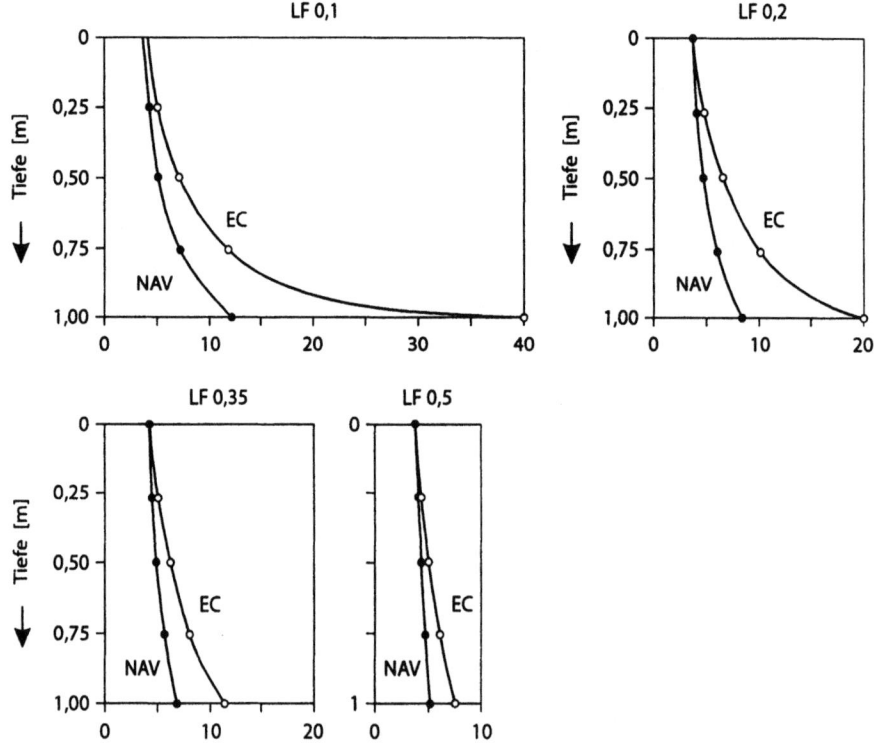

Elektrische Leitfähigkeit (EC) der Bodenlösung [dS m^{-1}] und Natrium-Adsorptionsverhältnis (NAV)

Abb. 14.5. Theoretische Salzverteilung in einem bewässerten Bodenprofil. Das in den Boden eindringende Bewässerungswasser hat eine EC von 4 dS m^{-1} und ein NAV von 4. Die Werte wurden aus den Gleichungen 14.3 und 14.4 berechnet

rung dann erfolgt, wenn Wasser und Geräte zur Verfügung stehen; außerdem schwanken die Evapotranspirationsraten sehr stark. Derartige Vorhersagen geben jedoch nützliche Anhaltspunkte für das Bodenmanagement.

Abbildung 14.5 zeigt Beispiele für stationäre Bedingungen in einem 1 m tiefen Profil mit gleichmäßigem Wasserentzug durch die Wurzeln. Die Form der Kurven ergibt sich aus der Tatsache, daß die nach unten gerichtete Wasserbewegung stationär ist und die Wasseraufnahme durch die Wurzeln die Konzentration der Bodenlösung in zunehmendem Maß erhöht. An der Bodenoberfläche ist die Konzentration der Bodenlösung gleich der des Bewässerungswassers. Wurde die Hälfte des Wassers von den Wurzeln aufgenommen (LF = 0,5), steigt die EC im Profil von 4 auf 8 dS m^{-1}; sind aber 9/10 des Wassers verbraucht (LF = 0,1), steigt die EC auf 40 dS m^{-1}. In Abschnitt 14.6 wird beschrieben, wie diese Werte ermittelt wurden. Die Toleranz der Pflanzen (Tabelle 14.3) wird verwendet, um die maximal akzeptable Salzkonzentration in der Wurzelzone festzulegen. Die Auswaschfraktion, die in der Lage ist, diese Bedingung aufrechtzuerhalten wird als die zur Regulation des Salzgehalts erforderliche Wassermenge (*engl.: leaching requirement*) bezeichnet. Ayers und Westcot (1895) stellen ähnliche Daten (in ihrer Abb. 2) vor, bei denen ungleichmäßige Wasseraufnahme in der Wurzelzone berücksichtigt wurde.

Veränderungen des NAV sind auch in Abb. 14.5 dargestellt; sie wurden unter der Annahme berechnet, daß genug Wasser durch den Boden geflossen ist und daß sich ein Gleichgewichtszustand zwischen austauschbaren Kationen und Bodenlösung einstellen konnte. Anfangs wird der Kationenaustausch die Bodenlösung puffern und das NAV wird langsam bis zum Gleichgewichtszustand ansteigen. Die Anfälligkeit des Bodens für die Auswirkungen der Natriumanreicherung wird dazu verwendet, über das maximal akzeptable NAV am Grund des Profils zu entscheiden. Daraus läßt sich die zur Regulation des Natriumgehalts erforderliche Auswaschfraktion bestimmen. Die höhere der beiden Auswaschfraktionen sollte eingesetzt werden, um den Boden vor Versalzung und Natriumanreicherung zu schützen.

Verbesserung der Wasserqualität

Wenn qualitativ gutes Wasser nur in begrenztem Umfang zur Verfügung steht, muß Wasser schlechter Qualität verwendet werden. Die folgenden Verfahren helfen, die Gefährdung des Bodens zu reduzieren (s. Abschn. 14.6):

- Der Salzgehalt kann durch Mischung mit salzarmem Wasser verringert werden.
- Der Natriumgehalt des Wassers kann auf demselben Wege gesenkt werden: Genauso wie das NAV der Bodenlösung ansteigt, wenn das Wasser verdunstet, kann das NAV salzreichen Bewässerungswassers gesenkt werden, wenn man es mit salzarmem Wasser mischt.
- Die Ausbringung von Gips auf der Bodenoberfläche erhöht die Calcium-Konzentration der Bodenlösung und senkt ihr NAV.

Salzgehalt in Gewächshäusern

Hohe Salzgehalte können in Böden und Komposten von Gewächshäusern in Form von Kalium, Nitrat und Chlorid auftreten. Sie sind das Ergebnis direkter Düngeranwendung oder der Akkumulation von Dünger- und Nährflüssigkeitsresten, die den Bedarf der Feldfrucht überstiegen. Die Messung und Verwendung des EC-Index wird in Abschn. 14.7 beschrieben.

Weitere Studien

Übungsprojekte finden sich in Abschn. 14.8; Übungsaufgaben in Abschn. 14.9.

14.1
Analyse der Zusammensetzung des Bewässerungswassers

Wasserproben

Um sicherzustellen, daß man eine repräsentative Wasserprobe erhält, mischt man mehrere und zu verschiedenen Zeiten entnommene Proben. Proben von Brunnenwasser sollten erst gesammelt werden, nachdem die Pumpe einige Zeit gelaufen ist. Proben aus Fließgewässern sollten aus dem strömenden Wasser stammen.

Die Carbonat- und Hydrogencarbonat-Konzentration muß so schnell wie möglich bestimmt werden, damit keine Veränderungen durch Adsorption, CO_2-Verluste oder Ausfällung von Calciumcarbonat eintreten. Letzteres würde gleichzeitig die Calciumkonzentration senken.

Carbonat- und Hydrogencarbonat-Konzentration

Die Konzentrationen beider Ionen werden durch Titration mit Standardsäure bestimmt. Außer bei hohen pH-Werten wird sehr wenig Carbonat vorhanden sein. Man bestimmt das Carbonat durch Titration bis pH 8,2, wobei man ein pH-Meter oder Phenolphthalein als Indikator verwendet; das Hydrogencarbonat bestimmt man mit Methylorange als Indikator, indem man die Titration bis zu einem pH von 4,5 fortsetzt (Nuffield Advanced Chemistry II, Topic 12.5). Für die meisten Zwecke ist die gemeinsame Konzentration beider Kationen ausreichend: Der normale Konzentrationsbereich liegt bei 0–10 $mmol_c$ l^{-1} (s. Anm. 1).

Reagenzien

- *Salzsäure*, 0,01 M;
- *Methylorange-Indikator*. 0,1 g Methylorange werden in 100 ml Wasser gelöst.

Methode

Man pipettiert 10 ml Bewässerungswasser in einen 250-ml-Erlenmeyerkolben, verdünnt mit destilliertem Wasser auf etwa 50 ml, gibt einige Tropfen Indikator zu und titriert mit 0,01 M HCl bis zum Endpunkt (gelb → rot).

Rechenbeispiel

Folgende Reaktionen finden statt:

$$HCO_3^- + HCl = H_2O + CO_2 + Cl^-;$$
$$CO_3^{2-} + 2HCl = H_2O + CO_2 + 2Cl^-.$$

14.1 · Analyse der Zusammensetzung des Bewässerungswassers

In beiden Fällen reagiert 1 mol_c CO_3^{2-} oder HCO_3^- mit 1 mol HCl (1 mol CO_3^{2-} enthält 2 mol_c). Damit ist die Anzahl der mol_c von $CO_3^{2-} + HCO_3^-$ in 10 ml Wasser gleich der Anzahl der bei der Titration verbrauchten mol HCl. Werden beispielsweise 5,2 ml Säure verbraucht, entspricht dies

0,01 mol l^{-1} · 5,2/1 000 l = 5,2 · 10^{-5} oder 0,052 mmol.

Damit enthalten 10 ml Bewässerungswasser 0,052 $mmol_c$ $CO_3^{2-} + HCO_3^-$; die Konzentration beträgt also 5,2 $mmol_c$ l^{-1}. Die Berechnung läßt sich vereinfachen zu:

$mmol_c$ ($CO_3^{2-} + HCO_3^-$) l^{-1} = Titrationsvolumen in ml.

Häufig wird dieser Wert der Einfachheit halber mit der HCO_3^--Konzentration gleichgesetzt und als die *Alkalität* des Wassers bezeichnet. Letzteres ist wahrscheinlich die beste Bezeichnung, da auch eine geringe Menge an Hydroxid-Ionen mittitriert wird. Man beachte, daß die $CO_3^{2-} + HCO_3^-$-Konzentration im wesentlichen vom pH-Wert abhängt, so daß man Fehler bei der Konzentrationsbestimmung überprüfen kann. Die Konzentration übersteigt selten 10 $mmol_c$ l^{-1}, wenn der pH unterhalb von 8,5 liegt, und selten 3–4 $mmol_c$ l^{-1} bei pH 7 oder darunter.

Elektrische Leitfähigkeit

Die Fähigkeit einer Lösung, Strom zu leiten, ist von der Konzentration der vorhandenen Ionen und ihrer elektrischen Ladung abhängig. Ein Leitfähigkeitsmeßgerät mißt den Strom, der in der Lösung zwischen zwei Elektroden (üblicherweise Platin-Elektroden) einer Leitfähigkeitszelle fließt.

Definitionen und Beziehungen zwischen den Parametern

Leitfähigkeit. Dies ist die Fähigkeit einer Lösung, Elektrizität weiterzugeben. Sie entspricht dem Kehrwert des Widerstands und hat die Einheit Siemens (S) = Ohm^{-1}.

Elektrische Leitfähigkeit (EC). Hierbei handelt es sich um die Leitfähigkeit einer Lösung, die den Raum zwischen zwei Metalloberflächen im Abstand von 1 m ausfüllt; die beiden Metallflächen sind jeweils 1 m^2 groß. Man verwendet das Symbol K und die Einheit 1 S m^{-1}. Fast in der gesamten Literatur zum Thema Bodenversalzung wird für die elektrische Leitfähigkeit die alte Einheit mmho cm^{-1} verwendet; dabei ist mho = S. Der Einfachheit halber werden die Werte in dS m^{-1} (Dezisiemens pro Meter) angegeben, da 1 dS m^{-1} = 1 mmho cm^{-1} ist (1 dS = 10^{-1} S).

Konzentration. Für eine Reihe gemischter Salzlösungen zeigt Abb. 14.6 den ungefähren Zusammenhang zwischen der Konzentration und der EC bei 25 °C. Als groben Anhaltspunkt kann man verwenden:

Konzentration der Kationen oder Anionen [$mmol_c$ l^{-1}]

$\cong$ 10 · EC (s. Anm. 1)[dS m^{-1}].

Als Einheit muß $mmol_c$ l^{-1} verwendet werden, da die Leitfähigkeit sowohl von der Ladung als auch der Zahl der Ionen abhängt. Die Übereinstimmung der Daten aus Tabelle 14.1 mit der Kurve Graph in Abb. 14.6 kann überprüft werden: Das Wasser des Pecos hat z.B. Ionenkonzentrationen von 17,3, 9,2 bzw. 11,5 $mmol_c$ l^{-1} für Ca^{2+}, Mg^{2+}

Abb. 14.6. Beziehung zwischen Lösungskonzentration des Sättigungsextrakts und elektrischer Leitfähigkeit bei 25 °C. Die Gerade wurde für 50 Böden aus dem Westen der Vereinigten Staaten bestimmt. Sie gilt auch für Bewässerungwasser, da es sich ebenso wie bei Flußwasser um gemischte Salzlösungen mit ähnlich hohen Salzkonzentrationen handelt. Der Graph wurde auf 0,1 dS m^{-1} extrapoliert, um den Konzentrationsbereich qualitativ guten Wassers einzubeziehen. Die Lösungskonzentration entspricht der Gesamtkonzentration aller Kationen und Anionen (s. Abschn. 14.1, Anm. 1) (aus Richards, 1954)

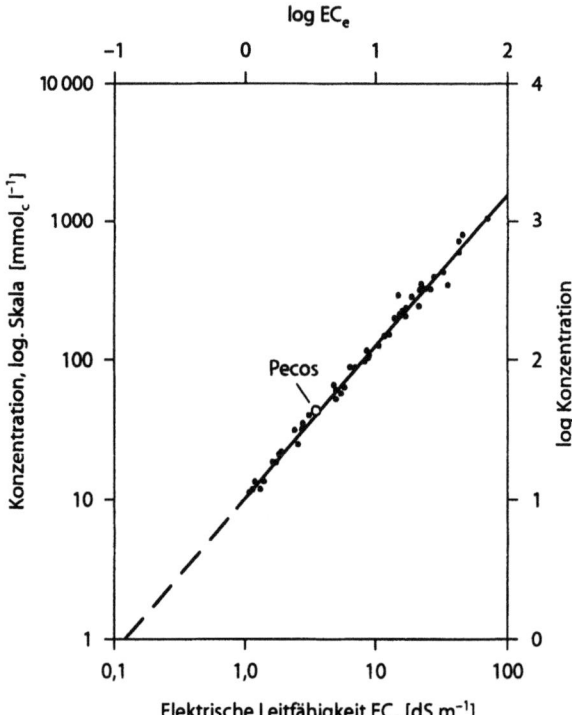

bzw. Na$^+$, was eine Gesamtkonzentration von 38 mmol$_c$ l^{-1} bei einer EC von 3,2 dS m^{-1} ergibt. Durch Logarithmieren erhält man 1,58 und 0,51; diese Werte sind in Abb. 14.6 aufgetragen und fallen in den vorhergesagten Bereich.

Temperatur. Die EC einer Lösung ist temperaturabhängig. Die Werte werden auf 25 °C bezogen. Um bei 20 °C gemessene Werte in 25 °C-Werte umzurechnen, multipliziert man mit 1,112. Die ADAS-EC-Messungen werden bei 20 °C durchgeführt.

Geräte und Reagenzien

- *Leitfähigkeitsmeßgerät;*
- *Leitfähigkeitszelle;*
- *Leitfähigkeits-Eichlösungen.* NaCl wird 1 h lang bei 105 °C getrocknet und im Exsikkator abgekühlt. Man löst 2,922 g in Wasser und füllt auf 1 l auf, was einer 50 mM NaCl-Lösung entspricht. Man verdünnt um die Faktoren 10 und 100, so daß man 5 bzw. 0,5 mM Lösungen erhält. Diese besitzen EC-Werte von 5,550, 0,604 und 0,0625 dS m^{-1} bei 25 °C bzw. 4,995, 0,543 und 0,0562 dS m^{-1} bei 20 °C.

Methode

Bei vielen Leitfähigkeitszellen ist der Zellfaktor angegeben; das Meßgerät kann dann auf diesen Faktor eingestellt werden, damit ist die Zelle direkt betriebsbereit. Es ist jedoch ratsam, das Meßgerät mit einer Standard-NaCl-Lösung zu eichen. Je nach Gerätetyp wird die Zelle mit der Lösung gefüllt oder in diese hineingehalten. Man verwendet 5 mM Lösung zur Eichung, deren Genauigkeit man mit zwei weiteren Lö-

14.1 · Analyse der Zusammensetzung des Bewässerungswassers

sungen überprüft. Diese Eichung sollte entweder bei 20 oder 25 °C vorgenommen werden. Die EC der Probe wird gemessen und der Wert für 25 °C notiert (ggf. verwendet man den Umrechnungsfaktor).

Das Meßgerät gibt die Werte vermutlich in den noch häufigen mS cm^{-1} oder µS cm^{-1} an. Die Umrechnung ist einfach, da 1 mS cm^{-1} = 1 dS m^{-1} ist.

Natrium, Calcium und Magnesium

Die üblichen Konzentrationen für Bewässerungswasser liegen bei 0–50 mmol Na$^+$ l^{-1}, 0–20 mmol Ca^{2+} l^{-1} und 0–10 mmol Mg^{2+} l^{-1}, was ungefähr 0–1 000 mg Na$^+$ l^{-1}, 0–800 mg Ca^{2+} l^{-1} und 0–250 mg Mg^{2+} l^{-1} entspricht. Zur Messung dieser Ionen wird ein Atomabsorptionsspektrometer (AAS) herangezogen. Ohne auf weitere Details einzugehen, seien die normalen Kalibrierungsbereiche genannt: 0–1 mg Na$^+$ l^{-1}, 0–5 mg Ca^{2+} l^{-1} und 0–0,5 mg Mg^{2+} l^{-1}. Das Bewässerungswasser sollte daher zur Messung verdünnt werden: z.B. ×500 für Na$^+$ (für die Emission), ×100 für Ca^{2+} und ×250 für Mg^{2+}; allerdings muß man nach der „Trial-and-error"-Methode vorgehen, um zufriedenstellende Meßwerte zu erzielen. Falls kein AAS zur Verfügung steht, können die folgenden Methoden angewendet werden.

Flammenphotometrische Bestimmung des Natriums

Geräte und Reagenzien

- *Flammenphotometer* mit *Natriumfilter*;
- *Natriumchlorid-Eichösungen*. NaCl wird 1 h bei 105 °C getrocknet und im Exsikkator abgekühlt. Man löst 0,254 g in Wasser und füllt auf 100 ml auf. Diese Lösung enthält 1 g Na$^+$ l^{-1}. Man pipettiert 10 ml in einen 100-ml-Meßkolben und füllt bis zur Markierung auf. In weitere 100-ml-Meßkolben pipettiert man 0, 2, 4, 7 und 10 ml der verdünnten Eichlösung und füllt bis zur Markierung auf. Diese Lösungen enthalten 0, 2, 4, 7 und 10 mg Na$^+$ l^{-1}. Möglicherweise ist eine NaCl-Eichlösung (1 g Na$^+$ l^{-1}) auch (vom Gerätehersteller) käuflich erhältlich.

Methode

Man kalibriert das Flammenphotometer nach der Vorschrift in Abschn. 7.2.

Das Bewässerungswasser muß evtl. um den Faktor 50 verdünnt werden, um es in den Meßbereich zu bringen: Man pipettiert 1 ml der Probe in einen 50-ml-Meßkolben, füllt bis zur Markierung auf und mißt die Konzentration.

Rechenbeispiel

Zusammenfassung der Methode
Wasserprobe (? mmol Na$^+$ l^{-1})
↓
1 ml → 50 ml, gemessene Konzentration [mg l^{-1}].

Beispiel. Die gemessene Konzentration der verdünnten Probe beträgt 6,5 mg Na$^+$ l^{-1}; damit beträgt die Konzentration der unverdünnten Probe

6,5 · 50 = 325 mg l^{-1} oder 0,325 g l^{-1}.

Die Probe hat eine Molarität von 0,325 g l^{-1}/23 g mol^{-1} = 14 mmol l^{-1}.

Gemeinsame Bestimmung des Calciums und Magnesiums durch Titration

Die Methode wurde in Abschn. 7.2 beschrieben. Man titriert 10 ml Bewässerungswasser mit 0,005 M EDTA (Na_2-Salz).

Rechenbeispiel
Zusammenfassung der Methode
Wasserprobe (? mmol (Ca^{2+} + Mg^{2+}) l^{-1})
↓
10 ml titriert mit 0,005 M Na_2-EDTA.

Beispiel. Das Titrationsvolumen beträgt 7,5 ml; die verbrauchte Na_2-EDTA-Menge beträgt

$$0{,}005 \text{ mol } l^{-1} \cdot 7{,}5/1\,000 \text{ l} = 3{,}75 \cdot 10^{-5} \text{ mol} = 0{,}0375 \text{ mmol}.$$

In 10 ml Wasser befindet sich die gleiche Stoffmenge Ca^{2+} und Mg^{2+}. Die Konzentration beträgt folglich:

$$0{,}0375 \cdot 1\,000/10 = 3{,}75 \text{ mmol } (Ca^{2+} + Mg^{2+}) \, l^{-1}.$$

Die Rechnung läßt sich vereinfachen zu:

$$\text{mmol } Ca^{2+} + Mg^{2+} \, l^{-1} = \text{Titrationsvolumen (ml)}/2.$$

Überprüfung der Meßergebnisse

Die in Abb. 14.6 aufgetragene Beziehung zwischen der Konzentration und der EC erlaubt es, die Messungen zu überprüfen. Im soeben berechneten Beispiel beträgt die Konzentration des Bewässerungswassers

$$14 \text{ mmol}_c \, Na^+ \, l^{-1} + (3{,}75 \cdot 2) \text{ mmol}_c \, (Ca^{2+} + Mg^{2+}) \, l^{-1} = 21{,}5 \text{ mmol}_c \, l^{-1}.$$

Vorausgesetzt, daß nur noch geringe Mengen weiterer Kationen (K^+, NH_4^+) vorhanden sind, müßte die EC etwa 2 dS m^{-1} betragen.

Andere Messungen

Calcium und Magnesium können auch getrennt durch Titration bestimmt werden (s. Abschn. 7.2); die Methoden zur Sulfat- und Chloridbestimmung wurden in den Abschnitten 10.5 bzw. 7.6 beschrieben.

Natrium-Adsorptionsverhältnis (NAV)

Aus den Ergebnissen der flammenphotometrischen Na-Bestimmung und der Titration von Calcium und Magnesium berechnet man:

$$NAV = [Na^+]/([Ca^{2+} + Mg^{2+}])^{1/2};$$

die Klammer [ ] bedeutet Konzentration in mmol l^{-1}.

Anmerkung 1. Der Gebrauch der Einheit Mol an Ladung (mol_c) für austauschbare Kationen wurde in Abschn. 7.2 erläutert. Bei Untersuchungen des Salzgehalts wird dieselbe Einheit häufig für die Gesamtkonzentration einer Mischung von gelösten Ionen verschiedener Wertigkeit (normalerweise in $mmol_c\ l^{-1}$) verwendet, hauptsächlich weil die EC mit der Gesamtladung der Ionen verknüpft ist. Auch können die Titrationsmeßwerte der CO_3^{2-} + HCO_3^--Konzentration bequem in $mol_c\ l^{-1}$ ausgedrückt werden, wie dies auch für H^+- und Al^{3+}-Ionen geschieht (s. Abschn. 7.3). Man beachte, daß in diesem Kapitel, je nach Zweck, sowohl mol_c als auch mol als Einheiten verwendet werden, wobei die Ladungsmenge in Mol an Ladung gleich dem Produkt aus der Stoffmenge und der Ladungszahl des Ions ist. Man beachte außerdem, daß sich die Gesamtkonzentration einer gemischten Salzlösung (ausgedrückt in $mmol_c\ l^{-1}$) durch Summierung entweder der Kationen- oder Anionen-Konzentrationen bestimmen läßt: $mmol_c$ Kationen = $mmol_c$ Anionen.

14.2
Herstellung eines Sättigungsextrakts und Analyse des Salz- und Natriumgehalts

Der Salzgehalt des Bodens ist als Eigenschaft der Bodenlösung von großer Bedeutung. Sie läßt sich durch Verdrängung der Lösung aus einer feuchten Geländebodenprobe untersuchen (Kinniburgh und Miles 1983); für Routinezwecke müssen jedoch einfachere Methoden herangezogen werden. Die Lösung wird meist aus einer gesättigten Paste oder einer Bodensuspension (Boden-Wasser-Verhältnis 1:5) extrahiert. In der Extraktionslösung werden danach die EC und die Konzentrationen von Natrium, Calcium und Magnesium gemessen.

Der Natriumgehalt des Bodens wird über den ESP (Prozentanteil des austauschbaren Natriums) bestimmt. Die in Abschn. 7.2 beschriebenen Methoden wurden modifiziert, um eventuell vorhandene lösliche Salze sowie Gips und Calcit (die weniger gut löslich sind) zu berücksichtigen.

14.2.1
Salzgehalt des Bodens

Gesättigte Paste

Die Bodenprobe sollte luftgetrocknet und durch ein 2-mm-Sieb gesiebt werden. Man bestimmt ihren Wassergehalt in g H_2O pro 100 g ofentrockenem Boden (s. Methoden in Abschn. 3.3).

Man wiegt etwa 300 g (±0,1 g) lufttrockenen Boden in einen gewogenen 500-ml-Plastikbecher. Unter Rühren wird destilliertes Wasser zugegeben, bis der Boden beinahe gesättigt ist. Die Paste sollte nun mehrere Stunden lang stehen, damit sie völlig durchfeuchtet ist. Danach gibt man mehr Wasser zu, bis sich eine gesättigte Paste bildet. In diesem Zustand glänzt die Paste, da sie das Licht reflektiert, zerfließt etwas, wenn man den Becher kippt, und gleitet ungehindert und sauber von einem Spatel. Nach Einritzen mit dem Spatel bildet sich sofort wieder eine glatte Oberfläche, wenn man am Becher klopft. Man deckt den Becher ab und läßt ihn über Nacht stehen. Dann überprüft man den Zustand der Paste; je nach Bedarf gießt man mehr destilliertes Wasser zu oder läßt stärker trocknen. Paste und Becher werden gewogen, um die Masse des zugefügten Wassers zu bestimmen.

Boden-pH

Wenn erforderlich, kann zu diesem Zeitpunkt der pH-Wert der Paste gemessen werden(s. Abschn. 8.1).

Sättigungswassergehalt

Hierbei handelt es sich um die Wassermenge in der gesättigten Paste, ausgedrückt als Prozentanteil an der ofentrockenen Bodenmasse.

Berechnung

Die Wassermenge im lufttrockenen Boden plus der Wassermenge, die zur Herstellung der Paste zugefügt wurde, ergibt den Gesamtwassergehalt. Dieser sollte als Wassermenge pro 100 g ofentrockenem Boden ausgedrückt werden.

Sättigungsextrakt

Reagenz

- *Natriumhexametaphosphat*, 0,1 %. Man löst 0,1 g $(NaPO_3)_6$ in 100 ml Wasser.

Methode

Man legt einen Büchner-Trichter mit Whatman-Filterpapier Nr. 50 aus. Die Paste wird in den Trichter überführt und ein Vakuum angelegt. Ist das Filtrat zunächst trübe, filtert man noch einmal durch dasselbe Papier. Die Filtration wird gestoppt, wenn Luft durch das Papier gezogen wird. Im allgemeinen kann man 1/4 bis 1/3 des Wassers aus der Paste zurückgewinnen (d.h. 20–60 ml).

Nun wird dem Filtrat Natriumhexametaphosphat-Lösung (etwa 1 Tropfen pro 25 ml) zugefügt, um die Ausfällung von Calciumcarbonat zu verhindern. Dadurch werden ca. 0,02 mmol $Na^+ l^{-1}$ zugeführt, was aber im Verhältnis zum Na-Gehalt des Bodens vernachlässigbar ist.

Messungen am Sättigungsextrakt

Elektrische Leitfähigkeit

Die Methoden entsprechen denen, die für die Analyse von Bewässerungswasser beschrieben wurden (s. Abschn. 14.1).

Natrium, Calcium und Magnesium

Auch hierfür können die in Abschn. 14.1 beschriebenen Methoden angewendet werden. Bei Verwendung eines AAS muß womöglich stärker verdünnt werden als bei Bewässerungswasser, da die Konzentrationen im Extrakt größer sein können: 0–150 mmol $Na^+ l^{-1}$, 0–20 mmol $Ca^{2+} l^{-1}$ und 0–20 mmol $Mg^{2+} l^{-1}$. Die folgenden Verdünnungsfaktoren sind zu empfehlen: ×1000 für Na^+, ×100 für Ca^{2+} und ×500 für Mg^{2+}.

Flammenphotometrische Bestimmung des Natriums

Man verdünnt 1 ml Extrakt vor der Messung auf 100 ml und korrigiert die Berechnung entsprechend (s. Abschn. 14.1).

Gemeinsame Bestimmung des Calciums und Magnesiums durch Titration

Man titriert 5 ml Extrakt und korrigiert die Berechnung entsprechend (Abschn. 14.1).

Natrium-Adsorptionsverhältnis (NAV)

Berechnung wie in Abschn. 14.1.

Beziehungen zwischen den Meßwerten

Tabelle 14.5 zeigt, daß der Sättigungswassergehalt je nach Bodenart variiert und daß er größer ist als der Wassergehalt feuchter Freilandböden. Der Salzgehalt der Bodenlösung ist daher größer als der im Sättigungsextrakt gemessene Salzgehalt. Allerdings variiert auch der Wassergehalt feuchter Freilandböden je nach Bodenart (s. Abschn. 5.2). Mit Ausnahme von Sandböden ist der Sättigungswassergehalt etwa viermal so groß wie der Wassergehalt am permanenten Welkepunkt und etwa doppelt so hoch wie der Wassergehalt bei Feldkapazität. Obwohl also der Sättigungsextrakt zwei- bis viermal stärker verdünnt ist als die Bodenlösung bei Feldkapazität bzw. am permanenten Welkepunkt, bedeutet die Konstanz dieser Faktoren, daß die EC des Sättigungsextrakts als Indikator für den Einfluß der Bodensalzgehalts auf das Pflanzenwachstum benutzt werden kann.

Bei Sandböden beträgt der Sättigungswassergehalt das Zwei- bis Vierfache des Wassergehalts bei Feldkapazität. Das liegt am großen Anteil der Grobporen, die in der Paste wassergefüllt, bei Feldkapazität aber leer sind. Deshalb wird der Salzgehalt unterschätzt, wenn man die EC des Sättigungsextrakts zugrundelegt, weshalb für Sandböden die folgende Methode angewendet werden sollte.

Modifiziertes Extraktionsverfahren für Sandböden

Wenn ein kleines Volumen sandigen Bodens durchnäßt wird, das in Kontakt mit trockenem Boden steht, wird sich das Wasser verteilen, bis der durchfeuchtete Bodenbereich Feldkapazität erreicht hat. Genau dieser Wassergehalt wird gemessen. Wenn man die vierfache Menge dieses Wassergehalts zugibt, kann der Extrakt durch

Tabelle 14.5. prozentuale Bodensättigung (Richards 1954)	Textur	prozentuale Sättigung [g H_2O pro 100 g ofengetrockneten Bodens]
	grob	32[a] (16 – 43)
	mittel	43 (26 – 60)
	fein	60 (42 – 79)
	humos	142 (81 – 255)

[a] Durchschnittswert von insgesamt 62 untersuchten Böden angegeben; in Klammern folgt der Wertebereich.

Vakuumfiltration gewonnen werden. Mit der oben beschriebenen, für schwerere Böden geeigneten Extraktionsmethode erhält man einen Sättigungswassergehalt, der dem zweifachen Wassergehalt bei Feldkapazität entspricht. Daher muß die EC des modifizierten Extrakts mit 2 multipliziert werden, damit der Meßwert für den Salzgehalt des Sandbodens mit den Salzgehalten anderer Böden verglichen werden kann.

Ausrüstung
- *Behälter für den Boden*, 10–12 cm Durchmesser, mit einem gut passenden inneren Drahtkorb (Maschenweite des Drahtgeflechts etwa 6 mm).

Methode
Man stellt den Korb in den Behälter und füllt lufttrockenen Feinboden bis zu einer Höhe von 3 cm ein. Man pipettiert 2 ml Wasser auf die Bodenoberfläche, so daß sie an mehreren Stellen naß ist, der Rest des Bodens aber trocken bleibt. Man wartet 15 min, hebt dann den Korb an und siebt den trockenen Boden vorsichtig aus. Die zurückbleibenden feuchten Bodenklümpchen werden gewogen.

Berechnung
Der feuchte Boden enthält 2 ml Wasser (2 g). Damit gilt: Masse des lufttrockenen Bodens in den Klümpchen = (Masse der feuchten Klümpchen – 2) g. Der Wassergehalt der Klümpchen berechnet sich folgendermaßen:

$100[2/(\text{Masse der feuchten Klümpchen} - 2)]$ g H_2O 100 g^{-1} lufttrockenen Bodens.

Der Wassergehalt lufttrockener Sande ist gering und somit entspricht dieser Wert etwa der Wassermenge pro 100 g ofentrockenem Boden.

Modifizierter Extrakt
Zu 300 g lufttrockenem Boden gibt man so viel Wasser zu, daß der Wassergehalt das Vierfache des Wassergehalts der Klümpchen erreicht. Man mischt durch und läßt über Nacht stehen. Nun kann extrahiert werden; die Messungen können genauso wie bei Extrakten aus nichtsandigen Böden erfolgen. Der EC-Wert wird mit 2 multipliziert und kann als direkter Gradmesser für den Salzgehalt des Bodens verwendet werden (Tabelle 14.3). Voraussetzung der Methode ist, daß sich Gips und andere Minerale nicht im Extrakt lösen.

Direkte Messungen an der gesättigten Paste

Messungen der elektrischen Leitfähigkeit der Paste können dazu verwendet werden, die EC-Werte des Sättigungsextrakts nach der Gleichung von Rhoades *et al.* (1989a) vorauszusagen, wodurch man sich die Vakuumfiltration erspart.

Verwendung eines 1:5-Extrakts

Wenn keine Vakuumfiltration durchgeführt werden kann, läßt sich die EC des Bodens mit einem 1:5-Extrakt bestimmen: zu 20 g lufttrockenem Boden gibt man 100 ml Wasser und schüttelt 1 h. Man läßt die Suspension 30 min stehen und pipettiert zur Bestimmung der EC 20 ml des Überstands in ein Becherglas.

Die EC dieses Sättigungsextrakts wird folgendermaßen berechnet:

$EC_{Sättigungsextrakt} \cong 6{,}4 \cdot EC_{1:5-Extrakt}$.

Der Faktor 6,4 ist nicht einfach nur der Verdünnungsfaktor (dieser liegt zwischen 8 und 15), da der suspendierte Ton zur EC des 1:5-Extrakts beiträgt.

Ionenkonzentrationen in den Extrakten.
Obwohl die Verdünnung der Bodenlösung zur Gewinnung eines Extraktes einen vorhersagbaren Einfluß auf die EC nimmt, ist die Wirkung auf einzelne Ionen weniger absehbar. Die Konzentration nichtadsorbierter Cl^-- und NO_3^--Ionen ist zur zugegebenen Wassermenge direkt proportional. Kationen werden hingegen ausgetauscht: Verdünnung führt zur Adsorption von Ca^{2+} und Mg^{2+}-Ionen, während Na^+-Ionen desorbiert werden. Damit sind die Mengenverhältnisse der Kationen im Extrakt nicht mehr die gleichen wie in der Bodenlösung. Die im Sättigungsextrakt gemessenen Verhältnisse können als Maß für den Natriumgehalt dienen, wie im folgenden Abschnitt gezeigt wird.

14.2.2
Natriumgehalt des Bodens

Der ESP kann direkt gemessen oder aus der Zusammensetzung des Sättigungsextrakts abgeschätzt werden. Eine direkte Messung bedeutet entweder:

- die gemeinsame Verdrängung löslicher und austauschbarer Kationen, woraus sich die austauschbaren Kationen durch Differenzbildung bestimmen lassen, da der Sättigungsextrakt ein Maß für die löslichen Kationen ist, oder
- eine „Vorwäsche" zur Entfernung der löslichen Kationen und nachfolgende Verdrängung der austauschbaren Kationen.

Das Vorhandensein von Salzen führt bei direkten Messungen stets zu Fehlern. Es gibt keine Übereinkunft, welches die beste Methode ist. Die hier beschriebene Methode ist eine einfache Modifikation des Verfahrens aus Abschn. 7.2: Die Auswaschlösung enthält 60 % Ethanol, in dem sich leicht lösliche Salze auflösen, eine Lösung von Gips und Calcit aber weitgehend ausgeschlossen ist. Außerdem wird Ammoniumchlorid statt Acetat verwendet, da keine Lösung mit starker Pufferwirkung benötigt wird. Der pH-Wert wird auf 8,5 eingestellt, was dem pH des Bodens nahekommt und ebenfalls die Lösung von Calcit verhindert.

Bestimmung des austauschbaren Natriums und der KAK

Extraktion
Reagenz. Alkoholische Ammoniumchloridlösung, 1M. Man löst 53,5 g NH_4Cl in ca. 300 ml Wasser und fügt 600 ml Ethanol (95 Vol.-%) zu. Man stelle den pH mit konzentrierter Ammoniaklösung auf 8,5–8,6 ein und füllt auf 1 l auf. Man bewahrt die Lösung gut verschlossen auf, um den Zutritt von CO_2 zu verhindern.

Methode. Man befolgt das in Abschn. 7.2 beschriebene Auswaschverfahren.

Bestimmung des ausgewaschenen Natriums

Nach der in Abschn. 14.1 beschriebenen Methode stellt man zunächst eine Eichreihe für die flammenphotometrische Messung her. Der Konzentrationsbereich liegt bei 0–10 mg Na$^+$ l^{-1}, doch sollten die Eichlösungen in 1 M alkoholischer Ammoniumchloridlösung angesetzt werden.

Der Extrakt wird um den Faktor 10 verdünnt, indem man 10 ml in einen 100-ml-Meßkolben pipettiert und bis zur Markierung mit alkoholischer Ammoniumchloridlösung auffüllt. Anschließend wird die Na$^+$-Konzentration flammenphotometrisch gemessen.

Zusammenfassung der Methode

lufttrockener Feinboden (? mmol Na$^+$ kg^{-1} ofentrockenem Boden)
↓
5 g → 250 ml
↓
10 ml → 100 ml, Konzentrationsmessung in mg Na$^+$ l^{-1}.

Beispiel. Die flammenphotometrische Messung erbringt eine Konzentration von 2,0 mg Na$^+$ l^{-1}. In 250 ml sind also 20 mg l^{-1} enthalten; somit beträgt die vorhandene Na-Menge

20 mg l^{-1} · 250/1 000 l = 5,0 mg.

Diese stammen aus 5 g Boden, d.h. in 1 kg sind 5,0 · 1 000/5 = 1 000 mg kg^{-1} enthalten. Dies entspricht

1 000 mg kg^{-1}/23 g mol^{-1} = 43,5 mmol Na$^+$ kg^{-1} lufttrockenen Bodens.

Bezogen auf ofentrockenen Boden (s. Abschn. 3.3), ergibt das 45,68 mmol kg^{-1} ofentrockenem Boden, wenn der lufttrockene Boden 5 g H$_2$O pro 100 g ofentrockenem Boden enthält.

Lösliches Natrium

Diese Messung wird im Sättigungsextrakt vorgenommen.

Beispiel. Der Sättigungswassergehalt beträgt 48,5 g H$_2$O pro 100 g des ofentrockenen Bodens. Der Sättigungsextrakt hat also eine Konzentration von 14,1 mmol Na$^+$ l^{-1}. Dies entspricht

14,1 · 48,5/1 000 = 0,684 mmol Na$^+$ pro 100 g ofentrockenen Bodens

oder

6,84 mmol kg^{-1} ofentrockenen Bodens.

Austauschbares Natrium

Dieses wird durch Differenzbildung bestimmt. Das austauschbare Na$^+$ ist

ausgewaschenes Na$^+$ – lösliches Na$^+$ = 45,68 – 6,84 = 38,84 mmol kg^{-1},

oder in den für austauschbare Kationen üblichen Einheiten 3,9 cmol$_c$ kg^{-1}.

Messung der Kationenaustauschkapazität (KAK)

Nach dem Auswaschen mit alkoholischer Ammoniumchloridlösung (s. o.) fährt man mit Ethanol- und KCl-Waschungen fort und bestimmt die KAK, wie in Abschn. 7.2 beschrieben.

Natriumsättigung (ESP)

ESP = 100 (austauschbares Na^+/KAK), beide ausgedrückt in $cmol_c$ kg^{-1}.

Alternativmethode zur Bestimmung des austauschbaren Natriums

Wenn man keine Informationen über den Salzgehalt des Sättigungsextrakts benötigt, können die löslichen Salze durch eine „Vorwäsche" mit Glycol-Ethanol-Lösung ausgewaschen werden, ohne daß eine Verdrängung der austauschbaren Kationen erfolgt. Anschließend wird, wie oben beschrieben, fortgefahren; allerdings ist das mit alkoholischer Ammoniumchloridlösung ausgewaschene Natrium nun das austauschbare Natrium.

Reagenz
- *Glycol-Ethanol.* Man mischt 100 ml Ethylenglycol (Ethandiol) mit 900 ml Ethanol (95 Vol.-%).

Methode. Zu 5 g Boden (in einem Becherglas) gibt man 20 ml Glycol-Ethanol-Lösung, rührt um und läßt 15 min stehen. Man überführt die Suspension mit allen Waschlösungen in einen mit Whatman-Filterpapier Nr. 44 ausgelegten Trichter. Der Boden wird noch zweimal mit 20 ml Glycol-Ethanol durchgespült, wobei man die aufgefangene Lösung verwirft. Nun wird mit alkoholischer Ammoniumchloridlösung gewaschen und der Extrakt in einem 250-ml-Kolben aufgefangen.

Alternativmethode zur Bestimmung der Kationenaustauschkapazität (KAK)

Die Austauschkapazität von Salz- und Alkaliböden wird von Na^+-, Ca^{2+}- und Mg^{2+}-Ionen dominiert, während K^+-Ionen nur in geringen Mengen vorkommen. Wenn mit den oben beschriebenen Methoden auch das austauschbare Ca^{2+} und Mg^{2+} gemessen wird, ist die KAK ungefähr gleich der Menge an austauschbarem $Na^+ + Ca^{2+} + Mg^{2+}$. In Abschn. 7.2 sind die Analysemethoden zur Bestimmung des Calciums und Magnesiums zu finden.

Bestimmung der Natriumsättigung (ESP) aus dem Na-Adsorptionsverhältnis (NAV) des Sättigungsextrakts

Messungen bestätigen, was man aufgrund der physikochemischen Eigenschaften von Ionenaustauscher-Systemen ohnehin annehmen konnte: Zwischen dem Verhältnis der austauschbaren Kationen und dem Verhältnis der Kationen im Sättigungsextrakt besteht eine einfache Beziehung. In diesem Zusammenhang verhalten sich Ca^{2+}- und Mg^{2+}-Ionen nahezu identisch und können gemeinsam berücksichtigt werden:

$$Na^+_{ex}/(Ca^{2+}_{ex} + Mg^{2+}_{ex}) = G[Na^+]/[Ca^{2+} + Mg^{2+}]^{1/2} \tag{14.1}$$

Der tiefgestellte Index „ex" bezeichnet die Menge des austauschbaren Kations in $cmol_c\ kg^{-1}$ hin, die Klammer [ ] steht für die Konzentration des Sättigungsextrakts in $mmol\ l^{-1}$ und G ist ein Austauschkoeffizient (s. Anm. 1). Die Gleichung 14.1 ist ein Beispiel für eine *Gapon-Austauschbeziehung*. Der Ausdruck auf der linken Seite der Gleichung stellt das Natrium-Adsorptionsverhältnis des Sättigungsextrakts (*engl.: exchangeable sodium ratio*, abgekürzt ESR) dar, auf der rechten Seite steht das NAV.

Abbildung 14.7 veranschaulicht diese Beziehung. Mit Hilfe einer Regressionsanalyse kann eine Gerade mit folgender Gleichung durch die Meßpunkte gelegt werden (s. Abschn. 9.2):

$$ESR = -0{,}013 + 0{,}015 NAV.$$

Weitere Daten können noch weiter um die Gerade gestreut sein, was auf eine größere Variabilität des Austauschkoeffizienten hinweist, als hier gezeigt wird.

Anmerkung 1. Für einige Zwecke wird die Austauschbeziehung mit den Lösungskonzentrationen in $mol\ l^{-1}$ angegeben. Das NAV jedoch wird in $mmol\ l^{-1}$ errechnet. Beide Einheiten sind nicht gegeneinander austauschbar: wegen des Quadratwurzel-Ausdrucks (s. Gleichung 14.1) erhält man unterschiedliche Rechenergebnisse. Wenn z.B. $[Na^+] = 79\ mmol\ l^{-1}$ und $[Ca^{2+} + Mg^{2+}] = 35{,}5\ mmol\ l^{-1}$ sind, beträgt das $NAV = 79/(35{,}5)^{1/2} = 13{,}25$. Verwendet die Einheit $mol\ l^{-1}$, ist $[Na^+] = 0{,}079\ mol\ l^{-1}$ und $[Ca^{2+} + Mg^{2+}] = 0{,}0355\ mol\ l^{-1}$; damit beträgt das Konzentrationsverhältnis $0{,}079/(0{,}0355)^{1/2} = 0{,}419$.

Der ESP kann aus dem ESR nach folgender Gleichung berechnet werden:

$$ESP = 100 ESR/(1 + ESR).$$

Dabei gilt: $ESP = 100(Na^+_{ex}/KAK)$; $KAK = Na^+_{ex} + Ca^{2+}_{ex} + Mg^{2+}_{ex}$, falls keine anderen Ionen an den Austauschern sorbiert sind.

Die Beziehung zwischen ESP und NAV ist in Abb. 14.7 dargestellt. Über den Bereich, der von praktischem Interesse ist, sind ESP und NAV nahezu gleich. Ein Grund für die Berechnung des NAV in $mmol\ l^{-1}$ besteht darin, daß man damit eine einfache Beziehung erhält.

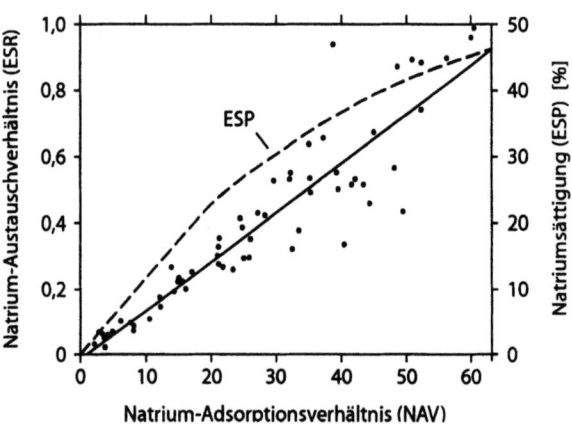

Abb. 14.7. Beziehung zwischen ESR, ESP und NAV für die Sättigungsextrakte von 59 amerikanischen Böden (aus Richards 1954)

14.3
Bestimmung der Salztoleranz von Pflanzen durch Topfversuche

14.3.1
Bodenexperimente

Herstellung eines salzhaltigen Bodens

Aus Tabelle 14.3 und Abb. 14.1 bestimmt man anhand der EC des Sättigungsextraktes den Bereich des für das Experiment erforderlichen Salzgehalts. Aus Abb. 14.6 kann man die Gesamt-Salzkonzentration für den jeweils gewählten EC-Wert entnehmen. *Beispiel*: EC = 10 dS m^{-1} und Salzkonzentration = 120 mmol$_c$ l^{-1}.

Man bestimmt den Sättigungswassergehalt des zu behandelnden Bodens (s. Abschn. 14.2) oder hält sich an die Richtwerte in Tabelle 14.5, wenn ein ungefährer Wert ausreichend ist. *Beispiel*: 50 g H$_2$O pro 100 g ofentrockenem Boden.

Man bestimmt den Wassergehalt des lufttrockenen Bodens (s. Abschn. 3.3) oder orientiert sich an dem Näherungswert aus Tabelle 5.2. *Beispiel*: 6,4 g H$_2$O pro 100 g ofentrockenem Boden, was 6,0 g H$_2$O pro 100 g lufttrockenem Boden entspricht.

Zur Berechnung der Salzzufuhr pro 1 kg lufttrockenen Boden verfährt man folgendermaßen: Normalerweise kann man davon ausgehen, daß die im Boden vorhandenen Mengen löslicher Salze im Vergleich zu den Mengen, die zugeführt werden sollen, nicht von Belang sind. Sollte dies nicht der Fall sein, mißt man die EC des Sättigungsextrakts, subtrahiert diesen Wert von dem für die Behandlung geplanten EC-Wert und bestimmt aus Abb. 14.6, die Salzmenge, die noch zugeführt werden muß.

1 kg des obengenannten lufttrockenen Bodens enthält 60 g Wasser und 940 g Boden. Stellt man daraus eine Paste her, enthält diese

50 · 940/100 = 470 g H$_2$O,

in denen sich 120 mmol$_c$ Salz l^{-1} befinden sollen. Damit beträgt die Menge an Salz, die zugeführt werden muß

120 · 470/1 000 = 56,4 mmol$_c$ Salz kg^{-1} lufttrockenem Boden.

Wahl der Salze

In Salzböden dominieren Na$^+$-, Ca^{2+}-, Mg^{2+}-, SO$_4^{2-}$- und Cl$^-$-Ionen. Da die Anteile der einzelnen Ionen von Boden zu Boden variieren, muß eine willkürliche Wahl getroffen werden. Man kann eine Mischung aus NaCl, CaCl$_2$ und MgCl$_2$ verwenden, in der sich gleiche Mengen an Na$^+$-, Ca^{2+}- und Mg^{2+}-Ionen (in mmol$_c$ l^{-1}) befinden. Falls erforderlich, kann ein Teil des Cl$^-$ durch Sulfat ersetzt werden. Für dieses Beispiel sind die erforderlichen Mengen in Tabelle 14.6 a dargestellt. Die zugeführten Salze können direkt mit dem Boden gemischt werden. Wenn jedoch mehrere Behandlungen, bei denen unterschiedliche Salzmengen verabreicht werden, erforderlich sind, sollte man sich konzentrierte Lösungen herstellen, von denen man dem Boden bekannte Mengen zuführt. Man löst z.B. 11,0 g NaCl, 13,8 g CaCl$_2$·H$_2$O und 19,1 g MgCl$_2$·6H$_2$O in 1 l Wasser auf. Mit einer Pipette trägt man 100 ml dieser Lösung auf 1 kg Boden auf und mischt durch. Je nachdem, welche Salzmenge man zuführen will, wählt man andere Volumina.

Tabelle 14.6. Beispiele erforderlicher Salzmengen für die Zubereitung **a** eines salzhaltigen Bodens; **b** einer Nährstofflösung

a EC des Sättigungsextrakts bei 25 °C = 10 dS m^{-1}, Summe Salz = 56,4 mmol$_c$ pro kg^{-1} lufttrockenen Bodens			
	Na$^+$	Ca^{2+}	Mg^{2+}
benötigte Menge [mmol$_c$ kg^{-1}]	18,8	18,8	18,8
[mmol kg^{-1}]	18,8	9,4	9,4
Salz	NaCl	CaCl$_2 \cdot$ 2H$_2$O	MgCl$_2 \cdot$ 6H$_2$O
molare Masse [g mol^{-1}]	58,44	147,02	203,3
benötigte Salzmenge [g kg^{-1}]	1,10	1,38	1,91

b EC der Nährstofflösung = 120 dS m^{-1}	
erforderliche Salzkonzentration [mmol$_c$ l^{-1}]	143,5
erforderliches Ionenverhältnis [m/m]	1 Na$^+$: 2 Ca^{2+}
molare Masse [g mol^{-1}]	22,99 Na$^+$ 40,08 Ca^{2+}
[mol$_c$ g^{-1}]	0,0435 Na$^+$ 0,0499 Ca^{2+}
erforderliches Ionenverhältnis [mol$_c$:mol$_c$]	1 Na$^+$: 2,3 Ca^{2+}
erforderliche Ionenkonzentrationen [mmol$_c$ l^{-1}]	43,5 Na$^+$ 100 Ca^{2+}
[g l^{-1}]	2,54 NaCl; 7,34 CaCl$_2 \cdot$ 2H$_2$O

Man beachte, daß diese Salzmischung, die man im Sättigungsextrakt (470 ml H$_2$O kg^{-1} lufttrockenen Bodens) löst, ein NAV von $40/(20+20)^{1/2} = 6{,}3$ ergibt, falls keine deutliche Konzentrationsveränderung durch Kationenaustausch eintritt. Das Verhältnis der Ionen wurde so gewählt, daß eine Schädigung des Bodengefüges aufgrund des Natriumgehaltes unwahrscheinlich ist.
Nährstoffe werden nach Bedarf zugeführt (s. Abschn. 9.2).

Bewässerung der Töpfe oder Samenschalen

Lösliche Salze bewegen sich mit dem Wasser, das dem Boden zugeführt wird. Daher sollten die Töpfe in Untersetzer gestellt werden, damit keine Salze mit dem Sickerwasser verlorengehen. Wenn Keimungsversuche durchgeführt werden, sollten die Samenschalen keine Abzugslöcher besitzen. Selbst wenn man Verluste vermeiden kann, ist es unmöglich, eine gleichmäßige Verteilung der Salze aufrechtzuerhalten. Bewässert man von der Oberfläche her, werden sich die Salze in den Töpfen nach unten bewegen, mit einsetzender Evaporation steigen sie wieder auf.

In salzarmen Böden hat Wasserstreß zur Folge, daß das Matrixpotential sinkt, wenn der Wassergehalt abnimmt. Bei Salzböden muß das osmotische Potential zum Matrixpotential addiert werden, damit man das Gesamt-Wasserpotential erhält (s. Abschn. 5.4). Wenn der Wassergehalt abnimmt, steigt die Salzkonzentration in der Bodenlösung und dadurch wird das osmotische Potential gesenkt. Bei Experimenten in Gewächshäusern kann man einen Wassergehalt nahe Feldkapazität aufrechterhalten, oder man kann die kombinierte Wirkung der sich verändernden Potentiale untersuchen. Die durch Salze bedingten Wasserpotentialänderungen können folgendermaßen berechnet werden:

osmotisches Potential [MPa] = $-0,04 \cdot EC$ [dS m^{-1}] (14.2)

Damit beträgt das osmotische Potential im Sättigungsextrakt des oben beschriebenen Bodens $-0,04 \cdot 10 = -0,4$ MPa. Wenn der Sättigungswassergehalt doppelt so groß wie der Wassergehalt bei Feldkapazität ist, dann beträgt das osmotische Potential der Bodenlösung $-0,08$ MPa. Das kann mit dem Wasserpotential eines salzarmen Bodens bei Feldkapazität ($-0,01$ MPa) und am Welkepunkt ($-1,5$ MPa) verglichen werden. Somit muß der Boden nahe Feldkapazität gehalten werden, wenn Wasserstreß vermieden werden soll. Meerwasser (Tabelle 14.1) hat sogar ein osmotisches Potential von $-2,0$ MPa, wodurch alle Pflanzen, die an hohe Salzgehalte nicht angepaßt sind, am Wachstum gehindert werden. Meerwasser kann man künstlich herstellen, wenn man folgende Salze in Wasser mit erhöhter CO_2-Konzentration löst. Man läßt CO_2-Gas durch destilliertes Wasser perlen, wodurch zugleich die Ausfällung von $CaCO_3$ verhindert wird, wenn sich die Salze lösen. Zu 965 ml Wasser gibt man folgende Salze: 27,2 g NaCl, 3,8 g $MgCl_2$, 1,6 g $MgSO_4$, 1,3 g $CaSO_4$, 0,9 K_2SO_4, 0,1 g $CaCO_3$ und 0,1 g $MgBr_2$. Die Eigenschaften von Meerwasser werden durch das Open University Course Team (1989) eingehend beschrieben.

Das osmotische Potential läßt sich aus der Zusammensetzung der Lösung (s. Abb. 14.6) oder näherungsweise mit folgender Gleichung bestimmen (s. Abschn. 14.1, Anm. 1):

osmotisches Potential [MPa] $\cong -0,004 \cdot$ Konzentration [mmol$_c$ l^{-1}].

In Abschn. 5.6, Übung 3 wird in einer Untersuchung zur Samenkeimung die gemeinsame Wirkung des osmotischen Potentials und des Matrixpotentials untersucht.

14.3.2
Sandkulturversuche

Die Salztoleranz von Pflanzen wird häufig in einer Lösung oder in Sandkultur untersucht, weil sich in diesen Medien einheitlichere Salzgehalte um die Wurzeln einstellen lassen. Die Methoden werden bei Hewitt (1966) beschrieben. Zur normalen Nährlösung werden NaCl und $CaCl_2$ hinzugefügt, bis der erforderliche EC-Wert erreicht ist. Das Na/Ca-Verhältnis beträgt meist 1:2. Tabelle 14.6 b gibt hierzu ein Beispiel. Die erforderliche Salzkonzentration erhält man aus Tabelle 14.3 und Abb. 14.6. Das erforderliche Ionenverhältnis (in Masse-%) wird als Ladungsmengen-Verhältnis (in mol$_c$) ausgedrückt, um eine Bestimmung des NaCl- und $CaCl_2$-Anteils am Salzgehalt zu ermöglichen.

14.3.3
Freilandversuche

Salzgehaltsuntersuchungen im Freiland gehen über dem Rahmen dieses Buches hinaus. In Abhängigkeit von der Bewässerung und der Evapotranspiration variiert der Salzgehalt behandelter Parzellen mit der Bodentiefe und der Zeit; die Pflanzen reagieren auf ein sich ständig veränderndes, heterogenes System.

14.4
Quellung und Dispersion von Tonen

Tonschichten und -kristalle (Abb. 2.3 und 2.4) sind durch elektrostatische Anziehungskräfte aneinander gebunden. Huminstoffe, Sesquioxide und Calciumcarbonate fungieren als Bindemittel. Wir betrachten hier nur Wechselwirkungen zwischen „sauberen" Tonoberflächen. Tone, deren KAK durch Calcium und Magnesium (neutrale und kalkhaltige Böden) oder Aluminium (saure Böden) gesättigt ist, sind fest aneinander gebunden. Mit zunehmender Natriumsättigung quellen 2:1-Tonminerale. Die einzelnen Schichten lösen sich voneinander und dispergieren. Selbst die Gegenwart von „Bindemitteln" kann das Bodengefüge nicht völlig vor den schädigenden Einflüssen von Quellung und Dispersion schützen.

Unter den quellfähigen Tonen sind Smectite in ariden und semiariden Regionen weit verbreitet. Unter nicht quellfähigen 1:1-Tonmineralen sind Kaolinite am häufigsten. Die nun folgende Erklärung des Quellungsprozesses basiert auf zwei parallelen Smectit-Schichten, gilt aber auch für zwei benachbarte Kristalle. Abschnitt 2.2 und Tabelle 2.3 enthalten Informationen über die Struktur von Tonmineralen.

Calcium-Smectit an der Luft

Einen Ton, dessen KAK durch Ca^{2+} gesättigt ist, nennt man auch Calcium-Ton. Bei vollständiger Trockenheit liegen die Schichten eng beieinander und die austauschbaren Ca^{2+}-Ionen sind zwischen diesen eingezwängt. Wenn feuchte Luft zu diesen Schichten gelangt, ziehen die Calcium-Ionen Wasser an und die Schichten weiten sich auf, um Platz für die zusätzlichen Wassermoleküle zu schaffen (s. Abb. 14.8 a).

Zwischen den Schichten wirken sowohl abstoßende Kräfte aufgrund der Hydratisierung der Ionen als auch anziehende elektrostatische Kräfte zwischen den negativ geladenen Schichten und den zwischen den Schichten eingelagerten positiv geladenen Kationen. Die Kationen wirken als Bindeglied zwischen den gegenüberliegenden, gleich geladenen Schichtflächen. Dazu kommen die direkt zwischen den Schichtflächen wirkenden (schwachen) van-der-Waals-Kräfte.

Abbildung 14.9 zeigt die Veränderungen der Dicke des Wasserfilms, sobald die Luftfeuchtigkeit zunimmt. Das Wasser wird in monomolekularen Schichten sorbiert, was eine schrittweise Aufweitung verursacht. Ein Wassermolekül besitzt einen Durchmesser von 0,26 nm. Die erste und zweite Wasserschicht ist viel geordneter als die dritte. Über einen breiten Luftfeuchtigkeitsbereich herrschen Wasserfilme vor, die aus zwei Molekülschichten bestehen. In wassergesättigter Luft bildet sich ein 0,9 nm dicker Wasserfilm und die Tonschichten haften immer noch fest zusammen.

Natrium-Smectit an der Luft

Da Na^+-Ionen einfach geladen sind, können von ihnen doppelt so viele am Austauscher gebunden werden, wie Ca^{2+}-Ionen (Abb. 14.8 b). Die Hydratisierungsneigung von Na^+-Ionen ist geringer als jene von Ca^{2+}-Ionen, weshalb auch bei steigender Luftfeuchtigkeit der Wasserfilm von Natrium-Tonen weniger dick ist als jener von Calcium-Tonen (Abb. 14.9 a). In wassergesättigter Luft erfolgt allerdings beträchtliche Aufweitung von mehr als 0,9 nm.

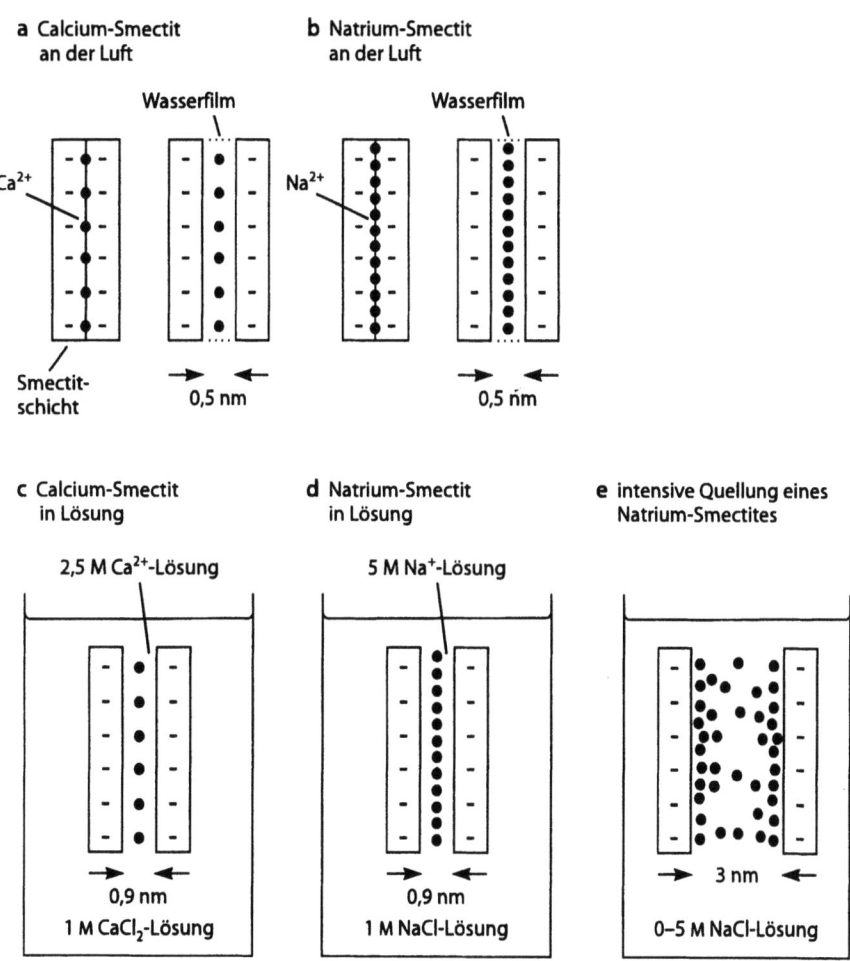

Abb. 14.8. Quellung von Smectit

In feuchten Böden ist die Bodenluft nicht vollständig wassergesättigt, da Partikeloberflächen Wasser adsorbieren und Salze gelöst werden. Daher werden sowohl Calcium- als auch Natrium-Smectite einen 0,5 nm dicken Wasserfilm aufweisen. In feuchten Böden ist der Ton allerdings in die Bodenlösung eingetaucht, und der Quellungsprozeß muß vor diesem Hintergrund betrachtet werden.

Calcium-Smectit in Lösung

Man stelle sich einen Calcium-Smectit mit einem 0,5 nm starken Wasserfilm (Abb. 14.8 a) in Lösung vor. Die Abstoßung kann nun als ein osmotisches Phänomen betrachtet werden, womit der Wasserfilm eine Lösung ist, die die Calciumionen enthält. Die Calciumkonzentration dieses 0,5-nm-Films beträgt etwa 4 M. Wenn die Konzentration der Lösung, in die der Ton eintaucht, geringer ist, besteht eine osmotische

Druckdifferenz zwischen den beiden Lösungen und das Wasser wird die Tendenz haben, in den Raum zwischen den Tonschichten einzudringen, um die Lösung zu verdünnen. Die andere Möglichkeit der Verdünnung, daß die Calciumionen in die Eintauchlösung abwandern, wird durch die elektrostatische Anziehung der Ionen an die geladenen Schichtflächen verhindert. Der Ton und sein Wasser verhält sich daher wie eine Pflanzenzelle: So wie eine Zellmembran den Zellinhalt zusammenhält, bindet die Ladung der Smectitschicht die Ionen (Nuffield Advanced Biology I, Kap. 9). In einer 1 M $CaCl_2$-Lösung kann der Film eine Dicke von bis zu 0,9 nm erreichen (Abb. 14.8 c und 14.9 b); die Konzentration der Zwischenschicht-Lösung beträgt etwa 2,5 M, womit anziehende und abstoßende Kräfte ausgeglichen sind.

Die maximale Abstoßung aufgrund des osmotischen Drucks tritt dann ein, wenn der Ton in reines Wasser gelegt wird. Aber selbst in dieser Situation gleichen die Anziehungskräfte die Abstoßung aus und der Ton stabilisiert sich bei einem 0,9 nm dicken Wasserfilm (Abb. 14.9 b). Diese Situation gilt für alle Böden, die keine nennenswerten Mengen an Natrium enthalten. Selbst wenn Regenwasser in den Boden eindringt, bleibt dieses Ton-System stabil.

Natrium-Smectit in Lösung

Die Anziehung ist von ähnlicher Stärke wie beim Calcium-Ton, aber die osmotische Abstoßung ist wegen der großen Zahl an Natrium-Ionen ungefähr doppelt so hoch. Das liegt daran, daß Osmose eine konzentrationsbedingte Eigenschaft ist, die von der Zahl der gelösten Ionen oder Moleküle abhängt (Nuffield Advanced Biology I,

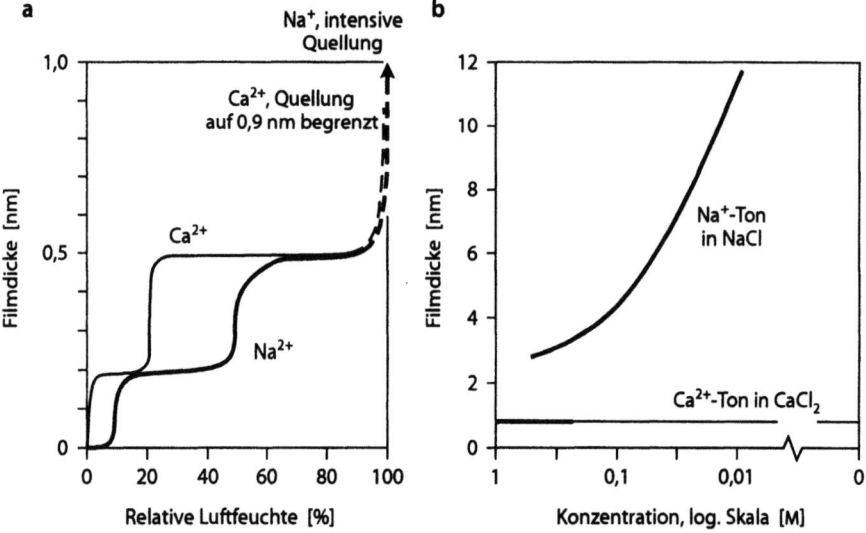

Abb. 14.9. Aufweitung eines ausgerichteten Smectid-Plättchens in feuchter Luft und in Lösungen. Die Quellfähigkeit von Smectiten variiert, wobei die in a aufgetragenen Kurven typisch sind. Die Messungen sind insbesondere bei einer relativen Luftfeuchtigkeit von 90–100 % instabil; um dies zu verdeutlichen, ist der Kurvenverlauf nur unterbrochen eingezeichnet (a nach Suquet *et al.* 1975 sowie Brindley und Brown 1980; b aus Norrish 1954)

14.4 · Quellung und Dispersion von Tonen

Kap. 8.2). Ist die Natrium-Konzentration in der Eintauchlösung größer als ungefähr 0,5 M, stabilisiert sich der Ton mit einem Wasserfilm von 0,9 nm; die Natrium-Konzentration im Wasserfilm beträgt dann ca. 5 M (Abb. 14.8 d und 14.9 b). Unterhalb von 0,5 M übersteigt die osmotische Abstoßung die elektrostatische Anziehung und die Tonschichten werden auseinandergedrückt.

Somit tritt eine grundlegende Veränderung des Kräftegleichgewichts ein. Die austauschbaren Natrium-Ionen strömen zu den Tonschichten, die Ladung wird an jeder Oberfläche von einer sogenannten *diffusen Schicht* von Kationen ausgeglichen. Die elektrostatische Anziehung reicht nicht mehr aus, die Schichten zusammenzuhalten. In dem Maß, in dem sich der Wasserfilm ausweitet, sinkt seine Na^+-Ionen-Konzentration, was den osmotischen Druckunterschied zwischen dem Film und der Eintauchlösung reduziert. Die abstoßende Kraft nimmt solange ab, bis sie von den schwachen van-der-Waals-Kräften ausgeglichen wird. Dann hat der Film eine Dicke von 3 nm oder mehr erreicht. Abbildung 14.9 b zeigt die Ausdehnung des Films infolge der Konzentrationsabnahme in der Eintauchlösung. Bei etwa 10 nm werden die Schichten nur noch so locker zusammengehalten, daß der Ton praktisch dispergiert ist.

Auswirkungen von Quellung und Dispersion

Abbildung 14.2 zeigt die Wasseraufnahme durch Tonplättchen in einer Lösung. Die aufgenommene Wassermenge ist größer, als man aus den Veränderungen der Filmstärke erwarten würde: Die größeren Zwischenräume zwischen den Kristallen sind aufweitbarer als der Film innerhalb der Kristalle. Sobald die Aufweitung eingesetzt hat, nimmt die Stabilität des Tons rapide ab und mechanische Belastungen (Aufprall von Regentropfen, Wagenräder etc.) können leichter zu strukturellen Schäden führen.

Die Eigenschaften gemischter Calcium-Natrium-Tone liegen zwischen jenen der oben beschriebenen Grundtypen. Damit Quellung eintritt, ist ein ESP von 10–15 erforderlich. Bei diesen ESP-Werten befindet sich das austauschbare Natrium vorwiegend auf den äußeren Kristallflächen und nicht zwischen den Schichten innerhalb der Kristalle, weshalb Quellung und Dispersion vor allem eine Trennung der Kristalle zur Folge hat. Wenn der ESP steigt, kann mehr Natrium zwischen die Schichten eindringen und die Quellung innerhalb der Kristalle setzt ein.

Die in Abb. 14.9 a dargestellte Aufweitung durch Hydratation ist reversibel. Auch wenn die intensive, durch den Anstieg der Lösungskonzentration bedingte Aufweitung eines einzelnen Natrium-Smectitkristalls (Abb. 14.9 b) teilweise reversibel sein dürfte, ist diese Quellung im Boden jedoch weitgehend irreversibel, da die räumliche Anordnung der Tonschichten, Kristalle und anderer Bodenpartikel verändert wurde. Der Boden muß trocknen, wenn die Folgen von übermäßiger Aufweitung umgekehrt werden sollen, aber trotz allem ist das Bodengefüge nicht mehr das gleiche wie vor der Quellung, sondern stark geschädigt: Der Boden ist weniger porös, er wird bei Befeuchtung plastischer und verhärtet, wenn er abtrocknet. Noch extremer sind die Veränderungen, wenn der Ton zunächst dispergiert und danach austrocknet. Wenn man strukturell geschädigten Böden meliorierende Substanzen wie Gips zuführt, wird dadurch zwar die Salzkonzentration erhöht und die Natriumsättigung verringert, aber dies zeigt nur geringe Wirkung, wenn keine Trocknung eintritt. Will man

Gefügeschäden, die durch hohe Natriumgehalte verursacht wurden, wiedergutmachen, so muß der Boden abtrocknen, meliorierende Substanzen müssen ausgebracht und gefügebildende Prozesse durch Pflanzenwurzeln und andere Organismen gefördert werden.

Andere Veränderungen in Natriumböden

Die Verdünnung der Bodenlösung durch Regen- oder Bewässerungswasser hat noch andere weitreichende Auswirkungen:

- Kationenaustausch verursacht die bevorzugte Adsorption von Calcium und eine Reduktion des ESP (s. Abschn. 14.6). Nur wenn der anfängliche Salzgehalt hoch ist, gewährt dies einen deutlichen Schutz vor den Folgen der Natriumanreicherung.
- Die Hydrolyse natriumreicher Tone ist ein Verwitterungsprozeß, der die Desorption von austauschbarem Natrium sowie einen Alkalitätsanstieg mit sich bringt. Der Reaktionsverlauf ist komplex, umfaßt aber den Austausch von Na^+ gegen H^+ aus dem Wasser sowie den anschließenden Angriff austauschbarer H^+-Ionen auf den Ton. Mg^{2+}-Ionen und andere Kationen werden aus dem Ton freigesetzt und damit austauschbar:

$$Ton^{2-}Na_2^+ + 2H_2O = Ton^{2-}H_2^+ + 2Na^+ + 2OH^-$$
$$\downarrow$$
$$Ton^{2-}Mg^{2+}$$

Der ESP des Tons verringert sich und der pH steigt. Auch die KAK wird durch diesen Verwitterungsprozeß vermindert.

Unterschiede zwischen den Tonmineralen

- Smectite besitzen aufgrund ihres strukturellen Aufbaus, ihrer Ladungsverhältnisse und der geringen Partikelgröße ein ausgesprochen hohes Quellvermögen.
- Vermiculite sind ebenfalls quellbar, aber ihr struktureller Aufbau und die höhere Ladung verhindern eine übermäßige Aufweitung von Natrium-Tonen.
- Wasser kann in Illit-Kristalle nicht eindringen: Die Aufweitung ist daher auf eine Trennung der Kristalle beschränkt, was jedoch zu Gefügeschäden in illitreichen Böden führen kann.
- Wasser kann in Kaolinitkristalle nicht eindringen, weshalb auch keine Quellung zwischen den Kristallen stattfinden kann. Die geringe Ladung der Kaolinite macht sie gegenüber hohen Natriumgehalten relativ unempfindlich.

14.5 Labormessung des Natriumeinflusses auf Tonquellung und hydraulische Leitfähigkeit

Im folgenden werden relativ einfache Experimente beschrieben, die aber einen wertvollen Beitrag zum Verständnis des Natriumeinflusses auf Böden leisten. Dabei werden Böden oder Tonplättchen mit konzentrierten Lösungen bekannter NAV auf definierte ESP-Werte eingestellt. Stärker verdünnte Lösungen mit dem gleichen NAV erlauben eine Simulation der Freilandbedingungen, da Veränderungen gemessen werden können.

Herstellung der Lösungen

Meist kann man davon ausgehen, daß sich Calcium und Magnesium identisch verhalten, so daß die Lösungen mit Natrium- und Calciumsalzen zubereitet werden können. In diesem Fall ist NAV = $[Na^+]/[Ca^{2+}]^{1/2}$, wobei die Klammer [ ] für die Konzentration in mmol l^{-1} steht. Da jedoch häufig Lösungsreihen mit Gesamt-Kationenkonzentrationen von 10, 100 und 1000 mmol$_c$ l^{-1} angesetzt werden, um den Boden oder Ton auf bekannte ESP-Werte zu bringen, muß das NAV in mmol$_c$ l^{-1} ausgedrückt werden. Die Verwendung von mmol$_c$ l^{-1} für die Gesamtkonzentration bedeutet, daß man den Natriumeinfluß bei verschiedenen NAV-Werten, aber gleichem Salzgehalt vergleichen kann. Man beachte, daß der Salzgehalt nach der EC der Bodenlösung eingeteilt ist, die mit der Ladungsmenge in einer gemischten Salzlösung zusammenhängt und die Einheit mol$_c$ l^{-1} trägt (s. Abschn. 14.1).

Verwendet man also mmol$_c$ l^{-1} als Einheit, dann gilt: Gesamtkonzentration = $\{Na^+\} + \{Ca^{2+}\}$ und NAV = $\{Na^+\}/(\{Ca^{2+}\}/2)^{1/2}$, wobei die Klammer { } für die Konzentration in mmol$_c$ l^{-1} steht. Als Beispiel nehme man eine Konzentration von 100 mmol$_c$ l^{-1} und ein NAV von 15; die Konzentrationen der einzelnden Kationen werden folgendermaßen berechnet:

$\{Na^+\}/(\{Ca^{2+}\}/2)^{1/2} = 15.$ Quadrieren ergibt:

$\{Na^+\}^2/(\{Ca^{2+}\}/2) = 225,$ und damit ist

$\{Ca^{2+}\} = \{Na^+\}^2/112{,}5$ und

$\{Na^+\} + \{Ca^{2+}\} = 100.$

Die Gleichungen können durch Einsetzen von Zahlenwerten gelöst werden:

$\{Na^+\} + \{Na^+\}^2/112{,}5 = 100,$

$\{Na^+\}^2 + 112{,}5\{Na^+\} - 11\,250 = 0.$

Hierbei handelt es sich um eine quadratische Gleichung der Form

$ax^2 + bx + c = 0,$

die mit der Gleichung

$x = [-b \pm (b^2 - 4ac)^{1/2}]/2a.$

gelöst werden kann. Folgende Zahlen werden eingesetzt: $a = 1$, $b = 112{,}5$ und $c = -11\,250$; daraus folgt $x = \{Na^+\} = 63{,}8$ und $\{Ca^{2+}\} = 36{,}2$. Tabelle 14.7 enthält die Zusammensetzung von Lösungen für verschiedene Konzentrationen und NAV-Werte. Andere Kombinationen können je nach Bedarf berechnet werden. Um die Masse von CaCl$_2 \cdot$2H$_2$O zu berechnen, die zu einer Konzentration von 36,2 mmol$_c$ l^{-1} führt, rechnet man entweder in mmol l^{-1} (= 18,1) um und multipliziert mit 147,02 $\cdot$ 10^{-3} g mmol^{-1}, oder man nimmt 36,2 mmol$_c$ l^{-1} und multipliziert mit 73,51 g mmol$_c^{-1}$.

Tabelle 14.7. Zusammensetzung verschiedener Lösungen mit bekannten SAR-Werten und Gesamtkonzentrationen

SAR	Gesamt-konzentration [mmol$_c$ l^{-1}]	Na$^+$ [mmol$_c$ l^{-1}]	Ca^{2+} [mmol$_c$ l^{-1}]	NaCl [g l^{-1}]	CaCl$_2 \cdot$ 2H$_2$O [g l^{-1}]
∞ (nur Natrium)	1 000	1 000	0	58,44	0
	100	100	0	5,84	0
	10	10	0	0,58	0
25	1 000	424,2	575,8	24,79	42,33
	100	79,7	20,3	4,66	1,49
	10	9,70	0,30	0,567	0,022
15	1 000	283,8	716,2	16,59	52,65
	100	63,8	36,2	3,73	2,66
	10	9,24	0,76	0,540	0,056
5	1 000	105,7	894,3	6,18	65,74
	100	29,7	70,3	1,74	5,17
	10	6,56	3,44	0,383	0,253
0 (nur Calcium)	1 000	0	1 000	0	73,51
	100	0	100	0	7,35
	10	0	10	0	0,735

Molare Masse [g mol^{-1}]: NaCl = 58,44, CaCl$_2 \cdot$ 2H$_2$O = 147,02, und 1 mol$_c$ von CaCl$_2 \cdot$ 2H$_2$O = 73,51 g.

Welche Lösungsvolumina bringen den Boden auf den benötigten NAV-Wert?

Bei den folgenden Experimenten wird der Boden oder Ton solange mit einer Lösung gewaschen, bis sich sein Kationenbelag im Gleichgewicht mit der Lösung befindet. Beispielsweise hat eine Säule, die 80 g Boden (eine 15 cm lange Säule mit einem Durchmesser von 2,5 cm; Bodentrockendichte 1,1 g cm^{-3}) mit einer Austauschkapazität von 20 mmol$_c$ kg^{-1} enthält, eine Säulenaustauschkapazität von 1,6 cmol$_c$. Läßt man eine Lösung mit einer Konzentration von 1 000 mmol$_c$ l^{-1} durch diese Säule laufen, würden 16 ml dieser Lösung 1,6 cmol$_c$ (Na$^+$ + Ca^{2+}) enthalten. Das Porenvolumen der Säule beträgt etwa 50 cm^3. Eine Sättigung der Säule mit dieser Lösung stellt etwa dreimal so viele Kationen zur Verfügung, wie im Boden bereits sorbiert sind. Die Verdrängung eines Porenvolumens durch ein anderes (d.h. man läßt 50 ml Lösung durch die Säule fließen) bringt den Boden nahezu ins Gleichgewicht.

Bei einer Lösung von 100 mmol$_c$ l^{-1} ist die 10fache Menge erforderlich; eine Lösung von 10 mmol$_c$ l^{-1} erfordert die 1 000fache Menge.

Tonflocken können ca. 0,1 g Ton mit einer Austauschkapazität von nur 0,1 mmol$_c$ enthalten (100 cmol$_c$ kg^{-1} bei Smectit). Nur 1 ml Lösung von 1 000 mmolc l^{-1} enthält ca. das 10fache der am Ton sorbierten Kationen. Die Tonflocken können also durch Einweichen in wenige ml Lösung sehr leicht ins Gleichgewicht gebracht werden.

Beziehung zwischen ESP und NAV

Um die ESP-Gleichgewichtswerte zu bestimmen, die mit diesen Lösungen eingestellt wurden, verwendet man die Beziehung aus Abb. 14.7. Bei hohen Konzentrationen dürfte diese Beziehung allerdings nicht mehr gelten, da das Verhältnis der austauschbaren Ionen strenggenommen von den Kationenaktivitäten in Lösung (s. Abschn. 7.1, Anm. 2) und nicht von den Konzentrationen abhängt (Gleichung 14.1). Korrekturfaktoren für die Aktivitäten sind in der Berechnung des NAV nicht einbezogen. Bei hohen Konzentrationen können aus diesem Grund die ESP-Werte höher ausfallen, als man aus Abb. 14.7 vorhersagen würde. Durch die Gleichgewichtseinstellung des Bodens mit Lösungsreihen, die ein konstantes NAV, aber sinkende Konzentrationen haben, wird dieser Fehler jedoch korrigiert, denn die Beziehung ist für kleine Konzentrationen gültig. Falls erforderlich, kann der ESP auch nach den in Abschn. 14.2 beschriebenen Methoden berechnet werden.

Bestimmung des durch Natriumanreicherung verursachten Strukturschadens

In Abschn. 5.5 wurde ein einfaches Auswaschungssystem beschrieben (Abb. 5.16 a): Auf den Grund der Röhre wird ein kleines Wattepolster gelegt. Dann füllt man ca. 25 ml Feinboden (leichte oder mittelschwere Bodenart) ein und deckt die Bodenoberfläche mit einer weiteren Wattelage ab. Man füllt 400 ml der Lösung von 1 000 mmol$_c$ l^{-1} in einen Kolben, verschließt diesen, führt ihn in die Auswaschröhre ein und öffnet danach den Verschluß. Der Kolben fungiert als Vorratsbehälter, der die Druckhöhe der Lösung in der Auswaschröhre konstant hält. Wenn die Flußrate zu hoch ist, drückt man mit einem Spatel Watte und Boden zusammen, bis sich der Fluß auf etwa 1 Tropfen pro Sekunde eingestellt hat.

Ist der Boden gründlich durchnäßt und die Flußrate konstant, sammelt man eine Minute lang die austretende Lösung in einem Meßzylinder und notiert das gesammelte Volumen. Der Kolben wird verschlossen, entfernt und mit einer Lösung gefüllt, die dasselbe NAV, aber eine niedrigere Konzentration besitzt. Der Kolben wird wieder über der Auswaschröhre installiert und die Flußrate 15 min lang gemessen. Man wiederholt diesen Vorgang mit immer niedriger konzentrierten Lösungen, bis schließlich destilliertes Wasser durch die Säule geleitet wird. Aus Abb. 14.3 geht hervor, bei welchen Konzentrationen und ESP-Werten Quellung auftritt und man Veränderungen der Flußrate erwarten kann. Das einfachste Experiment vergleicht die NAV-Werte 0 und ∞; dabei handelt es sich um natrium- bzw. calciumgesättigte Böden.

Es ist nicht notwendig, die hydraulische Leitfähigkeit zu messen (wie in Abschn. 5.5). Ein einfacher Vergleich der Flußraten reicht aus. Vergleiche der Ergebnisse aus unterschiedlichen Versuchsanordnungen sind jedoch problematisch, da sich die anfänglichen Flußraten aufgrund unterschiedlicher Packung der Bodensäule voneinander unterscheiden. Es kann von Nutzen sein, die Werte als relative Flußraten darzustellen, d.h. als Verhältnis aus gemessener Flußrate und anfänglicher Flußrate in der Lösung von 1 000 mmol$_c$ l^{-1}. Auf diese Weise beginnen alle Experimente mit einer relativen Flußrate von 1.

Messung der durch Natriumanreicherung hervorgerufenen Veränderungen der hydraulischen Leitfähigkeit

Eine 25 cm lange Glasröhre mit einem Durchmesser von 2,5 cm stellt eine geeignete Auswaschsäule dar. Ein Ende verschließt man mit einem durchbohrten Stopfen, auf den man eine Scheibe aus Nylonstoff legt, die man mit einer 1 cm dicken Schicht aus

Abb. 14.10. Apparatur zur Messung der hydraulischen Leitfähigkeit

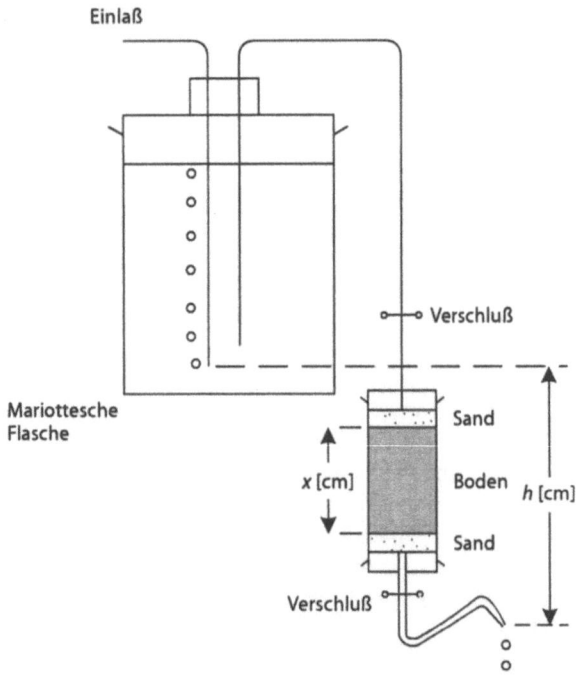

grobem Sand bedeckt. Nun wird lufttrockener Feinboden in die Röhre gefüllt und unter Klopfen verdichtet, bis die Bodensäule 15 cm hoch ist. Die Oberfläche wird mit einer 1 cm dicken Schicht aus grobem Sand und einer weiteren Nylonscheibe bedeckt. Auch das obere Ende der Glassäule wird mit einem durchbohrten Stopfen, in dem ein dünnes Glasrohr steckt, verschlossen. Man erhitzt ein 10 cm langes Stück Glasrohr über dem Bunsenbrenner, biegt es S-förmig zurecht und ein Ende zu einer Spitze aus (vgl. Abb. 14.10). Man bringt einen Polyethylenschlauch mit Clipverschluß an und schiebt Glasrohr und Schlauch in den Säulenausfluß.

Als Vorratsgefäß dient eine *Mariottesche Flasche*. Zwei Glasröhrchen werden durch den durchbohrten Verschluß in die Flasche eingeführt, so daß sie wenige Zentimeter über dem Flaschenboden enden. Ein Glasröhrchen wird über einen Plastikschlauch mit Clipverschluß mit der Auswaschsäule verbunden.

Sättigung der Säule

Die Mariottesche Flasche wird mit einer konzentrierten Lösung gefüllt und über einen Schlauch mit dem Auslauf der Auswaschsäule verbunden. Man bläst in die Einlaßröhre der Flasche (Abb. 14.10), um die Lösung von unten her durch die Säule zu drücken. Auf diese Weise wird der Boden von unten nach oben durchnäßt, wodurch eingeschlossene Luftblasen weitgehend vermieden werden. Hat sich die Auswaschröhre gefüllt, schließt man die Mariottesche Flasche an den oberen Teil der Säule an und läßt die Lösung durch die Säule fließen.

Eine weitere Möglichkeit, den Einschluß von Luftblasen im Boden zu vermeiden, besteht darin, durch die Säule CO_2 zu leiten, bevor sie mit der Lösung gesättigt ist. Im Boden eingeschlossene CO_2-Blasen werden sich in der Auswaschlösung auflösen.

Messung der hydraulischen Leitfähigkeit

Die hydraulische Leitfähigkeit wurde in Abschn. 5.5 behandelt. Vernachlässigen wir den durch die Versuchsanordnung bedingten Fließwiderstand, dann lautet die Beziehung zwischen Fluß und hydraulischer Leitfähigkeit:

$Q = -KAh/x$.

Dabei ist Q der Fluß [$cm^3\ h^{-1}$], K die hydraulische Leitfähigkeit [$cm\ h^{-1}$], A die Querschnittsfläche der Bodensäule [cm^2], h die Druckhöhe des Wassers [cm] und x die Länge der Bodensäule [cm]. Der Ausdruck h/x ist der Druckgradient im Boden, gemessen als cm $H_2O\ cm^{-1}$. Die Flußrate kann durch Veränderung der Höhe h verändert werden. Hierzu kann sowohl die Höhe der Mariotteschen Flasche als auch die Lage des Säulenauslaufs verändert werden.

Der Gebrauch einer Mariotteschen Flasche erlaubt es, die Druckhöhe h auch dann noch konstant zu halten, wenn der Wasserspiegel sinkt. Sobald die Auslaufröhre gefüllt ist, wird Wasser aus der Flasche und Luft durch die Einlaßröhre in die Flasche gesaugt (s. Abb. 4.10). Die Druckhöhe ist die Entfernung zwischen dem unteren Ende der Einlaßröhre der Flasche, durch das die Luftblasen entweichen, und dem Ende der Auslaßröhre der Auswaschsäule, aus dem die Lösung tropft.

Die Flußrate wird auf 1 Tropfen s^{-1} eingestellt. Man läßt solange konzentrierte Lösung fließen, bis der Boden den erforderlichen ESP-Wert erreicht hat und die Flußrate konstant ist. Q, A, h und x werden notiert.

Der Vorratsbehälter wird nun mit einer stärker verdünnten Lösung gefüllt, ohne daß Luft in das System gelangt. Man läßt die neue Lösung fließen und mißt gelegentlich die Flußrate, bis sie konstant ist. Das Experiment wird mit immer niedriger konzentrierten Lösungen fortgeführt; für den letzten Durchgang verwendet man destilliertes Wasser.

Man trägt die Veränderungen der hydraulischen Leitfähigkeit gegen die Zeit oder das Gesamtvolumen auf. Letzteres wird häufig vorgezogen, wenn Vergleiche zwischen Böden und Versuchsanordnungen gezogen werden sollen. Für diesen Fall muß der gesamte Ausfluß aufgefangen werden. Bei Bedarf müssen gelegentlich die Flußraten bestimmt werden. In Abb. 14.3 sind Daten dargestellt, die auf ähnliche Weise gewonnen wurden: Die Kurven der hydraulischen Leitfähigkeiten wurden ermittelt, nachdem sich ein Gleichgewichtszustand zwischen Boden und einer Lösung bekannter Zusammensetzung eingestellt hat, die Flußrate also konstant geworden ist.

Man bedenke, daß die durch Geräte entstehenden Widerstände nicht berücksichtigt werden müssen, wenn man Veränderungen der hydraulischen Leitfähigkeit betrachtet. In Abschn. 5.5 wurde beschrieben, wie die Methode abgeändert werden kann, falls absolute Werte der hydraulischen Leitfähigkeit benötigt werden.

Quellung von Tonflocken

Tonsuspensionen

Smectit ist das Tonmineral mit der größten Quellfähigkeit. Man kann ihn über den Chemikalienhandel als Bentonitpulver beziehen. Normalerweise handelt es sich um einen Natrium-Ton, der aber Verunreinigungen von Quarz und Sesquioxiden enthält. Auf 100 ml Wasser streut man langsam unter heftigem Rühren 6 g Bentonit. Es wird kräftig geschüttelt, um den Ton zu suspendieren und fein zu verteilen, was allerdings mehrere Tage dauern kann. Man läßt über Nacht stehen, damit sich die größeren Partikel absetzen können. Tabelle 2.4 enthält die Sedimentationsgeschwindigkeiten: Wird die Suspension in ein ca. 10 cm tiefes Becherglas gefüllt, dann sind die meisten weniger als 2 µm großen Tonpartikel nach 8 h noch immer suspendiert. Auf diese Weise lassen sich Tonflocken erzeugen.

Mit der in Abschn. 2.3 beschriebenen Methode können aus dem Boden die Tone extrahiert werden, doch sollte man kein Natriumhexametaphosphat zugeben.

Tonflocken

Aus Draht und einem Objektträger (für mikroskopische Zwecke) läßt sich eine geeignete Unterlage für Tonflocken herstellen. Der Draht wird zu einem Rahmen gebogen, auf dem der Objektträger mit Araldit festgeklebt wird. Der Rahmen wird so in ein 25 ml Becherglas eingepaßt, daß er den Objektträger horizontal im Becher hält. Rahmen und Objektträger werden gemeinsam gewogen. Man pipettiert einige Tropfen der Tonsuspension auf das Glas und läßt Flüssigkeit an der Luft verdunsten. Man wiederholt das Pipettieren und Eintrocknen mehrere Male, bis sich 20–100 mg Ton als Flocke angesammelt haben.

Messungen

Abbildung 14.2 zeigt typische Meßergebnisse , wie sie mit dieser Methode gewonnen werden können. Man gibt die Tonflocke in ein Becherglas mit einer konzentrierten Lösung mit bekanntem NAV und weicht sie über Nacht ein. Man nimmt sie aus der Lösung, tupft vorsichtig die überschüssige Flüssigkeit ab und wiegt. Die Tonflocke wird bei 105 °C getrocknet, in einem Exsikkator mit Silikagel gekühlt und so schnell wie möglich nochmals gewogen, um die pro Masseneinheit Ton gebundene Wassermenge zu bestimmen.

Bei stärker verdünnten Lösungen weicht man zunächst in einer konzentrierten Lösung ein, die aber dasselbe NAV besitzt wie die schließlich verwendete, verdünnte Lösung. Die Flocke wird aus dem Becherglas genommen, trockengetupft, mit etwas verdünnter Lösung abgespült und dann in ein Becherglas mit dieser Lösung gegeben. Nach Einweichen über Nacht bestimmt man den Wassergehalt des Tons. Man beachte, daß mit einsetzendem Quellen das Plättchen auseinanderbrechen kann und Bruchstücke vom Objektträger abrutschen können. Vorversuche sind ganz nützlich, um Erfahrung im Umgang mit Objektträgern zu sammeln.

14.6
Zur Auswaschung erforderliche Wassermenge, Wassermischung und Zugabe von Gips

14.6.1
Zur Auswaschung erforderliche Wassermenge

Regulation des Salzgehalts

Damit der Salzgehalt in einem Bodenprofil konstant bleibt, müssen Salzeinträge und Salzentzüge gleich hoch sein. Zu den Komponenten der Salzbilanz zählen Bewässerungswasser, Sickerwasser, Ernteentzug, Dünger, Niederschläge, atmosphärische Depo-

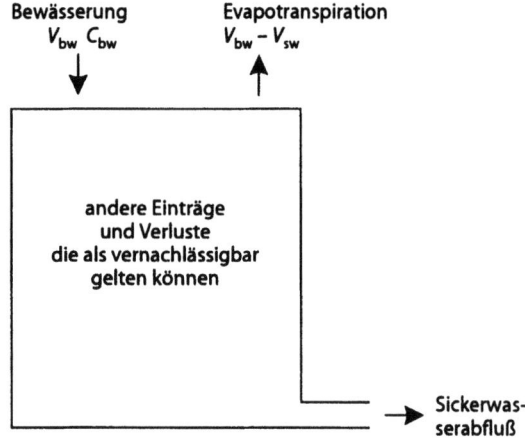

Abb. 14.11. Salzbilanz eines Bodenprofils

sition und Grundwasser. In der Bilanz müssen nur Bewässerungs- und Sickerwasser berücksichtigt werden, vorausgesetzt, daß im Vergleich dazu alle anderen Komponenten gering sind (Abb. 14.11). Um einen Gleichgewichtszustand zu wahren, müssen die Salzeinträge mit dem Bewässerungswasser genau so hoch sein wie die Austräge mit dem Sickerwasser. Die Salzmengen werden als Produkt aus dem Volumen V und der Konzentration C angegeben:

$$V_{bw}C_{bw} = V_{sw}C_{sw}.$$

Die tiefgestellten Indizes bw und sw stehen für Bewässerungs- bzw. Sickerwasser. Umformung ergibt:

$$V_{sw}/V_{bw} = C_{bw}/C_{sw}.$$

Für den Gebrauch im Freiland wird V durch die Höhe der Wassersäule des Bewässerungswassers D [mm] und C durch die elektrische Leitfähigkeit EC_w ersetzt. Daraus ergibt sich folgende Gleichung:

$$D_{sw}/D_{bw} = EC_{bw}/EC_{sw} \qquad (14.3)$$

Das Verhältnis der Wasserhöhen nennt man die Auswaschfraktion (*engl.: leaching fraction*, abgekürzt LF). Sie ist gleich dem Verhältnis der elektrischen Leitfähigkeiten von Bewässerungs- und Sickerwasser. Wenn EC_{bw} bekannt ist und für EC_{sw} eine Obergrenze festgesetzt wurde, ist die Auswaschfraktion gleichzeitig auch die zur Auswaschung erforderliche Wassermenge (*engl.: leaching requirement*, abgekürzt LR), die nach Gleichung 14.3 berechnet werden kann. Die gewählte Obergrenze für EC_{sw} basiert auf den Toleranzdaten für Nutzpflanzen (Tabelle 14.3). Sie wird häufig höher angesetzt als der EC-Wert des Sättigungsextrakts, der eine 50%ige Ertragsminderung hervorruft, da die durchschnittliche EC des Bodenprofils niedriger ist als jene des Sickerwassers (Abb. 14.5). Ayers und Westcott (1985) beschreiben Rechenmethoden zur Bestimmung des durchschnittlichen Salzgehalts der Wurzelzone, bei denen der höhere Wasserentzug durch die Wurzeln im oberen Teil des Profils berücksichtigt wird.

Beispiel

$EC_{bw} = 4 \text{ dS m}^{-1};$

erforderlich: $EC_{sw} = 40 \text{ dS m}^{-1};$

$LR = 4/40 = 0{,}1 \text{ (s. Abb. 14.5)}.$

Nun muß der Pflanzenwasserbedarf berücksichtigt werden. Wenn die zur Deckung des Evapotranspirationsbedarfs benötigte Wassermenge während der Wachstumsperiode D_{et} 1 500 mm beträgt, ist der gesamte Wasserbedarf $D_{bw} = 1\,500 + D_{sw}$.

$LR = 0{,}1 = D_{sw}/D_{bw};$

$D_{sw} = 0{,}1\, D_{bw}$ und $D_{et} = 0{,}9 D_{bw}$. Damit ist

$1500 = 0{,}9 D_{bw}$

$D_{bw} = 1\,667$ mm und $D_{sw} = 167$ mm.

Die Rechnung vereinfacht sich zu $D_{bw} = D_{et}/(1 - LR)$.

Regulation der Natriumsättigung

Wenn Wasser durch ein Bodenprofil fließt, erhöht sich dessen NAV, da die Ionenkonzentration aufgrund des Wasserentzugs durch die Wurzeln zunimmt. Der Faktor, um den die Ionenkonzentration an der Profilbasis zugenommen hat, beträgt EC_{sw}/EC_{bw}, was $1/LF$ entspricht. Das NAV verändert sich von $[Na^+]/[Ca^{2+} + Mg^{2+}]^{1/2}$ zu

$([Na^+] \cdot 1/LF)/([Ca^{2+} + Mg^{2+}] \cdot 1/LF)^{1/2}$. Das ist:

$([Na^+]/[Ca^{2+} + Mg^{2+}]^{1/2}) \cdot (1/LF)^{1/2}$. Damit ist

$$NAV_{sw} = NAV_{bw}/(LF)^{1/2} \tag{14.4}$$

Sobald sich das Gleichgewicht eingestellt hat, ist der ESP an der Profilbasis ungefähr genau so hoch wie das NAV_{sw}.

Beispiel. Abbildung 14.5 zeigt die nach Gleichung 14.4 berechneten NAV-Werte. Wenn $NAV_{bw} = 4$ und $LF = 0{,}1$ ist, dann ist das $NAV_{sw} = 4/0{,}1^{1/2} = 12{,}6$. Verwenden wir hier die zur Regulation des Salzgehalts erforderliche Wassermenge – die Auswaschfraktion, die nötig ist, um eine Ec_{sw} von 40 dS m^{-1} aufrechtzuerhalten –, muß im Bodenprofil ein ESP von weniger als 12,6 erhalten bleiben. Soll der ESP weniger als 10 betragen, dann folgt daraus: $10 = 4/(LR)^{1/2}$ und $LR = 0{,}16$. Es müßte die Menge an Bewässerungswasser auf 1768 mm erhöht werden, damit der Salzgehalt EC_{sw} unterhalb von 25 dS m^{-1} bleiben würde (Gleichung 14.3).

14.6.2
Verbesserung der Qualität des Bewässerungswassers

Mischung salzarmen und salzreichen Wassers

Der Salzgehalt verändert sich nach der Gleichung

$V_1 C_1 + V_2 C_2 = (V_1 + V_2) C_3.$

V ist das Volumen, C die Konzentration, die tiefgestellten Indizes 1,2 und 3 stehen für gute, schlechte und mittlere Wasserqualität. C läßt sich durch EC ersetzen.

Die Veränderung der Natriumsättigung läßt sich berechnen, wenn man die obige Gleichung für jedes Kation getrennt anwendet und die neuen Werte in den NAV-Ausdruck einsetzt.

Zugabe von Gips

Gips wird im allgemeinen dann auf der Bodenoberfläche ausgebracht, wenn Gefahr durch hohe Natriumgehalte droht und nur Bewässerungswasser schlechter Qualität zur Verfügung steht. Die Wirkung der Gipszufuhr ist schwer vorherzusagen, da seine langsame Lösung von der Partikelgröße und der Geschwindigkeit der Wasserbewegung durch den Boden abhängt. Sobald sich der Gips im Gleichgewicht mit der Bodenlösung befindet, steigt die Calciumkonzentration in Abhängigkeit von der Sulfatkonzentration des Wassers auf ungefähr 15 mmol l^{-1}. Dieser Betrag kann nun in Gleichung [14.4] als NAV-Wert des Bewässerungswassers eingesetzt werden. Daraus ergibt sich ein niedrigerer NAV$_{sw}$-Wert, ein potentieller Minimalwert, der in der Praxis jedoch vermutlich nicht erreicht wird.

14.7
Leitfähigkeitsindex für Böden und Komposte in Gewächshäusern (ADAS-Verfahren)

Die Grundlagen ähneln den in Abschn. 14.2 beschriebenen. Der Salzgehalt wird über die elektrische Leitfähigkeit einer Suspension bestimmt, für die der Boden mit einer gesättigten Calciumsulfatlösung im Verhältnis 2:5 [Masse-%/Vol.-%] gemischt wurde. Wenn nur ein einfacher Salzgehaltsindex benötigt wird, lohnt sich die zeitaufwendige Herstellung eines Sättigungsextrakts nicht. Das Calciumsulfat läßt den suspendierten Ton ausflocken, so daß man zur Messung der EC ein klares Filtrat erhält.

Ausrüstung und Reagenzien
- *Leitfähigkeitsmeßgerät* und *-zelle*;
- *Gesättigte Calciumsulfatlösung.* 7 g CaSO$_4$·2H$_2$O werden in 2 l Wasser 2 h lang bei 20 °C geschüttelt. Man filtriert und bewahrt die Lösung bei 20 °C auf. Der EC sollte 1,96 dS m^{-1} betragen.

Methode
Zubereitung der Suspension. Man überführt 20 g lufttrockenen Feinboden oder Bodenkompost in eine Glasflasche und füllt mit 50 ml gesättigter Calciumsulfatlösung auf. Man schüttelt 15 min lang bei 20 °C und filtert anschließend durch Whatman-Papier Nr. 2. Zur Messung der EC hält man das Filtrat bei 20 °C.

Eichung und Messung. Man eicht das Leitfähigkeitsmeßgerät nach der in Abschn. 14.1 beschriebenen Methode. Das Filtrat muß bei der Messung unbedingt eine Temperatur von 20 °C haben (am besten verwende man ein Wasserbad dieser Temperatur). Die EC-Werte werden in dS m^{-1} gemessen. Man subtrahiert 1,96 vom Meßwert, um die Zunahme der Leitfähigkeit gegenüber jener der Calciumsulfatlösung zu ermitteln; daraus ergibt sich auch der Salzgehalt des Bodens.

Tabelle 14.8. Leitfähigkeitsindizes für Böden und Bodenkomposte (ADAS-Verfahren)

Index	elektrische Leitfähigkeit bei 20 °C [dS m^{-1}]	Index	elektrische Leitfähigkeit bei 20 °C [dS m^{-1}]
0	0,00 – 0,30	5	0,91 – 1,10
1	0,31 – 0,50	6	1,11 – 1,40
2	0,51 – 0,70	7	1,41 – 1,80
3	0,71 – 0,80	8	1,81 – 2,10
4	0,81 – 0,90	9	> 2,10

Man beachte, daß die angegebenen Werte aus den gemessenen Werten berechnet wurden, abzüglich 1,96. Die gemessenen Werten finden sich in MAFF (1988).

Leitfähigkeitsindex

Das Klassifizierungssystem ist in Tabelle 14.8 dargestellt..

Anmerkung 1. Bei Routineuntersuchungen ist es am einfachsten, 20 ml Boden mit einem Standard-Meßbecher (Innendurchmesser 28 mm, Tiefe 32 mm) zu entnehmen, wie es bereits bei der Bestimmung des Nährstoffindex vorgeschlagen wurde (s. Abschn. 9.1). Die Dichte des lufttrockenen Feinbodens im Meßbecher kann jedoch bei Komposten stark schwanken. Daher ist es nötig, auch die Masse zu bestimmen, die den 20 ml Boden oder Kompost entspricht: Man tariert eine Glasflasche (man stellt die Anzeige auf Null), gibt 20 ml Boden zu und notiert die Masse. Nachdem man vom Meßwert 1,96 dS m^{-1} subtrahiert hat, kann man die EC der 20-g-Probe berechnen:

$EC_{20g} = EC_{20ml} \cdot 20/\text{Masse des Bodens in 20 ml}$

Die EC ist proportional zur Masse der gelösten Salze und damit auch proportional zur Masse des untersuchten Bodens.

Einfluß des Salzgehalts auf Nutzpflanzen

Die Richtwerte aus Tabelle 14.9 sollten beachtet werden.

Tabelle 14.9. Hinweise auf die Wirkungen der Salinität auf Gewächshaus- und Gärtnereipflanzen (bei den angegebenen Zahlen handelt es sich um Leitfähigkeitsindizes) (aus MAFF 1988)

Planzenwachstum	alle Keimlinge, Zwiebeln und Kastensetzlinge	alle anderen im Boden gezogenen Gemüse und Blumen	Nelken, Tomaten und Paprika
keine Einschränkungen	0–2	0–3	0–4
mögliche Einschränkungen, besonders bei Jungpflanzen	3 und 4	4 und 5	5 und 6
mögliche schwere Schäden	über 4	über 5	über 6

Tabelle 14.10. Auswaschanforderung für Gewächshausböden [l m^{-2}] (aus MAFF 1988)

Bodenart	Index						
	<3	3	4	5	6	7	>7
Sandböden	Nil	15	20	25	35	50	65
andere Böden	Nil	20	25	35	50	70	90

Bei wertvollen Treibhauspflanzen sollte der Salzgehalt deutlich unter der für das Pflanzenwachstum toxischen Menge gehalten werden. Mit Tabelle 14.3 können Vergleiche angestellt werden; der Salzgehalt, der zu einer Ertragsminderung um 50 % führt, wird mit 3,6–18 dS m^{-1} (Sättigungsextrakt) angegeben. Der hier verwendete 2:5-Extrakt ist etwa sechsmal stärker verdünnt als ein Sättigungsextrakt (250 statt 45 g H$_2$O pro 100 g Boden; Abschn. 14.2), woraus sich ein Salzgehaltsbereich von 0,6–3 dS m^{-1} ergibt. Die ADAS-Richtwerte sagen Einschränkungen des Pflanzenwachstums bei 0,5–1 dS m^{-1} voraus.

Regulation des Salzgehalts

Lösliche Salze können durch Auswaschung entfernt werden. Tabelle 14.10 enthält Anweisungen, wie der Index unter 3 gesenkt werden kann. Das Wasser sollte über 4–5 Tage hinweg in kleinen Mengen zugeführt werden.
Bei der Auswaschung wird auch Nitrat entfernt, wodurch der N-Index auf 0 absinkt (s. Abschn. 11.4).

14.8
Praktische Übungen

1. Verwenden Sie die in Abschn. 14.5 beschriebenen Methoden, um den Einfluß des Natriumgehalts auf die hydraulische Leitfähigkeit von Böden zu bestimmen! Man sollte mit mittelschwerem oder sandigem Boden arbeiten, da schwere Böden bei Säulenexperimenten viele praktische Probleme bereiten. Wiederholen Sie eines der Säulenexperimente (NAV 25), wobei die Lösung mit einer Konzentration von 10 mmol$_c$ l^{-1} (Tabelle 14.7) vor dem Gebrauch mit Calciumsulfatlösung in ein Gleichgewicht gebracht wird! (7 g CaSO$_4$·2H$_2$O werden in 2 l Wasser 2 h lang geschüttelt und dann filtriert.) Die Calciumkonzentration dieser Lösung kann gemessen, ihr Einfluß auf den ESP vorhergesagt und die schützende Wirkung auf das Bodengefüge in der Säule bestimmt werden.
2. Bestimmen Sie die Auswirkungen der Bodenversalzung auf die Keimung und das Wachstum einer Nutzpflanze eigener Wahl (s. Abschn. 14.1)!
3. Setzen Sie eine Lösung an, deren Natrium-, Calcium- und Magnesiumkonzentration jener des Wassers aus dem Pecos (Tabelle 14.1) entspricht! Verwenden Sie Chloridsalze. Spülen Sie mit dieser Lösung den Boden durch und lassen Sie diesen an der Luft trocknen! Bestimmen Sie den Salz- und Natriumgehalt des Bodens nach den in Abschn. 14.2 beschriebenen Methoden!

Bereiten Sie eine Serie von Lösungen mit 40 mmol l^{-1} (NAV von 0–20) zu und führen Sie das oben beschriebene Experiment mit jeder dieser Lösungen durch! Tragen Sie die Beziehung zwischen der ESP und dem NAV der Auswaschlösung und des Sättigungsextrakts in einem Diagramm auf! Vergleichen Sie die eigenen Ergebnisse mit Abb. 14.7!
4. Besorgen Sie sich Proben aus Küstenmarschen oder Watten! Messen sie den Salz- und Natriumgehalt dieser Böden! Spiegeln die Ergebnisse den Einfluß des Meerwassers auf die Böden wider? Die Zusammensetzung von Meerwasser ist in Tabelle 14.1 aufgeführt, die ESP-NAV-Beziehung in Abb. 14.7. Vergleichen Sie die eigenen Ergebnisse mit Werten, die für Marschböden in Kent und Essex ermittelt wurden, deren gesamtes Profil von Meerwasser beeinflußt ist (Hazelden et al. 1986)!
5. Besorgen Sie sich Böden verschiedener Korngrößenzusammensetzung! Bestimmen Sie für jeden Boden den Sättigungswassergehalt (s. Abschn. 14.2) und den Wassergehalt bei Feldkapazität (s. Abschn. 5.3)! Tragen Sie die Beziehung zwischen den beiden Werten auf! Nähert sich die Steigung einem Wert von 2 an, wie Abschn. 14.2 erwarten läßt?

14.9
Übungsaufgaben

1. Berechnen Sie für eine der Wasserproben in Tabelle 14.1 die Ca^{2+}-, Mg^{2+}- und Na$^+$-Konzentration in mmol$_c$ l^{-1} und mg l^{-1}! Die molaren Massen sind in Anhang 2 angegeben. (*Antwort*: Colombia River. 0,9, 0,4, 0,2 und 18,0, 4,9 und 4,6)
2. Betrachten wir den Salzboden aus Tabelle 14.2! Berechnen Sie die EC der Bodenlösung bei Feldkapazität unter Verwendung der Informationen aus Abschn. 14.2! (*Antwort*: 24 dS m^{-1}) Berechnen Sie das osmotische Potential dieser Lösung, (vgl. Abschn. 14.3)! (*Antwort*: –0,96 MPa)
3. Verwenden Sie Abb. 14.1 und Tabelle 14.3 zur Abschätzung des Salzgehaltsgrenzwertes von Gerste und der Kurvensteigung! (Antwort: 8 dS m^{-1}, 5 %/dS m^{-1})
4. Die Zusammensetzung des Bewässerungswassers der Hofuf Experimental Station in Saudi Arabien und jene des Sickerwassers aus einer Versuchsparzelle sind in Tabelle 14.11 aufgeführt. Berechnen Sie:
   - die EC der Wasserproben mit Hilfe von Abb. 14.6 (*Antwort*: 2,3 und 4,6 dS m^{-1});
   - das NAV der Proben (*Antwort*: 5,2 und 7,9);
   - den ESP, der nach Gleichgewichtseinstellung im Boden vorliegen würde; verwende Abb. 14.7. (*Antwort*: 5,2 und 8,4);
   - das ausgewaschene Wasservolumen (Auswaschfraktion) unter der Annahme, daß kein Regen gefallen ist! (*Antwort*: 0,5)

Tabelle 14.11. Die Zusammensetzung von Bewässerungs- und Sickerwasser (aus W. Abder-Rahman)

Ion	Bewässerungswasser [mmol$_c$ l^{-1}]	Sickerwasser [mmol$_c$ l^{-1}]
Ca^{2+}	7,55	15,25
Mg^{2+}	4,12	8,96
Na$^+$	12,65	27,32

Berechnen Sie die erforderliche Wassermenge, um die EC im Profil unter 8 dS m^{-1} zu halten, für den Fall, daß das Sickerwasser wieder zur Bewässerung verwendet wird! (*Antwort:* 0,58) Berechnen Sie die erforderliche Wassermenge, um die EC im Profil unter 8 dS m^{-1} zu halten, für den Fall, daß Bewässerungs- und Sickerwasser im Verhältnis 1:1 gemischt werden! (*Antwort:* 0,43)

5. Gelegentlich wird die Salzwasser-Verdünnungsmethode eingesetzt, um salz- und natriumhaltige Böden zu meliorieren. Hierbei wird zunächst mit stark salzhaltigem Wasser, z.B. Meerwasser, ausgewaschen, anschließend mit einer 1:1-Mischung von Meer- und Süßwasser, dann mit einer 1:2-Mischung und so weiter, bis schließlich der Salz- und Natriumgehalt deutlich reduziert worden ist. Überlegen Sie sich, wieso mit dieser Methode Gefügeschäden vermieden werden können! Verwenden Sie dazu die Informationen aus Tabelle 14.1! Schätzen Sie aus Tabelle 14.3 ab, welchen Einfluß das Meerwasser auf die hydraulische Leitfähigkeit eines smectitreichen Bodens hat! (*Antwort:* 598 mmol$_c$ l^{-1}, NAV 59, keinen Einfluß) Berechnen Sie die Zusammensetzung einer 1:1-Mischung aus Meer- und Süßwasser, anschließend jene einer 1:2-Mischung usw.! (für die Berechnung geht man von reinem Wasser aus) und wiederholen Sie die Abschätzung mit Hilfe von Tabelle 14.3! (*Antwort:* 299 mmol$_c$ l^{-1}, NAV 42, keinen Einfluß; 199 mmol$_c$ l^{-1}, NAV 34, keinen Einfluß). Man sollte bei jedem NAV-Wert darauf achten, daß der Salzgehalt des Wassers nicht unter den kritischen Wert fällt, bei dem Schäden eintreten.

6. Berechnen Sie, welchen Nutzen es für das Grundwasser in Nahal Oz hat (Tabelle 14.1), wenn man zur Regulation des Natriumgehalts Gips auf dem Boden ausbringt! (*Antwort:* ohne Gips: NAV = 26, mit Gips: NAV = 10, falls die Ca^{2+}-Konzentration auf 15 mmol$_c$ l^{-1} steigt)

KAPITEL 15

Pestizide und Metalle

Schädlinge und Krankheiten vernichten weltweit schätzungsweise ein Drittel der Ernteerträge. In Abbildung 13.1 sind die Pflanzenschädlinge und -krankheiten neben anderen ertragsbegrenzenden Faktoren aufgeführt. Traditionellerweise werden sie durch Fruchtfolgesysteme bekämpft; Unkräuter werden durch entsprechende Bewirtschaftungsmaßnahmen, Fruchtwechsel und Jäten von Hand in Grenzen gehalten. Im 20. Jahrhundert machten das weltweite Bevölkerungswachstum und der Wegzug großer Bevölkerungsteile aus dem ländlichen Raum in die Städte es notwendig, andere Methoden zur Bekämpfung von Schädlingen und Pflanzenkrankheiten zu entwickeln, um die Nahrungsmittelversorgung zu sichern. Im globalen Maßstab ist gegenwärtig die Anwendung von Pestiziden die einzig wirksame Methode. Bei ausreichender Nährstoff- und Wasserversorgung lassen Pestizide einen Intensivanbau zu, bei dem Erträge erzielt werden, die dem für das jeweilige Klima und die jeweilige Kulturpflanzenart erreichbaren Ertragsmaximum nahekommen. Diese Fortschritte im Pflanzenbau haben es bislang, – zusammen mit der Züchtung neuer, ertragreicherer Pflanzensorten, ermöglicht –, daß die weltweite Nahrungsmittelproduktion mit dem Bevölkerungswachstum Schritt halten konnte. Aber selbst bei hoher Nutzungsintensität machen die durchschnittlichen Erträge nur etwa die Hälfte des potentiell möglichen Ernteertrags aus; in ärmeren Ländern wird sogar nur ein Bruchteil dieses Potentials ausgeschöpft (s. Kap. 13). Als Folge davon stimmt die weltweite Verteilung der Nahrungsmittelproduktion nicht mit der Bevölkerungsverteilung überein, so daß auf der Erde Hunger und Überfluß nebeneinander existieren.

Pestizide lassen sich in drei Hauptgruppen einteilen: Mit Herbiziden werden Unkräuter bekämpft, mit Fungiziden Pilzerkrankungen und mit Insektiziden Schädlinge. Beim Intensivanbau von Winterweizen werden Herbizide zur Bekämpfung von Gräsern und breitblättrigen Unkräutern eingesetzt; Insektizide sollen vor Blattläusen schützen, und mit Fungiziden wird der Mehltau bekämpft. Dies im Detail darzustellen, geht über den Rahmen dieses Buches hinaus. In Abschn. 15.1 werden aber die Grundlagen dazu entwickelt, die Auswirkungen von Unkräutern auf den Weizenertrag diskutiert und Topf- und Feldversuche zur Untersuchung der Konkurrenz zwischen Nutzpflanze und Unkraut beschrieben. Abbildung 15.1 zeigt beispielhaft den Rückgang des Weizenertrags, der durch zwei Unkrautarten mit unterschiedlichem Konkurrenzverhalten hervorgerufen worden ist, sowie die Bedeutung der Unkrautbekämpfung im Ackerbau.

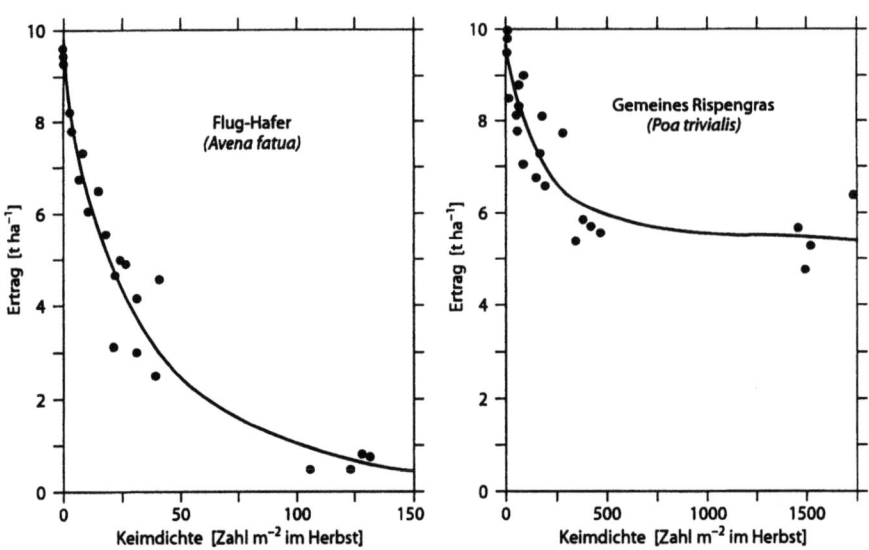

Abb. 15.1. Einfluß von Unkrautpopulationen auf den Weizenertrag (Wilson und Wright 1990)

In diesem Kapitel werden die ökologischen Folgen des Pestizideinsatzes aus bodenkundlicher Perspektive diskutiert. Selbstverständlich müssen die Pestizideinträge auf das zur Unkrautbekämpfung erforderliche Minimum reduziert werden. Bessere Wirkstoffe und neue Spritztechnologien haben dazu geführt, daß immer geringere Pestizidmengen angewendet werden. Außerdem weiß man inzwischen mehr über das Konkurrenzverhalten von Unkräutern. In Abschn. 15.1 wird eine Technik beschrieben, die eine Abschätzung des Ertragsrückgangs aus Unkrautzählungen zu Beginn der Anbausaison erlaubt. Auf der Grundlage solcher Informationen kann man den Pestizideinsatz optimieren und überflüssige Applikationen vermeiden. Dennoch muß man viele Jahre lang Unkraut jäten, wenn man nur einmal die Samen ausfallen läßt; deshalb muß es unbedingt verhindert werden, daß sich im Boden Unkrautsamen ansammeln können. Anders als bei Düngemitteln, bei denen die umweltverträgliche Düngermenge einfach etwas niedriger sein dürfte als die ökonomisch optimale Düngung (s. Kap. 11), muß bei Herbiziden eine eindeutige Entscheidung gefällt werden, ob man sie einsetzen will oder nicht; dies hängt von der Unkrautpopulation und den zu erwartenden Ertragseinbußen ab, wenn auf das Herbizid verzichtet wird. Selbstverständlich muß auf die Rentabilität des Einsatzes geachtet werden, wofür auch die Umweltkosten unbedingt abgeschätzt werden sollten. Die Vorhersage der Ertragseinbuße findet in einem frühen Entwicklungsstadium der Unkräuter statt und wird durch die von Jahr zu Jahr schwankenden Witterungsverhältnisse kompliziert. In dieser Hinsicht bestehen Ähnlichkeiten zur Vorhersage der verfügbaren Stickstoffmenge. In beiden Fälle sind Computermodelle wichtige Hilfsmittel der derzeit laufenden Forschung.

Verfechter des organischen Landbaus lehnen den Einsatz von Pestiziden grundsätzlich ab und haben wieder traditionelle Anbaumethoden eingeführt. Bei diesen Anbaumethoden sind Ernteeinbußen, die durch die Konkurrenz mit Unkräutern und

Einführung

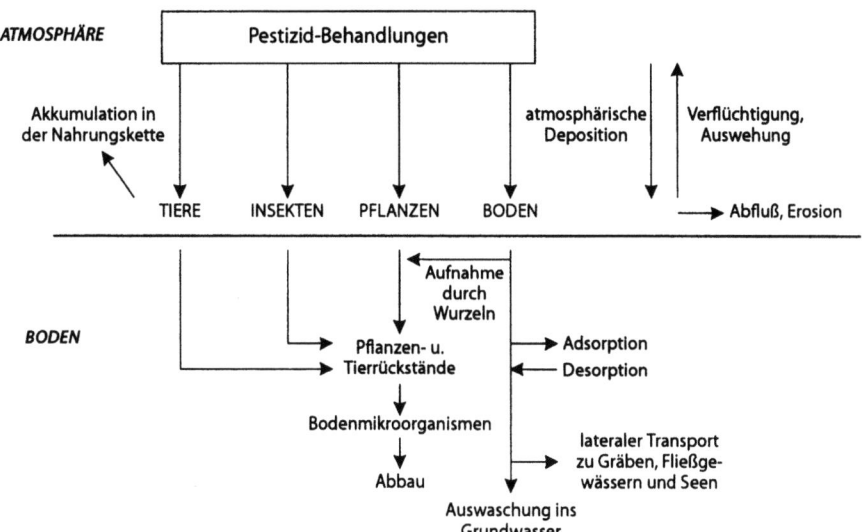

Abb. 15.2. Verhalten von Pestiziden im Boden

anderen Schädlingen bedingt sind, ein akzeptierter Teil des Systems. Im Falle von von Winterweizen darf zur Bekämpfung der Unkräuter erst später im Jahr geerntet werden. Das hat Ernteeinbußen aufgrund der späteren Einsaat und Konkurrenz durch überlebende Unkräuter zur Folge. Wird in einem solchen System allerdings auch Düngung abgelehnt, sind die Ernteeinbußen infolge Nährstoffmangels, insbesondere infolge Stickstoffmangels, in der Regel viel höher als die von Unkräutern verursachten Verluste.

Umweltverhalten von Pestiziden

Bei fast allen modernen Pestiziden handelt es sich um neutrale (ungeladene) organische Moleküle. Die Mehrzahl dieser Verbindungen kommt von Natur aus nicht im Boden-Pflanzen-System vor; es ist daher wichtig, das Verhalten dieser Verbindungen zu verstehen und ihren Einfluß auf die Umwelt zu ermitteln. In der Frühzeit der Pestizidanwendung waren die Kontrollen sehr locker. Das hat sich heute geändert. Hersteller von Agrarchemikalien müssen genaue Angaben zu den Eigenschaften und möglichen ökologischen Nebenwirkungen der Verbindung machen, um die gesetzlichen Auflagen für die Zulassung der Chemikalien zu erfüllen. Das gilt mittlerweile für nahezu alle Länder der Erde. Infolgedessen weiß man heute mehr über das Umweltverhalten von Pestiziden als von jeder anderen vom Menschen verwendeten Gruppe synthetischer Chemikalien. Der Verhalten von Pestiziden im Boden ist in Abb. 15.2 schematisch dargestellt.

Bei der Entwicklung und Prüfung eines neuen Pestizids ist einer der ersten Schritte die Festlegung der Applikationsrate, die zur Bekämpfung des Zielorganismus, d.h. des Schadinsekts, des schädlichen Pilzes oder des Unkrauts, erforderlich ist. Hierzu wird eine *biologische Dosis-Wirkungskurve* (s. Abschn. 15.2) erstellt. Die ausgebrachten Mengen variieren stark: allgemein üblich sind Raten von 5 g aktiver Substanz ha^{-1} (z. B. Sulphonyl-Harnstoff-Herbizide) bis zu 4 kg aktiver Substanz ha^{-1} (z.B. Simazin, wenn alle Unkräuter vernichtet werden sollen). Werden die Substanzen von den obersten 20 cm des Bodens aufgenommen, betragen die Konzentrationen bei diesen Applikationsraten zwischen 2 ppb (parts per billion = 1 µg kg^{-1}) und 2 ppm (parts per million = 1 mg kg^{-1}). Im Meßbereich solch kleiner Mengen muß man arbeiten, wenn es um die Bestimmung der Umweltverträglichkeit der Verbindung geht. Wenn sich die Chemikalie verteilt hat und abgebaut wird, nimmt ihre Konzentration im Boden und im Wasser stark ab, weshalb zu ihrem Nachweis technisch anspruchsvolle Analyseverfahren notwendig sind. Die Wirkung von Pestiziden auf Nicht-Zielorganismen muß bei der Produktentwicklung und -erprobung ebenfalls untersucht werden.

Damit eine Risikoabschätzung erfolgen kann, müssen einige Schlüsselfragen beantwortet werden:

- Wie lange wird die chemische Substanz im Boden verweilen und welche Verbindungen entstehen während ihres Abbaus?
- Welcher Anteil der Substanz ist nicht gebunden und wird sich auf Nicht-Zielorganismen auswirken?
- Welcher Anteil der Substanz ist nicht gebunden und kann ins Grundwasser und in Fließgewässer ausgewaschen werden?

Pestizidabbau

Alle organischen Verbindungen unterliegen den normalen Abbauprozessen der organischen Substanz. Damit werden Pestizide sowohl chemisch als auch durch Mikroorganismen zersetzt. Den Gesamtprozeß bezeichnet man als *Abbau*. Das Standardmaß für die Abbaurate ist die *Halbwertszeit* einer Verbindung. Viele Pestizide haben Zerfallskurven, die näherungsweise einer Kinetik erster Ordnung folgen (s. Abschn. 3.5). Abbildung 15.3 zeigt ein Beispiel. Auch wenn es sich hierbei um ein einfaches Konzept handelt, sind Messungen wegen der geringen Ausgangskonzentrationen im Boden oft schwierig. Normalerweise sind aufwendige Verfahren und tech-

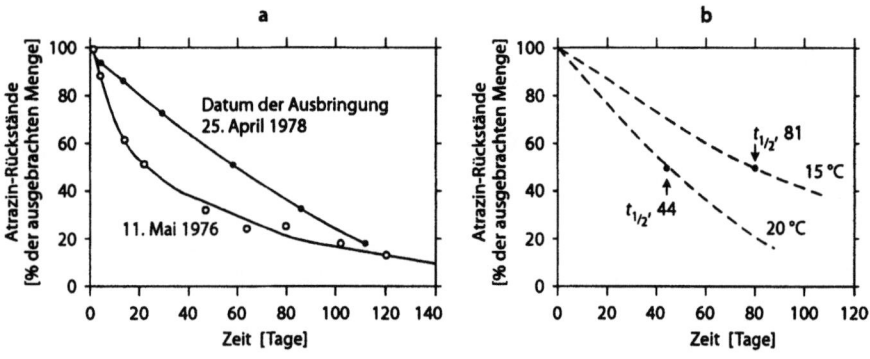

Abb. 15.3. Atrazinabbau in einem sandig-lehmigen Boden (1,2 % C, 70 % Sand, 18 % Ton, pH 7,0). **a** Feldversuche; **b** Inkubation im Labor (aus Walker 1978; Nicholls *et al.* 1982)

Einführung

Tabelle 15.1. Abbauraten von Pestiziden, dargestellt als Halbwertszeiten, Adsorptionskoeffizienten, Verteilungskoeffizienten und Auswaschungspotentiale nach dem GUS-Index

Nr. Pestizid	Verwendung	Halbwertszeit, bei 20 °C $t_{1/2}$ [d][a]	Adsorptions-koeffizient, K_{oc} [cm^3 g^{-1}][a]	Verteilungs-koeffizient, K_{ow} [a]	GUS-Index[e]
1. Flauzifop-p-butyl	Herbizid	<2	2 000	32 000	0,21
2. 2,4-D	Herbizid	15	400	650	1,65
3. EPTC	Herbizid	6	200	1 600	1,33
4. Atrazin	Herbizid	70	100	220	3,27
5. Trifuralin	Herbizid	130	3 500	120 000	0,97
6. Parathion	Insektizid	20	10 000	600	0,00
7. DDT	Insektizid	4 000	240 000	2 300 000	−4,97
8. Ethirimol	Fungizid	20	1 200	200	1,20
9. Aminotriazol	Herbizid	14	100	100	2,30
10. Simazin	Herbizid	60	130	91	3,36
11. Mecoprop	Herbizid	21	20[b]	1,3	3,56
12. Dichlobenil	Herbizid	60	400[b]	1 100	2,49
13. Paraquat	Herbizid	1 000	1 000 000[c]	−[d]	−6,00
14. Glyphosat	Herbizid	47	24 000[b]	−[d]	−0,64

[a] Die Werte sind nur auf zwei Stellen genau angegeben. Die folgenden Faktoren wirken sich auf die einzelnen Werte aus:
$t_{1/2}$: Klima (Temperatur, Feuchtigkeitsgehalt), Bodenzusammensetzung, mikrobielle Biomasse;
K_{oc}: Unterschiede im Boden-pH, die zu Veränderungen der Ladung von Huminstoffen und Pestizidmolekülen führen, Unterschiede in der Humuszusammensetzung (Tabelle 15.6);
K_{ow}: Der absolute Wert läßt sich unter der Voraussetzung bestimmen, daß der pH der Lösungen gepuffert ist und die Temperatur konstant gehalten wird: pH 6,8–7,0 und 20–25 °C (Raumtemperatur) sind die Normalbedingungen.
[b] Geschätzter Wert. Starke Adsorption schützt Paraquat im Boden; wenn es in der Bodenlösung frei vorliegen würde, würde die Halbwertszeit etwa 14 d betragen.
[c] Paraquat ist in seiner Adsorptionsstärke einzigartig; es wird von Tonmineraloberflächen extrem stark gebunden. Nur in Torfböden spielt die organische Materie dabei eine wichtige Rolle. Der hohe K_{oc}-Wert ist Ausdruck dieser starken Adsorption.
[d] Ionische Verbindungen haben sehr kleine Verteilungskoeffizienten, die für die Vorhersage der Adsorption in Böden keine Bedeutung besitzen.
[e] GUS (engl.: groundwater ubiquity score); dieser Index listet die im Grundwasser anzutreffenden Substanzen auf; zur Berechnung der Werte s. Abschn. 15.4.
(aus Worthing 1991 und anderen Quellen)

nisch anspruchsvolle Analysegeräte nötig, die Verbindung aus dem Boden zu extrahieren und in eine analysierbare Probe zu verwandeln. In Abschn. 15.2 werden die Methoden skizziert, die zur Bestimmung der Halbwertszeit von Pestiziden eingesetzt werden. Die Standardverfahren gehen über den Rahmen dieses Buches hinaus, aber es gibt einige weniger genaue Verfahren, die eine Schätzung der Abbaurate ermöglichen: In Abschn. 15.2 wird eine solche Methode beschrieben, bei der mit einem Pflanzentest der Rückgang der phytotoxischen Wirkung von Herbiziden verfolgt wird.

Bei der Abbaugeschwindigkeit von Herbiziden in Böden gibt es enorme Unterschiede. Beispiele sind in Tabelle 15.1 zu finden. Hier seien einige Faktoren genannt, die für diese Schwankungen verantwortlich sind:

- die Affinität von Mikroorganismen zu der betreffenden Substanz;
- die Anfälligkeit der Substanz gegenüber dem Angriff von Enzymen und anderen chemischen Verbindungen im Boden;
- die Zugänglichkeit der Pestizide für Mikroorganismen; diese hängt davon ab, wie stark die Verbindung an der Oberfläche von Bodenpartikeln, insbesondere von Huminstoffen, adsorbiert ist und
- der Bodentemperatur, der Wassergehalt und andere Bodeneigenschaften.

Abbauwege

Zur Abschätzung des Umweltverhaltens von Pestiziden ist es notwendig, auch die Abbauprodukte zu erfassen, da diese ebenfalls auf die Umwelt schädlich wirken können. Der Abbau von Pestiziden über eine Reihe von Zwischenprodukten wird auch als ihr *Abbauweg* bezeichnet. Seine Erfassung ist kompliziert und langwierig; die verwendeten Methoden werden in Abschn. 15.2 skizziert. Abbildung 15.4 zeigt als Beispiel das Pestizid Atrazin, aus dem letztlich einfache Verbindungen entstehen, die auch von Natur aus im Boden vorhanden sind. Die Elemente, aus denen das Pestizid besteht, werden in CO_2, Wasser, Humus und die Biomasse eingebaut und gelangen damit in den natürlichen Kreislauf von Boden, Pflanzen und Atmosphäre.

Abb. 15.4. Abbauweg von Atrazin im Boden

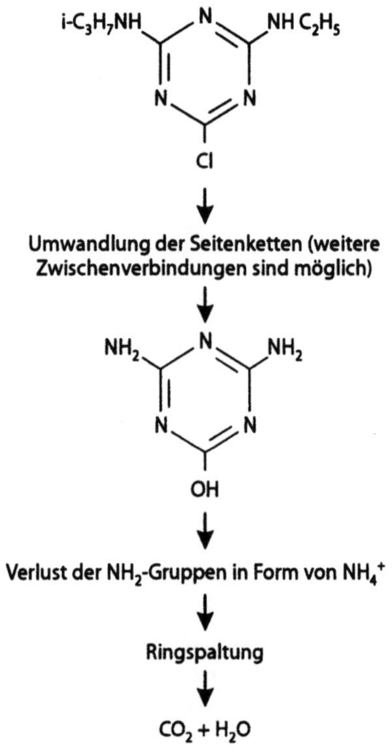

$i\text{-}C_3H_7NH$ — [Triazinring] — $NH\,C_2H_5$, mit Cl-Substituent

↓

Umwandlung der Seitenketten (weitere Zwischenverbindungen sind möglich)

↓

NH_2 — [Triazinring] — NH_2, mit OH-Substituent

↓

Verlust der NH_2-Gruppen in Form von NH_4^+

↓

Ringspaltung

↓

$CO_2 + H_2O$

Adsorption von Pestiziden

Wie frei sich ein Pestizid im Boden bewegen kann, hängt davon ab, wie stark es adsorbiert wird. Die meisten Pestizidmoleküle sind ungeladen und hydrophob; sie haben daher eine stärkere Affinität zu Huminstoffen als zu anderen Bodenpartikeln. Daher hängt die Adsorption der meisten Pestizide von der Adsorptionsreaktion zwischen dem Pestizid und dem Humus sowie von der vorhandenen Humusmenge ab. Eine Ausnahme davon stellen kationische Verbindungen wie z.B. Paraquat dar, die vor allem an negativ geladenen Tonoberflächen adsorbiert werden. Abbildung 15.5 zeigt die Hauptmechanismen, nach denen die Adsorption erfolgt. Der Einfluß, den der Boden-pH auf die Eigenschaften der Partikeloberflächen (insbesondere die Ladung von Huminstoffen, s. Abschn. 7.1) nimmt, wirkt sich auch auf die Adsorption und damit auf die Eigenschaften der Pestizidmoleküle aus.

Nur Pestizidmoleküle, die in der Bodenlösung frei vorliegen, können von Pflanzen und Mikroorganismen leicht aufgenommen werden, womit der Adsorptionsgrad ein nützlicher Hinweis darauf ist, inwieweit das Pestizid in Nicht-Zielorganismen gelangen kann und inwieweit Auswaschung in Fließgewässer und im Grundwasser stattfindet (McCall et al. 1980). Zur Messung des Adsorptionsgrads wird normalerweise die Pestizidverteilung zwischen Boden und Wasser in einer Suspension bestimmt, in der sich ein Gleichgewichtszustand einstellen konnte. Daraus kann der *Adsorptionskoeffizient* K_d berechnet werden; Einzelheiten hierzu werden in Abschn. 15.3 beschrieben. Dieser Koeffizient ist allerdings nur für den im Experiment verwendeten Boden gültig. Sinnvoller ist die Ermittlung eines Adsorptionsindex, der für unterschiedliche Böden verwendet werden kann. Zu diesem Zweck wird der Adsorptionskoeffizient K_{oc} ermittelt, der auf den Gehalt an organischem Kohlenstoff bezogen ist, da die organische Bodensubstanz das dominierende Adsorptionsmedium ist. Die in Tabelle 15.1 angegebenen Werte gelten für weitverbreitete Pestizide und für Böden mit pH-Werten zwischen 5 und 7. Für saure und kalkhaltige Böden dürften andere Werte gelten. Die Kenntnis dieses Koeffizienten sowie des Humusgehalts erlaubt eine Abschätzung der Adsorption, ohne K_d direkt messen zu müssen (s. Abschn. 15.1).

Das Ausmaß der Adsorption eines Pestizids an die organische Bodensubstanz steht in Zusammenhang mit seinen hydrophoben (wasserabstoßenden) Eigenschaften, die aus der Verteilung des Pestizids zwischen einem organischen Lösungsmittel und Wasser ermittelt werden können. Basierend auf diesem Prinzip, wurde für Pestizide ein *Verteilungskoeffizient* K_{ow} zwischen n-Octanol und Wasser als Adsorptionsindex eingeführt, der leichter zu bestimmen ist, als der Verteilungskoeffizient zwischen Boden (organischem Kohlenstoff) und Wasser (s. Abschn. 15.3); auch diese Werte sind in Tabelle 15.1 zu finden. Die Beziehung zwischen K_{ow} und K_{oc} wurde für ein breites Spektrum an Böden ermittelt (s. Abschn. 15.3).

Mobilität von Pestiziden

Die Verlagerung von Pestiziden im Boden kann im Freiland anhand einer Kernprobe direkt bestimmt werden. Dies ist ein arbeits- und zeitaufwendiges Verfahren, und die ermittelten Daten gelten ausschließlich für den Probenahmestandort und die dort herrschenden Witterungsverhältnisse. Kontrollierte Experimente können mit ungestörten Bodenproben in Lysimetern vorgenommen werden: Hier kann der Einfluß

a Anlagerung hydrophober Stoffe

c Ligandenbindungen

Die Wasserverdrängung von der Humusoberfläche resultiert in einem günstigeren Energiezustand, durch den die Adsorption ungeladener Moleküle, wie z.B. Atrazin und andere s-Triazine, gefördert wird.

b Wasserstoff-Brückenbindungen; van-der-Waals-Kräfte und andere schwache, intermolekulare Bindungen

Ligandenbindungen bilden sich zwischen geladenen und ungeladenen Molekülen und Metallen, die ihrerseits an den Humus gebunden sind. Atrazin kann folgendermaßen gebunden werden: N besitzt ein freies Elektronenpaar, das es mit dem Metall teilt (Pfeile). Das Hydratationswasser um das Metall wird vom Atrazin verdrängt.

d Elektrostatische Bindungen

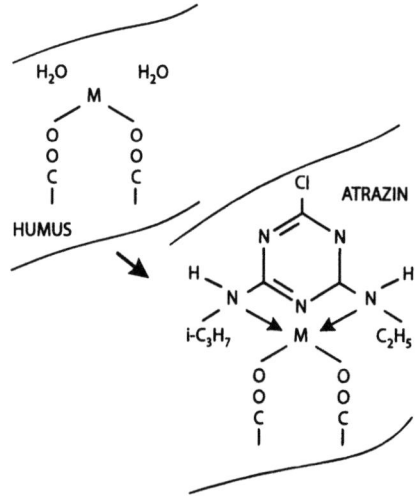

Diese Bindungen treten gewöhnlich bei polaren Molekülen auf; einige dieser Bindungen besitzen eine ungleichmäßige Elektronenverteilung, so daß bestimmte Teile des Moleküls nur eine begrenzte Ladungsmenge erhalten (δ^+; das Molekül als Ganzes bleibt elektrisch neutral). Dadurch werden sie von anderen polaren Molekülen angezogen: s-Triazine werden nach diesem Mechanismus an die Humusoberfläche adsorbiert. Derartige Dipolbindungen treten gewöhnlich zusammen mit der Anlagerung hydrophober Stoffe auf.

Elektrostatische Bindungen treten zwischen (geladenen) Ionenverbindungen und geladenen Bodenpartikeln auf. Pestizide, wie z.B. Paraquat und Diquat, können austauschbare Ionen ersetzen.

Abb. 15.5. Mechanismen der Pestizidadsorption im Boden (s. Abschn. 15.3, Anm. 4)

von Boden und Klima genauer untersucht werden. Möglicherweise verlangen in Zukunft Vorschriften der Europäischen Union, solche Lysimetermessungen im Rahmen des Zulassungsverfahren durchzuführen, selbst wenn sie arbeits- und zeitaufwendig sind.

Die Verlagerung kann auch mit Hilfe von Prinzipien, die in der Chromatographie gültig sind und in Abschn. 11.5 diskutiert wurden, abgeschätzt werden. Die Wanderungsgeschwindigkeit (R_f) ist abhängig vom Adsorptionskoeffizienten (K_d), aber die Bewegung der Pestizide hängt darüber hinaus von der Porengrößenverteilung und der durch den Boden sickernden Wassermenge ab. Einzelheiten werden in Abschn. 15.4 behandelt. Dieses Konzept läßt sich relativ einfach auf ein gleichmäßig poröses Material anwenden; im Freiland jedoch muß man bei diesem Ansatz den Wasserfluß durch das strukturierte Bodenmaterial mit einem breiten Spektrum verschiedener Porengrößen berücksichtigen. Damit ergeben sich für die Vorhersage der Pestizidverlagerung die gleichen Schwierigkeiten wie bei der Vorhersage der Nitratauswaschung. Computergestützte Modelle sind das wichtigste Hilfsmittel bei der Erforschung dieser Prozesse.

Abschnitt 15.4 beschreibt eine Alternative zur Bestimmung der Verlagerung von Pestiziden im Boden. Hierzu wird das Pestizid durch eine dünne Schicht gesättigten Bodens gewaschen; anschließend werden Testpflanzen angebaut, um anhand der toxischen Wirkung die Verteilung des Pestizids bestimmen zu können.

Gemeinsame Wirkung von Adsorption und Zerfall auf die Auswaschung

Es ist eine schwierige und zeitraubende Aufgabe, im Freiland das Auswaschungspotential eines Pestizids zu bestimmen, das das Grundwasser kontaminieren kann. Für allgemein gebräuchliche Pestizide läßt sich dies jedoch nicht umgehen. Doch werden einfachere Methoden benötigt, um während der Probe- und Entwicklungsphase das Auswaschungspotential abschätzen zu können.

Das Auswaschungspotential hängt von zwei Parametern ab:

1. Der Verweilzeit des Pestizids im Boden, ausgedrückt durch die Halbwertszeit.
2. Der Bindungsstärke des Pestizids an den Boden, ausgedrückt durch die Verteilungskoeffizienten.

Schnell abbaubare Verbindungen, wie z.B. 2,4-D, verweilen nicht lange genug im Boden, um sehr weit ausgewaschen zu werden, selbst wenn sie frei in der Bodenlösung vorliegen. Das andere Extrem sind persistente Verbindungen wie z.B. DDT, die so stark adsorbiert sind, daß sie nicht ausgewaschen werden können.

Die am häufigsten verwendete Einteilung des Auswaschungspotentials ist die McCall-Skala (McCall *et al.* 1980), die auf den K_{oc}-Werten basiert (s. Abschn. 15.4). Brauchbarer ist der von Gustafson (1989) entwickelte GUS-Index (*engl.: groundwater ubiquity score*), eine Auflistung der im Grundwasser vorhandenen Substanzen, die auf deren Halbwertszeit und K_{oc}-Wert beruht (s. Abschn. 15.4). Tabelle 15.1 zeigt Beispiele hierzu. Der Tabelle kann man entnehmen, daß Atrazin mäßig persistent ist und durchaus ins Grundwasser gelangen kann. Seit 1957 wird Atrazin in großem Umfang verwendet; seitdem wurden die Testanforderungen verschärft und seine Auswaschung ins Grundwasser detailliert untersucht. In Deutschland ist seine Anwendung in Wasserschutzgebieten verboten.

Jede neue chemische Substanz, die sich in Feldversuchen als wirksam erwiesen hat und für die Laborexperimente auf hohes Auswaschungspotential vermuten lassen, muß umfangreichen Testversuchen zur Ermittlung ihres tatsächlichen Auswaschungspotentials unterzogen werden, bevor sie die Marktzulassung erhält. Das bedeutet normalerweise:

- Vorhersagen anhand computergestützter Modelle (s. Abschn. 15.4),
- Lysimetermessungen unter kontrollierten Umweltbedingungen und
- Feldversuche, bei denen die Bewegung der chemischen Verbindung durch den Boden und, falls nötig, zu Fließgewässern und ins Grundwasser gemessen wird. Farbtafel 20 zeigt einen derartigen Versuch.

Es ginge hier zu weit, die Auswirkungen von Pestiziden auf die Nahrungskette und auf die Gesundheit von Mensch und Tier zu behandeln. Goring und Hamaker (1972) führen in diese Themen ein. Die Pestizidmengen, die durch die Landwirtschaft in englische und walisische Flüsse und Seen gelangen, werden in NRA (1992) diskutiert.

Potentiell toxische Elemente in Böden

Toxizitäten

Wenn dem Boden Metalle und andere potentiell toxische Elemente zugeführt werden, bleibt – anders als bei organischen Verbindungen, die letzten Endes in einfache ungiftige Substanzen gespalten werden – ein persistenter Rückstand zurück, falls keine Auswaschung stattfindet. Damit sind diese Substanzen für Tiere und Pflanzen möglicherweise schädlicher als die Pestizide selbst.

Die elementare Zusammensetzung von Böden variiert je nach Ausgangsgestein sehr stark (Tabelle 15.2). Mit industriellen Abfällen, insbesondere aus dem Bergbau, wurden den Böden stellenweise so große Metallmengen zugeführt, daß nur tolerante Pflanzen überleben konnten. Auch Klärschlamm, mit dem die Böden heutzutage gedüngt werden, ist eine mögliche Quelle toxischer Metalle. Da die Verklappung des Klärschlamms auf See zunehmend eingeschränkt wird, ist mit zunehmenden Einträgen an Land zu rechnen, wenngleich der Schwermetallgehalt von Klärschlämmen

Tabelle 15.2. Empfohlene Grenzwerte für Metalle in Böden (aus DOE/NWC 1981 und ADAS 1987)

Metall	typischer Gesamtmetallgehalt in nichtkontaminierten Böden		empfohlener Grenzwert	
	[mg kg^{-1}]	[kg ha^{-1}][a]	[mg kg^{-1}]	[kg ha^{-1}][a]
Zink	80	160	300	600
Kupfer	20	40	135	270
Nickel	25	50	75	150
Cadmium	0,5	1	3	6
Blei	50	100	250	500

[a] Annahme: 2 000 t ha^{-1} bis in 15 cm Tiefe.

abnimmt, da die technischen Verfahren zur Rückgewinnung der Metalle aus Abwässern ständig verbessert werden.

Die potentiell toxischen Elemente, die in Böden gelangen, können in zwei Gruppen eingeteilt werden:

1. Zink, Kupfer, Nickel und Bor wirken sich bei entsprechend hohen Konzentrationen direkt auf das Pflanzenwachstum aus. Die empfohlenen Grenzwerte basieren auf ihrer Wirkung auf Kulturpflanzen. Tabelle 15.2 gibt hierzu Beispiele.
2. Cadmium, Blei, Quecksilber, Molybdän, Arsen, Selen, Chrom und Fluor sind für Kulturpflanzen normalerweise nicht toxisch, wirken sich aber auf Tiere aus, falls diese mit Futter von kontaminierten Böden ernährt werden. Cadmium kann für Kulturpflanzen und Tiere toxisch sein, für Tiere allerdings bei viel niedrigeren Konzentrationen. Deshalb basieren die für diese Elementgruppe empfohlenen Grenzwerte auf ihrer Wirkung auf Tiere.

Von diesen Elementen wird Bor als einziges durch Auswaschung entfernt; alle anderen bleiben als nicht abbaubare Kontaminationen nahezu vollständig im Boden. Zink, Kupfer und Nickel sind im Klärschlamm in den größten Mengen vorhanden.

Die für Metalle empfohlenen Grenzwerte werden als in Salpeter-Perchlorsäure-Mischung lösliche Mengen angegeben (Abschn. 15.5). Diese Methode wurde mittlerweile durch eine Königswasserextraktion ersetzt, mit der man zu ähnlichen Ergebnissen gelangt. Ein einfacheres und sichereres Analyseverfahren ist die Extraktion mit Ethylendiamintetraessigsäure-Lösung (EDTA), aus der man auf die Verfügbarkeit der Metalle schließen kann. Der Gehalt an säurelöslichen Metallen kann näherungsweise durch Korrelation mit dem EDTA-extrahierbaren Gehalt bestimmt werden.

In mit Klärschlämmen kontaminierten Böden ist meist die Konzentration von mehr als einem Metall erhöht; es gibt jedoch kein allgemein anerkanntes Verfahren, mit dem man die kombinierte Wirkung mehrerer Metalle auf Pflanzen und Tiere abschätzen könnte. Die Zink-Äquivalent-Methode (ADAS 1982) dient dazu, die gemeinsame Wirkung von Zink, Nickel und Kupfer unter Berücksichtigung ihrer relativen Toxizitäten zu bestimmen. Man hat diesen Ansatz jedoch wieder verworfen, da es sehr unwahrscheinlich ist, daß sich diese Effekte additiv verhalten und mögliche Wechselwirkungen unberücksichtigt bleiben (Abschn. 15.5).

Der Einfluß der Metalle auf die Biomasse des Bodens wurde in Kap. 3 und Abschn. 6.9, Übung 2 diskutiert.

Mangelerscheinungen

In Sand-, Torf- und Kreideböden können Kulturpflanzen auch unter Kupfer- und Zinkmangelerscheinungen leiden. Die Extraktion mit EDTA-Lösung gibt brauchbare Hinweise auf die Verfügbarkeit von Kupfer (s. Abschn. 15.5), ist aber für Zink weniger gut geeignet. Viele weitere Methoden wurden eingesetzt, um Spurenelemente aus dem Boden zu extrahieren (MAFF 1986a; Page 1982); allerdings konnten damit Mangelerscheinungen nur sehr bedingt vorhergesagt werden.

Weitere Studien

Übungsprojekte finden sich in Abschn. 15.6, Übungsaufgaben in Abschn. 15.7.

15.1
Einfluß von Unkräutern auf den Ernteertrag

Die Anwendung von Pestiziden sollte nicht nur aus ökologischen, sondern auch aus ökonomischen Gründen auf ein Minimum reduziert werden, da der Pestizideinsatz erheblich zu den Anbaukosten beiträgt. Die Messung und Vorhersage der Ertragseinbußen, die im Zusammenhang mit Schädlingen und Krankheiten stehen, ist daher die Basis für eine vernünftige Behandlungsentscheidung. Die Grundlagen der Unkrautbekämpfung werden bei Attwood (1985) und Hance und Holly (1990) diskutiert.

Unkräuter und Weizenanbau

Konkurrenzverhalten von Unkräutern

Die Unkräuter, die man gewöhnlich zwischen den angebauten Pflanzen findet, unterscheiden sich deutlich in ihrer Größe und ihrem Wachstumsverhalten, womit auch ihr Einfluß auf den Ertrag variiert. Im allgemeinen ist Getreide zu Beginn seines Wachstums besonders empfindlich gegenüber der Konkurrenz von Unkräutern. Dabei sind Unkräuter, die gemeinsam mit dem Getreide aufgehen, konkurrenzkräftiger als später keimende Unkräuter. Kleine, früh blühende Unkräuter haben nur geringen Einfluß, wogegen große Unkräuter, die gemeinsam mit dem Getreide heranwachsen und ihre maximale Größe im Juli erreichen, das Wachstum des Getreides, das mit diesen um Licht, Wasser und Nährstoffe konkurrieren muß, ernsthaft gefährden können. In Großbritannien sind Kletten-Labkraut (*Galium aparine*) und Flughafer (*Avena fatua*) die stärksten Konkurrenten des Weizens, da sie sehr hoch wachsen und den Weizen beschatten.

Abbildung 15.1 zeigt die Wirkung von Flughafer und Gewöhnlichem Rispengras (*Poa trivialis*) auf den Ertrag von Winterweizen in einem Feldversuch der Long Ashton Research Station. Man beachte die unterschiedliche Zahl an Unkrautpflanzen (Keimdichte) auf den Abszissen. Fünf Flughaferpflanzen pro m^2 rufen bereits einen Ertragsrückgang um 20 % hervor, wogegen 100 Rispengraspflanzen nötig sind, um die gleiche Minderung zu verursachen. Beide Unkrautarten wachsen gleichzeitig mit dem Weizen heran, aber letzterer ist wegen seiner geringen Größe viel konkurrenzschwächer.

Die anfängliche Steigung der Kurven in Abb. 15.1 ist ein Maß für die Ertragseinbuße pro Unkrautpflanze und Quadratmeter für kleine Unkrautpopulationen. Unkrautzahlen können daher dazu verwendet werden, Ertragseinbußen vorherzusagen, und als Entscheidungsgrundlage für oder gegen den Herbizideinsatz dienen: Aus dem Verhältnis der Kosten der Herbizidbehandlung relativ zu den Kosten der voraussichtlichen Ernteeinbuße kann man die *Unkraut-Schwellenpopulation* berechnen, unterhalb der das Spritzen eines Herbizids nicht gerechtfertigt ist. Die folgenden Schwellenwerte basieren auf einer akzeptablen Ernteeinbuße von 2 %: Kletten-Labkraut 1 Sämling, Klatsch-Mohn (*Papaver rhoeas*) 21, Vogelmiere (*Stellaria media*) 13, Feld-Stiefmütterchen (*Viola arvensis*) 100 Sämlinge pro m^2 im Herbst. Von Jahr zu Jahr treten jedoch Schwankungen auf, weshalb man immer mit einer steigenden Menge an Unkrautsamen rechnen muß.

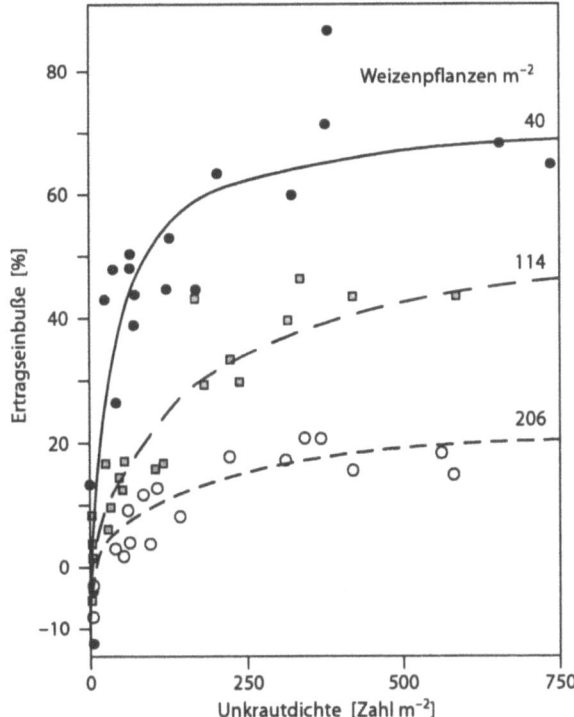

Abb. 15.6. Einfluß von Unkrautpopulationen (Mohn) auf den Weizenertrag in Abhängigkeit von der Weizenbestandsdichte (Wilson 1989)

Konkurrenzverhalten von Weizen

Der Zustand des Getreides ist für seine Konkurrenzkraft gegenüber Unkräutern von großer Bedeutung. Abbildung 15.6 zeigt die Ergebnisse eines Experiments, bei dem der Einfluß der Keimdichte von Weizen (Anzahl der Weizenpflanzen m^{-2}) auf seine Wettbewerbsfähigkeit mit Mohn untersucht wurde. Normalerweise keimen etwa 250 Weizenpflanzen m^{-2}. Bei dieser Weizendichte reduziert eine hohe Dichte an Mohnpflanzen den Ertrag um etwa 15 %. In einem lückenhaften Weizenbestand (niedrige Keimdichte) konnten die Unkräuter kräftig heranwachsen, wodurch sich der Ernteertrag um bis zu 70 % reduzierte. Diese Daten sind der quantitative Beweis für die Beobachtung, daß schlecht wachsendes Getreide sehr schnell von Unkräutern erstickt werden kann; sie unterstreichen nochmals die Notwendigkeit, daß ein dichter Getreidebestand begründet werden sollte, besonders wenn man auf den Einsatz von Herbiziden verzichten möchte. Will man die Ertragseinbußen unter 2 % halten, muß man für lückenhafte Getreidebestände niedrigere Unkraut-Schwellendichten ansetzen. Der Einfluß des Weizens auf das Mohnwachstum spiegelte sich bei diesem Experiment in der Zahl der Samen wider, die pro Pflanze produziert wurden: Eine isoliert aufwachsende Mohnpflanze produziert ca. 500 000 Samen, wogegen eine mit Weizen konkurrierende Mohnpflanze nur etwa 6 000 Samen erzeugt.

Stickstoffverfügbarkeit und Konkurrenz

Tabelle 15.3 verdeutlicht, daß es schwierig ist, Ernteeinbußen in Böden mit einem N-Index von 0 (s. Abschn. 11.4) vorherzusagen. Ein solcher Boden wurde dazu verwen-

Tabelle 15.3. Einfluß von N-Düngung und Unkräutern auf den Winterweizenertrag

a Klettenlabkraut	Weizenertrag [t ha^{-1}] mit 52 Unkrautpflanzen m^{-2}	unkrautfrei
ohne N	2,2	2,8
mit 160 kg N ha^{-1}	4,2	7,3
b Flughafer	Weizenertrag [t ha^{-1}] mit 45 Unkrautpflanzen m^{-2}	unkrautfrei
ohne N	2,1	4,3
mit 200 kg N ha^{-1}	0,7	6,7

a Wilson (unveröffentliche Daten); *b* Wright und Wilson (1992)

det, den Einfluß von Unkräutern auf das Weizenwachstum mit und ohne N-Düngung zu ermitteln. Im Experiment reagierte der Weizen auf die N-Zufuhr sowohl mit als auch ohne Konkurrenz durch Klettenlabkraut. Ohne N-Düngung wirkten sich die Unkräuter kaum auf den Ertrag aus, da Klettenlabkraut in stickstoffarmen Böden nur sehr langsam wächst. Mit N-Zufuhr nahm das Labkraut überhand und stellte eine ernsthafte Bedrohung der N-Versorgung des Weizens dar. Diese Daten stellen ein weiteres Beispiel für die Bedeutung von Wechselwirkungen dar (s. Abschn. 13.1). Ohne N-Zufuhr und mit Unkraut lag der Ertrag bei 2,2 t ha^{-1}. Die Ertragssteigerung aufgrund der N-Düngung betrug 2,0 t ha^{-1}; die Entfernung des Unkrauts ließ den Ertrag um 0,6 t ha^{-1} steigen. Beide Maßnahmen (N-Düngung, Unkrautvernichtung) führten zu eine Ertragssteigerung um 5,1 t ha^{-1}, was deutlich mehr ist als 2,0 + 0,6 = 2,6 t ha^{-1}. Dies veranschaulicht die Bedeutung einer integrierten Landwirtschaft, bei der sowohl auf die Nährstoffversorgung der Pflanzen als auch auf die Bekämpfung von Schädlingen und Krankheiten geachtet wird.

Ein zweites Experiment wurde mit Flughafer durchgeführt, der sich nach einem milden Winter stark ausbreitete und auf N-Düngung mit einen deutlichen Wachstumsschub reagierte. Ohne N-Zufuhr reduzierte das Unkraut den Weizenertrag um 50 %; mit N-Zufuhr wurde der Ertrag um 90 % reduziert. Die N-Düngung führte also bei Anwesenheit von Unkräutern zu einer deutlichen Ertragsminderung. Die Wechselwirkungen sind in diesem Fall noch überraschender. Die Ertragssteigerung aufgrund von N-Düngung und Unkrautentfernung beläuft sich auf 4,6 t ha^{-1}, wogegen die Summe der einzelnen Ertragssteigerungen –1,4 + 2,2 = 0,8 t ha^{-1} beträgt.

Bei organischem Landbau ohne Herbizideinsatz sind meist geringere N-Mengen im Boden verfügbar, so daß die Unkräuter wahrscheinlich weniger konkurrenzfähig sind, als bei intensiver Landwirtschaft.

Vorhersagen bei gemischten Unkrautpopulationen

Obwohl Experimente so angelegt werden können, daß nur eine Unkrautart vorhanden ist, wird man es in der Realität immer mit einer Mischung verschiedener Unkräuter zu tun haben. Ihre kombinierte Wirkung läßt sich voraussagen, wenn man das Konzept des *Feldfruchtäquivalents* verwendet. Hierbei wird die Konkurrenzkraft einer Unkrautart aus dem Verhältnis der Masse einer Unkrautpflanze zu der Masse einer Feldfruchtpflanze abgeschätzt, und zwar während einer Phase kräftigen Wachstums. Dieses Verhältnis bezeichnet man als *Konkurrenzindex*. Das Feldfruchtäquivalent einer bestimmten Unkrautpopulation und -art ist das Produkt aus der Pflanzenzahl pro m² und dem Konkurrenzindex. Es wird also angenommen, daß der Ertragsrückgang mit dem Verhältnis Masse der Unkräuter:Masse der Feldfrucht plus Unkräuter verknüpft ist, da ja die Unkräuter einen Teil der Licht-, Wasser- und Nährstoffressourcen verbrauchen.

Beispiel. Der Konkurrenzindex von Mohn in Winterweizen beträgt etwa 0,6. Wenn sich ca. 8 Mohnpflanzen m^{-2} entwickelt haben, beträgt ihr Feldfruchtäquivalent 0,6 · 8 = 4,8. Hat der Weizen eine Bestandsdichte von 250 Pflanzen m^{-2}, dann beläuft sich der Ertragsrückgang auf

$$4,8/(250 + 4,8) = 0,02 = 2\,\%.$$

Wachsen außerdem zwei Klettenlabkraut-Pflanzen mit einem Konkurrenzindex von etwa 7 auf diesem Quadratmeter, beträgt deren Feldfruchtäquivalent 7 · 2 = 14. Das Gesamt-Feldfruchtäquivalent beträgt demnach 4,8 + 14 = 18,8, und damit erhöht sich der Ertragsrückgang auf

$$18,8/(250 + 18,8) = 0,07 = 7\,\%.$$

Das Konzept des Feldfruchtäquivalents bedarf noch immer der Verbesserung, aber es weist in die richtige Richtung, da mit ihm der Einfluß von Unkräutern auf die Erträge quantifiziert und modelliert werden kann. In Tabelle 15.4 sind Werte für häufig vorkommende Unkräuter angegeben.

Methoden zur Untersuchung des Konkurrenzverhaltens

Pflanztöpfe

Man kann die in Abschn. 9.2 beschriebenen Methoden verwenden. Für das Experiment geeignete Pflanzen sind Gerste und Raps (*Brassica napus*); mit dieser Kombination kann man entweder die Wirkung eines breitblättrigen Unkrauts auf einen Getreidebestand oder die Wirkung von Gerste simulieren, das als „Unkraut" in einem Ölrapsfeld wächst. Diese Situation tritt im Zuge der Fruchtfolge ziemlich häufig ein, weil nach Gerste oftmals Raps angebaut wird. Beide Pflanzenarten sind leicht heranzuziehen.

Tabelle 15.4. Konkurrenzindex einiger Ackerunkräuter in Getreidefeldern

Konkurrenzkraft	Art	Konkurrenzindex
hoch	Klettenlabkraut	7[a]
	Flughafer	3
mittel	Klatschmohn	0,6
	Vogelmiere	0,5
gering	Rote Taubnessel (*Lamium purpureum*)	0,3
	Feld-Stiefmütterchen	0,1

[a] Der Konkurrenzindex von Unkräutern, die das Getreide überwachsen und beschatten, ist größer als das Masseverhältnis. Die Werte variieren jährlich sehr stark. (Hance und Holly 1990)

Man läßt die Pflanzen in einer Aussaatschale keimen und pflanzt vier Sämlinge jeder Art in einen Topf. Die Feldfruchtsamen können im lokalen Landhandel erworben werden.

Behandlungen. Das Experiment besteht aus jeweils 3 Töpfen, in denen nur Gerste, nur Senf bzw. eine Gerste-Raps-Mischung gepflanzt werden, also aus 9 Töpfen. Wird gleichzeitig die Wirkung einer N-Düngung getestet, erhöht sich die Topfzahl auf 18.

Man erntet, trennt das Pflanzenmaterial und bestimmt die Trockensubstanz (Abschn. 9.3).

Im Treibhaus gezogenes Getreide neigt zu Mehltaubefall. Je nach Bedarf spritzt man mit Benlate unter Beachtung der Gebrauchsanleitung des Herstellers.

Pflanzcontainer

Die Wachstumsbedingungen in Töpfen unterscheiden sich deutlich von den Bedingungen im Freiland. Große, mit Boden gefüllte Behälter ermöglichen eine bessere Simulation der natürlichen Konkurrenz. Große, in Baumärkten erhältliche Regenwassertanks aus Kunststoff sind gut geeignet. In den Boden des Wassertanks sollten Löcher gebohrt werden, damit das Wasser abziehen kann. Eine 30 × 43 cm große und 30 cm tiefe Wanne ist z.B. gut geeignet: Wenn Boden mit einer Trockendichte von 1,3 g cm^{-3} eingefüllt wird, werden etwa 50 kg Boden benötigt. Der Boden wird vor dem Einfüllen durch ein Gartensieb geworfen und gemischt. Ein solcher Container ist groß genug, daß Gerste mit und ohne Unkraut im gleichen Abstand wie im Freiland gezogen werden kann. Die Pflanzen werden, wie in Abschn. 9.2 beschrieben, gedüngt, indem sie mit Nährstofflösungen gegossen werden. Die Wannenfläche entspricht etwa der 10fachen Fläche eines 12,5-cm-Topfes, so daß man bei gleicher Applikationsrate die 10fachen Düngermenge zuführen muß. Unkrautsamen sind unter der in Samenhandlungen erhältlich.

Behandlungen. Man verwendet Gerste und Vogelmiere. In das Experiment können auch N-Düngungen einbezogen werden. Da eine größere mit Getreide bewachsene Fläche untersucht wird als bei den Topfversuchen, sind doppelte Messungen nicht unbedingt erforderlich; für Demonstrationszwecke reicht eine Wanne pro Behandlung. Benötigt man jedoch statistisch zuverlässige Werte, sollten allerdings drei Wiederholungen angesetzt werden. Die Vogelmierensamen werden breitwürfig ausgesät (500 pro m^2 bzw. 65 pro Wanne, wenn die Fläche 0,13 m^2 beträgt; 2 000 Samen wiegen etwa 1 g). Die Gerste wird in Reihen gesät, die einen Abstand von 10 cm haben; die Samen sollten innerhalb einer Reihe in 2,5-cm-Abständen 3 cm tief in den Boden gesteckt werden. Damit erreicht man eine für Freilandverhältnisse übliche Keimdichte von 340 Samen m^{-2}, was je nach Keimung und Wachstum der Gerste zu einer Bestandsdichte von 250–350 Pflanzen m^{-2} führt (Abb. 15.7). Man ordnet die Wannen im Freien so nebeneinander an, daß die Reihenabstände in den Wannen und zwischen den Wannen gleich groß sind. Wasser wird nach Bedarf zugeführt: mit etwa 6 l kann ein „trockener" Boden wieder auf Feldkapazität gebracht werden (s. Tabelle 12.1). Alle Wannen sollten das gleiche Volumen haben. Falls nötig, wird das Unkraut in den Wannen von Hand gejätet. Sollten sich Mehltau und Blattläuse entwickeln, spritzt man mit Benlate oder Malathion unter Beachtung der Gebrauchsanleitung des Herstellers.

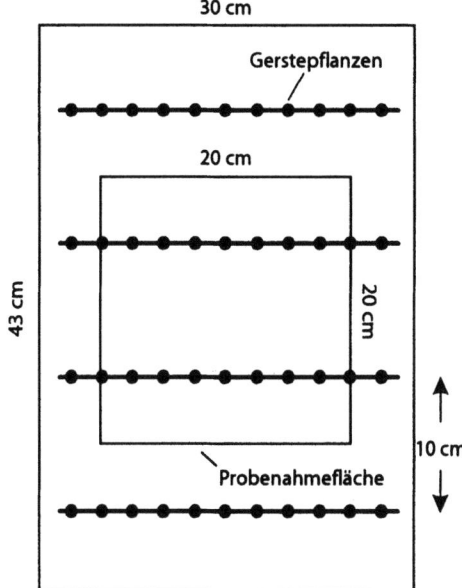

Abb. 15.7. Versuchswannen für Unkraut-Konkurrenzuntersuchungen

Ernte. Ist nur die Grünmasse von Interesse, kann bereits nach wenigen Wochen geerntet werden, insbesondere wenn man schnell wachsende Sommergerstesorten verwendet. Wenn der Kornertrag untersucht wird, sollten sich die Wannen unter einer vogelsicheren Abdeckung befinden. Mit Hilfe eines 20 × 20 cm großen Rahmens erntet man den in der Wannenmitte gelegenen Teil des Getreides (Abb. 15.7). Zurück bleibt eine *ungenutzte Zone* an den Rändern der Wanne, in der *Randeffekte* das Wachstum und die Konkurrenzverhältnisse verändern können. Die randlich gelegenen Pflanzen (die sogenannten *Schutzreihen*) erhalten mehr Licht und haben mehr Platz (s. Abschn. 13.1). Die Probenahmefläche beträgt 400 cm² bzw. 0,04 m². Man trennt das Pflanzenmaterial und bestimmt die Trockensubstanz.

Andere Feldfrüchte. Breitblättrige Unkräuter sind ein Problem, wenn eine Grünlandfläche angelegt werden soll. Nach dem obigen Muster läßt sich ein Experiment mit Weidelgras und Vogelmiere durchführen. Die Aussaatrate für Weidelgras beträgt 30 kg ha^{-1} bzw. 3 g m^{-2}; die Samen sollten leicht in die Bodenoberfläche eingearbeitet werden.

Herbizideinsatz

Für die Anwendung von Herbiziden gibt es strenge Richtlinien. Allgemein erhältlich ist Verdone, das 2,4-D und Mecoprop enthält und breitblättrige Unkräuter in Rasenflächen selektiv vernichtet, Gräser aber kaum beeinflußt. Obgleich Verdone in bestimmten Entwicklungsstadien das Getreidewachstum beeinträchtigen kann, kann es auch im Getreideanbau verwendet werden, da ja die Getreidearten zur Familie der Gräser gehören. *Es sollte angemerkt werden, daß die Anwendung von Atrazin in Deutschland grundsätzlich verboten ist.* Die oben beschriebenen Topf- und Wannenexperimente lassen sich modifizieren; man sät in allen Behältern Getreide und

Unkräuter aus und spritzt nach Bedarf mit Herbiziden. Dabei sollte man die Anwendungshinweise des Herstellers beachten und ein Verdriften des Spritzmittels zu Containern, die unbehandelt bleiben sollen, vermeiden.

Kleine Versuchsparzellen

Freilandversuche für kleine Parzellen wurden in Abschn. 13.1 beschrieben. Das Grasexperiment könnte mit Spritzmitteln zur Beseitigung breitblättriger Unkräuter durchgeführt werden.

Hat man eine größere Fläche zur Verfügung, kann man 1 × 1 m große Parzellen anlegen und nach dem für die Wannen beschriebenen Muster mit Gerste und Vogelmiere bepflanzen. Man sollte 10 Reihen Gerste pflanzen und die inneren 60 × 60 cm abernten (6 Reihen). Düngung und Bewässerung wurden in Abschn. 13.1 beschrieben.

15.2
Phytotoxizität und Herbizidpersistenz in Böden

Phytotoxizität von Herbiziden

Herbizide dringen über Blätter, Stengel oder Wurzeln in die Zielpflanzen ein. Die Mengen, die zur Tötung der Pflanze nötig sind, variieren in Abhängigkeit von der Pflanze selbst, ihrem Entwicklungsstadium und ihrer Wachstumsgeschwindigkeit. Wird das Herbizid als Blattspray verabreicht, dann ist die pro Hektar benötigte Menge außerdem von der Zubereitungsform und der Sprühtechnik abhängig; wird das Herbizid auf den Boden ausgebracht und dann von diesem aufgenommen, spielt für die erforderliche Menge auch noch die Bodenart eine Rolle.

Die Herbizidwirkung kann unter bestimmten Voraussetzungen im Gewächshaus oder im Freiland durch Ermittlung der biologischen Dosis-Wirkungskurve gemessen werden. Es wird eine Reihe von Pestizideinsätzen durchgeführt und deren Wirkung auf eine Testpflanze beobachtet. Im folgenden wird ein Gewächshausexperiment beschrieben; Farbtafel 20 zeigt Aufnahmen von einem Freilandversuch.

Zerfallskurven und Halbwertszeiten

Die Halbwertszeit eines Pestizids als Maß seiner Persistenz im Boden einzusetzen, ist ein einfaches Konzept, doch ist eine Abschätzung der Halbwertszeit oft nicht einfach, da bereits die Anfangskonzentrationen, die dem Boden zugeführt werden, sehr klein sind. Die Messung der Restkonzentrationen, die zur Bestimmung der Zerfallskurve und der Halbwertszeit nötig sind, kann man folgendermaßen zusammenfassen.

Nach der Verabreichung eines Pestizids werden dem Boden in bestimmten Intervallen Stichproben entnommen, die mit einem organischen Lösungsmittel (z.B. Methanol, Aceton oder Acetonitril) extrahiert werden. Dazu wird die Aufschlämmung aus Boden und Lösungsmittel entweder in einem Rohr geschüttelt, oder der Boden wird mehrmals mit dem Lösungsmittel gewaschen. Die Methode und das Lösungsmittel der Wahl hängen davon ab, wie stark das Pestizid an die Bodenpartikel gebunden ist und wie stabil es im Lösungsmittel ist. Bereits hier treten Probleme auf, da, zusammen mit dem Pestizid, häufig Huminstoffe extrahiert werden und der Extrakt vor der Analyse „gereinigt" werden muß. Diese Reinigung erfolgt meist durch Säulenchromatographie oder Dekantieren der Lösungen. Die gereinigte Probe wird dann auf ein für die Analyse geeignetes Volumen konzentriert. Die am häufigsten verwendeten Analyseverfahren sind Hochdruck-Flüssigkeitschromatographie (HPLC), Gaschromatographie und Spektroskopie mit UV- oder sichtbarem Licht.

Die Abbildungen 15.3 a und b zeigen Beispiele für Atrazin-Zerfallskurven; die Halbwertszeiten gängiger Pestizide sind in Tabelle 15.1 zu finden. Den Abbildungen können zwei bedeutende Eigenschaften von Zerfallskurven entnommen werden:

1. Je nach Boden- und Klimaverhältnissen kann die Zerfallsrate variieren. Obwohl in Tabelle 15.1 die Halbwertszeit von Atrazin mit 70 d angegeben ist, zeigt Abb. 15.3 a Halbwertszeiten von 20 und 60 Tagen. Der Sommer 1976 war ungewöhnlich warm, was die Ursache für den schnelleren Zerfall gewesen sein dürfte. Die Bodentemperaturen in 10 cm Tiefe stiegen 1978 innerhalb der Versuchszeitraums von 7 auf 17 °C. Für beide Untersuchungen war an der National Vegetable Research Station in Wellesbourne (England) ein ähnlicher Boden verwendet worden. Bei Inkubationsexperimenten im Labor schwankte die Halbwertszeit zwischen 16,5 und 194 d bei Temperaturen zwischen 5 und 30°C (Walker 1978). Die Abbildung zeigt die Meßergebnisse für 15 bzw. 20 °C.
2. Die Zerfallskurve paßt nicht zu einer Kinetik erster Ordnung (s. Abschn. 3.5). Die Werte von 1976 zeigen z.b., daß die erste Halbwertszeit 22 d, die zweite 35 d und die dritte 68 d beträgt. In dieser Hinsicht verhält sich das Pestizid ähnlich wie Pflanzenrückstände (Abb. 3.6).

Die Beschreibung der direkten Messung einer Zerfallskurve geht über den Rahmen dieses Buches hinaus. Weiter unten wird jedoch ein Experiment zur Messung des Toxizitätsrückgangs in Abhängigkeit von der Zeit beschrieben; hieraus läßt sich indirekt die Zerfallskurve und damit die Halbwertszeit bestimmen.

Abbauwege

Selbst mit umfassenden chemischen Kenntnissen ist es unmöglich, den Abbauweg eines Pestizids aus seiner Molekülstruktur vorherzusagen. Die Abbauprodukte müssen identifiziert werden, sowie sie im Boden entstanden sind. Die grundlegenden Methoden ähneln denen, die für das Pestizid selbst beschrieben wurden, doch sind einige zusätzliche Schritte notwendig, um die Produkte vor der Analyse zu isolieren.

Im allgemeinen geht man so vor, daß man das Pestizid synthetisiert und dabei einzelne Teile mit radioaktiven Isotopen, am häufigsten ^{14}C, markiert. Auf diese Weise kann jedes Abbauprodukt, das ein markiertes Molekülteil enthält, nachgewiesen werden. Das Pestizid wird einer Bodenprobe beigemengt, die anschließend inkubiert wird. Die Entstehung flüchtiger Verbindungen wie CO_2 wird überwacht; in bestimmten Zeitabständen werden Stichproben für Analysen entnommen. Die Extraktion erfolgt mit organischen Lösungsmitteln. Die Aktivität im Extrakt wird mit einem Flüssigkeits-Szintillationszähler bestimmt; der im Boden verbliebene, markierte Pestizidanteil wird verbrannt, um die Aktivität des aufgefangenen CO_2 messen zu können. Die im Extrakt vorliegenden Abbauprodukte werden durch Dünnschichtchromatographie oder HPLC getrennt, gezählt und mittels verschiedener Techniken wie z B. Massenspektroskopie (MS) oder Kernresonanzspektroskopie (NMR-Spektroskopie) identifiziert. In diesem Stadium wird der Chemiker zum Detektiv: obwohl es nicht möglich ist, den Abbauweg vorherzusagen, kann man aus Untersuchungen an Verbindungen mit ähnlicher Struktur auf mögliche Abbauprodukte schließen und damit das Nachweisverfahren unterstützen.

Stellt sich heraus, daß eines der Abbauprodukte im Boden persistent ist, so müssen ebenso wie für das Pestizid selbst Untersuchungen zu seinem Risikopotential für Nicht-Zielorganismen und zu seinem Auswaschungspotential durchgeführt werden.

Bezugsquellen für Pestizide

Von der Bestimmung von K_{ow} (s. Abschn. 15.3) abgesehen, wurden die folgenden Experimente so angelegt, daß leicht im Handel erhältliche Herbizidpräparate verwendet werden. Reine Pestizidwirkstoffe sind bei der British Greyhound Chromatography und Allied Chemical Co. Ltd, die auch einen sehr nützlichen Katalog mit Pestiziden und anderen umweltrelevanten Standardreagenzien herausgibt. Auch Lieferanten für Laborchemikalien bieten Pestizide an.

Experiment zur Bestimmung der biologischen Dosis-Wirkungskurve

Verdone-2 ist ein leicht erhältliches, häufig in Gärten verwendetes Herbizid, das auf Rasenflächen gespritzt wird und über Blätter und Stengel in die Pflanzen eindringt. Es wirkt selektiv und tötet ausschließlich breitblättrige Pflanzen (Dikotylen). Dringt es in den Boden ein, wird es von den Wurzeln – wiederum selektiv – aufgenommen. Seine Phytotoxizität kann bestimmt werden, indem man den Boden mit unterschiedlichen Pestizidmengen spritzt und die Auswirkungen auf das Wachstum von Testpflanzen registriert, die auf diesem Boden wachsen. Die sich daraus ergebende *biologische Dosis-Wirkungskurve* stellt einen *Bioassay* dar, mit dessen Hilfe man die Herbizidkonzentration im Boden aus dem beobachteten Wachstumsverhalten bestimmen kann – ähnlich, wie das im Experiment zur Bestimmung der Abbaurate von Herbiziden der Fall ist.

Reagenzien und Ausrüstung

- *Verdone-2.* (Zeneca Agrochemicals). In Deutschland unter dem Namen Duplosan KV-Combi oder Komporasen unkrautfrei im Handel (Bayer, BASF, Ciba Geigy).
- *Methanol;*
- *Lufttrockener Lehm- oder sandiger Lehmboden.* 5 kg (durch ein 5-mm-Sieb gesiebt).
- *Pflanztöpfe.* 24 Töpfe à 7,5 cm;
- *Schüssel* zum Mischen;
- *Eppendorf-Pipetten* (o. ä.), 0–100 µl;
- *Samen.* Salat ist eine geeignete Testpflanze. Alternativ kann man Unkrautsamen verwenden; zu beziehen durch Herbiseeds, The Nurseries, Billingbear Park, Wokingham, Berks. RG11 5RY oder in Deutschland durch Samenhandlungen.

Methode

Die Tatsache, daß häufig verwendete Herbizide im Gartenhandel leicht erhältlich sind, bedeutet, daß die Gefährdung für den Benutzer bei Einhaltung der Gebrauchshinweise des Herstellers minimal ist. Somit müssen bei ihrer Verwendung im Labor auch nur die bei anderen Chemikalien nötigen Vorsichtsmaßnahmen beachtet werden: es sollten Handschuhe, Schutzbrille und Laborkleidung getragen werden. Unbedingt muß ein Pipettierball oder eine automatische Pipette verwendet werden. Die offizielle Zulassung dieser Chemikalien schließt nicht deren Gebrauch in den folgenden Experimenten ein, die der Experimentator deshalb auf eigene Gefahr durchführt.

Wahl der Behandlung. Die unten angegebenen Herbizidkonzentrationen gelten für einen sandigen Lehmboden, der unter einer Rasenfläche entnommen wurde (4–5 % organische Substanz). Da die Wirkung eines auf dem Boden ausgebrachten Herbizids von seiner Adsorption im Boden abhängt (seinem K_d-Wert), ist die geeignete Behandlung im wesentlichen vom Gehalt an Humus abhängig, da dieser die Hauptadsorptionskomponente ist. Bei einem sandigen Lehm, der ständig ackerbaulich genutzt wird (2–3 % organische Substanz), würde man daher nur die Hälfte der unten angegebenen Mengen benötigen.

Behandlung der Böden. Verdone-2 ist eine Herbizidpräparat, das 100 g Mecoprop und 50 g 2,4-D pro Liter enthält. Um Böden mit abgestuften Mengen der Verbindung herzustellen, werden behandelte und unbehandelte Bodenproben in verschiedenen Mischungsverhältnissen vermengt.

- *Bodenbehandlung 1*: Mit der Eppendorf-Pipette gibt man 30 µl Verdone-2 in 10 ml Methanol und schüttelt kräftig. Diese Mischung wird zu 150 ml Wasser gegeben und abermals geschüttelt. Die Flüssigkeit wird nun langsam und unter Rühren in einer Schüssel mit 1,5 kg Boden gemischt, so daß eine gleichmäßige Verteilung des Herbizids gewährleistet ist. Der feuchte Boden enthält 2 µg Mecoprop und 1 µg 2,4-D g^{-1} lufttrockenen Bodens.
- *Bodenbehandlung 2*: Man folgt den unter 1 angegebenen Schritten, verwendet aber 60 µl Verdone-2. Der feuchte Boden enthält dann 4 µg Mecoprop und 2 µg 2,4-D g^{-1} lufttrockenen Bodens.
- *Bodenbehandlung 3*: Zu 2 kg lufttrockenem Boden gibt man 200 ml Wasser und mischt Boden und Wasser in der Schüssel gründlich durch.

Tabelle 15.5. Bodenzubereitung für Herbizidexperimente und die entsprechenden Konzentrationen an Mecoprop und 2,4-D

Menge des behandelten Bodens 1 [g]	Menge des behandelten Bodens 2 [g]	Menge des unbehandelten Bodens [g]	Konzentration an:	
			Mecoprop	2,4-D
			[µg g^{-1} lufttrockenem Boden]	
0	0	200	0	0 (Kontrolle)
50	0	150	0,5	0,25
100	0	100	1,0	0,5
150	0	50	1,5	0,75
200	0	0	2,0	1,0
0	125	75	2,5	1,25
0	150	50	3,0	1,5
0	200	0	4,0	2,0

In Plastikbeuteln mischt man nun behandelte und unbehandelte Bodenproben, wie in Tabelle 15.5 gezeigt wird. Man stellt jede Mischung (200 g) dreimal her und füllt sie in Pflanztöpfe, an denen die Einzelheiten der Behandlung vermerkt sind. **Wachstumstests mit Versuchspflanzen.** Auf jedem Topf werden Salatsamen verteilt und mit einer dünnen Schicht aus unbehandeltem Boden bedeckt. In die Topfuntersetzer wird Wasser gefüllt, um den Wassergehalt auf 20 Masse-% zu bringen. Jeder Topf wird gewogen und das Gewicht notiert. Die Töpfe werden in einem Gewächshaus aufgestellt und mit Polyethylenfolie abgedeckt, um Verdunstung zu verhindern, bis die Sämlinge aus dem Boden herauswachsen. Nun wird die Folie entfernt. Nach Bedarf wird jeweils so viel Wasser zugegeben, daß das Ausgangsgewicht aufrechterhalten bleibt (s. Abschn. 9.2). Nach drei Wochen wird das Wachstum nach einer zehnteiligen Skala bewertet: 0 = Tod und 10 = Wachstum, ungefähr so groß wie in den Kontrolltöpfen. Andere Möglichkeiten bestehen darin, die Höhe der Pflanzen (in mm) zu messen oder die Pflanzen zu ernten, bei 100 °C zu trocknen und die Trokkensubstanz zu bestimmen. Man trägt den Wachstumsgrad (oder den Prozentsatz der Kontrollhöhe bzw. den Prozentsatz der Kontrolltrockenmasse) gegen die Konzentration auf (vergl. Abb. 15.8 a). Die Konzentration, die das Wachstum um 50 % reduziert, kann als Maß für die Schwellenkonzentration verwendet werden.

Andere Herbizide. Pathclear von Zeneca Agrochemicals (bzw. Roundup von Urania Agrochem GmbH) ist ein Präparat, das Simazin, Aminotriazol, Paraquat und Diquat enthält und mit einer Gießkanne auf den Unkräutern verteilt werden kann. Es wirkt unspezifisch und tötet sowohl durch Blattkontakt als auch durch Aufnahme über die Wurzeln alle Pflanzen auf der behandelten Fläche. Paraquat und Diquat werden aufgrund ihrer starken Adsorption im Boden inaktiviert und daher nicht über die Wurzeln aufgenommen. Man löst 10 mg (Bodenbehandlung 1) bzw. 20 mg (Behandlung 2) Pathclear in 10 ml Methanol und schüttelt kräftig; zu dieser Mischung gibt man 150 ml Wasser, schüttelt gut und mischt mit 1,5 kg Boden. Danach fährt man wie oben beschrieben fort. Die maximale Behandlungsmenge beträgt 13 µg g^{-1}.

Deeweed (Arable und Bulb Chemicals Ltd, hierzu gibt es kein deutsches Äquivalent) ist eine Herbizidmischung, die 48 % Atrazin und 38 % Aminotriazol enthält. Es wird genauso wie Pathclear verwendet. Man löst 50 mg Deeweed in 100 ml Methanol, pipettiert 0,5 ml (Behandlung 1) bzw. 1,0 ml (Behandlung 2) in 150 ml Wasser und mischt mit 1,5 kg Boden. Die maximale Behandlungsmenge beträgt 0,33 µg g^{-1}. Reines Atrazin kann von *British Greyhound Chromatography* und *Allied Chemical Co. Ltd*, in Deutschland von der *Fa. Dr. Ehrendorfer*, Augsburg bezogen werden. Man befolgt das für Deeweed angegebene Verfahren, nimmt aber 25 mg Atrazin, womit maximal 0,165 µg g^{-1} verwendet werden.

Experiment zur Bestimmung der Abbaurate von Herbiziden im Boden

Sobald ein Herbizid in den Boden eingedrungen ist, beginnt sein mikrobieller und chemischer Abbau, wodurch sich die Konzentration der aktiven Substanz reduziert. Die Auswirkungen des Abbaus können untersucht werden, wenn man Versuchspflanzen in Bodenproben wachsen läßt, die unterschiedlich lange mit Herbiziden inkubiert wurden. Die Herbizidkonzentrationen können auch indirekt bestimmt werden, wenn man einen biologischen Test (Bioassay mit lebendem Pflanzenmaterial) unter denselben Bedingungen durchführt, so daß eine Zerfallskurve gezeichnet und die Halbwertszeit der Herbizide berechnet werden kann.

Es ist wichtig, die biologische Dosis-Wirkungskurve in einem Vorversuch zu überprüfen, damit gewährleistet werden kann, daß bei der Messung des Herbizidabbaus die geeigneten Konzentrationen verwendet werden. Der Vorversuch nimmt etwa zwei Wochen in Anspruch, während die Messung des Abbaus mehrere Monate in Anspruch nimmt, was bei Wahl der falschen Konzentration absolute Zeitverschwendung wäre (vgl. vorhergehendes Experiment).

Reagenzien und Ausrüstung

- *Die Herbizide wurden in den vorherigen Experimenten beschrieben.* Verdone-2 enthält Mecoprop und 2,4-D mit Halbwertszeiten von 21 bzw. 15 d. Diese Zeiten eignen sich gut für Gewächshausexperimente. Pathclear enthält Simazin und Aminotriazol mit Halbwertszeiten von 60 bzw. 14 d sowie Paraquat und Diquat, die im Boden so stark adsorbiert werden, daß sie mit einem Bioassay nicht gemessen werden können. Deeweed und Atrazin können ebenfalls verwendet werden: Atrazin hat eine Halbwertszeit von 70 d (Tabelle 15.1). Die Lagerzeiten der Böden müssen auf die Halbwertszeiten der Herbizide abgestimmt sein.
- *Methanol*;
- *Lufttrockener Lehm- oder sandiger Lehmboden*, wie er für das Experiment zur Bestimmung der biologischen Wirkungskurve verwendet wurde. 4 kg Boden werden durch ein 5-mm-Sieb gesiebt.
- *Pflanztöpfe*. 18 Töpfe à 7,5 cm;
- *Schüssel* zum Durchmischen;
- *Eppendorf-Pipette* (o.ä.), 0–100 µl;
- *Tiefkühltruhe*.

Methode

Herstellung von behandelten Böden. Mit einer Eppendorf-Pipette gibt man 120 µl Verdone-2 in 10 ml Methanol und schüttelt kräftig. Dazu gibt man 300 ml Wasser und schüttelt nochmals. In einer Schüssel werden nun 3 kg Boden mit dieser Lösung gemischt. Der behandelte Boden wird in einen Plastikbeutel gefüllt. Pro g lufttrockenem Boden sind 4 µg Mecoprop und 2 µg 2,4-D enthalten.

Kontrollboden. 1 kg Boden wird in einer Schüssel mit 100 ml Wasser gemischt und ebenfalls in einen Plastikbeutel gefüllt.

Bodeninkubation. Die beiden Beutel mit Boden werden locker verschlossen und bei Raumtemperatur im Dunkeln inkubiert. Man öffnet die Beutel gelegentlich, schüttelt den Boden zur Durchlüftung, wiegt ihn und bringt ihn, falls nötig, mit Wasser auf das ursprüngliche Gewicht bzw. den ursprünglichen Wassergehalt.

Nach der Zubereitung sollte der behandelte Boden 2–3 h ruhen; dann wird eine Teilprobe von 600 g in einen Plastikbeutel gefüllt, beschriftet und in der Gefriertruhe aufbewahrt. Weitere 600-g-Proben werden nach 5, 10 und 20 Tagen aus den Plastikbeuteln entnommen und jeweils in der Gefriertruhe gelagert. Durch das Einfrieren wird der Herbizidabbau im Boden gestoppt. Nach 40 d werden die Bodenproben aufgetaut: Nun stehen eine Kontrollprobe und insgesamt sechs behandelte Bodenproben zur Verfügung, die 0, 5, 10, 20 bzw. 40 Tage lang inkubiert wurden.

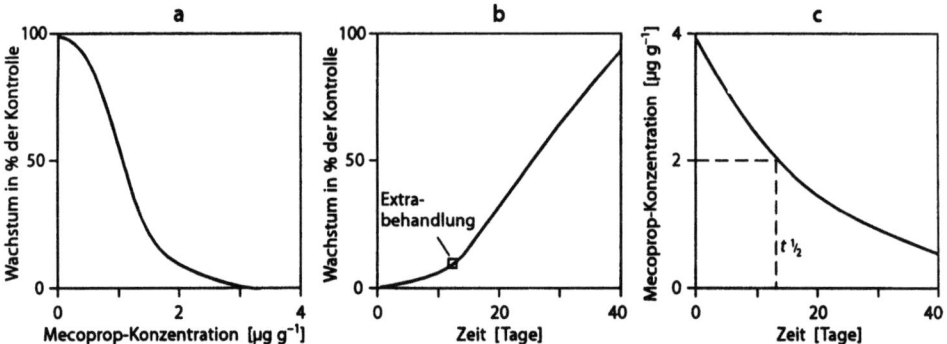

Abb. 15.8. Einfluß der Konzentration und Inkubationszeit auf die Phytotoxizität von Verdone-2 am Beispiel einer Salatzucht auf sandigem Lehmboden. a Biologische Dosis-Wirkungskurve; b Rückgang der Phytotoxizität; c Zerfallskurve

Topfexperiment. Aus jeder der Proben füllt man jeweils drei Töpfe mit 200 g feuchtem Boden. Die Töpfe werden mit einem Etikett versehen; danach verfährt man, wie es im vorherigen Experiment unter „Wachstumstests mit Versuchspflanzen" beschrieben wurde. Parallel dazu führt man einen Bioassay durch (vgl. vorhergehendes Experiment). Nach drei Wochen erntet man und bestimmt die biologische Dosis-Wirkungskurve (Abb. 15.8 a) sowie eine Kurve, in der das Wachstum gegen die Inkubationszeit (Abb. 15.8 b) aufgetragen wird.

Ergebnisse

Die Schwellenkonzentration von Verdone-2 (50 % des Wachstums der Kontrollen in Abb. 15.8 a) beträgt etwa 1 µg Mecoprop g^{-1} Boden. Bei diesem Schwellenwert sind außerdem ca. 0,5 µg 2,4-D pro g Boden enthalten, die im Diagramm nicht eingezeichnet sind. Das Inkubationsexperiment zeigt, daß der Schwellenwert bei Behandlung mit einer Anfangsdosis von 4,4 µg g^{-1} nach 27tägiger Inkubationszeit erreicht wird. Mit den Wachstumsdaten aus Abb. 15.8 b und den Ergebnissen des Bioassays (Abb. 15.8 a) kann man die Zerfallskurve (Abb. 15. c) zeichnen, aus der sich die Konzentration ablesen läßt, die nach einer bestimmten Zeit noch im Boden vorhanden ist. Aus der Zerfallskurve geht hervor, daß Verdone-2 eine Halbwertszeit von etwa 13 d hat. Man beachte, daß es sich hierbei um die „kombinierte" Halbwertszeit von Mecoprop und 2,4-D handelt und daß diese von der Inkubationstemperatur abhängig ist (Abb. 15.3 b).

Methode zur Bestimmung der Halbwertszeit von Verdone-2 ohne Durchführung eines vollständigen Bioassays

Man befolgt das oben beschriebene Verfahren, stellt aber eine zusätzliche 300-g-Probe aus behandeltem Boden her; am besten gibt man 140 µg Verdone-2 zu 3,5 kg Boden. Vor Versuchsbeginn werden diese 300 g Boden in der Gefriertruhe eingelagert, bis alle Proben für das Topfexperiment vorbereitet sind. Nach dem Auftauen mischt man diese 300-g-Probe mit 300 g unbehandelten Boden; sie enthält nun 2 µg Mecoprop und 1 µg 2,4-D g^{-1} lufttrockenem Boden, also die Hälfte der Ausgangskonzentration des Hauptexperiments. Diese Extrabehandlung stellt einen Bioassay dar, der den Wachstumswert anzeigt, wenn die Herbizidkonzentration im Hauptexperiment auf die Hälfte ihres Ausgangswerts gefallen ist. Sie ist in Abb. 15.8 b als Quadrat eingetragen. Die Halbwertszeit beträgt demnach 12 d. Diese Methode ist weniger zuverlässig als ein vollständiger Bioassay, besonders wenn sie einen Wachstumswert angibt, der an einem der Enden der biologischen Dosis-Wirkungskurve liegt.

Andere Herbizide

Pathclear. Man löst 40 mg in 10 ml Methanol, gibt 300 ml Wasser zu und mischt mit 3 kg Boden. Man verfährt wie für Verdone-2 beschrieben, aber entnimmt die Proben nach 0, 50, 100, 150 und 200 d.

Deeweed und Atrazin. Man löst 50 mg Deeweed oder 25 mg Atrazin in 100 ml Methanol. 2 ml davon werden in 300 ml Wasser pipettiert und mit 3 kg Boden vermischt. Man entnimmt die Proben zu denselben Zeiten wie für Pathclear beschrieben.

15.3
Adsorption von Pestiziden in Böden

Die Aufteilung eines Pestizids, das sich im Gleichgewicht mit den Partikeloberflächen (adsorbierte Phase des Pestizids) und der Bodenlösung (wäßrige Phase) befindet, wird üblicherweise als Adsorptionsisotherme dargestellt (s. Abschn. 9.4). Abbildung 15.9 a zeigt ein Beispiel für Atrazin. Bei niedrigen Pestizidkonzentrationen ist die Isotherme meist eine Gerade mit der Gleichung

$$C_s = K_d \cdot C_{aq} \tag{15.1}$$

Dabei ist C_s die Konzentration des adsorbierten Pestizids [µg g^{-1}], C_{aq} ist die Pestizidkonzentration in der flüssigen Phase [µg cm^{-3}] und K_d ist der Adsorptionskoeffizient C_s/C_{aq} mit der Einheit cm^3 g^{-1}. Die anfängliche Steigung in Abb. 15.9 a (bis zu

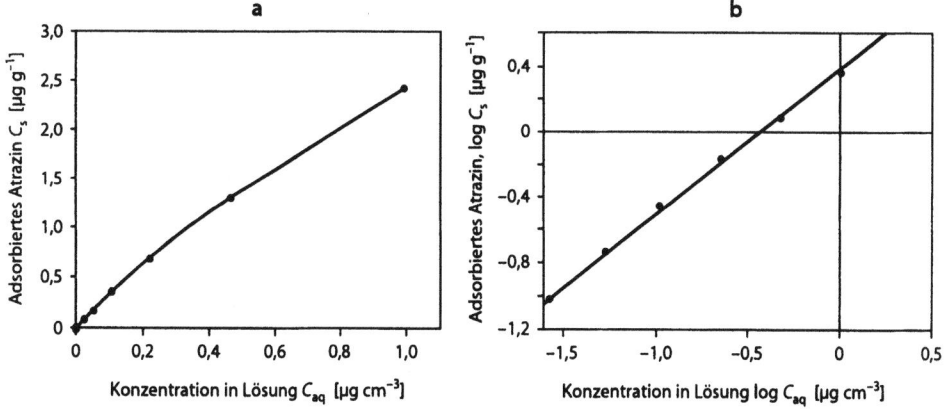

Abb. 15.9. Adsorptionsisotherme von Atrazin in einem Sandboden (3,4 % Humus, pH 6,0, K_d = 3,5 cm^3 g^{-1}, K_{oc} = 177 cm^3 g^{-1}) (Daten von M. Lane, *Zeneca Agrochemicals*)

0,5 µg g^{-1}) beträgt 3,5 cm^3 g^{-1}, was dem K_d-Wert entspricht. Mit zunehmender Konzentration krümmt sich die Kurve, da die Adsorptionskapazität des Bodens gesättigt wird. Die Kurve kann mit der Freundlich-Gleichung beschrieben werden: $C_s = K_d C_{aq}^x$, wobei x eine Konstante ist. Zur leichteren Handhabung wird die logarithmische Form dieser Gleichung verwendet:

$$\log C_s = \log K_d \cdot x \log C_{aq}.$$

Die in Abb. 15.9 dargestellten Atrazinwerte wurden in dieser Form aufgetragen. Die Steigung beträgt 0,91, was dem Wert von x entspricht und der Achsenabschnitt auf der log C_s-Achse (log C_{aq} = 0) ist log K_d, womit K_d = 2,6 cm^3 g^{-1} ist. Aufgrund der abnehmenden Kurvensteigung in Abb. 15.9 a ist dieser Wert kleiner als der anfängliche K_d-Wert. Für Atrazin geben Brouwer *et al.* (1990) 0,91 als den Mittelwert von x an. Die K_d-Werte werden üblicherweise als voraussichtliche Umweltkonzentrationen des Pestizids (d.h. als der nach der Vegetationszeit noch im Boden vorhandene Pestizidrest) angegeben.

Die Verwendung eines Adsorptionskoeffizienten zur Quantifizierung der Pestizidverteilung zwischen Lösung und Partikeloberflächen ähnelt der Verwendung der *Pufferstärke* für Nährstoffionen (s. Abschn. 9.4).

Messung der Adsorption

K_d wird auf ähnliche Weise gemessen, wie es für Kalium (s. Abschn. 9.4) und Phosphor (s. Abschn. 10.2) beschrieben wurde. Der Boden wird in einer Lösung (häufig 10 mM CaCl$_2$) mit bekannter Pestizidkonzentration geschüttelt. Zur Gleichgewichtseinstellung sind etwa 24 h nötig; die Lösung wird durch Filtrieren oder Zentrifugieren abgetrennt und darin die Pestizidkonzentration gemessen. Das adsorbierte Pestizid wird durch Differenzbildung bestimmt und daraus K_d berechnet.

Man setzt die in Abschn. 15.2 erwähnten Analysemethoden ein. Bei dem Experiment müssen folgende Punkte berücksichtigt werden:

1. die Stabilität des Pestizids in der Boden-Wasser-Suspension während des Schüttelns,
2. die voraussichtliche Adsorption, die sich auf das gewählte Verhältnis von Boden zu Wasser auswirkt und
3. die voraussichtlich im Boden verbleibende Konzentration, die von der Applikationsrate und der Verwendungsweise abhängt.

Adsorption von Pestiziden an organische Bodensubstanz

Die organische Bodensubstanz ist das vorrangige Adsorptionsmedium in Böden. Abbildung 15.10 zeigt K_d-Werte für Atrazin, die für eine Reihe von Böden mit unterschiedlichen Humusgehalten bestimmt wurden. Diese Werte streuen erheblich, was auf die Bedeutung weiterer Bodeneigenschaften hinweist. Wegen ihrer großen Bedeutung werden die Adsorptionskoeffizienten häufig in Abhängigkeit von der organischen Substanz als K_{ob} oder vom organischem Kohlenstoff als K_{oc} ausgedrückt:

K_{ob} = (µg adsorbiertes Pestizid g^{-1} organische Substanz)/(µg adsorbiertes Pestizid cm^{-3} Lösung).

15.3 · Adsorption von Pestiziden in Böden

Abb. 15.10. Beziehung zwischen K_d und Humusgehalt für Atrazin (aus Brouwer et al. 1990)

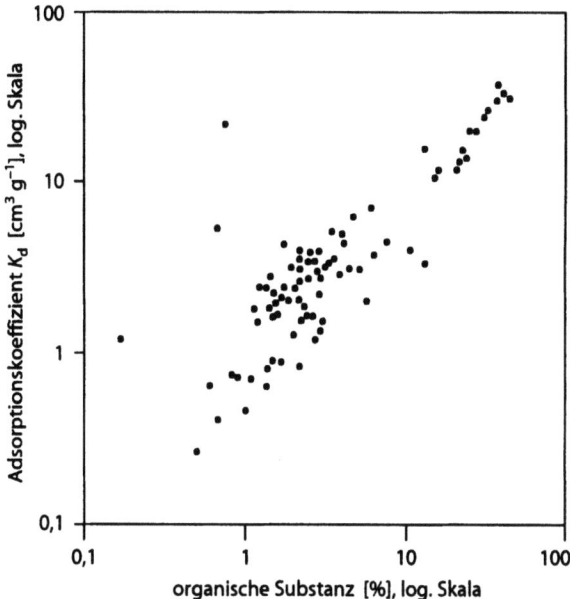

Die Einheit beider Koeffizienten ist wie jene von K_d cm^3 g^{-1}. Bei einem bestimmten Boden ist

$K_d = K_{ob} \cdot$ OB %/100 $= K_{oc} \cdot$ C %/100.

Bei den Faktoren OB %/100 und C %/100 handelt es sich um die anteiligen Gehalte im Boden [g OB g^{-1} Boden bzw. g C g^{-1} Boden].

Um K_{ob} und K_{oc} für ein bestimmtes Pestizid zu bestimmen, werden die K_d-Werte und der Gehalt an organischer Substanz (Abb. 15.10) aufgetragen. Die Steigung der Ausgleichsgeraden, die man durch die Meßpunkte legen kann, ist $K_{ob}/100$, woraus sich der Mittelwert von K_{ob} bestimmen läßt. Da die Humusgehalte durch Messung des organischen Kohlenstoffs und Multiplikation mit dem Faktor 1,724 (58 % C in der organischen Substanz, s. Abschn. 3.4) bestimmt werden, ist $K_{ob} = 0{,}58 K_{oc}$. Der K_{oc}-Wert von Atrazin beträgt etwa 100 cm^3 g^{-1}. Mit den obigen Beziehungen beträgt $K_{ob} = 58$ cm^3 g^{-1}, und bei einem Boden mit einem Humusgehalt von 3,4 % (Abb. 15.9)

Tabelle 15.6. Einfluß einiger Bodeneigenschaften auf die Adsorption von Atrazin

Boden Nr.	pH	C_{org} [%]	Bodenart	K_{oc} [cm^3 g^{-1}]
1	4,6	10,9	lehmiger Sand	434
2	5,8	3,7	Lehm	79
3	5,9	1,5	Ton	636
4	7,0	1,7	schluffiger Lehm	57
5	8,0	10,9	schluffiger Lehm	60
6	8,3	0,3	Schluff	80

(Werte von M. Lane, *Zeneca Agrochemicals*)

beträgt K_d = 2,0 cm³ g⁻¹. Dieser Wert ist kleiner als der aus der Isotherme berechnete (3,5 cm³ g⁻¹), was die Variabilität von Böden hinsichtlich der Beziehung zwischen K_d und dem Humusgehalt wiedergibt, wie sie auch in der Streuung der Daten in Abb. 15.10 zum Ausdruck kommt. Die unterschiedlichen K_{oc}-Werte einer bestimmten Substanz in verschiedenen Böden sind hauptsächlich durch Unterschiede im pH-Wert und in der Humuszusammensetzung der einzelnen Böden bedingt (Tabelle 15.6). Damit würde sich ein signifikanter Fehler einstellen, wenn man anhand eines einzigen K_{oc}-Wertes den K_d-Wert eines Bodens aus seinem organischen Kohlenstoffgehalt vorhersagen will. Diese Fehler sind jedoch klein, wenn man sie mit den Fehlern bei der Vorhersage des Pestizidverhaltens im Boden und mit den großen Unterschieden zwischen den K_{oc}-Werten der verschiedenen Pestizide (Tabelle 15.1) vergleicht.

K_{oc}-Werte werden für landwirtschaftlich genutzte Böden gewöhnlich bei pH-Werten zwischen 5 und 7 bestimmt. Für kalkhaltige oder saure Böden dürfte, je nach den Adsorptionseigenschaften des jeweiligen Pestizids, eine Korrektur des K_{oc}-Werts nötig sein.

Adsorptionsindex

Da es so schwierig ist, K_{oc} und K_d zu messen, wurden Methoden zu ihrer Abschätzung entwickelt; sie beruhen darauf, daß organische Moleküle adsorbiert werden, da sie in unterschiedlichem Ausmaß hydrophobe Eigenschaften zeigen. Allgemein gilt, daß ein Molekül um so stärker adsorbiert wird, je hydrophober es ist und daher mit abnehmender Wahrscheinlichkeit in der Bodenlösung anzutreffen ist. Der am häufigsten verwendete Adsorptionsindex ist K_{ow}, der *Octanol-Wasser-Verteilungskoeffizient*. Der Koeffizient wird bestimmt, indem man eine wäßrige Pestizidlösung mit dem Lösungsmittel Octanol schüttelt, bis sich ein Gleichgewichtszustand eingestellt hat. Wasser und Lösungsmittel werden getrennt, die Konzentration in der wäßrigen Phase wird gemessen. Die Konzentration im Lösungsmittel wird durch Differenzbildung berechnet. K_{ow} wird ausgedrückt als

(µg Pestizid cm⁻³ Octanol)/(µg Pestizid cm⁻³ Wasser)

und ist daher dimensionslos. Tabelle 15.1 gibt die K_{ow}-Werte für eine Reihe von Pestiziden zusammen mit ihren K_{oc}-Werten an. Die Beziehung zwischen diesen beiden Parametern wird durch empirische Gleichungen quantifiziert, von denen die Briggs-Gleichung die am häufigsten verwendete ist:

$\log K_{oc} = 0{,}52 \log K_{ow} + 0{,}86$

oder

$\log K_{ob} = 0{,}52 \log K_{ow} + 0{,}62.$

Unglücklicherweise können K_{oc}-Schätzungen aus dieser Gleichung mit großen Fehlern behaftet sein, wie man aus den Werten in Tabelle 15.1 entnehmen kann. Ihre Gültigkeit hängt davon ab, in welchem Ausmaß die hydrophoben Eigenschaften der untersuchten Substanz jenen der Verbindung ähneln, mit der die Gleichung erstellt wurde.

Bestimmung von K_{ow}

Reagenzien und Ausrüstung

- *UV-Spektralphotometer* und *1-cm-Küvetten*;
- *Pufferlösung.* Man löst 1,39 g Kaliumdihydrogenorthophosphat (KH_2PO_4) und 1,74 g Kaliumorthophosphat (K_2HPO_4) in Wasser und füllt auf 1 l auf. Diese Lösung besitzt einen pH von 6,8.
- *Octanol-1*, analysenrein;
- *Methanol*;
- *Magnetrührer* und *Magnetstab*;
- *Atrazin.* Dieses Reagenz (s. Anm. 1) kann bei *British Greyhound Chromatography und Allied Chemical Co. Ltd* und bei der *Fa. Dr. Ehrendorfer*, Augsburg bzw. als Standardlösung im Laborchemikalienhandel (Merck, Riedel de Haen) bezogen werden.

Methode

Sättigung der Pufferlösung mit Octanol. In einem Scheidetrichter werden 50 ml Octanol und 300 ml Pufferlösung kräftig miteinander geschüttelt. Man wartet, bis sich die Phasen vollständig getrennt haben und läßt die beiden Flüssigkeiten in getrennte Behälter abfließen. Die Flüssigkeiten können auch durch Zentrifugieren sehr effizient getrennt werden. Die Pufferlösung ist nun mit dem Lösungsmittel gesättigt.

Zubereitung einer Atrazin-Vorratslösung. 10 mg Atrazin-Reagenz werden mit 10 ml Methanol geschüttelt. Diese Lösung enthält etwa 1 000 µg Atrazin ml^{-1}. Bei Aufbewahrung im Kühlschrank bleibt diese Lösung einige Tage lang stabil. 1 ml hiervon wird in einen 250-ml-Meßkolben pipettiert, der so lange mit Luft ausgeblasen wird, bis das gesamte Methanol verdampft ist. Man füllt mit der gesättigten Pufferlösung auf und schüttelt, damit sich das Atrazin löst; diese Lösung enthält ca. 4 µg Atrazin pro ml (s. Anm. 2).

Verteilungsexperiment. Man pipettiert 100 cm^3 (s. Anm. 3) Atrazin-Lösung in einen Erlenmeyerkolben. Mit der Pipette gibt man 1 cm^3 des puffergesättigten Octanols zu und rührt 2 h auf dem Magnetrührer. Die Lösung bleibt so lange stehen, bis sich ein deutlich sichtbarer Octanoltropfen auf der Wasseroberfläche gebildet hat. Mit einer Pipette entnimmt man ca. 10 cm^3 Pufferlösung und vermeidet dabei, den Octanoltropfen zu berühren. Die Lösung sollte in der Pipette bleiben; gelegentlich klopft man, damit eventuell vorhandene Octanoltröpfchen an die Oberfläche steigen. Die zur Messung benötigte Lösungsmenge läßt man nun aus der Pipette in die Spektralphotometerzelle laufen. Man wiederholt das Experiment, um eine zweite Probe zu gewinnen.

Messung der Atrazin-Konzentrationen. Die Referenzküvette des Spektralphotometers wird mit octanolgesättigter Pufferlösung (s. Abschn. 10.1) gefüllt. Die Extinktion der Atrazin-Vorratslösung A_1 und der Atrazin-Lösung nach dem Verteilungsexperiment A_2 werden bei einer Wellenlänge von 220 nm gemessen. Steht ein Spektralphotometer zur Verfügung, das einen gewissen Wellenlängenbereich abtasten kann, mißt man zwischen 190 und 290 nm; anhand des Ausdrucks ermittelt man die Extinktion bei der Wellenlänge des Peakmaximums.

Berechnung

Definitionsgemäß gilt: $K_{ow} = (\mu g\,cm^{-3}$ Octanol$)/(\mu g\,cm^{-3}$ Wasser$)$. Die Beziehung zwischen der Konzentration C und der Lichtabsorption A lautet $C = kA$ (Lambert-Beersches Gesetz, s. Abschn. 10.1) Damit beträgt die Gleichgewichtskonzentration im Wasser kA_2. Die Atrazin-Konzentration im Octanol kann aus der Atrazinmenge berechnet werden, die der wäßrigen Lösung entzogen wurde:

$$k(A_1 - A_2)\,\mu g\,cm^{-3} \cdot 100\,cm^{-3} = 100k(A_1 - A_2)\,\mu g.$$

Diese Menge befindet sich in $1\,cm^3$ Octanol, und die Konzentration beträgt $100k(A_1 - A_2)\,\mu g\,cm^{-3}$. Damit ist $K_{ow} = 100(A_1 - A_2)/A_2$. Ist beispielsweise $A_1 = 0{,}8$ und $A_2 = 0{,}25$, dann ist $K_{ow} = 220$.

Anmerkung 1. Obwohl bei anderen Experimenten in diesem Buch käuflich erhältliche Pestizidpräparate verwendet wurden, ist für die Messung von K_{ow}-Werten der reine Pestizid-Wirkstoff erforderlich. Präparate bestehen meist aus einer Mischung verschiedener Pestizide mit Benetzungsmitteln und Ölen. Daher sind sie ohne eine sorgfältige Trennung und Reinigung für spektralphotometrische Analysen nicht geeignet.

Anmerkung 2. Der K_{ow}-Wert hängt weder von der Atrazin-Konzentration in der Vorratslösung ab, noch wird dieser Wert für die Berechnung benötigt.

Allerdings erfordert die Spektralphotometer-Messung eine geeignete Konzentration. Eine gesättigte Lösung von Atrazin in Wasser enthält bei 20 °C ca. 30 $\mu g\,cm^{-3}$. Die zubereitete Lösung enthält etwa $4\,\mu g\,cm^{-3}$, was in einer 1-cm-Küvette und bei einer Wellenlänge von 220 nm einen Absorptionswert von 0,8 ergibt.

Anmerkung 3. Die Lösungsvolumina, die hier und in Abschn. 15.4 verwendet werden, sind in cm^3 statt in ml angegeben, da Verteilungskoeffizienten meist in $cm^3\,g^{-1}$ ausgedrückt werden.

Anmerkung 4. Die wichtigsten chemischen Bindungstypen (Abb. 15.5) sind die folgenden:

1. *Ionische oder elektrostatische Bindungen.* Elektronen werden von einem Atom oder Molekül auf ein anderes übertragen, so daß (geladene) Ionen entstehen. Diese ziehen einander an, können sich aber in Lösung trennen (z.B. $Na^+\,Cl^-$ und austauschbare Ionen).
2. *Kovalente Bindungen.* Zwei Atome teilen sich Elektronen, so daß die Elektronenschalen beider Atome gefüllt werden; diese Bindung wird in Lösungen nicht getrennt (z.B. H_2O).
3. *Ligandenbindungen (Chelatisierung).* Ein Atom stellt Elektronen (typischerweise ein Paar) zur Verfügung, so daß die Elektronenschale eines anderen Atoms vervollständigt werden kann; diese Atome sind nicht leicht zu trennen (z.B. an Humus gebundene Metallatome). Die Bindung erfolgt meist an mehr als einer Stelle auf der Oberfläche. Diese Bindungen sind in Abb. 15.5 c als Pfeile dargestellt.
4. *Wasserstoff-Brückenbindungen.* Diese werden in Abb. 15.5 b erklärt und sind in der Abbildung als gepunktete Linien dargestellt.

15.4
Mobilität von Pestiziden und ihre Auswaschung ins Grundwasser

15.4.1
Adsorption und Pestizidmobilität

Als Modellvorstellung für die Untersuchung der Pestizidmobilität bietet es sich an, den Boden als eine chromatographische Säule zu betrachten, durch die Wasser fließt. Ein auf die Säule aufgetragener Pestizidpuls wird in der Oberflächenschicht adsorbiert; das Ausmaß der Adsorption hängt vom Adsorptionskoeffizient K_d ab. Das in Lösung verbleibende Pestizid bewegt sich durch die Oberflächenschicht, um weiter unten adsorbiert zu werden. Das Wasser, das in die Oberflächenschicht eintritt, verursacht Desorption und führt zu einer verstärkten Abwärtsverlagerung des Pestizids in der Säule. Das Ergebnis ist die Verlagerung des Pulses mit einer Geschwindigkeit, die von K_d und der Geschwindigkeit der Wasserbewegung abhängt.

Die Faktoren, die die Auswaschung steuern, wurden anhand der Nitratbewegung im Boden in den Abschnitten 11.5 und 11.6, Aufgabe 5 (Einfluß der Nitratadsorption auf die Auswaschung in positiv geladenen Böden) dargestellt. Die Beziehung zwischen Bewegung und Adsorption läßt sich folgendermaßen herleiten.

Man stelle sich einen Boden vor, der eine Trockendichte ρ [g cm^{-3}] und einen volumetrischen Wassergehalt θ [cm^3 cm^{-3}] hat. Die Gesamt-Pestizidmenge pro cm^3 Boden ist die Summe der Menge in der festen Phase $C_s \cdot \rho$ [µg g^{-1} Boden · g cm^{-3} Boden = µg cm^{-3} Boden] und Menge in der flüssigen Phase $C_{aq} \cdot \theta$ [µg cm^{-3} Lösung · cm^3 Lösung cm^{-3} Boden = µg cm^{-3} Lösung]. Damit ist das Mengenverhältnis von adsorbiertem zu gelöstem Pestizid $(C_s \cdot \rho)/(C_{aq} \cdot \theta)$, was sich zu $K_d \, \rho/\theta$ vereinfachen läßt, da $K_d = C_s/C_{aq}$ (Gleichung 15.1) und damit dimensionslos ist. Die Pestizidmoleküle befinden sich in einem dynamischen Gleichgewicht, d.h. sie werden ständig adsorbiert und desorbiert, doch findet in keiner der beiden Phasen eine Netto-Konzentrationsänderung statt. Das Verhältnis zeigt auch die Zeit an, die ein Pestizidmolekül im Schnitt in jeder der beiden Phasen verbringt. Damit gilt: Adsorptionszeit an der Oberfläche:Zeit in der Lösung = $K_d \, \rho/\theta$:1; ein Molekül, das sich im Gleichgewicht befindet, verbringt von insgesamt $1 + (K_d \, \rho/\theta)$ Sekunden 1 s in Lösung und $K_d \, \rho/\theta$ Sekunden auf der Oberfläche.

Nun stelle man sich vor, daß Wasser durch den Boden fließt und daß ein adsorbiertes Pestizidmolekül kaum wandern kann. Wenn sich das Wasser $1 + (K_d \, \rho/\theta)$ Sekunden bewegt, bewegt sich das Molekül nur 1 s lang im Wasser. Die Wanderungsstrecke ist direkt proportional zur Zeitdauer der Wanderung, und damit wandert das Wasser $1 + (K_d \, \rho/\theta)$ cm für jeden cm, den das Molekül wandert. Das Verhältnis dieser beiden Entfernungen ist der Retardationsfaktor R_f:

R_f = zurückgelegte Entfernung des Pestizids/zurückgelegte Entfernung des Wassers = $1/[1 + K_d \, \rho/\theta]$.

Der Ausdruck $K_d \, \rho/\theta$ ist als *Retention* bekannt; dies ist die Entfernung, die das Pestizid hinter dem Wasser zurückbleibt, wenn das Pestizid 1 cm wandert.

Der Retardationsfaktor kann auch als Volumenverhältnis angegeben werden. Im obigen Beispiel beträgt das Volumen des Porenwassers θ cm^3 (Porenvolumen). Wenn also θ cm^3 Wasser durch eine Seite eines Würfels treten, müßte jedes Wassermolekül bis zur gegenüberliegende Seite im Schnitt eine Entfernung von 1 cm zurücklegen. Das Pestizid wird sich jedoch nur um einen Bruchteil dieser Entfernung (R_f) bewegt haben. Damit das Pestizid durch den Würfel gelangt, sind $1/R_f = 1 + K_d \, \rho / \theta$ Porenvolumina Wasser erforderlich.

Die Beziehung zwischen K_d und R_f in der obigen Gleichung bildet die Grundlage zum Verständnis der Pestizidmobilität in Böden. Die Messung von K_d erlaubt es, eine Mobilität für eine idealisierte Situation vorherzusagen; im folgenden wird dazu ein Beispiel und anschließend ein Experiment vorgestellt, in dem die Mobilität gemessen und K_d berechnet wird.

Beispiel: Vorhersage der Mobilität eines Pestizids anhand seines Kd-Werts. Atrazin hat einen K_{oc}-Wert von ca. 100 cm^3 g^{-1}; damit hat ein Boden, der 2% organischen Kohlenstoff enthält, einen K_d-Wert von ungefähr 2,0 cm^3 g^{-1}. Wenn die Dichte des trockenen Bodens 1,3 g cm^{-3} beträgt und sich das Wasser sich gerade oberhalb der Feldkapazität durch den Boden bewegt (mit $\theta = 0,4$; s. Tabelle 4.3), dann ist $K_d \, \rho / \theta$ = 6,5 und R_f = 1/7,5; dies bedeutet, daß sich das Sickerwasser in der gleichen Zeit 7,5mal so weit bewegt wie der Atrazinpuls. Nehmen wir das Beispiel aus Abschnitt 9.4 für die Umgebung von Reading: Hier sickern ca. 30 cm H$_2$O durch den Boden, die vom Wasser zurückgelegte Strecke beträgt 30/0,4 = 75 cm, und die Wanderungsstrecke des Pulses beträgt 75/7,5 = 10 cm. Dieser berechnete Wert bezieht sich auf eine idealisierte Situation, bei der der Einfluß des Bodengefüges auf den Wasserfluß nicht berücksichtigt wird.

Messung der Pestizidmobilität

Bei der von Gerber *et al.* (1970) entwickelten Methode dient die Phytotoxizität des Pestizids als Mittel zur Bestimmung der Position des Pulses im Boden. Man läßt Wasser über eine geneigte Platte laufen, auf der sich eine dünne Bodenschicht befindet (Bildtafel 15.1). Ein Pestizidpuls wird dem Boden zugeführt und mit Wasser ausgewaschen. Danach läßt man Gras oder Salat auf der Platte wachsen; die Stelle der maximalen Wachstumsminderung bezeichnet die Position des Pulses.

Bildtafel 15.1. Messung der Pestizidmobilität bei Auswaschung anhand von Platten, die eine dünne Bodenschicht tragen (Aufnahme von M. Lane, *Zeneca Agrochemicals*)

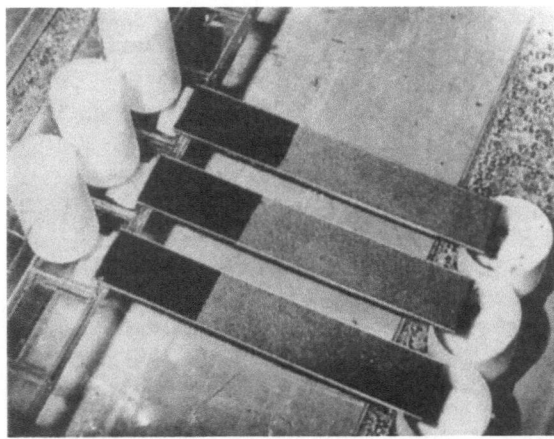

Gerät und Reagenzien

- *Aluminiumplatten*, 5 × 0,5 × 30 cm;
- *Gaze*;
- *Keimungsgefäß*;
- *Lehm- oder sandiger Lehmboden.* 1 kg lufttrockener Feinboden, der durch ein 2-mm-Sieb gesiebt wurde.
- *Grober Sand*;
- *Herbizide.* Man verwendet Deeweed (das Atrazin enthält), reines Atrazin oder Casoron G4 (Vitax Ltd). Abschnitt 15.2 enthält Informationen über Deeweed und Atrazin. Casoron G4 enthält 4 Masse-% Dichlobenil in kleinen Kalksteinkörnchen. Es wird auf Wegen und in Gebüschen verstreut, wo es in den Boden eingewaschen wird und als unspezifisches Herbizid wirkt.
- *Calciumchlorid, 10 mM.* Man löst 1,47 g $CaCl_2 \cdot 2H_2O$ in 1 l Wasser.
- *Samen.* Winterhartes Weidelgras oder Salat;
- *Methanol*;
- *Eppendorf-Pipette* (o.ä.), 0–100 µl.

Methode

Man klebt ein 5 × 10 cm großes Stück Gaze an das innere obere Ende der Platte. Die Platte wird gewogen und gleichmäßig mit Boden bedeckt; der Boden wird festgedrückt, um ihn auf das auf der Platte zur Verfügung stehende Volumen (75 cm^3) zu verdichten. Wird der Boden so auf die Platte gepackt, liegt die Trockendichte für Lehm normalerweise bei 1–1,2 g cm^{-3} (75–90 g pro Platte). Man wiegt die Platte mit dem Boden. Dann wird sie in ein Keimungsgefäß oder einen anderen geeigneten abdeckbaren Behälter gelegt, um Verdunstungsverluste zu vermeiden. Die Platte erhält durch Anheben des oberen Endes um 3–5 cm eine Neigung von 5–10°. Das Stück Gaze wird in ein Becherglas mit 10 mM Calciumchloridlösung gehängt, so daß sich der Boden mit der Lösung vollsaugen kann, die dann in ein Becherglas am unteren Ende der Platte eluiert wird. Man nimmt die Gaze aus dem Vorratsbecher und läßt die Lösung über Nacht die Platte herabsickern.

250 mg Deeweed oder Atrazin (bzw. 500 mg Casoron G4) werden in 10 ml Methanol gelöst. Man denke daran, daß in Casoron G4 Kalksteinkörnchen enthalten sind, die nach der Lösung des in ihnen vorhandenen Dichlobenils zurückbleiben. Mit einer Eppendorf-Pipette gibt man 30 µl Herbizidlösung in einem 2 cm breiten Band auf das obere Ende der Platte. Das Gazestück wird wieder in den Vorratsbecher gehängt und ein sauberes Becherglas am unteren Ende der Platte aufgestellt, damit die eluierte Lösung aufgefangen werden kann. Man sammelt ca. 100 ml Lösung (bzw. 200 ml, wenn Casoron verwendet wird) über einen Zeitraum von 24 h. Man beseitigt die Verbindung zur Vorratslösung und läßt die Lösung von der Platte sickern. Das Volumen der eluierten Lösung wird gemessen.

Man verteilt großzügig, aber gleichmäßig, Samen auf der Oberfläche des Bodens und bedeckt sie mit einer dünnen Sandschicht. Der Gazelappen wird abgeschnitten. Die Platte wird in ein Keimungsgefäß gestellt, das in ein Treibhaus gebracht wird, in dem man die Pflanzen wachsen läßt. Man besprengt den Boden mit Wasser, um ihn feucht zu halten. Nach etwa einer Woche dürften die Pflanzen so weit gewachsen sein, daß sich der Peak anhand der phytotoxischen Wirkung erkennen läßt. Man mißt die Entfernung zwischen dem Peak und der Stelle, an der das Pestizid aufgetragen wurde.

Berechnung von R_f und K_d

Die Berechnung erfolgt analog zum obigen Beispiel für Atrazin.

Beispiel

Menge des Bodens auf der Platte = 80 g,

Wanderungsstrecke des Pulses = 10 cm,

Volumen der aufgefangenen Lösung = 100 ml.

Die Dichte des trockenen Bodens beträgt 80/75 = 1,07 g cm^{-3}. Nimmt man eine Partikeldichte von 2,6 g cm^{-3} an, dann beträgt das Porenvolumen

$1 - 1{,}7/2{,}6 = 0{,}59$ cm^3 cm^{-3} (s. Abschn. 4.2).

Da der Boden während der Elution praktisch wassergesättigt ist, beträgt auch das wassergefüllte Porenvolumen 0,59 cm^3 cm^{-3}.

Das Pestizid ist auf der Platte um 10 cm bzw. durch 25 cm^3 Boden gewandert, die 25 × 0,59 = 14,75 cm^3 Wasser enthalten. Insgesamt flossen 100 cm^3 Wasser durch den Boden, womit der Retardationsfaktor 14,75/100 = 0,1475 beträgt, was auch gleich $1/[1 + K_d\, \rho/\theta]$ ist. Durch Einsetzen von $\rho = 1{,}07$ und $\theta = 0{,}59$ erhält man $K_d = 3{,}2$ mit einer Verzögerung von 5,8 Porenvolumina.

Grenzen der Methode

Im oben beschriebenen Ansatz werden die komplexen Verhältnisse, die sich bei der Bewegung von Wasser und Lösungen durch strukturierte Böden ergeben, nicht berücksichtigt. Das Experiment kann aber dazu verwendet werden, die Mobilität von Pestiziden relativ zueinander einzustufen. Im Freiland wird die Mobilität mit dieser Methode stets überschätzt, da der Abbau nicht berücksichtigt wird. In Abschn. 11.5 wurden computergestützte Modelle zur Vorhersage des Nitratflusses im Freiland vorgestellt; dieser Ansatz läßt sich erweitern, damit auch die Adsorption berücksichtigt wird.

15.4.2
Adsorption, Abbau und Pestizidmobilität

Der während der Auswaschung stattfindende Abbau reduziert die Pestizidkonzentration, die aus dem Boden in das Grundwasser gelangt. Es wurden unterschiedliche Ansätze entwickelt, das Auswaschungspotential von Pestiziden in Abhängigkeit von ihrer Adsorption und Persistenz zu klassifizieren.

McCall-Skala

Diese Skala basiert allein auf den K_{oc}-Werten. Sie berücksichtigt die Adsorption zwar direkt, die Persistenz aber nur indirekt über die grobe Beziehung zwischen Persistenz und Adsorption. Tabelle 15.7 enthält diese Skala.

15.4 · Mobilität von Pestiziden und ihre Auswaschung ins Grundwasser

Tabelle 15.7. McCall-Skala des Auswaschungspotentials

K_{oc} [cm³ g⁻¹]	Auswaschungspotential
0 – 50	sehr hoch
50 – 150	hoch
150 – 500	mäßig
500 – 2000	niedrig
2000 – 5000	sehr niedrig
> 5000	keine Auswaschung

GUS-Index: Die im Grundwasser anzutreffenden Substanzen

Hierbei werden sowohl Persistenz als auch Adsorption berücksichtigt. Gustafson (1989) sammelte Halbwertszeiten und Adsorptionskoeffizienten von Pestiziden und trug log $t_{1/2}$ gegen log K_{oc} auf. Er markierte im Diagramm diejenigen Pestizide, die im Grundwasser gefunden worden waren. Abbildung 15.11 ist eine ähnliche Kurve für die in Tabelle 15.1 aufgeführten Verbindungen. Gustafson fand ein Verteilungsmuster: die ausgewaschenen Pestizide nahmen den oberen, linken Sektor des Diagramms ein. Sie konnten von jenen, die nicht im Grundwasser nachgewiesen wurden, getrennt werden, wenn man zwischen die Meßpunkte Kurven der Form $t_{1/2} = k/(4 - \log K_{oc})$ einpaßte, wie es in der Abbildung dargestellt ist. Die Gleichung ermöglicht es, die Auswaschungstendenz eines Pestizids abzuschätzen: Pestizide, die mit großer Wahrscheinlichkeit ausgewaschen werden, besitzen einen k-Wert >2,8; solche, bei denen eine Auswaschung unwahrscheinlich ist, haben einen k-Wert <1,8, und Pestizide mit k-Werten zwischen 1,8 und 2,8 liegen in einem Übergangsbereich. Wird der k-Wert auf

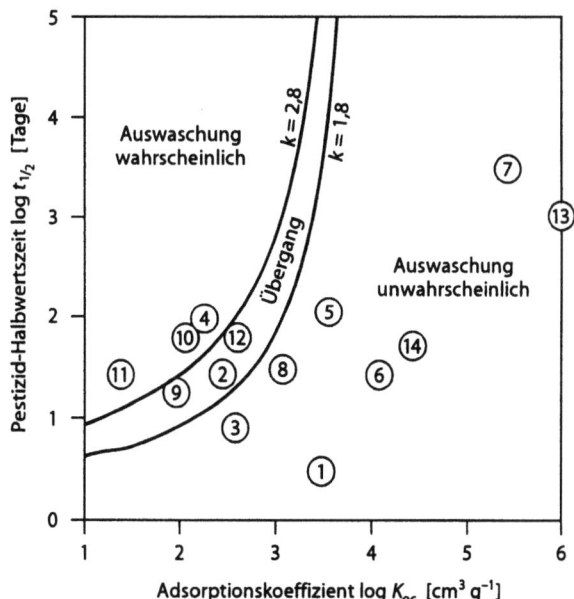

Abb. 15.11. Gustafson-Beziehung (Gustafson 1989) zwischen $t_{1/2}$, K_{oc} und dem Auftreten von Pestiziden im Grundwasser. Die Kurven wurden unter Verwendung der Gleichung $t_{1/2} = k/(4 - \log K_{oc})$ aufgetragen; die Werte für k sind hier 2,8 und 1,8

diese Weise verwendet, bezeichnet man ihn als GUS-Index (*engl.: groundwater ubiquity score*); der praktisch eine Auflistung der im Grundwasser anzutreffenden Substanzen (in diesem Falle Pestizide) ist:

$$GUS = k = \log t_{1/2} \cdot (4 - \log K_{oc}).$$

Die meisten der häufig verwendeten Pestizide besitzen einen *k*-Wert, der kleiner als 2,8 ist. Von den Pestiziden, die in Tabelle 15.1 aufgeführt und in Abb. 15.11 aufgetragen sind, zeigen Atrazin, Simazin und Mecoprop eine geringe Tendenz zur Auswaschung.

Man sollte aber auch bedenken, daß ein hoher Wert nicht bedeutet, daß das Pestizid aus jedem Boden ausgewaschen wird, da das Auswaschungsrisiko sowohl von K_{oc} als auch vom Humusgehalt abhängt: ein Pestizid mit einem niedrigen K_{oc}-Wert dürfte in einem humosen Boden sehr stark adsorbiert sein, was seine Auswaschung unwahrscheinlich macht. Mit dieser Einteilung kann man also Pestizide identifizieren, für die in ähnlichen Böden, wie sie Gustafson in seinen Originalexperimenten verwendete, ein hohes Auswaschungsrisiko besteht. Damit Pestizide überhaupt ins Grundwasser gelangen, muß es sich um leicht auswaschbare Böden handeln, also um Böden mit geringen Gehalten an organischer Substanz. Dementsprechend erfolgt die Einteilung als „Hochrisiko-Pestizide in Hochrisiko-Böden". Bei normaler landwirtschaftlicher Nutzung werden die angebauten Pflanzen einen großen Teil der ausgebrachten Substanzen auffangen, wodurch das Risiko für das Grundwasser erheblich sinkt, sich jedoch für die Nahrungskette gleichzeitig erhöht.

15.4.3
Modell zur Simulation der Pestizidauswaschung

Die Bewegung gelöster Stoffe in Böden wurde in Abschn. 11.5 diskutiert; zur Simulation der Nitratauswaschung wurde das Weinglas-Modell verwendet. Für Pestizide und andere aus der Lösung adsorbierte Stoffe verwendet man einen ähnlichen Ansatz, bei dem jedoch die Pestizidverteilung zwischen Lösung und Partikeloberfläche berücksichtigt werden muß (s. Abschn. 15.3). Zu diesem Zweck wurde das Programm durch ein Unterprogramm ergänzt. Auf ähnliche Weise läßt sich der Pestizidabbau mit dem Computer modellieren, wenn man von einer Kinetik erster Ordnung ausgeht (s. Abschn. 3.5).

Beispiel. Nach dem Beispiel aus Abschn. 11.5 (manuelle Berechnung der Daten zur Erstellung von Abb. 11.19) betrachten wir eine Bodensäule mit den Maßen 50 × 10 × 10 cm, die in fünf Schichten mit jeweils 1 000 cm³ Boden eingeteilt wurde. Der Wassergehalt jeder Schicht beträgt bei Feldkapazität 300 cm³; bei einer Trockendichte von 1,3 g cm^{-3} wiegt der Boden pro Schicht 1 300 g. Atrazin wird nun mit einer Rate von 4 kg ha^{-1} (das sind 4 000 μg) auf die Oberfläche der Säule aufgetragen. Das Atrazin wird mit 150 cm³ Wasser in die obere Bodenschicht eingewaschen, wo es sich mit den bereits vorhandenen 300 cm³ mischt und sich bei einem K_d-Wert von 3,4 μg g^{-1}/μg cm^{-3} ein Gleichgewichtszustand zwischen den Partikeloberflächen und der Lösung einstellt.

Auf S. 564 wurde gezeigt, daß nach der Gleichgewichtseinstellung das Verhältnis zwischen der adsorbierten Pestizidmenge und der gelösten Pestizidmenge gleich

$K_d \, \rho/\theta$:1 ist, womit die gelöste Menge als Teil der Gesamtmenge im Boden gleich $1/(1 + K_d \, \rho/\theta)$ ist. Nach Einsetzen der Zahlen erhält man für diesen Anteil einen Wert von 0,0924. Die Gesamtmenge im Boden beträgt 4 000 µg, damit beträgt der gelöste Anteil 4 000 · 0,0924 = 370 µg. Hiervon wandert ein Drittel (123,3 µg) mit den 150 cm³ Wasser in die zweite Schicht und vermischt sich dort unter Einstellung eines neuen Gleichgewichts. Dieser Prozeß wiederholt sich bei jedem Schritt eines Auswaschungsvorgangs sowie bei weiteren Durchläufen, bis das gesamte Atrazin durch die Säule gewaschen wurde.

Beispiele für die Verwendung des Weinglas-Modells sind in Abb. 15.12 a und b dargestellt. Die Einträge, die für die Simulation verwendet werden, beruhen auf den Bodeneigenschaften, die von Smith *et al.* (1992) bei einem Atrazin-Auswaschungsexperiment angenommen wurden, so daß Vergleiche mit den Meßergebnissen aus diesem Experiment angestellt werden können, das an einem leichten Boden mit einem niedrigen Humusgehalt (ca. 0,3 % C) durchgeführt wurde. Die Adsorptionskoeffizienten wurden aus dem Humusgehalt berechnet, wobei von einer Halbwertszeit von 70 d und einem $K_{oc} = 100$ cm³ g^{-1} ausgegangen wurde (s. Abschn. 15.3).

Wie erwartet, zeigt Abb. 15.12 a, daß der Peak ohne Adsorption nach einem Porenvolumen auftritt. Mit Adsorption ist der Peak um drei Porenvolumina verzögert und der Puls ist weiter auseinandergezogen. Hätte der Boden den fünffachen Humusgehalt ($K_d = 1,7$ cm³ g^{-1}), würde die Verzögerung des Peaks 9,5 Porenvolumina betragen. Durch den Zerfall von Pestiziden verringern sich die Konzentrationen und der Peak tritt nach etwa 2 Porenvolumina aus.

Abbildung 15.12 b zeigt die von Smith *et al.* (1992) ermittelten Meßwerte. Vier ungestörten Bodensäulen wurde über einen Zeitraum von 60 d in Intervallen Wasser

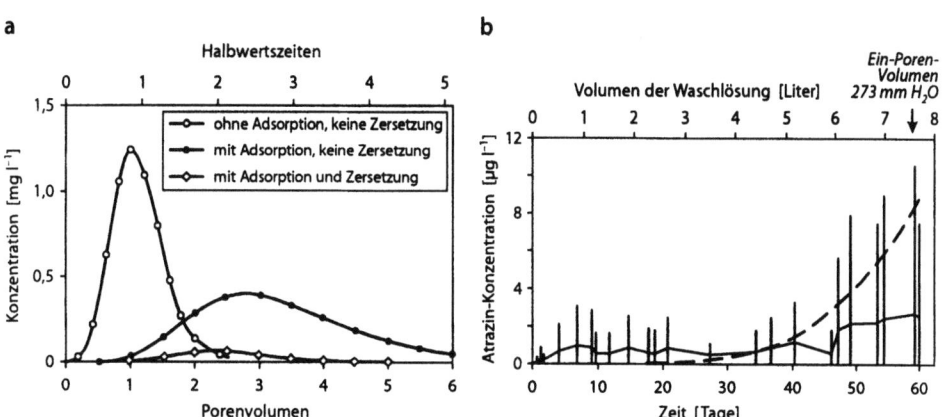

Abb. 15.12. Durchbruchskurven der Atrazin-Auswaschung aus Säulen mit lehmigem Sandboden (Länge 110 cm, Durchmesser 19,1 cm), nachdem 329 mg Atrazin m^{-2} aufgetragen wurden. a Simulation der Atrazin-Konzentration im Extrakt (K_d variiert innerhalb der Säule mit einem Durchschnittswert von 0,30 cm³ g^{-1}; $t_{1/2}$ = 70 d, das „Ein-Porenvolumen" wird in 60 d ausgewaschen, 22 Bodenschichten, 30 mm Wasser pro Durchgang); b gemessene und simulierte Atrazin-Konzentrationen. Die vertikalen Balken zeigen den Konzentrationsbereich aller vier Säulen: In einer Säule überstieg die Konzentration die Nachweisgrenze von 0,3 µg l^{-1} nicht. Die durchgezogene Linie entspricht dem Durchschnitt der Säulen. Die unterbrochene Linie zeigt die simulierten Konzentrationen, die auf Grundlage der gemittelten Eigenschaften der vier Böden in den Säulen berechnet wurden

zugeführt, weshalb keine konstante Auswaschungsrate erreicht wurde. Die Säulen erbrachten aufgrund von Unterschieden im Bodengefüge unterschiedliche Ergebnisse, doch läßt sich erkennen, daß die Simulation, bei der nur Adsorption und Zerfall berücksichtigt werden (die gleichen Daten wie in Abb. 15.12 a), im Bereich der Meßwerte liegt. Das Programm und die Datei Atrazine.dat enthält weitere Details zu diesem Experiment; die Daten sind auf Diskette zusammen mit dem Programm unter der in Anhang 3 angegebenen Anschrift erhältlich. Komplexere Modelle und weitere Daten werden von Nicholls et al. (1982) diskutiert.

15.5
Bestimmung von Metallen in Böden: Toxizität und Mangel

15.5.1
Toxizitäten

Die Richtwerte für die maximal zulässige Konzentration werden als Gesamtmenge im Boden angegeben; sie werden durch einen Bodenaufschluß mit einer Mischung aus Salpetersäure und Perchlorsäure (MAFF 1986a) bestimmt. Hierbei handelt es sich um ein potentiell gefährliches Verfahren, das nur unter Aufsicht durchgeführt werden sollte. Es wurde durch einen Königswasseraufschluß ersetzt, weshalb wir diese Methode hier beschreiben.

Extraktion aller Metalle

Der Boden wird mit einer Salz-Salpetersäure-Mischung aufgeschlossen; die Metallkonzentrationen werden mit dem Atomabsorptionsspektrometer (AAS) gemessen.

Reagenzien und Geräte
- *Säuremischung (Königswasser).* Man gibt 130 ml HCl (ca. 36 Masse-%) zu 120 ml Wasser (*Vorsicht*) und mischt. 150 ml dieser Lösung werden vorsichtig mit 50 ml HNO_3 (ca. 70 Masse-%) gemischt.
- *Kaliumchloridlösung, 5 %.* Man löst 5,0 g Kaliumchlorid (KCl) in Wasser und füllt auf 100 ml auf.
- *Salpetersäurelösung, 8,8 %.* 125 ml HNO_3 (ca. 70 Masse-%) werden zu 40 ml KCl-Lösung gegeben (*Vorsicht*) und auf 1 l aufgefüllt.
- *Siederöhrchen*, 60 ml, graduiert, aus Borsilikat;
- *Heizblock* mit Temperaturregler;
- *Atomabsorptionsspektrometer* sowie die zugehörigen Eichlösungen;
- *Mörser mit Pistill.*

Methode

Man zerreibt lufttrockenen Feinboden im Mörser. 1,2 g (±0,01 g) Boden werden in ein graduiertes Siederöhrchen eingewogen. Man gibt 15 ml Königswasser zu und schwenkt um, damit die Probe durchfeuchtet wird. Man steckt einen kleinen Glastrichter in die Öffnung des Röhrchens, um den Rückfluß während des Siedens zu unterstützen. Man läßt über Nacht stehen. Man erwärmt das Röhrchen im Heizblock 30 Minuten lang auf 50 °C und erhöht dann die Temperatur für 2 h auf 120 °C. Man läßt abkühlen. Der Trichter wird entfernt und die Flüssigkeit mit 8,8%iger HNO_3-Lösung auf 60 ml aufgefüllt. Man filtert durch Whatman-Papier Nr. 541; die ersten ml werden verworfen, der Rest wird zur Analyse aufbewahrt. Es sollte eine Blindprobe ohne Boden angesetzt werden.

Bestimmung mit dem Atomabsorptionsspektrometer

Technische Hilfe sollte vorhanden sein, so daß hier keine näheren Angaben gemacht werden müssen. Für jedes Metall werden eigene Eichlösungen benötigt. Die Extrakte und Eichlösungen müssen mit Lanthanchlorid versetzt werden, um Störungen der Messungen zu vermeiden; außerdem muß eine Korrektur des Hintergrundrauschens stattfinden.

Eichlösungen. Man verwendet die folgenden Eichbereiche [$\mu g\ ml^{-1}$]: Cadmium 0-0,2, Kupfer 0-2, Blei 0-2, Nickel 0-0,5, Zink 0-1,5. Diese Lösungen sollten mit 8,8 %iger HNO_3/KCl-Lösung hergestellt werden.

Lanthanchloridlösung. Man löst 2,68 g $LaCl_3 \cdot 7H_2O$ in Wasser und verdünnt auf 100 ml.

Zu 20 ml jeder Eichlösung und jeden Extrakts gibt man 1 ml Lanthanchloridlösung und mischt vor der AAS-Messung. Gegebenenfalls muß der Extrakt vor Zugabe des Lanthanchlorids mit 8,8%iger HNO_3/KCl-Lösung zu verdünnt werden, um Meßwerte im Eichbereich zu erhalten.

Rechenbeispiel
Zusammenfassung der Methode

lufttrockener Boden (? mg Kupfer kg^{-1})
↓
1,20 g aufgeschlossener Boden → 60 ml
↓
gemessene Konzentration, (y µg Kupfer ml^{-1}).

Beispiel. Die Konzentration y (sie wurde mit dem Blindwert korrigiert) beträgt 1,8 µg ml^{-1}. Damit befinden sich in 60 ml Extrakt $1,8 \cdot 60 = 108$ µg. Diese waren aus 1,2 g Boden extrahiert worden, womit

$$108 \cdot 1\,000/1,2 = 90\,000\ \mu g\ kg^{-1}$$

bzw.

90 mg Kupfer kg^{-1} lufttrockenem Boden vorliegen.

Empfohlene maximale Metallkonzentrationen in Böden

In Tabelle 15.2 sind typische Gesamtmetallgehalte nichtkontaminierter Böden und die von DOE/NWC (1981) empfohlenen Maximalwerte angegeben. Der natürliche Metallgehalt von Böden schwankt erheblich. Die Differenz zwischen Spalte 3 und 4 stellt die Gesamtmenge dar, die einem Boden zugeführt werden kann. Als Richtschnur gilt, daß pro Jahr nicht mehr als 1/30 dieser Menge zugeführt werden sollte. Anfänglich können sich die Metalle frei im Boden bewegen, werden aber im Lauf der Zeit stark gebunden.

Die empfohlenen Maximalwerte gelten für landwirtschaftlich genutzte Böden mit pH-Werten >6,5 und Grünlandböden mit pH-Werten >6,0. In sauren Böden sind Metalle leichter verfügbar, aber es gibt nicht genug Meßergebnisse, auf die sich eine modifizierte Empfehlung stützen könnte. In kalkhaltigen Böden sind Metalle weniger leicht verfügbar; die Grenzwerte für Zink und Nickel können auf das 1,5fache der in Tabelle 15.2 angegebenen Werte angehoben werden: Bei höheren pH-Werten können diese Metalle aufgrund der höheren Ladung der Huminstoffe leichter adsorbiert werden (s. Abschn. 7.1). Außerdem werden sie dann auch an der Oberfläche von Calcit adsorbiert.

Unterschiede zwischen den Methoden

Obwohl die in Tabelle 15.2 ausgesprochenen Empfehlungen auf dem Salpetersäure-Perchlorsäure-Aufschluß beruhen, unterscheiden sich die durch Salpetersäure-Salzsäure-Aufschluß extrahierten Mengen nur um wenige Prozent, daher sind für die meisten Zwecke beide Methoden gleich gut geeignet (Franks 1984).

Kombinierte Wirkung von Metallen auf Kulturpflanzen

Zink, Kupfer und Nickel sind normalerweise in Klärschlämmen enthalten und wirken sich gemeinsam auf das Pflanzenwachstum aus. Es gibt keine generelle Übereinkunft bezüglich ihrer additiven Wirkung, doch wurde in der Vergangenheit versucht, Richtwerte (ADAS 1982) auf Grundlage ihrer relativen toxischen Wirkung anzugeben: Verglichen mit Zink ist Kupfer etwa zweimal und Nickel ca. achtmal so giftig. Anhand der Gesamtmenge eines jeden Metalls kann man damit ein *Zink-äquivalent* berechnen:

$$\text{Zinkäquivalent} = Zn^{2+} + (2 \cdot Cu^{2+}) + (8 \cdot Ni^{2+}) \text{ mg kg}^{-1}.$$

Nach Tabelle 15.2 beträgt ein typisches neutrales Zinkäquivalent ca. 320 mg kg^{-1}. Es empfiehlt sich, daß dieser Wert um nicht mehr als 560 mg kg^{-1} überschritten werden sollte. Wegen der unzureichenden Kenntnisse über kombinierte Wirkungen werden Empfehlungen für jedes Metall einzeln vorgenommen.

Der hier vorgestellte Ansatz ähnelt jenem für das Feldfruchtäquivalent, bei dem der Einfluß von Unkräutern auf den Ertrag betrachtet wurde (s. Abschn. 15.1).

Extraktion verfügbarer Metalle mit EDTA

Die Pflanzenverfügbarkeit von Metallen wird durch Extraktion mit dem Komplexbildner EDTA bestimmt (MAFF 1986a); dies dient sowohl der Beurteilung von Toxizitäten als auch von Mangelerscheinungen. EDTA komplexiert mit Metallionen sehr stark (s. Abschn. 7.2) und senkt ihre Lösungskonzentration auf sehr niedrige Werte, was zur Metalldesorption von Partikeloberflächen führt, bis das gesamte leicht freisetzbare Metall komplexiert in Lösung vorliegt. Die Messung erfolgt mit dem Atomabsorptionsspektrometer.

Reagenz

- *Ammonium-EDTA*, ca. 0,05 M bei pH 7. Man löse 14,6 g Ethylendiamintetraessigsäure (EDTA) in ca. 950 ml Wasser, das 8 ml Ammoniaklösung (ca. 35 Masse-%)

enthält. Der pH wird durch Zugabe von etwa 1 M Salpetersäure oder 1 M Ammoniaklösung auf 7,0 eingestellt, dann wird auf 1 l verdünnt. Konzentrierte Salpetersäure (1,42 g ml^{-1}, 70%ige HNO_3) ist etwa 16 M und konzentrierte Ammoniaklösung (0,88 g ml^{-1}, 35%iges NH_3) ca. 18 M. Man verdünnt 6 bzw. 5,5 ml in 100 ml, um 1 M Lösungen zu erhalten.

Extraktion

Mit einem Meßbecher (s. Abschn. 9.1) überführt man 10 ml (oder 10 g) lufttrocknen Feinboden in eine Flasche. Man gibt 50 ml Ammonium-EDTA-Lösung zu und schüttelt 1 h bei 20 °C. Man filtert durch Whatman-Papier Nr. 40 und bewahrt das Filtrat zur Analyse auf. Falls nötig, werden 10 ml Filtrat in einen 100-ml Kolben überführt und durch Auffüllen mit Ammonium-EDTA-Lösung verdünnt.

Bestimmung mit dem Atomabsorptionsspektrometer

Man befolge die Vorschrift, die im Abschnitt „Extraktion aller Metalle" gegeben wurde, setzt die Eichlösungen aber mit 0,05 M Ammonium-EDTA an.

Rechenbeispiel

Zusammenfassung der Methode

lufttrockener Boden (? mg Zn^{2+} l^{-1} Boden)
↓
10 ml + 50 ml
↓
10 ml → 100 ml
↓
gemessenen Konzentration, (y mg Zn^{2+} ml^{-1}).

Beispiel. 10 ml Extrakt werden auf 100 ml verdünnt. Die Konzentration y beträgt 1,2 µg ml^{-1}. Die Zinkmenge in 100 ml verdünntem Extrakt beträgt 100 · 1,2 = 120 µg. Die gleiche Menge lag in 10 ml unverdünntem Extrakt vor, und damit enthalten 50 ml 600 µg Zn^{2+}. Diese stammen aus 10 ml Boden. Die extrahierbare Zinkmenge beläuft sich also auf

600 · 1 000/10 = 60 000 µg l^{-1} bzw.
= 60 mg Zn^{2+} l^{-1} Boden.

Verwendung der Daten

Toxizitäten. Obwohl der Gesamtmetallgehalt dazu verwendet wird, eine sichere Entsorgung des Klärschlamms an Land zu gewährleisten, ist die mit EDTA extrahierbare Menge ein besserer Gradmesser für die Verfügbarkeit. Laut ADAS (1987) ist es ratsam, die EDTA-extrahierbare Metallkonzentration unabhängig von der Gesamtmetallkonzentration zu bestimmen, wenn der Gesamtmetallgehalt die Hälfte des zulässigen Maximums erreicht; eine erneute Messung sollte bei drei Viertel des zulässigen Maximums erfolgen. Ernsthafte Probleme entstehen, wenn die Gefahr besteht, daß die mit EDTA extrahierbaren Metallkonzentrationen von 120 mg Zn^{2+} l^{-1}, 70 mg Cu^{2+} l^{-1} oder 20 mg Ni^{2+} l^{-1} Boden überschritten werden, bevor der Grenzwert für den Gesamtmetallgehalt erreicht wurde.

Die Extraktion mit EDTA ist ein angenehmeres Verfahren als die Extraktion mit konzentrierter Säure; sie kann dazu verwendet werden, die ungefähren Gesamtkonzentrationen zu berechnen. Williams und Unwin (1983) haben den Gesamtmetallgehalt (y, in mg kg^{-1}) und die verfügbare Metallmenge (x, in mg l^{-1}) in englischen Böden gemessen und dabei folgende Beziehungen gefunden:

Zink: $\quad y = 2{,}50x \quad r = 0{,}80$ (s. Abschn. 9.6),

Kupfer: $\quad y = 1{,}93x \quad r = 0{,}92$,

Nickel: $\quad y = 3{,}75x \quad r = 0{,}86$.

Mangelerscheinungen. Nachdem in Südengland an Getreide Kupfermangelerscheinungen aufgetreten sind, wurden die in Tabelle 15.8 aufgeführten Richtlinien herausgegeben. Schwere Mangelerscheinungen treten gewöhnlich nur in Torfböden, flachgründigen Kalkböden mit hohem Humusgehalt sowie in Sandböden auf, die früher von Heide bewachsen waren. Zur Behandlung werden Blattsprays verwendet, wobei etwa 1 kg Kupferoxychlorid ha^{-1} (ca. 0,5 kg Cu^{2+} ha^{-1}) ausgebracht wird; man kann auch eine Bodendüngung mit 20 kg Kupfersulfat ha^{-1} (5 kg Cu^{2+} ha^{-1}) durchführen, wodurch die Mangelerscheinungen für mehrere Jahre behoben werden. Aus Sicht des Landwirts handelt es sich um eine preiswerte Düngung, die sich immer dann lohnt, wenn eine Ertragssteigerung wahrscheinlich ist oder wenn sie im Bereich des Möglichen liegt.

15.6
Praktische Übungen

1. Die Abschnitte 15.2, 15.3 und 15.4 enthalten bereits praktische Übungen, bei denen die Eigenschaften und Auswirkungen von Pestiziden in und auf Böden untersucht werden. Sollen andere Verbindungen als die hier beschriebenen untersucht werden, verwendet man K_{oc}- und $t_{1/2}$-Werte, um geeignete Versuchsbedingungen abzuschätzen (z. B. Zeit, Konzentration). Liegen keine Informationen über die Eigenschaften einer Verbindung vor, kann ein einfacher Vorversuch zur Ermittlung der geeigneten Versuchbedingungen für das Hauptexperiment viel Zeit sparen. Am Anfang den K_{ow} und den Gehalt an organischer Substanz zu messen, dürfte sich ebenfalls lohnen, wenn man den K_d-Wert abschätzen will.

Tabelle 15.8. Kupferdüngungsempfehlungen für Ackerflächen in Südengland (ADAS, unveröffentlicht)

EDTA-extrahierbares Kupfer [mg l^{-1} Boden][a]	Bodenzustand	Reaktion auf die Kupferzufuhr
0 – 1,0	Cu-Mangel	wahrscheinlich
1,0 – 2,5	niedrig	möglich in Böden mit >6 % Humus
2,5 – 4,0	ausreichend	unwahrscheinlich
> 4,0	guter Vorrat	keine Reaktion

[a] Bei der Probenahme für die Messungen wurde ein 10-ml-Meßbecher verwendet (s. Abschn. 9.1).

2. Führen Sie das in Abschn. 6.9, Projekt 2, beschriebene Experiment durch! Messen Sie aber vor und nach der Behandlung die mit EDTA extrahierbare Zink- und Kupfermenge an Böden mit niedrigen und hohen Humusgehalten. Welche Anteile der zugeführten Metalle können nicht extrahiert werden?
3. Überprüfen Sie die in Abb. 15.12 dargestellten Simulationen mit Hilfe des Weinglas-Modells und der Datei Atrazine.dat!. Überprüfen Sie die Folgen der Erhöhung des Humusgehalts und testen Sie das Computermodell auch für andere Pestizide (Tabelle 15.1)!

15.7
Übungsaufgaben

1. Tragen Sie mit den in Tabelle 15.1 angegebenen Halbwertszeiten und unter Annahme einer Kinetik erster Ordnung (s. Abschn. 3.5) die Zerfallskurven für Atrazin, 2,4-D und DDT über einen Zeitraum von 150 d auf! Vergleichen Sie die eigene, „theoretische" Atrazinkurve mit den gemessenen Kurven in Abb. 15.3!
2. Verwenden Sie die K_{oc}-Werte aus Tabelle 15.1, um die K_d-Werte von Atrazin, Mecoprop und Ethirimol für einen Boden mit einem Humusgehalt von 3,5 % zu berechnen! (*Antwort*: 2, 0,4, 24 cm^3 g^{-1}) Zeichnen Sie für jede Verbindung eine Freundlich-Isotherme, falls der Koeffizient x in der Freundlich-Gleichung 0,9 beträgt! Berücksichtigen Sie dabei, wie in Abb. 15.9 b, nur den Konzentrationsbereich von 0–1 µg cm^{-3}! Wenden Sie die Gleichung auf die eigenen Kurven an und zeichnen Sie die Adsorptionsisothermen (lineare Achsen) wie in Abb. 15.9 a!
3. In Abschnitt 15.4 wird ein Beispiel für die Werte angegeben, die aus dem Experiment mit den geneigten Platten (Pestizidmobilität) erzielt wurden. Verwenden Sie die gleichen ρ- und θ-Werte und berechnen Sie - auf Grundlage der in Übungsaufgabe 2 für einen Humusgehalt von 3,5 % ermittelten K_d-Werte - die voraussichtliche Retention auf einer Platte mit gesättigtem Boden für die Pestizide Atrazin, Dichlobenil und Ethirimol! (*Antwort*: K_d = 2, 8, 24 cm^3 g^{-1}; Verzögerung = 4, 15, 44 Porenvolumina) Unter Freilandbedingungen (Lagerungsdichte 1,3 g cm^{-3}) tritt Auswaschung bei einem Wassergehalt von θ = 0,4 ein; berechnen Sie die Sickerwassermenge (in cm H$_2$O), die erforderlich ist, um das Pestizid aus einem 25 cm mächtigen Oberboden zu verdrängen! (*Antwort*: 76, 274, 802)
4. Weizen enthält in der Regel 4 g Kupfer t^{-1} Korn und 2,5 g Kupfer t^{-1} Stroh. Berechnen Sie die Kupfermenge in 6 t Korn und 4,5 t Stroh ha^{-1} (Tabelle 9.2)! (*Antwort*: 35 g) Vergleichen Sie dies:
   a) mit der Kupfermenge, die als Spray in Form von 1 kg Kupferoxychlorid ha^{-1} (CuCl$_2$·3Cu(OH)$_2$) ausgebracht wurde, und
   b) mit der EDTA-extrahierbaren Kupfermenge ha$^{-1}_{2500t}$ bei einem Grenzwert von 1 mg Kupfer l^{-1} (Tabelle 15.8)! (*Antwort*: a) 0,6 kg, b) ca. 2,5 kg)

Epilog

Ohne Zweifel liegt der Schwerpunkt dieses Buches auf der Messung und Interpretation von Daten, doch sollte nicht vergessen werden, daß auch direkte Beobachtungen zum Verständnis der Prozesse, die sich im Boden abspielen, und deren Wirkung auf das Pflanzenwachstum beitragen. Wie anders hätte das Gleichnis vom Sämann aus dem Prolog sonst geschrieben werden können?

Zu Recht werden seit einigen Jahrzehnten unsere Aktivitäten bei der Bodennutzung streng überwacht, doch ist die Pflege von Land und Boden keine neuzeitliche Entwicklung. Die Geschichte aus dem Buch Genesis enthält die Anweisung an die Menschen, den Boden zu bestellen und zu erhalten. Soweit ich unterrichtet bin, hat das Wort „erhalten" in der hebräischen Originalsprache eine viel tiefere Bedeutung: es meint auch erkunden, prüfen, untersuchen, ausprobieren und mit Umsicht entwickeln. Ich hoffe, daß dieses Buch dem Leser hilft, den Anweisungen des Schöpfers mit größerem Erfolg nachzukommen. Dann können wir sagen:

Du sorgst Dich um das Land, denn Du sendest uns Regen; Du machst es reich und fruchtbar.

Du füllst die Ströme mit Wasser; Du schenkst der Erde Frucht.

So läßt Du es geschehen: Du sendest reichlich Regen auf die gepflügten Felder und durchtränkst sie mit Wasser; Du glättest den Boden mit sanftem Niederschlag und läßt junge Pflanzen wachsen.

Welch' reiche Ernte läßt Deine Güte uns zuteil werden! Wo immer Du bist, herrscht Überfluß.

Die Weiden sind voll mit Herden, die Hügel voller Freude.

Die Felder sind bedeckt mit Schafen und die Täler voller Weizen.

Alles jauchze und singe vor Freude.

(Psalm 65, 10-14)

Anhang

Anhang 1
Symbole, Einheiten und Sonstiges

Tabelle A.1. Einheiten

g	Gramm
m	Meter
s	Sekunde
h	Stunde
d	Tag
a	Jahr
mol	Mol
mol_c	Mol an Ladung
l	Liter
ha	Hektar
t	Tonne

Tabelle A.2. Vorsätze

M	Mega	$\times 10^6$
k	Kilo	$\times 10^3$
d	Dezi	$\times 10^{-1}$
c	Zenti	$\times 10^{-2}$
m	Milli	$\times 10^{-3}$
µ	Mikro	$\times 10^{-6}$
n	Nano	$\times 10^{-9}$

Tabelle A.3. Griechische Buchstaben

α	Alpha, Impedanzfaktor
β	Beta
γ	Gamma, Oberflächenspannung
Δ	Delta, Veränderung zu
ε	Epsilon, Luftgehalt
η	Eta, Viskosität
θ	Theta, Wassergehalt in Vol.-%
µ	My
π	Pi
ρ	Rho, Dichte
σ	Sigma, Standardabweichung
Σ	Sigma, Summe von
Ψ	Psi, Potential

Tabelle A.4. Symbole

Vol.-%	Volumetrischer Anteil in Prozent
Masse-%	Massenanteil in Prozent
[ ]	Konzentration von Lösungen [mol l^{-1}]
( )	Aktivität von Lösungen [mol l^{-1}]
{ }	Konzentration von Lösungen [mol$_c$ l^{-1}]
$\bar{x}$	Mittelwert von x

Standardlösungen von Säuren und Laugen

Dieses Buch enthält keine Anleitung zur Herstellung von Standardsäuren und -laugen. Üblicherweise werden sie aus volumetrischen, im Handel erhältlichen Lösungen hergestellt. Beispielsweise vertreibt BDH eine 5-molare volumetrische Standard-Salzsäurelösung, die durch entsprechende Verdünnung in die erforderliche Konzentration überführt werden kann.

Filterpapiere

Im ganzen Buch wird für die unterschiedlichen Verfahren auf Whatman-Filterpapiere verwiesen. Außer bei der Filterpapiermethode zur Bestimmung der Bodenwasserspannung (Abschnitt 5.2) können auch andere Papiere verwendet werden. Tabelle A.5 listet technische Daten auf, die sich auf Whatman-Filterpapiere beziehen.

Tabelle A.5 Spezifikationen von Whatman-Filterpapieren

Nr.	Retention [µm]	Filtrationsgeschwindigkeit	Reißfestigkeit in nassem Zustand
1	11	M	G
40	8	M	G
41	20 – 25	S	G
42	2,5	L	G
44	3	L	G
50	2,7	L	H
541	20 – 25	S	H

M: mittel; *S*: schnell; *L*: langsam; *G*: geeignet für Filtrationen ohne Absaugen oder mit nur geringem Saugdruck; *H*: hohe Reißfestigkeit und Belastbarkeit in nassem Zustand, für Büchner-Trichter oder Saugfiltration geeignet.

Stellen, die weitere Auskunft geben können

Biologische Bundesanstalt für Land- und Forstwirtschaft,
Messeweg 11/12, D-38104 Braunschweig;

Bundesamt für Naturschutz,
Konstantinstr. 110, D-53179 Bonn;

Bundesministerium für Ernährung, Landwirtschaft und Forsten,
Rochusstr.1, D-53123 Bonn;

Geologische Dienste der Bundesländer;

Naturschutzbund Deutschland (NABU),
Herbert-Rabius-Str. 26, D-53225 Bonn;

Umweltbundesamt,
D-14191 Berlin.

Anhang 2
Molmassen ausgesuchter Elemente

Tabelle A.6. Molmassen ausgesuchter Elemente

Element	Symbol	[g mol^{-1}]
Aluminium	Al	26,91
Blei	Pb	207,19
Bor	B	10,81
Brom	Br	79,91
Cadmium	Cd	112,41
Cäsium	Cs	132,91
Calcium	Ca	40,08
Chlor	Cl	35,45
Chrom	Cr	52,00
Eisen	Fe	58,93
Fluor	F	19,00
Iod	I	126,90
Kalium	K	39,10
Kobalt	Co	58,93
Kohlenstoff	C	12,01
Kupfer	Cu	63,55
Magnesium	Mg	24,31
Mangan	Mn	54,94
Molybdän	Mo	95,94
Natrium	Na	22,99
Nickel	Ni	58,71
Phosphor	P	30,97
Quecksilber	Hg	200,59
Sauerstoff	O	16,00
Schwefel	S	32,06
Selen	Se	78,96
Silicium	Si	28,09
Stickstoff	N	14,01
Strontium	Sr	87,62
Wasserstoff	H	1,01
Zink	Zn	63,38
Zinn	Sn	118,69

In diesem Buch häufig genannte Elemente sind Al, Ca, C, H, Mg, N, O, P, K, Na und S. Wenn Elemente kovalente chemische Bindungen eingegangen sind – z.B. in der organischen Bodensubstanz, in Pflanzen oder Düngern – wird nur das Symbol verwendet. Wenn das Element als Ion vorliegt, ist auch die Ladung vermerkt, z.B. Ca^{2+}, K^+, Cl^-. Daher werden austauschbare Ionen, Ionen in Lösung, in Bodenmineralen, Düngern und Pflanzenzellen mit ihrer Ladung angegeben. Ist ein Element Teil eines Ions, wird es folgendermaßen dargestellt: NO_3^--N (Nitrat-Stickstoff), SO_4^{2-}-S etc.

Anhang 3:
Das Bucket Modell (von Lester P. Simmonds)

Das Programm wurde in BASIC verfaßt. Es ist zusammen mit den benötigten Datenfiles auf 3,5"- oder 5,25"-Disketten im IBM-kompatiblen Format zu beziehen bei: *Department of Soil Science, Secretary, The University, Whiteknights, Reading RG6 2AH*. Es wird lediglich eine Schutzgebühr zur Deckung der Unkosten erhoben. Zusammen mit den Dateien *Tritium.dat* (Abschn. 11.5), *Water.dat* (Abschn. 12.1) und *Atrazine.dat* (Abschn. 15.4), gehören auch die Programme für das Kohlenstoffumsatz-Modell (Abschn. 3.5) und das Weinglas-Modell (Abschnitte 11.5 und 15.4) zum Lieferumfang.

Auflistung des Programmes zur Berechnung der Bodenwasserbilanz

```
5   REM THE BUCKET MODEL OF THE SOIL WATER BALANCE - 9 JULY 1993
10  DIM CUMEPOT(13), CUMEVAP(13), CUMDRAIN(13), CUMRAIN(13), CUMSWD(13):REM monthly totals
49  REM
50  REM ********** Initialisation section ******************************************************
51  REM
100 GOSUB 1000: REM Input soil characteristics and limiting soil water deficit
200 SWD=RZAWC: REM set initial water content at the permanent wilting point
300 GOSUB 1500: REM open data file
323 REM ********************************************************************************
324 REM The program now works out the water balance week by week. The annual
325 REM cycle is repeated 10 times (as if there were a run of 10 years with
326 REM identical weather. The purpose of this repetition is to remove the
327 REM influence of the initial soil water content that was chosen in line 200)
328 REM ********************************************************************************
329 PRINT:PRINT"week  Epot  Evap  Rain  Evap/Epot  SWD  Drainage":PRINT
330 FOR YEAR = 1 TO 10
332    CLOSE #1: REM The data file is closed and reopened at the start of each year
333    OPEN DATAFILE$ FOR INPUT AS #1:LINE INPUT#1, TITLE$ :REM first line is title
336    REM
337    REM ********** Calculations for each week ******************************************
338    REM
339    MONTH=0
340    FOR WEEK=1 TO 52
345       IF INT(WEEK/4)=WEEK/4 THEN MONTH=MONTH+1:CUMRAIN(MONTH)=0
             :CUMEVAP(MONTH)=0:CUMDRAIN(MONTH)=0:CUMEPOT(MONTH)=0:CUMSWD(MONTH)=0
350       INPUT#1, WEEKNO, EPOT, RAIN: REM input current week's data from file
352       OLDSWD=SWD
355       IF SWD<LIMDEF THEN DRYFACT=1 ELSE ERATIO=(RZAWC-SWD)/(RZAWC-LIMDEF)
357       FOR ATTEMPT=1 TO 3
360          SWD=OLDSWD+EPOT*ERATIO*CROPFACT-RAIN: DRAINAGE=0: IF SWD>RZAWC THEN
                SWD=RZAWC-.1
362          IF SWD<LIMDEF THEN ERATIO1=1 ELSE ERATIO1=(RZAWC-SWD)/(RZAWC-LIMDEF)
363          ERATIO=(ERATIO+ERATIO1)/2
365          IF SWD<0 THEN DRAINAGE=-SWD: SWD=0: REM water > field capacity drains
366       NEXT ATTEMPT
367       EVAP=ABS(SWD-OLDSWD+RAIN-DRAINAGE)
370       CUMRAIN(MONTH)=CUMRAIN(MONTH)+RAIN: CUMEVAP(MONTH)=CUMEVAP(MONTH)+EVAP
371       CUMEPOT(MONTH)=CUMEPOT(MONTH)+EPOT
372       CUMDRAIN(MONTH)=CUMDRAIN(MONTH)+DRAINAGE
373       CUMSWD(MONTH)=CUMSWD(MONTH)+SWD :REM this is divided later by 4 to calc the mean SWD
400       IF YEAR=10 THEN GOSUB 3500: REM Finish calculations and print results
450    NEXT WEEK
500 NEXT YEAR
600 REM ********************************************************************************
601 REM PRINT OUT MONTHLY AND ANNUAL TOTALS FOR WATER BALANCE COMPONENTS
602 REM ********************************************************************************
604 INPUT"PRESS ENTER FOR MONTHLY TOTALS";DUM$
605 CLS
606 TOTRAIN=0: TOTEPOT=0: TOTEVAP=0: TOTDRAIN=0
```

3 · Das Bucket Modell

```
607  PRINT TITLE$:PRINT
608  PRINT"            Available water content of soil = ";AWC;          "% water content"
609  PRINT"        Soil depth = ";DEPTH;"cm;"   root zone water hold. cap. = ";      RZAWC;"mm"
610  PRINT"        land use : ";LANDUSE$;"          limiting water deficit = ";  LIMDEF;       "mm"
612  PRINT:PRINT"MONTH   RAIN    EPOT    EVAP    EVAP/EPOT   DRAIN   MEAN SWD"
615  FOR MONTH=1 TO 13
620  PRINT USING"##    ####    ####    ####    #.##    ####    ####";
             MONTH,CUMRAIN(MONTH),CUMEPOT(MONTH),CUMEVAP(MONTH),
             CUMEVAP(MONTH)/CUMEPOT(MONTH),CUMDRAIN(MONTH),CUMSWD(MONTH)/4
640  TOTRAIN=TOTRAIN+CUMRAIN(MONTH):TOTEPOT=CUMEPOT(MONTH)+TOTEPOT
641  TOTEVAP=TOTEVAP+CUMEVAP(MONTH):TOTDRAIN=CUMDRAIN(MONTH)+TOTDRAIN
650  NEXT MONTH
651  PRINT
655  PRINT USING"_T_O_T_A_L   ####    ####    ####    #.##    ####";
             TOTRAIN,TOTEPOT,TOTEVAP,TOTEVAP/TOTEPOT,TOTDRAIN:PRINT
800  REM ************************************************************************
801  REM REPEAT CALCULATIONS IN ORDER TO RE-DISPLAY RESULTS
802  REM ************************************************************************
850  INPUT "DO YOU WANT TO DISPLAY RESULTS AGAIN (Y/N)";DUM$
855  IF (DUM$="Y") OR (DUM$="y") THEN :CLS: GOTO 325
899  CLOSE
900  STOP
949  REM
950  REM ********** SUBROUTINES ***********************************************
951  REM
999  REM ************************************************************************
1000 REM Input soil characteristics and limiting water deficit
1001 REM ************************************************************************
1010 CLS
1100 INPUT "Available water content of soil (%water content – range 8 to 30)  "    ;AWC:PRINT
1105 IF (AWC>30) OR (AWC<8) THEN PRINT:PRINT"outside range – try again"      :PRINT:GOTO 1100
1110 INPUT "soil depth (cm) ";DEPTH:PRINT
1115 RZAWC=(AWC/100)*(DEPTH*10):REM water holding capacity of profile
1122 LANDUSE$="none":INPUT "Bare soil or Crop (B or C) ";CHOICE$
1124 IF (CHOICE$="B") OR (CHOICE$="b") THEN LANDUSE$="bare": LIMDEF=RZAWC/4: IF LIMDEF>20
     THEN LIMDEF=20
1125 IF (CHOICE$="C") OR (CHOICE$="c") THEN LANDUSE$="crop": LIMDEF=RZAWC/2: IF LIMDEF>60
     THEN LIMDEF=60
1130 IF LANDUSE$="none" THEN PRINT"Try again: GOTO 1122
1137 IF LANDUSE$="bare" THEN IF DEPTH>40 THEN RZAWC=(AWC/100)*400
1138 IF LANDUSE$="crop" THEN IF DEPTH>80 THEN RZAWC=(AWC/100)*800
1139 CLS: PRINT "Input a value for crop factor: Typical values might be" :PRINT
1140 PRINT"Ground       soil                   sand          loam              clay"
1141 PRINT"Cover        surface":PRINT
1142 PRINT"bare soil    mostly dry             0.2           0.3               0.4"
1143 PRINT"bare soil    mostly wet             0.4           0.5               0.6"
1144 PRINT"50% cover    mostly dry             0.6           0.6               0.6"
1145 PRINT"50% cover    mostly wet             0.7           0.8               0.8"
1146 PRINT"95% cover    wet or dry             0.9           0.9               0.9":PRINT
1147 PRINT"For simplicity, the program assumes the crop factor stays the same"
1148 PRINT"all year. See the notes at the end of the program about how to modify"
1149 PRINT"the program to allow different values for each month":PRINT
1150 INPUT"Crop Factor";CROPFACT
1151 PRINT:PRINT"water holding capacity of extraction zone is "; RZAWC; "mm":PRINT
1155 PRINT"Limiting soil water deficit is ";LIMDEF;"mm":PRINT
1160 RETURN
1499 REM **************
1500 REM open data file
1501 REM **************
1505 GOSUB 4000: REM list data files available
1510 INPUT "name of file containing weather data"; DATAFILE$
1520 OPEN DATAFILE$ FOR INPUT AS #1
1525 PRINT:LINE INPUT#1, TITLE$: PRINT TITLE$
1530 RETURN
3499 REM ********************************
3500 REM      print weekly results
3501 REM ********************************
3510 PRINT USING "##    ###.#    ###.#    ###.#    #.##    ###    ###";
             WEEKNO,EPOT,EVAP,RAIN,EVAP/EPOT,SWD,DRAINAGE
```

```
3520 IF (WEEK=17) OR (WEEK=34) THEN INPUT"PRESS ENTER TO CONTINUE";DUM$
                  : PRINT:PRINT"week   Epot   Evap   Rain   Evap/Epot   SWD   Drainage":PRINT
3530 RETURN
3999 REM ********************************
4000 REM       print list of data files
4001 REM ********************************
4010 DIM FILELIST$(15), FILEDESC$(15)
4020 DATA "FILENAME","DESCRIPTION"
4021 DATA "********","***********"
4022 DATA "READING.83","Reading, UK, 1983 (dry year)"
4023 DATA "READING.85","Reading, UK, 1985 (wet year)"
4024 DATA "CAIRNGOR.83","Cairngorm, UK, 1983 (dry year)"
4025 DATA "CAIRNGOR.85","Cairngorm, UK, 1985 (wet year)"
4026 DATA "SYRIA.83","Aleppo, Syria, 1983"
4027 DATA "NIAMEY.AV","Average data for Niamey, Niger"
4028 DATA "KADUNA.AV","Average data for Kaduna, N Nigeria"
4029 DATA "PORTHARC.83","Port Harcourt, SE Nigeria, 1983"
4030 DATA " ", " ": REM lines 4030 to 4034 can be completed as above for new data
4031 DATA " ", " "
4032 DATA " ", " "
4033 DATA " ", " "
4034 DATA " ", " "
4038 FOR FILENUM=1 TO 15
4040    READ FILELIST$(FILENUM),FILEDESC$(FILENUM)
4050    PRINT FILELIST$(FILENUM),FILEDESC$(FILENUM)
4060 NEXT FILENUM
4090 RETURN
5000 REM ********************************************************************************
5001 REM       List of variables used in the program
5002 REM ********************************************************************************
5009 REM variables with soil, vegetation or weather significance
5010 REM
5011 REM CUMEPOT(I)       Monthly totals for cumulative potential evaporation
5012 REM CUMEVAP(I)       Monthly totals for cumulative actual evaporation
5013 REM CUMRAIN(I)       Monthly totals for cumulative rainfall
5014 REM CUMDRAIN(I)      Monthly totals for cumulative drainage
5015 REM EPOT             weekly potential evaporation (mm) read in from datafile
5016 REM DRAINAGE         weekly drainage (mm) calculated from soil water balance
5017 REM EVAP             weekly evaporation (mm) calc'd from soil water balance
5018 REM ERATIO           ratio of actual to potential evap'n, depending on SWD
5019 REM ERATIO1          revised ERATIO, in light of revised estimate of SWD
5020 REM TOTEPOT          Annual potential evaporation (mm)
5021 REM TOTEVAP          Annual actual evaporation (mm)
5022 REM TOTRAIN          Annual rainfall (mm)
5023 REM TOTDRAIN         Annual drainage (mm)
5100 REM AWC              Available water content of soil (percent by volume)
5101 REM DEPTH            Depth of soil profile (cm)
5102 REM RZAWC            Available water capacity of root zone (mm)
5103 REM                  (in the case of bare soil, the root zone means the depth
5104 REM                  from which water is lost through evaporation)
5105 REM SWD              the soil water deficit (i.e. mm water required to bring
5106 REM                  the soil profile back to field capacity
5107 REM LIMDEF           the SWD above which evaporation is reduced through
5108 REM                  an inadequate supply of water
5109 REM CROPFACT         Crop factor
5198 REM
5199 REM
5200 REM variables used in program control
5201 REM
5202 REM WEEK             week of the year
5203 REM WEEKNO           the value listed in the first col of the datafile
5204 REM MONTH            month (4 weeks per month, 13 months per year!!)
5205 REM YEAR             there are 10 annual cycles of calculation (year=1 to
5206 REM                  year=10) to remove effect of arbitrary initial SWD
5207 REM DATAFILE$        string variable containing name of datafile
5208 REM TITLE$           string variable containing first line of datafile
5209 REM FILEDESC$(i)     list of descriptions of datafiles
5210 REM ATTEMPT          there are three attempts (iterations) to calculate the
5211 REM                  midweek SWD (which is used to calculate EVAP) from the
```

3 · Das Bucket Modell

```
5212 REM              known SWD at the start of the week, and the latest
5213 REM              estimate of the SWD at the end of the week.
6000 REM **********************************************************************
6001 SUGGESTED MODIFICATION TO ALLOW DIFFERENT CROP FACTORS EACH MONTH
6002 REM **********************************************************************
6003 REM              Line 360 – change CROPFACT to CROPFACT(MONTH)–1
6004 REM              Line 10 – add ,CROPFACT(13) to list of arrays declared in the DIM statement
6005 REM              line 1150 should be
6006 1150             FOR I=1 TO 13:PRINT"Month ";I:INPUT"Crop factor";CROPFACT(I):NEXT I
```

Anmerkung: Zur Ausführung des oben aufgelisteten Programmes werden die folgenden Datenfiles benötigt: READING.83, READING.85, CAIRNGOR.83, CAIRNGOR.85, SYRIA.83, NIAMEY.AV, KADUNA.AV und PORTHARC.83. Die Dateien beginnen mit einer Textzeile, die eine Beschreibung des Datensatzes enthält, die in die Variable FILEDESC$ (Zeile 4040) eingelesen wird. Die anschließenden 52 Zeilen enthalten die Wochendaten (Wochennummer, potentielle Evaporation und Niederschlag), die in die Variablen WEEKNO, EPOT und RAIN (Zeile 350) eingelesen werden. Die Datei READING.83 würde z.B. wie folgt aussehen:

READING, UK, 1983 DATA

1	2,8	17,3
2	4,1	6,6
3	5,3	6,2
usw. bis		
51	3,5	31,3
52	4,3	10,4

Der komplette Datensatz für diese Datei befindet sich in den eingerahmten Spalten von Tabelle A.7. Die Datenfiles für die anderen Jahre und Standorte können auf gleiche Weise erstellt werden. Es lassen sich auch Daten aus anderen Quellen verwenden. Die Zeilen 4030 bis 4034 reservieren Platz für die Einfügung solcher neuen Datensätze.

Tabelle A.7. Wetterdaten – Großbritannien

Woche	Reading, GB 1983 (trocken) EPOT	Niederschläge	1985 (feucht) EPOT	Niederschläge	Cairngorm, GB 1983 (trocken) EPOT	Niederschläge	1985 (feucht) EPOT	Niederschläge
1	2,8	17,3	1,0	6,4	3,2	12,9	1,6	14,7
2	4,1	6,6	2,1	4,5	4,0	34,3	1,1	57,9
3	5,3	6,2	1,6	1,3	4,1	27,8	0,1	12,8
4	2,9	4,0	2,6	19,2	5,0	7,8	1,2	43,7
5	5,2	21,3	2,7	26,5	4,6	44,4	1,6	2,6
6	4,1	11,2	3,9	1,5	3,4	51,8	3,7	22,0
7	3,7	4,3	3,8	30,1	1,5	16,1	3,1	1,2
8	4,6	0,0	3,7	0,0	1,9	0,7	2,4	3,2
9	4,9	13,5	3,7	0,2	4,2	7,1	5,1	1,5
10	5,2	2,0	4,8	14,2	7,1	3,2	3,4	5,3
11	5,9	4,9	5,9	3,0	6,4	23,6	7,0	11,7
12	7,6	13,4	5,9	3,8	8,0	24,2	6,0	26,8
13	8,1	11,6	6,3	17,5	6,9	31,6	3,7	26,7
14	10,7	24,6	10,9	5,6	7,4	23,0	5,3	28,6
15	12,4	15,5	11,8	13,1	9,2	21,7	9,0	23,7
16	10,0	15,6	14,6	9,3	11,5	10,3	9,5	16,9
17	15,0	31,9	15,2	5,1	9,1	36,0	12,1	19,3
18	12,2	21,9	13,8	6,3	6,3	26,3	10,2	32,3
19	16,8	10,5	18,3	0,3	11,0	42,4	11,1	6,0
20	19,7	21,0	12,0	36,7	14,2	12,6	13,2	30,0
21	13,6	11,8	16,2	27,4	11,1	33,5	9,5	18,8
22	16,4	30,5	17,2	18,5	11,4	34,6	14,9	42,9
23	20,8	7,5	29,9	16,4	9,9	26,6	22,8	0,2
24	23,1	0,7	16,5	51,6	20,1	11,0	13,7	35,9
25	23,8	0,0	19,0	4,5	18,1	1,6	14,7	39,8
26	18,9	22,0	17,3	46,7	16,2	21,7	15,3	57,9
27	26,6	3,4	19,6	1,7	14,1	11,4	14,5	31,7
28	26,8	0,4	27,4	1,7	18,0	9,4	13,3	23,1
29	30,7	1,5	21,8	6,4	17,5	3,3	18,4	13,9
30	24,8	12,3	23,4	15,1	18,6	1,6	17,4	9,3
31	25,9	6,9	20,7	23,3	17,3	8,7	12,3	35,5
32	23,3	0,0	20,2	27,9	13,7	2,3	17,0	30,5
33	24,2	0,1	19,8	11,9	17,3	7,2	15,0	27,9
34	20,9	7,5	17,6	9,0	11,4	12,5	11,2	30,2
35	19,5	0,0	18,5	15,9	14,4	2,1	14,2	54,2
36	18,1	3,6	17,3	18,2	15,4	22,9	10,4	41,9
37	12,9	18,5	14,0	2,2	9,1	74,1	9,7	24,2
38	15,1	20,5	14,4	1,2	12,0	24,0	11,6	19,2
39	9,7	6,0	10,8	2,2	10,4	12,7	7,7	40,1
40	8,5	6,4	11,4	0,0	8,3	29,4	6,6	8,5
41	10,4	12,3	12,4	20,5	7,4	16,7	9,7	7,9
42	10,7	32,6	7,6	0,0	10,4	48,7	5,7	2,6
43	6,4	0,0	4,7	0,0	7,1	15,8	3,2	1,4
44	4,0	0,1	4,9	0,0	8,6	8,8	2,8	1,5
45	3,6	6,3	5,4	1,7	5,0	5,4	3,7	39,0
46	4,2	0,0	6,2	13,6	1,7	2,0	3,7	53,2
47	2,5	0,1	2,9	16,2	3,6	3,9	2,9	15,1
48	3,7	44,0	2,5	1,0	1,7	22,8	1,3	40,4
49	0,8	1,3	3,8	20,4	4,0	1,6	2,8	32,2
50	2,5	16,5	2,2	38,5	3,6	22,7	0,8	28,9
51	3,5	31,3	3,0	4,4	1,4	42,6	3,2	25,1
52	4,3	10,4	4,7	23,3	1,9	48,7	2,5	19,5

EPOT [mm pro Woche] = potentielle Evaporationsrate von kurzem, gut bewässertem Rasen, berechnet aus der von der Oberfläche absorbierten Strahlungsenergie, der Luftfeuchtigkeit und der Windgeschwindigkeit; Niederschläge = wöchentliche Niederschläge [mm].

3 · Das Bucket Modell

Tabelle A.8. Wetterdaten – Syrien und Westafrika

Woche	Aleppo, Syrien (1983) EPOT	Niederschläge	Niamey, Niger mehrjähriges Mittel EPOT	Niederschläge	Kaduna, N-Nigeria mehrjähriges Mittel EPOT	Niederschläge	P. Harcourt, SO-Nigeria mehrjähriges Mittel EPOT	Niederschläge
1	7,0	1,6	39	0	48	0	55	0
2	5,6	2,6	41	0	50	0	57	0
3	8,4	12,5	35	0	47	0	53	0
4	14,0	0,4	42	0	46	0	51	0
5	14,0	15,3	40	0	45	0	56	0
6	11,9	4,6	38	0	45	0	52	0
7	11,9	37,2	41	0	41	0	54	3
8	11,2	9,4	45	0	45	3	52	0
9	9,1	32,6	48	0	44	0	55	0
10	25,9	0,0	49	1	44	0	55	0
11	31,5	0,8	53	0	41	15	51	15
12	23,8	28,4	55	0	45	0	55	0
13	43,4	2,2	50	1	42	0	52	2
14	25,2	28,6	49	0	40	10	51	7
15	36,4	2,8	53	2	42	0	48	48
16	31,5	15,4	55	0	40	10	55	21
17	46,9	0,5	53	0	39	24	47	52
18	61,6	0,5	58	5	40	40	42	27
19	63,0	14,8	49	1	37	24	33	81
20	39,2	3,9	52	15	41	5	27	56
21	74,2	0,8	51	25	36	85	22	140
22	81,2	0,4	48	18	36	35	24	85
23	84,0	1,6	49	12	31	41	29	33
24	95,2	0,0	52	28	33	23	22	137
25	98,0	0,0	47	36	28	103	21	73
26	99,4	0,0	44	15	31	21	22	97
27	98,0	0,0	35	47	25	107	20	67
28	96,6	0,0	38	35	26	58	24	71
29	105,0	0,0	41	80	22	23	21	120
30	95,9	0,0	36	29	24	35	19	58
31	112,7	0,0	31	95	21	15	21	60
32	98,0	0,0	29	42	25	114	18	49
33	95,9	0,0	29	35	21	79	17	75
34	97,3	0,0	31	10	24	101	18	110
35	81,9	0,2	29	25	26	12	19	35
36	93,1	0,0	29	40	26	58	17	61
37	76,3	0,0	31	5	30	38	13	145
38	68,6	1,2	32	25	27	136	14	94
39	65,1	0,2	28	31	32	21	17	56
40	44,8	4,2	30	2	30	42	16	34
41	47,6	0,6	35	0	34	20	17	60
42	49,7	0,0	37	15	35	15	21	85
43	37,1	0,8	38	4	33	5	22	34
44	35,7	13,0	39	0	35	46	20	90
45	17,5	10,2	38	0	37	0	26	27
46	18,2	8,6	36	0	35	3	23	36
47	14,7	5,8	39	0	38	2	24	0
48	8,4	10,8	35	0	35	0	23	47
49	7,0	20,5	38	0	39	0	34	0
50	9,1	0,0	34	0	41	0	23	21
51	7,7	2,8	35	0	38	0	36	0
52	6,3	29,0	36	0	45	0	37	44

EPOT [mm pro Woche] = potentielle Evaporationsrate von kurzem, gut bewässertem Rasen, berechnet aus der von der Oberfläche absorbierten Strahlungsenergie, der Luftfeuchtigkeit und der Windgeschwindigkeit; Niederschläge = wöchentliche Niederschläge [mm].

Anhang 4
Farbtafeln

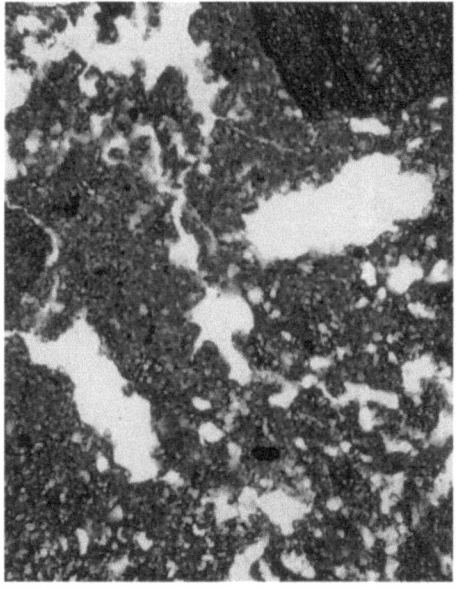 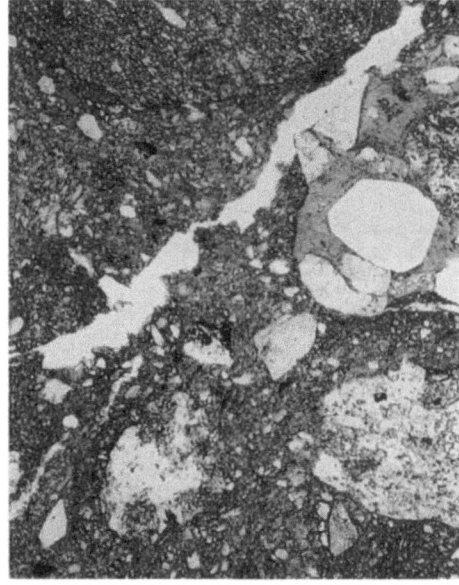

Farbtafel 1. Mikrographische Darstellungen von Gesteins- und Bodendünnschliffen (der Bildausschnitt entspricht 3 mm). a A_h-Horizont einer Braunerde (Denbigh-Serie, Nordwales) mit offenem Schwammgefüge, das hauptsächlich durch die Aktivitäten der Bodenfauna entstanden ist;

b dichter Moränenschutt mit Gesteinsbruchstücken in einer tonigen Matrix und wenigen Poren;

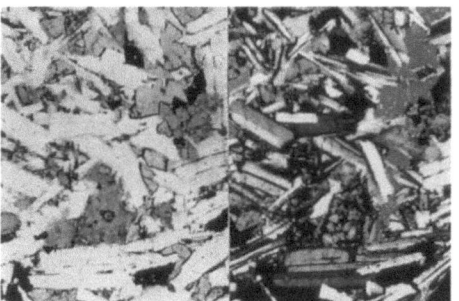 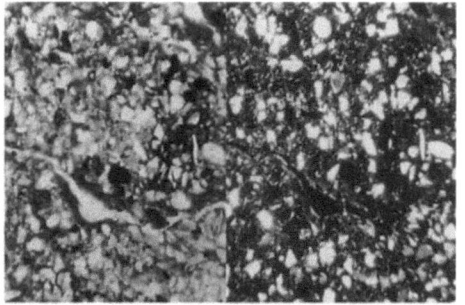

c massives Vulkanit (Olivinbasalt): in einfach polarisiertem Licht (links) und mit gekreuzten Polarisatoren (rechts);

d B_t-Horizont einer Parabraunerde (Burseldon-Serie, Südengland) mit Tonanreicherungsbereichen, die die Röhren auskleiden und die Poren füllen: in einfach polarisiertem Licht (links) und mit gekreuzten Polarisatoren (rechts) (Aufnahmen von D. Jenkinson, University College of North Wales und K. Guteridge)

Farbtafel 2. Auf Felsen wachsende Flechten oberhalb Val d'Isère (Frankreich); wahrscheinlich handelt es sich um *Xanthoria elegans*, eine weitverbreitete Art des arktischen und alpinen Gebiets (Aufnahme von D. Rowell)

Farbtafel 3. Traktor mit großen Niederdruck-"Terra"- Reifen, mit dem am *Scottish Centre of Agricultural Engineering* das Saatbett bereitet wird (Aufnahme von D. Campbell)

Farbtafel 4. Vertisol bei Qedma (Israel), dessen Gefügeeigenschaften das Ergebnis von Quellung und Schrumpfung sind. a Bodenprofil bis in 2 m Tiefe; b Detailansicht der Druckflächen („slickensides"), die sich bilden, wenn benachbarte Aggregate beim Quellen aneinandergepreßt werden. Bildausschnitt = 10 cm (Aufnahme von D. Rowell)

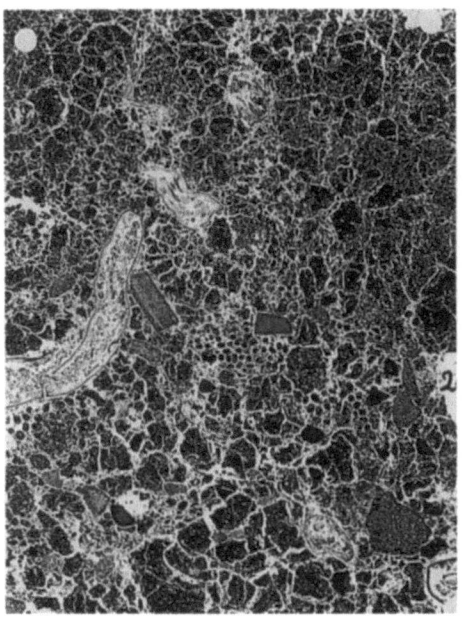 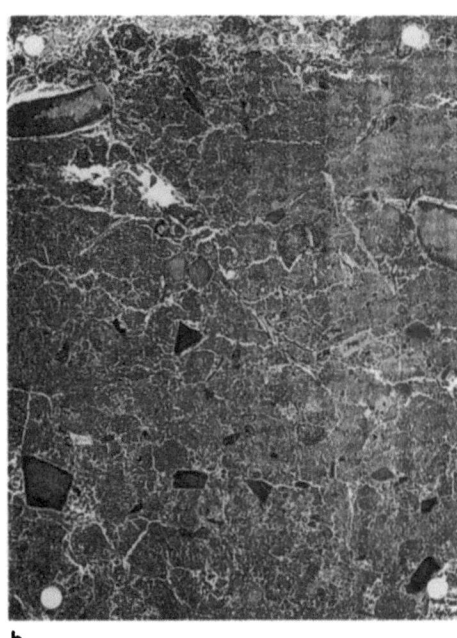

a b

Farbtafel 5. Dünnschliffe des A_1-Horizonts eines schluffig-tonigen Lehmbodens der Linhope-Serie im südlichen Schottischen Hochland. Die vertikale Länge der Schnitte beträgt 10 cm. a Boden unter beweidetem, nicht melioriertem Grünland, auf dem der Wald vor mindestens 200 Jahren gerodet wurde. Der Boden weist ein feines Krümelgefüge auf, das mit höherem Wurmlosungsanteil in Polyedergefüge übergeht; das Porenvolumen beträgt ca. 0,6 $cm^3 cm^{-3}$. Eine Farnwurzel ist deutlich sichtbar. b Gleicher Boden nach Ackernutzung, Wiederbeweidung und Verdichtung durch Walzen, Schafe und Rinder. Das Gefüge ist völlig zerstört und das Porenvolumen stark reduziert. Die ungleichmäßige Dicke des linken Schliffs ist für die dunklere Färbung verantwortlich (Aufnahme von R. MacEwan)

Farbtafel 6. Pestizidbehandlung eines Winterweizenfeldes mit festgelegten Fahrgassen. Nach der Aussaat wird nur von diesen Fahrgassen aus gespritzt und gedüngt, so daß der Traktor dort fährt, wo keine Pflanzen wachsen. Dadurch werden die Schäden an den Pflanzen und die Fläche, auf der Bodenverdichtung stattfindet, auf ein Minimum beschränkt (Aufnahme Holt Studios)

Farbtafel 7. Verdichtung durch Traktorräder in einem kultivierten sandigen Lehmboden im *Scottish Centre of Agricultural Engineering* (Aufnahme von D. Campbell)

Farbtafel 8. Vegetation am ICRISAT bei Niamey (Niger); aufgenommen **a** während der Regenzeit und **b** während der Trockenzeit. Im Vordergrund dominieren *Guiera sengalensis*-Büsche und flachwurzelnde annuelle Gräser. Diese siedeln sich wieder an, wenn eine kultivierte Fläche (im Bildhintergrund) brachfällt (Aufnahmen von S. Allen, Institute of Hydrology)

Farbtafel 9. Reisanbau bei Rangkasbitung in West-Java (Indonesien). Ein Wasserbüffel zieht einen „Puddling"-Pflug durch ein noch nicht bepflanztes Feld. Die Jungtiere folgen der Mutter. Die benachbarten Felder wurden erst vor kurzem bepflanzt. Häufig werden an den Rändern der Reisfelder Bananenstauden angepflanzt, wie im Vordergrund zu sehen ist (Aufnahme von G. Warren)

Farbtafel 10. Boden auf der Gower-Halbinsel (Südwales), der deutliche Merkmale fast ständiger Vernässung zeigt. An der Oberfläche hat sich Torf akkumuliert. Darunter liegt ein stark reduzierter mineralischer Horizont (grau), der stärker oxidierte Flecken (braun) enthält, die wahrscheinlich mit Wurzelbahnen in Verbindung stehen. Der Grundwasserspiegel liegt in 65 cm Tiefe (Aufnahme D. Rowell)

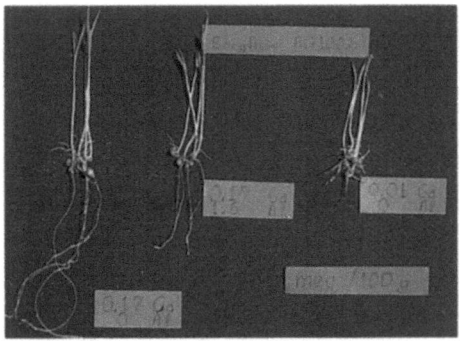

Farbtafel 11. Gipskonkretionen in einem Aridisol in Arava (Süd-Israel). Durch episodische Regenfälle wird der Gips gelöst, verlagert und dann ausgefällt. Die Bodenoberfläche ist von einer Steinschicht, einem sogenannten Wüstenpflaster, bedeckt. Der im Profil aufgestellte Stab ist 60 cm lang (Aufnahme von Pinhas Fine, *The Volcani Center*)

Farbtafel 12. Auswirkungen von Calciummangel und Aluminiumtoxizität auf das Wachstum von Sorghum-Hirse. Die Pflanzen wurden in Böden mit unterschiedlichen Mengen austauschbaren Calciums und Aluminiums herangezogen (ausgedrückt in meq pro 100 g Boden = $cmol_c\,kg^{-1}$) (Aufnahme von K. D. Ritchey, EMBRAPA)

a   b

Farbtafel 13. Jährliche atmosphärische Säuredeposition auf Böden in Großbritannien (Mittelwerte der Jahre 1986–1988). a H^+-Deposition mit den Niederschlägen; b potentielle Acidität, errechnet aus der gesamten trockenen und nassen N- und S-Deposition abzüglich der Ca- und Mg-Einträge (Department of Environment (DOE), Warren Spring Laboratory)

Farbtafel 14. Tomatenblätter mit Chlorosen zwischen den Blattadern, die durch einen hohen pH-Wert bedingt sind. Die Pflanzen wurden in einer Sandkultur gezogen und mit einer alle Nährstoffe enthaltenden Lösung versorgt. Der pH-Wert wurde mit Na_2CO_3 auf **a** 5,6 bzw. **b** 9,3 eingestellt. Die Aufnahme und Verwertung von Eisen und Mangan wird durch hohe Hydrogencarbonat-Konzentrationen gehemmt, wodurch die Chlorophyll-Bildung beeinträchtigt wird (Aufnahme von A. Masshady und D. Rowell)

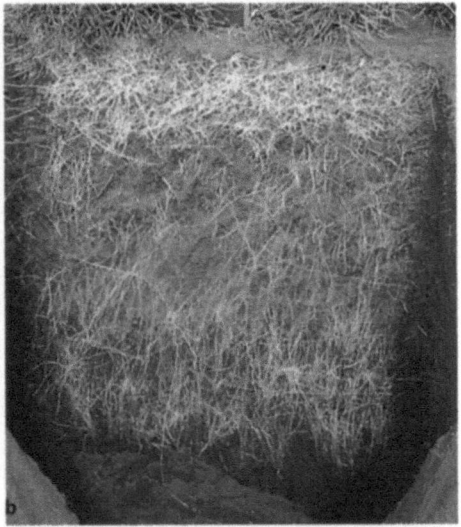

Farbtafel 15. Wirkung einer Phosphatdüngung vor der Aussaat: Wurzelwachstum des Grases *Andropogon guyanus* in einem sauren Oxisol bei Planaltina (Brasilien). Als Maßstab dient das 20 cm hohe, grüne Buch. **a** Ohne P; **b** mit P (Aufnahme von P. LeMare)

Farbtafel 16. Jährliche atmosphärische Schwefeldeposition auf Böden in Großbritannien (nasse Sulfat-Deposition + trockene SO₂-Deposition + Sulfatdeposition im Wolkenwasser, Mittelwert von 1986–1988) (DOE, Warren Spring Laboratory)

Farbtafel 17. Jährliche atmosphärische Stickstoffdeposition auf Böden in Großbritannien (nasse NO_3^--Deposition + nasse NH_4^+-Deposition + trockene HNO_3-Deposition + trockene NO_2-Deposition + trockene NH_3-Deposition, Mittelwert von 1986–1988) (DOE, *Warren Spring Laboratory*)

a   b

Farbtafel 18. Winterweizenwachstum im Juni auf einem Boden, der auch im Vorjahr ackerbaulich genutzt wurde und einen Stickstoffindex von 0 besitzt (MAFF *Bridgets Experimental Husbandry Farm* nahe Winchester). a Ohne Zugabe von N-Dünger; b mit N-Düngung im Frühjahr (200 kg N ha^{-1}) (Aufnahme von D. L. Rowell)

Farbtafel 19. Luftaufnahme der klassischen Broadbalk- und Hoosfield-Feldversuche (im Vordergrund bzw. in der Bildmitte) an der Rothamsted Experimental Station, Harpenden. Ein moderner Feldversuch, bei dem viele Faktoren berücksichtigt werden, wird im „Pastures Field" (obere rechte Bildhälfte) durchgeführt; das Gutshaus von Rothamsted kann man gerade noch zwischen den Bäumen (obere Bildmitte) erkennen (Reproduktion der Aufnahme mit Genehmigung der Rothamsted Experimental station)

Farbtafel 20. Feldversuch zur Bestimmung der biologischen Dosis-Wirkungskurve eines Herbizids auf Weizen. Die Herbizide wurden in fünf verschiedenen Applikationsraten (einschließlich eines Kontrollversuchs) bei vierfacher Wiederholung einer jeden Anwendung getestet. Die maximale Anwendungsmenge entsprach etwa der 1000fachen Menge einer normalen Anwendung in der Praxis (Reproduktion der Aufnahme mit freundlicher Genehmigung von M. Lane, Zeneca Agrochemicals)

Farbtafel 21. a Bodenversalzung. Trockengefallenes Schlickwatt bei Yarmouth auf der Isle of Wight mit intensiver Tonschrumpfung. An den Austauschern dominieren Natrium-Ionen aus dem Meerwasser; auf der Bodenoberfläche haben sich Salze akkumuliert. **b** Die obersten 25 cm eines Bodens in der Nähe des Toten Meeres (West-Jordanland), der auf der Oberfläche und im gesamten Profil Salzkristalle enthält. Diese Salzansammlung bildet und füllt die wabenförmig angeordneten Poren innerhalb des Bodens (Aufnahme D. Rowell)

Literaturverzeichnis

Grundlegende deutschsprachige Literatur

AG Bodenkunde (Hrsg) (1994) Bodenkundliche Kartieranleitung. 4. Aufl., Hannover
Anlauf R, Richter J, Kersebaum K (1988) Modelle für Prozesse im Boden – Programme und Übungen. Enke, Stuttgart
Blume HP (Hrsg) (1992) Handbuch des Bodenschutzes – Bodenökologie und -belastung: Vorbeugende und abwehrende Schutzmaßnahmen. 2. Aufl., Ecomed-Verlagsges., Landsberg/Lech
Blume HP, Henningsen P, Fischer WR (1996) Handbuch der Bodenkunde. Ecomed-Verlagsges., Landsberg/Lech
Fiedler HJ (Hrsg) (1990) Bodennutzung und Bodenschutz. Birkhäuser, Basel
Hartge KH, Horn R (1989) Einführung in die Bodenphysik. 2. Aufl., Enke, Stuttgart
Kreyszig E (1988) Statistische Methoden und ihre Anwendungen. 7. Aufl., Vandenhoeck und Ruprecht, Göttingen
Kuntze H, Roeschmann G, Schwerdtfeger G (1994) Bodenkunde. 5. Aufl., Ulmer, Stuttgart
Lieberoth I (1991) Bodenkunde 4. Aufl., Landwirtschaftsverlag, Berlin
Mückenhausen E (1993) Die Bodenkunde und ihre geologischen, geomorphologischen, mineralogischen und petrographischen Grundlagen. 4. Aufl., DLG-Verlag, Frankfurt/Main
Munch JC (1996) Bodenökologisches Praktikum. TU München, Freising-Weihenstephan
Rehfuess HE (1990) Waldböden – Entwicklung, Eigenschaften und Nutzung. 2. Aufl., Blackwell, Berlin
Richter J (1986) Der Boden als Reaktor. Enke, Stuttgart
Sachs L (1997) Angewandte Statistik: Anwendung statistischer Methoden. 8. Aufl., Springer-Verlag, Berlin
Scheffer F, Schachtschabel P (1992) Lehrbuch der Bodenkunde. 13. Aufl., Enke, Stuttgart
Schlichting E, Blume HP, Stahr K (1995) Bodenkundliches Praktikum. 2. Aufl., Blackwell, Berlin
Schüller H (1969) Die CAL-Methode, eine neue Methode zur Bestimmung des pflanzenverfügbaren Phospates in Böden. Zeitschrift für Pflanzenernährung und Bodenkunde 123:48–63

Allgemeine Einführung in die Bodenkunde

Brady NC (1990) The Nature and Properties of Soils. 10th ed. Macmillan, New York
Wild A (ed) (1988) Russell's Soil Conditions and Plant Growth. 11th ed. Longman, Harlow

Hilfswissenschaften

Christen H, Meyer G (1994) Allgemeine und anorganische Chemie I. Salle, Frankfurth a.M.
Czihak G, Langer H, Zeigler H (Hrsg) (1996) Biologie – ein Lehrbuch. Springer-Verlag, Heidelberg
Gerthsen C (1995) Gerthsen Physik – Springer Lehrbuch. Springer-Verlag, Heidelberg
Nuffield Advanced Science (1984) Book of Data. Longman, Harlow
Nuffield Advanced Science (1986) Biology Study Guides I and II. Longman, Harlow
Nuffield Advanced Science (1988) Chemistry Students Book I and II. Longman, Harlow
Nuffield Advanced Science (1989) Physics Students' Guides I and II. Longman, Harlow
Nuffield Coordinated Sciences (1988) Physics, Chemistry, Biology. Longman, Harlow

Methoden

Avery BW, Bascomb CL (1974). Soil Survey Laboratory Methods. Soil Survey Technical Monograph No. 6, Harpenden
Landon JR (ed) (1984) Booker Tropical Soil Manual. Booker Agriculture International, Longman, Harlow
MAFF (1986a) The Analysis of Agricultural Materials. Reference Book 427. HMSO, London
Page AL (ed) (1982) Methods of Soil Analysis, Parts I and II. Agronomy No. 9. American Society of Agronomy, Madison
Smith KA, Mullins CE (eds) (1991) Soil Analysis. Physical Methods. Marcel Dekker, New York

und für ältere Methoden:

Piper CS (1947) Soil and Plant Analysis. University of Adelaide

Literaturangaben

ADAS (1982) The Use of Sewage Sludge on Agricultural Land. Booklet 2409. MAFF Publications, Alnwick
ADAS (1987) The Use of Sewage Sludge on Agricultural Land. Booklet 2409. MAFF Publications, Alnwick
Addiscott TM, Wagenet RJ (1985) Concepts of solute leaching in soils: a review of modelling approaches. Journal of Soil Science 36:411-424
Addiscott TM, Whitmore AP, Powlson DS (1991) Farming, Fertilizers and the Nitrate Problem. CAB International, Wallingford
Aitken RL, Moody PW, McKinley PG (1990) Lime requirement of acidic Queensland soils. Australian Journal of Soil Research 28:695-701, 703-715
Amato M, Ladd JN (1988) Assay for microbial biomass based on ninhydrin-reactive nitrogen in extracts of fumigated soils. Soil Biology and Biochemistry 20:107-114
Anderson JPE, Domsch KH (1980) Quantities of plant nutrients in the microbial biomass of selected soils. Soil Science 130:211-216
Archer JR (1975) Soil consistency. In: Physical Conditions and Crop Production. Technical Bulletin 29, Ministry of Agriculture, Fisheries and Food. HMSO, London, pp 289-297
Archer J (1988) Crop Nutrition and Fertilizer Use. Farming Press, Ipswich
Arnold PW, Close BM (1961) Release of non-exchangeable potassium from some British soils cropped in the glasshouse. Journal of Agricultural Science 57:295-304
Attwood PJ (1985) Crop Protection Handbook - Cereals. BCPC Publications, Croydon
Ayers RS, Westcot DW (1985) Water Quality For Agriculture. Irrigation and Drainage Paper 29 Rev. 1. FAO, Rome
Banks L, Stanley C (1990) The Thames. A History from the Air. Oxford University Press
Barraclough D, Jarvis SC, Davies GP, Williams J (1992) The relation between fertilizer nitrogen applications and nitrate leaching from grazed grassland. Soil Use and Management 8:51-56
Batey T (1971) Soil Field Handbook. ADAS Advisory Papers No. 9. Ministry of Agriculture, Fisheries and Food, London
Batey T (1988) Soil Husbandry. Soil and Land Use Consultants, Aberdeen
Bhat KKS, Nye PH (1973). Diffusion of phosphate to plant roots in soil. I. Quantitative autoradiography of the depletion zone. Plant and Soil 38:161-175
Bhat KKS, Nye PH (1974). Diffusion of phosphate to plant roots in soil. III. Depletion around onion roots without root hairs. Plant and Soil 41:383-394
Birch SP, Moss B (1990) Nitrogen and Eutrophication in the U.K. Report to the Fertilizer Manufacturers Association. University of Liverpool
Böhm W (1979) Methods of Studying Root Systems. Springer-Verlag, Berlin
Bolton J (1972) Changes in soil pH and exchangeable calcium in two liming experiments on contrasting soils over 12 years. Journal of Agricultural Science 79:217-222
Bridges EM (1978) World Soils. 2nd ed. Cambridge University Press
Brindley GW, Brown G (1980) Crystal Structure of Clay Minerals and their X-Ray Identification. Monograph No. 5. The Mineralogical Society, London
Brookes PC, McGrath SP (1984) Effects of metal toxicity on the size of the soil microbial biomass. Journal of Soil Science 35:341-346

Brookes PC, Powlson DS, Jenkinson DS (1984) Phosphorus in the soil microbial biomass. Soil Biology and Biochemistry 16:169-175
Brouwer WWM, Boesten JJTI, Siegers WG (1990) Adsorption and transformation products of atrazine by soil. Weed Research 30:123-128
Bryant C (1971) The Biology of Respiration. Studies in Biology No. 28. Edward Amold, London
Bullock P (1971) Soils of the Malham Tarn area. Field Studies 3:381-408
Bullock P et al. (1985) Handbook for Soil Thin Section Description. Waine Research Publications, Wolverhampton
Bullock P, Gregory PJ (1991)Soils in the Urban Environment. Blackwell, Oxford
Burns IG (1974) A model for predicting the redistribution of salts applied to fallow soils after excess rainfall or evaporation. Journal of Soil Science 25:165-178
Burton RGO, Hodgson JM (1987) Lowland Peat of England and Wales. Soil Survey Special Survey No. 15. Soil Survey of England and Wales, Harpenden
Cameron KC, Wild A (1984) Potential aquifer pollution from nitrate leaching following the ploughing of temporary grassland. Journal of Environmental Quality 13:274-278
Campbell DJ, Kinniburgh DG, Beckett, PHT (1989) The soil solution chemistry of some Oxfordshire soils: temporal and spatial variability. Journal of Soil Science 40:321-340
Campbell, GS (1985) Soil Physics with Basic. Elsevier, Amsterdam
Campbell, GW, Devenish M, Heyes CJ, Stone BH (1987) Acid Rain in the United Kingdom: Spatial Distributions in 1987. Warren Spring Laboratory, Stevenage
Carter MR (1991) Ninhydrin-reactive N released by the fumigation-extraction method as a measure of biomass under field conditions. Soil Biology and Biochemistry 23:139-143
Caudle N (1991) Groundworks 1. Managing Soil Acidity. Tropsoils Publications, Box 7113, North Carolina State University, Raleigh, NC
Chander K, Brookes PC (1991a) Microbial biomass dynamics during the decomposition of glucose and maize in metal-contaminated and non-contaminated soils. Soil Biology and Biochemistry 23:917-925
Chander K, Brookes PC (1991b) Effects of heavy metals from past application of sewage sludge on microbial biomass and organic matter accumulation in a sandy loam and silty loam U.K. soil. Soil Biology and Biochemistry 23:927-932
Church BM, Skinner RJ (1986) The pH and nutrient status of agricultural soils in England and Wales 1969-83. Journal of Agricultural Science 107:21-28
Cochrane TT, Salinas JG, Sanchez PA (1980) An equation for liming acid mineral soils to compensate aluminium tolerance. Tropical Agriculture 57:133-140
Cooke GW (1982) Fertilizing for Maximum Yield. Granada, London.
Court MN, Stephen RC, Waid JS (1964) Toxicity as a cause of the inefficiency of urea as a fertilizer. II. Experimental. Journal of Soil Science 15:49-65
Currie JA (1970) Movement of gases in soil respiration. In: Sorption and Transport Processes in Soils. Society of Chemical Industry Monograph No. 37, pp 152-169
Cuttle SP et al. (1992) Nitrate leaching from sheep grazed grass/clover and fertilized grass pastures. Journal of Agricultural Science 119:335-343
Davies B, Eagle D, Finney B (1972) Soil Management. Farming Press, Ipswich
de Datta SK (1981) Principles and Practice of Rice Production. Wiley Interscience, New York
De Gee JC (1950). Preliminary oxidation potential determinations in a 'Sawah' profile near Bogor (Java). Transactions of the 4th International Congress of Soil Science 1:300-303
Denmead OT, Shaw RH (1962) Availability of soil water to plants as affected by soil moisture content and meteorolgical conditions. Agronomy Journal 54:385-390
Dent D, Young A (1981) Soil Survey and Land Evaluation. George Allen and Unwin, London
Dixon JB, Weed SB (eds) (1989) Minerals in Soil Environments. 2nd ed. Soil Society of America, Madison
DOE (1986) Nitrate in Water. Pollution Paper No. 26. Department of Environmental Central Directorate of Environmental Pollution. HMSO, London
DOE (1989) Digest of Environmental Pollution and Water Statistics No. 11, 1988. HMSO, London
DOE (1990) Acid Deposition in the United Kingdom 1986-1988. Third Report of the United Kingdom Review Group on Acid Rain (Chairman J.G. Irwin). Department of Environment, Warren Spring Laboratory
DOE (1991) Acid Rain - Critical and Target Loads Maps for the United Kingdom. Air Quality Division, Department of the Environment
DOE/NWC (1981) Report of the Sub-commitee on the Disposal of Sewage Sludge to Land. Standing Technical Committee Report No. 20. Department of the Environment, London
Doorenbos J, Pruitt WO (1977) Guidelines for Predicting Crop Water Requirements. FAO Irrigation and Drainage Paper 24. FAO, Rome

Dyke G (1974) Comparative Experiments with Field Crops. Butterworths, London
Edmeades DC, Wheeler DM, Clinton OE (1985) The chemical composition and ionic strength of soil solutions from New Zealand topsoils. Australian Journal of Soil Research 23:151-165
Edwards CA, Lofty JR (1977) Biology of Earthworms. Chapman and Hall, London
Elkhatib EA, Hern JL, Staley TE (1987) A rapid centrifugation method for obtaining soil solution. Soil Science Society of America Journal 51:578-583
Emerson WW (1967) A classification of soil aggregates based on their coherence in water. Australian Journal of Soil Research 5:47-57
FAO (1978) Report on the Agro-Ecological Zones Project. Vol. 1. Methodology and Results for Africa. Food and Agriculture Organization of the United Nations, Rome
Fitter AH, Hay RKM (1987) Environmental Physiology of Plants. Academic Press, London
Fitzpatrick EA (1980) The Micromorpholoy of Soils. Department of Soil Science, University of Aberdeen
FMA (1981) Ferilizer Statistics. Fertilizer Manufacturers' Association, London
Foster RC, Rovira AD, Cock TW (1983) Ultrastructure of the Root-Soil Interface. The Ameriacn Phytopathological Society, St Paul
Franks CL (1984) The use of extractants for determination of total heavy metals in soils. Unpublished ADAS Paper, Wolverhampton
Gardner CMK et al. (1990) Hydrology of saturated zone of the chalk of south-east England. In: Burland JB (ed) Chalk. Thomas Telford, London
Garvin JW (1986) Skills in Advanced Biology. Vol. 1. Dealing With Data. Stanley Thornes, Cheltenham
Gasser JKR (1973) An assessment of the importance of some factors causing lime loss from agricultural soils. Experimental Husbandry 25:86-95
Gerber HR, Ziegler P, Dubach P (1970) Leaching as a tool in the evaluation of herbicides. Proceedings of the 10th British Weed Conference 1:188-225
Giller K, McGrath S (1989) Muck, metals and microbes. New Scientist 4 November, 31-32
Goring CAI, Hamaker JW (eds) (1972) Organic Chemicals in the Soil Environment. Vols 1 and 2. Marcel Dekker, New York
Goulding KWT, McGrath SP, Johnston AE (1989) Predicting the lime requirement of soils under permanent grassland and arable crops. Soil Use and Management 5:54-58
Green WH, Ampt GA (1911) Studies on soil physics. I The flow of air and water through soils. Journal of Agricultural Science 4:1-24
Gregory PJ, Crawford DV, McGowan M (1979) Nutrient relations of winter wheat. I. Accumulation and distribution of Na, K, Ca, Mg, P, S and N. Journal of Agricultural Science 93:485-494
Gustafson, DJ (1989) Groundwater ubiquity score: a simple method for assessing pesticide lechability. Environmental Toxicology and Chemistry 8:339-357
Hamblin, AP (1981) Filter-paper method for routine measurement of field water potential. Journal of Hydrology 53:355-360
Hance RJ, Holly K (1990) Weed Control Handbook, Principles. 8th ed. Blackwell Scientific Publications, Oxford
Hawkesworth DL, Hill DJ (1984) The Lichenforming Fungi. Blackie, Glasgow
Haynes RJ, Williams PH (1992) Changes in soil solution composition and pH in urine-affected areas of pasture. Journal of Soil Science 43:323-334
Hazelden J, Loveland PJ, Sturdy RG (1986) Saline Soils in North Kent. Special Survey No. 14. Soil Survey of England and Wales, Harpenden
Helyar KR, Cregan PD, Godyn DL (1990) Soil acidity in New South Wales - current values and estimates of acidification rates. Australian Journal of Soil Research 28:523-537
Henkens CH (1986) Chainging production targets and techniques and their direct effects on the potassium balance sheet. Proceedings of the 13th Congress of the International Potash Institute, Berne, pp 129-139
Hewitt EJ (1966) Sand and Water Culture Methods Used in the Study of Plant Nutrition. Technical Communication No. 22. Commonwealth Bureaux, Farnham Royal
Hillel D (1982) Introduction to Soil Physics. Academic Press, San Diego
Hillel D (1992) Out of Earth: Civilization and the Life of the Soil. Aurum Press, London
Hodges RD (1992) Soil organic matter: its central position in organic farming. In: Wilson WS (ed) Advances in Soil Organic Matter Research: The Impact on Agriculture and the Environment. The Royal Society of Chemistry, Cambridge, pp 355-364
Hodgson JM (1974) Soil Survey Field Handbook. Technical Monograph No. 5. Soil Survey of England and Wales, Harpenden
Hoogmoed WB, Klaij MC (1990) Soil management for crop production in the West African Sahel I. Soil and crop parameters. Soil and Tillage Research 16:85-103

House of Lords (1989) Nitrate in Water. A Report of the Select Committee on the European Communities. HMSO, London
Howells G, Dalziel TRK (1992) Restoring Acid Waters: Loch Fleet 1984-1990. Elsevier Applied Science, London
IRRI (1988) Rice Facts, 1988. World Rice Statistics. International Rice Research Institute, Manila
Isaac RA, Jones JB (1972) Effects of various dry ashing temperatures on the determination of 13 different elements in five plant tissues. Communications in Soil Science 3:261-269
Jackson RM, Raw F (1966) Life in the Soil. Studies in Biology No. 2. Edward Arnold, London
Jarvis RA (1968) Soils of the Reading District. Soil Survey of England and Wales, Harpenden
Jarvis SC (1986) Forms of aluminium in some acid permanent grassland soils. Journal of Soil Science 37:211-222
Jarvis SC (1992) Grazed grassland management and nitrogen losses: an overview. Aspects of Applied Biology 30:207-214
Jarvis SC, Robson AD (1983) A comparison of the cation/anion balance of ten cultivars of *Trifolium subterraneum* L. and their effects on soil acidity. Plant and Soil 75:235-243
Jenkinson DS (1981) In: Greenland DJ, Hayes MHB (eds) The Chemistry of Soil Processes. John Wiley, Cichester, pp 505-561
Jenkinson DS, Ladd JN (1981) In: Paul EA, Ladd JN (eds) Soil Biochemistry. Marcel Dekker, New York, Vol. 5, pp 415-471
Jenkinson DS, Powslon DS (1976) The effects of biocidal treatment on metabolism in soil. V. A method for measuring soil biomass. Soil Biology and Biochemistry 8:209-213
Joergensen RG, Brookes PC (1990) Ninhydrin-reactive nitrogen measurements of microbial biomass in 0.5 M K_2SO_4 soil extracts. Soil Biology and Biochemistry 22:1023-1027
Johnston AE (1986) Soil organic matter, effects on soils and crops. Soil Use Management 2:97-104
Johnston AE (1992) Soil fertility and soil organic matter. In: Wilson WS (ed) Advances in Soil Organic Matter Research: The Impact on Agriculture and the Environment. The Royal Society of Chemistry, Cambridge, pp 299-314
Johnston AE, Warren RG, Penny A (1970) Rothamsted Annual Report for 1969, Part 2:39-68
Julien JL (1989) Détermination de normes d'interprétation d'analyse de terre en vue de la fertilisation potassique. Science du Sol 27:131-144
Kamprath EJ (1970) Exchangeable aluminium as a criterion for liming leached mineral soils. Soil Science Society of America Proceedings 34:252-254
Kaye GW, Labey TH (1973) Tables of Physical and Chemical Constants. Longman, London
Kinniburgh DG, Miles DL (1983) Extraction and chemical analysis of interstitial water from soils and rocks. Environmental Science and Technology 17:362-368
Kutschera L (1960) Wurzelatlas mitteleuropäischer Ackerunkräuter und Kulturpflanzen. DLG-Verlags-GmbH, Frankfurt
Lal R, Sachez PA, Cummings RW (1986) Land Clearing and Development in the Tropics. Balkema, Rotterdam
Landon JR (ed) (1984) Booker Tropical Soil Manual. Booker Agriculture International. Longman, Harlow
Lathwell DJ (1979) Crop Response to Liming of Ultisols and Oxisols. Cornell International Agriculture Bulletin 35. Cornell University, Ithaca
Lawrence GP, Payne D, Greenland DJ (1979) Pore size distribution in critical point and freeze dried aggregates from clay subsoils. Journal of Soil Science 30:499-516
Likens GE, Borman FH, Johnson NM, Fisher DW, Pierce RS (1970) Effects of forest cutting and herbicide treatment on nutrient budgets in the Hubbard Brook watershed-ecosystem. Ecological Monographs 40, 23-47
Lindsay WL (1979) Chemical Equilibria in Soils. Wiley, New York
Maas EV (1986) Salt tolerance of plants. Applied Agricultural Research 1:12-26
Mc Call PJ, Laskowski DA, Swann RL, Dishburger HJ (1980) Measurement of sorption coefficient of organic chemicals and their use in environmental fate analysis. In: Test Protocols for Environmental Fate and Movement of Toxicants, Proceedings of a Symposium of the Association of Official Analytical Chemists, 94th Annual Meeting, October 1980 Washington DC, pp 89-109
Mc Keague C, Wong C, Topp GC (1982) Estimating saturated hydraulic conductivity from soil morphology. Soil Science Society of America Journal 46:1239-1244
Mc Neal BL, Coleman NT (1966) Effect of solution composition on soil hydraulic conductivity. Soil Science Society of America Proceedings 30:308-312
Mc Neill AM, Wood M (1990) ^{15}N estimates of nitrogen fixation by white clover (*Trifolium repens* L.) growing with a mixture with ryegrass (*Lolium perenne* L.). Plant and Soil 128:265-273
MAFF (1970) Modern Farming and the Soil. Report of the Advisory Council on Soil Structure and Soil Fertility. HMSO, London

MAFF (1976) Agriculture and Water Quality. Technical Bulletin 32. HMSO, London
MAFF (1981) Lime and Liming. Ministry of Agriculture, Fisheries and Food Reference Book 35. HMSO, London
MAFF (1986b) Changes in ADAS Lime Recommendations. Technical Bulletin SS/R/86/8. Internal Publication
MAFF (1988) Feritilizer Recommendations. Reference Book 209. HMSO, London
Marshall TJ (1958) A relation between permeability and size distribution of pores. Journal of Soil Science 9:1-8
Marshall TJ, Holmes JW (1988) Soil Physics. Cambridge University Press
Mead R, Curnow RN (1983) Statistical Methods in Agriculture and Experimental Biology. Chapman and Hall, London
Molloy L (1988) Soils in the New Zealand Landscape. The Living Mantle. Mallison Rendel, Wellington
Monteith JL, Szeicz G, Yabuki K (1964) Crop photosynthesis and the flux of carbon dioxide below the canopy. Journal of Applied Ecology 1:321-337
Moore RE (1939) Water conduction from shallow water tables. Hilgardia 12:383-426
Nicholls PH, Walker A, Baker RJ (1982) Measurement and simulation of the movement and degradation of Atrazine and Metribuzin in a fallow soil. Pesticide Science 12:484-494
Norrish K (1954) The swelling of montmorillonite. Discussions of the Faraday Society 18:120-134
NRA (1992) The influence of Agriculture on the Quality of Natural Waters in England and Wales. A report by the National Rivers Authority, Bristol
Nye PH, Greenland DJ (1960) The Soil under Shifting Cultivation. Technical Communication No. 51. Commonwealth Bureau of Soils, Harpenden
Nye PH, Tinker PB (1977) Solute Movement in the Soil-Root System. Blackwell Scientific Publications, Oxford
Ocio JA, Brookes PC (1990) An evaluation of the methods for measuring microbial biomass in soils following recent additions of wheat straw and characterization of the biomass that develops. Soil Biology and Biochemistry 22:685-694
Ogunkunle AO, Beckett PHT (1988) The efficiency of pot trials, or trials on undisturbed cores, as predictors of corp behaviour in the field. Plant and Soil 107:85-93
Open University Course Team (1989) Seawater: Its Composition, Properties and Behaviour. Pergamon Press, Oxford
Parsons AJ et al. (1990) Uptake, cycling and fate in grass-clover and grass swards continuously grazed by sheep. Journal of Agricultural Science 116:47-61
Petersen L (1986) Effects of acid deposition on soil and sensitivity of the soil to acidification. Experientia 42:340-344
Powlson DS, Pruden G, Johnston AE, Jenkinson DS (1986) The nitrogen cycle in the Broadbalk Wheat Experiment: recovery and losses of ^{15}N-labelled fertilizer applied in spring and inputs of nitrogen from the atmosphere. Journal of Agricultural Science 107:591-609
Pritchard DT (1969) An osmotic method for studying the suction/moisture content relationships of porous materials. Journal of Soil Science 20:374-383
Ramig RE, Rhoades HF (1962) Interrelationships of soil moisture level at planting time and nitrogen feritilization on winter wheat production. Agronomy Journal 55:123-127
Reith JWS (1962) Long term effects of various liming materials. Empire Journal of Experimental Agriculture 30:27-41
Reuss JO, Johnson DW (1986) Acid Deposition and the acidification of Soils and Waters. Ecological Studies Volume 59. Springer-Verlag, New York
Rhoades JD, Menthegi NA, Shouse PJ, Alves WJ (1989a) Estimating soil salinity from saturated soil-paste electrical conductivity. Soil Science Society of America Journal 53:428-433
Rhoades JD, Menthegi NA, Shouse PJ, Alves WJ (1989b) Soil electrical conductivity and soil salinity. New formulations and calibrations. Soil Science Society of America Journal 53:433-439
Richards LA (1954) Diagnosis and Improvement of Saline and Alkali Soils. Agriculture Handbook No. 60. USDA, Washington
Roberts TM, Skeffington RA, Blank LW (1989) Cause of Type 1 Spruce decline in Europe. Forestry 62:179-222
Robson JD, Thomasson AJ (1977) Soil Water Regimes. Technical Monograph No. 11. Soil Survey of England and Wales, Harpenden
Robson MJ, Parsons AJ, Williams TE (1989) In: Holmes W (ed) Grass, its Utilization and Production. Blackwell Scientific Publications, Oxford, pp 7-88
Rothamsted Experimental Station (1969) Report for 1968, Part II. Harpenden
Rothamsted Experimental Station (1970) Details of the Classical and Long-term Experiments to 1967. Harpenden
Rothamsted Experimental Station (1977a) Report for 1976, Part II. Harpenden

Rothamsted Experimental Station (1977b) Details of the Classical and Long-term Experiments to 1968-73. Harpenden
Rothamsted Experimental Station (1983) Report for 1982, Part II. Harpenden, pp 5-44
Rothamsted Experimental Station (1991) Guide to the Classical Field Experiments. Harpenden
Rowell DL (1963) Effect of elecrolyte concentration on the swelling of orientated aggregates of montmorillonite. Soil Science 96:368-374
Rowntree D (1981) Statistics Without Tears. Penguin Books, London
Rowse HR (1975) Simulation of the water balance of soil columns and fallow soils. Journal of Soil Science 26:337-349
Rowse HR, Stone DA (1978) Simulation of the water distribution in soil. I. Measurement of soil hydraulic properties and the model for an uncropped soil. Plant and Soil 49:517-531
Russell RS (1977) Plant Root Systems: Their Function and Interaction with Soil. McGraw-Hill, London
Salter PJ, Williams JB (1969) The moisture characteristics of some Rothamsted, Woburn and Saxmundham soils. Journal of Agricultural Science 73:155-158
Sanchez PA (1976) Properties and Management of Soils in the Tropics. Wiley, Chichester
Schinas S, Rowell DL (1977) Lime induced chlorosis. Journal of Soil Science 28:351-368
Shainberg I (1985) The effect of exchangeable sodium and elektrolyte concentration on crust formation. Advances in Soil Science 1:101-122
Shainberg I, Letey J (1984) Response of soils to sodic and saline conditions. Hilgardia 52:1-57
Shoemaker HE, McLean EO, Pratt PF (1961) Buffer methods for determining lime requirements of soils with appreciable amounts of extractable aluminium. Soil Science Society of America Proceedings 25:274-277
Smart P, Tovey NK (1981) Electron Microscopy of Soils and Sediments: Examples. Clarendon Press, Oxford
Smith DLO (1987) Measurement, interpretation and modelling of soil compaction. Soil Use and Management 3:87-93
Smith WN, Prasher SO, Khan SU, Barthakur NW (1992) Leaching of ^{14}C-labelled atrazine in long, intact soil columns. Transactions of the American Society of Agricultural Engineers 35:1213-1220
Soane BD (1975) Studies on some physical properties in relation to cultivation and traffic. In: Soil Physical Conditions and Crop Productivity, Technical Bulletin 29, Ministry of Agriculture, Fisheries and Food. HMSO, London, pp 160-82
Soil Survey Staff (1975) Soil Taxonomy: A Basic System of Soil Classification for Making and Interpreting Soil Surveys. USDA Soil Conservation Service, Washington DC
Stevens PA, Hornung M, Hughes S (1989) Solute concentrations, fluxes and major nutrient cycles in a mature Sitka spruce plantation in Beddgelent Forest, North Wales. Forest Ecology and Management 27:1-20
Stevenson FJ (1982) Humus Chemistry. Genesis, Composition, Reactions. John Wiley, New York
Stribley DP, Tinker PB, Snellgrove RC (1980) Effect of vesicular-arbuscular mycorrhizal fungi on the relations of plant growth, internal phosphate concentration and soil phosphorus analysis. Journal of Soil Science 31:655-672
Suquet H, Calle C de la, Pezerat H (1975) Swelling and structural organization of saponite. Clays and Clay Minerals 23:1-9
Sylvester-Bradley R et al. (1987) Nitrogen Advice for Cereals: Present Realities and Future Possibilities. Proceedings No. 263. The Fertiliser Society of London
Tennant D (1975) A test of a modified line intersect method of estimating root length. Journal of Ecology 63:995-1001
Thomas MD (1924) Aqueous vapour pressure of soils. II. Studies in dry soils. Soil Science 17:1-18
Tipping E, Hurley MA (1988) A model of solid-solution interactions in acid organic soils, based on the complexation properties of humic substances. Journal of Soil Science 39:505-519
van Raij B, Peech M (1972) Electrochemical properties of some oxisols and alfisols of the tropics. Soil Science Society of America Proceedings 36:587-593
van Schilfgaarde J (1974) Drainage for Agriculture. Agronomy No. 17. American Society of Agronomy, Madison
Walker A (1978) Simulation of the persistence of eight soil applied herbicides. Weed Research 18:305-313
Waring SA, Brenner JM (1964) Ammonium production in soil under waterlogged conditions as an index of nitrogen availibility. Nature (London) 201:951-952
Webster R, Oliver MA (1990) Statistical Methods in Soil and Land Resource Survey. Oxford University Press
West LT, et al. (1984) Soil Survey of the ICRISAT Sahelian Centre, Niger, West Africa. Soil and Crop Sciences Department/Tropsoils, Texas A and M

White RE, Beckett PHT (1964) Studies on the phosphate potential of soils. Plant and Soil 20: 1-16, 21:253-282
Whittaker RH, Likens CE (1975) In: Lieth H, Whittaker RH (eds) Primary Productivity of the Biosphere. Springer-Verlag, Berlin, pp 305-328
Wild A (ed) (1988) Russell's Soil Conditions and Plant Growth. 11th ed. Longman Group UK Ltd, Harlow
Wild A (1993) Soils and the Environment: An Introduction. Cambridge University Press
Williams JH, Unwin RJ (1983) The relationship between total and extractable metal contents of contaminated soils and the implications for the addition of sewage sludge to land. Unpublished ADAS paper, Wolverhampton
Williams ML et al. (1989) A Preliminary Assessment of the Air Pollution Climate of the UK. Warren Spring Laboratory, Stevenage
Williams RJB (1976) In: Dermott W et al. (eds) Agriculture and Water Quality. Technical Bulletin 32. Ministry of Agriculture, Fisheries and Food. HMSO, London, pp 174-200
Wilson BJ (1989) Predicting Cereal Yield Loss from Weeds. Technical Report 89/4, Long Ashton Research Station
Wilson BJ, Wright KJ (1990) Predicting the growth and competitive effects of annual weeds in wheat. Weed Research 30:201-211
Wilson MJ (ed) (1987) A Handbook of Determinative Methods in Clay Mineralogy. Blackie, Glasgow
Wong MTF, Hughes R, Rowell DL (1990) Retarded leaching of nitrate in acid soils from the tropics: measurement of the effective anion exchange capacity. Journal of Soil Science 41:655-663
Woodruff CM (1948) Testing soils for lime requirement by means of a buffered solution and the glass electrode. Soil Science 66:53-63
Worthing CR (ed) (1991) The Pesticide Manual. A World Compendium. 9th ed. British Crop Protection Council, Farnham
Wright KJ, Wilson BJ (1992) The effects of fertilizer on competition and seed production of *Avena fatua* and *Galium aparine* in winter wheat. Aspects of Applied Biology 30:381-386
Young CP, Hall ES, Oakes DB (1976) Nitrate in Groundwater - Studies on the Chalk near Winchester, Hampshire. Technical Report TR 31. Water Research Centre, Medmenham

Sachverzeichnis

A
AAK (siehe *Anionenaustauschkapazität*)
AAS (siehe *Atomabsorptionsspektrometer*)
Abfälle 4, 6, 450
 -, industrielle 7
Absorption 16, 359, 360
Abwässer 6, 356
Acetaldehyd 208
Acidität 263-273
 -, Aluminiumchemie 281-284
 -, austauschbare 247-249
 -, Bildung 265
 -, Einträge 268
 -, nichtaustauschbare 283
 -, Phosphaltverfügbarkeit 355
 -, Sensibilität der Nutzpflanzen 269-271
 -, Wirkungen 269
Actinomyzeten 69
Adhäsion 146, 159, 160
Adsorption 360
Agrarchemikalien 4, 449, 450, 454
Agrarmanagement 451
 -, Brache 142, 181, 198, 471-474
 -, Feldfruchtrotationen 456
 -, Feldgraswirtschaft 107, 109, 349, 410
 -, Fruchtfolge 6, 67, 313, 407, 408
 -, Dauerackerflächen 469
 -, Dauergrünland 115, 270, 469, 471
 -, Dauerschwarzbrache 472
 -, Dauerweide 12, 407, 485
 -, Grünbrache 457, 469
 -, Schwarzbrache 438, 471, 472
Agrarmeteorologie 446
Alfalfa 271, 436
Alfisol 228
Algenblüte 356
Alkalität 263, 271-273, 285, 300
 -, Wirkung 272-273
Allophane 101, 228, 255
Alluvium 229
Aluminium 33-42, 246-249, 269-284
 -, auf Partikeloberflächen 283
 -, austauschbares 247-249
 -, -auswaschung 358
 -, -hydroxide 42
 -, in der Bodenlösung 282
 -, -löslichkeit 282

 -, -sättigung 264, 271, 277-283
 -, -silikate 255
 -, -toxizität 269, 281, 595
Ameisensäure 231, 232
Aminogruppen 68, 379
Aminosäuren 73
Ammoniak 87, 90, 216, 236, 239, 264, 381, 394, 479
 -, -entgasung 405
 -, -lösung 244
Ammonium 88
 -, -Ausgasung als Ammoniak 380, 381
 -, -borat 90
 -, -chlorid 228, 244, 255
 -, -dünger 402
 -, -fluorid 316
 -, -hydroxid 87
 -, -molybdat 359, 360, 361, 368
 -, -N, Bestimmung 88-91, 394-398
 -, -nachweis 406
 -, -nitrat 316, 354, 405, 423, 424, 465, 473
 -, -nitrifikation 464
 -, -phosphatdünger 473
 -, -sulfat 80, 90, 299, 405, 423, 464
Anionen
 -, -adsorption 253-254
 -, -verdrängung 254
Anionenaustauscherharz 418
Anionenaustauschkapazität 43, 224, 228-230, 253-255, 257-261, 418
Äquivalentdurchmesser 47
Archimedes, Prinzip des 20
Aridisol 595
Asche 72, 324, 325, 374, 479, 481, 482, 486
Ascorbinsäure 359-361, 368
Assoziationskonstante (K_b) 251
Atmung 64-66, 85, (siehe auch *Bodenatmung*)
Atomabsorptionsspektrometer 237, 242, 249, 251, 316, 318, 325
Atomgewichte 57
Aufschlämmung 32, 148, 402
Aufschluß 22, 23, 87, 90, 312, 399
Aufschlußwand 10, 214
Augit 28
Austauschisotherme 327, 328, 344, 345, 363, 425
Austauschkapazität 225, 230, 247, 259, 334, 484
 (siehe auch Anionen- und Kationenaustauschkapazität)

Austauschkoeffizient 260, 344
Austrocknung 100, 105, 113, 117, 138, 198, 215, 221, 253, 432
Auswaschung 265
   –, Experimente 418
   –, Modell 419 (siehe auch Weinglasmodell)
   –, Prozeß 420, 421
Auswaschungsverluste 221, 230, 270, 273, 314, 319, 333, 336, 342, 387, 388, 389, 410, 411
Autoradiographie 351, 352

B
Bakterien 29, 64, 68, 69, 98, 134, 185, 198, 304, 408, 474
Bakterienwachstum 61
Barium
   –, -carbonat 195
   –, -chlorid 79, 194, 195, 307, 369-374
   –, -diphenylaminsulphonat 79
   –, -salz 236
   –, -sulfat 369, 371
Basen 221, 229, 264, 265, 274-279, 285, 287, 292, 294
   –, -einträge 266
   –, -quellen 483
Basensättigung 264, 278-280
Baumwolle 271
Bestimmtheitskoeffizient 341
Bewässerung 432, 435, 436, 441, 442, 449, 452, 458
Bewässerungsbedarf 436
Bewässerungsplanung 436, 437
Bewässerungswasser 225, 473
   –, Zusammensetzung 488
Bindungsformen
   –, der Pestizidadsorption 542
Biomasse 61-68, 73, 74, 76, 86
   –, -aktivität 199
   –, -bestimmung 70, 73, 74
   –, -respiration 199
Blattdünger 273
Blattentwicklung 432
Blattpathogene 464
Blattwasserpotential 432, 433, 435
Blaualgen 215
Blei 217, 583
Bodenaggregate 99-109, 416, 417
Bodenatmung 181-187, 192, 193, 197-203
   –, aerobe 208
   –, Aktivitätszentren 185-187
   –, anaerobe 208
   –, Nutzpflanzenwachstum 189, 191
Bodenbearbeitung 125, 126
Bodenbestandteile
   –, mineralische 27-36
   –, organische 61-70
Bodenbildung 1, 4, 6, 27, 30, 33, 99, 100, 131
Bodencarbonat 35, 285
   –, Bestimmung 53-56
Bodendichte 101, 124-126
Bodendichte 99-126
   –, Festsubstanzdichte 111-130, 155, 207
   –, Lagerungsdichte 111-115

   –, Trockendichte 120, 468
Bodendünnschliffe 28, 593
Bodenfruchtbarkeit 6, 8, 16, 17, 64, 109, 280, 427, 449-458, 464, 465
Bodengefüge 22, 99-109
   –, Polyedergefüge 593
   –, Schwammgefüge 591
Bodenlösung 223
Bodenluft 181-191, 201
Bodenmanagement 456, 469-473
Bodenmikroorganismen 63, 69, 73, 403
Bodenorganismen 1, 7, 30, 181, 264
   –, -mikroorganismen 63, 69, 73, 403
Bodenpartikel 48, 66, 72, 106, 110, 205
Bodenstabilität 107
Bodenstruktur 8, 99, 191, 456, 457, 468, 469, 472, 480
Bodentrockenmasse 320
Bodenverdichtung 109, 122-127, 456, 593
Bodenvolumen 62, 70, 91, 113-121
   –, Festsubstanzvolumen 115, 120, 121, 124
   –, Trockenvolumen 120
   –, Volumenschätzung 73
Bodenwasserbilanz 441-446, 584
Bodenwasserdefizit 436, 441-445, 462
Bodenwasserextrakt 362
Bohrgeräte (siehe Probenahme)
Bor 65, 583
Borsäure 87-90, 396
Brache (siehe Bodennutzung)
Brandrodung 457, 478, 479, 486
Braunerde 290, 591
Brenztraubensäure 208
Broadbalk 69, 86, 198, 259, 402, 456, 457, 464-468, 485, 598
Brom 583
Bromcresolgrün 87, 237, 396
Brunnenbohrungen 162

C
Cadmium 217, 583
Cadmiumchlorid 217
Calcit 28, 29, 32, 35-37, 222, 265, 272, 273, 285, 286
Calcium (siehe auch Kalk)
   –, -bestimmung 243
   –, -bilanz 314
   –, -carbonat (siehe Kalk)
   –, -chlorid 56, 328, 363, 371, 377
   –, -mangel 314, 315, 319, 595
   –, -nitrat 243
   –, -oxid 78
   –, -phosphat 36, 347, 350, 369, 373, 377
   –, -sulfat 305, 473
   –, -verfügbarkeit 314
Carbonatgehalt (siehe Kalkgehalt)
Cäsium 583
Cassava 271, 446
Chelatisierung 224, 233, 234, 261, 347
Chlorid 227-229, 253-257, 289, 332, 349, 369, 415, 418, 425, 459, 473
Chloridbestimmung 257
Chloroform 74, 75, 76, 198, 200, 218

Sachverzeichnis 609

Chlorosen 273, 596
Chrom 80, 583
Chroma (siehe *Munsell-Farbtafel*)
Chromatographie 418
Citrat 254
Coccolithen 28

D

Dampfdestillation 68, 87, 245, 259, 394–396
Denitrifikation 189, 190, 208, 216, 219, 322, 380, 381, 387–389, 392–394, 410, 411, 424, 458, 467, 475, 482–484
Destillation 88, 90, 236, 396–400, 415
Dichromatmethode 78–82
Dichtebestimmung 18, 110
Diffusionsgesetz 202
Diffusionskoeffizient 203–205
Dimethylsulfoxid 74
Dinatriumhydrogenphosphat 275
Dinatriumsalz 243
Dispergierung 46, 49
Dissoziation 231, 232, 251, 265, 272, 274
Dissoziationskonstante 231, 232, 251, 274
Distickstoffoxid 189
Dolomit 22, 32, 35, 60, 272, 273
Dränage 42, 190
Düngerbedarf 313, 387, 408, 409
Durchwurzelbarkeit 106, 427, 456
Durchwurzelung 10, 14

E

EDTA 90, 243–245, 318
E_h-Wert 209, 210, 211, 212, 214, 217, 218, 219, 424
Eisen 33, 35, 42, 65, 80, 190, 208, 210–213, 216, 234, 251, 273, 347, 583, 596
Eisenreduktion 208
Eisensulfat 79, 80
Eisensulfid 190
Eisessig 74, 239
Elektroden 187, 209, 213, 214, 257, 274–277, 288, 295
Elektronenakzeptor 208
Elektronendonator 208
Erhaltungsdüngung 312, 313, 354
Ernte 5, 191, 299, 324, 385, 441, 462, 467, 475–477
Ernteausfall 5
Ernteentzug 386, 410, 483
Erntemaschinen 127
Ernterückstände 65, 125, 312, 468, 470
Erodierbarkeit 484
Erosion 6, 8, 33, 92, 106, 427, 428, 449, 450, 480, 484
Ertragskurven 311, 312, 486
Ertragssteigerung 311, 452–455, 459, 486
Essigsäure 74, 190, 231, 232, 239, 294
Ethanolextraktionen 278
Ethylendiamintetraessigsäure 90, 243
Ethylengas 190
Evaporation 131, 132, 141, 142, 427–431, 434, 437–447, 587
Evapotranspiration 132, 140, 161, 268, 333, 413, 444, 445

Extinktion 359–362, 366, 369–372
Extinktionskoeffizient 359
Extraktionsmethoden 73, 200, 234, 250, 256

F

Feldspat 37, 222
Ferrihydrit 34, 35, 42
Ferroammoniumsulfat 79
Filterpapiermethode 150, 152, 158–162, 176, 178
Fingerprobe 14–16
Flammenphotometer 239–243, 325–329
Flechten 61, 592
Fluor 583
Freilandmethoden 458–464
Fruchtbarkeit 6, 453, 454, 455, 456, 457, 458, 484
Fullererde 42
Fulvosäuren 232, 233

G

Gasgesetz 191, 192, 197
Gasgleichung 200, 204
Gaskonstante 192
Gefüge (siehe *Bodengefüge*)
Geradengleichung 337
Gerste 125, 178, 271, 272, 304, 313, 345, 364, 436, 464, 470
Gesteine 18, 19, 28–30
Gesteinsminerale 27, 61, 263
Gesteinsverwitterung 29, 30
Getreidewurzel 63
Gibbsit 233, 252
Gips 32, 36, 222, 305, 357, 473, 595
Gipskonkretionen 595
Glaselektrode 214, 274–276
Glaukonitsand 356, 364, 365
Gleichgewichtskonstante (K_c) 234
Gley 279, 290
Glimmer 34–39, 222, 279, 307
Glucose 182, 208, 211, 212
Glühverlust 66, 77, 78, 96, 229, 259
Goethit 35, 42, 78, 228, 252, 253, 260, 279
Goethitnadeln 34
Granit 18, 30
Gravitationspotential 159, 160, 163, 172
Grünbrache (siehe *Bodennutzung*)
Grundwasser 131, 140, 163, 174, 187, 225, 427, 446
–, Nitrat im 389–393
Grundwasserspiegel 139, 187, 391, 594
Grundwasservorräte 140, 162
Grünlandböden 128, 178, 321, 471, 472
Gülle 198, 356, 407, 408, 456, 466
Gülledüngung 394

H

Hafer 271
Halit 36
Halloysit 34
Hämatit 35, 42, 78
Harnstoff 82, 216, 270, 299, 394, 402–404, 423–426, 472
Huminstoffe 222–224, 230–236, 251, 254, 261, 266, 278, 304

Humus 2, 29, 32, 35, 61–65 (siehe auch *organische Substanz*)
—, -fraktionen 232, 233
—, -gehalte 66–68
—, Ladung 231–235
h_W (siehe *Wassersäule*)
Hydrogencarbonat 253, 272, 273, 285, 349–354, 364–367, 375, 596
Hydroxylgruppen 232, 251, 283
Hydroxysilikate 33

I

Illit 36, 39, 40, 290, 305, 306, 307
Infiltration 105, 166, 170–172, 428, 429
Infiltrationskapazität 428, 429, 480
Infiltrationsmethode 175, 178
Infiltrationsrate 169–171, 429
Inkubation 199, 200, 291, 292, 383, 400–402
Inkubationsmessungen 400
Iod 583
Ionenaustausch 222
Isotopenmarkierung 350

K

KAK (siehe *Kationenaustauschkapazität*)
KAK_7 (siehe *Kationenaustauschkapazität*)
KAK_{eff} (siehe *Kationenaustauschkapazität*)
Kalium
—, Austauschisothermen 327
—, -bilanz 308, 313, 335, 336
—, -düngung 311, 312
—, -verfügbarkeit 249, 305–309, 311–314, 317, 477
Kaliumchlorid 227, 234–236
Kaliumdichromat 79
Kaliumdihydrogenorthophosphat 360, 363
Kaliumdihydrogenphosphat 275
Kaliumsulfat 370, 465, 473
Kalk 47, 53–56, 195, 285, 286, 404, 482
—, -gehalt 53–56
—, -bedarf 272, 291–294, 299–301, 320
Kalkböden 272, 273, 276, 277, 285, 454
Kalkdüngung 271–273, 291, 295, 301, 375
—, Düngungsempfehlung 296, 297
Kalkkrusten 35
Kalkstein 2, 20, 28, 32, 35, 59, 82, 297, 300, 315, 345, 409
Kalomel-Elektrode 209–214, 256, 274, 276
Kalomel-Referenzelektrode 274
Kaolinit 34, 35, 40–42, 106, 229, 252, 254, 260, 279, 282, 364
Kaolinitbildung 255
Kapillare 134, 166, 173
Kapillarraum 139
Kartieranleitung 10
Kationenaustauschkapazität (KAK) 41, 223–230, 236–239, 245–249, 255, 258, 449
—, bei pH 7 (KAK_7) 278, 279
—, effektive (KAK_{eff}) 225, 228–230, 246–249, 258, 259, 264, 278–283, 484
Kjeldahl-Aufschluß 87–90, 399
Klärschlamm 199, 261

Klassifikationssysteme 14, 16, 263
Kohäsion 131, 146
Kohlendioxid (CO_2) 4, 54, 56, 65–67, 78, 81, 85, 87, 99, 103, 181–201
Kolloide 32
Kolorimeter (siehe *Spektralphotometer*)
Kompaktion 101, 105
Kompost 97, 108, 199, 342, 475
Konfidenzintervall 13, 24, 25, 95, 463
Konkurrenzverhalten 299
Konsistenzindizes 118
Kontraktionsvorgänge 184
Konzentrationseffekt 234
Korngrößendiagramme 45
Korngrößenanalyse 43–53
Korngrößenfraktion 14–16, 31–33, 43–53
Korngrößenverteilung 10, 14–16, 22, 31, 32, 43, 44, 45, 52, 59, 60
Körnungsklasse 14, –16, 44
Korrelation 337–341
Korrelationskoeffizient 341
Kunstdünger 7
Kupfer 35, 65, 199, 217, 234, 261, 273, 583
Kupfersulfat 87–90

L

Laborrespirometer 194
Lachgas 249, 380
Lagerungsdichte 19, 91, 100, 106, 111–118, 122–127, 143–145, 201, 204–207
Lanthanchlorid 242, 245, 318
Leguminosen 6, 68, 388, 408, 457, 474
—, -rückstände 383
—, -wachstum 474
Lehm 45, 142, 293
Leucin 74, 75
Lithiumhydroxid 74
Lithosphäre 1
Lößböden 450
Lufteintrittsspannung 139, 179
Lufttrocknung 12
Luzerne 271, 313, 407, 408, 474
Lysimeter 182, 183

M

Magnesium 33, 38, 39, 41, 53, 65, 223, 245, 247, 280, 303, 304, 315–318
—, -düngung 315
—, -mangel 315
—, -oxid 295, 395
—, -verfügbarkeit 315, 318
Mais 97, 271, 313, 356, 378, 407, 435, 436, 450
Maisstroh 98
Makrogefüge 102
Makronährelemente 321, 324
Mangan 35, 65, 216, 234, 264, 273, 583, 596
Mangelerscheinungen 230, 234, 269, 293, 314, 315, 355, 357, 595–597
Manometer 135, 147, 150, 158, 160
Marschböden 188, 190, 216, 357
Matrixpotential 159, 160, 174, 178, 432
Matrixpotentialgradient 174

Maulwurfsdränagen 190
Methanbildung 208
Methylethylketon 121
Methylrot 87, 237, 396
Methylrot/Bromcresolgrün 396
Mikroaggregate 29
Mikrofossilien 28
Mikronährstoffe 322
Mikroorganismen 61-65, 379-383
–, Aktivitätsschub 198, 383
–, -population 64, 189, 198, 199
–, -sporen 200
Mineralböden 14-16
Mineraldünger 198, 199, 389, 456, 457, 465, 466, 468, 471
Minerale 27-36, 40-43, 265-267
Mineralisierung 65, 66, 264, 265, 380-384
–, Labormethoden zur N-Mineralisierung 400-406
Mineralisierungsrate 272, 382, 383, 457
Mineralisierungsschub 388, 390, 392, 403, 410, 458, 468, 474
Mineralverwitterung 221
Minimumfaktor 459
Mischproben 92, 95, 395
Modelle 86, 268, 401, 411, 419-423, 443-446
Molarität 57, 58
Molmassen 583
Molybdän 65, 583
Moränenschutt 591
Mülldeponien 7
Munsell-Farbtafel 13, 78
Murexid 245
Mykorrhiza 350-353

N
Nadelwald 97
Nährlösungen 459, 460
Nährstoffaufnahme 63, 227, 268, 323, 337, 339, 340, 385
Nährstoffbilanz 322
Nährstoffkreislauf 6
Nährstoffverluste 480, 481
Naßreisböden 188, 215, 216
Natrium 90, 223, 286, 325, 487-526
–, austauschbares 509
–, in der Bodenlösung 250
–, in Bewässerungswasser 488
Natriumböden 105, 224, 225, 487-495
–, Melioration von 495-500
Natriumhexametaphosphat 46
Natriumhydrogencarbonat 349, 350, 364-367, 373
Natriumnitrat 464
Natriumpyrophosphatlösung 71
Natriumsulfat 87, 89
Natronlauge 54, 87, 88, 193-195, 232, 247, 288, 366
Nickel 217, 583
Nickelschäden 199
Niederschläge 427, 428, 429, 431, 438, 439, 440, 442, 445, 446, 588, 589
Niederschlagsereignis 430
Niederschlagsintensität 142, 428, 429

Niederschlagsverteilung 445
Niederschlagswasser 177, 260, 389, 390, 488
Ninhydrin 73-76
Nitrat 379-381, 387-389, 390-397, 402-406, 410-426
–, -aufnahme 482
–, -auswaschung 389-392, 411-423
–, -Pulsmarkierung 415-419
–, -verluste 468, 469
Nitrifizierung 264-269, 299
Nitrit 219, 379, 380, 406
Normalschrumpfung 118-121

O
organische Substanz 61-70 (siehe auch *Humus*)
–, Abbaukinetik 82-86
–, Gehaltsbestimmung 66-68
organischer Stickstoff 68,
–, Bestimmung 87-90
Ortstein 34, 190
Osmose 140, 158, 160, 433
Oxalat 254
Oxalsäure 61, 71
Oxisol 228, 229, 254, 364, 365

P
Parabraunerde 591
Paraffinwachs 18, 19, 20
Parallaxenfehler 168
Parasiten 352
Perkolationsverfahren 237
Pestizide 7, 8, 64, 140, 333, 450
Pflanzen-P 348, 368
Pflügen 98, 106, 107, 126, 127
Pflughorizont 130, 201, 314, 335, 336, 390
Pflugsohle 106, 125, 127
pH-Wert 273-274
–, angestrebter 293
–, Bodenlösung, der 251, 251
–, Böden, von 210-212
–, Brandrodung, nach 479-482
–, Messung 274-277
–, Veränderung durch N-Umwandlung 404, 405, 482
Phenolphthalein 54, 194, 195, 247
Phosphat 253-255, 347-356, 359-364, 367-369, 373-377
–, -aufnahme 349, 350
–, Desorptionsisothermen 363
–, -dünger 354
–, -konzentration 304, 347, 359
–, -löslichkeit 264
–, -mangel 273, 347
Phosphor 347-356, 368, 460-465, 472, 473, 477, 480, 483, 583
–, -bedarf 354
–, -bestimmung 366-369
–, -verarmungszone 350-354, 376, 377
–, -verfügbarkeit 254
–, -verfügbarkeitsindex 368
Photometer 242
Photosynthese 61, 65, 85, 181, 303, 432, 440

Pilzhyphen 69
Platinelektrode 209, 212, 214
Podsol 34
Polyacrylamid 366, 367
Polymere 282, 283
Poren 99–105
-, -anteil 18, 412
-, -durchmesser 134, 137, 138, 179
-, -formen 102
-, -funktion 103
-, -gehalte 17
-, -größenbereiche 102
-, -größenverteilung 8, 21, 105, 115, 131, 134, 137, 138, 156, 166, 178
-, -klassen 103
-, -radius 141
-, -system 99, 104, 141, 187
-, -volumen 21, 99, 101, 114–116, 122–124, 127–130, 200–207, 593
-, -wasser 134, 146
-, -ziffer 101, 115
Porosität 20, 21, 99, 100, 140, 480
Primärwurzeln 351
Probenahme 11, 12, 18–25, 46, 49, 50, 70, 111, 113, 151, 157, 172, 173, 177, 214, 323, 330, 364, 388, 394, 395, 397, 437, 458
Probenahmegeräte
-, Bohrstock 8, 9, 10, 23, 59
-, Drehbohrer 22, 23
-, Eimerbohrer 23
-, Erdbohrer 22, 23, 70, 148, 178, 394, 437
-, Kernbohrer 22, 23
-, Wurzelbohrer 23, 437
Probenvariabilität 112
Proportionalitätskonstante 74
Pufferkapazität 266, 267, 270, 272, 287–301, 332, 364, 405, 426, 473, 481–483, 486
Pufferkurven 289, 292
Pufferlösungen 90, 236, 237, 244, 275, 276, 294, 295, 296, 297
Pyrit 357
Pyroxenen 28

Q

Quarz 27, 31, 32, 36, 110, 222
Quecksilber 147, 148, 149, 256, 583
-, -dämpfe 147
-, -manometer 148
-, -säule 149, 150
Quellung 32, 42, 113–115, 117, 592

R

Radiocarbonmethode 67, 69, 86
Rasterelektronenmikroskop 28
Reaktionsgleichgewicht 234, 252
Redoxpotentiale 189, 209–215
Reduktion 80, 190, 210–212, 219, 357, 359, 480
Regenwälder 458
Regenwasser 184, 226, 268, 324, 326, 333, 347, 382, 388, 417, 428, 488
Regenwürmer 61, 97–98
Regression 337–341
Regressionsgeraden 310, 340
Regressionsgleichung 339
Reis 189, 191, 215, 216, 271, 450
Reisanbau 216, 594
Reisböden 191, 207, 216
Respiration 66, 77, 85, 134, 181, 189, 198–202, 264, 268
Respirationsexperiment 196
Respirationsrate 182–186, 189, 191, 193, 196, 197, 200–207, 217
Respirometer 182, 184, 187, 194
Retardationsfaktor 418, 425
Retention 33, 410, 582
Rhizosphäre 185
Rispenhirse 271
Rodungen 162, 267, 268, 458, 478, 483, 484
Roggen 271, 407
Rohrzucker 97
Röntgenbeugungsanalyse 33, 42
Rothamsted 69, 76, 84–86, 97, 181, 193, 197, 259, 270, 301, 315, 350, 355, 364, 365, 402, 453–456, 463–472, 485, 486, 598

S

Sackungsverdichtung 127
Sahelzone 161, 176
Salz 79, 105, 243, 278, 279, 284, 286, 294, 370, 442, 582
Salzböden 226, 235, 251, 273 (siehe auch *Natriumböden*)
Salzeffekt 277, 290, 402
Salzsäure 22, 54, 56, 71, 87, 194, 195, 239, 247, 288, 294, 325, 370, 400
Sammelprobe 11, 12
Sandböden 70, 101, 132, 157, 334, 394, 409
Saranharz 20, 121
Sauerstoff 181–189, 201–203, 303, 304, 583
-, -angebot 182
-, -bindungen 348
-, -mangel 400
-, -verbrauch 181
-, -zufuhr 182, 184
Saugfiltration 582
Saugspannung des Bodenwassers 132–135, 138, 139, 147, 149, 151, 153, 178, 429, 430, 435, 447, 466, 582
Säureaufschluß 324
Säuredeposition 301, 595
Säurelösung 68
Säurequellen 266
Säuresenken 266
Savanne 161, 176, 457
Savannenböden 176
Schädlinge 324, 449–452, 465, 480
Schädlingsbekämpfung 452
Schadstoffe 7
Schadstoffwirkungen 184
Schafe 593
Schluff 14, 16, 31, 32, 44–52, 56, 59, 60, 106, 137
Schluffböden 33, 409
Schnittpunktmethode 72
Schottland 451

Schrumpfung 104, 105, 113-121, 592
-, Schrumpfungskurven 118, 120
-, Vertikalrisse 117
Schürfgrube 7, 10, 11, 22, 112
Schwarzbrache (siehe *Bodennutzung*)
Schwefel 7, 65, 260, 303, 324, 325, 347, 357, 358, 369-374
-, -bestimmung 369-374
-, -bilanz 357, 358
-, -deposition 597
-, -dioxidemissionen 358
-, -säure 79, 87, 90, 213, 264, 360, 366, 367, 398
-, -verbindungen 305
-, -wasserstoff 190
Schwermetalle 199, 217, 450
Sedimentationsmethode 47, 48, 51
Sedimentgesteine 36
Sesquioxide 32, 35-37, 42, 100, 222, 224, 228, 252-255, 304, 349
Sesquioxidoberfläche 234
Sickersäulen 173
Sickerwasser 141, 294, 357, 358, 378, 381, 390, 392, 398, 427
-, -abfl· ß 103
-, -fluß 164, 177
-, -verluste 437
Siebmethode 49, 51, 52
Signifikanztest 96
Silage 304
Silbernitrat 256
Silicium 38, 39, 41, 583
Siliciumdioxid 27
Silikate 42
Silikatschichten 39
Skelett 16, 17, 18, 19, 20, 31, 318, 334, 397
Skelettgehalt 10, 14-19, 318, 397, 427
Smectit 36, 40, 42, 59, 117, 118, 179, 224, 260, 279, 290
Sojabohnen 271
Sommergerste 453
Sonnenblumen 447
Sorption 252, 349
Sorptionsisotherme 327, 363, 374, 375, 473
Spektralphotometer 74, 359-361
Spurenelemente 65, 234, 303, 322, 459, 460
Standardabweichung 13, 24, 25, 93-96, 113, 581
Standardfehler 95
Staunässe 319
Stauwasser 187
Stechzylinder 111, 112, 143, 169, 180
Stechzylinderprobe 157
Steighöhengleichung 156
Sterilisierung 352
Stichproben 93, 94
Stickoxide 7, 381
Stickstoff 77, 87-90, 303-305, 379-423, 453, 454, 458-465, 472-477, 583, 597 (siehe auch *Nitrat*)
-, -bilanz 385, 389, 410, 467
-, -düngung 410, 458
-, Fixierung 64, 215, 303, 335, 349, 381, 389, 408, 410, 452, 457, 467, 468, 472-476, 486

-, Immobilisierung 379, 381, 404, 467
-, -index 407, 458, 597
-, -verfügbarkeit 400
-, -vorrat 387
Stokessches Gesetz 48
Streichblechpflug 127
Streuungsdiagramme 338-341
Students *t*-Test 94-96
Sukzession 2
Sulfanilsäure 405, 406
Sulfat 65, 190, 230, 253, 254, 258, 260, 347, 357-376, 473, 597
-, -auswaschung 464
-, -bestimmung 369-374
-, -deposition 597
-, -einträge 473
Sulfatbestimmung, turbidimetrische 369-374
Sulfid 190
Summenkurven 52, 53
Suspensionen 329, 344, 363
Symbiose 350, 352, 379

T
Talk 41, 42
Tensiometer 134, 135, 147-150, 153, 158, 160, 161, 174, 176
Titrationen 53-55, 87-90, 193-197, 242-249, 257-259, 396-400, 415
Toluol 360
Ton 14-16, 29-66, 78, 113, 117-120
Tonanreicherungszonen 37, 38, 591
Tonböden 12, 16, 45, 66, 70, 118, 132, 138, 139, 157, 244, 312, 313, 334, 353, 410
Tonbodenaggregate 118
Tonfraktion 27, 31, 32, 35-37, 41-47, 50-52
Tongehalt 45, 67, 68, 223
Tonhäutchen 29, 38, 117
Tonhorizont 187
Tonminerale 34-43
-, Basisabstand 39, 40, 42
-, Basisflächen 39
-, Oktaederschicht 39, 41
-, Schichtanordnung (1:1, 2:1, 2:2) 39, 40, 43
-, Silicatschichten 39
-, Tetraederschicht 39-41
-, Zwischenschicht 42
Topfexperimente 309, 342, 375, 459, 463, 474, 477
Toxine 189
Toxitätserscheinungen 269
Traktor 122, 125, 130, 592, 593
Traktorräder 105, 106, 107, 593
Traktorspuren 108
Transmissionselektronenmikroskop 28
Transpiration 103, 131, 146, 323, 430-433, 437
Transpirationsbedarf 310
Transpirationsrate 434-436
Transpirationsverlust 440
Treibhauseffekt 66
Triethanolamin 237, 244
Tritium 422, 584
Trockenreis 191, 215

Tüpfeltest 402, 405, 406, 415, 425
Turgor 432–434

U
Überkalkung 293
Überweidung 477
Umwelt 6, 7, 392, 450
Umweltschäden 394, 454
Unkrautbekämpfung 472
Unkräuter 125, 463, 465, 469, 480
Urease 82, 403
Urin 472

V
Value (siehe *Munsell-Farbtafel*)
Variationskoeffizient 24, 25
Verfügbarkeitsindex 311, 317, 318, 353, 364, 366, 388, 406, 424
Vergletscherung 28
Vermiculit 36, 40, 42, 306, 307, 322, 323
Vernässung 223, 307, 594
Versalzung 8, 598
Versauerung 6, 131, 263–272, 423, 464, 473
–, Auswirkungen 269
Versauerungsfolgen 473
Versauerungsschübe 267
Verschlämmung 106, 107, 170, 201
Versickerung 103, 115, 131, 132, 138, 161, 163, 177, 357, 416, 428, 437, 439, 442–447
Vertisol 592
Verwitterung 1, 2, 27–37, 52, 61, 222, 263, 265, 284, 304, 306, 309, 315, 472
Verwitterungsprodukte 36
Verwitterungsprozeß 36, 82
Verwitterungsrückstände 2
Viehtritt 6
Volldünger 357
Vulkanit 591

W
Wachstumsperiode 108, 125, 307, 308, 312, 314, 376, 384–387, 401, 410, 439, 440, 446, 451, 457
Waldböden 70, 101, 298, 458
Wälder 181, 267
Wanderfeldbau 6, 450, 457, 458, 478
Wärmeleitung 165
Wärmezufuhr 46
Wasser 216, 361, 392, 393, 406, 427, 488,
–, -aufnahme 140, 141, 355, 433, 437
–, -bedarf 131, 141, 162, 163, 432–435
–, -bewegung 140–142, 158, 160–165
–, -bilanz 437, 441–446, 584–587
–, -defizit 436, 437
–, -druck 133, 149
–, -film 133, 134, 185
–, -fluß 158, 163, 165, 177, 416, 417, 432, 433
–, -gehaltsbestimmung 143–145, 152
–, -gehaltswerte 145, 146
–, -haushalt 435, 437, 443–446, 584–587
–, -kapazität, nutzbare 103, 138, 434, 436, 441, 443, 445, 466
–, -leitfähigkeit 137, 141, 142, 165–177, 251, 415, 429–431, 444
–, pflanzenverfügbares 434–436
–, -säule 133–139, 144, 147–150, 153, 155, 161, 165, 172, 174, 176, 180, 416, 417, 436
–, -speicherkapazität 5, 74, 77, 97, 271, 291, 299, 334, 372, 427
–, -verfügbarkeit 427–437
Wasserpotential 158–163, 433
–, -differenz 432
–, -gradient 429
Wasserspannung 133–135, 138–142, 147–151, 158, 159, 162, 174–179, 431
–, Wasserspannungsgradienten 428
–, Wasserspannungskurve 138, 149–158, 166, 174–178
Wasserstoffbrückenbindung 39
Wasserstoffelektrode 209
Wasserstoffperoxid 45, 46
Wechselwirkung 452–455, 460, 463
Weideflächen 294, 394
Weideland 13, 67, 97
Weidelgrasmonokultur 485
Weizenanbau 67, 69, 464, 465
Weizenerträge 464
Welkepunkt, permanenter 103, 104, 116, 118, 132–134, 141, 145, 146, 428, 434–436, 443–445
Wintergetreide 108
Winterzwischenfrucht 457
Wirtschaftsgrünland 461
Woburn 199, 270, 301, 315, 334, 356–358, 469–472
Wurmgänge 98
Wurzelbahnen 594
Wurzelmasse 65, 97, 99, 410
Wurzeln 29, 62, 72, 99, 134, 146, 147, 343, 377, 386
Wurzelproben 72, 73
Wurzelsystem 62, 63, 109, 314, 343, 350, 355, 390
Wurzelwachstum 6, 103, 272, 307, 314, 322, 355, 596

Z
Zink 35, 65, 217, 234, 406, 583
Zinkmangelerscheinungen 273
Zinn 583

MIX
Papier aus verantwortungsvollen Quellen
Paper from responsible sources
FSC® C105338

If you have any concerns about our products,
you can contact us on
ProductSafety@springernature.com

In case Publisher is established outside the EU,
the EU authorized representative is:
**Springer Nature Customer Service Center GmbH
Europaplatz 3, 69115 Heidelberg, Germany**

Printed by Libri Plureos GmbH
in Hamburg, Germany